工程师经验手记

轻松玩转 ARM Cortex-M3 微控制器
——基于 LPC1788 系列

刘波文　编著

U0245936

北京航空航天大学出版社

内 容 简 介

本书以 ARM Cortex-M3 内核 LPC1788 微控制器为讲述对象,分成基础篇、入门篇、进阶篇,覆盖了 LPC1788 微控制器基本外设应用、嵌入式实时操作系统 μC/OS-II、μC/OS-III、Free RTOS、TCP/IP协议栈 LwIP、μIP,以及嵌入式图形系统 μC/GUI 的应用,软件与硬件兼顾,涉及理论但更偏重于实践。

全书共分为 20 章,所讲述的 18 个实例涵盖了最常用的外设以及典型的应用,实例设计中软件架构清晰、层次分明,跨平台可移植性强。

本书可作为高等院校计算机、电子信息工程、自动控制等专业本科生、研究生的嵌入式系统教材,也可供从事 ARM 和嵌入式软件开发的科研人员、从业人员和高等院校师生使用。

图书在版编目(CIP)数据

轻松玩转 ARM Cortex-M3 微控制器:基于 LPC1788 系
列 / 刘波文编著. -- 北京 : 北京航空航天大学出版社,
2015.1

ISBN 978-7-5124-1419-8

Ⅰ. ①轻… Ⅱ. ①刘… Ⅲ. ①微控制器 Ⅳ.
①TP332.3

中国版本图书馆 CIP 数据核字(2014)第 225212 号

轻松玩转 ARM Cortex-M3 微控制器
——基于 LPC1788 系列

刘波文 编著

责任编辑 杨 昕

*

北京航空航天大学出版社出版发行

北京市海淀区学院路 37 号(邮编 100191)　http://www.buaapress.com.cn
发行部电话:(010)82317024　传真:(010)82328026
读者信箱: emsbook@gmail.com　邮购电话:(010)82316936
涿州市新华印刷有限公司印装　各地书店经销

*

开本:710×1 000　1/16　印张:52.25　字数:1 114 千字
2015 年 1 月第 1 版　2015 年 1 月第 1 次印刷　印数:3 000 册
ISBN 978-7-5124-1419-8　定价:118.00 元

前　言

ARM Cortex - M3 是一种基于 ARM7v 架构的最新 ARM 内核，NXP 公司的 LPC178x/7x 系列微控制器以性能强大的 ARM Cortex - M3 版本 r2p0 为内核，面向通信、工业、医疗、消费家电、汽车等领域，用于处理要求高集成度和低功耗嵌入式应用的 32 位 RISC 处理器。

目前，市面上有关 LPC1788 系列微控制器的图书为数不多，一般分为两种类型：一类基于 μC/OS - III 讲述嵌入式实时操作系统及外设应用，另一类则多针对各种外设接口介绍编程设计。很少有能够综合硬件与嵌入式系统软件设计，集各类综合应用于一体的。本书基于 LPC178x/7x 系列微控制器，既涉及基础理论，又涉及嵌入式系统软件设计，整体侧重于实践。内容分为基础篇、入门篇和进阶篇：基础篇主要介绍 LPC1788 微控制器分类与结构特点，RealView MDK、IAR EWARM 的开发环境及其开发板；入门篇主要基于 LPC1788 微控制器的常用外设进行应用设计；重点为进阶篇，覆盖了嵌入式实时操作系统 μC/OS - II、μC/OS - III、FreeRTOS、TCP/IP 协议栈 LwIP、μIP，以及嵌入式图形系统 μC/GUI，在介绍硬件编程设计与应用的同时，深化了基于系统软件层次架构下的应用，使读者迅速入门和提高。

本书的内容结构

全书共 20 章，划分为三大篇。各篇、章内容安排如下：

基础篇

第 1 章，简述基于 ARM Cortex - M3 内核的 LPC178x/7x 处理器的产品型号与分类、主要特点、外设配置、存储器映射等，此外还介绍了 CMSIS 软件接口标准，基于 CMSIS 架构的软件设计层次，为后续学习打好基础。

第 2 章，是开发工具入门介绍，讲述了开发工具软件环境 RealView MDK、IAR EWARM、仿真器 J - link、ULINK2，以及本书配套实验 LPC1788 硬件开发平台，读者可以对常用开发工具及硬件平台有一入门性的了解。

入门篇

第 3 章，先从 I/O 配置与 GPIO 端口部分进行原理讲述，然后列举了两个简单的 GPIO 端口应用实例。

第4章,讲述RTC内部功能结构以及RTC应用实例。着重介绍RTC原理、相关寄存器与库函数功能、通过调用I/O引脚连接管理驱动库、RTC模块驱动库以及UART模块驱动库等,列举了两个简单的RTC应用实例。

第5章,讲述定时器的特点、结构、库函数,以及应用实例。着重介绍定时器外设的原理、相关寄存器与库函数功能、通过定时器外设驱动库以及UART模块驱动库等实现的两个定时器应用实例。

第6章,着重讲述ADC外设的基本原理、寄存器,以及库函数功能,详解调用其他公用模块驱动库实现两个ADC采样与转换实例的编程设计。

第7章,简述DAC外设的基本结构、寄存器,以及库函数功能,详述通过综合I/O引脚连接管理驱动库、定时器外设驱动库、DMA控制器驱动库、DAC驱动库实现DAC输出的应用。

第8章,简述PWM外设的基本结构、相关寄存器,以及库函数功能等,详解以I/O引脚连接管理驱动库、PWM外设驱动库为基础实现单双沿PWM信号的应用。

第9章,主要介绍MCPWM外设的基本结构、相关寄存器、库函数以及基本应用操作,以MCPWM外设驱动库为基础实现MCPWM信号的简单输出应用。读者可通过改良,快速实现三相直流或交流电机驱动。

第10章,主要介绍UART外设的基本结构、寄存器、库函数以及基本应用操作等,详解以UART外设驱动库为基础实现RS-232和RS-485标准数据通信的应用。

第11章,主要介绍SSP外设相关寄存器、库函数功能等,介绍基于SSP外设驱动库来设计SST25VF016B存储器的相关操作功能函数和实现串行存储器的简易操作。

第12章,主要介绍I^2S外设的基本特性、寄存器和库函数。定义I^2C总线接口对数字音频编解码UDA1380的硬件配置,I^2S总线接口实现对既定义音频数据流的传送,实现了一个数字音频数据流演示传输的实例。

第13章,主要介绍MCI外设的基本特性、相关寄存器和库函数功能等。安排了基于SD卡的文件系统操作实例,实例软件设计基于应用层、中间件层、硬件底层的三层架构,对FATFS中间件层程序文件、文件系统的各种操作指令及存储介质I/O接口均作了详细的阐述。

第14章,介绍LCD控制器的基本特性、相关寄存器,并简单介绍一些库函数功能,演示了LCD控制器驱动7 in(英寸)TFT液晶屏以及触摸屏多点校准的例程。

第15章,讲述LPC178x微控制器以太网控制器接口的基本结构与特性、寄存器及库函数功能等,同时也介绍了以太网物理收发器LAN8720A的相关寄存器及配置方式,以及μIP协议栈的特点、架构、与底层的接口、移植重点等,通过两个应用实例演示采用以太网接口的网络通信,实例侧重于μIP协议栈的应用设计。

轻松玩转ARM Cortex-M3微控制器——基于LPC1788系列

进阶篇

第16章，主要介绍嵌入式实时操作系统 μC/OS-II 的内核体系结构和特点，并集中讲述 μC/OS-II 嵌入式系统的移植要点，最后给出一个简易 μC/OS-II 系统软件编程实例。通过实例展示了如何在 μC/OS-II 系统中进行软件设计，其软件设计涉及的层次结构又是怎样的，以及 μC/OS-II 系统任务的建立和启动方式。

第17章，是一个综合应用实例，以第15章为设计基础。首先介绍网络传输介质、以太网协议的数据帧格式、嵌入式系统的以太网协议等，紧接着详细介绍 LwIP 协议栈常用的 API 函数以及内存管理机制，并进一步介绍基于 μC/OS-II 系统环境的 LwIP 移植过程。

第18章，详细介绍 FreeRTOS 系统的特点、文件架构、移植步骤与要点，并通过一个简单的应用实例演示了 FreeRTOS 系统的运行。

第19章，是一个综合型应用实例，基于第14章 LCD 控制器进行软件设计。首先讲述嵌入式图形系统 μC/GUI 的系统架构、各模块的功能实现函数、系统移植步骤等，然后通过一个图形界面显示实例来演示如何在 μC/OS-II 系统中构建 μC/GUI 图形用户接口及执行触点校准动作。

第20章，详细介绍嵌入式实时操作系统 μC/OS-III 的特点、内核、内核结构以及主要功能函数，并详细阐述了 μC/OS-III 系统基于 Cortex-M3 内核 LPC1788 微控制器的移植要点。

本书通过18个实例，由浅入深、点面结合，详细深入地阐述了 LPC1788 应用实例的开发与应用。这些应用实例典型、类型丰富、覆盖面广，涉及理论但更侧重于实践，代表性和指导性强。

本书特色

（1）实例丰富、技术新潮。精选了18个应用实例，基础实例主要涉及理论讲述与简易设计，进阶应用实例偏重实践，综合实践指导性强。

（2）全书实例以"硬件电路设计＋软件设计"相结合的形式讲授，帮助读者掌握开发精要，学懂学透。

（3）基础实例与进阶应用实例并举，软件设计架构分明、层次清晰，有利于跨开发平台移植，兼容性强。

本书实例全部在配套的 LPC1788 开发板上调试通过。该开发板很适合教学使用，同时也是很好的通用开发板。为促进读者更好地学习，加强互动，提供优惠购买图书配套开发板活动，有需要的读者可以在作者的淘宝网店（http://sortwell.taobao.com）购买，也可以通过邮件（powenliu@yeah.net）联系作者本人。

本书的代码设计基本采用 NXP 公司官方公布的库函数，易于操作，使用方便。一般来说，软件模块化设计，主要面向大规模的用户群体以及项目群体，这也是一种最通用的设计；库函数的提供可作为软件设计正规化、规范化、模块化、系统化、承前继后、迭代更新的一种很重要的实现手段。这类库函数在嵌入式操作系统层面设计

3

时适用性较好,可快速实现系统设计与硬件驱动层面的剥离。当然这也对驱动库函数的编写提出了更大的挑战:必须隔离性好,操作定位精确,冗余少,编码风格易懂。这里也必须说明自定义的寄存器型软件设计,它的针对性强,面向客户化需求,其操作时序、速度、效率较高,适合于快速应用、中小规模及裸机系统的固件设计,但不一定适合研发团队代码量很大的开发应用。尽管两种方式都有优缺点,但有一点不容置疑,无论采用哪种方式进行软件设计,硬件底层的设计最终都是针对寄存器的操作,包括但不仅限于配置、定义、修改等操作,它们的实现最终都需要精确到每个寄存器位的设置。

致 谢

本书除参考文献提及的书籍与文献外,部分章节的编写参考了网络传播资源以及 NXP 公司提供的库函数及演示代码,未再一一列出这些资料的贡献者,在此一并感谢。

本书由刘波文编著。这里还要特别感谢黄红光、黄国灿、黄国铭、黄亮金、夏铁华、罗敏、程义育、丁磊、王磊、梁海峰、梁丹、聂静敏、毛文秀、何同芬、崔春艳、崔虎威、熊尉、孙岩、孙江波、陈秋宇、陈攀、陈明、李楠、毛青、张永明、易耀、吕帅、劳展杰、董琴、陶源、谢志强、汤砚侠、刘健等人参与了编写及资料收集工作。

由于涉及内容较多,加之知识有限,时间仓促,书中不足和错误之处在所难免,恳请专家和读者批评指正。

刘波文

2014 年 6 月 12 日

于深圳

目 录

基础篇

第 1 章　LPC178x 系列微控制器概述 …………………………………………… 3

1.1　Cortex – M3 处理器概述 ………………………………………………… 3

1.1.1　Cortex – M3 配置选项 ……………………………………………… 3

1.1.2　LPC178x/177x 系列微控制器型号与分类 …………………………… 4

1.1.3　LPC178x/177x 系列微控制器主要特点 ……………………………… 5

1.1.4　LPC178x/177x 系列微控制器结构概述 ……………………………… 7

1.1.5　LPC178x/ 177x 系列微控制器存储器映射 ………………………… 9

1.1.6　片上存储器 …………………………………………………………… 10

1.1.7　片上外设及基址 ……………………………………………………… 10

1.2　CMSIS 软件接口标准 ……………………………………………………… 12

1.2.1　CMSIS 层与软件架构 ………………………………………………… 13

1.2.2　CMSIS 文件结构 ……………………………………………………… 14

第 2 章　开发工具概述 …………………………………………………………… 22

2.1　常用开发工具概览 ………………………………………………………… 22

2.1.1　RealView MDK 开发环境 …………………………………………… 22

2.1.2　IAR EWARM 开发环境 ……………………………………………… 23

2.1.3　J – Link 仿真器 ……………………………………………………… 24

2.1.4　ULINK2 仿真器 ……………………………………………………… 25

2.2　LPC1788 评估板简述 ……………………………………………………… 26

2.2.1　开发板概览 …………………………………………………………… 26

2.2.2　开发板外设接口 I/O 分配 …………………………………………… 29

2.3　RealView MDK 开发环境快速入门 ……………………………………… 31

2.3.1　工程项目的建立 ……………………………………………………… 31

2.3.2　工程项目的配置 ……………………………………………………… 33

2.3.3　编写演示代码 ………………………………………………………… 35

　　2.3.4　工程项目的编译 ……………………………………………… 36

　　2.3.5　程序下载与调试 ……………………………………………… 37

2.4　IAR 开发环境快速入门 ……………………………………………… 40

　　2.4.1　IAR 工程项目的快速建立 ……………………………………… 40

　　2.4.2　编译和链接应用程序 …………………………………………… 46

　　2.4.3　仿真调试 ………………………………………………………… 48

入门篇

第 3 章　GPIO 端口应用 ……………………………………………… 55

3.1　I/O 端口配置概述 …………………………………………………… 55

　　3.1.1　I/O 端口配置描述 ……………………………………………… 55

　　3.1.2　I/O 端口控制寄存器功能描述 ………………………………… 58

3.2　GPIO 端口概述 ……………………………………………………… 62

　　3.2.1　引脚描述 ………………………………………………………… 63

　　3.2.2　GPIO 寄存器描述 ……………………………………………… 63

3.3　GPIO 及 I/O 配置常用库函数 ……………………………………… 72

　　3.3.1　GPIO 端口库函数功能详解 …………………………………… 72

　　3.3.2　引脚连接配置库函数功能详解 ………………………………… 82

3.4　GPIO 端口应用实例 ………………………………………………… 88

　　3.4.1　设计目标 ………………………………………………………… 88

　　3.4.2　硬件电路设计 …………………………………………………… 88

　　3.4.3　实例软件设计 …………………………………………………… 89

3.5　实例总结 ……………………………………………………………… 96

第 4 章　实时时钟应用 ………………………………………………… 97

4.1　实时时钟(RTC)概述 ………………………………………………… 97

　　4.1.1　RTC 基本配置 …………………………………………………… 98

　　4.1.2　RTC 引脚描述 …………………………………………………… 99

4.2　RTC 寄存器描述 …………………………………………………… 99

　　4.2.1　RTC 中断 ………………………………………………………… 100

　　4.2.2　混合寄存器组 …………………………………………………… 101

　　4.2.3　完整时间寄存器组 ……………………………………………… 103

　　4.2.4　时间计数器组 …………………………………………………… 104

　　4.2.5　通用寄存器组 …………………………………………………… 106

　　4.2.6　报警寄存器组 …………………………………………………… 106

轻松玩转 ARM Cortex-M3 微控制器——基于 LPC1788 系列

　4.3　RTC 常用库函数 ································· 107

　4.4　RTC 应用实例 ································· 118

　　4.4.1　设计目标 ································· 118

　　4.4.2　硬件电路设计 ································· 119

　　4.4.3　实例软件设计 ································· 119

　4.5　实例总结 ································· 124

第5章　定时器应用 ································· 125

　5.1　定时器(Timer)概述 ································· 125

　　5.1.1　定时器的基本配置 ································· 126

　　5.1.2　定时器的引脚描述 ································· 127

　5.2　Timer 寄存器描述 ································· 127

　　5.2.1　中断寄存器 ································· 128

　　5.2.2　定时器控制寄存器 ································· 129

　　5.2.3　定时器/计数器 ································· 129

　　5.2.4　预分频寄存器 ································· 129

　　5.2.5　预分频计数器 ································· 129

　　5.2.6　匹配控制寄存器 ································· 130

　　5.2.7　匹配寄存器 0~3 ································· 131

　　5.2.8　捕获寄存器 0~1 ································· 131

　　5.2.9　捕获控制寄存器 ································· 131

　　5.2.10　外部匹配寄存器 ································· 132

　　5.2.11　计数控制寄存器 ································· 132

　　5.2.12　DMA 操作 ································· 133

　5.3　Timer 常用库函数 ································· 134

　5.4　Timer 应用实例 ································· 142

　　5.4.1　设计目标 ································· 142

　　5.4.2　硬件电路设计 ································· 142

　　5.4.3　实例软件设计 ································· 143

　5.5　实例总结 ································· 151

第6章　模/数转换器应用 ································· 152

　6.1　模/数转换器(ADC)概述 ································· 152

　　6.1.1　ADC 的基本配置 ································· 153

　　6.1.2　ADC 的引脚描述 ································· 153

　　6.1.3　ADC 的操作 ································· 153

6.2　ADC 寄存器描述 ···154
　6.2.1　ADC 控制寄存器 ···155
　6.2.2　ADC 全局数据寄存器 ··156
　6.2.3　ADC 中断使能寄存器 ··157
　6.2.4　ADC 数据寄存器 0～7 ··158
　6.2.5　ADC 状态寄存器 ···159
　6.2.6　ADC 调节寄存器 ···159
6.3　ADC 常用库函数 ··160
6.4　ADC 应用实例 ···165
　6.4.1　设计目标 ···165
　6.4.2　硬件电路设计 ···165
　6.4.3　实例软件设计 ···166
6.5　实例总结 ···173

第7章　数/模转换器应用 ··174

7.1　数/模转换器(DAC)概述 ···174
　7.1.1　DAC 的基本配置 ···175
　7.1.2　DAC 的引脚描述 ···175
　7.1.3　DAC 的操作 ···175
7.2　DAC 寄存器描述 ··176
　7.2.1　D/A 转换器寄存器 ···176
　7.2.2　D/A 转换器控制寄存器 ···177
　7.2.3　D/A 转换器计数器值寄存器 ···177
7.3　常用库函数 ···178
　7.3.1　DAC 驱动库 ···178
　7.3.2　通用 DMA 控制器常用库函数 ···180
7.4　DAC 应用实例 ···183
　7.4.1　设计目标 ···183
　7.4.2　硬件电路设计 ···184
　7.4.3　实例软件设计 ···184
7.5　实例总结 ···191

第8章　脉宽调制器应用 ··192

8.1　脉宽调制器(PWM)概述 ···192
　8.1.1　脉宽调制器的基本配置 ··194
　8.1.2　脉宽调制器的引脚描述 ··195

轻松玩转ARM Cortex-M3 微控制器——基于LPC1788 系列

　　8.1.3　单沿和双沿控制规则的采样波形 ·· 195
　8.2　PWM 寄存器描述 ·· 197
　　8.2.1　PWM 中断寄存器 ·· 197
　　8.2.2　PWM 定时器控制寄存器 ·· 198
　　8.2.3　PWM 计数控制寄存器 ··· 199
　　8.2.4　PWM 定时器/计数器 ··· 199
　　8.2.5　PWM 预分频寄存器 ·· 200
　　8.2.6　PWM 预分频计数器寄存器 ··· 200
　　8.2.7　PWM 匹配控制寄存器 ··· 200
　　8.2.8　PWM 匹配寄存器 ··· 202
　　8.2.9　PWM 捕获控制寄存器 ··· 202
　　8.2.10　PWM 捕获寄存器 ·· 203
　　8.2.11　PWM 控制寄存器 ·· 203
　　8.2.12　PWM 锁存使能寄存器 ·· 204
　8.3　PWM 常用库函数 ·· 205
　8.4　PWM 应用实例 ·· 211
　　8.4.1　设计目标 ··· 211
　　8.4.2　硬件电路设计 ··· 211
　　8.4.3　实例软件设计 ··· 212
　8.5　实例总结 ··· 219

第 9 章　电机控制脉宽调制器应用 ··· 220

　9.1　电机控制脉宽调制器概述 ··· 220
　　9.1.1　电机控制脉宽调制器的基本配置 ·· 220
　　9.1.2　电机控制脉宽调制器的引脚描述 ·· 222
　9.2　电机控制脉宽调制器寄存器描述 ··· 222
　　9.2.1　MCPWM 控制寄存器 ··· 223
　　9.2.2　MCPWM 捕获控制寄存器 ·· 225
　　9.2.3　MCPWM 中断寄存器 ··· 227
　　9.2.4　MCPWM 计数控制寄存器 ·· 229
　　9.2.5　MCPWM 定时器/计数器 0~2 寄存器 ·· 231
　　9.2.6　MCPWM 界限 0~2 寄存器 ·· 231
　　9.2.7　MCPWM 匹配 0~2 寄存器 ·· 232
　　9.2.8　MCPWM 死区时间寄存器 ··· 233
　　9.2.9　MCPWM 通信格式寄存器 ··· 234
　　9.2.10　MCPWM 捕获寄存器 ·· 234

9.3　MCPWM 的应用操作 ……………………………………… 235
　　9.3.1　脉宽调制 ………………………………………… 236
　　9.3.2　映射寄存器和同时更新 …………………………… 238
　　9.3.3　快速中止(ABORT) ……………………………… 238
　　9.3.4　捕获事件 ………………………………………… 238
　　9.3.5　外部事件计数(计数器模式) ……………………… 238
　　9.3.6　三相直流模式 …………………………………… 239
　　9.3.7　三相交流模式 …………………………………… 240
　　9.3.8　中断源 …………………………………………… 240
9.4　MCPWM 常用库函数 ……………………………………… 241
9.5　MCPWM 应用实例 ………………………………………… 248
　　9.5.1　设计目标 ………………………………………… 248
　　9.5.2　硬件电路设计 …………………………………… 248
　　9.5.3　实例软件设计 …………………………………… 249
9.6　实例总结 …………………………………………………… 255

第 10 章　通用异步收发器应用 …………………………………… 256

10.1　通用异步收发器(UART)概述 ………………………… 256
　　10.1.1　通用异步收发器的基本配置 …………………… 260
　　10.1.2　通用异步收发器的引脚描述 …………………… 261
10.2　UART 寄存器描述 ……………………………………… 262
　　10.2.1　UARTn 接收缓冲寄存器(RBR) ……………… 263
　　10.2.2　UARTn 发送保持寄存器(THR) ……………… 263
　　10.2.3　UARTn 除数锁存器 LSB/MSB 寄存器(DLL,DLM) 264
　　10.2.4　UARTn 中断使能寄存器(IER) ……………… 264
　　10.2.5　UARTn 中断标识寄存器(IIR) ……………… 265
　　10.2.6　UARTnFIFO 控制寄存器(FCR) ……………… 266
　　10.2.7　UARTn 线控制寄存器(LCR) ………………… 267
　　10.2.8　UARTnModem 控制寄存器(MCR) …………… 268
　　10.2.9　UARTn 线状态寄存器(LSR) ………………… 268
　　10.2.10　UARTnModem 状态寄存器(MSR) …………… 270
　　10.2.11　UARTn 高速缓存寄存器(SCR) ……………… 271
　　10.2.12　UARTn 自动波特率控制寄存器(ACR) ……… 271
　　10.2.13　UARTn 分数分频器寄存器(FDR) …………… 271
　　10.2.14　UARTn 发送使能寄存器(TER) ……………… 272
　　10.2.15　UARTn 的 RS-485 控制寄存器(RS485CTRL) … 273

10.2.16 UARTn 的 RS-485 地址匹配寄存器(RS485ADRMATCH) … 274
10.2.17 UARTn 的 RS-485 延时值寄存器(RS485DLY) ………… 274
10.2.18 UART4 过采样寄存器(OSR) ………… 274
10.2.19 UART4 智能卡接口控制寄存器(SCICTRL) ………… 275
10.2.20 UART4 同步模式控制寄存器(SYNCCTRL) ………… 276
10.2.21 UART4 IrDA 控制寄存器(ICR) ………… 276
10.3 UART 常用库函数 ………… 277
10.4 UART 应用实例 ………… 289
10.4.1 设计目标 ………… 289
10.4.2 硬件电路设计 ………… 289
10.4.3 实例软件设计 ………… 291
10.5 实例总结 ………… 298

第 11 章 串行同步端口控制器应用 ………… 299

11.1 串行同步端口概述 ………… 299
11.1.1 串行同步端口的基本配置 ………… 299
11.1.2 串行同步端口的引脚描述 ………… 300
11.2 SSP 寄存器描述 ………… 300
11.2.1 SSPn 控制寄存器 0(CR0) ………… 301
11.2.2 SSPn 控制寄存器 1(CR1) ………… 301
11.2.3 SSPn 数据寄存器(DR) ………… 302
11.2.4 SSPn 状态寄存器(SR) ………… 302
11.2.5 SSPn 时钟预分频寄存器(CPSR) ………… 303
11.2.6 SSPn 中断使能置位/清零寄存器(IMSC) ………… 303
11.2.7 SSPn 原始中断状态寄存器(RIS) ………… 304
11.2.8 SSPn 使能中断状态寄存器(MIS) ………… 304
11.2.9 SSPn 中断清零寄存器(ICR) ………… 304
11.2.10 SSPn DMA 控制寄存器(DMACR) ………… 305
11.3 SSP 常用库函数 ………… 305
11.4 SSP 外设应用实例 ………… 312
11.4.1 设计目标 ………… 312
11.4.2 硬件电路设计 ………… 312
11.4.3 实例软件设计 ………… 315
11.5 实例总结 ………… 318

左侧竖排文字：
轻松玩转 ARM Cortex-M3 微控制器——基于 LPC1788 系列

第 12 章　I²S 数字音频接口应用 ································· 319

　12.1　I²S 总线接口概述 ····································· 319

　　12.1.1　I²S 总线接口的基本配置 ······················ 321

　　12.1.2　I²S 接口的引脚描述 ·························· 321

　12.2　I²S 寄存器描述 ······································ 322

　　12.2.1　数字音频输出寄存器(I2SDAO) ················· 322

　　12.2.2　数字音频输入寄存器(I2SDAI) ················· 323

　　12.2.3　发送缓冲寄存器(I2STXFIFO) ················· 324

　　12.2.4　接收缓冲寄存器(I2SRXFIFO) ················· 324

　　12.2.5　状态反馈寄存器(I2SSTATE) ·················· 324

　　12.2.6　DMA 配置寄存器 1(I2SDMA1) ················· 324

　　12.2.7　DMA 配置寄存器 2(I2SDMA2) ················· 325

　　12.2.8　中断请求控制寄存器(I2SIRQ) ················ 325

　　12.2.9　发送时钟速率寄存器(I2STXRATE) ············· 326

　　12.2.10　接收时钟速率寄存器(I2SRXRATE) ············ 326

　　12.2.11　发送时钟位速率寄存器(I2STXBITRATE) ········ 327

　　12.2.12　接收时钟位速率寄存器(I2SRXBITRATE) ········ 327

　　12.2.13　发送模式控制寄存器(I2STXMODE) ············ 327

　　12.2.14　接收模式控制寄存器(I2SRXMODE) ············ 328

　12.3　I²S 常用库函数 ······································ 328

　12.4　I²S 数字音频接口播放器应用实例 ····················· 337

　　12.4.1　设计目标 ·································· 337

　　12.4.2　硬件电路设计 ······························ 337

　　12.4.3　实例软件设计 ······························ 343

　12.5　实例总结 ··· 351

第 13 章　SD 卡接口应用 ································· 352

　13.1　SD 卡接口概述 ······································ 352

　　13.1.1　SD 卡接口的基本配置 ······················· 353

　　13.1.2　SD 卡接口的引脚描述 ······················· 353

　13.2　SD 卡接口寄存器描述 ································· 353

　　13.2.1　电源控制寄存器(MCIPower) ·················· 354

　　13.2.2　时钟控制寄存器(MCIClock) ·················· 355

　　13.2.3　参数寄存器(MCIArgument) ·················· 355

　　13.2.4　命令寄存器(MCICommand) ··················· 356

13.2.5　命令响应寄存器(MCIRespCommand) ……………………………… 356

13.2.6　响应寄存器0～3(MCIResponse0～3) ……………………………… 357

13.2.7　数据定时器寄存器(MCIData Timer) ……………………………… 357

13.2.8　数据长度寄存器(MCIDataLength) ………………………………… 357

13.2.9　数据控制寄存器(MCIDataCtrl) …………………………………… 358

13.2.10　数据计数器寄存器(MCIDataCnt) ………………………………… 358

13.2.11　状态寄存器(MCIStatus) …………………………………………… 359

13.2.12　清零寄存器(MCIClear) …………………………………………… 360

13.2.13　中断屏蔽寄存器(MCIMask) ……………………………………… 360

13.2.14　FIFO计数器寄存器(MCIFifoCnt) ……………………………… 361

13.2.15　数据FIFO寄存器(MCIFIFO) ……………………………………… 361

13.3　SD卡接口的常用库函数 …………………………………………………… 361

13.4　基于SD卡接口的文件系统实例 …………………………………………… 373

13.4.1　设计目标 ……………………………………………………………… 373

13.4.2　硬件电路设计 ………………………………………………………… 373

13.4.3　实例软件设计 ………………………………………………………… 374

13.5　实例总结 ……………………………………………………………………… 400

第14章　LCD控制器与触摸应用 …………………………………………………… 401

14.1　LCD控制器概述 ……………………………………………………………… 401

14.1.1　LCD上电与掉电时序 ………………………………………………… 403

14.1.2　LCD控制器的基本配置 ……………………………………………… 404

14.1.3　LCD控制器的引脚描述 ……………………………………………… 404

14.2　LCD控制器寄存器描述 ……………………………………………………… 404

14.2.1　LCD配置和计时控制寄存器(LCD_CFG) ………………………… 405

14.2.2　水平时序控制寄存器(LCD_TIMH) ……………………………… 405

14.2.3　垂直时序控制寄存器(LCD_TIMV) ……………………………… 406

14.2.4　时钟与信号极性控制寄存器(LCD_POL) ………………………… 407

14.2.5　线端控制寄存器(LCD_LE) ………………………………………… 408

14.2.6　上面板帧基址寄存器(LCD_UPBASE) …………………………… 409

14.2.7　下面板帧基址寄存器(LCD_LPBASE) …………………………… 409

14.2.8　LCD控制寄存器(LCD_CTRL) …………………………………… 409

14.2.9　中断屏蔽寄存器(LCD_INTMSK) ………………………………… 411

14.2.10　原始中断屏蔽寄存器(LCD_INTRAW) ………………………… 411

14.2.11　中断屏蔽状态寄存器(LCD_INTSTAT) ………………………… 412

14.2.12　中断清零寄存器(LCD_INTCLR) ……………………………… 412

14.2.13 上面板当前地址寄存器(LCD_UPCURR) ……………… 413

14.2.14 下面板当前地址寄存器(LCD_LPCURR) ……………… 413

14.2.15 彩色调色板寄存器(LCD_PAL) ………………………… 413

14.2.16 光标图像寄存器(CRSR_IMG) ………………………… 414

14.2.17 光标控制寄存器(CRSR_CTRL) ……………………… 414

14.2.18 光标配置寄存器(CRSR_CFG) ………………………… 415

14.2.19 光标调色板寄存器0(CRSR_PAL0) …………………… 415

14.2.20 光标调色板寄存器1(CRSR_PAL1) …………………… 416

14.2.21 光标 XY 位置寄存器(CRSR_XY) ……………………… 416

14.2.22 光标剪裁位置寄存器(CRSR_CLIP) …………………… 416

14.2.23 光标中断屏蔽寄存器(CRSR_INTMSK) ……………… 417

14.2.24 光标中断清零寄存器(CRSR_INTCLR) ………………… 417

14.2.25 光标原始中断状态寄存器(CRSR_INTRAW) …………… 417

14.2.26 光标中断屏蔽状态寄存器(CRSR_INTSTAT) ………… 418

14.3 LCD 控制器的常用库函数 …………………………………… 418

14.4 LCD 控制器应用实例 …………………………………………… 422

14.4.1 设计目标 ………………………………………………… 422

14.4.2 硬件电路设计 …………………………………………… 422

14.4.3 文字显示实例软件设计 ………………………………… 427

14.4.4 触摸屏校准实例软件设计 ……………………………… 435

14.5 实例总结 ……………………………………………………… 440

第15章 以太网接口应用 ……………………………………………… 441

15.1 以太网接口概述 ……………………………………………… 441

15.1.1 以太网模块的内部结构与特性 ………………………… 441

15.1.2 以太网数据包 …………………………………………… 443

15.1.3 以太网接口的基本配置 ………………………………… 444

15.1.4 以太网接口的引脚描述 ………………………………… 445

15.2 以太网接口的寄存器描述 …………………………………… 446

15.2.1 MAC 寄存器组 …………………………………………… 447

15.2.2 控制寄存器组 …………………………………………… 454

15.2.3 接收过滤寄存器组 ……………………………………… 461

15.2.4 模块控制寄存器组 ……………………………………… 463

15.2.5 描述符与状态 …………………………………………… 465

15.3 以太网接口的常用库函数 …………………………………… 471

15.4 以太网接口应用实例 ………………………………………… 479

15.4.1 设计目标 ……………………………………………………… 480

15.4.2 硬件电路设计 …………………………………………………… 480

15.4.3 简易网页浏览实例软件设计 …………………………………… 492

15.4.4 μIP 实例软件设计 ……………………………………………… 505

15.5 实例总结 ……………………………………………………………… 523

进阶篇

第 16 章 嵌入式实时操作系统 μC/OS - II 的移植与应用 ………… 527

16.1 嵌入式系统 μC/OS - II 概述 ……………………………………… 527

16.1.1 μC/OS - II 系统特点 …………………………………………… 527

16.1.2 μC/OS - II 系统内核 …………………………………………… 529

16.1.3 任务管理 ………………………………………………………… 538

16.1.4 时间管理 ………………………………………………………… 540

16.1.5 任务之间的通信与同步 ………………………………………… 540

16.1.6 内存管理 ………………………………………………………… 542

16.2 如何在 LPC1788 微处理器上移植 μC/OS - II 系统 …………… 543

16.2.1 移植 μC/OS - II 系统必须满足的条件 ……………………… 543

16.2.2 初识 μC/OS - II 嵌入式系统 ………………………………… 544

16.2.3 重提 μC/OS - II 嵌入式系统移植要点 ……………………… 559

16.3 应用实例 ……………………………………………………………… 560

16.3.1 设计目标 ………………………………………………………… 560

16.3.2 硬件电路设计 …………………………………………………… 560

16.3.3 μC/OS - II 系统软件设计 …………………………………… 560

16.4 实例总结 ……………………………………………………………… 564

第 17 章 LwIP 移植与应用实例 …………………………………… 565

17.1 以太网概述 …………………………………………………………… 565

17.1.1 以太网的网络传输介质 ………………………………………… 565

17.1.2 以太网数据帧格式 ……………………………………………… 568

17.1.3 嵌入式系统的以太网协议 ……………………………………… 570

17.2 LwIP 协议栈概述 …………………………………………………… 572

17.2.1 LwIP 协议栈的整体架构和进程模型 ………………………… 572

17.2.2 LwIP 协议栈的 API 接口 ……………………………………… 573

17.2.3 LwIP 内存管理 ………………………………………………… 591

17.3 LwIP 协议栈基于 μC/OS - II 系统的移植 …………………… 592

17.3.1　LwIP 协议栈的源文件结构 ………………………………… 593

17.3.2　LwIP 协议栈的移植 ………………………………………… 593

17.4　应用实例 ……………………………………………………… 607

17.4.1　设计目标 ……………………………………………………… 607

17.4.2　系统软件设计 ………………………………………………… 607

17.5　实例总结 ………………………………………………………… 613

第 18 章　嵌入式实时操作系统 FreeRTOS 应用 ……………………… 614

18.1　嵌入式系统 FreeRTOS 概述 …………………………………… 614

18.1.1　FreeRTOS 系统的特点 ……………………………………… 614

18.1.2　FreeRTOS 系统的任务管理 ………………………………… 615

18.1.3　FreeRTOS 系统的队列管理 ………………………………… 626

18.1.4　FreeRTOS 系统的信号量 …………………………………… 629

18.1.5　FreeRTOS 系统的资源管理 ………………………………… 633

18.1.6　FreeRTOS 系统的内存管理 ………………………………… 635

18.1.7　联合程序 ……………………………………………………… 638

18.2　如何在 LPC1788 微控制器上移植 FreeRTOS 系统 …………… 644

18.2.1　初识 FreeRTOS 嵌入式系统 ……………………………… 645

18.2.2　FreeRTOS 系统的移植 ……………………………………… 646

18.2.3　FreeRTOS 系统的可配置参数项 …………………………… 654

18.3　FreeRTOS 应用实例 …………………………………………… 657

18.4　实例总结 ………………………………………………………… 660

第 19 章　嵌入式图形系统 μC/GUI 的移植与应用 ………………… 661

19.1　嵌入式图形系统 μC/GUI …………………………………… 661

19.1.1　μC/GUI 系统的软件结构 …………………………………… 661

19.1.2　文本显示 ……………………………………………………… 662

19.1.3　数值显示 ……………………………………………………… 664

19.1.4　2D 图形库 …………………………………………………… 666

19.1.5　字　体 ………………………………………………………… 671

19.1.6　颜　色 ………………………………………………………… 672

19.1.7　存储设备 ……………………………………………………… 674

19.1.8　视窗管理器 …………………………………………………… 674

19.1.9　窗口对象 ……………………………………………………… 676

19.1.10　对话框 ……………………………………………………… 687

19.1.11　抗锯齿 ……………………………………………………… 688

　19.1.12　输入设备 ･･･ 690

　19.1.13　时间函数 ･･ 692

19.2　μC/GUI 系统的移植 ･･･ 692

　19.2.1　初识 μC/GUI 系统 ･･ 692

　19.2.2　细说 μC/GUI 系统的移植 ････････････････････････････････ 701

　19.2.3　μC/GUI 系统的触摸屏驱动 ･･････････････････････････････ 704

　19.2.4　μC/OS－Ⅱ系统环境下支持 μC/GUI 系统 ･･･････････････ 705

19.3　设计目标 ･･･ 708

19.4　系统软件设计 ･･ 708

19.5　实例总结 ･･･ 719

第 20 章　嵌入式实时操作系统 μC/OS－Ⅲ 的移植与应用 ･････････････ 720

20.1　嵌入式系统 μC/OS－Ⅲ 概述 ･･･････････････････････････････････････ 720

　20.1.1　μC/OS－Ⅲ 系统的特点 ･････････････････････････････････ 720

　20.1.2　代码的临界段 ･･ 725

　20.1.3　任务管理 ･･･ 726

　20.1.4　任务就绪表 ･･･ 740

　20.1.5　任务调度 ･･･ 742

　20.1.6　上下文切换 ･･･ 748

　20.1.7　时间管理 ･･･ 749

　20.1.8　资源管理 ･･･ 750

　20.1.9　信号量 ･･･ 754

　20.1.10　事件标志组 ･･ 765

　20.1.11　消息传递 ･･ 772

　20.1.12　内存管理 ･･ 782

20.2　如何在 LPC1788 处理器上移植 μC/OS－Ⅲ 系统 ･･･････････････････ 784

　20.2.1　移植 μC/OS－Ⅲ 系统必须满足的条件 ･･･････････････････ 784

　20.2.2　初识 μC/OS－Ⅲ 嵌入式系统 ･･･････････････････････････ 785

20.3　设计目标 ･･･ 808

20.4　μC/OS－Ⅲ 系统软件设计 ･･･ 808

20.5　实例总结 ･･･ 814

参考文献 ･･･ 815

基础篇

第 1 章　LPC178x 系列微控制器概述

第 2 章　开发工具概述

第1章

LPC178x 系列微控制器概述

Cortex‐M3 是 ARM 公司推出的基于 ARMv7‐M 架构的处理器,它是一个低功耗的处理器,具有门数少,中断延迟小,调试容易等特点。它集紧凑封装,降低功耗,简化开发于一体,是专门为了在微控制器、汽车车身系统、工业控制系统和无线网络等对功耗和成本敏感的嵌入式应用领域实现高系统性能而设计的。LPC178x/177x 是基于 ARM Cortex‐M3 的微控制器,用于处理要求高集成度和低功耗的嵌入式应用。本章将交叉讲述 Cortex‐M3 处理器的特点以及 LPC178x 系列微控制器的特性、结构、外设配置、片内外设以及 CMSIS 体系结构等。

1.1　Cortex‐M3 处理器概述

ARM 公司设计了许多处理器内核,近年来 ARM 公司针对旧时代单片机的应用市场推出了 ARMv7 架构。ARMv7 内核架构主要有三种款式:ARMv7‐A,ARMv7‐R 和 ARMv7‐M,Cortex‐M3 是按 ARMv7‐M 款式设计的。

Cortex‐M3 CPU 具有三级流水线和哈佛结构,带独立的本地指令总线与数据总线,以及用于外设的性能略低的第三条总线,此外 CPU 还包括一个支持随机跳转的内部预取指单元。

LPC178x/177x 微控制器增加了一个专用的 Flash 加速器,使 Flash 中代码的执行达到最佳性能,在最差商用条件下操作频率可高达 120 MHz。

1.1.1　Cortex‐M3 配置选项

LPC178x/177x 微控制器使用 Cortex‐M3 CPU 的 r2p0 版,它包括一系列可配置选项,具体如下。

① 系统选项包括:

- 嵌入式向量中断控制器(NVIC)。NVIC 包括了 SYSTICK 定时器。
- 唤醒中断控制器(WIC)。WIC 具有将 CPU 从低功耗模式下唤醒的更有效选项。
- 存储器保护单元(MPU)。
- ROM 表。ROM 表提供了调试部件到外部调试系统的地址。

② 调试相关选项包括：

- JTAG 调试接口。
- 串行线调试。串行线调试允许只使用两条线进行调试,简单的跟踪功能可增加第三条线。
- 嵌入式跟踪宏单元(ETM)。ETM 提供指令跟踪功能。
- 数据观察点与跟踪(DWT)单元。DWT 允许数据地址或数据值匹配为跟踪信息或触发其他事件。DWT 包括 4 个比较器和计数器,以用于特定的内部事件。
- 指令跟踪宏单元(ITM)。软件可写 ITM,以发送消息到跟踪端口。
- 跟踪端口接口单元(TPIU)。TPIU 解码并向外面提供跟踪信息。这可以在串行线浏览器引脚或 4 位并行跟踪端口上实现。
- Flash 修补与断点(FPB)。FPB 可以产生硬件断点,并且在代码空间中重新映射特定的地址到 SRAM 作为更改非易失性代码的临时方法。FPB 包括 2 个文字比较器和 6 个指令比较器。

1.1.2　LPC178x/177x 系列微控制器型号与分类

LPC178x、LPC177x 两种类型微控制器支持低矮方形扁平塑料封装——LQFP208,超细间距球栅阵列塑料封装——TFBGA208,超细间距球栅阵列封装——TFBGA180,低矮四方扁平塑料封装——LQFP144 等,其主要型号分类与外设配置情况如表 1-1 所列。

表 1-1　LPC178x/177x 系列微控制器分类与型号

型号	Flash/KB	SRAM/KB	EEPROM/KB	以太网	USB	UART	外部存储器总线	LCD	QEI	SD
LPC178x										
LPC1788	512	96	4	有	H/O/D[①]	5	32-bit 16-bit 8-bit	有	有	有
LPC1787	512	96	4	无	H/O/D	5	32-bit	有	有	有
LPC1786	256	80	4	有	H/O/D	5	32-bit	有	有	有
LPC1786	256	80	4	无	H/O/D	5	32-bit	无	有	有
LPC177x										
LPC1778	512	96	4	有	H/O/D	5	32-bit 16-bit 8-bit	无	有	有
LPC1777	512	96	4	无	H/O/D	5	32-bit	无	有	有
LPC1776	256	80	4	有	H/O/D	5	32-bit 16-bit	无	无	有
LPC1774	256	40	2	无	D	5/4	32-bit 8-bit	无	无	无

① H 指的是 Host 角色,D 指的是 Device 角色,O 指的是 OTG 功能。

1.1.3　LPC178x/177x 系列微控制器主要特点

ARM Cortex-M3 是一款通用的 32 位微处理器,它具有高性能和超低功耗的特性。Cortex-M3 提供了很多新的特性,包括 Thumb-2 指令集、低中断延时、硬件除法、可中断/可连续的多次装载与存储指令、中断状态的自动保存与恢复、紧密结合的中断控制器与唤醒中断控制器、多条内核总线可同时用于访问。采用了流水线技术,使得处理系统与存储器系统的各个部分都能连续工作。通常情况下,当一个指令正在执行时,第二个指令正在进行解码,而第三个指令正在从存储器中拾取。LPC178x/177x 微控制器的主要特点如下:

① ARM Cortex-M3 处理器,可在高至 120 MHz 的频率下运行。Cortex-M3 执行 Thumb-2 指令集,以实现最佳操作与代码长度,包含硬件除法、单周期乘法,以及位字段操作等;同时还包含一个支持 8 个区的存储器保护单元(MPU)。

② ARM Cortex-M3 内置了可嵌套向量中断控制器(NVIC)。

③ 具有高达 512 KB 的片上 Flash 程序存储器,具有在系统编程(ISP)和在应用编程(IAP)功能。将增强型的 Flash 存储加速器和 Flash 存储器在 CPU 本地代码/数据总线上的位置结合,则 Flash 可提供高性能的代码。

④ 高达 96 KB 的片上 SRAM,包括:

● 64 KB SRAM 可供高性能 CPU 通过本地代码/数据总线访问。

● 2 个 16 KB SRAM 模块,带独立访问路径,可进行更高吞吐量的操作。这些 SRAM 模块可用于以太网、USB、LCD 以及 DMA 存储器,以及通用指令和数据存储。

● 4 KB 片上 EEPROM。

⑤ 外部存储器控制器,支持异步静态存储器件,如 RAM、ROM 和最多 64 MB 的 Flash,以及像单数据速率 SDRAM 这种动态存储器。

⑥ AHB 多层矩阵上具有 8 通道通用 DMA 控制器(GPDMA),它可结合 SSP、I²S、USART、SD/MMC、CRC 引擎、模/数与数/模转换器外设、定时器匹配信号和 GPIO 使用,并可用于存储器到存储器的传输。

⑦ 多层 AHB 矩阵内部连接,为每个 AHB 主机提供独立的总线。AHB 主机包括 CPU、通用 DMA 控制器、以太网 MAC、LCD 控制器,以及 USB 接口。这个内部连接特性提供无仲裁延迟的通信,除非 2 个主机尝试同时访问同一个从机。

⑧ 分离的 APB 总线使 CPU 与 DMA 之间减少了延迟,获得更高的吞吐量。如果 APB 不忙,则单级写入缓存使 CPU 能够连续工作,而无需等待 APB 写操作完成。

⑨ LCD 控制器,同时支持超扭曲向列(STN)与薄膜晶体管(TFT)液晶显示屏;

● 专用的 DMA 控制器。

● 可选显示分辨率(最高 1 024×768 像素)。

● 支持高达 24 位真彩色模式。

⑩ 串行接口:

- 以太网 MAC 带 MII/RMII 接口与专用的 DMA 控制器。
- USB 2.0 全速从机/主机/OTG 控制器,带有用于从机与主机功能的片上 PHY 和一个专用 DMA 控制器。
- 5 个 UART,带小数波特率发生功能,内部 FIFO、IrDA、DMA 支持,以及 RS-485/EIA-485 支持。UART1 还有全套的调制解调器握手信号。 UART4 包含一个同步模式和一个支持 ISO 7816-3 的智能卡模式。144 引脚封装的器件提供 4 个 UART。
- 3 个 SSP 控制器,带有 FIFO,可按多种协议进行通信。SSP 接口可与 GPDMA控制器一起使用。
- 3 个增强型 I²C 总线接口,其中 1 个具有开漏极输出功能,支持整个 I²C 的规范和数据速率为 1 Mbit/s 的快速模式,另外两个具有标准的端口引脚。增强型特性包括多地址识别功能和监控模式。
- 双通道的 CAN 控制器。
- 用于数字音频输入或输出的 I²S(IC 之间音频)接口,带有小数速率控制功能。I²S 接口可以与 GPDMA 一起使用。I²S 接口支持 3 线的数据传输与接收,或 4 线的联合式传输与接收连接,以及主时钟输出。

⑪ 其他外设:

- SD 卡接口,同时支持 MMC 卡。
- 通用 I/O(GPIO)引脚,带可配置的上拉/下拉电阻、开漏模式,以及转发器模式。所有 GPIO 位于 AHB 总线上,以进行快速访问,并支持 Cortex-M3 位段(bit-banding)。通过通用 DMA 控制器就可以访问 GPIO。端口 0 和 2 的任何引脚均可生成中断。208 引脚封装上有 165 个 GPIO;180 引脚封装上有 141 个 GPIO;144 引脚上有 109 个 GPIO。
- 12 位的模/数转换器(ADC),可在 8 只引脚之间实现多路输入,转换速率高达 400 kHz 并具有多个结果寄存器,12 位 ADC 可以与 GPDMA 控制器一起使用。
- 10 位的数/模转换器(DAC),具有专门的转换定时器,并支持 DMA 操作。
- 4 个通用定时器/计数器,共有 8 个捕获输入和 10 个比较输出。每个定时器模块都具有一个外部计数输入,可以选择特定的定时器事件来生成 DMA 请求。
- 1 个电机控制 PWM,支持三相电机控制。
- 正交编码器接口,可监控一个外接的正交编码器。
- 2 个标准的 PWM/定时器模块,带外部计数输入。
- 带有独立电源域的实时时钟(RTC)。RTC 通过专用的 RTC 振荡器来驱动。RTC 模块包括 20 字节的电池供电备份寄存器,当芯片其他部分掉电时,允许系统状态存储在该寄存器中。电池电源可由标准的 3 V 锂电池供电。当电池电压掉至 2.1 V 的低电压时,RTC 仍能继续工作。RTC 中断可将 CPU

从任何低功率模式中唤醒。

- 事件监控器/记录器,当 3 个输入的任何一个发生事件时,它可以捕获 RTC 的值,事件标识与发生时间都存储在寄存器中。事件监控器/记录器使用 RTC 电源域,因此只要 RTC 有供电,它就能工作。
- 窗口式看门狗定时器(WWDT)。窗口化运行、专用的内部振荡器、看门狗警告中断,以及安全特性等。
- CRC 引擎模块可以基于提供的数据,应用 3 种标准多项式中的一种,计算出 CRC。CRC 引擎可以与 DMA 控制器联合使用,因此在数据传输中无需 CPU 的介入,就能生成一个 CRC。
- Cortex - M3 系统节拍定时器,包括外部时钟输入选项。

⑫ 标准的 JTAG 测试/调试接口,以及串行线调试与串行线跟踪端口选项。

⑬ 支持实时跟踪的仿真跟踪模块。

⑭ 单个 3.3 V 电源(2.4～3.6 V),温度范围-40～85 ℃。

⑮ 4 个低功率模式:睡眠、深度睡眠、掉电、深度掉电。

⑯ 通过降低片上稳压器的输出电压,可在 100 MHz 或以下做省电运行。

⑰ 4 个外部中断输入,可配置为边沿/电平触发。PORT0 和 PORT2 上的全部引脚均可用做边沿触发的中断源。

⑱ 不可屏蔽中断输入(NMI)。

⑲ 时钟输出功能。可反映主振荡器时钟、IRC 时钟、RTC 时钟、CPU 时钟、USB 时钟或看门狗定时器时钟的输出状态。

⑳ 唤醒中断控制器(WIC)允许 CPU 从时钟在深度睡眠、掉电、深度掉电模式下停止时发生的任何优先级中断中自动唤醒。

㉑ 在处于掉电模式时,可通过中断将处理器从掉电模式中唤醒,这些中断包括外部中断、RTC 中断、USB 活动中断、以太网唤醒中断、CAN 总线活动中断、PROT0/2 引脚中断和 NMI 等。

㉒ 带掉电检测功能,可对掉电中断和强制复位分别设置阈值。

㉓ 片上有上电复位电路。

㉔ 12 MHz 内部 RC 振荡器(IRC)可在±1% 的精度内调整,可选择用做系统时钟。

㉕ 通过片上 PLL,没有高频晶振,CPU 也可以最高频率运转,可以从主振荡器或内部 RC 振荡器上运行。

㉖ 第二专用的 PLL 可用于 USB 接口,从而增强了主 PLL 设置的灵活性。

1.1.4　LPC178x/177x 系列微控制器结构概述

ARM Cortex - M3 包含 3 条 AHB - Lite 总线、一条系统总线,以及 I - code 和 D - code总线,后两者的速率较快,且与 TCM 接口的用法类似:一条总线专用于指令拾取(I - code),另一条总线用于数据访问(D - code)。当对不同的目标设备同时进行操作时,这两条内核总线允许同步操作。

　　LPC178x/177x 采用多层 AHB 矩阵来连接 Cortex-M3 总线,并以灵活的方式将其他总线主机连接到外设,这种方式允许不同的总线主机同时访问矩阵上不同从机端口的外设,从而优化了性能。LPC178x/177x 控制器详细结构框图及 CPU 和总线连接如图 1-1 所示。

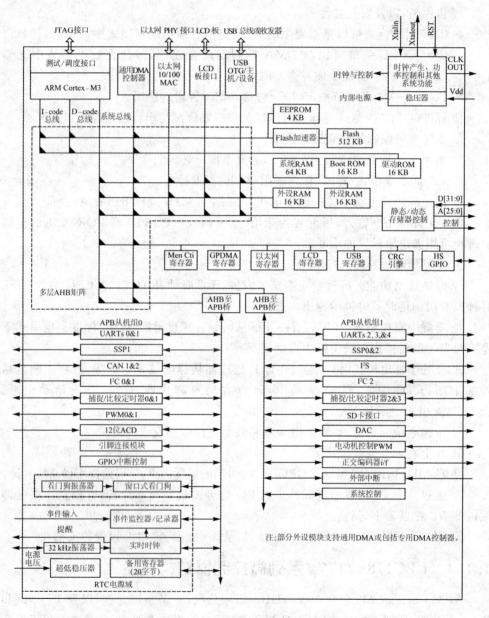

图 1-1　LPC178x/177x 微控制器框图

APB 外设使用多层 AHB 矩阵的独立从机端口,通过两条 APB 总线连接到 CPU。这样就减少了 CPU 与 DMA 控制器之间的争用,从而获得更好的性能。APB 总线桥被配置为缓冲区写操作,使得 CPU 或 DMA 控制器无需等待 APB 写操作结束。

1.1.5 LPC178x / 177x 系列微控制器存储器映射

LPC178x/177x 微控制器包含多个独立的存储区域,图 1 - 2 展示了微控制器复位后从用户编程角度所看到的整个空间映射。

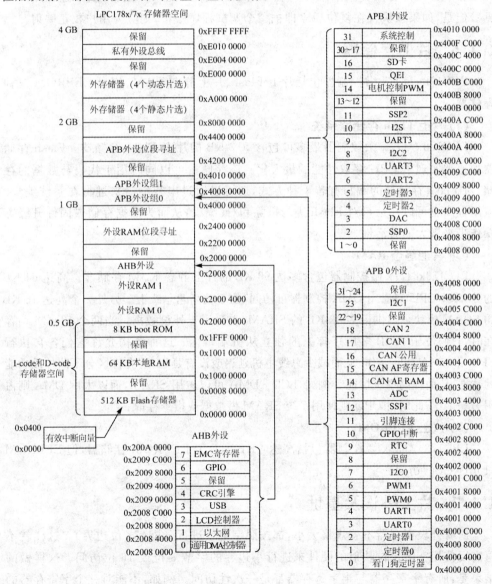

图 1 - 2　LPC178x/177x 系统存储器映射

轻松玩转 ARM Cortex-M3 微控制器——基于 LPC1788 系列

9

(1) 存储器重新映射

Cortex - M3 包含了一种允许将中断向量表重新映射到存储器映射空间的备用单元的机制,通过 Cortex - M3 所包含的向量表偏移寄存器控制向量表偏移。在无 Flash 的工作情况下,以 0x8000 0000 为起始地址的用户程序必须设置一个中断向量表。

(2) 启动 ROM 重新映射

在一个硬件复位后,启动 ROM 会临时被映射到地址 0。通常,这个过程用户可见。但是,如果该执行在复位后立即被一个调试程序停止,则应为用户校正映射。

1.1.6　片上存储器

LPC178x/177x 微控制器包括片上 Flash、片上静态 RAM、片上 EEPROM 三种存储器。

(1) 片上 Flash 存储器系统

LPC178x/177x 微控制器最多可包含 512 KB 的片上 Flash 存储器。Flash 存储器加速器实现了 CPU 存取性能的最大化。该存储器可以同时用于代码与数据的存储,对 Flash 存储器的编写有若干种方式,还可以通过串行端口来进行在系统编程。应用程序也可以在运行对 Flash 进行擦除和/或编程,从而为数据存储或固件升级等操作带来极大的灵活性。

(2) 片上静态 RAM

LPC178x/177x 微控制器包含多达 96 KB 的片上静态 RAM 存储器。高达 64 KB 的 SRAM(CPU 与通用 DMA 控制器可访问)位于较高速总线上。另外 2 个高达 16 KB 的 SRAM 模块可提供最多 32 KB 的 SRAM,主要用于外设数据。当两个 SRAM 均存在时,它们位于 AHB 多层矩阵上的独立从机端口上。这种结构允许它们各自执行 CPU 和 DMA 访问操作,从而减少总线主机延迟或没有延迟;还允许区分不同外设功能的数据,从而提高系统性能。例如,LCD - DMA 可以占用 SRAM,而以太网 DMA 则占用另一个,与此同时 CPU 则使用系统 SRAM 做数据或指令存取。

(3) 片上 EEPROM

LPC178x/177x 微控制器包括高达 4 KB 的片上 EEPROM 存储器,但 EEPROM 只允许 CPU 访问。

1.1.7　片上外设及基址

所有外设寄存器不管规格大小,都按照字地址进行分配(32 位边界)。这样就不再需要使用字节定位映射的硬件来进行小边界的字节 8 位或 16 位访问。这样做的结果是,所有字寄存器与半字寄存器都是一次性访问。例如,不能对一个字寄存器的最高字节执行单独的读或写操作。

1. AHB 外设

表 1-2 给出了 AHB 总线矩阵上的外设功能地址,并列出了对应的外设。

表 1-2　AHB 外设及基址

AHB 外设	基　址	外设名称
0	0x2008 0000 ～ 0x2008 3FFF	通用 DMA 控制器
1	0x2008 4000 ～ 0x2008 7FFF	以太网 MAC
2	0x2008 8000 ～ 0x2008 BFFF	LCD 控制器
3	0x2008 C000 ～ 0x2008 FFFF	USB 接口
4	0x2009 0000 ～ 0x2009 3FFF	CRC 引擎
5	0x2009 4000 ～ 0x2009 7FFF	保留
6	0x2009 8000 ～ 0x2009 BFFF	GPIO
7	0x2009 C000 ～ 0x2009 FFFF	外部存储控制器
8～15	0x200A 0000 ～ 0x200B FFFF	保留

2. APB0～1 外设

表 1-3 和表 1-4 分别列出了 2 个 APB 总线的地址映射。APB 外设不会全部用完分配给它们的 16 KB 空间。通常,每个器件的寄存器在各个 16 KB 范围内的多个位置上采用"别名"或重复。

表 1-3　APB0 外设及基址

APB0 外设	基　址	外设名称
0	0x4000 0000	看门狗定时器
1	0x4000 4000	定时器 0
2	0x4000 8000	定时器 1
3	0x4000 C000	通用异步收发传输器 0
4	0x4001 0000	通用异步收发传输器 1
5	0x4001 4000	PWM0
6	0x4001 8000	PWM1
7	0x4001 C000	I2C0
8	0x4002 0000	保留
9	0x4002 4000	实时时钟和时间监视器/记录器
10	0x4002 8000	GPIO 中断
11	0x4002 C000	引脚连接模块
12	0x4003 0000	串行同步接口 1
13	0x4003 4000	A/D 转换器
14	0x4003 8000	CAN 接收滤波器 RAM
15	0x4003 C000	CAN 接收滤波器寄存器
16	0x4004 0000	CAN 公用寄存器

APB0 外设	基　址	外设名称
17	0x4004 4000	CAN 控制器 1
18	0x4004 8000	CAN 控制器 2
19 ～ 22	0x4004 C000 ～ 0x4005 8000	保留
23	0x4005 C000	I2C1
24 ～ 31	0x4006 0000 ～ 0x4007 C000	保留

表 1 - 4　APB1 外设及基址

APB1 外设	基　址	外设名称
0 ～ 1	0x4008 0000 ～ 0x4008 4000	保留
2	0x4008 8000	串行同步接口 0
3	0x4008 C000	D/A 转换器
4	0x4009 0000	定时器 2
5	0x4009 4000	定时器 3
6	0x4009 8000	通用异步收发传输器 2
7	0x4009 C000	通用异步收发传输器 3
8	0x400A 0000	I2C2
9	0x400A 4000	通用异步收发传输器 4
10	0x400A 8000	I2S
11	0x400A C000	串行同步接口 2
12 ～ 13	0x400B 0000 ～ 0x400B 4000	保留
14	0x400B 8000	电机控制 PWM
15	0x400B C000	Z 正交编码器接口
16	0x400C 0000	SD 卡接口
17 ～ 30	0x400D 0000 ～ 0x400F 8000	保留
31	0x400F C000	系统控制

1.2　CMSIS 软件接口标准

　　CMSIS(Cortex Microcontroller Software Interface Standard,Cortex 微控制器软件接口标准)是 ARM 公司提出、专门针对 Cortex - M 系列内核,并由集成此款内核的半导体厂家等共同遵循的一套软件接口标准。它独立于供应商的 Cortex - M 处理器系列硬件抽象层,为芯片厂商和中间件供应商提供了连续的、简单的处理器软件接口,简化了软件复用,降低了 Cortex - M3 上操作系统的移植难度,有利于缩短微控制器开发入门者的学习时间和新产品开发的上市时间。

1. 2. 1　CMSIS 层与软件架构

CMSIS 层主要由 3 个基本功能层组成(见表 1-5):

(1) 内核外设访问层(CPAL)

该层由 ARM 负责实现,用来定义 Cortex-M 处理器内部的一些寄存器地址、内核寄存器、NVIC、调试子系统的访问接口以及特殊用途寄存器的访问接口(如 xPSR 等)。

由于对特殊用途寄存器的访问被定义成内联函数或是内嵌汇编的形式,所以 ARM 针对不同的编译器统一用_INLINE 来屏蔽差异,且该层定义的接口函数均是可重入的。

(2) 中间件访问层(MWAL)

该层由 ARM 负责实现,但芯片厂商需要针对所生产的设备特性对该层进行更新。该层主要负责定义一些中间件访问的通用 API 函数,例如为 TCP/IP 协议栈、SD/MMC、USB 协议栈以及实时操作系统的访问与调试提供标准软件接口。

(3) 设备外设访问层(DPAL)

该层由芯片厂商负责实现。该层的实现方式与内核外设访问层类似,负责对硬件寄存器地址以及外设访问函数进行定义。该层也可调用内核外设访问层提供的接口函数,同时根据设备特性对异常向量表进行扩展,以处理相应外设的中断请求。

表 1-5　CMSIS 层的主要功能层

	内核外设访问层(Core Periphral Access Layer)
CMSIS 层的组成	中间件访问层(Middleware Access Layer)
	设备外设访问层(Device Periphral Access Layer)

对一个 Cortex-M 微控制系统而言,CMSIS 通过以上 3 个功能层主要实现:

① 定义了访问外设寄存器和异常向量的通用方法。

② 定义了核内外设的寄存器名称和核异常向量的名称。

③ 为 RTOS 核定义了与设备独立的接口,包括 Debug 通道。

这样芯片厂商就可专注于对其产品的外设特性进行差异化,并且消除他们对微控制器进行编程时需要维持的不同的、互相不兼容的标准需求,以达到低成本开发的目的。

一般来说,基于 CMSIS 标准的软件架构主要分为用户应用层、操作系统及中间件接口层、CMSIS 层、硬件外设寄存器层等,如图 1-3 所示。

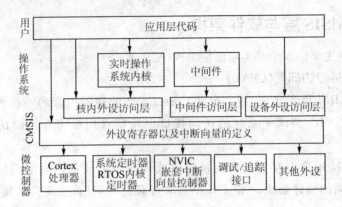

图 1-3 CMSIS 软件架构

1.2.2 CMSIS 文件结构

CMSIS 标准的文件结构如图 1-4 所示,下面将以 NXP 公司 LPC178x/177x 微控制器为例,对其中各文件作简要介绍。

1. core_<cortex * >. c 和 core_<cortex * >. h

这两类文件是实现 Cortex - M 系列处理器 CMSIS 标准的 CPAL 层。对于 Cortex - M3 处理器,这两个文件名分别为 core_cm3. c 和 core_cm3. h。

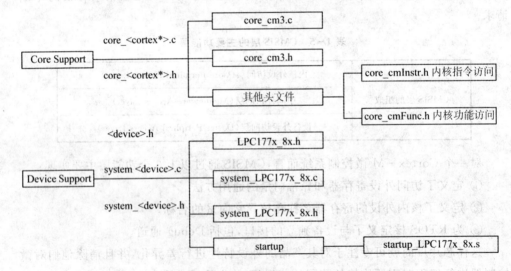

图 1-4 CMSIS 标准的文件结构

(1) 头文件 core_cm3. c

core_cm3. c 定义一些访问 Cortex - M3 核内寄存器的函数,例如对 xPSR、MSP、PSP 等寄存器的访问,另外还将一些汇编语言指令也定义为函数。

由于 LPC178x/177x 微控制器是一种基于 ARM Cortex - M3 处理器的更新系列的微控制器,在 CMSIS 体系中仅保留了 core_cm3. h 文件。

(2) 头文件 core_cm3. h

头文件 core_cm3. h 定义了 Cortex - M3 内核外设的数据结构及其地址映射,另外它也提供了一些访问 Cortex - M3 内核寄存器及外设的函数,这些函数定义为静态内联。

1) 头文件 core_cm3. h

表 1 - 6 列出了 LPC178x/177x 微控制器在该文件中定义的 Cortex - M3 内核寄存器数据结构。

表 1 - 6　Cortex - M3 内核寄存器数据结构定义

序　号	内核寄存器	序　号	内核寄存器
1	嵌套向量中断控制器(NVIC)	5	中断类型(Int)
2	系统控制模块(SCB)	6	存储器保护单元(MPU)
3	系统滴答定时器(SysTick)	7	内核调试单元(Core Debug)
4	仪器化跟踪宏单元(ITM)		

CMSIS 目前支持四大主流的工具链,即 ARM RealView MDK(CC_ARM)、IAR EWARM (ICCARM)、Gnu Compiler Collection (GNUC)及 TASKING C Compiler for ARM(TASKING)。在 core_cm3. h 文件中有如下定义:

```
# if defined ( __CC_ARM)
# define __ASM          __asm     /* ARM RealView MDK 开发工具 asm 关键字 */
# define __INLINE        __inline  /* ARM RealView MDK 开发工具 inline 关键字 */
# elif defined ( __ICCARM__ )
# define __ASM          __asm     /* IAR 开发工具 asm 关键字 */
# define __INLINE       inline    /* IAR 开发工具 inline 关键字,仅适用于高性
                                     能优化模式 */
# elif defined( __GNUC__)
# define __ASM          __asm     /* GCC 开发工具 asm 关键字 */
# define __INLINE       inline    /* GCC 开发工具 inline 关键字 */
# elif defined( __TASKING__)
# define __ASM          __asm     /* TASKING 开发工具 asm 关键字 */
# define __INLINE       inline    /* TASKING 开发工具 inline 关键字 */
```

本文件中提供了一些 Cortex - M3 内核寄存器及外设的函数,这些函数通常定义为静态内联函数。下面是系统滴答定时器配置函数的定义。

```
static __INLINE uint32_t SysTick_Config(uint32_t ticks)
{
    if (ticks > SysTick_LOAD_RELOAD_Msk)  return (1);
    SysTick->LOAD  = (ticks & SysTick_LOAD_RELOAD_Msk) - 1;
    NVIC_SetPriority (SysTick_IRQn, (1<<__NVIC_PRIO_BITS) - 1);
    SysTick->VAL  = 0;
    SysTick->CTRL  = SysTick_CTRL_CLKSOURCE_Msk |
                     SysTick_CTRL_TICKINT_Msk|
                     SysTick_CTRL_ENABLE_Msk;
    return (0);
}
```

2) 头文件 core_cmFunc.h

core_cmFunc.h 文件定义了 Cortex-M3 内核功能访问函数,这些函数均定义为静态内联函数,表 1-7 列举出了这类功能函数。

表 1-7 内核功能访问函数

序 号	函数原型
1	static __INLINE uint32_t __get_CONTROL(void)
2	static __INLINE void __set_CONTROL(uint32_t control)
3	static __INLINE uint32_t __get_IPSR(void)
4	static __INLINE uint32_t __get_APSR(void)
5	static __INLINE uint32_t __get_xPSR(void)
6	static __INLINE uint32_t __get_PSP(void)
7	static __INLINE void __set_PSP(uint32_t topOfProcStack)
8	static __INLINE uint32_t __get_MSP(void)
9	static __INLINE void __set_MSP(uint32_t topOfMainStack)
10	static __INLINE uint32_t __get_PRIMASK(void)
11	static __INLINE void __set_PRIMASK(uint32_t priMask)
12	static __INLINE uint32_t __get_BASEPRI(void)
13	static __INLINE void __set_BASEPRI(uint32_t basePri)
14	static __INLINE uint32_t __get_FAULTMASK(void)
15	static __INLINE void __set_FAULTMASK(uint32_t faultMask)
16	static __INLINE uint32_t __get_FPSCR(void)
17	static __INLINE void __set_FPSCR(uint32_t fpscr)

3) 头文件 core_cmInstr.h

该文件定义了 Cortex-M3 内核指令访问函数,如 NOP、WFI、WFE 指令等。

2. <device>.h

<device>.h 由芯片厂商提供,是工程项目中 C 源程序的主要包含文件。其中 "device"是指微控制器型号,LPC178x/177x 微控制器对应的头文件是 LPC177x_8x.h。

下面以 LPC177x_8x.h 头文件为例来说明该文件主要包括的内容。

(1) 异常与中断号定义

这部分提供所有内核及处理器定义的所有中断及异常的中断号（IRQn），LPC178x/177x 微控制器的异常与中断号定义如下：

```
typedef enum IRQn
{
    /* * * * Cortex - M3 处理器异常号定义 * * * */
    NonMaskableInt_IRQn       = - 14,        /* 非屏蔽中断 */
    MemoryManagement_IRQn     = - 12,        /* Cortex - M3 存储器管理中断 */
    BusFault_IRQn             = - 11,        /* Cortex - M3 总线故障中断 */
    UsageFault_IRQn           = - 10,        /* Cortex - M3 用法错误中断 */
    SVCall_IRQn               = - 5,         /* Cortex - M3 系统服务调用中断 */
    DebugMonitor_IRQn         = - 4,         /* Cortex - M3 调试监视器中断 */
    PendSV_IRQn               = - 2,         /* Cortex - M3 可悬挂请求系统服务中断 */
    SysTick_IRQn              = - 1,         /* Cortex - M3 系统滴答定时器中断 */
    /* * * * LPCL78x/177x 微控制器指定中断号定义 * * * */
    WWDG_IRQn                 = 0,           /* 窗口看门狗定时器中断 */
    TIMER0_IRQn               = 1,           /* 定时器 0 中断 */
    TIMER1_IRQn               = 2,           /* 定时器 1 中断 */
    TIMER2_IRQn               = 3,           /* 定时器 2 中断 */
    TIMER3_IRQn               = 4,           /* 定时器 3 中断 */
    UART0_IRQn                = 5,           /* UART0 中断 */
    UART1_IRQn                = 6,           /* UART1 中断 */
    UART2_IRQn                = 7,           /* UART2 中断 */
            ...
    EEPROM_IRQn               = 40,          /* EEPROM 中断 */
} IRQn_Type;
```

(2) 芯片厂商在具体实现时处理器 Cortex - M3 内核的配置

Cortex - M3 处理器在具体实现时，有些部件是可选的，有些参数是可以设置的，例如 MPU、NVIC 优先级位等。在 LPC177x_8x.h 中需要做参数设置。

```
#define __MPU_PRESENT            1          /* 微控制器提供 MPU */
#define __NVIC_PRIO_BITS         5          /* 实现 NVIC 时优先级位的位数 */
#define __Vendor_SysTickConfig   0          /* 如果使用不同系统滴答时钟配置
                                                则定义为 1 */
```

(3) DPAL 层

DPAL 提供所有处理器片上外设的定义，包含数据结构和片上外设的地址映射。一般数据结构的名称定义为"处理器或厂商缩写_外设缩写_TypeDef"，也有些厂家定义的数据结构名称为"外设缩写_TypeDef"。

例如,LPC178x/177x 微控制器的 PWM 模块寄存器数据结构定义如下:

```
typedef struct
{
    __IO    uint32_t IR;           /* 中断寄存器(R/W) */
    __IO    uint32_t TCR;          /* 定时控制寄存器(R/W) */
    __IO    uint32_t TC;           /* 定时计数器(R/W) */
    __IO    uint32_t PR;           /* 预分频寄存器(R/W) */
    __IO    uint32_t PC;           /* 预分频计数寄存器(R/W) */
    __IO    uint32_t MCR;          /* 匹配控制寄存器(R/W) */
    __IO    uint32_t MR0;          /* 匹配控制寄存器 0 (R/W) */
    __IO    uint32_t MR1;          /* 匹配控制寄存器 1 (R/W) */
    __IO    uint32_t MR2;          /* 匹配控制寄存器 2 (R/W) */
    __IO    uint32_t MR3;          /* 匹配控制寄存器 3 (R/W) */
    __IO    uint32_t CCR;          /* 捕获控制寄存器(R/W) */
    __I     uint32_t CR0;          /* 捕获寄存器 0 (R/ ) */
    __I     uint32_t CR1;          /* 捕获寄存器 1 (R/ ) */
    __I     uint32_t CR2;          /* 捕获寄存器 2 (R/ ) */
    __I     uint32_t CR3;          /* 捕获寄存器 3 (R/ ) */
            uint32_t RESERVED0;    //保留
    __IO    uint32_t MR4;          /* 匹配寄存器 4 (R/W) */
    __IO    uint32_t MR5;          /* 匹配寄存器 5 (R/W) */
    __IO    uint32_t MR6;          /* 匹配寄存器 6 (R/W) */
    __IO    uint32_t PCR;          /* PWM 控制寄存器(R/W) */
    __IO    uint32_t LER;          /* 装载使能寄存器(R/W) */
            uint32_t RESERVED1[7]; //保留
    __IO    uint32_t CTCR;         /* 计数控制寄存器(R/W) */
} LPC_PWM_TypeDef;
```

18

3. system_＜device＞. c 和 system_＜device＞. h

system_＜device＞. c 和 system_＜device＞. h 两个文件是由 ARM 提供模板,各芯片厂商根据自己芯片的特性来实现的。一般提供处理器的系统初始化配置函数以及包括系统时钟频率的全局变量。

在 LPC178x/177x 微控制器的 system_LPC177x_8x. c 和 system_LPC177x_8x. h 两个文件中定义了 SystemInit( )函数、SystemCoreClockUpdate( )函数和全局变量 SystemCoreClock、PeripheralClock、EMCClock、USBClock 等函数,用于实现从用户程序调用,同时函数 SystemInit( )也将调用 SystemCoreClockUpdate( )函数进行时钟设置。

4. startup 文件

汇编文件 startup_＜device＞. s 是在 ARM 提供的启动文件模板基础上,由芯片厂商或开发工具提供商各自修订而成的,LPC178x/177x 微控制器提供了 3 种启动代码文件以对应 3 种不同的开发工具(ARM 、GCC、IAR 编译工具)。

启动代码文件中一般定义了 LPC178x/177x 微控制器的堆栈大小、各种中断的名字以及入口函数名称,同时还有与启动相关的汇编代码。

下面以 ARM 开发工具的 startup_LPC177x_8x. s 文件为例介绍启动代码文件的三种主要功能:

(1) 配置并初始化堆栈

文件中对堆、栈配置的代码如下:

```
/ * 栈配置 * /
Stack_Size      EQU             0x00000200
                AREA            STACK, NOINIT, READWRITE, ALIGN = 3
Stack_Mem       SPACE           Stack_Size
__initial_sp
/ * 堆配置 * /
Heap_Size       EQU             0x00000000
                AREA            HEAP, NOINIT, READWRITE, ALIGN = 3
__heap_base
Heap_Mem        SPACE           Heap_Size
__heap_limit
                PRESERVE8
                THUMB
```

该文件中对堆、栈初始化的代码如下:

```
/ * 用户堆和栈初始化 * /
                IF          :DEF:__MICROLIB
                EXPORT      __initial_sp
                EXPORT      __heap_base
                EXPORT      __heap_limit
                ELSE
                IMPORT      __use_two_region_memory
                EXPORT      __user_initial_stackheap
__user_initial_stackheap
                LDR         R0, =  Heap_Mem
                LDR         R1, = (Stack_Mem + Stack_Size)
                LDR         R2, = (Heap_Mem + Heap_Size)
                LDR         R3, = Stack_Mem
                BX          LR
                ALIGN
                ENDIF
                END
```

(2) 定义中断向量表及中断处理函数

startup_LPC177x_8x.s 文件定义的向量表如下：

```
; 向量表映射到地址 0(RESET)
                AREA      RESET, DATA, READONLY
                EXPORT    __Vectors
__Vectors       DCD       __initial_sp              ; 栈顶
                DCD       Reset_Handler             ; 复位处理
                DCD       NMI_Handler               ; 非屏蔽中断处理
                DCD       HardFault_Handler         ; 硬件故障处理
                DCD       MemManage_Handler         ; 存储器保护单元故障处理
                DCD       BusFault_Handler          ; 总线故障处理
                DCD       UsageFault_Handler        ; 用法错误处理
                DCD       0                         ; 保留
                DCD       0                         ; 保留
                DCD       0                         ; 保留
                DCD       0                         ; 保留
                DCD       SVC_Handler               ; 系统服务调用处理
                DCD       DebugMon_Handler          ; 调用监控器处理
                DCD       0                         ; 保留
                DCD       PendSV_Handler            ; 可悬挂系统服务处理
                DCD       SysTick_Handler           ; 系统滴答定时器处理
; 外设中断处理
                DCD       WWDG_IRQHandler           ; 窗口看门狗
                DCD       TIMER0_IRQHandler         ; 定时器 0 中断处理
        ...
                DCD       EEPROM_IRQHandler         ; EEPROM 中断处理
IF      :LNOT::DEF:NO_CRP
                AREA      |.ARM.__at_0x02FC|, CODE, READONLY
CRP_Key         DCD       0xFFFFFFFF
                ENDIF
                AREA      |.text|, CODE, READONLY
```

所有外设的中断处理函数均定义为弱函数，代码形式类似于下述列出的中断处理函数 NMI_Handler。

```
NMI_Handler     PROC
                EXPORT    NMI_Handler               [WEAK]
                B.
                ENDP
```

除了 Reset_Handler() 函数外，其他中断处理函数均为空白函数。这样所有中断处理函数的名称都已经被定义好了，实现时只需要用户在函数体内填写相关代码即可。

(3) 引导__main()函数

汇编代码中的中断处理函数 Rest_Handler 可完成函数初始化并最终引导到应用程序的 main()函数。这个函数为非空白函数,它的详细代码如下:

```
;复位处理函数
Reset_Handler    PROC
                 EXPORT    Reset_Handler            [WEAK]
                 IMPORT    SystemInit
                 IMPORT    __main
                 LDR       R0, = SystemInit
                 BLX       R0
                 LDR       R0, = __main
                 BX        R0
                 ENDP
```

第 2 章

开发工具概述

嵌入式系统开发与应用的学习,是在某种 ARM 核系统芯片应用平台基础上进行,讲述嵌入式系统开发应用之前,应先对兼容 ARM Cortex - M3 处理器的嵌入式开发环境进行了解。本章主要对 ARM 嵌入式开发工具的基本情况、快速入门使用以及评估板进行简单介绍。

2.1 常用开发工具概览

软件开发人员在选用 ARM 处理器开发嵌入式系统时,若选择合适的开发工具,则可以加快开发进度,节省开发成本。用户在建立自己的基于 ARM 的嵌入式开发环境时,可供选择的开发工具是非常多的,目前世界上有几十多家公司提供不同类别的 ARM 开发工具产品。本节将简要介绍几种比较流行的 ARM 开发工具,包括 RealView - MDK、IAR Embedded - Workbench 集成开发环境以及 J - Link 仿真器、ULink 2/Pro 仿真器等。

2.1.1 RealView MDK 开发环境

RealView MDK(RealView Microcontroller Development Kit)开发套件源自德国 Keil 公司,是 ARM 公司最新推出的针对各种嵌入式处理器的软件开发工具。RealView MDK 是用来开发基于 ARM 内核系列微控制器的嵌入式应用程序,它适合包括专业的程序开发工程师和嵌入式软件开发的入门者等不同层次的开发者使用。RealView MDK 开发工具集成了多种开发工具组件,合理地使用它们有助于快速完成项目开发。

RealView MDK 包括 μVision4 集成开发环境、工业标准的 Keil C 编译器(RealView C/C++ Compiler)、宏汇编器(RealView Macro Assembler)、调试器(μVision4 Debugger)、实时内核等组件,支持 ARM7、ARM9 和最新的 Cortex - M3 核处理器等,其涵盖的编译工具组件如表 2 - 1 所列。RealView MDK 具有自动配置启动代码、集成 Flash 烧写模块、强大的 Simulation 设备模拟及性能分析等功能,与 ARM 之前的工具包 ADS 等相比,RealView 编译器的最新版本对性能的改善超过 20%,很大程度上提高了工程师的开发效率,使工程师能够按照计划完成项目。

表 2-1 RealView MDK 编译工具组件

工具名称	功 能
C/C++编译器	RV 编译器和库
C/C++运行时库	RV 编译器和库
RogueWave C++标准模板库	RV 编译器和库
Macro Assembler(宏汇编器)	RV 汇编器
Linker/Locater(链接器/定位器)	RV 链接器/工具
Library Manager (库管理)	RV 链接器/工具
HEX File Creator (十六进制文件生成器)	RV 链接器/工具

2.1.2 IAR EWARM 开发环境

IAR Embedded Workbench for ARM(下面简称 IAR EWARM)是一个针对 ARM 处理器的集成开发环境,它包含项目管理器、编辑器、C/C++编译器、ARM 汇编器、连接器 XLINK 和支持多种 RTOS 与中间件的调试工具 C-SPY。在 EWARM 环境下可以使用 C/C++和汇编语言方便地开发嵌入式应用程序。

IAR EWARM 具有入门容易,使用方便和代码紧凑等特点,包含一个全软件的 模拟程序(Simulator),用户不需要任何硬件支持就可以模拟各种 ARM 内核、外部设 备甚至中断的软件运行环境。

IAR Systems 公司目前推出的最新版本是 IAR Embedded Workbench for ARM version 6.60,提供一个 30 天期限无次数限制的免费评估版。用户可以从 Http:// www.iar.com/ewarm 网址下载并安装,以了解和评估 IAR EWARM 的功能和使用 方法。

IAR EWARM 的主要特点如下:
- 高度优化的 IAR ARM C/C++ Compiler;
- IAR ARM Assembler;
- 一个通用的 IAR XLINK Linker;
- IAR XAR 和 XLIB 建库程序和 IAR DLIB C/C++运行库;
- 功能强大的编辑器;
- 项目管理器;
- 命令行实用程序;
- IAR C-SPY 调试器(先进的高级语言调试器)。

目前 IAR EWARM 开发环境支持绝大多数 ARM 内核处理器,主要包括:
- Cortex-A15;
- Cortex-A9;
- Cortex-A8;
- Cortex-A7;

- Cortex – A5；
- Cortex – R7；
- Cortex – R5（F）；
- Cortex – R4（F）；
- Cortex – M4（F）；
- Cortex – M3；
- Cortex – M1；
- Cortex – M0＋；
- Cortex – M0；
- ARM11；
- ARM9E（ARM926EJ – S，ARM946E – S 及 ARM966E – S，ARM968E – S）；
- ARM9（ARM9TDMI，ARM920T，ARM922T 及 ARM940T）；
- ARM7（ARM7TDMI，ARM7TDMI – S 及 ARM720T）；
- ARM7E（ARM7EJ – S）；
- SecurCore（SC000，SC100，SC110，SC200，SC210，SC300）；
- XScale。

2.1.3　J – Link 仿真器

J – Link 是 SEGGER 公司为支持仿真 ARM 内核芯片推出的 JTAG 仿真器。配合 IAR EWAR、ADS、Keil、WINARM、RealView 等集成开发环境，支持 ARM7、ARM9、ARM11、Cortex – M0、Cortex – M1、Cortex – M3、Cortex – M4、Cortex – A4、Cortex – A8、Cortex – A9 等内核芯片的仿真，与 IAR、Keil 等编译环境无缝连接，操作方便，连接方便，简单易学，是学习开发 ARM 最好、最实用的开发工具之一。

目前 J – Link 有多个版本：J – Link Plus、J – Link Ultra、J – Link Ultra＋、J – Link Pro、J – Link EDU、J – Trace 等，用户可以根据不同的需求来选择不同的产品，图 2 – 1 为 J – Link Ultra 仿真器图片。

J – Link 仿真器目前已经升级到 V9.1 版本，其仿真速度和功能远非简易的并口 WIGGLER 调试器可比。J – Link 仿真器的主要特点如下：

- IAR EWARM 集成开发环境无缝连接的 JTAG 仿真器；
- 支持 ADS，IAR，Keil，WINARM，RealView 等几乎所有的开发环境；
- 下载速度高达 1 MB/s；
- 最高 JTAG 速度 15 MHz；
- 目标板电压范围 1.2 ～3.3 V；
- 自动速度识别功能；
- 监测所有 JTAG 信号和目标板电压；
- 完全即插即用，使用 USB 电源（但不对目标板供电）；

● 支持多 JTAG 器件串行连接；
● 标准 20 芯 JTAG 仿真插头；
● 选配 14 芯 JTAG 仿真插头；
● 带 J－Link TCP/IP server，允许通过 TCP/IP 网络 J－Link 支持 ARM 内核。

图 2－1　J－Link Ultra 仿真器

2.1.4　ULINK2 仿真器

ULINK2 是 ARM 公司最新推出的配套 MDK－ARM 使用的仿真器，是 ULINK 仿真器的升级版本。ULINK2 不仅具有 ULINK 仿真器的所有功能，还增加了串行调试(SWD)支持、返回时钟支持和实时代理等功能。开发工程师通过结合 MDK 的调试器和 ULINK2，可以很方便地在目标硬件上进行片上调试(使用 on－chip JTAG、SWD 和 OCDS)和 Flash 编辑。它支持诸多芯片厂商如 8051、ARM7、ARM9、Cortex 系列、Infineon C16x/ST10/XC16x、STMicroelectronics μPSD 等多个系列的处理器。

ULINK2 实物如图 2－2 所示，电源由 PC 机的 USB 接口提供。

ULINK2 的主要功能如下：
● USB 通信接口高速下载用户代码；
● 下载目标程序；
● 检查内存和寄存器；
● 片上调试，整个程序的单步执行；
● 插入多个断点；
● 运行实时程序；
● 对 Flash 存储器进行编程。

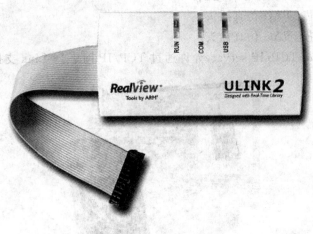

图 2-2　ULINK2 仿真器

ULINK2 的新特点如下：

● 标准 Windows USB 驱动支持，也就是 ULINK2 即插即用；

● 支持基于 ARM Cortex - M3 的串行线调试；

● 支持程序运行期间的存储器读/写、终端仿真和串行调试输出；

● 支持 10/20 针连接器。

2.2　LPC1788 评估板简述

评估电路板，也称作开发板，一般用作开发者的学习板和实验板，也可以作为应用目标板出来之前的软件测试和硬件调试的电路板。尤其是在应用系统的功能没有完全确定时，对初步进行嵌入式开发且没有相关开发经验者非常重要。

2.2.1　开发板概览

HY - LPC1788 开发板是浩宇电子最新推出的一款基于 NXP 公司（恩智浦半导体）LPC178x/LPC177x 系列处理器（Cortex - M3 内核 V2 版）的高性能评估板，主频高达 120 MHz。该评估板含有 LCD 接口、Ethernet 接口、USB Host/Slave 接口、I²S 音频接口、CAN 总线接口、RS - 485 总线接口、UART 接口等，主要应用于网络通信、汽车电子、医疗电子、工业控制、消费类电子等方面。

该开发板由一块核心板和一块底板构成，由 LPC1788 微控制器、存储器等构成的核心板实物如图 2 - 3 所示，图中分别展示了实物的正面和反面；LPC1788 底板主要是由一些外设硬件构成，其实物图如图 2 - 4 所示。

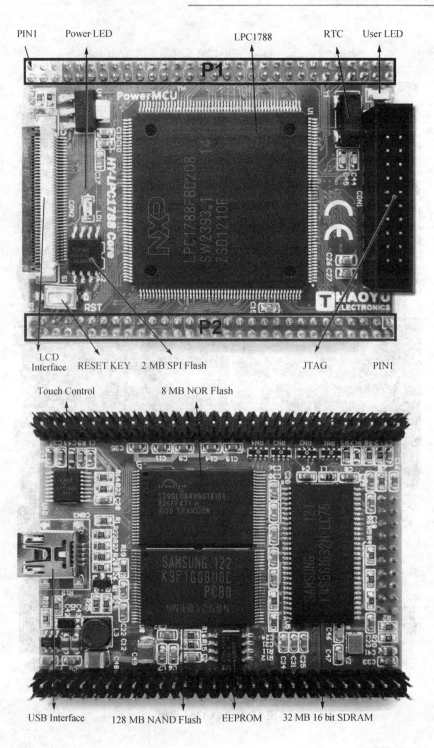

图 2 - 3　LPC1788 核心板

轻松玩转 ARM Cortex-M3 微控制器——基于 LPC1788 系列

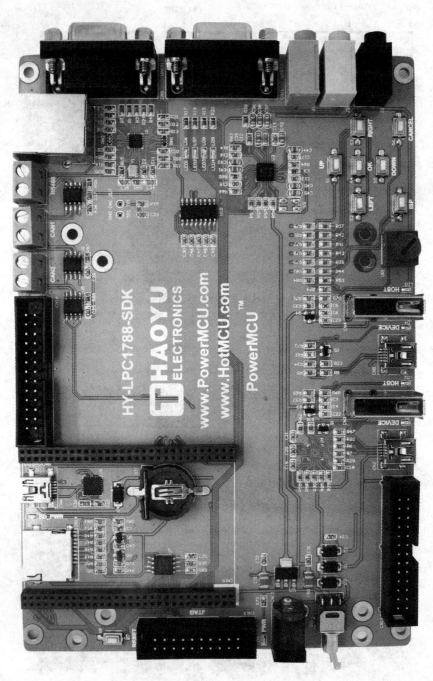

图 2 - 4　LPC1788 底板

2.2.2　开发板外设接口 I/O 分配

LPC1788 开发板底板主要配置的是一些外设与接口，如开发板自带的一些标准接口、外扩接口等。表 2－2 列出了 LPC1788 开发板的底板资源和特性。

表 2－2　LPC1788 开发板的底板资源和特性

项　目	描　述
标准接口资源	1 个 10/100 M 自适应以太网 RJ－45 接口（采用 LAN8720A）； 1 个 USB 转串口，连接 UART0（可用于 ISP 和调试用）； 2 个 DB9 式 RS－232 串口； 2 个 mini USB Slave 2.0 接口； 2 个 USB Host 2.0 接口； 1 个标准 TF 卡座； 1 个标准 2.54 mm 间距 JTAG 仿真接口； 1 路 3.5 mm 立体声音频输出接口； 1 路 3.5 mm 立体声音频输入接口； 1 路 3.5 mm 麦克风输入接口； 2 路 CAN 2.0B 总线接口； 1 路 RS－485 总线接口； 5 V 直流电压输入
外扩接口资源	1 路 2.54 mm 间距 26 PIN 端子（CN16）引出 16 个 GPIO，此 16 个 I/O 和内存数据总线高 16 bit 复用，如果使用 32 bit 内存数据总线，则引出 I/O 端口不可用（默认 16 bit 内存数据总线）。1 路 2.54 mm 间距 26 PIN 端子（CN17）引出 22 个 GPIO，此 22 个 I/O 和 LCD 接口复用，如果使用 LCD 则引出 I/O 端口不可用
其他资源	1 路可调电位器输入接口，用于 ADC 转换测试； 1 路 D/A 输出，用于 DAC 输出测试（测试点形式）； 7 个用户按键，1 个复位按键； 板载 2 MB SPI Flash； 板载实时时钟备份电池

(1) JTAG 调试口

HY－LPC1788 开发板底板采用标准的 20 针 2.54 mm 间距 JTAG 连接座，核心板采用 20 针 2.0 mm 间距 JTAG 连接座，可以通过提供的转换接头实现与标准 2.54 mm 间距 ARM JTAG 仿真器的连接。

(2) SD 卡

HY－LPC1788 开发板底板上有一个 SD/MMC 卡接口，可以支持常用的 TF 卡（MicroSD 卡）和 MMC 卡。

(3) 以太网

HY－LPC1788 开发板底板使用物理层芯片 LAN8720A 通过 RMII 接口模式连

接,支持 10/100 MB 的以太网通信。

(4) 音频接口

HY–LPC1788 开发板底板 I²S 接口连接 UDA1380,底板上提供 3 个音频接口,分别是:音频输出、耳机输出、话筒输入。

(5) USB DEVIVE / HOST / OTG

HY–LPC1788 开发板底板提供了 4 个 USB DEVICE/HOST/OTG 接口(CN2、CN3、CN4、CN5),用于 USB 通信。因采用无跳线切换设计,USB1 和 USB2 如果用了 HOST 接口,那么 DEVICE 接口不可用(不能连接外设);用了 DEVICE 接口,HOST 将不可用。

注:部分开发板上没有焊接 OTG PHY 芯片。

(6) USB–UART 接口、调试串口、ISP 下载口

HY–LPC1788 开发板底板使用 USB to UART 接口(CN6 连接到 UART0)用于通信和跟踪调试,此接口还可用于 ISP 下载和提供电源。

(7) UART 串口

HY–LPC1788 开发板底板提供了两个 UART 串口(CN8 和 CN11),分别连接到芯片的 UART1 和 UART2 接口上。

(8) 用户按钮

HY–LPC1788 开发板底板总共提供了 8 个按键,S1 ～ S6 作为用户可编程按键,S7 连接 EINT0 用于进入 ISP 模式,S8 为复位按键。

(9) LED

HY–LPC1788 开发板底板提供了 4 个用户可用的 LED,LD6～LD9。

(10) CAN 总线接口

HY–LPC1788 开发板底板提供了两个 CAN 总线接口(CN9 和 CN10)。

(11) RS–485 总线接口

HY–LPC1788 开发板底板提供了一个 RS–485 总线接口(CN7)。

(12) A/D 输入接口

HY–LPC1788 开发板底板提供了一个可调电位器输入,将电压分压后输入到芯片 ADC 输入引脚上,用于演示 A/D 采样。

(13) D/A 输出接口

HY–LPC1788 开发板底板提供了 D/A 输出接口(TP1,TP2),此接口采用测试点的形式,可用示波器连接这个测试点,用于观察 D/A 输出的波形。

(14) 扩展接口

HY–LPC1788 开发板底板提供了两个扩展接口(CN16 和 CN17)。CN16 引出 16 个 GPIO,此 16 个 I/O 和内存数据总线高 16 bit 复用,如果使用 32 bit 内存数据总线,则引出 I/O 端口不可用(默认 16 bit 内存数据总线)。CN17 引出 22 个 GPIO,此 22 个 I/O 和 LCD 接口复用,如果使用 LCD 则引出 I/O 端口不可用。

2.3　RealView MDK 开发环境快速入门

RealView MDK 开发工具是 ARM 公司推出的针对各种嵌入式处理器的软件开发工具,这种开发工具上手快,代码尺寸小,性能高。本节将以一个简易实例为引导,简述 RealView MDK 开发环境的工程项目文件建立、配置、编译及程序下载与调试。

2.3.1　工程项目的建立

开始创建工程之前请先安装好 RealView MDK 软件,然后双击电脑上 Keil μVision4 图标,打开 Keil μVision4 应用程序窗口,选择 Project→New μVision Project 命令,如图 2-5 所示。

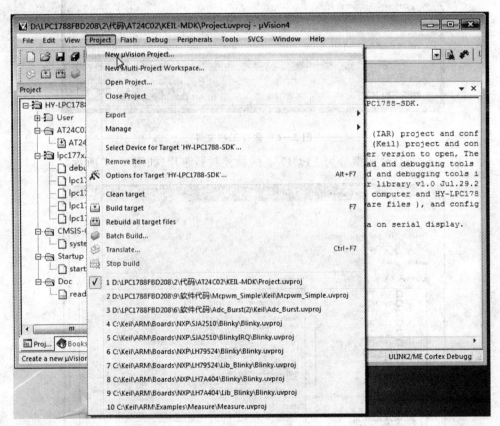

图 2-5　新建一个工程

① 新建一个工程,输入工程名 GPIO,然后另存,如图 2-6 所示。

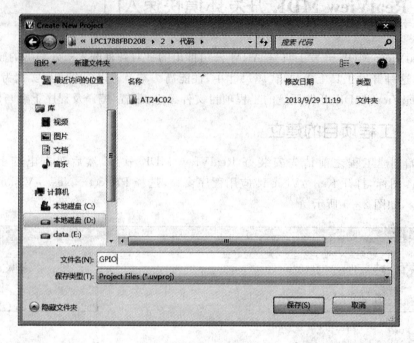

图 2-6　保存工程文件

② 选择 NXP 公司型号为 LPC1788 的微控制器芯片,如图 2-7 所示。

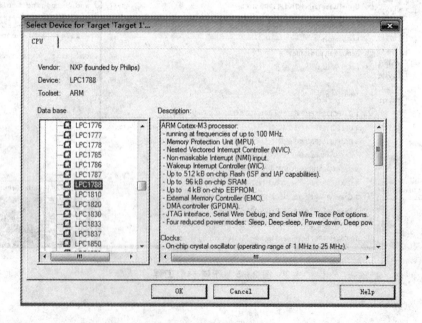

图 2-7　选择微控制器型号

③ 选择 CPU 型号,完成后提示要不要复制 LPC177x_8x.s 启动文件到工程,可根据实际需求选择"是"或"否",本例选择"否",如图 2 - 8 所示。

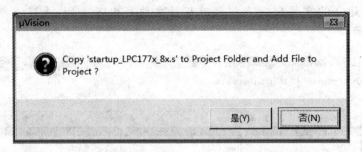

图 2 - 8　启动文件代码自动加载选项

2.3.2　工程项目的配置

在建立完工程项目之后,还需要对工程进行一些简单的配置。选择 Project→Manage→Components,Environment,Books 命令,如图 2 - 9 所示。

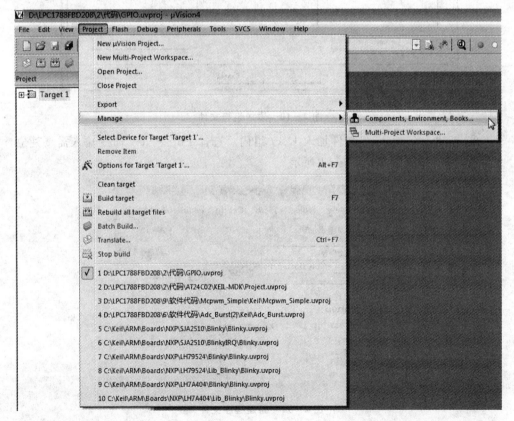

图 2 - 9　简易配置选项

① 视需要,分别建立和命名3个组:Startup、CMSIS 和 User。Startup 组内添加 startup_LPC177x_8x.s 文件;CMSIS 组内添加 system_LPC177x_8x.c;User 组内添加用户自己建立的文件(**注**:当前无源程序文件可以不添加,先建立组即可),如图2-10所示。

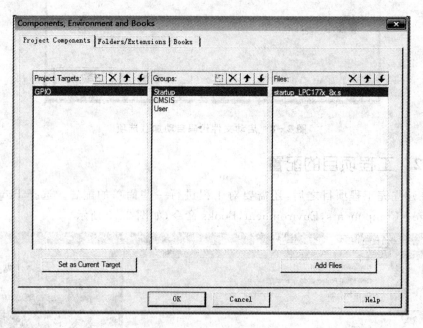

图 2 - 10 添加组与文件

② 新建一个 main.c 文件加入 User 组内。选择 File→New 命令输入需要建立文件的名字,并保存,如图 2 - 11 所示。

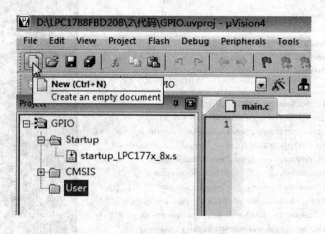

图 2 - 11 新建程序文件

③ 将光标对着 User 用户组右击,弹出对话框,然后选择添加文件,如图 2 - 12 所示。

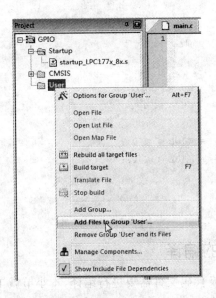

图 2 - 12 添加已建立的空白程序文件

2.3.3 编写演示代码

将已建立的 main. c 文件添加入用户组后,单击打开 main. c 文件,开始编写代码,本例输入下述代码作为演示。

```
# include <lpc177x_8x. h>
/* 初始化 LED 引脚 */
void LED_Init (void)
{
LPC_IOCON->P5_0 = 0;                        // 设置 P5.0 为 GPIO
LPC_IOCON->P5_1 = 0;                        // 设置 P5.1 为 GPIO
LPC_GPIO5->SET = ( (1UL << 0) |
                   (1UL << 1));             // 切换 LED 亮灭
LPC_GPIO5->DIR |= ( (1UL << 0) |
                    (1UL << 1));            /* 设置 P5.0..1 为输出方向
}
/* 延时程序 */
void Delay(int i)
{
int j;
for(j = 0;j<i;j + +);
}
/* 主程序 */
int main(void)
```

```
{
LED_Init();
while(1)
{
  LPC_GPIO5 - >CLR = (1UL << 0);
  LPC_GPIO5 - >CLR = (1UL << 1);
  Delay(5000000);
  LPC_GPIO5 - >SET | = (1UL << 0);
  LPC_GPIO5 - >SET | = (1UL << 1);
  Delay(5000000);
}
}
```

2.3.4　工程项目的编译

　　建立的工程项目以及代码文件需要进行编译,本小节就工程编译设置、编译步骤等进行简述。

　　① 在编译工程之前还要进行一些设置。可以单击菜单栏下的快捷键图标,打开选项后,将 Output 选项卡内 Create HEX File 勾选上,编译时将会产生烧录用的 HEX 文件,如图 2 - 13 所示。

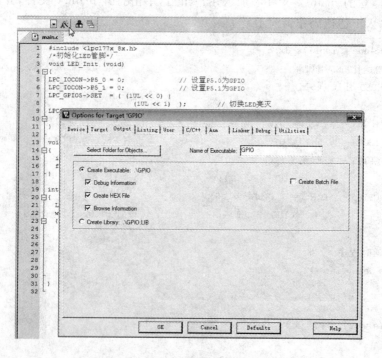

图 2 - 13　编译输出选项设置

当然也可以从菜单上选择 Project→Options for Target"项目名"命令来打开选项,并勾选对应的输出选项。

② 编译。选择 Project→Build target 命令执行编译,如图 2-14 所示。

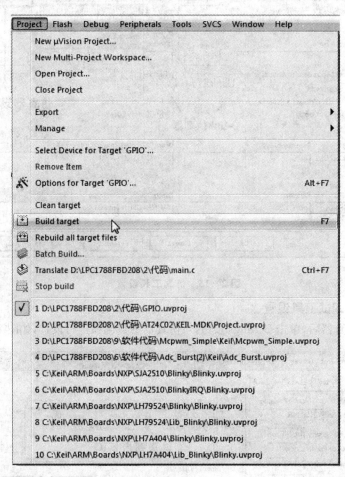

图 2-14　执行编译

2.3.5　程序下载与调试

编译成功后,会输出一些代码信息并生成了 HEX 文件。接下来可以把生成的代码下载到开发板进行验证了。

(1) 仿真调试工具选择

RealView MDK 支持多种仿真调试工具(如:ULINK2、J-Link 等),并且可以直接在开发环境下进行程序下载和仿真调试,需要手动设置一下调试仿真工具。

选择仿真器及驱动,如图 2-15 所示。

轻松玩转 ARM Cortex-M3 微控制器——基于 LPC1788 系列

轻松玩转ARM Cortex-M3微控制器——基于LPC1788系列

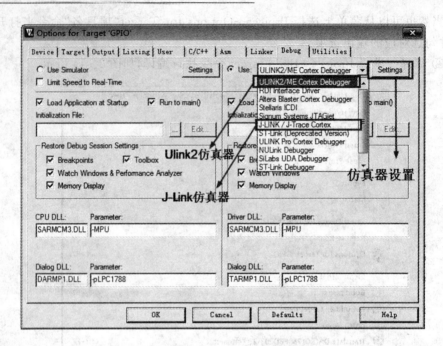

图 2-15 仿真工具设置

(2) 仿真调试工具设置

选择好仿真器后,单击 Settings 按钮,对仿真器参数选项进行设置,如图 2-16 所示。

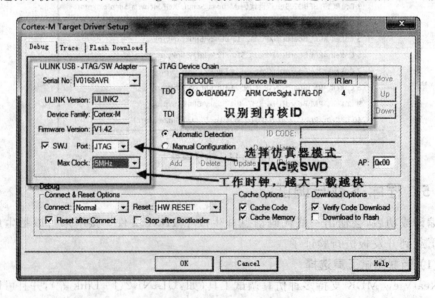

图 2-16 仿真器参数设置

设置下载芯片的 Flash 烧写算法,如图 2-17 所示。

轻松玩转ARM Cortex-M3 微控制器——基于LPC1788 系列

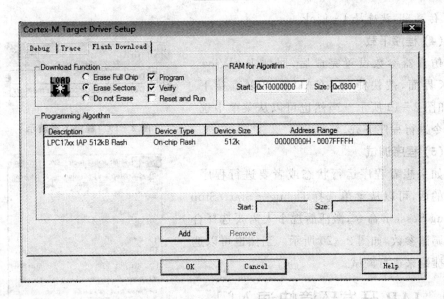

图 2－17　芯片的 Flash 烧写算法选择

(3) Utilities 选项

仿真器参数设置完成退出后，再选择 Utilities 选项卡进行设置，如图 2－18 所示。

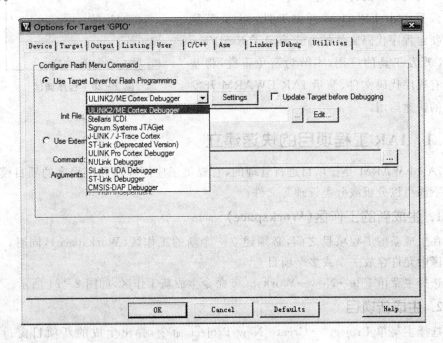

图 2－18　Utilities 选项卡设置

注：如果选的是 ULINK2 仿真器，那么这里的选项就选 ULINK2，如果是 J－

39

Link 仿真器,就选择 J-Link。

(4) 程序下载

仿真器参数设置完成后,回到 RealView MDK 界面,按快捷键 LOAD 就可以直接下载,如图 2-19 所示。当然也可以从菜单中选择命令进行程序下载。

图 2-19　程序下载演示

(5) 程序调试

如果想看程序运行状态或者要进行程序调试的话,可以从菜单选择 Debug→Start/Stop Debug Session 命令,激活后视个人需要选择合适的调试参数,如图 2-20 所示。当然也可以选择快捷键来进行调试。

2.4　IAR 开发环境快速入门

IAR EWARM 开发工具有入门容易、使用方便和代码紧凑的特点,许多嵌入式系统设计人员也偏爱 IAR EWARM 开发工具。上一节我们以新建程序代码文件的方式演示了 RealView MDK 开发工具的应用,本节为避免重叠,将基于现有程序代码文件,演示 IAR EWARM 开发工具的快速运用。

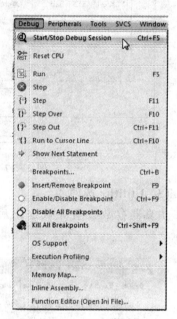

图 2-20　程序调试

2.4.1　IAR 工程项目的快速建立

IAR EWARM 是按项目进行管理的,它提供了应用程序和库程序的项目模板,项目下面可以分级或分类管理源文件。

1. 生成新的工作区(Workspace)

在生成新的工程项目之前,必须建立一个新的工作区(Workspace),同时,一个工作区中允许存放一个或多个项目。

选择主菜单 File→New→Workspace 命令生成新工作区,如图 2-21 所示。

2. 生成新项目

选择主菜单 Project →Create New Project 命令,弹出生成的新项目窗口,如图 2-22 所示。本例选择生成项目模板(Project templates)中的 Empty project,然后命名保存。

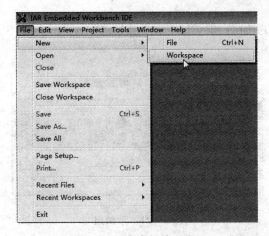

图 2 - 21　生成新的工作区

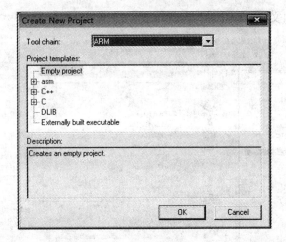

图 2 - 22　生成新项目窗口

这时在屏幕左边 Workspace 窗口中将显示新建的项目名,如图 2 - 23 所示。IAR EWARM 提供两种缺省的项目生成配置,即 Debug 和 Release。本例在 Workspace 窗口顶部的下拉列表框中选取 Debug。

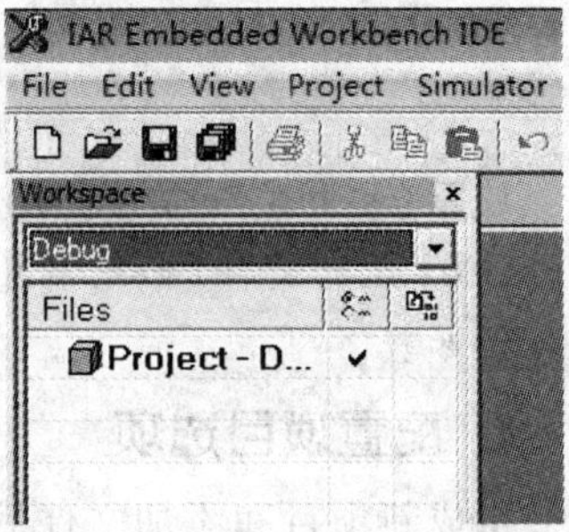

选择主菜单 File→Save Workspace 命令,浏览并选择目录,将工作区保存。这时目录下将生成一个 project. eww 文件。

3. 给项目添加文件

本例将采用 LPC1788 评估板的 AT24C02 模拟 I^2C 总线接口通信例程的两个源文件:main. c 和 AT24C02. c。

图 2 - 23　Workspace 窗口

(1) 添加分组

根据文件类别添加分组：CMSIS - CM3、Drivers、Main、Startup，如图 2 - 24 所示。

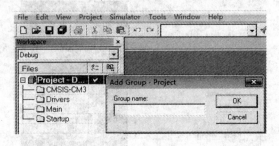

图 2 - 24　添加组

(2) 添加文件

为每个组添加文件，如图 2 - 25 所示。

图 2 - 25　添加文件至组

注意：对于常用文件，可以先行复制到当前项目特定文件夹下，如 Drivers 组、AT24C02 组的文件；如果不复制到当前目录下，还可以按后述的选项指南去设置文件包含参数。

4. 配置项目选项

生成新项目和添加文件后就应该为项目设置选项。IAR EWARM 允许为任何一级目录和文件单独设置选项，但是用户必须为整个项目设置通用、编译、连接（Build）等选项。

(1) 项目通用选项设置

如图 2-26 所示，首先选中 Workspace 下拉列表框中的 Debug，然后选择主菜单 Project → Options 命令。

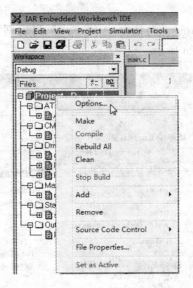

图 2-26　打开选项窗口

如图 2-27 所示，在打开的 Options for node"project"对话框中的 Category 列表框中选择 General Options 选项。

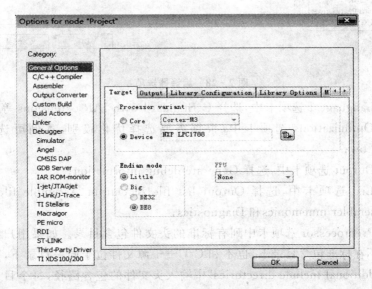

图 2-27　项目通用选项配置

● 在 Target 选项卡中的 Device 选择 NXP LPC1788；

43

轻松玩转 ARM Cortex-M3 微控制器——基于 LPC1788 系列

- 在 Output 选项卡中的 Output file 选择 Executable；
- 在 Library Configuration 选项卡中的 Library 选择 Normal；
- 其他选项可以选择默认设置。

(2) 编译器选项设置

在 Options for node"project"对话框中 Category 列表框中选择 C/C++ Compiler 选项，编译器选项如图 2 - 28 所示。

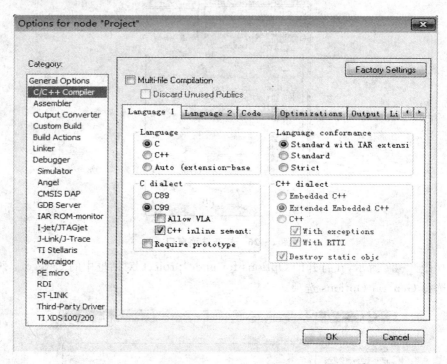

图 2 - 28　编译器选项

- 在 Language 1 选项卡中，选择 C、Standard with IAR extensions 等；
- 在 Optimizations 选项卡中，根据需要选择优化级别，本例可选择 None 或 Low；
- 在 Output 选项卡中，选择 Generate debug information；
- 在 List 选项卡中，选择 Output list file 和 Output Assemble file，并选择 Assembler mnemonics和 Diagnostics；
- 在 Preprocessor 选项卡中列有标准的头文件包含目录。如果用户的头文件 既不在标准包含目录下，也不和 C/C++ 源文件位于同一目录下，则必须在 "Additional include directories"中输入头文件的包含路径，每个目录占据一 行。在本例中，添加了全部的头文件路径，如图 2 - 29 所示。

注意：$TOOLKIT\_DIR$ 表示 IAR EWARM 软件的安装目录（缺省为 C：\

Program Files\IAR Systems\Embedded Workbench 6.5\arm），$PROJ_DIR$表示
当前项目文件(*.ewp)所在的目录。用这两个宏作为相对路径的根目录，可以在代
码被复制到其他计算机上时不至于发生找不到包含路径的错误。

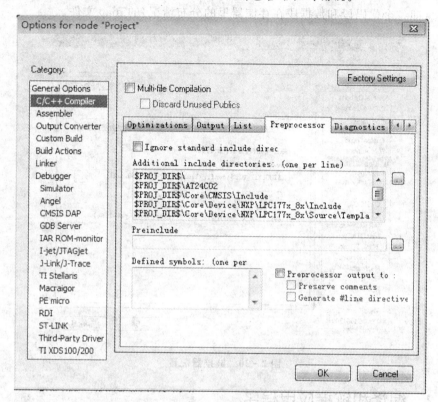

图 2-29　头文件路径设置

(3) 汇编选项设置

Options for node"Project"对话框左边的 Category 列表框中，第三项是 Assembler，表示与汇编器相关的配置选项，本例中保持缺省配置即可。

本例在 IAR EWARM 软件安装后，授权的是 IAR EWARM V6.60 评估版本，
为 30 天时间限制版本；若授权的是 IAR EWARM V6.60 32K 代码 Kickstart 版本，
则会报错，请更换版本授权。

(4) 链接器选项设置

在 Options for node"Project"对话框左边的 Category 中选择第七项 Linker。

● 在 Config 选项卡中，给出链接器配置文件(Linker configuration file)的路径。
这是链接器选项中最重要同时也是最复杂的设置。链接器配置文件中包含
链接器的各项命令行参数，主要用于控制程序里的各个代码段和数据段在存
储器中的分布。关于这个文件的详细情况请大家参考其他文献，这里只把

轻松玩转ARM Cortex-M3 微控制器——基于LPC1788系列

Config 目录下面的 LPC1788. icf 文件添加到 Override default 列表框中即可,如图 2-30 所示。

● 在 List 选项卡中,选择 Generate linker map file,以便生成一个描述链接结果(即各个代码段和数据段在存储器里的分布情况)的 map 文件。

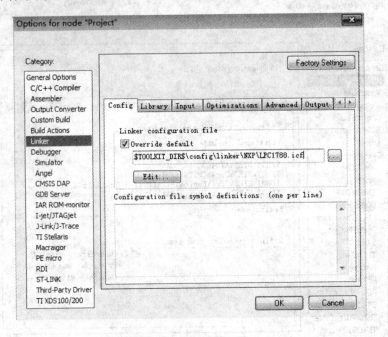

图 2-30　链接器配置

2.4.2　编译和链接应用程序

这一步编译和链接(build)项目程序,同时生成一个编译器列表文件(compiler list file)和一个链接器存储器分配文件(linker map file)。

(1)编译/链接

如图 2-31 所示,选中工作区窗口中的项目名称 Project - Debug,再选择主菜单 Project→Make 命令,或右击在弹出的菜单中选择 Make 命令,EWARM 将执行编译链接处理,然后生成可执行的 ELF/DWARF 文件。

在 Build 窗口中将显示编译链接处理过程的信息。编译的结果将生成汇编源文件和 C/C++源文件所分别对应的目标文件和列表文件;链接的结果将生成一个带调试信息

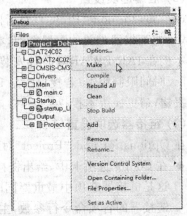

图 2-31　执行编译

的可执行文件 Project. out 和一个存储器分配文件 Project. map，如图 2-32 所示。

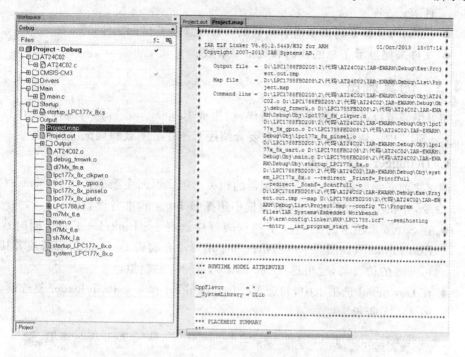

图 2-32　链接的结果

从每个源文件前面的＋号所展开的树形结构中，可以看到有哪些头文件与它关联，同时生成了哪些输出文件。因为我们选择的是该项目中的 Debug 配置模式，所以在目录下自动生成了一个 Debug 子目录。Debug 子目录又包含另外 3 个子目录，分别为 List、Obj 和 Exe，它们的用途如下：

● List 目录存放列表文件和 MAP 文件，后缀分别是 *.lst 和 *.map；
● Obj 目录存放编译器和汇编器生成的目标文件，后缀为 *.o，可以用作链接器的输入文件；
● Exe 目录存放可执行文件，后缀为 *.out，可以用作 C-SPY 调试器的输入文件。

(2) 查看 MAP 文件

双击 Workspace 窗口中的 Project. map 文件，编辑器窗口中将显示该 MAP 文件。从 MAP 文件中可以了解以下内容（如图 2-32 所示）：

● 文件头中显示链接器版本、输出文件名（Output file）、MAP 文件名（Map file）以及链接器命令行（Command line）等；
● RUNTIME MODEL ATTRIBUTES属性；
● PLACEMENT SUMMARY 显示 sections 在存储器中的分布情况；
● INIT TABLE 显示初始化相关的 section tables；

- MODULE SUMMARY 显示所有被链接的文件信息,包括目标文件和库文件等;
- ENTRY LIST 列出了所有函数的入口地址及其目标文件;
- 文件末尾显示了总的代码和数据字节数。

2.4.3 仿真调试

如果编译链接过程中没有产生错误,则生成 Project.out 可执行文件,并可以用于在 C-SPY 中的调试。本小节将简要介绍用 C-SPY 下载和调试应用程序。

1. Debugger 选项配置

调试之前必须配置 C-SPY 调试器的相关选项。返回主菜单选择 Project→Options 命令,并在左边的 Category 列表框中选择 Debugger,准备设置。

- 在 Setup 选项卡的 Driver 下拉列表框中选择 J-Link/J-Trace,同时选择 Run to main,如图 2-33 所示。如果用户没有购买 J-Link 仿真器或者其他可兼容的仿真器,也可选择 Simulator,进行软件模拟。
- 在 Download 选项卡中,勾选 Verify download 和 Use flash loader 复选框,如图 2-34 所示。

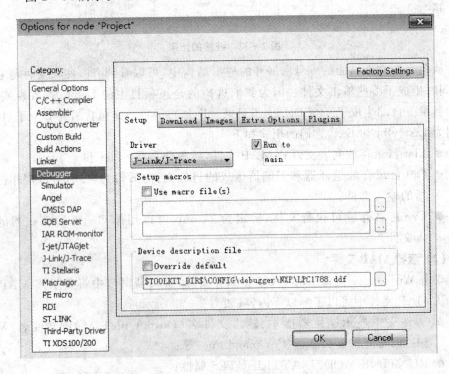

图 2-33 Setup 选项配置

轻松玩转ARM Cortex-M3 微控制器——基于LPC1788 系列

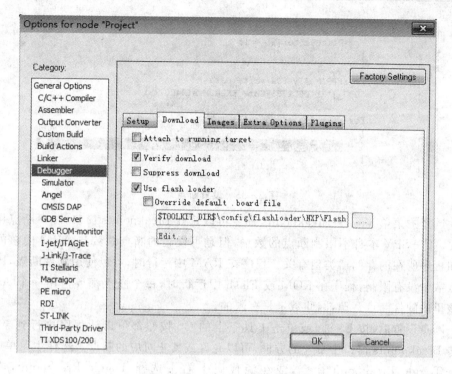

图 2 - 34 Download 选项配置

2. 程序下载与调试

若采用仿真器进行应用程序的调试,须将程序下载到目标评估板系统的 Flash 上。选择 Project→Download and Debug 命令,或工具条上对应的按钮,C - SPY 将开始把程序下载到指定的目标地址上。屏幕上将通过进度条显示下载和校验的过程。下载完成后,EWARM 即进入 C - SPY 调试状态,退出调试状态则可以选择 Project→Stop Debugging 命令。

C - SPY 具有一些基本的调试功能:

- 检查源文件,双击工作区窗口 main. c,编辑器窗口显示该文件;
- 选择 Debug →Step Over 命令(或 F10)进行函数级的步进调试;
- 选择 Debug →Step Into 命令(或 F11)跟踪进入函数内部;
- 支持一些调试命令,如 Step Out(Shift + F11)、Go(F5)、Next statement、Break、Reset、Autostep 等;
- 此外,支持查看变量、设置和监视断点、反汇编窗口调试、监视寄存器、查看存储器、观察 Terminal I/O、执行和暂停程序等功能。

(1) 设置和监视断点

C - SPY 具有强大的断点功能。设置断点最简单的方法是将光标定位到某条语句,然后右击,选择 Toggle Breakpoint 命令,如图 2 - 35 所示。

轻松玩转 ARM Cortex -M3 微控制器 —— 基于 LPC1788 系列

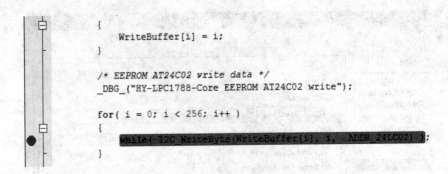

```
        {
            WriteBuffer[i] = i;
        }

        /* EEPROM AT24C02 write data */
        _DBG_("HY-LPC1788-Core EEPROM AT24C02 write");

        for( i = 0; i < 256; i++ )
        {
            while( I2C_WriteByte(WriteBuffer[i], 1, ADDR_24LC02) );
        }
```

图 2-35　设置断点

选择主菜单 View→Breakpoints 命令可以打开 Breakpoints 窗口,观察断点设置情况。C-SPY 本身不限制断点的数量,但是可设置的断点总数与 ARM 内核的类型和程序所在的存储器类型有关。程序在 RAM 中运行时,可以使用软件断点,因此断点数量没有限制;程序在 ROM 或 Flash 中运行时,每个断点都要占用一个 ARM 内核里的硬件断点资源,因此数量是有限的。

断点设置后,按 F5 键,或单击工具条上的 Go 按钮都可以让程序执行到断点。单击 Breakpoints 窗口中带勾的方框,可以允许或禁止对应的断点。选择主菜单 Edit→Toggle Breakpoint 命令,或在源代码上右击选择 Toggle Breakpoint,或在 Breakpoints 窗口的断点上右击选择 Delete,均可直接删除该断点。

(2) 反汇编窗口调试

通常,在 C/C++程序上调试应该更加方便和直接。但是如果用户希望在反汇编程序上调试,C-SPY 也提供了这种功能,而且允许方便地在这两种模式下切换。

调试时反汇编窗口通常是打开的。如果没打开则可选择主菜单 View→Disassembly 打开反汇编窗口。

(3) 监视寄存器

C-SPY 允许用户监视和修改目标处理器内部的寄存器。选择主菜单 View→Register 命令,打开寄存器窗口。图 2-36 显示的是 Cortex-M3 内核的寄存器,C-SPY 还允许检查目标处理器内部的所有外设寄存器,可以从寄存器窗口左上方的下拉菜单中选择需要查看的任何寄存器组。

(4) 观察 Terminal I/O

当用户希望在应用程序中使用标准输入/输出功能(stdin 和 stdout),但又没有实际的硬件支持时,C-SPY 允许用户使用 Terminal I/O 窗口来模拟 stdin 和 stdout。

选择主菜单 View→Terminal I/O 命令,显示 I/O 操作的输入和输出。Output 框中显示标准输出的内容,标准输入的内容可在 Input 框中输入。

(5) 执行和暂停程序

按 F5 键,或选择主菜单 Debug→Go 命令,或单击工具条上的 Go 按钮,都可以

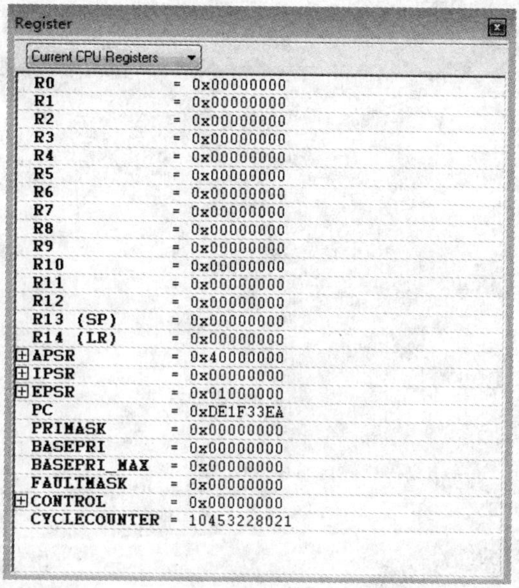

```
Register                                          ☒
 Current CPU Registers    ▼
    R0              = 0x00000000
    R1              = 0x00000000
    R2              = 0x00000000
    R3              = 0x00000000
    R4              = 0x00000000
    R5              = 0x00000000
    R6              = 0x00000000
    R7              = 0x00000000
    R8              = 0x00000000
    R9              = 0x00000000
    R10             = 0x00000000
    R11             = 0x00000000
    R12             = 0x00000000
    R13  (SP)       = 0x00000000
    R14  (LR)       = 0x00000000
  ⊞APSR             = 0x40000000
  ⊞IPSR             = 0x00000000
  ⊞EPSR             = 0x01000000
    PC              = 0xDE1F33EA
    PRIMASK         = 0x00000000
    BASEPRI         = 0x00000000
    BASEPRI_MAX     = 0x00000000
    FAULTMASK       = 0x00000000
  ⊞CONTROL          = 0x00000000
    CYCLECOUNTER    = 10453228021
```

图 2 - 36　监视寄存器

直接运行程序。如果没有设置断点,程序将一直执行到结束。用户可以在需要停止程序运行时,选择主菜单 Debug →Break 命令停止程序运行。

如果要求复位应用程序,则可选择主菜单 Debug→Reset 命令或单击工具条上的Reset按钮;如果要退出 C - SPY,选择 Debug→Stop Debugging 命令,或单击工具条上的 Stop Debugging 按钮。

入门篇

第 3 章　GPIO 端口应用

第 4 章　实时时钟应用

第 5 章　定时器应用

第 6 章　模 / 数转换器应用

第 7 章　数 / 模转换器应用

第 8 章　脉宽调制器应用

第 9 章　电机控制脉宽调制器应用

第 10 章　通用异步收发器应用

第 11 章　串行同步端口控制器应用

第 12 章　I²S 数字音频接口应用

第 13 章　SD 卡接口应用

第 14 章　LCD 控制器与触摸应用

第 15 章　以太网接口应用

第**3**章

GPIO 端口应用

通用 I/O 接口（General Purpose Inputs/Outputs Interface，GPIO）是 LPC178x 系列微控制器中非常重要的一种接口，它们具有使用灵活、可配置性强、应用范围广等优点。本章主要讲述 I/O 端口配置、GPIO 端口及相关库函数，并列举了两个简单的 GPIO 端口应用实例。

3.1 I/O 端口配置概述

LPC1788 微控制器为每个 GPIO 引脚配置提供了一个独立的寄存器。这个配置包括：引脚内部功能的选择、输出模式（普通、上拉、下拉或转发器）、开路漏极模式控制、迟滞模式使能、转换速率模式控制以及模拟功能的缓冲设置，有些引脚还有 I^2C 缓冲模式等特殊应用。I/O 引脚配置寄存器如表 3-1 所列。

表 3-1 I/O 引脚配置寄存器

端　　口	寄存器
端口 0 引脚	IOCON_P0_xx(xx 为端口 0 引脚编码，范围为 0～31)
端口 1 引脚	IOCON_P1_xx(xx 为端口 1 引脚编码，范围为 0～31)
端口 2 引脚	IOCON_P2_xx(xx 为端口 2 引脚编码，范围为 0～31)
端口 3 引脚	IOCON_P3_xx(xx 为端口 3 引脚编码，范围为 0～31)
端口 4 引脚	IOCON_P4_xx(xx 为端口 4 引脚编码，范围为 0～31)
端口 5 引脚	IOCON_P5_xx(xx 为端口 5 引脚编码，范围为 0～31)

引脚连接模块可以让微控制器的大部分引脚拥有一个以上的功能，配置寄存器控制着多路复用器，用于在引脚与片上设备之间建立连接。外设在被激活以及任何相关中断被使能之前，都应先连接到相应的引脚上。如已使能的外设功能尚未映射到一个相关引脚上，则该功能的任何活动均应看作尚未定义。

一个端口引脚选择了某个功能后，相同引脚就不能使用其他外设功能。但是，GPIO 输入保持连接，且可以由软件读取，或用于实现 GPIO 中断特性。

3.1.1 I/O 端口配置描述

由于某个外设功能允许映射到多个引脚上，因此可以配置多个引脚执行同一功

轻松玩转 ARM Cortex-M3 微控制器——基于 LPC1788 系列

能。如果一个外设输出功能被配置到多个引脚上，实际应用时就会连接这些引脚。如果某个外设输入功能被定义为有一个以上的源，则这些值将做逻辑组合，有可能导致外设工作异常。因此应注意避免这种情况。

　　I/O 端口控制(IOCON)寄存器控制着器件引脚的功能，每个 GPIO 引脚都有一个专门的控制寄存器，用于选择其功能与特性，每个引脚都有一组唯一的功能，当然并非所有引脚都能选择所有特性。I/O 配置模块多连接功能结构图如图 3-1 所示。

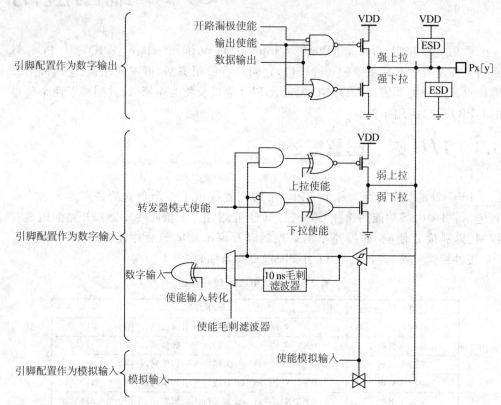

图 3-1　I/O 配置模块多连接功能结构图

1. 引脚功能

　　I/O 控制寄存器中的 FUNC 位可以设置为 GPIO(典型值为 000)或某个特定功能。对于设为 GPIO 的引脚，FIOxDIR 寄存器决定了该引脚是配置为输入还是输出。对于任何的特殊功能，引脚方向均根据其功能而自动控制，FIOxDIR 寄存器对特殊功能没有作用。

2. 引脚模式

　　I/O 控制寄存器中 MODE 位可为每个引脚选择片内上拉电阻或下拉电阻，或选择转发器(中继)模式。I/O 引脚的片上电阻可以配置为：上拉使能、下拉使能，没有上拉/下拉,默认值是上拉使能。　转发器模式在引脚为高电平时使能上拉电阻,在引脚为低电平时使能下拉电阻。这样,如果引脚被配置为一个输入,而不是外部驱动,则引脚维持其上一种已知的状态。这种状态保持不适用于深度掉电模式。转发器模式通常用于防止某个引脚在暂时无驱动情况下的悬浮状态(如果引脚悬浮到一个不确定状态,则可能会产生大量功耗)。

3. 迟　滞

数字功能的输入缓冲模式可以配置为有迟滞和无迟滞。

4. 输入反相

如果外部源的极性与输入端相反,则这个选项可以使用户不必增加外接反相器。不要将此选项设置在 GPIO 输出上;否则,相同端口上其他引脚工作选择了输入反相时,会造成输出的意外翻转。例如,如果软件读一个 GPIO 端口寄存器,修改寄存器值中的其他位或者输出位,并将其值写回端口寄存器,则已选输入反相的那个端口的任何输出都会改变状态。

5. 模拟/数字模式

在模拟模式下,模拟输入连接功能被使能;在数字模式下,模拟输入连接将禁用。这种功能为模拟输入端提供了保护,防止电压超出模拟电源以及基准电压范围。如果选择了模拟模式,则 MODE 域应为"无效"(Inactive)(00),HYS、INV、FILTR、SLEW 和 OD 设置均无效。对于一个未连接的模拟功能引脚,要将 ADMODE 位的设置保持为 1(数字模式),并在 MODE 域中选择上拉或下拉模式。

6. 输入滤波器

在 A 型和 W 型中,引脚带有一个可选的滤波器,通过使能该滤波器可抑制小于 10 ns 的尖峰干扰脉冲输入。

7. 输出转换速率控制

对于不需要极快切换速率的数字输出,SLEW 位应设为"标准"(Standard)。这个设置能够让多个输出同时切换,而不会明显地降低器件电源/地的分配水平,并且对信号转换时间只有少许影响;当应用场合对模拟精度有较高要求时,这个指标尤其重要。

8. I²C 模式

带特殊焊盘电路并支持 I²C 的引脚(P0.27、P0.28、P5.2 和 P5.3)有额外的配置位。它们不是硬连接,因此更容易用于非 I²C 功能。

HS 位适用于标准、快速模式 I²C 或快速模式＋I²C,并可用于上述所有引脚;HIDRIVE 位仅适用于引脚 P5.2 与 P5.3,并用于选择标准模式和快速模式 I²C 或快速模式＋I²C。

对于任何 I²C 模式,清除 HS 位都会使能输入毛刺滤波器;如果引脚存在 HID-

RIVE位,则清除它会为标准模式或快速模式I^2C选择正确的驱动强度。

对于快速模式$+I^2C$的操作,设置HIDRIVE位可为快速模式$+I^2C$选择正确的驱动强度。

对于非I^2C操作,这些引脚保持为开路漏极,只能驱动为低电平,而与HS和HIDRIVE如何设置无关。如果作为输出,则它们通常需要外接上拉电阻,除非只用于灌入电流。为保持与其他GPIO引脚的最大兼容性,令HS = 1和HIDRIVE = 0。

9. 开漏极模式

在选择输出时,要么在FUNC域中选择一个特定功能,要么为一个引脚(其FIO*x*DIR寄存器有一个1)选择GPIO功能,OD位的1选择了开路漏极工作,即1禁用了高电平驱动的晶体管。这个选项对主要I^2C引脚没有作用。**注意**:在这种模拟式的开路漏极模式下,引脚的属性与真正的开路漏极输出有所不同。

10. DAC使能

可用于某种功能的DAC输出引脚包含一个对该功能的使能,如果要用到DAC的输出,必须设置这个使能。

3.1.2 I/O端口控制寄存器功能描述

I/O端口控制寄存器中各个位对每个GPIO端口引脚的功能,与大多数其他端口引脚相比,特殊端口引脚的IOCON有些不同。这些差异包括支持模拟功能(如ADC输入与DAC输出)、USB D+/D—引脚,以及特殊的I^2C引脚。

IOCON类型可分为D(标准数字引脚)、A(模拟)、U(USB)、I(I^2C)、W等类型,除标准数字引脚外,其他类型都代表某个专门功能,类型划分意义如下:

● D型IOCON寄存器,适用于大多数GPIO端口引脚;

● A型IOCON寄存器,适用于包含模拟功能的引脚;

● U型IOCON寄存器,适用于包含USB D+或D—功能的引脚;

● I型IOCON寄存器,适用于包含专用I^2C功能的引脚;

● W型IOCON寄存器,这些引脚的其他方面与D型相同,不同的是包含一个可选输入毛刺滤波器,默认其上拉/下拉被禁用。

1. D型IOCON寄存器

表3-2列出的D型IOCON寄存器位适用于所有端口引脚,除P0[7:9]、P0[12:13]、P0[23:31]、P1[30:31],以及P5[2:3]之外,因为这些引脚包含了DAC、ADC、USB、I^2C或输入毛刺滤波器功能,它们会改变相关IOCON寄存器的内容。

2. A型IOCON寄存器

表3-3列出的A型IOCON寄存器位适用于引脚P0[12:13]、P0[23:26],以及P1[30:31]。P0[26]引脚因表示为DAC输出而略微有差异,见第16位的描述。

表 3 - 2 D 类型 IOCON 寄存器位描述

位	符号	值	描述	复位值
31:11	—	—	保留。读取值未定义,只写入 0	—
10	OD	0	控制开漏极模式。 正常的推拉式输出;	0
		1	模拟的开漏极输出(高电平驱动禁用)	
9	SLEW	0	驱动器转换速率。 标准模式下,输出转换速率控制使能,更多输出可被同时切换;	0
		1	快速模式下,转换速率控制被禁用	
8:7	—	—	保留。读取值未定义,只写入 0	—
6	INV	0	输入极性。 输入未被反相(引脚上是高电平时,读值为 1);	0
		1	输入被反相(引脚上是高电平时,读值为 0)	
5	HYS	0	迟滞。 禁止;	1
		1	使能	
4:3	MODE	00	选择功能模式(片上上拉/下拉电阻控制)。 无效(未使能上拉/下拉电阻);	10
		01	下拉电阻使能;	
		10	上拉电阻使能;	
		11	转发器模式	
2:0	FUNC	—	选择引脚功能,适用于大多数 GPIO	000

表 3 - 3 A 型 IOCON 寄存器位描述

位	符号	值	描述	复位值
31:17	—	—	保留。读取值未定义,只写入	—
16	DACEN	0	DAC 使能控制。这一位仅适用于 P0[26],P0[26]包括 DAC 输出功能 DAC_OUT。 DAC 禁止;	0
		1	DAC 使能	
15:11	—	—	保留。读取值未定义,只写入 0	—
10	OD	0	控制开漏极模式。 正常的推拉式输出;	0
		1	模拟的开漏极输出(高电平驱动禁用)	
9	—	—	保留。读取值未定义,只写入 0	—
8	FILTER	—	控制毛刺滤波器。	1
		0	低于约 10 ns 的噪声脉冲被过滤;	
		1	没有输入过滤	
7	ADMODE	0	选择模拟/数字模式。 模拟模式;	1
		1	数字模式	

续表 3－3

位	符号	值	描　述	复位值
6	INV	0	输入极性。 输入未被反相(引脚上是高电平时,读值为1);	0
		1	输入被反相(引脚上是高电平时,读值为0)	
5	—	—	保留。读取值未定义,只写入 0	—
4:3	MODE	00	选择功能模式(片上上拉/下拉电阻控制)。 无效(未使能上拉/下拉电阻);	10
		01	下拉电阻使能;	
		10	上拉电阻使能;	
		11	转发器模式	
2:0	FUNC	—	选择引脚功能,详见表 3－4	000

表 3－4　A 型 I/O 控制寄存器 FUNC 值和引脚功能

IOCON 寄存器位	IOCON 寄存器内 FUNC 字段值							
	000	001	010	011	100	101	110	111
P0[12]	P0[12]	USB_PPWR2	SSP1_MISO	ADC0[6]				
P0[13]	P0[13]	USB_UP_LED2	SSP1_MOSI	ADC0[7]				
P0[23]	P0[23]	ADC0[0]	I2S_RX_SCK	T3_CAP0				
P0[24]	P0[24]	ADC0[1]	2S_RX_WS	T3_CAP1				
P0[25]	P0[25]	ADC0[2]	I2S_RX_SDA	U3_TXD				
P0[26]	P0[26]	ADC0[3]	DAC_OUT	U3_RXD				
P1[30]	P1[30]	USB_PWRD2	USB_VBUS	ADC[4]	I2C0_SDA	U3_OE		
P1[31]	P1[31]	USB_OVRCR2	SSP1_SCK	ADC[5]	I2C0_SCL			

3. U 型 IOCON 寄存器

表 3－5 列出的 U 型 IOCON 寄存器位适用于引脚 P0[29]、P0[30],以及 P0[31]。这些特殊功能引脚不包含可选模式和其他引脚选项。

表 3－5　U 型 IOCON 寄存器位描述

位	符号	值	描　述	复位值
31:3	—	—	保留。读取值未定义,只写入	—
2:0	FUNC	—	选择引脚功能,详见表 3－6	000

表 3－6　U 型 I/O 控制寄存器 FUNC 值和引脚功能

IOCON 寄存器位	IOCON 寄存器内 FUNC 字段值							
	000	001	010	011	100	101	110	111
P0[29]	P0[29]	USB_D+1	EINT0					
P0[30]	P0[30]	USB_D−1	EINT1					
P0[31]	P0[31]	USB_D+2						

4. I 型 IOCON 寄存器

表 3 - 7 列出的 I 型 IOCON 寄存器位适用于引脚 P0[27:28]和 P5[2:3]。

表 3 - 7　I 型 IOCON 寄存器位描述

位	符　号	值	描　　　述	复位值
31:10	—	—	保留。读取值未定义,只写入	—
9	HIDRIVE	0 1	控制引脚的灌电流能力,仅针对 P5[2]和 P5[3]而言。 输出驱动灌电流为 4 mA,足够标准模式、快速模式 I²C 使用; 输出驱动灌电流为 20 mA,满足快速模式＋I²C 所需	0
8	HS	0 1	该位可配置为标准模式、快速模式 I²C 及快速模式＋I²C 等特性。 I²C 模式 50 ns 毛刺滤波器及转换速率控制使能; I²C 模式 50 ns 毛刺滤波器及转换速率控制禁止	0
7	—	—	保留。读取值未定义,只写入 0	—
6	INV	0 1	输入极性 输入未被反相(引脚上是高电平时,读值为 1)。 输入被反相(引脚上是高电平时,读值为 0	0
5:3	—	—	保留。读取值未定义,只写入 0	—
2:0	FUNC	—	选择引脚功能,详见表 3 - 8	000

表 3 - 8　I 型 I/O 控制寄存器 FUNC 值和引脚功能

IOCON 寄存器位	IOCON 寄存器内 FUNC 字段值							
	000	001	010	011	100	101	110	111
P0[27]	P0[27]	I2C0_SDA	USB_SDA1					
P0[28]	P0[28]	I2C0_SCL	USB_SCL1					
P5[2]	P5[2]			T3_MAT2		I2C0_SDA		
P5[3]	P5[3]				U4_RXD	I2C0_SCL		

5. W 型 IOCON 寄存器

表 3 - 9 列出的 W 型 IOCON 寄存器位适用于引脚 P0[7]、P0[8]和 P0[9]。

表 3 - 9　W 型 IOCON 寄存器位描述

位	符　号	值	描　　　述	复位值
31:11	—	—	保留。读取值未定义,只写入	—
10	OD	0 1	控制开漏极模式。 正常的推拉式输出; 模拟的开漏极输出(高电平驱动禁用)	0
9	SLEW	0 1	驱动器转换速率 标准模式下,输出转换速率控制使能,更多输出可被同时切换; 快速模式下,转换速率控制被禁用	0
8	FILTER	— 0 1	控制毛刺滤波器。 低于约 10 ns 的噪声脉冲被过滤; 没有输入过滤	1

轻松玩转 ARM Cortex-M3 微控制器——基于 LPC1788 系列

位	符　号	值	描　述	复位值
7	—	—	说明：为确保正常运行，该位必须设为 1	1
6	INV	0	输入极性。 输入未被反相（引脚上是高电平时，读值为 1）；	0
		1	输入被反相（引脚上是高电平时，读值为 0）	
5	HYS	0	迟滞。 禁止；	1
		1	使能	
4：3	MODE	00	选择功能模式（片上上拉/下拉电阻控制）。 无效（未使能上拉/下拉电阻）；	10
		01	下拉电阻使能；	
		10	上拉电阻使能；	
		11	转发器模式	
2：0	FUNC	—	选择引脚功能，详见表 3 - 10	000

表 3 - 10　W 型 I/O 控制寄存器 FUNC 值和引脚功能

IOCON	IOCON 寄存器内 FUNC 字段值							
寄存器位	000	001	010	011	100	101	110	111
P0[7]	P0[7]	I2S_TX_SCK	SSP1_SCK	T2_MAT1	RTC_EV0			LCD_VD[9]
P0[8]	P0[8]	I2S_TX_WS	SSP1_MISO	T2_MAT2	RTC_EV1			LCD_VD[16]
P0[9]	P0[9]	I2S_TX_SDA	SSP1_MOSI	T2_MAT3	RTC_EV2			LCD_VD[17]

3.2　GPIO 端口概述

GPIO 端口主要特性如下：

(1) 数字 I/O 端口

① 加速的 GPIO 功能：

● GPIO 寄存器位于外设 AHB 总线上，以实现高速 I/O 时序；

● 屏蔽寄存器可在其他位不变的情况下，将一组端口位作为一个组；

● 所有 GPIO 寄存器均可按字节、半字和字的方式寻址；

● 整个端口值可用单个指令写入；

● GPIO 寄存器可以由 GPDMA 访问。

② 位电平置位和清零寄存器能够用单个指令置位、清零一个端口的任何位。

③ 所有 GPIO 寄存器都支持 Cortex - M3 位段操作。

④ GPIO 可由 GPDMA 控制器访问，允许对 GPIO 进行 DMA 数据操作，使之与 DMA 请求同步。

⑤ 每个端口位的方向可控制。

⑥ 所有 I/O 口复位后均默认为上拉输入。

(2) 可产生中断的数字端口

① 端口 0 和端口 2 的每个引脚都可以提供中断功能。

② 每个端口引脚都可以被编程为上升沿、下降沿或边沿产生中断。

③ 边沿检测是非同步的，因此可以在没有时钟的情况下（如在掉电模式下）操作。有了这一特性，就不需要电平触发中断了。

④ 每个已使能中断均可产生唤醒信号，使器件退出掉电模式。

⑤ 寄存器为软件提供挂起的上升沿中断、挂起的下降沿中断，以及整个挂起的 GPIO 中断。

⑥ GPIO 中断功能并不要求引脚配置为 GPIO。这就允许作为工作外设接口的一部分引脚改变时发生中断。

3.2.1　引脚描述

通用输入/输出引脚通常与其他外设功能共用，因此，并非全部 GPIO 都可在一个应用中使用。在一个特定的器件中，封装选项会影响可用的 GPIO 数目。某些引脚可能会受到引脚可选功能要求的限制。例如，I^2C 引脚是特殊引脚，用于该引脚上可选择任何其他功能，表 3-11 列出了典型 GPIO 端口的引脚数目分布。

表 3-11　GPIO 引脚分配

端口号	引脚分配	端口号	引脚分配
端口 0	31:0	端口 3	31:0
端口 1	31:0	端口 4	31:0
端口 2	31:0	端口 5	4:0

3.2.2　GPIO 寄存器描述

表 3-12 列出的寄存器适用于所有 GPIO 端口的 GPIO 增强特性。这些寄存器位于一个 AHB 总线上，以实现快速的读/写时序。它们都可以按字节、半字和字的方式寻址。屏蔽寄存器可以从一个 GPIO 端口的其他位独立地访问相同端口中的一组位。

表 3-12　GPIO 寄存器映射（局部总线可访问寄存器——增强型 GPIO 特性）

通用名称	描　　述	访问类型	复位值
FIOxDIR （$x=0\sim5$）	高速 GPIO 端口方向控制寄存器。该寄存器单独控制每个端口引脚的方向	R/W	0
FIOxMASK （$x=0\sim5$）	高速端口屏蔽寄存器。写、置位、清零和读端口（通过写 FIOPIN、FIOSET、FIOCLR 和读 FIOPIN 来执行）改变或返回时，只对该寄存器中为 0 的位有效	R/W	0

续表 3－12

通用名称	描　述	访问类型	复位值
FIOxPIN (x=0～5)	高速端口引脚值寄存器,与 FIOMASK 结合使用。不管引脚方向或可选的功能选择如何,数字端口引脚的当前状态可从该寄存器中读出(只要引脚不配置为 ADC 的输入)。通过与 FIOMASK 寄存器进行反相与(AND)来屏蔽读出某些位。写该寄存器,向 FIO-MASK 中为 0 的位填入对应的值。注:如果读该寄存器,那么不管物理引脚的状态如何,在 FIOMASK 寄存器中被 1 屏蔽的位将始终读出 0	R/W	0
FIOxSET (x=0～5)	高速端口输出置位寄存器,与 FIOMASK 结合使用,该寄存器控制输出引脚的状态。写 1 使相应的端口引脚产生高电平,写 0 无效。读该寄存器返回端口输出寄存器的当前内容,只可以更改 FIO-MASK 中为 0 的位,即非屏蔽位	R/W	0
FIOxCLR (x=0～5)	高速端口输出清零寄存器,与 FIOMASK 结合使用。该寄存器控制输出引脚的状态。写 1 使相应的端口引脚产生低电平,写 0 无效。只可以更改 FIOMASK 中为 0 的位,即非屏蔽位	WO	0

表 3－13 所列的 GPIO 中断映射寄存器仅适用于 GPIO 端口 0 和 GPIO 端口 2。

表 3－13　GPIO 中断映射寄存器

通用名称	描　述	访问类型	复位值	通用名称	描　述	访问类型	复位值
IntEnR	上升沿的 GPIO 中断使能	R/W	0	IntStatF	下降沿的 GPIO 中断状态	RO	0
IntEnF	下降沿的 GPIO 中断使能	R/W	0	IntClr	GPIO 中断清零	WO	0
IntStatR	上升沿的 GPIO 中断状态	RO	0	IntStatus	GPIO 整体中断状态	RO	0

(1) GPIO 端口方向寄存器 FIOxDIR

这是一个可按字访问的寄存器,当引脚被配置为 GPIO 端口引脚时,该寄存器用于控制引脚的方向。任何引脚的方向位必须按照引脚的功能置位。该寄存器位格式与功能如表 3－14 所列。

注:GPIO 引脚 P0[29] 和 P0[30] 是与 USB_D＋和 USB_D－引脚共用的,必须有相同的方向。如果 FIO0DIR 的位 29 或位 30 中的一个配置为 0,则 P0[29] 和 P0[30] 都将为输入;如果 FIO0DIR 的位 29 或位 30 均配置为 1,则 P0[29] 和 P0[30] 都将为输出。

表 3－14　高速 GPIO 端口方向寄存器位描述

位	符　号	值	描　述	复位值
31:0	FIOxDIR (x=0～5)		高速 GPIO 方向端口 x(x=0～5)控制位,FIOxDIR 的位 0 控制引脚 Px[0],FIOxDIR 的位 31 控制引脚 Px[31]。	0x0
		0	控制的引脚为输入引脚;	
		1	控制的引脚为输出引脚	

除了 32 位长和只能按字访问的 FIODIR 寄存器以外,每个高速 GPIO 端口还可以通过几个按字节和半字访问的寄存器来控制,这些寄存器列在表 3－15 中,除了提供与 FIODIR 寄存器相同的功能以外,这些额外的寄存器还能更容易、更高速地访问

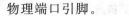

物理端口引脚。

表 3 - 15　高速 GPIO 端口方向控制字节和半字访问寄存器描述

通用名称	描　　述	寄存器位长度访问类型	复位值
FIOxDIR0 ($x=0\sim5$)	高速 GPIO 端口 x 方向控制寄存器 0。FIOxDIR0 寄存器中的位 0 对应引脚 Px[0],位 7 对应引脚 Px[7]	8(位) R/W	0x00
FIOxDIR1 ($x=0\sim5$)	高速 GPIO 端口 x 方向控制寄存器 1。FIOxDIR1 寄存器中的位 0 对应引脚 Px[8],位 7 对应引脚 Px[15]	8(位) R/W	0x00
FIOxDIR2 ($x=0\sim5$)	高速 GPIO 端口 x 方向控制寄存器 2。FIOxDIR2 寄存器中的位 0 对应引脚 Px[16],位 7 对应引脚 Px[23]	8(位) R/W	0x00
FIOxDIR3 ($x=0\sim5$)	高速 GPIO 端口 x 方向控制寄存器 3。FIOxDIR3 寄存器中的位 0 对应引脚 Px[24],位 7 对应引脚 Px[31]	8(位) R/W	0x00
FIOxDIRL ($x=0\sim5$)	高速 GPIO 端口 x 方向控制低半字寄存器。FIOxDIRL 寄存器中的位 0 对应引脚 Px[0],位 7 对应引脚 Px[15]	16(位) R/W	0x0000
FIOxDIRU ($x=0\sim5$)	高速 GPIO 端口 x 方向控制高半字寄存器。FIOxDIRU 寄存器中的位 0 对应引脚 Px[16],位 7 对应引脚 Px[31]	16(位) R/W	0x0000

(2) GPIO 端口输出设置寄存器

此寄存器用于在输出模式下,为配置成 GPIO 的端口引脚提供一个高电平输出。写入 1 会在相应端口引脚产生高电平,写入 0 则无效。如果任何引脚被配置为输入或第二种功能,则在 FIOxSET 中的相应位写入 1 无效。该寄存器位格式与功能如表 3-16 所列。

读取 FIOxSET 寄存器可返回该寄存器的值,该值由前次向 FIOxSET 和 FIOxCLR(或上述的 FIOxPIN)的写入所决定。这个值并不反映任何外部环境对 I/O 引脚的影响。

注:通过 FIOxMASK 寄存器的相应位,可以约束 FIOxSET 寄存器对一个端口引脚的访问。

表 3 - 16　GPIO 端口输出设置寄存器位描述

位	符　号	值	描　　述	复位值
31:0	FIOxSET ($x=0\sim5$)	 0 1	高速 GPIO 输出值设置位。FIOxSET 的位 0 控制引脚 Px[0],FIOxSET 的位 31 控制引脚 Px[31]。 控制的引脚输出不改变; 控制的引脚输出设为高电平	0x0

除了 32 位长和只能按字访问的 FIOxSET 寄存器以外,每个高速 GPIO 端口还可以由表 3 - 17 所列的几种按字节和半字访问的寄存器所控制。除了提供与 FIOxSET 寄存器相同的功能以外,这些额外的寄存器还能更容易、更高速地访问物理端口的引脚。

表 3 - 17　高速 GPIO 端口输出设置字节和半字访问寄存器描述

通用名称	描　述	寄存器位长度访问类型	复位值
FIOxSET0 ($x=0\sim5$)	高速 GPIO 端口 x 输出设置寄存器 0。FIOxSET0 寄存器中的位 0 对应引脚 Px[0],位 7 对应引脚 Px[7]	8(位) R/W	0x00
FIOxSET1 ($x=0\sim5$)	高速 GPIO 端口 x 输出设置寄存器 1。FIOxSET1 寄存器中的位 0 对应引脚 Px[8],位 7 对应引脚 Px[15]	8(位) R/W	0x00
FIOxSET2 ($x=0\sim5$)	高速 GPIO 端口 x 方向控制寄存器 2。FIOxDIR2 寄存器中的位 0 对应引脚 Px[16],位 7 对应引脚 Px[23]	8(位) R/W	0x00
FIOxSET3 ($x=0\sim5$)	高速 GPIO 端口 x 输出设置寄存器 2。FIOxSET2 寄存器中的位 0 对应引脚 Px[24],位 7 对应引脚 Px[31]	8(位) R/W	0x00
FIOxSETL ($x=0\sim5$)	高速 GPIO 端口 x 输出设置低半字寄存器。FIOxSETL 寄存器中的位 0 对应引脚 Px[0],位 15 对应引脚 Px[15]	16(位) R/W	0x0000
FIOxSETU ($x=0\sim5$)	高速 GPIO 端口 x 输出设置高半字寄存器。FIOxSETU 寄存器中的位 0 对应引脚 Px[16],位 15 对应引脚 Px[31]	16(位) R/W	0x0000

(3) GPIO 端口输出清零寄存器

　　此寄存器用于在输出模式下,为配置成 GPIO 的端口引脚提供一个低电平输出。写入 1 会在相应端口引脚产生一个低电平,并清零 FIOxSET 寄存器中的相应位。写入 0 则无效。如果任何引脚被配置为输入或第二种功能,则写入 FIOxCLR 无效。通过 FIOxMASK 寄存器的相应位,可以约束 FIOxCLR 寄存器对一个端口引脚的访问。该寄存器位格式与功能如表 3 - 18 所列。

表 3 - 18　高速 GPIO 端口输出清零寄存器位描述

位	符　号	值	描　述	复位值
31:0	FIOxCLR ($x=0\sim5$)		高速 GPIO 输出值清零位。FIOxCLR 的位 0 控制引脚 Px[0],FIOxCLR 的位 31 控制引脚 Px[31]。	0x0
		0	控制的引脚输出不改变;	
		1	控制的引脚输出设为低电平	

　　除了 32 位长和只能按字访问的 FIOxCLR 寄存器以外,每个高速 GPIO 端口还可以由表 3 - 19 所列的几种按字节和半字访问的寄存器所控制。除了提供与 FIOxCLR 寄存器相同的功能以外,这些额外的寄存器还能更容易、更高速地访问物理端口引脚。

表 3 - 19　高速 GPIO 端口输出清零字节和半字访问寄存器描述

通用名称	描　述	寄存器位长度访问类型	复位值
FIOxCLR0 ($x=0\sim5$)	高速 GPIO 端口 x 输出清零寄存器 0。FIOxCLR0 寄存器中的位 0 对应引脚 Px[0],位 7 对应引脚 Px[7]	8(位) WO	0x00
FIOxCLR1 ($x=0\sim5$)	高速 GPIO 端口 x 输出清零寄存器 1。FIOxCLR1 寄存器中的位 0 对应引脚 Px[8],位 7 对应引脚 Px[15]	8(位) WO	0x00

通用名称	描　　　述	寄存器位长度访问类型	复位值
FIOxCLR2 (x=0~5)	高速 GPIO 端口 x 输出清零寄存器 2。FIOxCLR2 寄存器中的位 0 对应引脚 Px[16]，位 7 对应引脚 Px[23]	8(位) WO	0x00
FIOxCLR3 (x=0~5)	高速 GPIO 端口 x 输出设置寄存器 3。FIOxCLR3 寄存器中的位 0 对应引脚 Px[24]，位 7 对应引脚 Px[31]	8(位) WO	0x00
FIOxCLRL (x=0~5)	高速 GPIO 端口 x 输出清零低半字寄存器。FIOxCLRL 寄存器中的位 0 对应引脚 Px[0]，位 15 对应引脚 Px[15]	16(位) WO	0x0000
FIOxCLRU (x=0~5)	高速 GPIO 端口 x 输出清零高半字寄存器。FIOxCLRU 寄存器中的位 0 对应引脚 Px[16]，位 15 对应引脚 Px[31]	16(位) WO	0x0000

(4) GPIO 端口引脚值寄存器

该寄存器提供了端口引脚值，可配置这些值来执行仅为数字的功能，该寄存器位格式与功能如表 3 - 20 所列。寄存器将给出引脚的逻辑值，而与该引脚配置为输入、输出、GPIO 或其他可选数字功能无关。例如，某个特定端口引脚可以将 GPIO 输入、GPIO 输出、UART 接收，以及 PWM 输出作为可选功能。该引脚的任何配置均将允许从相应的 FIOxPIN 寄存器读出其当前逻辑状态。

假设某个引脚配置为模拟功能，如果选择的是模拟配置，则该引脚状态不可读。将引脚选为 A/D 输入会断开该引脚的数字特性。此时，FIOxPIN 寄存器中读出的引脚值无效。

写入 FIOxPIN 寄存器会将其值存储在端口输出寄存器中，而无需同时使用 FIOxSET 寄存器和 FIOxCLR 寄存器获得完整的写入值。在应用中应慎用这个特性，因为它会影响到整个端口。

注意： 通过 FIOxMASK 寄存器的相应位，可以约束由 FIOxPIN 寄存器对一个端口引脚的访问；只有在屏蔽寄存器中用 0 屏蔽的那些引脚，才会关联到高速 GPIO 端口引脚值寄存器中的当前内容。

表 3 - 20　高速 GPIO 端口引脚值寄存器位描述

位	符　号	值	描　　　述	复位值
31:0	FIOxPIN (x=0~5)		高速 GPIO 输出值设置位。FIOxPIN 的位 0 控制引脚 Px[0]，FIOxPIN 的位 31 控制引脚 Px[31]。	0x0
		0	控制的引脚输出设为低电平；	
		1	控制的引脚输出设为高电平	

高速 GPIO 端口引脚值字节和半字访问寄存器描述如表 3 - 21 所列。

(5) 高速 GPIO 端口屏蔽寄存器

此寄存器用于选择哪些端口引脚将能够或不能够被 FIOxPIN、FIOxSET 或 FIOxCLR 寄存器写入访问。当读取 FIOxPIN 寄存器时，屏蔽寄存器还会过滤端口的内容。该寄存器位格式与功能如表 3 - 22 所列。

表 3 - 21　高速 GPIO 端口引脚值字节和半字访问寄存器描述

通用名称	描　述	寄存器位长度访问类型	复位值
FIOxPIN0 (x＝0～5)	高速 GPIO 端口 x 输出引脚值寄存器 0。FIOxPIN0 寄存器中的位 0 对应引脚 Px[0]，位 7 对应引脚 Px[7]	8(位) R/W	0x00
FIOxPIN1 (x＝0～5)	高速 GPIO 端口 x 输出引脚值寄存器 1。FIOxPIN1 寄存器中的位 0 对应引脚 Px[8]，位 7 对应引脚 Px[15]	8(位) R/W	0x00
FIOxPIN2 (x＝0～5)	高速 GPIO 端口 x 输出引脚值存器 2。FIOxPIN2 寄存器中的位 0 对应引脚 Px[16]，位 7 对应引脚 Px[23]	8(位) R/W	0x00
FIOxPIN3 (x＝0～5)	高速 GPIO 端口 x 输出引脚值寄存器 3。FIOxPIN3 寄存器中的位 0 对应引脚 Px[24]，位 7 对应引脚 Px[31]	8(位) R/W	0x00
FIOxPINL (x＝0～5)	高速 GPIO 端口 x 输出引脚值低半字寄存器。FIOxPINL 寄存器中的位 0 对应引脚 Px[0]，位 15 对应引脚 Px[15]	16(位) R/W	0x0000
FIOxPINU (x＝0～5)	高速 GPIO 端口 x 输出引脚值高半字寄存器。FIOxPINU 寄存器中的位 0 对应引脚 Px[16]，位 15 对应引脚 Px[31]	16(位) R/W	0x0000

通过读或写访问，此寄存器中为 0 的位可以使能相应物理引脚的访问。如果寄存器中的位是 1，则相应引脚将不能通过写访问而修改；如果是读访问，也不会反映在更新后的 FIOxPIN 寄存器中。

表 3 - 22　高速 GPIO 端口屏蔽寄存器位描述

位	符　号	值	描　述	复位值
31:0	FIOxMASK (x＝0～5)	0	高速 GPIO 物理引脚访问控制。控制的引脚受到 FIOxSET、FIOxCLR 和 FIOxPIN 寄存器的写操作影响。引脚的当前状态可从 FIOxPIN 寄存器中读出。	0x0
		1	控制的引脚不受 FIOxSET、FIOxCLR 和 FIOxPIN 寄存器的写操作影响。读取 FIOxPIN 寄存器时，该位不会通过物理引脚的状态更新	

除了 32 位长和只能按字访问的 FIOxMASK 寄存器以外，每个高速 GPIO 端口还可以由表 3 - 23 所列的几种按字节和半字访问的寄存器所控制。除了提供与 FIOxMASK 寄存器相同的功能以外，这些额外的寄存器还能更容易、更高速地访问物理端口引脚。

(6) GPIO 整体中断状态寄存器

这是个只读的寄存器，它反映了所有支持 GPIO 中断的 GPIO 端口上挂起的中断。每个端口只使用一个状态位。该寄存器位格式与功能如表 3 - 24 所列。

表 3-23　高速 GPIO 端口屏蔽字节和半字访问寄存器描述

通用名称	描　述	寄存器位长度访问类型	复位值
FIOxMASK0 (x=0～5)	高速 GPIO 端口 x 输出屏蔽寄存器 0。FIOxMASK0 寄存器位 0 对应引脚 Px[0],位 7 对应引脚 Px[7]	8(位) R/W	0x00
FIOxMASK1 (x=0～5)	高速 GPIO 端口 x 输出屏蔽寄存器 1。FIOxMASK1 寄存器中的位 0 对应引脚 Px[8],位 7 对应引脚 Px[15]	8(位) R/W	0x00
FIOxMASK2 (x=0～5)	高速 GPIO 端口 x 输出屏蔽寄存器 2。FIOxMASK2 寄存器中的位 0 对应引脚 Px[16],位 7 对应引脚 Px[23]	8(位) R/W	0x00
FIOxMASK3 (x=0～5)	高速 GPIO 端口 x 输出屏蔽寄存器 3。FIOxMASK3 寄存器中的位 0 对应引脚 Px[24],位 7 对应引脚 Px[31]	8(位) R/W	0x00
FIOxMASKL (x=0～5)	高速 GPIO 端口 x 输出屏蔽低半字寄存器。FIOxMASKL 寄存器中的位 0 对应引脚 Px[0],位 15 对应引脚 Px[15]	16(位) R/W	0x0000
FIOxMASKU (x=0～5)	高速 GPIO 端口 x 输出屏蔽高半字寄存器。FIOxMASKU 寄存器中的位 0 对应引脚 Px[16],位 15 对应引脚 Px[31]	16(位) R/W	0x0000

表 3-24　GPIO 整体中断状态寄存器位描述

位	符　号	值	描　述	复位值
31:3	—	—	保留。从保留位中读出的值未定义	—
2	P2Int	0	GPIO 端口 2 的 GPIO 中断挂起。 在端口 2 上没有挂起的中断;	0
		1	在端口 2 上至少有一个挂起的中断	
1	—	—	保留。从保留位中读出的值未定义	—
0	P0Int	0	GPIO 端口 0 的 GPIO 中断挂起。 在端口 0 上没有挂起的中断;	0
		1	在端口 0 上至少有一个挂起的中断	

(7) 端口 0 上升沿的 GPIO 中断使能

这些读/写寄存器的每个位用于使能端口 0 相应引脚的上升沿中断。该寄存器位格式与功能如表 3-25 所列。

表 3-25　端口 0 上升沿的 GPIO 中断使能位描述

位	符　号	值	描　述	复位值
31:0	P0.[0:31]ER	0	使能 P0.[0～31]上升沿中断。 上升沿中断在 P0.[0:31]上禁止;	0
		1	上升沿中断在 P0.[0:31]上使能	

(8) 端口 2 上升沿的 GPIO 中断使能

这些读/写寄存器的每个位用于使能端口 2 相应引脚的上升沿中断。该寄存器位格式与功能如表 3 - 26 所列。

轻松玩转 ARM Cortex-M3 微控制器——基于 LPC1788 系列

表 3 - 26　端口 2 上升沿的 GPIO 中断使能位描述

位	符　号	值	描　　述	复位值
31:0	P2.[0:31]ER		使能 P2.[0:31]上升沿中断。	0
		0	上升沿中断在 P2.[0:31]上禁止;	
		1	上升沿中断在 P2.[0:31]上使能	

(9) 端口 0 下降沿的 GPIO 中断使能

这些读/写寄存器的每个位用于使能端口 0 相应引脚的下降沿中断。该寄存器位格式与功能如表 3 - 27 所列。

表 3 - 27　端口 0 下降沿的 GPIO 中断使能位描述

位	符　号	值	描　　述	复位值
31:0	P0.[0:31]EF		使能 P0.[0:31]下降沿中断。	0
		0	下降沿中断在 P0.[0:31]上禁止;	
		1	下降沿中断在 P0.[0:31]上使能	

(10) 端口 2 下降沿的 GPIO 中断使能

这些读/写寄存器的每个位用于使能端口 2 相应引脚的下降沿中断。该寄存器位格式与功能如表 3 - 28 所列。

表 3 - 28　端口 2 下降沿的 GPIO 中断使能位描述

位	符　号	值	描　　述	复位值
31:0	P2.[0:31]EF		使能 P2.[0:31]下降沿中断。	0
		0	下降沿中断在 P2.[0:31]上禁止;	
		1	下降沿中断在 P2.[0:31]上使能	

(11) 端口 0 上升沿的 GPIO 中断状态

这些只读寄存器中的每个位都表示端口 0 的上升沿中断状态。该寄存器位格式与功能如表 3 - 29 所列。

表 3 - 29　端口 0 上升沿的 GPIO 中断状态位描述

位	符　号	值	描　　述	复位值
31:0	P0.[0:31]REI		P0.[0:31]上升沿中断状态。	0
		0	在 P0.[0:31]上尚未检测到上升沿;	
		1	在 P0.[0:31]上检测到上升沿,产生中断	

(12) 端口 2 上升沿的 GPIO 中断状态

这些只读寄存器中的每个位都表示端口 2 的上升沿中断状态。该寄存器位格式与功能如表 3 - 30 所列。

表 3-30　端口 2 上升沿的 GPIO 中断状态位描述

位	符　号	值	描　述	复位值
31:0	P2.[0:31]REI	0	P2.[0:31]上升沿中断状态。 在 P2.[0:31]上尚未检测到上升沿；	0
		1	在 P2.[0:31]上检测到上升沿,产生中断	

(13) 端口 0 下降沿的 GPIO 中断状态

这些只读寄存器中的每个位都表示端口 0 的下降沿中断状态。该寄存器位格式与功能如表 3-31 所列。

表 3-31　端口 0 下降沿的 GPIO 中断状态位描述

位	符　号	值	描　述	复位值
31:0	P0.[0:31]FEI	0	P0.[0:31]下降沿中断状态。 在 P0.[0:31]上尚未检测到下降沿；	0
		1	在 P0.[0:31]上检测到下降沿,产生中断	

(14) 端口 2 下降沿的 GPIO 中断状态

这些只读寄存器中的每个位都表示端口 2 的下降沿中断状态。该寄存器位格式与功能如表 3-32 所列。

表 3-32　端口 2 下降沿的 GPIO 中断状态位描述

位	符　号	值	描　述	复位值
31:0	P2.[0:31]FEI	0	P2.[0:31]下降沿中断状态。 在 P2.[0:31]上尚未检测到下降沿；	0
		1	在 P2.[0:31]上检测到下降沿,产生中断	

(15) 端口 0 的 GPIO 中断清零寄存器

向这个只写寄存器中的位写入 1 可清零相应端口 0 引脚的任何中断。该寄存器位格式与功能如表 3-33 所列。

表 3-33　端口 0 的 GPIO 中断清零寄存器位描述

位	符　号	值	描　述	复位值
31:0	P0.[0:31]CI	0	GPIO 端口 P0.[0:31]中断清零。 IOxIntStatR 和 IOxIntStatF 中的相应位不变；	0
		1	IOxIntStatR 和 IOxIntStatF 中的相应位清零	

(16) 端口 2 的 GPIO 中断清零寄存器

向这个只写寄存器中的位写入 1 可清零相应端口 2 引脚的任何中断。该寄存器位格式与功能如表 3-34 所列。

轻松玩转ARM Cortex-M3 微控制器——基于LPC1788系列

表 3-34 端口 2 的 GPIO 中断清零寄存器位描述

位	符 号	值	描 述	复位值
31:0	P2.[0:31]CI	0	GPIO 端口 P2.[0:31]中断清零。 IOxIntStatR 和 IOxIntStatF 中的相应位不变;	0
		1	IOxIntStatR 和 IOxIntStatF 中的相应位清零	

3.3 GPIO 及 I/O 配置常用库函数

GPIO 端口和引脚配置与 I/O 引脚连接配置相互联系,因此本节将对这两部分的常用库函数进行详细介绍。

3.3.1 GPIO 端口库函数功能详解

GPIO 端口库函数由一组 API(Application Programming Interface,应用编程接口)驱动函数组成,这组函数覆盖了本外设所有功能。本小节将针对 GPIO 端口介绍与之相关的主要库函数的功能,各功能函数详细说明如表 3-35~表 3-62 所列。

① 函数 GPIO_Init。

表 3-35 函数 GPIO_Init

函数名	GPIO_Init
函数原型	void GPIO_Init(void)
功能描述	通过时钟上电(使能 GPIO 电源/时钟控制位)初始化 GPIO 组件
输入参数	无
输出参数	无
返回值	无
调用函数	CLKPWR_ConfigPPWR()函数

② 函数 GPIO_DeInit。

表 3-36 函数 GPIO_DeInit

函数名	GPIO_DeInit
函数原型	void GPIO_Deinit(void)
功能描述	通过关闭时钟(禁止 GPIO 电源/时钟控制位)取消 GPIO 组件初始设置
输入参数	无
输出参数	无
返回值	无
调用函数	CLKPWR_ConfigPPWR()函数

③ 函数 GPIO_SetDir。

表 3 - 37　函数 GPIO_SetDir

函数名	GPIO_SetDir
函数原型	void GPIO_SetDir(uint8_t portNum, uint32_t bitValue, uint8_t dir)
功能描述	设置 GPIO 端口的方向
输入参数 1	portNum：端口号，取值 0～4
输入参数 2	bitValue：所有需设置方向的 GPIO 位定义，取值范围 0～0xFFFFFFFF
输入参数 3	dir：方向值，0 表示输入；1 表示输出
输出参数	无
返回值	无
调用函数	static LPC_GPIO_TypeDef * GPIO_GetPointer(uint8_t portNum)函数
说　明	本函数对 bitValue 余下的未定义位（即位域的定义值为 0 时）无效

④ 函数 GPIO_SetValue。

表 3 - 38　函数 GPIO_SetValue

函数名	GPIO_SetValue
函数原型	void GPIO_SetValue(uint8_t portNum, uint32_t bitValue)
功能描述	对已设置输出方向的 GPIO 位设置值
输入参数 1	portNum：端口号，取值 0～4
输入参数 2	bitValue：需定义的 GPIO 位，取值范围 0～0xFFFFFFFF。 0：GPIO 引脚输出不改变；1：控制的引脚输出被设为高电平
输出参数	无
返回值	无
调用函数	static LPC_GPIO_TypeDef * GPIO_GetPointer(uint8_t portNum)函数
说　明	当 GPIO 位已设置成输入方向或 bitValue 余下的未定义位即位域的定义值为 0 时，本函数不起作用

⑤ 函数 GPIO_ClearValue。

表 3 - 39　函数 GPIO_ClearValue

函数名	GPIO_ClearValue
函数原型	void GPIO_ClearValue(uint8_t portNum, uint32_t bitValue)
功能描述	清除已设置为输出方向的 GPIO 位的设置值
输入参数 1	portNum：端口号，取值 0～4
输入参数 2	bitValue：需清除的 GPIO 位，取值范围 0～0xFFFFFFFF。 0：GPIO 引脚输出不改变；1：控制的引脚输出设为低电平
输出参数	无
返回值	无
调用函数	static LPC_GPIO_TypeDef * GPIO_GetPointer(uint8_t portNum)函数
说　明	当 GPIO 位已设置成输入方向或 bitValue 余下的未定义位即位域的定义值为 0 时，本函数不起作用

⑥ 函数 GPIO_OutputValue。

表 3 – 40　函数 GPIO_OutputValue

函数名	GPIO_OutputValue
函数原型	void GPIO_OutputValue(uint8_t portNum, uint32_t bitMask, uint8_t value)
功能描述	设置 GPIO 端口引脚的特定输出
输入参数 1	portNum：端口号，取值 0～4
输入参数 2	bitMask：需设置的 GPIO 位，取值范围 0～0xFFFFFFFF
输入参数 3	value：引脚输出值。 0：控制的引脚输出被设为低电平；1：控制的引脚输出被设为高电平
输出参数	无
返回值	无
调用函数	无
说　明	当 GPIO 位已设置成输入方向或 bitValue 余下的未定义位即位域的定义值为 0 时，本函数不起作用

⑦ 函数 GPIO_ReadValue。

表 3 – 41　函数 GPIO_ReadValue

函数名	GPIO_ReadValue
函数原型	uint32_t GPIO_ReadValue(uint8_t portNum)
功能描述	读取已设置成输入方向的 GPIO 端口引脚的当前状态
输入参数	portNum：端口号，取值 0～4
输出参数	无
返回值	GPIO 端口的当前值
调用函数	static LPC_GPIO_TypeDef * GPIO_GetPointer(uint8_t portNum) 函数
说　明	返回值包含每个 GPIO 端口的引脚（位）的状态，不管它的方向是输入还是输出

⑧ 函数 GPIO_IntCmd。

表 3 – 42　函数 GPIO_IntCmd

函数名	GPIO_IntCmd
函数原型	void GPIO_IntCmd(uint8_t portNum, uint32_t bitValue, uint8_t edgeState)
功能描述	使能 GPIO 中断
输入参数 1	portNum：端口号，取值 0 或 2
输入参数 2	bitValue：需使能的 GPIO 位，取值范围 0～0xFFFFFFFF
输入参数 3	edgeState：边沿状态的取值，0：上升沿；1：下降沿
输出参数	无
返回值	无
调用函数	无
说　明	本函数仅用于 P0.0～P0.30 和 P2.0～P2.1

⑨ 函数 GPIO_GetIntStatus。

表 3 - 43　函数 GPIO_GetIntStatus

函数名	GPIO_GetIntStatus
函数原型	FunctionalState GPIO_GetIntStatus(uint8_t portNum, uint32_t pinNum, uint8_t edgeState)
功能描述	获取 GPIO 中断状态
输入参数 1	portNum:端口号,取值 0 或 2
输入参数 2	pinNum:引脚号
输入参数 3	edgeState:边沿状态值,0:上升沿;1:下降沿
输出参数	无
返回值	ENABLE:检测到 P0.0 的上升沿,中断产生; DISABLE:未检测到 P0.0 的上升沿
调用函数	无
说　明	本函数仅用于 P0.0~P0.30 和 P2.0~P2.1

⑩ 函数 GPIO_ClearInt。

表 3 - 44　函数 GPIO_ClearInt

函数名	GPIO_ClearInt
函数原型	void GPIO_ClearInt(uint8_t portNum, uint32_t bitValue)
功能描述	清除 GPIO 中断
输入参数 1	portNum:端口号,取值 0 或 2
输入参数 2	bitValue:值包含 GPIO 的使能位,取值范围 0~0xFFFFFFFF
输出参数	无
返回值	无
调用函数	无
说　明	本函数仅用于 P0.0~P0.30 和 P2.0~P2.1

⑪ 函数 FIO_SetDir。

表 3 - 45　函数 FIO_SetDir

函数名	FIO_SetDir
函数原型	void FIO_SetDir(uint8_t portNum, uint32_t bitValue, uint8_t dir)
功能描述	按字访问,功能与 GPIO_SetDir() 函数相同
输入参数 1	portNum:端口号,取值 0~4
输入参数 2	bitValue:定义所有需设置方向的 GPIO 位,取值范围 0~0xFFFFFFFF
输入参数 3	Dir:方向值,值 0 表示输入;值 1 表示输出
输出参数	无
返回值	无
调用函数	GPIO_SetDir() 函数
说　明	无

轻松玩转ARM Cortex-M3微控制器——基于LPC1788系列

⑫ 函数 FIO_SetValue。

表 3 - 46　函数 FIO_SetValue

函数名	FIO_SetValue
函数原型	void FIO_SetValue(uint8_t portNum, uint32_t bitValue)
功能描述	按字访问,功能与 GPIO_SetValue() 函数相同
输入参数 1	portNum:端口号,取值 0~4
输入参数 2	bitValue:需定义的 GPIO 位。 0:GPIO 引脚输出不改变;1:控制的引脚输出被设为高电平
输出参数	无
返回值	无
调用函数	GPIO_SetValue() 函数
说　明	无

⑬ 函数 FIO_ClearValue。

表 3 - 47　函数 FIO_ClearValue

函数名	FIO_ClearValue
函数原型	void FIO_ClearValue(uint8_t portNum, uint32_t bitValue)
功能描述	按字访问,功能与 GPIO_ClearValue() 函数相同
输入参数 1	portNum:端口号,取值 0~4。
输入参数 2	bitValue:需清除的 GPIO 位。 0:GPIO 引脚输出不改变;1:控制的引脚输出被设为低电平
输出参数	无
返回值	无
调用函数	GPIO_ClearValue() 函数
说　明	无

⑭ 函数 FIO_ReadValue。

表 3 - 48　函数 FIO_ReadValue

函数名	FIO_ReadValue
函数原型	uint32_t FIO_ReadValue(uint8_t portNum)
功能描述	按字访问,功能与 GPIO_ClearValue() 函数相同
输入参数	portNum:端口号,取值 0~4
输出参数	无
返回值	无
调用函数	GPIO_ClearValue() 函数
说　明	无

⑮ 函数 FIO_IntCmd。

表 3-49　函数 FIO_IntCmd

函数名	FIO_IntCmd
函数原型	void FIO_IntCmd(uint8_t portNum, uint32_t bitValue, uint8_t edgeState)
功能描述	按字访问,功能与 GPIO_IntCmd()函数相同
输入参数 1	portNum:端口号,取值 0～4
输入参数 2	bitValue:需使能的 GPIO 位
输入参数 3	edgeState:边沿状态的取值,0:上升沿;1:下降沿
输出参数	无
返回值	无
调用函数	GPIO_IntCmd()函数
说　明	无

⑯ 函数 FIO_GetIntStatus。

表 3-50　函数 FIO_GetIntStatus

函数名	FIO_GetIntStatus
函数原型	FunctionalState FIO_GetIntStatus(uint8_t portNum, uint32_t pinNum, uint8_t edgeState)
功能描述	按字访问,功能与 GPIO_GetIntStatus()函数相同
输入参数 1	portNum:端口号,取值 0 或 2
输入参数 2	pinNum:引脚号
输入参数 3	edgeState:边沿状态值,0:上升沿;1:下降沿
输出参数	无
返回值	ENABLE:检测到 P0.0 的上升沿,中断产生; DISABLE:未检测到 P0.0 的上升沿
调用函数	GPIO_GetIntStatus()函数
说　明	本函数仅用于 P0.0～P0.30 和 P2.0～P2.13

⑰ 函数 FIO_ClearInt。

表 3-51　函数 FIO_ClearInt

函数名	FIO_ClearInt
函数原型	void FIO_ClearInt(uint8_t portNum, uint32_t bitValue)
功能描述	按字访问,功能与 GPIO_ClearInt()函数相同
输入参数 1	portNum:端口号,取值 0 或 2
输入参数 2	bitValue:值包含 GPIO 的使能位
输出参数	无
返回值	无
调用函数	GPIO_ClearInt()函数
说　明	本函数仅用于 P0.0～P0.30 和 P2.0～P2.13

轻松玩转ARM Cortex-M3微控制器——基于LPC1788系列

⑱ 函数 FIO_SetMask。

表 3-52　函数 FIO_SetMask

函数名	FIO_SetMask
函数原型	void FIO_SetMask(uint8_t portNum, uint32_t bitValue, uint8_t maskValue)
功能描述	按字访问,设置 FIO 访问端口位的屏蔽值
输入参数 1	portNum:端口号,取值 0~4
输入参数 2	bitValue:位值,取值 0~ 0xFFFFFFFF
输入参数 3	maskValue:每个屏蔽位的取值。 0:不屏蔽;1:屏蔽
输出参数	无
返回值	无
调用函数	无
说　明	本函数对 bitValue 域中未设置的位(置 0 的位)不起作用,执行该功能后,当屏蔽寄存器位值为 0 时,使能对应的物理引脚读/写访问;当屏蔽寄存器位值为 1 时,读/写访问将不会起作用

⑲ 函数 FIO_HalfWordSetDir。

表 3-53　函数 FIO_HalfWordSetDir

函数名	FIO_HalfWordSetDir
函数原型	void FIO_HalfWordSetDir(uint8_t portNum, uint8_t halfwordNum, uint16_t bitValue, uint8_t dir)
功能描述	按半字访问,设置 FIO 半字模式访问端口的方向
输入参数 1	portNum:端口号,取值 0~4
输入参数 2	halfwordNum:半字端口号,一个端口划分成低位(取 0)和高位(取 1)两个部分
输入参数 3	bitValue:需设置方向的位,取值范围 0~0xFFFF
输入参数 4	dir:方向位设置值。 0:输入;1:输出
输出参数	无
返回值	无
调用函数	static GPIO_HalfWord_TypeDef * FIO_HalfWordGetPointer(uint8_t portNum)函数
说　明	本函数对 bitValue 位域未设置值的位(值为 0 的位域)不起作用

⑳ 函数 FIO_HalfWordSetMask。

表 3-54　函数 FIO_HalfWordSetMask

函数名	FIO_HalfWordSetMask
函数原型	void FIO_HalfWordSetMask(uint8_t portNum, uint8_t halfwordNum, uint16_t bitValue, uint8_t maskValue)
功能描述	按半字访问,设置 FIO 半字模式访问端口的屏蔽位
输入参数 1	portNum:端口号,取值 0~4
输入参数 2	halfwordNum:半字端口号,一个端口划分成低位(取 0)和高位(取 1)两个部分

输入参数 3	bitValue：需设置的位，取值范围 0～0xFFFF
输入参数 4	maskValue：每个屏蔽位的取值。 0：不屏蔽；1：屏蔽
输出参数	无
返回值	无
调用函数	static GPIO_HalfWord_TypeDef ＊ FIO_HalfWordGetPointer(uint8_t portNum)函数
说　明	本函数对 bitValue 域中未设置的位（置 0 的位）不起作用，执行该功能后，当屏蔽寄存器位值为 0 时，使能对应的物理引脚读/写访问；当屏蔽寄存器位值为 1 时，读/写访问将不会起作用

㉑ 函数 FIO_HalfWordSetValue。

表 3 - 55　函数 FIO_HalfWordSetValue

函数名	FIO_HalfWordSetValue
函数原型	void FIO_HalfWordSetValue(uint8_t portNum, uint8_t halfwordNum, uint16_t bitValue)
功能描述	按半字访问，FIO 半字模式访问端口置位
输入参数 1	portNum：端口号，取值 0～4
输入参数 2	halfwordNum：半字端口号，一个端口划分成低位（取 0）和高位（取 1）两个部分
输入参数 3	bitValue：需设置的位，取值范围 0～0xFFFF
输出参数	无
返回值	无
调用函数	static GPIO_HalfWord_TypeDef ＊ FIO_HalfWordGetPointer(uint8_t portNum)函数
说　明	如果所有位已设置为输入方向，本函数不起作用，本函数对 bitValue 域中未设置的位（置 0 的位）不起作用

㉒ 函数 FIO_HalfWordClearValue。

表 3 - 56　函数 FIO_HalfWordClearValue

函数名	FIO_HalfWordClearValue
函数原型	void FIO_HalfWordClearValue(uint8_t portNum, uint8_t halfwordNum, uint16_t bitValue)
功能描述	按半字访问，FIO 半字模式访问端口清零位
输入参数 1	portNum：端口号，取值 0～4
输入参数 2	halfwordNum：半字端口号，一个端口划分成低位（取 0）和高位（取 1）两个部分
输入参数 3	bitValue：需清零的位，取值范围 0～0xFFFF
输出参数	无
返回值	无
调用函数	static GPIO_HalfWord_TypeDef ＊ FIO_HalfWordGetPointer(uint8_t portNum)函数
说　明	如果所有位已设置为输入方向，本函数不起作用，本函数对 bitValue 域中未设置的位（置 0 的位）不起作用

轻松玩转 ARM Cortex-M3 微控制器——基于 LPC1788 系列

㉓ 函数 FIO_HalfWordReadValue。

表 3 - 57 函数 FIO_HalfWordReadValue

函数名	FIO_HalfWordReadValue
函数原型	uint16_t FIO_HalfWordReadValue(uint8_t portNum, uint8_t halfwordNum)
功能描述	按半字访问,读取 FIO 半字模式,访问端口引脚已设置成输入方向的当前状态
输入参数 1	portNum:端口号,取值 0～4
输入参数 2	halfwordNum:半字端口号,一个端口划分成低位(取 0 值)和高位(取 1)两个部分
输出参数	无
返回值	返回指定半字端口引脚位的状态。高位由 FIOPINU 返回,低位由 FIOPINL 返回
调用函数	static GPIO_HalfWord_TypeDef * FIO_HalfWordGetPointer(uint8_t portNum)函数
说　明	返回每个端口位的状态,不管设置方向为输入还是输出

㉔ 函数 FIO_ByteSetDir。

表 3 - 58 函数 FIO_ByteSetDir

函数名	FIO_ByteSetDir
函数原型	void FIO_ByteSetDir(uint8_t portNum, uint8_t byteNum, uint8_t bitValue, uint8_t dir)
功能描述	按字节访问,设置 FIO 字节模式访问端口的位方向
输入参数 1	portNum:端口号,取值 0～4
输入参数 2	byteNum:字节序号,取值 0～3(将 32 个位划分成 4 个 8 位)
输入参数 3	bitValue:需设置方向的位,取值范围 0～0xFF
输入参数 4	dir:方向位设置值。 0:输入;1:输出
输出参数	无
返回值	无
调用函数	static GPIO_Byte_TypeDef * FIO_ByteGetPointer(uint8_t portNum)函数
说　明	本函数对 bitValue 域中未设置的位(置 0 的位)不起作用

㉕ 函数 FIO_ByteSetMask。

表 3 - 59 函数 FIO_ByteSetMask

函数名	FIO_ByteSetMask
函数原型	void FIO_ByteSetMask(uint8_t portNum, uint8_t byteNum, uint8_t bitValue, uint8_t maskValue)
功能描述	按字节访问,设置 FIO 字节模式访问端口的屏蔽位
输入参数 1	portNum:端口号,取值 0～4
输入参数 2	byteNum:字节序号,取值 0～3(将 32 个位划分成 4 个 8 位)
输入参数 3	bitValue:需设置的位,取值范围 0～0xFF
输入参数 4	maskValue:每个屏蔽位的取值。 0:不屏蔽;1:屏蔽
输出参数	无

返回值	无
调用函数	static GPIO_Byte_TypeDef ＊FIO_ByteGetPointer(uint8_t portNum)
说　明	本函数对 bitValue 域中未设置的位(置 0 的位)不起作用,执行该功能后,当屏蔽寄存器位值为 0 时,使能对应的物理引脚读/写访问;当屏蔽寄存器位值为 1 时,读/写访问将不会起作用

㉖ 函数 FIO_ByteSetValue。

表 3 - 60　函数 FIO_ByteSetValue

函数名	FIO_ByteSetValue
函数原型	void FIO_ByteSetValue(uint8_t portNum, uint8_t byteNum, uint8_t bitValue)
功能描述	按字节访问,FIO 字节模式访问端口的置位
输入参数 1	portNum:端口号,取值 0~4
输入参数 2	byteNum:字节序号,取值 0~3(将 32 个位划分成 4 个 8 位)
输入参数 3	bitValue:需设置的位,取值范围 0~0xFF
输出参数	无
返回值	无
调用函数	static GPIO_Byte_TypeDef ＊FIO_ByteGetPointer(uint8_t portNum)
说　明	如果所有位已设置为输入方向,本函数不起作用,本函数对 bitValue 域中未设置的位(置 0 的位)不起作用

㉗ 函数 FIO_ByteClearValue。

表 3 - 61　函数 FIO_ByteClearValue

函数名	FIO_ByteClearValue
函数原型	void FIO_ByteClearValue(uint8_t portNum, uint8_t byteNum, uint8_t bitValue)
功能描述	按字节访问,FIO 字节模式访问端口清零位
输入参数 1	portNum:端口号,取值 0~4
输入参数 2	byteNum:字节序号,取值 0~3(将 32 个位划分成 4 个 8 位)
输入参数 3	bitValue:需清零的位,取值范围 0~0xFF
输出参数	无
返回值	无
调用函数	static GPIO_Byte_TypeDef ＊FIO_ByteGetPointer(uint8_t portNum)
说　明	如果所有位已设置为输入方向,本函数不起作用,本函数对 bitValue 域中未设置的位(置 0 的位)不起作用

㉘ 函数 FIO_ByteReadValue。

轻松玩转ARM Cortex-M3 微控制器——基于LPC1788 系列

81

表 3 - 62　函数 FIO_ByteReadValue

函数名	FIO_ByteReadValue
函数原型	uint8_t FIO_ByteReadValue(uint8_t portNum, uint8_t byteNum)
功能描述	按字节访问,读取 FIO 字节模式,访问端口引脚已设置成输入方向的当前状态
输入参数 1	portNum:端口号,取值 0～4
输入参数 2	byteNum:字节序号,取值 0～3(将 32 个位划分成 4 个 8 位)
输出参数	无
返回值	返回指定字节序号对应引脚位的当前值
调用函数	static GPIO_Byte_TypeDef * FIO_ByteGetPointer(uint8_t portNum)
说　明	返回每个端口位的状态,不管设置方向为输入还是输出

3.3.2　引脚连接配置库函数功能详解

I/O 引脚连接配置库函数功能详解如表 3 - 63～表 3 - 75 所列。

① 静态指针函数 PIN_GetPointer。

表 3 - 63　静态指针函数 PIN_GetPointer

函数名	PIN_GetPointer
函数原型	static uint32_t * PIN_GetPointer(uint8_t portnum, uint8_t pinnum)
功能描述	该函数是个静态指针函数,指向 GPIO 外设端口(基址＋偏移地址)
输入参数 1	portnum:端口号,取值 0～3
输入参数 2	pinnum:引脚号,取值 0～31
输出参数	无
返回值	指向 GPIO 外设的指针
调用函数	无
说　明	由其他功能函数调用

② 函数 PINSEL_GetPinType。

表 3 - 64　函数 PINSEL_GetPinType

函数名	PINSEL_GetPinType
函数原型	PinSel_PinType PINSEL_GetPinType(uint8_t portnum, uint8_t pinnum)
功能描述	该函数用于获取引脚的类型(由于各型的引脚不同)
输入参数 1	portnum:端口号,取值 0～3
输入参数 2	pinnum:引脚号,取值 0～31
输出参数	无
返回值	返回芯片端口类型。 PINSEL_PIN_TYPE_D:D 型; PINSEL_PIN_TYPE_A:A 型; PINSEL_PIN_TYPE_I:I 型; PINSEL_PIN_TYPE_W:W 型; PINSEL_PIN_TYPE_U:U 型; PINSEL_PIN_TYPE_UNKNOWN:无效引脚
调用函数	无

③ 函数 PINSEL_ConfigPin。

表 3 - 65　函数 PINSEL_ConfigPin

函数名	PINSEL_ConfigPin
函数原型	PINSEL_RET_CODE PINSEL_ConfigPin (uint8_t portnum, uint8_t pinnum, uint8_t funcnum)
功能描述	用于设置引脚的功能选项
输入参数 1	portnum:端口号,取值 0~3
输入参数 2	pinnum:引脚号,取值 0~31
输入参数 3	funcnum:功能选项号,取值 0~7。 0:选择 GPIO(默认); 1:选择第 1 个替换功能; 2:选择第 2 个替换功能; 3:选择第 3 个替换功能; 4:选择第 4 个替换功能; 5:选择第 5 个替换功能; 6:选择第 6 个替换功能; 7:选择第 7 个替换功能
输出参数	无
返回值	引脚选择功能返回代码。 成功:PINSEL_RET_OK; 失败:PINSEL_RET_INVALID_PIN
调用函数	PIN_GetPointer()静态指针函数、PINSEL_GetPinType()函数

④ 函数 PINSEL_SetPinMode。

表 3 - 66　函数 PINSEL_SetPinMode

函数名	PINSEL_SetPinMode
函数原型	PINSEL_RET_CODE PINSEL_SetPinMode (uint8_t portnum, uint8_t pinnum, PinSel_BasicMode modenum)
功能描述	对类型 D、A、W 的引脚设置电阻配置模式
输入参数 1	portnum:端口号,取值 0~3
输入参数 2	pinnum:引脚号,取值 0~31
输入参数 3	modenum:模式编号,取值 0~3。 0:IOCON_MODE_PLAIN,简易输出(普通模式,无上拉/下拉); 1:IOCON_MODE_PULLDOWN,下拉使能; 2:IOCON_MODE_PULLUP,上拉使能; 3:IOCON_MODE_REPEATER,转发器使能
输出参数	无
返回值	返回引脚功能选择编码。 无效:PINSEL_RET_INVALID_PIN; 不支持:PINSEL_RET_NOT_SUPPORT; 成功:PINSEL_RET_OK
调用函数	PIN_GetPointer()静态指针函数、PINSEL_GetPinType()函数

⑤ 函数 PINSEL_SetHysMode。

表 3－67　函数 PINSEL_SetHysMode

函数名	PINSEL_SetHysMode
函数原型	PINSEL_RET_CODE PINSEL_SetHysMode(uint8_t portnum, uint8_t pinnum, FunctionalState NewState)
功能描述	设置类型 D、W 引脚的迟滞模式
输入参数 1	portnum：端口号，取值 0～3
输入参数 2	pinnum：引脚号，取值 0～31
输入参数 3	NewState：迟滞模式的新状态（即设置状态）。 ENABLE：有迟滞。 DISABLE：无迟滞
输出参数	无
返回值	返回引脚功能选择编码。 无效：PINSEL_RET_INVALID_PIN； 不支持：PINSEL_RET_NOT_SUPPORT； 成功：PINSEL_RET_OK
调用函数	PIN_GetPointer()静态指针函数、PINSEL_GetPinType()函数

⑥ 函数 PINSEL_SetInvertInput。

表 3－68　函数 PINSEL_SetInvertInput

函数名	PINSEL_SetInvertInput
函数原型	PINSEL_RET_CODE PINSEL_SetInvertInput(uint8_t portnum, uint8_t pinnum, FunctionalState NewState)
功能描述	设置类型 A、I、D、W 引脚的输入极性
输入参数 1	portnum：端口号，取值 0～3
输入参数 2	pinnum：引脚号，取值 0～31
输入参数 3	NewState：反相模式的新状态（即设置状态）。 ENABLE：输入反相； DISABLE：输入不反相
输出参数	无
返回值	返回引脚功能选择编码。 无效：PINSEL_RET_INVALID_PIN； 不支持：PINSEL_RET_NOT_SUPPORT； 成功：PINSEL_RET_OK
调用函数	PIN_GetPointer()静态指针函数、PINSEL_GetPinType()函数

⑦ 函数 PINSEL_SetSlewMode。

表 3－69　函数 PINSEL_SetSlewMode

函数名	PINSEL_SetSlewMode
函数原型	PINSEL_RET_CODE PINSEL_SetSlewMode(uint8_t portnum, uint8_t pinnum, FunctionalState NewState)
功能描述	设置类型 D、W 引脚的转换速率

续表 3 - 69

输入参数 1	portnum：端口号，取值 0～3
输入参数 2	pinnum：引脚号，取值 0～31
输入参数 3	NewState：转换速率的新状态（即设置状态）。 ENABLE：输出转换速率控制使能； DISABLE：输出转换速率控制禁止
输出参数	无
返回值	返回引脚功能选择编码。 无效：PINSEL_RET_INVALID_PIN； 不支持：PINSEL_RET_NOT_SUPPORT； 成功：PINSEL_RET_OK
调用函数	PIN_GetPointer()静态指针函数、PINSEL_GetPinType()函数

⑧ 函数 PINSEL_SetI2CMode。

表 3 - 70　函数 PINSEL_SetI2CMode

函数名	PINSEL_SetI2CMode
函数原型	PINSEL_RET_CODE PINSEL_SetI2CMode(uint8_t portnum, uint8_t pinnum, PinSel_I2CMode I2CMode)
功能描述	设置具有 I2C 功能的引脚 I²C 模式
输入参数 1	portnum：端口号，取值 0～3
输入参数 2	pinnum：引脚号，取值 0～31
输入参数 3	I2CMode：I²C 模式。 PINSEL_I2CMODE_FAST_STANDARD：快速模式和标准 I²C 模式； PINSEL_I2CMODE_OPENDRAINIO：开漏极 I/O； PINSEL_I2CMODE_FASTMODEPLUS：快速模式＋I/O 功能
输出参数	无
返回值	返回引脚功能选择编码。 无效：PINSEL_RET_INVALID_PIN； 不支持：PINSEL_RET_NOT_SUPPORT； 成功：PINSEL_RET_OK
调用函数	PIN_GetPointer()静态指针函数、PINSEL_GetPinType()函数
说　明	带特殊焊盘电路并支持 I²C 的引脚（P0[27]、P0[28]、P5[2]和 P5[3]）有额外的配置位（HS、HIDRIVE）。它们不是硬连接的，因此更适用于非 I²C 功能

⑨ 函数 PINSEL_SetOpenDrainMode。

表 3 - 71　函数 PINSEL_SetOpenDrainMode

函数名	PINSEL_SetOpenDrainMode
函数原型	PINSEL_RET_CODE PINSEL_SetOpenDrainMode(uint8_t portnum, uint8_t pinnum, FunctionalState NewState)
功能描述	设置类型 D、A、W 引脚的开漏极模式
输入参数 1	portnum：端口号，取值 0～3

轻松玩转 ARM Cortex-M3 微控制器——基于 LPC1788 系列

输入参数 2	pinnum：引脚号，取值 0～31
输入参数 3	NewState：开漏极模式的新状态（即设置的状态）。 DISABLE：通用 I/O 引脚模式； ENABLE：开漏极使能
输出参数	无
返回值	返回引脚功能选择编码。 无效：PINSEL_RET_INVALID_PIN； 不支持：PINSEL_RET_NOT_SUPPORT； 成功：PINSEL_RET_OK
调用函数	PIN_GetPointer()静态指针函数、PINSEL_GetPinType()函数

⑩ 函数 PINSEL_SetAnalogPinMode。

表 3 - 72　函数 PINSEL_SetAnalogPinMode

函数名	PINSEL_SetAnalogPinMode
函数原型	PINSEL_RET_CODE PINSEL_SetAnalogPinMode (uint8_t portnum, uint8_t pinnum, uint8_t enable)
功能描述	设置类型 A 每个引脚的模拟输入模式（默认为数字输入模式）
输入参数 1	portnum：端口号，取值 0～3
输入参数 2	pinnum：引脚号，取值 0～31
输入参数 3	enable：引脚的新状态。 ENABLE：使能模拟输入连接； DISABLE：禁止模拟输入连接
输出参数	无
返回值	返回引脚功能选择编码。 无效：PINSEL_RET_INVALID_PIN； 不支持：PINSEL_RET_NOT_SUPPORT； 成功：PINSEL_RET_OK
调用函数	PIN_GetPointer()静态指针函数、PINSEL_GetPinType()函数
说明	如果选择了模拟模式，则 MODE 域应为"无效"（Inactive）（00）；HYS、INV、FILTR、SLEW 和 OD 设置均无效。对于一个未连接的模拟功能引脚，要将 ADMODE 位的设置保持为 1（数字模式），并在 MODE 域中选择上拉或下拉模式

⑪ 函数 PINSEL_DacEnable。

表 3 - 73　函数 PINSEL_DacEnable

函数名	PINSEL_DacEnable
函数原型	PINSEL_RET_CODE PINSEL_DacEnable (uint8_t portnum, uint8_t pinnum, uint8_t enable)
功能描述	设置 P0.26 引脚的 DAC 模式选项
输入参数 1	portnum：端口号，取值 0～3
输入参数 2	pinnum：引脚号，取值 0～31

续表 3-73

输入参数 3	enable：使能 DAC 模式的状态。 ENABLE：使能 DAC 模式； DISABLE：禁止 DAC 模式
输出参数	无
返回值	返回引脚功能选择编码。 无效：PINSEL_RET_INVALID_PIN； 不支持：PINSEL_RET_NOT_SUPPORT； 成功：PINSEL_RET_OK
调用函数	PIN_GetPointer() 静态指针函数、PINSEL_GetPinType() 函数
说　明	可用于某种功能的 DAC 输出引脚包含一个对该功能的使能，如果要用到 DAC 的输出，则必须设置这个使能。注意：目前该功能仅支持 P0.26 引脚

⑫ 函数 PINSEL_SetFilter。

表 3-74　函数 PINSEL_SetFilter

函数名	PINSEL_SetFilter
函数原型	PINSEL_RET_CODE PINSEL_SetFilter (uint8_t portnum, uint8_t pinnum, uint8_t enable)
功能描述	设置类型 A、W 引脚的 10 ns 尖峰脉冲波干扰输入滤波器功能选项
输入参数 1	portnum：端口号，取值 0~3
输入参数 2	pinnum：引脚号，取值 0~31
输入参数 3	enable：输入滤波器的新状态。 ENABLE：使能滤波器可抑制小于 10 ns 的输入脉冲； DISABLE：无滤波器功能
输出参数	无
返回值	返回引脚功能选择编码。 无效：PINSEL_RET_INVALID_PIN； 不支持：PINSEL_RET_NOT_SUPPORT； 成功：PINSEL_RET_OK
调用函数	PIN_GetPointer() 静态指针函数、PINSEL_GetPinType() 函数
说　明	A 型和 W 型引脚带有一个可选使能的滤波器

⑬ 函数 PINSEL_SetI2CFilter。

表 3-75　函数 PINSEL_SetI2CFilter

函数名	PINSEL_SetI^{2}CFilter
函数原型	PINSEL_RET_CODE PINSEL_SetI^{2}CFilter (uint8_t portnum, uint8_t pinnum, uint8_t enable)
功能描述	设置类型 I 的 I^{2}C 引脚 50 ns 尖峰脉冲波干扰输入滤波器功能选项
输入参数 1	portnum：端口号，取值 0~3
输入参数 2	pinnum：引脚号，取值 0~31
输入参数 3	enable：输入滤波器的新状态。 ENABLE：使能滤波器可抑制小于 50 ns 的输入脉冲； DISABLE：无滤波器功能

续表 3 - 75

输出参数	无
返回值	返回引脚功能选择编码。 无效：PINSEL_RET_INVALID_PIN； 不支持：PINSEL_RET_NOT_SUPPORT； 成功：PINSEL_RET_OK
调用函数	PIN_GetPointer() 静态指针函数、PINSEL_GetPinType() 函数
说　明	仅用于 I 类型的 I^2C 引脚

3.4　GPIO 端口应用实例

本节将从硬件电路设计、软件代码设计两个部分讲述 GPIO 端口的应用实例。

3.4.1　设计目标

本章将使用简单的硬件配合软件设计演示两个 GPIO 应用实例。

① 配置 GPIO 引脚驱动 LED。

② 配置 GPIO 引脚捕获按键按下动作。

3.4.2　硬件电路设计

本章的硬件电路设计较为简单，通过几个简单的 LED、电阻和按键，即可构建好实例所需的硬件电路。GPIO 驱动 LED 硬件电路原理如图 3 - 2 所示，GPIO 捕获按键动作硬件电路原理如图 3 - 3 所示。

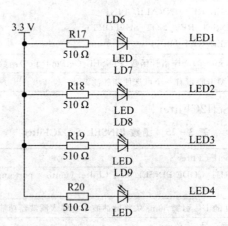

图 3 - 2　GPIO 驱动 LED 电路原理图

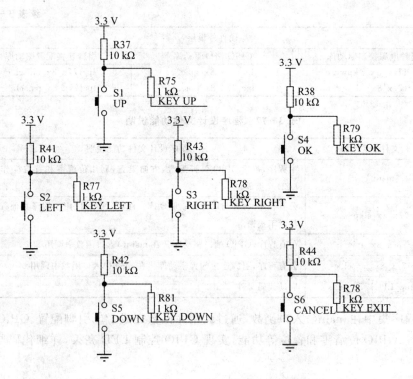

图 3 - 3　GPIO 捕获按键动作电路原理图

3.4.3　实例软件设计

本章的 GPIO 应用安排了两个实例,分别配置 GPIO 驱动 LED 和采用 GPIO 引脚捕获按键按下动作。

1. GPIO 驱动 LED 实例

GPIO 驱动 LED 应用是本书讲述的第一个演示实例,虽然它的软件设计流程比较简单,但其软件设计同样遵循着一个固定的软件设计结构,其程序设计所涉及的软件结构如表 3 - 76 所列,主要程序文件及功能说明如表 3 - 77 所列。

表 3 - 76　软件设计结构

用户应用层			
main. c			
CMSIS 层			
Cortex - M3 内核外设访问层	LPC17xx 设备外设访问层		
core_cm3. h core_cmFunc. h core_cmInstr. h	启动代码 (startup_LPC- 177x_8x. s)	LPC177x_8x. h	system_LPC177x_8x. c	system_LPC177x_8x. h

89

硬件外设层		
时钟电源控制驱动库	GPIO 端口驱动库	引脚连接配置驱动库
lpc177x_8x_clkpwr. c	lpc177x_8x_gpio. c	lpc177x_8x_pinsel. c
lpc177x_8x_clkpwr. h	lpc177x_8x_gpio. h	lpc177x_8x_pinsel. h

表 3 - 77　程序设计文件功能说明

文件名称	程序设计文件功能说明
main. c	主程序,包括 GPIO 引脚配置,方向设置,利用位清零和置位操作实现 LED 亮灭等
lpc177x_8x_clkpwr. c	公有程序,时钟与电源控制驱动库。注:未使用,仅用于编译其他程序文件时不报错
lpc177x_8x_gpio. c	公有程序,GPIO 端口驱动库。在 main()入口函数中调用
lpc177x_8x_pinsel. c	公有程序,引脚连接配置驱动库。在 main()入口函数中调用
startup_LPC177x_8x. s	启动代码文件

主程序集中在 main()入口函数,通过调用库函数完成 I/O 引脚配置、GPIO 引脚方向设置、GPIO 位清零和置位等功能,实现 GPIO 控制 LED 亮灭,详细代码与注释如下:

```
int main(void)
{
/ * 设置 P2.21 引脚的功能选项为 GPIO * /
PINSEL_ConfigPin(2,21,0);        / * P2.21:GPIO,驱动 LED1 * /
/ * 设置 GPIO 端口引脚 P2.21 的方向为输出 * /
GPIO_SetDir(2, (1<<21), 1);
/ * 设置 P1.13 引脚的功能选项为 GPIO * /
PINSEL_ConfigPin(1,13,0);        / * P1.13:GPIO ,驱动 LED2 * /
/ * 设置 GPIO 端口引脚 P1.13 的方向为输出 * /
GPIO_SetDir(1, (1<<13), 1);
/ * 设置 P5.0 引脚的功能选项为 GPIO * /
PINSEL_ConfigPin(5,0,0);         / * P5.0:GPIO,驱动 LED3 * /
/ * 设置 GPIO 端口引脚 P5.0 的方向为输出 * /
GPIO_SetDir(5, (1<<0), 1);
/ * 设置 P5.1 引脚的功能选项为 GPIO * /
PINSEL_ConfigPin(5,1,0);         / * P5.1:GPIO,驱动 LED4 * /
/ * 设置 GPIO 端口引脚 P5.1 的方向为输出 * /
GPIO_SetDir(5, (1<<1), 1);
for(;;)
{
    / * GPIO 引脚位清零操作驱动 LED 亮 * /
```

```
GPIO_ClearValue( 2, (1<<21) );
GPIO_ClearValue( 1, (1<<13) );
GPIO_ClearValue( 5, (1<<0) );
GPIO_ClearValue( 5, (1<<1) );
/ * 延时 * /
Delay(0xfffff);
Delay(0xfffff);
/ * GPIO 引脚置位操作驱动 LED 灭 * /
GPIO_SetValue( 2, (1<<21) );
GPIO_SetValue( 1, (1<<13) );
GPIO_SetValue( 5, (1<<0) );
GPIO_SetValue( 5, (1<<1) );
/ * 延时 * /
Delay(0xfffff);
Delay(0xfffff);
  }
}
```

2. GPIO 捕捉按键动作实例

GPIO 捕捉按键动作程序设计所涉及的软件结构如表 3 - 78 所列，主要程序文件及功能说明如表 3 - 79 所列。

表 3 - 78　软件设计结构

用户应用层			
main. c			
CMSIS 层			
Cortex - M3 内核外设访问层	LPC17xx 设备外设访问层		
core_cm3. h core_cmFunc. h core_cmInstr. h	启动代码 (startup_LPC-177x_8x. s)	LPC177x_8x. h	system_LPC177x_8x. c	system_LPC177x_8x. h
硬件外设层			
时钟电源控制驱动库	GPIO 端口驱动库	引脚连接配置驱动库	
lpc177x_8x_clkpwr. c	lpc177x_8x_gpio. c	lpc177x_8x_pinsel. c	
lpc177x_8x_clkpwr. h	lpc177x_8x_gpio. h	lpc177x_8x_pinsel. h	
调试工具库(使用 UART)	UART 模块驱动库		
debug_frmwrk. c	lpc177x_8x_uart. c		
debug_frmwrk. h	lpc177x_8x_uart. h		

表 3-79 程序设计文件功能说明

文件名称	程序设计文件功能说明
main. c	主程序,含 main()入口函数
lpc177x_8x_clkpwr. c	公有程序,时钟与电源控制驱动库。注:未使用,仅用于编译其他程序文件时不报错
lpc177x_8x_gpio. c	公有程序,GPIO 端口驱动库。在 main()入口函数中调用
lpc177x_8x_pinsel. c	公有程序,引脚连接配置驱动库。在 main()入口函数中调用
debug_frmwrk. c	公有程序,调试工具库(使用 UART)。通过调用输出调试信息
lpc177x_8x_uart. c	公有程序,UART 模块驱动库。配合调用工具库完成调试信息的串口输出
startup_LPC177x_8x. s	启动代码文件

GPIO 捕捉按键动作程序的重点集中在 main()入口函数,包括下述几个功能。

① GPIO 端口配置,含引脚分配与方向设置。

② 调试工具初始化配置。

③ 捕获指定 GPIO 端口引脚的当前状态值,并输出调试信息。

首先,从 main()入口函数开始讲述,该函数的程序代码及注释如下:

```
int main(void)
{
debug_frmwrk_init();//调试工具初始化
GPIO_Configuration();//GPIO 端口引脚配置
/*通过串口输出调试信息*/
_DBG_(" * * * * * * * * * * * * * * * * * * * * * * * * * * * * * * * * \n");
_DBG_(" *                                                             * \n");
_DBG_(" *     Thank you for using HY-LPC1788-SDK Development Board!    * \n");
_DBG_(" *                                                             * \n");
_DBG_(" * * * * * * * * * * * * * * * * * * * * * * * * * * * * * * * * \n");
/*循环*/
while(1)
{
/*读取已设置成输入方向的引脚 P2.10 的当前状态*/
        if( ! (GPIO_ReadValue(2)&(1<<10))  )
    {
        Delay(0x2fffff);
        if( ! (GPIO_ReadValue(2)&(1<<10))  )
/*按键按下后输出调试信息*/
        _DBG_("ISP is press\n");
    }
/*读取已设置成输入方向的引脚 P0.17 的当前状态*/
```

```
        if( ! (GPIO_ReadValue(0)&(1<<17))  )
        {
        Delay(0x2fffff);
        if( ! (GPIO_ReadValue(0)&(1<<17))  )
/*按键按下后输出调试信息*/
        _DBG_("KEY_UP is press\n");
        }
/*读取已设置成输入方向的引脚 P0.18 的当前状态*/
        if( ! (GPIO_ReadValue(0)&(1<<18))  )
        {
        Delay(0x2fffff);
        if( ! (GPIO_ReadValue(0)&(1<<18))  )
/*按键按下后输出调试信息*/
        _DBG_("KEY_DOWM is press\n");
        }
/*读取已设置成输入方向的引脚 P0.19 的当前状态*/
        if( ! (GPIO_ReadValue(0)&(1<<19))  )
        {
        Delay(0x2fffff);
        if( ! (GPIO_ReadValue(0)&(1<<19))  )
/*按键按下后输出调试信息*/
        _DBG_("KEY_LEFT is press\n");
        }
/*读取已设置成输入方向的引脚 P0.20 的当前状态*/
        if( ! (GPIO_ReadValue(0)&(1<<20))  )
        {
        Delay(0x2fffff);
        if( ! (GPIO_ReadValue(0)&(1<<20))  )
/*按键按下后输出调试信息*/
        _DBG_("KEY_RIGHT is press\n");
        }
/*读取已设置成输入方向的引脚 P0.21 的当前状态*/
        if( ! (GPIO_ReadValue(0)&(1<<21))  )
        {
        Delay(0x2fffff);
        if( ! (GPIO_ReadValue(0)&(1<<21))  )
/*按键按下后输出调试信息*/
        _DBG_("KEY_OK is press\n");
        }
/*读取已设置成输入方向的引脚 P0.22 的当前状态*/
        if( ! (GPIO_ReadValue(0)&(1<<22))  )
        {
```

93

```
        Delay(0x2fffff);
        if( ! (GPIO_ReadValue(0)&(1<<22))  )
/ * 按键按下后输出调试信息 * /
        _DBG_("KEY_EXIT is press\n");
      }
    }
}
```

主程序 main()入口函数的 GPIO 初始化配置、调试工具初始化配置分别通过下述两个函数实现。

(1) GPIO_Configuration()函数

该函数用于 GPIO 端口配置,调用引脚连接配置库函数与 GPIO 端口库函数进行 GPIO 端口引脚的分配与 GPIO 功能配置,并将 GPIO 引脚设置成输入方向。

```
void GPIO_Configuration(void)
{
/ * 设置 P2.21、P0.17～ P0.22 引脚的功能选项为 GPIO * /
    PINSEL_ConfigPin(2,10,0);        / * P2.10:GPIO * /
    PINSEL_ConfigPin(0,17,0);        / * P0.17:GPIO * /
    PINSEL_ConfigPin(0,18,0);        / * P0.18:GPIO * /
    PINSEL_ConfigPin(0,19,0);        / * P0.19:GPIO * /
    PINSEL_ConfigPin(0,20,0);        / * P0.20:GPIO * /
    PINSEL_ConfigPin(0,21,0);        / * P0.21:GPIO * /
    PINSEL_ConfigPin(0,22,0);        / * P0.22:GPIO * /
/ * 设置 GPIO 引脚 P2.21、P0.17～ P0.22 的方向为输出 * /
    GPIO_SetDir(2, (1<<10), 0);        / * 输入模式 * /
    GPIO_SetDir(0, (1<<17), 0);        / * 输入模式 * /
    GPIO_SetDir(0, (1<<18), 0);        / * 输入模式 * /
    GPIO_SetDir(0, (1<<19), 0);        / * 输入模式 * /
    GPIO_SetDir(0, (1<<20), 0);        / * 输入模式 * /
    GPIO_SetDir(0, (1<<21), 0);        / * 输入模式 * /
    GPIO_SetDir(0, (1<<22), 0);        / * 输入模式 * /
}
```

(2) debug_frmwrk_init()函数

该函数用于调试,内部功能包括 UART 模块配置、UART 占用引脚配置、串口参数配置、串口发送使能以及格式化输出调试信息等。这些内部功能都是 debug_frmwrk.c 调试工具库文件中自带的功能函数,本例仅列出 debug_frmwrk_init()函数代码进行功能说明。

```
void debug_frmwrk_init(void)
{
    UART_CFG_Type UARTConfigStruct;//定义结构对象
# if (USED_UART_DEBUG_PORT = = 0)
```

94

```
    /* 初始化 UART0 引脚连接 P0.2：TXD、P0.3：RXD */
    PINSEL_ConfigPin (0, 2, 1);
    PINSEL_ConfigPin (0, 3, 1);
# elif (USED_UART_DEBUG_PORT == 1)
    /* 初始化 UART1 引脚连接 P0.15：TXD、P0.16：RXD */
    PINSEL_ConfigPin(0, 15, 1);
    PINSEL_ConfigPin(0, 16, 1);
# elif (USED_UART_DEBUG_PORT == 2)
    /* 初始化 UART2 引脚连接 P0.10：TXD、P0.11：RXD */
    PINSEL_ConfigPin(0, 10, 1);
    PINSEL_ConfigPin(0, 11, 1);
# elif (USED_UART_DEBUG_PORT == 3)
    /* 初始化 UART3 引脚连接 P0.2：TXD、P0.3：RXD */
    PINSEL_ConfigPin(0, 2, 2);
    PINSEL_ConfigPin(0, 3, 2);
# elif (USED_UART_DEBUG_PORT == 4)
    /* 初始化 UART4 引脚连接 P0.22：TXD、P2.9：RXD */
    PINSEL_ConfigPin(0, 22, 3);
    PINSEL_ConfigPin(2, 9, 3);
# endif
    /* 初始化 UART 默认配置参数：波特率 115 200 bps、8 位数据位、1 位停止位、无校验位 */
    UART_ConfigStructInit(&UARTConfigStruct);
    /* 用指定参数初始化 UART 调试端口外设(注：调试端口会绑定 UART 端口，详见 debug_
    frmwrk.h) */
    UART_Init(DEBUG_UART_PORT, &UARTConfigStruct);
    /* 使能 UART 发送 */
    UART_TxCmd(DEBUG_UART_PORT, ENABLE);
    /* 格式化输入/输出函数 */
    _db_msg = UARTPuts;
    _db_msg_ = UARTPuts_;
    _db_char = UARTPutChar;
    _db_hex = UARTPutHex;
    _db_hex_16 = UARTPutHex16;
    _db_hex_32 = UARTPutHex32;
    _db_hex_ = UARTPutHex_;
    _db_hex_16_ = UARTPutHex16_;
    _db_hex_32_ = UARTPutHex32_;
    _db_dec = UARTPutDec;
    _db_dec_16 = UARTPutDec16;
    _db_dec_32 = UARTPutDec32;
    _db_get_char = UARTGetChar;
    _db_get_val = UARTGetValue;
```

```
    _db_get_char_nonblocking = UARTGetCharInNonBlock;
}
```

　　此外在 main()函数中看到的是通过_DBG_()函数向串口输出期望的调试信息，其实它是一个宏定义，该定义原型如下：

```
#define _DBG_(x)                        _db_msg_(DEBUG_UART_PORT, x)
```

3.5　实例总结

　　本章着重介绍了 LPC1788 微处理器的 I/O 引脚连接配置、GPIO 端口配置、对应的寄存器与库函数功能等，通过调用 I/O 引脚连接管理驱动库、GPIO 端口驱动库以及 UART 模块驱动库等实现两个简单功能的 GPIO 应用。虽然 I/O 配置与GPIO 端口的配置都很简单，但却是最基本的应用，不论基于何种外设的软件设计都需要熟悉这两项的配置，请大家牢记这两种驱动库函数的用法。

　　此外要特别注意 LPC178x/177x 引脚配置，因为并不是每个引脚都能够用于任意功能和外设连接，每个 GPIO 端口引脚具体能够用于哪些外设和用途，需要参照LPC178x/177x 器件数据手册上列出的相关引脚功能的描述，每种 LPC178x/177x器件对所需功能的引脚配置方法，请参阅 IOCON 寄存器描述。

轻松玩转 ARM Cortex-M3 微控制器——基于 LPC1788 系列

第 **4** 章

实时时钟应用

实时时钟多用于日期与时间显示。传统领域的微控制器，由于内部未集成 RTC 模块单元，所以在需要日期与实时时钟显示的案例应用中，一般需要配置额外的 RTC 集成电路，这样既增加了成本，又加大了硬件电路设计的实现难度。LPC178x 系列控制器内置了功能完整的 RTC 模块，本章将从 RTC 内部功能结构开始讲述，并列举了两个简单的 RTC 案例。

4.1 实时时钟(RTC)概述

实时时钟(RTC)是一组用于测量时间的计数器，在系统掉电时也可以继续运行。在其寄存器未接入 CPU 的情况下，RTC 所需的功耗极低，尤其是在省电模式下的功耗更低。

LPC178x 系列微控制器中的 RTC 时钟源可以是单独的 32 kHz 的振荡器，它可以产生一个 1 Hz 频率的内部时基。RTC 由自带的电源引脚(V_{BAT})供电，V_{BAT} 可以与电池相连，也可与一个外部的 3 V 电源相连或保持悬浮状态。

图 4-1 所示的是实时时钟电源域的概念图，图 4-2 所示的则是 RTC 实时时钟信号部分的详细功能结构图。

RTC 主要特性如下：

● 带有日历和时钟功能，提供秒、分、小时、日期(月)、月、年、星期和日期(年)的信息。
● 超低功耗设计，可支持电池供电系统。电池供电操作所需的电流不到 1 μA。还可使用 CPU 电源(如果有的话)。
● 带有容量为 20 字节的电池供电存储器，当 CPU 电源被移除时，RTC 可继续运行。
● 专用的 32 kHz 超低功耗振荡器。
● 专用的电池电源引脚。
● RTC 电源与芯片的其他部分分离。
● 校准计数器可对时间进行校准(分辨率高于 ±1 秒/天)。
● 周期性中断在时间寄存器任意字段的值递增时产生。
● 在出现特殊的日期和时间比时产生报警中断。

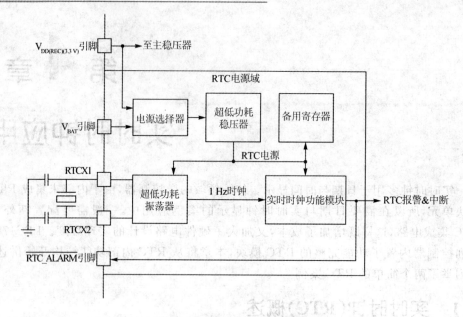

图 4 - 1   RTC 电源域概念图

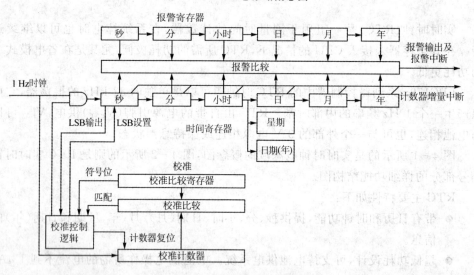

图 4 - 2   RTC 详细功能框图

4.1.1   RTC 基本配置

RTC 配置主要使用下述寄存器：

(1) 功 率

在寄存器 PCONP 中置位 PCRTC,适用于 RTC 和事件记录器。

注:复位后,RTC 被使能。

(2) 时 钟

RTC 将 RTC 振荡器输出的 1 Hz 时钟信号作为内部时钟源。外设时钟被用于访问 RTC 寄存器。

(3) 中 断

可利用相应的中断置位使能寄存器来使能 NVIC 中的中断。

4.1.2　RTC 引脚描述

RTC 域主要由表 4-1 所列的 4 个引脚组成,含报警、外部时钟和电源供应 3 种功能。

表 4-1　RTC 引脚功能描述

引脚名称	类型	功能描述
RTC_ALARM	输出	RTC 的报警输出引脚。当内部 RTC 报警产生时,这是一个低电平有效的开漏引脚。向中断位置寄存器中的位 RTCALF 写入 1 可清除该输出引脚,该引脚由 V$_{BAT}$ 供电
RTCX1	输入	RTC 振荡器电路的输入引脚
RTCX2	输出	RTC 振荡器电路的输出引脚
V$_{BAT}$	输入	RTC 电源:通常与一个外部的 3 V 电池相连。如果该引脚没有供电,则 RTC 仍由内部供电

4.2　RTC 寄存器描述

RTC 包含了许多寄存器,在从上电到 RTC 运行这段时间内,软件必须将这些寄存器初始化。这些寄存器依据功能被划分成 5 个部分,如表 4-2 所列。

表 4-2　RTC 寄存器映射

通用名称	描　述	访问类型	复位值
混合寄存器			
ILR	中断位置寄存器	R/W	0
CCR	时钟控制寄存器	R/W	NC
CIIR	计数器增量中断寄存器	R/W	0
AMR	报警屏蔽寄存器	R/W	0
RTC_AUX	RTC 辅助控制寄存器	R/W	0x8
RTC_AUXEN	RTC 辅助控制使能寄存器	R/W	0
完整时间寄存器			
CTIME0	完整时间寄存器 0	RO	NC
CTIME1	完整时间寄存器 1	RO	NC
CTIME2	完整时间寄存器 2	RO	NC

续表 4－2

通用名称	描　述	访问类型	复位值
	时间计数器寄存器		
SEC	秒计数器	R/W	NC
MIN	分钟寄存器	R/W	NC
HOUR	小时寄存器	R/W	NC
DOM	日期(月)寄存器	R/W	NC
DOW	日期(星期)寄存器	R/W	NC
DOY	日期(年)寄存器	R/W	NC
MONTH	月寄存器	R/W	NC
YEAR	年寄存器	R/W	NC
CALIBRATION	校准值寄存器	R/W	NC
	通用寄存器		
GPREG0	通用寄存器 0	R/W	NC
GPREG1	通用寄存器 1	R/W	NC
GPREG2	通用寄存器 2	R/W	NC
GPREG3	通用寄存器 3	R/W	NC
GPREG4	通用寄存器 4	R/W	NC
	报警寄存器组		
ALSEC	秒报警值	R/W	NC
ALMIN	分报警值	R/W	NC
ALHOUR	小时报警值	R/W	NC
ALDOM	日期(月)报警值	R/W	NC
ALDOW	日期(星期)报警值	R/W	NC
ALDOY	日期(年)报警值	R/W	NC
ALMON	月报警值	R/W	NC
ALYEAR	年报警值	R/W	NC

注：NC(Not Change)表示寄存器设置值不因复位而改变,下同。

4.2.1　RTC 中断

　　中断的产生由中断位置寄存器(ILR)、计数器增量中断寄存器(CIIR)、报警寄存器和报警屏蔽寄存器(AMR)控制。只有转换到中断状态才能产生中断。ILR 分别使能 CIIR 和 AMR 中断。CIIR 中的每一位都对应一个时间计数器。如果使能其中某一位,那么该位对应的计数器每增加一次就产生一次中断。报警寄存器允许用户设定产生中断的日期和时间。AMR 提供一个屏蔽报警比较的机制。当所有非屏蔽报警寄存器均与它们对应的时间计数器的值匹配时,就会产生中断。

　　如果将 RTC 中断和事件记录器中断相结合,在运行 RTC 且 NVIC 中的 RTC/事件记录器中断被使能的情况下,就可以让微控制器退出睡眠、深度睡眠或掉电模式。

4.2.2 混合寄存器组

混合寄存器组包括中断位置寄存器、时钟控制寄存器、计数器增量中断寄存器、报警屏蔽寄存器等6个寄存器。

1. 中断位置寄存器

中断位置寄存器是一个2位寄存器,用于指定哪些模块产生中断(见表4-3)。向该寄存器的对应位写入1可清除相应的中断;写入0无效。程序员可读取该寄存器并将读取出的值回写到寄存器中以清除检测到的中断。

表4-3 中断位置寄存器位描述

位	符 号	值	描 述	复位值
31:21	—	—	保留。从保留位中读出的值未定义,只写入0	—
1	RTCALF	0	报警寄存器中断清除位。 写0无效;	0
		1	向该位写入1清除报警中断	
0	RTCCIF	0	计数器增量中断模块中断清除。 写0无效;	0
		1	向该位写入1清除计数器增量中断	

2. 时钟控制寄存器

时钟控制寄存器是一个4位寄存器,用于控制时钟分频电路,每位的功能如表4-4所列。在RTC首次启动时,该寄存器中的所有NC位都应被初始化。

表4-4 时钟控制寄存器位描述

位	符 号	值	描 述	复位值
31:5	—	—	保留。从保留位中读出的值未定义,只写入0	
4	CCALEN	0	校准计数器使能。 校准计数器使能并开始计数,频率为1 Hz。当校准计数值等于校准寄存器中的值时,计数器复位或重新从校准寄存器的值开始递增计数;	NC
		1	校准计数器禁止并复位为0	
3:2	—		内部测试模式控制。RTC要正常运作,这些位必须为0	NC
1	CTCRST	0	CTC复位。 无作用;	0
		1	内部振荡器分频器的组件全部复位,直至CCR[1]变为0。该分频器从32.768 kHz晶振中产生1 Hz时钟,分频器的状态对软件是不可见的	
0	CLKEN	0	时钟使能。 时间计数器禁止;	
		1	时间计数器使能	

3. 计数器增量中断寄存器

计数器增量中断寄存器可使计数器每增加 1 就产生一次中断。在清除增量中断之前,该中断一直保持有效,向中断位置寄存器的位 0 写入 1 可清除增量中断。计数器增量中断寄存器位格式及功能描述如表 4-5 所列。

表 4-5　计数器增量中断寄存器位描述

位	符　号	描　述	复位值
31:8	—	保留。从保留位中读出的值未定义,只写入 0	—
7	IMYEAR	为 1 时,年值的增加产生一次中断	0
6	IMMON	为 1 时,月值的增加产生一次中断	0
5	IMDOY	为 1 时,日期(年)值的增加产生一次中断	0
4	IMDOW	为 1 时,星期值的增加产生一次中断	0
3	IMDOM	为 1 时,日期(月)值的增加产生一次中断	0
2	IMHOUR	为 1 时,小时值的增加产生一次中断	0
1	IMMIN	为 1 时,分钟值的增加产生一次中断	0
0	IMSEC	为 1 时,秒值的增加产生一次中断	0

4. 报警屏蔽寄存器

报警屏蔽寄存器允许用户屏蔽所有的报警寄存器。表 4-6 所列的是该寄存器位与报警寄存器之间的关系。对于报警功能来说,若要产生中断,则未被屏蔽的报警寄存器必须与对应的时间计数器相匹配,且只在第一次从不匹配到匹配时才会产生中断;若向中断位置寄存器的相关位写入 1,则相应的中断就会被清除;如果所有屏蔽位都置位,报警将被禁止。

表 4-6　报警屏蔽寄存器位描述

位	符　号	描　述	复位值
31:8	—	保留。从保留位中读出的值未定义,只写入 0	—
7	AMRYEAR	为 1 时,年计数值不与报警寄存器值进行比较	0
6	AMRMON	为 1 时,月计数值不与报警寄存器值进行比较	0
5	AMRDOY	为 1 时,日期(年)计数值不与报警寄存器值进行比较	0
4	AMRDOW	为 1 时,星期计数值不与报警寄存器值进行比较	0
3	AMRDOM	为 1 时,日期(月)计数值不与报警寄存器值进行比较	0
2	AMRHOUR	为 1 时,小时计数值不与报警寄存器值进行比较	0
1	AMRMIN	为 1 时,分钟计数值不与报警寄存器值进行比较	0
0	AMRSEC	为 1 时,秒计数值不与报警寄存器值进行比较	0

5. RTC 辅助控制寄存器

RTC 辅助控制寄存器保存了一些额外的中断标志,这些标志用于一些不属于实时时钟自身功能管辖的场合(如记录时间消耗及控制时间相关的功能),该寄存器位格式与功能描述如表4-7所列。

注意：在LPC178x系列微控制器中，只有额外的中断标志对RTC振荡器无效。

表4-7　RTC辅助控制寄存器位描述

位	符　号	值	描　　　　述	复位值
31:7	—	—	保留。从保留位中读出的值未定义，只写入0	—
6	RTC_PDOUT	0	RTC_ALARM引脚标志。 RTC_ALARM引脚反映了RTC报警状态； RTC_ALARM引脚表示深度掉电模式	0
		1		
5	—	—	保留。从保留位中读出的值未定义，只写入0	—
4	RTC_OSCF	—	RTC振荡器失效探测标志。 读：该位在RTC振荡器停止时置位，或在RTC电源首次启动时置位，该位置位时，中断产生，RTC_AUXEN中的位RTC_OSCFEN被置位为1，且NVIC中的RTC中断被使能； 写：向该位写入1会清除这个标志	1
3:0	—	—	保留。从保留位中读出的值未定义，只写入0	—

6. RTC辅助控制使能寄存器

RTC辅助使能寄存器控制着是否有其他RTC辅助控制寄存器的中断源被使能。该寄存器位格式及功能描述如表4-8所列。

表4-8　RTC辅助控制使能寄存器位描述

位	符　号	值	描　　　　述	复位值
31:5	—	—	保留。从保留位中读出的值未定义，只写入0	—
4	RTC_OSCFEN	0	RTC振荡器失效探测中断使能。 RTC振荡器失效探测中断禁止； RTC振荡器失效探测中断使能	0
		1		
3:0	—	—	保留。从保留位中读出的值未定义，只写入0	—

4.2.3　完整时间寄存器组

时间计数器的值可选择采用一个完整格式读出，这样程序员只需执行3次读操作即可读出所有时间计数器的值。完整时间寄存器都为32位，如表4-9～表4-11所列。每个寄存器的最低位分别位于寄存器的位0、位8、位16或位24。

注意：完整时间寄存器为只读寄存器，要向时间计数器写入新的值，必须使用时间计数器地址。

1. 完整时间寄存器0

完整时间寄存器0包含时间值中的低位：秒、分、小时和星期。

表 4 - 9　完整时间寄存器 0 位描述

位	符 号	描 述	复位值
31:27	—	保留。从保留位中读出的值未定义	NC
26:24	星期	星期值,该值范围为 0~6	—
23:21	—	保留。从保留位中读出的值未定义	NC
20:16	小时	小时值,该值范围为 0~23	NC
15:14	—	保留。从保留位中读出的值未定义	NC
13:8	分	分值,该值范围为 0~59	NC
7:6	—	保留。从保留位中读出的值未定义	NC
5:0	秒	秒值,该值范围为 0~59	NC

2. 完整时间寄存器 1

完整时间寄存器 1 包含的时间值为:日期(月)、月和年。

表 4 - 10　完整时间寄存器 1 位描述

位	符 号	描 述	复位值
31:28	—	保留。从保留位中读出的值未定义	—
27:16	年	年值,该值范围为 0~4 095	NC
15:12	—	保留。从保留位中读出的值未定义	—
11:8	月	月值,该值范围为 1~12	NC
7:5	—	保留。从保留位中读出的值未定义	—
4:0	日期(月)	日期(月)值,该值范围为 1~28、29、30 或 31(取决于月份以及是否为闰年)	NC

3. 完整时间寄存器 2

完整时间寄存器 2 仅包含的值为:日期(年)。

表 4 - 11　完整时间寄存器 2 位描述

位	符 号	描 述	复位值
31:12	—	保留。从保留位中读出的值未定义	—
11:0	日期(年)	日期(年)值,该值范围为 1~365(闰年为 366)	NC

4.2.4　时间计数器组

时间值由 8 个计数器值组成,如表 4 - 12 和表 4 - 13 所列。这些计数器可对表 4 - 13 中所列的单元进行读/写。

表 4 - 12　时间计数器的关系和值

计数器	规 格	计数器驱动源	最小值	最大值
秒	6	1 Hz 时钟	0	59
分	6	秒	0	59

续表 4 - 12

计数器	规　格	计数器驱动源	最小值	最大值
小时	5	分	0	23
日期(月)	5	小时	1	28、29、30 或 31
星期	3	小时	0	6
日期(年)	9	小时	1	365 或 366
月	4	日期(月)	1	12
年	12	月或星期(年)	0	4 095

表 4 - 13　时间计数器寄存器

名　　称	规　格	描　　述
SEC	6	秒值,该值范围为 0～59
MIN	6	分值,该值范围为 0～59
HOUR	5	小时值,该值范围为 0～23
DOM	5	日期(月)值,该值范围为 1～28、29、30 或 31(取决于月份及是否为闰年)
DOW	3	星期值,该值的范围为 0～6[①]
DOY	9	日期(年)值,该值的范围为 1～365(闰年为 366)[①]
MONTH	4	月值,该值的范围为 1～12[①]
YEAR	12	年值,该值的范围为 0～4 095

1. 闰年计算

RTC 执行一个简单的位比较,看年计数器的最低两位是否为 0。如果为 0,那么 RTC 认为这一年为闰年。RTC 认为所有能被 4 整除的年份都为闰年。这个算法从 1901—2099 年都是准确的,但在 2100 年出错,2100 年并不是闰年。闰年对 RTC 的影响只是改变 2 月份的天数、日期(月)和年的计数值。

2. 校准寄存器

表 4 - 14 所列的校准寄存器可用于时间计数器的校准。

表 4 - 14　校准寄存器位描述

位	符　号	值	描　　述	复位值
31:12	—	—	保留。从保留位中读出的值未定义,只写入 0	—
17	CALDIR	0	校准方向。 正向校准,当 CALVAL 等于校准计数值时,RTC 定时器会跳进 2 s;	NC
		1	逆向校准,当 CALVAL 等于校准计数值时,RTC 定时器会停止 1 s 再递增	
16:0	—	—	如果校准使能,校准计数器会向该值递增计数,最大值为 131 072,对应的计数时间大约是 36.4 h;如果 CALVAL=0,则校准功能禁止	NC

① 这些值在经过了适当的时间间隔后递增,在发生定义的溢出时复位,不建议通过计算获得这些值,为了让这些值更准确,应当进行正确的初始化。

轻松玩转ARM Cortex-M3 微控制器——基于LPC1788 系列

3. 校准过程

校准逻辑会定时通过使计数器的值增加 2(而非 1)来对时间计数器进行调整。这样就可以在典型电压和适当的温度下对 RTC 振荡器直接进行校准,无需通过外部仪器来调节 RTC 振荡器。

建议用来确定校准值的方法:利用 CLKOUT 特性,在对 RTC 进行调节的情况下观察 RTC 振荡器的频率,计算在时间结束之前所观察到的时钟数,再用这个值来确定 CALVAL。

如果 RTC 振荡器需要通过外部调节,那么观察 RTC 振荡器频率的这种方法有助于外部调节过程。

(1) 向后校准(逆向)

使能 RTC 定时器,在寄存器 CCR 中进行校准(置位 CLKEN=1、CCALEN=0)。把校准寄存器中的校准值 CALVAL 设置成≥1 的值,并将位 CALDIR 设为 1。

● 每隔一个时钟周期(1 Hz),SEC 定时器和校准计数器加 1;
● 在校准计数值达到 CALVAL 时,达到校准匹配,所有 RTC 定时器将停止运行一个时钟周期,这样定时器就不会在下一个周期后加 1;
● 若在出现校准匹配的同时也出现报警匹配,则报警中断会被延迟一个周期以免产生两次报警中断。

(2) 向前校准(正向)

使能 RTC 定时器,在寄存器 CCR 中进行校准(置位 CLKEN=1、CALEN = 0)。把校准寄存器中的校准值 CALVAL 设置成≥1 的值,并将位 CALDIR 设为 0。

● 每隔一个时钟周期(1 Hz),SEC 定时器和校准计数器加 1;
● 在校准计数值达到 CALVAL 时,校准匹配出现,RTC 定时器加 2;
● 当产生校准事件时,寄存器 ALSEC 的 LSB 值会强制变为 1,这样报警中断就不会在秒值跳跃时丢失。

4.2.5 通用寄存器组

通用寄存器包含 5 个寄存器 GPREG0～GPREG4,这类寄存器可在主电源断开时保存重要的信息。芯片复位时,不会影响到这些寄存器中的值。该类寄存器位格式及功能描述如表 4-15 所列。

表 4-15 通用寄存器 0～4 位描述

位	符 号	描 述	复位值
31:0	GP0～GP4	通用存储器	—

4.2.6 报警寄存器组

报警寄存器位格式及功能描述如表 4-16 所列。将这些寄存器中的值与时间计数器进行比较。如果所有未屏蔽的报警寄存器都与它们对应的时间计数器相匹配,那么将产生一次中断。向中断位置寄存器的位 1 写入 1,就可清除中断。

表 4-16　报警寄存器组功能描述

名　称	规　格	描　述	名　称	规　格	描　述
ALSEC	6	秒报警值	ALDOW	3	日期(星期)报警值
ALMIN	6	分报警值	ALDOY	9	日期(年)报警值
ALHOUR	5	小时报警值	ALMONTH	4	月报警值
ALDOM	5	日期(月)报警值	ALYEAR	12	年报警值

4.3　RTC 常用库函数

RTC 库函数由一组 API（Application Programming Interface，应用编程接口）驱动函数组成，这组函数覆盖了本外设所有功能。本小节将介绍与 RTC 相关的主要库函数的功能，各功能函数详细说明如表 4-17～表 4-46 所列。

① 函数 RTC_Init。

表 4-17　函数 RTC_Init

函数名	RTC_Init
函数原型	void RTC_Init (LPC_RTC_TypeDef ∗ RTCx)
功能描述	通过时钟上电(RTC 和事件监视器/记录器功率/时钟控制位 PCRTC 使能)初始化 RTC 模块组件
输入参数	RTCx：指向 RTC 结构体(在头文件 LPC177x_8x.h 中定义的名为 LPC_RTC_TypeDef 的结构体)的对象(注：通常在 C 语言中称之为变量，在 C＋＋语言中称之为对象，本书统一称之为对象)的指针
输出参数	无
返回值	无
调用函数	CLKPWR_ConfigPPWR()函数
说　明	含对 ILR、CCR、CIIR、CALIBRATION 寄存器复位(0x00)、AMR 寄存器置位(0xFF)操作

② 函数 RTC_DeInit。

表 4-18　函数 RTC_DeInit

函数名	RTC_DeInit
函数原型	void RTC_DeInit(LPC_RTC_TypeDef ∗ RTCx)
功能描述	通过关闭时钟(禁止 PCRTC 位)取消 RTC 组件初始设置
输入参数	RTCx：指向 RTC 结构体的对象的指针
输出参数	无
返回值	无
调用函数	CLKPWR_ConfigPPWR()函数
说　明	含对 CCR 寄存器复位(0x00)操作

③ 函数 RTC_ResetClockTickCounter。

表 4 - 19　函数 RTC_ResetClockTickCounter

函数名	RTC_ResetClockTickCounter
函数原型	void RTC_ResetClockTickCounter(LPC_RTC_TypeDef * RTCx)
功能描述	对 RTC 内部振荡器的分频器组件复位
输入参数	RTCx：指向 RTC 结构体的对象的指针
输出参数	无
返回值	无
调用函数	无
说　明	对 CCR 寄存器位 CTCRST 设置

④ 函数 RTC_Cmd。

表 4 - 20　函数 RTC_Cmd

函数名	RTC_Cmd
函数原型	void RTC_Cmd (LPC_RTC_TypeDef * RTCx, FunctionalState NewState)
功能描述	启动/停止 RTC 外设
输入参数 1	RTCx：指向 RTC 结构体的对象的指针
输入参数 2	NewState：需设置的新状态。 ENABLE：时间计数器使能； DISABLE：时间计数器禁止
输出参数	无
返回值	无
调用函数	无
说　明	对 CCR 寄存器位 CLKEN 设置

⑤ 函数 RTC_CntIncrIntConfig。

表 4 - 21　函数 RTC_CntIncrIntConfig

函数名	RTC_CntIncrIntConfig
函数原型	void RTC_CntIncrIntConfig (LPC_RTC_TypeDef * RTCx, uint32_t CntIncrIntType, FunctionalState NewState)
功能描述	计数器递增时的中断配置，使能后可使计数器每增加 1 就产生一次中断
输入参数 1	RTCx：指向 RTC 结构体的对象的指针
输入参数 2	CntIncrIntType：计数器递增的时间中断类型，取值范围如下。 RTC_TIMETYPE_SECOND：秒值； RTC_TIMETYPE_MINUTE：分值； RTC_TIMETYPE_HOUR：小时值； RTC_TIMETYPE_DAYOFWEEK：星期值； RTC_TIMETYPE_DAYOFMONTH：日期（月）值； RTC_TIMETYPE_DAYOFYEAR：日期（年）值； RTC_TIMETYPE_MONTH：月值； RTC_TIMETYPE_YEAR：年值

输入参数 3	NewState：需设置的新状态。 ENABLE：对应类型的中断使能； DISABLE：对应类型的中断禁止
输出参数	无
返回值	无
调用函数	无
说　明	对 CIIR 寄存器位[7：0]配置

⑥ 函数 RTC_AlarmIntConfig。

表 4 - 22　函数 RTC_AlarmIntConfig

函数名	RTC_AlarmIntConfig
函数原型	void RTC_AlarmIntConfig（LPC_RTC_TypeDef * RTCx, uint32_t AlarmTimeType, FunctionalSta；te NewState）
功能描述	报警中断配置
输入参数 1	RTCx：指向 RTC 结构体的对象的指针
输入参数 2	AlarmTimeType：报警的时间中断类型，下述时间类型的匹配可设置产生中断。 RTC_TIMETYPE_SECOND：秒值； RTC_TIMETYPE_MINUTE：分值； RTC_TIMETYPE_HOUR：小时值； RTC_TIMETYPE_DAYOFWEEK：星期值； RTC_TIMETYPE_DAYOFMONTH：日期（月）值； RTC_TIMETYPE_DAYOFYEAR：日期（年）值； RTC_TIMETYPE_MONTH：月值； RTC_TIMETYPE_YEAR：年值
输入参数 3	NewState：需设置的新状态。 ENABLE：对应类型的报警中断使能； DISABLE：对应类型的报警中断禁止
输出参数	无
返回值	无
调用函数	无
说　明	对 AMR 寄存器位[7：0]配置

⑦ 函数 RTC_SetTime。

表 4 - 23　函数 RTC_SetTime

函数名	RTC_SetTime
函数原型	void RTC_SetTime（LPC_RTC_TypeDef * RTCx, uint32_t Timetype, uint32_t Time-Value）
功能描述	设置当前时间值
输入参数 1	RTCx：指向 RTC 结构体的对象的指针

输入参数 2	Timetype：选定的时间类型，值定义范围如下。 RTC_TIMETYPE_SECOND：秒值； RTC_TIMETYPE_MINUTE：分值； RTC_TIMETYPE_HOUR：小时值； RTC_TIMETYPE_DAYOFWEEK：星期值； RTC_TIMETYPE_DAYOFMONTH：日期（月）值； RTC_TIMETYPE_DAYOFYEAR：日期（年）值； RTC_TIMETYPE_MONTH：月值； RTC_TIMETYPE_YEAR：年值
输入参数 3	TimeValue：需设置的时间值，参考 4.2.4 小节提示的取值范围
输出参数	无
返回值	无
调用函数	无
说　明	时间值由 8 个计数器值组成，该函数针对 SEC、MIN、HOUR、DOW、DOM、DOY、MONTH、YEAR 寄存器写操作

⑧ 函数 RTC_GetTime。

表 4 - 24　函数 RTC_GetTime

函数名	RTC_GetTime
函数原型	uint32_t RTC_GetTime(LPC_RTC_TypeDef * RTCx, uint32_t Timetype)
功能描述	获取当前的时间值
输入参数 1	RTCx：指向 RTC 结构体的对象的指针
输入参数 2	Timetype：选定的时间类型，取值范围如下。 RTC_TIMETYPE_SECOND：秒值； RTC_TIMETYPE_MINUTE：分值； RTC_TIMETYPE_HOUR：小时值； RTC_TIMETYPE_DAYOFWEEK：星期值； RTC_TIMETYPE_DAYOFMONTH：日期（月）值； RTC_TIMETYPE_DAYOFYEAR：日期（年）值； RTC_TIMETYPE_MONTH：月值； RTC_TIMETYPE_YEAR：年值
输出参数	无
返回值	返回选定时间类型的时间值，不成功时返回 0
调用函数	无
说　明	该函数读操作 SEC、MIN、HOUR、DOW、DOM、DOY、MONTH、YEAR 寄存器

⑨ 函数 RTC_SetFullTime。

表 4 - 25　函数 RTC_SetFullTime

函数名	RTC_SetFullTime
函数原型	void RTC_SetFullTime (LPC_RTC_TypeDef * RTCx, RTC_TIME_Type * pFullTime)
功能描述	设置完整段的时间值

输入参数 1	RTCx:指向 RTC 结构体的对象的指针
输入参数 2	pFullTime:指向 RTC_TIME 结构体(在头文件 lpc177x_8x_rtc.h 中定义名为 RTC_TIME_Type 的结构体,包括了完整的 8 个时间值计数器)的对象的指针
输出参数	无
返回值	无
调用函数	无
说　明	该函数比 RTC_SetTime()函数功能要强,一次可设置好完整的时间值

⑩ 函数 RTC_GetFullTime。

表 4 - 26　函数 RTC_GetFullTime

函数名	RTC_GetFullTime
函数原型	void RTC_GetFullTime (LPC_RTC_TypeDef * RTCx, RTC_TIME_Type * pFullTime)
功能描述	获取完整段的时间值
输入参数 1	RTCx:指向 RTC 结构体的对象的指针
输入参数 2	pFullTime:指向 RTC_TIME 结构体的对象的指针
输出参数	无
返回值	返回完整段的时间值
调用函数	无
说　明	该函数比 RTC_GetTime()函数功能要强,一次可获取到完整段的时间值

⑪ 函数 RTC_SetAlarmTime。

表 4 - 27　函数 RTC_SetAlarmTime

函数名	RTC_SetAlarmTime
函数原型	void RTC_SetAlarmTime (LPC_RTC_TypeDef * RTCx, uint32_t Timetype, uint32_t ALValue)
功能描述	为选定的时间类型设置报警时间值
输入参数 1	RTCx:指向 RTC 结构体的对象的指针
输入参数 2	Timetype:选定的时间类型,取值范围如下。 RTC_TIMETYPE_SECOND:秒值; RTC_TIMETYPE_MINUTE:分值; RTC_TIMETYPE_HOUR:小时值; RTC_TIMETYPE_DAYOFWEEK:星期值; RTC_TIMETYPE_DAYOFMONTH:日期(月)值; RTC_TIMETYPE_DAYOFYEAR:日期(年)值; RTC_TIMETYPE_MONTH:月值; RTC_TIMETYPE_YEAR:年值
输入参数 3	ALValue:需设置的报警时间值
输出参数	无
返回值	无
调用函数	无
说　明	该函数写操作 ALSEC、ALMIN、ALHOUR、ALDOW、ALDOM、ALDOY、ALMON、AL-YEAR 寄存器

⑫ 函数 RTC_GetAlarmTime。

表 4 − 28 函数 RTC_GetAlarmTime

函数名	RTC_GetAlarmTime
函数原型	uint32_t RTC_GetAlarmTime (LPC_RTC_TypeDef * RTCx, uint32_t Timetype)
功能描述	获取选定的时间类型的报警时间值
输入参数 1	RTCx：指向 RTC 结构体的对象的指针
输入参数 2	Timetype：选定的时间类型，取值范围如下。 RTC_TIMETYPE_SECOND：秒值； RTC_TIMETYPE_MINUTE：分值； RTC_TIMETYPE_HOUR：小时值； RTC_TIMETYPE_DAYOFWEEK：星期值； RTC_TIMETYPE_DAYOFMONTH：日期(月)值； RTC_TIMETYPE_DAYOFYEAR：日期(年)值； RTC_TIMETYPE_MONTH：月值； RTC_TIMETYPE_YEAR：年值
输出参数	无
返回值	返回指定时间类型的报警时间值，不成功时返回 0
调用函数	无
说　明	该函数读操作 ALSEC、ALMIN、ALHOUR、ALDOW、ALDOM、ALDOY、ALMON、AL-YEAR 寄存器

⑬ 函数 RTC_SetFullAlarmTime。

表 4 − 29 函数 RTC_SetFullAlarmTime

函数名	RTC_SetFullAlarmTime
函数原型	void RTC_SetFullAlarmTime (LPC_RTC_TypeDef * RTCx, RTC_TIME_Type * pFullTime)
功能描述	设置完整的报警时间值
输入参数 1	RTCx：指向 RTC 结构体的对象的指针
输入参数 2	pFullTime：指向 RTC_TIME 结构体的对象的指针
输出参数	无
返回值	无
调用函数	无
说　明	该函数对 ALSEC、ALMIN、ALHOUR、ALDOW、ALDOM、ALDOY、ALMON、ALYEAR 寄存器进行完整的配置，而不同于 RTC_SetAlarmTime 函数一次只设置一种类型的配置方式

⑭ 函数 RTC_GetFullAlarmTime。

表 4 − 30 函数 RTC_GetFullAlarmTime

函数名	RTC_GetFullAlarmTime
函数原型	void RTC_GetFullAlarmTime (LPC_RTC_TypeDef * RTCx, RTC_TIME_Type * pFullTime)
功能描述	获取完整的报警时间值

续表 4 – 30

输入参数 1	RTCx：指向 RTC 结构体的对象的指针
输入参数 2	pFullTime：指向 RTC_TIME 结构体的对象的指针
输出参数	无
返回值	返回完整的报警时间值
调用函数	无
说　明	该函数对 ALSEC、ALMIN、ALHOUR、ALDOW、ALDOM、ALDOY、ALMON、ALYEAR 寄存器进行完整的读取，而不同于 RTC_GetAlarmTime 函数一次只读取一种类型的报警时间值

⑮ 函数 RTC_GetIntPending。

表 4 – 31　函数 RTC_GetIntPending

函数名	RTC_GetIntPending
函数原型	IntStatus RTC_GetIntPending (LPC_RTC_TypeDef * RTCx, uint32_t IntType)
功能描述	检查指定位置的中断是否设置
输入参数 1	RTCx：指向 RTC 结构体的对象的指针
输入参数 2	IntType：中断位置的类型，可以为下述值。 RTC_INT_COUNTER_INCREASE：计数器增量中断模块产生中断； RTC_INT_ALARM：报警寄存器产生中断
输出参数	无
返回值	如果对应中断设置，则返回 SET；未设置则返回 RESET
调用函数	无
说　明	该函数针对 ILR 寄存器的两个有效位操作

⑯ 函数 RTC_ClearIntPending。

表 4 – 32　函数 RTC_ClearIntPending

函数名	RTC_ClearIntPending
函数原型	void RTC_ClearIntPending (LPC_RTC_TypeDef * RTCx, uint32_t IntType)
功能描述	清除指定位置的中断待处理位
输入参数 1	RTCx：指向 RTC 结构体的对象的指针
输入参数 2	IntType：需清除中断待处理位置的类型，可以为下述值。 RTC_INT_COUNTER_INCREASE：计数器增量中断； RTC_INT_ALARM：报警寄存器中断
输出参数	无
返回值	无
调用函数	无
说　明	该函数针对 ILR 寄存器的两个有效位操作

⑰ 函数 RTC_CalibCounterCmd。

表 4 – 33 函数 RTC_CalibCounterCmd

函数名	RTC_CalibCounterCmd
函数原型	void RTC_CalibCounterCmd(LPC_RTC_TypeDef * RTCx, FunctionalState NewState)
功能描述	使能或禁止校准计数器
输入参数 1	RTCx：指向 RTC 结构体的对象的指针
输入参数 2	NewState：需设置的新状态。 ENABLE：校准计数器使能，并计数； DISABLE：校准计数器禁止，并复位至 0
输出参数	无
返回值	无
调用函数	无
说　明	该函数针对 CCR 寄存器位 CCALEN 设置

⑱ 函数 RTC_CalibConfig。

表 4 – 34 函数 RTC_CalibConfig

函数名	RTC_CalibConfig
函数原型	void RTC_CalibConfig (LPC_RTC_TypeDef * RTCx, uint32_t CalibValue, uint8_t CalibDir)
功能描述	校准配置
输入参数 1	RTCx：指向 RTC 结构体的对象的指针
输入参数 2	CalibValue：校准值设置，范围 0~131 072
输入参数 3	CalibDir：校准方向，可以取下述值之一。 RTC_CALIB_DIR_FORWARD：正向校准； RTC_CALIB_DIR_BACKWARD：逆向校准
输出参数	无
返回值	无
调用函数	无
说　明	该函数针对 CALIBRATION 寄存器位配置

⑲ 函数 RTC_WriteGPREG。

表 4 – 35 函数 RTC_WriteGPREG

函数名	RTC_WriteGPREG
函数原型	void RTC_WriteGPREG (LPC_RTC_TypeDef RTCx：* RTCx, uint8_t Channel, uint32_tValue)
功能描述	向通用寄存器写值
输入参数 1	RTCx：指向 RTC 结构体的对象的指针
输入参数 2	Channel：通用寄存器序号，取值 0~4
输入参数 3	Value：需写入值
输出参数	无
返回值	无

调用函数	无
说 明	当主电源掉电后,通用寄存器可用于存储重要信息,寄存器内写入值在器件复位时不受影响

⑳ 函数 RTC_ReadGPREG。

表 4 - 36 函数 RTC_ReadGPREG

函数名	RTC_ReadGPREG
函数原型	uint32_t RTC_ReadGPREG (LPC_RTC_TypeDef * RTCx, uint8_t Channel)
功能描述	读取通用寄存器值
输入参数 1	RTCx:指向 RTC 结构体的对象的指针
输入参数 2	Channel:通用寄存器序号,取值 0~4
输出参数	无
返回值	读到的值
调用函数	无

㉑ 函数 RTC_ER_InitConfigStruct。

表 4 - 37 函数 RTC_ER_InitConfigStruct

函数名	RTC_ER_InitConfigStruct
函数原型	void RTC_ER_InitConfigStruct(RTC_ER_CONFIG_Type * pConfig)
功能描述	初始化事件监视/记录器结构体(在头文件 lpc177x_8x_rtc.h 中定义的结构体 RTC_ER_CONFIG_Type)的对象
输入参数	pConfig:指向事件监视/记录器结构体的指针
输出参数	无
返回值	无
调用函数	无
说 明	RTC_ER_CONFIG_Type 结构体内包括输入通道、输入通道样本时钟频率等参数,用于配置事件监视/记录器

㉒ 函数 RTC_ER_Init。

表 4 - 38 函数 RTC_ER_Init

函数名	RTC_ER_Init
函数原型	Status RTC_ER_Init(RTC_ER_CONFIG_Type * pConfig)
功能描述	初始化事件监视器/记录器
输入参数	pConfig:指向事件监视/记录器结构体的指针
输出参数	无
返回值	若成功则返回 SUCCESS,其他则返回 ERROR
调用函数	无
说 明	在初始化本模块之前必须先初始化 RTC 模块。本函数将检查 CCR 寄存器位 CLKEN,并对 ERCONTROL 寄存器(事件 0、事件 1、事件 2、样本时间频率等)进行配置

㉓ 函数 RTC_ER_Cmd。

表 4 - 39　函数 RTC_ER_Cmd

函数名	RTC_ER_Cmd
函数原型	Status RTC_ER_Cmd(uint8_t channel，FunctionalState state)
功能描述	使能/禁止事件监视器/记录器
输入参数 1	Channel：指定的通道序号，取值范围 0～2
输入参数 2	State：设置的新状态。 ENABLE：使能； DISABLE：禁止
输出参数	无
返回值	若成功则返回 SUCCESS，其他则返回 ERROR
调用函数	无
说　明	针对 ERCONTROL 寄存器的三个事件通道配置位(EV0_INPUT_EN、EV1_INPUT_EN 和 EV2_INPUT_EN)操作

㉔ 函数 RTC_ER_GetEventCount。

表 4 - 40　函数 RTC_ER_GetEventCount

函数名	RTC_ER_GetEventCount
函数原型	uint8_t RTC_ER_GetEventCount(uint8_t channel)
功能描述	获取事件监视器/记录器指定通道的事件计数
输入参数	Channel：指定的通道序号，取值范围 0～2
输出参数	无
返回值	返回指定通道的事件计数器值
调用函数	无
说　明	针对 ERCOUNTER 寄存器三个有效位(COUNTER0、COUNTER1 和 COUNTER2)读操作

㉕ 函数 RTC_ER_GetStatus。

表 4 - 41　函数 RTC_ER_GetStatus

函数名	RTC_ER_GetStatus
函数原型	uint32_t RTC_ER_GetStatus(void)
功能描述	获取事件监视器/记录器的状态标志
输入参数	无
输出参数	无
返回值	返回状态标志位，为下述值之一。 RTC_ER_EVENTS_ON_EV0_FLG：通道 0 的事件标志； RTC_ER_EVENTS_ON_EV1_FLG：通道 1 的事件标志； RTC_ER_EVENTS_ON_EV2_FLG：通道 2 的事件标志； RTC_ER_STATUS_GP_CLEARED_FLG：通用寄存器异步清除标志； RTC_ER_STATUS_WAKEUP_REQ_PENDING：中断/唤醒请求标志
调用函数	无
说　明	该函数针对 ERSTATUS 寄存器的有效位读操作

㉖ 函数 RTC_ER_ClearStatus。

表 4 – 42　函数 RTC_ER_ClearStatus

函数名	RTC_ER_ClearStatus
函数原型	void RTC_ER_ClearStatus(uint32_t status)
功能描述	清除事件监视器/记录器的状态标志
输入参数	Status：状态标志位，为下述值之一。 RTC_ER_EVENTS_ON_EV0_FLG：通道 0 的事件标志； RTC_ER_EVENTS_ON_EV1_FLG：通道 1 的事件标志； RTC_ER_EVENTS_ON_EV2_FLG：通道 2 的事件标志； RTC_ER_STATUS_GP_CLEARED_FLG：通用寄存器异步清除标志； RTC_ER_STATUS_WAKEUP_REQ_PENDING：中断/唤醒请求标志
输出参数	无
返回值	无
调用函数	无
说　明	该函数清除 ERSTATUS 寄存器的状态标志位

㉗ 函数 RTC_ER_WakupReqPending。

表 4 – 43　函数 RTC_ER_WakupReqPending

函数名	RTC_ER_WakupReqPending
函数原型	Bool RTC_ER_WakupReqPending(void)
功能描述	检查 RTC 及事件监视器/记录器是否存在中断/唤醒请求标志
输入参数	无
输出参数	无
返回值	如果存在中断/唤醒请求标志则返回 TRUE，否则返回 FALSE
调用函数	无
说　明	该函数仅检查 ERSTATUS 寄存器的状态标志位 WAKEUP

㉘ 函数 RTC_ER_GPCleared。

表 4 – 44　函数 RTC_ER_GPCleared

函数名	RTC_ER_GPCleared
函数原型	Bool RTC_ER_GPCleared(void)
功能描述	检查 RTC 的通用寄存器是否清除
输入参数	无
输出参数	无
返回值	如果通用寄存器已被清除则返回 TRUE，否则返回 FALSE
调用函数	无
说　明	该函数仅检查 ERSTATUS 寄存器的状态标志位 GP_CLEARED

㉙ 函数 RTC_ER_GetFirstTimeStamp。

表 4 – 45　函数 RTC_ER_GetFirstTimeStamp

函数名	RTC_ER_GetFirstTimeStamp
函数原型	Status RTC_ER_GetFirstTimeStamp(uint8_t channel, RTC_ER_TIMESTAMP_Type * pTimeStamp)
功能描述	获取事件监测器/记录器指定通道的首个事件的时间戳
输入参数 1	Channel：指定的通道序号，取值范围 0～2
输入参数 2	pTimeStamp：指向时间戳结构体(RTC_ER_TIMESTAMP_Type 结构体，成员变量含 4 个有效时间戳的位 SEC、MIN、HOUR、DOY)对象的指针
输出参数	无
返回值	如果已获取指定通道的首个事件的时间戳则返回 SUCCESS,否则返回 ERROR
调用函数	无
说　明	注意：只有在 ERSTATUS 寄存器中对应的 EVx(x＝0～2)位等于 1 的情况下,这些寄存器中的内容才有效,否则出错。该函数针对 ERFIRSTSTAMP0～2 操作

㉚ 函数 RTC_ER_GetLastTimeStamp。

表 4 – 46　函数 RTC_ER_GetLastTimeStamp

函数名	RTC_ER_GetLastTimeStamp
函数原型	Status RTC_ER_GetLastTimeStamp(uint8_t channel, RTC_ER_TIMESTAMP_Type * pTimeStamp)
功能描述	获取事件监测器/记录器指定通道的最后一个事件的时间戳
输入参数 1	Channel：指定的通道序号，取值范围 0～2
输入参数 2	pTimeStamp：指向时间戳结构体对象的指针
输出参数	无
返回值	如果已获取指定通道的最后一个事件的时间戳则返回 SUCCESS,否则返回 ERROR
调用函数	无
说　明	注意：只有在 ERSTATUS 寄存器中对应的 EVx(x＝0～2)位等于 1 的情况下,这些寄存器中的内容才有效,否则出错。该函数针对 ERLASTSTAMP0～2 操作

4.4　RTC 应用实例

　　本节将从硬件基本电路入手,讲述 RTC 模块的应用实例设计。

4.4.1　设计目标

　　RTC 模块应用安排了两个实例,采用最简单的硬件分别演示年、月、日、时、分、秒等时间值的设置并匹配报警配置和 RTC 校准两个例程。

　　① RTC 时间设置与报警匹配。将 RTC 时间值设置为 2013 年 2 月 25 日上午 10 时 30 分整,并设置 30 秒报警匹配。通过串口输出 RTC 当前时间设置值和报警值。

　　② RTC 校准演示。该实例简单地演示了 RTC 校准配置的过程。

4.4.2　硬件电路设计

本章的 RTC 硬件电路设计很简单,只需将 RTC 必须用到的 VBAT 以及32.768 kHz 晶振与对应的 RTC 功能引脚连接即可,RTC 基本硬件示意图如图 4-3 所示。

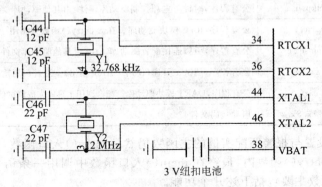

图 4-3　RTC 模块应用基本硬件电路

4.4.3　实例软件设计

本章的 RTC 应用安排了两个实例,分别是当前时间设置与报警匹配实例和 RTC 校准实例。

1. 当前时间设置与报警匹配

当前时间设置与报警匹配实例的软件设计流程虽然比较简单,但其软件设计同样遵循着一个固定的软件设计结构,其程序设计所涉及的软件结构如表 4-47 所列,主要程序文件及功能说明如表 4-48 所列。

表 4-47　软件设计结构

用户应用层			
RTC_Alarm. c			
CMSIS 层			
Cortex-M3 内核外设访问层	LPC17xx 设备外设访问层		
core_cm3. h core_cmFunc. h core_cmInstr. h	启动代码 (startup_LPC-177x_8x. s)	LPC177x_8x. h	system_LPC177x_8x. c	system_LPC177x_8x. h
硬件外设层			
时钟电源控制驱动库	RTC 模块驱动库		引脚连接配置驱动库
lpc177x_8x_clkpwr. c	lpc177x_8x_rtc. c		lpc177x_8x_pinsel. c
lpc177x_8x_clkpwr. h	lpc177x_8x_rtc. h		lpc177x_8x_pinsel. h
调试工具库(使用 UART)		UART 模块驱动库	
debug_frmwrk. c		lpc177x_8x_uart. c	
debug_frmwrk. h		lpc177x_8x_uart. h	

表 4 - 48　程序设计文件功能说明

文件名称	程序设计文件功能说明
RTC_Alarm. c	主程序,含 main()入口函数及中断服务程序等
lpc177x_8x_clkpwr. c	公有程序,时钟与电源控制驱动库。注:由其他驱动库文件调用
lpc177x_8x_rtc. c	公有程序,RTC 模块驱动库。在 c_entry()函数中调用
lpc177x_8x_pinsel. c	公有程序,引脚连接配置驱动库。注:由其他驱动库文件调用
debug_frmwrk. c	公有程序,调试工具库(使用 UART 输出)。通过调用输出调试信息
lpc177x_8x_uart. c	公有程序,UART 模块驱动库。配合调用工具库完成调试信息的串口输出
startup_LPC177x_8x. s	启动代码文件

当前时间设置与报警匹配实例的主函数仍然是 main()入口函数,但主要功能函数都集中在 c_entry()函数内,最终在 main()入口函数中调用一条语句即可实现功能,c_entry()函数主要包括下述几个功能。

① RTC 模块初始化、当前时间设置、报警时间设置。

② 调试工具初始化、调试信息与当前时间值信息串口输出。

(1) main()入口函数

首先,从 main()入口函数开始讲述,主函数仅调用一条主体程序函数的语句,代码如下:

```
int main(void)
{
c_entry();
return 0;
}
```

(2) c_entry()函数

本函数包括了本实例的主体程序。主要包括了时间值设置、报警值设置、调试信息输出以及开关中断等,完整的主体程序与代码注释如下:

```
void c_entry(void)
{
    RTC_TIME_Type RTCFullTime;
    /* 初始化调试工具,配置 UART0:115 200 bps,8 个数据位,无奇偶校验位,1 个停止位,无
    流控 */
    debug_frmwrk_init();
    /* 通过串口输出欢迎信息 */
    print_menu();
    /* 初始化 RTC 模块 */
    RTC_Init(LPC_RTC);
    /* 禁止 RTC 中断 */
    NVIC_DisableIRQ(RTC_IRQn);
```

轻松玩转 ARM Cortex-M3 微控制器——基于 LPC1788 系列

```
/ * 设置抢占式优先级 = 1,子优先级 = 1 * /
NVIC_SetPriority(RTC_IRQn, ((0x01<<3)|0x01));
/ * CTCRST 位设置 * /
RTC_ResetClockTickCounter(LPC_RTC);
/ * 启动 RTC 外设,时间计数器使能 * /
RTC_Cmd(LPC_RTC, ENABLE);
/ * 校准计数器禁止 * /
RTC_CalibCounterCmd(LPC_RTC, DISABLE);
/ * 设置当前时间为:10:30:00AM, 2013 - 02 - 25 * /
RTC_SetTime (LPC_RTC, RTC_TIMETYPE_SECOND, 0);          //设置秒值
RTC_SetTime (LPC_RTC, RTC_TIMETYPE_MINUTE, 30);         //设置分值
RTC_SetTime (LPC_RTC, RTC_TIMETYPE_HOUR, 10);           //设置小时值
RTC_SetTime (LPC_RTC, RTC_TIMETYPE_MONTH, 2);           //设置月值
RTC_SetTime (LPC_RTC, RTC_TIMETYPE_YEAR, 2013);         //设置年值
RTC_SetTime (LPC_RTC, RTC_TIMETYPE_DAYOFMONTH, 25);     //设置日期值
/ * 设置秒报警时间为:30 秒 * /
RTC_SetAlarmTime (LPC_RTC, RTC_TIMETYPE_SECOND, 30);
/ * 获取和打印当前时间值 * /
RTC_GetFullTime (LPC_RTC, &RTCFullTime);
_DBG( "Current time set to: ");
_DBD((RTCFullTime.HOUR)); _DBG (":");                   //输出小时:
_DBD ((RTCFullTime.MIN)); _DBG (":");                   //输出分:
_DBD ((RTCFullTime.SEC)); _DBG("   ");                  //输出秒
_DBD ((RTCFullTime.DOM)); _DBG("/");                    //输出日期/
_DBD ((RTCFullTime.MONTH)); _DBG("/");                  //输出月/
_DBD16 ((RTCFullTime.YEAR)); _DBG_("");                 //输出年
/ * 输出秒报警时间值 * /
_DBG("Second ALARM set to ");
_DBD (RTC_GetAlarmTime (LPC_RTC, RTC_TIMETYPE_SECOND));
_DBG_("s");
/ * 计数器递增时秒值中断配置 * /
RTC_CntIncrIntConfig (LPC_RTC, RTC_TIMETYPE_SECOND, ENABLE);
/ * 30 秒报警中断匹配设置 * /
RTC_AlarmIntConfig (LPC_RTC, RTC_TIMETYPE_SECOND, ENABLE);
/ * 开 RTC 中断 * /
NVIC_EnableIRQ(RTC_IRQn);
/ * 循环体 * /
while(1);
}
```

(3) RTC_IRQHandler()函数

该函数是 RTC 中断服务程序,完成计数器增量中断和报警中断两种类型的中

断捕获、清中断及输出调试信息的功能。

```
void RTC_IRQHandler(void)
{
    uint32_t secval;
    /* 计数器增量中断处理程序 */
    if (RTC_GetIntPending(LPC_RTC, RTC_INT_COUNTER_INCREASE))
    {
        secval = RTC_GetTime (LPC_RTC, RTC_TIMETYPE_SECOND);
        /* 发送调试信息 */
        _DBG ("Second: "); _DBD(secval);
        _DBG_ ("");
        /* 清计数器增量中断 */
        RTC_ClearIntPending(LPC_RTC, RTC_INT_COUNTER_INCREASE);
    }
    /* 检查报警值是否匹配,报警中断处理程序 */
    if (RTC_GetIntPending(LPC_RTC, RTC_INT_ALARM))
    {
        /* 发送调试信息 */
        _DBG_ ("ALARM 30s matched!");
        /* 清报警中断 */
        RTC_ClearIntPending(LPC_RTC, RTC_INT_ALARM);
    }
}
```

2. RTC 校准演示实例

RTC 校准演示实例与上一个实例的程序结构与代码大体类似,只是多出了校准过程代码,其程序设计所涉及的软件结构如表 4-49 所列,主要程序文件及功能说明如表 4-50 所列。

表 4-49 软件设计结构

用户应用层			
main. c			
CMSIS 层			
Cortex-M3 内核外设访问层	LPC17xx 设备外设访问层		
core_cm3. h core_cmFunc. h core_cmInstr. h	启动代码 (startup_LPC-177x_8x. s)	LPC177x_8x. h	system_LPC177x_8x. c	system_LPC177x_8x. h

硬件外设层		
时钟电源控制驱动库	RTC 模块驱动库	引脚连接配置驱动库
lpc177x_8x_clkpwr. c	lpc177x_8x_rtc. c	lpc177x_8x_pinsel. c
lpc177x_8x_clkpwr. h	lpc177x_8x_rtc. h	lpc177x_8x_pinsel. h
调试工具库(使用 UART)		UART 模块驱动库
debug_frmwrk. c		lpc177x_8x_uart. c
debug_frmwrk. h		lpc177x_8x_uart. h

表 4 - 50　程序设计文件功能说明

文件名称	程序设计文件功能说明
main. c	主程序,含 main()入口函数及中断服务程序等
lpc177x_8x_clkpwr. c	公有程序,时钟与电源控制驱动库。注:由其他驱动库文件调用
lpc177x_8x_rtc. c	公有程序,RTC 模块驱动库。在 c_entry ()函数中调用
lpc177x_8x_pinsel. c	公有程序,引脚连接配置驱动库。注:由其他驱动库文件调用
debug_frmwrk. c	公有程序,调试工具库(使用 UART 输出)。通过调用输出调试信息
lpc177x_8x_uart. c	公有程序,UART 模块驱动库。配合调用工具库完成调试信息的串口输出
startup_LPC177x_8x. s	启动代码文件

实例的主函数仍然是 main()入口函数,主要功能函数则分布在 c_entry()函数内,由 main()入口函数调用。

(1) c_entry()函数

本函数包括了本实例的主体程序。包括了 RTC 模块初始化、校准寄存器使能、校准方向、校准值配置以及开关中断等,主体程序与代码注释如下:

```
void c_entry(void)
{
    /* 初始化调试工具,配置 UART0:115 200 bps,8 个数据位,无奇偶校验位,1 个停止位,无
流控 */
    debug_frmwrk_init();
    /* 通过串口输出欢迎信息 */
    _DBG_    …    …;
    /* 初始化 RTC 模块 */
    RTC_Init(LPC_RTC);
    /* CTCRST 位设置 */
    RTC_ResetClockTickCounter(LPC_RTC);
    /* 启动 RTC 外设,时间计数器使能 */
    RTC_Cmd(LPC_RTC, ENABLE);
    /* 当前秒值的时间值 = 0 */
    RTC_SetTime (LPC_RTC, RTC_TIMETYPE_SECOND, 0);
    /* 校准配置:校准方向——前向,校准值——5,即 5 秒后,校准逻辑将计时周期从 1 调
```

```
整到2 */
RTC_CalibConfig(LPC_RTC, 5, RTC_CALIB_DIR_FORWARD);
/* 校准计数器使能 */
RTC_CalibCounterCmd(LPC_RTC, ENABLE);
/* 计数器递增时秒值中断配置 */
RTC_CntIncrIntConfig (LPC_RTC, RTC_TIMETYPE_SECOND, ENABLE);
/* 开 RTC 中断 */
NVIC_EnableIRQ(RTC_IRQn);
/* 循环体 */
while(1)
{
}
}
```

（2）RTC_IRQHandler()函数

该函数是 RTC 中断服务程序，完成计数器增量中断捕获、输出调试信息及关中断的功能。

```
void RTC_IRQHandler(void)
{
    uint32_t secval;
    /* 计数器增量中断处理程序 */
    if (RTC_GetIntPending(LPC_RTC, RTC_INT_COUNTER_INCREASE))
    {
        secval = RTC_GetTime (LPC_RTC, RTC_TIMETYPE_SECOND);
        /* 发送调试信息 */
        _DBG ("Second: "); _DBD(secval);
        _DBG_ ("");
        /* 清计数器增量中断 */
        RTC_ClearIntPending(LPC_RTC, RTC_INT_COUNTER_INCREASE);
    }
    /* 检查报警值是否匹配，报警中断处理程序 */
}
```

4.5　实例总结

本章着重介绍了 LPC178x 系列微处理器的 RTC 原理、相关寄存器与库函数功能等，通过调用 I/O 引脚连接管理驱动库、RTC 模块驱动库以及 UART 模块驱动库等实现两个简单的 RTC 实例应用。虽然 RTC 模块的应用较简单，但须熟练掌握 RTC 模块的驱动库函数用法。

第 **5** 章

定时器应用

定时器是 LPC178x/177x 微控制器的主要组成部分,微控制器共包括 4 个定时器/计数器,可用于间隔定时器(用来计数内部事件)以及脉宽调制解调器(经由捕获输入)等用途,本章将讲述定时器的特点、结构以及库函数,并演示两个简单的应用实例。

5.1 定时器(Timer)概述

定时器/计数器用来对外设时钟(PCLK)或外部提供的时钟周期进行计数,可选择在规定的时间产生中断或执行其他操作,这都由 4 个匹配寄存器的值决定。它还包括 4 个捕获输入,用来在输入信号变换时捕获定时器的瞬时值,也可以选择产生中断。定时器模块功能方框图如图 5-1 所示。

LPC178x 系列微控制器一共有 4 个定时器(**注**:定时器 0~3 除了外设基地址不同之外,4 个定时器/计数器完全相同),至少有两个捕获输入和两个匹配输出,并且有多个引脚可以选择。定时器 2 引出了全部 4 个匹配输出。下面列出了定时器的主要特性:

① 32 位的定时器/计数器,带有一个可编程的 32 位预分频器。

② 计数器或定时器操作。

③ 每个定时器包含多达 2 个 32 位的捕获通道,当输入信号变换时可捕获定时器的瞬时值。也可以选择使捕获事件生成一个中断。

④ 4 个 32 位匹配寄存器,允许执行以下操作:

● 在匹配时继续工作,在匹配时可选择产生中断;

● 在匹配时停止定时器运行,可选择产生中断;

● 在匹配时复位定时器,可选择产生中断。

⑤ 有多达 4 个匹配寄存器相对应的外部输出,这些输出具有以下功能:

● 匹配时设为低电平;

● 匹配时设为高电平;

● 匹配时翻转电平;

● 匹配时不执行任何操作。

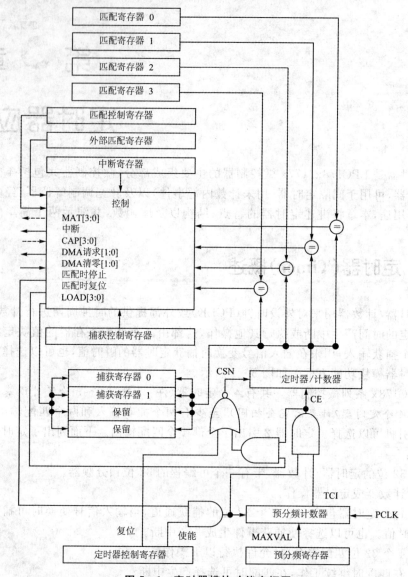

图 5-1　定时器模块功能方框图

5.1.1　定时器的基本配置

定时器 0~3 外设可使用下列寄存器来配置：

① 功率。在 PCONP 寄存器中置位 PCTIM0~3。

注：复位时，定时器 0/1 使能（PCTIM0/1＝1），定时器 2/3 禁止（PCTIM2/3＝0）。

② 外设时钟。定时器使用公共 PCLK，它既可用于总线接口，也可用于大多数 APB 外设的功能部分。

③ 引脚。在相关的 IOCON 寄存器中选择定时器引脚和引脚模式。

④ 中断。利用相应的中断置位使能寄存器使能 NVIC 中的中断。

⑤ DMA。在最多 2 种匹配情况下可产生定时的 DMA 请求。

5.1.2 定时器的引脚描述

表 5 - 1 对每个定时器/计数器的相关引脚进行了简要描述。

表 5 - 1　定时器/计数器引脚描述

引　脚	类　型	描　　述
T0_CAP1:0	输入	捕获信号:当捕获引脚出现特定的捕获事件时,可以将当前的定时器/计数器值装入一个捕获寄存器中,也可以选择产生一个中断。定时器/计数器的捕获引脚有多个。当有多个引脚被同时选择作 TIMER0/1 通道的捕获输入时,端口编号最小的引脚被使用。定时器/计数器模块可以选择一个捕获信号作为时钟源(而不是用 PCLK 的衍生时钟)
T1_CAP1:0		
T2_CAP1:0		
T3_CAP1:0		
T0_MAT1:0	输出	外部匹配输出:当匹配寄存器(MR3:0)的值与定时器/计数器(TC)的值相等时,相应的输出可以翻转、变低、变高或不执行任何操作。外部匹配寄存器(EMR)控制着输出的功能。并行的多个引脚可以被选择用作匹配输出功能
T1_MAT1:0		
T2_MAT1:0		
T3_MAT1:0		

软件可以在 IOCON 寄存器中选择多个引脚用作 CAP 或 MAT 功能。当有多个引脚用作 MAT 输出时,所有这些引脚都统一驱动;当有多个引脚用作 CAP 输入时,使用端口编号最低的引脚。

注意:在不使用设备引脚的情况下,匹配功能也可内部使用。

5.2　Timer 寄存器描述

表 5 - 2 列出了每个定时器/计数器包含的寄存器(**注意:**"复位值"仅指已使用位中存储的数据,不包括保留位的内容)。

表 5 - 2　定时器/计数器 0~3 的寄存器映射

通用名称	描　　述	访问类型	复位值
T0~3IR	中断寄存器,可向 IR 写入相应的值来清除中断;也可读 IR 来确定中断源中哪个中断源被挂起	R/W	0
T0~3TCR	定时器控制寄存器。TCR 用来控制定时器/计数器的功能。定时器/计数器可以通过 TCR 来禁止或复位	R/W	0
T0~3TC	定时器/计数器。32 位的 TC 每隔(PR+1)个 PCLK 周期递增一次。TC 通过 TCR 来控制	R/W	0
T0~3PR	预分频寄存器。 当预分频计数器(如下)的值与这个寄存器的值相等时,下个时钟 TC 加这个 TC,PC 清零	R/W	0
T0~3PC	预分频计数器。32 位的 PC 是一个计数器,该计数器的值会递增到与 PR 中存放的值相等。当达到了 PR 的值时,加 TC,PC 清零。可以通过总线接口来观察和控制	R/W	0

通用名称	描 述	访问类型	复位值
T0～3MCR	匹配控制寄存器。MCR 用来控制在匹配出现时是否产生中断和是否复位 TC	R/W	0
T0～3MR0	匹配寄存器 0。MR0 可通过 MCR 做如下设置：当 MR0 的值与 TC 值匹配时，复位 TC、停止 TC 和 PC 和/或产生中断	R/W	0
T0～3MR1	匹配寄存器 1。类似于 MR0	R/W	0
T0～3MR2	匹配寄存器 2。类似于 MR0	R/W	0
T0～3MR3	匹配寄存器 3。类似于 MR0	R/W	0
T0～3CCR	捕获控制寄存器。CCR 控制捕获输入的哪个沿用于装入捕获寄存器的值以及当捕获发生时是否生成中断	R/W	0
T0～3CR0	捕获寄存器 0。当 $Tn\_CAP0(n=0～3)$ 输入上发生一个事件时，CR0 装载 TC 的值	RO	0
T0～3CR1	捕获寄存器 1。当 $Tn\_CAP1(n=0～3)$ 输入上发生一个事件时，CR1 装载 TC 的值	RO	0
T0～3EMR	外部匹配寄存器。EMR 控制外部匹配引脚 $Tn\_MAT0～3(n=0～3)$	R/W	0
T0～3CTCR	计数控制寄存器。CTCR 选择在定时器模式还是计数器模式下工作，在计数器模式下用于选择要计数的信号和边沿	R/W	0

5.2.1 中断寄存器

中断寄存器包含 4 个用于匹配中断的位，4 个用于捕获中断的位。如果产生了一个中断，则 IR 中的对应位将会置位为高；否则，该位为低。向对应的 IR 位写入逻辑 1 复位中断，写入 0 无效。清除定时器匹配中断的操作也会清除对应的 DMA 请求。中断寄存器位格式及功能描述如表 5-3 所列。

表 5-3 中断寄存器位描述

位	符 号	值	描 述	复位值
31:6	—	—	保留。从保留位中读出的值未定义，只写入 0	—
5	CR1 Int	0	捕获通道 1 事件的中断标志。复位值，写 0 无效；	0
		1	向该位写入 1 复位该中断标志	
4	CR0 Int	0	捕获通道 0 事件的中断标志。复位值，写 0 无效；	0
		1	向该位写入 1 复位该中断标志	
3	MR3 Int	0	匹配通道 3 的中断标志。复位值，写 0 无效；	0
		1	向该位写入 1 复位该中断标志	
2	MR2 Int	0	匹配通道 2 的中断标志。复位值，写 0 无效；	0
		1	向该位写入 1 复位该中断标志	

位	符　号	值	描　　述	复位值
1	MR1 Int	0	匹配通道 1 的中断标志。 复位值,写 0 无效;	0
		1	向该位写入 1 复位该中断标志	
0	MR0 Int	0	匹配通道 0 的中断标志。 复位值,写 0 无效;	0
		1	向该位写入 1 复位该中断标志	

5.2.2　定时器控制寄存器

定时器控制寄存器(TCR)用于控制定时器/计数器的操作。定时器控制寄存器位格式及功能描述如表 5 - 4 所列。

表 5 - 4　定时器控制寄存器位描述

位	符　号	值	描　　述	复位值
31:21	—	—	保留。从保留位中读出的值未定义,只写入 0	—
1	CounterEn	0	定时器控制。 计数器禁止;	0
		1	定时器/计数器和预分频计数器使能计数	
0	CounterRst	0	计数器增量中断模块中断清除。 初始值;	0
		1	定时器/计数器和预分频计数器在 PCLK 的下一个正相沿同步复位。计数器在 TCR[1]恢复为 0 之前保持复位状态	

5.2.3　定时器/计数器

当预分频计数器到达其计数上限时,32 位的定时器/计数器寄存器值会加 1。如果定时器/计数器在达到其上限之前没有复位,则它将一直计数到 0xFFFFFFFF,然后翻转到 0x00000000。该事件不会产生中断,但在需要时,可以使用匹配寄存器检测溢出。

5.2.4　预分频寄存器

32 位预分频寄存器用于指定预分频计数器的最大值。

5.2.5　预分频计数器

32 位预分频计数器使用某个常量值来控制 PCLK 的分频,再使之输入定时器/计数器。由此可以控制定时器分辨率与定时器溢出之前的最大时间值之间的关系。预分频计数器每个 PCLK 周期加 1。当其值达到预分频寄存器中保存的值时,定时器/计数器加 1,预分频计数器在下一个 PCLK 周期复位。例如,当 PR＝0 时,定时器/计数器每个 PCLK 周期加 1;当 PR＝1 时,定时器/计数器每两个 PCLK 周期加 1,以此类推。

5.2.6　匹配控制寄存器

匹配控制寄存器用于控制当某个匹配寄存器与定时器/计数器匹配时所执行的操作。匹配控制寄存器位格式及功能描述如表 5-5 所列。

表 5-5　匹配控制寄存器位描述

位	符　号	值	描　述	复位值
31:12	—	—	保留。从保留位中读出的值未定义,只写入 0	—
11	MR3S	0	匹配寄存器 3 引发的停止功能。 该功能禁止;	0
		1	MR3 引发的停止:MR3 与 TC 值匹配时 TC 和 PC 停止,TCR[0]清零	
10	MR3R	0	匹配寄存器 3 引发的复位功能。 该功能禁止;	0
		1	MR3 引发的复位:MR3 与 TC 值匹配时 TC 复位	
9	MR3I	0	匹配寄存器 2 引发的中断功能。 该中断功能禁止;	0
		1	MR2 引发的中断:MR2 与 TC 值匹配时将产生中断	
8	MR2S	0	匹配寄存器 2 引发的停止功能。 该功能禁止;	0
		1	MR2 引发的停止:MR2 与 TC 值匹配时 TC 和 PC 停止,TCR[0]清零	
7	MR2R	0	匹配寄存器 2 引发的复位功能。 该功能禁止;	0
		1	MR2 引发的复位:MR2 与 TC 值匹配时 TC 复位	
6	MR2I	0	匹配寄存器 2 引发的中断功能。 该中断功能禁止;	0
		1	MR2 引发的中断:MR2 与 TC 值匹配时将产生中断	
5	MR1S	0	匹配寄存器 1 引发的停止功能。 该功能禁止;	0
		1	MR1 引发的停止:MR1 与 TC 值匹配时 TC 和 PC 停止,TCR[0]清零	
4	MR1R	0	匹配寄存器 1 引发的复位功能。 该功能禁止;	0
		1	MR1 引发的复位:MR1 与 TC 值匹配时 TC 复位	
3	MR1I	0	匹配寄存器 1 引发的中断功能。 该中断功能禁止;	0
		1	MR1 引发的中断:MR1 与 TC 值匹配时将产生中断	
2	MR0S	0	匹配寄存器 0 引发的停止功能。 该功能禁止;	0
		1	MR0 引发的停止:MR0 与 TC 值匹配时 TC 和 PC 停止,TCR[0]清零	
1	MR0R	0	匹配寄存器 0 引发的复位功能。 该功能禁止;	0
		1	MR0 引发的复位:MR0 与 TC 值匹配时 TC 复位	
0	MR0I	0	匹配寄存器 0 引发的中断功能。 该中断功能禁止;	
		1	MR0 引发的中断:MR0 与 TC 值匹配时将产生中断	

5.2.7　匹配寄存器 0~3

匹配寄存器值连续与定时器/计数器值进行比较。当两个值相等时,会自动触发相应操作。可能的操作包括产生中断、复位定时器/计数器或停止定时器。所执行的操作由 MCR 寄存器控制。

5.2.8　捕获寄存器 0~1

每个捕获寄存器都与一个设备引脚相关联。当捕获引脚上发生特定的事件时,可将定时器/计数器的值装入该捕获寄存器。通过捕获控制寄存器的设定来决定是否使能捕获功能,以及捕获事件的类型——关联引脚的是上升沿、下降沿还是双边沿。

5.2.9　捕获控制寄存器

捕获控制寄存器用于控制在发生捕获事件时是否将定时器/计数器的值装入其中一个捕获寄存器,以及是否产生中断。同时设置捕获事件——上升沿和下降沿,这样会在两个沿都触发捕获事件。捕获控制寄存器位格式及功能描述如表 5-6 所列。

注:如果在 CTCR 中选择某个特定的 CAP 输入作为计数器的输入,那么这个输入引脚对应在这个寄存器中的 3 个位必须被编程为 000。但是,其他 3 个 CAP 输入可以被选择用作捕获和/或中断功能。

表 5-6　捕获控制寄存器位描述

位	符　号	值	描　　　　　述	复位值
31:6	—	—	保留。从保留位中读出的值未定义,只写入 0	—
5	CAP1I	0	CAP1.0 事件中断功能设置。 该功能禁止;	0
		1	CAP1.0 事件中断:CAP1.0 的捕获事件所导致的 CR1 装载将产生一个中断	
4	CAP1FE	0	CAP1.0 下降沿捕获功能设置。 该功能禁止;	0
		1	CAP1.0 下降沿捕获:CAP1.0 上 1~0 的跳变将导致 TC 的内容装入 CR1	
3	CAP1RE	0	CAP1.0 上升沿捕获功能设置。 该功能禁止;	0
		1	CAP1.0 上升沿捕获:CAP1.0 上 0~1 的跳变将导致 TC 的内容装入 CR1	
2	CAP0I	0	CAP0.0 事件中断功能设置。 该功能禁止;	0
		1	CAP0.0 事件中断:CAP0.0 的捕获事件所导致的 CR0 装载将产生一个中断	
1	CAP0FE	0	CAP0.0 下降沿捕获功能设置。 该功能禁止;	0
		1	CAP0.0 下降沿捕获:CAP0.0 上 1~0 的跳变将导致 TC 的内容装入 CR0	
0	CAP0RE	0	CAP0.0 上升沿捕获功能设置。 该功能禁止;	0
		1	CAP0.0 上升沿捕获:CAP0.0 上 0~1 的跳变将导致 TC 的内容装入 CR0	

轻松玩转ARM Cortex-M3 微控制器——基于LPC1788系列

5.2.10　外部匹配寄存器

外部匹配寄存器提供对外部匹配引脚的控制及其状态。每个定时器中匹配 0 和 1 的匹配事件都可以引起一个 DMA 请求。外部匹配寄存器位格式及功能描述如表 5 - 7 所列。

表 5 - 7　外部匹配寄存器位描述

位	符 号	描 述	复位值
31:12	—	保留。从保留位中读出的值未定义，只写入 0	—
11:10	EMC3	外部匹配控制 3，决定外部匹配 3 的功能，这些位的编码与意义详见表 5 - 8	00
9:8	EMC2	外部匹配控制 2，决定外部匹配 2 的功能，这些位的编码与意义详见表 5 - 8	00
7:6	EMC1	外部匹配控制 1，决定外部匹配 1 的功能，这些位的编码与意义详见表 5 - 8	00
5:4	EMC0	外部匹配控制 0，决定外部匹配 0 的功能，这些位的编码与意义详见表 5 - 8	00
3	EM3	外部匹配 3。当 TC 和 MR3 匹配时，该位可翻转、变为低电平、变为高电平或不执行任何操作，这取决于该寄存器的[11:10]位。该位的值被驱动到 MATn.3(n表示定时器编号 0 或 1)引脚上，采用正逻辑方式(0＝低电平，1＝高电平)	0
2	EM2	外部匹配 2。当 TC 和 MR2 匹配时，该位可翻转、变为低电平、变为高电平或不执行任何操作，这取决于该寄存器的[9:8]位。该位的值会被驱动到 MATn.2(n表示定时器编号 0 或 1)引脚上，采用正逻辑方式(0＝低电平，1＝高电平)	0
1	EM1	外部匹配 1。当 TC 和 MR1 匹配时，该位可翻转、变为低电平、变为高电平或不执行任何操作，这取决于该寄存器的[7:6]位。该位的值会被驱动到 MATn.1(n表示定时器编号 0 或 1)引脚上，采用正逻辑方式(0＝低电平，1＝高电平)	0
0	EM0	外部匹配 0。当 TC 和 MR0 匹配时，该位可翻转、变为低电平、变为高电平或不执行任何操作，这取决于该寄存器的[5:4]位。该位的值会被驱动到 MATn.0(n表示定时器编号 0 或 1)引脚上，采用正逻辑方式(0＝低电平，1＝高电平)	0

表 5 - 8　外部匹配控制

位域赋值 [11:10]、[9:8][7:6]、[5:4]	编码功能
00	不执行任何操作
01	将对应的外部匹配位/输出清零，如果将 MATn.m(n 表示定时器编号 0 或 1；m 代表匹配编号 0～3)引脚引出来，则输出低电平
10	将对应的外部匹配位/输出置 1，如果将 MATn.m(n 表示定时器编号 0 或 1；m 代表匹配编号 0～3)引脚引出来，则输出高电平
11	使对应的外部匹配位/输出翻转

5.2.11　计数控制寄存器

计数控制寄存器用于在定时器模式和计数器模式之间进行选择，在计数器模式中用于选择要计数的引脚和沿。

如果选择在计数器模式下操作,则在每个 PCLK 时钟的上升沿对 CAP 输入(使用 CTCR 的位 3:2 来选择)进行采样。在对这个 CAP 输入的连续两次采样值进行比较之后,可以识别出下面其中一种事件:上升沿、下降沿、上升/下降沿或所选 CAP 输入的电平不变。如果识别出的事件与 CTCR 寄存器的位 1:0 选择的一个事件相对应,定时器/计数器寄存器的值将增加 1。

当计数器计数外部供应时钟时,处理的效率会受到一些限制。由于识别 CAP 所选输入的一个沿需要使用 PCLK 时钟两个连续的上升沿,因此 CAP 输入的频率不能大于 PCLK 时钟频率的 $\frac{1}{4}$。因此,在这种情况下,同一个 CAP 输入引脚的高/低电平持续时间不能小于 1/(2 PCLK)。计数控制寄存器位格式及功能描述如表 5-9 所列。

表 5-9　计数控制寄存器位描述

位	符　号	值	描　　述	复位值
31:4	—	—	保留。从保留位中读出的值未定义,只写入 0	—
3:2	Counter Input Select		当寄存器的位 1:0 不为 00 时,这两位选择采样用于计时的 CAP 引脚	00
		00	CAPn.0(n=0 或 1)用于 TIMERn(n=0~3);	
		01	CAPn.1(n=0 或 1)用于 TIMERn(n=0~3);	
		10	保留;	
		11	保留	
1:0	Counter /Timer-Mode		这个字段选择在哪些条件下定时器的预分频计数(PC)值递增、PC 清零以及定时器/计数器(TC)值递增。计数器模式下预分频器被旁路。	00
		00	定时器模式:当预分频计数器与预分频寄存器的值匹配时 TC 增加,预分频计数器在每个 PCLK 的上升沿增加;	
		01	计数器模式:TC 在位 3:2 选择的 CAP 输入的上升沿出现时增加;	
		10	计数器模式:TC 在位 3:2 选择的 CAP 输入的下降沿出现时增加;	
		11	计数器模式:TC 在位 3:2 选择的 CAP 输入的两个边沿出现时增加	

5.2.12　DMA 操作

如果定时器/计数器(TC)寄存器的值与匹配寄存器 0(MR0)或匹配寄存器 1(MR1)的值匹配,则会生成 DMA 请求。这与 EMR 寄存器控制的匹配输出的操作无关。每个匹配都会设置一个 DMA 请求标志,这一标志与 DMA 控制器相连。当然,要想执行 DMA 请求,必须配置好 GPDMA,并通过 DMAREQSEL 寄存器将相关的定时器 DMA 请求选择成为一个 DMA 请求源(**注**:有关 GPDMA 的详细使用请参阅用户手册)。

如果定时器一开始就被设置成产生一个 DMA 请求,那么在匹配条件发生以前,该请求可能已被申请了(有效)。软件向中断标志位写 1 可防止产生一个初始 DMA 请求,如同清除一个定时器中断一样。

注：只要定时器值等于相关的匹配寄存器值，就会生成定时器 DMA 请求。因此，在定时器运行时会始终生成 DMA 请求，除非匹配寄存器的值超过了定时器的计数上限值。必须注意，除非已将定时器正确配置为生成有效的 DMA 请求，否则，不要在 GPDMA 模块中选择并使能定时器 DMA 请求。

5.3　Timer 常用库函数

Timer 库函数由一组 API 驱动函数组成，这组函数覆盖了本外设所有功能。本节将介绍与 Timer 相关的主要库函数的功能，各功能函数详细说明如表 5－10～表 5－27 所列。

① 函数 getPClock。

表 5－10　函数 getPClock

函数名	getPClock
函数原型	static uint32_t getPClock (uint32_t timernum);
功能描述	获取指定定时器的外设时钟源
输入参数	Timernum：定时器序号，取值 0～3
输出参数	无
返回值	Clkdlycnt：定时器的外设时钟
调用函数	CLKPWR_GetCLK()函数
说　明	私有函数，设置时钟类型：外设时钟源 CLKPWR_CLKTYPE_PER 用于定时器

② 函数 converUSecToVal。

表 5－11　函数 converUSecToVal

函数名	converUSecToVal
函数原型	static uint32_t converUSecToVal (uint32_t timernum, uint32_t);
功能描述	将一个时间值转换成指定的定时器计数值
输入参数 1	Timernum：定时器序号，取值 0～3
输入参数 2	Usec：时间值，单位：μs
输出参数	无
返回值	Clkdlycnt：时钟计数的个数
调用函数	GetPClock()函数
说　明	私有函数

③ 函数 converPtrToTimeNum。

表 5－12　函数 converPtrToTimeNum

函数名	converPtrToTimeNum
函数原型	static int32_t converPtrToTimeNum (LPC_TIM_TypeDef * TIMx);
功能描述	将某个定时器寄存器指针转换成一个定时器序号

输入参数	TIMx:定时器的指针,指向 LPC_TIM_TypeDef 结构体,参数如下: LPC_TIM0:外设定时器 0; LPC_TIM1:外设定时器 1; LPC_TIM2:外设定时器 2; LPC_TIM3:外设定时器 3
输出参数	无
返回值	成功则返回定时器序号 0~3,否则返回－1(失败)
调用函数	无
说　明	私有函数

④ 函数 TIM_GetIntStatus。

表 5 - 13　函数 TIM_GetIntStatus

函数名	TIM_GetIntStatus
函数原型	FlagStatus TIM_GetIntStatus(LPC_TIM_TypeDef * TIMx, TIM_INT_TYPE IntFlag)
功能描述	获取指定定时器的匹配中断标志
输入参数 1	TIMx:定时器序号,取值 0~3,参数如下。 LPC_TIM0:定时器 0; LPC_TIM1:定时器 1; LPC_TIM2:定时器 2; LPC_TIM3:定时器 3
输入参数 2	IntFlag:中断类型,参数如下。 TIM_MR0_INT:匹配通道 0 的中断标志; TIM_MR1_INT:匹配通道 1 的中断标志; TIM_MR2_INT:匹配通道 2 的中断标志; TIM_MR3_INT:匹配通道 3 的中断标志; TIM_CR0_INT:捕获通道 0 事件的中断标志; TIM_CR1_INT:捕获通道 1 事件的中断标志
输出参数	无
返回值	返回指定中断类型的中断状态。 SET:中断已产生; RESET:未产生中断
调用函数	无
说　明	针对 IR 寄存器读操作

⑤ 函数 TIM_GetIntCaptureStatus。

表 5 - 14　函数 TIM_GetIntCaptureStatus

函数名	TIM_GetIntCaptureStatus
函数原型	FlagStatus TIM_GetIntCaptureStatus(LPC_TIM_TypeDef * TIMx, TIM_INT_TYPE IntFlag)
功能描述	获取指定的定时器的捕获中断标志

135

输入参数 1	TIMx:定时器序号,取值 0~3,参数如下。 LPC_TIM0:定时器 0; LPC_TIM1:定时器 1; LPC_TIM2:定时器 2; LPC_TIM3:定时器 3
输入参数 2	IntFlag:中断类型,参数如下。 TIM_MR0_INT:匹配通道 0 的中断标志; TIM_MR1_INT:匹配通道 1 的中断标志; TIM_MR2_INT:匹配通道 2 的中断标志; TIM_MR3_INT:匹配通道 3 的中断标志; TIM_CR0_INT:捕获通道 0 事件的中断标志; TIM_CR1_INT:捕获通道 1 事件的中断标志
输入参数 3	无
输出参数	返回指定中断类型的中断状态。 SET:中断已产生; RESET:未产生中断
返回值	获取指定定时器的匹配中断标志
调用函数	TIMx:定时器序号,取值 0~3,参数可取下述值之一。 LPC_TIM0:定时器 0; LPC_TIM1:定时器 1; LPC_TIM2:定时器 2; LPC_TIM3:定时器 3
说　明	针对 IR 寄存器读操作。与 TIM_GetIntStatus() 函数略有区别

⑥ 函数 TIM_ClearIntPending。

表 5－15　函数 TIM_ClearIntPending

函数名	TIM_ClearIntPending
函数原型	void TIM_ClearIntPending(LPC_TIM_TypeDef * TIMx, TIM_INT_TYPE IntFlag)
功能描述	清除指定定时器的待处理中断标志
输入参数 1	TIMx:定时器序号,取值 0~3,参数可取下述值之一。 LPC_TIM0:定时器 0; LPC_TIM1:定时器 1; LPC_TIM2:定时器 2; LPC_TIM3:定时器 3
输入参数 2	IntFlag:中断类型,参数可取下述值之一。 TIM_MR0_INT:匹配通道 0 的中断标志; TIM_MR1_INT:匹配通道 1 的中断标志; TIM_MR2_INT:匹配通道 2 的中断标志; TIM_MR3_INT:匹配通道 3 的中断标志; TIM_CR0_INT:捕获通道 0 事件的中断标志; TIM_CR1_INT:捕获通道 1 事件的中断标志

输出参数	无
返回值	无
调用函数	无
说　明	针对 IR 寄存器对应的中断标志位写 1 操作

⑦ 函数 TIM_ClearIntCapturePending。

表 5 - 16　函数 TIM_ClearIntCapturePending

函数名	TIM_ClearIntCapturePending
函数原型	void TIM_ClearIntCapturePending(LPC_TIM_TypeDef * TIMx, TIM_INT_TYPE IntFlag)
功能描述	清除指定定时器的待处理捕获中断标志
输入参数 1	TIMx:定时器序号,取值 0～3,参数可取下述值之一。 LPC_TIM0:定时器 0; LPC_TIM1:定时器 1; LPC_TIM2:定时器 2; LPC_TIM3:定时器 3
输入参数 2	IntFlag:中断类型,参数可取下述值之一。 TIM_MR0_INT:匹配通道 0 的中断标志; TIM_MR1_INT:匹配通道 1 的中断标志; TIM_MR2_INT:匹配通道 2 的中断标志; TIM_MR3_INT:匹配通道 3 的中断标志; TIM_CR0_INT:捕获通道 0 事件的中断标志; TIM_CR1_INT:捕获通道 1 事件的中断标志
输入参数 3	无
输出参数	无
返回值	无
调用函数	针对 IR 寄存器对应的中断标志位写 1 操作
说　明	对待处理捕获中断标志写 1 操作

⑧ 函数 TIM_ConfigStructInit。

表 5 - 17　函数 TIM_ConfigStructInit

函数名	TIM_ConfigStructInit
函数原型	void TIM_ConfigStructInit(TIM_MODE_OPT TimerCounterMode, void * TIM_ConfigStruct)
功能描述	配置定时器(未指定)的初始模式
输入参数 1	TimerCounterMode:定时器计数模式,参数可取下述值之一。 TIM_TIMER_MODE:定时器模式; TIM_COUNTER_RISING_MODE:上升沿计数模式; TIM_COUNTER_FALLING_MODE:下降沿计数模式; TIM_COUNTER_ANY_MODE:双边沿计数模式

输入参数 2	TIM_ConfigStruct：指向 TIM_TIMERCFG_Type（定时器模式时）或 TIM_COUNTER-CFG_Type（计数器模式时）结构体指针。 注：两个结构体内均有两种模式所需的参数
输出参数	无
返回值	无
调用函数	无
说　明	针对 CTCR 寄存器位操作。由于未指定定时器外设序号，需要配合其他函数才可操作

⑨ 函数 TIM_Init。

表 5 – 18　函数 TIM_Init

函数名	TIM_Init
函数原型	void TIM_Init(LPC_TIM_TypeDef * TIMx, TIM_MODE_OPT TimerCounterMode, void * TIM_ConfigStruct)
功能描述	初始化指定的定时器/计数器
输入参数 1	TIMx：定时器序号，取值 0～3，参数可取下述值之一。 LPC_TIM0：定时器 0； LPC_TIM1：定时器 1； LPC_TIM2：定时器 2； LPC_TIM3：定时器 3
输入参数 2	TimerCounterMode：定时器计数模式，参数可取下述值之一。 TIM_TIMER_MODE：定时器模式； TIM_COUNTER_RISING_MODE：上升沿计数模式； TIM_COUNTER_FALLING_MODE：下降沿计数模式； TIM_COUNTER_ANY_MODE：双边沿计数模式
输入参数 3	TIM_ConfigStruct：指向 TIM_TIMERCFG_Type（定时器模式时）或 TIM_COUNTER-CFG_Type（计数器模式时）结构体指针。 注：两个结构体内均有两种模式所需的参数
输出参数	无
返回值	无
调用函数	CLKPWR_ConfigPPWR()函数
说　明	不同于 TIM_ConfigStructInit()函数，本函数可以独立操作，完成电源时钟位 PCTIM0～3 使能，CTCR、TC、PC、PR、TCR 等寄存器的初始化

⑩ 函数 TIM_DeInit。

表 5 – 19　函数 TIM_DeInit

函数名	TIM_DeInit
函数原型	void TIM_DeInit (LPC_TIM_TypeDef * TIMx)
功能描述	关闭指定的定时器/计数器
输入参数	TIMx：定时器序号，取值 0～3，参数可取下述值之一。 LPC_TIM0：定时器 0；　LPC_TIM1：定时器 1； LPC_TIM2：定时器 2；　LPC_TIM3：定时器 3

输出参数	无
返回值	无
调用函数	CLKPWR_ConfigPPWR()函数
说　明	通过禁止电源时钟位 PCTIM0～3,关闭定时器,并将 TCR 寄存器置 0x00

⑪ 函数 TIM_Cmd。

表 5 - 20　函数 TIM_Cmd

函数名	TIM_Cmd
函数原型	void TIM_Cmd(LPC_TIM_TypeDef * TIMx, FunctionalState NewState)
功能描述	启动/停止指定的定时器/计数器
输入参数 1	TIMx:定时器序号,取值 0～3,参数可取下述值之一。 LPC_TIM0:定时器 0; LPC_TIM1:定时器 1; LPC_TIM2:定时器 2; LPC_TIM3:定时器 3
输入参数 2	NewState:设置的新状态,可取下述值之一。 ENABLE:使能定时器/计数器; DISABLE:禁止定时器/计数器
输出参数	无
返回值	无
调用函数	无
说　明	针对 TCR 寄存器位[0]设置

⑫ 函数 TIM_ResetCounter。

表 5 - 21　函数 TIM_ResetCounter

函数名	TIM_ResetCounter
函数原型	void TIM_ResetCounter(LPC_TIM_TypeDef * TIMx)
功能描述	复位指定的定时器/计数器
输入参数	TIMx:定时器序号,取值 0～3,参数可取下述值之一。 LPC_TIM0:定时器 0; LPC_TIM1:定时器 1; LPC_TIM2:定时器 2; LPC_TIM3:定时器 3
输出参数	无
返回值	无
调用函数	无
说　明	针对 TCR 寄存器位[1]设置

⑬ 函数 TIM_ConfigMatch。

表 5 – 22　函数 TIM_ConfigMatch

函数名	TIM_ConfigMatch
函数原型	void TIM _ ConfigMatch (LPC _ TIM _ TypeDef ＊ TIMx，TIM _ MATCHCFG _ Type ＊ TIM_MatchConfigStruct)
功能描述	配置指定定时器的匹配寄存器
输入参数 1	TIMx:定时器序号,取值 0～3,参数可取下述值之一。 LPC_TIM0:定时器 0； LPC_TIM1:定时器 1； LPC_TIM2:定时器 2； LPC_TIM3:定时器 3
输入参数 2	TIM_MatchConfigStruct:指向 TIM_MATCHCFG_Type 结构体的指针,内置参数如下。 MatchChannel:匹配通道 0～3； IntOnMatch:匹配是否产生中断； StopOnMatch:匹配通道 0～3 引发的停止； ResetOnMatch:匹配通道 0～3 引发的复位； ExtMatchOutputType:外部匹配输出类型； MatchValue:匹配值
输出参数	无
返回值	无
调用函数	无
说　明	针对 MR0～3、MCR、EMR 寄存器操作

⑭ 函数 TIM_UpdateMatchValue。

表 5 – 23　函数 TIM_UpdateMatchValue

函数名	TIM_UpdateMatchValue
函数原型	void TIM _ UpdateMatchValue (LPC _ TIM _ TypeDef ＊ TIMx，uint8 _ t MatchChannel，uint32 _ t MatchValue)
功能描述	更新指定定时器的匹配值
输入参数 1	TIMx:定时器序号,取值 0～3,参数可取下述值之一。 LPC_TIM0:定时器 0； LPC_TIM1:定时器 1； LPC_TIM2:定时器 2； LPC_TIM3:定时器 3
输入参数 2	MatchChannel:匹配通道,取值范围 0～3
输入参数 3	MatchValue:匹配值
输出参数	无
返回值	无
调用函数	无
说　明	对 MR0～3 设置匹配值

⑮ 函数 TIM_ConfigCapture。

表 5 – 24 函数 **TIM_ConfigCapture**

函数名	TIM_ConfigCapture
函数原型	void TIM_ConfigCapture(LPC_TIM_TypeDef * TIMx, TIM_CAPTURECFG_Type * TIM_CaptureConfigStruct)
功能描述	配置指定定时器的捕获控制寄存器
输入参数 1	TIMx:定时器序号,取值 0~3,参数可取下述值之一。 LPC_TIM0:定时器 0; LPC_TIM1:定时器 1; LPC_TIM2:定时器 2; LPC_TIM3:定时器 3
输入参数 2	TIM_CaptureConfigStruct:指向 TIM_CAPTURECFG_Type 结构体的指针,内置参数如下。 CaptureChannel:捕获通道,取值 0 或 1; RisingEdge:是否上升沿捕获; FallingEdge:是否下降沿捕获; IntOnCaption:是否捕获事件产生一次中断
输出参数	无
返回值	无
调用函数	无
说　明	针对 CCR 寄存器位设置

⑯ 函数 TIM_GetCaptureValue。

表 5 – 25 函数 **TIM_GetCaptureValue**

函数名	TIM_GetCaptureValue
函数原型	uint32_t TIM_GetCaptureValue(LPC_TIM_TypeDef * TIMx, TIM_COUNTER_INPUT_OPT CaptureChannel)
功能描述	读取指定定时器的捕获寄存器值
输入参数 1	TIMx:定时器序号,取值 0~3,参数可取下述值之一。 LPC_TIM0:定时器 0; LPC_TIM1:定时器 1; LPC_TIM2:定时器 2; LPC_TIM3:定时器 3
输入参数 2	CaptureChannel:捕获通道序号,取下述值之一: TIM_COUNTER_INCAP0:TIMER$n(n=0\sim3)$的输入引脚 CAPn.0($n=0$ 或 1); TIM_COUNTER_INCAP1:TIMER$n(n=0\sim3)$的输入引脚 CAPn.1($n=0$ 或 1)
输出参数	无
返回值	返回捕获到的寄存器值
调用函数	无
说　明	值返回捕获寄存器 CR0 或 CR1

⑰ 函数 TIM_Waitus。

表 5 – 26　函数 TIM_Waitus

函数名	TIM_Waitus
函数原型	void TIM_Waitus(uint32_t time)
功能描述	定时器等待(μs 级)
输入参数	Time：μs 级的等待时间(本函数内用于设置成匹配值)
返回值	无
调用函数	TIM_ConfigMatch()、TIM_Cmd()、TIM_ResetCounter()
说　明	高级函数,仅针对定时器 0 操作,分别设置匹配通道 0、使能匹配产生中断、匹配通道引发的停止、匹配通道引发的复位、外部匹配输出类型、匹配值,启动定时器 0 等操作,可用于测试用途

⑱ 函数 TIM_Waitms。

表 5 – 27　函数 TIM_Waitms

函数名	TIM_Waitms
函数原型	void TIM_Waitms(uint32_t time)
功能描述	定时器等待(ms 级)
输入参数	Time：ms 秒级的等待时间(本函数内用于设置成匹配值)
返回值	无
调用函数	TIM_Waitus()函数
说　明	高级函数,通过调用 TIM_Waitus()函数完成,时间值则乘以 1 000 倍,为 ms 单位级

5.4　Timer 应用实例

本节开始讲述基于定时器外设的应用实例设计。

5.4.1　设计目标

定时器外设应用安排了两个实例,采用最简单的硬件连接分别进行例程演示。

(1) 输入信号捕获

采用定时器 0,配置 P3.23 引脚作为 CAPn.0 在双边沿捕获输入信号,并通过中断服务程序向串口输出捕获状态信息。

(2) 输入信号测量

采用双定时器,演示如何用定时器测量信号的频率。

5.4.2　硬件电路设计

本章的定时器应用硬件电路设计很简单,只需将需要用到的功能引脚 P0.6 和 P3.23 连接即可,并设置好调试信息输出用的串口,定时器实例演示基本电路原理示意图如图 5 – 2 所示。

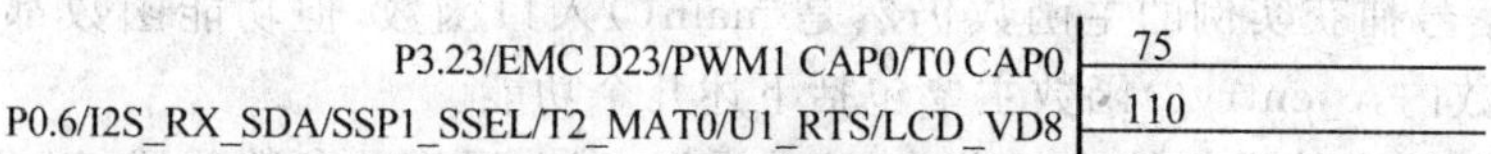

| P3.23/EMC D23/PWM1 CAP0/T0 CAP0 | 75 |
| P0.6/I2S_RX_SDA/SSP1_SSEL/T2_MAT0/U1_RTS/LCD_VD8 | 110 |

图 5 - 2 定时器实例演示基本电路原理示意图

5.4.3 实例软件设计

本章的定时器外设应用安排了两个实例,分别是输入信号捕获实例和输入信号测量实例。

1. 输入信号捕获

输入信号捕获实例的程序设计所涉及的软件结构如表 5 - 28 所列,主要程序文件及功能说明如表 5 - 29 所列。

表 5 - 28 软件设计结构

用户应用层			
Timer_Capture. c			
CMSIS 层			
Cortex - M3 内核外设访问层	LPC17xx 设备外设访问层		
core_cm3. h core_cmFunc. h core_cmInstr. h	启动代码 (startup_LPC- 177x_8x. s)	LPC177x_8x. h	system_LPC177x_8x. c	system_LPC177x_8x. h
硬件外设层			
时钟电源控制驱动库	定时器外设驱动库	引脚连接配置驱动库	
lpc177x_8x_clkpwr. c	lpc177x_8x_timer. c	lpc177x_8x_pinsel. c	
lpc177x_8x_clkpwr. h	lpc177x_8x_timer. h	lpc177x_8x_pinsel. h	
调试工具库(使用 UART)	UART 模块驱动库		
debug_frmwrk. c	lpc177x_8x_uart. c		
debug_frmwrk. h	lpc177x_8x_uart. h		

表 5 - 29 程序设计文件功能说明

文件名称	程序设计文件功能说明
Timer_Capture. c	主程序,含 main()入口函数、程序主体功能函数 c_entry()及中断服务程序等
lpc177x_8x_clkpwr. c	公有程序,时钟与电源控制驱动库。注:由其他驱动库文件调用
lpc177x_8x_timer. c	公有程序,定时器驱动库。在 c_entry()函数中调用
lpc177x_8x_pinsel. c	公有程序,引脚连接配置驱动库。注:由主程序及其他驱动库文件调用
debug_frmwrk. c	公有程序,调试工具库(使用 UART 输出)。由主程序及其他驱动库文件调用输出调试信息
lpc177x_8x_uart. c	公有程序,UART 模块驱动库。配合调用工具库完成调试信息的串口输出
startup_LPC177x_8x. s	启动代码文件

输入信号捕获实例的主函数仍然是 main() 入口函数,但功能函数都集中在 c_entry() 函数内,c_entry() 函数主要包括下述几个功能。

① 定时器 0 外设初始化与启动、参数设置、捕获通道及参数配置,以及定时器与捕获通道中断使能等。

② 调试工具初始化、调试信息串口输出等。

(1) c_entry()函数

本函数包括了本实例的主体程序。主要包括了定时器 0 初始化与参数设置、PC 参数设置、捕获通道与参数设置、调试信息输出以及开中断等,完整的主体程序与代码注释如下:

```
void c_entry(void)
{
/*初始化调试工具,配置 UART0:115 200 bps,8 个数据位,无奇偶校验位,1 个停止位,无
流控 */
debug_frmwrk_init();
/*串口输出调试信息——欢迎界面 */
print_menu();
/*配置引脚 P3.23 作为 CAP0.0 功能 */
PINSEL_ConfigPin(3, 23, 3);
/*初始化定时器 0,预分频计数器值 1000000 μs = 1 s */
TIM_ConfigStruct.PrescaleOption = TIM_PRESCALE_USVAL;
TIM_ConfigStruct.PrescaleValue = 1000000;
/*使用捕获通道 0,CAPn.0 */
TIM_CaptureConfigStruct.CaptureChannel = 0;
/*使能 CAPn.0 上升沿捕获 */
TIM_CaptureConfigStruct.RisingEdge = ENABLE;
/*使能 CAPn.0 下降沿捕获 */
TIM_CaptureConfigStruct.FallingEdge = ENABLE;
/*捕获中断使能 */
TIM_CaptureConfigStruct.IntOnCaption = ENABLE;
/*定时器 0 定时器模式配置和参数配置 */
TIM_Init(LPC_TIM0, TIM_TIMER_MODE, &TIM_ConfigStruct);
/*定时器 0 捕获参数配置 */
TIM_ConfigCapture(LPC_TIM0, &TIM_CaptureConfigStruct);
TIM_ResetCounter(LPC_TIM0);
/*可抢占式优先级 = 1,子优先级 = 1 */
NVIC_SetPriority(TIMER0_IRQn, ((0x01<<3)|0x01));
/*使能定时器 0 中断 */
NVIC_EnableIRQ(TIMER0_IRQn);
/*启动定时器 0 */
TIM_Cmd(LPC_TIM0, ENABLE);
```

```
while (1);
}
```

（2）TIMER0_IRQHandler（）函数

该函数是定时器 0 中断服务程序，获取定时器 0 的匹配通道 0 的中断标志、清中断、输出调试信息及读取定时器 0 的捕获寄存器值的功能。

```
void TIMER0_IRQHandler(void)
{
/* 获取定时器 0 的匹配通道 0 的中断标志 */
if (TIM_GetIntCaptureStatus(LPC_TIM0, TIM_MR0_INT))
{
/* 清除定时器 0 的匹配通道 0 的中断标志 */
    TIM_ClearIntCapturePending(LPC_TIM0, TIM_MR0_INT);
    /* 输出调试信息 */
    _DBG("Time capture: ");
    /* 读取捕获值 */
    _DBH32(TIM_GetCaptureValue(LPC_TIM0, TIM_COUNTER_INCAP0)); _DBG_("");
    }
}
```

2. 输入信号测量

输入信号测量实例的程序设计所涉及的软件结构如表 5 - 30 所列，主要程序文件及功能说明如表 5 - 31 所列。

表 5 - 30　软件设计结构

用户应用层			
Timer_FreqMeasure. c			
CMSIS 层			
Cortex - M3 内核外设访问层	LPC17xx 设备外设访问层		
core_cm3. h core_cmFunc. h core_cmInstr. h	启动代码 (startup_LPC- 177x_8x. s)	LPC177x_8x. h	system_LPC177x_8x. c	system_LPC177x_8x. h
硬件外设层			
时钟电源控制驱动库	定时器外设驱动库	引脚连接配置驱动库	
lpc177x_8x_clkpwr. c	lpc177x_8x_timer. c	lpc177x_8x_pinsel. c	
lpc177x_8x_clkpwr. h	lpc177x_8x_timer. h	lpc177x_8x_pinsel. h	
调试工具库（使用 UART）		UART 模块驱动库	
debug_frmwrk. c		lpc177x_8x_uart. c	
debug_frmwrk. h		lpc177x_8x_uart. h	

表 5 – 31 程序设计文件功能说明

文件名称	程序设计文件功能说明
Timer_FreqMeasure. c	主程序,含 main()入口函数、程序主体功能函数 c_entry()及中断服务程序等
lpc177x_8x_clkpwr. c	公有程序,时钟与电源控制驱动库。注:由其他驱动库文件调用
lpc177x_8x_timer. c	公有程序,定时器驱动库。在 c_entry()函数中调用
lpc177x_8x_pinsel. c	公有程序,引脚连接配置驱动库。注:由主程序及其他驱动库文件调用
debug_frmwrk. c	公有程序,调试工具库(使用 UART 输出)。由主程序及其他驱动库文件调用输出调试信息
lpc177x_8x_uart. c	公有程序,UART 模块驱动库。配合调用工具库完成调试信息的串口输出
startup_LPC177x_8x. s	启动代码文件

输入信号测量实例的主函数仍然是 main()入口函数,但功能函数都集中在 c_entry()函数内,本例程主要包括下述几个功能。

① 调试工具初始化、调试信息串口输出等。

② 串口输入频率值用于测试信号,P3. 23 引脚用于 CAP0.0,P0. 6 引脚用于 MAT2.0。

③ 配置双定时器(定时器 0 和定时器 2),含两个定时器完整的参数配置等。

④ 定时器 0 的中断服务程序,5 次中断计数后,获取捕获值,设置"执行完(done)"标志。

⑤ 启动定时器 0 和定时器 2,等待"执行完(done)"标志设置,计数和得到一个信号频率值,关双定时器。

(1) c_entry()函数

本函数为实例的主体程序。包括了定时器 0 和定时器 2 的初始化与参数设置、捕获通道与参数设置、调试信息输出中断,以及如何得到一个信号的频率计算等,除中断服务程序之外,其他功能都由本函数完成,完整的主体程序与代码注释如下:

```
void c_entry(void)

{

/* 定义匹配参数配置结构体对象 */

TIM_MATCHCFG_Type TIM_MatchConfigStruct;

uint8_t idx;                              //输入字位数

uint16_t tem;                             //获取字变量

uint32_t freq,temcap;                     //频率等变量

/* 初始化调试工具,配置 UART0:115 200 bps,8 个数据位,无奇偶校验位,1 个停止位,无
流控 */

debug_frmwrk_init();
```

```
/ * 串口输出调试信息：欢迎界面 * /
print_menu();
/ * 配置引脚 P3.23 作为 T0_CAP0.0 功能 * /
PINSEL_ConfigPin(TIM_CAP_LINKED_PORT, TIM_CAP_LINKED_PIN, 3);
/ * 配置引脚 P0.6 作为 T2_MAT2.0 功能 * /
PINSEL_ConfigPin(TIM_MAT_LINKED_PORT, TIM_MAT_LINKED_PIN, 3);
while(1)
{
    / * * * * * * * * * * * * * 定时器 0 设置 * * * * * * * * * * * * * * * /
    / * 参数：预分频值（微秒）= 1 * /
    TIM_ConfigStruct.PrescaleOption = TIM_PRESCALE_USVAL;
    TIM_ConfigStruct.PrescaleValue = 1;
    / * 参数：使用捕获通道 0, CAPn.0 * /
    TIM_CaptureConfigStruct.CaptureChannel = 0;
    / * 使能 CAPn.0 上升沿捕获 * /
    TIM_CaptureConfigStruct.RisingEdge = ENABLE;
    / * 禁止 CAPn.0 下降沿捕获 * /
    TIM_CaptureConfigStruct.FallingEdge = DISABLE;
    / * 捕获中断使能 * /
    TIM_CaptureConfigStruct.IntOnCaption = ENABLE;
    / * 定时器 0 定时器模式配置和定时器/计数器模式的参数配置 * /
    TIM_Init(_MEASURE_TIM, TIM_TIMER_MODE,&TIM_ConfigStruct);
    / * 定时器 0 捕获参数配置 * /
    TIM_ConfigCapture(_MEASURE_TIM, &TIM_CaptureConfigStruct);
    / * 复位定时器 0 * /
    TIM_ResetCounter(_MEASURE_TIM);
    idx = 0;
    freq = 0;
    tem = 0;
    while(idx < 3)
    {
        if(idx == 0)
        / * 向串口输出调试信息 * /
            _DBG("\n\rPlease input frequency (from 1 to 999 hz):");
        / * 从串口获取一个字符 * /
        tem = _DG;
```

147

```
switch(tem)
{
    case '0':
    case '1':
    case '2':
    case '3':
    case '4':
    case '5':
    case '6':
    case '7':
    case '8':
    case '9':
    {
        tem = tem - 0x30;//转换
        /* 转换运算 */
        idx + + ;
        if( idx == 1)
        {
            tem = tem * 100;
        }
        else if ( idx = = 2)
        {
            tem = tem * 10;
        }
        freq = freq + tem;
        if( idx = = 3)
        {
            /* 显示频率 */
            _DBD16(freq);
        }
        tem = 0;
        break;
    }
    default:
    {
        /* 向串口输出调试字符串信息 */
```

```
            _DBG("...Please input digits from 0 to 9 only!");

            idx = 0;

            tem = 0;

            freq = 0;

            break;

        }

    }

}
```

/* * * * * * * * * * * * *定时器2设置* * * * * * * * * * * * * * */

/* 定时器 2 参数:预分频值(微秒) = 1 */

```
TIM_ConfigStruct.PrescaleOption = TIM_PRESCALE_USVAL;

TIM_ConfigStruct.PrescaleValue = 1;//1μs
```

/* 定时器 2,定时器模式及定时器/计数器参数配置 */

```
TIM_Init(_SIGNAL_GEN_TIM, TIM_TIMER_MODE,&TIM_ConfigStruct);
```

/* 采用匹配通道 0(MR0) */

```
TIM_MatchConfigStruct.MatchChannel = 0;
```

/* 匹配通道 0 寄存器与 TC 寄存器值匹配时,禁止匹配中断 */

```
TIM_MatchConfigStruct.IntOnMatch = FALSE;
```

/* 使能 MR0 匹配时引发的复位 */

```
TIM_MatchConfigStruct.ResetOnMatch = TRUE;
```

/* 禁止 MR0 匹配时引发的停止 */

```
TIM_MatchConfigStruct.StopOnMatch = FALSE;
```

/* MR0 匹配时翻转 MR0.0 */

```
TIM_MatchConfigStruct.ExtMatchOutputType = TIM_EXTMATCH_TOGGLE;
```

/* 配置匹配值 */

```
TIM_MatchConfigStruct.MatchValue = 500000/freq;

TIM_ConfigMatch(_SIGNAL_GEN_TIM,&TIM_MatchConfigStruct);
```

/* 启动定时器 2 */

```
TIM_Cmd(_SIGNAL_GEN_TIM,ENABLE);
```

/* 可抢占式优先级 = 1, 子优先级 = 1 */

```
NVIC_SetPriority(_MEASURE_TIM_INTR, ((0x01 << 3) | 0x01));
```

/* 使能定时器 0 中断 */

```
NVIC_EnableIRQ(_MEASURE_TIM_INTR);
```

/* 首次捕获 */

```
first_capture = TRUE;

done = FALSE;
```

```
capture = 0;
/* 启动定时器 0 */
TIM_Cmd(_MEASURE_TIM, ENABLE);
/* 串口输出调试字符串信息 */
_DBG("\n\rMeasuring......");
/* "执行完(done)"标志未设置 */
while(done == FALSE);
/* 频率/周期计算方式 */
temcap = 1000000 / capture;
_DBD16(temcap); _DBG("Hz");
/* 关定时器 0 中断 */
NVIC_DisableIRQ(_MEASURE_TIM_INTR);
/* 关定时器 0 */
TIM_DeInit(_MEASURE_TIM);
/* 关定时器 2 */
TIM_DeInit(_SIGNAL_GEN_TIM);
/* 串口输出调试字符串信息 */
_DBG("\n\rPress 'c'or 'C'to continue measuring other signals...");
while((_DG ! = 'c') && (_DG ! = 'C'));
    }
}
```

(2) TIMER0_IRQHandler ()函数

该函数是定时器 0 中断服务程序,用于获取定时器 0 的匹配通道 0 的捕获中断标志、清中断,首次捕获成功,执行重新关闭、启动及复位定时器直到计数次数达到 5 次,或者复位计数,最后完成读取捕获值、置"执行完(done)"标志等功能。详细的代码注释如下:

```
void TIMER0_IRQHandler(void)
{
/* 获取定时器 0 的 TIM_MR0_INT  捕获中断标志 */
if (TIM_GetIntCaptureStatus(_MEASURE_TIM, TIM_MR0_INT))
{
    /* 清除定时器 0 的 TIM_MR0_INT  捕获中断标志 */
    TIM_ClearIntCapturePending(_MEASURE_TIM, TIM_MR0_INT);
    /* 首次捕获 */
    if(first_capture == TRUE)
    {
        /* 关闭定时器 0 */
```

```
TIM_Cmd(_MEASURE_TIM, DISABLE);
/* 复位定时器 0 */
TIM_ResetCounter(_MEASURE_TIM);
/* 重新启动定时器 0 */
TIM_Cmd(_MEASURE_TIM, ENABLE);
/* 计数递增 */
count ++;
/* 计数次数等于 5 次 */
if(count == NO_MEASURING_SAMPLE)
/* 未设置"执行完(done)"标志 */
    first_capture = FALSE;
}
/* 其他 */
else
{
    /* 复位计数次数为 0,以备下次使用 */
    count = 0;
    /* 设置"执行完(done)"标志 */
    done = TRUE;
    /* 读定时器 0 的捕获值 */
    capture = TIM_GetCaptureValue(_MEASURE_TIM, TIM_COUNTER_INCAP0);
  }
 }
}
```

5.5　实例总结

　　本章着重介绍了 LPC178x 系列微处理器的定时器外设的原理、相关寄存器与库函数功能等,通过调用 I/O 引脚连接管理驱动库、定时器外设驱动库以及 UART 模块驱动库等实现两个简单的定时器实例应用。由于定时器的应用主要依赖于驱动库函数,因此在使用库函数进行设计的时间,还需要深刻领会定时器的工作原理与工作过程。

第 **6** 章

模/数转换器应用

LPC178x 系列微控制器集成了一个 8 通道 12 位分辨率的模/数转换器,本章将从 ADC 内部功能结构开始讲述,并列举了两个简单的 A/D 采样与转换案例。

6.1　模/数转换器(ADC)概述

A/D 转换器的基本时钟由 APB 时钟提供。每个转换器包含一个可编程的分频器,用于将 APB 时钟调整为逐次逼近转换所需的时钟(最高可达 12.4 MHz),完全满足精度要求的转换需要 31 个这样的时钟。图 6-1 所示为 ADC 功能结构示意图。

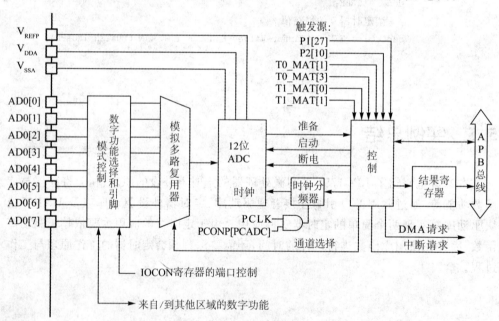

图 6-1　ADC 功能结构示意图

A/D 转换器具有如下特性:

① 12 位逐次逼近式模/数转换器。

② 8 个引脚复用为输入脚。

③ 具有掉电模式。

④ 测量范围：V_{SSA} 至 V_{REFP}（通常为 3 V；不超过 V_{DDA}）。

⑤ 12 位转换速率 400 kHz。

⑥ 一个或多个输入的突发（Burst）转换模式。

⑦ 选择由输入引脚跳变或定时器匹配信号触发转换。

6.1.1　ADC 的基本配置

ADC 外设的配置需采用以下寄存器：

① 功率。在 PCONP 寄存器中置位 PCADC。

注：复位后，ADC 被禁止。若要使能 ADC，则首先将位 PCADC 置位，然后使能 AD0CR 寄存器中的 ADC（位 PDN）；若要禁止 ADC，则必须先将位 PDN 清零，再将位 PCADC 清零。

② 外设时钟。ADC 使用公共 PCLK，它既用于总线接口，也用于大多数 APB 外设的功能部分。若要调节 ADC 时钟，则控制寄存器的 CLKDIV 位。

③ 引脚。通过相关的 IOCON 寄存器来使能 ADC0 引脚，并为带 ADC0 功能的端口引脚选择引脚模式。

④ 中断。若要使能 ADC 中断，则参考 A/D 状态寄存器位描述。通过适当的中断设置使能寄存器可以使能 NVIC 中的中断，也可以通过适当的中断设置使能寄存器来禁止 NVIC 中的 ADC 中断。

⑤ DMA。ADC 的中断请求或 DMA 请求，取决于软件设置。

6.1.2　ADC 的引脚描述

表 6-1 列出了 ADC 的每个相关引脚，并对其进行了简要总结。

表 6-1　ADC 引脚描述

引　脚	类　型	描　述
AD0[7:0]	输入	模拟输入。ADC 单元可以测量这些输入信号的电压。当引脚选择寄存器中该引脚上的 ADC 功能被选用时，电子信号与 ADC 输入引脚之间的连接断开
V_{REFP}	参考	参考电压。该引脚为 A/D 转换器和 D/A 转换器提供参考电压。注：如果不使用数/模转换器和模/数转换器，则该引脚应与 V_{DD}(3.3 V)相连
V_{DDA}，V_{SSA}	电源	模拟电源和地。它们分别和 V_{DD} 和 V_{SS} 的电压相同。但为了降低噪声和出错几率，两者应当隔离。注：如果不使用数/模转换器和模/数转换器，则引脚 V_{DDA} 应与 V_{DD}(3.3 V)相连，引脚 V_{SSA} 应与 V_{SS} 相连

6.1.3　ADC 的操作

ADC 转换一旦开始，就不能被中断。若前一个转换正在进行中，软件新写入就不能发起新的转换，新的边沿触发事件也会被忽略。

1. 硬件触发的转换

如果 ADCR 中的 BURST 位为 0 且 START 字段的值包含在 010～111 之内,则当所选引脚上或定时器匹配的信号发生跳变时,A/D 转换器启动一次转换。也可选择的 4 个匹配信号的中的任何一个指定边沿转换,或者 2 个捕获/匹配引脚中的任何一个指定边沿转换。将所选端口的引脚状态或所选的匹配信号与 ADCR 的位 27 异或(XOR)来作为边沿检测逻辑。

2. 中　断

DONE 标志位为 1 时,中断请求会被提交到 NVIC。软件通过 NVIC 中的 A/D 中断使能位来控制是否产生中断。在读取 ADDR 时,DONE 标志被否决。

3. 精度和数字接收器

通过相关 IOCON 寄存器中的 ADMODE 位来选择 ADC 功能,从而获取监控引脚上的电压读数。此外,这个 IOCON 寄存器还应被设置为禁用上拉或下拉电阻的模式。对于 ADC 输入引脚,不需要选择数字功能也可以读取有效的 ADC 值。只要引脚上选定了数字功能,模拟输入就会被禁止。

4. DMA 控制

DMA 传输请求产生于 ADC 中断请求线,因此发起 DMA 传输的情况与产生中断的情况相同。

注:如果使用 DMA,则必须禁止 NVIC 中的 ADC 中断。

对于 DMA 传输,只支持突发传输请求。可将 DMA 通道控制寄存器中的突发大小设为 1。若 ADC 通道个数不等于任意一个支持 DMA 的突发大小(可用的 DMA 突发大小有 1、4 和 8),则突发大小被设为 1。

DMA 传输大小决定 DMA 中断产生的时间。传输大小可以设置成 ADC 通道的个数。不相邻的通道可通过 DMA 使用分散/聚集链表来传输。

6.2　ADC 寄存器描述

表 6-2 列出了 A/D 转换器所包含的寄存器列表。

表 6-2　ADC 寄存器映射

通用名称	描　述	访问类型	复位值
ADCR	ADC 控制寄存器。A/D 转换开始前,必须设置 ADCR 寄存器来选择工作模式	R/W	1
ADGDR	ADC 全局数据寄存器。该寄存器包含 ADC 的位 DONE 以及最近一次 A/D 转换的结果	R/W	—
ADINTEN	ADC 中断使能寄存器。该寄存器包含的使能位控制每条 ADC 通道的 DONE 标志是否用来产生 A/D 中断	R/W	0x100

通用名称	描述	访问类型	复位值
ADDR0	ADC 通道 0 数据寄存器。该寄存器包含在通道 0 上完成的最近一次转换的结果	RO	—
ADDR1	ADC 通道 1 数据寄存器。该寄存器包含在通道 1 上完成的最近一次转换的结果	RO	—
ADDR2	ADC 通道 2 数据寄存器。该寄存器包含在通道 2 上完成的最近一次转换的结果	RO	—
ADDR3	ADC 通道 3 数据寄存器。该寄存器包含在通道 3 上完成的最近一次转换的结果	RO	—
ADDR4	ADC 通道 4 数据寄存器。该寄存器包含在通道 4 上完成的最近一次转换的结果	RO	—
ADDR5	ADC 通道 5 数据寄存器。该寄存器包含在通道 5 上完成的最近一次转换的结果	RO	—
ADDR6	ADC 通道 6 数据寄存器。该寄存器包含在通道 6 上完成的最近一次转换的结果	RO	—
ADDR7	ADC 通道 7 数据寄存器。该寄存器包含在通道 7 上完成的最近一次转换的结果	RO	—
ADSTAT	ADC 状态寄存器。该寄存器包含所有 ADC 通道的 DONE 标志和 OVERRUN 标志，以及 A/D 中断 DMA 标志	RO	0
ADTRM	ADC 调节寄存器	R/W	0

注意："复位值"仅指已使用位中存储的数据，不包括保留位的内容。

6.2.1 ADC 控制寄存器

ADC 控制寄存器位格式及功能描述如表 6－3 所列。

表 6－3 ADC 控制寄存器位描述

位	符 号	值	描 述	复位值
31:28	—	—	保留。从保留位中读出的值未定义，只写入 0	—
27	EDGE	0	该位只有在 START 字段为 010～111 时有效，在这种情况下： 在所选 CAP/MAT 信号的上升沿启动转换；	0
		1	在所选 CAP/MAT 信号的下降沿启动转换	
26:24	START		当 BURST＝0 时，这些位控制着 A/D 转换是否启动以及何时启动。	0
		000	不启动(当 PDN 清零时使用该值)；	
		001	立即启动转换；	
		010	当位 27 选择的边沿出现在 P2[10]引脚上时启动转换；	
		011	当位 27 选择的边沿出现在 P1[27]引脚上时启动转换；	
		100	当位 27 选择的边沿出现在 MAT0.1 上时启动转换,注意:MAT0.1 功能不一定要输出到器件引脚上；	
		101	当位 27 选择的边沿出现在 MAT0.3 上时启动转换,注意:MAT0.3 功能不一定要输出到器件引脚上；	

位	符 号	值	描 述	复位值
		110	当位 27 选择的边沿出现在 MAT1.0 上时启动转换。注意,MAT1.0 功能不一定要输出到器件引脚上;	
		111	当位 27 选择的边沿出现在 MAT1.1 上时启动转换,注意:MAT1.1 功能不一定要输出到器件引脚上	
23:22	—	—	保留。从保留位中读出的值未定义,只写入 0	—
21	PDN		A/D 转换器工作模式。	0
		0	A/D 转换器处于掉电模式;	
		1	A/D 转换器处于正常工作模式	
20:17	—	—	保留。从保留位中读出的值未定义,只写入 0	—
16	BURST		突发模式。	0
		0	转换由软件控制且需要 31 个时钟才能完成。	
		1	A/D 转换器以高达 400 kHz 的速率重复执行转换,并且(如果必要)扫描 SEL 字段中为 1 的位选择的引脚。A/D 转换器启动后,首先转换 SEL 字段中编号最低的为 1 的位引脚,如果适用,则接着变换稍高的为 1 位的引脚。清零该位可停止重复转换,但该位被清零时并不会中止正在进行的转换。 注:当 BURST＝1 时,起始位必须是 000,否则转换不会开始	
15:8	CLKDIV		将 APB 时钟(PCLK)进行分频(CLKDIV 值＋1)得到 A/D 转换器的时钟。该时钟应小于或等于 12.4 MHz。典型地,软件将 CLKDIV 编程为最小值来得到 12.4 MHz 或稍低于 12.4 MHz 的时钟。但某些情况下(比如高阻抗模拟电源)可能需要一个更低的时钟	0
7:0	SEL		从 AD0[7:0]中选择采样和转换的输入脚。对于 AD0,位 0 选择引脚 AD0[0],位 7 选择引脚 AD0[7]。在软件控制模式下,只有一位可被置位为 1。在硬件扫描模式下,任何包含 1~8 的值都是可以被写进该位的。全零等效于 0x01	0x01

6.2.2 ADC 全局数据寄存器

ADC 全局数据寄存器包含最近一次已经完成的 A/D 转换的结果,还包含在此转换过程中出现的状态标志的附件。ADC 全局数据寄存器位格式及功能描述如表 6 - 4 所列。

有两种方法可以读取 ADC 的转换结果。一种方法就是利用 ADC 全局数据寄存器来读取 ADC 的全部数据;另一种方法是读取 ADC 通道数据寄存器。统一使用一种方法非常关键,否则 DONE 和 OVERRUN 标志在 AD0GDR 和 ADC 通道数据寄存器之间就不会同步,还可能引起错误中断或 DMA 操作。

表 6-4　ADC 全局数据寄存器位描述

位	符　号	描　述	复位值
31	DONE	A/D 转换结束时该位设置为 1。该位在该寄存器被读取和 ADCR 被写入时清零。如果 ADCR 在转换过程中被写入,那么该位置位并启动一次新的转换	0
30	OVERRUN	突发模式下,如果在产生 RESULT 位结果的转换前一个或多个转换结果丢失或覆盖,该位为 1。读取该寄存器可清零该位	0
29:27	—	保留。从保留位中读出的值未定义,只写入 0。	—
26:24	CHN	这些位包含的是通道,RESULT 位通过该通道进行转换(例如,000 代表通道 0,001 代表通道 1,以此类推)	—
23:16	—	保留。从保留位中读出的值未定义,只写入 0	—
15:4	RESULT	当 DONE 为 1 时,该字段为二进制形式,表示 SEL 字段在 AD0[n]引脚上选中的电压,电压可选范围为 $V_{REFP} \sim V_{SS}$ 之间。该字段为 0 表示输入引脚上的电压小于、等于或接近于 V_{SS};该字段为 0xFFF 表示输入引脚上的电压接近、等于或者大于 V_{REFP}	—
3:0	—	保留。从保留位中读出的值未定义,只写入 0	—

6.2.3　ADC 中断使能寄存器

该寄存器用来控制转换完成时哪个 ADC 通道产生中断。例如,当需要通过对 ADC 通道连续转换来监控传感器时,最近一次的转换结果可根据需要随时由应用程序读出。在这种情况下,ADC 通道转换结束时都不使用中断方式。ADC 中断使能寄存器位格式及功能描述如表 6-5 所列。

表 6-5　ADC 中断使能寄存器位描述

位	符　号	值	描　述	复位值
31:9	—	—	保留。从保留位中读出的值未定义,只写入 0	—
8	ADGINTEN	0 1	全局中断。 只有个别由 ADINTEN7:0 使能的通道才产生中断; 除个别 ADC 通道被使能可以产生中断外,使能 ADDR 的全局 DONE 标志也可产生中断	1
7	ADINTEN7	0 1	ADC 通道 7 转换结束时中断设置。 ADC 通道 7 转换结束时不产生中断; ADC 通道 7 转换结束时产生中断	0
6	ADINTEN6	0 1	ADC 通道 6 转换结束时中断设置。 ADC 通道 6 转换结束时不产生中断; ADC 通道 6 转换结束时产生中断	0
5	ADINTEN5	0 1	ADC 通道 5 转换结束时中断设置。 ADC 通道 5 转换结束时不产生中断; ADC 通道 5 转换结束时产生中断	0

位	符　号	值	描　述	复位值
4	ADINTEN4	0 1	ADC 通道 4 转换结束时中断设置。 ADC 通道 4 转换结束时不产生中断； ADC 通道 4 转换结束时产生中断	0
3	ADINTEN3	0 1	ADC 通道 3 转换结束时中断设置。 ADC 通道 3 转换结束时不产生中断； ADC 通道 3 转换结束时产生中断	0
2	ADINTEN2	0 1	ADC 通道 2 转换结束时中断设置。 ADC 通道 2 转换结束时不产生中断； ADC 通道 2 转换结束时产生中断	0
1	ADINTEN1	0 1	ADC 通道 1 转换结束时中断设置。 ADC 通道 1 转换结束时不产生中断； ADC 通道 1 转换结束时产生中断	0
0	ADINTEN0	0 1	ADC 通道 0 转换结束时中断设置。 ADC 通道 0 转换结束时不产生中断； ADC 通道 0 转换结束时产生中断	0

6.2.4　ADC 数据寄存器 0～7

在完成 A/D 转换后,ADC 数据寄存器保存着每个 ADC 通道最后一次转换的结果,同时包含指示转换结束以及转换溢出的标志。ADC 数据寄存器 0～7 位格式及功能描述如表 6-6 所列。

有两种方法可以读取 ADC 的转换结果。一种方法是利用 ADC 全局数据寄存器来读取 ADC 的全部数据;另一种方法是读取 ADC 通道数据寄存器。统一使用一种方法非常关键,否则 DONE 和 OVERRUN 标志在 AD0GDR 和 ADC 通道数据寄存器之间就不会同步,还可能会引起错误中断或 DMA 操作。

表 6-6　ADC 数据寄存器 0～7 位描述

位	符　号	描　述	复位值
31	DONE	A/D 转换结束时该位设置为 1。该位在该寄存器被读取和 ADCR 被写入时清零。如果 ADCR 在转换过程中被写入,那么该位置位并启动一次新的转换	0
30	OVERRUN	突发模式下,如果在产生 RESULT 位结果的转换前一个或多个转换结果丢失或覆盖,该位为 1。读取该寄存器可清零该位	0
29:16	—	保留。从保留位中读出的值未定义,只写入 0	—
15:4	RESULT	当 DONE 为 1 时,该字段为二进制形式,表示 SEL 字段在 AD0[n]引脚上选中的电压,电压可选范围为 V_{REFP}～V_{SS} 之间。 该字段为 0 表示输入引脚上的电压小于、等于或接近于 V_{SS};该字段为 0xFFF 表示输入引脚上的电压接近、等于或者大于 V_{REFP}	—
3:0	—	保留。从保留位中读出的值未定义,只写入 0	—

6.2.5 ADC 状态寄存器

ADC 状态寄存器允许同时检查所有 ADC 通道的状态。每个 ADC 通道的 AD-DRn 寄存器的 DONE 和 OVERRUN 标志都反映在 ADSTAT 中。在 ADSTAT 中同样可以找到中断标记(所有 DONE 标志位逻辑或运算后的结果)。ADC 状态寄存器位格式及功能描述如表 6-7 所列。

表 6-7 ADC 状态寄存器位描述

位	符 号	描 述	复位值
31:17	—	保留。从保留位中读出的值未定义,只写入 0	—
16	ADINT	该位为 A/D 中断标志。当使能 A/D 产生中断时(通过 ADINTEN 寄存器)任何一条 ADC 通道 DONE 标志被设置,该位为 1	0
15	OVERRUN7	该位反映了 ADC 通道 7 的结果寄存器中的 OVERRRUN 状态标志	0
14	OVERRUN6	该位反映了 ADC 通道 6 的结果寄存器中的 OVERRRUN 状态标志	0
13	OVERRUN5	该位反映了 ADC 通道 5 的结果寄存器中的 OVERRRUN 状态标志	0
12	OVERRUN4	该位反映了 ADC 通道 4 的结果寄存器中的 OVERRRUN 状态标志	0
11	OVERRUN3	该位反映了 ADC 通道 3 的结果寄存器中的 OVERRRUN 状态标志	0
10	OVERRUN2	该位反映了 ADC 通道 2 的结果寄存器中的 OVERRRUN 状态标志	0
9	OVERRUN1	该位反映了 ADC 通道 1 的结果寄存器中的 OVERRRUN 状态标志	0
8	OVERRUN0	该位反映了 ADC 通道 0 的结果寄存器中的 OVERRRUN 状态标志	0
7	DONE7	该位反映了 ADC 通道 7 的结果寄存器中的 DONE 状态标志	0
6	DONE6	该位反映了 ADC 通道 6 的结果寄存器中的 DONE 状态标志	0
5	DONE5	该位反映了 ADC 通道 5 的结果寄存器中的 DONE 状态标志	0
4	DONE4	该位反映了 ADC 通道 4 的结果寄存器中的 DONE 状态标志	0
3	DONE3	该位反映了 ADC 通道 3 的结果寄存器中的 DONE 状态标志	0
2	DONE2	该位反映了 ADC 通道 2 的结果寄存器中的 DONE 状态标志	0
1	DONE1	该位反映了 ADC 通道 1 的结果寄存器中的 DONE 状态标志	0
0	DONE0	该位反映了 ADC 通道 0 的结果寄存器中的 DONE 状态标志	0

6.2.6 ADC 调节寄存器

启动时该寄存器通过引导代码来设置。它包含 DAC 和 ADC 转换的调整值。用户可修改 ADC 的偏移调节值。在读取该寄存器时,全部的 12 位都可见。ADC 调节寄存器位格式及功能描述如表 6-8 所列。

表 6-8 ADC 调节寄存器位描述

位	符 号	描 述	复位值
31:12	—	保留。从保留位中读出的值未定义,只写入 0	—
11:8	TRIM	通过引导代码写入。用户不能修改这些位。引导代码写入后这些位被锁定	0
7:4	ADCOFFS	ADC 操作的偏移调节位。通过引导代码进行初始化。用户可修改	0
3:0	—	保留。从保留位中读出的值未定义,只写入 0	—

6.3 ADC 常用库函数

ADC 外设库函数由一组 API 驱动函数组成,这组函数覆盖了该外设所有功能。本节将介绍与 ADC 相关的主要库函数的功能,各功能函数详细说明如表 6-9～表 6-21 所列。

① 函数 ADC_Init。

表 6-9 函数 ADC_Init

函数名	ADC_Init
函数原型	void ADC_Init(LPC_ADC_TypeDef * ADCx, uint32_t rate)
功能描述	初始化 ADC 外设
输入参数 1	ADCx:指向 LPC_ADC_TypeDef 结构体的指针,由于只有一个 ADC 外设,所以只能够为 LPC_ADC
输入参数 2	Rate:ADC 转换速率,小于或等于 200 kHz
输出参数	无
返回值	无
调用函数	CLKPWR_ConfigPPWR()函数、CLKPWR_GetCLK()函数
说 明	设置电源时钟控制位 PADC,为 ADC 设置时钟和时钟频率,设置 ADCR 寄存器位等

② 函数 ADC_DeInit。

表 6-10 函数 ADC_DeInit

函数名	ADC_DeInit
函数原型	void ADC_DeInit(LPC_ADC_TypeDef * ADCx)
功能描述	关闭 ADC
输入参数 1	ADCx:指向 LPC_ADC_TypeDef 结构体的指针,须为 LPC_ADC
输出参数	无
返回值	无
调用函数	CLKPWR_ConfigPPWR()函数
说 明	禁止电源时钟控制位 PADC,ADCR 寄存器清零

③ 函数 ADC_GetData。

表 6-11 函数 ADC_GetData

函数名	ADC_GetData
函数原型	uint32_t ADC_GetData(uint32_t channel)
功能描述	从 ADC 数据寄存器获取转换结果
输入参数	Channel:需读取结果的通道号
输出参数	无
返回值	返回转换的数据
调用函数	无
说 明	无

④ 函数 ADC_StartCmd。

表 6 - 12　函数 ADC_StartCmd

函数名	ADC_StartCmd
函数原型	void ADC_StartCmd(LPC_ADC_TypeDef * ADCx, uint8_t start_mode)
功能描述	设置 ADC 的启动模式
输入参数 1	ADCx:指向 LPC_ADC_TypeDef 结构体的指针,须为 LPC_ADC
输入参数 2	start_mode:启动模式,可取下述值之一。 ADC_START_CONTINUOUS:连续模式; ADC_START_NOW:立即启动; ADC_START_ON_EINT0:当位 27 选择的边沿出现在 P2.10/EINT0 引脚上时启动转换; ADC_START_ON_CAP01:当位 27 选择的边沿出现在 P1.27/CAP0.1 引脚上时启动转换; ADC_START_ON_MAT01:当位 27 选择的边沿出现在 MAT0.1 上时启动转换; ADC_START_ON_MAT03:当位 27 选择的边沿出现在 MAT0.3 上时启动转换; ADC_START_ON_MAT10:当位 27 选择的边沿出现在 MAT1.0 上时启动转换; ADC_START_ON_MAT11:当位 27 选择的边沿出现在 MAT1.1 上时启动转换
输出参数	无
返回值	无
调用函数	无
说　明	针对 ADCR 寄存器 START 位域设置

⑤ 函数 ADC_BurstCmd。

表 6 - 13　函数 ADC_BurstCmd

函数名	ADC_BurstCmd
函数原型	void ADC_BurstCmd(LPC_ADC_TypeDef * ADCx, FunctionalState NewState)
功能描述	设置 ADC 的突发模式
输入参数 1	ADCx:指向 LPC_ADC_TypeDef 结构体的指针,须为 LPC_ADC
输入参数 2	NewState:设置的状态。 0:设置突发模式; 1:复位突发模式
输出参数	无
返回值	无
调用函数	无
说　明	针对 ADCR 寄存器位 BURST 设置

⑥ 函数 ADC_PowerdownCmd。

表 6 - 14　函数 ADC_PowerdownCmd

函数名	ADC_PowerdownCmd
函数原型	void ADC_PowerdownCmd(LPC_ADC_TypeDef * ADCx, FunctionalState NewState)
功能描述	设置 ADC 的电源模式

轻松玩转ARM Cortex-M3微控制器——基于LPC1788系列

输入参数 1	ADCx:指向 LPC_ADC_TypeDef 结构体的指针,须为 LPC_ADC
输入参数 2	NewState:设置的状态。 0:正常模式; 1:掉电模式
输出参数	无
返回值	无
调用函数	无
说　明	针对 ADCR 寄存器位 PDN 设置

⑦ 函数 ADC_EdgeStartConfig。

表 6 - 15　函数 ADC_EdgeStartConfig

函数名	ADC_EdgeStartConfig
函数原型	void ADC_EdgeStartConfig(LPC_ADC_TypeDef * ADCx, uint8_t EdgeOption)
功能描述	设置 ADC 启动转换的边沿方式
输入参数 1	ADCx:指向 LPC_ADC_TypeDef 结构体的指针,须为 LPC_ADC
输入参数 2	EdgeOption:边沿方式。 0:上升沿; 1:下降沿
输出参数	无
返回值	无
调用函数	无
说　明	针对 ADCR 寄存器位 EDGE 设置

⑧ 函数 ADC_IntConfig。

表 6 - 16　函数 ADC_IntConfig

函数名	ADC_IntConfig
函数原型	void ADC_IntConfig (LPC_ADC_TypeDef * ADCx, ADC_TYPE_INT_OPT IntType, FunctionalState NewState)
功能描述	ADC 的中断配置
输入参数 1	ADCx:指向 LPC_ADC_TypeDef 结构体的指针,须为 LPC_ADC
输入参数 2	IntType:中断类型,取下述值之一。 ADINTEN0:通道 0 中断; ADINTEN1:通道 1 中断; ADINTEN2:通道 2 中断; ADINTEN3:通道 3 中断; ADINTEN4:通道 4 中断; ADINTEN5:通道 5 中断; ADINTEN6:通道 6 中断; ADINTEN7:通道 7 中断; ADGINTEN:个别通道/全局 DONE 标志产生中断

函数名	ADC_IntConfig
输入参数 3	NewState：设置的状态。 SET：使能中断； RESET：禁止中断
输出参数	无
返回值	无
调用函数	无
说　明	针对 ADINTEN 寄存器位设置

⑨ 函数 ADC_ChannelCmd。

表 6 - 17　函数 ADC_ChannelCmd

函数名	ADC_ChannelCmd
函数原型	void ADC_ChannelCmd (LPC_ADC_TypeDef ＊ ADCx，uint8_t Channel，FunctionalState NewState)
功能描述	配置 ADC 指定通道，取值范围 0～7
输入参数 1	ADCx：指向 LPC_ADC_TypeDef 结构体的指针，须为 LPC_ADC
输入参数 2	Channel：通道序号
输入参数 3	NewState：设置的状态。 Enable：使能通道； Disable：禁止通道
输出参数	无
返回值	无
调用函数	无
说　明	针对 ADCR 寄存器位 SEL 设置

⑩ 函数 ADC_ChannelGetData。

表 6 - 18　函数 ADC_ChannelGetData

函数名	ADC_ChannelGetData
函数原型	uint16_t ADC_ChannelGetData(LPC_ADC_TypeDef ＊ ADCx，uint8_t channel)
功能描述	从指定通道获取转换结果
输入参数 1	ADCx：指向 LPC_ADC_TypeDef 结构体的指针，须为 LPC_ADC
输入参数 2	Channel：指定通道序号，取值范围 0～7
输出参数	无
返回值	返回读取的数据值
调用函数	无
说　明	读对应的数据寄存器

⑪ 函数 ADC_ChannelGetStatus。

表 6-19 函数 ADC_ChannelGetStatus

函数名	ADC_ChannelGetStatus
函数原型	FlagStatus ADC_ChannelGetStatus（LPC_ADC_TypeDef * ADCx, uint8_t channel, uint32_t StatusType)
功能描述	从数据寄存器中获取通道状态标志
输入参数1	ADCx：指向 LPC_ADC_TypeDef 结构体的指针，须为 LPC_ADC
输入参数2	Channel：指定通道序号，取值范围 0~7
输入参数3	StatusType：状态类型。 0：OVERRUN 标志； 1：DONE 标志
输出参数	无
返回值	标志状态值，SET 或 RESET
调用函数	无
说 明	读数据寄存器的两个状态位

⑫ 函数 ADC_GlobalGetData。

表 6-20 函数 ADC_GlobalGetData

函数名	ADC_GlobalGetData
函数原型	uint32_t ADC_GlobalGetData(LPC_ADC_TypeDef * ADCx)
功能描述	从全局数据寄存器中获取数据
输入参数	ADCx：指向 LPC_ADC_TypeDef 结构体的指针，须为 LPC_ADC
输出参数	无
返回值	返回转换的数据
调用函数	无
说 明	针对全局数据寄存器读操作最近一次数据

⑬ 函数 ADC_GlobalGetStatus。

表 6-21 函数 ADC_GlobalGetStatus

函数名	ADC_GlobalGetStatus
函数原型	FlagStatus ADC_GlobalGetStatus(LPC_ADC_TypeDef * ADCx, uint32_t StatusType)
功能描述	从全局数据寄存器中获取 ADC 通道状态
输入参数1	ADCx：指向 LPC_ADC_TypeDef 结构体的指针，须为 LPC_ADC
输入参数2	StatusType：状态类型。 0：OVERRUN 标志； 1：DONE 标志
输出参数	无
返回值	标志状态值，SET 或 RESET
调用函数	无
说 明	读全局数据寄存器的两个状态位 DONE 和 OVERRUN

6.4　ADC 应用实例

本节先讲述 ADC 采样的基本硬件电路,然后再详细讲解 ADC 的应用实例软件设计。

6.4.1　设计目标

ADC 外设应用安排了两个实例,采用简单的外部电压源连接,分别进行例程演示。

① 轮询方式信号采样转换。配置通道 2 对信号源采样与转换,启动 ADC 外设后,轮询"DONE"标志,当置位时,存储转换数据并通过串口输出。

② 突发模式采样转换。ADC 通道在突发模式下重复对信号源采样转换,将结果更新输入对应通道的数据寄存器内,既可支持单输入,也可以支持多输入。

6.4.2　硬件电路设计

A/D 转换硬件构成比较简单,采样的信号源使用可调电位器输出的电压源,再接入微控制器的 A/D 采样引脚即可实现功能,A/D 采样转换演示的基本硬件电路示意图如图 6-2 所示。

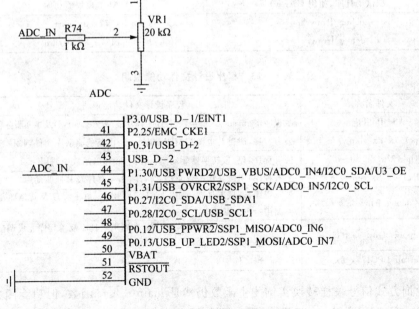

图 6-2　ADC 实例演示硬件电路

6.4.3　实例软件设计

本章的 ADC 外设应用将演示两个 ADC 相关实例,分别是轮询方式信号采样转换实例和突发模式采样转换实例。

1. 轮询方式信号采样转换

本实例程序设计所涉及的软件结构如表 6-22 所列,主要程序文件及功能说明如表 6-23 所列。

表 6-22　软件设计结构

用户应用层			
Adc_Polling. c			
CMSIS 层			
Cortex-M3 内核外设访问层	LPC17xx 设备外设访问层		
core_cm3. h core_cmFunc. h core_cmInstr. h	启动代码 (startup_LPC-177x_8x. s)	LPC177x_8x. h	system_LPC177x_8x. c	system_LPC177x_8x. h
硬件外设层			
时钟电源控制驱动库	ADC 外设驱动库	引脚连接配置驱动库	
lpc177x_8x_clkpwr. c lpc177x_8x_clkpwr. h	lpc177x_8x_adc. c lpc177x_8x_adc. h	lpc177x_8x_pinsel. c lpc177x_8x_pinsel. h	
调试工具库(使用 UART)	UART 模块驱动库		
debug_frmwrk. c debug_frmwrk. h	lpc177x_8x_uart. c lpc177x_8x_uart. h		

表 6-23　程序设计文件功能说明

文件名称	程序设计文件功能说明
Adc_Polling. c	主程序,含 main()入口函数、程序主体功能函数 c_entry()及中断服务程序等
lpc177x_8x_clkpwr. c	公有程序,时钟与电源控制驱动库。注:由其他驱动库文件调用
lpc177x_8x_adc. c	公有程序,模/数转换器驱动库。在 c_entry()函数中调用
lpc177x_8x_pinsel. c	公有程序,引脚连接配置驱动库。注:由主程序及其他驱动库文件调用
debug_frmwrk. c	公有程序,调试工具库(使用 UART 输出)。由主程序及其他驱动库文件调用输出调试信息
lpc177x_8x_uart. c	公有程序,UART 模块驱动库。配合调用工具库及主程序完成调试信息的串口输出
startup_LPC177x_8x. s	启动代码文件

轮询方式信号采样转换实例的主函数仍然是 main()入口函数,但功能函数都集中在 c_entry()函数内,由于没有打开中断,因此实例没有中断服务程序。本例程主要包括下述几个功能。

① 调试工具初始化、调试信息串口输出等。

② 设置 ADC 采样引脚与模拟功能模式。

③ ADC 外设初始化,中断与通道号配置等。

④ 立即启动 ADC,等待转换完成及"DONE"标志设置,存储转换结果并通过串口输出字串信息。

(1) main()入口函数

首先,从 main()入口函数开始讲述,主函数仅调用一条主体程序函数的语句,代码如下:

```
int main(void)
{
c_entry();
return 0;
}
```

(2) c_entry()函数

本函数为实例的程序主体。实例的功能都由本函数完成,包括 ADC 引脚与模式设置、ADC 转换与数据存储、结果通过串口输出等。完整的主体程序与代码注释如下:

```
void c_entry(void)
{
    /*定义转换结果存储等变量*/
    volatile uint32_t adc_value, tmp;
    uint8_t   quit;
    /*初始化调试工具,配置 UART0:115 200 bps,8 个数据位,无奇偶校验位,1 个停止
    位,无流控*/
    debug_frmwrk_init();
    /*串口输出调试信息:欢迎界面*/
    print_menu();
    /*引脚配置,相关宏定义要对应 P1.30*/
    PINSEL_ConfigPin (BRD_ADC_PREPARED_CH_PORT,
                      BRD_ADC_PREPARED_CH_PIN,
                      BRD_ADC_PREPARED_CH_FUNC_NO);
    /*模拟功能设置,默认为数字功能,使能 P1.30 对应的 ADC 通道*/
    PINSEL_SetAnalogPinMode(BRD_ADC_PREPARED_CH_PORT,
                            BRD_ADC_PREPARED_CH_PIN,ENABLE);
    /*初始化 ADC,转换频率 = 400 kHz*/
    ADC_Init(LPC_ADC, 400000);
    /*关中断*/
    ADC_IntConfig(LPC_ADC, BRD_ADC_PREPARED_INTR, DISABLE);
    /*设置采样通道序号*/
```

```
ADC_ChannelCmd(LPC_ADC, BRD_ADC_PREPARED_CHANNEL, ENABLE);
while(1)
{
    /* 启动采样转换 */
    ADC_StartCmd(LPC_ADC, ADC_START_NOW);
    /* 等待转换完成 */
    while(!(ADC_ChannelGetStatus
        (LPC_ADC, BRD_ADC_PREPARED_CHANNEL, ADC_DATA_DONE)));
    /* 获取转换的数据 */
    adc_value = ADC_ChannelGetData
                    (LPC_ADC, BRD_ADC_PREPARED_CHANNEL);
    /* 通过串口输出结果 */
    _DBG("ADC value on channel "); _DBD(BRD_ADC_PREPARED_CHANNEL);
    _DBG(" is: "); _DBD32(adc_value); _DBG_("");
    /* 延时 */
    for(tmp = 0; tmp < 1000000; tmp ++);
    if(_DG_NONBLOCK(&quit) &&
    (quit == 'Q'|| quit == 'q'))
    break;
}
_DBG_("Demo termination!!!");
ADC_DeInit(LPC_ADC);
}
```

2. 突发模式采样转换

突发模式采样转换实例的程序设计所涉及的软件结构如表 6-24 所列,主要程序文件及功能说明如表 6-25 所列。

表 6-24 软件设计结构

用户应用层			
Adc_Burst. c			
CMSIS 层			
Cortex-M3 内核外设访问层	LPC17xx 设备外设访问层		
core_cm3. h core_cmFunc. h core_cmInstr. h	启动代码 (startup_LPC-177x_8x. s)	LPC177x_8x. h	system_LPC177x_8x. c	system_LPC177x_8x. h
硬件外设层			
时钟电源控制驱动库	ADC 外设驱动库	引脚连接配置驱动库	
lpc177x_8x_clkpwr. c lpc177x_8x_clkpwr. h	lpc177x_8x_adc. c lpc177x_8x_adc. h	lpc177x_8x_pinsel. c lpc177x_8x_pinsel. h	

调试工具库(使用 UART)	UART 模块驱动库	GPIO 端口驱动库
debug_frmwrk. c	lpc177x_8x_uart. c	lpc177x_8x_gpio. c
debug_frmwrk. h	lpc177x_8x_uart. h	lpc177x_8x_gpio. h
通用 DMA 控制器驱动库		
lpc177x_8x_gpdma. c		
lpc177x_8x_gpdma. h		

表 6 – 25　程序设计文件功能说明

文件名称	程序设计文件功能说明
Adc_Burst. c	主程序,含 main()入口函数、程序主体功能函数 c_entry()及中断服务程序等
lpc177x_8x_clkpwr. c	公有程序,时钟与电源控制驱动库。注:由其他驱动库文件调用
lpc177x_8x_adc. c	公有程序,模/数转换器驱动库。在 c_entry()函数中调用
lpc177x_8x_pinsel. c	公有程序,引脚连接配置驱动库。注:由主程序及其他驱动库文件调用
lpc177x_8x_gpio. c	公有程序,GPIO 端口驱动库
lpc177x_8x_gpdma. c	公有程序,通用 DMA 控制器驱动库
debug_frmwrk. c	公有程序,调试工具库(使用 UART 输出)。由主程序及其他驱动库文件调用输出调试信息
lpc177x_8x_uart. c	公有程序,UART 模块驱动库。配合调用工具库及主程序完成调试信息的串口输出
startup_LPC177x_8x. s	启动代码文件

　　本实例的主功能函数都集中在 c_entry()函数内,且实例中采用了 DMA 功能。本例程主要包括下述几个功能。

　　① 调试工具初始化、调试信息转换结果串口输出。

　　② ADC 外设配置,多引脚输入与功能模式、转换参数等配置。

　　③ 通用 DMA 通道参数配置,传输类型由外设至内存,启动突发转换,并由串口输出转换结果值。

　　④ 启动突发转换,从 ADC 数据寄存器中获取数据结果并由串口输出结果。

　　⑤ DMA 中断服务程序,完成 DMA 操作时的中断操作。

(1) c_entry()函数

　　本函数为实例的程序主体。实例的功能都由本函数完成,包括上述所列的①～④的功能,完整的主体程序与代码注释如下:

```
void c_entry(void)
{
volatile uint32_t tmp;
#if ! __DMA_USED__
uint32_t adc_value;
#endif
```

```
uint8_t  quit;
#if __DMA_USED__
GPDMA_Channel_CFG_Type GPDMACfg;              //定义通用 DMA 通道参数结构体的对象
#endif
/* GPIO 初始化 */
GPIO_Init();
/* 初始化调试工具,配置 UART0:115 200 bps,8 个数据位,无奇偶校验位,1 个停止位,无
流控 */
debug_frmwrk_init();
/* 通过串口输出欢迎信息 */
print_menu();
/* 设置 ADC 通道引脚连接与引脚功能模式 */
PINSEL_ConfigPin(BRD_ADC_PREPARED_CH_PORT,
                 BRD_ADC_PREPARED_CH_PIN,
                 BRD_ADC_PREPARED_CH_FUNC_NO);
PINSEL_SetAnalogPinMode(BRD_ADC_PREPARED_CH_PORT,
                        BRD_ADC_PREPARED_CH_PIN,
                        ENABLE);
/* 设置 ADC 通道 3 引脚连接与引脚功能模式 */
PINSEL_ConfigPin(0, 26, 1);
PINSEL_SetAnalogPinMode(0,26,ENABLE);
/* 初始化 ADC 外设,转换频率 400 kHz,选择 A/D 通道 2 和通道 3 */
ADC_Init(LPC_ADC, 400000);
ADC_ChannelCmd(LPC_ADC,BRD_ADC_PREPARED_CHANNEL,ENABLE);
ADC_ChannelCmd(LPC_ADC,_ADC_CHANNEL_n,ENABLE);
#if __DMA_USED__
/* 初始化通用 DMA 控制器 */
GPDMA_Init();
// 设置通用 DMA 通道——通道参数配置
// 通道 0
GPDMACfg.ChannelNum = 0;
// 源地址——未使用
GPDMACfg.SrcMemAddr = 0;
// 目标地址
GPDMACfg.DstMemAddr = (uint32_t)s_buf;
// 传输大小
GPDMACfg.TransferSize = DMA_SIZE;
// 传输宽度——未使用
GPDMACfg.TransferWidth = 0;
// 传输类型——外设到内存
GPDMACfg.TransferType = GPDMA_TRANSFERTYPE_P2M;
// 外设来源连接类型——ADC
```

```
GPDMACfg.SrcConn = GPDMA_CONN_ADC;
// 目标设备连接类型——未使用
GPDMACfg.DstConn = 0;
// 链表项——未使用
GPDMACfg.DMALLI = 0;
/* 使能 GPDMA 中断 */
NVIC_EnableIRQ(DMA_IRQn);
while(1)
{
    for(tmp = 0; tmp < 0x1000; tmp ++);
    /* 复位 DMA 中断终端计数 */
    Channel0_TC = 0;
    /* 复位 DMA 中断终端错误计数 */
    Channel0_Err = 0;
    for(tmp = 0; tmp < DMA_SIZE; tmp ++)
    {
        s_buf[tmp] = 0;
    }
    //启动突发转换
    ADC_BurstCmd(LPC_ADC,ENABLE);
    GPDMA_Setup(&GPDMACfg);
    //使能 GPDMA 通道 1
    GPDMA_ChannelCmd(0, ENABLE);
    /* 等待 GPDMA 处理完成 */
    while ((Channel0_TC == 0));
    GPDMA_ChannelCmd(0, DISABLE);
    /* 获取转换结果并输出 */
    for(tmp = 0; tmp < DMA_SIZE; tmp ++)
    {
        if(s_buf[tmp] & ADC_GDR_DONE_FLAG)
        {
            _DBG("ADC value on channel "); _DBD(ADC_GDR_CH(s_buf[tmp]));
            _DBG(": ");
            _DBD32(ADC_GDR_RESULT(s_buf[tmp])); _DBG_("");
        }
    }
    if(_DG_NONBLOCK(&quit) &&
    (quit == 'Q' || quit == 'q'))
    break;
}
#else
//启动突发转换
```

```
ADC_BurstCmd(LPC_ADC,ENABLE);
while(1)
{
    /* 从指定通道获取转换结果 */
    adc_value = ADC_ChannelGetData(LPC_ADC,BRD_ADC_PREPARED_CHANNEL);
    /* 输出调试信息和转换结果 */
    _DBG("ADC value on channel "); _DBD(BRD_ADC_PREPARED_CHANNEL); _DBG(": ");
    _DBD32(adc_value);
    _DBG_("");
    /* 从另一指定通道获取转换结果 */
    adc_value =  ADC_ChannelGetData(LPC_ADC,_ADC_CHANNEL_n);
    _DBG("ADC value on channel 3: ");
    _DBD32(adc_value);
    _DBG_("");
    // 等待
    for(tmp = 0; tmp < 1500000; tmp + +);
    if(_DG_NONBLOCK(&quit) &&
        (quit == 'Q'|| quit == 'q'))
        break;
}
#endif /* __DMA_USED__ */
_DBG_("Demo termination!!!");
/* 关闭 ADC 外设 */
ADC_DeInit(LPC_ADC);
/* 关闭 GPIO 外设 */
GPIO_Deinit();
}
```

(2) DMA_IRQHandler()函数

采用 DMA 传输,本函数为 DMA 的中断处理程序,用于开/关终端计数中断、清中断,开/关错误状态中断、清中断,状态标志递增计数等功能。

```
void DMA_IRQHandler (void)
{
/* 检查 GPDMA 通道 0 的中断状态标志 */
if (GPDMA_IntGetStatus(GPDMA_STAT_INT, 0))
{
    /* 检查 DMA 通道终端计数中断请求的状态 */
    if(GPDMA_IntGetStatus(GPDMA_STAT_INTTC, 0))
    {
        /* 清除终端计数中断请求 */
        GPDMA_ClearIntPending (GPDMA_STATCLR_INTTC, 0);
```

```
        /* 计数增 1 */
        Channel0_TC ++ ;
    }
    /* 检查中断错误状态 */
    if (GPDMA_IntGetStatus(GPDMA_STAT_INTERR, 0))
    {
        /* 清中断 */
        GPDMA_ClearIntPending (GPDMA_STATCLR_INTERR, 0);
        /* 计数增 1 */
        Channel0_Err ++ ;
    }
  }
}
```

6.5　实例总结

　　本章着重介绍了 LPC1788 微处理器 ADC 外设的基本原理、对应的寄存器与库函数功能等,通过调用其他公有的模块驱动库等实现两个 ADC 采样与转换实例。本例采用了通用 DMA 控制器驱动库,由于未提前说明,大家可参阅相关资料加深熟悉程度。另外需要说明的是 ADC 采样引脚,本章采用的是宏定义,大家不必生搬硬套引脚定义,可以查看 IC 的引脚功能,并设置(或修改宏定义)具有 ADC 功能的端口和引脚。

第 **7** 章

数/模转换器应用

D/A 转换与 A/D 转换过程相反，它是将离散的数字量转化成连续的模拟量的过程，LPC178x 系列微控制器自带了一个电阻串结构的 10 位数/模转换器，本章将简述其基本应用原理与案例。

7.1 数/模转换器(DAC)概述

LPC178x 系列微控制器的数/模转换器具有：10 位数/模转换器、电阻串结构、缓冲输出、带掉电模式、速度和功耗可选、最大更新速率为 1 MHz 等特点。DAC 控制通过 DMA 中断和定时器实现。图 7－1 列出了 DAC 结构原理框图。

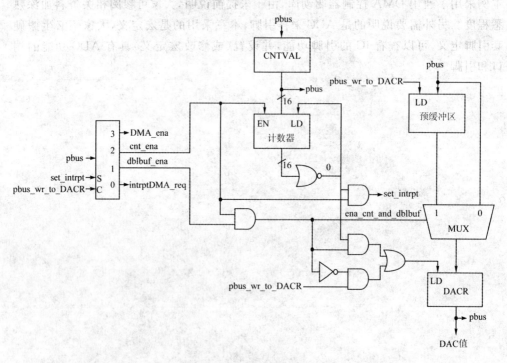

图 7－1 DAC 结构框图

轻松玩转ARM Cortex-M3微控制器——基于LPC1788系列

7.1.1　DAC 的基本配置

配置 DAC 可使用以下寄存器：

① 功率。DAC 总是被连接到引脚 V_{DDA}。通过设置 IOCON 寄存器（参见下文）来决定是否访问寄存器。

② 外设时钟。DAC 使用公共 PCLK，它既用于总线接口，也用于大多数 APB 外设的功能部分。

③ 引脚。通过相关的 IOCON 寄存器使能 DAC 引脚并选择 DAC_OUT 的引脚模式。该操作必须在访问 DAC 寄存器之前完成。

④ DMA。DAC 可以连接到通用 DMA 控制器。

7.1.2　DAC 的引脚描述

表 7-1 对每个定时器/计数器的相关引脚进行了简要描述。

表 7-1　DAC 的引脚描述

引　脚	类　型	描　述
DAC_OUT	输出	模拟输出。当 DACR 写入新的值后，经过所选的设定时间，该引脚的电压为 $VALUE \times ((V_{REFP} - V_{REFN})/1\,024) + V_{REFN}$
V_{REFP}	参考	参考电压。该引脚为 ADC 和 DAC 提供参考电压。注：如果不使用 ADC 和 DAC，该引脚应与 V_{DD}（3.3 V）相连
V_{DDA}, V_{SSA}	电源	模拟电源和地。它们应当分别与 V_{DD} 和 V_{SS} 的电压相同，但为了降低噪声和出错几率，两者应当隔离。注：如果不使用 ADC 和 DAC，引脚 V_{DDA} 应与 V_{DD}（3.3 V）相连，引脚 V_{SSA} 与 V_{SS} 相连

7.1.3　DAC 的操作

DAC 具有定时器和双缓冲特性，这些操作需要适当的寄存器设置。

(1) DMA 计数器

当 DACCTRL 中的计数器使能位 CNT_ENA 被置位时，16 位计数器就从 DACCNTVAL 寄存器中已编程设定的值开始递减计数，递减速度由 PCLK 选定。计数器每次递减至零之后都会重新加载 DACCNTVAL 的值，DMA 请求位 INT_DMA_REQ 也会通过硬件置位。

需要注意的是 DACCTRL 和 DACCNTVAL 中的内容都是可读/写的，但是定时器本身是不可读/写的。

若 DACCTRL 中的 DMA_ENA 位置位，DAC 的 DMA 请求将提交给通用 DMA 控制器。当 DMA_ENA 位被清除、复位后，DAC 的 DMA 请求被禁止（默认）。

(2) 双缓冲

仅当 DACCTRL 中的 CNT_ENA 位和 DBLBUF_ENA 位都被置位时双缓冲才

175

会使能。双缓冲使能后,写入 DACR 寄存器的数据只是先装入预缓存区中,该预缓冲区和 DACR 寄存器共享一个寄存器地址。当计数器达到 0 且 DMA 请求被设置时,预缓冲区中的数据就会被装入 DACR 寄存器中。同时,计数器再重新装入 COUNTVAL 寄存器的值。

读取 DACR 寄存器只会返回 DACR 中的内容,不包含预缓冲区中的内容。若 CNT_ENA 位和 DBLBUF_ENA 位中有一位为 0,写入 DACR 地址的数据就会直接写到 DACR 中。

7.2 DAC 寄存器描述

DAC 寄存器列表如表 7-2 所列。需要注意的是 PCONP 中没有 DAC 控制位。若要使能 DAC,则必须通过配置相关的 IOCON 寄存器来选择将其输出到相关的引脚 P0.26。在访问 DAC 寄存器之前须用该方法将 DAC 使能。

注意:"复位值"仅指已使用位中存储的数据,不包括保留位的内容。

表 7-2 DAC 寄存器映射

通用名称	描 述	访问类型	复位值
DACR	D/A 转换寄存器。该寄存器包含转换成模拟值的数字设置值和功耗控制位	R/W	0
DACCTRL	DAC 控制寄存器。该寄存器控制 DMA 和定时器的操作	R/W	0
DACCNTVAL	DAC 计数器值寄存器。该寄存器包含 DAC DMA/中断定时器的重载值	R/W	0

7.2.1 D/A 转换器寄存器

这个读/写寄存器包含待转换成模拟值的数字设定值,以及用来平衡性能和功耗的位。位 5:0 保留用于之后分辨率更高的 D/A 转换器。D/A 转换器寄存器位格式及功能描述如表 7-3 所列。

表 7-3 D/A 转换器寄存器位描述

位	符 号	值	描 述	复位值
31:17	—	—	保留。从保留位中读出的值未定义,只写入 0	—
16	BIAS[①]	0	偏置参数设置。 DAC 的最大设定时间为 1 μs,最大电流为 700 μA。由此可支持的最高更新速度为 1 MHz; DAC 的最大设定时间为 2.5 μs,最大电流为 350 μA。由此可支持的最高更新速度为 400 kHz	0
		1		

① 在 DAC_OUT 引脚上接一个不超过 100 pF 的电容的情况下,BIAS 位描述中提到的设定时间才是有效的。如果负载阻抗值大于该值,将会导致设定时间比规定时间长。有关负载阻抗和设定时间请参考最终版本的产品数据手册。

位	符 号	值	描 述	复位值
15:6	VALUE	—	模拟电压值设置。当该字段被写入新值后,经过所选的设定时间,引脚 DAC_OUT 上的电压(相对于 V_{SSA} 电位)为 VALUE × ((V_{REFP} − V_{REFN})/1 024) + V_{REFN}	0
5:0	—	—	保留。从保留位中读出的值未定义,只写入 0	—

7.2.2 D/A 转换器控制寄存器

读/写该寄存器用于使能 DMA 操作和控制 DMA 定时器。D/A 转换器控制寄存器位格式及功能描述如表 7 - 4 所列。

表 7 - 4　D/A 转换器控制寄存器位描述

位	符 号	值	描 述	复位值
31:4	—	—	保留。从保留位中读出的值未定义,只写入 0	—
3	DMA_ENA	0	DMA 操作配置。 DMA 访问被禁止;	0
		1	DMA 突发请求输入 7 被使能用于 DAC 转换	
2	CNT_ENA	0	超时计数器配置。 禁止超时计数器操作;	0
		1	使能超时计数器操作	
1	DBLBUF_ENA	0	DACR 双缓冲配置。 禁止 DACR 双缓冲;	0
		1	当该位和 CNT_ENA 都置位时,使能 DACR 寄存器中的双缓冲功能。向 DACR 寄存器写数据会先将数据写入一个预缓冲区,数据在下次计数器超时时被发送到 DACR	
0	INT_DMA_REQ	0	中断及 DMA 请求配置。 该位在写 DACR 寄存器时清零;	0
		1	定时器超时时该位由硬件置位	

7.2.3 D/A 转换器计数器值寄存器

该读/写寄存器包含了中断及 DMA 计数器的重载值。D/A 转换器计数器值寄存器位格式及功能描述如表 7 - 5 所列。

表 7 - 5　D/A 转换器计数器值寄存器位描述

位	符 号	描 述	复位值
15:0	VALUE	DAC 中断及 DMA 定时器的 16 位重载值	0

7.3　常用库函数

通常 DAC 的应用需要组合通用 DMA 控制器,因此本节也将对通用 DMA 控制器的主要功能函数进行讲述。

7.3.1　DAC 驱动库

DAC 库函数由一组 API 驱动函数组成,这组函数覆盖了本外设所有功能。本小节将介绍与 DAC 相关的主要库函数的功能,各功能函数详细说明如表 7 - 6～表 7 - 12 所列。

① 函数 DAC_GetPointer。

表 7 - 6　函数 DAC_GetPointer

函数名	LPC_DAC_TypeDef * DAC_GetPointer
函数原型	static LPC_DAC_TypeDef * DAC_GetPointer(uint8_t compId)
功能描述	获取 DAC 外设指针
输入参数	compId:部件序号,通常为 0
输出参数	无
返回值	返回部件指针 pComponent
调用函数	无
说　明	私有函数

② 函数 DAC_Init。

表 7 - 7　函数 DAC_Init

函数名	DAC_Init
函数原型	void DAC_Init(uint8_t DAC_Id)
功能描述	初始化 DAC 外设
输入参数	DAC_Id:DAC 组件的标识号,须为 0
输出参数	无
返回值	无
调用函数	PINSEL_ConfigPin()、PINSEL_SetAnalogPinMode()、PINSEL_DacEnable()、DAC_Set-Bias()
说　明	配置 P0.26 引脚与模拟功能模式、使能 DAC、设置 700 μA 的默认电流、0 值电压输出

③ 函数 DAC_UpdateValue。

表 7 - 8　函数 DAC_UpdateValue

函数名	DAC_UpdateValue
函数原型	void DAC_UpdateValue (uint8_t DAC_Id,uint32_t dac_value)
功能描述	向 DAC 更新数据

续表 7 - 8

输入参数 1	DAC_Id:DAC 组件的标识号,须为 0
输入参数 2	dac_value:需 DAC 转换输出的 10 位数据值
输出参数	无
返回值	无
调用函数	无
说　明	针对 DACR 寄存器操作

④ 函数 DAC_SetBias。

表 7 - 9　函数 DAC_SetBias

函数名	DAC_SetBias
函数原型	void DAC_SetBias (uint8_t DAC_Id, uint32_t bias)
功能描述	设置 DAC 的驱动电流
输入参数 1	DAC_Id:DAC 组件的标识号,须为 0
输入参数 2	bias:设置输出电流。 0:表示最大 700 μA; 1:表示最大 350 μA
输出参数	无
返回值	无
调用函数	无
说　明	针对 DACR 寄存器有效位 BIAS 操作

⑤ 函数 DAC_ConfigDAConverterControl。

表 7 - 10　函数 DAC_ConfigDAConverterControl

函数名	DAC_ConfigDAConverterControl
函数原型	void DAC_ConfigDAConverterControl (uint8_t DAC_Id, DAC_CONVERTER_CFG_Type * DAC_ConverterConfigStruct)
功能描述	使能 DMA 操作,控制 DMA 定时器
输入参数 1	DAC_Id:DAC 组件的标识号,须为 0
输入参数 2	DAC_ConverterConfigStruct:指向 DAC_CONVERTER_CFG_Type 结构体的指针,内置 参数如下。 DBLBUF_ENA:使能/禁止 DAC 寄存器双缓冲特性; CNT_ENA:使能/禁止定时器溢出计数; DMA_ENA:使能/禁止 DMA 操作
输出参数	无
返回值	无
调用函数	无
说　明	针对 DACTRL 寄存器位操作

⑥ 函数 DAC_SetDMATimeOut。

表 7 - 11　函数 DAC_SetDMATimeOut

函数名	DAC_SetDMATimeOut
函数原型	void DAC_SetDMATimeOut(uint8_t DAC_Id, uint32_t time_out)
功能描述	为中断及 DMA 计数器设置重载值
输入参数 1	DAC_Id:DAC 组件的标识号,须为 0
输入参数 2	time_out:定义溢出时间执行重载
输出参数	无
返回值	无
调用函数	无
说　明	针对 16 位 DACNTVAL 寄存器操作

⑦ 函数 DAC_IsIntRequested。

表 7 - 12　函数 DAC_IsIntRequested

函数名	DAC_IsIntRequested
函数原型	uint8_t DAC_IsIntRequested(uint8_t DAC_Id)
功能描述	检查定时器计数使能,中断及 DMA 计数器是否产生请求
输入参数	DAC_Id:DAC 组件的标识号,须为 0
输出参数	无
返回值	返回 DACTL 寄存器的 INT_DMA_REQ 位状态
调用函数	无
说　明	获取 DACTL 寄存器位 INT_DMA_REQ 的状态

7.3.2　通用 DMA 控制器常用库函数

DMA 控制器允许外设到存储器,存储器到外设和存储器到存储器之间的传输。每个 DMA 流都可以为单个源和目标提供单向串行 DMA 传输。例如,一个双向端口就需要一个专门的发送流和一个专门的接收流。源和目标可以是一个内存储区或外设。

DMA 控制器支持 8 个通道。每个通道都专门对应该通道操作的寄存器,并有其他的寄存器控制源外设与 DMA 控制器的关联,还有全局 DMA 控制寄存器和状态寄存器。

由于 DAC 的应用通常需要结合 DMA 控制器,因此本节将简单介绍一下通用 DMA 控制器的常用库函数。虽然通用 DMA 控制器涉及的寄存器很多,但浓缩成驱动库后,只用几个函数即可完成常用的 DMA 操作与配置。表 7 - 13～表 7 - 17 列出了这些功能函数。

① 函数 GPDMA_Init。

表 7 - 13 函数 GPDMA_Init

函数名	GPDMA_Init
函数原型	void GPDMA_Init(void)
功能描述	初始化通用 DMA 控制器
输入参数	无
输出参数	无
返回值	无
调用函数	CLKPWR_ConfigPPWR()函数
说 明	使能 PCGPDMA 位打开 GPDMA 时钟,复位所有通道的配置寄存器(CConfig),清除所有 DMA 的中断(清 IntTCClear 寄存器)标志和错误标志(清 IntErrClr 寄存器)

② 函数 GPDMA_Setup。

表 7 - 14 函数 GPDMA_Setup

函数名	GPDMA_Setup
函数原型	Status GPDMA_Setup(GPDMA_Channel_CFG_Type * GPDMAChannelConfig)
功能描述	设置通用 DMA 通道的参数
输入参数	GPDMAChannelConfig:指向 GPDMA_Channel_CFG_Type 结构体的指针对象。内置参数如下。 ChannelNum:DMA 通道序号,取值 0～7(注:通道 0 优先级最高); TransferSize:传输长度; TransferWidth:传输宽度,仅用于传输类型是内存到内存; SrcMemAddr:源地址,仅用于传输类型选择内存到内存或内存到外设; DstMemAddr:目标地址,仅用于传输类型选择内存到外存或外设到内存; TransferType:传输类型,取下述四种类型值之一。 GPDMA_TRANSFERTYPE_M2M:DMA 控制内存到内存; GPDMA_TRANSFERTYPE_M2P:DMA 控制内存到外设; GPDMA_TRANSFERTYPE_P2M:DMA 控制外设到内存; GPDMA_TRANSFERTYPE_P2P:DMA 控制源外设到目标外设。 SrcConn:源外设连接类型,仅用于外设到内存或源外设到目标外设的传输类型,取下述值之一。 GPDMA_CONN_SSP0_Tx:SSP0, Tx; GPDMA_CONN_SSP0_Rx:SSP0, Rx; GPDMA_CONN_SSP1_Tx:SSP1, Tx; GPDMA_CONN_SSP1_Rx:SSP1, Rx; GPDMA_CONN_ADC:ADC 外设; GPDMA_CONN_I2S_Channel_0:I2S 通道 0; GPDMA_CONN_I2S_Channel_1:I2S 通道 1; GPDMA_CONN_DAC:DAC 外设; GPDMA_CONN_UART0_Tx_MAT0_0:UART0 Tx / MAT0.0; GPDMA_CONN_UART0_Rx_MAT0_1:UART0 Rx / MAT0.1; GPDMA_CONN_UART1_Tx_MAT1_0:UART1 Tx / MAT1.0; GPDMA_CONN_UART1_Rx_MAT1_1:UART1 Rx / MAT1.1;

	GPDMA_CONN_UART2_Tx_MAT2_0:UART2 Tx / MAT2.0; GPDMA_CONN_UART2_Rx_MAT2_1:UART2 Rx / MAT2.1; GPDMA_CONN_UART3_Tx_MAT3_0:UART3 Tx / MAT3.0; GPDMA_CONN_UART3_Rx_MAT3_1:UART3 Rx / MAT3.1。 DstConn:目标外设连接类型,仅用于内存到外设或源外设到目标外设的传输类型,取值范围同源外设连接类型。 DMALLI:各 DMA 通道的链表项,如果无链表则设为 0
输出参数	无
返回值	如果选中的 DMA 通道已使能则返回 ERROR,如果选择的通道配置成功则返回 SUCCESS
调用函数	无
说　明	可指定 DMA 通道,并根据不同的传输类型配置参数

③ 函数 GPDMA_ChannelCmd。

表 7 - 15　函数 GPDMA_ChannelCmd

函数名	GPDMA_ChannelCmd
函数原型	void GPDMA_ChannelCmd(uint8_t channelNum, FunctionalState NewState)
功能描述	DMA 通道设置指令
输入参数 1	ChannelNum:DMA 通道序号,取值 0~7(注:通道 0 优先级最高)
输入参数 2	NewState:设置的新状态。 ENABLE:使能; DISABLE:禁止
输出参数	无
返回值	无
调用函数	无
说　明	针对指定 DMA 通道的 CConfig 寄存器位 E 操作

④ 函数 GPDMA_IntGetStatus。

表 7 - 16　函数 GPDMA_IntGetStatus

函数名	GPDMA_IntGetStatus
函数原型	IntStatus GPDMA_IntGetStatus(GPDMA_Status_Type type, uint8_t channel)
功能描述	检查指定的 DMA 通道是否产生中断请求
输入参数 1	Type:状态类型,为下述类型之一。 GPDMA_STAT_INT:DMA 中断状态; GPDMA_STAT_INTTC:DMA 通道终端计数中断请求的状态; GPDMA_STAT_INTERR:DMA 通道中断错误状态; GPDMA_STAT_RAWINTTC:DMA 原始错误中断状态; GPDMA_STAT_RAWINTERR:DMA 原始中断终端计数状态; GPDMA_STAT_ENABLED_CH:DMA 通道的使能状态

输入参数 2	Channel：DMA 通道序号，取值 0～7
输出参数	无
返回值	如果指定状态的标志已设置则返回 SET，否则返回 RESET
调用函数	无
说　明	针对 IntStat(DMA 中断状态寄存器)、IntTCStat(DMA 中断终端计数请求状态寄存器)、IntErrStat(DMA 中断错误状态寄存器)、RawIntTCStat(DMA 原始中断终端计数状态寄存器)、RawIntErrStat(DMA 原始错误中断状态寄存器)、EnbldChns(DMA 使能通道寄存器)6 个寄存器的状态位，并指定对应的 DMA 通道读操作

⑤ 函数 GPDMA_ClearIntPending。

表 7 - 17　函数 GPDMA_ClearIntPending

函数名	GPDMA_ClearIntPending
函数原型	void GPDMA_ClearIntPending(GPDMA_StateClear_Type type, uint8_t channel)
功能描述	清除指定的 DMA 通道的中断请求
输入参数 1	Type：状态类型，为下述类型之一。GPDMA_STAT_INTTC：DMA 通道终端计数中断请求的状态；GPDMA_STAT_INTERR：DMA 通道中断错误状态
输入参数 2	Channel：DMA 通道序号，取值 0～7
输出参数	无
返回值	无
调用函数	无
说　明	针对 IntTCClear(DMA 中断终端计数请求清除寄存器)、IntErrClr(DMA 中断错误清除寄存器)的状态位，并指定对应的 DMA 通道清除

7.4　DAC 应用实例

本节将讲述如何应用 DAC 外设进行软件设计。

7.4.1　设计目标

DAC 外设应用安排了两个实例，外部只需连接一个匹配电阻和电容即可实现功能。

① DAC 模拟电压输出。结合通用 DMA 通道 0 输出 $0(V_{SS})$～ 3.3 $V(V_{DD})$ 的模拟电压。

② DAC 正弦波形输出。结合通用 DMA 控制器的配置，利用 DAC 输出正弦波形。

由于 DAC 的结构特性，本节将结合通用 DMA 控制器的配置完成软件代码设计。

7.4.2　硬件电路设计

　　由于 DAC 应用的硬件引脚固定在 P0.26，只需外部接匹配电阻和电容即可实现 DAC 输出。当然为了调试的可追溯性，同样需要用到串口硬件以便调试信息输出，DAC 实例演示基本电路示意图如图 7 - 2 所示。

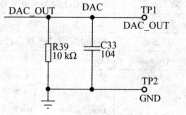

图 7 - 2　DAC 实例演示基本电路

7.4.3　实例软件设计

　　本章的 DAC 外设应用将演示相关的输出实例，分别是 DAC 模拟电压输出实例和 DAC 正弦波形输出实例。

1. DAC 模拟电压输出

　　DAC 模拟电压输出实例的程序设计所涉及的软件结构如表 7 - 18 所列，主要程序文件及功能说明如表 7 - 19 所列。

表 7 - 18　软件设计结构

用户应用层			
Dac_SineWave.c			
CMSIS 层			
Cortex - M3 内核外设访问层	LPC17xx 设备外设访问层		
core_cm3.h core_cmFunc.h core_cmInstr.h	启动代码 （startup_LPC-177x_8x.s）	LPC177x_8x.h	system_LPC177x_8x.c	system_LPC177x_8x.h
硬件外设层			
时钟电源控制驱动库	通用 DMA 控制器驱动库	DAC 外设驱动库	引脚连接配置驱动库
lpc177x_8x_clkpwr.c lpc177x_8x_clkpwr.h	lpc177x_8x_gpdma.c lpc177x_8x_gpdma.h	lpc177x_8x_dac.c lpc177x_8x_dac.h	lpc177x_8x_pinsel.c lpc177x_8x_pinsel.h

表 7 - 19　程序设计文件功能说明

文件名称	程序设计文件功能说明
Dac_SineWave.c	主程序，含 main() 入口函数、程序主功能函数 c_entry() 及 DMA 中断服务程序等
lpc177x_8x_clkpwr.c	公有程序，时钟与电源控制驱动库。注：由其他驱动库文件调用
lpc177x_8x_dac.c	公有程序，数/模换器驱动库。在 c_entry() 函数中调用
lpc177x_8x_pinsel.c	公有程序，引脚连接配置驱动库。注：由其他驱动库文件调用
lpc177x_8x_gpdma.c	公有程序，通用 DMA 控制器驱动，由主程序调用
startup_LPC177x_8x.s	启动代码文件

本例程演示了如何采用 DMA 传输数据给 DAC 外设,主要包括下述几个功能。

① DAC 外设初始化,设置中断/DMA 计数器设置重载值,使能 DMA 与定时器操作等。

② 通用 DMA 控制器初始化及通道等参数配置,通过 DMA 通道 0 传输 DAC 数据,并最终输出一定幅值的模拟电压。

③ DMA 中断服务程序,完成中断检测和清中断、计数,错误标志状态检测、清除以及错误计数等任务。

(1) c_entry()函数

本函数为实例的程序主体。实例的功能①和②都由本函数完成,通过 DMA 通道 0 递增传输 DAC 数据,并最终在外部引脚的匹配电路上输出一定幅值的模拟电压,完整的主体程序与代码注释如下:

```
void c_entry(void)
{
    /* 定义 DAC 参数配置对象 */
    DAC_CONVERTER_CFG_Type DAC_ConverterConfigStruct;
    /* DAC 数据值,该值最终在 P0.26 引脚上面以一定模拟电压值反映出来 */
    uint32_t dac_value = 0;
    volatile uint32_t i;
    /* 通用 DMA 控制器配置 */
    /* 禁止 GPDMA 中断 */
    NVIC_DisableIRQ(DMA_IRQn);
    /* 抢占式优先级 = 1,子优先级 = 1 */
    NVIC_SetPriority(DMA_IRQn, ((0x01 << 3) | 0x01));
    /* 使能超时计数器操作 */
    DAC_ConverterConfigStruct.CNT_ENA = SET;
    /* DMA 突发请求输入 7 被使能用于 DAC 转换 */
    DAC_ConverterConfigStruct.DMA_ENA = SET;
    /* DAC 外设初始化 */
    DAC_Init(0);
    /* 设置中断/DMA 重载的超时值 */
    DAC_SetDMATimeOut(0, 0xFFFF);
    /* 配置 DMA 和定时器操作参数 */
    DAC_ConfigDAConverterControl(0, &DAC_ConverterConfigStruct);
    /* 初始化通用 DMA 控制器 */
    GPDMA_Init();
    // 设置通用 DMA 通道——通道参数配置
    // 通道 0
    GPDMACfg.ChannelNum = 0;
    // 源地址
    GPDMACfg.SrcMemAddr = (uint32_t)(&dac_value);
```

```
// 目标地址——未使用
GPDMACfg.DstMemAddr = 0;
// 传输长度
GPDMACfg.TransferSize = DMA_SIZE;
// 传输宽度——未使用
GPDMACfg.TransferWidth = 0;
// 传输类型——内存到外设
GPDMACfg.TransferType = GPDMA_TRANSFERTYPE_M2P;
// 源外设连接类型——未使用
GPDMACfg.SrcConn = 0;
// 目标外设连接类型 DAC
GPDMACfg.DstConn = GPDMA_CONN_DAC;
// 链表项——未使用
GPDMACfg.DMALLI = 0;
// 指定通道设置好参数
GPDMA_Setup(&GPDMACfg);
/* 复位终端计数 */
Channel0_TC = 0;
/* 复位错误计数 */
Channel0_Err = 0;
/* 打开 GPDMA 中断 */
NVIC_EnableIRQ(DMA_IRQn);
/* 等待通用 DMA 处理完成 */
while (1)
{
    // 打开通用 DMA 控制器通道 0
    GPDMA_ChannelCmd(0, ENABLE);
    while ((Channel0_TC == 0));            //当终端计数为 0 时
    // 关闭通用 DMA 控制器通道 0
    GPDMA_ChannelCmd(0, DISABLE);
    dac_value ++;                          //DAC 值递增
    if (dac_value == 0x3FF)                //如果过上限,则置 0
        dac_value = 0;
    // 延时
    for(i = 0;i<100000;i ++);
    /* 再次复位终端计数 */
    Channel0_TC = 0;
    // 重新启动 DMA 通道
    GPDMA_Setup(&GPDMACfg);
}
}
```

(2) DMA_IRQHandler( )函数

本函数为 DMA 的中断处理程序,用于开/关终端计数中断、清中断,开/关错误状态中断、清中断,状态标志递增计数等功能。

```
void DMA_IRQHandler (void)
{
    / * 检查 GPDMA 通道 0 的中断状态标志 * /
    if (GPDMA_IntGetStatus(GPDMA_STAT_INT, 0))
    {
        / * 检查 DMA 通道终端计数中断请求的状态 * /
        if(GPDMA_IntGetStatus(GPDMA_STAT_INTTC, 0))
        {
            / * 清除终端计数中断请求 * /
            GPDMA_ClearIntPending (GPDMA_STATCLR_INTTC, 0);
            / * 计数增 1 * /
            Channel0_TC ++ ;
        }
        / * 检查中断错误状态 * /
        if (GPDMA_IntGetStatus(GPDMA_STAT_INTERR, 0))
        {
            / * 清中断 * /
            GPDMA_ClearIntPending (GPDMA_STATCLR_INTERR, 0);
            / * 计数增 1 * /
            Channel0_Err + + ;
        }
    }
}
```

2. DAC 正弦波形输出

DAC 正弦波形输出实例的程序设计所涉及的软件结构如表 7 - 20 所列,主要程序文件及功能说明如表 7 - 21 所列。

表 7 - 20　软件设计结构

用户应用层			
Dac_SineWave. c			
CMSIS 层			
Cortex – M3 内核外设访问层	LPC17xx 设备外设访问层		
core_cm3. h core_cmFunc. h core_cmInstr. h	启动代码 (startup_LPC- 177x_8x. s)	LPC177x_8x. h	system_LPC177x_8x. c	system_LPC177x_8x. h

硬件外设层			
时钟电源控制驱动库	DAC 外设驱动库	通用 DMA 控制器驱动库	引脚连接配置驱动库
lpc177x_8x_clkpwr.c	lpc177x_8x_dac.c	lpc177x_8x_gpdma.c	lpc177x_8x_pinsel.c
lpc177x_8x_clkpwr.h	lpc177x_8x_dac.h	lpc177x_8x_gpdma.h	lpc177x_8x_pinsel.h

表 7－21 程序设计文件功能说明

文件名称	程序设计文件功能说明
Dac_SineWave.c	主程序,含 main()入口函数、程序主功能函数 c_entry()及 DMA 中断服务程序等
lpc177x_8x_clkpwr.c	公有程序,时钟与电源控制驱动库。注:由其他驱动库文件调用
lpc177x_8x_dac.c	公有程序,数/模转换器驱动库。在 c_entry()函数中调用
lpc177x_8x_pinsel.c	公有程序,引脚连接配置驱动库。注:由其他驱动库文件调用
lpc177x_8x_gpdma.c	公有程序,通用 DMA 控制器驱动,由主程序调用
startup_LPC177x_8x.s	启动代码文件

本例程采用 DAC 外设产生一个正弦波形,通过查表设置输出值,每个周期由 60 个样本点构成,主要包括下述几个功能。

① DAC 正弦表项预置与算法设计。

② DAC 外设初始化,设置中断/DMA 计数器设置重载值,向 DAC 更新数据操作等,本例的 DAC 外设配置定时器通过更新、触发通用 DMA 控制器通道 0 去填充 DAC 数值寄存器。

③ 通用 DMA 控制器初始化及通道等参数配置,采用 DMA 通道 0 传送 dac_sine_lut[i](数据表)给 DAC 外设,当最后一项传送完后,通用 DMA 控制器返回传送第一项,并循环。

实例的主功能函数都集中在 c_entry()函数内,最后由 main()入口函数完成调用,完整的程序函数主体 c_entry()如下:

```
void c_entry(void)
{
DAC_CONVERTER_CFG_Type DAC_ConverterConfigStruct;
GPDMA_LLI_Type DMA_LLI_Struct;
uint32_t dac_sine_lut[NUM_SINE_SAMPLE];
uint32_t cnt;
/*样本点*/
uint32_t sin_0_to_90_16_samples[16] = {\
                         0,        1045,       2079,       3090,
                      4067,        5000,       5877,       6691,
                      7431,        8090,       8660,       9135,
                      9510,        9781,       9945,      10000\
```

轻松玩转ARM Cortex-M3微控制器——基于LPC1788系列

```c
                            };
// 数值清零
for(cnt = 0; cnt < NUM_SINE_SAMPLE; cnt++)
{
    dac_sine_lut[cnt] = 0;
}
//准备查表
for(cnt = 0; cnt < NUM_SINE_SAMPLE; cnt++)
{   //算法
    if(cnt <= 15)
    {
        dac_sine_lut[cnt] = SINEWAVE_OFFSET +
                (SINEWAVE_AMPLITUDE * sin_0_to_90_16_samples[cnt]) / 10000;
    }
    else if(cnt <= 30)
    {
        dac_sine_lut[cnt] =   SINEWAVE_OFFSET +
                (SINEWAVE_AMPLITUDE * sin_0_to_90_16_samples[30 - cnt]) /
                10000;
    }
    else if(cnt <= 45)
    {
        dac_sine_lut[cnt] = SINEWAVE_OFFSET -
                (SINEWAVE_AMPLITUDE * sin_0_to_90_16_samples[cnt - 30]) /
                10000;
    }
    else
    {
        dac_sine_lut[cnt] = SINEWAVE_OFFSET -
                (SINEWAVE_AMPLITUDE * sin_0_to_90_16_samples[60 - cnt]) /
                10000;
    }
    //确保 DAC 上限
    if(dac_sine_lut[cnt] > 0x3FF)
        dac_sine_lut[cnt] = 0x3FF;
#if _DMA_USING
    //在 DMA 至 DAC 外设之间移出值
    dac_sine_lut[cnt] = (dac_sine_lut[cnt] << 6);
#endif
}
#if _DMA_USING
// DMA 链表项结构
```

轻松玩转ARM Cortex-M3微控制器——基于LPC1788系列

190

```
DMA_LLI_Struct.SrcAddr = (uint32_t)dac_sine_lut;
DMA_LLI_Struct.DstAddr = (uint32_t)&(LPC_DAC->CR);
DMA_LLI_Struct.NextLLI = (uint32_t)&DMA_LLI_Struct;
DMA_LLI_Struct.Control = DMA_SIZE
                        | (2<<18)    //source width 32 bit
                        | (2<<21)    //dest. width 32 bit
                        | (1<<26);   //source increment
/* 初始化通用 DMA 控制器 */
GPDMA_Init();
//设置通用 DMA 通道
//通道 0
GPDMACfg.ChannelNum = 0;
//源地址
GPDMACfg.SrcMemAddr = (uint32_t)(dac_sine_lut);
//目标地址——未使用
GPDMACfg.DstMemAddr = 0;
//传输大小
GPDMACfg.TransferSize = DMA_SIZE;
//传输宽度——未使用
GPDMACfg.TransferWidth = 0;
//传输类型——内存到外设
GPDMACfg.TransferType = GPDMA_TRANSFERTYPE_M2P;
//源外设连接类型——未使用
GPDMACfg.SrcConn = 0;
//目标设备连接类型——DAC
GPDMACfg.DstConn = GPDMA_CONN_DAC;
//链表项——未使用
GPDMACfg.DMALLI = (uint32_t)&DMA_LLI_Struct;
//指定通道设置好参数
GPDMA_Setup(&GPDMACfg);
#endif
/* 使能 DAC 超时计数器操作 */
DAC_ConverterConfigStruct.CNT_ENA = SET;
/* 禁止 DMA 访问 */
DAC_ConverterConfigStruct.DMA_ENA = RESET;
/* 初始化 DAC */
DAC_Init(0);
/* 时钟 */
cnt = CLKPWR_GetCLK(CLKPWR_CLKTYPE_PER);
cnt = cnt/(SINE_FREQ_IN_HZ * NUM_SINE_SAMPLE * 5);
DAC_SetDMATimeOut(0, cnt);
#if _DMA_USING
```

```
/*使能 DAC 超时计数器操作*/
DAC_ConverterConfigStruct.CNT_ENA = SET;
/*DMA 突发请求输入 7 被使能用于 DAC 转换*/
DAC_ConverterConfigStruct.DMA_ENA = SET;
#endif
/*参数配置*/
DAC_ConfigDAConverterControl(0, &DAC_ConverterConfigStruct);
#if _DMA_USING
// 使能 DMA 通道 0
GPDMA_ChannelCmd(0, ENABLE);
#else
cnt = 0;
while(1)
{
    //值更新
    DAC_UpdateValue(0, dac_sine_lut[cnt]);
    while(! DAC_IsIntRequested(0));
    cnt ++;
    if(cnt == NUM_SINE_SAMPLE)
        cnt = 0;
}
#endif
while(1);
}
```

7.5 实例总结

本章着重介绍了 LPC178x 系列微处理器 DAC 外设的基本结构、相关寄存器与库函数功能等，调用 I/O 引脚连接管理驱动库、定时器外设驱动库以及 UART 模块驱动库，并结合通用 DMA 控制器驱动库等实现 DAC 输出应用。由于 DAC 应用主要依赖于 DMA 的应用，在软件设计的过程中，还需要深刻领会 DAC 与通用 DMA 控制器的组合配置。

第 **8** 章

脉宽调制器应用

脉冲宽度调制器(PWM)模块多应用于电机控制与驱动。本章将讲述 PWM 外设的基本结构、寄存器功能、作用等,并通过应用实例演示 PWM 的信号输出。

8.1 脉宽调制器(PWM)概述

PWM 功能基于标准的定时器模块并继承了定时器的所有特性,但是定时器的多项功能并未输出到封装引脚。定时器可以对外设时钟(PCLK)或一个捕获输入进行周期计数,可选择产生中断或在出现指定的计数值时执行其他操作;它还包括捕获输入,用于在输入信号跳变时保存定时器值,还可以选择在发生事件时产生中断。

PWM 可以分别控制上升沿和下降沿的位置使得它可以用于更多的应用中。例如,多相电机控制,通常需要 3 个非重叠的 PWM 输出,可单独控制 3 个输出的脉冲宽度和位置。

2 个匹配寄存器可用于提供单沿控制的 PWM 输出,其中一个匹配寄存器(MR0)通过在匹配时将计数器复位来控制 PWM 的周期频率,另一个匹配寄存器控制 PWM 沿的位置。此外,每增加一个单沿控制的 PWM 输出,就需要增加一个匹配寄存器,因为所有 PWM 输出的重复频率都相同。当 MR0 出现匹配时,几个单沿控制的 PWM 输出都会在每个 PWM 周期的开始出现上升沿。

3 个匹配寄存器可用于提供双沿控制的 PWM 输出。其中,MR0 匹配寄存器控制 PWM 的周期频率。其他匹配寄存器控制两个 PWM 沿的位置。每增加一个双沿控制的 PWM 输出,就需要增加两个匹配寄存器,因为所有 PWM 输出的重复频率都相同。

当使用双沿控制的 PWM 输出时,指定的匹配寄存器控制输出的上升沿和下降沿。这样会产生正 PWM 脉冲(上升沿出现在下降沿之前)和负 PWM 脉冲(下降沿出现在上升沿之前)。

图 8-1 所示的是 PWM 的功能结构框图。图右边和右上方是附加到标准定时器模块的部分;图左下方是来自定时器控制寄存器的主机使能输出,定时器控制寄存器允许主机 PWM(PWM0)在需要时同时使能自身和从机 PWM(PWM1)。来自 PWM0 的主机使能输出与 2 个 PWM 模块的外部使能输入相连接。

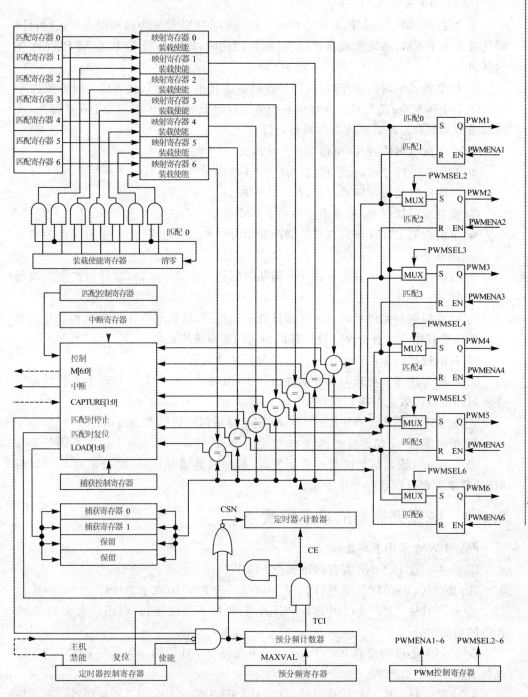

图 8 - 1 PWM 的功能结构框图

PWM 的主要特性如下：

① 2 个 PWM 具有相同的操作特性。通过将 PWM 设置为以相同速率运行再同时使能 2 个 PWM，可以实现操作同步（此种用途时，PWM0 作为主机，而 PWM1 作为从机）。

② 计数器或定时器操作（可使用外设时钟或其中一个捕获输入作为时钟源）。

③ 7 个匹配寄存器，可实现多达 6 个单沿控制或 3 个双沿控制的 PWM 输出，或两种类型的混合输出。匹配寄存器还允许：

- 在匹配时继续操作，可选择产生中断；
- 在匹配时停止定时器，可选择产生中断；
- 在匹配时复位定时器，可选择产生中断。

④ 支持单沿控制和/或双沿控制的 PWM 输出。

- 单沿控制 PWM 输出在每个周期开始时总是为高电平，除非输出保持为恒定低电平；
- 双沿控制 PWM 输出可在一个周期内的任何位置产生沿，这样可产生正或负脉冲。

⑤ 脉冲周期和宽度可以是定时器计数的任何值，这就允许在分辨率和重复速率之间灵活地权衡。所有 PWM 输出都以相同的重复速率发生。

⑥ 双沿控制的 PWM 输出可以编程为正脉冲或负脉冲。

⑦ 匹配寄存器的更新与脉冲的输出同步，以便防止错误脉冲的产生。软件必须在新的匹配值生效之前将它们释放。

⑧ 在 PWM 模式没有使能时，PWM 定时器可以用作标准定时器。

⑨ 带可编程 32 位预分频器的 32 位定时器/计数器。

⑩ 1 个捕获输入信号的跳变会触发 32 位捕获通道来取得 32 位定时器的瞬时值，捕获事件也可以选择产生中断。

8.1.1　脉宽调制器的基本配置

配置 PWM 采用下列寄存器：

① 功率。在 PCONP 寄存器中置位 PCPWM1。

注：复位时，PWM1 被使能（PCPWM1＝1），而 PWM0 被禁止（PCPWM1＝0）。

② 外设时钟。PWM 使用公共 PCLK，它既用于总线接口，也用于大多数 APB 外设的功能部分。

③ 引脚。通过相关的 IOCON 寄存器来选择 PWM 引脚并为具有 PWM 功能的端口引脚选择引脚模式。

④ 中断。有关匹配和捕获事件，参见 PWMMCR 和 PWMCCR 寄存器。采用相应的中断置位使能寄存器来使能 NVIC 中的中断。

8.1.2　脉宽调制器的引脚描述

表 8 - 1 列出了每个 PWM 相关的引脚。

表 8 - 1　PWM 的引脚描述

引　脚	类　型	描　　述
PWM0[6:1]	输出	PWM0 通道 6～1 的输出
PWM0_CAP0	输入	PWM0 捕获输入。当捕获引脚出现跳变时,可以将当前的定时器/计数器值装入相应的捕获寄存器中,也可以选择产生一个中断。此引脚的每个电平必须保持至少 1 个 PCLK 周期的时间以确保能被 PWM 使用。因此,引脚的最大可用频率为 PCLK/2
PWM1[6:1]	输出	PWM1 通道 6～1 的输出
PWM1_CAP1:0	输入	PWM1 捕获输入。当捕获引脚出现跳变时,可以将当前的定时器/计数器值装入相应的捕获寄存器中,也可以选择产生一个中断

8.1.3　单沿和双沿控制规则的采样波形

单沿控制的 PWM 输出和双沿控制的 PWM 输出的主要规则如下。

1. 单沿控制的 PWM 输出规则

单沿控制的 PWM 输出规则如下:

① 所有单沿控制的 PWM 输出在 PWM 周期开始时都为高电平,除非其匹配值等于 0。

② 每个 PWM 输出在达到其匹配值时都会变为低电平。如果没有发生匹配(即匹配值大于 PWM 速率),则 PWM 输出将一直保持高电平。

2. 双沿控制的 PWM 输出规则

当一个新的周期要开始时,使用以下 5 条规则来决定下一个 PWM 输出的值:

① 下一个 PWM 周期的匹配值在一个 PWM 周期结束时(下一个 PWM 周期开始的重合时间点)使用,例外见第③条规则。

② 匹配值等于 0 与等于当前 PWM 速率(与匹配通道 0 的值相同)是等效的,例外见第③条规则。例如,在 PWM 周期开始时的下降沿请求与 PWM 周期结束时的下降沿请求等效。

③ 在修改匹配值时,如果"旧"匹配值中有一个等于 PWM 速率且不等于 0,并且新的匹配值不等于 0 或不等于 PWM 速率,那么这个"旧"的匹配值将被使用一次。

④ 如果同时请求了 PWM 输出置位和清零,则清零优先。在置位和清零匹配值相同或者当它们都等于 0 且其他值都等于 PWM 速率时,这种情况才发生。

⑤ 如果匹配值超出范围(即大于 PWM 速率值),将不会发生匹配事件,匹配通道对输出不起作用。也就是说,PWM 输出将一直保持一种状态,可以为低电平、高

电平或保持输出"无变化"。

3. PWM值与波形输出之间的关系

图8-2所示的输出波形显示了单沿控制的PWM周期,并演示了在下列条件下的PWM输出波形:

① 定时器配置为PWM模式(计数器复位为1)。

② 匹配寄存器0配置为在发生匹配事件时复位定时器/计数器。

③ 匹配寄存器的所有相关PWM都在发生匹配事件时翻转。

④ 控制位PWMSEL2和PWMSEL4置位。

⑤ 匹配寄存器值如下:

● MR0 = 100(PWM速率);

● MR1 = 41,MR2 = 78(PWM[2]输出);

● MR3 = 53,MR4 = 27(PWM[4]输出);

● MR5 = 65(PWM[5]输出)。

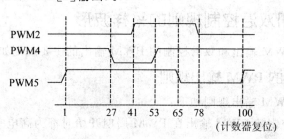

图8-2 PWM的波形示例

表8-2所列的是不同PWM输出的匹配寄存器选项。支持$N-1$个单沿PWM输出或$(N-1)/2$个双沿PWM输出,其中N为匹配寄存器以及已实现输出的数量。需要时,PWM也可以是混合边沿类型的输出。

表8-2 PWM触发器的置位和复位输入

PWM通道	单沿PWM(PWMSELn=0)		双沿PWM(PWMSELn=1)	
	置位	复位	置位	复位
1	匹配0	匹配1	匹配0[1]	匹配1[1]
2	匹配0	匹配2	匹配1	匹配2
3	匹配0	匹配3	匹配2[2]	匹配3[2]
4	匹配0	匹配4	匹配3	匹配4
5	匹配0	匹配5	匹配4[2]	匹配5[2]
6	匹配0	匹配6	匹配5	匹配6

[1] 这种情况下与单沿模式相同,因为匹配0是相邻的匹配寄存器。基本上PWM1不能用作双沿输出。

[2] 通常不建议使用PWM通道3和5作为双沿PWM输出,因为这样会减少可用的双沿PWM输出的个数。使用PWM[2]、PWM[4]和PWM[6]可得到最多对数的双沿PWM输出。

8.2 PWM 寄存器描述

PWM0、PWM1 的寄存器列表如表 8-3 所列。

注意："复位值"仅指已使用位中存储的数据，不包括保留位的内容。

表 8-3 PWM 寄存器映射

通用名称	描述	访问类型	复位值
IR	中断寄存器。可以通过写 IR 来清除中断，也可以通过读取 IR 来识别出哪个 PWM 中断源被挂起	R/W	0
TCR	定时器控制寄存器。TCR 用于控制定时器/计数器的功能	R/W	0
CTCR	计数控制寄存器。CTCR 用来在定时器模式和计数器模式之间进行选择并在计数器模式中选择要计数的信号和边沿类型	R/W	0
TC	定时器/计数器。32 位的 TC 每隔 PR+1 个 PCLK 周期递增一次。TC 通过 TCR 来控制	R/W	0
PR	预分频寄存器。决定 PWM 计数器递增的频率	R/W	0
PC	预分频计数器。主 PWM 计数器的预分频器	R/W	0
MCR	匹配控制寄存器。MCR 用来控制在匹配出现时是否产生中断以及 PWM 计数器是否复位	R/W	0
MR0	匹配寄存器 0。匹配寄存器不断与 PWM 计数器的值进行比较以控制 PWM 输出沿	R/W	0
MR1	匹配寄存器 1，类似于匹配寄存器 0	R/W	0
MR2	匹配寄存器 2，类似于匹配寄存器 0	R/W	0
MR3	匹配寄存器 3，类似于匹配寄存器 0	R/W	0
MR4	匹配寄存器 4，类似于匹配寄存器 0	R/W	0
MR5	匹配寄存器 5，类似于匹配寄存器 0	R/W	0
MR6	匹配寄存器 6，类似于匹配寄存器 0	R/W	0
CCR	捕获控制寄存器。CCR 控制捕获输入的哪个沿用于装入捕获寄存器以及当捕获出现时是否生成中断	R/W	0
CR0	捕获寄存器 0。当 PWMn_CAP0 输入上发生一个事件时，TC 值被载入 PWMn 的 CR0 中	RO	0
CR1	捕获寄存器 1，类似于捕获寄存器 0	RO	0
PCR	PWM 控制寄存器。它使能 PWM 输出并将 PWM 输出通道类型选择为单沿或双沿控制	R/W	0
LER	装载使能寄存器。使能更新后的 PWM 匹配值的使用	R/W	0

8.2.1 PWM 中断寄存器

PWM 中断寄存器中 7 个位用于匹配中断。如果产生了中断，则 PWMIR 中的对应位将置位为高电平；否则，该位为低电平。相对应的 IR 位写入逻辑 1 会复位中断；写入 0 无效。PWM 中断寄存器位格式及功能描述如表 8-4 所列。

轻松玩转ARM Cortex-M3 微控制器——基于LPC1788 系列

表 8-4 PWM 中断寄存器位描述

位	符 号	描 述	复位值
15:11	—	保留。从保留位中读出的值未定义,只写入 0	—
10	PWMMR6 Interrupt	PWM 匹配通道 6 的中断标志	0
9	PWMMR5 Interrupt	PWM 匹配通道 5 的中断标志	0
8	PWMMR4 Interrupt	PWM 匹配通道 4 的中断标志	0
7:6	—	保留。从保留位中读出的值未定义,只写入 0	—
5	PWMCAP1 Interrupt	捕获输入 1 的中断标志(仅 PWM1IR 可用,此位在 PWM0IR 中为保留位)	0
4	PWMCAP0 Interrupt	捕获输入 0 的中断标志	0
3	PWMMR3 Interrupt	PWM 匹配通道 3 的中断标志	0
2	PWMMR2 Interrupt	PWM 匹配通道 2 的中断标志	0
1	PWMMR1 Interrupt	PWM 匹配通道 1 的中断标志	0
0	PWMMR0 Interrupt	PWM 匹配通道 0 的中断标志	0

8.2.2 PWM 定时器控制寄存器

PWM 定时器控制寄存器(PWMTCR)用于控制 PWM 定时器/计数器的操作。PWM 定时器控制寄存器位格式及功能描述如表 8-5 所列。

表 8-5 PWM 定时器控制寄存器位描述

位	符 号	值	描 述	复位值
7:5	—	—	保留。从保留位中读出的值未定义,只写入 0	—
4	Master Disable		2 个 PWM 可能同步使用主机禁止控制位。主 PWM(PWM0 模型)的主机禁止位控制 PWM 的二级使能输入。注:此位在从 PWM(PWM1)中无效。	0
		0	PWM 被分开使用,单独的计数器使能位用来控制 PWM;	
		1	PWM0 是主机,且两个 PWM 都被使能计数	
3	PWM Enable		PWM 模式配置。	0
		0	定时器模式使能(计数器复位为 0);	
		1	PWM 模式使能(计数器复位为 1)。PWM 模式将映像寄存器连接到匹配寄存器。只有在 PWMLER 中的相应位置位后,发生的 PWM 匹配 0 事件才会使程序写入匹配寄存器的值生效。需要注意的是,决定 PWM 速率(PWM 匹配寄存器 0:MR0)的 PWM 匹配寄存器必须在使能 PWM 之前设定。否则不会出现匹配事件来使映像寄存器的内容生效	

位	符　号	值	描　述	复位值
2	—	—	保留。从保留位中读出的值未定义,只写入 0	—
1	Counter Reset	0	计数器复位配置。 清零复位;	0
		1	PWM 定时器/计数器和 PWM 预分频计数器在 PCLK 的下一个正向沿上同步复位。计数器在该位恢复为 0 之前保持复位状态	
0	Counter Enable	0	计数器配置。 计数器被禁止;	0
		1	PWM 定时器/计数器和 PWM 预分频计数器使能计数	

8.2.3　PWM 计数控制寄存器

计数控制寄存器(CTCR)用来在定时器模式和计数器模式之间进行选择,并在计数器模式下选择要计数的边沿。PWM 计数控制寄存器位格式及功能描述如表 8-6 所列。

表 8-6　PWM 计数控制寄存器位描述

位	符　号	值	描　述	复位值
7:4	—	—	保留。从保留位中读出的值未定义,只写入 0	—
3:2	Count Input Select		当寄存器的位 1:0 不为 00 时,这些位选择哪个输入信号的 PWM_CAP 引脚用来使 TC 值递增。 PWM0:00＝PWM0_CAP0(其他组合保留); PWM1:00＝PWM1_CAP0,01＝PWM1_CAP1(其他组合保留)	00
1:0	Counter/Timer Mode	00	计数器/定时器模式选择。 定时器模式:当预分频计数器与预分频寄存器值匹配时 TC 值递增;	00
		01	计数器模式:通过设置位 3:2 使 TC 在 PWM_CAP 输入信号的上升沿递增;	
		10	计数器模式:通过设置位 3:2 使 TC 在 PWM_CAP 输入信号的下降沿递增;	
		11	计数器模式:通过设置位 3:2 使 TC 在 PWM_CAP 输入信号的上升沿和下降沿都递增	

注意:PWM_CAP 输入信号频率不得超过 PCLK/4。在通过 PWM_CAP 引脚提供 PWM 时钟时,该引脚信号上的高电平或低电平持续时间始终不得小于 $1/(2 \times$ PCLK)。

8.2.4　PWM 定时器/计数器

当预分频计数器达到其计数上限时,32 位的 PWM 定时器/计数器会递增。如果 PWMTC 在达到其上限前没有复位,则它将一直计数至 0xFFFF FFFF,然后翻转到 0x0000 0000。该事件不会导致中断产生,但在需要时,可以使用一个匹配寄存器来检测溢出。

8.2.5 PWM 预分频寄存器

32 位 PWM 预分频寄存器规定了 PWM 预分频计数器的最大值。

8.2.6 PWM 预分频计数器寄存器

32 位 PWM 预分频计数器在 PCLK 应用于 PWM 定时器/计数器之前,使用某个常量值来控制其分频。由此可以控制定时器分辨率与定时器溢出前最大时间值之间的关系。PWM 预分频计数器值在每个 PCLK 上递增一次。当 PWM 预分频计数器值达到 PWM 预分频寄存器中存储的值时,PWM 定时器/计数器会递增,而 PWM 预分频计数器在下一个 PCLK 周期被复位。这样,当 PWMPR＝0 时,PWM 定时器/计数器值(TC)会在每个 PCLK 上递增;而当 PWMPR＝1 时,在每 2 个 PCLK 上递增。

8.2.7 PWM 匹配控制寄存器

PWM 匹配控制寄存器用于控制在某个 PWM 匹配寄存器与 PWM 定时器/计数器匹配时所执行的操作。PWM 匹配控制寄存器位格式及功能如表 8 - 7 所列。

表 8 - 7 PWM 匹配控制寄存器位描述

位	符 号	值	描 述	复位值
31:21	—	—	保留。从保留位中读出的值未定义,只写入 0	—
20	PWMMR6S	0 1	匹配寄存器 6 引发的停止功能。 该功能禁止; PWMMR6 引发的停止:PWMMR6 与 PWMTC 值匹配时 PWMTC 和 PWMPC 停止,PWMTCR[0]清零	0
19	PWMMR6R	0 1	匹配寄存器 6 引发的复位功能。 该功能禁止; PWMMR6 引发的复位:PWMMR5 与 PWMTC 值匹配时 PWMTC 复位	0
18	PWMMR6I	0 1	匹配寄存器 6 引发的中断功能。 该中断功能禁止; PWMMR6 引发的中断:PWMMR6 与 PWMTC 值匹配时将产生中断	0
17	PWMMR5S	0 1	匹配寄存器 5 引发的停止功能。 该功能禁止; PWMMR5 引发的停止:PWMMR5 与 PWMTC 值匹配时 PWMTC 和 PWMPC 停止,PWMTCR[0]清零	0
16	PWMMR5R	0 1	匹配寄存器 5 引发的复位功能。 该功能禁止; PWMMR5 引发的复位:PWMMR5 与 PWMTC 值匹配时 PWMTC 复位	0

轻松玩转 ARM Cortex-M3 微控制器——基于 LPC1788 系列

位	符 号	值	描　述	复位值
15	PWMMR5I	0 1	匹配寄存器 5 引发的中断功能。 该中断功能禁止; PWMMR5 引发的中断:PWMMR5 与 PWMTC 值匹配时将产生中断	0
14	PWMMR4S	0 1	匹配寄存器 4 引发的停止功能。 该功能禁止; PWMMR4 引发的停止:PWMMR4 与 PWMTC 值匹配时 PWMTC 和 PWMPC 停止,PWMTCR[0]清零	0
13	PWMMR4R	0 1	匹配寄存器 4 引发的复位功能。 该功能禁止; PWMMR4 引发的复位:PWMMR4 与 PWMTC 值匹配时 PWMTC 复位	0
12	PWMMR4I	0 1	匹配寄存器 4 引发的中断功能。 该中断功能禁止; PWMMR4 引发的中断:PWMMR4 与 PWMTC 值匹配时将产生中断	0
11	PWMMR3S	0 1	匹配寄存器 3 引发的停止功能。 该功能禁止; PWMMR3 引发的停止:PWMMR3 与 PWMTC 值匹配时 PWMTC 和 PWMPC 停止,PWMTCR[0]清零	0
10	PWMMR3R	0 1	匹配寄存器 3 引发的复位功能。 该功能禁止; PWMMR3 引发的复位:PWMMR3 与 PWMTC 值匹配时 PWMTC 复位	0
9	PWMMR3I	0 1	匹配寄存器 3 引发的中断功能。 该中断功能禁止; PWMMR3 引发的中断:PWMMR3 与 PWMTC 值匹配时将产生中断	0
8	PWMMR2S	0 1	匹配寄存器 2 引发的停止功能。 该功能禁止; PWMMR2 引发的停止:PWMMR2 与 PWMTC 值匹配时 PWMTC 和 PWMPC 停止,PWMTCR[0]清零	0
7	PWMMR2R	0 1	匹配寄存器 2 引发的复位功能。 该功能禁止; PWMMR2 引发的复位:PWMMR2 与 PWMTC 值匹配时 PWMTC 复位	0
6	PWMMR2I	0 1	匹配寄存器 2 引发的中断功能。 该中断功能禁止; PWMMR2 引发的中断:PWMMR2 与 PWMTC 值匹配时将产生中断	0

201

位	符 号	值	描 述	复位值
5	PWMMR1S	0 1	匹配寄存器 1 引发的停止功能。 该功能禁止； PWMMR1 引发的停止：PWMMR1 与 PWMTC 值匹配时 PWMTC 和 PWMPC 停止，PWMTCR[0]清零	0
4	PWMMR1R	0 1	匹配寄存器 1 引发的复位功能。 该功能禁止； PWMMR1 引发的复位：PWMMR1 与 PWMTC 值匹配时 PWMTC 复位	0
3	PWMMR1I	0 1	匹配寄存器 1 引发的中断功能。 该中断功能禁止； PWMMR1 引发的中断：PWMMR1 与 PWMTC 值匹配时将产生 中断	0
2	PWMMR0S	0 1	匹配寄存器 0 引发的停止功能。 该功能禁止； PWMMR0 引发的停止：PWMMR0 与 PWMTC 值匹配时 PWMTC 和 PWMPC 停止，PWMTCR[0]清零	0
1	PWMMR0R	0 1	匹配寄存器 0 引发的复位功能。 该功能禁止； PWMMR0 引发的复位：PWMMR0 与 PWMTC 值匹配时 PWMTC 复位	0
0	PWMMR0I	0 1	匹配寄存器 0 引发的中断功能。 该中断功能禁止； PWMMR0 引发的中断：PWMMR0 与 PWMTC 值匹配时将产生 中断	0

8.2.8 PWM 匹配寄存器

32 位 PWM 匹配寄存器的值不断与 PWM 定时器/计数器的值进行比较。当两个值相等时，会自动触发操作。可能的操作包括产生一个中断、复位 PWM 定时器/计数器或停止定时器。所执行的操作通过 PWMMCR 寄存器中的设置来控制。

8.2.9 PWM 捕获控制寄存器

捕获控制寄存器用来控制在 PWM0_CAP0 或 PWM1_CAP1:0 上发生捕获事件时，是否向任意一个捕获寄存器中加载定时器/计数器中的值，以及决定捕获事件是否产生中断。上升沿和下降沿可以同时设置，这将导致在两个沿上都会发生捕获事件。该寄存器位格式及功能描述如表 8 - 8 所列。

注：如果在 CTCR 中选择一个特定的 PWM_CAP 输入用于计数器模式，则该输入在本寄存器中的 3 个位都应该被编程为 000，而其他 2 个 PWM_CAP 输入可以选择进行捕获和/或产生中断。

表 8 - 8　PWM 捕获控制寄存器位描述

位	符　号	值	描　述	复位值
31:6	—	—	保留。从保留位中读出的值未定义，只写入 0	—
5	Interrupt on PWMn_CAP1 event	0	PWMn(n 为 0 或 1)的 CAP1 事件中断功能设置。该功能禁止；	0
		1	PWMn_CAP1 事件所导致的 CR1 装载将产生一个中断	
4	Capture on PWMn_CAP1 falling edge	0	PWMn(n 为 0 或 1)的 CAP1 下降沿捕获功能设置。该功能禁止；	0
		1	PWMn_CAP1 上同步采样到的下降沿将使 TC 的内容载入 CR1	
3	Capture on PWMn_CAP1 rising edge	0	PWMn(n 为 0 或 1)的 CAP1 上升沿捕获功能设置。该功能禁止；	0
		1	PWMn_CAP1 上同步采样到的上升沿将使 TC 的内容载入 CR1	
2	Interrupt on PWMn_CAP0 event	0	PWMn(n 为 0 或 1)的 CAP0 事件中断功能设置。该功能禁止；	0
		1	PWMn_CAP0 事件所导致的 CR0 装载将产生一个中断	
1	Capture on PWMn_CAP0 falling edge	0	PWMn(n 为 0 或 1)的 CAP0 下降沿捕获功能设置。该功能禁止；	0
		1	PWMn_CAP0 上同步采样到的下降沿将使 TC 的内容载入 CR0	
0	Capture on PWMn_CAP0 rising edge	0	PWMn(n 为 0 或 1)的 CAP0 上升沿捕获功能设置。该功能禁止；	0
		1	PWMn_CAP0 上同步采样到的上升沿将使 TC 的内容载入 CR0	

注：位[5:3]为 PWM0 的保留位，仅用于 PWM1。

8.2.10　PWM 捕获寄存器

　　每个 32 位捕获寄存器都与一个设备引脚相关联，且当该引脚上发生指定事件时，可以将 PWM 定时器/计数器的值加载到该寄存器中。PWM 捕获控制寄存器中的设置决定是否使能捕获功能，以及捕获事件是发生在关联引脚的上升沿、下降沿还是同时在两个沿上发生。

8.2.11　PWM 控制寄存器

　　PWM 控制寄存器用来使能和选择每个 PWM 通道的类型。该寄存器位格式及功能描述如表 8 - 9 所列。

表 8 - 9　PWM 控制寄存器位描述

位	符　号	值	描　述	复位值
31:15	Unused	—	未使用，始终为 0	—
14	PWMENA6	0	PWM[6]输出使能控制。PWM[6]输出禁止；	0
		1	PWM[6]输出使能	

位	符 号	值	描　　述	复位值
13	PWMENA5	0	PWM[5]输出使能控制。 PWM[5]输出禁止； PWM[5]输出使能	0
		1		
12	PWMENA4	0	PWM[4]输出使能控制。 PWM[4]输出禁止； PWM[4]输出使能	0
		1		
11	PWMENA3	0	PWM[3]输出使能控制。 PWM[3]输出禁止； PWM[3]输出使能	0
		1		
10	PWMENA2	0	PWM[2]输出使能控制。 PWM[2]输出禁止； PWM[2]输出使能	0
		1		
9	PWMENA1	0	PWM[1]输出使能控制。 PWM[1]输出禁止； PWM[1]输出使能	0
		1		
8:7	—	—	保留。从保留位中读出的值未定义,只写入 0	—
6	PWMSEL6	0	PWM[6]输出单/双沿控制。 PWM[6]输出选择单沿控制模式； PWM[6]输出选择双沿控制模式	0
		1		
5	PWMSEL5	0	PWM[5]输出单/双沿控制。 PWM[5]输出选择单沿控制模式； PWM[5]输出选择双沿控制模式	0
		1		
4	PWMSEL4	0	PWM[4]输出单/双沿控制。 PWM[4]输出选择单沿控制模式； PWM[4]输出选择双沿控制模式	0
		1		
3	PWMSEL3	0	PWM[3]输出单/双沿控制。 PWM[3]输出选择单沿控制模式； PWM[3]输出选择双沿控制模式	0
		1		
2	PWMSEL2	0	PWM[2]输出单/双沿控制。 PWM[2]输出选择单沿控制模式； PWM[2]输出选择双沿控制模式	0
		1		
1:0	Unused	—	未使用,始终为 0	—

8.2.12　PWM 锁存使能寄存器

　　当用于 PWM 生成时,PWM 锁存使能寄存器用来控制 PWM 匹配寄存器的更新。当定时器处于 PWM 模式时,如果软件对 PWM 匹配寄存器地址执行写操作,那么写入值实际上被保存在一个映像寄存器中,不会立即使用。

在 PWM 匹配 0 事件发生时(在 PWM 模式下,通常也会复位定时器),如果对应的锁存使能寄存器位已经置位,那么映像寄存器的内容将传送到实际的匹配寄存器中。此时,新的值会生效并决定下一个 PWM 周期。在发生新值传送时,LER 中的所有位会被自动清零。在 PWMLER 中相应位置位和 PWM 匹配 0 事件发生之前,任何写入 PWM 匹配寄存器的值都不会影响 PWM 操作。该寄存器位格式及功能描述如表 8 - 10 所列。

表 8 - 10　PWM 锁存使能寄存器位描述

位	符　号	描　述	复位值
7	—	保留。从保留位中读出的值未定义,只写入 0	—
6	Enable PWM Match 6 Latch	PWM MR6 寄存器更新控制,向该位写 1,允许最后写入 PWM 匹配寄存器 6 的值在由 PWM 匹配事件引起的下次定时器复位时生效	0
5	Enable PWM Match 5Latch	PWM MR5 寄存器更新控制,向该位写 1,允许最后写入 PWM 匹配寄存器 5 的值在由 PWM 匹配事件引起的下次定时器复位时生效	0
4	Enable PWM Match 4Latch	PWM MR4 寄存器更新控制,向该位写 1,允许最后写入 PWM 匹配寄存器 4 的值在由 PWM 匹配事件引起的下次定时器复位时生效	0
3	Enable PWM Match 3Latch	PWM MR3 寄存器更新控制,向该位写 1,允许最后写入 PWM 匹配寄存器 3 的值在由 PWM 匹配事件引起的下次定时器复位时生效	0
2	Enable PWM Match 2Latch	PWM MR2 寄存器更新控制,向该位写 1,允许最后写入 PWM 匹配寄存器 2 的值在由 PWM 匹配事件引起的下次定时器复位时生效	0
1	Enable PWM Match 1Latch	PWM MR1 寄存器更新控制,向该位写 1,允许最后写入 PWM 匹配寄存器 1 的值在由 PWM 匹配事件引起的下次定时器复位时生效	0
0	Enable PWM Match 0Latch	PWM MR0 寄存器更新控制,向该位写 1,允许最后写入 PWM 匹配寄存器 0 的值在由 PWM 匹配事件引起的下次定时器复位时生效	0

8.3　PWM 常用库函数

PWM 库函数由一组 API 驱动函数组成,这组函数覆盖了本外设所有功能。本节将介绍与 PWM 相关的主要库函数的功能,各功能函数详细说明如表 8 - 11～表 8 - 25 所列。

① 函数 PWM_GetPointer。

表 8 - 11　函数 PWM_GetPointer

函数名	LPC_PWM_TypeDef * PWM_GetPointer
函数原型	static LPC_PWM_TypeDef * PWM_GetPointer (uint8_t pwmId)
功能描述	本函数选择指定的 PWM 外设并返回指向 PWM 寄存器结构体的指针对象
输入参数	pwmId:PWM 外设编号,取值 0 或 1(LPC_PWM0 或 LPC_PWM1)
输出参数	无
返回值	返回指向 PWM 寄存器结构体的指针对象
调用函数	无
说　明	静态函数。PWM 寄存器结构体 LPC_PWM_TypeDef 内置参数含 IR、TCR、TC、PR、PC、MCR、MR0~6、CCR、PCR、CTCR 等全部的寄存器定义

② 函数 PWM_GetIntStatus。

表 8 - 12　函数 PWM_GetIntStatus

函数名	PWM_GetIntStatus
函数原型	IntStatus PWM_GetIntStatus(uint8_t pwmId, uint32_t IntFlag)
功能描述	检测指定 PWM 外设的某个中断标志是否设置
输入参数 1	pwmId：PWM 外设编号，取值 0 或 1
输入参数 2	IntFlag：中断标志，取下述值之一。 PWM_INTSTAT_MR0：PWM 匹配通道 0 的中断标志； PWM_INTSTAT_MR1：PWM 匹配通道 1 的中断标志； PWM_INTSTAT_MR2：PWM 匹配通道 2 的中断标志； PWM_INTSTAT_MR3：PWM 匹配通道 3 的中断标志； PWM_INTSTAT_MR4：PWM 匹配通道 4 的中断标志； PWM_INTSTAT_MR5：PWM 匹配通道 5 的中断标志； PWM_INTSTAT_MR6：PWM 匹配通道 6 的中断标志； PWM_INTSTAT_CAP0：捕获输入 0 的中断标志； PWM_INTSTAT_CAP1：捕获输入 1 的中断标志(仅在 PWM1 的 IR 寄存器中可用)
输出参数	无
返回值	如果对应的中断标志位已设置则返回 SET，否则返回 RESET
调用函数	PWM_GetPointer()函数
说　明	针对指定 PWM 外设的 IR 寄存器有效位读操作

③ 函数 PWM_ClearIntPending。

表 8 - 13　函数 PWM_ClearIntPending

函数名	PWM_ClearIntPending
函数原型	void PWM_ClearIntPending(uint8_t pwmId, uint32_t IntFlag)
功能描述	清除指定 PWM 外设的某个中断标志
输入参数 1	pwmId：PWM 外设编号，取值 0 或 1
输入参数 2	IntFlag：中断标志，取下述值之一。 PWM_INTSTAT_MR0：PWM 匹配通道 0 的中断标志； PWM_INTSTAT_MR1：PWM 匹配通道 1 的中断标志； PWM_INTSTAT_MR2：PWM 匹配通道 2 的中断标志； PWM_INTSTAT_MR3：PWM 匹配通道 3 的中断标志； PWM_INTSTAT_MR4：PWM 匹配通道 4 的中断标志； PWM_INTSTAT_MR5：PWM 匹配通道 5 的中断标志； PWM_INTSTAT_MR6：PWM 匹配通道 6 的中断标志； PWM_INTSTAT_CAP0：捕获输入 0 的中断标志； PWM_INTSTAT_CAP1：捕获输入 1 的中断标志
输出参数	无
返回值	无
调用函数	PWM_GetPointer()函数
说　明	针对指定 PWM 外设的 IR 寄存器有效位写清除

④ 函数 PWM_ConfigStructInit。

表 8 - 14 函数 PWM_ConfigStructInit

函数名	PWM_ConfigStructInit
函数原型	void PWM_ConfigStructInit(uint8_t PWMTimerCounterMode，void ＊ PWM_InitStruct)
功能描述	PWM 参数配置，将 PWM_InitStruct 结构体的参数置默认值
输入参数 1	PWMTimerCounterMode：定时器/计数器模式。 PWM_MODE_TIMER：定时器模式，在该模式时，参数：PrescaleOption＝ PWM_TIMER_ PRESCALE_USVAL（预分频值，单位 ms）；PrescaleValue＝ 1。PWM_MODE_COUNTER： 计数器模式，在该模式时，参数：CountInputSelect ＝ PWM_COUNTER_RISING（计数在选 择的 CAP 输入的上升沿出现时增加）；CounterOption ＝ PWM_COUNTER_PCAP1_0 （CAP1.0 用于输入）
输入参数 2	PWM_InitStruct：指向 PWM_InitStruct 结构体（根据定时器/计数器模式可选 PWM_ TIMERCFG_Type 或 PWM_COUNTERCFG_Type）的指针对象
输出参数	无
返回值	无
调用函数	该函数不独立使用，通常由其他函数调用
说 明	该函数功能类似于针对 CTCR 寄存器的设置。 注：PWM_InitStruct 的指针指向需根据 PWMTimerCounterMode（定时器/计数器模式） 选项确定，即根据模式为定时器或计数器配置默认参数

⑤ 函数 PWM_Init。

表 8 - 15 函数 PWM_Init

函数名	PWM_Init
函数原型	void PWM_Init(uint8_t pwmId，uint32_t PWMTimerCounterMode，void ＊ PWM_ConfigStruct)
功能描述	用 PWM_ConfigStruct 结构体内指定的参数初始化 PWM 外设
输入参数 1	pwmId：PWM 外设编号，取值 0 或 1
输入参数 2	PWMTimerCounterMode：定时器/计数器模式，取下述值之一。 PWM_MODE_TIMER：定时器模式； PWM_MODE_COUNTER：计数器模式
输入参数 3	PWM_ConfigStruct：指向 PWM_InitStruct 结构体（根据定时器/计数器模式可选 PWM_ TIMERCFG_Type 或 PWM_COUNTERCFG_Type）的指针对象，待初始化参数
输出参数	无
返回值	无
调用函数	CLKPWR_ConfigPPWR()函数、CLKPWR_GetCLK()函数、PWM_GetPointer()函数
说 明	该函数具有完整的功能，执行 PWM 外设指定定时器或计数器模式配置、电源和时钟控制 位使能以及对应的 PWM 寄存器初始化等操作

⑥ 函数 PWM_DeInit。

表 8 - 16　函数 PWM_DeInit

函数名	PWM_DeInit
函数原型	void PWM_DeInit (uint8_t pwmId)
功能描述	关闭指定的 PWM 外设
输入参数	pwmId：PWM 外设编号，取值 0 或 1
输出参数	无
返回值	无
调用函数	CLKPWR_ConfigPPWR()函数、PWM_GetPointer()函数
说　明	通过关闭电源、时钟位（PCPWM0 或 PCPWM1）和 TCR 寄存器复位来关闭指定的外设

⑦ 函数 PWM_Cmd。

表 8 - 17　函数 PWM_Cmd

函数名	PWM_Cmd
函数原型	void PWM_Cmd(uint8_t pwmId，FunctionalState NewState)
功能描述	使能或禁止指定 PWM 外设
输入参数 1	pwmId：PWM 外设编号，取值 0 或 1
输入参数 2	NewState：设置的新状态。 ENABLE：使能 PWM 外设； DISABLE：禁止 PWM 外设
输出参数	无
返回值	无
调用函数	PWM_GetPointer()函数
说　明	针对 TCR 寄存器对应的 PWM ENABLE 位设置

⑧ 函数 PWM_CounterCmd。

表 8 - 18　函数 PWM_CounterCmd

函数名	PWM_CounterCmd
函数原型	void PWM_CounterCmd(uint8_t pwmId，FunctionalState NewState)
功能描述	使能或禁止指定 PWM 外设的计数器
输入参数 1	pwmId：PWM 外设编号，取值 0 或 1
输入参数 2	NewState：设置的新状态。 ENABLE：使能 PWM 外设的计数器； DISABLE：禁止 PWM 外设的计数器
输出参数	无
返回值	无
调用函数	无
说　明	针对 TCR 寄存器位 COUNTER ENABLE 设置

⑨ 函数 PWM_ResetCounter。

表 8 - 19　函数 PWM_ResetCounter

函数名	PWM_ResetCounter
函数原型	void PWM_ResetCounter(uint8_t pwmId)
功能描述	指定 PWM 外设的计数器复位
输入参数	pwmId:PWM 外设编号,取值 0 或 1
输出参数	无
返回值	无
调用函数	PWM_GetPointer()函数
说　明	针对 TCR 寄存器位 COUNTER RESET 设置

⑩ 函数 PWM_ConfigMatch。

表 8 - 20　函数 PWM_ConfigMatch

函数名	PWM_ConfigMatch
函数原型	void PWM_ConfigMatch(uint8_t pwmId, PWM_MATCHCFG_Type * PWM_Match-ConfigStruct)
功能描述	指定 PWM 外设的匹配控制配置
输入参数 1	pwmId:PWM 外设编号,取值 0 或 1
输入参数 2	PWM_MatchConfigStruct:指向 PWM_MATCHCFG_Type 结构体的指针,内置参数如下。 MatchChannel:指定的匹配寄存器,取值 0~6; IntOnMatch:指定匹配寄存器的中断行为; StopOnMatch:指定匹配寄存器的停止行为; ResetOnMatch:指定匹配寄存器的复位行为
输出参数	无
返回值	无
调用函数	PWM_GetPointer()函数
说　明	针对 MCR 寄存器的有效位设置

⑪ 函数 PWM_ConfigCapture。

表 8 - 21　函数 PWM_ConfigCapture

函数名	PWM_ConfigCapture
函数原型	void PWM_ConfigCapture(uint8_t pwmId, PWM_CAPTURECFG_Type * PWM_Cap-tureConfigStruct)
功能描述	指定 PWM 外设的捕获控制参数配置
输入参数 1	pwmId:PWM 外设编号,取值 0 或 1
输入参数 2	PWM_CaptureConfigStruct:指向 PWM_CAPTURECFG_Type 结构体的指针,参数如下。 CaptureChannel:指定捕获通道,取值 0 或 1,对应捕获寄存器 0 或 1; RisingEdge:上升沿装载值(使能或禁止); FallingEdge:下降沿装载值(使能或禁止); IntOnCaption:指定捕获事件所导致的装载产生中断(使能或禁止)
输出参数	无
返回值	无
调用函数	PWM_GetPointer()函数
说　明	针对 CCR 寄存器的有效位设置

⑫ 函数 PWM_GetCaptureValue。

表 8 - 22　函数 PWM_GetCaptureValue

函数名	PWM_GetCaptureValue
函数原型	uint32_t PWM_GetCaptureValue(uint8_t pwmId, uint8_t CaptureChannel)
功能描述	获取指定捕获通道的数据
输入参数 1	pwmId:PWM 外设编号,取值 0 或 1
输入参数 2	CaptureChannel:指定捕获通道,取值 0 或 1,与捕获寄存器 0 或 1 对应
输出参数	无
返回值	数据返回到指定的捕获寄存器(CR0 或 CR1)内,其他则返回 0
调用函数	PWM_GetPointer()函数
说　明	数据值返回 CR0 或 CR1 寄存器

⑬ 函数 PWM_MatchUpdate。

表 8 - 23　函数 PWM_MatchUpdate

函数名	PWM_MatchUpdate
函数原型	void PWM_MatchUpdate(uint8_t pwmId, uint8_t MatchChannel, uint32_t MatchValue, uint8_t UpdateType)
功能描述	指定 PWM 外设的匹配寄存器值配置
输入参数 1	pwmId:PWM 外设编号,取值 0 或 1
输入参数 2	MatchValue:匹配寄存器(MR0~MR6)的值
输入参数 3	UpdateType:更新类型,在 PCLK 的下一个正相沿上同步复位,或计数器在 TCR 寄存器位 COUNTER RESET 恢复为 0 之前保持复位状态
输出参数	无
返回值	无
调用函数	PWM_GetPointer()函数
说　明	需配合 MR0~MR6 寄存器、LER 寄存器、TCR 寄存器位 COUNTER RESET 等操作

⑭ 函数 PWM_ChannelConfig。

表 8 - 24　函数 PWM_ChannelConfig

函数名	PWM_ChannelConfig
函数原型	void PWM_ChannelConfig(uint8_t pwmId, uint8_t PWMChannel, uint8_t ModeOption)
功能描述	指定 PWM 外设通道单/双边沿模式配置
输入参数 1	pwmId:PWM 外设编号,取值 0 或 1
输入参数 2	PWMChannel:PWM 通道,取值 2~6
输入参数 3	ModeOption:边沿类型。PWM_CHANNEL_SINGLE_EDGE:单沿; PWM_CHANNEL_DUAL_EDGE:双沿
输出参数	无

返回值	无
调用函数	PWM_GetPointer()函数
说　明	针对 PCR 寄存器配置

⑮ 函数 PWM_ChannelCmd。

表 8 - 25　函数 PWM_ChannelCmd

函数名	PWM_ChannelCmd
函数原型	void PWM_ChannelCmd(uint8_t pwmId, uint8_t PWMChannel, FunctionalState NewState)
功能描述	使能或禁止指定的 PWM 通道输出
输入参数 1	pwmId:PWM 外设编号,取值 0 或 1
输入参数 2	PWMChannel:PWM 通道,取值 1～6
输入参数 3	NewState:设置的状态。 ENABLE:使能指定的通道输出; DISABLE:禁止指定的通道输出
输出参数	无
返回值	无
调用函数	PWM_GetPointer()函数
说　明	针对 PCR 寄存器配置,但配置的通道总数与 PWM_ChannelConfig()函数有区别

8.4　PWM 应用实例

在讲述完 PWM 外设相关的寄存器以及库函数之后,将在本节开始讲述 PWM 外设的应用实例设计。

8.4.1　设计目标

PWM 外设应用安排了两个实例,通过定义几个外部引脚输出即可实现相应功能。

① 单沿 PWM 信号 6 通道输出。配置 6 个不同周期的单沿 PWM 信号在 6 个通道上输出。

② 单双沿 PWM 信号通道输出。配置单双沿 PWM 信号在通道上输出,与单沿在寄存器配置上面略有差异。

8.4.2　硬件电路设计

单沿 PWM 信号 6 通道输出实例演示基本电路示意图如图 8 - 3 所示。

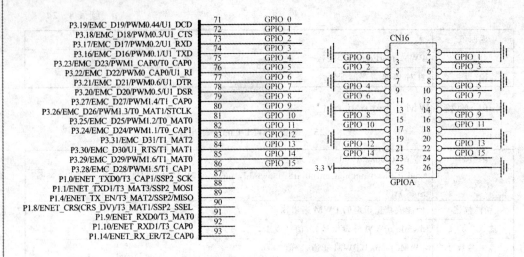

图 8-3 PWM 实例演示硬件电路原理图

8.4.3 实例软件设计

本章的 PWM 外设应用将演示两个信号输出实例,分别为单沿 PWM 信号 6 通道输出实例和单双沿 PWM 信号通道输出实例。

1. 单沿 PWM 信号输出

单沿 PWM 信号 6 通道输出实例的程序设计所涉及的软件结构如表 8-26 所列,主要程序文件及功能说明如表 8-27 所列。

表 8-26 软件设计结构

用户应用层			
Pwm_SingleEdge. c			
CMSIS 层			
Cortex-M3 内核外设访问层	LPC17xx 设备外设访问层		
core_cm3. h core_cmFunc. h core_cmInstr. h	启动代码 (startup_LPC-177x_8x. s)	LPC177x_8x. h	system_LPC177x_8x. c	system_LPC177x_8x. h
硬件外设层			
时钟电源控制驱动库	PWM 外设驱动库		引脚连接配置驱动库
lpc177x_8x_clkpwr. c	lpc177x_8x_pwm. c		lpc177x_8x_pinsel. c
lpc177x_8x_clkpwr. h	lpc177x_8x_pwm. h		lpc177x_8x_pinsel. h

表 8 - 27　程序设计文件功能说明

文件名称	程序设计文件功能说明
Pwm_SingleEdge. c	主程序,含 main()入口函数、程序主功能函数 c_entry()等
lpc177x_8x_clkpwr. c	公有程序,时钟与电源控制驱动库。注:由其他驱动库文件调用
lpc177x_8x_pwm. c	公有程序,PWM 外设驱动库。在 c_entry()函数中调用
lpc177x_8x_pinsel. c	公有程序,引脚连接配置驱动库。注:由主程序等调用
startup_LPC177x_8x. s	启动代码文件

本例程采用 PWM 外设产生 6 个单边沿 PWM 信号,每个信号的周期按固定规律递增,例程主要包括下述几个功能。

① I/O 引脚配置部分,配置 PWM 信号输出引脚,本例共配置 6 个通道用于输出,选择 PWM1 时,引脚可配置为 P3.24~P3.29。

② PWM 外设配置部分,用于 PWM 定时器/计数器的参数配置与匹配参数配置、6 个匹配通道的单沿输出及匹配参数配置等。

实例的主功能函数都集中在 c_entry()函数内,最后由 main()入口函数完成调用,完整的程序函数主体 c_entry()代码如下:

```
#define _USING_PWM_NO        0
#define PWM_CHANNEL_DIFFERENT_VALUE             (30)//通道固定的递增值
void c_entry(void)
{
uint8_t pwmChannel, channelVal;
PWM_TIMERCFG_Type PWMCfgDat;                //定义对象用于 PWM 参数配置
PWM_MATCHCFG_Type PWMMatchCfgDat;           //定义对象用于 PWM 匹配参数配置
/* PWM 外设配置 */
/* 参数配置 PWM 预分频值 = 1 (absolute value - tick value) */
PWMCfgDat.PrescaleOption = PWM_TIMER_PRESCALE_TICKVAL;
PWMCfgDat.PrescaleValue = 1;
/* 初始化 PWM 外设,指定定时器模式及参数配置 */
PWM_Init(_USING_PWM_NO, PWM_MODE_TIMER, (void *) &PWMCfgDat);
#if (_USING_PWM_NO == 1)                     //采用 PWM1 时
/* 引脚配置为 P3.24~P3.29 */
for (pwmChannel = 24; pwmChannel <= 29; pwmChannel ++ )
{
    PINSEL_ConfigPin (3, pwmChannel, 2);
}
```

```
#elif (_USING_PWM_NO == 0)                          //采用 PWM0 时
/* 引脚配置如下 */
PINSEL_ConfigPin (1, 2, 3);                         //PWM0.1
PINSEL_ConfigPin (1, 3, 3);                         //PWM0.2
PINSEL_ConfigPin (1, 5, 3);                         //PWM0.3
PINSEL_ConfigPin (1, 6, 3);                         //PWM0.4
PINSEL_ConfigPin (1, 7, 3);                         //PWM0.5
PINSEL_ConfigPin (1, 11, 3);                        //PWM0.6
#else
return 0;
#endif
/* 设置 PWM0 外设匹配通道 0 的匹配寄存器值 256(MR0 = 256),并立即更新 */
PWM_MatchUpdate(_USING_PWM_NO, 0, 256, PWM_MATCH_UPDATE_NOW);
/* ----PWM 匹配参数设置---- */
/* 匹配时禁止中断 */
PWMMatchCfgDat.IntOnMatch = DISABLE;
/* 匹配通道 0 */
PWMMatchCfgDat.MatchChannel = 0;
/* 匹配时使能复位,即通道 0 匹配时定时器/计数器将复位 */
PWMMatchCfgDat.ResetOnMatch = ENABLE;
/* 匹配时停止 TC,PC 复位 TCR 位 0 的特性被禁止 */
PWMMatchCfgDat.StopOnMatch = DISABLE;
/* 完成 PWM0 外设的匹配控制参数配置 */
PWM_ConfigMatch(_USING_PWM_NO, &PWMMatchCfgDat);
/* -----配置每个通道的参数:含单沿等---- */
/* 注:每个 PWM 通道的占空比由两个匹配通道决定 */
/* 如果选择通道 2~7,注:通道 1 默认为单沿模式且无法切换到双沿模式 */
for (pwmChannel = 2; pwmChannel < 7; pwmChannel + +)
{
/* 指定 PWM 通道的单/双边沿模式配置:此处配置为单沿 */
PWM_ChannelConfig(_USING_PWM_NO,pwmChannel,
                    PWM_CHANNEL_SINGLE_EDGE);
}
/* 每个匹配通道的匹配值配置 */
channelVal = 10;
/* 如果选择通道 1~7 */
```

```
for (pwmChannel = 1; pwmChannel < 7; pwmChannel + +)
{
    /* 设置 PWM0 对应匹配通道的匹配寄存器值初始值 10,并立即更新 */
    PWM_MatchUpdate(_USING_PWM_NO, pwmChannel, channelVal,
                    PWM_MATCH_UPDATE_NOW);
    /* - - -匹配控制选项配置- - - */
    /* 匹配中断禁止 */
    PWMMatchCfgDat.IntOnMatch = DISABLE;
    /* 配置所选的通道 */
    PWMMatchCfgDat.MatchChannel = pwmChannel;
    /* 禁止匹配时的复位行为 */
    PWMMatchCfgDat.ResetOnMatch = DISABLE;
    /* 禁止匹配时的停止行为 */
    PWMMatchCfgDat.StopOnMatch = DISABLE;
    /* 完成匹配控制参数配置 */
    PWM_ConfigMatch(_USING_PWM_NO, &PWMMatchCfgDat);
    /* 使能所选的 PWM 通道输出 */
    PWM_ChannelCmd(_USING_PWM_NO, pwmChannel, ENABLE);
    /* 匹配值以 30 的规律递增 */
    channelVal += PWM_CHANNEL_DIFFERENT_VALUE;
}
/* PWM 外设的计数器复位 */
PWM_ResetCounter(_USING_PWM_NO);
/* 使能 PWM 外设的计数器 */
PWM_CounterCmd(_USING_PWM_NO, ENABLE);
/* 启动 PWM */
PWM_Cmd(_USING_PWM_NO, ENABLE);
/* 循环 */
while(1);
}
```

2. 单双沿 PWM 信号输出

单双沿 PWM 信号通道输出实例的程序设计所涉及的软件结构如表 8 - 28 所列,主要程序文件及功能说明如表 8 - 29 所列。

本例程与单沿 PWM 信号输出例程大部分功能类似,同样包括 I/O 引脚配置部分和 PWM 外设配置部分,仅在匹配通道设置上稍有差异(不同点包含匹配寄存器值配置、PWM 通道输出配置等)。

轻松玩转ARM Cortex-M3 微控制器——基于LPC1788 系列

215

表 8 - 28　软件设计结构

用户应用层			
Pwm_DualEdge. c			
CMSIS 层			
Cortex - M3 内核外设访问层	LPC17xx 设备外设访问层		
core_cm3. h core_cmFunc. h core_cmInstr. h	启动代码 (startup_LPC- 177x_8x. s)	LPC177x_8x. h	system_LPC177x_8x. c	system_LPC177x_8x. h
硬件外设层			
时钟电源控制驱动库	PWM 外设驱动库	引脚连接配置驱动库	
lpc177x_8x_clkpwr. c	lpc177x_8x_pwm. c	lpc177x_8x_pinsel. c	
lpc177x_8x_clkpwr. h	lpc177x_8x_pwm. h	lpc177x_8x_pinsel. h	

表 8 - 29　程序设计文件功能说明

文件名称	程序设计文件功能说明
Pwm_DualEdge. c	主程序,含 main()入口函数、单双沿 PWM 输出程序主功能函数 c_entry()等
lpc177x_8x_clkpwr. c	公有程序,时钟与电源控制驱动库。注:由其他驱动库文件调用
lpc177x_8x_pwm. c	公有程序,PWM 外设驱动库。在 c_entry()函数中调用
lpc177x_8x_pinsel. c	公有程序,引脚连接配置驱动库。注:由主程序等调用
startup_LPC177x_8x. s	启动代码文件

　　实例的主功能函数仍然集中在 c_entry()函数内,最后由 main()入口函数完成调用,完整的程序函数主体 c_entry()代码如下:

```
#define _USING_PWM_NO      0                    //定义 PWM 外设:PWM0 的宏
void c_entry(void)
{
uint8_t pwmChannel;
PWM_TIMERCFG_Type PWMCfgDat;                    //定义对象用于 PWM 参数配置
PWM_MATCHCFG_Type PWMMatchCfgDat;               //定义对象用于 PWM 匹配参数配置
/* PWM 外设配置 */
/* 参数配置 PWM 预分频值 */
PWMCfgDat.PrescaleOption = PWM_TIMER_PRESCALE_TICKVAL;
PWMCfgDat.PrescaleValue = 1;
/* 初始化 PWM 外设,指定定时器模式及参数配置 */
PWM_Init(_USING_PWM_NO, PWM_MODE_TIMER, (void *) &PWMCfgDat);
#if (_USING_PWM_NO == 1)//采用 PWM1 时
/* 引脚配置为 P3.24～P3.29 */
for (pwmChannel = 24; pwmChannel <= 29; pwmChannel++)
{
```

```
        PINSEL_ConfigPin (3, pwmChannel, 2);
}
#elif (_USING_PWM_NO == 0)//采用 PWM0 时
/*引脚配置如下*/
PINSEL_ConfigPin (1, 2, 3); //PWM0.1
PINSEL_ConfigPin (1, 3, 3); //PWM0.2
PINSEL_ConfigPin (1, 5, 3); //PWM0.3
PINSEL_ConfigPin (1, 6, 3); //PWM0.4
PINSEL_ConfigPin (1, 7, 3); //PWM0.5
PINSEL_ConfigPin (1, 11, 3);//PWM0.6
#else
return 0;
#endif
```

/*设置 PWM0 外设匹配通道 0 的匹配寄存器值 100(MR0 = 256),并立即更新*/

```
PWM_MatchUpdate(_USING_PWM_NO, 0, 100, PWM_MATCH_UPDATE_NOW);
```

/* - - - - PWM 匹配参数设置 - - - - */

/*匹配时禁止中断*/

```
PWMMatchCfgDat.IntOnMatch = DISABLE;
```

/*匹配通道 0*/

```
PWMMatchCfgDat.MatchChannel = 0;
```

/*匹配时使能复位*/

```
PWMMatchCfgDat.ResetOnMatch = ENABLE;
```

/*匹配时停止特性被禁止*/

```
PWMMatchCfgDat.StopOnMatch = DISABLE;
```

/*完成 PWM0 外设的匹配控制参数配置*/

```
PWM_ConfigMatch(_USING_PWM_NO, &PWMMatchCfgDat);
```

/* - - - - - 配置每个通道的参数:含双沿等 - - - - */

```
/* 通道 2:双沿
 * 通道 4:双沿
 * 通道 5:单沿
 * 匹配寄存器值配置如下:
 * MR0 = 100 (PWM 速率)
 * MR1 = 41, MR2 = 78 (PWM2 输出)
 * MR3 = 53, MR4 = 27 (PWM4 输出)
 * MR5 = 65 (PWM5 输出)
 * 每个 PWM 通道的占空比:
 * 通道 2:匹配 1 设置,由匹配 2 复位.
 * 通道 4:匹配 3 设置,由匹配 4 复位.
 * 通道 5:匹配 0 设置,由匹配 5 复位.
 */
```

/* - - - - 边沿模式设置 - - - */

/*PWM0 通道 2 双沿*/

```
PWM_ChannelConfig(_USING_PWM_NO, 2, PWM_CHANNEL_DUAL_EDGE);
/* PWM0 通道 4 双沿 */
PWM_ChannelConfig(_USING_PWM_NO, 4, PWM_CHANNEL_DUAL_EDGE);
/* PWM0 通道 5 单沿 */
PWM_ChannelConfig(_USING_PWM_NO, 5, PWM_CHANNEL_SINGLE_EDGE);
/* - - -配置匹配寄存器值与立即更新模式- - - */
/* MR1 = 41,立即更新 */
PWM_MatchUpdate(_USING_PWM_NO, 1, 41, PWM_MATCH_UPDATE_NOW);
/* MR2 = 78,立即更新 */
PWM_MatchUpdate(_USING_PWM_NO, 2, 78, PWM_MATCH_UPDATE_NOW);
/* MR3 = 53,立即更新 */
PWM_MatchUpdate(_USING_PWM_NO, 3, 53, PWM_MATCH_UPDATE_NOW);
/* MR4 = 27,立即更新 */
PWM_MatchUpdate(_USING_PWM_NO, 4, 27, PWM_MATCH_UPDATE_NOW);
/* MR5 = 65,立即更新 */
PWM_MatchUpdate(_USING_PWM_NO, 5, 65, PWM_MATCH_UPDATE_NOW);
/* - - -匹配参数选项设置- - - */
/* 选择通道 1～6 */
for (pwmChannel = 1; pwmChannel < 6; pwmChannel + +)
{
    /* - - -匹配参数配置- - - */
    /* 匹配中断禁止 */
    PWMMatchCfgDat.IntOnMatch = DISABLE;
    /* 配置所选的通道 */
    PWMMatchCfgDat.MatchChannel = pwmChannel;
    /* 禁止匹配时的复位行为 */
    PWMMatchCfgDat.ResetOnMatch = DISABLE;
    /* 禁止匹配时的停止行为 */
    PWMMatchCfgDat.StopOnMatch = DISABLE;
    /* 完成匹配控制参数配置 */
    PWM_ConfigMatch(PWM_1, &PWMMatchCfgDat);
}
/* - - -使能 PWM 通道输出- - - */
/* 通道 2 */
PWM_ChannelCmd(_USING_PWM_NO, 2, ENABLE);
/* 通道 4 */
PWM_ChannelCmd(_USING_PWM_NO, 4, ENABLE);
/* 通道 5 */
PWM_ChannelCmd(_USING_PWM_NO, 5, ENABLE);
/* 先复位 PWM0 的定时器/计数器 */
PWM_ResetCounter(_USING_PWM_NO);
/* 后使能 PWM0 的定时器/计数器 */
```

轻松玩转ARM Cortex-M3 微控制器——基于LPC1788 系列

```
PWM_CounterCmd(_USING_PWM_NO, ENABLE);
/* 启动 PWM */
PWM_Cmd(_USING_PWM_NO, ENABLE);
/* 循环 */
while(1);
}
```

8.5　实例总结

　　本章着重介绍了 LPC178x 系列微处理器的 PWM 外设的基本结构、相关寄存器与库函数功能等，调用 I/O 引脚连接管理驱动库和 PWM 外设驱动库等实现单双沿 PWM 信号的应用。由于应用主要依赖于匹配控制与匹配寄存器值等的配置，因此在软件设计的过程中，还需要深刻领会单双沿模式下的寄存器配置原则。此外，读者可以查看 IC 引脚规格，灵活选择 PWM 引脚。通过适当的代码改良，读者可基于电机驱动电路轻易地驱动三相电机上下桥，实现电机控制功能。

第 9 章

电机控制脉宽调制器应用

电机控制脉宽调制器(MCPWM)外设的性能优于 PWM,它非常适合于三相交流和直流的电机控制应用,同样也可用于需要定时、计数、捕获和比较的其他多种应用场合。

9.1　电机控制脉宽调制器概述

LPC178x 系列微控制器的电机控制脉宽调制器包含 3 个独立的通道,电机控制脉宽调制器完整的内部功能结构如图 9-1 所示,它的每个通道包括:

- 1 个 32 位定时器/计数器(TC);
- 1 个 32 位界限寄存器(LIM);
- 1 个 32 位匹配寄存器(MAT);
- 1 个 10 位死区时间寄存器(DT)和相应的 10 位死区时间计数器;
- 1 个 32 位捕获寄存器(CAP);
- 2 个极性相反的已调制输出(MC_A 和 MC_B);
- 1 个周期中断、1 个脉宽中断和 1 个捕获中断。

输入引脚 MC_FB0-2 可以触发 TC 捕获或使通道的 TC 值递增。一个全局中止输入会强制所有通道进入 A"无效"状态并产生一个中断。

9.1.1　电机控制脉宽调制器的基本配置

配置电机控制脉宽调制器主要使用下列寄存器:

① 功率。在 PCONP 寄存器中置位 PCMCPWM。

注:复位时,MCPWM 被禁止(PCMCPWM=0)。

② 外设时钟。MCPWM 使用公共 PCLK,它既用于总线接口,也用于大多数 APB 外设的功能部分。

③ 引脚。通过相关的 IOCON 寄存器选择 MCPWM 引脚,并为具有 MCPWM 功能的端口引脚选择引脚模式。

④ 中断。利用相应的中断置位使能寄存器来使能 NVIC 中的中断。

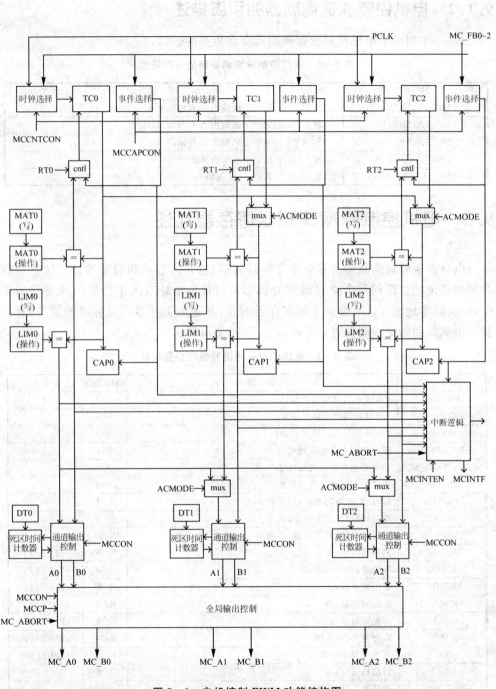

图 9 - 1　电机控制 PWM 功能结构图

9.1.2　电机控制脉宽调制器的引脚描述

表 9-1 列出了电机控制脉宽调制器全部相关的引脚。

表 9-1　电机控制脉宽调制器的引脚描述

引　脚	类　型	描　述
MC_0A,MC_0B	输出	通道 0 的输出 A 和输出 B
MC_1A,MC_1B	输出	通道 1 的输出 A 和输出 B
MC_2A,MC_2B	输出	通道 2 的输出 A 和输出 B
$\overline{\text{MC\_ABORT}}$	输入	低电平有效的快速中止
MC_FB0,MC_FB1,MC_FB2	输入	通道 0~2 的输入

9.2　电机控制脉宽调制器寄存器描述

电机控制脉宽调制器的多个寄存器具有单独的读、置位和清零地址。读这类寄存器的读地址会得到每个寄存器位的状态。向置位地址写入 1 会置位该寄存器的位,而向清零地址写入 1 会清零该寄存器的位,其他的寄存器均是标准的读/写寄存器。电机控制脉宽调制器寄存器映射如表 9-2 所列。

表 9-2　电机控制脉宽调制器寄存器映射

通用名称	描　述	访问类型	复位值
MCCON	PWM 控制寄存器读地址	RO	0
MCCON_SET	PWM 控制寄存器置位地址	WO	—
MCCON_CLR	PWM 控制寄存器清零地址	WO	—
MCCAPCON	捕获控制寄存器读地址	RO	0
MCCAPCON_SET	捕获控制寄存器置位地址	WO	—
MCCAPCON_CLR	事件控制寄存器清零地址	WO	—
MCTC0	定时器/计数器寄存器,通道 0	R/W	0
MCTC1	定时器/计数器寄存器,通道 1	R/W	0
MCTC2	定时器/计数器寄存器,通道 2	R/W	0
MCLIM0	界限寄存器,通道 0	R/W	0xFFFFFFFF
MCLIM1	界限寄存器,通道 1	R/W	0xFFFFFFFF
MCLIM2	界限寄存器,通道 2	R/W	0xFFFFFFFF
MCMAT0	匹配寄存器,通道 0	R/W	0xFFFFFFFF
MCMAT1	匹配寄存器,通道 1	R/W	0xFFFFFFFF
MCMAT2	匹配寄存器,通道 2	R/W	0xFFFFFFFF
MCDT	死区时间寄存器	R/W	0x3FFFFFFF
MCCP	通信格式寄存器	R/W	0
MCCAP0	捕获寄存器,通道 0	RO	0
MCCAP1	捕获寄存器,通道 1	RO	0

通用名称	描　述	访问类型	复位值
MCCAP2	捕获寄存器,通道 2	RO	0
MCINTEN	中断使能寄存器读地址	RO	0
MCINTEN_SET	中断使能寄存器置位地址	WO	—
MCINTEN_CLR	中断使能寄存器清零地址	WO	—
MCCNTCON	计数控制寄存器读地址	RO	0
MCCNTCON_SET	计数控制寄存器置位地址	WO	—
MCCNTCON_CLR	计数控制寄存器清零地址	WO	—
MCINTF	中断标志寄存器读地址	RO	0
MCINTF_SET	中断标志寄存器置位地址	WO	—
MCINTF_CLR	中断标志寄存器清零地址	WO	—
MCCAP_CLR	捕获寄存器清零地址	WO	—

9.2.1　MCPWM 控制寄存器

　　MCPWM 控制寄存器按操作类型分为寄存器读地址、寄存器置位地址和寄存器清零地址 3 种寄存器。

1. MCPWM 控制寄存器读地址

　　MCCON 寄存器控制所有 PWM 通道的操作。该地址是只读的,但可以通过写地址 MCCON_SET、MCCON_CLR 来修改寄存器。该寄存器位功能如表 9 - 3 所列。

表 9 - 3　MCCON 寄存器读地址位描述

位	符　号	值	描　述	复位值
31	DCMODE	0	三相 DC 模式选择。 三相 DC 模式关闭:PWM 通道独立(除非位 ACMODE=1);	0
		1	三相 DC 模式打开:内部 MC_0A 输出通过 MCCP(也就是屏蔽)寄存器连接到所有 6 个 PWM 输出	
30	ACMODE	0	三相 AC 模式选择。 三相 AC 模式关闭:每个 PWM 通道使用其自身的定时器/计数器和周期寄存器	0
		1	三相 AC 模式打开:所有 PWM 通道都使用通道 0 的定时器/计数器和周期寄存器	
29	INVBDC		控制全部 3 个通道的 MC_B 输出的极性。该位仅在三相 DC 模式中置位为 1。	
		0	MC_B 输出与 MC_A 输出的极性相反(除死区时间);	
		1	MC_B 输出与 MC_A 输出的基本极性相同	
28:21	—	—	保留。从保留位中读出的值未定义,只写入 0	

位	符 号	值	描　　　述	复位值
20	DISUP2	0	使能/禁止通道 2 的功能寄存器更新。 在每个 PWM 周期结束时用写寄存器的值更新功能寄存器；	0
		1	只要定时器在运行,功能寄存器就保持原样	
19	DTE2	0	控制通道 1 的死区时间特性。 死区时间被禁止；	0
		1	死区时间使能	
18	POLA2	0	选择 MC_2A 和 MC_2B 引脚的极性。 无效的状态为低电平,有效的状态为高电平；	0
		1	无效的状态为高电平,有效的状态为低电平	
17	CENTER2	0	通道 2 的沿/中心对齐。 沿对齐；	0
		1	中心对齐	
16	RUN2	0	停止/启动定时器通道 2。 停止；	0
		1	运行	
15:13	—	—	保留。从保留位中读出的值未定义,只写入 0	—
12	DISUP1		使能/禁止通道 1 的功能寄存器更新。	0
		0	在每个 PWM 周期结束时用写寄存器的值更新功能寄存器；	
		1	只要定时器在运行,功能寄存器就保持原样	
11	DTE1	0	控制通道 1 的死区时间特性。 死区时间被禁止；	0
		1	死区时间使能	
10	POLA1	0	选择 MC_1A 和 MC_1B 引脚的极性。 无效的状态为低电平,有效的状态为高电平；	0
		1	无效的状态为高电平,有效的状态为低电平	
9	CENTER1	0	通道 1 的沿/中心对齐。 沿对齐；	0
		1	中心对齐	
8	RUN1	0	停止/启动定时器通道 1。 停止；	0
		1	运行	
7:5	—	—	保留。从保留位中读出的值未定义,只写入 0	—
4	DISUP0	0	使能/禁止通道 0 的功能寄存器更新。 在每个 PWM 周期结束时用写寄存器的值更新功能寄存器；	0
		1	只要定时器在运行,功能寄存器就保持原样	
3	DTE0	0	控制通道 0 的死区时间特性。 死区时间被禁止；	0
		1	死区时间使能	

位	符　号	值	描　述	复位值
2	POLA0	0	选择 MC_0A 和 MC_0B 引脚的极性。无效的状态为低电平，有效的状态为高电平；	0
		1	无效的状态为高电平，有效的状态为低电平	
1	CENTER0	0	通道 0 的沿/中心对齐。沿对齐；	0
		1	中心对齐	
0	RUN0	0	停止/启动定时器通道0。停止；	0
		1	运行	

2. MCPWM 控制寄存器置位地址

向该地址写入 1 会置位 MCCON 中的相应位，该控制寄存器置位地址位描述如表 9 - 4 所列。

表 9 - 4　MCCON_SET 寄存器置位地址位描述

位	描　述
31:0	向该地址写入 1 会置位 MCCON 寄存器中的相应位（这些寄存器位详见表 9 - 3）

3. MCPWM 控制寄存器清零地址

向该地址写入 1 会将 MCCON 中的相应位清零，该控制寄存器清零地址位描述如表 9 - 5 所列。

表 9 - 5　MCCON_CLR 寄存器清零地址位描述

位	描　述
31:0	向该地址写入 1 会将 MCCON 寄存器中的相应位清零（这些寄存器位详见 MCCON_CLR 寄存器清零地址位描述）

9.2.2　MCPWM 捕获控制寄存器

MCPWM 捕获控制寄存器按操作类型分为寄存器读地址、寄存器置位地址和寄存器清零地址 3 种。

1. MCPWM 捕获控制寄存器读地址

MCCAPCON 寄存器控制所有 MCPWM 通道上 MC_FB0～2 输入的事件检测。3 个 MC_FB 输入中的任意 1 个都可以用来触发任意 1 个或所有 3 个通道上的捕获事件。该地址是只读的，但可以通过写地址 MCCAPCON_SET 和 MCCAPCON_CLR 来修改寄存器。该寄存器位功能如表 9 - 6 所列。

表 9 - 6　MCCAPCON 寄存器读地址位描述

位	符　号	描　述	复位值
31:24	—	保留。从保留位中读出的值未定义	—
23	HNFCAP2	硬件噪声滤波器：若该位为 1，通道 2 上的捕获事件延迟	0
22	HNFCAP1	硬件噪声滤波器：若该位为 1，通道 1 上的捕获事件延迟	0
21	HNFCAP0	硬件噪声滤波器：若该位为 1，通道 0 上的捕获事件延迟	0
20	RT2	若该位为 1，TC2 在出现通道 2 捕获事件时复位	0
19	RT1	若该位为 1，TC1 在出现通道 1 捕获事件时复位	0
18	RT0	若该位为 1，TC0 在出现通道 0 捕获事件时复位	0
17	CAP2MCFB2_FE	为 1 时，在 MC_FB2 的下降沿上使能一个通道 2 的捕获事件	0
16	CAP2MCFB2_RE	为 1 时，在 MC_FB2 的上升沿上使能一个通道 2 的捕获事件	0
15	CAP2MCFB1_FE	为 1 时，在 MC_FB1 的下降沿上使能一个通道 2 的捕获事件	0
14	CAP2MCFB1_RE	为 1 时，在 MC_FB1 的上升沿上使能一个通道 2 的捕获事件	0
13	CAP2MCFB0_FE	为 1 时，在 MC_FB0 的下降沿上使能一个通道 2 的捕获事件	0
12	CAP2MCFB0_RE	为 1 时，在 MC_FB0 的上升沿上使能一个通道 2 的捕获事件	0
11	CAP1MCFB2_FE	为 1 时，在 MC_FB2 的下降沿上使能一个通道 1 的捕获事件	0
10	CAP1MCFB2_RE	为 1 时，在 MC_FB2 的上升沿上使能一个通道 1 的捕获事件	0
9	CAP1MCFB1_FE	为 1 时，在 MC_FB1 的下降沿上使能一个通道 1 的捕获事件	0
8	CAP1MCFB1_RE	为 1 时，在 MC_FB1 的上升沿上使能一个通道 1 的捕获事件	0
7	CAP1MCFB0_FE	为 1 时，在 MC_FB0 的下降沿上使能一个通道 1 的捕获事件	0
6	CAP1MCFB0_RE	为 1 时，在 MC_FB0 的上升沿上使能一个通道 1 的捕获事件	0
5	CAP0MCFB2_FE	为 1 时，在 MC_FB2 的下降沿上使能一个通道 0 的捕获事件	0
4	CAP0MCFB2_RE	为 1 时，在 MC_FB2 的上升沿上使能一个通道 0 的捕获事件	0
3	CAP0MCFB1_FE	为 1 时，在 MC_FB1 的下降沿上使能一个通道 0 的捕获事件	0
2	CAP0MCFB1_RE	为 1 时，在 MC_FB1 的上升沿上使能一个通道 0 的捕获事件	0
1	CAP0MCFB0_FE	为 1 时，在 MC_FB0 的下降沿上使能一个通道 0 的捕获事件	0
0	CAP0MCFB0_RE	为 1 时，在 MC_FB0 的上升沿上使能一个通道 0 的捕获事件	0

2. MCPWM 捕获控制寄存器置位地址

向该地址写入 1 会置位 MCCAPCON 中的相应位，该捕获控制寄存器置位地址位描述如表 9 - 7 所列。

表 9 - 7　MCCAPCON_SET 寄存器置位地址位描述

位	描　述
31:0	向该地址写入 1 会置位 MCCAPCON 寄存器中的相应位（这些寄存器位详见表 9 - 6）

3. MCPWM 捕获控制寄存器清零地址

向该地址写入 1 会清零 MCCAPCON 中的相应位，该捕获控制寄存器清零地址位描述如表 9 - 8 所列。

表 9 - 8　MCCAPCON_CLR 寄存器清零地址位描述

位	描述
31:0	向该地址写入 1 会将 MCCAPCON 寄存器中的相应位清零(这些寄存器位详见表 9-6)

9.2.3　MCPWM 中断寄存器

电机控制脉宽调制器模块包括表 9-9 所列中断源,所有 MCPWM 中断寄存器(见表 9-10)都有一个位对应于该表所列的中断源。

表 9 - 9　MCPWM 中断源

符　号	描　述	符　号	描　述
ILIM0/1/2	通道 0~2 的界限中断	ICAP0/1/2	通道 0~2 的捕获中断
IMAT0/1/2	通道 0~2 的匹配中断	ABORT	快速中止中断

表 9 - 10　中断寄存器位分配表

位	31~16	15	14~11	10	9	8	7
引　脚	保留	ABORT	保留	ICAP2	IMAT2	ILIM2	保留
位	6	5	4	3	2	1	0
引　脚	ICAP1	IMAT1	ILIM1	ICAP0	IMAT0	ILIM0	ICAP0

1. MCPWM 中断使能寄存器读地址

MCINTEN 寄存器可控制使能哪一个 MCPWM 中断源。虽然该地址是只读的,但可以通过写地址 MCINTEN_SET 和 MCINTEN_CLR 来修改寄存器值,该寄存器位功能如表 9-11 所列。

表 9 - 11　MCINTEN 寄存器读地址位描述

位	符　号	描　述	复位值
31:0	—	中断源使能控制,关于各位的分配情况见表 9-10。	0
	0	中断被禁止;	
	1	中断被使能	

2. MCPWM 中断使能寄存器置位地址

向该地址写入 1 会置位 MCINTEN 中的相应位,从而使能中断。该寄存器置位地址位描述如表 9-12 所列。

表 9 - 12　MCINTEN_SET 寄存器置位地址位描述

位	描述
31:0	向该地址写入 1 会置位 MCINTEN 寄存器中的相应位(这些寄存器位详见表 9-10)

3. MCPWM 中断使能寄存器清零地址

向该地址写入 1 会清零 MCINTEN 中的相应位,从而禁用中断。该寄存器清零地址位描述如表 9 - 13 所列。

表 9 - 13 MCINTEN_CLR 寄存器清零地址位描述

位	描 述
31:0	向该地址写入 1 会将 MCINTEN 寄存器中的相应位清零(这些寄存器位详见表 9 - 10)

4. MCPWM 中断标志寄存器读地址

MCINTF 寄存器包含所有 MCPWM 中断标志,这些标志在发生相应的硬件事件时置位,或在写 1 到 MCINTF_SET 地址时被置位。当 MCINTEN 和该寄存器的相应位都为 1 时,MCPWM 向中断控制器模块提交其中断请求。该地址是只读的,但可以通过写 1 到地址 MCINTF_SET 和 MCINTF_CLR 来修改寄存器中的位。该寄存器位描述如表 9 - 14 所列。

表 9 - 14 MCINTF 寄存器读地址位描述

位	值	描 述	复位值
31:0	—	中断请求控制,关于各位的分配情况,见表 9 - 10。	0
	0	该中断源不用于 MCPWM 中断请求;	
	1	如果 MCINTEN 中的相应位为 1,MCPWM 模块就会将其中断请求提交到中断控制器	

5. MCPWM 中断标志寄存器置位地址

向该地址写入 1 会置位 MCINTF 中的相应位,从而有可能模拟硬件中断,该寄存器置位地址位描述如表 9 - 15 所列。

表 9 - 15 MCINTF_SET 寄存器清零地址位描述

位	描 述
31:0	向该地址写入 1 会置位 MCINTF 寄存器中的相应位(这些寄存器位详见表 9 - 10),可模拟硬件中断

6. MCPWM 中断标志寄存器清零地址

向该地址写入 1 会清零 MCINTF 中的相应位,从而清除相应的中断请求。该操作通常在中断服务程序中进行。该寄存器清零地址位描述如表 9 - 16 所列。

表 9 - 16 MCINTF_CLR 寄存器清零地址位描述

位	描 述
31:0	向该地址写入 1 可清零 MCINTF 寄存器中的相应位(这些寄存器位详见表 9 - 10),从而清除相应的中断请求

9.2.4　MCPWM 计数控制寄存器

MCPWM 计数控制寄存器按操作类型分为寄存器读地址、寄存器置位地址和寄存器清零地址 3 种。

1. MCPWM 计数控制寄存器读地址

MCCNTCON 寄存器控制 MCPWM 通道是处于定时器模式还是计数器模式，以及在计数器模式下计数器是在其中 1 个还是全部 3 个 MC_FB 输入的上升沿和/或下降沿递增计数。如果选择了定时器模式，则计数器值随 PCLK 时钟递增。该寄存器位功能如表 9-17 所列。

注意：该地址是只读的。要置位或清零寄存器的位，可向 MCCNTCON_SET 或 MCCNTCON_CLR 地址写入 1。

表 9-17　MCCNTCON 寄存器读地址位描述

位	符　号	值	描　述	复位值
31	CNTR2	0	通道 2 定时器/计数器模式配置。 通道 2 为定时器模式；	0
		1	通道 2 为计数器模式	
30	CNTR1	0	通道 1 定时器/计数器模式配置。 通道 1 为定时器模式；	0
		1	通道 1 为计数器模式	
29	CNTR0	0	通道 0 定时器/计数器模式配置。 通道 0 为定时器模式；	0
		1	通道 0 为计数器模式	
28:18	—	—	保留。从保留位中读出的值未定义，只写入 0	—
17	TC2MCFB2_FE	0	在 MC_FB2 下降沿计数器 2 的功能配置。 MC_FB2 的下降沿不影响计数器 2；	0
		1	如果 MODE2 为 1，则计数器 2 在 MC_FB2 的下降沿上递增计数	
16	TC2MCFB2_RE	0	在 MC_FB2 上升沿计数器 2 的功能配置。 MC_FB2 的上升沿不影响计数器 2；	0
		1	如果 MODE2 为 1，则计数器 2 在 MC_FB2 的上升沿上递增计数	
15	TC2MCFB1_FE	0	在 MC_FB1 下降沿计数器 2 的功能配置。 MC_FB1 的下降沿不影响计数器 2；	0
		1	如果 MODE2 为 1，则计数器 2 在 MC_FB1 的下降沿上递增计数	
14	TC2MCFB1_RE	0	在 MC_FB1 上升沿计数器 2 的功能配置。 MC_FB1 的上升沿不影响计数器 2；	0
		1	如果 MODE2 为 1，则计数器 2 在 MC_FB1 的上升沿上递增计数	
13	TC2MCFB0_FE	0	在 MC_FB0 下降沿计数器 2 的功能配置。 MC_FB0 的下降沿不影响计数器 2；	0
		1	如果 MODE2 为 1，则计数器 2 在 MC_FB0 的下降沿上递增计数	

位	符 号	值	描 述	复位值
12	TC2MCFB0_RE	0	在 MC_FB0 上升沿计数器 2 的功能配置。 MC_FB0 的上升沿不影响计数器 2； 如果 MODE2 为 1,则计数器 2 在 MC_FB0 的上升沿上递增计数	0
		1		
11	TC1MCFB2_FE	0	在 MC_FB2 下降沿计数器 1 的功能配置。 MC_FB2 的下降沿不影响计数器 1； 如果 MODE1 为 1,则计数器 1 在 MC_FB2 的下降沿上递增计数	0
		1		
10	TC1MCFB2_RE	0	在 MC_FB2 上升沿计数器 1 的功能配置。 MC_FB2 的上升沿不影响计数器 1； 如果 MODE1 为 1,则计数器 1 在 MC_FB2 的上升沿上递增计数	0
		1		
9	TC1MCFB1_FE	0	在 MC_FB1 下降沿计数器 1 的功能配置。 MC_FB1 的下降沿不影响计数器 1； 如果 MODE1 为 1,则计数器 1 在 MC_FB1 的下降沿上递增计数	0
		1		
8	TC1MCFB1_RE	0	在 MC_FB1 上升沿计数器 1 的功能配置。 MC_FB1 的上升沿不影响计数器 1； 如果 MODE1 为 1,则计数器 1 在 MC_FB1 的上升沿上递增计数	0
		1		
7	TC1MCFB0_FE	0	在 MC_FB0 下降沿计数器 1 的功能配置。 MC_FB0 的下降沿不影响计数器 1； 如果 MODE1 为 1,则计数器 1 在 MC_FB0 的下降沿上递增计数	0
		1		
6	TC1MCFB0_RE	0	在 MC_FB0 上升沿计数器 1 的功能配置。 MC_FB0 的上升沿不影响计数器 0； 如果 MODE1 为 1,则计数器 1 在 MC_FB0 的上升沿上递增计数	0
		1		
5	TC0MCFB2_FE	0	在 MC_FB2 下降沿计数器 0 的功能配置。 MC_FB2 的下降沿不影响计数器 0； 如果 MODE0 为 1,则计数器 0 在 MC_FB2 的下降沿上递增计数	0
		1		
4	TC0MCFB2_RE	0	在 MC_FB2 上升沿计数器 0 的功能配置。 MC_FB2 的上升沿不影响计数器 0； 如果 MODE0 为 1,则计数器 0 在 MC_FB2 的上升沿上递增计数	0
		1		
3	TC0MCFB1_FE	0	在 MC_FB1 下降沿计数器 0 的功能配置。 MC_FB1 的下降沿不影响计数器 0； 如果 MODE0 为 1,则计数器 0 在 MC_FB1 的下降沿上递增计数	0
		1		
2	TC0MCFB1_RE	0	在 MC_FB1 上升沿计数器 0 的功能配置。 MC_FB1 的上升沿不影响计数器 0； 如果 MODE0 为 1,则计数器 0 在 MC_FB1 的上升沿上递增计数	0
		1		
1	TC0MCFB0_FE	0	在 MC_FB0 下降沿计数器 0 的功能配置。 MC_FB0 的下降沿不影响计数器 0； 如果 MODE0 为 1,则计数器 0 在 MC_FB0 的下降沿上递增计数	0
		1		
0	TC0MCFB0_RE	0	在 MC_FB0 上升沿计数器 0 的功能配置。 MC_FB0 的上升沿不影响计数器 0； 如果 MODE0 为 1,则计数器 0 在 MC_FB0 的上升沿上递增计数	0
		1		

2. MCPWM 计数控制寄存器置位地址

向该地址写入 1 会置位 MCCNTCON 中的相应位,该寄存器置位地址位描述如表 9-18 所列。

表 9-18　MCCNTCON_SET 寄存器置位地址位描述

位	描　述
31:0	向该地址写入 1 会置位 MCCNTCON 寄存器中的相应位(这些寄存器位详见表 9-17)

3. MCPWM 计数控制寄存器清零地址

向该地址写入 1 会清零 MCCNTCON 中的相应位,该寄存器清零地址位描述如表 9-19 所列。

表 9-19　MCCNTCON_CLR 寄存器清零地址位描述

位	描　述
31:0	向该地址写入 1 可清零 MCCNTCON 寄存器中的相应位(这些寄存器位详见表 9-17)

9.2.5　MCPWM 定时器/计数器 0～2 寄存器

这些寄存器包含通道 0～2 的 32 位计数器/定时器的当前值。根据 MCCNTCON 的选择,每个值会在每个 PCLK 上递增,或在 MC_FB0-2 引脚的沿上递增。定时器/计数器从 0 开始递增计数直至它达到其相应的 MCLIM 寄存器的值为止(或通过写 MCCON_CLR 来停止计数)。MCTC0～2 寄存器位功能描述如表 9-20 所列。

注意:这类寄存器可以随时读取,但仅当其通道停止时才可以被写入。否则,写操作不会执行,也不会生成异常。

表 9-20　MCTC0～2 寄存器位描述

位	符　号	描　述	值
31:0	MCTC0/1/2	通道 0～2 的定时器/计数器值	0

9.2.6　MCPWM 界限 0～2 寄存器

这些寄存器保存了定时器/计数器 0～2 的界限值(寄存器位描述如表 9-21 所列)。当定时器/计数器达到其相应界限值时:

① 在沿对齐模式下,TC 复位,然后从 0 开始计数。

② 在中心对齐模式下,TC 开始从该值向 0 递减计数,然后再从 0 开始递增计数。

如果 MCCON 中通道的 CENTER 位为 0,则选择沿对齐模式,那么当 TC 与

LIM 匹配时通道的 A 输出从"有效"切换到"无效"状态。如果 MCCON 中通道的 CENTER 和 DTE 位都为 0,那么上述匹配同时会将通道的 B 输出从"无效"切换到"有效"状态。

如果通道的 CENTER 位为 0,但 DTE 位为 1,则上述匹配会触发通道死区时间计数器开始计数;当死区时间计数器终止时,通道的 B 输出从"无效"切换到"有效"状态。

在中心对齐模式下,通道的 TC 和 LIM 寄存器之间的匹配对其 A 和 B 输出没有影响。

写界限寄存器或匹配寄存器都会将写入值装载到写寄存器,对于停止的通道,它还会装载到与 TC 比较的"操作"寄存器。对于运行通道,如果 MCCON 中的"禁止更新"位为 0,那么操作寄存器载入写寄存器的值,如下:

① 在沿对齐模式下,当 TC 与操作界限寄存器匹配时。

② 在中心对齐模式下,当 TC 递减计数到 0 时。如果通道正在运行而且"禁止更新"位为 1,那么操作寄存器不会从写寄存器中载入,直到软件停止该通道。

注意: 读取 MCLIM 地址总是返回操作值。

表 9－21　MCLIM0~2 寄存器位描述

位	符 号	描 述	值
31:0	MCLIM0/1/2	MCTC0/1/2 的界限值	0xFFFF FFFF

注意: 在定时器模式下,界限寄存器决定通道的已调制 MC_A 和 MC_B 输出的周期,匹配寄存器决定周期开始处的脉宽;可以将界限寄存器和匹配寄存器分别当作"周期寄存器"和"脉宽寄存器"。

9.2.7　MCPWM 匹配 0~2 寄存器

这些寄存器和上述界限寄存器一样,也具有"写"和"操作"模式,操作寄存器同样也可以与通道的 TC 相比较。匹配和界限寄存器控制着 MC_A 和 MC_B 输出。要使匹配寄存器在其通道上有效,其包含的值必须比相应的界限寄存器的值小。这些寄存器的位描述如表 9－22 所列。

表 9－22　MCMAT0~2 位描述

位	符 号	描 述	值
31:0	MCMAT0/1/2	MCTC0/1/2 的匹配值	0xFFFF FFFF

1. 沿对齐模式下的匹配寄存器

如果 MCCON 中通道的 CENTER 位为 0,则选择沿对齐模式,那么 TC 与 MAT 之间的匹配将使通道的 B 输出从"有效"切换到"无效"状态。如果 MCCON 中通道的 CENTER 和 DTE 位都为 0,那么上述匹配同时会使通道的 A 输出从"无效"切换到"有效"状态。

如果通道的 CENTER 位为 0,但 DTE 位为 1,则上述匹配会触发通道的死区时间计数器开始计数,当死区时间计数器终止时,通道的 A 输出从"无效"切换到"有效"状态。

2. 中心对齐模式下的匹配寄存器

如果 MCCON 中通道的 CENTER 位为 1,会选择中心对齐模式,那么当 TC 递增时 TC 与 MAT 之间的匹配将使通道的 B 输出从"有效"切换到"无效"状态,而当 TC 递减时匹配将使通道的 A 输出从"有效"切换到"无效"状态。

如果 MCCON 中通道的 CENTER 位为 1,但 DTE 位为 0,那么上述匹配将同时反方向切换通道的其他输出。

如果通道的 CENTER 和 DTE 位都为 1,那么 TC 和 MAT 匹配会触发通道的死区时间计数器开始计数,当死区时间计数器终止时,如果 TC 在匹配时递增计数,则通道的 B 输出从"无效"切换到"有效"状态;如果 TC 在匹配时递减计数,则通道的 A 输出从"无效"切换到"有效"状态。

3. 0 和 100% 占空比

要使通道的 MC_A 和 MC_B 输出锁定在 B"有效",A"无效"这个状态,只需要写入较大的值到它的匹配寄存器,且该值必须大于写入界限寄存器的值。这样匹配就不会发生。

要将通道的 MC_A 和 MC_B 输出锁定在相反的 A"有效",B"无效"状态,只需写入 0 到其匹配寄存器。

9.2.8 MCPWM 死区时间寄存器

该寄存器保存 3 个通道的死区时间值。如果 MCCON 中通道的 DTE 位为 1 以使能它的死区时间计数器,那么在其通道输出从"有效"状态变为"无效"状态时,计数器从该值开始递减计数。当死区时间计数器达到 0 时,通道的其他输出从"无效"状态变为"有效"状态。

死区时间的操作特性是功率晶体管(例如,在电机控制应用中由 A 和 B 输出驱动的功率晶体管)完全断开所需的时间,比导通的时间更长。如果 A 和 B 晶体管同时打开,那么浪费且具有破坏性的电流将通过晶体管在电源导轨之间流动。在这些应用中,用 PCLK 周期的数量来编程死区时间寄存器,PCLK 周期数大于或等于晶体管的最大关断时间减去其最小的导通时间。MCPWM 死区时间寄存器位描述如表 9-23 所列。

表 9 - 23　MCDT 寄存器位描述

位	符　号	描　　述	值
31:30	—	保留。从保留位中读出的值未定义，只写入 0	—
29:20	DT2	通道 2 的死区时间[2]	0x3FF
19:10	DT1	通道 1 的死区时间[2]	0x3FF
9:0	DT0	通道 0 的死区时间[1]	0x3FF

　　[1] 当 ACMODE＝1 时（选择 AC 模式），该域控制所有 3 个通道的死区时间。

　　[2] 在 ACMODE＝0 的情况下执行。

9.2.9　MCPWM 通信格式寄存器

　　该寄存器仅在直流模式下使用。在该寄存器中各位的控制下，内部 MC_0A 信号将与 6 个输出引脚中的任意一个或全部引脚连接。与匹配寄存器和界限寄存器一样，该寄存器具有"写"和"操作"版本。该寄存器位描述如表 9 - 24 所列。

表 9 - 24 MCCP 寄存器位描述

位	符　号	描　　述	值
31:6	—	保留。从保留位中读出的值未定义，只写入 0	—
5	CCPB2	0 ＝ MC_2B 无效。1＝MC_2B 跟踪内部 MC_0A	0
4	CCPA2	0 ＝ MC_2A 无效。1 ＝ MC_2A 跟踪内部 MC_0A	0
3	CCPB1	0 ＝ MC_1B 无效。1 ＝ MC_1B 跟踪内部 MC_0A	0
2	CCPA1	0 ＝ MC_1A 无效。1 ＝ MC_1A 跟踪内部 MC_0A	0
1	CCPB0	0 ＝ MC_0B 无效。1＝MC_0B 跟踪内部 MC_0A	0
0	CCPA0	0 ＝ MC_0A 无效。1＝内部 MC_0A。	0

9.2.10　MCPWM 捕获寄存器

　　MCPWM 捕获寄存器按操作类型可分为寄存器读地址、寄存器清零地址两种功能，即向读地址或清零地址写入 1 即可实现相关功能。

1. MCPWM 捕获寄存器读地址

　　MCCAPCON 寄存器允许软件选择 MC_FB0～2 输入上的任意沿作为每个通道的捕获事件。当通道上发生捕获事件时，该通道的当前 TC 值就保存到它的只读捕获寄存器中。MCPWM 捕获寄存器读地址位功能描述如表 9 - 25 所列，这些地址是只读的，但可以通过写 CAP_CLR 地址来清零寄存器。

表 9－25　MCCAP0～2 寄存器读地址位描述

位	符　号	描　　　述	值
31:0	CAP0～2	出现捕获事件时通道 0～2 上的 MCTC 值	0x0000 0000

2. MCPWM 捕获寄存器清零地址

向该地址写入 1 会清零所选的 CAP 寄存器。该寄存器位功能描述如表 9－26 所列。

表 9－26　CAP_CLR 寄存器位描述

位	符　号	描　　　述
31:3	—	保留。从保留位中读出的值未定义，只写入 0
2	CAP_CLR2	向该位写入 1 会清零 MCCAP2 寄存器
1	CAP_CLR1	向该位写入 1 会清零 MCCAP1 寄存器
0	CAP_CLR0	向该位写入 1 会清零 MCCAP0 寄存器

9.3　MCPWM 的应用操作

在讲述完 MCPWM 相关的寄存器功能后，本节将基于这些寄存器讲述 MCPWM 一些较基本的应用操作。

MCPWM 包括 3 个通道，每个通道均控制一对输出，接着这些输出可控制某些片外操作，例如控制电机中的一组线圈。

每个通道都包括一个通过处理器时钟（定时器模式）或输入引脚（计数器模式）使之递增的定时器/计数器（TC）寄存器。每个通道都有一个与 TC 值进行比较的界限寄存器。当出现匹配时，TC 通过两种模式之一进行"复位"：在"沿对齐模式"下，TC 复位为 0；而在"中心对齐模式"下，发生匹配时 TC 会切换到另一种状态，该状态下每经过一个处理器时钟 TC 值递减一次，直至为 0，此时它再次开始递增计数。

此外，每个通道还包括一个匹配寄存器，其值比界限寄存器的值小。在沿对齐模式下，通道的输出在 TC 与匹配寄存器或界限寄存器的值匹配时进行切换；而在中心对齐模式下，只有在 TC 与匹配寄存器的值匹配时才切换。因此，界限寄存器控制输出的周期，而匹配寄存器控制每个输出周期内各种状态所占用的时间。如果输出叠加到电压，则在界限寄存器中保存一个小的值会最大限度地减少"波纹"，并允许 MCPWM 控制高速运行的设备。

界限寄存器中保存小值的"缺点"是它们会降低由匹配寄存器控制的占空比分辨率。如果界限寄存器中的值为 8，那么匹配寄存器只能选择 0%，12.5%，25%，…，

235

87.5%或100%中的一个占空比。一般来说,匹配值的每级分辨率是界限寄存器值除以1。分辨率与周期/频率之间的平衡是脉宽调制器设计始终存在的问题。

9.3.1　脉宽调制

MCPWM的每个通道都有两个输出A和B,它们可以驱动一对晶体管来切换两个电源导轨之间的一个受控点。大多数情况下两个输出极性相反,但可以使能死区时间特性(以每个通道为基础)来延迟信号从"无效"到"有效"状态的跳变,这样晶体管永远都不会同时导通。更普遍的说法是,每个输出对的状态可认为是"high"、"low"、"floating"或"up"、"down"和"center‐off"。

每个通道的映射从"有效"和"无效"到"高电平"和"低电平"的过程是可编程的。复位后,3个A输出都为无效状态或为低电平,而B输出都是有效状态或为高电平。MCPWM可执行沿对齐和中心对齐的脉宽调制。

1. 不带死区时间的沿对齐PWM

在该模式下,定时器TC从0开始递增计数到LIM寄存器中的值。如图9‐2所示,在TC与匹配寄存器值相匹配之前,输出引脚一直保持A"无效"状态;匹配时,它的状态变为A"有效"。

当TC与界限寄存器的值匹配时,输出引脚状态变回A"无效",TC复位且再次开始递增计数。

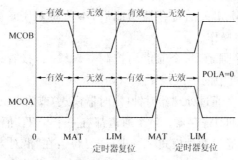

图9‐2　不带死区时间的沿对齐PWM的
波形(POLA＝0)

2. 不带死区时间的中心对齐PWM

在该模式下,定时器TC从0开始递增计数直到LIM寄存器中的值,然后递减计数到0并重复操作。

如图9‐3所示,当定时器递增计数时,输出引脚状态为A"无效"直至TC与匹配寄存器的值匹配,此时状态变为A"有效";当TC与界限寄存器的值匹配时,它开始递减计数;当TC在递减计数过程中与匹配寄存器的值匹配时,输出引脚状态变回A"无效"。

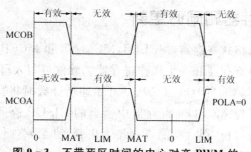

图 9－3　不带死区时间的中心对齐 PWM 的
波形(POLA＝0)

3. 死区计数器

当通道 DTE 位已在 MCCON 中置位时,死区时间计数器会延迟两个输出引脚的"无效至有效状态"的跳变。只要通道的 A 输出或 B 输出从有效状态变为无效状态,死区时间计数器就开始递减计数,从通道的 DT 值(在 MCDT 寄存器)到 0。其他输出从无效状态到有效状态的跳变会被延迟,直至死区时间计数器达到 0。在死区时间内,MC_A 和 MC_B 输出电平都无效。图 9－4 所示为带死区时间的沿对齐模式,图 9－5 所示为带死区时间的中心对齐模式。

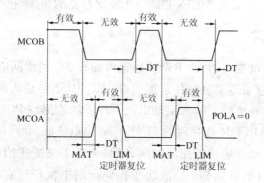

图 9－4　带死区时间的沿对齐 PWM 的波形(POLA＝0)

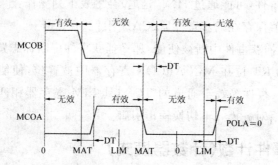

图 9－5　带死区时间的中心对齐的波形(POLA＝0)

9.3.2 映射寄存器和同时更新

界限、匹配和通信格式寄存器(MCLIM、MCMAT 和 MCCP)作为寄存器对来执行,每对中包含一个写寄存器和一个操作寄存器。软件可写入写寄存器,操作寄存器控制每个通道的实际操作,并且在 TC 从 0 开始递增计数时将写寄存器的当前值载入到操作寄存器中,置位 MCCON 寄存器中通道的 DISUP 位可禁止功能寄存器的更新。如果 DISUP 位置位,那么功能寄存器不更新,直至软件停止通道。如果通道在软件写入其 LIM 或 MAT 寄存器时不运行,那么功能寄存器立即更新。只有在通道已停止时,软件才能写 TC 寄存器。

9.3.3 快速中止(ABORT)

MCPWM 有一个外部输入引脚MC_ABORT,当该输入变为低电平时,全部 6 个输出引脚都处于 A"无效"状态,且在中断使能的情况下产生 ABORT 中断。输出在A"无效"状态下保持锁定,直至 ABORT 中断标志被清除或 ABORT 中断被禁用。ABORT标志在MC_ABORT输入变为高电平以前不会被清除。

要清除 ABORT 标志,必须将 1 写入 MCINTF_CLR 寄存器的位 15。由此可删除中断请求。同样,将 1 写入 MCINTEN_CLR 寄存器的位 15 也会禁用中断。

9.3.4 捕获事件

当输入信号发生跳变时,每个 PWM 通道可捕获 TC 的瞬间值。在 MCCAPCON寄存器的控制下,任意通道都可把任意或所有 MC_FB0～2 输入的上升沿和/或下降沿的任意组合用作捕获事件。输入上升沿或下降沿的检测与 PCLK 同步。

如果通道 MCCAPCON 寄存器的 HNF 位置位以使能"噪声滤波",那么 MC_FB引脚上选择的沿将启动该通道的死区时间计数器,而下文所述的捕获事件操作会被延迟,直至死区时间计数器达到 0。该功能特别适用于执行具有霍尔(Hall)传感器的三相无刷直流电机控制。

通道上的捕获事件(可能通过 HNF 延迟)会触发下列操作:

● TC 的当前值保存在捕获寄存器(CAP)中;
● 如果通道的捕获事件中断被使能,那么捕获事件中断标志置位;
● 如果通道的 RT 位在 MCCAPCON 寄存器中被置位,使能捕获事件上的复位,那么输入事件等效于通道的 TC 与其 LIM 寄存器相匹配。这包括复位TC 以及在沿对齐模式下切换输出引脚。

9.3.5 外部事件计数(计数器模式)

如通道 MODE 位在 MCCNTCON 中置位为 1,那么通道的 TC 将在

MC_FB0~2 输入的上升沿和/或下降沿(同时被检测)上递增,而不需要 PCLK。PWM 的功能和捕获功能不受影响。

9.3.6　三相直流模式

　　前面讲过三相直流模式是通过置位 MCCON 寄存器中的 DCMODE 位来选择的。在该模式下,内部 MC_0A 信号可以被连接到任意或全部的输出引脚。每个输出引脚可使用当前通信格式寄存器 MCCP 中的一个位来屏蔽。如果 MCCP 寄存器中的一个位为 0,则对应的输出引脚具有输出 MC_0A 的无效状态的逻辑电平。断开状态的极性由 POLA0 位来决定。在 MCCP 寄存器中所有含有 1 的输出引脚由内部 MC_0A 信号来控制;当 MCCON 寄存器中的位 INVBDC 为 1 时,3 个 MC_B 输出引脚会被反相。该特性可用来调节桥驱动器(桥驱动器的低端开关为低电平有效输入)。

　　MCCP 寄存器作为一对映像寄存器来操作,因此有效通信格式的变化在新 PWM 周期的起始处出现。

　　图 9-6 所示为三相直流模式下输出引脚的示例波形。MCCP 寄存器中的位 1 和位 3(对应于输出 MC_1B 和 MC_0B)为 0,所以这些输出会被屏蔽并处于断开状态。它们的逻辑电平由 POLA0 位来决定(此处,POLA0=0 使得无效状态为逻辑低电平)。INVBDC 位被设为 0(逻辑电平未反相),所以 B 输出与 A 输出的极性相同。请注意,该模式与其他模式不同,因为其他模式的 MC_B 输出不是 MC_A 输出的反相。

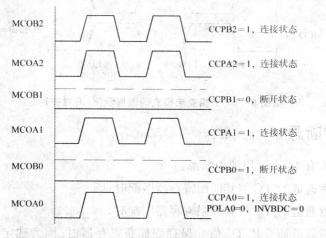

图 9-6　三相直流模式的波形示例

　　注意:MCCP 寄存器中的位 0、2、4 和 5 被设为 1,表示 MC_1A 以及通道 2 的两个输出引脚跟随 MC_0A 信号。

9.3.7　三相交流模式

与三相直流模式类似,三相交流模式仍通过置位 MCCON 寄存器中的 ACMODE 位来选择。在该模式下,通道 0 的 TC 值可用于与所有通道的 MAT 寄存器进行比较(不使用 LIM1～2 寄存器),每个通道通过比较其 MAT 值与 TC0 来控制其输出引脚。

图 9-7 所示为三相交流模式下 6 个输出引脚的示例波形。POLA 位设为 0 用于所有的 3 个通道,因此对于所有的输出引脚来说有效状态下的电平为高电平,无效状态下的电平为低电平。每个通道具有不同的 MAT 值,可以与 MCTC0 值进行比较。在这种模式下,全部 3 个通道的周期值都相同且由 MCLIM0 来决定,死区时间模式被禁止。

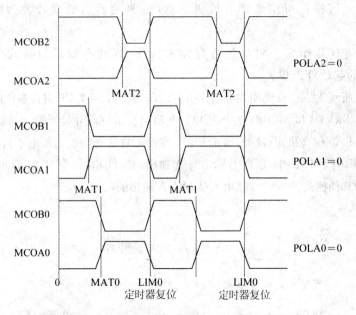

图 9-7　三相交流模式的波形示例(沿对齐)

9.3.8　中断源

MCPWM 有 10 个可用的中断源:

- 当任意通道的 TC 与其匹配寄存器匹配时;
- 当任意通道的 TC 与其界限寄存器匹配时;
- 当任意通道捕获其 TC 值并保存到捕获寄存器时(因为选定沿在任意 MC_FB0～2 上出现);
- 当全部 3 个通道的输出被强制为 A"无效"状态时(因为 $\overline{MC\_ABORT}$ 引脚变为低电平)。

9.4　MCPWM 常用库函数

MCPWM 库函数由一组 API 驱动函数组成,这组函数覆盖了本外设所有功能。本节将介绍与电机控制脉宽调制器模拟相关的主要库函数的功能,各功能函数详细说明如表 9 - 27～表 9 - 41 所列。

① 函数 MCPWM_Init。

表 9 - 27　函数 MCPWM_Init

函数名	MCPWM_Init
函数原型	void MCPWM_Init(LPC_MCPWM_TypeDef * MCPWMx)
功能描述	初始化电机控制脉宽调制器外设
输入参数	MCPWMx:指定的 MCPWM 外设,必须为 LPC_MCPWM
输出参数	无
返回值	无
调用函数	CLKPWR_ConfigPPWR()函数
说　明	通过使能电源时钟控制位 PCMCPWM,操作捕获寄存器清零地址(MCCAP_CLR)、中断标志寄存器清零地址(MCINTF_CLR)、中断使能寄存器清零地址(MCINTEN_CLR)完成该外设的初始化

② 函数 MCPWM_ConfigChannel。

表 9 - 28　函数 MCPWM_ConfigChannel

函数名	MCPWM_ConfigChannel
函数原型	void MCPWM_ConfigChannel(LPC_MCPWM_TypeDef * MCPWMx, uint32_t channelNum,MCPWM_CHANNEL_CFG_Type * channelSetup)
功能描述	根据结构体 MCPWM_CHANNEL_CFG_Type 选定的参数配置 MCPWM 外设的每个通道
输入参数 1	MCPWMx:指定的 MCPWM 外设,必须为 LPC_MCPWM
输入参数 2	channelNum:通道序号,取值 0～2
输入参数 3	channelSetup:选定通道的参数配置,指向内置参数的结构体 MCPWM_CHANNEL_CFG_Type,主要参数如下。 channelType:通道模式对齐类型,可选 MCPWM_CHANNEL_EDGE_MODE(边沿模式)或 MCPWM_CHANNEL_CENTER_MODE(中心模式); channelPolarity:通道极性(MC_A 和 MC_B 的引脚的极性),可选 MCPWM_CHANNEL_PASSIVE_LO(无效的状态为低电平,有效的状态为高电平)或 MCPWM_CHANNEL_PASSIVE_HI(无效的状态为高电平,有效的状态为低电平); channelDeadtimeEnable:通道死区时间配置,取 ENABLE 或 DISABLE; channelDeadtimeValue:死区时间值(设置 MCDT 寄存器的值),须小于 0x3FF; channelUpdateEnable:功能寄存器的更新配置(MCCON 寄存器的 DISUP 位),取 ENABLE 或 DISABLE;

输入参数 3	channelTimercounterValue:定时器/计数器的值,即设置 MCTC 寄存器值; channelPeriodValue:周期寄存器值,即设置界限寄存器; channelPulsewidthValue:脉宽寄存器值,即设置匹配寄存器
输出参数	无
返回值	无
调用函数	无
说　明	选定通道配置 TC、LIM、MAT 寄存器值,并设置边沿/中心对齐模式、极性、死区时间等参数

③ 函数 MCPWM_WriteToShadow。

表 9 - 29　函数 MCPWM_WriteToShadow

函数名	MCPWM_WriteToShadow
函数原型	void MCPWM_WriteToShadow(LPC_MCPWM_TypeDef * MCPWMx, uint32_t channel-Num, MCPWM_CHANNEL_CFG_Type * channelSetup)
功能描述	选择指定通道,配置界限值与匹配值
输入参数 1	MCPWMx:指定的 MCPWM 外设,必须为 LPC_MCPWM
输入参数 2	channelNum:通道序号,取值 0~2
输入参数 3	channelSetup:选定通道的参数配置,指向内置参数的结构体 MCPWM_CHANNEL_CFG_Type,仅有两个通道相关的参数,如下。 channelPeriodValue:周期寄存器值,即设置界限寄存器; channelPulsewidthValue:脉宽寄存器值,即设置匹配寄存器
输出参数	无
返回值	无
调用函数	无
说　明	选择通道,配置相对应的 LIM(用作周期寄存器)和 MAT 寄存器(用作脉宽寄存器)

④ 函数 MCPWM_ConfigCapture。

表 9 - 30　函数 MCPWM_ConfigCapture

函数名	MCPWM_ConfigCapture
函数原型	void MCPWM_ConfigCapture(LPC_MCPWM_TypeDef * MCPWMx, uint32_t channel-Num, MCPWM_CAPTURE_CFG_Type * captureConfig)
功能描述	配置 MCPWM 外设的捕获功能
输入参数 1	MCPWMx:指定的 MCPWM 外设,必须为 LPC_MCPWM
输入参数 2	channelNum:电机控制输入引脚(即通道),取值 0~2
输入参数 3	captureConfig:捕获参数配置,指向内置参数的结构体 MCPWM_CAPTURE_CFG_Type,主要参数如下。 captureChannel:捕获通道,取值 0~2; captureRising:上升沿的捕获事件,取 ENABLE 或 DISABLE; captureFalling:下降沿的捕获事件,取 ENABLE 或 DISABLE; timerReset:捕获事件时复位,取 ENABLE 或 DISABLE; hnfEnable:硬件噪声滤波器,取 ENABLE 或 DISABLE。 注:这些参数定义包含在 MCCAPCON 寄存器中

续表 9-30

输出参数	无
返回值	无
调用函数	无
说　明	针对 MCCAPCON 位进行置位与清零，由于 MCCAPCON 寄存器为读地址，所以置位和清零操作分别由 MCCAPCON_SET 和 MCCAPCON_CLR 完成

⑤ 函数 MCPWM_ClearCapture。

表 9-31　函数 MCPWM_ClearCapture

函数名	MCPWM_ClearCapture
函数原型	void MCPWM_ClearCapture(LPC_MCPWM_TypeDef * MCPWMx, uint32_t captureChannel)
功能描述	清除指定通道的当前捕获值
输入参数 1	MCPWMx：指定的 MCPWM 外设，必须为 LPC_MCPWM
输入参数 2	channelNum：捕获通道号，取值 0～2
输出参数	无
返回值	无
调用函数	无
说　明	由 MCCAP_CLR 清零地址清除指定的 MCCAP，即写 1 清除对应的捕获寄存器

⑥ 函数 MCPWM_GetCapture。

表 9-32　函数 MCPWM_GetCapture

函数名	MCPWM_GetCapture
函数原型	uint32_t MCPWM_GetCapture(LPC_MCPWM_TypeDef * MCPWMx, uint32_t captureChannel)
功能描述	获取指定通道的当前捕获值
输入参数 1	MCPWMx：指定的 MCPWM 外设，必须为 LPC_MCPWM
输入参数 2	captureChannel：捕获通道号，取值 0～2
输出参数	无
返回值	返回指定通道所对应的 CAP 寄存器值，其他则返回 0
调用函数	无
说　明	针对捕获寄存器读地址（MCCAP0～2）操作

⑦ 函数 MCPWM_CountConfig。

表 9-33　函数 MCPWM_CountConfig

函数名	MCPWM_CountConfig
函数原型	void MCPWM_CountConfig(LPC_MCPWM_TypeDef * MCPWMx, uint32_t channelNum, uint32_t countMode, MCPWM_COUNT_CFG_Type * countMode)
功能描述	MCPWM 外设的计数器控制配置
输入参数 1	MCPWMx：指定的 MCPWM 外设，必须为 LPC_MCPWM

输入参数 2	channelNum:通道号,取值 0～2
输入参数 3	countMode:计数器模式,取 ENABLE 或 DISABLE
输入参数 4	countConfig:指向结构体 MCPWM_COUNT_CFG_Type,内置计数器控制参数如下。 counterChannel:计数器通道号,取值 0～2; countRising:上升沿捕获事件,取 ENABLE 或 DISABLE; countFalling:下降沿捕获事件,取 ENABLE 或 DISABLE
输出参数	无
返回值	无
调用函数	无
说　明	在指定通道处于计数器模式时,针对 MCCNTCON 对应的位进行置位与清零,由于 MC-CNTCON 寄存器为读地址,所以对应的置位和清零操作分别由 MCCNTCON_SET 和 MCCNTCON_CLR 完成

⑧ 函数 MCPWM_Start。

表 9 - 34　函数 MCPWM_Start

函数名	MCPWM_Start
函数原型	void MCPWM_Start(LPC_MCPWM_TypeDef * MCPWMx, uint32_t channel0, uint32_t channel1, uint32_t channel2
功能描述	启动指定的通道
输入参数 1	MCPWMx:指定的 MCPWM 外设,必须为 LPC_MCPWM
输入参数 2	channel0:指定通道 0,取 ENABLE(启动指令生效)或 DISABLE(启动指令无效)
输入参数 3	channel1:指定通道 1,取 ENABLE(启动指令生效)或 DISABLE(启动指令无效)
输入参数 4	channel2:指定通道 2,取 ENABLE(启动指令生效)或 DISABLE(启动指令无效)
输出参数	无
返回值	无
调用函数	无
说　明	针对 MCCON 的 RUN0、RUN1 和 RUN2 位操作,由于 MCCON 寄存器为读地址,所以由 MCCON_SET 置位地址操作

⑨ 函数 MCPWM_Stop。

表 9 - 35　函数 MCPWM_Stop

函数名	MCPWM_Stop
函数原型	void MCPWM_Stop(LPC_MCPWM_TypeDef * MCPWMx, uint32_t channel0, uint32_t channel1, uint32_t channel2)
功能描述	停止指定的通道
输入参数 1	MCPWMx:指定的 MCPWM 外设,必须为 LPC_MCPWM
输入参数 2	channel0:指定通道 0,取 ENABLE(停止指令生效)或 DISABLE(停止指令无效)
输入参数 3	channel1:指定通道 1,取 ENABLE(停止指令生效)或 DISABLE(停止指令无效)
输入参数 4	channel2:指定通道 2,取 ENABLE(停止指令生效)或 DISABLE(停止指令无效)

输出参数	无
返回值	无
调用函数	无
说　明	针对 MCCON 的 RUN0、RUN1 和 RUN2 位操作,由于 MCCON 寄存器为读地址,所以由 MCCON_CLR 清零地址操作

⑩ 函数 MCPWM_ACMode。

表 9 - 36　函数 MCPWM_ACMode

函数名	MCPWM_ACMode
函数原型	void MCPWM_ACMode(LPC_MCPWM_TypeDef * MCPWMx, uint32_t acMode)
功能描述	使能或禁止 MCPWM 外设的三相交流电机模式
输入参数 1	MCPWMx:指定的 MCPWM 外设,必须为 LPC_MCPWM
输入参数 2	acMode:三相交流模式的设置状态,取 ENABLE 或 DISABLE
输出参数	无
返回值	无
调用函数	无
说　明	针对 MCCON 寄存器位 ACMODE 操作,由于 MCCON 寄存器为读地址,所以置位与清零操作分别由 MCCON_SET 和 MCCON_CLR 完成

⑪ 函数 MCPWM_DCMode。

表 9 - 37　函数 MCPWM_DCMode

函数名	MCPWM_DCMode
函数原型	void MCPWM_DCMode(LPC_MCPWM_TypeDef * MCPWMx, uint32_t dcMode, uint32_t outputInvered, uint32_t outputPattern)
功能描述	使能或禁止 MCPWM 外设的三相直流电机模式,并配置通道的输出极性
输入参数 1	MCPWMx:指定的 MCPWM 外设,必须为 LPC_MCPWM
输入参数 2	dcMode:三相直流模式的设置状态,取 ENABLE 或 DISABLE
输入参数 3	outputInvered:3 个通道 MC_B 的输出极性设置。 ENABLE:MC_B 输出与 MC_A 输出的极性相反(除死区时间); DISABLE:MC_B 输出与 MC_A 输出的基本极性相同
输入参数 4	outputPattern:内部 MC_0A 输出信号是否连接到指定的 PWM 引脚输出。 MCPWM_PATENT_A0:MCA0 连接到内部信号 MC_0A; MCPWM_PATENT_B0:MCB0 连接到内部信号 MC_0A; MCPWM_PATENT_A1:MCA1 连接到内部信号 MC_0A; MCPWM_PATENT_B1:MCB1 连接到内部信号 MC_0A; MCPWM_PATENT_A2:MCA2 连接到内部信号 MC_0A; MCPWM_PATENT_B2:MCB2 连接到内部信号 MC_0A。 注:针对 MCCP 寄存器的有效位设置,且这些参数可以逻辑或的形式组合
输出参数	无

轻松玩转 ARM Cortex-M3 微控制器——基于 LPC1788 系列

返回值	无
调用函数	无
说　明	针对 MCCON 寄存器位 DCMODE、INVBDC 以及 MCCP 寄存器的有效位设置,由于 MC-CON 为读地址,因此这两个有效位的操作可分别通过 MCCON_SET 和 MCCON_CLR 置位和清零

⑫ 函数 MCPWM_IntConfig 如表 9-38 所列。

表 9-38　函数 MCPWM_IntConfig

函数名	MCPWM_IntConfig
函数原型	void MCPWM_IntConfig(LPC_MCPWM_TypeDef * MCPWMx, uint32_t ulIntType, FunctionalState NewState)
功能描述	配置指定通道的中断标志
输入参数 1	MCPWMx:指定的 MCPWM 外设,必须为 LPC_MCPWM
输入参数 2	ulIntType:中断类型,取值如下。 MCPWM_INTFLAG_LIM0:通道 0 的界限中断; MCPWM_INTFLAG_MAT0:通道 0 的匹配中断; MCPWM_INTFLAG_CAP0:通道 0 的捕获中断; MCPWM_INTFLAG_LIM1:通道 1 的界限中断; MCPWM_INTFLAG_MAT1:通道 1 的匹配中断; MCPWM_INTFLAG_CAP1:通道 1 的捕获中断; MCPWM_INTFLAG_LIM2:通道 2 的界限中断; MCPWM_INTFLAG_MAT2:通道 2 的匹配中断; MCPWM_INTFLAG_CAP2:通道 2 的捕获中断; MCPWM_INTFLAG_ABORT:快速中止。 注:对应于 MCINTEN 寄存器的有效位,且这些参数可以逻辑或的形式组合
输入参数 3	NewState:中断标志设置状态,取 ENABLE 或 DISABLE
输出参数	无
返回值	无
调用函数	无
说　明	针对 MCINTEN 寄存器的有效位配置,由于该寄存器为读地址,因此置位(ENABLE)与清零(DISABLE)分别通过 MCINTEN_SET 和 MCINTEN_CLR 完成

⑬ 函数 MCPWM_IntSet。

表 9-39　函数 MCPWM_IntSet

函数名	MCPWM_IntSet
函数原型	void MCPWM_IntSet(LPC_MCPWM_TypeDef * MCPWMx, uint32_t ulIntType)
功能描述	设置或强制指定的中断产生
输入参数 1	MCPWMx:指定的 MCPWM 外设,必须为 LPC_MCPWM
输入参数 2	ulIntType:中断类型,取值如下。 MCPWM_INTFLAG_LIM0:通道 0 的界限中断; MCPWM_INTFLAG_MAT0:通道 0 的匹配中断;

输入参数 2	MCPWM_INTFLAG_CAP0：通道 0 的捕获中断； MCPWM_INTFLAG_LIM1：通道 1 的界限中断； MCPWM_INTFLAG_MAT1：通道 1 的匹配中断； MCPWM_INTFLAG_CAP1：通道 1 的捕获中断； MCPWM_INTFLAG_LIM2：通道 2 的界限中断； MCPWM_INTFLAG_MAT2：通道 2 的匹配中断； MCPWM_INTFLAG_CAP2：通道 2 的捕获中断； MCPWM_INTFLAG_ABORT：快速中止。 注：这些参数可以逻辑或的形式组合
输出参数	无
返回值	无
调用函数	无
说　明	通过 MCINF_SET 完成，单一功能的中断使能设置函数

⑭ 函数 MCPWM_IntClear。

表 9 - 40　函数 MCPWM_IntClear

函数名	MCPWM_IntClear
函数原型	void MCPWM_IntClear(LPC_MCPWM_TypeDef * MCPWMx, uint32_t ulIntType)
功能描述	清除指定的中断标志位，从而禁止中断的产生
输入参数 1	MCPWMx：指定的 MCPWM 外设，必须为 LPC_MCPWM
输入参数 2	ulIntType：中断类型，取值如下。 MCPWM_INTFLAG_LIM0：通道 0 的界限中断； MCPWM_INTFLAG_MAT0：通道 0 的匹配中断； MCPWM_INTFLAG_CAP0：通道 0 的捕获中断； MCPWM_INTFLAG_LIM1：通道 1 的界限中断； MCPWM_INTFLAG_MAT1：通道 1 的匹配中断； MCPWM_INTFLAG_CAP1：通道 1 的捕获中断； MCPWM_INTFLAG_LIM2：通道 2 的界限中断； MCPWM_INTFLAG_MAT2：通道 2 的匹配中断； MCPWM_INTFLAG_CAP2：通道 2 的捕获中断； MCPWM_INTFLAG_ABORT：快速中止。 注：这些参数可以逻辑或的形式组合
输出参数	无
返回值	无
调用函数	无
说　明	通过 MCINTF_CLR 完成，单一功能的中断清零配置函数

⑮ 函数 MCPWM_GetIntStatus。

表 9 - 41　函数 MCPWM_GetIntStatus

函数名	MCPWM_GetIntStatus
函数原型	FlagStatus MCPWM_GetIntStatus(LPC_MCPWM_TypeDef * MCPWMx, uint32_t ulIntType)
功能描述	获取指定的中断标志
输入参数 1	MCPWMx：指定的 MCPWM 外设，必须为 LPC_MCPWM

输入参数 2	ulIntType：中断类型，取值如下。 MCPWM_INTFLAG_LIM0：通道 0 的界限中断； MCPWM_INTFLAG_MAT0：通道 0 的匹配中断； MCPWM_INTFLAG_CAP0：通道 0 的捕获中断； MCPWM_INTFLAG_LIM1：通道 1 的界限中断； MCPWM_INTFLAG_MAT1：通道 1 的匹配中断； MCPWM_INTFLAG_CAP1：通道 1 的捕获中断； MCPWM_INTFLAG_LIM2：通道 2 的界限中断； MCPWM_INTFLAG_MAT2：通道 2 的匹配中断； MCPWM_INTFLAG_CAP2：通道 2 的捕获中断； MCPWM_INTFLAG_ABORT：快速中止
输出参数	无
返回值	如果对应的中断标志已设置则返回 SET，否则返回 RESET
调用函数	无
说　明	读取 MCINTF 寄存器值

9.5　MCPWM 应用实例

完整地介绍完 MCPWM 外设相关的寄存器、库函数以及基本应用操作之后，本节将开始讲述 MCPWM 外设的应用实例。

9.5.1　设计目标

MCPWM 外设应用安排了一个简单的应用实例，通过定义 3 个通道共计 6 个外部引脚用于 MCPWM 输出 6 路信号，并定义 1 个引脚用于在下降沿捕获 MC_B 信号，实现捕获功能测试。

9.5.2　硬件电路设计

MCPWM 的 3 通道 6 引脚输出实例演示基本电路示意图如图 9-8 所示。

图 9-8　简易 MCPWM 实例演示电路

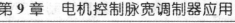

9.5.3　实例软件设计

　　实例的程序设计所涉及的软件结构如表 9 - 42 所列，主要程序文件及功能说明如表 9 - 43 所列。

表 9 - 42　软件设计结构

用户应用层			
mcpwm_simple. c			
CMSIS 层			
Cortex - M3 内核外设访问层	LPC17xx 设备外设访问层		
core_cm3. h core_cmFunc. h core_cmInstr. h	启动代码 (startup_LPC-177x_8x. s)	LPC177x_8x. h	system_LPC177x_8x. c	system_LPC177x_8x. h
硬件外设层			
时钟电源控制驱动库	MCPWM 外设驱动库	引脚连接配置驱动库	
lpc177x_8x_clkpwr. c lpc177x_8x_clkpwr. h	lpc177x_8x_mcpwm. c lpc177x_8x_mcpwm. h	lpc177x_8x_pinsel. c lpc177x_8x_pinsel. h	
调试工具库(使用 UART)	UART 模块驱动库		
debug_frmwrk. c debug_frmwrk. h	lpc177x_8x_uart. c lpc177x_8x_uart. h		

表 9 - 43　程序设计文件功能说明

文件名称	程序设计文件功能说明
mcpwm_simple. c	MCPWM 输出的主程序，含 main() 入口函数和程序主功能函数 c_entry() 等
lpc177x_8x_clkpwr. c	公有程序，时钟与电源控制驱动库。注：由其他驱动库文件调用
lpc177x_8x_mcpwm. c	公有程序，MCPWM 外设驱动库。在 c_entry() 函数中调用
lpc177x_8x_pinsel. c	公有程序，引脚连接配置驱动库。注：由主程序等调用
debug_frmwrk. c	公有程序，调试工具库(使用 UART 输出)。由主程序及其他驱动库文件调用输出调试信息
lpc177x_8x_uart. c	公有程序，UART 模块驱动库。配合调用工具库及主程序完成调试信息的串口输出
startup_LPC177x_8x. s	启动代码文件

　　本例程采用 MCPWM 外设的 3 个通道输出 6 组 PWM 信号，得益于功能完善的库函数应用，实例的软件代码相当简单易懂。例程主要包括下述几个功能：

　　① I/O 引脚配置部分，配置 MCPWM 信号输出引脚，本例共配置 6 个通道用于输出。

　　② MCPWM 的通道参数配置部分，完成 3 个通道的参数配置，含边沿对齐模式、极性、死区时间功能配置、周期寄存器值、脉宽寄存器值和功能寄存器更新等。

　　③ 捕获通道参数配置，配置捕获通道用于在下降沿捕获相连接的引脚信号，及与捕获通道对应的中断服务程序。

　　实例的主功能函数都集中在 c_entry() 函数内，最后由 main() 入口函数完成调用,完整的程序函数主体 c_entry()代码如下。

(1) c_entry()函数

本函数为实例的程序主体。实例的功能都由本函数完成,如 I/O 引脚配置、MCPWM 的通道参数配置、捕获通道参数配置等,捕获结果通过串口输出。完整的主体程序与代码注释如下:

```
void c_entry(void)
{
    /* 定义 MCPWM 通道配置数据的对象 */
    MCPWM_CHANNEL_CFG_Type channelsetup[3];
    uint32_t i;
    /* 初始化调试工具,配置 UART0:115 200 bps,8 个数据位,无奇偶校验位,1 个停止位,无
    流控 */
    debug_frmwrk_init();
    /* 通过串口输出欢迎信息 */
    _DBG_(menu);
    /* 引脚配置用于 MCPWM 功能:
    * 分配:       P1.19 用于 MC_A0:电机控制通道 0 输出 A
    *             P1.22 用于 MC_B0:电机控制通道 0 输出 B
    *             P1.25 用于 MC_A1:电机控制通道 1 输出 A
    *             P1.26 用于 MC_B1:电机控制通道 1 输出 B
    *             P1.28 用于 MC_A2:电机控制通道 2 输出 A
    *             P1.29 用于 MC_B2:电机控制通道 2 输出 B
    *             P1.20 用于 MCI0:电机控制反馈通道 0
    */
    //电机控制通道 0 输出 A
    PINSEL_ConfigPin(1, 19, 4);
    //电机控制反馈通道 0 输入
    PINSEL_ConfigPin(1, 20, 4);
    //电机控制通道 0 输出 B
    PINSEL_ConfigPin(1, 22, 4);
    //电机控制通道 1 输出 A
    PINSEL_ConfigPin(1, 25, 4);
    //电机控制通道 1 输出 B
    PINSEL_ConfigPin(1, 26, 4);
    //电机控制通道 2 输出 A
    PINSEL_ConfigPin(1, 28, 4);
```

```
//电机控制通道 2 输出 B
PINSEL_ConfigPin(1,29,1);
/* 禁用 MCPWM 中断 */
NVIC_DisableIRQ(MCPWM_IRQn);
/* 抢占式优先级 = 1，子优先级 = 1 */
NVIC_SetPriority(MCPWM_IRQn,((0x01<<3)|0x01));
/* 初始化 MCPWM 外设 */
MCPWM_Init(LPC_MCPWM);
/* - - -通道 0 参数配置 - - - */
/* 边沿对齐模式 */
channelsetup[0].channelType = MCPWM_CHANNEL_EDGE_MODE;
/* 无效的状态为低电平,有效的状态为高电平 */
channelsetup[0].channelPolarity = MCPWM_CHANNEL_PASSIVE_LO;
/* 禁止死区时间 */
channelsetup[0].channelDeadtimeEnable = DISABLE;
/* 死区时间值 = 0 */
channelsetup[0].channelDeadtimeValue = 0;
/* 使能功能寄存器更新 */
channelsetup[0].channelUpdateEnable = ENABLE;
/* 定时器/计数器值 = 0 */
channelsetup[0].channelTimercounterValue = 0;
/* 周期寄存器值 = 300 */
channelsetup[0].channelPeriodValue = 300;
/* 脉宽寄存器值 = 0 */
channelsetup[0].channelPulsewidthValue = 0;
/* - - -通道 1 参数配置 - - - */
/* 边沿对齐模式 */
channelsetup[1].channelType = MCPWM_CHANNEL_EDGE_MODE;
/* 无效的状态为低电平,有效的状态为高电平 */
channelsetup[1].channelPolarity = MCPWM_CHANNEL_PASSIVE_LO;
/* 禁止死区时间 */
channelsetup[1].channelDeadtimeEnable = DISABLE;
/* 死区时间值 = 0 */
channelsetup[1].channelDeadtimeValue = 0;
/* 使能功能寄存器更新 */
channelsetup[1].channelUpdateEnable = ENABLE;
```

251

/* 定时器/计数器值 = 0 */

channelsetup[1].channelTimercounterValue = 0;

/* 周期寄存器值 = 300 */

channelsetup[1].channelPeriodValue = 300;

/* 脉宽寄存器值 = 100 */

channelsetup[1].channelPulsewidthValue = 100;

/* - - - 通道 2 参数配置 - - - */

/* 边沿对齐模式 */

channelsetup[2].channelType = MCPWM_CHANNEL_EDGE_MODE;

/* 无效的状态为低电平,有效的状态为高电平 */

channelsetup[2].channelPolarity = MCPWM_CHANNEL_PASSIVE_LO;

/* 禁止死区时间 */

channelsetup[2].channelDeadtimeEnable = DISABLE;

/* 死区时间值 = 0 */

channelsetup[2].channelDeadtimeValue = 0;

/* 使能功能寄存器更新 */

channelsetup[2].channelUpdateEnable = ENABLE;

/* 定时器/计数器值 = 0 */

channelsetup[2].channelTimercounterValue = 0;

/* 周期寄存器值 = 300 */

channelsetup[2].channelPeriodValue = 300;

/* 脉宽寄存器值 = 200 */

channelsetup[2].channelPulsewidthValue = 200;

/* 完成通道 0 参数配置 */

MCPWM_ConfigChannel(LPC_MCPWM,MCPWM_CHANNEL_0,
                      &channelsetup[0]);

/* 完成通道 1 参数配置 */

MCPWM_ConfigChannel(LPC_MCPWM,MCPWM_CHANNEL_1,
                      &channelsetup[1]);

/* 完成通道 2 参数配置 */

MCPWM_ConfigChannel(LPC_MCPWM,MCPWM_CHANNEL_2,
                      &channelsetup[2]);

/* 三相直流模式配置 */

* DCMODE 使能

* 输入反相使能

* A0 和 A1 输出引脚连接内部 A0 信号 */

轻松玩转 ARM Cortex-M3 微控制器——基于 LPC1788 系列

```
MCPWM_DCMode(LPC_MCPWM,ENABLE,ENABLE,
                (MCPWM_PATENT_A0|MCPWM_PATENT_A1));
```

/ * 捕获模拟测试 * /

```
# if CAPTURE_MODE_TEST
```

/ * 捕获模式用规范检测 MC_0B 引脚的下降沿

　 * MC_FB0 输入引脚须连接 MC_0B. (P1.20 ～P1.22)

　 * /

/ * - - - 捕获通道参数配置 - - - * /

/ * 捕获通道 0 * /

```
captureCfg.captureChannel = MCPWM_CHANNEL_0;
```

/ * 使能下降沿 * /

```
captureCfg.captureFalling = ENABLE;
```

/ * 禁止上升沿 * /

```
captureCfg.captureRising = DISABLE;
```

/ * 禁止硬件噪声滤波器功能 * /

```
captureCfg.hnfEnable = DISABLE;
```

/ * 禁止定时器复位 * /

```
captureCfg.timerReset = DISABLE;
```

/ * 完成捕获通道参数配置 * /

```
MCPWM_ConfigCapture(LPC_MCPWM, MCPWM_CHANNEL_0, &captureCfg);
```

/ * 复位捕获标志 * /

```
CapFlag = RESET;
```

/ * 使能 MCI0 (MCFB0)中断 * /

```
MCPWM_IntConfig(LPC_MCPWM, MCPWM_INTFLAG_CAP0, ENABLE);
```

/ * 使能 MCPWM 中断 * /

```
NVIC_EnableIRQ(MCPWM_IRQn);
```

```
# endif
```

/ * 启动 3 个通道 * /

```
MCPWM_Start(LPC_MCPWM, ENABLE, ENABLE, ENABLE);
```

/ * 循环 * /

```
while (1)
```

{

/ * 延时参数 * /

```
for(i = 0; i < 100000; i + +);
```

/ * 3 个通道的脉宽寄存器值设置,先依据初值再决定判断大于 300 则初值 + 20 * /

```
channelsetup[0].channelPulsewidthValue =
```

```
                    (channelsetup[0].channelPulsewidthValue >= 300) ?
                            0 : channelsetup[0].channelPulsewidthValue + 20;
    channelsetup[1].channelPulsewidthValue =
    (channelsetup[1].channelPulsewidthValue >= 300) ?
                            0 : channelsetup[1].channelPulsewidthValue + 20;
    channelsetup[2].channelPulsewidthValue =
    (channelsetup[2].channelPulsewidthValue >= 300) ?
                            0 : channelsetup[2].channelPulsewidthValue + 20;
    /* 输出更新信息 */
    _DBG_("Update!");
    /* 通道 0 的界限值与匹配值配置 */
    MCPWM_WriteToShadow(LPC_MCPWM,MCPWM_CHANNEL_0,
                    &channelsetup[0]);
    /* 通道 1 的界限值与匹配值配置 */
    MCPWM_WriteToShadow(LPC_MCPWM, MCPWM_CHANNEL_1,
                    &channelsetup[1]);
    /* 通道 2 的界限值与匹配值配置 */
    MCPWM_WriteToShadow(LPC_MCPWM, MCPWM_CHANNEL_2,
                    &channelsetup[2]);
    #if CAPTURE_MODE_TEST
    /* 检测捕获标志位是否设置 */
      if (CapFlag)
      {
          /* 如果已设置输出捕获值 */
          _DBG("Capture Value: ");
          /* 指定格式输出 */
          _DBD32(CapVal); _DBG_("");
          /* 重复配置捕获通道参数,以实现持续捕获功能 */
          MCPWM_ConfigCapture(LPC_MCPWM, MCPWM_CHANNEL_0,
                          &captureCfg);
          /* 重新使能 CAP0 中断 */
          MCPWM_IntConfig(LPC_MCPWM, MCPWM_INTFLAG_CAP0,
                          ENABLE);
          /* 复位捕获标志 */
          CapFlag = RESET;
      }
```

```
# endif
    }
  }
```

(2) MCPWM_IRQHandler()函数

本函数为 MCPWM 捕获测试的中断处理程序,分别完成捕获中断标志(MCP-WM_INTFLAG_CAP0)检测、存储捕获值、捕获中断标志置位、关捕获事件中断和开中断等功能。

```
void MCPWM_IRQHandler(void)
{
# if CAPTURE_MODE_TEST
/ * 检测 MCPWM_INTFLAG_CAP0 标志位 * /
if (MCPWM_GetIntStatus(LPC_MCPWM, MCPWM_INTFLAG_CAP0))
{
    if (CapFlag = = RESET)
    {
        / * 存储捕获值 * /
        CapVal = MCPWM_GetCapture(LPC_MCPWM, MCPWM_CHANNEL_0);
        /捕获标志位置位
        CapFlag = SET;
        / * 关 MCPWM_INTFLAG_CAP0 中断 * /
        MCPWM_IntConfig(LPC_MCPWM, MCPWM_INTFLAG_CAP0, DISABLE);
    }
    / * 清 MCPWM_INTFLAG_CAP0 中断 * /
    MCPWM_IntClear(LPC_MCPWM, MCPWM_INTFLAG_CAP0);
}
# endif
}
```

255

9.6 实例总结

本章着重介绍了 LPC178x 系列微处理器的 MCPWM 外设的基本结构、相关寄存器、库函数功能以及基本应用操作等,调用 I/O 引脚连接管理驱动库和 MCPWM 外设驱动库等实现 MCPWM 信号的简单输出应用。读者可通过适当的代码改良与电机参数配置,快速实现三相直流或交流电机驱动。

第 **10** 章

通用异步收发器应用

通用异步收发器是一种通用串行双向数据总线,用于异步通信,可以与标准串行接口如 RS - 232 和 RS - 485 等进行全双工异步通信,具有传输距离远、成本低、可靠性高等优点。本章将讲述 UART 外设的基本结构、寄存器及库函数功能等,并通过几个实例演示 UART 的应用。

10.1　通用异步收发器(UART)概述

LPC178x 系列微控制器中的大部分设备都包含 5 个 UART 外设,少数型号仅包含 4 个 UART。UART0、2 和 3 与 UART1 基本相同,但没有 Modem/流控制信号;UART4 则新增了同步模式、红外模式和智能卡模式。下面依次列出这三类 UART 外设的主要特性。

UART1 外设功能较全,它具有完整的 Modem 信号,并可作为通用的 RS - 232 和 RS - 485 接口,主要特性如下:

- 全 Modem 控制握手信号;
- 数据大小为 5~8 位;
- 奇偶生成和校验:奇校验(Odd)、偶校验(Even)、1 校验(Mark)、0 校验(Space)或无校验(None);
- 1 个或 2 个停止位;
- 16 字节收发缓冲区(FIFO);
- 内置波特率发生器,包含一个多功能分数波特率分频器;
- 支持 DMA 发送和接收;
- 自动波特率功能;
- 中断生成和检测;
- 多处理器寻址模式;
- 支持 RS - 485/EIA - 485。

UART0、2、3 外设没有 Modem 握手信号,可作为通用的 RS - 232 和 RS - 485 接口,其公共特性类似,如下:

- 数据大小为 5~8 位;

- 奇偶生成和校验：奇校验（Odd）、偶校验（Even）、1 校验（Mark）、0 校验（Space）或无校验（None）；
- 1 个或 2 个停止位；
- 16 字节收发缓冲区（FIFO）；
- 内置波特率发生器，包含一个多功能分数波特率分频器；
- 支持 DMA 发送和接收；
- 自动波特率功能；
- 中断生成和检测；
- 多处理器寻址模式；
- 支持软件流控；
- 支持 RS-485/EIA-485。

UART4 外设的公共特性与 UART0、2、3 外设相类似，新增的功能特性如下：

- IrDA 模式，支持红外通信；
- 支持软件流控制；
- 支持带输出使能的 RS-485/EIA-485 的 9 位模式；
- 可选的同步发送或接收模式；
- 可选的符合 ISO 7816-3 标准的智能卡接口。

图 10-1～图 10-3 分别列出了 UART1、UART0（UART2 或 UART3）和 UART4 三种类型的 UART 外设的功能结构框图，这三种外设基本结构类似，但根据外设类型新增的功能加入了个性化组件或信号。

UART 接收器模块（UnRX，注 n＝0～4，下同）监控串行输入线路 RXD 的有效输入，RX 移位寄存器（UnRSR）通过 RXD 接收有效字符。

UART 发送器模块（UnTX）接收 CPU 或主机写入的数据，并且将数据缓存到 TX 保持寄存器 FIFO（UnTHR）中。TX 移位寄存器（UnTSR）读取 UnTHR 中存储的数据，并对数据进行封包，通过串行输出引脚 TXD 将数据发送出去。

UART 波特率发生器模块（UnBRG）的时钟输入源来自规范 APB 时钟（PCLK），用规范产生 TX 模块所使用的时序使能信号。主时钟由 UnDLL 和 UnDLM 寄存器中指定的除数相除。

中断接口包括 UnIER 和 UnIIR 寄存器。中断接口接收若干个 UnTX 和 UnRX 模块发出的单时钟宽度使能信号。

UnTX 和 UnRX 发送的状态信息会存储在 UnLSR 中，UnTX 和 UnRX 的控制信息会存储在 UnLCR 中。

除了上述基本特性外，UART1 的 Modem 接口包括 U1MCR 和 U1MSR 寄存器，该接口完成 Modem 外设与 UART1 之间的握手信号交换。

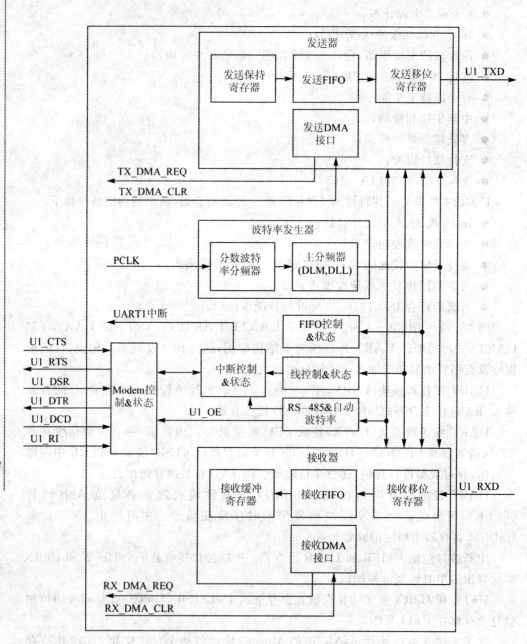

图 10 - 1　UART1 的功能结构框图

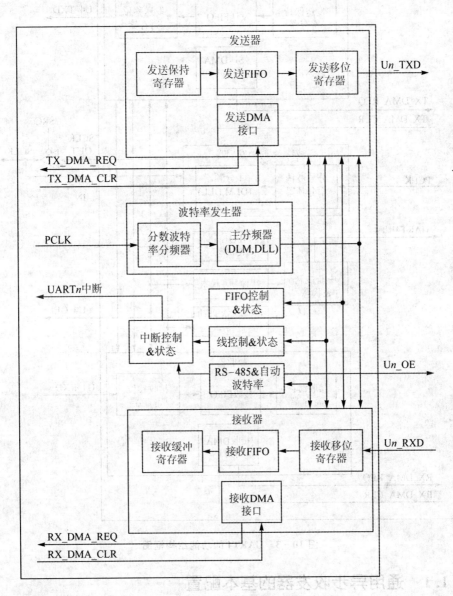

图 10 - 2　UART0、2、3 的功能结构框图

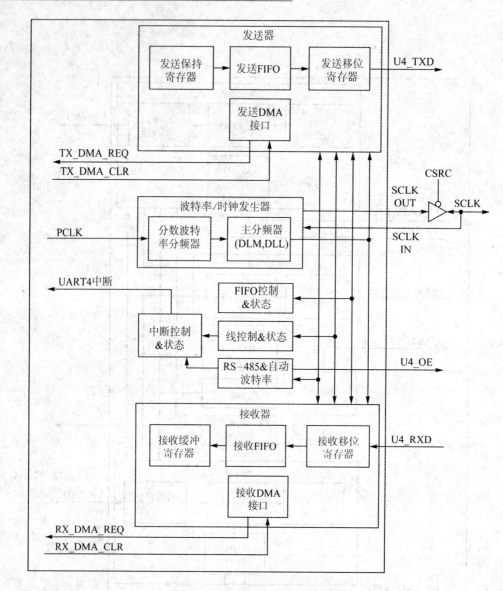

图 10 - 3　UART4 的功能结构框图

10.1.1　通用异步收发器的基本配置

UARTn(n=0～4)外设的配置需要使用下列寄存器：

① 功率。在 PCONP 寄存器中，设置 PCUARTn 位。

注:复位时，UART1 会被使能(PCUART1＝1)，UART0 会被使能(PCUART0＝1)，而 UART2/3 会被禁止(PCUART2/3＝0)，UART4 被禁止(PCUART4 ＝ 0)。

② 外设时钟。UARTn 使用通用 PCLK，它既用于总线接口，也用于大多数

APB 外设的功能部分。

③ 波特率。在 UnLCR 寄存器中，将位 DLAB 设置为 1，由此可开启对寄存器 DLL 和 DLM 的访问，以设置波特率。如果需要，还可以在分数分频寄存器中设置分数波特率。

④ FIFO。使用 UnFCR 寄存器中的 FIFO 使能位（位 0）使能 FIFO。

⑤ 引脚。通过相关的 IOCON 寄存器选择 UART 引脚和引脚模式。

注：不可为 UART 接收引脚启用下拉电阻。

⑥ 中断。要使能 UART 中断，将 UnLCR 寄存器中的位 DLAB 设置为 0，由此可开启对 UnIER 的访问。中断的使能是通过在 NVIC 中使用相应的中断设置使能寄存器来实现的。

⑦ DMA。UARTn 的发送和接收功能可通过 GPDMA 控制器进行操作。

10.1.2　通用异步收发器的引脚描述

表 10 - 1 列出了全部 UART 外设相关的引脚。

表 10 - 1　UART 引脚描述

引　脚	类　型	描　述
UART1 外设		
U1_RXD	输入	串行输入引脚。串行接收数据
U1_TXD	输出	串行输出引脚。串行发送数据
U1_CTS	输入	消除发送。低电平有效信号，指示外部 Modem 是否已经准备好接收数据，UART1 数据可通过 TXD1 发送
U1_DCD	输入	数据载波检测。低电平有效信号，指示外部 Modem 是否与 UART1 建立了通信连接，可以进行数据交换
U1_DSR	输入	数据设置就绪。低电平有效信号，指示外部 Modem 是否准备好与 UART1 建立通信连接
U1_DTR	输出	数据终端就绪。低电平有效信号，指示 UART1 已准备好与外部 Modem 建立连接。DTR 引脚还可作为 RS - 485/EIA - 485 输出使能信号引脚使用
U1_RI	输入	铃响指示。低电平有效信号，指示 Modem 检测到电话铃响信号
U1_RTS	输出	请求发送。低电平有效信号，指示 UART1 打算发送数据给外部 Modem。RTS 引脚还可作为 RS - 485/EIA - 485 输出使能信号引脚使用
UART0、2、3 外设		
U0_RXD, U2_RXD, U3_RXD	输入	串行输入引脚。串行接收数据
U0_TXD, U2_TXD, U3_TXD	输出	串行输出引脚。串行发送数据
U0_OE, U2_OE, U3_OE	输出	输出使能。RS - 485/EIA - 485 输出使能

引　脚	类　型	描　述
		UART4 外设
U4_RXD	输入	串行输入引脚。串行接收数据
U4_TXD	输出	串行输出引脚。串行发送数据(智能卡模式下的输入/输出)
U4_OE	输出	输出使能。RS - 485/EIA - 485 输出使能
U4_SCLK	输入/ 输出	串行时钟。同步模式及智能卡模式下的时钟输入或输出

10.2　UART 寄存器描述

全部 UART 外设相对应的寄存器列表如表 10 - 2 所列。

表 10 - 2　UART 外设的寄存器映射

通用名称	描　述	访问类型	复位值	UARTn 序号
RBR (DLAB=0)	接收缓冲寄存器。内含下一个要读取的已接收字符	RO	—	0～4
THR (DLAB=0)	发送保持寄存器。在此写入下一个要发送的字符	WO	—	0～4
DLL (DLAB=1)	除数锁存器 LSB。波特率除数值的最低有效字节。分数波特率分频器是使用整个除数来产生波特率的	R/W	0x01	0～4
DLM (DLAB=1)	除数锁存器 MSB。波特率除数值的最高有效字节。分数波特率分频器是使用整个除数来产生波特率的	R/W	0	0～4
IER (DLAB=0)	中断使能寄存器。包含 7 个独立的中断使能位对应 7 个 UARTn 中断	R/W	0	0～4
IIR	中断 ID 寄存器。识别处于挂起状态的中断	RO	0x01	0～4
FCR	FIFO 控制寄存器。控制 UARTn 的 FIFO 的使用和模式	WO	0	0～4
LCR	线控制寄存器。包含帧格式控制和间隔产生控制	R/W	0	0～4
MCR	Modem 控制寄存器。包含流控制、握手控制和环路模式控制	R/W	0	1
LSR	线状态寄存器。包含发送和接收的状态标志(包括线错误)	RO	0x60	0～4
MSR	Modem 状态寄存器。包含握手信号状态标志	RO	0	1
SCR	高速缓存寄存器。8 位临时存储空间,供软件使用	R/W	0	0～4
ACR	自动波特率控制寄存器。包含了自动波特率的特性控制	R/W	0	0～4
ICR	IrDA 控制寄存器,使能和配置 IrDA 模式	R/W	0	4

通用名称	描　述	访问类型	复位值	UARTn 序号
FDR	分数分频器寄存器。为波特率分频器产生时钟输入	R/W	0x10	0~4
TER	发送使能寄存器。关闭 UART 发送器,使用软件流控制	R/W	0x80	0~4
RS485CTRL	RS-485/EIA-485 控制。包含了 RS-485/EIA-485 模式多方面的配置控制	R/W	0	0~4
RS485ADRMATCH	RS-485/EIA-485 地址匹配。包含 RS-485/EIA-485 模式所使用的地址匹配值	R/W	0	0~4
RS485DLY	RS-485/EIA-485 方向控制延迟	R/W	0	0~4
OSR	过采样寄存器。控制各个位时间(bit time)的过采样程度	R/W	0xF0	4
SCICTRL	智能卡接口控制寄存器。使能和配置智能卡接口特性	R/W	0	4
SYNCCTRL	同步模式控制寄存器	R/W	0	4

10.2.1　UARTn 接收缓冲寄存器(RBR)

UnRBR 寄存器是 UARTn 接收 FIFO 的最高字节。该寄存器位功能如表 10-3 所列。接收 FIFO 的最高字节包含最早接收到的字符,并且可通过总线接口读取。LSB(位 0)代表"最早"接收到的数据位。如果接收到的字符少于 8 位,则未使用的 MSB 使用 0 填充。

如果要访问 UnRBR,则 UnLCR 中的除数锁存器访问位(DLAB)必须为 0。UnRBR 始终为只读寄存器。

由于 PE、FE 和 BI 位与 RBR FIFO 顶部的字节(即下次读取 RBR 时获取的字节)对应,因此,要正确地成对读出有效的已接收字节及其状态位,应先读取 UnLSR 寄存器的内容,然后读取 UnRBR 中的字节。

表 10-3　接收缓冲寄存器位描述

位	符　号	描　述	复位值
31:8	—	保留。从保留位中读出的值未定义	—
7:0	RBR	UARTn 接收缓冲寄存器包含了 UARTn 的接收 FIFO 当中最早接收到的字节	—

10.2.2　UARTn 发送保持寄存器(THR)

UnTHR 寄存器是 UARTn 发送 FIFO 的最高字节。该寄存器位功能如表 10-4所列。最高字节是发送 FIFO 中的最新字节,可以通过总线接口写入,LSB 代表第一个要发送的位。

如果要访问 UnTHR,则 UnLCR 中的除数锁存器访问位(DLAB)必须为 0,UnTHR 为只写寄存器。

表 10-4　发送保持寄存器位描述

位	符　号	描　　述	复位值
31:8	—	保留。从保留位中读出的值未定义,只写入 0	—
7:0	THR	写 UARTn 发送保持寄存器会使数据保存到 UARTn,发送 FIFO 中,当字节达到 FIFO 的底部并且发送器就绪时,字节就会被发送	—

10.2.3　UARTn 除数锁存器 LSB/MSB 寄存器(DLL,DLM)

UARTn 除数锁存器是 UARTn 波特率发生器的一部分,它与分数分频器一同使用,保持产生波特率时钟的 APB 时钟(PCLK)的分频值,波特率时钟必须是所需波特率的 16 倍。这两种寄存器位功能分别如表 10-5 和表 10-6 所列。UnDLL 和 UnDLM 寄存器一起构成一个 16 位除数,其中 UnDLL 包含除数的低 8 位,而 UnDLM 包含除数的高 8 位。分频值 0x0000 会被作为 0x0001 处理,因为除数不能为 0。如果要访问 UARTn 除数锁存器,则 UnLCR 中的除数锁存器访问位(DLAB)必须为 1。

表 10-5　除数锁存器 LSB 寄存器位描述

位	符　号	描　　述	复位值
31:8	—	保留。从保留位中读出的值未定义,只写入 0	—
7:0	DLLSB	UARTn 除数锁存器、LSB 寄存器及 UnDLM 寄存器一起决定 UARTn 的波特率	0x01

表 10-6　除数锁存器 MSB 寄存器位描述

位	符　号	描　　述	复位值
31:8	—	保留。从保留位中读出的值未定义,只写入 0	—
7:0	DLMSB	UARTn 除数锁存器、MSB 寄存器及 UnDLL 寄存器一起决定 UARTn 的波特率	0

10.2.4　UARTn 中断使能寄存器(IER)

UnIER 用于使能 UARTn 中断源。该寄存器位功能如表 10-7 所列。

注意:对应 UART1 时,用于使能 4 个 UARTn 中断源,有效位是[9:7]、[3:0],其他为保留位;对应 UART0/2/3/4 时,用于使能 3 个 UARTn 中断源,有效位是[9:8]、[2:0],其他为保留位。

表 10-7　中断使能寄存器位描述

位	符 号	值	描　　述	复位值
31:10	—	—	保留。从保留位中读出的值未定义，只写入 0	—
9	ABTOIntEn	0	自动波特率超时中断配置。 禁止 auto-baud 超时中断	0
		1	使能 auto-baud 超时中断	
8	ABEOIntEn	0	自动波特率结束中断配置。 禁止 auto-baud 结束中断	0
		1	使能 auto-baud 结束中断	
7	CTS Interrupt Enable		如果使能了 auto-CTS 模式，则当 CTS1 信号发生跳变时，该位会使能/禁止 Modem 状态中断的产生。如果 auto-CTS 模式被禁止，则在 Modem 状态中断使能位(UnIER[3])被置位的情况下，CTS1 信号跳变将会触发中断。 在正常操作模式下，CTS1 信号跳变将会触发 Modem 状态中断，除非中断已被禁止(U1IER 寄存器中的 U1IER[3]被清零)。在 auto-CTS 模式下，只有当 U1IER[3]和 U1IER[7]位同时被置位时，CTS1 位上的跳变才会触发中断。 该功能位仅支持 UART1。	0
		0	禁止 CTS 中断；	
		1	使能 CTS 中断	
6:4	—	—	保留。从保留位中读出的值未定义，只写入 0	—
3	Modem Status Interrupt Enable		配置 Modem 中断。该中断状的态可从 U1MSR[3:0]中读出。 该功能位仅支持 UART1。	0
		0	禁止 Modem 中断；	
		1	使能 Modem 中断	
2	RX Line Interrupt Enable		配置 UARTn 的 RX 线状态中断。该中断的状态可从 UnLSR[4:1]中读出。	0
		0	禁止 RX 线状态中断；	
		1	使能 RX 线状态中断	
1	THRE Interrupt Enable		配置 UARTn 的 THRE 中断。该中断的状态可从 UnLSR[5]中读出。	0
		0	禁止 THRE 中断；	
		1	使能 THRE 中断	
0	RBR Interrupt Enable		配置 UART1 的接收数据可用中断。它还控制着字符接收超时中断。	0
		0	禁止 RDA 中断；	
		1	使能 RDA 中断	

265

10.2.5　UARTn 中断标识寄存器(IIR)

　　UnIIR 提供一个状态代码(如表 10-8 所列)，用于指示一个挂起中断的优先级和中断源。在访问 UnIIR 的过程中，中断被冻结。如果在访问 UnIIR 的过程中产生了中断，该中断会被记录以用于下次 UnIIR 访问。

表 10 - 8　中断标识寄存器位描述

位	符号	值	描　　述	复位值
31:10	—	—	保留。从保留位中读出的值未定义,只写入 0	—
9	ABTOInt		auto - baud 超时中断。若 auto - baud 已超时且中断被使能,则为 1	0
8	ABEOInt		auto - baud 结束中断。若 auto - baud 已成功结束且中断被使能,则为 1	0
7:6	FIFO Enable		这些位等效于 UnFCR[0]	0
5:4		—	保留。读取值未定义,只写入 0	—
3:1	IntId	011	中断标识。UnIER[3:1]指示对应 UARTnRX 或 TX FIFO 的中断。 1:接收线状态(RLS);	0
		010	2a:接收数据可用(RDA);	
		110	2b:字符超时指示器(CTI);	
		001	3:THRE 中断;	
		000	4:Modem 中断。	
		…	其他值为保留	
0	IntStatus		中断状态。注:UnIIR[0]为低电平有效。挂起的中断可通过评估 UnIIR[3:1]确定。	1
		0	至少有一个中断被挂起;	
		1	没有挂起的中断	

10.2.6　UARTn FIFO 控制寄存器(FCR)

　　UnFCR 为只写寄存器,控制 UARTn RX 和 TX 的 FIFO 操作。FIFO 控制寄存器位功能如表 10 - 9 所列。

表 10 - 9　FIFO 控制寄存器位描述

位	符号	值	描　　述	复位值
31:8	—	—	保留。从保留位中读出的值未定义,只写入 0	—
7:6	RX Trigger Level	00	这两个位决定了接收 UARTn FIFO 在激活中断前必须写入的字符数量。 触发点 0(1 字节或 0x01);	0
		01	触发点 1(4 字节或 0x04);	
		10	触发点 2(8 字节或 0x08);	
		11	触发点 3(14 字节或 0x0E)	
5:4	—	—	保留。从保留位中读出的值未定义,只写入 0	—
3	DMA Mode Select		当 FIFO 使能位(该寄存器的位 0)被置位时,该位选择 DMA 模式	0
2	TX FIFO Reset	0	发送缓冲区配置。 对两个 UARTn FIFO 均无影响;	0
		1	写逻辑 1 到 UnFCR[2]将会清零 UARTn TX FIFO 中所有字节,并复位指针逻辑。该位会自动清零	

位	符　号	值	描　述	复位值
1	RX FIFO Reset	0 1	接收缓冲区配置。 对两个 UARTn FIFO 均无影响; 写逻辑 1 到 UnFCR[1]将会清零 UARTn RX FIFO 中所有字节,并复位指针逻辑。该位会自动清零	0
0	FIFO Enable	0 1	缓冲区配置。 UARTn FIFO 被禁止,禁止在应用中使用; 高电平有效,使能对 UARTn RX、TX 的 FIFO 以及 UnFCR[7:1]的访问。该位必须置位以实现正确的 UARTn 操作。该位的任何变化都将使 UARTn FIFO 自动清空	0

用户可以选择用 DMA 进行 UART 的发送或接收。DMA 模式由 FCR 寄存器中的 DMA 模式选择位决定,只有在 FCR 寄存器中的 FIFO 使能位进行了使能配置,该位才有用。

(1) UART 接收 DMA

在 DMA 模式下,只有当接收 FIFO 水平大于或等于触发值,或者在发生一次字符超时的情况下,接收 DMA 请求才会生效,接收 DMA 请求由 DMA 控制器清除。

(2) UART 发送 DMA

在 DMA 模式下,当发送 FIFO 变为未满时,发送 DMA 请求就会生效,发送 DMA 请求由 DMA 控制器清除。

10.2.7　UARTn 线控制寄存器(LCR)

UnLCR 决定待发送或接收的数据字符的格式。该寄存器位功能如表 10－10 所列。

表 10－10　线控制寄存器位描述

位	符　号	值	描　述	复位值
31:8	—	—	保留。从保留位中读出的值未定义,只写入 0	—
7	Divisor Latch Access Bit(DLAB)	0 1	除数锁存器配置。 禁止访问除数锁存器; 使能访问除数锁存器	0
6	Break Control	0 1	断开控制配置。 禁止间隔发送; 使能间隔发送,当 UnLCR[6]为高电平(有效)时,输出引脚 UARTn TXD 强制为逻辑 0	0
5:4	Parity Select	00 01 10 11	奇偶校验方式选择。 奇校验,发送字符和添加的校验位所包含的"1"的数量是一个奇数; 偶校验,发送字符和添加的校验位所包含的"1"的数量是一个偶数; 强制为"1"stick 校验; 强制为"0"stick 校验	0

续表 10 - 10

位	符 号	值	描　述	复位值
3	Parity Enable	0	奇偶校验控制。禁止奇偶产生和校验；	0
		1	使能奇偶产生和校验	
2	Stop BitSelect	0	停止位选择。1 个停止位；	0
		1	2 个停止位(当 UnLCR[1:0]＝00 时,为 1.5 个)	
1:0	Word Length Select	00	数据的字符长度配置。5 位字符长度；	0
		01	6 位字符长度；	
		10	7 位字符长度；	
		11	8 位字符长度	

10.2.8　UARTn Modem 控制寄存器(MCR)

UnMCR(n＝1)使能 Modem 的环路模式,并控制 Modem 的输出信号。该寄存器位功能如表 10 - 11 所列。

注意:本寄存器仅支持 UART1,其他 UART 外设无此寄存器。

表 10 - 11　Modem 控制寄存器位描述

位	符 号	值	描　述	复位值
31:8	—	—	保留。从保留位中读出的值未定义,只写入 0。	—
7	CTSen	0	auto - CTS 流控配置。禁止 auto - CTS 流控制。	0
		1	使能 auto - CTS 流控制	
6	RTSen	0	auto - RTS 流控配置。禁止 auto - RTS 流控制；	0
		1	使能 auto - RTS 流控制	
5	—	—	保留。从保留位中读出的值未定义,只写入 0	—
4	Loopback Mode Select	0	Modem 环回模式提供了执行环路测试的诊断机制。禁止 Modem 环回模式；	0
		1	使能 Modem 环回模式	
3:2	—	—	保留。从保留位中读出的值未定义,只写入 0	0
1	RTS Control		选择 Modem 输出引脚 RTS。当 Modem 环回模式激活时,该位读出为 0	0
0	DTR Control		选择 Modem 输出引脚 DTR。当 Modem 环回模式激活时,该位读出为 0	0

10.2.9　UARTn 线状态寄存器(LSR)

UnLSR 是一个只读寄存器,提供 UARTn 的 TX 和 RX 模块的状态信息。该寄存器位功能如表 10 - 12 所列。

表 10 - 12　线状态寄存器位描述

位	符号	值	描述	复位值
31:8	—	—	保留。从保留位中读出的值未定义	—
7	RXFE		接收缓冲区错误(Error in RX FIFO),当一个带有 RX 错误(如:帧错误、校验错误或间隔中断)的字符载入到 UnRBR 时,UnLSR[7]就会被设置。当 UnLSR 寄存器被读取并且 UARTn 的 FIFO 中不再有错误时,该位就会清零。	0
		0	UnRBR 中没有 UARTn RX 错误或 UnFCR[0]=0;	
		1	UARTn RBR 中包含至少一个 UARTn RX 错误	
6	TEMT		当 UnTHR 和 UnTSR 同时为空时,TEMT(Transmitter Empty)就会被设置;而当 UnTSR 或 UnTHR 任意一个包含有效数据时,TEMT 就会被清零。	1
		0	UnTSR 或 UnTHR 任意一个包含有效数据;	
		1	UnTHR 和 UnTSR 同时为空	
5	THRE		发送保持寄存器空(Transmitter Holding Register Empty),当检测到 UARTnTHR 已空时,THRE 就被立即设置。写 UnTHR 会清零 THRE。	1
		0	UnTHR 包含有效数据;	
		1	UnTHR 为空	
4	BI		在发送整个字符(起始位、数据、校验位以及停止位)过程中,RXDn 如果保持在间隔状态(全"0"),则产生间隔中断(Break Interrupt)。一旦检测到间隔条件,接收器立即进入空闲状态,直到 RXDn 进入标记状态(全"1")。读 UnLSR 会清零该状态位。间隔检测时间取决于 UnFCR[0]。 注:间隔中断与 UARTn RBR 的 FIFO 顶部的字符相关。	0
		0	间隔中断状态未激活;	
		1	间隔中断状态激活	
3	Framing Error (FE)		当接收字符的停止位为逻辑 0 时,就会发生帧错误。读 UnLSR 会清零 UnLSR[3],帧错误检测时间取决于 UnFCR[0]。当检测到帧错误时,RX 会尝试与数据重新同步,并假设错误的停止位实际上是一个超前的起始位。但即使没有出现帧错误,它也无法假设下一个接收到的字节是正确的。 注:帧错误与 UARTn RBR 的 FIFO 顶部的字符相关。	0
		0	帧错误状态未激活;	
		1	帧错误状态激活	
2	PE		当接收字符的校验位处于错误状态时,校验错误就会产生。读 UnLSR 会清零 UnLSR[2]。校验错误检测时间取决于 UnFCR[0]。 注:校验错误与 UARTnRBR 的 FIFO 顶部的字符相关。	0
		0	校验错误状态未激活;	
		1	校验错误状态激活	

位	符　号	值	描　　述	复位值
1	OE		溢出错误状态在错误发生后立即设置,读 UnLSR 会清零 UnLSR[1]。当 UARTnRSR 已有新的字符汇集,而 UARTnRBR 的 FIFO 已满时,UnLSR[1] 会被置位;此时 UARTnRBR 的 FIFO 将不会被覆盖,UARTnRSR 内的字符将会丢失。	0
		0	溢出错误状态未激活;	
		1	溢出错误状态激活	
0	RDR		当 UnRBR 包含一个未读字符时,UnLSR[0] 就会被置位;当 UARTn RBR 的 FIFO 为空时,UnLSR[0] 就会被清零。	0
		0	UARTn 接收 FIFO 为空;	
		1	UARTn 接收 FIFO 不为空	

10.2.10　UARTn Modem 状态寄存器(MSR)

　　U1MSR 是一个只读寄存器,提供 Modem 输入信号的状态信息。读 U1MSR 会清零 U1MSR[3:0]。

　　注意:① Modem 信号对 UART1 操作没有直接影响,Modem 信号的操作是通过软件实现的。该寄存器位功能如表 10－13 所列。

　　②本寄存器仅支持 UART1,其他 UART 外设无此寄存器。

表 10－13　Modem 状态寄存器位描述

位	符　号	值	描　　述	复位值
31:8	—	—	保留。从保留位中读出的值未定义	
7	DCD		数据载波检测状态。输入 DCD 的补码。在 Modem 环路模式下,该位连接到 U1MCR[3]	0
6	RI		铃响指示状态。输入 RI 的补码。在 Modem 环路模式下,该位连接到 U1MCR[2]	0
5	DSR		数据设置就绪状态。输入信号 DSR 的补码。在 Modem 环路模式下,该位连接到 U1MCR[0]	0
4	CTS		清除发送状态。输入信号 CTS 的补码。在 Modem 回写模式下,该位连接到 U1MCR[1]	0
3	ΔDCD		当输入端 DCD 的状态改变时,该位置位。读 U1MSR 会清零该位。	0
		0	没有检测到 Modem 输入端 DCD 上的状态变化	
		1	检测到 Modem 输入端 DCD 上的状态变化	
2	Trailing Edge RI		当输入端 RI 上低电平到高电平的跳变时,该位置位。读 U1MSR 会清零该位。	0
		0	没有检测到 Modem 输入端 RI 上的状态变化;	
		1	检测到 RI 上的低电平到高电平跳变的变化	
1	ΔDSR		当输入端 DSR 的状态改变时,该位置位。读 U1MSR 会清零该位。	0
		0	没有检测到 Modem 输入端 DSR 上的状态变化	
		1	检测到 Modem 输入端 DSR 上的状态变化	
0	ΔCTS		当输入端 CTS 的状态改变时,该位置位。读 U1MSR 会清零该位。	0
		0	没有检测到 Modem 输入端 CTS 上的状态变化;	
		1	检测到 Modem 输入端 CTS 上的状态变化	

10.2.11　UART*n* 高速缓存寄存器(SCR)

U*n*SCR 对 UART*n* 操作没有影响。用户可以自由地读/写该寄存器。用户可以自由地读/写该寄存器,这里没有为主机指示 U*n*SCR 所发生的读/写操作提供中断接口。该寄存器位功能如表 10 - 14 所列。

表 10 - 14　高速缓存寄存器位描述

位	符　号	描　述	复位值
31:8	—	保留。从保留位中读出的值未定义,只写入 0	—
7:0	Pad	一个可读/写的字节	0

10.2.12　UART*n* 自动波特率控制寄存器(ACR)

在用户测量波特率的输入时钟/数据速率期间,整个测量过程就是由 UART*n* 自动波特率控制寄存器(U*n*ACR)进行控制的,用户可以自由地读/写该寄存器。该寄存器位功能如表 10 - 15 所列。

表 10 - 15　自动波特率控制寄存器位描述

位	符　号	值	描　述	复位值
31:10	—	—	保留。从保留位中读出的值未定义,只写入 0	0
9	ABTOIntClr	0	auto - baud 超时中断清零位(仅可写访问)。写 0 无影响;	0
		1	写 1 将 U*n*IIR 中相应的中断清除	
8	ABEOIntClr	0	Auto - baud 结束中断清零位(仅可写访问)。写 0 无影响;	0
		1	写 1 将 U*n*IIR 中相应的中断清除	
7:3	—		保留。读取值未定义,只写入 0	0
2	AutoRestart	0	重新启动配置。不重新启动;	0
		1	如果超时,则重新启动(计数器会在下一个 UART*n* Rx 下降沿重新启动)	
1	Mode	0	auto - baud 模式选择位。模式 0;	0
		1	模式 1	
0	Start	0	在 auto - baud 功能结束后,该位会自动清零。auto - baud 功能停止(auto - baud 功能不运行);	0
		1	auto - baud 功能启动(auto - baud 功能正运行),该位在功能结束后清零	

10.2.13　UART*n* 分数分频器寄存器(FDR)

UART*n* 分数分频器寄存器(U*n*FDR)控制着用于波特率生成的时钟预分频器,

并且用户可自由地对该寄存器进行读/写操作。该预分频器使用 APB 时钟并根据指定的分数要求产生一个输出时钟。该寄存器位功能如表 10-16 所列。

注意：如果分数分频器是有效的（DIVADDVAL＞0）且 DLM＝0，则 DLL 寄存器的值必须大于 2。

表 10-16　分数分频器寄存器位描述

位	符　号	值	描　述	复位值
31:8	—	—	保留。读出值未定义,只写入 0	0
7:4	MULVAL	1	产生波特率预分频乘数值。不管是否使用分数波特率发生器,为了让 UARTn 正常运作,该字段必须大于或等于 1	1
3:0	DIVADDVAL	0	产生波特率的预分频除数值。如果该字段为 0,分数波特率发生器将不会影响 UARTn 的波特率	0

以 UART1 为例,波特率的计算公式如下：

$$UART1_{baudrare} = \frac{PCLK}{16 \times (256 \times U1DLM + U1DLL) \times (1 + \frac{DIVADDVAL}{MULVAL})}$$

其中,PCLK 为外设时钟,U1DLM 和 U1DLL 为标准 UART1 波特率分频器寄存器,而 DIVADDVAL 和 MULVAL 为 UART1 分数波特率发生器的指定参数。MULVAL 和 DIVADDVAL 的值应符合下列条件：

- $1 \leqslant MULVAL \leqslant 15$；
- $0 \leqslant DIVADDVAL \leqslant 14$；
- $DIVADDVAL < MULVAL$。

U1FDR 的值在发送/接收数据的过程中不应进行修改,否则可能导致数据丢失或损坏。如果 U1FDR 寄存器的值不符合上述两个要求,则分数分频器输出为未定义。如果 DIVADDVAL 为 0,则分数分频器会被禁用,并且不会对时钟进行分频。

10.2.14　UARTn 发送使能寄存器(TER)

除配备了完整的硬件流控制(如 auto-CTS 和 auto-RTS 机制)外,UnTER 还可以实现软件流控制。当 TXEn＝1 时,只要数据可用,UARTn 发送器就会一直发送数据；一旦 TXEn 变为 0,UARTn 就会停止数据传输。表 10-17 描述了如何使用 TXEn 位来实现硬件流控制。但一般推荐用户采用 UARTn 硬件所实现的自动流控制功能处理硬件流控,并限制 TxEn 位对软件流控制的范围。

UnTER 可以实现软件和硬件流控制。当 TXEn＝1 时,只要数据可用,UARTn 发送器就会一直发送数据；一旦 TXEn 变为 0,UARTn 就会停止数据传输。

注意：本寄存器对于 UART(0~3),有效寄存器位是[7],其他为保留位；对于 UART4,有效寄存器位是[0],其他为保留位。

表 10 - 17　发送使能寄存器位描述

位	符　号	描　述	复位值
31:8	—	保留。从保留位中读出的值未定义	—
7	TXEn UART0~3	UART(0~3):该位为 1 时(复位后),一旦先前的数据都被发送出去后,写入 THR 的数据就会在 TXD 引脚上输出。如果在发送某字符时该位被清零,那么将该字符发送完毕后就不再发送数据,直到该位再次被置位。也就是说,该位为 0 时会阻止字符从 THR 或 TX FIFO 传输到发送移位寄存器。当检测到硬件握手 TX - permit 信号(CTS)变为假时,或者接收到 XOFF 字符(DC3)时,软件通过执行软件握手可将该位清零。当检测到 TX - permit 信号为真时,或者在接收到 XOn(DC1)字符时,软件又能将该位重新置位。注意:UART4 时,该位保留	1
6:1	—	保留。读取值未定义,只写入 0	—
0	TXEn UART4	UART4:该位为 1 时(复位后),一旦先前的数据都被发送出去后,写入 THR 的数据就会在 TXD 引脚上输出。如果在发送某字符时该位被清零,那么将该字符发送完毕后就不再发送数据,直到该位再 次被置位。也就是说,该位为 0 时会阻止字符从 THR 或 TX FIFO 传输到发送移位寄存器。当检测到硬件握手 TX - permit 信号(CTS)变为假时,或者接收到 XOFF 字符(DC3)时,软件通过执行软件握手可将该位清零。当检测到 TX - permit 信号为真时,或者在接收到 XOn(DC1)字符时,软件又能将该位重新置位。注意:UART (0~3)时,该位保留	1

10.2.15　UART*n* 的 RS - 485 控制寄存器(RS485CTRL)

U*n*RS485CTRL 寄存器控制 UART 模块在 RS - 485/EIA - 485 模式下的配置。该寄存器位功能如表 10 - 18 所列。

注意:该寄存器对于 UART1 外设,有效寄存器位是[5:0],其他为保留位;对于 UART0/2/3/4 外设,有效寄存器位是[5:4]、[2:0],其他为保留位。

表 10 - 18　RS - 485 控制寄存器位描述

位	符　号	值	描　述	复位值
31:6	—	—	保留。从保留位中读出的值未定义,只写入 0	—
5	OINV		UART1:该位保留了 RTS(或 DTR)引脚方向控制信号的极性。 UART0/2/3/4:该位保留了 U*n*_OE 引脚方向控制信号的极性。	0
		0	当发送器有数据要发送时,方向控制引脚会被驱动为逻辑"0"。在最后一个数据位被发送出去后,该位就会被驱动为逻辑"1"	
		1	当发送器有数据要发送时,方向控制引脚会被驱动为逻辑"1"。在最后一个数据位被发送出去后,该位就会被驱动为逻辑"0"	
4	DCTRL		自动方向控制功能配置。	0
		0	禁止自动方向控制;	
		1	使能自动方向控制	
3	SEL		方向附加控制。注意:该位仅支持 UART1,UART(0,2,3,4)保留。	0
		0	如果使能了方向控制(位 DCTRL=1),引脚 RTS 会被用于方向控制;	
		1	如果使能了方向控制(位 DCTRL=1),引脚 DTR 会被用于方向控制	

位	符　号	值	描　述	复位值
2	AADEN	0 1	自动地址检测配置。 禁止自动地址检测（AAD）； 使能自动地址检测	0
1	RXDIS	0 1	接收器配置。 使能接收器； 禁止接收器	0
0	NMMEN	0 1	RS - 485/EIA - 485 普通多点模式配置。 禁止 RS - 485/EIA - 485 普通多点模式（NMM）； 使能 RS - 485/EIA - 485 普通多点模式。在该模式下，当接收字节的校 验位为 1 时，对地址进行检测，从而产生一个接收数据中断	0

10.2.16　UARTn 的 RS - 485 地址匹配寄存器（RS485ADRMATCH）

UnRS485ADRMATCH 寄存器包含了 RS - 485/EIA - 485 模式的地址匹配值。该寄存器位功能如表 10 - 19 所列。

表 10 - 19　RS - 485 地址匹配寄存器位描述

位	符　号	描　述	复位值
31:8	—	保留。从保留位中读出的值未定义，只写入 0	—
7:0	ADRMATCH	包含了地址匹配值	0

10.2.17　UARTn 的 RS - 485 延时值寄存器（RS485DLY）

UART1：对于最后一个停止位离开发送 FIFO 到使 $\overline{RTS}$（或$\overline{DTR}$）信号无效之间的延时，用户可对 8 位的 RS485DLY 寄存器进行编程。

UART0/2/3/4：对于最后一个停止位离开发送 FIFO 到 Un_OE 信号无效之间的延时，用户可对 RS485DLY 寄存器的 8 个位进行编程。

该延时时间是以波特率时钟周期为单位的。可以设定任何从 0～255 位时间的延时。该寄存器位功能如表 10 - 20 所列。

表 10 - 20　RS - 485 延时值寄存器位描述

位	符　号	描　述	复位值
31:8	—	保留。从保留位中读出的值未定义，只写入 0	—
7:0	DLY	UART1：包含了方向控制（RTS 或 DTR）延时值； UART0/2/3/4：包含了方向控制（Un_OE）延时值。 该寄存器与一个 8 位计数器一起工作	0

10.2.18　UART4 过采样寄存器（OSR）

在大多数应用中，UART 在一个额定的位时间内要对接收数据进行 16 次采样，并发送 16 个输入时钟宽度的位。该寄存器允许软件控制输入时钟与位时钟之间的比率。在智能卡模式下需要使用该功能，而在其他模式下，该功能提供了一种替代分数分频的方法。该寄存器位功能如表 10-21 所列。

表 10-21　过采样寄存器位描述

位	符　号	描　　述	复位值
31:15	—	保留。从保留位中读出的值未定义	—
14:8	FDInt	在智能卡模式下，这些位作为 OSInt 字段的更为有效的延伸位，实现了 ISO 7816-3 所要求的高达 2 048 的过采样比率。在智能卡模式下，位[14:4]的初始值应被设为 371，由此得出过采样比率为 372	0
7:4	OSInt	过采样比率的整数部分，减去 1。复位值等同于正常操作模式下每位时间(bit time)16 个输入时钟	0x0F
3:1	OSFrac	过采样比率的小数部分，为一个输入时钟周期的 1/8 (001 = 0.125,…,111 = 0.875)	0
0	—	保留。从保留位中读出的值未定义	0

10.2.19　UART4 智能卡接口控制寄存器(SCICTRL)

该寄存器允许 UART 用于符合 ISO 7816-3 标准的异步智能卡应用中。该寄存器位功能如表 10-22 所列。

表 10-22　UART4 智能卡接口控制寄存器位描述

位	符　号	值	描　　述	复位值
31:16	—	—	保留。从保留位中读出的值未定义，只写入 0	—
15:8	XTRAGUARD	—	当协议选择位 T 为 0 时，该字段显示位时间的数量。根据该位的值，在 UART 发送一个字符后，保护时间不得超过标称的 2 位时间。该字段中的 0xFF 可表明在一个字符和 11 位时间/字符后，仅存在一个单个位	—
7:5	TXRETRY	—	当协议选择位 T 为 0 时，远程设备信号 NACK，则由字段控制 UART 尝试进行重发的最大次数。当 NACK 发生时，这一次数加 1，LSR 中的 Tx 错误位置位，要求产生中断(若使能)，并且 UART 会被锁定直至 FIFO 清零	—
4:3	—	—	保留。从保留位中读出值未定义，只写入 0	—
2	PROTSEL	0	ISO 7816-3 标准中定义的协议选择位。 T = 0;	0
		1	T = 1	
1	NACKDIS	0	NACK 响应配置。仅在 T=0 时可用。 NACK 响应使能;	0
		1	NACK 响应禁止	
0	SCIEN	0	智能卡接口配置。 智能卡接口禁止;	0
		1	异步半双工智能卡接口使能	

10.2.20　UART4 同步模式控制寄存器(SYNCCTRL)

　　SYNCCTRL 寄存器控制同步模式。当该模式生效时,UART 在 SCLK 引脚上生成或接收一个位时钟,并将其应用于发送和接收移位寄存器。该寄存器位功能如表 10 - 23 所列。

表 10 - 23　UART4 同步模式控制寄存器位描述

位	符　号	值	描　述	复位值
31:7	—	—	保留。从保留位中读出的值未定义 0	—
6	CCCLR	0	持续时钟清零。 CSCEN 受软件控制;	0
		1	每个字符被接收后,硬件清零 CSCEN	
5	SSSDIS	0	起始/停止位。 与在其他模式下一样发送起始位和停止位;	0
		1	不发送起始/停止位	
4	CSCEn	0	持续主时钟使能(仅在 CSRC 为 1 的情况下使用)。 仅当字符被发送至 TXD 时在 SCLK 上生成时钟;	0
		1	SCLK 持续运行(RXD 上字符的接收可独立于 TXD 上发送情况而进行)	
3	TSBYPASS	0	同步从模式下的发送同步旁路。 在被用于时钟沿检测逻辑前,输入时钟首先会被同步;	0
		1	在被用于时钟沿检测逻辑前,输入时钟没有进行同步。这种情况以牺牲一定的稳定性为代价获得一个更高的输出时钟率	
2	FES	0	下降沿采样。 在 SCLK 的上升沿对 RXD 进行采样;	0
		1	在 SCLK 的下降沿对 RXD 进行采样	
1	CSRC	0	时钟源选择。 同步从模式(SCLK 入);	0
		1	同步主模式(SCLK 出)	
0	SYNC	0	配置同步模式。 禁止;	0
		1	使能	

10.2.21　UART4 IrDA 控制寄存器(ICR)

　　IrDA 控制寄存器用于使能和配置 UART4 的 IrDA 模式。在发送或接收数据时,不应更改 U4ICR 的值,否则会造成数据丢失或损坏。该寄存器位功能如表 10 - 24 所列。

表 10 - 24　IrDA 控制寄存器位描述

位	符　号	值	描　述	复位值
31:6	—	—	保留。从保留位中读出的值未定义,只写入 0	0
5:3	PulseDiv	—	当 FixPulseEn = 1 时,配置脉冲,见表 10 - 25	0
2	FixPulseEn	—	该位为 1 时,使能 IrDA 固定脉冲宽度模式	0

位	符　号	值	描　　述	复位值
1	IrDAInv	—	该位为 1 时,串行输入被反相。这对串行输入无影响。该位为 0 时,串行输入未被反相	0
0	IrDAEn	0 1	IrDA 模式配置。 UART4 上的 IrDA 模式被禁止,UART4 充当一个标准 UART; UART4 上的 IrDA 模式被使能	0

当 IrDA 模式下使用固定脉冲宽度模式时(IrDAEn ＝1 且 FixPulseEn ＝1),U4ICR 中的 PulseDiv 位会被用来选择脉冲宽度。这些位应该被置位,这样得到的脉冲宽度将至少为 1.63 μs。表 10 - 25 所列为可能的脉冲宽度。

表 10 - 25　IrDA 脉冲宽度

FixPulseEn	PulseDiv	IrDA 脉冲宽度/μs	FixPulseEn	PulseDiv	IrDA 脉冲宽度/μs
0	×	3/(16×波特率)	1	4	$2^5 \times T_{PCLK}$
1	0	$2 \times T_{PCLK}$	1	5	$2^6 \times T_{PCLK}$
1	1	$2^2 \times T_{PCLK}$	1	6	$2^7 \times T_{PCLK}$
1	2	$2^3 \times T_{PCLK}$	1	7	$2^8 \times T_{PCLK}$
1	3	$2^4 \times T_{PCLK}$			

10.3　UART 常用库函数

UART 库函数由一组 API 驱动函数组成,这组函数覆盖了 UART 所有外设的相关功能集。本节将介绍与 UART 相关的主要库函数的功能,各功能函数详细说明如表 10 - 26～表 10 - 55 所列。

① 函数 Status uart_set_divisors。

表 10 - 26　函数 Status uart_set_divisors

函数名	Status uart_set_divisors
函数原型	static Status uart_set_divisors(UART_ID_Type UartID, uint32_t baudrate);
功能描述	设置指定 UART 的分频数,以获得期望的时钟速率
输入参数 1	UartID:UART 外设指针,可选 UART_0、UART_1、UART_2、UART_3、UART_4
输入参数 2	baudrate:期望的波特率
输出参数	无
返回值	errorStatus:如果设置成功返回 SUCCESS;否则返回 ERROR
调用函数	CLKPWR_GetCLK() 函数
说　明	UART 的波特率由 DLL、DLM 寄存器值决定,此外还涉及 LCR、FDR 寄存器

② 函数 LPC_UART_TypeDef * uart_get_pointer。

函数名	LPC_UART_TypeDef * uart_get_pointer
函数原型	static LPC_UART_TypeDef * uart_get_pointer(UART_ID_Type UartID)；
功能描述	获得一个 UART 的指针
输入参数	UartID：UART 外设指针，可选 UART_0、UART_1、UART_2、UART_3、UART_4
输出参数	无
返回值	UARTx：返回 UART 端口号
调用函数	无
说　明	无

③ 函数 UART_Init。

表 10 - 28　函数 UART_Init

函数名	UART_Init
函数原型	void UART_Init(UART_ID_Type UartID, UART_CFG_Type * UART_ConfigStruct)
功能描述	用指定参数对指定 UART 外设初始化
输入参数 1	UartID：UART 外设指针，可选 UART_0、UART_1、UART_2、UART_3、UART_4
输入参数 2	UART_ConfigStruct：指向 UART_CFG_Type 结构体，含 UART 的参数如下。 Baud_rate：波特率； Parity：校验位； Databits：数据位； Stopbits：停止位
输出参数	无
返回值	无
调用函数	CLKPWR_ConfigPPWR()、uart_get_pointer()、uart_set_divisors()等
说　明	涉及 FCR、TER、IER、LCR、ACR、RS485CTRL、RS485DLY、RS485、ADRMATCH 等寄存器，与 UART 相关的参数配置

④ 函数 UART_DeInit。

表 10 - 29　函数 UART_DeInit

函数名	UART_DeInit
函数原型	void UART_DeInit(UART_ID_Type UartID)
功能描述	通过调用时钟配置函数关闭指定的 UART 外设
输入参数	UartID：UART 外设指针，可选 UART_0、UART_1、UART_2、UART_3、UART_4
输出参数	无
返回值	无
调用函数	CLKPWR_ConfigPPWR()函数
说　明	无

⑤ 函数 UART_ConfigStructInit 如表 10 - 30 所列。

表 10 - 30 函数 UART_ConfigStructInit

函数名	UART_ConfigStructInit
函数原型	void UART_ConfigStructInit(UART_CFG_Type * UART_InitStruct)
功能描述	对 UART_InitStruct 的参数设置默认值
输入参数	UART_InitStruct：对参数设置默认值。 Baud_rate：115 200 bps； Parity：UART_PARITY_NONE； Databits：UART_DATABIT_8； Stopbits：UART_STOPBIT_1
输出参数	无
返回值	无
调用函数	无
说 明	无

⑥ 函数 UART_SendByte。

表 10 - 31 函数 UART_SendByte

函数名	UART_SendByte
函数原型	void UART_SendByte(UART_ID_Type UartID, uint8_t Data)
功能描述	由指定 UART 外设发送一个单字节数据
输入参数 1	UartID：UART 外设指针，可选 UART_0、UART_1、UART_2、UART_3、UART_4
输入参数 2	Data：需传输的 8 位长度的数据
输出参数	无
返回值	无
调用函数	无
说 明	需配置 THR 寄存器

⑦ 函数 UART_ReceiveByte。

表 10 - 32 函数 UART_ReceiveByte

函数名	UART_ReceiveByte
函数原型	uint8_t UART_ReceiveByte(UART_ID_Type UartID)
功能描述	由指定 UART 外设接收一个单字节数据
输入参数	UartID：UART 外设指针，可选 UART_0、UART_1、UART_2、UART_3、UART_4
输出参数	无
返回值	返回：0x00
调用函数	无
说 明	需配置 RBR 寄存器

⑧ 函数 UART_Send。

表 10 – 33　函数 UART_Send

函数名	UART_Send
函数原型	uint32_t UART_Send(UART_ID_Type UartID, uint8_t * txbuf, uint32_t buflen, TRANSFER_BLOCK_Type flag)
功能描述	由指定 UART 外设成组发送数据
输入参数 1	UartID：UART 外设指针，可选 UART_0、UART_1、UART_2、UART_3、UART_4
输入参数 2	txbuf：发送缓冲器的指针
输入参数 3	buflen：发送缓冲器的长度
输入参数 4	flag：标志位，取 NONE_BLOCKING 或 BLOCKING
输出参数	无
返回值	bSent：发送的字节数
调用函数	UART_SendByte() 函数
说　明	成组发送数据，分为成块与非成块模式操作

⑨ 函数 UART_Receive。

表 10 – 34　函数 UART_Receive

函数名	UART_Receive
函数原型	uint32_t UART_Receive(UART_ID_Type UartID, uint8_t * rxbuf, uint32_t buflen, TRANSFER_BLOCK_Type flag)
功能描述	由指定 UART 外设成组接收数据
输入参数 1	UartID：UART 外设指针，可选 UART_0、UART_1、UART_2、UART_3、UART_4
输入参数 2	rxbuf：接收缓冲器的指针
输入参数 3	buflen：接收缓冲器的长度
输入参数 4	flag：标志位，取 NONE_BLOCKING 或 BLOCKING
输出参数	无
返回值	bRecv：接收的字节数
调用函数	UART_ReceiveByte() 函数
说　明	成组接收数据，分为成块与非成块模式操作

⑩ 函数 UART_ForceBrea。

表 10 – 35　函数 UART_ForceBrea

函数名	UART_ForceBrea
函数原型	void UART_ForceBreak(UART_ID_Type UartID)
功能描述	使能指定 UART 外设的间隔发送，UARTn 外设的 TXD 输出引脚强制为逻辑 0
输入参数	UartID：UART 外设指针，可选 UART_0、UART_1、UART_2、UART_3、UART_4
输出参数	无
返回值	无
调用函数	无
说　明	需配置 LCR 寄存器位[6]

⑪ 函数 UART_IntConfig。

表 10-36　函数 UART_IntConfig

函数名	UART_IntConfig
函数原型	void UART_IntConfig(UART_ID_Type UartID, UART_InT_Type UARTIntCfg, FunctionalState NewState)
功能描述	配置指定 UART 外设的中断源
输入参数 1	UartID：UART 外设指针，可选 UART_0、UART_1、UART_2、UART_3、UART_4
输入参数 2	UARTIntCfg：指定的中断标志位选择。可选下述值之一。 UART_INTCFG_RBR：接收数据可用(RDA)中断； UART_INTCFG_THRE：THRE 中断； UART_INTCFG_RLS：RX 线状态中断； UART1_INTCFG_MS：Modem 状态中断； UART1_INTCFG_CTS：CTS 中断； UART_INTCFG_ABEO：自动波特率超时中断； UART_INTCFG_ABTO：自动波特率结束中断
输入参数 3	NewState：指定 UART 外设的中断类型配置动作，可选 ENALBE(使能)或 DISALBE(禁止)
输出参数	无
返回值	无
调用函数	无
说　明	需要配置对应 UART 外设 IER 寄存器的有效位

⑫ 函数 UART_GetLineStatus。

表 10-37　函数 UART_GetLineStatus

函数名	UART_GetLineStatus
函数原型	uint8_t UART_GetLineStatus(UART_ID_Type UartID)
功能描述	获取指定 UART 外设线状态寄存器的当前状态值
输入参数	UartID：UART 外设指针，可选 UART_0、UART_1、UART_2、UART_3、UART_4
输出参数	无
返回值	返回 0
调用函数	无
说　明	读取 LSR 寄存器的状态值

⑬ 函数 UART_GetIntId。

表 10-38　函数 UART_GetIntId

函数名	UART_GetIntId
函数原型	uint32_t UART_GetIntId(UART_ID_Type UartID)
功能描述	获取指定 UART 外设中断识别寄存器的当前状态值，以识别挂起中断的优先级和中断源
输入参数	UartID：UART 外设指针，可选 UART_0、UART_1、UART_2、UART_3、UART_4
输出参数	无
返回值	返回 0
调用函数	无
说　明	读取 IIR 寄存器的状态值

⑭ 函数 UART_CheckBusy。

表 10-39　函数 UART_CheckBusy

函数名	UART_CheckBusy
函数原型	FlagStatus UART_CheckBusy(UART_ID_Type UartID)
功能描述	检测指定 UART 是否处于忙状态
输入参数	UartID：UART 外设指针，可选 UART_0、UART_1、UART_2、UART_3、UART_4
输出参数	无
返回值	如果忙状态，返回 RESET，否则返回 SET
调用函数	无
说　明	需检测 LSR 寄存器的 TEMT 位

⑮ 函数 UART_FIFOConfig。

表 10-40　函数 UART_FIFOConfig

函数名	UART_FIFOConfig
函数原型	void UART_FIFOConfig(UART_ID_Type UartID, UART_FIFO_CFG_Type * FIFOCfg)
功能描述	配置指定 UART 外设的 FIFO 功能
输入参数 1	UartID：UART 外设指针，可选 UART_0、UART_1、UART_2、UART_3、UART_4
输入参数 2	FIFOCfg：指向 UART_FIFO_CFG_Type 结构体，含下述参数。 FIFO_ResetRxBuf：RXFIFO 复位，可选 ENABLE 或 DISABLE； FIFO_ResetTxBuf：TXFIFO 复位，可选 ENABLE 或 DISABLE； FIFO_DMAMode：DMA 模式配置，可选 ENABLE 或 DISABLE； FIFO_Level：写入 FIFO 的字符数。 UART_FIFO_TRGLEV0(1 个字符)； UART_FIFO_TRGLEV2(4 个字符)； UART_FIFO_TRGLEV3(8 个字符)； UART_FIFO_TRGLEV4(14 个字符)
输出参数	无
返回值	无
调用函数	无
说　明	先设置 FCR 寄存器的 FIFO_EN 位，再视选项设置其他有效寄存器位

⑯ 函数 UART_FIFOConfigStructInit。

表 10-41　函数 UART_FIFOConfigStructInit

函数名	UART_FIFOConfigStructInit
函数原型	void UART_FIFOConfigStructInit(UART_FIFO_CFG_Type * UART_FIFOInitStruct)
功能描述	选择默认参数设置 UART_FIFOInitStruct，即初始化

输入参数	UART_FIFOInitStruct：指向 UART_FIFO_CFG_Type 结构体，参数配置如下。 FIFO_DMAMode = DISABLE； FIFO_Level = UART_FIFO_TRGLEV0； FIFO_ResetRxBuf = ENABLE； FIFO_ResetTxBuf = ENABLE
输出参数	无
返回值	无
调用函数	无
说　明	无

⑰ 函数 UART_ABCmd。

表 10 - 42　函数 UART_ABCmd

函数名	UART_ABCmd
函数原型	void UART_ABCmd（UART_ID_Type UartID，UART_AB_CFG_Type * ABConfigStruct，FunctionalState NewState）
功能描述	指定 UART 外设的自动波特率配置
输入参数 1	UartID：UART 外设指针，可选 UART_0、UART_1、UART_2、UART_3、UART_4
输入参数 2	ABConfigStruct：指向 UART_AB_CFG_Type 结构体，参数如下。 ABMode：自动波特率模式； AutoRestart：自动重启动状态
输入参数 3	NewState：自动波特率行为配置，启动选择 ENABLE，停止选择 DISABLE
输出参数	无
返回值	无
调用函数	uart_get_pointer() 等
说　明	一旦配置模式完成，自动波特率使能位将清零。该操作还对 LCR、DLL、DLM、LCR、FDR、ACR 寄存器清零或复位为默认值

⑱ 函数 UART_ABClearIntPending。

表 10 - 43　函数 UART_ABClearIntPending

函数名	UART_ABClearIntPending
函数原型	void UART_ABClearIntPending（UART_ID_Type UartID，UART_ABEO_Type ABIntType）
功能描述	清除指定 UART 外设的自动波特率的中断待处理标志
输入参数 1	UartID：UART 外设指针，可选 UART_0、UART_1、UART_2、UART_3、UART_4
输入参数 2	ABIntType：中断标志位，可选参数如下。 UART_AUTOBAUD_INTSTAT_ABEO：结束中断清零位； UART_AUTOBAUD_INTSTAT_ABTO：超时中断清零位
输出参数	无

续表 10 - 43

返回值	无
调用函数	uart_get_pointer()函数
说　明	针对 ACR 寄存器两个中断清零位写操作

⑲ 函数 UART_TxCmd。

表 10 - 44　函数 UART_TxCmd

函数名	UART_TxCmd
函数原型	void UART_TxCmd(UART_ID_Type UartID, FunctionalState NewState)
功能描述	配置指定 UART 外设 TXD 引脚发送
输入参数 1	UartID：UART 外设指针，可选 UART_0、UART_1、UART_2、UART_3、UART_4
输入参数 2	NewState：引脚功能配置，可选两个参数之一。 ENABLE：发送功能使能； DISABLE：发送功能禁止
输出参数	无
返回值	无
调用函数	uart_get_pointer()函数
说　明	针对 TER 寄存器位 TXEn 操作

⑳ 函数 UART_IrDAInvtInputCmd。

表 10 - 45　函数 UART_IrDAInvtInputCmd

函数名	UART_IrDAInvtInputCmd
函数原型	void UART_IrDAInvtInputCmd(UART_ID_Type UartID, FunctionalState NewState)
功能描述	配置指定 UART 外设的串行输入反相功能
输入参数 1	UartID：UART 外设指针，仅支持 UART_4
输入参数 2	NewState：串行输入反相功能配置，可选两个参数之一。 ENABLE：串行输入反相功能使能； DISABLE：串行输入反相功能禁止
输出参数	无
返回值	无
调用函数	无
说　明	UART 外设配置成 IrDA 功能，针对 UART4 的 ICR 寄存器位 IrDAInv 设置，需与其他 IrDA 函数组合使用

㉑ 函数 UART_IrDACmd。

表 10 - 46　函数 UART_IrDACmd

函数名	UART_IrDACmd
函数原型	void UART_IrDACmd(UART_ID_Type UartID, FunctionalState NewState)
功能描述	配置指定 UART 外设的 IrDA 模式

输入参数 1	UartID：UART 外设指针，仅支持 UART_4
输入参数 2	NewState：IrDA 模式配置，可选两个参数之一。 ENABLE：IrDA 模式使能； DISABLE：IrDA 模式禁止
输出参数	无
返回值	无
调用函数	无
说　明	UART 外设配置成 IrDA 功能，针对 UART4 的 ICR 寄存器位 IrDAEn 设置，需与其他 IrDA 函数组合使用

㉒ 函数 UART_IrDAPulseDivConfig。

表 10 - 47　函数 UART_IrDAPulseDivConfig

函数名	UART_IrDAPulseDivConfig
函数原型	void UART_IrDAPulseDivConfig(UART_ID_Type UartID, UART_IrDA_PULSE_Type PulseDiv)
功能描述	配置指定 UART 外设在 IrDA 模式下的固定脉冲宽度
输入参数 1	UartID：UART 外设指针，仅支持 UART_4
输入参数 2	PulseDiv：对外设时钟的分频值，即脉冲宽度值，如下。 UART_IrDA_PULSEDIV2：脉冲宽度=$2 \times T_{PCLK}$； UART_IrDA_PULSEDIV4：脉冲宽度=$4 \times T_{PCLK}$； UART_IrDA_PULSEDIV8：脉冲宽度=$8 \times T_{PCLK}$； UART_IrDA_PULSEDIV16：脉冲宽度=$16 \times T_{PCLK}$； UART_IrDA_PULSEDIV32：脉冲宽度=$32 \times T_{PCLK}$； UART_IrDA_PULSEDIV64：脉冲宽度=$64 \times T_{PCLK}$； UART_IrDA_PULSEDIV128：脉冲宽度=$128 \times T_{PCLK}$； UART_IrDA_PULSEDIV256：脉冲宽度=$256 \times T_{PCLK}$
输出参数	无
返回值	无
调用函数	无
说　明	UART 外设配置成 IrDA 功能，针对 UART4 的 ICR 寄存器位 FixPulseEn、PulseDiv 设置，与其他函数组合使用实现 IrDA 功能

㉓ 函数 UART_FullModemForcePinState。

表 10 - 48　函数 UART_FullModemForcePinState

函数名	UART_FullModemForcePinState
函数原型	void UART_FullModemForcePinState(UART_ID_Type UartID,UART_MODEM_PIN_Type Pin,UART1_SignalState NewState)
功能描述	配置指定 UART 外设的 Modem 输出引脚模式
输入参数 1	UartID：UART 外设指针，仅支持 UART_1

续表 10 - 48

输入参数 2	Pin：Modem 输出引脚配置，可选。 UART1_MODEM_PIN_DTR：DTR 引脚； UART1_MODEM_PIN_RTS：RTS 引脚
输入参数 3	NewState：Modem 输出引脚配置状态，可选。 INACTIVE：引脚未激活； ACTIVE：引脚激活
输出参数	无
返回值	无
调用函数	无
说　明	针对 UART1 的 MCR 两个引脚控制位 DTR Control、RTS Control 设置

㉔ 函数 UART_FullModemConfigMode。

表 10 - 49　函数 UART_FullModemConfigMode

函数名	UART_FullModemConfigMode
函数原型	void UART_FullModemConfigMode（UART_ID_Type UartID，UART_MODEM_MODE_Type Mode，FunctionalState NewState）
功能描述	指定 UART 外设 Modem 模式配置
输入参数 1	UartID：UART 外设指针，仅支持 UART_1
输入参数 2	Mode：Modem 模式配置选项，可选下述值。 UART1_MODEM_MODE_LOOPBACK：环路模式； UART1_MODEM_MODE_AUTO_RTS：自动 RTS 模式； UART1_MODEM_MODE_AUTO_CTS：自动 CTS 模式
输入参数 3	NewState：Modem 模式配置，可选两个参数之一。 ENABLE：Modem 模式使能； DISABLE：Modem 模式禁止
输出参数	无
返回值	无
调用函数	无
说　明	针对 UART1 的 MCR 寄存器位[7：6]及[4]设置

㉕ 函数 UART_FullModemGetStatus。

表 10 - 50　函数 UART_FullModemGetStatus

函数名	UART_FullModemGetStatus
函数原型	uint8_t UART_FullModemGetStatus（UART_ID_Type UartID）
功能描述	获取指定 UART 外设 Modem 状态寄存器的当前状态值
输入参数	UartID：UART 外设指针，仅支持 UART_1
输出参数	无
返回值	读取成功则返回 MSR 寄存器的状态值，否则返回 0
调用函数	无
说　明	无

㉖ 函数 UART_RS485Config。

表 10-51　函数 UART_RS485Config

函数名	UART_RS485Config
函数原型	void UART_RS485Config(UART_ID_Type UartID, UART1_RS485_CTRLCFG_Type * RS485ConfigStruct)
功能描述	指定 UART 在 RS-485/EIA-485 模式下的配置,需根据 RS485ConfigStruct 结构体内参数配置
输入参数 1	UartID:UART 外设指针,可选 UART_0、UART_1、UART_2、UART_3、UART_4
输入参数 2	RS485ConfigStruct:UART1_RS485_CTRLCFG_Type 结构体指针,参数如下。 NormalMultiDropMode_State:普通多点模式配置,使能选 ENABLE,禁止选 DISABLE; Rx_State:接收器配置,使能选 ENABLE,禁止选 DISABLE; AutoAddrDetect_State:自动地址检测配置,使能选 ENABLE,禁止选 DISABLE; AutoDirCtrl_State:自动方向控制配置,使能选 ENABLE,禁止选 DISABLE。 DirCtrlPin:如果使能了自动方向控制功能,可选下述两种配置。 UART1_RS485_DIRCTRL_RTS:RTS 用于方向控制; UART1_RS485_DIRCTRL_DTR:DTR 用于方向控制。 DirCtrlPol_Level:方向控制选择信号(RTS/DTR)的极性,可选 RESET 或 SET,具体作用详见 RS485CTRL 寄存器位[5]说明; MatchAddrValue:地址匹配值; DelayValue:延时值
输出参数	无
返回值	无
调用函数	uart_get_pointer()函数
说　明	针对 RS485CTRL、RS485DLY、RS485、ADRMATCH、LCR 寄存器配置

㉗ 函数 UART_RS485ReceiverCmd。

表 10-52　函数 UART_RS485ReceiverCmd

函数名	UART_RS485ReceiverCmd
函数原型	void UART_RS485ReceiverCmd(UART_ID_Type UartID, FunctionalState NewState)
功能描述	在指定 UART 外设配置 RS-485 模块的接收器
输入参数 1	UartID:UART 外设指针,可选 UART_0、UART_1、UART_2、UART_3、UART_4
输入参数 2	NewState:接收器配置状态,使能选择 ENABLE,禁止选择 DISABLE
输出参数	无
返回值	无
调用函数	uart_get_pointer()函数
说　明	针对 RS485CTRL 寄存器位[1]配置

㉘ 函数 UART_RS485Send。

表 10 - 53　函数 UART_RS485Send

函数名	UART_RS485Send
函数原型	uint32_t UART_RS485Send(UART_ID_Type UartID, uint8_t * pDatFrm, uint32_t size, uint8_t ParityStick)
功能描述	通过 RS - 485 总线发送固定奇偶校验的 9 位数据
输入参数 1	UartID：UART 外设指针，仅支持 UART_1
输入参数 2	pDatFrm：数据帧指针
输入参数 3	Size：数据长度
输入参数 4	ParityStick：固定奇偶校验，须为 0 或 1
输出参数	无
返回值	无
调用函数	uart_get_pointer()函数、UART_Send()函数。
说　明	通常用于测试功能。

㉙ 函数 UART_RS485SendSlvAddr。

表 10 - 54　函数 UART_RS485SendSlvAddr

函数名	UART_RS485SendSlvAddr
函数原型	void UART_RS485SendSlvAddr(UART_ID_Type UartID, uint8_t SlvAddr)
功能描述	通过 RS - 485 总线发送从地址帧
输入参数 1	UartID：UART 外设指针，仅支持 UART_1
输入参数 2	SlvAddr：从地址
输出参数	无
返回值	无
调用函数	UART_RS485Send()函数
说　明	无

㉚ 函数 UART_RS485SendData。

表 10 - 55　函数 UART_RS485SendData

函数名	UART_RS485SendData
函数原型	uint32_t UART_RS485SendData(UART_ID_Type UartID, uint8_t * pData, uint32_t size)
功能描述	通过 RS - 485 总线发送数据帧
输入参数 1	UartID：UART 外设指针，仅支持 UART_1
输入参数 2	pData：发送数据指针
输入参数 3	Size：发送数据帧的长度
输出参数	无
返回值	无
调用函数	UART_RS485Send()函数
说　明	无

10.4　UART 应用实例

根据 LPC178x 微控制器各 UART 外设的特性，可设计适用于 Full Modem、RS-485串行总线、IrDA 通信以及最常见的 RS-232 串口等应用实例。

10.4.1　设计目标

UART 外设应用安排了两个简单的应用实例。其中一个是 UART 收发实例，另外一个是 RS-485 总线通信实例。

① UART 收发实例，通过定义 UART 收/发引脚，调用 UART 功能函数，就可实现正常的串口字符收发。

② RS-485 总线通信实例，即在 UART 外设兼容 RS-485 协议的基础上，开启RS-485 功能，调用现成的功能函数实现数据通信等。

10.4.2　硬件电路设计

本章的 UART 收发引脚可以视端口定义引脚，因此 UART 收发的基本电路，及以 UART 引脚为起点的 RS-485 总线通信的硬件电路示意图仅以其中一个或两个端口作为演示。

1. RS-232 通信接口

UART 收发器采用的是 SP3-232，其硬件接口的基本电路如图 10-4 所示，本电路可同时演示两路 UART 串口收发通信。

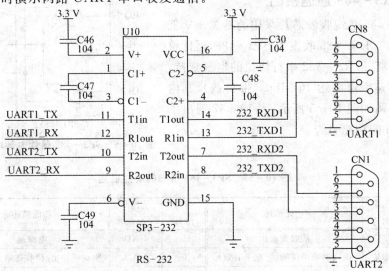

图 10-4　串口收发器实例演示电路

　　此外,串口发送/接收引脚还可以采用多种分配方式,表 10 - 56 针对 LPC1788BD208 微控制器列出了一些可用的串口分配引脚(**注:仅列出 TXD/RXD 引脚及兼容的 RS - 485 总线的 (OE 引脚)**。

表 10 - 56　多串口引脚分配

通用 I/O 引脚符号	可用功能分配	通用 I/O 引脚符号	可用功能分配
P0[0]	U3_TXD,U0_TXD	P1[30]	U3_OE
P0[1]	U3_RXD,U0_RXD	P2[0]	U1_TXD
P0[2]	U0_TXD,U3_TXD	P2[1]	U1_RXD
P0[3]	U0_RXD,U3_RXD	P2[6]	U2_OE
P0[10]	U2_TXD	P2[8]	U2_TXD
P0[11]	U2_RXD	P2[9]	U2_RXD,U4_RXD
P0[15]	U1_TXD	P3[16]	U1_TXD
P0[16]	U1_RXD	P3[17]	U1_RXD
P0[21]	U4_OE	P4[22]	U2_TXD
P0[22]	U4_TXD	P4[23]	U2_RXD
P0[25]	U3_TXD	P4[28]	U3_TXD
P0[26]	U3_RXD	P4[29]	U3_RXD
P1[19]	U2_OE	P5[3]	U4_RXD
P1[29]	U4_TXD (在智能卡模式下 I/O)	P5[4]	U0_OE,U4_TXD

2. RS - 485 通信接口

　　RS - 485 总线收发芯片采用的是 3.3 V 低功耗半双工 RS-485 收发器 SP3-485,器件符合 RS-485 和 RS-422 串行协议的电气规范,数据传输速率可高达 10 Mbps(带负载),其内部结构框图如图 10 - 5 所示,表 10 - 57 列出了 SP3 - 485 的功能引脚。

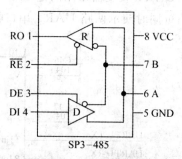

图 10 - 5　SP3 - 485 器件内部功能结构

表 10 - 57　SP3 - 485 引脚的功能描述

引脚序号	引脚名称	功能描述	引脚序号	引脚名称	功能描述
1	RO	接收器输出	5	GND	电源地
2	$\overline{RE}$	接收器输出使能(低电平有效)	6	A	驱动器输出/接收器输入(同相)
3	DE	驱动器输出使能(高电平有效)	7	B	驱动器输出/接收器输入(反相)
4	DI	驱动器输入	8	VCC	供电电源

RS-485 通信接口也可以沿用兼容的 UART 串行接口引脚,但需要增加发送使能信号线和接收使能信号线,对应 SP3-485 收发器的 Pin 2 与 Pin 3,但也可以合并成一条使能信号线,即把芯片的两个使能引脚合并以节省控制信号线,仅用一个 I/O 来实现双向控制。RS-485 总线通信电路如图 10-6 所示。

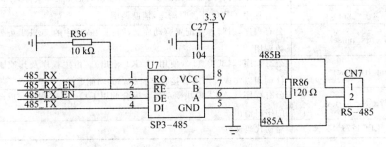

图 10-6　RS-485 总线通信实例演示电路

10.4.3　实例软件设计

本小节将集中讲述 RS-232 串口通信与 RS-485 通信实例的软件设计。

1. RS-232 通信实例软件设计

本实例的程序设计所涉及的软件结构如表 10-58 所列,主要程序文件及功能说明如表 10-59 所列。

表 10-58　软件设计结构(RS-232)

用户应用层			
main. c			
CMSIS 层			
Cortex - M3 内核外设访问层	LPC17xx 设备外设访问层		
core_cm3. h core_cmFunc. h core_cmInstr. h	启动代码 (startup_LPC- 177x_8x. s)	LPC177x_8x. h	system_LPC177x_8x. c	system_LPC177x_8x. h
硬件外设层			
时钟电源控制驱动库	通用 I/O 外设驱动库	引脚连接配置驱动库	
lpc177x_8x_clkpwr. c lpc177x_8x_clkpwr. h	lpc177x_8x_gpio. c lpc177x_8x_gpio. h	lpc177x_8x_pinsel. c lpc177x_8x_pinsel. h	
调试工具库(使用 UART)	UART 模块驱动库		
debug_frmwrk. c	lpc177x_8x_uart. c		
debug_frmwrk. h	lpc177x_8x_uart. h		

表 10－59　程序设计文件功能说明

文件名称	程序设计文件功能说明
main. c	UART 发送/接收测试主程序,含 main()入口函数、UART 配置、UART 收发功能函数等
lpc177x_8x_clkpwr. c	公有程序,时钟与电源控制驱动库。注:由其他驱动库文件调用
lpc177x_8x_gpio. c	公有程序,GPIO 外设驱动库,辅助调用
lpc177x_8x_pinsel. c	公有程序,引脚连接配置驱动库。注:由主程序中的 UART 配置功能函数调用
debug_frmwrk. c	公有程序,调试工具库(使用 UART 输出)。由主程序及其他驱动库文件调用以实现输出或者接收字符(串)的功能等
lpc177x_8x_uart. c	公有程序,UART 模块驱动库。配合调用工具库及主程序完成调试信息的串口输出
startup_LPC177x_8x. s	启动代码文件

本例程通过定义指定 UART 外设、指定串口发送接收引脚以及指定发送字符(串)的形式实现串口数据收发,实例全程调用了库函数,软件代码设计风格简练。例程主要包括下述几个功能。

① UART 引脚配置以及 UART 初始化部分,引脚配置通过预定义方式,针对不同的指定 UART 外设分配不同的收/发引脚。

② 字符(串)发送功能。

③ 字符(串)接收功能。

(1) main( )函数

实例主功能函数都集中在 main()入口函数,首先通过 USART_Configuration( )函数实现对 UART 外设的引脚配置与初始化,然后调用 debug_frmwrk. c 调试函数中的 UARTPuts_( )函数、UARTGetChar( )函数实现数据的发送和接收,最后完成收发数据比对,完整的程序主体代码如下:

```
int main(void)
{
USART_Configuration();//串口引脚配置以及初始化
/*发送字符串*/
UARTPuts_(UART_1, "************************************");
UARTPuts_(UART_1, "*                                 *");
UARTPuts_(UART_1, "* Thank you for using HY－LPC1788－SDK Development Board   *");
UARTPuts_(UART_1, "*                                 *");
UARTPuts_(UART_1, "************************************");
/* 循环接收字符串*/
while(1)
{
    /* 串口接收数据 HY－LPC1788－SDK */
    while( UARTGetChar(UART_1) != 'H');
```

```
        while( UARTGetChar(UART_1)!  = 'Y');
        while( UARTGetChar(UART_1)!  = '-');
        while( UARTGetChar(UART_1)!  = 'L');
        while( UARTGetChar(UART_1)!  = 'P');
        while( UARTGetChar(UART_1)!  = 'C');
        while( UARTGetChar(UART_1)!  = '1');
        while( UARTGetChar(UART_1)!  = '7');
        while( UARTGetChar(UART_1)!  = '8');
        while( UARTGetChar(UART_1)!  = '8');
        while( UARTGetChar(UART_1)!  = '-');
        while( UARTGetChar(UART_1)!  = 'S');
        while( UARTGetChar(UART_1)!  = 'D');
        while( UARTGetChar(UART_1)!  = 'K');
        /* 接收成功,返回校验成功提示 */
        UARTPuts_ ( UART_1, "receive data OK");
    }
}
```

(2) USART_Configuration( )函数

由本函数完成引脚配置、串口参数初始化等。为了灵活、方便地选择串口,定义并分配了多串口收发引脚。函数代码如下:

```
void USART_Configuration(void)
{
    UART_CFG_Type UARTConfigStruct;
    # if (UART_TEST_NUM == 0)
    /* UART0 外设引脚定义 * P0.2: U0_TXD * P0.3: U0_RXD */
    PINSEL_ConfigPin(0,2,1);
    PINSEL_ConfigPin(0,3,1);
#elif (UART_TEST_NUM == 1)
    /* UART1 外设引脚定义 * P0.15: U1_TXD * P0.16: U1_RXD */
    PINSEL_ConfigPin(0,15,1);
    PINSEL_ConfigPin(0,16,1);
#elif (UART_TEST_NUM == 2)
    /* UART2 外设引脚定义 P0.10: U2_TXD * P0.11: U2_RXD */
    PINSEL_ConfigPin(0,10,1);
    PINSEL_ConfigPin(0,11,1);
#elif (UART_TEST_NUM == 3)
    /* UART3 外设引脚定义 * P0.2: U3_TXD * P0.3: U3_RXD */
    PINSEL_ConfigPin(0,2,2);
    PINSEL_ConfigPin(0,3,2);
#elif (UART_TEST_NUM == 4)
```

```
    /* UART4 外设引脚定义 * P0.22：U4_TXD * P2.9：U4_RXD */
    PINSEL_ConfigPin(0,22,3);
    PINSEL_ConfigPin(2,9,3);
#endif
    /* 串口默认参数配置
    * Baudrate = 115 200 bps
    * 8 data bit
    * 1 Stop bit
    * None parity
    */
    UART_ConfigStructInit(&UARTConfigStruct);
    /* 重新配置波特率 115 200 bps */
    UARTConfigStruct.Baud_rate = 115200;
    /* 默认参数初始化串口 */
    UART_Init(UART_1, &UARTConfigStruct);
    /* 使能串口发送 */
    UART_TxCmd(UART_1, ENABLE);
}
```

串口序号 UART0～4 可通过 main 程序中头文件下的预定义灵活选择。由语句：

```
#define UART_TEST_NUM          4;
```

可以很方便地选择对应的测试串口。

此外，对于字符串的发送/接收，也可以直接调用库函数 UART_Send( )、UART_Receive( )功能函数来实现。

例如，按以下步骤：

① 先定义字符串数组。

```
uint8_t menu1[] =
"\n\r*****************************************************************\n\r"
" Thank you for using HY-LPC1788-SDK Development Board !              \n\r"
"***************************************************************** *\n\r";
```

② 调用块发送函数、发送数据。

```
UART_Send((UART_ID_Type) LPC_UART, menu1, sizeof(menu1), BLOCKInG);
```

当然，最后还可以调用接收函数 UART_Receive 接收数据，并比对。如果收发数据一样，则数据收发成功（**注**：在硬件终端可以将 TXD 与 RXD 短接，这样即可实现简易的收发测试）。

2. RS-485 通信实例软件设计

UART 外设兼容支持带输出使能的 RS-485/EIA-485 的 9 位模式，基于 RS-

232 基础上的 RS-485 通信接口的构建就相当简单,由于完备的库函数,RS-485 自由通信协议的数据通信实例设计结构清晰,代码简单明了。

(1) RS-485 总线协议简述

RS-232 和 RS-485 都是典型的串行通信标准,它们定义了电压、阻抗等,但对协议部分很少涉及。单纯地讲,RS-422 与 RS-485 标准只对接口的电气特性做出规定,而不涉及接插件、电缆或协议,在此基础上用户可以建立自己的高层通信协议。在 RS-485 通信控制方面,很多场合都采用了流行的 MODBUS 通信协议或者主/从协议,需要设置主或从地址、通信波特率、数据帧格式、客户定义指令及响应等,通常使用的通信数据包格式由引导码、长度码、地址码、命令码、数据、校验码和尾码等组成。

(2) RS-485 自由通信实例软件设计考虑

正如前面所述,在一个实际运行的 RS-485 网络中,还需要编制基于应用层的通信协议,以完成预定功能目标间的数据通信。本例的 RS-485 数据通信应用实例,采用 SP3485 芯片用于实现 RS-485 网络的物理层,后端发送/接收数据的收发,采用串口透传通信方式。同时,大家还可以参照 NXP 原厂提供的 RS-485 主/从演示例程进行实际应用。

本实例设计软件的结构与 RS-232 的软件设计结构完全类似,如表 10-60 所列,主要程序文件及功能也是大同小异,表 10-61 仅列出主程序文件的不同之处。

表 10-60　软件设计结构(RS-485)

用户应用层			
main. c			
CMSIS 层			
Cortex-M3 内核外设访问层	LPC17xx 设备外设访问层		
core_cm3. h core_cmFunc. h core_cmInstr. h	启动代码 (startup_LPC- 177x_8x. s)	LPC177x_8x. h　system_LPC177x_8x. c	system_LPC177x_8x. h
硬件外设层			
时钟电源控制驱动库	通用 I/O 外设驱动库		引脚连接配置驱动库
lpc177x_8x_clkpwr. c	lpc177x_8x_gpio. c		lpc177x_8x_pinsel. c
lpc177x_8x_clkpwr. h	lpc177x_8x_gpio. h		lpc177x_8x_pinsel. h
调试工具库(使用 UART)		UART 模块驱动库	
debug_frmwrk. c		lpc177x_8x_uart. c	
debug_frmwrk. h		lpc177x_8x_uart. h	

表 10 - 61　程序设计文件功能说明

文件名称	程序设计文件功能说明
main.c	采用 RS - 485 总线发送/接收测试主程序,含 main( )入口函数、基于 UART 配置以及 UART 收发功能函数,此外也包括 RS - 485 收发器输出使能引脚配置等

本例程通过定义 UART 外设及串口发送/接收引脚作为 RS - 485 收/发引脚、配置输入/输出使能引脚 OE,定义发送字符(串)的形式,通透过 RS - 485 收发器实现无缝数据收发。大部分程序与 RS - 232 相似。

(3) main( )函数

实例的主功能函数都集中在 main( )入口函数,首先配置 RS - 485 输入/输出驱动引脚、然后通过 USART_Configuration( )函数实现对 UART 外设的引脚配置与初始化,接着调用 debug_frmwrk.c 调试函数中的 UARTPuts_( )函数、UARTGet-Char( )函数向 RS - 485 总线进行数据发送,完整的程序代码如下:

```
int main(void)
{
    /* 485 驱动引脚配置 */
    /* 485_TX_EN    P4.26 */
    /* 485_RX_EN    P4.27 */
    PINSEL_ConfigPin(4,26,0);        /* P4.26:GPIO */
    GPIO_SetDir(4, (1<<26), 1);      /* 输出模式 */
    PINSEL_ConfigPin(4,27,0);        /* P4.27:GPIO */
    GPIO_SetDir(4, (1<<27), 1);      /* 输出模式 */
    USART_Configuration();//RS - 485 对应的串口引脚配置以及初始化
    /* RS - 485 输出模式 */
    GPIO_SetValue( 4, (1<<26) );     /* 485_TX_En 使能 */
    GPIO_SetValue( 4, (1<<27) );     /* 485_RX_En 禁止 */
    /* 发送字符串 */
UARTPuts_(UART_3, "******************************" );
UARTPuts_(UART_3, "*                            *" );
UARTPuts_( UART_3,"* Thank you for using HY - LPC1788 - SDK Development Board *" );
UARTPuts_(UART_3,"*                            *" );
UARTPuts_(UART_3, "******************************" );
    /* 循环接收字符串 */
    while(1)
    {
    /* RS - 485 输入模式 */
    GPIO_ClearValue( 4, (1<<26) );   /* 485_TX_EN 禁止 */
    GPIO_ClearValue( 4, (1<<27) );   /* 485_RX_EN 使能 */
    /* 串口接收数据 HY - LPC1788 - SDK */
```

```
while( UARTGetChar(UART_1) != 'H');
while( UARTGetChar(UART_1) != 'Y');
while( UARTGetChar(UART_1) != '-');
while( UARTGetChar(UART_1) != 'L');
while( UARTGetChar(UART_1) != 'P');
while( UARTGetChar(UART_1) != 'C');
while( UARTGetChar(UART_1) != '1');
while( UARTGetChar(UART_1) != '7');
while( UARTGetChar(UART_1) != '8');
while( UARTGetChar(UART_1) != '8');
while( UARTGetChar(UART_1) != '-');
while( UARTGetChar(UART_1) != 'S');
while( UARTGetChar(UART_1) != 'D');
while( UARTGetChar(UART_1) != 'K');
        /* 接收成功,返回校验成功提示 */
        /* RS-485 输出模式 */
        GPIO_SetValue( 4, (1<<26) );    /* 485_TX_EN 使能 */
        GPIO_SetValue( 4, (1<<27) );    /* 485_RX_EN 禁止 */
        Delay(0xfffff);
        /* 接收成功,返回校验成功提示 */
        UARTPuts_( UART_3, "RS485 receive data OK");
    }
}
```

(4) USART_Configuration( )函数

由本函数完成 RS-485 收发引脚配置,以及无缝串口传输的参数初始化等。

```
void USART_Configuration(void)
{
UART_CFG_Type UARTConfigStruct;                 //定义结构对象,含默认参数
/* 用于 RS-485 总线的 UART3 引脚配置
 * P4.28: TXD
 * P4.29: RXD
 */
PINSEL_ConfigPin(4, 28, 2);
PINSEL_ConfigPin(4, 29, 2);
/* 串口默认参数配置
 * Baudrate = 115 200 bps
 * 8 data bit
 * 1 Stop bit
 * None parity
 */
UART_ConfigStructInit(&UARTConfigStruct);
```

```
/* 重新配置波特率 115 200 bps */
UARTConfigStruct.Baud_rate = 115 200;
/* 默认参数初始化串口 */
UART_Init(UART_3, &UARTConfigStruct);
/* 使能串口发送 */
UART_TxCmd(UART_3, EnABLE);
}
```

10.5　实例总结

　　本章着重介绍了 LPC178x 系列微处理器的 UART 外设的基本结构、相关寄存器、库函数功能以及基本应用操作等,并介绍了调用 I/O 引脚连接管理驱动库、UART 外设驱动库等实现 RS-232 和 RS-485 标准数据通信的应用。读者可以通过自定义 RS-485 通信协议和数据帧格式等将 RS-485 应用于实际案例。

第 **11** 章

串行同步端口控制器应用

SSP 是一个串行同步端口(SSP)控制器,可控制 SPI、4 线制 SSI 或 Microwire 总线接口的操作。SSP 可以同挂接在总线上的多个主机或从机交互,在单次的数据传输过程中,总线上只容许有一个主机和一个从机进行通信。本章将讲述 SSP 外设的基本结构、寄存器及库函数功能等,并通过实例演示 SSP 的常用总线应用。

11.1 串行同步端口概述

LPC178x 系列微控制器有 3 个串行同步端口控制器:SSP0~SSP2。数据传输原则上是全双工模式的,4~16 位数据的帧由主机发送到从机或由从机发送到主机。但实际上,在大多数情况下,只有一个传输方向上的数据流含有效数据。下面列出了 SSP 的主要特性。

- 兼容 Motorola(现 Freescale)的 SPI 总线、TI 的 4 线制 SSI 总线和 National (现被 TI 收购)的 Microwire 总线;
- 同步串行通信;
- 可选择主机操作或从机操作;
- 8 帧收发 FIFO;
- 4~16 位数据帧;
- GPDMA 支持的 DMA 传输。

11.1.1 串行同步端口基本配置

SSPn(n=0~2)外设的配置需要使用下列寄存器,如果采用驱动库函数进行配置的话,仅需几个功能函数即可轻松完成 SSP 外设配置。

① 功率。在 PCONP 寄存器中,置位 PCSSP0 可使能 SSP0,置位 PCSSP1 可使能 SSP1。

注意:复位时,SSP0 和 SSP1 会被使能(PCSSP0/1 = 1),而 SSP2 会被禁止(PCSSP2 = 0)。

② 外设时钟。SSPn 使用公共 PCLK,它既用于总线接口,也用于大多数 APB 外设的功能部分。在主机模式下,必须对时钟进行分频。

③ 引脚。通过相关的 IOCON 寄存器选择 SSP 引脚和引脚模式。

④ 中断。SSP0 中断是通过 SSP0IMSC 寄存器来使能的,而 SSP1 中断是通过 SSP1IMSC 寄存器来使能的。中断的使能是通过在 NVIC 中使用相应的中断设置使能寄存器来实现的。

⑤ DMA。SSPn 接口的发送和接收 FIFO 可以连接到 GPDMA 控制器。

⑥ 初始化。两个控制寄存器用于每个待配置的 SSP 端口:SSPnCR0 和 SSPnCR1。

11.1.2　串行同步端口的引脚描述

由于 SSP 外设兼容多种总线通信,其外设引脚分配也需兼顾各种总线接口引脚,表 11-1 列出了全部 SSP 外设相关的引脚。

表 11-1　SSP 外设引脚描述

引　脚	类　型	总线接口名称/功能			描　述
		SPI	SSI	Microware	
SCK0/1/2	输入/输出	SCK	CLK	SK	串行时钟
SSEL0/1/2	输入/输出	SSEL	FS	CS	帧同步/从机选择
MISO0/1/2	输入/输出	MISO	DR(主) DX(从)	SI(主) SO(从)	主机输入从机输出
MOSI0/1/2	输入/输出	MOSI	DX(主) DR(从)	SO(主) SI(从)	主机输出从机输入

11.2　SSP 寄存器描述

全部 SSPn 外设($n=0\sim2$)相对应的寄存器映射如表 10-2 所列。

表 11-2　串行同步端口外设的寄存器映射

通用名称	描　述	访问类型	复位值
CR0	控制寄存器 0。选择串行时钟速率、总线类型和数据长度	R/W	0
CR1	控制寄存器 1。选择主机/机和其他模式	R/W	0
DR	数据寄存器。写满发送和读空接收 FIFO	R/W	0
SR	状态寄存器	RO	0
CPSR	时钟预分频寄存器	R/W	0
IMSC	中断使能置位/清零寄存器	R/W	0
RIS	原始中断状态寄存器	R/W	0
MIS	使能中断状态寄存器	R/W	0
ICR	SSPICR 中断清零寄存器	R/W	—
DMACR	DMA 控制寄存器	R/W	0

11.2.1　SSP*n* 控制寄存器 0(CR0)

该寄存器用于控制 SSP 外设控制器的基本操作,该寄存器位功能如表 11 - 3 所列。

表 11 - 3　SSP*n* 控制寄存器 0 功能描述

位	符号	值	描　述	复位值
31:16	—	—	保留。读取值未定义,只写入 0	—
15:8	SCR	—	串行时钟频率。SCR 的值为总线上传输的每个数据位对应的预分频器输出时钟数减 1。假设 CPSDVSR 为预分频器分频值,APB 时钟 PCLK 为预分频器的时钟,则位速率为 PCLK/(CPSDVSR×[SCR+1])	0
7	CPHA	0	时钟输出相位。该位只用于 SPI 模式。 SSP 控制器在帧传输的第一个时钟跳变沿捕获串行数据,即离开时钟线的帧间状态;	0
		1	SSP 控制器在帧传输的第二个时钟跳变沿捕获串行数据,即回到时钟线的帧间状态	
6	CPOL	0	时钟输出极性。该位只用于 SPI 模式。 SSP 控制器使总线时钟在帧传输之间保持低电平;	0
		1	SSP 控制器使总线时钟在帧传输之间保持高电平	
5:4	FRF	00	帧格式。 SPI 接口;	00
		01	TI 的 SSI 接口;	
		10	Microwire 总线;	
		11	不支持且不应使用这个组合	
3:0	DSS		数据长度选择。该字段控制着每帧传输的位数。不支持且不使用值 0000~0010。	0000
		0011	4 位传输;	
		0100	5 位传输;	
		0101	6 位传输;	
		0110	7 位传输;	
		0111	8 位传输;	
		1000	9 位传输;	
		1001	10 位传输;	
		1010	11 位传输;	
		1011	12 位传输;	
		1100	13 位传输;	
		1101	14 位传输;	
		1110	15 位传输;	
		1111	16 位传输	

11.2.2　SSP*n* 控制寄存器 1(CR1)

该寄存器用于控制 SSP*n* 外设控制器的一些操作,该寄存器位功能如表 11 - 4 所列。

轻松玩转ARM Cortex-M3微控制器——基于LPC1788系列

表 11 - 4 SSP*n* 控制寄存器 1 功能描述

位	符号	值	描　述	复位值
31:4	—		保留。读取值未定义,只写入 0	—
3	SOD		从机输出禁止。该位只与从机模式有关(MS＝1)。如果该位为 1,禁止 SSP 控制器驱动发送数据线(MISO)	0
2	MS	0	主机/从机模式。该位只能在 SSE 位为 0 时写入。 SSP 控制器用作一个总线主机,驱动 SCLK、MOSI 和 SSEL 线并接收 MISO 线;	0
		1	SSP 控制器用作一个总线从机,驱动 MISO 线并接收 SCLK、MOSI 和 SSEL 线;	
1	SSE		SSP 使能。	0
		0	SSP 控制器禁止;	
		1	SSP 控制器可与串行总线上的其他设备相互通信。在置位该位前,软件应将合适的控制器信息写入其他 SSP 寄存器和中断寄存器	
0	LBM		环路模式。	0
		0	正常操作模式;	
		1	串行输入引脚可用作串行输出引脚(MOSI 或 MISO),而不是仅用作串行输入引脚(MISO 或 MOSI 分别起作用)	

11.2.3　SSP*n* 数据寄存器(DR)

软件可向该寄存器写入要发送的数据,或从该寄存器读取已接收的数据。该寄存器位功能如表 11－5 所列。

表 11 - 5 SSP*n* 数据寄存器位描述

位	符号	值	描　述	复位值
31:16	—		保留。读取值未定义,只写入 0	
15:0	DATA		写:状态寄存器的 TNF 位为 1 指示发送 FIFO 未满时,软件可将要发送的帧数据写入该寄存器。如果发送 FIFO 以前为空且 SSP 控制器空闲,则立即开始发送数据;否则,写入该寄存器的数据要等到所有之前的数据发送(或接收)完成后才能发送。如果数据长度小于 16 位,软件必须对数据进行调整后再写入该寄存器。 读:状态寄存器的 RNE 位为 1 指示接收 FIFO 不为空时,软件可读取该寄存器的数据。软件读取该寄存器时,SSP 控制器将返回接收 FIFO 中的最早收到的一帧数据。如果数据长度小于 16 位,该字段的数据必须进行合适的调整,高位补零	0

11.2.4　SSP*n* 状态寄存器(SR)

这是一个只读寄存器,反映了 SSP 控制器的状态。该寄存器位功能如表 11－6 所列。

表 11－6　SSP*n* 状态寄存器位描述

位	符　号	值	描　　述	复位值
31:16	—		保留。从保留位读取的值未定义	—
4	BSY		忙。SSP*n* 控制器空闲时该位为 0，或当前正在发送/接收一帧数据和/或发送 FIFO 不为空时该位为 1	0
3	RFF		接收 FIFO 满。接收 FIFO 满时该位为 1，反之为 0	0
2	RNE		接收 FIFO 不为空。接收 FIFO 为空时该位为 0，反之为 1	0
1	TNF		发送 FIFO 未满。发送 FIFO 满时该位为 0，反之为 1	1
0	TFE		发送 FIFO 空。发送 FIFO 为空时该位为 1，反之为 0	1

11.2.5　SSP*n* 时钟预分频寄存器(CPSR)

该寄存器控制着通过预分频器分频 PCLK 来获得预分频时钟的系数，反过来，预分频时钟被 SSP*n*CR0 中的 SCR 系数分频后得到位时钟。该寄存器位功能如表 11－7 所列。

表 11－7　SSP*n* 时钟预分频寄存器位描述

位	符　号	值	描　　述	复位值
31:8	—		保留。读取值未定义，只写入 0	—
7:0	CPSDVSR		这是 2～254 中的一个偶数值。它是 PCLK 的分频因子，PCLK 通过分频后得到预分频器输出时钟。位 0 读出时总是为 0	0

重要提示：必须恰当地初始化 SSP*n*CPSR 值，否则 SSP 控制器将无法正确发送数据。在从机模式下，主机提供的 SSP 时钟速率不能大于选定的外设时钟的 1/12。与 SSP*n*CPSR 寄存器的内容无关。在主机模式下，$CPSDVSR_{min} = 2$ 或更大的值(只能为偶数)。

11.2.6　SSP*n* 中断使能置位/清零寄存器(IMSC)

该寄存器控制 SSP 控制器中 4 个可能中断条件的使能，该寄存器位功能如表 11－8 所列。

表 11－8　SSP*n* 中断使能置位/清零寄存器位描述

位	符　号	值	描　　述	复位值
31:4	—		保留。读取值未定义，只写入 0	—
3	TXIM		软件置位该位，使得当发送 FIFO 至少有一半为空时使能中断	0
2	RXIM		软件置位该位，使得当接收 FIFO 至少有一半为满时使能中断	0
1	RTIM		当接收超时发生时，软件置位该位来使能中断。当接收 FIFO 不为空且在 32 个位时间内没有从接收 FIFO 中读出数据时，产生接收超时	0
0	RORIM		当接收溢出时，软件置位该位来使能中断。即当接收 FIFO 满且完成另一个帧的接收时该位置位。ARM 特别指出，发生接收溢出时新数据帧会将前面的数据帧覆盖	0

轻松玩转 ARM Cortex-M3 微控制器——基于 LPC1788 系列

11.2.7　SSP*n* 原始中断状态寄存器(RIS)

这是一个只读寄存器,当中断条件出现时,寄存器中相应的位置 1,它同是否在 SSP*n*IMSC 寄存器中使能该中断的设置无关。该寄存器位功能如表 11-9 所列。

表 11-9　原始中断状态寄存器位描述

位	符 号	值	描　述	复位值
31:4	—		保留。读取值未定义	—
3	TXRIS		如果发送 FIFO 至少有一半为空时,该位置 1	1
2	RXRIS		如果接收 FIFO 至少有一半为满时,该位置 1	0
1	RTRIS		当接收 FIFO 不为空且在 32 个位时间内没有从接收 FIFO 中读出数据时,该位置 1	0
0	RORRIS		当接收 FIFO 满且又接收到另一帧数据时,该位置位为 1。上述情况发生时新数据帧会将前面的数据帧覆盖	0

11.2.8　SSP*n* 使能中断状态寄存器(MIS)

这是一个只读寄存器,当中断条件出现且相应的中断在 SSP*n*IMSC 中被使能时,该寄存器中相应的位会置位为 1。当 SSP 中断出现时,中断服务程序可通过读该寄存器来判断中断源。该寄存器位功能如表 11-10 所列。

表 11-10　SSP*n* 使能中断状态寄存器位描述

位	符 号	值	描　述	复位值
31:4	—		保留。从保留位读取的值未定义	无
3	TXMIS		如果发送 FIFO 至少有一半为空且中断被使能时,该位置位为 1	0
2	RXMIS		如果接收 FIFO 至少有一半为满且中断被使能时,该位置位为 1	0
1	RTMIS		如果接收 FIFO 不为空且在 32 个位时间内没有从接收 FIFO 中读出数据时,该位置位为 1	0
0	RORMI		当接收 FIFO 满时又接收到另外一帧数据,且中断被使能时,该位置位为 1	0

11.2.9　SSP*n* 中断清零寄存器(ICR)

软件可以向该只写寄存器中写入一个或多个 1 来清除 SSP 控制器中相应的中断条件。需要注意的是另外两个中断条件可通过写或读相应的 FIFO 来清除,或通过清除 SSP*n*IMSC 中对应的位来禁止。该寄存器位功能如表 11-11 所列。

表 11-11　SSP*n* 中断清零寄存器位描述

位	符 号	值	描　述	复位值
31:2	—		保留。读取值未定义,只写入 0	—
1	RTIC		向该位写 1 来清除"当接收 FIFO 不为空且在 32 个位时间内没有从接收 FIFO 中读出数据"中断状态	—
0	RORIC		向该位写 1 来清除"当接收 FIFO 满时帧被接收"中断状态	—

11.2.10　SSP*n* DMA 控制寄存器(DMACR)

SSP*n*DMACR 寄存器是 DMA 控制寄存器。它是一个读/写寄存器。该寄存器位功能如表 11-12 所列。

表 11-12　SSPn DMA 控制寄存器位描述

位	符　号	值	描　　　述	复位值
31:2	—		保留。读取值未定义,只写入 0	—
1	TXDMAE		发送 DMA 使能。当该位被置 1 时,发送 FIFO 的 DMA 被使能,否则发送 DMA 被禁止	0
0	RXDMAE		接收 DMA 使能。当该位被置 1 时,接收 FIFO 的 DMA 被使能,否则接收 DMA 被禁止	0

11.3　SSP 常用库函数

SSP 库函数由一组 API 驱动函数组成,这组函数覆盖了 SSP 所有外设的相关功能集。本节将介绍与 SSP 相关的主要库函数的功能,各功能函数详细说明如表 11-13~表 11-30 所列。

① 函数 setSSPclock。

表 11-13　函数 setSSPclock

函数名	setSSPclock
函数原型	static void setSSPclock (LPC_SSP_TypeDef * SSPx, uint32_t target_clock);
功能描述	设置指定 SSP 外设的 PCLK 时钟
输入参数 1	SSPx:指定 SSP 外设,可选 LPC_SSP0 或 LPC_SSP1
输入参数 2	target_clock:SSP 外设时钟
输出参数	无
返回值	无
调用函数	CLKPWR_GetCLK()函数
说　明	针对 CR0、CR1、CPSR 寄存器操作

② 函数 SSP_Init。

表 11-14　函数 SSP_Init

函数名	SSP_Init
函数原型	void SSP_Init(LPC_SSP_TypeDef * SSPx, SSP_CFG_Type * SSP_ConfigStruct)
功能描述	根据指定参数初始化指定 SSP 外设
输入参数 1	SSPx:指定 SSP 外设,可选 LPC_SSP0、LPC_SSP1 或 LPC_SSP2

输入参数 2	SSP_ConfigStruct:指向 SSP_CFG_Type 结构体的指针,含配置参数。 Databit:帧的数据位数,可选 4~16; CPHA:时钟相位,可选 SSP_CPHA_FIRST 或 SSP_CPHA_SECOND; CPOL:时钟极性,可选 SSP_CPOL_HI 或 SSP_CPOL_LO; Mode:主从模式,可选 SSP_MASTER_MODE 或 SSP_SLAVE_MODE; FrameFormat:帧格式,用于选择总线接口类型,可选 SSP_FRAME_SPI、SSP_FRAME_TI、SSP_FRAME_MICROWIRE; ClockRate:时钟率,选择恰当的时钟频率 Hz
输出参数	无
返回值	无
调用函数	CLKPWR_ConfigPPWR()函数
说　明	使能外设时钟,指定外设参数

③ 函数 SSP_DeInit。

表 11 - 15　函数 SSP_DeInit

函数名	SSP_DeInit
函数原型	void SSP_DeInit(LPC_SSP_TypeDef * SSPx)
功能描述	禁止指定 SSP 外设
输入参数	SSPx:指定 SSP 外设,可选 LPC_SSP0、LPC_SSP1 或 LPC_SSP2
输出参数	无
返回值	无
调用函数	CLKPWR_ConfigPPWR()函数
说　明	禁止外设时钟

④ 函数 SSP_GetDataSize。

表 11 - 16　函数 SSP_GetDataSize

函数名	SSP_GetDataSize
函数原型	uint8_t SSP_GetDataSize(LPC_SSP_TypeDef * SSPx)
功能描述	获取指定 SSP 外设的帧数据长度
输入参数	SSPx:指定 SSP 外设,可选 LPC_SSP0、LPC_SSP1 或 LPC_SSP2
输出参数	无
返回值	返回帧数据长度,范围为 SSP_DATABIT_4~16
调用函数	无
说　明	读取 CR0 寄存器有效位 DSS

⑤ 函数 SSP_ConfigStructInit。

表 11 - 17　函数 SSP_ConfigStructInit

函数名	SSP_ConfigStructInit
函数原型	void SSP_ConfigStructInit(SSP_CFG_Type * SSP_InitStruct)
功能描述	对 SSP_CFG_Type 结构体的成员以默认参数配置
输入参数	SSP_InitStruct：指向 SSP_CFG_Type 结构体，含默认配置参数项
输出参数	无
返回值	无
调用函数	无
说　明	需要搭配其他功能函数使用才起作用

⑥ 函数 SSP_Cmd。

表 11 - 18　函数 SSP_Cmd

函数名	SSP_Cmd
函数原型	void SSP_Cmd(LPC_SSP_TypeDef * SSPx, FunctionalState NewState)
功能描述	配置指定 SSP 外设工作状态
输入参数 1	SSPx：指定 SSP 外设，可选 LPC_SSP0、LPC_SSP1 或 LPC_SSP2
输入参数 2	NewState：配置的状态，使能选 ENABLE，其他则禁止
输出参数	无
返回值	无
调用函数	无
说　明	针对 CR1 寄存器有效位 SSE 配置

⑦ 函数 SSP_LoopBackCmd。

表 11 - 19　函数 SSP_LoopBackCmd

函数名	SSP_LoopBackCmd
函数原型	void SSP_LoopBackCmd(LPC_SSP_TypeDef * SSPx, FunctionalState NewState)
功能描述	配置指定 SSP 外设的环路模式
输入参数 1	SSPx：指定 SSP 外设，可选 LPC_SSP0、LPC_SSP1 或 LPC_SSP2
输入参数 2	NewState：配置的状态，使能选 ENABLE，其他则禁止
输出参数	无
返回值	无
调用函数	无
说　明	针对 CR1 寄存器有效位 LBM 配置

⑧ 函数 SSP_SlaveOutputCmd。

表 11 - 20　函数 SSP_SlaveOutputCmd

函数名	SSP_SlaveOutputCmd
函数原型	void SSP_SlaveOutputCmd(LPC_SSP_TypeDef * SSPx, FunctionalState NewState)
功能描述	配置指定 SSP 外设的从输出功能
输入参数 1	SSPx:指定 SSP 外设,可选 LPC_SSP0、LPC_SSP1 或 LPC_SSP2
输入参数 2	NewState:配置的状态,使能选 ENABLE,其他则禁止
输出参数	无
返回值	无
调用函数	无
说　明	针对 CR1 寄存器有效位 SOD 配置

⑨ 函数 SSP_SendData。

表 11 - 21　函数 SSP_SendData

函数名	SSP_SendData
函数原型	void SSP_SendData(LPC_SSP_TypeDef * SSPx, uint16_t Data)
功能描述	指定 SSP 外设发送一帧数据
输入参数 1	SSPx:指定 SSP 外设,可选 LPC_SSP0、LPC_SSP1 或 LPC_SSP2
输入参数 2	Data:指定的数据长度,4~16 位
输出参数	无
返回值	无
调用函数	无
说　明	向 DR 寄存器写入要发送的数据

⑩ 函数 SSP_ReceiveData。

表 11 - 22　函数 SSP_ReceiveData

函数名	SSP_ReceiveData
函数原型	uint16_t SSP_ReceiveData(LPC_SSP_TypeDef * SSPx)
功能描述	由指定 SSP 外设接收一帧数据(不足 16 位则高位补零)
输入参数	SSPx:指定 SSP 外设,可选 LPC_SSP0、LPC_SSP1 或 LPC_SSP2
输出参数	无
返回值	无
调用函数	无
说　明	从 DR 寄存器读取已接收的数据

⑪ 函数 SSP_ReadWrite。

表 11 - 23 函数 SSP_ReadWrite

函数名	SSP_ReadWrite
函数原型	int32_t SSP_ReadWrite (LPC_SSP_TypeDef * SSPx, SSP_DATA_SETUP_Type * dataCfg, SSP_TRANSFER_Type xfType)
功能描述	配置指定 SSP 外设的数据读/写功能
输入参数 1	SSPx:指定 SSP 外设,可选 LPC_SSP0、LPC_SSP1 或 LPC_SSP2
输入参数 2	dataCfg:指向 SSP_DATA_SETUP_Type 结构体,含 SPI 数据传输配置参数,如 tx_data、tx_cnt、rx_data、rx_cnt、length、status 等
输入参数 3	xfType:传输类型,可选。 SSP_TRANSFER_POLLING:轮询模式; SSP_TRANSFER_INTERRUPT:中断模式
输出参数	无
返回值	正常操作返回 0,异常则返回-1
调用函数	无
说 明	需搭配 ICR、SR、RIS、IMSC 等寄存器配置

⑫ 函数 SSP_GetStatus。

表 11 - 24 函数 SSP_GetStatus

函数名	SSP_GetStatus
函数原型	FlagStatus SSP_GetStatus(LPC_SSP_TypeDef * SSPx, uint32_t FlagType)
功能描述	检查指定 SSP 外设的状态标准位是否被设置
输入参数 1	SSPx:指定 SSP 外设,可选 LPC_SSP0、LPC_SSP1 或 LPC_SSP2
输入参数 2	FlagType:SSP 外设的当前状态标志位。 SSP_STAT_TXFIFO_EMPTY:发送缓冲区空; SSP_STAT_TXFIFO_NOTFULL:发送缓冲区非空; SSP_STAT_RXFIFO_NOTEMPTY:接收缓冲区非空; SSP_STAT_RXFIFO_FULL:接收缓冲区满; SSP_STAT_BUSY:SSP 控制器忙
输出参数	无
返回值	如果所选状态位被设置返回 SET,否则返回 RESET
调用函数	无
说 明	读取 SR 寄存器置位状态

⑬ 函数 SSP_IntConfig。

表 11 - 25 函数 SSP_IntConfig

函数名	SSP_IntConfig
函数原型	void SSP_IntConfig(LPC_SSP_TypeDef * SSPx, uint32_t IntType, FunctionalState NewState)
功能描述	配置指定 SSP 外设的 4 种中断源

输入参数 1	SSPx：指定 SSP 外设，可选 LPC_SSP0、LPC_SSP1 或 LPC_SSP2
输入参数 2	IntType：选择 SSP 外设的中断源类型。 SSP_INTCFG_ROR：接收溢出中断； SSP_INTCFG_RT：接收超时中断； SSP_INTCFG_RX：接收缓冲区半满中断； SSP_INTCFG_TX：发送缓冲区半空中断
输入参数 3	NewState：使能选择 ENABLE，禁止选择 DISABLE
输出参数	无
返回值	无
调用函数	无
说　明	针对 IMSC 寄存器有效位配置，各有效位可组合选择

⑭ SSP_GetRawIntStatus。

表 11 - 26　函数 SSP_GetRawIntStatus

函数名	SSP_GetRawIntStatus
函数原型	IntStatus SSP_GetRawIntStatus(LPC_SSP_TypeDef * SSPx, uint32_t RawIntType)
功能描述	检查指定 SSP 外设的原始中断状态
输入参数 1	SSPx：指定 SSP 外设，可选 LPC_SSP0、LPC_SSP1 或 LPC_SSP2
输入参数 2	RawIntType：原始的中断状态，无论 IMSC 寄存器对应位是否使能。 SSP_INTSTAT_RAW_ROR：接收溢出中断； SSP_INTSTAT_RAW_RT：接收超时中断； SSP_INTSTAT_RAW_RX：接收缓冲区半满中断； SSP_INTSTAT_RAW_TX：发送缓冲区半空中断
输出参数	无
返回值	所选原始中断标志位如果已产生中断则返回 SET，否则返回 RESET
调用函数	无
说　明	读取 RIS 寄存器有效位状态

⑮ 函数 SSP_GetRawIntStatusReg。

表 11 - 27　函数 SSP_GetRawIntStatusReg

函数名	SSP_GetRawIntStatusReg
函数原型	uint32_t SSP_GetRawIntStatusReg(LPC_SSP_TypeDef * SSPx)
功能描述	读取原始中断状态寄存器值
输入参数	SSPx：指定 SSP 外设，可选 LPC_SSP0、LPC_SSP1 或 LPC_SSP2
输出参数	无
返回值	返回 RIS 寄存器当前值
调用函数	无
说　明	与 SSP_GetRawIntStatus() 函数功能稍有不同，本函数是一次读取 RIS 寄存器当前状态值

⑯ 函数 SSP_GetIntStatus。

表 11 - 28　函数 SSP_GetIntStatus

函数名	SSP_GetIntStatus
函数原型	IntStatus SSP_GetIntStatus (LPC_SSP_TypeDef * SSPx, uint32_t IntType)
功能描述	检查指定 SSP 外设的中断状态标志是否被设置
输入参数 1	SSPx:指定 SSP 外设,可选 LPC_SSP0、LPC_SSP1 或 LPC_SSP2
输入参数 2	IntType:所选的已使能的中断状态位。 SSP_INTSTAT_ROR:接收溢出中断; SSP_INTSTAT_RT:接收超时中断; SSP_INTSTAT_RX:接收缓冲区半满中断; SSP_INTSTAT_TX:发送缓冲区半空中断
输出参数	无
返回值	所选已使能的中断标志位如果产生中断则返回 SET,否则返回 RESET
调用函数	无
说　明	读取 MIS 寄存器有效位状态

⑰ 函数 SSP_ClearIntPending。

表 11 - 29　函数 SSP_ClearIntPending

函数名	SSP_ClearIntPending
函数原型	void SSP_ClearIntPending(LPC_SSP_TypeDef * SSPx, uint32_t IntType)
功能描述	清除指定 SSP 外设的中断待处理标志位
输入参数 1	SSPx:指定 SSP 外设,可选 LPC_SSP0、LPC_SSP1 或 LPC_SSP2
输入参数 2	IntType:待清除的中断状态位。 SSP_INTCLR_ROR:当 RxFIFO 满时帧被接收的中断状态位; SSP_INTCLR_RT:Rx FIFO 不为空且在 32 个位时间内没有从 Rx FIFO 中读出数据的中断状态位
输出参数	无
返回值	无
调用函数	无
说　明	写 1 来清除中断清零寄存器 ICR

⑱ 函数 SP_DMACmd。

表 11 - 30　函数 SP_DMACmd

函数名	SP_DMACmd
函数原型	void SSP_DMACmd(LPC_SSP_TypeDef * SSPx, uint32_t DMAMode, FunctionalState NewState)
功能描述	配置指定 SSP 外设的 DMA 功能
输入参数 1	SSPx:指定 SSP 外设,可选 LPC_SSP0、LPC_SSP1 或 LPC_SSP2

轻松玩转 ARM Cortex-M3 微控制器——基于 LPC1788 系列

输入参数 2	DMAMode：DMA 模式的类型。 SSP_DMA_TX：DMA 发送； SSP_DMA_RX：DMA 接收
输入参数 3	NewState：若使能 DMA 功能则选择 ENALBE，否则选择 DISABLE
输出参数	无
返回值	无
调用函数	无
说　明	设置 DMACR 寄存器位

11.4　SSP 外设应用实例

SSP 外设兼容 Freescale 公司的 SPI 总线、TI 的 4 线制 SSI 和 National 公司的 Microwire 总线，本实例仅演示最常用的 SPI 总线应用实例。

11.4.1　设计目标

SSP 外设应用安排了一个简单的 SPI 总线接口存储器驱动实例，通过定义 SSP 外设引脚驱动 SPI 总线接口的 SST25VF016B 存储器，实现简单的校验测试。

11.4.2　硬件电路设计

在介绍硬件电路原理之前，首先概述一下 SST25VF016B 存储器的芯片结构与器件引脚。

1. SST25VF016B 存储器概述

SST25VF016B 是 Microchip 公司的一款 4 线制、兼容 SPI 接口的带有先进写保护机制、具备高速访问的 16 Mbit(2M×8 bit)串行 Flash 存储器。该存储器具有如下主要特点：

① 2 MB(2M×8 bit)的存储空间。

② 2.7～3.6 V 单电源读/写操作。

③ SPI 总线接口，兼容模式 0 和模式 3。

④ 最大 50 MHz 高速时钟频率。

⑤ 卓越的可靠性，每扇区擦写次数保证 10 万次，数据保存期限至少 100 年。

⑥ 灵活的擦除能力：

● 4 KB 扇区整齐擦除；

● 32 KB 覆盖块整齐擦除；

● 64 KB 覆盖块整齐擦除。

⑦ 快速擦除和字节编程：

- 整片擦除时间 28 ms(典型值);
- 扇区或块擦除时间 7 ms(典型值);
- 字节编程时间 7 μs(典型值)。

⑧ 自动地址递增编程,容许在线编程操作。

⑨ 写结束状态检测。

⑩ 外置保持功能引脚,可以挂起串行时序而不选中设备。

⑪ 两种写保护功能:
- 通过使能/禁止状态寄存器的锁定(Lock - Down)功能实现写保护;
- 通过状态寄存器的块保护位实现软件写保护。

SST25VF016B 的 SuperFlash 存储器阵列可组织成整齐的 4 KB 扇区擦除,并具有 32 KB 覆盖块或 64 KB 覆盖块擦除能力。其内部逻辑框图如图 11 - 1 所示。

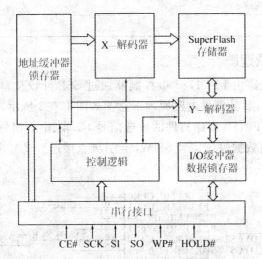

图 11 - 1　SST25VF016B 内部功能框图

SST25VF016B 常用 SOIC - 8 和 WSON - 8 封装,其引脚排列示意如图 11 - 2 所示。其主要引脚功能描述如表 11 - 31 所列。

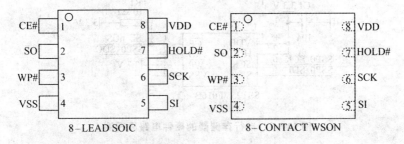

图 11 - 2　SST25VF016B 芯片引脚示意图

表 11-31　SST25VF016B 引脚功能定义

引脚字符	引脚功能描述
SCK	串行时钟信号输入(Serial Clock)，命令、地址、输入数据都在串行时钟信号的上升沿锁存；输出数据则在串行时钟信号的下降沿移出
SI	串行数据输入(Serial Data Input)，传送命令、地址、数据串行序列至器件，所有输入数据都在 SCK 上升沿锁存
SO	串行数据输出(Serial Data Output)，串行数据序列移出器件，数据输出在 SCK 下降沿移出
CE#	片选，该引脚高电平转低电平后有效。任意命令序列时，需维持为低电平
WP#	写保护引脚，用于使能或禁止状态寄存器的 BPL 位
HOLD#	控制端，无需复位即可暂停串行通信，低电平有效。在 HOLD 状态下，串行数据输出(Q)为高阻抗，时钟输入和数据输入无效
VDD	电源正端，2.7～3.6 V
VSS	电源地

2. 硬件电路原理图

本实例的硬件电路由 LPC1788 微控制器通过 SSP 外设接口与串行 Flash 存储器 SST25VF016B 连接，其硬件电路原理示意图如图 11-3 所示，微控制器功能引脚分别连接到 SST25VF016B 存储器件的片选信号 CE#、串行时钟信号 SCK、串行数据输出信号 SO、串行数据输入信号 SI；WP# 引脚直接连接 3 V 电源，写保护功能未使用。

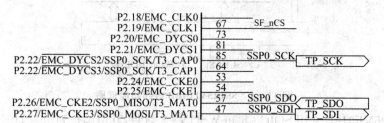

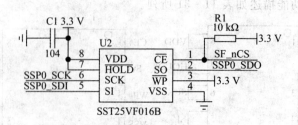

图 11-3　串行存储器的硬件电路原理图

11.4.3 实例软件设计

实例的程序设计所涉及的软件结构如表 11-32 所列,主要程序文件及功能说明如表 11-33 所列。

表 11-32 软件设计结构

用户应用层				
main. c				
CMSIS 层				
Cortex - M3 内核外设访问层	LPC17xx 设备外设访问层			
core_cm3. h core_cmFunc. h core_cmInstr. h	启动代码 (startup_LPC- 177x_8x. s)	LPC177x_8x. h	system_LPC177x_8x. c	system_LPC177x_8x. h
硬件外设层				
时钟电源控制驱动库	SSP 外设驱动库		引脚连接配置驱动库	
lpc177x_8x_clkpwr. c	lpc177x_8x_ssp. c		lpc177x_8x_pinsel. c	
lpc177x_8x_clkpwr. h	lpc177x_8x_ssp. h		lpc177x_8x_pinsel. h	
调试工具库(使用 UART)	UART 模块驱动库		GPIO 模块配置驱动库	
debug_frmwrk. c	lpc177x_8x_uart. c		lpc177x_8x_gpio. c	
debug_frmwrk. h	lpc177x_8x_uart. h		lpc177x_8x_gpio. h	
SST25VF016B 存储芯片硬件 操作函数		FlashDriver 上层操作函数		
SST25VF016B. c		FlashDriver. c		
SST25VF016B. h		FlashDriver. h		

表 11-33 程序设计文件功能说明

文件名称	程序设计文件功能说明
main. c	SSP 外设驱动 SST25VF016B 存储器读/写操作的主程序,含 main()入口函数、主要功能函数的调用等
SST25VF016B. c	SST25VF016B 存储器硬件层操作功能函数
FlashDriver. c	存储器读、写、搜索、打开、关闭等上层操作
lpc177x_8x_clkpwr. c	公有程序,时钟与电源控制驱动库。注:由其他驱动库文件调用
lpc177x_8x_ssp. c	公有程序,SSP 外设驱动库。在 SST25VF016B. c 中调用
lpc177x_8x_gpio. c	公有程序,GPIO 模块驱动库,被辅助调用
lpc177x_8x_pinsel. c	公有程序,引脚连接配置驱动库。由相关引脚设置程序调用
debug_frmwrk. c	公有程序,调试工具库(使用 UART 输出)。由主程序及其他驱动库文件调用输出调试信息
lpc177x_8x_uart. c	公有程序,UART 模块驱动库。配合调试工具库及主程序完成调试信息的串口输出
startup_LPC177x_8x. s	启动代码文件

本例程针对 SSP 外设应用于 SPI 总线接口,得益于功能完善的库函数以及特点鲜明、层次清晰的 FlashDriver 上层操作函数与 SST25VF016B 硬件操作函数,实例的软件代码相当简明、易懂。例程主要包括下述几个功能。

① I/O 引脚配置部分,配置 SSP 外设的 3 个功能引脚以及 1 个片选信号引脚。

② SSP 外设参数配置部分、初始化等,上述这两个部分的功能均集成到 SST25VF016B 硬件操作程序的 SPI_FLASH_Init() 函数体内。

③ 系统主程序 main,完成对 SST25VF016B 存储器的初始化函数、FlashDriver 上层应用函数的调用以及简易测试功能。

限于篇幅,本例仅针对前述所列主要功能的程序进行说明。

(1) 主程序——简易测试功能

实例的主功能函数由 main() 入口函数开始,实例的程序流程由 SST25VF016B 初始化开始,接着校验器件 ID,然后再调用 FlashDriver 上层应用函数校验缓冲区读/写的空数据匹配,最后返回校验结果。完整的程序函数主体代码如下:

```
uint8_t   ReadBuffer[256];              //声明读缓冲区数组
uint8_t   WriteBuffer[256];             //声明写缓冲区数组
/* 主程序 */
int main(void)
{
uint16_t  i;
uint32_t  ChipID = 0;
SPI_FLASH_Init();                       //SST25VF016B 存储器初始化
debug_frmwrk_init();                    //串口调试
_DBG_(…输出串口提示字串信息…);          //串口提示信息,这里省略
SSTF016B_ReadID( JEDEC_ID, &ChipID );   //校验器件识别码
ChipID &= ~0xff000000;
if ( ChipID ! = 0xBF2541 ) /* ChipID 是 0xBF2541 */
{
_DBG_("HY - LPC1788 - SDK SPI Flash SST25VF016B Read ID False");
}
/* 上层应用操作 */
df_write_open( 0 );                     //读操作初始化函数
df_read_open( 0 );                      //写操作初始化函数
SSTF016B_Erase( 0, 0 );                 //擦除
for( i = 0; i < 256; i+ + )
{
WriteBuffer[i] = i;
}
```

```
df_write( WriteBuffer, sizeof(WriteBuffer) );        //从缓冲区向当前位置数据
df_read( ReadBuffer, sizeof(ReadBuffer) );           //从当前位置读缓冲区数据
/* 简易数据校验 */
if( memcmp( WriteBuffer, ReadBuffer, sizeof(WriteBuffer) ) == 0 )
{
_DBG_("HY - LPC1788 - SDK SPI Flash SST25VF016B OK");
}
else
{
_DBG_("HY - LPC1788 - SDK SPI Flash SST25VF016B False");
}
for(;;)
{

}
}
```

(2) SST25VF016B. c 文件——存储器硬件操作

该文件含 SSP 外设引脚配置、参数配置及初始化、存储器硬件相关操作等。

SPI_FLASH_Init()函数用于 SSP 外设引脚以及片选引脚、默认参数配置、SSP 外设初始化以及使能启动等功能。其函数代码如下：

```
void SPI_FLASH_Init(void)
{
SSP_CFG_Type SSP_ConfigStruct;//声明参数配置结构体变量
/* 引脚配置 */
PINSEL_ConfigPin(1, 31, 2);    /* SSP1_SCK */
PINSEL_ConfigPin(1, 18, 5);    /* SSP1_MISO */
PINSEL_ConfigPin(0, 13, 2);    /* SSP1_MOSI */
/* 片选引脚设置,不采用库函数设置 */
LPC_GPIO5 - >DIR | = 1 << CS_PIN_NUM;
/* 默认参数设置 */
SSP_ConfigStructInit(&SSP_ConfigStruct);
/* 默认参数初始化 SSP 外设 */
SSP_Init(LPC_SSP1, &SSP_ConfigStruct);
/* 启动 SSP 外设 */
SSP_Cmd(LPC_SSP1, ENABLE);
}
```

除此之外,还有一些针对 SST25VF016B 存储器的操作函数,如表 11 - 34 所列。这些功能函数也是该存储器工作中常用的对应指令操作函数。

表 11-34 SST25VF016B 存储器的指令操作函数

函数名	功能描述
SSTF016B_ReadID	读取 SST25VF016B 器件 ID
SSTF016B_Erase	指定起始至终止块号擦除扇区
LPC17xx_SPI_SendRecvByte	发送 1 字节数据并接收 1 字节响应
Flash_ReadWriteByte	发送 1 字节数据
SSTF016B_ReadData	读取数据
SSTF016B_WriteReg	写数据块

(3) FlashDriver. c 文件——FlashDriver 上层应用

本文件是为访问 SST25VF016B 存储器而提供的一组接口函数,是读/写存储区的线性操作方法,使用这些上层函数,用户可不必考虑存储器内部的组织结构,如同读/写一个文件一样进行读/写操作。表 11-35 列出了这些上层操作函数,为了简便起见,省略了函数代码介绍,仅对函数功能进行了说明。

表 11-35 存储器上层操作函数

函数名	功能描述
df_read_open	读操作初始化函数
df_write_open	写操作初始化函数
df_read	从当前读位置读取 N 字节的数据到缓冲区,并使内部读计数器递增
df_write	从缓冲区向当前写位置写入 N 字节的数据,并使内部写计数器递增
df_read_seek	调整当前读计数器,调用此函数前必须已调用 df_read_open()函数
df_write_seek	调整当前写计数器,调用此函数前必须已调用 df_write_open()函数
df_read_close	关闭读操作
df_write_close	关闭写操作,所有的写操作完成后必须调用此函数结束操作,以便数据能够完整地保存到存储器

11.5 实例总结

本章着重介绍了 LPC178x 系列微处理器的 SSP 外设相关寄存器、库函数功能等,通过调用 SSP 外设驱动库来编制 SST25VF016B 存储器的相关操作功能函数等实现存储器的简易校验,软件设计结构与层次都很清晰。实例中保留了完整的 SST25VF016B 操作指令函数,读者能根据自己的应用需求直接调用这些函数来匹配个性化应用。

第 12 章

I²S 数字音频接口应用

I²S 总线是 Philips 公司（现 NXP）为数字音频应用提供的一个标准的通信接口，I²S 总线接口的规范定义为一条 3 线串行总线，包含一根数据线（SD）、一根时钟线（SCK）和一根字选择信号线（WS）。本章将讲述 I²S 总线的基本特性、寄存器及库函数功能等，并通过实例演示采用 I²S 数字音频接口的播放器应用。

12.1 I²S 总线接口概述

LPC178x 系列微控制器的 I²S 接口提供了彼此独立的发送和接收通道，每个通道都可以作为主机或从机，另外还提供了可选的过采样主机时钟输出（MCLK）。

I²S 接口的主要特性如下：
- I²S 输入通道可在主机和从机模式下工作。
- I²S 输出通道可在主机和从机模式下工作而与输入通道无关。
- 可处理 8、16 和 32 位大小的数据字。
- 支持单声道和立体声道音频数据的传输。
- 多种时钟，包括独立的发送和接收分数速率发生器，而且可以为 4 线模式使用单独时钟输入或输出。
- 支持采样频率（f_s）范围 16～96 kHz（16、22.05、32、44.1、48 或 96 kHz）或更高的音频应用，采样频率范围取决于时钟频率。
- 发送通道和接收通道具有独立的主机时钟输出，支持高达 I²S 采样频率 512 倍的时钟。
- 在主机模式下，字选择周期可配置（I²S 输入和输出各自独立配置）。
- 提供 2 个 8 字（32 字节）的 FIFO 数据缓冲区，一个用于发送，另一个用于接收。
- 当缓冲区深度超过预设触发深度（可编程的边界）时产生中断请求。
- 2 个 DMA 请求由可编程的缓冲区深度控制。这 2 个 DMA 请求被连接到通用 DMA 模块。
- 可对 I²S 输入和 I²S 输出通道分别执行复位、停止和静音等控制操作。
- 可选的 MCLK（过采样）输出。

I²S 接口通过发送通道执行串行数据输出，通过接收通道执行串行数据输入，在单声道和立体声道音频数据传输中,收发通道都支持 8、16 和 32 位的音频数据,其连接包括一个主机(始终作为主机)和一个从机,图 12-1 所示为 I²S 接口简单的连接配置和总线时序。

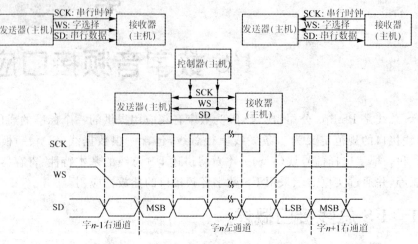

图 12-1　I²S 接口的连接配置和总线时序

需要注意的是,I²S 接口的时钟源和 WS 的使用是可以配置的,除了主机和从机模式外,还可以选择多个不同的时钟源,包括在发送器和接收器之间共用时钟和/或 WS,其引脚应用也各有不同,详细的配置说明请参阅 NXP 提供的产品手册 UM10470。

在从机模式或主机模式下,I²S 接收单元和发送单元可单独操作。在 I²S 模块中,这些模式间的差别在于决定数据发送时序的字选择(WS)信号。在 WS 改变后,数据字在发送时钟的下一个下降沿上开始。在立体声道模式下,当 WS 为低电平时发送左声道数据,当 WS 为高电平时发送右声道数据。在单声道模式下,相同的数据会被发送两次,WS 为低电平和高电平时各发送一次。

I²S 接口的工作原理与过程如下:

- 在主机模式下,字选择通过 9 位计数器在内部执行。可以在控制寄存器中设置该计数器的半周期计数值。
- 在从机模式下,字选择从相关的总线引脚输入。
- 当 I²S 总线有效时,总线主机连续发送字选择信号、接收时钟和发送时钟信号,而发送器会连续发送数据。
- 可分别通过发送和接收通道的停止或静音控制位来禁止 I²S。
- 停止位将禁止通过发送通道或接收通道访问 FIFO,并把发送通道置于静音模式下。
- 静音控制位将发送通道置于静音模式下。在静音模式下,发送通道 FIFO 正常操作,但输出被废弃并由 0 替代。该位不影响接收通道,可以正常进行数据接收。

12.1.1　I²S 总线接口的基本配置

I²S 总线接口的配置需要使用下列寄存器，采用驱动库函数进行配置，仅需几个功能函数即可轻松完成。

① 功率。在 PCONP 寄存器中，置位 PCI2S 可使能 I²S 总线接口。

注意：复位时，I²S 总线接口被禁止（PCI2S = 0）。

② 外设时钟。I²S 接口的功能部分使用 CPU 时钟（CCLK）来运行，而非 PCLK；总线接口采用 APB 外设的通用 PCLK 时钟。

③ 引脚。通过相关的 IOCON 寄存器选择 I²S 引脚和引脚模式。

④ 中断。中断的使能是通过在 NVIC 中使用相应的中断设置使能寄存器来实现的。

⑤ DMA。I²S 接口支持两种 DMA 请求。

12.1.2　I²S 接口的引脚描述

LPC178x 系列微控制器的 I²S 接口提供互相独立的发送和接收通道，因此引脚总数比较多，表 12-1 列出了 I²S 接口全部相关的引脚，并对功能进行了简述。

表 12-1　I²S 接口引脚描述

引　脚	类　型	描　述
I2S_RX_CLK	输入/输出	接收时钟。用于同步接收通道上的数据传输,由主机驱动从机接收。与 I²S 总线规范中的信号 SCK 对应
I2S_RX_WS	输入/输出	接收字选择。选择接收数据的通道,由主机驱动从机接收。与 I²S 总线规范中的信号 WS 对应。 WS=0,表示通道 1(左通道)正在接收数据; WS=1,表示通道 2(右通道)正在接收数据
I2S_RX_SDA	输入/输出	接收数据。串行数据,先接收 MSB。由发送器驱动接收器读取,与 I²S 总线规范中的信号 SD 对应
I2S_RX_MCLK	输出	用于 I²S 接收功能的可选主机时钟输出
I2S_TX_CLK	输入/输出	发送时钟。用于同步发送通道上的数据传输,由主机驱动从机接收。与 I²S 总线规范中的信号 SCK 对应
I2S_TX_WS	输入/输出	发送字选择。选择发送数据的通道,由主机驱动从机接收。与 I²S 总线规范中的信号 WS 对应。 WS=0,表示数据正被发送到通道 1(左通道); WS=1,表示数据正被发送到通道 2(右通道)
I2S_TX_SDA	输入/输出	发送数据。串行数据,先发送 MSB。由发送器驱动接收器读取,与 I²S 总线规范中的信号 SD 对应
I2S_TX_MCLK	输出	用于 I²S 发送功能的可选主机时钟输出

12.2　I²S 寄存器描述

表 12－2 列出了 I²S 接口相关的寄存器汇总,并对每个寄存器进行详细描述。

表 12－2　I²S 寄存器映射

通用名称	描　述	访问类型	复位值
I2SDAO	数字音频输出寄存器。含有 I²S 发送通道的控制位	R/W	0x87E1
I2SDAI	数字音频输入寄存器。含有 I²S 接收通道的控制位	R/W	0x07E1
I2STXFIFO	发送缓冲寄存器。访问 8×32 位发送 FIFO 的寄存器	WO	0
I2SRXFIFO	接收缓冲寄存器。访问 8×32 位接收 FIFO 的寄存器	RO	0
I2SSTATE	状态反馈寄存器。含有 I²S 接口的状态信息	RO	0x7
I2SDMA1	DMA 配置寄存器 1。含有 DMA 请求 1 的控制信息	R/W	0
I2SDMA2	DMA 配置寄存器 2。含有 DMA 请求 2 的控制信息	R/W	0
I2SIRQ	中断请求控制寄存器。含有控制如何产生 I²S 中断请求的位	R/W	0
I2STXRATE	发送时钟速率寄存器。该寄存器确定 I²S 的 TX_REF 速率,通过指定 CCLK 的分频值来实现(以便产生 TX_REF)	R/W	0
I2SRXRATE	接收时钟速率寄存器。该寄存器确定 I²S 的 RX_REF 速率,通过指定 CCLK 的分频值来实现(以便产生 R X_REF)	R/W	0
I2STXBITRATE	发送时钟位速率寄存器。该寄存器确定 I²S 发送位速率,通过指定 TX_REF 的分频值来实现	R/W	0
I2SRXBITRATE	接收时钟位速率寄存器。该寄存器确定 I²S 接收位速率,通过指 RX_REF 的分频值来实现(以便产生接收位时钟)	R/W	0
I2STXMODE	发送模式控制寄存器	R/W	0
I2SRXMODE	接收模式控制寄存器	R/W	0

12.2.1　数字音频输出寄存器(I2SDAO)

数字音频输出寄存器控制 I²S 发送通道的操作,其寄存器位功能如表 12－3 所列。

表 12－3　数字音频输出寄存器位描述

位	符　号	值	描　述	复位值
31:16	—		保留。读取值未定义,只写入 0	—
15	mute		当该位为 1 时,发送通道仅发送 0	1
14:6	ws_halfperiod		其值为采样周期的一半再减 1,即,WS_64clk_period 的 ws_halfperiod = 31	0x1F
5	ws_sel	0 1	接口模式。 接口处于主机模式; 接口处于从机模式,关于 I2STXMODE(发送模式寄存器)与该位的有用的组合汇总请参阅后续对应的表格	1

位	符　号	值	描　　　述	复位值
4	reset	0	复位功能。 不复位；	0
		1	异步复位发送通道和发送 FIFO	
3	stop	0	禁止模式。 普通模式；	0
		1	禁止访问 FIFO,发送通道被静音	
2	mono	0	声道模式。 立体声模式；	0
		1	单声道模式	
1:0	wordwidth	00	选择需发送数据字的宽度。 8 位数据；	01
		01	16 位数据；	
		10	保留,不使用该设置；	
		11	32 位数据	

12.2.2　数字音频输入寄存器(I2SDAI)

数字音频输入寄存器控制 I²S 接收通道的操作,其寄存器位功能如表 12 - 4 所列。

表 12 - 4　数字音频输入寄存器位描述

位	符　号	值	描　　　述	复位值
31:15	—		保留。读取值未定义,只写入 0	—
14:6	ws_halfperiod		其值为采样周期的一半再减 1,即 WS_64clk_period 的 ws_halfperiod = 31	0x1F
5	ws_sel	0	接口模式。 接口处于主机模式；	1
		1	接口处于从机模式,关于 I2SRXMODE(接收模式寄存器)与该位的有用组合汇总,参阅后面对应的表格	
4	reset	0	复位功能。 不复位；	0
		1	异步复位发送通道和发送 FIFO	
3	stop	0	禁止模式。 普通模式；	0
		1	禁止访问 FIFO,发送通道被静音	
2	mono	0	声道模式。 立体声模式；	0
		1	单声道模式	
1:0	wordwidth	00	选择需发送数据字的宽度。 8 位数据；	01
		01	16 位数据；	
		10	保留,不使用该设置；	
		11	32 位数据	

12.2.3　发送缓冲寄存器(I2STXFIFO)

通过发送缓冲寄存器访问发送 FIFO,其寄存器位功能如表 12－5 所列。

表 12－5　发送缓冲寄存器位描述

位	符　号	描　述	复位值
31:0	I2STXFIFO	8×32 位发送 FIFO	Level ＝ 0

12.2.4　接收缓冲寄存器(I2SRXFIFO)

通过接收缓冲寄存器访问接收 FIFO,其寄存器位功能如表 12－6 所列。

表 12－6　接收缓冲寄存器的位描述

位	符　号	描　述	复位值
31:0	I2SRXFIFO	8×32 位接收 FIFO	Level ＝ 0

12.2.5　状态反馈寄存器(I2SSTATE)

状态反馈寄存器提供 I²S 接口相关的状态信息,其寄存器位功能如表 12－7 所列。

表 12－7　状态反馈寄存器位描述

位	符　号	描　述	复位值
31:20	—	保留。读取值未定义,只写入 0	—
19:16	tx_level	反映了发送 FIFO 的当前深度	0
15:12	—	保留。读取值未定义,只写入 0	—
11:8	rx_level	反映了接收 FIFO 的当前深度	0
7:3	Unused	未使用	0
2	dmareq2	该位反映了出现接收或发送 DMA 请求 2。该位通过比较当前 FIFO 深度与 I2SDMA2 寄存器中的 rx_depth_dma2 和 tx_depth_dma2 字段来确定	1
1	dmareq1	该位反映了出现接收或发送 DMA 请求 1。该位通过比较当前 FIFO 深度与 I2SDMA1 寄存器中的 rx_depth_dma1 和 tx_depth_dma1 字段来确定	1
0	irq	该位反映了出现接收中断或发送中断。该位的值由当前 FIFO 的深度与 I2SIRQ 寄存器中 rx_depth_irq 和 tx_depth_irq 字段的值进行比较来确定	1

12.2.6　DMA 配置寄存器 1(I2SDMA1)

DMA 配置寄存器 1 控制 DMA 请求 1 的操作,其寄存器位功能如表 12－8 所列。

表 12 - 8　DMA 配置寄存器 1 位描述

位	符号	描述	复位值
31:20	—	保留。读取值未定义,只写入 0	—
19:16	tx_depth_dma1	设置在 DMA1 上触发一个发送 DMA 请求的 FIFO 深度	0
15:12	—	保留。读取值未定义,只写入 0	—
11:8	rx_depth_dma1	设置在 DMA1 上触发一个接收 DMA 请求的 FIFO 深度	0
7:2	—	保留。读取值未定义,只写入 0	0
1	tx_dma1_enable	该位为 1 时,使能 DMA1 用于 I²S 发送	1
0	rx_dma1_enable	该位为 1 时,使能 DMA1 用于 I²S 接收	1

12.2.7　DMA 配置寄存器 2(I2SDMA2)

DMA 配置寄存器 2 控制 DMA 请求 2 的操作,其寄存器位功能如表 12 - 9 所列。

表 12 - 9　DMA 配置寄存器 2 位描述

位	符号	描述	复位值
31:20	—	保留。读取值未定义,只写入 0	—
19:16	tx_depth_dma2	设置在 DMA2 上触发一个发送 DMA 请求的 FIFO 深度	0
15:12	—	保留。读取值未定义,只写入 0	—
11:8	rx_depth_dma2	设置在 DMA2 上触发一个接收 DMA 请求的 FIFO 深度	0
7:2	Unused	未使用	0
1	tx_dma2_enable	该位为 1 时,使能 DMA2 用于 I²S 发送	1
0	rx_dma2_enable	该位为 1 时,使能 DMA2 用于 I²S 接收	1

12.2.8　中断请求控制寄存器(I2SIRQ)

中断请求控制寄存器用于控制 I²S 中断请求的操作,其寄存器位功能如表12 - 10 所列。

表 12 - 10　中断请求控制寄存器位描述

位	符号	描述	复位值
31:20	—	保留。读取值未定义,只写入 0	—
19:16	tx_depth_irq	设置产生一个中断请求的发送 FIFO 深度	0
15:12	—	保留。读取值未定义,只写入 0	—
11:8	rx_depth_irq	设置产生一个中断请求的接收 FIFO 深度	0
7:2	Unused	未使用	0
1	tx_Irq_enable	该位为 1 时,使能 I²S 发送中断	0
0	rx_Irq_enable	该位为 0 时,使能 I²S 接收中断	0

12.2.9 发送时钟速率寄存器(I2STXRATE)

I²S 发送器的 TX_REF 速率由发送时钟速率寄存器的值决定,所需的发送时钟速率的设置取决于所需的音频采样率以及使用的数据格式(立体/单声道)和数据大小,该寄存器位功能如表 12-11 所列。

当为发送功能使能 MCLK 输出时,会将 TX_REF 发送到 I2S_TX_MCLK 引脚。TX_REF 速率是使用分数速率发生器除以 CCLK 频率生成的,必须选择分子(X)和分母(Y)的值,以便生成一个为 TX_REF 所需频率两倍的频率,该频率必须是发送器位时钟的整数倍。分数速率发生器使用的等式为 $TX\_REF = CCLK \times (X/Y)/2$。

表 12-11 发送时钟速率寄存器位描述

位	符 号	描 述	复位值
31:16	—	保留。读取值未定义,只写入 0	—
15:8	X_divider	I²S 发送 TX_REF 速率的分子。CCLK 乘以该值来获取 TX_REF。该值为 0 时,时钟分频器被旁路。8 位分频支持较大的速率范围。注:计算速率时 X/Y 必须除以 2	0
7:0	Y_divider	I²S 发送 TX_REF 速率的分母。CCLK 除以该值来获取 TX_REF。8 位分频支持较大的速率范围。该值为 0 时钟分频器被旁路	0

注:如果 X 或 Y 的值为 0,则时钟分频器会被旁路。另外,Y 值必须大于或等于 X 值。

分数速率发生器的性质决定了使用某些分频设置时会存在一定的输出抖动。这是因为分数速率发生器是一个全数字功能发生器,所以输出时钟的变换与源时钟保持同步,而理论上的理想分数速率可能存在与源时钟无关的沿。因此,在连续时钟沿之间,输出抖动不会大于加上或减去一个源时钟的值。

例如,如果 $X=0x07$、$Y=0x11$,则分数速率发生器每隔 17(十六进制数 11)个输入时钟会输出 7 个时钟,并尽可能地进行平均分布。在该示例中,无法做到绝对平均地分配输出时钟,所以一些时钟会比其他时钟长。将输出时钟除以 2 来均分,这也有助于减少抖动。频率平均值可精确到$(7/17)/2$,但一些时钟的长度会比其相邻时钟略长。在选择分数时,如果使 Y 能够被 X 整除,例如 2/4、2/6、3/9、1/N 等,则可以完全避免抖动。

12.2.10 接收时钟速率寄存器(I2SRXRATE)

I²S 接收器的 RX_REF 速率由接收时钟速率寄存器的值决定。所需的接收时钟速率设置取决 CPU 时钟速率(CCLK)和需要的 RX_REF 速率(如 $256f_s$),该寄存器位功能如表 12-12 所列。

当为接收功能使能 MCLK 输出时,会将 RX_REF 发送到 I2S_RX_MCLK 引脚。使用分数速率发生器除以 CCLK 频率来生成 RX_REF 速率。必须选择分子(X)和分母(Y)的值,以便生成一个为 RX_REF 所需频率两倍的频率,该频率必须是接收器位时钟速率的整数倍。分数速率发生器的等式为 I2S RX_REF＝CCLK×(X/Y)/2。

表 12－12　接收时钟速率寄存器位描述

位	符 号	描 述	复位值
31:16	—	保留。读取值未定义,只写入 0	—
15:8	X_divider	I²S 接收 RX_REF 速率的分子。该值乘以 CCLK 来获取 RX_REF。该值为 0 时,时钟分频器被旁路。8 位分频支持较大的速率范围。注:计算速率时 X/Y 必须除以 2	0
7:0	Y_divider	I²S 接收 RX_REF 速率的分母。CCLK 除以该值来获取 RX_REF。8 位分频支持较大的速率范围。该值为 0 时,时钟分频器被旁路	0

注:如果 X 或 Y 的值为 0,则时钟分频器被旁路。另外,Y 的值必须大于或等于 X 值,其他注意事项同发送时钟速率寄存器。

12.2.11　发送时钟位速率寄存器(I2STXBITRATE)

I²S 发送器的位速率由发送时钟位速率寄存器的值决定。该值取决于所需的音频采样速率以及使用的数据格式(立体/单声道)和数据大小,其寄存器位功能如表 12－13 所列。例如,48 kHz 采样率的 16 位数据立体声道需要的位速率为 48 000×16×2＝1.536 MHz。

表 12－13　发送时钟位速率寄存器位描述

位	符 号	描 述	复位值
31:6	—	保留。读取值未定义,只写入 0	—
5:0	tx_bitrate	I²S 发送位速率。该值加 1 用于分频 TX_REF 来产生发送位时钟	0

12.2.12　接收时钟位速率寄存器(I2SRXBITRATE)

I²S 接收器的位速率由接收时钟位速率寄存器的值决定。该值取决于音频采样速率、数据大小和使用的格式。其计算与 I2SRXBITRATE 寄存器中的计算相同,该寄存器位功能如表 12－14 所列。

表 12－14　接收时钟位速率寄存器位描述

位	符 号	描 述	复位值
31:6	—	保留。读取值未定义,只写入 0	—
5:0	rx_bitrate	I²S 接收位速率。该值加 1 用于分频 RX_REF 来产生接收位时钟	0

12.2.13　发送模式控制寄存器(I2STXMODE)

发送模式控制寄存器可控制发送时钟源、4 引脚模式的使能、TX_REF 使用方式以及是否使能 MCLK 输出,其寄存器位功能如表 12－15 所列。

表 12 - 15　发送模式控制寄存器位描述

位	符　号	值	描　述	复位值
31:4	—		保留。读取值未定义,只写入 0	—
3	TXMCENA		TX_MCLK 输出的使能位。	0
		0	禁止 TX_MCLK 至一个引脚的输出;	
		1	使能 TX_MCLK 至一个引脚的输出	
2	TX4PIN		选择 4 引脚发送模式,该位为 1 时,使能 4 引脚发送模式,为 0 则禁止	0
1:0	TXCLKSEL		选择发送位时钟分频器的时钟源。	0
		00	选择 TX 分数速率分频器时钟输出作为时钟源;	
		01	保留;	
		10	选择 RX_REF 信号作为 TX_REF 时钟源;	
		11	保留	

12.2.14　接收模式控制寄存器(I2SRXMODE)

接收模式控制寄存器可控制接收时钟源、4 引脚模式的使能以及 RX_REF 使用方式,其寄存器位功能如表 12 - 16 所列。

表 12 - 16　接收模式控制寄存器位描述

位	符　号	值	描　述	复位值
31:4			保留。读取值未定义,只写入 0	
3	RXMCENA		RX_MCLK 输出的使能位。	0
		0	禁止 RX_MCLK 至一个引脚的输出;	
		1	使能 RX_MCLK 至一个引脚的输出	
2	RX4PIN		选择 4 引脚接收模式。该位为 1 时,使能 4 引脚接收模式,为 0 则禁止	0
1:0	RXCLKSEL		选择接收位时钟分频器的时钟源。	0
		00	选择 RX 分数速率分频器时钟输出作为时钟源;	
		01	保留;	
		10	选择 TX_REF 信号作为 RX_REF 时钟源;	
		11	保留	

12.3　I²S 常用库函数

I²S 库函数由一组应用接口函数组成,这组函数覆盖了 I²S 的相关功能集。本节将介绍与 I²S 相关的主要库函数的功能,各功能函数详细说明如表 12 - 17～表 12 - 37 所列。

① 函数 i2S_GetWordWidth。

表 12 - 17　函数 i2s_GetWordWidth

函数名	i2s_GetWordWidth
函数原型	static uint8_t i2s_GetWordWidth(LPC_I2S_TypeDef * I2Sx, uint8_t TRMode)
功能描述	获取指定 I²S 通道的数据字宽度
输入参数 1	I2Sx：I²S 接口指针，须是 LPC_I2S
输入参数 2	TRMode：工作通道，二选一。 I2S_TX_MODE：I²S 发送通道； I2S_RX_MODE：I²S 接收通道
输出参数	无
返回值	返回 I2S_WORDWIDTH，即数据字的宽度
调用函数	无
说　明	读取 DAI(数字音频输入)和 DAO(数字音频输出)寄存器位 wordwidth 的值

② 函数 i2s_GetChannel。

表 12 - 18　函数 i2s_GetChannel

函数名	i2s_GetChannel
函数原型	static uint8_t i2s_GetChannel(LPC_I2S_TypeDef * I2Sx, uint8_t TRMode)
功能描述	获取指定 I²S 通道的声道模式
输入参数 1	I2Sx：I²S 接口指针，须是 LPC_I2S
输入参数 2	TRMode：工作通道，二选一。 I2S_TX_MODE：I²S 发送通道； I2S_RX_MODE：I²S 接收通道
输出参数	无
返回值	返回 1(单声道模式)或 2(立体声模式)
调用函数	无
说　明	读取 DAI(数字音频输入)或 DAO(数字音频输出)寄存器位 mono 的值

③ 函数 I2S_Init。

表 12 - 19　函数 I2S_Init

函数名	I2S_Init
函数原型	void I2S_Init(LPC_I2S_TypeDef * I2Sx)
功能描述	初始化 I2S 接口，启动电源、时钟
输入参数	I2Sx：I²S 接口指针，须是 LPC_I2S
输出参数	无
返回值	无
调用函数	CLKPWR_ConfigPPWR()函数
说　明	DAI(数字音频输入)和 DAO(数字音频输出)寄存器复位

轻松玩转 ARM Cortex-M3 微控制器——基于 LPC1788 系列

④ 函数 I2S_Config。

表 12 - 20　函数 I2S_Config

函数名	I2S_Config
函数原型	void I2S_Config(LPC_I2S_TypeDef * I2Sx, uint8_t TRMode, I2S_CFG_Type * Config-Struct)
功能描述	配置 I²S 工作模式
输入参数 1	I2Sx：I²S 接口指针，须是 LPC_I2S
输入参数 2	TRMode：工作通道，二选一。 I2S_TX_MODE：I²S 发送通道； I2S_RX_MODE：I²S 接收通道
输入参数 3	ConfigStruct：I2S_CFG_Type 结构体指针，含配置参数。 wordwidth：数据字宽度，可选 I2S_WORDWIDTH_8(或 16、32)； mono：立体声/单声道模式，可选 I2S_STEREO 或 I2S_MONO； stop：设置 FIFO 的访问，可选 I2S_STOP_ENABLE 或 I2S_STOP_DISABLE； reset：异步复位通道和 FIFO，可选 I2S_RESET_ENABLE 或 I2S_RESET_DISABLE； ws_sel：主/从模式设置，可选 I2S_MASTER_MODE 或 I2S_SLAVE_MODE； mute：静音设置，可选 I2S_MUTE_ENABLE 或 I2S_MUTE_DISABLE
输出参数	无
返回值	无
调用函数	无
说　明	配置 DAI(数字音频输入)或 DAO(数字音频输出)寄存器位[5:0]

⑤ 函数 I2S_DeInit。

表 12 - 21　函数 I2S_DeInit

函数名	I2S_DeInit
函数原型	void I2S_DeInit(LPC_I2S_TypeDef * I2Sx){
功能描述	关闭 I²S 接口
输入参数	I2Sx：I²S 接口指针，须是 LPC_I2S
输出参数	无
返回值	无
调用函数	CLKPWR_ConfigPPWR()函数
说　明	通过禁用电源/时钟位实现

⑥ 函数 I2S_GetLevel。

表 12 - 22　函数 I2S_GetLevel

函数名	I2S_GetLevel
函数原型	uint8_t I2S_GetLevel(LPC_I2S_TypeDef * I2Sx, uint8_t TRMode)
功能描述	读取发送/接收通道的缓冲区当前深度
输入参数 1	I2Sx：I²S 接口指针，须是 LPC_I2S

输入参数 2	TRMode：工作通道，二选一。 I2S_TX_MODE：I²S 发送通道； I2S_RX_MODE：I²S 接收通道
输出参数	无
返回值	返回收/发缓冲区的当前深度
调用函数	无
说　明	读取状态反馈寄存器的 rxlevel 和 txlevel 位

⑦ 函数 I2S_Start。

表 12 - 23　函数 I2S_Start

函数名	I2S_Start
函数原型	void I2S_Start(LPC_I2S_TypeDef * I2Sx)
功能描述	对数字音频输入/输出寄存器的对应位复位，准备运行
输入参数	I2Sx：I²S 接口指针，须是 LPC_I2S
输出参数	无
返回值	无
调用函数	无
说　明	对 DAI、DAO 寄存器位 reset、stop、mute 清零

⑧ 函数 I2S_Send。

表 12 - 24　函数 I2S_Send

函数名	I2S_Send
函数原型	void I2S_Send(LPC_I2S_TypeDef * I2Sx, uint32_t BufferData)
功能描述	通过 I²S 接口发送数据
输入参数 1	I2Sx：I²S 接口指针，须是 LPC_I2S
输入参数 2	BufferData：缓冲区数据
输出参数	无
返回值	无
调用函数	无
说　明	将发送缓冲寄存器内数据

⑨ 函数 I2S_Receive。

表 12 - 25　函数 I2S_Receive

函数名	I2S_Receive
函数原型	uint32_t I2S_Receive(LPC_I2S_TypeDef * I2Sx)
功能描述	由 I²S 接口接收数据
输入参数	I2Sx：I²S 接口指针，须是 LPC_I2S

轻松玩转 ARM Cortex-M3 微控制器——基于 LPC1788 系列

续表 12－25

输出参数	无
返回值	返回接收数据,在接收缓冲寄存器内
调用函数	无
说　明	针对接收缓冲寄存器操作

⑩ 函数 I2S_Pause。

表 12－26　函数 I2S_Pause

函数名	I2S_Pause
函数原型	void I2S_Pause(LPC_I2S_TypeDef * I2Sx,uint8_t TRMode) {
功能描述	设置指定通道的暂停状态
输入参数 1	I2Sx:I²S 接口指针,须是 LPC_I2S
输入参数 2	TRMode:工作通道,二选一。 I2S_TX_MODE:I²S 发送通道; I2S_RX_MODE:I²S 接收通道
输出参数	无
返回值	无
调用函数	无
说　明	针对 DAI 或 DAO 的 stop 位配置

⑪ 函数 I2S_Mute。

表 12－27　函数 I2S_Mute

函数名	I2S_Mute
函数原型	void I²S_Mute(LPC_I2S_TypeDef * I2Sx,uint8_t TRMode) {
功能描述	设置指定通道的静音状态
输入参数 1	I2Sx:I²S 接口指针,须是 LPC_I2S
输入参数 2	TRMode:工作通道,二选一。 I2S_TX_MODE:I²S 发送通道; I2S_RX_MODE:I²S 接收通道
输出参数	无
返回值	无
调用函数	无
说　明	针对 DAI 或 DAO 的 mute 位配置

⑫ 函数 I2S_Stop。

表 12-28　函数 I2S_Stop

函数名	I2S_Stop
函数原型	void I2S_Stop(LPC_I2S_TypeDef * I2Sx, uint8_t TRMode) {
功能描述	设置指定通道的停止状态
输入参数 1	I2Sx：I²S 接口指针，须是 LPC_I2S
输入参数 2	TRMode：工作通道，二选一。 I2S_TX_MODE：I²S 发送通道； I2S_RX_MODE：I²S 接收通道
输出参数	无
返回值	无
调用函数	无
说　明	针对 DAI 的 stop、reset 位或 DAO 的 stop、reset、mute 位配置

⑬ 函数 I2S_FreqConfig。

表 12-29　函数 I2S_FreqConfig

函数名	I2S_FreqConfig
函数原型	Status I2S_FreqConfig(LPC_I2S_TypeDef * I2Sx, uint32_t Freq, uint8_t TRMode)
功能描述	设置指定通道的时钟速率
输入参数 1	I2Sx：I²S 接口指针，须是 LPC_I2S
输入参数 2	Freq：频率因子，取值 16～96 kHz(16, 22.05, 32, 44.1, 48, 96kHz)，可根据公式 I2S_MCLK = Freq×channel×wordwidth×(TXBITRATE+1)进行匹配计算
输入参数 3	TRMode：工作通道，二选一。 I2S_TX_MODE：I²S 发送通道； I2S_RX_MODE：I²S 接收通道
输出参数	无
返回值	设置成功则返回 SUCCESS，失败或 X,Y 分数设置为 0 则返回 ERROR
调用函数	CLKPWR_GetCLK()函数、i2s_GetChannel()函数、i2s_GetWordWidth()函数
说　明	针对发送/接收时钟速率寄存器的 X,Y 值设置，具体注意事项详见前面的寄存器介绍

⑭ 函数 I2S_SetBitRate。

表 12-30　函数 I2S_SetBitRate

函数名	I2S_SetBitRate
函数原型	void I2S_SetBitRate(LPC_I2S_TypeDef * I2Sx, uint8_t bitrate, uint8_t TRMode)
功能描述	设置指定通道的时钟位速率
输入参数 1	I2Sx：I²S 接口指针，须是 LPC_I2S
输入参数 2	bitrate：位速率设置的因子，计算公式为位速率＝采样率×数据字宽度×2
输入参数 3	TRMode：工作通道，二选一。 I2S_TX_MODE：I²S 发送通道； I2S_RX_MODE：I²S 接收通道

输出参数	无
返回值	无
调用函数	无
说　明	针对发送/接收时钟位速率寄存器的 X, Y 值设置, 具体用法详见前面对应的寄存器介绍

⑮ 函数 I2S_ModeConfig。

表 12 - 31　函数 I2S_ModeConfig

函数名	I2S_ModeConfig
函数原型	void I2S_ModeConfig(LPC_I2S_TypeDef * I2Sx, I2S_MODEConf_Type * ModeConfig, uint8_t TRMode
功能描述	配置 I²S 指定通道的工作模式
输入参数 1	I2Sx: I²S 接口指针, 须是 LPC_I2S
输入参数 2	ModeConfig: 指向 I2S_MODEConf_Type 结构体的指针, 含模式配置参数。 clksel: 时钟源选择, 可选 I2S_CLKSEL_FRDCLK 或 I2S_CLKSEL_MCLK; fpin: 4 引脚模式配置, 可选 I2S_4PIN_ENABLE 或 I2S_4PIN_DISABLE; mcena: MCLK 时钟输出模式配置, 可选 I2S_MCLK_ENABLE 或 I2S_MCLK_DISABLE
输入参数 3	TRMode: 工作通道, 二选一。 I2S_TX_MODE: I²S 发送通道; I2S_RX_MODE: I²S 接收通道
输出参数	无
返回值	无
调用函数	无
说　明	针对发送/接收模式控制寄存器的 3 个有效位设置

⑯ 函数 I2S_DMAConfig。

表 12 - 32　函数 I2S_DMAConfig

函数名	I2S_DMAConfig
函数原型	void I2S_DMAConfig(LPC_I2S_TypeDef * I2Sx, I2S_DMAConf_Type * DMAConfig, uint8_t TRMode)
功能描述	配置 I²S 指定通道的 DMA 运行参数
输入参数 1	I2Sx: I²S 接口指针, 须是 LPC_I2S
输入参数 2	DMAConfig: 指向 I2S_DMAConf_Type 结构体的指针, 含配置参数。 DMAIndex: DMA 通道号, 可选 I2S_DMA_1 或 I2S_DMA_2; Depth: 触发 DMA 请求的缓冲区深度
输入参数 3	TRMode: 工作通道, 二选一。 I2S_TX_MODE: I²S 发送通道; I2S_RX_MODE: I²S 接收通道

输出参数	无
返回值	无
调用函数	无
说　明	针对 DMA 配置寄存器 1 或 2 的有效位设置

⑰ 函数 I2S_DMACmd。

表 12 - 33　函数 I2S_DMACmd

函数名	I2S_DMACmd
函数原型	void I2S_DMACmd (LPC_I2S_TypeDef * I2Sx, uint8_t DMAIndex, uint8_t TRMode, FunctionalState NewState)
功能描述	禁止/使能 I²S 指定通道的 DMA 操作
输入参数 1	I2Sx：I²S 接口指针，须是 LPC_I2S
输入参数 2	DMAIndex：选择的 DMA 通道号，DMA1 为 I2S_DMA_1，DMA2 为 I2S_DMA_2
输入参数 3	TRMode：工作通道，二选一。 I2S_TX_MODE：I²S 发送通道； I2S_RX_MODE：I²S 接收通道
输入参数 4	NewState：配置状态，使能则选 ENABLE，禁止则选 DISABLE
输出参数	无
返回值	无
调用函数	无
说　明	针对 DMA 配置寄存器 1 或 2 的有效位[1:0]设置

⑱ 函数 I2S_IRQConfig。

表 12 - 34　函数 I2S_IRQConfig

函数名	I2S_IRQConfig
函数原型	void I2S_IRQConfig(LPC_I2S_TypeDef * I2Sx, uint8_t TRMode, uint8_t level)
功能描述	配置指定 I²S 通道的中断请求操作
输入参数 1	I2Sx：I²S 接口指针，须是 LPC_I2S
输入参数 2	TRMode：工作通道，二选一。 I2S_TX_MODE：I²S 发送通道； I2S_RX_MODE：I²S 接收通道
输入参数 3	level：触发中断请求的缓冲区深度
输出参数	无
返回值	无
调用函数	无
说　明	针对中断请求控制寄存器的位[11:8]、位[19:16]设置合适的发送/接收缓冲区深度值

⑲ 函数 I2S_IRQCmd。

表 12 - 35　函数 I2S_IRQCmd

函数名	I2S_IRQCmd
函数原型	void I2S_IRQCmd(LPC_I2S_TypeDef * I2Sx, uint8_t TRMode, FunctionalState New-State)
功能描述	使能/禁止指定 I²S 通道的中断请求操作
输入参数 1	I2Sx:I²S 接口指针,须是 LPC_I2S
输入参数 2	TRMode:工作通道,二选一。 I2S_TX_MODE:I²S 发送通道; I2S_RX_MODE:I²S 接收通道
输入参数 3	NewState:配置状态,使能则选 ENABLE,禁止则选 DISABLE
输出参数	无
返回值	无
调用函数	无
说　明	针对中断请求控制寄存器的位[1:0]设置值

⑳ 函数 I2S_GetIRQStatus。

表 12 - 36　函数 I2S_GetIRQStatus

函数名	I2S_GetIRQStatus
函数原型	FunctionalState I2S_GetIRQStatus(LPC_I2S_TypeDef * I2Sx,uint8_t TRMode)
功能描述	获取指定 I²S 通道的中断配置状态
输入参数 1	I2Sx:I²S 接口指针,须是 LPC_I2S
输入参数 2	TRMode:工作通道,二选一。 I2S_TX_MODE:I²S 发送通道; I2S_RX_MODE:I²S 接收通道
输出参数	无
返回值	如果中断使能则返回 ENABLE,否则返回 DISABLE
调用函数	无
说　明	读取中断请求控制寄存器位[1:0]的状态值,但不改变位值

㉑ 函数 I2S_GetIRQDepth。

表 12 - 37　函数 I2S_GetIRQDepth

函数名	I2S_GetIRQDepth
函数原型	uint8_t I2S_GetIRQDepth(LPC_I2S_TypeDef * I2Sx,uint8_t TRMode)
功能描述	获取指定 I²S 通道的中断深度状态
输入参数 1	I2Sx:I²S 接口指针,须是 LPC_I2S
输入参数 2	TRMode:工作通道,二选一。 I2S_TX_MODE:I²S 发送通道; I2S_RX_MODE:I²S 接收通道

轻松玩转ARM Cortex-M3 微控制器——基于LPC1788 系列

输出参数	无
返回值	返回触发中断请求的发送/接收缓冲区深度
调用函数	无
说　明	读取中断请求控制寄存器位[11:8]、位[19:16]的状态值,但不改变这些位值

12.4　I²S 数字音频接口播放器应用实例

　　LPC178x 微控制器 I²S 接口外设的特性,可适合于 MD、CD、数字音频播放器之类的应用,本节将安排一个立体声音频编码解码器的应用实例。

12.4.1　设计目标

　　I²S 外设应用安排了一个常见的,I²S 总线接口控制立体声音频编解码播放音乐的实例,通过采用 I²S 总线驱动和控制 UDA1380 音频编解码,实现简单的音乐播放。

12.4.2　硬件电路设计

　　在介绍硬件电路原理之前,首先概述一下 UDA1380 的芯片结构与器件引脚。

1. UDA1380 音频编解码概述

　　UDA1380 立体声音频编码解码器功能从结构上讲主要可划分为时钟单元、ADC 模拟前置、抽取滤波器、插值滤波器、FSDAC、耳机驱动器单元、数字与模拟混合器以及 I²S 或 I²C 总线通信接口等,其功能结构框图如图 12 - 2 所列。

　　UDA1380 常用的封装为 SOIC - 32 和 QFN - 32,本例采用 QFN - 32 封装,即 UDA1380HN,它的引脚排列示意如图 12 - 3 所示,其主要引脚功能描述如表 12 - 38 所列。

2. UDA1380 数字音频数据输入/输出

　　立体声音频编解码器 UDA1380 的 I²S 总线控制模式支持如下音频格式:
- 最高有效位(MSB)对齐;
- 最低有效位(LSB)对齐,16 位;
- 最低有效位(LSB)对齐,18 位;
- 最低有效位(LSB)对齐,20 位;
- 最低有效位(LSB)对齐,24 位(仅用于输出)。

轻松玩转ARM Cortex-M3微控制器——基于LPC1788系列

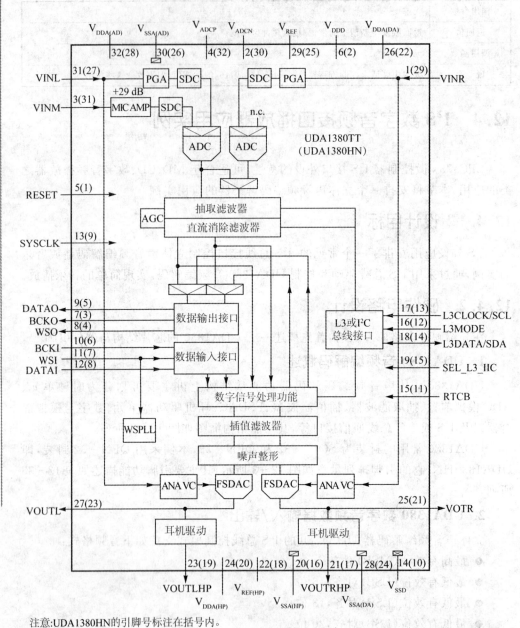

注意:UDA1380HN的引脚号标注在括号内。

图 12-2　UDA1380 内部功能框图

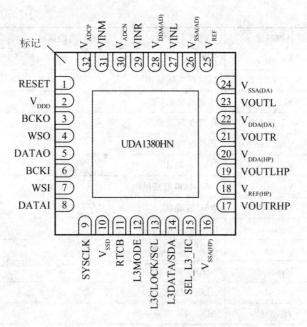

图 12-3 UDA1380HN 的封装图

表 12-38 UDA1380HN 引脚功能定义

序 号	引脚符号	引脚功能描述
1	RESET	上电复位引脚
2	V_{DDD}	数字电路供电端
3	BCKO	位时钟输出
4	WSO	字选择输出
5	DATAO	数据输出
6	BCKI	位时钟输入
7	WSI	字选择输入
8	DATAI	数据输入
9	SYSCLK	系统时钟输入,$256f_s$、$384f_s$、$512f_s$ 或 $768f_s$
10	V_{SSD}	数字电源地
11	RTCB	测试控制输入,连接到数字地
12	L3MODE	L3 总线模式输入或 I²C 总线从地址配置引脚 A1
13	L3CLOCK/SCL	L3 总线或 I²C 总线的时钟输入
14	L3DATA/SDA	L3 总线或 I²C 总线的数据输入/输出
15	SEL_L3_IIC	输入通道选择

序　号	引脚符号	引脚功能描述
16	$V_{SSA(HP)}$	耳机地
17	VOUTRHP	耳机右声道输出
18	$V_{REF(HP)}$	耳机基准电压
19	VOUTLHP	耳机左声道输出
20	$V_{DDA(HP)}$	耳机电路供电
21	VOUTR	DAC 右输出
22	$V_{DDA(DA)}$	DAC 模拟电路供电
23	VOUTL	DAC 左输出
24	$V_{SSA(DA)}$	DAC 模拟电路地
25	V_{REF}	ADC 和 DAC 参考电压
26	$V_{SSA(AD)}$	ADC 模拟电路地
27	VINL	ADC 左输入，同时连接到 FSDAC 的混合输入
28	$V_{DDA(AD)}$	ADC 模拟电路供电
29	VINR	ADC 右输入，同时连接到 FSDAC 的混合输入
30	V_{ADCN}	ADC 参考电压
31	VINM	麦克风输入
32	V_{ADCP}	ADC 参考电压

(1) 数字音频数据输入接口

数字音频输入接口仅用于从设备模式，系统必须提供 WSI、BCKI 信号，此外还有一条 DATAI 信号。

(2) 数字音频数据输出接口

数字音频输出接口，支持主/从模式，有 WSO、BCKO 及 DATAO 三条信号线。数据输出源可选择从抽取滤波器（ADC 前置）或者数字混合器输出。

3. UDA1380 寄存器功能简述

LPC1788 微控制器发送到 I²S 总线上的音频数据须经音频解码芯片才能输出模拟音频信号，对 UDA1380 的寄存器配置是通过 L3 总线或者 I²C 总线进行的。

UDA1380 的寄存器主要分成 3 类：系统控制、插值滤波（Interpolation Filter）、抽取滤波（Decimator Filter）。插值滤波和 DAC 转换有关，用于控制声音的输出参数。抽取滤波和 ADC 有关，用于控制对音频的采样。其寄存器的地址和功能如表 12 - 39 所列，详细的配置位请参阅 UDA1380 的寄存器说明。

表 12 - 39   寄存器地址与功能描述

寄存器地址	读/写（R/W）	寄存器功能
系统控制		
00H	W	评估模式，WSPLL 配置、时钟分频及时钟选择
01H	W	I²S 总线 I/O 配置
02H	W	电源控制配置
03H	W	模拟混合器配置
04H	W	耳机功放配置
插值滤波器		
10H	W	主音量控制
11H	W	混音器音量控制
12H	W	模式选择，左右声道低音增强及高音设置
13H	W	主静音，通道 1 和 2 去重音及通道静音
14H	W	混音器，静音检测及插值滤波器过采样设置
抽取滤波器		
20H	W	抽取滤波器音量控制
21H	W	可编程增益控制及静音
22H	W	ADC 配置
23H	W	自动增益控制配置
系统复位		
7FH	W	L3 恢复默认值
耳机驱动与插值滤波		
18H	R	插值滤波状态
抽取滤波器		
28H	R	抽取滤波状态

4. 硬件电路原理图

本实例的硬件电路由 LPC1788 微控制器通过 I²S 外设接口与 UDA1380 连接，其硬件电路原理示意图如图 12 - 4 所示，微控制器引脚 P0.7、P0.8 和 P0.9 分别连接到 UDA1380 音频编解码器件的位时钟输入信号 BCKI、字选输入信号 WSI 和数据输入信号 DATAI 上；其他 3 条信号 BCKO、WSO 和 DATAO 作为系统预留；UDA1380 编解码内部寄存器的读/写操作通过 I²C 接口控制，连接到微控制器的 P5.2 和 P5.3 引脚。图 12 - 4 所示为完整的立体声音频播放器的硬件电路原理图。

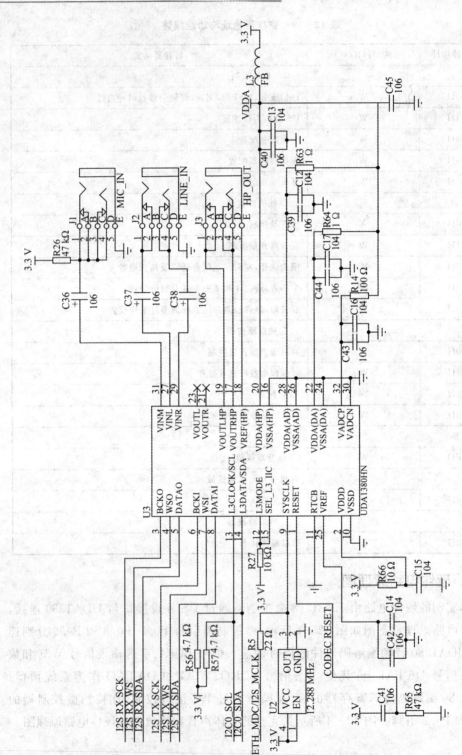

图12-4 立体声音频播放器的硬件电路原理图

12.4.3　实例软件设计

实例的程序设计所涉及的软件结构如表 12 - 40 所列,主要程序文件及功能说明如表 12 - 41 所列。

表 12 - 40　软件设计结构

用户应用层		
main. c		
CMSIS 层		
Cortex - M3 内核外设访问层	LPC17xx 设备外设访问层	
core_cm3. h core_cmFunc. h core_cmInstr. h	启动代码 (startup_LPC-177x_8x. s)	LPC177x_8x. h　system_LPC177x_8x. c　system_LPC177x_8x. h
硬件外设层		
时钟电源控制驱动库	I²S 外设驱动库	I²C 外设驱动库
lpc177x_8x_clkpwr. c	lpc177x_8x_i2s. c	lpc177x_8x_i2c. c
lpc177x_8x_clkpwr. h	lpc177x_8x_i2s. h	lpc177x_8x_i2c. h
调试工具库(使用 UART)	UART 模块驱动库	GPIO 模块配置驱动库
debug_frmwrk. c	lpc177x_8x_uart. c	lpc177x_8x_gpio. c
debug_frmwrk. h	lpc177x_8x_uart. h	lpc177x_8x_gpio. h
引脚连接配置驱动库	UDA1380 音频编解码器硬件配置	WAV 上层操作及音频流文件等
lpc177x_8x_pinsel. c	uda1380. c	wav. c 及 audiodata. c
lpc177x_8x_pinsel. h	uda1380. h	wav. h

表 12 - 41　程序设计文件功能说明

文件名称	程序文件功能说明
main. c	主程序,含 main()入口函数、c_entry()主功能函数的调用等
uda1380. c	UDA1380 音频编解码器硬件配置
wav. c 及 audiodata. c 等	wav 文件格式或音频流文件等
lpc177x_8x_clkpwr. c	公有程序,时钟与电源控制驱动库。注:由其他驱动库文件调用
lpc177x_8x_i2s. c	公有程序,I²S 外设驱动库。由主程序调用传输音频流
lpc177x_8x_i2c. c	公有程序,I²C 外设驱动库。在 uda1380. c 中调用,用于配置 UDA1380 音频编解码器
lpc177x_8x_gpio. c	公有程序,GPIO 模块驱动库,辅助调用
lpc177x_8x_pinsel. c	公有程序,引脚连接配置驱动库。由相关引脚设置程序调用
debug_frmwrk. c	公有程序,调试工具库(使用 UART 输出)。由部分驱动库文件调用输出调试信息
lpc177x_8x_uart. c	公有程序,UART 模块驱动库。配合调试工具库完成调试信息的串口输出
startup_LPC177x_8x. s	启动代码文件

本例程的主要功能是由微控制器通过 I²C 外设配置数字音频编解码器 UDA1380,从 I²S 总线接口向 UDA1380 发送音频数据流。例程主要包括下述几个功能。

① 系统主程序 main,完成对 I²S 接口引脚配置、参数配置及初始化、I²S 接口回调函数、中断处理、音频数据缓冲区初始化、音频编解码器 UDA1380 初始化等,这部分程序集中在 main.c 文件。

② 音频编解码器 UDA1380 设置,含 I²C 引脚配置、内部寄存器及参数配置相关的读/写操作、静音功能等,这部分程序集中在 uda1380.c 文件。

③ wav 文件格式识别与音频数据流格式转换文件,限于篇幅,本例仅针对前述两个主要功能块的程序进行说明。

1. 主程序

主程序包括两个主要函数:主功能函数 c_entry( )和入口函数 main( ),前者由后者调用,因而 main( )函数就很简单。其他的均是操作函数,主要是音频数据流缓存区的初始化、缓存区音频数据发送以及中断处理等功能。

(1) c_entry( )函数

该函数是主功能函数,执行 I²S 总线接口的引脚定义、初始化及参数设置等,使能 I²S 中断,完成对音频数据流缓存区的初始化函数 Buffer_Init( )、UDA1380 音频编解码器的硬件初始化函数 Uda1380_Init( )等的调用。

```
void c_entry (void) {
I2S_MODEConf_Type    I2S_ClkConfig;
I2S_CFG_Type    I2S_ConfigStruct;
volatile uint32_t i;
Buffer_Init();                        //缓存区初始化
/* ---------------初始化 I²S 外设 -----------*/
/* 引脚配置:
*  分配:    P0.7 作为 I2STX_CLK
*           P0.8 作为 I2STX_WS
*           P0.9 作为 I2STX_SDA
*           P1.16 作为 I2SMCLK
*/
PINSEL_ConfigPin(0,7,1);
PINSEL_ConfigPin(0,8,1);
PINSEL_ConfigPin(0,9,1);
PINSEL_ConfigPin(1,16,2);
//初始化 I²S 外设
I2S_Init(LPC_I2S);
/* I²S 参数配置:
*            字宽度 16 位
```

```
*        mono 模式
*        I2S_TX 为主模式
*        速率 = 44.1 kHz
*/
I2S_ConfigStruct.wordwidth = I2S_WORDWIDTH_16;
I2S_ConfigStruct.mono = I2S_MONO;
I2S_ConfigStruct.stop = I2S_STOP_ENABLE;
I2S_ConfigStruct.reset = I2S_RESET_ENABLE;
I2S_ConfigStruct.ws_sel = I2S_MASTER_MODE;
I2S_ConfigStruct.mute = I2S_MUTE_DISABLE;
I2S_Config(LPC_I2S,I2S_TX_MODE,&I2S_ConfigStruct);
/* 时钟模式配置 */
I2S_ClkConfig.clksel = I2S_CLKSEL_FRDCLK;
I2S_ClkConfig.fpin = I2S_4PIN_DISABLE;
I2S_ClkConfig.mcena = I2S_MCLK_ENABLE;
I2S_ModeConfig(LPC_I2S,&I2S_ClkConfig,I2S_TX_MODE);
I2S_FreqConfig(LPC_I2S, 32000, I2S_TX_MODE);
I2S_Stop(LPC_I2S, I2S_TX_MODE);
/* TX FIFO 深度为 4 */
I2S_IRQConfig(LPC_I2S,I2S_TX_MODE,4);
I2S_IRQCmd(LPC_I2S,I2S_TX_MODE,ENABLE);
for(i = 0; i ＜0x1000000; i ++ );//延时
/* UDA1380 音频编解码器初始化 */
Uda1380_Init(200000, 32000);
/* 启动 I²S 接口 */
I2S_Start(LPC_I2S);
/* 打开 I²S 中断 */
NVIC_EnableIRQ(I2S_IRQn);
while(1);
}
```

(2) Buffer_Init( )函数

该函数是音频数据缓存区处理,用于初始化传送缓冲区,函数的执行代码如下:

```
void Buffer_Init(void)
{
debug_frmwrk_init();
memcpy(tx_buffer, audio, BUFFER_SIZE);
buffer_offset = 0;
data_offset = BUFFER_SIZE;
remain_data = DATA_SIZE - BUFFER_SIZE;
memcpy(&userWav,audio,sizeof(WavHeader));
}
```

(3) I2S_Callback( )函数

该函数是个回调函数,当 I²S 数据发送完半个缓冲区的数据时,将被调用。

```
void I2S_Callback(void)
{
if(remain_data >= BUFFER_SIZE/2)              //空余数据大于或等于半个缓冲区数据长度
{
    if(buffer_offset == BUFFER_SIZE)          //空缓冲区数据长度为全空
    {
        /* 复制音频数据填充半个缓冲区 */
        memcpy(tx_buffer + BUFFER_SIZE/2, audio + data_offset, BUFFER_SIZE/2);
        buffer_offset = 0;
    }
    else
                                              // 复制音频数据流余下的缓冲区
        memcpy(tx_buffer, audio + data_offset, BUFFER_SIZE/2);
        data_offset += BUFFER_SIZE/2;
        remain_data -= BUFFER_SIZE/2;
}
else                                          //复制音频数据流
{
    if(buffer_offset == BUFFER_SIZE)
    {
                                              //复制音频数据流方式一
        memcpy(tx_buffer + BUFFER_SIZE/2, audio + data_offset, remain_data);
        buffer_offset = 0;
    }
    else
                                              //复制音频数据流方式二
        memcpy(tx_buffer, audio + data_offset, remain_data);
}
}
```

(4) I2S_IRQHandler( )函数

该函数用于 I²S 数据传送的中断处理,当通过 I²S 总线发送数据到缓冲区时被调用。

```
void I2S_IRQHandler()
{
    uint32_t txlevel,i;
    txlevel = I2S_GetLevel(LPC_I2S,I2S_TX_MODE);
    if(txlevel <= 4)
    {
```

```
        for(i = 0;i<8 - txlevel;i+ + )
        {
            LPC_I2S- >TXFIFO = * (uint32_t * )(tx_buffer + buffer_offset);
            tx_offset += 4;
            buffer_offset += 4;
            /* 当缓冲区达到一半长度或以上时,调用 I2S_Callback()函数 */
    if((buffer_offset = = BUFFER_SIZE/2)||(buffer_offset = = BUFFER_SIZE))
                I2S_Callback();
            if(tx_offset > = DATA_SIZE)
            {
                Buffer_Init();
                tx_offset = 0;
            }
        }
    };
}
```

2. UDA1380 配置

音频编解码器 UDA1380 的硬件配置,通过 I²C 总线读/写内部寄存器并设置相关参数,寄存器配置函数主要有 3 个,分别是写数据操作函数、读数据操作函数以及静音操作函数。

(1) Uda1380_Init( )函数

该函数是音频编解码器 UDA1380 的硬件配置主功能函数,首先配置 I²C 外设接口引脚并初始化接口,然后调用写操作指令对器件进行寄存器配置,设置好器件相关的参数。

```
int32_t Uda1380_Init(uint32_t i2cClockFreq, uint32_t i2sClockFreq)
{
    int32_t ret;
    uint8_t clk;
    /* 配置对应的 I2C_SDA 和 I2C_SCL 引脚 */
    PINSEL_ConfigPin (5, 2, 5);                    //分配 P5.2
    PINSEL_ConfigPin (5, 3, 5);                    //分配 P5.3
    /* I²C 外设初始化 */
    I2C_Init(UDA1380_I2C, i2cClockFreq);
    /* 使能 I²C 接口以主模式操作 */
    I2C_Cmd(UDA1380_I2C, I2C_MASTER_MODE, ENABLE);
    /* Reset */
    ret = Uda1380_WriteData(UDA1380_REG_L3, 0 );
    if(ret ! = UDA1380_FUNC_OK)
        return ret;
```

```
/* 设置时钟 */
    ret = Uda1380_WriteData(UDA1380_REG_I2S,0 );
    if(ret != UDA1380_FUNC_OK)
        return ret;
# if UDA1380_SYSCLK_USED                                            //采用 SYSCLK 时钟
    ret = Uda1380_WriteData(UDA1380_REG_EVALCLK,
            EVALCLK_DEC_EN | EVALCLK_DAC_EN | EVALCLK_INT_EN |
            EVALCLK_DAC_SEL_SYSCLK );
    if(ret != UDA1380_FUNC_OK)
        return ret;
        ret = Uda1380_WriteData(UDA1380_REG_PWRCTRL,
            PWR_PON_HP_EN | PWR_PON_DAC_EN | PWR_PON_BIAS_EN);
    if(ret != UDA1380_FUNC_OK)
        return ret;
# else                                                              //采用 WSPLL 时钟
    if(I2SClockFreq >= 6250 && I2SClockFreq < 12500)
        clk = EVALCLK_WSPLL_SEL6_12K;
    else if(I2SClockFreq >= 12501 && I2SClockFreq < 25000)
        clk = EVALCLK_WSPLL_SEL12_25K;
    else if(I2SClockFreq >= 25001 && I2SClockFreq < 50000)
        clk = EVALCLK_WSPLL_SEL25_50K;
    else if(I2SClockFreq >= 50001 && I2SClockFreq < 100000)
        clk = EVALCLK_WSPLL_SEL50_100K;
    else
        clk = 0;
    ret = Uda1380_WriteData(UDA1380_REG_EVALCLK,
                    EVALCLK_DEC_EN | EVALCLK_DAC_EN |
                    EVALCLK_INT_EN | EVALCLK_DAC_SEL_WSPLL | clk);
    if(ret != UDA1380_FUNC_OK)
      return ret;
    ret = Uda1380_WriteData(UDA1380_REG_PWRCTRL,
                    PWR_PON_PLL_EN | PWR_PON_HP_EN |
                    PWR_PON_DAC_EN | PWR_PON_BIAS_EN);
    if(ret != UDA1380_FUNC_OK)
      return ret;
# endif
    ret = Uda1380_Mute(FALSE);
    if(ret != UDA1380_FUNC_OK)
      return ret;
    return UDA1380_FUNC_OK;
}
```

348

(2) Uda1380_WriteData( )函数

该函数用于写 UDA1380 的寄存器,向指定的寄存器地址写数据,若写入数据成功则返回 UDA1380_FUNC_OK,否则返回 UDA1380_FUNC_ERR。

```
int32_t Uda1380_WriteData(uint8_t reg, uint16_t data)
{
    I2C_M_SETUP_Type i2cData;
    uint8_t i2cBuf[UDA1380_CMD_BUFF_SIZE];
    i2cBuf[0] = reg;
    i2cBuf[1] = (data >> 8) & 0xFF;
    i2cBuf[2] = data & 0xFF;
    i2cData.sl_addr7bit = UDA1380_SLAVE_ADDR;
    i2cData.tx_length = UDA1380_CMD_BUFF_SIZE;
    i2cData.tx_data = i2cBuf;
    i2cData.rx_data = NULL;
    i2cData.rx_length = 0;
    i2cData.retransmissions_max = 3;
    if (I2C_MasterTransferData(UDA1380_I2C, &i2cData,
                               I2C_TRANSFER_POLLING) == SUCCESS)
    {
        uint16_t dataTmp;
        if(Uda1380_ReadData(reg, &dataTmp) != UDA1380_FUNC_OK)
        {
            return UDA1380_FUNC_ERR;
        }
        if(dataTmp != data)
            return UDA1380_FUNC_ERR;
        return UDA1380_FUNC_OK;
    }
    return UDA1380_FUNC_ERR;
}
```

(3) Uda1380_ReadData( )函数

该函数用于读 UDA1380 的寄存器内容,通过指定的寄存器地址返回数据,若读操作成功则返回 UDA1380_FUNC_OK,否则返回 UDA1380_FUNC_ERR。

```
int32_t Uda1380_ReadData(uint8_t reg, uint16_t * data)
{
    I2C_M_SETUP_Type i2cData;
    uint8_t i2cBuf[UDA1380_CMD_BUFF_SIZE];
    if(data == NULL)
        return UDA1380_FUNC_ERR;
    i2cBuf[0] = reg;
```

```
i2cData.sl_addr7bit = UDA1380_SLAVE_ADDR;
i2cData.tx_length = 1;
i2cData.tx_data = i2cBuf;
i2cData.rx_data = &i2cBuf[1];
i2cData.rx_length = UDA1380_CMD_BUFF_SIZE - 1;
i2cData.retransmissions_max = 3;
if (I2C_MasterTransferData(UDA1380_I2C, &i2cData,
                        I2C_TRANSFER_POLLING) = = SUCCESS)
{
    * data = i2cBuf[1] << 8 | i2cBuf[2];
    return UDA1380_FUNC_OK;
}
return UDA1380_FUNC_ERR;
}
```

(4) Uda1380_Mute（）函数

该函数用于对 UDA1380 进行静音操作，也是通过写寄存器值的方式实现对器件的静音控制，若操作成功则返回 UDA1380_FUNC_OK，否则返回 UDA1380_FUNC_ERR。

```
int32_t Uda1380_Mute(Bool MuteOn)
{
uint16_t tmp;
int32_t ret;
/* 读取原时钟设置值 */
ret = Uda1380_ReadData(UDA1380_REG_EVALCLK, &tmp);
if(ret != UDA1380_FUNC_OK)
    return ret;
/* 采用 sysclk 时钟 */
ret = Uda1380_WriteData(UDA1380_REG_EVALCLK,
                    tmp & (~EVALCLK_DAC_SEL_WSPLL));
if(ret != UDA1380_FUNC_OK)
    return ret;
if(! MuteOn)//检测静音功能
{
    ret = Uda1380_WriteData(UDA1380_REG_MSTRMUTE,0x0202);
}
else
{
    ret = Uda1380_WriteData(UDA1380_REG_MSTRMUTE,0x4808);
}
if(ret != UDA1380_FUNC_OK)
```

```
    return ret;
/* 采用 sysclk */
ret = Uda1380_WriteData(UDA1380_REG_EVALCLK, tmp);
if(ret ! = UDA1380_FUNC_OK)
    return ret;
return UDA1380_FUNC_OK;
}
```

12.5　实例总结

　　本章着重介绍了 LPC178x 系列微处理器 I²S 外设的基本特性、相关寄存器、库函数功能等。安排了一个数字音频数据流传输实例,首先定义 I²C 总线接口对数字音频编解码 UDA1380 的硬件配置,然后再定义 I²S 总线接口实现对既定义音频数据流的传送,整个代码实例性强,易于使用。

第 13 章

SD 卡接口应用

SD 卡(Secure Digital Memory Card)是一种基于半导体快闪存储技术的新一代高速存储设备,具有高记忆容量、快速数据传输率、极大的移动灵活性以及很好的安全性等特点。智能手持设备、嵌入式系统设备等经常扩展大容量的 SD 卡来存储各种格式文件。本章将讲述 SD 卡接口的基本结构与特性、寄存器及库函数功能等,通过实例演示采用 SD 卡接口读/写 FATFS 文件系统。

13.1　SD 卡接口概述

LPC178x 系列微控制器的 SD 卡接口(也简称 MCI 接口)是一种命名为先进外设总线(Advanced Peripheral Bus,APB)的系统总线与 SD 存储卡之间的接口。它大体上包括两个部分:

① SD 卡接口提供 SD 存储卡专用的所有功能,如时钟生成单元、电源管理控制、命令和数据传输。此外 SD 卡接口兼容多媒体卡接口(Multimedia Card Interface)。

② APB 接口访问 SD 卡接口寄存器,并产生中断和 DMA 请求信号。

从结构上看(见图 13-1),SD 卡接口是一个 SD/多媒体存储卡总线主控,提供与一个多媒体卡堆或 SD 存储卡的接口。它包括 5 个子单元:

- 适配器寄存器模块;
- 控制单元;
- 命令路径;
- 数据路径;
- 数据 FIFO。

SD 卡接口具有如下特性:

- 符合 SD 存储卡物理层规范 v0.96;
- 符合多媒体卡规范 v2.11;
- 用作多媒体卡总线或 SD 存储卡总线主机,它可以连接到多个多媒体卡,也可以将其与单个 SD 存储卡连接;
- 通过通用 DMA 控制器提供 DMA 支持。

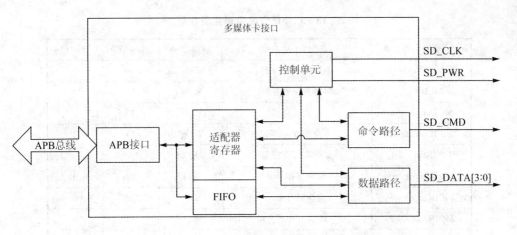

图 13 - 1　SD 卡接口内部功能框图

13. 1. 1　SD 卡接口的基本配置

SD 卡接口的配置需要使用下列寄存器,采用驱动库函数进行配置,仅需几个功能函数即可轻松完成。

① 电源。在 PCONP 寄存器中,置位 PCSD 可使能接口。

注意:复位时,接口会被禁止(PCSD = 0)。

② 外设时钟。SD 卡接口接入通用 PCLK 时钟。

③ 引脚。通过相关的 IOCON 寄存器选择 SD 接口的引脚和引脚模式。

④ 中断。中断的使能是通过在 NVIC 中使用相应的中断设置使能寄存器来实现的。

13. 1. 2　SD 卡接口的引脚描述

LPC178x 系列微控制器的 SD 卡接口引脚与相关描述如表 13 - 1 所列。

表 13 - 1　SD 卡接口引脚描述

引　脚	类　型	描　述
SD_CLK	输出	时钟输出
SD_CMD	输入	命令输入/输出
SD_DAT[3:0]	输出	数据线。仅 SD_DAT[0]被用于多媒体卡
SD_PWR	输出	外部卡电源的电源使能引脚

13. 2　SD 卡接口寄存器描述

SD 卡接口寄存器映射如表 13 - 2 所列,并将对每个寄存器位功能作详细的介绍。

表 13 - 2　SD 卡接口寄存器映射

通用名称	描　述	访问类型	宽　度	复位值
MCIPower	电源控制寄存器	R/W	8	0
MCIClock	时钟控制寄存器	R/W	12	0
MCIArgument	参数寄存器	R/W	32	0
MCICommand	命令寄存器	R/W	11	0
MCIRespCmd	命令响应寄存器	RO	6	0
MCIResponse0	响应寄存器 0	RO	32	0
MCIResponse1	响应寄存器 1	RO	32	0
MCIResponse2	响应寄存器 2	RO	32	0
MCIResponse3	响应寄存器 3	RO	31	0
MCIDataTimer	数据定时器寄存器	R/W	32	0
MCIDataLength	数据长度寄存器	R/W	16	0
MCIDataCtrl	数据控制寄存器	R/W	8	0
MCIDataCnt	数据计数器寄存器	RO	16	0
MCIStatus	状态寄存器	RO	22	0
MCIClear	清零寄存器	WO	11	—
MCIMask0	中断 0 屏蔽寄存器	R/W	22	0
MCIFifoCnt	FIFO 计数器寄存器	RO	15	0
MCIFIFO	数据 FIFO 寄存器	R/W	32	0

13.2.1　电源控制寄存器(MCIPower)

MCIPower 寄存器控制外部电源,可以将电源启动和关闭,还可以调节输出电压。表 13-3 所列为电源控制寄存器位分配情况。用 SCS 寄存器第 3 位可以选择 SD_PWR 引脚的有效电平。

表 13 - 3　电源控制寄存器位描述

位	符　号	值	描　述	复位值
31:8	—		保留。读取值未定义,只写入 0	—
7	Rod		棒控制	0
6	OpenDrain		SD_CMD 输出引脚驱动控制	0
5:2	—		保留。读取值未定义,只写入 0	—
1:0	Ctrl	00	电源关闭;	00
		01	保留;	
		10	上电;	
		11	电源启动	

在外部电源启动时,软件首先进入上电阶段,等到电源输出稳定后,再进入电源启动阶段。在上电期间,SD_PWR 设置为高电平。在上述两个阶段中,卡总线插槽都被禁止。

注意:一次数据写入后,在 3 个 MCLK 时钟周期加 2 个 PCLK 时钟周期内,数据无法写入该寄存器。

13.2.2　时钟控制寄存器(MCIClock)

MCIClock 寄存器控制 SD_CLK 输出,表 13 - 4 所列为时钟控制寄存器位分配情况。

表 13 - 4　时钟控制寄存器位描述

位	符号	值	描　　述	复位值
31:12	—		保留。读取值未定义,只写入 0	—
11	WideBus	0 1	配置宽总线模式。 标准总线模式,仅采用 SD_DAT[0]; 宽总线模式,采用 SD_DAT[3:0]	0
10	Bypass	0 1	配置时钟分频逻辑旁路。 禁止旁路; 使能旁路。MCLK 驱动至卡总线输出(SD_CLK)	0
9	PwrSave	0 1	当总线处于空闲状态时,禁止 SD_CLK 输出。 始终使能; 当总线被激活时,才使能时钟	0
8	Enable	0 1	配置禁止卡总线时钟。 时钟使能	0
7:0	ClkDiv		总线时钟周期:SD_CLK 频率 = MCLK/[2×(ClkDiv+1)]	0

注意:一次数据写入后,在 3 个 MCLK 时钟周期加 2 个 PCLK 时钟周期内,数据无法写入该寄存器。

13.2.3　参数寄存器(MCIArgument)

MCIArgument 寄存器包含一个 32 位的命令参数,该参数作为命令消息的一部分发送到卡,表 13 - 5 所列为参数寄存器位分配情况。

表 13 - 5　参数寄存器位描述

位	符号	描　　述	值
31:0	CmdArg	命令参数	0x0000 0000

如果命令中包含参数,则必须将其装入到参数寄存器中,然后才能将命令写入命令寄存器。

13.2.4　命令寄存器(MCICommand)

MCICommand 寄存器包含命令索引和命令类型位：

① 命令索引作为命令消息的一部分发送到卡。

② 命令类型位控制着"命令路径状态机"(CPSM)。写 1 将使能位，可以启动命令发送操作；而清除该位会禁用 CPSM。

表 13-6 所列为完整的 MCICommand 寄存器位分配情况。

表 13-6　命令寄存器位描述

位	符　号	描　　述	复位值
31:11	—	保留。读取值未定义，只写入 0	—
10	Enable	若该位置位，则 CPSM 被使能	0
9	Pending	若该位置位，则 CPSM 在开始发送命令前等待 CmdPend	0
8	Interrupt	若该位置位，则 CPSM 禁能命令定时器并等待中断请求	0
7	LongRsp	若该位置位，则 CPSM 接收一个 136 位长响应，表 13-7 给出了响应类型	0
6	Response	若该位置位，则 CPSM 等待响应	0
5:0	CmdIndex	命令索引	0

注意：一次数据写入，在三个 MCLK 时钟周期加 2 个 PCLK 时钟周期内，数据无法写入到该寄存器中。

表 13-7　响应类型

响　应	长响应	描　　述
0	0	无响应，期待出现 CmdSent 标志
0	1	无响应，期待出现 CmdSent 标志
1	0	短响应，期待出现 CmdRespEnd 或 CmdCrcFail 标志
1	1	长响应，期待出现 CmdRespEnd 或 CmdCrcFail 标志

13.2.5　命令响应寄存器(MCIRespCommand)

MCIRespCommand 寄存器包含了所收到最后命令响应的命令索引字段，表 13-8 所列为 MCIRespCommand 寄存器位分配情况。

表 13-8　命令响应寄存器位描述

位	符　号	描　　述	复位值
31:6	—	保留。读取值未定义，只写入 0	—
5:0	RespCmd	响应命令索引	0

如果命令响应发送中不包含命令索引字段(长响应)，则 RespCmd 字段是未知的，不过它必须包含 111111(响应的保留字段值)。

13.2.6 响应寄存器 0~3(MCIResponse0~3)

MCIResponse0~3 寄存器包含卡的状态,这是接收响应的一部分,这组寄存器位分配情况如表 13-9 所列。

表 13-9 响应寄存器 0~3 位描述

位	符 号	描 述	复位值
31:0	Status	卡状态。卡状态的长度可以是 32 位或 127 位,取决于响应类型,详见表 13-10	0

表 13-10 响应寄存器类型

响 应	长响应	描 述	响 应	长响应	描 述
卡状态[31:0]	卡状态[127:96]	MCIResponse0	未使用	卡状态[63:32]	MCIResponse2
未使用	卡状态[95:64]	MCIResponse1	未使用	卡状态[31:1]	MCIResponse3

注意:首先接收的是卡状态的最高有效位,MCIResponse3 寄存器中的 LSB 始终为 0。

13.2.7 数据定时器寄存器(MCIData Timer)

MCIDataTimer 寄存器包含数据超时周期,表 13-11 所列为该寄存器位分配情况。

表 13-11 响应寄存器位描述

位	符 号	描 述	复位值
31:0	DataTime	数据超时周期	0

计数器从数据定时器中加载值,并在"数据路径状态机"(DPSM)进入 WAIT_RBUSY 状态时开始递减。如果定时器达到 0 时,DPSM 处于上述任一状态,则会设置超时状态标志。数据传输必须被写入数据定时器和数据长度寄存器,然后才能写入数据控制寄存器。

13.2.8 数据长度寄存器(MCIDataLength)

MCIDataLength 寄存器包含要传输的数据字节数。当数据传输开始时,该值会加载到数据计数器中。表 13-12 列出了寄存器位分配情况。

表 13-12 数据长度寄存器位描述

位	符 号	描 述	复位值
31:16	—	保留。读取值未定义,只写入 0	—
15:0	DataLength	数据长度值	0

对于块数据传输,数据长度寄存器中的值必须是块大小的倍数,如需启动数据传输,则要对数据定时器和数据长度寄存器进行写操作,然后对数据控制寄存器进行写操作。

13.2.9　数据控制寄存器(MCIDataCtrl)

MCIDataCtrl 寄存器控制着 DPSM,表 13 - 13 列出了该寄存器位分配情况。

表 13 - 13　数据控制寄存器位描述

位	符　号	值	描　　　　述	复位值
31:8	—		保留。读取值未定义,只写入 0	—
7:4	BlockSize		数据块长度	0
3	DMAEnable	0	使能 DMA。 DMA 禁止;	0
		1	DMA 使能	
2	Mode	0	数据传输模式。 块数据传输;	0
		1	流数据传输	
1	Direction	0	数据传输方向。 从控制器到卡;	0
		1	从卡到控制器	
0	Enable		数据传输使能	0

在一次数据写操作完成后,该寄存器在 3 个 MCLK 时钟周期加上 2 个 PCLK 时钟周期的时间内无法写入数据。如果将 1 写入使能位,则数据传输开始。根据方向位,DPSM 可进入 WAIT_S 或 WAIT_R 状态。在数据传输开始后,不需要清除使能位。如果 Mode 位为 0,则 BlockSize 控制数据块的长度,如表 13 - 14所列。

表 13 - 14　数据块长度

块大小	块长度/字节
0	$2^0 = 1$
1	$2^1 = 2$
⋮	⋮
11	$2^{11} = 2\ 048$
12:15	保留

13.2.10　数据计数器寄存器(MCIDataCnt)

在 DPSM 从 IDLE 状态进入 WAIT_R 或 WAIT_S 状态时,该寄存器从数据长度寄存器中加载值。在传输数据的过程中,计数器的值会递减,直至为 0。然后,DPSM 进入 IDLE 状态,并设置数据状态结束标志,表 13 - 15 列出了该寄存器位分配情况。

表 13－15　数据计数寄存器位描述

位	符　号	描　述	复位值
31:16	—	保留。读取值未定义,只写入 0	—
15:0	DataCount	剩余的数据	0

注意:该寄存器仅在数据传输完成的情况下可读。

13.2.11　状态寄存器(MCIStatus)

MCIStatus 寄存器是一个只读寄存器(位分配情况如表 13－16 所列),它包含两种类型的标志。

① 静态[10:0]:这些标志会保持为有效,直至通过写入清除寄存器将它们清除。

② 动态[21:11]:这些更改状态取决于底层逻辑的状态(例如,在写入 FIFO 时 FIFO 满和空标志会作为数据被设为有效和无效)。

表 13－16　状态寄存器位描述

位	符　号	描　述	复位值
31:22	—	保留。读取值未定义,只写入 0	—
21	RxDataAvlbl	接收 FIFO 中存在可用数据	0
20	TxDataAvlbl	发送 FIFO 中存在可用数据	0
19	RxFifoEmpty	接收 FIFO 为空	0
18	TxFifoEmpty	发送 FIFO 为空	0
17	RxFifoFull	接收 FIFO 为满	0
16	TxFifoFull	发送 FIFO 为满	0
15	RxFifoHalfFull	接收 FIFO 为半满	0
14	TxFifoHalfEmpty	发送 FIFO 为半空	0
13	RxActive	数据接收正在进行中	0
12	TxActive	数据发送正在进行中	0
11	CmdActive	命令传输正在进行中	0
10	DataBlockEnd	数据块发送/接收(通过 CRC 校验)	0
9	StartBitErr	在宽总线模式下,所有数据信号上未检测到起始位	0
8	DataEnd	数据终止(数据计数器为 0)	0
7	CmdSent	命令发送(无需响应)	0
6	CmdRespEnd	命令响应接收(通过 CRC 校验)	0
5	RxOverrun	接收 FIFO 溢出错误	0
4	TxUnderrun	发送 FIFO 下溢错误	0
3	DataTimeOut	数据超时	0
2	CmdTimeOut	命令响应超时	0
1	DataCrcFail	数据块发送/接收(未通过 CRC 校验)	0
0	CmdCrcFail	命令响应接收(未通过 CRC 校验)	0

轻松玩转ARM Cortex-M3 微控制器——基于LPC1788 系列

13.2.12　清零寄存器(MCIClear)

　　清零寄存器是一个只写寄存器,向寄存器中的相应位写入 1,可清零相应的静态标志。表 13－17 列出了该寄存器位分配情况。

表 13－17　清零寄存器位描述

位	符　号	描　述	复位值
31:11	—	保留。读取值未定义,只写入 0	—
10	DataBlockEndClr	清零 DataBlockEnd 标志	—
9	StartBitErrClr	清零 StartBitErr 标志	—
8	DataEndClr	清零 DataEnd 标志	—
7	CmdSentClr	清零 CmdSent 标志	—
6	CmdRespEndClr	清零 CmdRespEnd 标志	—
5	RxOverrunClr	清零 RxOverrun 标志	—
4	TxUnderrunClr	清零 TxUnderrun 标志	—
3	DataTimeOutClr	清零 DataTimeOut 标志	—
2	CmdTimeOutClr	清零 CmdTimeOut 标志	—
1	DataCrcFailClr	清零 DataCrcFail 标志	—
0	CmdCrcFailClr	清零 CmdCrcFail 标志	—

13.2.13　中断屏蔽寄存器(MCIMask)

　　中断屏蔽寄存器通过将相应位设置为 1,决定哪些状态标志生成中断请求。表 13－18 列出了寄存器位分配情况。

表 13－18　中断屏蔽寄存器位描述

位	符　号	描　述	复位值
31:22	—	保留。读取值未定义,只写入 0	—
21	Mask21	屏蔽 RxDataAvlbl 标志	0
20	Mask20	屏蔽 TxDataAvlbl 标志	0
19	Mask19	屏蔽 RxFifoEmpty 标志	0
18	Mask18	屏蔽 TxFifoEmpty 标志	0
17	Mask17	屏蔽 RxFifoFull 标志	0
16	Mask16	屏蔽 TxFifoFull 标志	0
15	Mask15	屏蔽 RxFifoHalfFull 标志	0
14	Mask14	屏蔽 TxFifoHalfEmpty 标志	0
13	Mask13	屏蔽 RxActive 标志	0
12	Mask12	屏蔽 TxActive 标志	0
11	Mask11	屏蔽 CmdActive 标志	0

360

位	符　号	描　　　述	复位值
10	Mask10	屏蔽 DataBlockEnd 标志	0
9	Mask9	屏蔽 StartBitErr 标志	0
8	Mask8	屏蔽 DataEnd 标志	0
7	Mask7	屏蔽 CmdSent 标志	0
6	Mask6	屏蔽 CmdRespEnd 标志	0
5	Mask5	屏蔽 RxOverrun 标志	0
4	Mask4	屏蔽 TxUnderrun 标志	0
3	Mask3	屏蔽 DataTimeOut 标志	0
2	Mask2	屏蔽 CmdTimeOut 标志	0
1	Mask1	屏蔽 DataCrcFail 标志	0
0	Mask0	屏蔽 CmdCrcFail 标志	0

13.2.14　FIFO 计数器寄存器(MCIFifoCnt)

FIFO 计数器寄存器包括要写入的 FIFO 或要从 FIFO 读取的剩余字数。当数据控制寄存器中设置了使能位时,FIFO 计数器会从数据长度寄存器中加载值。如果数据长度不是字对齐(4 的倍数),则将剩余的 1~3 个字节当做一个字。表 13 - 19 列出了 FIFO 计数器位分配情况。

表 13 - 19　FIFO 计数器寄存器位描述

位	符　号	描　　　述	复位值
31:15	—	保留。读取值未定义,只写入 0	—
14:0	DataCount	剩余的数据	0

13.2.15　数据 FIFO 寄存器(MCIFIFO)

接收和发送 FIFO 可以作为 32 位宽寄存器进行读/写操作。FIFO 包含在 16 个顺序地址上的 16 个入口。这样,微处理器就可以用它加载和存储多个操作数,以读取/写入 FIFO。表 13 - 20 列出了寄存器位分配情况。

表 13 - 20　FIFO 计数器寄存器位描述

位	符　号	描　　　述	复位值
31:0	Data	FIFO 数据	0

13.3　SD 卡接口的常用库函数

SD 卡接口库函数由一组应用接口函数组成,这组函数覆盖了 SD 相关操作的功能集。本节将介绍与 SD 操作相关的主要库函数功能,并包括一些私有成员函数及调用它们的成员函数,各功能函数详细说明如表 13 - 21~表 13 - 64 所列。

① 函数 MCI_SettingDma。

表 13 - 21　函数 MCI_SettingDma

函数名	MCI_SettingDma
函数原型	uint32_t MCI_SettingDma(uint8_t * memBuf, uint32_t ChannelNum, uint32_t DMAMode)
功能描述	设置 DMA 传输
输入参数 1	memBuf:缓冲区。分别对应 M2P 或 P2M 传输模式
输入参数 2	ChannelNum:通道号
输入参数 3	DMAMode:传输模式。可选 P2M 或 M2P
返回值	设置成功返回 TRUE,否则返回 FALSE
调用函数	GPDMA_Setup( )函数、GPDMA_ChannelCmd( )函数、NVIC_EnableIRQ( )函数
说　明	私有成员函数,该函数设置有 DMA 相关的传输参数,仅在 DMA 使能的情况下操作

② 函数 MCI_DMA_IRQHandler。

表 13 - 22　函数 MCI_DMA_IRQHandler

函数名	MCI_DMA_IRQHandler
函数原型	void MCI_DMA_IRQHandler(void)
功能描述	DMA 中断处理程序
调用函数	GPDMA_IntGetStatus( )函数、GPDMA_ClearIntPending( )函数
说　明	私有成员函数,检查中断标志位,清中断等功能

③ 函数 MCI_ReadFifo。

表 13 - 23　函数 MCI_ReadFifo

函数名	MCI_ReadFifo
函数原型	int32_t MCI_ReadFifo(uint32_t * dest)
功能描述	从缓冲区读取数据
输入参数	dest:数据地址的入口
返回值	返回 MCI_FUNC_OK
说　明	需要针对 FIFO 操作

④ 函数 MCI_WriteFifo。

表 13 - 24　函数 MCI_WriteFifo

函数名	MCI_WriteFifo
函数原型	int32_t MCI_WriteFifo(uint32_t * src)
功能描述	写数据到缓冲区
输入参数	src:数据地址的入口

返回值	返回 MCI_FUNC_OK
说　明	需要针对 FIFO 操作

⑤ 函数 MCI_TXEnable。

表 13 - 25　函数 MCI_TXEnable

函数名	MCI_TXEnable
函数原型	void MCI_TXEnable(void)
功能描述	使能传输数据中断
说　明	需要配置屏蔽寄存器

⑥ 函数 MCI_TXDisable。

表 13 - 26　函数 MCI_TXDisable

函数名	MCI_TXDisable
函数原型	void MCI_TXDisable(void)
功能描述	禁用传输数据中断
说　明	需要配置屏蔽寄存器

⑦ 函数 MCI_RXEnable。

表 13 - 27　函数 MCI_RXEnable

函数名	MCI_RXEnable
函数原型	void MCI_RXEnable(void)
功能描述	使能接收数据中断
说　明	需要配置屏蔽寄存器

⑧ 函数 MCI_RXDisable。

表 13 - 28　函数 MCI_RXDisable

函数名	MCI_RXDisable
函数原型	void MCI_RXDisable(void)
功能描述	禁止接收数据中断
说　明	需要配置屏蔽寄存器

⑨ 函数 MCI_CheckStatus。

表 13 - 29　函数 MCI_CheckStatus

函数名	MCI_CheckStatus
函数原型	int32_t MCI_CheckStatus(uint8_t expect_status)
功能描述	检测卡状态

输入参数	expect_status：预期状态
返回值	如果卡状态与预期状态码相匹配，返回 MCI_FUNC_OK，失败则返回 MCI_FUNC_FAILED，出错则返回 MCI_FUNC_ERR_STATE；如果卡未就绪，返回 MCI_FUNC_NOT_READY
调用函数	MCI_GetCardStatus（）函数
说　明	用于持续读取卡状态，直到卡就绪

⑩ 函数 MCI_CmdProcess。

表 13 - 30　函数 MCI_CmdProcess

函数名	MCI_CmdProcess
函数原型	void MCI_CmdProcess（ void ）
功能描述	本函数由 MCI 中断处理程序调用
说　明	针对清零寄存器各有效位配置，在卡初始化时，该指令中断禁用

⑪ 函数 MCI_DataErrorProcess。

表 13 - 31　函数 MCI_DataErrorProcess

函数名	MCI_DataErrorProcess
函数原型	void MCI_DataErrorProcess（ void ）
功能描述	本函数由 MCI 中断处理程序调用，用于管理总线上的数据等错误
说　明	针对清零寄存器各有效位配置

⑫ 函数 MCI_DATA_END_InterruptService。

表 13 - 32　函数 MCI_DATA_END_InterruptService

函数名	MCI_DATA_END_InterruptService
函数原型	void MCI_DATA_END_InterruptService（ void ）
功能描述	由 MCI 中断处理程序调用，用于最后一个数据块读/写的中断处理
调用函数	MCI_TXDisable（）函数、MCI_RXDisable（）函数
说　明	针对清零寄存器各有效位配置

⑬ 函数 MCI_FIFOInterruptService。

表 13 - 33　函数 MCI_FIFOInterruptService

函数名	MCI_FIFOInterruptService
函数原型	void MCI_FIFOInterruptService（ void ）
功能描述	如果数据缓冲器与 FIFO 寄存器区移动数据或要求采用 FIFO 进行数据传输，则由 MCI 中断处理程序调用
调用函数	MCI_WriteFifo（）函数、MCI_ReadFifo（）函数
说　明	该函数不可用于 DMA 操作

⑭ 函数 MCI_IRQHandler。

表 13 - 34　函数 MCI_IRQHandler

函数名	MCI_IRQHandler
函数原型	void MCI_IRQHandler（void）
功能描述	MCI 中断处理程序，用于管理中断
调用函数	MCI_DATA_END_InterruptService（ ）函数、MCI_FIFOInterruptService（ ）函数、MCI_CmdProcess（ ）函数
说　明	视用途调用前述说明的各函数

⑮ 函数 MCI_Set_MCIClock。

表 13 - 35　函数 MCI_Set_MCIClock

函数名	MCI_Set_MCIClock
函数原型	void MCI_Set_MCIClock(uint32_t ClockRate)
功能描述	设置 MCI 接口时钟
输入参数	ClockRate：需设置的时钟速率（Hz）
返回值	无
调用函数	CLKPWR_GetCLK（ ）函数
说　明	设置 SD_CLK 的时钟频率

⑯ 函数 MCI_SetBusWidth。

表 13 - 36　函数 MCI_SetBusWidth

函数名	MCI_SetBusWidth
函数原型	int32_t MCI_SetBusWidth(uint32_t width)
功能描述	设置 MCI 接口的总线模式
输入参数	Width：总线模式，1 位选 SD_1_BIT，4 位选 SD_4_BIT
返回值	设置成功则返回 MCI_FUNC_OK，失败则返回 MCI_FUNC_FAILED
调用函数	MCI_Acmd_SendBusWidth（ ）函数
说　明	配置时钟控制寄存器位 WideBus

⑰ 函数 MCI_Init。

表 13 - 37　函数 MCI_Init

函数名	MCI_Init
函数原型	int32_t MCI_Init(uint8_t powerActiveLevel)
功能描述	初始化 MCI 接口，设置默认的寄存器参数
输入参数	powerActiveLevel：SD_PWR 信号的有效电平，可选低电平有效或高电平有效。详情请参阅相关用户手册中的系统控制与状态寄存器（SCS）位[3]功能说明
返回值	如果成功则返回 MCI_FUNC_OK
调用函数	MCI_CardInit（ ）函数、NVIC_EnableIRQ（ ）函数、MCI_Set_MCIClock（ ）函数、PINSEL_ConfigPin（ ）函数
说　明	首先设置 MCI 的引脚为基本 I/O 模式，接着配置成输出模式、引脚设置为低电平、使能 MCI 时钟、禁止所有中断、配置 SD 接口引脚以及设置数据定时器、数据控制寄存器、命令寄存器、清零寄存器、电源控制寄存器等

轻松玩转 ARM Cortex-M3 微控制器——基于 LPC1788 系列

⑱ 函数 MCI_SetOutputMode。

表 13-38　函数 MCI_SetOutputMode

函数名	MCI_SetOutputMode
函数原型	void MCI_SetOutputMode(uint32_t mode)
功能描述	输出开漏或推挽模式设置
输入参数	Mode：设置开漏模式位，或清除开漏模式位。MCI_OUTPUT_MODE_OPENDRAIN：开漏模式；MCI_OUTPUT_MODE_PUSHPULL：推挽模式
说　明	配置电源控制寄存器位 OpenDrain，实为信号 SD_CMD 输出控制

⑲ 函数 MCI_SendCmd。

表 13-39　函数 MCI_SendCmd

函数名	MCI_SendCmd
函数原型	void MCI_SendCmd (st_Mci_CmdInfo * pCmdIf)
功能描述	向存储卡发送一条指令
输入参数	pCmdIf：指令参数，含指令索引、指令参数、容许超时等
说　明	需组合配置参数寄存器、命令寄存器、响应命令寄存器、状态寄存器、清零寄存器等，且所有指令的格式都是类似的

⑳ 函数 MCI_GetCmdResp。

表 13-40　函数 MCI_GetCmdResp

函数名	MCI_GetCmdResp
函数原型	int32_t MCI_GetCmdResp (uint32_t ExpectCmdData, uint32_t ExpectResp, uint32_t CmdResp)
功能描述	指令发送后，读取卡的响应
输入参数 1	ExpectCmdData：预期的指令数据，同 MCI_SendCmd( )函数一样的指令索引
输入参数 2	ExpectResp：预期的指令响应类型，有三种类型。EXPECT_NO_RESP：无需响应；EXPECT_SHORT_RESP：短响应；EXPECT_LONG_RESP：长响应
输出参数	CmdResp：存储卡反馈的数据
返回值	成功则返回 MCI_FUNC_OK，否则返回 INVALID_RESPONSE
说　明	需对参数寄存器、命令寄存器、响应命令寄存器、响应寄存器 0～3、状态寄存器、清零寄存器等组合操作

㉑ 函数 MCI_CmdResp。

表 13 - 41　函数 MCI_CmdResp

函数名	MCI_CmdResp
函数原型	int32_t MCI_CmdResp(st_Mci_CmdInfo * pCmdIf)
功能描述	发送指令,获取指令响应
输入参数	pCmdIf:指令信息,含指令索引、随后的指令参数、预期响应类型
返回值	返回 respStatus(响应状态码)
调用函数	MCI_GetCmdResp( )函数、MCI_SendCmd( )函数

㉒ 函数 MCI_CardReset。

表 13 - 42　函数 MCI_CardReset

函数名	MCI_CardReset
函数原型	int32_t MCI_CardReset(void)
功能描述	复位外接存储卡,发送 CMD0 指令,让存储卡进入空闲状态
返回值	总是返回 MCI_FUNC_OK
调用函数	MCI_SendCmd( )函数
说　明	指令信息仍然和前述几个函数类似,含指令索引、指令参数 0x00000000、预期响应类型 EXPECT_NO_RESP、超时 0、指令响应 0。即该指令是一条发送指令,无须响应

㉓ 函数 MCI_Cmd_SendOpCond。

表 13 - 43　函数 MCI_Cmd_SendOpCond

函数名	MCI_Cmd_SendOpCond
函数原型	int32_t MCI_Cmd_SendOpCond(void)
功能描述	向存储卡发送 CMD1 指令
返回值	成功则返回 MCI_FUNC_OK,失败则返回 MCI_FUNC_FAILED,超时则返回 MCI_FUNC_TIMEOUT,如果卡未完成上电动作则返回 MCI_FUNC_BUS_NOT_IDLE
调用函数	MCI_CmdResp( )函数
说　明	指令信息格式和前述几个函数类似

㉔ 函数 MCI_Cmd_SendIfCond。

表 13 - 44　函数 MCI_Cmd_SendIfCond

函数名	MCI_Cmd_SendIfCond
函数原型	int32_t MCI_Cmd_SendIfCond(void)
功能描述	向存储卡发送 CMD8 指令
返回值	成功则返回 MCI_FUNC_OK,失败则返回 MCI_FUNC_FAILED,超时则返回 MCI_FUNC_TIMEOUT,如果反馈参数错误则返回 MCI_FUNC_BAD_PARAMETERS
调用函数	MCI_CmdResp( )函数
说　明	SEND_IF_COND 指令。指令信息格式和前述函数类似

㉕ 函数 MCI_Cmd_SendACMD。

表 13 - 45　函数 MCI_Cmd_SendACMD

函数名	MCI_Cmd_SendACMD
函数原型	int32_t MCI_Cmd_SendACMD(void)
功能描述	向存储卡发送 CMD55 指令
返回值	成功则返回 MCI_FUNC_OK，失败返回 MCI_FUNC_FAILED，未就绪则返回 MCI_FUNC_NOT_READY
调用函数	MCI_CmdResp( )函数
说　明	APP_CMD 指令，卡类型确认。指令信息格式和前述函数类似

㉖ 函数 MCI_Acmd_SendOpCond。

表 13 - 46　函数 MCI_Acmd_SendOpCond

函数名	MCI_Acmd_SendOpCond
函数原型	int32_t MCI_Acmd_SendOpCond(uint8_t hcsVal)
功能描述	发送 ACMD41 指令，确认主机容量支持信息，向存储卡查询运行状态
输入参数	hcsVal：主机容量支持信息
返回值	成功则返回 MCI_FUNC_OK，失败返回 MCI_FUNC_FAILED，超时则返回 MCI_FUNC_TIMEOUT，未就绪则返回 MCI_FUNC_BUS_NOT_IDLE
调用函数	MCI_Cmd_SendACMD( )函数、MCI_CmdResp( )函数、MCI_SetOutputMode( )函数
说　明	SEND_APP_OP_COND 指令。指令信息格式和前述函数类似

㉗ 函数 MCI_CardInit。

表 13 - 47　函数 MCI_CardInit

函数名	MCI_CardInit
函数原型	int32_t MCI_CardInit (void)
功能描述	初始化插槽内的存储卡
返回值	成功则返回 MCI_FUNC_OK，失败则返回 MCI_FUNC_FAILED，无效指令则返回 MCI_FUNC_BAD_PARAMETERS
调用函数	MCI_CardReset( )函数、MCI_SetOutputMode( )函数、MCI_Cmd_SendIfCond( )函数、MCI_Acmd_SendOpCond( )函数
说　明	首先发送指令确认存储卡类型，视响应判断卡类型及是否初始化

㉘ 函数 MCI_GetCardType。

表 13 - 48　函数 MCI_GetCardType

函数名	MCI_GetCardType
函数原型	en_Mci_CardType MCI_GetCardType(void)
功能描述	获取当前插入卡槽的卡类型
返回值	返回 MCI_CardType，即卡类型 MMC 或 SD

㉙ 函数 MCI_GetCID。

表 13 - 49　函数 MCI_GetCID

函数名	MCI_GetCID
函数原型	int32_t MCI_GetCID(st_Mci_CardId * cidValue)
功能描述	通过发送指令 CMD2 后,获取卡识别码 CID
输出参数	cidValue:卡的 CID 识别码
返回值	如果响应成功并正确则返回 MCI_FUNC_OK,否则返回 MCI_FUNC_TIMEOUT
调用函数	MCI_CmdResp( )函数
说　明	首先按指令格式发送 CMD2 指令及响应类型等,成功则返回 CID 数据

㉚ 函数 MCI_SetCardAddress。

表 13 - 50　函数 MCI_SetCardAddress

函数名	MCI_SetCardAddress
函数原型	int32_t MCI_SetCardAddress(void)
功能描述	发送 CMD3 指令设置插槽内存储卡地址
返回值	成功返回 MCI_FUNC_OK,失败返回 MCI_FUNC_FAILED,出错返回 MCI_FUNC_ERR_STATE ,超时则返回 MCI_FUNC_TIMEOUT,未就绪返回 MCI_FUNC_NOT_READY
调用函数	MCI_CmdResp( )函数
说　明	按指令格式发送 SET_RELATIVE_ADDR 指令及响应类型等,并获得响应

㉛ 函数 MCI_GetCardAddress。

表 13 - 51　函数 MCI_GetCardAddress

函数名	MCI_GetCardAddress
函数原型	uint32_t MCI_GetCardAddress(void)
功能描述	获取插槽内存储卡地址
返回值	返回卡地址
说　明	须在 MCI_SetCardAddress( )函数之后才可调用

㉜ 函数 MCI_GetCSD。

表 13 - 52　函数 MCI_GetCSD

函数名	MCI_GetCSD
函数原型	int32_t MCI_GetCSD(uint32_t * csdVal)
功能描述	发送 CMD9 指令获得插槽内存储卡的指定数据
输入参数	csdVal:卡内指定数据的缓存区
返回值	成功返回 MCI_FUNC_OK,失败返回 MCI_FUNC_FAILED,出错返回 MCI_FUNC_ERR_STATE
调用函数	MCI_CheckStatus( )函数、MCI_CmdResp( )函数
说　明	按指令格式发送 SEND_CSD 指令及响应类型,本指令仅在待机状态并于 CMD3 之后发送

轻松玩转 ARM Cortex-M3 微控制器——基于 LPC1788 系列

㉝ 函数 MCI_Cmd_SelectCard。

表 13 − 53　函数 MCI_Cmd_SelectCard

函数名	MCI_Cmd_SelectCard
函数原型	int32_t MCI_Cmd_SelectCard(void)
功能描述	指定地址选择存储卡,通过发送指定地址参数的 CMD7 指令实现
返回值	成功返回 MCI_FUNC_OK,失败返回 MCI_FUNC_FAILED,出错返回 MCI_FUNC_ERR_STATE,未就绪返回 MCI_FUNC_NOT_READY
调用函数	MCI_CheckStatus( )函数、MCI_CmdResp( )函数
说　明	按指令格式发送 SELECT_CARD 指令及参数。本指令须 CMD9 之后发送

㉞ 函数 MCI_GetCardStatus。

表 13 − 54　函数 MCI_GetCardStatus

函数名	MCI_GetCardStatus
函数原型	int32_t MCI_GetCardStatus(int32_t * cardStatus)
功能描述	读取存储卡状态
输出参数	cardStatus:从卡返回状态信息
返回值	成功返回 MCI_FUNC_OK,失败返回 MCI_FUNC_FAILED
调用函数	MCI_CmdResp( )函数
说　明	通过发送 CMD13 指令,由存储卡响应信息

㉟ 函数 MCI_SetBlockLen。

表 13 − 55　函数 MCI_SetBlockLen

函数名	MCI_SetBlockLen
函数原型	int32_t MCI_SetBlockLen(uint32_t blockLength)
功能描述	设置数据操作(读、写、删除等)的有效数据块长度
输入参数	blockLength:将处理的数据块长度
返回值	成功返回 MCI_FUNC_OK,失败返回 MCI_FUNC_FAILED,出错返回 MCI_FUNC_ERR_STATE,参数错误返回 MCI_FUNC_BAD_PARAMETERS
调用函数	MCI_CheckStatus( )函数、MCI_CmdResp( )函数
说　明	须在指令 CMD7 之后发送 CMD16 指令

㊱ 函数 MCI_Acmd_SendBusWidth。

表 13 − 56　函数 MCI_Acmd_SendBusWidth

函数名	MCI_Acmd_SendBusWidth
函数原型	int32_t MCI_Acmd_SendBusWidth(uint32_t buswidth)
功能描述	发送 ACMD16 指令设置卡数据总线宽度
输入参数	Buswidth:数据总线宽度。 0b00:1 位总线宽度; 0b10:4 位总线宽度

续表 13-56

返回值	成功返回 MCI_FUNC_OK,失败返回 MCI_FUNC_FAILED,参数错误返回 MCI_FUNC_BAD_PARAMETERS
调用函数	MCI_CheckStatus( )函数、MCI_CmdResp( )函数
说　明	该指令需先搭配 CMD55 指令才能发送

㊲ 函数 MCI_GetDataXferEndState。

表 13-57　函数 MCI_GetDataXferEndState

函数名	MCI_GetDataXferEndState
函数原型	uint32_t MCI_GetDataXferEndState(void)
功能描述	获取数据传输的状态
返回值	返回状态 Mci_Data_Xfer_End

㊳ 函数 MCI_GetXferErrState。

表 13-58　函数 MCI_GetXferErrState

函数名	MCI_GetXferErrState
函数原型	uint32_t MCI_GetXferErrState(void)
功能描述	获取最后一次数据传输的错误状态
返回值	返回错误状态 Mci_Data_Xfer_ERR

㊴ 函数 MCI_Cmd_StopTransmission。

表 13-59　函数 MCI_Cmd_StopTransmission

函数名	MCI_Cmd_StopTransmission
函数原型	int32_t MCI_Cmd_StopTransmission(void)
功能描述	发送指令 CMD12,停止总线的当前传输
返回值	成功返回 MCI_FUNC_OK,失败返回 MCI_FUNC_FAILED,参数错误返回 MCI_FUNC_BAD_PARAMETERS,状态错误则返回 MCI_FUNC_ERR_STATE
调用函数	MCI_CheckStatus( )函数、MCI_CmdResp( )函数
说　明	如果卡处理未知状态,则需要热启动到正常操作模式

㊵ 函数 MCI_Cmd_WriteBlock。

表 13-60　函数 MCI_Cmd_WriteBlock

函数名	MCI_Cmd_WriteBlock
函数原型	int32_t MCI_Cmd_WriteBlock(uint32_t blockNum, uint32_t numOfBlock)
功能描述	发送指令 CMD24 或 CMD25,向存储卡写数据块
输入参数 1	blockNum:数据块起始块号
输入参数 2	numOfBlock:数据块数目(从起始块号开始计数)

返回值	成功返回 MCI_FUNC_OK,失败返回 MCI_FUNC_FAILED,参数错误返回 MCI_FUNC_BAD_PARAMETERS,状态错误则返回 MCI_FUNC_ERR_STATE
调用函数	MCI_CheckStatus( )函数、MCI_CmdResp( )函数
说　明	该指令在传输状态才可发送

⑪ 函数 MCI_Cmd_ReadBlock。

表 13－61　函数 MCI_Cmd_ReadBlock

函数名	MCI_Cmd_ReadBlock
函数原型	int32_t MCI_Cmd_ReadBlock(uint32_t blockNum, uint32_t numOfBlock)
功能描述	发送指令 CMD17 或 CMD18,读存储卡的数据块
输入参数 1	blockNum:数据块起始块号
输入参数 2	numOfBlock:数据块数目(会从起始块号开始计数)
返回值	成功返回 MCI_FUNC_OK,失败返回 MCI_FUNC_FAILED,参数错误返回 MCI_FUNC_BAD_PARAMETERS,状态错误则返回 MCI_FUNC_ERR_STATE
调用函数	MCI_CheckStatus( )函数、MCI_CmdResp( )函数
说　明	该指令在传输状态才可发送

⑫ 函数 MCI_WriteBlock。

表 13－62　函数 MCI_WriteBlock

函数名	MCI_WriteBlock
函数原型	int32_t MCI_WriteBlock(volatile uint8_t * memblock, uint32_t blockNum, uint32_t numOfBlock)
功能描述	把指定地址的数据连续写入指定块内
输入参数 1	memblock:存储数据的指针
输入参数 2	blockNum:数据的起始块号
输入参数 3	numOfBlock:数据块数目
返回值	成功返回 MCI_FUNC_OK,失败返回 MCI_FUNC_FAILED
调用函数	MCI_CheckStatus( )函数、MCI_TXEnable( )函数、MCI_Cmd_WriteBlock( )函数、MCI_SettingDma( )函数
说　明	需要操作数据控制寄存器、数据长度寄存器、数据超时寄存器、清零寄存器,并发送 CMD24 或 CMD25 指令,待产生 TX_ACTIVE 中断后,连续向 FIFO 写入数据,直到数据已经完成指定好的数据块长度

⑬ 函数 MCI_ReadBlock。

表 13－63　函数 MCI_ReadBlock

函数名	MCI_ReadBlock
函数原型	int32_t MCI_ReadBlock(volatile uint8_t * destBlock, uint32_t blockNum, uint32_t numOfBlock)

续表 13－63

功能描述	从指定地址的起始块连续读取数据
输入参数 1	destBlock:捕捉卡上数据位置的指针
输入参数 2	blockNum:数据读取起始块号
输入参数 3	numOfBlock:数据块数目
返回值	成功返回 MCI_FUNC_OK,失败返回 MCI_FUNC_FAILED
调用函数	MCI_CheckStatus( )函数、MCI_MCI_RXEnable ( )函数、MCI_Cmd_ReadBlock( )函数、MCI_SettingDma( )函数
说　明	需要操作数据控制寄存器、数据长度寄存器、数据超时寄存器、清零寄存器,并发送 CMD17 或 CMD18 指令,待产生 RX_ACTIVE 中断后,连续从读取 FIFO 数据,直到读完数据

㊹ 函数 MCI_PowerOff 如表。

表 13－64　函数 MCI_PowerOff

函数名	MCI_PowerOff
函数原型	void MCI_PowerOff (void)
功能描述	通过禁止电源控制寄存器关闭 MCI 接口电源
说　明	针对电源控制寄存器位设置

13.4　基于 SD 卡接口的文件系统实例

本节利用 LPC178x 微控制器 SD 卡接口(MCI)外设的特性,安排了一个 SD 卡文件系统操作实例。

13.4.1　设计目标

MCI 接口外设应用安排了一个常见的文件操作实例,通过插入 SD 卡,存入数据文件,然后输入相关文件系统查询指令操作,并显示相关结果。

13.4.2　硬件电路设计

本实例将 LPC1788 微控制器的 MCI 接口与 SD 卡槽连接,接口传输模式采用的是宽 4 位传输模式,各有效信号都需要上拉,其硬件电路示意图如图 13-2 所示。微控制器引脚 P1.6、P1.7、P1.11、P1.12 分别与 4 条数据线 SD_DAT0、SD_DAT1、SD_DAT2、SD_DAT3 连接;引脚 P1.2、P1.3、P1.5 分别与 MCI 接口的 SD_CLK、SD_CMD、SD_PWR 信号连接。

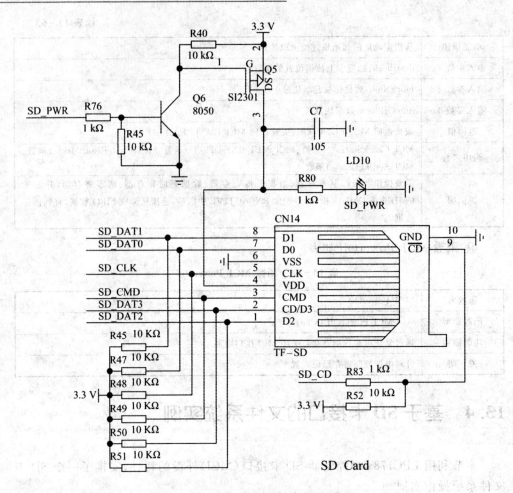

图 13-2 MCI 接口硬件电路原理图

13.4.3 实例软件设计

实例的程序设计涉及三层软件架构,如表 13-65 所列,主要程序文件及功能说明如表 13-66 所列。

表 13-65 软件设计结构

用户应用层			
fatfs_main. c(主程序)及 monitor. c(字符串输出应用)			
CMSIS 层			
Cortex-M3 内核外设访问层	LPC17xx 设备外设访问层		
core_cm3. h	启动代码	LPC177x_8x. h	system_LPC177x_8x. c	system_LPC177x_8x. h
core_cmFunc. h	(startup_LPC-			
core_cmInstr. h	177x_8x. s)			

续表 13－65

中间件——FATFS 文件系统		
fs_mci. c	ff. c	ccsbcs. c
fs_mci. h	ff. h,diskio. h,integer. h 等	
硬件外设层		
时钟电源控制驱动库	MCI 外设驱动库	GPIO 模块配置驱动库
lpc177x_8x_clkpwr. c	lpc177x_8x_gpio. c	lpc177x_8x_pinsel. c
lpc177x_8x_clkpwr. h	lpc177x_8x_gpio. h	lpc177x_8x_pinsel. h
调试工具库(使用 UART)	UART 模块驱动库	引脚连接配置驱动库
debug_frmwrk. c	lpc177x_8x_uart. c	lpc177x_8x_pinsel. c
debug_frmwrk. h	lpc177x_8x_uart. h	lpc177x_8x_pinsel. h
RTC 模块驱动库		通用 DMA 控制器驱动库
lpc177x_8x_rtc. c		lpc177x_8x_gpdma. c
lpc177x_8x_rtc. h		lpc177x_8x_gpdma. h

表 13－66　程序设计文件功能说明

文件名称		程序设计文件功能说明
fatfs_main. c		主程序,含 main()入口函数以及几个文件系统操作功能函数等
monitor. c		用户控制界面的通用字符串处理程序,这部分的函数被主程序 fatfs_main. c 中的函数调用
中间件	fs_mci. c	SD 卡底层相关的驱动程序
	ff. c	文件系统的具体实现
	ccsbcs. c	可选辅助文件,用于长文件名支持及 Unicode 等
lpc177x_8x_clkpwr. c		公有程序,时钟与电源控制驱动库。注:由其他驱动库文件调用
lpc177x_8x_mci. c		公有程序,MCI 接口外设驱动库,由其他程序调用
lpc177x_8x_gpio. c		公有程序,GPIO 模块驱动库,由其他程序调用
lpc177x_8x_rtc. c		公有程序,RTC 模块驱动库,由其他程序调用
lpc177x_8x_pinsel. c		公有程序,引脚连接配置驱动库,由引脚设置程序调用
debug_frmwrk. c		公有程序,调试工具库(使用 UART 输出)。由部分驱动库文件调用输出调试信息
lpc177x_8x_uart. c		公有程序,UART 模块驱动库。配合调试工具库完成调试信息的串口输出
lpc177x_8x_gpdma. c		公有程序,通用 DMA 控制器驱动库,由其他程序调用
startup_LPC177x_8x. s		启动代码文件

　　本例程按层次结构来说,可以分成应用层、中间件层、硬件驱动层,例程主要包括下述几个功能。

(1) 应用层——主程序

　　主程序实现对具有文件系统的 SD 卡的操作,主要包括一些文件系统操作功能函数以及信息输出等,同时还包括针对用户控制界面的通用字符串的处理和调用相关程序文件 monitor. c。

(2) 中间件层——FATFS 文件系统

　　中间件层指的是 FATFS 文件系统的程序文件,主要有 7 个,其文件功能说明如表 13－67 所列。

表 13 - 67　FATFS 程序文件说明

文件名称	程序文件功能说明
fs_mci. c	MCI 接口底层驱动的实现函数
diskio. h	底层驱动头文件
ff. c	文件系统的具体实现,定义有文件系统的实现函数。具体函数详见表 13 - 69 所列
ff. h	文件系统实现头文件,定义有文件系统所需的数据结构
ffconf. h	头文件,文件系统配置
integer. h	头文件,仅实现数据类型重定义,增加系统的可移植性
ccsbcs. c	可选的辅助文件

(3) 硬件驱动层——外设相关驱动库

硬件驱动层包括程序设计所涉及和调用的各种外设,如实时时钟、GPIO、通用 DMA 控制器、MCI 接口等,这部分程序都采用库函数形式。限于篇幅,本例仅针对前述两个主要功能块的程序进行说明。

1. 主程序

主程序含入口函数 main( )以及其他几个文件系统操作函数,程序的主要功能是通过输入字符完成 SD 卡内文件系统的各种操作与显示。

(1) main ( )函数

该函数是入口函数,由 IoInit( )函数设置实时时钟信息,xprintf( )函数输出调试欢迎信息、文件及缓冲区操作指令等,文件系统全部的操作指令都封装在 disk_cmd_handle( )函数、buff_cmd_handle( )函数、file_cmd_handle( )函数和 other_cmd_handle( )函数内。

```
int main ()
{
char * ptr;
IoInit();
/* 串口输出欢迎信息 */
xprintf("% s",mciFsMenu);
/* 长文件名支持配置 */
#if _USE_LFN
Finfo.lfname = Lfname;
Finfo.lfsize = sizeof(Lfname);
#endif
/* 文件系统操作 */
for (;;) {
    xputc('>');
    ptr = Line;
    /* 获取指令 */
```

```
get_line(ptr, sizeof(Line));
/* SD 卡操作指令:如初始化 SD 卡 di 0 等 */
disk_cmd_handle(ptr);
/* 缓存区操作指令 */
buff_cmd_handle(ptr);
/* 文件系统操作指令:如文件系统初始化 fi 0,如查阅 SD 卡内所有文件 fl 等 */
file_cmd_handle(ptr);
/* 其他操作指令:如时间设置等 */
other_cmd_handle(ptr);
    }
}
```

(2) IoInit( )函数

该函数是个静态函数,用于系统滴答时钟配置、初始化串口、设置调试信息输入/
输出函数等。

```
static void IoInit(void)
{
RTC_TIME_Type  current_time;
/* 系统滴答时钟,1 ms 一次中断 */
SysTick_Config(SystemCoreClock/1000 - 1);
/* 实时时钟模块初始化 */
RTC_Init(_LPC_RTC);
/* 当前时间设置,系统预设当前日期为 01/01/2010,可以自行修改日期与时间 */
current_time.SEC = 0;
current_time.MIN = 0;
current_time.HOUR = 0;
current_time.DOM = 1;
current_time.DOW = 0;
current_time.DOY = 0;
current_time.MONTH = 1;
current_time.YEAR = 2010;
/* 加载当前时间设置值 */
RTC_SetFullTime (_LPC_RTC, &current_time);
RTC_Cmd(_LPC_RTC,ENABLE);
/* 设置串口参数,初始化调试串口 */
debug_frmwrk_init();
/* 信息输出,调用 put_char 函数 */
xfunc_out = put_char;
/* 信息输入,调用 get_char 函数 */
xfunc_in  = get_char;
}
```

(3) disk_cmd_handle()函数

该函数用于定义磁盘(这里磁盘存储介质指 SD 卡)相关操作处理指令功能,主要包括 dd、di、ds 三种指令。dd 指令用于定义磁盘文件转储(dump)操作,di 指令用于定义磁盘的初始化操作,ds 指令用于获取磁盘的扇区数量、扇区尺寸大小、块容量大小、SD 卡类型以及 SD 卡 OEM 状态信息等。

```c
void disk_cmd_handle(char * ptr)
{
long p1, p2;
BYTE res, b1;
WORD w1;
DWORD ofs = 0, sect = 0;
    switch ( * ptr ++ ) {
case 'd' :
    switch ( * ptr ++ ) {
    /* dd 指令 */
    case 'd' :     /* 指令 dd <phy_drv#> [<sector>] - Dump secrtor */
    if (! xatoi(&ptr, &p1)) break;
    if (! xatoi(&ptr, &p2)) p2 = sect;
    res = disk_read((BYTE)p1, Buff, p2, 1);
    if (res) { xprintf("rc = % d\n", (WORD)res); break; }
    sect = p2 + 1;
    xprintf("Sector:% lu\n", p2);
    for (ptr = (char * )Buff, ofs = 0; ofs < 0x200; ptr += 16, ofs + = 16)
        put_dump((BYTE * )ptr, ofs, 16);//Dump 操作
    break;
    /* di 指令,初始化 SD 卡 */
    case 'i' :/* 指令 di <phy_drv#> - Initialize disk */
        if (! xatoi(&ptr, &p1)) break;
        xprintf("rc = % d\n", (WORD)disk_initialize((BYTE)p1));
        break;
    /* ds 指令,显示磁盘状态 */
    case 's' :/* 指令 ds <phy_drv#> - Show disk status */
        if (! xatoi(&ptr, &p1)) break;
        /* 扇区数 */
        if (disk_ioctl((BYTE)p1, GET_SECTOR_COUNT, &p2) == RES_OK)
            { xprintf("Drive size:% lu sectors\n", p2); }
        /* 扇区大小 */
        if (disk_ioctl((BYTE)p1, GET_SECTOR_SIZE, &w1) == RES_OK)
            { xprintf("Sector size:% u\n", w1); }
        /* 块大小 */
        if (disk_ioctl((BYTE)p1, GET_BLOCK_SIZE, &p2) == RES_OK)
```

```
        { xprintf("Erase block: % lu sectors\n", p2); }
    / * SD 卡类型 * /
    if (disk_ioctl((BYTE)p1, MMC_GET_TYPE, &b1) == RES_OK)
        { xprintf("Card type: % u\n", b1); }
    / * SD 卡 CSD 状态字 * /
    if (disk_ioctl((BYTE)p1, MMC_GET_CSD, Buff) == RES_OK)
        { xputs("CSD:\n"); put_dump(Buff, 0, 16); }
    if (disk_ioctl((BYTE)p1, MMC_GET_CID, Buff) == RES_OK)
    {
        st_Mci_CardId * cidval =  (st_Mci_CardId * )Buff;
        xputs("CID:\n");
        xprintf("\n\r\t- Manufacture ID: 0x% x\n", cidval - >MID);
        xprintf("\n\r\t- OEM/Application ID: 0x% x\n", cidval - >OID);
        xprintf("\n\r\t- Product Name: 0x% x% x\n", cidval - >PNM_H,cidval - >
        PNM_L);
        xprintf("\n\r\t- Product Revision: 0x% x\n", cidval - >PRV);
        xprintf("\n\r\t- Product Serial Number: 0x% x\n",cidval - >PSN);
        xprintf("\n\r\t- Manufacturing Date: 0x% x\n",cidval - >MDT);
    }
    if (disk_ioctl((BYTE)p1, MMC_GET_SDSTAT, Buff) == RES_OK) {
        xputs("SD Status:\n");put_dump(Buff, 0, 2);
    }
    break;
    }
    break;
    }
}
```

(4) buff_cmd_handle()函数

该函数用于定义缓存区（Buffer）相关操作的处理指令功能，主要包括 bd、be、br、bw、bf 这几种指令。bd 指令用于定义读/写 buffer 的 Dump 操作，be 指令用于定义读/写 buffer 编辑的操作，br 指令用于将磁盘数据读到读/写 buffer，bw 指令用于将读/写 buffer 写入磁盘，bf 指令用于填充工作缓冲区。

```
void buff_cmd_handle(char * ptr)
{
long p1, p2, p3;
UINT cnt;
DWORD ofs = 0;
switch ( * ptr ++ ) {
case 'b' :
    switch ( * ptr ++ ) {
```

```
            /* bd 指令，Dump 读/写 buffer */
            case 'd' :/* bd <addr> - Dump R/W buffer */
                if (! xatoi(&ptr, &p1)) break;
                for (ptr = (char * )&Buff[p1], ofs = p1, cnt = 32; cnt; cnt — , ptr += 16, ofs
+= 16)
                        put_dump((BYTE * )ptr, ofs, 16);
                break;
            /* be 指令，编辑读/写 buffer */
            case 'e' :/* be <addr> [<data>] ... - Edit R/W buffer */
                if (! xatoi(&ptr, &p1)) break;
                if (xatoi(&ptr, &p2)) {
                    do {
                        Buff[p1 ++ ] = (BYTE)p2;
                    } while (xatoi(&ptr, &p2));
                    break;
                }
                for (;;) {
                    xprintf(" % 04X % 02X - ", (WORD)(p1), (WORD)Buff[p1]);
                    get_line(Line, sizeof(Line));
                    ptr = Line;
                    if ( * ptr == '.') break;
                    if ( * ptr < ' ') { p1 ++ ; continue; }
                    if (xatoi(&ptr, &p2))
                        Buff[p1 ++ ] = (BYTE)p2;
                    else
                        xputs("??? \n");
                }
                break;
            /* br 指令，磁盘读入读/写 buffer */
            case 'r' :/* br <phy_drv#> <sector> [<n>] - Read disk into R/W buffer */
                if (! xatoi(&ptr, &p1)) break;
                if (! xatoi(&ptr, &p2)) break;
                if (! xatoi(&ptr, &p3)) p3 = 1;
                xprintf("rc = % u\n", disk_read((BYTE)p1, Buff, p2, p3));
                break;
            /* bw 指令，读/写 buffer 写入磁盘 */
            case 'w' :/* bw <phy_drv#> <sector> [<n>] - Write R/W buffer into disk */
                if (! xatoi(&ptr, &p1)) break;
                if (! xatoi(&ptr, &p2)) break;
                if (! xatoi(&ptr, &p3)) p3 = 1;
                xprintf("rc = % u\n", disk_write((BYTE)p1, Buff, p2, p3));
                break;
```

轻松玩转ARM Cortex-M3微控制器——基于LPC1788系列

```
    /* bf 指令,填充工作缓冲区 */
    case 'f' :/* bf <val> - Fill working buffer */
        if (! xatoi(&ptr, &p1)) break;
        xmemset(Buff, (BYTE)p1, sizeof(Buff));
        break;
    }
    break;
    }
}
```

(5) file_cmd_handle ()函数

该函数用于定义文件或目录相关操作指令功能,主要包括 fi、fs、fl、fo、fc、fe、fd、fr、fw、fn、fu、fv、fk、fa、ft、fg、fm、fz 等指令。其中 fi 指令用于定义逻辑驱动盘的初始化操作,fs 指令用于获取逻辑驱动的状态,fl 指令用于列出目标路径的目录,fo 指令用于定义打开文件的操作,fc 指令用于关闭文件,fe 指令用于定义搜索文件的指针,fd 指令用于定义从当前指针读或转存文件的操作,fr 指令用于定义读文件操作,fw 指令用于定义文件写操作,fn 指令用于变更文件名或目录名,fu 指令用于取消文件或目录链接,fv 指令用于定义文件截断操作,fk 指令用于创建一个新目录,fa 指令用于改变文件或目录的属性,ft 指令用于改变时间戳,fg 指令用于改变当前目录路径,fm 指令用于建立一个文件系统,fz 指令用于改变 fr/fw/fx 指令的读/写长度。

```
void file_cmd_handle(char * ptr)
{
    static FATFS * fs;              /* 文件系统指针对象 */
    static FIL File1, File2;        /* 文件对象 */
    static DIR Dir;                 /* 目录对象 */
    ...
    switch ( * ptr ++ ) {
    case 'f' :
        switch ( * ptr ++ ) {
    /* fi 指令,逻辑驱动初始化 */
        case 'i' :/* fi <log drv#> - Initialize logical drive */
            if (! xatoi(&ptr, &p1)) break;
            put_rc(f_mount((BYTE)p1, &Fatfs[p1]));//初始化执行函数
            break;
    /* fs 指令,获取逻辑驱动的状态 */
        case 's' :    /* fs - Show logical drive status */
            while (_USE_LFN && * ptr == ' ') ptr ++ ;
            res = f_getfree(ptr, (DWORD * )&p2, &fs);
            if (res) { put_rc((FRESULT)res); break; }
            /* 输出逻辑驱动的信息 */
```

381

```
xprintf("FAT type = FAT%u\nBytes/Cluster = %lu\nNumber of FATs = %u\
n"
"Root DIR entries = %u\nSectors/FAT = %lu\nNumber of clusters = %lu\
n"
"FAT start (lba) = %lu\nDIR start (lba,clustor) = %lu\n
        Data start (lba) = %lu\n\n...",
        ft[fs->fs_type & 3], (DWORD)fs->csize * 512, fs->n_
        fats,
        fs->n_rootdir, fs->fsize, (DWORD)fs->n_fatent - 2,
        fs->fatbase, fs->dirbase, fs->database
);
acc_size = acc_files = acc_dirs = 0;
/* 扫描文件 */
res = scan_files(ptr);
if (res) { put_rc((FRESULT)res); break; }
/* 输出文件及文件夹等信息 */
xprintf("\r%u files, %lu bytes.\n%u folders.\n"
        "%lu KB total disk space.\n%lu KB available.\n",
        acc_files, acc_size, acc_dirs,
        (((fs->n_fatent - 2) * fs->csize) / 2), ((p2 * fs->
        csize) / 2)
);
break;
/* fl 指令,列出目标路径的目录 */
case 'l' :/* fl [<path>] - Directory listing */
while (*ptr == ' ') ptr ++;
res = f_opendir(&Dir, ptr);
if (res) { put_rc((FRESULT)res); break; }
p1 = s1 = s2 = 0;
for(;;) {
    res = f_readdir(&Dir, &Finfo);
    if ((res != FR_OK) || ! Finfo.fname[0]) break;
    if (Finfo.fattrib & AM_DIR) {
        s2 ++;
    } else {
        s1 ++; p1 += Finfo.fsize;
    }
    xprintf("%c%c%c%c%c %u/%02u/%02u %02u:%02u %9lu  %s",
            (Finfo.fattrib & AM_DIR) ? 'D' : '-',
            (Finfo.fattrib & AM_RDO) ? 'R' : '-',
            (Finfo.fattrib & AM_HID) ? 'H' : '-',
            (Finfo.fattrib & AM_SYS) ? 'S' : '-',
```

```
                    (Finfo.fattrib & AM_ARC) ? 'A' : '-',
                    (Finfo.fdate >> 9) + 1980, (Finfo.fdate >> 5) & 15,
                                                    Finfo.fdate & 31,
                    (Finfo.ftime >> 11), (Finfo.ftime >> 5) & 63,
                    Finfo.fsize, &(Finfo.fname[0]));
#if _USE_LFN//长文件名支持
            for (p2 = xstrlen(Finfo.fname); p2 < 14; p2++)
                xputc(' ');
            xprintf("%s\n", Lfname);
#else
            xputc('\n');
#endif
        }
        if(p1 <= (uint32_t)0xFFFFFFFF)
            xprintf("%4u File(s),%10lu bytes total\n", s1, p1);
        else
        {
            xprintf("%4u File(s),%10lu KB total\n", s1, p1/1024);
        }
        if (f_getfree(ptr, (DWORD*)&p1, &fs) == FR_OK)
        {
            uint64_t free_bytes = ((uint64_t)p1) * fs->csize * 512;
            if(free_bytes <= (uint32_t)0xFFFFFFFF)
                xprintf("%4u Dir(s), %10lu bytes free\n",s2, free_bytes);
            else
                xprintf("%4u Dir(s), %10lu KB free\n",s2, free_bytes/1024);
        }
        break;
    /* fo 指令,打开文件 */
    case 'o' :    /* fo <mode> <file> - Open a file */
        if (! xatoi(&ptr, &p1)) break;
        while (*ptr == ' ') ptr++;
        put_rc(f_open(&File1, ptr, (BYTE)p1));//打开文件
        break;
    /* fc 指令,关闭文件 */
    case 'c' :    /* fc - Close a file */
        put_rc(f_close(&File1));//关闭文件
        break;
    /* fe 指令,搜索文件的指针 */
    case 'e' :    /* fe - Seek file pointer */
        if (! xatoi(&ptr, &p1)) break;
        res = f_lseek(&File1, p1);
```

```
            put_rc((FRESULT)res);
            if (res == FR_OK)
                xprintf("fptr = % lu(0x % lX)\n", File1.fptr, File1.fptr);
            break;
    /* fd 指令,从当前指针读或转存文件 */
    case 'd' :      /* fd <len> - read and dump file from current fp */
            if (! xatoi(&ptr, &p1)) break;
            ofs = File1.fptr;
            while (p1) {
                if ((UINT)p1 >= 16) { cnt = 16; p1 -= 16; }
                else               { cnt = p1; p1 = 0; }
                res = f_read(&File1, Buff, cnt, &cnt);//读操作
                if (res != FR_OK) { put_rc((FRESULT)res); break; }
                if (! cnt) break;
                put_dump(Buff, ofs, cnt);//Dump 操作
                ofs += 16;
            }
            break;
    /* fr 指令,读文件 */
    case 'r' :      /* fr <len> - read file */
            if (! xatoi(&ptr, &p1)) break;
            p2 = 0;
            Timer = 0;
            while (p1) {
                if ((UINT)p1 >= blen) {
                    cnt = blen; p1 -= blen;
                } else {
                    cnt = p1; p1 = 0;
                }
                res = f_read(&File1, Buff, cnt, &s2);//文件读操作
                if (res != FR_OK) { put_rc((FRESULT)res); break; }
                p2 += s2;
                if (cnt != s2) break;
            }
            time_end = Timer;
            xprintf(" % lu bytes read in % lu miliseconds.\n", p2, time_end);
            xprintf("File's content: \n % s\n",Buff);
            break;
    /* fw 指令,写文件 */
    case 'w' :      /* fw <len> <val> - write file */
            if (! xatoi(&ptr, &p1)) break;
            while ( * ptr == ' ') ptr ++ ;
```

轻松玩转ARM Cortex-M3 微控制器——基于LPC1788 系列

```
        xlen = xstrlen(ptr);
        p2 = 0;
        Timer = 0;
        while (p1) {
            if ((UINT)p1 >= xlen) {
                cnt = xlen; p1 -= xlen;
            } else {
                cnt = p1; p1 = 0;
            }
            res = f_write(&File1, ptr, cnt, &s2);//文件写操作
            if (res != FR_OK) { put_rc((FRESULT)res); break; }
            p2 += s2;
            if (cnt != s2) break;
        }
        time_end = Timer;
        xprintf(" % lu bytes written in % lu miliseconds.\n", p2, time_end);
        break;
/* fn 指令,变更文件名或目录名 */
case 'n' :      /* fn <old_name> <new_name> - Change file/dir name */
        while ( * ptr == ' ') ptr ++ ;
        ptr2 = xstrchr(ptr, ' ');
        if (! ptr2) break;
        * ptr2 ++ = 0;
        while ( * ptr2 == ' ') ptr2 ++ ;
        put_rc(f_rename(ptr, ptr2));
        break;
/* fu 指令,删除文件或目录 */
case 'u' :      /* fu <name> - Unlink a file or dir */
        while ( * ptr == ' ') ptr ++ ;
        put_rc(f_unlink(ptr));//删除
        break;
/* fv 指令,文件截断 */
case 'v' :      /* fv - Truncate file */
        put_rc(f_truncate(&File1));
        break;
/* fk 指令,创建一个新目录 */
case 'k' :      /* fk <name> - Create a directory */
        while ( * ptr == ' ') ptr ++ ;
        put_rc(f_mkdir(ptr));
        break;
/* fa 指令,改变文件/目录的属性 */
case 'a' :/* fa <atrr> <mask> <name>Change file/dir attribute */
```

```
        if (! xatoi(&ptr, &p1) || ! xatoi(&ptr, &p2)) break;
        while ( * ptr == ' ') ptr ++ ;
        put_rc(f_chmod(ptr, p1, p2));
        break;
    /* ft 指令,变更时间戳 */
    case 't' : /* ft <year> <month> <day> <hour> <min> <sec> <name
    > */
        if (! xatoi(&ptr, &p1) || ! xatoi(&ptr, &p2) || ! xatoi(&ptr, &p3)) break;
        Finfo.fdate = ((p1 - 1980) << 9) | ((p2 & 15) << 5) | (p3 & 31);
        if (! xatoi(&ptr, &p1) || ! xatoi(&ptr, &p2) || ! xatoi(&ptr, &p3)) break;
        Finfo.ftime = ((p1 & 31) << 11) | ((p2 & 63) << 5) | ((p3 >> 1) &
        31);
        while ( * ptr == ' ') ptr ++ ;
        put_rc(f_utime(ptr, &Finfo));
        break;
    /* fx 指令,复制文件 */
    case 'x' : /* fx <src_name> <dst_name> - Copy file */
        while ( * ptr == ' ') ptr ++ ;
        ptr2 = xstrchr(ptr, ' ');
        if (! ptr2) break;
        * ptr2 ++ = 0;
        while ( * ptr2 == ' ') ptr2 ++ ;
        xprintf("Opening \" % s\"", ptr);
        res = f_open(&File1, ptr, FA_OPEN_EXISTING | FA_READ);
        xputc('\n');
        if (res) {
            put_rc((FRESULT)res);
            break;
        }
        xprintf("Creating \" % s\"", ptr2);
        res = f_open(&File2, ptr2, FA_CREATE_ALWAYS | FA_WRITE);
        xputc('\n');
        if (res) {
            put_rc((FRESULT)res);
            f_close(&File1);
            break;
        }
        xprintf("Copying file...");
        Timer = 0;
        p1 = 0;
        for (;;) {
            res = f_read(&File1, Buff, blen, &s1);
```

```
                if (res || s1 == 0) break;     /* error or eof */
                res = f_write(&File2, Buff, s1, &s2);
                p1 + = s2;
                if (res || s2 < s1) break;     /* error or disk full */
            }
            time_end = Timer;
            xprintf(" % lu bytes copied in % lu miliseconds. \n", p1, time_end);
            xprintf("Close \" % s\": ", ptr);
            put_rc(f_close(&File1));
            xprintf("Close \" % s\": ", ptr2);
            put_rc(f_close(&File2));
            break;
#if _FS_RPATH
/* fg 指令,改变当前目录路径 */
        case 'g' :     /* fg <path> - Change current directory */
            while ( * ptr == ' ') ptr ++ ;
            put_rc(f_chdir(ptr));
            break;
/* fj 指令,改变当前驱动盘 */
        case 'j' :     /* fj <drive#> - Change current drive */
            if (xatoi(&ptr, &p1)) {
                put_rc(f_chdrive((BYTE)p1));
            }
            break;
#endif
#if _USE_MKFS
/* fm 指令,创建一个文件系统 */
        case 'm' :     /* fm < partition rule > < cluster size > - Create file
        system */
            if (! xatoi(&ptr, &p2) || ! xatoi(&ptr, &p3)) break;
            xprintf("The card will be formatted. Are you sure? (Y/n) = ");
            get_line(ptr, sizeof(Line));
            if ( * ptr == 'Y')
                put_rc(f_mkfs(0, (BYTE)p2, (WORD)p3));
            break;
#endif
/* fz 指令,改变指令长度 */
        case 'z' :     /* fz [<rw size>] - Change R/W length for fr/fw/fx command */
            if (xatoi(&ptr, &p1) && p1 > = 1 && (unsigned long)p1 < = sizeof(Buff))
                blen = p1;
            xprintf("blen = % u\n", blen);
            break;
```

387

```
            }
        }
    }
```

　　上述的几种功能函数,它们的指令操作一般都会调用到一些 FATFS 文件系统相关的功能函数,将在"FATFS 文件系统"中着重介绍这些 FATFS 模块所提供的应用接口功能函数。

(6) other_cmd_handle()函数

　　该函数包括两个指令,其中一个用于设置日期时间并输出,对应于 t 指令功能;另外一个是调用 print_commands()函数输出所有指令格式,对应于 r 指令。函数代码如下:

```
void other_cmd_handle(char * ptr)
{
long p1 ;
RTC_TIME_Type rtc;
switch ( * ptr + + ) {
/ * t 指令,设置和输出日期时间值 * /
case 't' :/ * t [<year> <mon> <mday> <hour> <min> <sec>] * /
    if (xatoi(&ptr, &p1)) {
        / * 日期时间值换算 * /
        rtc. YEAR =  (WORD)p1;
        xatoi(&ptr, &p1); rtc. MONTH =  (BYTE)p1;
        xatoi(&ptr, &p1); rtc. DOM =  (BYTE)p1;
        xatoi(&ptr, &p1); rtc. HOUR =  (BYTE)p1;
        xatoi(&ptr, &p1); rtc. MIN =  (BYTE)p1;
        if (! xatoi(&ptr, &p1)) break;
        rtc. SEC =  (BYTE)p1;
        rtc_settime(&rtc);              //设置时期时间值
    }
    rtc_gettime(&rtc);                  //获取日期时间值
    xprintf(" % u/ % u/ % u  % 02u: % 02u: % 02u\n", rtc. YEAR, rtc. MONTH, rtc. DOM,
                                        rtc. HOUR, rtc. MIN, rtc. SEC);
    break;
case 'r':
    / * 输出所有指令格式 * /
    print_commands();
    break;
    }
}
```

　　除了上述涉及文件系统操作的功能函数之外,还有一些系统定时器中断处理、

RTC 时间设置、文件扫描的功能函数,如表 13 - 68 所列。

表 13 - 68　其他功能函数

函数名称	函数功能	函数名称	函数功能
SysTick_Handler	1 ms 系统定时器中断处理	get_fattime	为文件系统提供日期时间值功能
rtc_gettime	获取 RTC 模块时间设置值	scan_files	扫描文件
rtc_settime	设置 RTC 模块时间值		

2. FATFS 文件系统

FATFS 是一个开源的文件系统模块,专门为小型的嵌入式系统而设计,FATFS 的编程遵守 ANSI C 格式语法标准,因此,它独立于硬件架构,无需做任何改变就可以被移植到常用的微控制器中,如 8051、PIC、AVR、Z80、H8、ARM 等。FATFS 文件系统的主要特点如下:

- 分离缓冲的 FAT 结构和文件,适合快速访问多个文件;
- 支持多个驱动器和分区;
- 支持 Windows 兼容的 FAT 文件系统;
- 支持 8.3 格式的文件名及支持长文件名;
- 支持两种分区规则:Fdisk 和超级软盘。

(1) FATFS 文件系统结构

FATFS 文件系统模块具有容易移植、功能强大、易于使用、完全免费和开源的优点,适用于小型嵌入式系统,FATFS 文件系统结构如图 13 - 3 所示。

FATFS 文件系统分为普通的 FATFS 和 Tiny FATFS 两种,两种的用法一样,仅仅是包含不同的头文件,非常方便,本文主要介绍 Tiny - FATFS。表 13 - 69 列出了 FATFS /Tiny - FATFS 模块提供的应用接口功能函数。

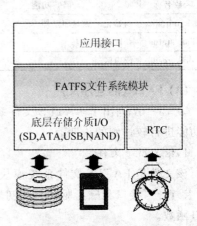

图 13 - 3　FATFS 文件系统结构

表 13 - 69　FATFS 文件系统提供的应用接口函数

函数名称	函数功能	函数名称	函数功能
f_mount	登记或注销一个工作域	f_rename	重命名/移动文件或目录
f_open	打开或创建文件	f_chdir	变更当前目录
f_close	关闭一个文件	f_chdrive	变更当前驱动盘
f_read	读文件	f_getcwd	检索当前目录
f_write	写文件	f_forward	直接转发文件数据流

函数名称	函数功能	函数名称	函数功能
f_lseek	移动文件读/写指针,扩展文件大小	f_mkfs	在驱动盘创建一个文件系统
f_truncate	截断文件的大小	f_fdisk	分割物理驱动盘
f_sync	刷新缓存的数据	f_gets	读一个字符串
f_opendir	打开一个目录	f_putc	写一个字符
f_readdir	读取目录	f_puts	写一个字符串
f_getfree	获取未用的簇	f_printf	输出一个格式化字串
f_stat	获取文件状态	f_tell	获取当前读/写指针
f_mkdir	创建一个目录	f_eof	测试文件结尾
f_unlink	删除文件或目录	f_size	获取文件大小
f_chmod	更改属性	f_error	测试文件是否出错
f_utime	变更时间戳		

由于 FATFS 文件系统模块和存储介质 I/O 底层是完全分开的,需要一些函数访问物理介质,存储介质 I/O 接口提供了一些功能函数,如表 13 - 70 所列。

表 13 - 70　存储介质 I/O 接口函数

函数名称	函数功能	函数名称	函数功能
disk_initialize	初始化的磁盘驱动器	disk_write	写扇区
disk_status	获取磁盘状态	disk_ioctl	控制装置功能
disk_read	读扇区		

(2) FATFS 的程序文件

表 13 - 67 列出了 FATFS 文件系统涉及的主要程序文件,本节将对这些程序文件功能进行较详细的说明。

1)fs_mci.c 文件

该文件是 FATFS 文件系统模块的存储介质底层接口,包括存储介质(本例指 SD 卡)读/写接口和磁盘驱动器的初始化、控制装置等。先介绍一下 5 个主要的应用接口函数。

◇ DSTATUS disk_initialize(BYTE drv)函数

存储介质初始化函数。由于存储介质是 SD 卡,所以实际上看成是对 SD 存储卡的初始化。drv 是存储介质号,因仅支持一个存储介质,所以 drv 应恒为 0,执行无误返回 0,错误返回非 0。

```
DSTATUS disk_initialize (
BYTE drv
)
{
if (drv) return STA_NOINIT;
/* 复位 */
```

```
    Stat = STA_NOINIT;
# if MCI_DMA_ENABLED        //使能 DMA
    GPDMA_Init();           //通用 DMA 控制器初始化
# endif
    if(MCI_Init(1) != MCI_FUNC_OK)
    {
        return Stat;
    }
    if(mci_read_configuration() == TRUE)
    {
        Stat &= ~STA_NOINIT;
    }
    else
    {
        Stat |= STA_NODISK;
    }
    return Stat;
}
```

◇ DSTATUS disk_status(BYTE drv) 函数

状态检测函数。检测是否支持当前的存储介质，对 Tiny - FATFS 来说，只要 drv 为 0，就默认为支持，然后返回 0。

```
DSTATUS disk_status (
    BYTE drv
)
{
    if (drv) return STA_NOINIT;
    return Stat;
}
```

◇ DRESULT disk_read(BYTE drv, BYTE * buff, DWORD sector, BYTE count) 函数

读扇区函数。在 MCI 读数据块函数 MCI_ReadBlock() 的基础上编写，* buff 存储已经读取的数据，sector 是开始读的起始扇区，count 是需要读的扇区数，1 个扇区可以根据需要定义 512～4 096 个字节，执行无误返回 0，错误返回非 0。

```
DRESULT disk_read (
    BYTE drv,
    BYTE * buff,
    DWORD sector,
    BYTE count
)
```

```
{
    volatile uint32_t tmp;
    if (drv || ! count) return RES_PARERR;
    if (Stat & STA_NOINIT) return RES_NOTRDY;
    if (MCI_ReadBlock (buff, sector, count) == MCI_FUNC_OK)
    {
        while(MCI_GetDataXferEndState() != 0);
        if(count > 1)
        {
            if(MCI_Cmd_StopTransmission()  != MCI_FUNC_OK)
                return RES_ERROR;
        }
        if(MCI_GetXferErrState())
          return RES_ERROR;
        return RES_OK;
    }
    else
        return RES_ERROR;
}
```

◇ DRESULT disk_write(BYTE drv, const BYTE * buff, DWORD sector, BYTE count)函数

写扇区函数。在 MCI 写数据块函数 MCI_WriteBlock()的基础上编写，* buff 存储要写入的数据，sector 是开始写的起始扇区，count 是需要写的扇区数。1 个扇区根据需要可定义 512～4 096 个字节，执行无误返回 0，错误返回非 0。

```
#if _READONLY == 0
DRESULT disk_write (
    BYTE drv,
    const BYTE * buff,
    DWORD sector,
    BYTE count
)
{
    volatile uint32_t tmp;
    if (drv || ! count) return RES_PARERR;
    if (Stat & STA_NOINIT) return RES_NOTRDY;
    if ( MCI_WriteBlock((uint8_t *)buff, sector, count) == MCI_FUNC_OK)
    {
        while(MCI_GetDataXferEndState() != 0);
        if(count > 1)
        {
```

```
if(MCI_Cmd_StopTransmission()   != MCI_FUNC_OK)
        return RES_ERROR;
}
if(MCI_GetXferErrState())
        return RES_ERROR;
return RES_OK;
}
else
    return     RES_ERROR;}
#endif /* _READONLY */
```

◇ DRESULT disk_ioctl(BYTE drv,BYTE ctrl,void * buff)函数

存储介质控制函数。ctrl 是控制代码,* buff 存储或接收控制数据。可以在此函数里编写自己需要的功能代码,比如获得存储介质的大小、检测存储介质是否上电以及存储介质的扇区数等。如果是简单的应用,也可以不用编写,返回 0 即可。本例的存储介质控制函数实现了对 SD 卡介质完整的操作。

```
DRESULT disk_ioctl (
    BYTE drv,
    BYTE ctrl,
    void * buff
)
{
DRESULT res;
BYTE n, * ptr = buff;
if (drv) return RES_PARERR;
if (Stat & STA_NOINIT) return RES_NOTRDY;
res = RES_ERROR;
switch (ctrl) {
case CTRL_SYNC :                              //同步控制
    if(mci_wait_for_ready() == TRUE)
    {
        res = RES_OK;
    }

    break;
case GET_SECTOR_COUNT :                       //扇区数量
    * (DWORD * )buff = CardConfig.SectorCount;
    res = RES_OK;
    break;
case GET_SECTOR_SIZE :                        //扇区大小
    * (WORD * )buff = CardConfig.SectorSize;//512;
```

```
            res = RES_OK;
            break;
    case GET_BLOCK_SIZE :                          //块大小
            * (DWORD * )buff = CardConfig.BlockSize;
            res = RES_OK;
            break;
    case MMC_GET_TYPE :                            //SD 卡类型
            * ptr = CardConfig.CardType;
            res = RES_OK;
            break;
    case MMC_GET_CSD :                             //SD 卡 CSD
            for (n = 0;n<16;n ++ )
                * (ptr + n) = CardConfig.CSD[n];
            res = RES_OK;
            break;
    case MMC_GET_CID :                             //SD 卡 CID
            {
                uint8_t * cid = (uint8_t * ) &CardConfig.CardID;
                for (n = 0;n<sizeof(st_Mci_CardId);n + + )
                    * (ptr + n) = cid[n];
            }
            res = RES_OK;
            break;
    case MMC_GET_SDSTAT :                          //SD 卡状态
            {
                int32_t cardStatus;
                if(MCI_GetCardStatus(&cardStatus) == MCI_FUNC_OK)
                {
                    uint8_t * status = (uint8_t * )&cardStatus;
                    for (n = 0;n<2;n ++ )
                            * (ptr + n) = ((uint8_t * )status)[n];
                    res = RES_OK;
                }
            }
            break;
    default:
            res = RES_PARERR;
    }
    return res;
}
```

除了上述 5 个应用接口函数之外，MCI 接口底层驱动程序文件 fs_mci.c 中还有

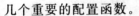

几个重要的配置函数。

◇ mci_read_configuration()函数

该函数通过 MCI 接口读取 SD 卡配置或填充信息,含卡类型、CID、CSD、数据宽度、时钟速率等信息读取。

```
Bool mci_read_configuration (void)
{
uint32_t c_size, c_size_mult, read_bl_len;
uint8_t csd_struct = 0;
do
{
    /* 获取卡类型 */
    CardConfig.CardType = MCI_GetCardType();
    if(CardConfig.CardType == MCI_CARD_UNKNOWN)
    {
        break;
    }
    /* 读取 CID */
    if (MCI_GetCID(&CardConfig.CardID) != MCI_FUNC_OK)
    {
        break;
    }
    /* 设置卡地址 */
    if(MCI_SetCardAddress() != MCI_FUNC_OK)
    {
        break;
    }
    CardConfig.CardAddress = MCI_GetCardAddress();
    /* 读取 CSD */
    if(MCI_GetCSD((uint32_t *)CardConfig.CSD) != MCI_FUNC_OK)
    {
        break;
    }
    swap_buff(&CardConfig.CSD[0], sizeof(uint32_t));
    swap_buff(&CardConfig.CSD[4], sizeof(uint32_t));
    swap_buff(&CardConfig.CSD[8], sizeof(uint32_t));
    swap_buff(&CardConfig.CSD[12], sizeof(uint32_t));
    swap_buff(CardConfig.CSD, 16);
    /* 设置扇区大小 */
    CardConfig.SectorSize = 512;
    csd_struct = CardConfig.CSD[15] >> 6;
    /* 块数 */
```

```
if (csd_struct == 1)/ * CSD V2.0 * /
{
    /* 读取簇大小 C_SIZE */
    c_size =  unstuff_bits(CardConfig.CSD, 48,22);
    /* 计算块数量 */
    CardConfig.SectorCount  = (c_size + 1) * 1024;
} else /* CSD V1.0 (for Standard Capacity) */
{
    /* C_SIZE 信息 */
    c_size = unstuff_bits(CardConfig.CSD, 62,12);
    /* C_SIZE_MUTE 信息 */
    c_size_mult = unstuff_bits(CardConfig.CSD, 47,3);
    /* READ_BL_LEN 信息 */
    read_bl_len = unstuff_bits(CardConfig.CSD, 80,4);
    /* 扇区数量 = BLOCKNR * BLOCK_LEN/512 */
    CardConfig.SectorCount =
            (((c_size + 1) * (0x01 << (c_size_mult + 2))) * (0x01<<read_
            bl_len))/512;
}
/* 获取扇区中已擦除块的尺寸 */
switch (CardConfig.CardType)
{
    case MCI_MMC_CARD:
        CardConfig.BlockSize = unstuff_bits(CardConfig.CSD, 42,5) + 1;
        CardConfig.BlockSize <<=  unstuff_bits(CardConfig.CSD, 22,4);
        CardConfig.BlockSize / = 512;
        break;
    case MCI_SDHC_SDXC_CARD:
    case MCI_SDSC_V2_CARD:
        CardConfig.BlockSize = 1;
        break;
    case MCI_SDSC_V1_CARD:
        if(unstuff_bits(CardConfig.CSD, 46,1))
        {
            CardConfig.BlockSize = 1;
        }
        else
        {
            CardConfig.BlockSize = unstuff_bits(CardConfig.CSD, 39,7) + 1;
            CardConfig.BlockSize <<=  unstuff_bits(CardConfig.CSD, 22,4);
            CardConfig.BlockSize / = 512;
        }
```

```
            break;
        default:
            break;
    }
    /*选择卡*/
    if(MCI_Cmd_SelectCard() != MCI_FUNC_OK)
    {
        break;
    }
    /*检测卡时钟速率*/
    MCI_Set_MCIClock( MCI_NORMAL_RATE );
    if ((CardConfig.CardType == MCI_SDSC_V1_CARD) ||
        (CardConfig.CardType == MCI_SDSC_V2_CARD) ||
        (CardConfig.CardType == MCI_SDHC_SDXC_CARD))
    {        /*检测数据位宽度*/
        if (MCI_SetBusWidth( SD_4_BIT ) != MCI_FUNC_OK )
        {
            break;
        }
    }
    else
    {
        if (MCI_SetBusWidth( SD_1_BIT ) != MCI_FUNC_OK )
        {
            break;
        }
    }
    if (CardConfig.CardType == MCI_MMC_CARD ||
        CardConfig.CardType == MCI_SDSC_V1_CARD ||
        CardConfig.CardType == MCI_SDSC_V2_CARD )
    {
        if(MCI_SetBlockLen(BLOCK_LENGTH) != MCI_FUNC_OK)
        {
            break;
        }
    }

    return TRUE;
}
while (FALSE);
return FALSE;
}
```

◇ mci_wait_for_ready()函数

该函数用于 MCI 接口检测卡就绪状态,当在固定的时间间隔内检测到就绪状态位,则返回 TRUE,否则返回 FALSE。

```
Bool mci_wait_for_ready (void)
{
    int32_t   cardSts;
    Timer2 = 50; // 500ms
    while(Timer2)
    {
        if((MCI_GetCardStatus(&cardSts) == MCI_FUNC_OK) &&
            (cardSts & CARD_STATUS_READY_FOR_DATA ))
        {
            return TRUE;
        }
    }
    return FALSE;
}
```

2) diskio. h 头文件

在头文件 diskio. h 中,可以根据需要使能 disk_write 或 disk_ioctl 函数功能。如下面代码可以将 disk_write 和 disk_ioctl 使能:

```
#define _READONLY    0      /* 0: 使能 disk_write 功能;1: 移除 disk_write 功能 */
#define _USE_IOCTL   1      /* 1: 使能 disk_ioctl 功能 */
```

3) ffconf. h 头文件

在头文件 ffconf. h 中,可以根据需要对整个文件系统进行全面的配置,本例的 ffconf. h 文件代码与完整注释如下:

```
#define _FFCONF 8255        /* 版本号 */
/* 通过配置值来配置两种不同大小的文件系统,这里配置为 0, 0:普通或 1:Tiny */
#define     _FS_TINY           0
/* 定义文件系统属性,如定义为 1 就不能修改,这样文件系统会大大缩小.
0:读/写或 1:只读 */
#define _FS_READONLY     0
/* 该选项是用于过滤掉一些文件系统功能 */
/* 0:全功能 */
/* 1: f_stat, f_getfree, f_unlink, f_mkdir, f_chmod, f_truncate and f_rename 功能移除 */
/* 2: f_opendir 和 f_readdir 功能移除 8 */
/* 3: f_lseek 功能移除,其功能实现最小 */
#define _FS_MINIMIZE     0                          /* 0~ 3 */
/* 是否使用字符串文件功能,0:禁止;1/2:使能 */
```

```
#define       _USE_STRFUNC       0
/*是否使用 f_mkfs 功能,该功能使用需将_FS_READONLY 置 0,0:禁止;1:使能*/
#define       _USE_MKFS          0
/*是否使用 f_forward 功能,该功能使用需将_FS_TINY 置 1,0:禁止;1:使能*/
#define       _USE_FORWARD       0
/*是否使用快速检索功能,0:禁止;1:使能*/
#define       _USE_FASTSEEK      0
/*代码页-简体中文*/
#define _CODE_PAGE      936
/*是否需要长文件名*/
/*0:禁用*/
/*1:启用长文件名-静态工作缓冲*/
/*2:启用长文件名-堆栈动态工作缓冲*/
/*3:启用长文件名-HEAP 动态工作缓冲*/
#define       _USE_LFN     1               /*0~3*/
#define       _MAX_LFN     255                /*最大文件名长度(12~255)*/
/*长文件名编码标准,根据长文件名字符特性设置*/
#define       _LFN_UNICODE      0           /*0:ANSI/OEM;1:Unicode*/
/*是否使用相对路径*/
/*0:禁止相对路径,移除相对路径功能*/
/*1:使用相对路径,f_chdrive()和 f_chdir()函数可用*/
/*2:使用相对路径,f_getcwd 函数可用*/
#define _FS_RPATH        0                  /*0~2*/
/*逻辑驱动器的使用数目*/
#define _VOLUMES       1
/*定义每扇区的字节数*/
#define       _MAX_SS         4096        /*可以为 512,1 024,2 048 或 4 096*/
/*定义分区*/
#define       _MULTI_PARTITION      0          /*0:一个分区,1:多分区*/
/*是否使用扇区擦除功能,0:禁止;1:使能*/
#define       _USE_ERASE       0
/*定义访问数据形式,0:一个字节接一个字节访问;1:字访问*/
#define _WORD_ACCESS      0
/*同步选项,0:禁止;1:使能*/
#define _FS_REENTRANT      0
/*超时周期的单位*/
#define _FS_TIMEOUT       1000
/*同步处理的类型*/
/*0:禁止同步*/
/*1:使能同步,用户提供同步句柄*/
/*须加 ff_req_grant,ff_rel_grant,ff_del_syncobj,ff_cre_syncobj 功能*/
#define       _SYNC_t            HANDLE
```

```
/* 是否共享,0:禁止;大于或等于1:使能 */
#define    _FS_SHARE    0    /* 0:Disable or >=1:Enable */
```

13.5　实例总结

　　本章着重介绍了 LPC178x 系列微处理器的 MCI 外设的基本特性、相关寄存器、库函数功能等;安排了基于 SD 卡的文件系统操作实例,实例软件的设计基于应用层、中间件层、硬件底层的三层架构,对 FATFS 中间件层程序文件、文件系统的各种操作指令及存储介质 I/O 接口等均作了详细的说明。

　　对于想了解 MCI 接口对 SD 卡基本操作的读者,还可以参考 NXP 原厂提供的"Mci_CidCard 例程测试"和"Mci_ReadWrite 例程测试",前者描述了怎样使用 LPC1788 上的 MCI 接口,插入 SD 卡到板上的卡槽,LPC1788 将会读取 SD 卡的 ID 并通过终端显示在 PC 上;后者描述了怎样使用 LPC1788 读取卡的 ID 以及检测读/写等状态信息,最后通过终端显示在 PC 上。

第14章

LCD 控制器与触摸应用

LCD 液晶显示屏与触摸屏在嵌入式系统的应用越来越普及，它们是最简单、方便、自然的人机交互方式，目前广泛应用于便携式仪器、智能家电、掌上设备、消费类电子产品等领域。触摸屏技术在我国的应用时间虽然不是太长，但是它已经成为了继键盘、鼠标、手写板、语音输入之后最为人们所接受的输入方式之一。利用触摸屏技术，用户只要用手指轻轻地触碰显示屏上的图符或文字就能实现对主机的操作，从而使人机交互更为直截了当。触摸屏与 LCD 液晶显示技术紧密联系与结合，使之成为了主流配置。

本章将讲述 LPC178x 微控制器 LCD 控制器接口的基本结构与特性，寄存器及主要的库函数功能等，演示 LCD 控制器驱动 7 in(英寸)TFT 液晶屏以及触摸屏多点校准的例程。

14.1 LCD 控制器概述

LPC1788 微控制器内置 LCD 控制器，它为 LCD 接口提供了所有需要的控制信号，接口可以直接连接各种彩色与单色 LCD 面板，该控制器的内部功能简化框图如图 14-1 所示。

① LPC1788 微控制器内置 LCD 控制器的主要特性如下：

● AHB 总线主接口，用于访问帧缓冲区。

● 独立的 AHB 从接口，用于设置与控制。

● 双 16 深度的可编程 64 位宽 FIFO，用于缓冲输入的显示数据。

● 支持接口为 4 位或 8 位的单面板与双面板单色超扭曲向列(STN)型显示器。

● 支持单面板和双面板的彩色 STN 显示器。

● 支持薄膜晶体管(TFT)彩色显示器。

● 可编程设定的显示分辨率，包括但不限于 320×200、320×240、640×200、640×240、640×480、800×600 与 1 024×768。

● 支持单面板显示器的硬件光标。

● 支持 15 灰度级单色、3 375 种彩色 STN，以及 32K 种颜色调色板 TFT。

● 单色 STN 的 1、2 或 4 位/像素(bpp)调色板显示器。

- 彩色 STN 和 TFT 的 1、2、4 或 8 位/像素(bpp)调色板彩色显示器。
- 16 bpp 真彩无调色板,支持彩色 STN 与 TFT。
- 24 bpp 真彩无调色板,支持彩色 TFT。
- 对不同显示面板的可编程时序。
- 256 个表项的 16 位调色 RAM,排列为一个 128×32 位 RAM。
- 帧、行与像素时钟信号。
- STN 的 AC 偏压信号,TFT 面板的数据使能信号。
- 支持小端字节序(little - endian)和大端字节序(big - endian),以及 Windows CE 数据格式。
- LCD 面板时钟可以来自外设时钟,或一个时钟输入引脚。

② LPC1788 微控制器内置的 LCD 控制器能够直接支持下列类型的 LCD 面板:

- 有源矩阵 TFT 面板,高达 24 位的总线接口。
- 单面单色 STN 面板,4 位和 8 位总线接口。
- 双面单色 STN 面板,每面板 4 位和 8 位总线接口。
- 单面彩色 STN 面板,8 位总线接口。
- 双面彩色 STN 面板,每面板 8 位总线接口。

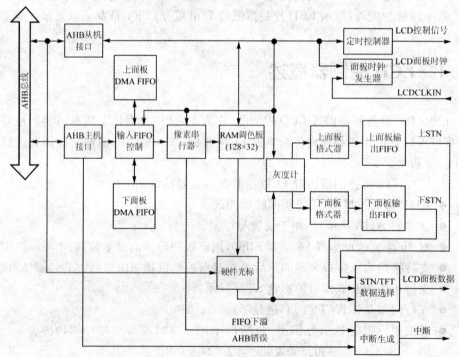

图 14 - 1 LCD 控制器的内部功能框图

14.1.1　LCD 上电与掉电顺序

LCD 控制器上电时需要按照以下顺序进行：

① 加电时,下列信号保持为低电平：

- LCD_LP；
- LCD_DCLK；
- LCD_FP；
- LCD_ENAB_M；
- LCD_VD[23:0]；
- LCD_LE。

② 当 LCD 电源稳定时,向 LCD_CTRL 寄存器的 LcdEn 位写入 1,这样会使能下列信号,使其进入有效状态：

- LCD_LP；
- LCD_DCLK；
- LCD_FP；
- LCD_ENAB_M；
- LCD_LE。

注意:LCD_VD[23:0]信号维持在无效状态。

③ 当第②步中的信号稳定时,为 LCD 面板加对比度电压(LCD 控制器不控制或不提供这个电压)。

④ 视需要,可以用一个软件或硬件定时器,在给面板加控制信号与加电源的中间,加入一个具体的最小显示延迟时间。这个时间结束后,再向 LCD_CTRL 寄存器中的 LcdPwr 位写 1 为面板加电,同时将 LCD_PWR 信号设为高电平,并将 LCD_VD[23:0]信号使能到有效状态。LCD_PWR 用于对 LCD 面板电源的控制。

掉电顺序与上述 4 个步骤顺序相反,必须严格遵守,此时是向相应的寄存器位中写入 0。LCD 控制器上电与掉电顺序如图 14-2 所示。

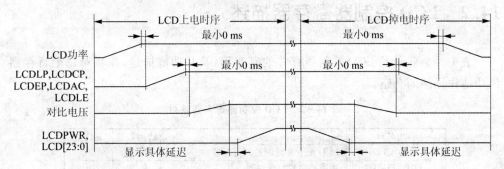

图 14-2　LCD 控制器上电与掉电顺序

14.1.2　LCD 控制器的基本配置

LCD 控制器的配置需要使用下列寄存器,不论是采用驱动库函数或者自定义寄存器操作函数进行配置,只需要针对下述几个寄存器位设置即可:

① 电源。在 PCONP 寄存器中,置位 PCLCD 使能接口。

注意:复位时,接口会被禁止(PCLCD = 0)。

② 时钟。LCD 控制器的时钟源的选择与设置需要配置 LCD 配置寄存器、LCD 时钟、信号极性寄存器。

③ 引脚。通过相关的 IOCON 寄存器,选择 LCD 引脚与引脚模式。

④ 中断。中断的使能是通过在 NVIC 中使用相应的中断设置使能寄存器来实现的。

14.1.3　LCD 控制器的引脚描述

LCD 控制器的最大配置采用了 31 个引脚以便应用于各种兼容类型的 LCD 面板。对单色 STN 面板、双面板 STN、TFT 面板,它们的引脚使用是不相同的,需要根据所选择的配置,正确选用引脚,表 14-1 列出了完整的 LCD 控制器引脚。

表 14-1　LCD 控制器的引脚

引　脚	类　型	描　述
LCD_PWR	输出	LCD 面板功率使能
LCD_DCLK	输出	LCD 面板时钟
LCD_ENAB_M	输出	STN AC 偏压驱动或 TFT 数据使能输出
LCD_FP	输出	帧脉冲(STN)。垂直同步脉冲(TFT)
LCD_LE	输出	线端信号
LCD_LP	输出	线同步脉冲(STN)。水平同步脉冲(TFT)
LCD_VD[23:0]	输出	LCD 面板数据。所使用的位取决于面板配置
LCD_CLKIN	输入	可选时钟输入

14.2　LCD 控制器寄存器描述

表 14-2 列出了 LCD 控制器有关的寄存器,及其功能描述,并将对每个寄存器位功能作详细的介绍。

表 14-2　LCD 控制器寄存器映射

通用名称	描　述	访问类型	复位值
LCD_CFG	LCD 配置和计时控制寄存器	R/W	0
LCD_TIMH	水平时序控制寄存器	R/W	0
LCD_TIMV	垂直时序控制寄存器	R/W	0
LCD_POL	时钟与信号极性控制寄存器	R/W	0

404

通用名称	描　述	访问类型	复位值
LCD_LE	线端控制寄存器	R/W	0
LCD_UPBASE	上面板帧基址寄存器	R/W	0
LCD_LPBASE	下面板帧基址寄存器	R/W	0
LCD_CTRL	LCD 控制寄存器	R/W	0
LCD_INTMSK	中断屏蔽寄存器	R/W	0
LCD_INTRAW	原始中断状态寄存器	RO	0
LCD_INTSTAT	中断屏蔽状态寄存器	RO	0
LCD_INTCLR	中断清零寄存器	WO	0
LCD_UPCURR	上面板当前地址寄存器	RO	0
LCD_LPCURR	下面板当前地址寄存器	RO	0
LCD_PAL	256×16 位彩色调色板寄存器	R/W	0
CRSR_IMG	光标图像寄存器	R/W	0
CRSR_CTRL	光标控制寄存器	R/W	0
CRSR_CFG	光标配置寄存器	R/W	0
CRSR_PAL0	光标调色板寄存器 0	R/W	0
CRSR_PAL1	光标调色板寄存器 1	R/W	0
CRSR_XY	光标 XY 位置寄存器	R/W	0
CRSR_CLIP	光标剪裁位置寄存器	R/W	0
CRSR_INTMSK	光标中断屏蔽寄存器	R/W	0
CRSR_INTCLR	光标中断清零寄存器	WO	0
CRSR_INTRAW	光标原始中断状态寄存器	RO	0
CRSR_INTSTAT	光标屏蔽中断状态寄存器	RO	0

14.2.1　LCD 配置和计时控制寄存器(LCD_CFG)

　　LCD_CFG 寄存器控制着用于 LCD 数据生成的时钟预分频器,该寄存器位描述见表 14 - 3。

表 14 - 3　LCD 配置寄存器位描述

位	符　号	描　述	复位值
31:5	—	保留。读取值未定义,只写入 0	—
4:0	CLKDIV	LCD 面板时钟预分频器选择。 该寄存器的值加 1 来对选中的输入时钟进行分频(详见 LCD_POL 寄存器中的 CLKSEL 位),以生成面板时钟	0

14.2.2　水平时序控制寄存器(LCD_TIMH)

　　LCD_TIMH 寄存器控制水平同步脉冲宽度(HSW)、水平前沿(HFP)周期、水平后沿(HBP 周期,以及每行像素 PPL)。该寄存器位描述如表 14 - 4 所列。

表 14 - 4　LCD 水平时序寄存器位描述

位	符　号	描　述	复位值
31:24	HBP	水平后沿。8 位的 HBP 字段用来指定在每一线或行像素开始时的像素时钟周期的数目。在前一行中的总线时钟失效之后,HBP 中的值将对像素时钟的数目进行计数并等待下一显示行启动。HBP 可以生成一个含有 1~256 像素时钟周期的延迟。用期望值减 1 进行程序设定	0
23:16	HFP	水平前沿。8 位的 HFP 字段设定了在 LCD 总线时钟脉冲之前,每一线或行像素结尾的像素时钟间隔数目。当一整行像素被发送至 LCD 驱动时,HFP 中的值将对像素时钟的数目进行计数并等待总线时钟生效。HFP 可以生成一个含有 1~256 像素时钟周期的周期。用期望值减 1 进行程序设定	0
15:8	HSW	水平同步脉冲宽度。8 位的 HSW 字段指定了被动模式下线时钟的脉冲宽度,或主动模式下水平同步脉冲。用期望值减 1 进行程序设定	0
7:2	PPL	每个像素。PPL 位指定了屏幕上每一行或行中像素的数目。PPL 是一个 6 位的值,它代表每行有 16~1 024 个像素。PPL 对 HFP 应用之前像素时钟的数目进行计数。该位的值经 16 分频,再减 1。每行像素的实际数目 = 16×(PPL+1)。例如,为了实现每行 320 个像素,将 PPL 的程序设为 (320/16) - 1 = 19	0
1:0	—	保留。读取值未定义,只写入 0	—

14.2.3　垂直时序控制寄存器(LCD_TIMV)

　　LCD_TIMV 寄存器控制着垂直同步脉冲宽度(VSW)、垂直前沿(VFP)周期、垂直后沿(VBP)周期,以及每面板线数(LPP)。该寄存器位描述见表 14 - 5。

表 14 - 5　LCD 垂直时序寄存器位描述

位	符　号	描　述	复位值
31:24	VBP	垂直后沿。该位表示在垂直同步周期之后,每个帧起始时的无效线数目。8 位的 VBP 字段指定了嵌在每个帧起始的线时钟数目。VBP 计数在前一帧的垂直同步信号,在主动模式下被取消之后,或者按照 VSW 位字段所指定的额外的线时钟在被动模式下被嵌入后马上开始。在这之后,VBP 中的计数值设定了嵌入在下一帧之前的线时钟周期的数目。VBP 生成 0~255 个额外的线时钟周期。在被动式显示器上将该位置 0 以提高对比度	0
23:16	VFP	垂直前沿。该位表示在垂直同步周期之前,每个帧结尾的无效线数目。8 位的 VFP 字段指定了嵌在每个帧结尾的线时钟数目。当一整帧像素被发送至 LCD 显示器上时,VFP 中的值将对需等待的线时钟周期的数目进行计数。在计数结束后,垂直同步信号 LCD_FP 在主动模式下被激活,或者按照 VSW 位字段所指定的那样额外的线时钟在被动模式下被激活。VFP 生成 0~255 个线时钟周期。在被动式显示器上将该位置 0 以提高对比度	0

位	符 号	描 述	复位值
15:10	VSW	垂直同步脉冲宽度。该位表示水平同步线数。6 位的 VSW 字段指定了垂直同步脉冲的宽度。用要求的线数减 1 对该寄存器进行程序设定。水平同步线数对于无源 STN LCD 而言必须要小(例如,可以将其设为 0)。值越高,在 STN LCD 上的对比度越差	0
9:0	LPP	每面板线数。该位表示每个显示屏上的有效线数目。LPP 字段指定了被控制的 LCD 面板上的线或行数目。LPP 是一个 10 位的介于 1~1 024 线之间的值。用每 LCD 面板线数减 1 对该寄存器进行程序设定。对于双面板显示器,用在每个上和下面板上的线数对该寄存器进行程序设定	0

14.2.4　时钟与信号极性控制寄存器(LCD_POL)

LCD_POL 寄存器控制着时钟时序与信号极性等细节,该寄存器位描述见表 14-6。

表 14-6　时钟与信号极性寄存器位描述

位	符 号	描 述	复位值
31:27	PCD_HI	面板时钟分频器的上 5 位	0
26	BCD	旁路像素时钟分频器。将该位设成 1 将旁路像素时钟分频器逻辑。该位主要用于 TFT 显示器	0
25:16	CPL	每线时钟。该字段指定了每线上 LCD 面板相连的实际 LCD_DCLK 时钟数目。该字段的值等于 PPL 数目除以 1(针对 TFT 模式)、4,8(针对单色无源模式)或 $2\frac{2}{3}$(针对彩色无源模式),再减 1。为了使 LCD 显示器能正常工作,必须准确地在 LCD_TIMH 寄存器中设定该字段和 PPL 位	0
15	—	保留。读取值未定义,只写入 0	—
14	IOE	反相输出使能。该位选择在 TFT 模式下的输出使能信号的有效极性。在该模式下,当有效显示数据可用时,LCD_ENAB_M 引脚被用来使能 LCD 面板。在有效显示器模式下,当 LCD_ENAB_M 处于激活状态时,数据被驱动到 LCD_DCLK 被编程沿的 LCD 数据线上。 0:在 TFT 模式下,LCD_ENAB_M 输出引脚为高电平有效; 1:在 TFT 模式下,LCD_ENAB_M 输出引脚为低电平有效	0
13	IPC	反相面板时钟。IPC 位选择面板时钟沿,在这个沿上像素数据被驱动到 LCD 数据线上。 0:数据被驱动到 LCD_DCLK 上升沿的 LCD 数据线上; 1:数据被驱动到 LCD_DCLK 下降沿的 LCD 数据线上	0
12	IHS	反相水平同步。IHS 位将 LCD_LP 信号的极性反相。 0:LCD_LP 引脚为高电平有效,低电平无效; 1:LCD_LP 引脚为低电平有效,高电平无效	0

位	符　号	描　述	复位值
11	IVS	反相垂直同步。IVS 位将 LCD_FP 信号的极性反相。 0:LCD_FP 引脚为高电平有效,低电平无效; 1:LCD_FP 引脚为低电平有效,高电平无效	0
10:6	ACB	AC 偏压引脚频率。AC 偏压引脚频率仅应用于 STN 显示器。这些显示器要求像素电压极性周期性地转换以防止 DC 电荷积聚而造成危害。用要求值减 1 对这一字段进行设定,以在 AC 偏压引脚 LCD_ENAB_M 的各个反转之间应用线时钟数目。当 LCD_ENAB_M 引脚被用作数据使能信号时,如果 LCD 在 TFT 模式下处于工作状态,则该字段无效	0
5	CLKSEL	时钟选择。该位控制 LCDCLK 源的选择。 0:LCD 模块的时钟源为 CCLK; 1:LCD 模块的时钟源为 LCD_CLKIN(LVD 的外部时钟输入)	0
4:0	PCD_LO	面板时钟分频器的下 5 位。 10 位的包含 PCD_HI(该寄存器的位 31:27)和 PCD_LO 的 PCD 字段,被用来从输入时钟 LCD_DCLK = LCDCLK/(PCD+2)上生成 LCD 面板时钟频率 LCD_DCLK。 对于带有一个 4 或 8 位接口的单色 STN 显示器,面板时钟是实际单个像素时钟率的 $\frac{1}{4}$ 或 $\frac{1}{8}$。 对于彩色 STN 显示器,每个 LCD_DCLK 周期输出 22/3 个像素,因此面板时钟是像素率的 0.375 倍。 对于 TFT 显示器,像素时钟分频器可以通过设定该寄存器中的 BCD 位而被旁路	0

14.2.5　线端控制寄存器(LCD_LE)

　　LCD_LE 寄存器控制着线端信号 LCD_LE 的使能。当信号使能时,在每个显示线的最后一个像素后,并经过一个设定的可编程延迟时,LCD_LE 上输出 4 个 LCDCLK 周期宽度的正脉冲。如果线端信号被禁止,则永远保持为低电平。该寄存器位描述见表 14 - 7。

表 14 - 7　线端控制寄存器位描述

位	符　号	描　述	复位值
31:17	—	保留。读取值未定义,只写入 0	—
16	LEE	LCD 线端使能。 0:LCD_LE 被禁止(维持低电平); 1:LCD_LE 信号有效	0
15:7	—	保留。读取值未定义,只写入 0	—
6:0	LED	线端延迟 控制从最后一个面板时钟 LCD_DCLK 的上升沿的线端信号延迟。用 LCDCLK 时钟周期数减 1 对该位进行程序设定	0

14.2.6　上面板帧基址寄存器(LCD_UPBASE)

LCD_UPBASE 寄存器是彩色 LCD 上面板的 DMA 基址寄存器,用于为上面板的帧缓冲区编写基址。LCD_UPBASE(以及双面板时的 LCD_LPBase)都必须在使能 LCD 控制器以前初始化。基址必须按双字(doubleword)对齐。可选情况下,该值也可以在帧中改变,从而建立双缓冲的视频显示。这些寄存器均在每个 LCD 垂直同步时,复制到当时相应的寄存器上。这个事件会置位 LNBU 位,并产生一个可选中断。在生成双缓冲视频时,此中断可以用于重新编写基址,该寄存器位描述见表 14 - 8。

表 14 - 8　上面板帧基址寄存器位描述

位	符　号	描　　述	复位值
31:3	LCD_UPBASE	LCD 上面板基址。该位是存储器中的上面板帧数据的起始地址,双字对齐	0
2:0	—	保留。读取值未定义,只写入 0	—

14.2.7　下面板帧基址寄存器(LCD_LPBASE)

LCD_LPBASE 寄存器是彩色 LCD 下面板的 DMA 基址寄存器,用于为下面板的帧缓冲区编写基址。同上述寄存器一样 LCD_LPBASE 也必须在使能 LCD 控制器以前初始化。该寄存器位描述见表 14 - 9。

表 14 - 9　下面板帧基址寄存器位描述

位	符　号	描　　述	复位值
31:3	LCD_LPBASE	LCD 下面板基址。该位是存储器中的下面板帧数据的起始地址,双字对齐	0
2:0	—	保留。读取值未定义,只写入 0	—

14.2.8　LCD 控制寄存器(LCD_CTRL)

LCD_CTRL 寄存器控制 LCD 的工作模式以及面板像素参数,该寄存器位描述见表 14 - 10。

表 14 - 10　LCD 控制寄存器位描述

位	符　号	描　　述	复位值
31:17	—	保留。读取值未定义,只写入 0	
16	WATERMARK	LCD 的 DMA FIFO 水印水平。DMA 请求生成时控制。 0:DMA FIFO 有 4 个或更多空位时,生成一个 LCD DMA 请求; 1:DMA FIFO 有 8 个或更多空位时,生成一个 LCD DMA 请求	0
15:14	—	保留。读取值未定义,只写入 0	

409

位	符 号	描 述	复位值
13:12	LcdVcomp	LCD 垂直比较中断。于下述情况生成 VComp 中断： 00 = 垂直同步起始； 01 = 后沿起始； 10 = 活动视频起始； 11 = 前沿起始	0
11	LcdPwr	LCD 电源使能。 0：电源没有通到 LCD 面板上，LCD_VD[23:0]信号被禁止； 1：电源通到 LCD 面板上，LCD_VD[23:0]信号被使能	0
10	BEPO	大小端像素排序。控制一个字节中的像素排序。 0：一个字节中的小端字节排序； 1：一个字节中的大端字节排序	0
9	BEBO	大小端字节顺序。控制存储器中的字节排序。 0：小端字节序； 1：大端字节序	0
8	BGR	彩色格式选择。 0：RGB 正常输出； 1：BGR 红蓝交换	0
7	LcdDual	LCD 单或双面板选择，STN LCD 接口： 0：单面板； 1：双面板	0
6	LcdMono8	单色 LCD 接口宽度。该位控制一个单色 STN LCD 是否使用 4 或 8 位并行接口。该位在其他模式下没有意义，且必须被设为 0。 0：单色 LCD 使用一个 4 位接口； 1：单色 LCD 使用一个 8 位接口	0
5	LcdTFT	LCD 面板 TFT 类型选择。 0：LCD 是一个 STN 显示器，使用灰度计； 1：LCD 是一个 TFT 显示器，不使用灰度计	0
4	LcdBW	STN LCD 单色/彩色选择。 0：STN LCD 为彩色； 1：STN LCD 为单色	0
3:2	LcdBpp	LCD 位数/像素，即选择 LCD 的每个像素由多少位组成。 000 = 1 bpp； 001 = 2 bpp； 010 = 4 bpp； 011 = 8 bpp； 100 = 16 bpp； 101 = 24 bpp(仅针对 TFT 面板)； 110 = 16 bpp,5:6:5 模式； 111 = 12 bpp,4:4:4 模式	0
0	LcdEn	LCD 使能控制位。 0：LCD 被禁止。LCD_LP、LCD_DCLK、LCD_FP、LCD_ENAB_M 和 LCD_LE 为低电平有效信号； 1：LCD 被使能。LCD_LP、LCD_DCLK、LCD_FP、LCD_ENAB_M 和 LCD_LE 为高电平有效信号	0

14.2.9　中断屏蔽寄存器(LCD_INTMSK)

LCD_INTMSK 寄存器控制各个 LCD 中断是否发生。置位此寄存器中的位能够将相应的原始中断 LCD_INTRAW 状态位值传递给 LCD_INTSTAT 寄存器以作为中断进行处理。该寄存器位描述见表 14-11。

表 14-11　中断屏蔽寄存器位描述

位	符　号	描　　述	复位值
31:5	—	保留。读取值未定义,只写入 0	—
4	BERIM	AHB 主错误中断使能。 0:AHB 主错误中断被禁止; 1:当 AHB 主错误发生时产生中断	0
3	VCompIM	垂直比较中断使能。 0:垂直比较中断被禁止; 1:当垂直比较时间(由 LCD_CTRL 寄存器中的 LcdVComp 字段定义)达到时产生中断	0
2	LNBUIM	LCD 下一基址更新中断使能。 0:基址更新中断被禁止; 1:当 LCD 基址寄存器从下一地址寄存器更新时产生中断	0
1	FUFIM	FIFO 下溢中断使能 0:FIFO 下溢中断被禁止; 1:FIFO 下溢时产生中断	0
0	—	保留。读取值未定义,只写入 0	—

14.2.10　原始中断屏蔽寄存器(LCD_INTRAW)

LCD_INTRAW 寄存器包含了各种 LCD 控制器事件的状态标志。如果被 LCD_INTMSK 寄存器中的屏蔽位使能,则这些标志就可以产生一个对应的中断。该寄存器位描述见表 14-12。

表 14-12　原始中断屏蔽寄存器位描述

位	符　号	描　　述	复位值
31:5	—	保留。读取值未定义,只写入 0	—
4	BERRAW	AHB 主机总线错误原始中断状态。 当 AHB 主接口从一个从接口接收到一个总线错误响应时该位置位。LCD_INTMSK 寄存器中的 BERIM 位置位时产生中断	0
3	VCompRIS	垂直比较原始中断状态。 按 LCD_CTRL 寄存器中的 LcdVComp 位所选择的,当到达 4 个垂直区中的一个区,该位置位。LCD_INTMSK 寄存器中的 VCompIM 位置位时产生中断	0

位	符　号	描　述	复位值
2	LNBURIS	LCD 下一基址更新原始中断状态,取决于模式。当前基址寄存器成功被下一地址寄存器更新时该位置位。该位表示如果使用了 双缓冲,一个新的下一地址将能够被加载。LCD_INTMSK 寄存器中的 LNBUIM 位置位时产生中断	—
1	FUFRIS	FIFO 下溢原始中断状态。当导致一个下溢条件发生时,上或下 DMA FIFO 已经被读访问时置位。LCD_INTMSK 寄存器中的 LNBUIM 位置位时产生中断	—
0		保留。读取值未定义,只写入 0	—

14.2.11　中断屏蔽状态寄存器(LCD_INTSTAT)

　　LCD_INTSTAT 寄存器为只读寄存器,包括了对 LCD_INTRAW 寄存器与 LCD_INTMASK 寄存器的逐位逻辑相"与"(AND)运算。所有中断的逻辑相"或"(OR)运算被提供给系统中断控制器,该寄存器位描述见表 14-13。

表 14-13 中断屏蔽状态寄存器位描述

位	符　号	描　述	复位值
31:5	—	保留。读取值未定义,只写入 0	—
4	BERMIS	AHB 主机总线错误屏蔽中断状态。当 LCD_INTRAW 寄存器中的 BERRAW 位和 LCD_INTMSK 寄存器中的 BERIM 位同时置位时该位置位	0
3	VCompMIS	垂直比较屏蔽中断状态。当 LCD_INTRAW 寄存器中的 VCompRIS 位和 LCD_INTMSK 寄存器中的 VCompIM 位同时置位时该位置位	0
2	LNBUMIS	LCD 下一基址更新屏蔽中断状态。当 LCD_INTRAW 寄存器中的 LNBURIS 位和 LCD_INTMSK 寄存器中的 LNBUIM 位同时置位时该位置位	0
1	FUFMIS	FIFO 下溢屏蔽中断状态。当 LCD_INTRAW 寄存器中的 FUFRIS 位和 LCD_INTMSK 寄存器中的 FUFIM 位同时置位 时该位置位	0
0		保留。读取值未定义,只写入 0	—

14.2.12　中断清零寄存器(LCD_INTCLR)

　　LCD_INTCLR 寄存器为只写寄存器,向相应位写入逻辑 1,可清除相应的中断。该寄存器位描述见表 14-14。

表 14 - 14　　中断清零寄存器位描述

位	符　号	描　　述	复位值
31:5	—	保留。读取值未定义,只写入 0	—
4	BERIC	AHB 主错误中断清除。向该位写入 1 清除 AHB 主错误中断	0
3	VCompIC	垂直比较中断清除。向该位写入 1 清除垂直比较中断	0
2	LNBUIC	LCD 下一基址更新中断清除。向该位写入 1 清除 LCD 下一基址更新中断	0
1	FUFIC	FIFO 下溢中断清除。向该位写入 1 清除 FIFO 下溢中断	0
0	—	保留。读取值未定义,只写入 0	—

14.2.13　上面板当前地址寄存器(LCD_UPCURR)

LCD_UPCURR 寄存器为只读寄存器,包含了读取时上面板数据 DMA 的近似地址值。

注意:此寄存器可以在任何时候修改,因此只用于显示位置的粗略指示。LCD_UPCURR 寄存器位描述见表 14 - 15。

表 14 - 15　　上面板当前地址寄存器位描述

位	符　号	描　　述	复位值
31:0	LCD_UPCURR	LCD 上面板当前地址。包含当前 LCD 上面板数据 DMA 地址	0

14.2.14　下面板当前地址寄存器(LCD_LPCURR)

LCD_LPCURR 寄存器为只读寄存器,包含了读取时下面板数据 DMA 的近似地址值。

注意:此寄存器可以在任何时候修改,因此只用于显示位置的粗略指示。LCD_LPCURR 寄存器位描述见表 14 - 16。

表 14 - 16　　下面板当前地址寄存器位描述

位	符　号	描　　述	复位值
31:0	LCD_LPCURR	LCD 下面板当前地址。包含当前 LCD 下面板数据 DMA 地址	0

14.2.15　彩色调色板寄存器(LCD_PAL)

LCD_PAL 寄存器包含了 256 个调色板表项,组织成每字 2 个表项的 128 个位置。每个字的位置都包含 2 个调色板表项。这意味着,调色板使用了 128 个字的位置。

当配置为小端字节排列时,位[15:0]是低编码的调色板表项,位[31:16]是高编码的调色板表项。当配置为大端字节排列时,顺序颠倒,即位[31:16]是低编码的调色板表项,位［15:0］是高编码的调色板表项。彩色调色板寄存器位描述见表 14 – 17。

表 14 – 17　彩色调色板寄存器位描述

位	符 号	描 述	复位值
31	—	亮度/未使用位。可以被用作 6:6:6 模式下 TFT 显示器上红、绿和蓝输入的 LSB,使颜色数目翻倍至 64K,且每种颜色有两种不同的亮度	0
30:26	B[4:0]	蓝色调色板数据	0
25:21	G[4:0]	绿色调色板数据	0
20:16	R[4:0]	红色调色板数据。 对于 STN 显示器,只有 4 位,即[4:1]的 MSB 被使用。对于单色显示器,只有红色调色板数据被使用。所有的调色板寄存器都使用同样的位字段	0
15	—	亮度/未使用位。可以被用作 6:6:6 模式下 TFT 显示器上红、绿和蓝输入的 LSB,使颜色数目翻倍至 64K,且每种颜色有两种不同的亮度	0
14:10	B[4:0]	蓝色调色板数据	0
9:5	G[4:0]	绿色调色板数据	0
4:0	R[4:0]	红色调色板数据。 对于 STN 显示器,只有 4 位,即[4:1]的 MSB 被使用。对于单色显示器,只有红色调色板数据被使用。所有的调色板寄存器都使用同样的位字段	0

14.2.16　光标图像寄存器(CRSR_IMG)

CRSR_IMG 寄存器区包含 256 个字宽的值,被硬件光标机制用于定义图像或重叠在显示器上的图像。图像必须永远以 LBBP 模式(小端字节,大端像素)保存。根据 CRSR_CFG 寄存器中位 0 的状态(见光标配置寄存器的描述),光标图像 RAM 可包含 4 个 32×32 光标图像,或 1 个 64×64 光标图像。光标定义的两种颜色被映射到 CRSR_PAL0 和 CRSR_PAL1 寄存器的值上(见光标调色板寄存器的描述)。本寄存器位描述见表 14 – 18。

表 14 – 18　光标图像寄存器位描述

位	符 号	描 述	复位值
31:0	RSR_IMG	光标图像数据。光标图像寄存器的 256 个字定义了一个 64×64 光标或 4 个 32×32 光标的外观	0

14.2.17　光标控制寄存器(CRSR_CTRL)

CRSR_CTRL 寄存器提供了对常用光标功能的访问,如光标的显示开/关控制,以及光标号。如果选择的是 32×32 光标,则可以在 4 种 32×32 光标中使能一种。每种图像占据 $\frac{1}{4}$ 的图像存储器,光标 0 从地址 0 起,然后光标 1 从地址 0x100 起,光标 2 从地址 0x200 起,光标 3 从地址 0x300 起。如果选择的是 64×64 光标,则只有一个光标适合图像缓冲区,没有其他选择。

适用于光标的类似帧同步规则也适用于光标号。如果 CrsrFramesync 为 1,则只有在垂直帧消隐周期内,才能改变显示的光标图像。如果 CrsrFramesync 为 0,则光标图像索引会立即改变,即使光标正在被扫描。本寄存器位描述见表 14-19。

表 14-19　光标控制寄存器位描述

位	符　号	描　述	复位值
31:6	—	保留。读取值未定义,只写入 0	—
5:4	CrsrNum[1:0]	光标图像号。如果所选光标的尺寸为 64×64,则该字段无效。如果所选光标的尺寸为 32×32,则光标图像号选择如下: 00 = 光标 0; 01 = 光标 1; 10 = 光标 2; 11 = 光标 3	0
3:1	—	保留。读取值未定义,只写入 0	—
0	CrsrOn	光标使能。 0:光标未显示; 1:光标被显示	0

14.2.18　光标配置寄存器(CRSR_CFG)

CRSR_CFG 寄存器为硬件光标提供所有配置信息,该寄存器位描述见表 14-20。

表 14-20　光标配置寄存器位描述

位	符　号	描　述	复位值
31:2	—	保留。读取值未定义,只写入 0	—
1	FrameSync	光标帧同步类型: 0:光标协同异步; 1:光标协同与帧同步脉冲同步	0
0	CrsrSize	光标尺寸选择。 0:32×32 像素光标,考虑到 4 个定义光标; 1:64×64 像素光标	0

14.2.19　光标调色板寄存器 0(CRSR_PAL0)

光标调色板寄存器提供了光标可见颜色的彩色调色板信息。Color0 通过 CRSR_PAL0 映射。此寄存器以帧缓冲区调色板输出所显示的相同方式,根据 LCD 面板的性能,提供要显示的 24 位 RGB 值。在单色 STN 模式下,只使用了红色域的前 4 位。在 STN 彩色模式下,使用了红、蓝和绿域的前 4 位。在每像素 24 位模式下,调色板寄存器的所有 24 位都是有效的。该寄存器位描述见表 14-21。

表 14－21　光标调色板寄存器 0 位描述

位	符　号	描　述	复位值
31:24	—	保留。读取值未定义，只写入 0	—
23:16	蓝	蓝色分量	0
15:8	绿	绿色分量	0
7:0	红	红色分量	0

14.2.20　光标调色板寄存器 1(CRSR_PAL1)

光标调色板寄存器提供了光标可见颜色的彩色调色板信息。Color1 通过 CRSR_PAL1 映射。此寄存器以帧缓冲区调色板输出所显示的相同方式，根据 LCD 面板的性能，提供要显示的 24 位 RGB 值。在单色 STN 模式下，只使用了红色域的前 4 位。在 STN 彩色模式下，使用了红、蓝和绿域的前 4 位。在每像素 24 位模式下，调色板寄存器的所有 24 位都是有效的。本寄存器位描述见表 14－22。

表 14－22　光标调色板寄存器 1 位描述

位	符　号	描　述	复位值
31:24	—	保留。读取值未定义，只写入 0	—
23:16	蓝	蓝色分量	0
15:8	绿	绿色分量	0
7:0	红	红色分量	0

14.2.21　光标 XY 位置寄存器(CRSR_XY)

CRSR_XY 寄存器定义了光标的左上边沿与光标覆盖区的左上边沿之间的距离。如果 CRSR_CFG 寄存器中的 FrameSync 位为 0，则光标位置会立即改变，即使光标正在被扫描。如果 FrameSync 为 1，则只有在下一个垂直帧消隐周期内，光标位置才会改变。该寄存器位描述见表 14－23。

表 14－23　光标 XY 位置寄存器位描述

位	符　号	描　述	复位值
31:26	—	保留。读取值未定义，只写入 0	—
25:16	CrsrY	像素中所测量到的光标源的 Y 纵坐标。 当该位为 0 时，光标的上边缘在显示器的顶部	0
15:10	—	保留。读取值未定义，只写入 0	—
9:0	CrsrX	像素中所测量到的光标源的 X 纵坐标。 当该位为 0 时，光标的左边缘在显示器的左侧	0

14.2.22　光标剪裁位置寄存器(CRSR_CLIP)

CRSR_CLIP 寄存器定义了光标图像的左上边沿与光标图像中的第一个显示像

素之间的距离。光标剪裁寄存器使用的同步规则不同于光标坐标。如果 CRSR_
CFG 中的 FrameSync 位为 0，则光标剪裁点会立即改变，即使光标正在被扫描。如
果 CRSR_CFG 中的 FrameSync 位为 1，则只有在垂直帧消隐周期内，显示的光标图
像才会改变，前提是剪裁寄存器设置后，光标位置已经更新。在编程设定时，剪裁寄
存器必须在位置寄存器（ClcdCrsrXY）以前被写入，以确保给定帧的剪裁与对应位置
信息之间的一致性。该寄存器位描述见表 14 - 24。

表 14 - 24　光标剪裁位置寄存器位描述

位	符　号	描　　述	复位值
31:14	—	保留。读取值未定义，只写入 0	—
13:8	CrsrClipY	Y 方向的光标剪裁位置。从光标图像的顶部到光标中第一个显示出的像素之间的距离。当该位为 0 时，第一个显示出的像素从光标图像的顶部线开始	0
7:6	—	保留。读取值未定义，只写入 0	—
5:0	CrsrClipX	X 方向的光标剪裁位置。从光标图像的左边缘到光标中第一个显示出的像素之间的距离。当该位为 0 时，显示光标线中的第一个像素	0

14.2.23　光标中断屏蔽寄存器（CRSR_INTMSK）

CRSR_INTMSK 寄存器用于使能或禁止光标对处理器的中断，该寄存器位描述
见表 14 - 25。

表 14 - 25　光标中断屏蔽寄存器位描述

位	符　号	描　　述	复位值
31:1	—	保留。读取值未定义，只写入 0	—
0	CrsrIM	光标中断屏蔽。当该位清零时，光标不会中断处理器。当该位置位时，光标在从光标图像上读取完最后一个字之后马上中断处理器	0

14.2.24　光标中断清零寄存器（CRSR_INTCLR）

CRSR_INTCLR 寄存器被软件用于清零光标中断状态，以及给处理器的光标中
断信号，该寄存器位描述见表 14 - 26。

表 14 - 26　光标中断清零寄存器位描述

位	符　号	描　　述	复位值
31:1	—	保留。读取值未定义，只写入 0	—
0	CrsrIC	光标中断清除。写入 0 无效；写入 1 导致光标中断状态被清除	0

14.2.25　光标原始中断状态寄存器（CRSR_INTRAW）

CRSR_INTRAW 寄存器设定为指示一个光标的中断状态。当通过 CRSR_

INTMSK 寄存器中的 CrsrIM 位使能时,它为系统中断控制器提供中断。该寄存器位描述见表 14 - 27。

轻松玩转 ARM Cortex-M3 微控制器——基于 LPC1788 系列

表 14 - 27　光标原始中断状态寄存器位描述

位	符　号	描　　述	复位值
31:1	—	保留。读取值未定义,只写入 0	—
0	CrsrRIS	光标原始中断状态。光标中断状态从现有的光标图像上读取最后一份数据之后置位,该位通过向 CRSR_INTCLR 寄存器中的 CrsrIC 位写入信息来清除	0

14.2.26　光标中断屏蔽状态寄存器(CRSR_INTSTAT)

CRSR_INTSTAT 寄存器用于指示一个光标的中断,前提是该中断未在 CRSR_INTMSK 寄存器中被屏蔽,该寄存器位描述见表 14 - 28。

表 14 - 28　光标中断屏蔽状态寄存器位描述

位	符　号	描　　述	复位值
31:1	—	保留。读取值未定义,只写入 0	—
0	CrsrMIS	光标中断屏蔽状态。如果 CRSR_INTMSK 寄存器中的相应位被置位,光标中断状态从现有帧的光标图像上读取最后一份数据之后置位。如果 CRSR_INTMSK 寄存器被清除,则该位维持清零状态。该位通过向 CRSR_INTCLR 寄存器写入信息来清除	0

14.3　LCD 控制器的常用库函数

LCD 控制器库函数由一组应用接口函数组成,这组函数覆盖了 LCD 相关操作的功能集。由于本节的软件设计采用的是寄存器操作,为了便于学习和掌握这类库函数,在这里仅介绍一些主要函数,各功能函数详细说明如表 14 - 29～表 14 - 43 所列。

① 函数 LCD_Init。

表 14 - 29　函数 LCD_Init

函数名	LCD_Init
函数原型	LCD_RET_CODE LCD_Init (LCD_Config_Type * pConfig)
功能描述	LCD 控制器初始化
输入参数	Config:LCD 配置结构,含大端字节序和大端像素序等多种参数
返回值	设置成功返回 LCD_FUNC_OK,失败则返回 LCD_FUNC_ERR
调用函数	PINSEL_ConfigPin()函数、CLKPWR_ConfigPPWR()函数、CLKPWR_GetCLK()函数、LCD_SetHorizontalTiming()函数、LCD_SetVertialTiming()函数、LCD_SetPolarity()函数、LCD_SetBaseAddress()函数、LCD_CtrlSetup()函数等
说　明	初始化 LCD 控制器硬件、分配引脚、使能 CCLK 时钟、设置水平/垂直时序、极性及 LCD 控制寄存器设置

② 函数 LCD_SetHorizontalTiming。

表 14 - 30　函数 LCD_SetHorizontalTiming

函数名	LCD_SetHorizontalTiming
函数原型	void LCD_SetHorizontalTiming(LCD_HConfig_Type * pConfig)
功能描述	配置水平时序,即水平同步脉冲宽度(HSW)、水平前沿(HFP)周期、水平后沿(HBP)周期,以及每行像素(PPL)参数设置
输入参数	pConfig:水平时序配置结构,含 HSW、HFP、HBP、PPL 四个参数
说　明	针对水平时序寄存器 LCD_TIMH 进行配置

③ 函数 LCD_SetVertialTiming。

表 14 - 31　函数 LCD_SetVertialTiming

函数名	LCD_SetVertialTiming
函数原型	void LCD_SetVertialTiming(LCD_VConfig_Type * pConfig)
功能描述	配置垂直时序,即垂直同步脉冲宽度(VSW)、垂直前沿(VFP)周期、垂直后沿(VBP)周期,以及每面板线数(LPP)参数设置
输入参数	pConfig:垂直时序配置结构,含 VSW、VFP、VBP、LPP 四个参数
说　明	针对垂直时序寄存器 LCD_TIMV 进行配置

④ 函数 LCD_SetPolarity。

表 14 - 32　函数 LCD_SetPolarity

函数名	LCD_SetPolarity
函数原型	void LCD_SetPolarity(LCD_TYPES lcd_type, LCD_POLARITY_Type * pConfig)
功能描述	设置相关信号的输出极性
输入参数 1	lcd_type:LCD 类型结构,含 STN 单色/彩色、TFT 类型
输入参数 2	pConfig:LCD 极性参数结构,含 ACB、IHS、IVS 等参数
说　明	针对时钟与信号极性寄存器 LCD_POL 的相关位设置

⑤ 函数 LCD_SetBaseAddress。

表 14 - 33　函数 LCD_SetBaseAddress

函数名	LCD_SetBaseAddress
函数原型	void LCD_SetBaseAddress(LCD_PANEL panel, uint32_t pAddress)
功能描述	设置彩色 LCD 上、下面板的 DMA 基址寄存器,即为上、下面板的帧缓冲区编写基址
输入参数 1	panel:上、下面板选项
输入参数 2	pAddress:上、下面板基址
说　明	针对 LCD_UPBASE、LCD_LPBASE 寄存器进行设置

⑥ 函数 LCD_CtrlSetup。

表 14 - 34　函数 LCD_CtrlSetup

函数名	LCD_CtrlSetup
函数原型	void LCD_CtrlSetup(LCD_Config_Type * pConfig)
功能描述	设置 LCD 的工作模式以及面板像素参数
输入参数	pConfig：LCD 配置结构，含各种相关参数
说　明	针对 LCD_CTRL 寄存器部分有效寄存器位进行设置

⑦ 函数 LCD_Enable。

表 14 - 35　函数 LCD_Enable

函数名	LCD_Enable
函数原型	void LCD_Enable (Bool bEna)
功能描述	LCD 信号控制及电源控制配置
输入参数	Bool bEna：使能或禁止
说　明	针对 LCD_CTRL 寄存器位 0 和位 11 两个位进行设置

⑧ 函数 LCD_SetPalette。

表 14 - 36　函数 LCD_SetPalette

函数名	LCD_SetPalette
函数原型	void LCD_SetPalette (const uint8_t * pPallete)
功能描述	设置调色板
输入参数	pPallete：调板参数
说　明	针对彩色调色板寄存器 LCD_PAL 进行设置

⑨ 函数 LCD_SetImage。

表 14 - 37　函数 LCD_SetImage

函数名	LCD_SetImage
函数原型	void LCD_SetImage(LCD_PANEL panel, const uint8_t * pPain)
功能描述	将像素值从图像缓存复制到帧缓存
输入参数 1	panel：上下面板选项，可选 LCD_PANEL_UPPER 或 LCD_PANEL_LOWER
输入参数 2	pPain：图像缓存指针

⑩ 函数 LCD_PutPixel。

表 14 - 38　函数 LCD_PutPixel

函数名	LCD_PutPixel
函数原型	void LCD_PutPixel (LCD_PANEL panel, uint32_t X_Left, uint32_t Y_Up, LcdPixel_t color)
功能描述	指定面板绘一个像素

轻松玩转 ARM Cortex-M3 微控制器——基于 LPC1788 系列

输入参数 1	panel：上下面板选项，可选 LCD_PANEL_UPPER 或 LCD_PANEL_LOWER
输入参数 2	X_Left：X 位置
输入参数 3	Y_Up：Y 位置
输入参数 4	color：颜色

⑪ 函数 LCD_LoadPic。

表 14 - 39　函数 LCD_LoadPic

函数名	LCD_LoadPic
函数原型	void LCD_LoadPic（LCD_PANEL panel, uint32_t X_Left, uint32_t Y_Up, Bmp_t * pBmp, uint32_t Mask）
功能描述	将指定图片绘在指定面板
输入参数 1	panel：上下面板选项，可选 LCD_PANEL_UPPER 或 LCD_PANEL_LOWER
输入参数 2	X_Left：X 位置
输入参数 3	Y_Up：Y 位置
输入参数 4	pBmp：图片信息指针
输入参数 5	Mask：像素值
说　明	图片绘制显示功能函数

⑫ 函数 LCD_FillRect。

表 14 - 40　函数 LCD_FillRect

函数名	LCD_FillRect
函数原型	void LCD_FillRect (LCD_PANEL panel, uint32_t startx, uint32_t endx,　uint32_t starty, uint32_t endy, LcdPixel_t color)
功能描述	指定颜色长方形实体填充
输入参数 1	panel：上下面板选项，可选 LCD_PANEL_UPPER 或 LCD_PANEL_LOWER
输入参数 2	startx：X 位置起点
输入参数 3	endx：X 位置终点
输入参数 4	starty：Y 位置起点
输入参数 5	endy：Y 位置终点
输入参数 6	color：颜色取值
说　明	画长方形实体框

⑬ 函数 LCD_Cursor_Cfg。

表 14 - 41　函数 LCD_Cursor_Cfg

函数名	LCD_Cursor_Cfg
函数原型	void LCD_Cursor_Cfg(LCD_Cursor_Config_Type * pConfig)
功能描述	硬件光标配置
输入参数	pConfig：光标配置结构，含光标尺寸选择、光标帧同步类型等参数
说　明	针对光标配置寄存器 CRSR_CFG、光标调色板寄存器 0～1(CRSR_PAL0～1)等进行配置

⑭ 函数 LCD_Cursor_Enable。

表 14 - 42　函数 LCD_Cursor_Enable

函数名	LCD_Cursor_Enable
函数原型	void LCD_Cursor_Enable(int enable, int cursor)
功能描述	光标显示设置
输入参数 1	enable：0 使能，1 禁用
输入参数 2	cursor：光标号选择
说　明	针对光标控制寄存器 CRSR_CTRL 设置光标显示的开/关以及光标号

⑮ 函数 LCD_Move_Cursor。

表 14 - 43　函数 LCD_Move_Cursor

函数名	LCD_Move_Cursor
函数原型	void LCD_Move_Cursor(int x, int y)
功能描述	移动光标到指定位置
输入参数 1	x：X 位置
输入参数 2	y：Y 位置
说　明	光标 X/Y 位置寄存器 CRSR_XY、光标剪裁位置寄存器 CRSR_CLIP 进行配置。并视 X/Y 位置进行剪裁

14.4　LCD 控制器应用实例

LPC178x 微控制器 LCD 控制器可以直接驱动多种类型的 LCD,本节将演示 LCD 直接驱动及触摸屏的应用例程。

14.4.1　设计目标

本章分别针对 LCD 控制器的液晶显示屏驱动,以及触摸屏应用各安排了一个简易实例,第一个例程首先直接驱动一个 7 in 的 LCD,然后刷屏显示两行文字——字符串;第二个例程是触摸屏在 LCD 可视环境进行多点校准操作。

14.4.2　硬件电路设计

LCD 液晶显示屏是一种将液晶显示器件、连接件、集成电路、PCB 线路板、背光源、结构件装配在一起的组件,英文名称叫"LCD Module",由于长期以来人们都已习惯称其为"液晶显示模块",本例采用的是 7 in TFT LCD。下面重点介绍一下本例要采用的触摸屏控制器 XPT2046,LPC178x 微处理器将通过 SSP 外设与之通信。

1. 触摸屏控制器 XPT2046

XPT2046 是一款 4 导线制触摸屏控制器,内含 12 位分辨率、125 kHz 转换速率的逐次逼近型 A/D 转换器,同时包含了采样/保持、模/数转换、串口数据输出等功能,XPT2046功能框图如图14-3所示。它支持1.5~5.25 V范围的低电压I/O接口,XPT2046能通过执行两次A/D转换查出被按的屏幕位置,片内集成有一个温度传感器,内部自带2.5 V参考电压可以用于辅助输入、温度测量和电池监测模式,此外,还可以测量加在触摸屏上的压力。

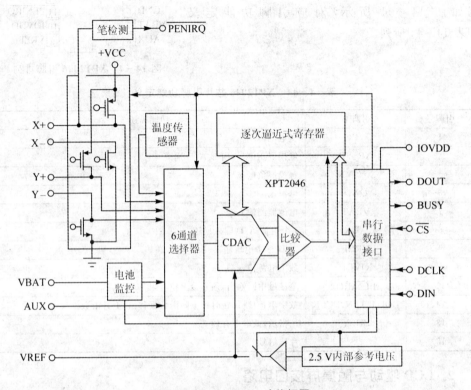

图14-3 XPT2046功能框图

XPT2046芯片主要特性如下:
- 具有4线制触摸屏接口;
- 具有触摸压力测量功能;
- 能直接测量电源电压(0~6 V);
- 低功耗(260 μA);
- 可单电源工作,工作电压范围为2.2~5.25 V;
- 支持1.5~5.25 V电平的数字I/O口;
- 内部自带+2.5 V参考电压源;
- 具有125 kHz的转换速率;
- 采用3线制SPI通信接口;
- 具有可编程的8位或12位的分辨率;
- 具有1路辅助模拟量输入;
- 具有自动省电功能;

● 封装小,节约电路面积,如 TSSOP - 16,
　QFN - 16(厚度 0.75 mm)和 VFBGA - 48;

● 全兼容 TSC2046,ADS7843/7846 和 AK4182。

XPT2046 最常用的封装 TSSOP - 16 引脚排列如图 14 - 4 所示,对应引脚功能定义如表 14 - 44 所列。

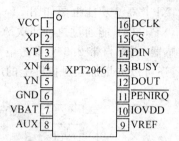

图 14 - 4　XPT2046 引脚排列

表 14 - 44　XPT2046 芯片引脚功能定义

引脚号	引脚名	功能描述
1	VCC	供电电源
2、3	XP、YP	触摸屏正电极,内部 A/D 通道
4、5	XN、YN	触摸屏负电极
6	GND	电源地
7	VBAT	电池监测输入端
8	AUX	1 个附加 A/D 输入通道
9	VREF	A/D 参考电压输入
10	IOVDD	数字电源输入端
11	$\overline{PENIRQ}$	笔接触中断输出,须外接上拉电阻
12、14、16	DOUT、DIN、DCLK	数字串行接口,在时钟下降沿数据移出,上升沿数据移入
13	BUSY	忙指示,低电平有效
15	$\overline{CS}$	片选信号

2. LCD 驱动与触摸屏接口电路

本例 LPC1788 微处理器采用下述引脚与 7 in TFT LCD 面板连接,LCD 面板驱动采用 16 位(5∶6∶5)模式,相关驱动引脚对应关系如表 14 - 45 所列。

表 14 - 45　LPC1788 微处理器驱动 LCD 面板引脚

微处理器 LCD 信号名称	LPC1788 微处理器引脚	16 位(5∶6∶5) 模式 LCD 信号	原理图信号名称或作用
LCD_VD[23]	P1.29	蓝 4	B4_VD23
LCD_VD[22]	P1.28	蓝 3	B3_VD22
LCD_VD[21]	P1.27	蓝 2	B2_VD21
LCD_VD[20]	P1.26	蓝 1	B1_VD20
LCD_VD[19]	P2.13	蓝 0	B0_VD19
LCD_VD[15]	P1.25	绿 5	G5_VD15
LCD_VD[14]	P1.24	绿 4	G4_VD14
LCD_VD[13]	P1.23	绿 3	G3_VD13

微处理器 LCD 信号名称	LPC1788 微处理器引脚	16 位(5:6:5) 模式 LCD 信号	原理图信号名称或作用
LCD_VD[12]	P1.22	绿 2	G2_VD12
LCD_VD[11]	P1.21	绿 1	G1_VD11
LCD_VD[10]	P1.20	绿 0	G0_VD10
LCD_VD[7]	P2.9	红 4	R4_VD7
LCD_VD[6]	P2.8	红 3	R3_VD6
LCD_VD[5]	P2.7	红 2	R2_VD5
LCD_VD[4]	P2.6	红 1	R1_VD4
LCD_VD[3]	P2.12	红 0	R0_VD3
LCD_DCLK	P2.2	DCLK	LCD_DCLK(时钟)
LCD_PWR	P2.0	PWR	LCD_DISP(LCD 电源开关)
LCD_LP	P2.5	HSYNC	LCD_HSYNC(水平时序信号)
LCD_FP	P2.3	VSYNC	LCD_VSYNC(垂直时序信号)
LCD_ENAB_M	P2.4	LCD_DEN	LCD_DEN(LCD 使能)
LCD_LE	P2.1	LE	BL_CTRL(背光控制)

　　触摸屏通信接口采用的是微处理器的 SSP0 外设,相关引脚对应关系如表 14 - 46 所列,图 14 - 5 所示为 LCD 液晶显示屏驱动与触摸屏接口电路。

表 14 - 46　触摸屏接口

微处理器引脚	触摸屏信号	作　用	微处理器引脚	触摸屏信号	作　用
P2.23/SSP0_SSEL	TP_nCS	片选	P2.26/SSP0_MISO	TP_SDO	数字串行输出
P2.22/SSP0_SCK	TP_SCK	数字时钟	P2.11	TP_INT	中断信号
P2.27/SSP0_MOSI	TP_SDI	数字串行输入			

3. SDRAM 存储接口

　　本例采用了外置三星 16M×16 的 SDRAM 存储器 K4S561632N,用于刷新 LCD 显示数据的缓存,表 14 - 47 分别列出了 LPC1788 微处理器引脚与 SDRAM 存储器数据总线、地址总线等接口的引脚对应关系。

表 14 - 47　SDRAM 存储器接口

微处理器引脚	SDRAM 信号	作　用	微处理器引脚	SDRAM 信号	作　用
P4.0~P4.11	A[0:12]	13 位地址线	P2.29	UDQM	低位数据输入/输出屏蔽
P4.12~P4.13	BA0~BA1	BANK 地址选择	P2.20	$\overline{CS}$	片选
P3.0~P3.15	D[0:15]	16 位数据线	P2.17	$\overline{RAS}$	行地址选通
P2.24	CKE	时钟使能	P2.16	$\overline{CAS}$	列地址选通
P2.18	CLK	系统时钟	P4.25	$\overline{WE}$	写使能
P2.28	LDQM	低位数据输入/输出屏蔽			

426

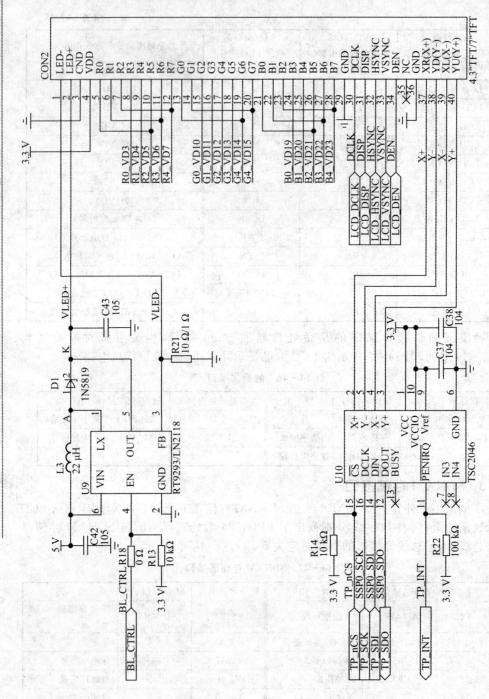

图14-5 LCD液晶显示屏驱动与触摸屏接口电路

LPC1788 微处理器与 SDRAM 存储器接口电路原理如图 14 - 6 所示。

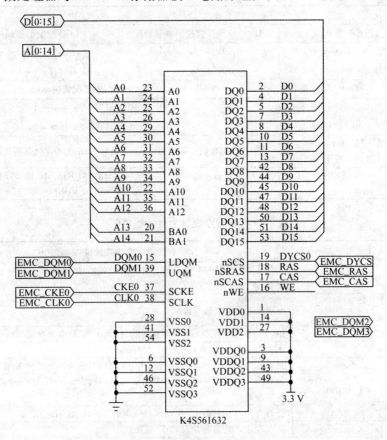

图 14 - 6　外接 SDRAM 存储器接口电路

14.4.3　文字显示实例软件设计

文字显示实例的程序设计所涉及的软件结构如表 14 - 48 所列,其中主要程序文件及功能说明如表 14 - 49 所列。

表 14 - 48　软件设计结构

用户应用层				
main. c				
CMSIS 层				
Cortex - M3 内核外设访问层	LPC17xx 设备外设访问层			
core_cm3. h core_cmFunc. h core_cmInstr. h	启动代码 (startup_LPC-177x_8x. s)	LPC177x_8x. h	system_LPC177x_8x. c	system_LPC177x_8x. h

硬件外设层		
时钟电源控制驱动库	EMC 外部存储控制器驱动库	LCD 控制器驱动库
lpc177x_8x_clkpwr.c	lpc177x_8x_emc.c	lpc177x_8x_lcd.c
lpc177x_8x_clkpwr.h	lpc177x_8x_emc.h	lpc177x_8x_lcd.h
GPIO 外设驱动库		引脚连接配置驱动库
lpc177x_8x_gpio.c		lpc177x_8x_pinsel.c
lpc177x_8x_gpio.h		lpc177x_8x_pinsel.h
LCD 硬件配置及绘图/ 字符串显示操作	ASCII 码显示字库	SDRAM 存储器硬件配置
GLCD.c	AsciiLib.c	SDRAM_K4S561632C_32M_16BIT.c
glcd.h	AsciiLib.h	sdram_k4s561632c_32m_16bit.h

表 14 - 49　程序设计文件功能说明

文件名称	程序设计文件功能说明
main.c	主程序,含 SDRAM 存储器与 LCD 硬件初始化、清屏及字符串显示函数的调用
SDRAM_K4S561632C_ 32M_16BIT.c	SDRAM 存储器初始化配置
GLCD.c	LCD 硬件引脚配置、LCD 面板使能、初始化、字符串及画线等操作函数
AsciiLib.c	ASCII 字库,横向取模 8×16,专为彩屏显示设计
lpc177x_8x_clkpwr.c	公有程序,时钟与电源控制驱动库。注:由其他驱动库文件调用
lpc177x_8x_emc.c	公有程序,EMC 外部存储控制器驱动库,被执行 SDRAM 存储器引脚分配等配置
lpc177x_8x_lcd.c	公有程序,LCD 控制器驱动库(注:本例未使用,仅列出)
lpc177x_8x_gpio.c	公有程序,GPIO 模块驱动库,辅助调用
lpc177x_8x_pinsel.c	公有程序,引脚连接配置驱动库。由相关引脚设置程序调用
startup_LPC177x_8x.s	启动代码文件

本例程首先应用 EMC 外部存储控制器接口连接 SDRAM 存储器 K4S561632N,然后由微控制器的 LCD 控制器驱动 7 in TFT 液晶显示屏,最终实现字符串的显示。该设计的软件部分从框架上可细分为下述几个功能块。

① 系统主程序,执行 SDRAM 存储器 K4S561632N 初始化、LCD 硬件初始化、清屏以及字符串的显示,这部分都是调用函数,压缩在 main.c 文件内。

② EMC 外部存储控制器接口配置,为该接口分配引脚,设置相关参数。

③ LCD 配置功能部分,含 LCD 控制器的硬件驱动引脚及参数配置、LCD 电源使能、光标设置、光标移动、画线、字符与字符串显示等功能函数,这部分程序集中在 GLCD.c 文件。

下文将针对该框架内的主要功能块函数,从上到下进行更详细的介绍。

1. 主程序 main

主程序仅包括一个主函数 main( ),主要是调用各个功能块的函数如存储器初

始化函数、LCD 初始化函数、字符串显示函数等,因而 main( )函数就很简单,代码
如下:

```
int main(void)
{
    SDRAM_32M_16BIT_Init();              //存储器初始化函数
    GLCD_Init();                         //LCD 初始化函数
    GLCD_Clear(Black);                   //清屏,刷黑
    Delay(0xffffff);                     //延时
    GLCD_Clear(White);                   //清屏,刷白
    Delay(0xffffff);                     //延时
    GLCD_Clear(Red);                     //清屏,刷红
    Delay(0xffffff);                     //延时
    GLCD_Clear(Green);                   //清屏,刷绿
    Delay(0xffffff);                     //延时
    GLCD_Clear(Blue);                    //清屏,刷蓝
    Delay(0xffffff);                     //延时
    /* 指定 X/Y 位置显示字符串一 */
    GUI_Text(( GLCD_X_SIZE - 120 ) / 2, GLCD_Y_SIZE / 2 - 8,
             "HY - LPC1788 - Core", White, Blue);
    /* 指定 X/Y 位置显示字符串二 */
    GUI_Text( ( GLCD_X_SIZE - 136 ) / 2, GLCD_Y_SIZE / 2 + 8,
             "Development Board", White, Blue);
    while( 1 )
    {
    }
}
```

2. EMC 接口配置

EMC 接口配置功能块也只有一个功能函数,用于执行 SDRAM 存储器
K4S561632N 的驱动引脚分配,驱动参数配置,该函数位于 SDRAM_K4S561632C_
32M_16BIT.c 文件。

```
void SDRAM_32M_16BIT_Init( void )
{
    volatile uint32_t i;
    volatile unsigned long Dummy;
    /* 时钟,行/列选通,数据输入/输出使能,写使能引脚分配 */
    PINSEL_ConfigPin(2,16,1);         /* P2.16:EMC_CAS */
    PINSEL_ConfigPin(2,17,1);         /* P2.17:EMC_RAS */
    PINSEL_ConfigPin(2,18,1);         /* P2.18:EMC_CLK[0] */
    PINSEL_ConfigPin(2,20,1);         /* P2.20:EMC_DYCS0 */
```

```
PINSEL_ConfigPin(2,24,1);           /* P2.24:EMC_CKE0 */
PINSEL_ConfigPin(2,28,1);           /* P2.28:EMC_DQM0 */
PINSEL_ConfigPin(2,29,1);           /* P2.29:EMC_DQM1 */
PINSEL_ConfigPin(4,25,1);           /* P4.25:EMC_WE */
/* 16 位数据总线引脚分配 */
for(i = 0; i < 16; i++)
{
    PINSEL_ConfigPin(3,i,1);        /* P3.0~P3.15:EMC_D[0~15] */
}
/* 地址总线引脚分配 */
for(i = 0; i < 15; i++)
{
    PINSEL_ConfigPin(4,i,1);        /* P4.0~P4.14:EMC_A[0~14] */
}
/* SDRAM 控制器参数设置,含各种延时参数等 */
LPC_SC->PCONP         |= 0x00000800;
LPC_SC->EMCDLYCTL |= (8<<0);
LPC_SC->EMCDLYCTL |= (8<<8);
LPC_SC->EMCDLYCTL |= (0x08 <<16);
LPC_EMC->Control = 1;
LPC_EMC->DynamicReadConfig = 1;
LPC_EMC->DynamicRasCas0 = 0;
LPC_EMC->DynamicRasCas0 |= (3<<8);
LPC_EMC->DynamicRasCas0 |= (3<<0);
LPC_EMC->DynamicRP = P2C(SDRAM_TRP);
LPC_EMC->DynamicRAS = P2C(SDRAM_TRAS);
LPC_EMC->DynamicSREX = P2C(SDRAM_TXSR);
LPC_EMC->DynamicAPR = SDRAM_TAPR;
LPC_EMC->DynamicDAL = SDRAM_TDAL + P2C(SDRAM_TRP);
LPC_EMC->DynamicWR = SDRAM_TWR;
LPC_EMC->DynamicRC = P2C(SDRAM_TRC);
LPC_EMC->DynamicRFC = P2C(SDRAM_TRFC);
LPC_EMC->DynamicXSR = P2C(SDRAM_TXSR);
LPC_EMC->DynamicRRD = P2C(SDRAM_TRRD);
LPC_EMC->DynamicMRD = SDRAM_TMRD;
LPC_EMC->DynamicConfig0 = 0x0000680;
LPC_EMC->DynamicControl = 0x0183;
for(i = 200 * 30; i;i--);
LPC_EMC->DynamicControl = 0x0103;
LPC_EMC->DynamicRefresh = 2;
for(i = 256; i; --i); // > 128 clk
LPC_EMC->DynamicRefresh = P2C(SDRAM_REFRESH) >> 4;
```

```
LPC_EMC->DynamicControl = 0x00000083;
Dummy = *((volatile uint32_t *)(SDRAM_BASE_ADDR | (0x33<<12)));
LPC_EMC->DynamicControl = 0x0000;
LPC_EMC->DynamicConfig0 |= (1<<19);
for(i = 100000; i;i--);
}
```

3. LCD 配置

　　LCD 硬件配置包括 LCD 驱动引脚分配、LCD 面板使能、光标设置、光标移动、像素设置、字符显示、字符串显示,以及画线等操作函数,表 14 - 50 列出了 GLCD.c 文件下面所有的功能函数。

表 14 - 50　LCD 相关操作函数

函数名	函数功能
LCD_ClockDivide	时钟分频
GLCD_Config	LCD 引脚分配、参数设置
GLCD_Ctrl	LCD 电源驱动引脚使能/禁止
GLCD_Init	LCD 硬件初始化函数
GLCD_Cursor_Config	光标配置
GLCD_Cursor_Enable	光标使能
GLCD_Cursor_Disable	光标禁止
GLCD_Move_Cursor	光标移动
GLCD_Copy_Cursor	设置光标图像
GLCD_SetPixel_16bpp	设置像素
GLCD_Clear	清屏函数
PutChar	LCD 屏指定位置显示一个字符
GUI_Text	LCD 屏指定位置显示一串字符
GLCD_DrawLine	画线函数

(1) GLCD_Init( )函数

　　该函数用于 LCD 硬件初始化,按照先禁用 LCD 控制寄存器位 LcdEn,后配置 LCD 引脚及参数,再使能 LCD 控制寄存器位 LcdEn 的时序,执行操作函数调用,函数体代码如下:

```
void GLCD_Init (void)
{
    GLCD_Ctrl (0);//禁止 LCD,即 LCD 驱动引脚信号禁止
    GLCD_Config();//LCD 驱动引脚及参数配置
    GLCD_Ctrl (1);//使能 LCD,即 LCD 驱动引脚信号使能
}
```

(2) GLCD_Config（ ）函数

该函数是 LCD 控制器接口配置函数，用于 LCD 控制器驱动引脚（按 16 位 5：6：5 模式）分配、时钟使能、光标禁止、显示模式设置以及水平垂直时序等参数配置，主要涉及 LCD 控制寄存器、时钟与信号极性寄存器和水平时序控制寄存器和垂直时序控制寄存器等值设置。

```
static void GLCD_Config (void)
{
    uint32_t i;
    /* R0～R4 驱动引脚分配 */
    PINSEL_ConfigPin(2,12,5);              /* P2.12:R0_VD3 */
    PINSEL_ConfigPin(2,6,7);               /* P2.6:R1_VD4 */
    PINSEL_ConfigPin(2,7,7);               /* P2.7:R2_VD5 */
    PINSEL_ConfigPin(2,8,7);               /* P2.8:R3_VD6 */
    PINSEL_ConfigPin(2,9,7);               /* P2.9:R4_VD7 */
    /* G0～G5 驱动引脚分配 */
    PINSEL_ConfigPin(1,20,7);              /* P1.20:G0_VD10 */
    PINSEL_ConfigPin(1,21,7);              /* P1.21:G1_VD11 */
    PINSEL_ConfigPin(1,22,7);              /* P1.22:G2_VD12 */
    PINSEL_ConfigPin(1,23,7);              /* P1.23:G3_VD13 */
    PINSEL_ConfigPin(1,24,7);              /* P1.24:G4_VD14 */
    PINSEL_ConfigPin(1,25,7);              /* P1.25:G5_VD15 */
    /* B0～B4 驱动引脚分配 */
    PINSEL_ConfigPin(2,13,7);              /* P2.13:B0_VD19 */
    PINSEL_ConfigPin(1,26,7);              /* P1.26:B1_VD20 */
    PINSEL_ConfigPin(1,27,7);              /* P1.27:B2_VD21 */
    PINSEL_ConfigPin(1,28,7);              /* P1.28:B3_VD22 */
    PINSEL_ConfigPin(1,29,7);              /* P1.29:B4_VD23 */
    /* LCD 时钟,LCD 电源开关,水平/垂直时序信号,LCD 使能引脚分配 */
    PINSEL_ConfigPin(2,2,7);               /* P2.2:LCD_DCLK */
    PINSEL_ConfigPin(2,0,7);               /* P2.0:LCD_DISP */
    PINSEL_ConfigPin(2,5,7);               /* P2.5:LCD_HSYNC */
    PINSEL_ConfigPin(2,3,7);               /* P2.3:LCD_VSYNC */
    PINSEL_ConfigPin(2,4,7);               /* P2.4:LCD_DEN */
    /* 背光引脚分配 P2.1 */
    GPIO_SetDir(2, (1<<1), 1);
    GPIO_SetValue(2, (1<<1) );
    /* LCD 时钟使能 */
    CLKPWR_ConfigPPWR(CLKPWR_PCONP_PCLCD, ENABLE);
    /* 光标禁止 */
    LPC_LCD->CRSR_CTRL &= ~(1<<0);
    /* LCD 控制寄存器复位,LCD 禁止 */
```

432

```
LPC_LCD->CTRL = 0;
/* 显示模式 */
LPC_LCD->CTRL &= ~(0x07 << 1);
/* 每像素 LCD 位设置 */
LPC_LCD->CTRL |= (BPP << 1);
/* LCD 面板类型选择 */
LPC_LCD->CTRL |= (LCDTFT << 5);
/* 彩色格式选择 */
LPC_LCD->CTRL |= (BGR << 8);
/* LCD 复位 */
LPC_SC->LCD_CFG = 0;
/* 面板时钟分频器 PCD_LO 和 PCD_HI 值设置 */
LPC_LCD->POL |= (LCD_ClockDivide(OPT_CLK)<<0);
/* AC 偏压引脚频率 */
LPC_LCD->POL |= ((ACB - 1)<<6);
/* 反相垂直同步 */
LPC_LCD->POL |= (IVS<<11);
/* 反相水平同步 */
LPC_LCD->POL |= (IHS<<12);
/* 反相面板时钟 */
LPC_LCD->POL |= (IPC<<13);
/* 每线时钟 */
LPC_LCD->POL |= (CPL-1)<<16;
/* 水平时序复位 */
LPC_LCD->TIMH = 0;
/* 每行像素 */
LPC_LCD->TIMH |= ((PPL/16) - 1)<<2;
/* 水平同步脉冲宽 */
LPC_LCD->TIMH |= (HSW - 1)<<8;
/* 水平前沿 */
LPC_LCD->TIMH |= (HFP - 1)<<16;
/* 水平后沿 */
LPC_LCD->TIMH |= (HBP - 1)<<24;
/* 垂直时序复位 */
LPC_LCD->TIMV = 0;
/* 每面板线数 */
LPC_LCD->TIMV |= (LPP - 1)<<0;
/* 垂直同步脉冲宽度 */
LPC_LCD->TIMV |= (VSW - 1)<<10;
/* 垂直前沿 */
LPC_LCD->TIMV |= (VFP)<<16;
/* 垂直后沿 */
```

433

```
LPC_LCD->TIMV |= (VBP)<<24;
/* 板帧基址设置 */
LPC_LCD->UPBASE = LCD_VRAM_BASE_ADDR & ~7UL;
LPC_LCD->LPBASE = LCD_VRAM_BASE_ADDR & ~7UL;
/* 初始化彩色调色板寄存器 */
for(i = 0; i < ( sizeof(LPC_LCD->PAL) / sizeof(LPC_LCD->PAL[0]) ); i++)
{
    LPC_LCD->PAL[i] = 0;
}
}
```

(3) GLCD_Ctrl ( )函数

该函数用于使能或禁止 LCD 控制寄存器的位 0 和位 11,即 LCD 使能控制位或 LCD 电源位的设置。

```
static void GLCD_Ctrl (int bEna)
{
    volatile uint32_t i;
    if (bEna)
    {
        LPC_LCD->CTRL |= (1<<0);                /* LCD 使能控制位 */
        for(i = GLCD_PWR_ENA_DIS_DLY; i; i--);
        LPC_LCD->CTRL |= (1<<11);               /* 使能电源 */
    }
    else
    {
        LPC_LCD->CTRL &= ~(1<<11);              /* 禁止电源 */
        for(i = GLCD_PWR_ENA_DIS_DLY; i; i--);
        LPC_LCD->CTRL &= ~(1<<0);               /* LCD 使能控制位禁止 */
    }
}
```

(4) GLCD_Clear ( )函数

该函数是清屏函数,用指定彩色填充满屏,因为是逐个像素刷新,观察时可能会由于视觉差存在少量色差。

```
void GLCD_Clear(uint16_t color)
{
    uint16_t x_pos, y_pos;//X/Y 坐标变量
    /* 满屏刷屏 */
    for( y_pos = 0; y_pos < GLCD_Y_SIZE; y_pos++ )
    {
        for( x_pos = 0; x_pos < GLCD_X_SIZE; x_pos++ )
```

```
    /*指定彩色*/
    {
        GLCD_SetPixel_16bpp(x_pos, y_pos, color);
    }
  }
}
```

(5) GUI_Text ( )函数

该函数用于在指定坐标位置显示字符串,同时可以设置字符串颜色、背景颜色,函数详细代码如下:

```
void GUI_Text(uint16_t Xpos, uint16_t Ypos, uint8_t *str,uint16_t Color, uint16_t bkColor)
{
uint8_t TempChar;
do
{
    TempChar = *str++;
    /*单个字符输出*/
    PutChar( Xpos, Ypos, TempChar, Color, bkColor );
    if( Xpos < GLCD_X_SIZE - 8 )
    {
      Xpos += 8;
    }
    else if ( Ypos < GLCD_Y_SIZE - 16 )
    {
      Xpos = 0;
      Ypos += 16;
    }
    else
    {
      Xpos = 0;
      Ypos = 0;
    }
}
while ( *str != 0 );
}
```

14.4.4　触摸屏校准实例软件设计

触摸屏校准实例在 LCD 可视环境下进行 4 点定位校准,并输出准确的 X/Y 坐标点。该实例是在前一个例程基础上进行设计的,其程序设计所涉及的软件结构如

表 14 - 51 所列,其中主要程序文件及功能说明如表 14 - 52 所列。

表 14 - 51　触摸屏校准实例的软件设计结构

用户应用层			
main. c			
CMSIS 层			
Cortex - M3 内核外设访问层	LPC17xx 设备外设访问层		
core_cm3. h core_cmFunc. h core_cmInstr. h	启动代码 (startup_LPC- 177x_8x. s)	LPC177x_8x. h	system_LPC177x_8x. c	system_LPC177x_8x. h
硬件外设层			
时钟电源控制驱动库	EMC 外部存储控制器驱动库	LCD 控制器驱动库	
lpc177x_8x_clkpwr. c lpc177x_8x_clkpwr. h	lpc177x_8x_emc. c lpc177x_8x_emc. h	lpc177x_8x_lcd. c lpc177x_8x_lcd. h	
GPIO 外设驱动库	引脚连接配置驱动库	SSP 外设驱动库	
lpc177x_8x_gpio. c lpc177x_8x_gpio. h	lpc177x_8x_pinsel. c lpc177x_8x_pinsel. h	lpc177x_8x_ssp. c lpc177x_8x_ssp. h	
LCD 硬件配置及绘图/ 字符串显示操作	触摸屏硬件配置	SDRAM 存储器硬件配置	
GLCD. c glcd. h	TouchPanel. c TouchPanel. h	SDRAM_K4S561632C_32M_16BIT. c sdram_k4s561632c_32m_16bit. h	

表 14 - 52　程序设计文件功能说明

文件名称	程序设计文件功能说明
main. c	主程序,含 SDRAM 存储器与 LCD 硬件初始化、清屏及字符串 显示函数的调用
SDRAM_K4S561632C_32M_16BIT. c	SDRAM 存储器初始化配置
GLCD. c	LCD 硬件引脚配置、LCD 面板使能、初始化、字符串及画线等操 作函数
AsciiLib. c	ASCII 字库,横向取模 8×16,专为彩屏显示设计
TouchPanel. c	触摸屏硬件配置及应用程序
lpc177x_8x_clkpwr. c	公有程序,时钟与电源控制驱动库。注:由其他驱动库文件调用
lpc177x_8x_ emc. c	公有程序,EMC 外部存储控制器驱动库,被执行 SDRAM 存储 器引脚分配等配置
lpc177x_8x_lcd. c	公有程序,LCD 控制器驱动库(注:本例未使用,仅列出)
lpc177x_8x_gpio. c	公有程序,GPIO 模块驱动库,辅助调用
lpc177x_8x_pinsel. c	公有程序,引脚连接配置驱动库。由相关引脚设置程序调用
lpc177x_8x_ssp. c	公有程序,SSP 外设驱动库,用于触摸屏接口通信
startup_LPC177x_8x. s	启动代码文件
Calibrate. lib	触摸屏多点校准调用函数库

轻松玩转 ARM Cortex-M3 微控制器——基于 LPC1788 系列

本例程基于上一个例程,其 LCD、SDRAM 存储器等硬件配置与相关驱动几乎一致,仅触摸屏驱动、应用程序及主程序调用的函数稍有差异。下文将针对这部分差异代码进行更详细的介绍。

1. 主程序 main

主程序的主函数 main( ),分别依序调用触摸屏初始化函数、SDRAM 存储器初始化函数、LCD 初始化函数、触点校准函数等,函数代码如下:

```
int main(void)
{
TP_Init();                                   //触摸屏初始化
SDRAM_32M_16BIT_Init();                      //SDRAM 存储器初始化
GLCD_Init();                                 //LCD 初始化
TouchPanel_Calibrate( GLCD_X_SIZE, GLCD_Y_SIZE);   //触点校准
while (1)
{
    calibrate();                             //校准程序,封装在 calibrate.lib 内
}
}
```

2. 触摸屏配置及应用程序

触摸屏配置及应用程序,主要包括触摸屏控制器驱动接口的引脚分配、向触摸屏控制器写数据指令、读数据指令、X/Y 数据值解析以及 X/Y 值滤波等功能函数。

(1) TP_Init( )函数

触摸屏接口采用的是 SPI 兼容接口——SSP,该函数用于触摸屏硬件接口引脚分配,以及参数配置等,函数代码如下:

```
void TP_Init(void)
{
SSP_CFG_Type SSP_ConfigStruct;
/* SPI 引脚分配 */
PINSEL_ConfigPin(2, 23, 0);// P2.2:TP_CS
PINSEL_ConfigPin(2, 22, 2);// P2.22:SCK
PINSEL_ConfigPin(2, 26, 2);// P2.26:MISO
PINSEL_ConfigPin(2, 27, 2);// P2.27:MOSI
/* P0.16 为 CS */
GPIO_SetDir(TP_CS_PORT_NUM, (1<<TP_CS_PIN_NUM), 1);
GPIO_SetValue(TP_CS_PORT_NUM, (1<<TP_CS_PIN_NUM));
PINSEL_ConfigPin(2, 11, 0);
GPIO_SetDir(2, (1<<11), 0);        /* P2.11 即 TP_INT 为输入 */
/默认参数初始化 SPP 配置/
```

```
SSP_ConfigStructInit(&SSP_ConfigStruct);
/* 时钟速率 */
SSP_ConfigStruct.ClockRate = 250000;
/* SSP 外设初始化 */
SSP_Init(LPC_SSP0, &SSP_ConfigStruct);
/* SSP 外设使能 */
SSP_Cmd(LPC_SSP0, ENABLE);
}
```

　　此外,本例的触摸点校准函数——TouchPanel_Calibrate( )函数、calibrate( )函数,为了简化以及便于调用,已经将它们封装到 calibrate.lib 内,这里仅列出校准触摸屏主函数。

(2) TouchPanel_Calibrate( )函数

　　该函数是触摸屏 4 点校准的主功能函数,首先获得 4 点的坐标轴,然后显示对应值,执行校准,函数的执行代码如下:

```
void TouchPanel_Calibrate( uint16_t x_size, uint16_t y_size )
{
uint8_t i;
Coordinate * Ptr;

DisplaySample[0].x = 20;                  DisplaySample[0].y = 20;
DisplaySample[1].x = x_size - 20;         DisplaySample[1].y = 20;
DisplaySample[2].x = x_size - 20;         DisplaySample[2].y = y_size - 20;
DisplaySample[3].x = 20;                  DisplaySample[3].y = y_size - 20;
DisplaySample[4].x = x_size / 2;          DisplaySample[4].y = y_size / 2;

for(i = 0;i<5;i ++ )
{
    GLCD_Clear(Black);
    DelayUS( 100 * 1000 );
    DrawCross(DisplaySample[i].x,DisplaySample[i].y);
    do
    {
        Ptr = Read_Ads7846();
    }
    while( Ptr == (void * )0 );
    ScreenSample[i].x = Ptr->x; ScreenSample[i].y = Ptr->y;
}

cal.xfb[0] = DisplaySample[0].x;
cal.yfb[0] = DisplaySample[0].y;
```

```
cal.x[0] = ScreenSample[0].x;
cal.y[0] = ScreenSample[0].y;
///////////////////////////////
cal.xfb[1] = DisplaySample[1].x;
cal.yfb[1] = DisplaySample[1].y;

cal.x[1] = ScreenSample[1].x;
cal.y[1] = ScreenSample[1].y;
///////////////////////////////
cal.xfb[2] = DisplaySample[2].x;
cal.yfb[2] = DisplaySample[2].y;

cal.x[2] = ScreenSample[2].x;
cal.y[2] = ScreenSample[2].y;
///////////////////////////////
cal.xfb[3] = DisplaySample[3].x;
cal.yfb[3] = DisplaySample[3].y;

cal.x[3] = ScreenSample[3].x;
cal.y[3] = ScreenSample[3].y;
///////////////////////////////
cal.xfb[4] = DisplaySample[4].x;
cal.yfb[4] = DisplaySample[4].y;

cal.x[4] = ScreenSample[4].x;
cal.y[4] = ScreenSample[4].y;

perform_calibration(&cal);

matrix.An = cal.a[0];
matrix.Bn = cal.a[1];
matrix.Cn = cal.a[2];
matrix.Dn = cal.a[3];
matrix.En = cal.a[4];
matrix.Fn = cal.a[5];
matrix.Divider = cal.a[6];

GLCD_Clear(Black);
__GUI_Text( (x_size - 280)/2, y_size/2 - 16,
            "Thank you for using HY - LPC1788 - Core",Red,Black);
__GUI_Text( (x_size - 248)/2, y_size/2,
```

439

```
"www.powermcu.com www.hotmcu.com",Red,Black);
}
```

14.5　实例总结

　　本章着重介绍了 LPC178x 系列微处理器的 LCD 控制器的基本特性、相关寄存器,并简单介绍了一些库函数功能等。安排了 LCD 文字显示和触摸屏多点校准应用实例,其中第一个实例按照软件框架的层次,自上而下详细介绍了重点函数,第二个实例则仅做简单介绍。由于本章用到了 EMC 外部存储控制器,建议读者参阅用户手册上的 EMC 存储控制器的相关说明,以便深化应用。

第 **15** 章

以太网接口应用

目前互联网及其应用技术的迅速发展,网络技术在各类电子产品中的应用越来越广,更多的嵌入式设备需要网络接口,应此类需求,大多数嵌入式处理器都提供以太网通信接口以方便同外部进行网络互联与通信。本实例将讲述 LPC178x 微控制器以太网控制器接口的基本结构与特性、寄存器及库函数功能等,通过两个应用实例演示采用以太网接口的网络通信。

15.1 以太网接口概述

以太网是局域网(Local Area Network,LAN)的主要联网技术,可实现局域网内的嵌入式器件与互联网的连接。以太网因其架构、性能、互操作性、可扩展性及开发简便,已成为嵌入式应用的标准通信技术。嵌入式系统有了以太网连接功能,主控单元便可通过网络连接传输数据,并可通过遥控方式进行控制。

15.1.1 以太网模块的内部结构与特性

LPC178x 微控制器的以太网模块功能结构主要包括:

① 主机寄存器模块,包括了软件视图中的寄存器,以及用于处理 AHB 对以太网模块访问的寄存器。主机寄存器与发送、接收数据通道以及 MAC 连接。

② 桥接 AHB 的 DMA 接口。它提供了一个 AHB 主机连接,使以太网模块能够访问片上 SRAM,实现描述符的读操作、状态的写操作,以及数据缓冲区的读/写操作。

③ 以太网 MAC,通过 MII 或 RMII 接口与片外 PHY 相连。

④ 发送数据通道,包括:

● 发送 DMA 管理器,用于从存储器中读取描述符和数据,以及将状态写入存储器;

● 发送重试模块,处理以太网重试以及中止情况;

● 发送流量控制模块,可以插入以太网暂停帧。

⑤ 接收数据通道,包括:

● 接收 DMA 管理器,用于从存储器中读取描述符和数据,以及将数据与状态写入存储器;

● 以太网 MAC,通过解析帧头中的部分信息来检测帧的类型;

● 接收滤波器,采用不同的过滤机制,滤除特定的以太网帧;

● 接收缓冲区,实现接收帧的延迟,这样滤波器就能滤掉特定帧,然后再将接收帧保存至存储器。

图 15-1 所示为 LPC177x/8x 系列微控制器的以太网模块的基本结构。以太网模块包含了一个全功能的 10 Mbps 或 100 Mbps 以太网 MAC(媒体访问控制器),通过 DMA 硬件加速来优化性能。其特性包括:大量的控制寄存器组、半双工或全双工操作、流控制、控制帧、重发硬件加速、接收包过滤,以及 LAN 上的唤醒。采用分散-集中式(Scatter-Gather)DMA 进行自动帧发送与接收,减轻了 CPU 的工作量。

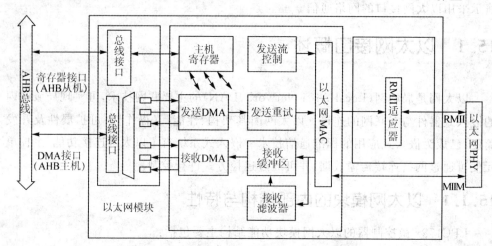

图 15-1　微控制器的以太网模块的基本结构

以太网模块是一个 AHB 主机,驱动 AHB 总线矩阵。通过矩阵,能访问到所有片上 RAM 存储器。以太网建议的 RAM 使用法是将一个 RAM 模块专门用来处理以太网通信。这个 RAM 只能由以太网和 CPU 访问,也可能包括 GPDMA,从而获取以太网功能的最大带宽。

以太网模块接口采用了 MII(媒体独立接口)或 RMII(简化的媒体独立接口)协议,以及片上 MIIM(媒体独立接口管理)串行总线,还有 MDIO(管理数据输入/输出)来实现与片外以太网 PHY 之间的连接。

LPC178x 微控制器的以太网模块具有如下特性:

① 以太网标准:

- 支持 10 Mbps 或 100 Mbps PHY 设备,包括 10 Base‐T、100 Base‐TX、100 Base‐FX,以及 100 Base‐T4;
- 完全符合 IEEE 标准 802.3;
- 完全符合 802.3x 的全双工流控制与半双工背压;
- 灵活的发送与接收帧选项;
- 支持 VLAN 帧。

② 存储器管理:

- 映射至共享 SRAM 的独立发送与接收缓冲区存储器;
- 带分散/集中式 DMA 的 DMA 管理器以及帧描述符数组;
- 通过缓冲和预取来优化的存储器通信。

③ 增强的以太网特性:

- 接收过滤;
- 发送与接收时均支持多播帧与广播帧;
- 发送操作可选择自动插入 FCS(CRC);
- 发送操作时可选自动帧填充;
- 发送与接收均支持超长帧,可以采用任何长度的帧;
- 多种接收模式;
- 出现冲突时自动后退以及帧重发;
- 包括采用时钟切换的功率管理;
- 支持"LAN 唤醒"的功率管理功能,以便将系统唤醒,该功能可使用接收滤波器或魔法帧检测滤波器实现。

④ 物理接口:

- 通过标准的 MII 或精简的 MII(RMII)接口连接外部 PHY 芯片;
- 通过媒介独立管理(MIIM)接口,访问 PHY 寄存器。

15.1.2　以太网数据包

　　一个以太网数据包包括:一个前导字段、一个起始帧定界符和一个以太网帧,一个完整的以太网数据包传输格式如图 15‐2 所示。IEEE 802.3 标准的以太网物理传输帧的长度一般介于 64～1 518 字节之间,它们由 5 个或 6 个不同的字段组成,这些字段分别是:目标地址、源地址、类型/长度字段、数据有效负载、可选的填充字段和循环冗余校验(CRC)字段。这些字段中除了地址字段和数据字段长度可变之外,其余字段的长度都是固定的。每地址包含 6 字节,每字节包含 8 个位,传输操作从最低有效位开始。

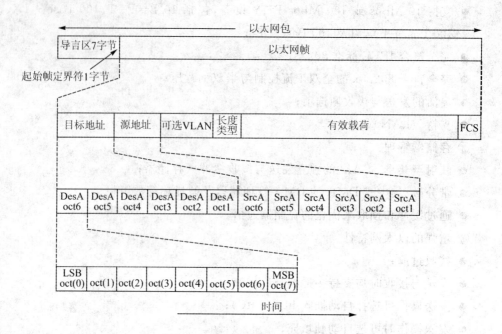

图 15-2　以太网数据包传输格式

15.1.3　以太网接口的基本配置

以太网接口的配置需要使用下列寄存器,采用驱动库函数进行配置,仅需几个功能函数即可轻松完成:

① 电源。在 PCONP 寄存器中,置位 PCENET 使能接口。

注意:复位时,接口会被禁止(PCENET = 0)。

② 时钟。以太网接口时钟源的选择与设置需要配置 CPU 时钟选择寄存器 CCLKSEL。

③ 引脚。通过相关的 IOCON 寄存器使能以太网接口的引脚并选择引脚模式。

④ 唤醒。以太网端口上的 Wake‑on‑LAN 中断可将微控制器从掉电模式下唤醒。

⑤ 中断。中断的使能是通过在 NVIC 中使用相应的中断设置使能寄存器来实现的。

⑥ 初始化。在复位后,以太网软件驱动要对以太网模块进行初始化。在初始化期间,软件需要完成下列工作:

- 从 MAC 中移除软件复位条件;
- 通过 MAC 的 MIIM 接口配置 PHY;
- 选择 MII 或 RMII 模式;
- 配置发送与接收 DMA 引擎,包括描述符数组;

- 配置 MAC 中的主机寄存器（MAC1、MAC2 等）；
- 使能接收与发送数据通道。

15.1.4　以太网接口的引脚描述

　　LPC178x 微控制器的以太网模块与物理接口的连接可通过标准的 MII 或精简的 MII（RMII）接口连接外部 PHY 芯片，也可以通过媒体独立管理（MIIM）接口，访问 PHY 寄存器。因此以太网接口的引脚有 3 种模式。表 15-1～表 15-3 分别列出了 MII、RMII 及 MIIM 用于连接外部 PHY 的引脚信号。

表 15-1　MII 连接 PHY 信号

引　脚	类　型	描　述
ENET_TX_EN	输出	发送数据使能，低电平有效
ENET_TXD 3:0	输出	发送数据，4 位
ENET_TX_ER	输出	发送错误
ENET_TX_CLK	输入	发送器时钟
ENET_RX_DV	输入	接收数据有效
ENET_RXD 3:0	输入	接收数据，4 位
ENET_RX_ER	输入	接收错误
ENET_RX_CLK	输入	接收时钟
ENET_COL	输入	冲突检测
ENET_CRS	输入	载波侦听

表 15-2　RMII 连接 PHY 信号

引　脚	类　型	描　述
ENET_TX_EN	输出	发送数据使能，低电平有效
ENET_TXD1:0	输出	发送数据，2 位
ENET_RXD1:0	输入	接收数据，2 位
ENET_RX_ER	输入	接收错误
ENET_CRS	输入	ENET_CRS_DV，载波侦听/数据有效
ENET_RX_CLK	输入	ENET_REF_CLK，参考时钟

表 15-3　MIIM 连接 PHY 信号

引　脚	类　型	描　述
ENET_MDC	输出	MIIM 时钟
ENET_MDIO	输入/输出	MI 数据输入和输出

轻松玩转 ARM Cortex-M3 微控制器——基于 LPC1788 系列

15.2　以太网接口寄存器描述

以太网接口寄存器及每个寄存器位功能介绍如表 15-4 所列。

轻松玩转 ARM Cortex-M3 微控制器——基于 LPC1788 系列

表 15-4　以太网控制器寄存器映射

通用名称	描　述	访问类型	复位值
	MAC 寄存器		
MAC1	MAC 配置寄存器 1	R/W	0x8000
MAC2	MAC 配置寄存器 2	R/W	0
IPGT	连续两包的内部包间隙寄存器	R/W	0
IPGR	非连续两包的内部包间隙寄存器	R/W	0
CLRT	冲突窗口/重试寄存器	R/W	0x370F
MAXF	最大帧寄存器	R/W	0x0600
SUPP	PHY 支持寄存器	R/W	0
TEST	测试寄存器	R/W	0
MCFG	MII 管理配置寄存器	R/W	0
MCMD	MII 管理命令寄存器	R/W	0
MADR	MII 管理地址寄存器	R/W	0
MWTD	MII 管理写数据寄存器	WO	0
MRDD	MII 管理读数据寄存器	RO	0
MIND	MII 管理指示寄存器	RO	0
SA0	站地址 0 寄存器	R/W	0
SA1	站地址 1 寄存器	R/W	0
SA2	站地址 2 寄存器	R/W	0
	控制寄存器		
Status	状态寄存器	RO	0
RxDescriptor	接收描述符基址寄存器	R/W	0
RxStatus	接收状态基址寄存器	R/W	0
RxDescriptorNumber	接收描述符数目寄存器	R/W	0
RxProduceIndex	接收产生索引寄存器	RO	0
RxConsumeIndex	接收消耗索引寄存器	R/W	0
TxDescriptor	发送描述符基址寄存器	R/W	0
TxStatus	发送状态基址寄存器	R/W	0
TxDescriptorNumber	发送描述符数目寄存器	R/W	0
TxProduceIndex	发送产生索引寄存器	R/W	0
TxConsumeIndex	发送消耗索引寄存器	RO	0
TSV0	发送状态向量 0 寄存器	RO	0
TSV1	发送状态向量 1 寄存器	RO	0
RSV	接收状态向量寄存器	RO	0

通用名称	描 述	访问类型	复位值
FlowControlCounter	流量控制计数器寄存器	R/W	0
FlowControlStatus	流量控制状态寄存器	RO	0
接收过滤寄存器			
RxFilterCtrl	接收滤波器控制寄存器	R/W	0
RxFilterWoLStatus	接收滤波器 WoL 状态寄存器	RO	0
RxFilterWoLClear	接收滤波器 WoL 清零寄存器	WO	0
HashFilterL	Hash 滤波器表 LSB 寄存器	R/W	0
HashFilterH	Hash 滤波器表 MSB 寄存器	R/W	0
模块控制寄存器			
IntStatus	中断状态寄存器	RO	0
IntEnable	中断使能寄存器	R/W	0
IntClear	中断清零寄存器	WO	0
IntSet	中断置位寄存器	WO	0
PowerDown	掉电寄存器	R/W	0

15.2.1 MAC 寄存器组

MAC 寄存器组含 MAC 配置寄存器 1~2、MII 管理接口相关寄存器以及站地址寄存器等。

1. MAC 配置寄存器 1

表 15 - 5 列出了寄存器位分配情况以及各寄存器位的主要功能。

表 15 - 5 MAC 配置寄存器 1 位描述

位	符 号	描 述	复位值
31:16	—	保留。读取值未定义,只写入 0	0x0
15	Soft Reset	该位置位将 MAC 内除主机接口以外的所有模块进入复位状态	1
14	Simulation Reset	该位置位将发送功能中的随机数发生器复位	0
13:12	—	保留。读取值未定义,只写入 0	0x0
11	Reset Mcs / Rx	该位置位将使 MAC 控制子层/接收逻辑复位。MCS 逻辑执行流控制	0
10	Reset Rx	该位置位将使以太网接收逻辑进入复位状态	0
9	Reset Mcs / Tx	该位置位将使 MAC 控制子层/发送逻辑复位。MCS 逻辑执行流控制	0
8	Reset Tx	该位置位将使发送功能逻辑进入复位状态	0
7:5	—	未使用	0x0
4	LoopBack	该位置位将导致 MAC 发送接口被回送到 MAC 接收接口。该位清零将执行正常操作	0
3	Tx Flow Control	当该位使能(设置为"1")时,允许发送 PAUSE 流控制帧。当该位禁止时阻止流控制帧	0

轻松玩转 ARM Cortex-M3 微控制器——基于 LPC1788 系列

位	符　号	描　述	复位值
2	Rx Flow Control	当该位使能(设置为"1")时,MAC 遵照接收到的 PAUSE 流控制帧采取行动。当该位禁止时,忽略收到的 PAUSE 流控制帧	0
1	Pass All Receive Frames	当该位使能(设置为"1")时,MAC 将传递所有的帧信息,而不考虑类型(常规帧与控制帧)。当该位禁止时,MAC 不传递有效的控制帧	0
0	Receive Enable	将该位置位可允许对接收帧进行接收。MAC 在内部将该控制位与输入的接收信息流同步	0

2. MAC 配置寄存器 2

表 15 - 6 列出了 MAC 配置寄存器 2 位分配情况以及各寄存器位的主要功能。

表 15 - 6　MAC 配置寄存器 2 位描述

位	符　号	描　述	复位值
31:15	—	保留。从保留位中读出的值未定义	—
14	Excess Defer	当该位使能(设置为"1")时,MAC 将按照标准,服从载波侦听的结果。当该位禁止时,MAC 将在延迟超出限制时中止	0
13	Back Pressure /No BackOff	当该位使能(设置为"1")时,MAC 在背压过程中偶然导致了一次冲突之后将立即重发,无需后退,从而减少进一步冲突的机会,确保发送包能够发送出去	0
12	No Backoff	当该位使能(设置为"1")时,MAC 将在冲突之后立即重发,而不是使用标准中指定的二进制指数后退(Binary Exponential Back-off)算法	0
11:10	—	保留。读取值未定义,只写入 0	0
9	Long Preamblf Enforcement	当该为使能为"1",MAC 只允许接收含有的导言字节小于 12 的包。当该位禁止时,该位使能(设置为"1")时,MAC 按照标准,允许导言为任意长度	0
8	Pure Preamble Enforcement	该位使能当(设置为"1")时,MAC 将验证导言的内容,以确保包含 0x55 并且无误。导言有误的包会被丢弃。当该位禁止时,不对导言进行检验	0
7	Auto Detece Pad Enable	该位置位可使 MAC 自动检测帧类型。通过将源地址之后的两个字节与 0x8100(VLAN 协议 ID)进行比较,可以将帧类型确定为被标记还是没有被标记,然后再进行填充。表 15 - 7 根据该寄存器的配置,提供了有关填充功能的描述。注:如果 Pad / Crc Enable 位清零,则忽略该位	0
6	Vlan Pad Enable	该位置位可使 MAC 将所有的短帧填充到 64 字节并添加一个有效的 CRC。注:如果 Pad / Crc Enable 位清零,则忽略该位	0
5	Pad /Crc Enable	该位置位使得 MAC 填充(Pad)所有的短帧。如果提交给 MAC 的帧含有有效的长度,则将该位清零。该位与 Auto Pad Enable 和 Vlan Pad Enable 一起使用	0

位	符 号	描 述	复位值
4	CRC Enable	该位置位时将在每帧上添加 CRC,而不管是否需要;如果 Pad/CRC Enable 置位,则该位必须置位。如果提交给 MAC 的帧包含 CRC 则将该位清零	0
3	Delayed CRC	如果 IEEE 802.3 帧的起始处包含专有的头信息,则该位可确定该信息的字节数。当该位为 1 时,添加 4 个字节的头信息(CRC 功能会忽略这几个字节)。当该位为 0 时,没有头信息	0
2	Huge Frame Enable	当该位使能(设置为"1")时,可发送和接收任意长度的帧	0
1	Fram Length Checking	当该位设置为"1"时,将发送帧和接收帧的长度与长度/类型区域进行比较,如果长度/类型区域表示的是长度,则执行校验操作。对于每一个接收到的帧,不匹配的状态将在 StatusInfo 字中报告	0
0	Full - Duplex	当该位使能(设置为"1")时,MAC 工作在全双工模式下。当该位禁用时,MAC 工作在半双工模式下	0

3. 连续两包的内部包间隔寄存器

表 15 - 7 列出了连续两包的内部包间隔寄存器(IPGT)位分配情况以及各寄存器位的主要功能。

表 15 - 7 背对背连续两包的内部包间隔寄存器位描述

位	符 号	描 述	复位值
31:7	—	保留。从保留位中读出的值未定义	0x0
6:0	Back - To - Back Inter - Packet - Gap	这是一个可编程的字段,表示在任何已发送的包的结尾与下一个包的开始之间的最小可能时间间隔。在全双工模式中,该寄存器的值应该是所需的时间间隔减3。在半双工模式中,该寄存器的值应该是所需的时间间隔减6。在全双工模式中,建议的设置为 0x15(21d),它表示最小的 IPG 为 960 ns(在 100 Mbps 模式下)或 9.6 μs(在 10 Mbps 模式下)。在半双工模式中,建议的设置为 0x12(18d),它表示最小的 IPG 为 960 ns(在 100 Mbps 模式下)或 9.6 μs(在 10 Mbps 模式下)	0x0

4. 非连续两包的内部间隔寄存器

表 15 - 8 列出了非连续两包的内部包间隔寄存器(IPGR)位分配情况以及各寄存器位的主要功能。

表 15 - 8 非连续两包的内部包间隔寄存器位描述

位	符 号	描 述	复位值
31:15	—	保留。从保留位中读出的值未定义	0x0
14:8	Non - Back - To - Back Inter - Packet - Gappart1	这是一个可编程的字段,表示在 IEEE 802.3 "服从载波(CarrierDeference)"中涉及到可选的 CarrierSense 窗口。如果在 IPGR1 时间段内检测到载波,则 MAC 认为载波存在。但如果载波是在 IPGR1 之后变为有效,则 MAC 继续计时 IPGR2 并发送,这样必然引起一次冲突,确保对媒体的访问失败。该字段的范围为 0x0~IPGR2。建议的值为 0xC(12d)	0x0

位	符　号	描　述	复位值
7	—	保留。从保留位中读出的值未定义	0x0
6:0	Non-Back-To-Back Inter-Packet-Gappart2	这是一个可编程的字段,表示非连续两包的内部包间隔。建议的值为 0x12(18d),它表示最小的 IPG 为 960 ns(在 100 Mbps 模式下)或 9.6μs(在 10 Mbps 模式下)	0x0

5. 冲突窗口/重试寄存器

表 15-9 列出了冲突窗口/重试寄存器(CLRT)位分配情况以及各寄存器位的主要功能。

表 15-9　冲突窗口/重试寄存器位描述

位	符　号	描　述	复位值
31:14	—	保留。从保留位中读出的值未定义	—
13:8	Collision Windows	这是一个可编程的字段,表示在适当配置网络中发生冲突的时间槽(slot time,也称时隙)或冲突窗口默认值为 0x37,表示在导言和 SFD 之后有 56 个字节窗口	0x37
7:4	—	保留位中读出的值未定义	0x0
3:0	Retransmissin Mmaximum	这是一个可编程的字段,表示在由于冲突过多而中止发送包之前,一次冲突之后尝试重新发送的次数。标准规定尝试的次数为 0xF(15d)	0xF

6. 最大帧寄存器

表 15-10 列出了最大帧寄存器(MAXF)位分配情况以及各寄存器位的主要功能。

表 15-10　最大帧寄存器位描述

位	符　号	描　述	复位值
31:16	—	保留	0x0
15:0	Maximum Frame Length	该字段的复位值为 0x0600,它表示最大的接收帧为 1 536 个字节。没有被标记的最大以太网帧为 1 518 个字节。被标记的帧会加上 4 个字节,总共 1 522 个字节。如果所需的最大长度限制比复位值小,则可对该 16 位字段进行编程	0x0600

7. PHY 支持寄存器

PHY 支持寄存器(SUPP)用于对 RMII 接口进行附加控制。表 15-11 列出了寄存器的位分配情况以及各寄存器位的主要功能。

表 15-11　PHY 支持寄存器位描述

位	符　号	描　述	复位值
31:9	—	未使用,应保留为 0	0x0
8	Speed	该位配置简化的 MII 逻辑以用于当前的操作速率。当该位置位时,选择 100 Mbps 模式。当该位清零时,选择 10 Mbps 模式	0
7:0	—	未使用,应保留为 0	0x0

8. 测试寄存器

测试寄存器(TEST)仅用于测试目的,表 15 - 12 列出了寄存器位分配情况以及各寄存器位的主要功能。

表 15 - 12 测试寄存器位描述

位	符 号	描 述	复位值
31:3	—	未使用	0x0
2	Test BackPressure	该位置位将使 MAC 在链路上产生背压。背压时将发送导言,唤起载波侦听。来自系统的发送包将在背压过程中发送出去	0
1	Test Pause	该位使 MAC 控制子层禁止传输,就好像接收到了暂停时间参数为非零的 PAUSE 接收控制帧	0
0	ShortCut Pause Quanta	该位将有效的 PAUSE 数量从 64 字节时间减少到 1 字节时间	0

9. MII 管理配置寄存器

表 15 - 13 列出了 MII 管理配置寄存器(MCFG)位分配情况以及各寄存器位的主要功能。

表 15 - 13 MII 管理配置寄存器位描述

位	符 号	描 述	复位值
31:16	—	未使用	0x0
15	Reset MII MGMT	该位将 MII 管理硬件复位	0
14:6	—	未使用	0
5:2	Clock Select	该字段由时钟分频逻辑在创建 MII 管理时钟(MDC)时使用。IEEE 802.3u 规定该时钟不能超过 2.5 MHz。但是,有部分 PHY 支持高达 12.5 MHz 的时钟速率。AHB 总线时钟(HCLK)被特定的数值分频。对应的时钟选择详见表 15 - 14	0
1	Suppress Preamble	该位置位使得 MII 管理硬件执行不带 32 位导言的读/写周期。该位清零使周期可正常执行。有一部分 PHY 是禁止导言的	0
0	Scan Increment	该位置位使得 MII 管理硬件越过 PHY 来执行读周期。当该位置位时,MII 管理硬件通过 PHY ADDRESS[4:0]中设置的值从地址 1 执行读周期	0

表 15 - 14 主机时钟分频选择的编码

时钟分频选择	位 5	位 4	位 3	位 2	最大 AHB 时钟	时钟分频选择	位 5	位 4	位 3	位 2	最大 AHB 时钟
4	0	0	0	x	10	40	1	0	0	1	90
6	0	0	1	0	15	44	1	0	1	0	100
8	0	0	1	1	20	48	1	0	1	1	120
10	0	1	0	0	25	52	1	1	0	0	130
14	0	1	0	1	35	56	1	1	0	1	140
20	0	1	1	0	50	60	1	1	1	0	150
28	0	1	1	1	70	64	1	1	1	1	160
36	1	0	0	0	80						

10. MII 管理命令寄存器

表 15-15 列出了 MII 管理命令寄存器(MCMD)位分配情况以及各寄存器位的主要功能。

表 15-15　MII 管理命令寄存器位描述

位	符　号	描　述	复位值
31:2	—	未使用	0x0
1	Scan	该位促使 MII 管理硬件连续地执行读周期。该特性是非常有用的,例如可用于监控链路的失败	0
0	Read	该位促使 MII 管理硬件执行一次读周期。读取的数据在寄存器 MRDD(MII Mgmt 读数据)中返回	0

11. MII 管理地址寄存器

该寄存器为 MII 管理地址寄存器(MADR),表 15-16 列出了寄存器位分配情况以及各寄存器位的主要功能。

表 15-16　MII 管理地址寄存器位描述

位	符　号	描　述	复位值
31:13	—	未使用	0x0
12:8	PHY Address	该字段表示管理周期的 5 位 PHY 地址。最多可寻址 31 个 PHY(0 保留)	0x0
7:5	—	未使用	0x0
4:0	Register Address	该字段表示管理周期的 5 位寄存器地址。最多可访问 32 个寄存器	0x0

12. MII 管理写数据寄存器

MII 管理写数据寄存器(MWTD)是一个只写寄存器,表 15-17 列出了寄存器位分配情况以及各寄存器位的主要功能。

表 15-17　MII 管理写数据寄存器位描述

位	符　号	描　述	复位值
31:16	—	未使用	0x0
15:0	Write Data	当对该字段执行写操作时,MII 管理使用这 16 位数据以及在 MII 管理地址寄存器(MADR)中预先配置的 PHY 和寄存器地址来执行写周期	0x0

13. MII 管理读数据寄存器

MII 管理读数据寄存器(MRDD)是一个只读寄存器,表 15-18 列出了寄存器位分配情况以及各寄存器位的主要功能。

轻松玩转 ARM Cortex-M3 微控制器——基于 LPC1788 系列

轻松玩转 ARM Cortex-M3 微控制器——基于 LPC1788 系列

表 15 - 18　MII 管理读数据寄存器位描述

位	符　号	描　述	复位值
31:16	—	未使用	0x0
15:0	Read Data	在 MII 管理的一个读周期之后,能从这个字段中读取 16 位数据	0x0

14. MII 管理指示寄存器

MII 管理指示寄存器(MIND)是一个只读寄存器,表 15 - 19 列出了寄存器位分配情况以及各寄存器位的主要功能。

表 15 - 19　MII 管理指示寄存器位描述

位	符　号	描　述	复位值
31:4	—	未使用	0x0
3	MII Link Fail	当该位返回 1 时,表示出现 MII 管理链接失败	0
2	Not Vald	当该位返回 1 时,表示 MII 管理读周期还没有完成,读数据也是无效	0
1	Scanning	当该位返回 1 时,表示扫描操作(连续的 MII 管理读周期)正在进行	0
0	Busy	当该位返回 1 时,表示 MII 管理当前正在执行 MII 管理读或写周期	0

15. 站地址 0 寄存器

站地址用于完全的地址过滤,以及发送暂停控制帧。表 15 - 20 列出了站地址 0 寄存器(SA0)位分配情况以及各寄存器位的主要功能。

表 15 - 20　站地址 0 寄存器位描述

位	符　号	描　述	复位值
31:16	—	未使用	0x0
15:8	Station Address,第 1 字节	该字段包含站地址的第 1 字节	0x0
7:0	Station Address,第 2 字节	该字段包含站地址的第 2 字节	0x0

16. 站地址 1 寄存器

站地址用于完全的地址过滤,以及发送暂停控制帧。表 15 - 21 列出了站地址 1 寄存器(SA1)位分配情况以及各寄存器位的主要功能。

表 15 - 21　站地址 1 寄存器位描述

位	符　号	描　述	复位值
31:16	—	未使用	0x0
15:8	Station Address,第 3 字节	该字段包含站地址的第 3 字节	0x0
7:0	Station Address,第 4 字节	该字段包含站地址的第 4 字节	0x0

17. 站地址 2 寄存器

站地址用于完全的地址过滤,以及发送暂停控制帧。表 15 - 22 列出了站地址 2 寄存器(SA2)位分配情况以及各寄存器位的主要功能。

表 15 - 22 站地址 2 寄存器位描述

位	符 号	描 述	复位值
31:16	—	未使用	0x0
15:8	Station Address,第 5 字节	该字段包含站地址的第 5 字节	0x0
7:0	Station Address,第 6 字节	该字段包含站地址的第 6 字节	0x0

15.2.2 控制寄存器组

控制寄存器组含命令寄存器、状态寄存器、发送/接收相关配置寄存器等。

1. 命令寄存器

表 15 - 23 列出了命令寄存器(Command)位分配情况以及各寄存器位的主要功能。

表 15 - 23 命令寄存器位描述

位	符 号	描 述	复位值
31:11	—	未使用	0x0
10	FullDuplex	该位被设为"1"表示在全双工模式下操作	0
9	RMII	该位被设为"1"时,选择 RMII 模式;该位被设为"0"时,选择 MII 模式	0
8	TxFlowControl	使能 IEEE 802.3 流控,即在全双工下发送暂停控制帧,在半双工下发送连续的导言(前导帧)	0
7	PassRxFilter	该位被设为"1"时,禁止对接收过滤,即把所有接收到的帧都写入存储器中	0
6	PassRuntFrame	该位被设为"1"时,将小于 64 字节的短帧传递到寄存器中,除非该短帧的 CRC 有误。如果该位被设成"0",则将短帧滤除	0
5	RxReset	向该位写入"1"时,接收通道复位	0
4	TxReset	向该位写入"1"时,发送通道复位	0
3	RegReset	向该位写入"1"时,所有的通道和主机寄存器均复位。MAC 需要单独进行复位	0
2	—	未使用	0
1	TxEnable	发送使能	0
0	RxEnable	接收使能	0

2. 状态寄存器

状态寄存器(Status)是只读寄存器,表 15 - 24 列出了寄存器位分配情况以及各寄存器位的主要功能。

表 15－24　状态寄存器位描述

位	符 号	描 述	复位值
31:2	—	未使用	0x0
1	TxStatus	如果该位为 1,发送通道处于活动状态。如果该位为 0,发送通道不工作	0
0	RxStatus	如果该位为 1,接收通道处于活动状态。如果该位为 0,接收通道不工作	0

该寄存器的值表示了两个通道的状态。当状态为 1 时,通道处于活动状态,表明:

● 在发送或接收帧信息的同时,通道使能,且命令寄存器中的 Rx/TxEnable 位置位,否则通道是禁止的;

● 对于发送通道,发送队列不为空,即 ProduceIndex ! ＝ ConsumeIndex;

● 对于接收通道,接收队列不为空,即 ProduceIndex ! ＝ ConsumeIndex-1。

如果 Command 寄存器中 Rx/TxEnable 位的软件复位禁用了通道,并且通道已将当前帧的状态与数据提交给了存储器,则状态从活动转变为静止。如果"发送队列"为空或"接收队列"为满,并且状态和数据已提交给存储器,则通道状态也会转变为静止。

3. 接收描述符基址寄存器

接收描述符的基址是一个字边界对齐的字节地址,即 LSB 1:0 固定为"00",该寄存器含有描述符数组的最低地址。表 15－25 列出了接收描述符基址寄存器(RxDescriptor)位分配情况以及各寄存器位的主要功能。

表 15－25　接收描述符基址寄存器位描述

位	符 号	描 述	复位值
31:2	RxDescriptor	接收描述符基址的 MSB	0x0
1:0	—	固定为"00"	—

4. 接收状态基址寄存器

接收描述符的基址是一个字边界对齐的字节地址,即 LSB 2:0 固定为"000"。此寄存器包含了描述符数组中的最低地址,表 15－26 列出了接收状态基址寄存器位分配情况以及各寄存器位的主要功能。

表 15－26　接收状态寄存器位描述

位	符 号	描 述	复位值
31:3	RxStatus	接收状态基址的 MSB	0
2:0	—	固定为"000"	—

5. 接收描述符数目寄存器

表 15-27 列出了接收描述符数目寄存器的位分配情况以及各寄存器位的主要功能。接收描述符数目寄存器定义了以 RxDescriptor 为基址的描述符数组中的描述符数量。描述符的数目应与状态数目相匹配。寄存器采用了减 1 编码，即，如果数组有 8 个元素，则寄存器中的值应为 7。

表 15-27　接收描述符数目寄存器位描述

位	符　号	描　述	复位值
31:16	—	未使用	0x0
15:0	RxDescriptorNumber	在以 RxDescriptor 为基址的描述符数组中的描述符数目。描述符的数目为减 1 编码	0x0

6. 接收产生索引寄存器

接收产生索引寄存器(RxProduceIndex)是一个只读寄存器，表 15-28 列出了寄存器位分配情况以及各寄存器位的主要功能。

表 15-28　接收产生索引寄存器位描述

位	符　号	描　述	复位值
31:16	—	未使用	0x0
15:0	RxProduceIndex	下一次将被接收通道填充的描述符的索引	0x0

接收产生索引寄存器定义了下一个要被硬件接收处理填充的描述符。在收到一个帧后，硬件将索引加 1，一旦达到 RxDescriptorNumber 值，则寄存器值回到 0。如果 RxProduceIndex 等于 RxConsumeIndex-1，则数组满，再接收的任何帧都会造成缓冲区溢出错误。

7. 接收消耗索引寄存器

接收消耗索引寄存器(RxConsumeIndex)的各个位的定义见表 15-29。接收消耗索引寄存器定义了下一个要被软件接收驱动处理的描述符。只要 RxProduceIndex 等于 RxConsumeIndex，接收数组就为空。如果数组不空，软件就可以处理由 RxConsumeIndex 指向的帧。软件处理完一个帧后，应将 RxConsumeIndex 加 1。一旦寄存器达到 RxDescriptorNumber 的值，则寄存器值必须回到 0。如果 RxProduceIndex 等于 RxConsumeIndex-1，则数组满，再接收的任何帧都会造成缓冲区溢出错误。

表 15-29　接收消耗索引寄存器位描述

位	符　号	描　述	复位值
31:16	—	未使用	0x0
15:0	RxConsumeIndex	下一次将被接收处理的描述符的索引	0x0

轻松玩转 ARM Cortex-M3 微控制器——基于 LPC1788 系列

轻松玩转ARM Cortex-M3微控制器——基于LPC1788系列

8. 发送描述符基址寄存器

表 15-30 列出了发送描述符基址寄存器(TxDescriptor)位分配情况以及各寄存器位的主要功能。

表 15-30　发送描述符基址寄存器位描述

位	符　号	描　　述	复位值
31:2	TxDescriptor	发送描述符基址的 MSB	0x0
1:0	—	固定为"00"	

发送描述符基址是一个与字边界对齐的字节地址,即 LSB 1:0 固定为"00"。此寄存器包含了描述符数组中的最低地址。

9. 发送状态基址寄存器

发送状态基址寄存器(TxStatus)的基址是一个与字边界对齐的字节地址,即 LSB 1:0 固定为"00"。此寄存器包含了状态数组中的最低地址。表 15-31 列出了寄存器位分配情况以及各寄存器位的主要功能。

表 15-31　发送状态基址寄存器位描述

位	符　号	描　　述	复位值
31:2	TxStatus	发送状态基址的 MSB	0x0
1:0	—	固定为"00"	

10. 发送描述符数目寄存器

发送描述符数目寄存器(TxDescriptorNumber)定义了以 TxDescriptor 为基址的描述符数组中的描述符数目。描述符数目应与状态数目相匹配。寄存器采用了减 1 编码,即,如果数组有 8 个元素,则寄存器中的值应为 7。表 15-32 列出了寄存器位分配情况以及各寄存器位的主要功能。

表 15-32 发送描述符数目寄存器位描述

位	符　号	描　　述	复位值
31:16	—	未使用	0x0
15:0	TxDescriptorNumber	在以 TxDescriptor 为基址的描述符数组中的描述符数目。该寄存器采用减 1	0x0

11. 发送产生索引寄存器

发送产生索引寄存器(TxProduceIndex),定义了下一个要由软件发送驱动填充的描述符。如果 TxProduceIndex 等于 TxConsumeIndex 时,传送描述符数组就为空。如果发送硬件使能,则一旦描述符数组不为空时,就开始传送帧。当软件处理完一个帧后,会将 TxProduceIndex 加 1。一旦达到了 TxDescriptorNumber 的值,寄存器值必须回到 0。如果 TxProduceIndex 等于 TxConsumeIndex-1,则描述符数组为

457

满,软件应停止产生新的描述符,直到硬件已发送了一些帧,并更新 TxConsumeIndex。表 15-33 列出了寄存器位分配情况以及各寄存器位的主要功能。

表 15-33 发送产生索引寄存器位描述

位	符　号	描　　述	复位值
31:16	—	未使用	0x0
15:0	TxProduceIndex	下一次将被发送软件驱动程序填充的描述符的索引	0x0

12. 发送消耗索引寄存器

发送消耗索引寄存器(TxConsumeIndex)是一个只读寄存器,它定义了下一次将由硬件处理的发送描述符。当发送完一帧之后,硬件将 TxConsumIndex 加 1。如果它与 TxDescriptorNumber 的值相等,则该寄存器的值回到 0。如果 TxConsumIndex 等于 TxProduceIndex,则描述符数组为空,发送通道将停止发送,直到软件产生新的描述符。表 15-34 列出了寄存器位分配情况以及各寄存器位的主要功能。

表 15-34　发送消耗索引寄存器位描述

位	符　号	描　　述	复位值
31:16	—	未使用	0x0
15:0	TxConsumeIndex	下一次将被发送通道发送的描述符的索引	00

13. 发送状态向量 0 寄存器

发送状态向量 0 寄存器(TSV0)是一个只读寄存器,发送状态向量寄存器保存着由 MAC 返回的最新发送状态。由于状态向量超过了 4 字节,因此状态被分配到两个寄存器 TSV0 和 TSV1 中。这些寄存器是供调试使用,因为驱动软件与以太网模块之间的通信主要是通过帧描述符来实现。只要 MAC 的内部状态有效,则状态寄存器的内容也有效,当发送与接收处理都暂停时,状态寄存器通常只执行读操作。表 13-35 列出了寄存器位分配情况以及各寄存器位的主要功能。

表 15-35　TSV0 寄存器位描述

位	符　号	描　　述	复位值
31	VLAN	帧长度/类型区域含有 0x8100,它是 VLAN 的协议标识符	0
30	Backpressure	前面应用了载波侦听方式的背压	0
29	Pause	该帧是一个带有有效 PAUSE 操作码的控制帧	0
28	Control Frame	该帧是一个控制帧	0
27:12	Total Bytes	包括冲突尝试在内的传输字节总数	0x0
11	Underrun	主机方引起的缓冲区下溢	0
10	Giant	帧中的字节数大于 TSV1 的发送字节计数字段中能够表示的字节数	0

续表 15 - 35

位	符　号	描　述	复位值
9	Late Collision	产生的冲突超出了冲突窗口,即超出了 512 个位时间	0
8	Excessive Collision	包由于超过最大允许的冲突次数而被中止	0
7	Excessive Defer	包在 100 Mbps 下的延迟时间超出了 6 071 个半字节时间,在 10 Mbps 下的延迟时间超出了 24 287 个位时间	0
6	Packet Defer	包至少被延迟了一次尝试,但还没有达到延迟期限	0
5	Broadcast	包的目标地址为广播地址	0
4	Multicast	包的目标地址为多播地址	0
3	Done	包发送完成	0
2	Length Out of Range	表示帧类型/长度区域的值大于 1 500 个字节	0
1	Length Check Error	表示帧长度区域的值与实际的数据个数不相等,并且此时的帧长度区域不表示类型	0
0	CRC Error	包中附带的 CRC 与内部产生的 CRC 不相等	0

14. 发送状态向量 1 寄存器

发送状态向量 1 寄存器(TSV1)是一个只读寄存器,发送状态向量寄存器保存着由 MAC 返回的最新发送状态。由于状态向量超过了 4 字节,因此状态被分配到两个寄存器 TSV0 和 TSV1 中。这些寄存器是供调试使用的,因为驱动软件与以太网模块之间的通信主要是通过帧描述符来实现的。只要 MAC 的内部状态有效,则状态寄存器的内容也有效,当发送与接收过程暂停时,状态寄存器通常只执行读操作。表 15 - 36 列出了寄存器位分配情况以及各寄存器位的主要功能。

表 15 - 36　发送状态向量 1 寄存器位描述

位	符　号	描　述	复位值
31:20	—	未使用	0x0
19:16	Transmit Collision Count	当前帧在发送过程中遇到的冲突次数。该值不能达到冲突的最大次数(16)	0x0
15:0	Transmit Byte Count	发送帧中的字节总数,不包括冲突的字节数	0x0

15. 接收状态向量寄存器

接收状态向量寄存器(RSV)是一个只读寄存器,地址为 0x2008 4160。接收状态向量寄存器保存着由 MAC 返回的最新接收状态。此寄存器是供调试使用的,因为驱动软件与以太网模块之间的通信主要是通过帧描述符来实现。只要 MAC 的内部状态有效,则状态寄存器的内容也有效,当发送与接收过程暂停时,状态寄存器通常才执行读操作。表 15 - 37 列出了 RSV 寄存器各位的定义、位分配情况以及各寄存器位的主要功能。

轻松玩转 ARM Cortex-M3 微控制器——基于 LPC1788 系列

表 15-37　接收状态向量寄存器位描述

位	符　号	描　述	复位值
31	—	未使用	0
30	VLAN	帧长度/类型区域含有 0x8100,它是 VLAN 的协议标识符	0
29	Unsupported	当前帧是控制帧,但含有未知的操作码	0
28	PAUSE	该帧是一个带有有效 PAUSE 操作码的控制帧	0
27	Control Frame	该帧是一个控制帧	0
26	Dribble Nibble	表示接收到包之后又接收到另一个 1~7 位的数据。此时形成了一个 Nibble 称作 Dribble Nibble,但没有发送出去	0
25	Broadcast	包的目标地址为广播地址	0
24	Multicast	包的目标地址为多播地址	0
23	Receive OK	表示接收包含有效的 CRC 并且没有符号错误	0
22	Length Out of Range	表示帧类型/长度区域的值大于 1 518 个字节	0
21	Length Check Error	表示帧长度区域与实际的数据个数不相等,且此时的帧长度区域不表示类型	0
20	CRC Error	包中附带的 CRC 与内部产生的 CRC 不相等	0
19	Receive Code Violation	表示接收到的 PHY 数据不代表一个有效的接收代码	0
18	Carrierevent Previously Seen	表示上一次接收统计之后的某个时候,检测到载波事件	0
17	RXDV Event Previously Seen	表示上一次发现的接收事件其长度不够,不能成为一个有效的包	0
16	Packet Previously Ignored	表示漏掉(drop)了一个包	0
15:0	Received Byte Count	表示接收到的帧信息的长度	0x0

16. 流控制计数器寄存器

表 15-38 列出了流控制计数器寄存器(FlowControlCounter)位分配情况以及各寄存器位的主要功能。

表 15-38　流控制计数器寄存器位描述

位	符　号	描　述	复位值
31:16	PauseTimer	在全双工模式下,该字段指定了插入暂停流控制帧的暂停定时器区域的值在半双工模式下,该字段指定了背压周期数	0x0
15:0	MirrorCounter	在全双工模式下,该字段指定了重新发送暂停控制帧之前的周期数	0x0

17. 流控制状态寄存器

流控制状态寄存器(FlowControlStatus)是一个只读寄存器,表 15-39 列出了寄存器位分配情况以及各寄存器位的主要功能。

表 15－39　流控制状态寄存器位描述

位	符　号	描　述	复位值
31:16	—	未使用	0x0
15:0	Mirror CounterCurrent	在全双工模式下，该字段表示数据通道的镜像计数器（Mirror Counter）的当前值，该计数器最高可达到流控制计数器寄存器的 MirrorCounter 字段指定的值。在半双工模式下，该字段的值可达到流控制计数器寄存器的 PauseTimer 字段的值	0x0

15.2.3　接收过滤寄存器组

接收过滤寄存器组含控制寄存器、状态寄存器及清零寄存器等。

1. 接收滤波器控制寄存器

表 15－40 列出了接收滤波器控制寄存器（RxFilterCtrl）位分配情况以及各寄存器位的主要功能。

表 15－40　接收滤波器控制寄存器位描述

位	符　号	描　述	复位值
31:14	—	未使用	0x0
13	RxFilterEnWoL	当该位设为"1"时，完全地址匹配滤波器与不完全 Hash 滤波器的结果在匹配时将产生一个 WoL 中断	0
12	MagicPacketEnWoL	当该位设为"1"时，魔法包滤波器的结果在匹配时将产生一个 WoL 中断	0
11:6	—	保留。读取值未定义，只写入 0	—
5	AcceptPerfectEn	当该位设为"1"时，接收目标地址与站地址相同的帧	0
4	Accept MulticastHashEn	当该位设为"1"时，接收通过不完全 Hash 滤波器的多播帧	0
3	AcceptUnicastHashEn	当该位设为"1"时，接收通过不完全 Hash 滤波器的单播帧	0
2	AcceptMulticastEn	当该位设为"1"时，接收所有的多播帧	0
1	AcceptBroadcastEn	当该位设为"1"时，接收所有的广播帧	0
0	AcceptUnicastEn	当该位设为"1"时，接收所有的单播帧	0

2. 接收滤波器 WoL 状态寄存器

接收滤波器 LAN 上唤醒状态寄存器（RxFilterWoLStatus）是一个只读寄存器，表 15－41 列出了寄存器位分配情况以及各寄存器位的主要功能。

表 15－41　接收滤波器 WoL 状态寄存器位描述

位	符　号	描　述	复位值
31:9	—	未使用	0x0
8	MagicPacketWoL	当该值为"1"时，魔法包滤波器引起 WoL	0
7	RxFilterWoL	当该值为"1"时，接收滤波器引起 WoL	0

461

位	符　号	描　述	复位值
6	—	未使用	0
5	AcceptPerfectWoL	当该值为"1"时，完全地址匹配滤波器引起 WoL	0
4	AcceptMulticastHashWol	当该值为"1"时，一个通过不完全 Hash 滤波器的多播帧引起 WoL	0
3	AcceptUnicastHashWol	当该值为"1"时，一个通过不完全 Hash 滤波器的单播帧引起 WoL	0
2	AcceptMulticastWoL	当该值为"1"时，一个多播帧引起 WoL	0
1	AcceptBroadcastWoL	当该值为"1"时，一个广播帧引起 WoL	0
0	AcceptUnicastWoL	当该值为"1"时，一个单播帧引起 WoL	0

该寄存器中的位记录了产生 WoL 的原因。这些位可通过对 RxFilterWoLClear 寄存器执行写操作来清零。

3. 接收滤波器 WoL 清零寄存器

接收滤波器 LAN 上唤醒清零寄存器（RxFilterWoLClear）是一个只写寄存器，表 15-42 列出了寄存器位分配情况以及各寄存器位的主要功能。

表 15-42　接收滤波器 WoL 清零寄存器位描述

位	符　号	描　述	复位值
31:9	—	未使用	0
8	MagicPacketWoLClr	向位 7 和/或 8 写入"1"时，RxFilterWoLStatus 寄存器中对应的状态位被清零	0
7	RxFilterWoLClr		0
6	—	未使用	0
5	AcceptPerfectWoLClr	向位 0～5 的其中一位写入"1"时，RxFilterWoLStatus 寄存器中对应的状态位被清零	0
4	AcceptMulticastHashWoLClr		0
3	AcceptUnicastHashWoLClr		0
2	AcceptMulticastWoLClr		0
1	AcceptBroadcastWoLClr		0
0	AcceptUnicastWoLClr		0

此寄存器中各个位都是只写的，写入"1"将清零 RxFilterWoLStatus 寄存器中的相应位。

4. Hash 滤波器表 LSB 寄存器

表 15-43 列出了 Hash 滤波器表 LSB 寄存器（HashFilterL）位分配情况以及各寄存器位的主要功能。

表 15-43　Hash 滤波器表 LSB 寄存器位描述

位	符　号	描　述	复位值
31:0	HashFilterL	用于接收过滤的不完全滤波器 Hash 表的位 31:0	0x0

5. Hash 滤波器表 MSB 寄存器

表 15－44 列出了 Hash 滤波器表 MSB 寄存器（HashFilterH）位分配情况以及各寄存器位的主要功能。

表 15－44　Hash 滤波器表 MSB 寄存器位描述

位	符 号	描 述	复位值
31：0	HashFilterH	用于接收过滤的不完全滤波器 Hash 表的位 63：32	0x0

15.2.4　模块控制寄存器组

模块控制寄存器组含中断状态寄存器、中断使能/清零寄存器以及中断置位寄存器等。

1. 中断状态寄存器

中断状态寄存器（IntStatus）是一个只读寄存器，中断状态寄存器的位定义见表 15－45。

注意：所有位都是带异步置位的触发器，这样，如果当时钟禁止时出现了一个唤醒事件，就能够产生中断。

表 15－45　中断状态寄存器位描述

位	符 号	描 述	复位值
31：14	—	未使用	0x0
13	WakeupInt	接收滤波器检测到一个唤醒事件触发的中断	0
12	SoftInt	软件向 IntSet 寄存器的 SoftIntSet 位写入 1 时中断触发	0
11：8	—	未使用	0x0
7	TxDoneInt	在描述符已发送完成，并且描述符控制区域中的中断位被置位时中断触发	0
6	TxFinishedInt	当所有的发送描述符均已处理完时，即当传输满足 ProduceIndex ＝＝ConsumeIndex 时中断触发	0
5	TxErrorInt	发送出现错误时中断触发。发送错误包括：LateCollision、ExcessiveCollision、ExcessiveDefer、NoDescriptor 或 Underrun	0
4	TxUnderrunInt	在发送队列中出现重大的溢出错误时中断置位。这个重大的中断应该通过 Tx 软件复位来解决。该位在出现一个非重大的溢出错误时不会置位	0
3	RxDoneInt	在接收描述符处理完成，并且描述符控制区域中的中断位被置位时中断触发	0
2	RxFinishedInt	当所有的接收描述符均已处理完时，即传输满足 ProduceIndex＝＝ConsumeIndex 时中断触发	0
1	RxErrorInt	接收出现错误时中断触发。接收错误包括：AlignmentError、RangeErrorLengthError、SymbolError、CRCError 或 NoDescriptor 或 Overrun	0
0	RxOverrunInt	在接收队列中出现重大的溢出错误时中断置位。这个重大的中断应该通过 Rx 软件复位来解决。该位在出现一个非重大的溢出错误时不会置位	0

中断状态寄存器虽然是只读操作寄存器,但通过 IntSet 寄存器可实现置位操作,通过 IntClear 寄存器可实现复位操作。

2. 中断使能寄存器

中断使能寄存器(IntEnable)用于中断使能,表 15 - 46 列出了寄存器位分配情况以及各寄存器位的主要功能。

表 15 - 46　中断使能寄存器位描述

位	符　号	描　述	复位值
31:14	—	未使用	0'x0
13	WakeupIntEn	使能由接收滤波器检测到的唤醒事件触发的中断	0
12	SoftIntEn	使能由 IntStatus 寄存器中的 SoftInt 位触发的中断,通过软件向 IntSet 寄存器的 SoftIntSet 位写入"1"来产生中断触发	0
11:8	—	未使用	0x0
7	TxDoneIntEn	使能在描述符已发送完成,并且描述符控制区域中的中断位置位时的中断触发	0
6	TxFinishedIntEn	使能当所有发送描述符已处理完,即传输满足 ProduceIndex==ConsumeIndex 时的中断触发	0
5	TxErrorIntEn	使能发送错误时的中断触发	0
4	TxUnderrunIntEn	使能在发送缓冲区溢出或描述符下溢时的中断触发	0
3	RxDoneIntEn	使能在接收描述符已处理完成,并且描述符控制区域中的中断位置位时的中断触发	0
2	RxFinishedIntEn	使能当所有接收描述符已完成,即传输满足 ProduceIndex==ConsumeIndex 时的中断触发	0
1	RxErrorIntEn	使能接收错误时的中断触发	0
0	RxOverrunIntEn	使能在接收缓冲区溢出或描述符下溢时的中断触发	0

3. 中断清零寄存器

中断清零寄存器(IntClear)是一个只写寄存器,表 15 - 47 列出了寄存器位分配情况以及各寄存器位的主要功能。

表 15 - 47　中断清零寄存器位描述

位	符　号	描　述	复位值
31:14	—	未使用	0x0
13	WakeupIntClr	向位 12 和/或 13 写入"1"可将中断状态寄存器 IntStatus 中的对应位清零	0
12	SoftIntClr		0
11:8	—	未使用	0x0
7	TxDoneIntClr	向位 0~7 的其中一位写入"1"可将中断状态寄存器 IntStatus 中的对应位清零	0
6	TxFinishedIntClr		0
5	TxErrorIntClr		0
4	TxUnderrunIntClr		0
3	RxDoneIntClr		0
2	RxFinishedIntClr		0
1	RxErrorIntClr		0
0	RxOverrunIntClr		0

4. 中断置位寄存器

中断置位寄存器(IntSet)是一个只写寄存器,表 15 - 48 列出了寄存器位分配情况以及各寄存器位的主要功能。

表 15 - 48　中断置位寄存器位描述

位	符　　号	描　　述	复位值
31:14	—	未使用	0x0
13	WakeupIntSet	向位 12 和/或 13 写入"1"可将中断状态寄存器(IntStatus)中的对应位置位	0
12	SoftIntSet		0
11:8	—	未使用	0x0
7	TxDoneIntSet		0
6	TxFinishedIntSet		0
5	TxErrorIntSet		0
4	TxUnderrunIntSet	向位 0~7 的其中一位写入"1"可将中断状态寄存器(IntStatus)中对应的位置位	0
3	RxDoneIntSet		0
2	RxFinishedIntSet		0
1	RxErrorIntSet		0
0	RxOverrunIntSet		0

中断置位寄存器为只写寄存器,向 IntSet 寄存器的一个位写入 1,会置位状态寄存器中的相应位,写入 0 则对中断状态没有影响。

5. 掉电寄存器

掉电寄存器(PowerDown)用于阻止除对掉电寄存器以外的所有 AHB 访问。表 15 - 49列出了寄存器位分配情况以及各寄存器位的主要功能。

表 15 - 49　掉电寄存器位描述

位	符　　号	描　　述	复位值
31	PowerDownMACAHB	如果该位为"真",则除了访问掉电寄存器之外的所有 AHB 访问都将返回读/写错误	0
30:0	—	未使用	0x0

15.2.5　描述符与状态

本小节介绍发送与接收分散/集中 DMA 引擎的描述符格式。每个以太网帧都可以包括一个或多个片段。每个片段都对应于单一的描述符。以太网模块中的 DMA 管理器用于分散(用于接收)和集中(用于发送)单个以太网帧的多个片段。

1. 接收描述符与状态

接收描述符保存在存储器的一个数组中(布局如图 15 - 3 所示)。数组的基址保存在 RxDescriptor 寄存器中,应与一个 4 字节地址边界对齐。数组的描述符数量以减 1 编码方式,保存在 RxDescriptorNumber 寄存器中,即:如果数组有 8 个元素,则寄存器值应为 7。与描述符平行的是一个状态数组。对于描述符数组中的每个元素,状态数组中都有一个相应的状态区域。状态数组的基址保存在 RxStatus 寄存器中,并且必须与 8 字节的地址边界对齐。在操作过程中(此时接收数据通道使能),RxDescriptor、RxStatus 和 RxDescriptorNumber 均不得被修改。

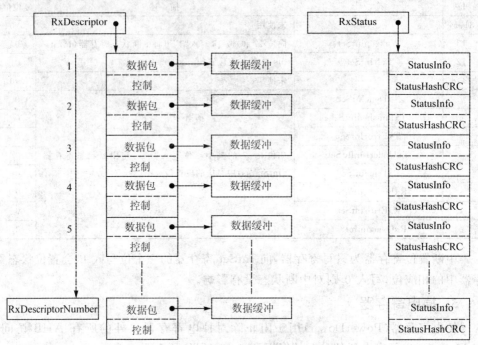

图 15 - 3　接收描述符在存储器内的布局

RxConsumeIndex 与 RxProduceIndex 这两个寄存器定义了将被硬件和软件使用的下一个描述符单元。两个寄存器均作为起始为 0 的计数器,当它们到达 RxDescriptorNumber 的值时,再返回从 0 计数。RxProduceIndex 包含了将被接收到的下一个帧数据填充的描述符索引。RxConsumeIndex 由软件编写,是软件接收驱动下一个要处理的描述符索引。当 RxProduceIndex == RxConsumeIndex 时,接收缓冲区为空。当 RxProduceIndex == RxConsumeIndex-1 时(考虑到它是一个封包设计),接收缓冲区为满,此时除非软件驱动程序释放一个或多个描述符,否则新接收的数据将产生溢出。

每个"接收描述符"都占用存储器中两个字(8 字节)。同样,每个状态区域也占用存储器中两个字(8 字节)。每个接收描述符都包括一个"数据包指针"(Packet)和一个"控制字"(Control)组成,指针指向用来存放接收数据的数据缓冲区,控制字包含的是控制信息。针对表 15 - 50 中定义的描述符地址,Packet 区域的地址偏移量为 0,而 Control 区域的地址偏移量为 4 字节。表 15 - 52 列出了状态数组中接收状态单

轻松玩转 ARM Cortex-M3 微控制器——基于 LPC1788 系列

元的各个区域。

表 15-50　接收描述符区域

符　号	地址偏移量	字　节	描　述
Packet	0x0	4	用来存放接收数据的数据缓冲区的基址
Control	0x4	4	控制信息，见表 15-51

注意：数据缓冲区指针（Packet）是一个按字节对齐的 32 位地址值，包含了数据缓冲区的基址。

表 15-51　接收描述符控制字

位	符　号	描　述
31	Interrupt	该位表示当该帧或帧片段中的数据以及相关的状态信息已提交给寄存器时，是否确实产生了一个 RxDone 中断
30:11	—	未使用
10:0	Size	数据缓冲区的字节数。这是设备驱动程序为一帧或帧片段保留的缓冲区字节数，即被"数据包区域"指向的缓冲区的字节数。Size 的值采用的是减 1 编码，例如，如果缓冲区为 8 字节，则 Size 的值为 7

表 15-52　接收状态单元的区域

符　号	地址偏移量	字　节	描　述
StatusInfo	0x0	4	接收状态的返回标志，见表 15-54
StatusHashCRC	0x4	4	目标地址 Hash CRC 和源地址 Hash CRC 的串联

每个接收状态都包含两个字。StatusHashCRC 包含两个串联的 9 位 Hash CRC（如表 15-53 所列），计算自接收帧中所包含的目标地址和源地址。在检测了目标地址和源地址后，StatusHashCRC 进行一次计算，然后保存该值，供相同帧的所有片段使用。

表 15-53　接收状态 Hash CRC 字

位	符　号	描　述
31:25	—	未使用
24:16	DAHashCRC	从目标地址中计算而得的 Hash CRC
15:9	—	未使用
8:0	SAHashCRC	从源地址中计算而得的 Hash CRC

StatusInfo 字中包含了 MAC 返回的标志，以及由接收数据通道生成的标志，它们反映了接收的状态。表 15-54 列出了 StatusInfo 字中各位的定义。

表 15－54　接收状态信息字

位	符 号	描 述
31	Error	表示在该帧的接收过程中出现错误。它是 AlignmentError、RangeError、LengthError、SymbolError、CRCError 和 Overrun 逻辑相"或"的结果
30	LastFlag	该位设为"1"时,表示这个描述符是一帧中的最后一个片段。如果一帧只有一个片段组成,则该位也设成"1"
29	NoDescriptor	没有新的 Rx 描述符可用,并且对于当前的接收描述符中的缓冲区大小来说,帧信息太长
28	Overrun	接收溢出。适配器不能接收数据流
27	AlignmentError	当检测到 dribble 位和一个 CRC 错误时,将"对齐错误"作上标记
26	RangeError	接收到的包超出了包长度的最大限制
25	LengthError	该帧的帧长度区域指定了一个有效的帧长度,但它与实际的数据长度不相等
24	SymbolError	在接收过程中,PHY 通过 PHY 接口报告有一个位错误
23	CRCError	接收到的帧有一个 CRC 错误
22	Broadcast	当接收到一个广播帧时置位
21	Multicast	当接收到一个多播帧时置位
20	FailFilter	表示这帧信息的 Rx 过滤失败。这样的帧将不能正常地传递到存储器中。但由于缓冲区大小的限制,帧可能已有一部分信息传递到了存储器中。一旦发现某帧的 Rx 过滤失败,就将该帧的剩余部分丢弃,而不传递到存储器中。但如果命令寄存器中的 PassRxFilter 位置位,则整帧都将传递到存储器中
19	VLAN	表示一个 VLAN 帧
18	ControlFrame	表示这一个用于流控制的控制帧,它可以是一个暂停帧也可以是一个带有不支持的操作码的帧
17:11	—	未使用
10:0	RxSize	传输给一个片段缓冲区的实际数据的字节数。换句话说,它是 DMA 管理器针对一个描述符实际写入的帧或片段的字节数。该值可能与描述符控制区域中的 Size 位(表示器件驱动程序分配的缓冲区大小)的值有所不同。该字段采用减 1 编码,例如,如果缓冲区有 8 个字节,则 RxSize 的值为 7

对于多片段的帧,AlignmentError、RangeError、LengthError、SymbolError 以及 CRCError 各位的值中,除了对帧中最后一个片段以外都将为 0;同样,FailFilter、Multicast、Broadcast、VLAN 与 ControlFrame 各位的值未定义。帧中最后一个片段的状态将从 MAC 复制这些位的值。所有片段的状态都有有效的 LastFrag、RxSize、Error、Overrun 与 NoDescriptor 位。

2. 发送描述符与状态

发送描述符保存在存储器的一个数组中(布局如图 15-4 所示)。发送描述符数组的最低地址保存在 TxDescriptor 寄存器中,并且必须与一个 4 字节的地址边界对齐。数组中的描述符数量使用减 1 编码,保存在 TxDescriptorNumber 寄存器中,即:如果数组有 8 个元素,则寄存器值应为 7。与描述符平行的是一个"状态数组"。对于描述符数组中的每个元素,"状态数组"中都有一个相应的状态区域。状态数组的基址保存在 TxStatus 寄存器中,并且必须与 4 字节的地址边界对齐。在操作过程中(此时发送数据通道使能),TxDescriptor、TxStatus 和 TxDescriptorNumber 均不得被修改。

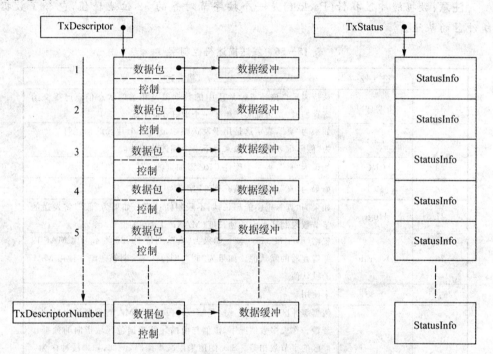

图 15-4　发送描述符在存储器内的布局

TxConsumeIndex 与 TxProduceIndex 这两个寄存器定义了下一个将被硬件和软件使用的描述符单元索引。两个寄存器均作为起始为 0 的计数器,当它们到达 TxDescriptorNumber 的值时,再返回 0 计数。TxProduceIndex 包含了下一个将被软件驱动所填充的描述符索引。TxConsumeIndex 包含了下一个将被硬件发送的描述符索引。当 TxProduceIndex == TxConsumeIndex 时,发送缓冲区为空。当 TxProduceIndex == TxConsumeIndex-1 时(考虑到它是一个封包设计),发送缓冲区为满,除非硬件发送了一个或多个帧将一些描述符的缓冲区进行释放,否则软件驱动不能够增加新的描述符。

每个发送描述符都占用存储器中 2 个字(8 字节)。同样,每个状态区域占用存储器中一个字(4 字节)。每个发送描述符都包括一个指针和一个控制字,指针指向发送数据缓冲区,控制字包含的是控制信息。数据包区域有一个 0 地址偏移量,而控制区域则有一个 4 字节的地址偏移量,见表 15-55。

表 15-55 发送描述符区域

符 号	地址偏移量	字 节	描 述
Packet	0x0	4	用来存放发送数据的数据缓冲区的基址
Control	0x4	4	控制信息,见表 15-56

注意:数据缓冲区指针(Packet)是一个按字节对齐的 32 位地址值,包含了数据缓冲区的基址。

表 15-56 发送描述符控制字

位	符 号	描 述
31	Interrupt	该位表示当该帧或帧片段中的数据以及相关的状态信息已提交给寄存器时,是否确实产生了一个 RxDone 中断
30	Last	如果为"真",表示这是用于发送帧中最后一个片段的描述符。如果为"假",则表示应添加来自下一个描述符的片段
29	CRC	如果为"真",将一个硬件 CRC 添加到帧内
28	Pad	如果为"真",将短帧填充到 64 字节
27	Huge	如果为"真",则使能超长帧,不限制帧长度。如果为"假",将发送的字节数限制到最大的帧长度(MAXF[15:0]的值)
26	Override	忽略(override)每一帧。如果为"真",则位 30:27 将不考虑 MAC 内部寄存器的默认值。如果为"假",则位 30:27 将被忽略并使用 MAC 的默认值
25:11	—	未使用
10:0	Size	数据缓冲区的字节数。这是帧或片段需被 DMA 管理器取出时的字节数。在大多数情况下,该值与由描述符数据包区域指向的数据缓冲区的字节数相等。Size 的值采用减 1 编码,例如,如果缓冲区为 8 字节,则 Size 的值为 7

表 15-57 显示了一个区域的发送状态,发送状态由 1 个 StatusInfo 字组成。该字包含由 MAC 返回的标志,以及由发送数据通道产生的反映发送状态的标志。表 15-58 列出了 StatusInfo 字各位的定义。

表 15-57 发送状态单元区域

符 号	地址偏移量	字 节	描 述
StatusInfo	0x0	4	发送状态的返回标志,见表 15-58

表 15 - 58　发送状态信息字

位	符　号	描　述
31	Error	发送过程中出现的错误。它是 Underrun、LateCollision、ExcessiveCollision、ExcessiveDefer 逻辑相"或"的结果
30	NoDescriptor	发送流由于描述符不可用而被中断
29	Underrun	由于适配器没有产生发送数据而出现 Tx 下溢
28	LateCollision	冲突窗口超出范围,导致发送包中止
27	ExcessiveCollision	表示这个包超出了最大的冲突限制并被自助
26	ExcessiveDefer	这个包遭遇的延迟超出了最大的延迟限制并被中止
25	Defer	这个包由于媒体被占据而遭遇延迟。该延迟不是一个错误,除非出现延迟超出限制的情况
24:21	CollisionCount	这个包遭遇的冲突次数,该值可高达重新发送的最大值
20:0	—	未使用

15.3　以太网接口的常用库函数

以太网接口库函数由一组应用接口函数组成,这组函数覆盖了以太网络相关操作的功能集。本节将介绍与以太网操作相关的主要库函数功能,并包括一些私有成员函数,及调用它们的成员函数,各功能函数的详细说明如表 15 - 59～表 15 - 91 所列。

① 函数 EMAC_UpdateRxConsumeIndex。

表 15 - 59　函数 EMAC_UpdateRxConsumeIndex

函数名	EMAC_UpdateRxConsumeIndex
函数原型	static void EMAC_UpdateRxConsumeIndex(void);
功能描述	静态私有成员函数,用于更新接收消耗索引

② 函数 EMAC_UpdateTxProduceIndex。

表 15 - 60　函数 EMAC_UpdateTxProduceIndex

函数名	EMAC_UpdateTxProduceIndex
函数原型	static void EMAC_UpdateTxProduceIndex(void);
功能描述	静态私有成员函数,用于更新发送产生索引

③ 函数 EMAC_AllocTxBuff。

表 15 - 61　函数 EMAC_AllocTxBuff

函数名	EMAC_AllocTxBuff
函数原型	static uint32_t EMAC_AllocTxBuff(uint16_t nFrameSize, uint8_t bLastFrame)
功能描述	静态私有成员函数,用于分配发送缓存区
输入参数 1	nFrameSize:帧大小
输入参数 2	bLastFrame:最后帧

④ 函数 EMAC_GetRxFrameSize。

表 15 - 62　函数 EMAC_GetRxFrameSize

函数名	EMAC_GetRxFrameSize
函数原型	static uint32_t EMAC_GetRxFrameSize(void);
功能描述	静态私有成员函数,用于获取接收帧的大小

⑤ 函数 rx_descr_init。

表 15 - 63　函数 rx_descr_init

函数名	rx_descr_init
函数原型	void rx_descr_init (void)
功能描述	初始化发送描述符
说　明	针对发送描述符相关配置项 RxDescriptor、RxStatus、RxDescriptorNumber、RxConsumeIndex 等进行设置

⑥ 函数 tx_descr_init。

表 15 - 64　函数 tx_descr_init

函数名	tx_descr_init
函数原型	void tx_descr_init (void)
功能描述	初始化接收描述符
说　明	针对接收描述符相关配置项 TxDescriptor、TxStatus、TxDescriptorNumber、TxProduceIndex 等进行设置

⑦ 函数 setEmacAddr。

表 15 - 65　函数 setEmacAddr

函数名	setEmacAddr
函数原型	void setEmacAddr(uint8_t abStationAddr[])
功能描述	设置站地址,用于完全的地址过滤,以及发送暂停控制
输入参数	abStationAddr:站地址寄存器 0~2
说　明	针对 SA0~SA2 站点寄存器设置

⑧ 函数 EMAC_Write_PHY。

表 15 - 66　函数 EMAC_Write_PHY

函数名	EMAC_Write_PHY
函数原型	void EMAC_Write_PHY (uint8_t PhyReg, uint16_t Value)
功能描述	将数据写入 PHY 寄存器
输入参数 1	PhyReg:PHY 寄存器地址
输入参数 2	Value:寄存器值
说　明	针对 MADR、MWTD 寄存器写操作

⑨ 函数 EMAC_Read_PHY。

表 15 - 67 函数 EMAC_Read_PHY

函数名	EMAC_Read_PHY
函数原型	uint16_t EMAC_Read_PHY（uint8_t PhyReg）
功能描述	从 PHY 寄存器写数据
输入参数	PhyReg：PHY 寄存器地址
返回值	返回寄存器值
说 明	针对 MADR、MCMD、MRDD 寄存器操作

⑩ 函数 EMAC_SetFullDuplexMode。

表 15 - 68 函数 EMAC_SetFullDuplexMode

函数名	EMAC_SetFullDuplexMode
函数原型	void EMAC_SetFullDuplexMode(uint8_t full_duplex)
功能描述	设置全/半双工模式
输入参数	full_duplex：模式选择，0：半双工，1：全双工
说 明	针对 MAC2 位[0]、IPGT 寄存器操作

⑪ 函数 EMAC_SetPHYSpeed。

表 15 - 69 函数 EMAC_SetPHYSpeed

函数名	EMAC_SetPHYSpeed
函数原型	void EMAC_SetPHYSpeed(uint8_t mode_100Mbps)
功能描述	设置 PHY 的速率模式
输入参数	mode_100Mbps：速率模式。0：10 Mbps；1：100 Mbps
说 明	针对 SUPP 寄存器位[8]设置

⑫ 函数 EMAC_Init。

表 15 - 70 函数 EMAC_Init

函数名	EMAC_Init
函数原型	int32_t EMAC_Init(EMAC_CFG_Type * EMAC_ConfigStruct)
功能描述	根据 EMAC_ConfigStruct 指定参数初始化以太网接口外设
输入参数	EMAC_ConfigStruct：指向 EMAC_CFG_Type 结构体的指针，内含以太网配置信息。 bPhyAddr：5 位 PHY 地址； pbEMAC_Addr：站地址指针； nMaxFrameSize：最大帧长； pfnPHYInit：指向 PHY 初始化回调函数； pfnPHYReset：指向 PHY 复位回调函数； pfnErrorReceive：错误状态编码； pfnWakeup：指向接收唤醒中断回调函数； pfnSoftInt：软件中断

续表 15-70

返回值	设置成功返回 SUCCESS；失败返回 ERROR
调用函数	CLKPWR_ConfigPPWR()、CLKPWR_GetCLK()、rx_descr_init()、tx_descr_init()、setEmacAddr()、EMAC_IntCmd()、EMAC_TxEnable()、EMAC_RxEnable()、NVIC_EnableIRQ()等函数
说　明	针对 MCFG、CLRT、IPGR、IntClear 等寄存器设置。具体包括 MII 接口、RMII 模式、收/发 DMA 引擎与描述符、配置主机寄存器、使能收/发数据通道以及中断使能等设置

⑬ 函数 EMAC_DeInit。

表 15-71　函数 EMAC_DeInit

函数名	EMAC_DeInit
函数原型	void EMAC_DeInit(void)
功能描述	将 EMAC 相关寄存器恢复成默认值
调用函数	CLKPWR_ConfigPPWR()函数
说　明	禁止 IntEnable 所有中断、清除 IntClear 待处理中断等功能

⑭ 函数 EMAC_TxEnable。

表 15-72　函数 EMAC_TxEnable

函数名	EMAC_TxEnable
函数原型	void EMAC_TxEnable(void)
功能描述	使能 EMAC 的发送功能
说　明	设置 Command 寄存器位[1]—TxEnable

⑮ 函数 EMAC_TxDisable。

表 15-73　函数 EMAC_TxDisable

函数名	EMAC_TxDisable
函数原型	void EMAC_TxDisable(void)
功能描述	禁用 EMAC 的发送功能
说　明	清除 Command 寄存器位[1]—TxEnable

⑯ 函数 EMAC_RxEnable。

表 15-74　函数 EMAC_RxEnable

函数名	EMAC_RxEnable
函数原型	void EMAC_RxEnable(void)
功能描述	使能 EMAC 的接收功能
说　明	设置 Command 寄存器位[0]—RxEnable 以及 MAC1 寄存器位[0]

⑰ 函数 EMAC_RxDisable。

轻松玩转 ARM Cortex-M3 微控制器——基于 LPC1788 系列

表 15－75　函数 EMAC_RxDisable

函数名	EMAC_RxDisable
函数原型	void EMAC_RxDisable(void)
功能描述	禁止 EMAC 的接收功能
说　明	清除 Command 寄存器位[0]—RxEnable 以及 MAC1 寄存器位[0]

⑱ 函数 EMAC_GetBufferSts。

表 15－76　函数 EMAC_GetBufferSts

函数名	EMAC_GetBufferSts
函数原型	EMAC_BUFF_STATUS EMAC_GetBufferSts(EMAC_BUFF_IDX idx)
功能描述	读取指定缓存的状态
输入参数	idx：指定的缓存索引，可选 TX_BUFF 或 RX_BUFF
返回值	视情况返回 EMAC_BUFF_AVAILABLE、EMAC_BUFF_FULL、EMAC_BUFF_PARTIAL_FULL
说　明	获取 TX/RX 缓存的 consume_idx、produce_idx 及缓存大小等。读操作 Tx/RxConsumeIndex、Tx/Rx ProduceIndex、Tx/RxDescriptorNumber 等寄存器

⑲ 函数 EMAC_AllocTxBuff。

表 15－77　函数 EMAC_AllocTxBuff

函数名	EMAC_AllocTxBuff
函数原型	uint32_t EMAC_AllocTxBuff(uint16_t nFrameSize, uint8_t bLastFrame)
功能描述	为帧发送分配一个描述符，并获取对应的缓存地址
输入参数 1	nFrameSize：发送的帧长度
输入参数 2	bLastFrame：最后一帧
返回值	发送描述符 packet 缓冲地址
调用函数	EMAC_GetBufferSts()、TX_DESC_CTRL()函数
说　明	针对 TxProduceIndex 等操作

⑳ 函数 EMAC_UpdateTxProduceIndex。

表 15－78　函数 EMAC_UpdateTxProduceIndex

函数名	EMAC_UpdateTxProduceIndex
函数原型	void EMAC_UpdateTxProduceIndex(void)
功能描述	更新下一个发送产生索引寄存器值，定义下一个要由软件发送驱动填充的描述符
说　明	针对 TxProduceIndex、TxDescriptorNumber 等操作

㉑ 函数 EMAC_GetTxFrameStatus。

表 15－79　函数 EMAC_GetTxFrameStatus

函数名	EMAC_GetTxFrameStatus
函数原型	uint32_t EMAC_GetTxFrameStatus(void)
功能描述	获取接收数据的当前状态值
返回值	返回接收数据的状态值 TX_STAT_INFO

475

㉒ 函数 EMAC_WritePacketBuffer。

表 15 - 80 函数 EMAC_WritePacketBuffer

函数名	EMAC_WritePacketBuffer
函数原型	void EMAC_WritePacketBuffer(EMAC_PACKETBUF_Type * pDataStruct)
功能描述	为 TxProduceIndex 当前索引,向发送 packet 数据缓冲写入数据
输入参数	pDataStruct:保存数据的缓冲长度和地址
调用函数	EMAC_UpdateTxProduceIndex()、EMAC_AllocTxBuff()函数

㉓ 函数 EMAC_GetRxFrameStatus。

表 15 - 81 函数 EMAC_GetRxFrameStatus

函数名	EMAC_GetRxFrameStatus
函数原型	uint32_t EMAC_GetRxFrameStatus(void)
功能描述	获取接收数据的当前状态值 RX_STAT_INFO
返回值	返回接收数据状态值
说　明	RxConsumeIndex 状态值

㉔ 函数 EMAC_GetRxFrameSize。

表 15 - 82 函数 EMAC_GetRxFrameSize

函数名	EMAC_GetRxFrameSize
函数原型	uint32_t EMAC_GetRxFrameSize(void)
功能描述	获取接收缓冲内收到的数据长度
返回值	返回接收数据长度
说　明	针对 RxConsumeIndex 操作

㉕ 函数 EMAC_GetRxBuffer。

表 15 - 83 函数 EMAC_GetRxBuffer

函数名	EMAC_GetRxBuffer
函数原型	uint32_t EMAC_GetRxBuffer(void)
功能描述	获取 TX_DESC_PACKET 缓冲的地址,以便访问
返回值	TX_DESC_PACKET 缓冲的地址
说　明	返回 RX_DESC_PACKET 值

㉖ 函数 EMAC_UpdateRxConsumeIndex。

表 15 - 84 函数 EMAC_UpdateRxConsumeIndex

函数名	EMAC_UpdateRxConsumeIndex
函数原型	void EMAC_UpdateRxConsumeIndex(void)
功能描述	更新接收消耗索引寄存器 RxConsumeIndex 的值
说　明	递增 RxConsumeIndex 值

㉗ 函数 ENET_IRQHandler。

轻松玩转 ARM Cortex-M3 微控制器——基于 LPC1788 系列

表 15 - 85　函数 ENET_IRQHandler

函数名	ENET_IRQHandler
函数原型	void ENET_IRQHandler(void)
功能描述	EMAC 的中断服务程序,用于中断相关的处理
调用函数	EMAC_UpdateRxConsumeIndex()等函数
说　明	根据各种中断标志处理

㉘ 函数 EMAC_SetHashFilter。

表 15 - 86　函数 EMAC_SetHashFilter

函数名	EMAC_SetHashFilter
函数原型	void EMAC_SetHashFilter(uint8_t dstMAC_addr[], FunctionalState NewState)
功能描述	为指定路径的 MAC 地址使能或禁止 Hash 滤波器表
输入参数 1	dstMAC_addr[]:目标 MAC 首地址的指针
输入参数 2	NewState:状态设置,使能选 ENABLE,禁止选 DISABLE
调用函数	EMAC_CRCCalc()
说　明	针对 HashFilterH、HashFilterL 寄存器配置

㉙ 函数 EMAC_CRCCalc。

表 15 - 87　函数 EMAC_CRCCalc

函数名	EMAC_CRCCalc
函数原型	int32_t EMAC_CRCCalc(uint8_t frame_no_fcs[], int32_t frame_len)
功能描述	计算一帧的 CRC 码
输入参数 1	frame_no_fcs[]:帧首字节的指针
输入参数 2	frame_len:帧长度(不含前导帧)
返回值	返回一个 32 位整数 CRC 码

㉚ 函数 EMAC_SetFilterMode。

表 15 - 88　函数 EMAC_SetFilterMode

函数名	EMAC_SetFilterMode
函数原型	void EMAC_SetFilterMode(uint32_t ulFilterMode, FunctionalState NewState)
功能描述	使能或禁止指定的滤波器模式,涉及接收滤波器控制相关操作
输入参数 1	ulFilterMode:滤波器模式选择。需要设置 RxFilterCtrl 寄存器各有效位。 EMAC_RFC_UCAST_EN:对应于位[0],该位设置时,接收所有的单播帧; EMAC_RFC_BCAST_EN:对应于位[1],该位设置时,接收所有的广播帧; EMAC_RFC_MCAST_EN:对应于位[2],该位设置时,接收所有的多播帧; EMAC_RFC_UCAST_HASH_EN:对应于位[3],该位设置时,接收通过不完全 Hash 滤波器的单播帧; EMAC_RFC_MCAST_HASH_EN:对应于位[4],该位设置时,接收通过不完全 Hash 滤波器的多播帧; EMAC_RFC_PERFECT_EN:对应于位[5],该位设置时,接收目标地址与站地址相同的帧;

轻松玩转ARM Cortex-M3 微控制器——基于LPC1788 系列

477

输入参数 1	EMAC_RFC_MAGP_WOL_EN:对应于位[12],该位设置时,魔法包滤波器的结果在匹配时将产生一个 WoL 中断; EMAC_RFC_PFILT_WOL_EN:对应于位[13],该位设置时,完全地址匹配滤波器与不完全 Hash 滤波器的结果在匹配时将产生一个 WoL 中断
输入参数 2	NewState:功能设置,使能选 ENABLE;禁止选择 DISABLE
说　明	针对接收滤波器控制寄存器操作

㉛ 函数 EMAC_GetWoLStatus。

表 15－89　函数 EMAC_GetWoLStatus

函数名	EMAC_GetWoLStatus
函数原型	FlagStatus EMAC_GetWoLStatus(uint32_t ulWoLMode)
功能描述	获取 LAN 上指定唤醒事件的状态是否设置
输入参数	ulWoLMode:滤波器 WoL 模式选择。需要读取 RxFilterWoLStatus 寄存器各有效位设置情况。 EMAC_WOL_UCAST:对应于位[0],值为"1"时,一个单播帧引起 WoL; EMAC_WOL_UCAST:对应于位[1],值为"1"时,一个广播帧引起 WoL; EMAC_WOL_MCAST:对应于位[2],值为"1"时,一个多播帧引起 WoL; EMAC_WOL_UCAST_HASH:对应于位[3],值为"1"时,一个通过不完全 Hash 滤波器的单播帧引起 WoL; EMAC_WOL_MCAST_HASH:对应于位[4],值为"1"时,一个通过不完全 Hash 滤波器的多播帧引起 WoL; EMAC_WOL_PERFECT:对应于位[5],值为"1"时,完全地址匹配滤波器引起 WoL; EMAC_WOL_RX_FILTER:对应于位[7],值为"1"时,接收滤波器引起 WoL; EMAC_WOL_MAG_PACKET:对应于位[8],值为"1"时,魔法包滤波器引起 WoL
返回值	如果设置则返回 SET,否则返回 RESET
说　明	针对 RxFilterWoLStatus、接收滤波器 WoL 清零寄存器读操作

㉜ 函数 EMAC_IntCmd。

表 15－90　函数 EMAC_IntCmd

函数名	EMAC_IntCmd
函数原型	void EMAC_IntCmd(uint32_t ulIntType, FunctionalState NewState)
功能描述	使能或禁止指定的中断标志
输入参数 1	UlIntType:中断类型。 EMAC_INT_RX_OVERRUN:在接收队列中出现重大的溢出错误时中断; EMAC_INT_RX_ERR:接收出现错误时中断触发。接收错误包括 AlignmentError、RangeError、LengthError、SymbolError、CRCError、NoDescriptor 或 Overrun; EMAC_INT_RX_FIN:当所有的接收描述符均已处理完时,即当传输满足 ProduceIndex ＝＝ ConsumeIndex 时中断触发; EMAC_INT_RX_DONE:在接收描述符处理完成,并且描述符控制区域中的中断位被置位时中断触发;

续表 15 - 90

输入参数 1	EMAC_INT_TX_UNDERRUN：在发送队列中出现重大的溢出错误时中断； EMAC_INT_TX_ERR：发送出现错误时中断触发。发送错误包括 LateCollision、ExcessiveCollision、ExcessiveDefer、NoDescriptor 或 Underrun； EMAC_INT_TX_FIN：当所有的发送描述符均已处理完时，即当传输满足 ProduceIndex ＝＝ ConsumeIndex 时中断触发； EMAC_INT_TX_DONE：在描述符已发送完成，并且描述符控制区域中的中断位置位时的中断触发； EMAC_INT_SOFT_INT：软件中断； EMAC_INT_WAKEUP：唤醒中断
输入参数 2	NewState：功能设置，使能选 ENABLE；禁止选择 DISABLE
说　明	针对 IntEnable 寄存器有效位设置

㉝ 函数 EMAC_IntGetStatus。

表 15 - 91　函数 EMAC_IntGetStatus

函数名	EMAC_IntGetStatus
函数原型	IntStatus EMAC_IntGetStatus(uint32_t ulIntType)
功能描述	检查指定的中断标志是否被设置
输入参数	ulIntType：中断类型 EMAC_INT_RX_OVERRUN：在接收队列中出现重大的溢出错误时中断； EMAC_INT_RX_ERR：接收出现错误时中断触发。接收错误包括 AlignmentError、RangeError、LengthError、SymbolError、CRCError 或 NoDescriptor 或 Overrun； EMAC_INT _ RX _ FIN：当所有的接收描述符均已处理完时，即当传输满足 ProduceIndex ＝＝ ConsumeIndex 时中断触发； EMAC_INT_RX_DONE：在接收描述符处理完成，并且描述符控制区域中的中断位被置位时中断触发； EMAC_INT_TX_UNDERRUN：在发送队列中出现重大的溢出错误时中断； EMAC_INT_TX_ERR：发送出现错误时中断触发。发送错误包括 LateCollision、ExcessiveCollision、ExcessiveDefer、NoDescriptor 或 Underrun； EMAC_INT_TX_FIN：当所有的发送描述符均已处理完时，即当传输满足 ProduceIndex ＝＝ ConsumeIndex 时中断触发； EMAC_INT_TX_DONE：在描述符已发送完成，并且描述符控制区域中的中断位置位时的中断触发； EMAC_INT_SOFT_INT：软件中断； EMAC_INT_WAKEUP：唤醒中断
返回值	如果设置则返回 SET，否则返回 RESET
说　明	读取 IntStatus、IntClear 寄存器状态值

15.4　以太网接口应用实例

本节利用 LPC178x 微控制器 EMAC 接口与外部物理 PHY 连接，实现一个简易的 Web 应用实例以及 μIP 演示实例。

15.4.1 设计目标

EMAC 接口外设应用首先安排了一个常见的 Web 网页动态数据实时显示应用。用网线将开发板连入与 PC 机相同的网络,或者用交叉网线直接将开发板与 PC机相连,在浏览器地址栏输入相应的 IP 地址,即可浏览到简单的网络网页的 A/D 转换值动态数据更新。

然后,进一步以第一个实例为基础,引入小型化的 TCP/IP 协议栈——μIP 协议栈,实例简单地演示了 HTTP 服务器,以帮助读者深刻理解从网络设备读取 IP 数据包,返回数据长度;定时查询 TCP 连接收发状态,ARP 表更新的整个流程。

15.4.2 硬件电路设计

在介绍硬件电路原理之前,首先概述一下 LAN8720A 的芯片结构与器件引脚。

1. 以太网收发器 LAN8720A 概述

LAN8720A 是一种低功耗 10 Base-T/100 Base-Tx 全能收发器,兼容 IEEE 802.3-2005 规范。从结构上讲主要可划分为:收发器、自动协商处理单元、HP Au-to-MDIX(双绞线交叉检测及自动校正)单元、MAC 接口、串行管理接口(SMI)和中断管理等,其功能结构框图如图 15-5 所示。

LAN8720A 常用的封装为 QFN-24,它的引脚排列如图 15-6 所示,其主要引脚功能描述如表 15-92 所列。

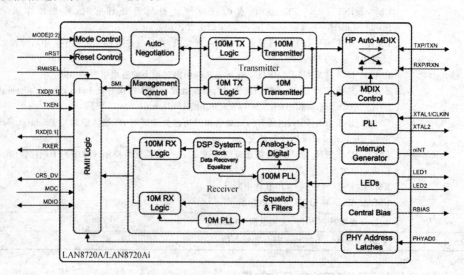

图 15-5 LAN8720A 内部功能框图

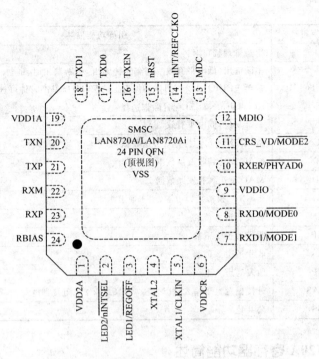

图 15-6 LAN8720A 的封装图

表 15-92 LAN8720A 引脚功能定义

序 号	引脚字符	引脚功能描述
1	VDD2A	+3.3 V 模拟接口电源,用于通道 2 和内部稳压器
2	LED2/nINTSEL	链路速率指示 LED,100 Mbps 速率工作时激活,在 10 Mbps 及线路隔离状态下无效。当作为 nINTSEL 功能时选择 nINT/REFCLKO 的模式
3	LED1/REGOFF	链路激活指示 LED,检测到有效链接该引脚驱动有效,当激活后,LED 闪烁。当作为 REGOFF 功能时,用于禁止 1.2 V 内部稳压器,此时需要外接 1.2 V 电源至 VDDCR。当通过 REGOFF 外接电阻上拉至 VDD2A 时,内部稳压器被禁止;当 REGOFF 浮空或下拉时,内部稳压器使能
4	XTAL2	晶振时钟输出
5	XTAL1/CLKIN	晶振时钟输入
6	VDDCR	+1.2 V 片内稳压器供电,无须经 REGOFF 配置隙带设置稳压器关闭模式
7	RXD1/MODE1	接收数据 1,结合 MODE0 与 MODE1 设置默认的 PHY 状态
8	RXD0/MODE0	接收数据 0,结合 MODE0 与 MODE1 设置默认的 PHY 状态
9	VDDIO	可变 I/O 供电,1.6~3.6 V
10	RXER/PHYAD0	用于指示接收错误或配置收发器的 SMI 地址
11	CRS_DV/MODE2	载波检测,接收数据有效;当用于隙带配置时,结合 MODE0 与 MODE1 设置默认的 PHY 状态
12	MDIO	串行管理接口数据输入/输出

序 号	引脚字符	引脚功能描述
13	MDC	串行管理接口时钟
14	nINT/REFCLKO	中断输出(低电平有效)/基准时钟输出,中断输出时,通过一个外部电阻上拉至 VDDIO;由 25 MHz 晶振衍生的 50 MHz 基准时钟可选输出。REFCL-KO 可由 nINTSEL 配置隙带选择
15	nRST	系统复位,低电平有效
16	TXEN	指示 TXD[1:0]为有效传送数据
17	TXD0	MAC 发送到收发器数据 0
18	TXD1	MAC 发送到收发器数据 1
19	VDD1A	+3.3 V 模拟接口电源,用于通道 1
20	TXN	收发通道 1 负端
21	TXP	收发通道 1 正端
22	RXN	收发通道 2 负端
23	RXP	收发通道 2 正端
24	RBIAS	外接偏置电阻输入引脚,经一个 12.1 kΩ 电阻接到地
散热片	VSS	公共地

2. LAN8720A 寄存器功能简述

LAN8720A 含有各种控制和状态寄存器,所有寄存器均符合 IEEE 802.3 管理寄存器集要求,都可按标准规格进行设置。表 15 - 93 列出了被支持的寄存器,表 15 - 94~表 15 - 107 等分别介绍了相关的主要寄存器有效位及功能定义。

表 15 - 93　LAN8720A 寄存器汇总

索 引	寄存器名称	类 别
0	基本控制寄存器(Basic Control Register)	基本
1	基本状态寄存器(Basic Status Register)	基本
2	PHY 标识寄存器 1(PHY Identifier 1)	扩展
3	PHY 标识寄存器 2(PHY Identifier 2)	扩展
4	自动协商广告寄存器(Auto - Negotiation Advertisement Register)	扩展
5	自动协商链路配合能力寄存器(Auto - Negotiation Link Partner Ability Register)	扩展
6	自动协商扩展寄存器(Auto - Negotiation Expansion Register)	供应商指定
17	模式控制/状态寄存器(Mode Control/Status Register)	供应商指定
18	专用模式寄存器(Special Modes)	供应商指定
26	符号错误计数器(Symbol Error Counter Register)	供应商指定
27	专用控制/状态指示寄存器(Control / Status Indication Register)	供应商指定
29	中断源标志寄存器(Interrupt Source Register)	供应商指定
30	中断屏蔽寄存器(Interrupt Mask Register)	供应商指定
31	PHY 专用控制/状态寄存器(PHY Special Control/Status Register)	供应商指定

(1) 基本控制寄存器

该寄存器为 16 位寄存器,主要用于 PHY 控制器相关的基本模式设置。该寄存器位描述如表 15 - 94 所列。

表 15 - 94　基本控制寄存器

位	符　号	描　　述	默认值
15	Soft Reset	1:软件复位,当设置该位而不设置本寄存器的其他有效位时,该位可自清除	0
14	Loopback	1:环路操作模式;0:正常操作模式	0
13	Speed Select	1:100 Mbps 速率;0:10 Mbps 速率。如果 Auto - Negotiation Enable 位已使能,该位可忽略	*
12	Auto - Negotiation Enable	1:禁止自动协商处理;0:使能自动协商处理(覆盖位 13 和位 8)	*
11	Power Down	1:一般掉电模式;0:正常模式。在设置该位之前,Auto - Negotiation Enable 位必须清除	0
10	Isolate	1:PHY 与 RMII 接口电气隔离;0:正常模式	0
9	Restart Auto - Negotiate	1:重启自动协商处理;0:正常模式	0
8	Duplex Mode	1:全双工模式;0:半双工模式。如果 Auto - Negotiation Enable 位已使能,该位可忽略	*
7:0	—	保留	—

注:该寄存器位[13]、[12]、[8]的默认值取决于 MODE[2:0]配置隙带的设置情况。

(2) 基本状态寄存器

该寄存器为 16 位只读寄存器,主要用于 PHY 控制器的传输模式状态显示。该寄存器位描述如表 15 - 95 所列。

表 15 - 95　基本状态寄存器

位	符　号	描　　述	默认值
15	100 Base - T4	1: 100 Base 具备 T4 性能;0: 100 Base 不具备 T4 性能	0
14	100 Base - TX Full Duplex	1:100 Base - TX 具备全双工性能;0:100 Base - TX 不具备全双工性能	0
13	100 Base - TX Half Duplex	1:100 Base - TX 具备半双工性能;0:100 Base - TX 不具备半双工性能	1
12	10 Base - T Full Duplex	1:10 Base - T 具备 10 Mbps 全双工性能;0:10 Base - T 不具备 10 Mbps 全双工性能	1
11	10 Base - T Half Duplex	1:10 Base - T 具备 10 Mbps 半双工性能;0:10 Base - T 不具备 10 Mbps 半双工性能	1
10	100 Base - T2 Full Duplex	1:PHY 能够执行 100 Base - T2 全双工;0:PHY 不能够执行 100 Base - T2 全双工	0
9	100 Base - T2 Half Duplex	1:PHY 能够执行 100 Base - T2 半双工;0:PHY 不能够执行 100 Base - T2 半双工	0
8	Extended Status	1:寄存器 15 内有扩展信息;寄存器 15 内无扩展信息	0
7:6	—	保留	—

位	符 号	描 述	默认值
5	Auto - Negotiate Complete	1：自动协商处理已完成；0：自动协商处理未完成	0
4	Remote Fault	1：检测到远程故障状态；0：无远程故障	0
3	Auto - Negotiate Ability	1：能够执行自动协商功能；0：无法执行自动协商功能	1
2	Link Status	1：链路处于上行状态；0：链路处于下行状态	0
1	Jabber Detect	1：检测到 Jabber 状态；0：未检测到 Jabber	0
0	Extended Capabilities	1：支持扩充性能寄存器；0：不支持扩充性能寄存器	1

（3）PHY 识别码 1 寄存器

该寄存器为 16 位可读/写操作寄存器，主要用于 PHY 识别码。该寄存器位描述如表 15 - 96 所列。

表 15 - 96 PHY 识别码 1 寄存器

位	符 号	描 述	默认值
15：0	PHY ID Number	分配组织唯一识别码（OUI）的第 3 位～第 18 位	0x0007

（4）PHY 识别码 2 寄存器

该寄存器为 16 位可读/写操作寄存器，主要用于 PHY 识别码位[24:19]，寄存器位描述如表 15 - 97 所列。

表 15 - 97 PHY 识别码 2 寄存器

位	符 号	描 述	默认值
15：10	PHY ID Number	分配组织唯一识别码（OUI）的第 19 位～第 24 位	11000
9：4	Model Number	六位制造商型号	001111
3：0	Revision Number	四位制造商版本号	—

注：位[3：0]默认值取决于芯片版本号。

（5）自动协商广告寄存器

该寄存器为 16 位寄存器，寄存器位除保留位之外均可读/写操作，主要用于自动协商相关的汇报选项的设置。该寄存器位描述如表 15 - 98 所列。

表 15 - 98 自动协商广告寄存器

位	符 号	描 述	默认值
15：14	—	保留	—
13	Remote Fault	1：远程故障检测；0：无远程故障检测	0
12	—	保留	—

位	符　号	描　述	默认值
11:10	Pause Operation	暂停操作设置。 00:无暂停； 01:对称暂停； 10:链路伙伴非对称暂停； 11:支持本地设备的对称暂停和非对称暂停	00
9	—	保留	—
8	100 Base - TX Full Duplex	1:有 TX 全双工能力； 0:无 TX 全双工能力	*
7	100 Base - TX	1:有 TX 能力； 0:无 TX 能力	1
6	10 Base - T Full Duplex	1:有 10 Mbps 全双工能力； 0:无 10 Mbps 全双工能力	*
5	10 Base - T	1:设置 10 Mbps 能力； 0:无 10 Mbps 能力	*
4:0	Selector Field	选项域。 0001:IEEE 802.3	0001

注:该寄存器位[8]、[6]、[5]的默认值取决于 MODE[2:0]配置隙带的设置情况。

(6) 自动协商链路配合能力寄存器

该寄存器为 16 位只读寄存器,可读取自动协商链路伙伴相关能力的信息。该寄存器位描述如表 15 - 99 所列。

表 15 - 99　自动协商链路伙伴性能寄存器

位	符　号	描　述	默认值
15	Next Page	1:有 Next Page 段能力;0:无 Next Page 段能力。 注:Next Page 字段描述 PHY 是否有其他功能,是否有 Next Page 需要交换(message page 和 unformatted page),本设备不支持 Next Page 能力	0
14	Acknowledge	1:从对方接收到链路代码字;0:未接收到链路代码字	0
13	Remote Fault	1:远程故障检测;0:无远程故障检测	0
12:11	—	保留	—
10	Pause Operation	1:对方站不支持暂停操作;0:对方站支持暂停操作	0
9	100 Base - T4	1:有 T4 能力; 0:无 T4 能力。 注:本器件不支持 T4	0
8	100 Base - TX Full Duplex	1:有 TX 全双工能力; 0:无 TX 全双工能力	0
7	100 Base - TX	1:有 TX 能力; 0:无 Tx 能力	0

位	符 号	描 述	默认值
6	10 Base - T Full Duplex	1：有 10 Mbps 全双工能力； 0：无 10 Mbps 全双工能力	0
5	10 Base - T	1：有 10 Mbps 能力； 0：无 10 Mbps 能力	0
4：0	Selector Field	选项域。 0001：IEEE 802.3	0001

注：该寄存器位[8]、[6]、[5]的默认值取决于 MODE[2:0]配置隙带的设置情况。

(7) 自动协商扩展寄存器

该寄存器为 16 位只读寄存器，可读取自动协商相关的扩展信息。该寄存器位描述如表 15 - 100 所列。

表 15 - 100 自动协商扩展寄存器

位	符 号	描 述	默认值
15：5	—	保留。	—
4	Parallel Detection Fault	并行检测故障。 1：并行故障逻辑检测到故障；0：并行故障逻辑未检测到故障	0
3	Link Partner Next Page Able	链接伙伴 Next Page 能力。 1：链接伙伴具有 Next Page 能力；0：链接伙伴无 Next Page 能力	0
2	Next Page Able	Next Page 能力。 1：本地设备具有 Next Page 能力；0：本地设备无 Next Page 能力	0
1	Page Received	Page 接收。 1：新 Page 字段已接收；0：新 Page 字段未接收	0
0	Link Partner Auto - Negotiation Able	链接伙伴自动协商能力。 1：链接伙伴具有自动协商能力；0：链接伙伴无自动协商能力	0

(8) 模式控制/状态寄存器

该寄存器为 16 位可读/写寄存器，除保留位为只读之外，大部分其他有效寄存器位均可读/写操作，用于模式相关功能控制。该寄存器位描述如表 15 - 101 所列。

表 15 - 101 模式控制/状态寄存器

位	符 号	描 述	默认值
15：14	—	保留	—
13	EDPWRDOWN	使能能量检测掉电模式。 1：能量检测掉电使能；0：能量检测掉电禁止	0
12：10	—	保留	—
9	FARLOOPBACK	使能 FAR 环路模式（即所有的包同时发回，仅支持 100 Base - Tx），该模式甚至在基本控制寄存器位[10]被设置后均能工作。 1：FAR 环路模式使能；0：FAR 环路模式禁止	0

位	符 号	描 述	默认值
6	ALTINT	交替中断模式。 1:交替中断系统使能;0:初级中断系统使能	0
5:2	—	保留	—
1	ENERGYON	指示能量是否被检测,该位为只读。如果在 256 ms 内未检测到能量,则该位切换到"0",由硬件复位将之重设为"1",软件复位则对该位无影响	1
0	—	保留	—

(9) 专用模式寄存器

该寄存器为 16 位寄存器,除保留位为只读之外,用于 PHY 运行模式控制。该寄存器位描述如表 15 - 102 所列。

表 15 - 102　专用模式寄存器

位	符 号	描 述	默认值
15	—	保留	—
14		保留,该位可读/写操作,写 1 时,忽略读	1
13:8	—	保留	
7:5	MODE	收发器的运行模式	*
4:0	PHYAD	PHY 地址,该地址用于 SMI 地址及 Scrambler key 的初始化	*

注:位[7:5]域的默认值由 MODE[2:0]配置隙带决定;位[4:0]域的默认值由 PHYAD[0]配置隙带决定。

(10) 符号错误计数寄存器

该寄存器为 16 位只读寄存器,用于符号错误的递增计数。该寄存器位描述如表 15 - 103 所列。

表 15 - 103　符号错误计数寄存器

位	符 号	描 述	默认值
15:0	SYM_ERR_CNT	在 100 Base - TX 模式中,每当接收一个无效编码字符(含 I-DLE 字符),该符号错误计数器递增。当达到最大值 216 后滚降到 0	0000

(11) 专用控制/状态指示寄存器

该寄存器用于极性、以及自动/手动 MDIX 控制等状态指示。该寄存器位描述如表 15 - 104 所列。

表 15 - 104　专用控制/状态指示寄存器

位	符 号	描 述	默认值
15	AMDIXCTRL	HP Auto - MDIX 控制。 1:禁止 Auto - MDIX(采用位 13 来手动选择通道);0:使能 Auto - MDIX	0
14	—	保留	—

轻松玩转 ARM Cortex-M3 微控制器——基于 LPC1788 系列

续表 15-104

位	符 号	描 述	默认值
13	CH_SELECT	手动通道选择。 1：MDIX(TX 接收，RX 发送)；0：MDI(TX 发送，RX 接收)	0
12	—	保留	
11	SQEOFF	禁止 SQE 测试。 1：禁止 SQE 测试；0：使能 SQE 测试	0
10：5	—	保留	
4	XPOL	10 Base-T 的极性状态 1：反向极性；0：正常极性	0
3：0	—	保留	—

（12）中断源标志寄存器

该寄存器是一个只读寄存器，用于中断源标志位的状态指示。该存器位描述如表 15-105 所列。

表 15-105　中断源标志寄存器

位	符 号	描 述	默认值
15：8	—	保留	—
7	INT7	1：ENERGYON 中断产生；0：无中断源	0
6	INT6	1：自动协商完成；0：无中断源	0
5	INT5	1：远程故障检测；0：无中断源	0
4	INT4	1：链路下行；0：无中断源	0
3	INT3	1：自动协商链路伙伴应答；0：无中断源	0
2	INT2	1：并行检测故障；0：无中断源	0
1	INT1	1：自动协商 Page 字段接收；0：无中断源	0
0	—	保留	—

（13）中断屏蔽寄存器

该寄存器是一个可读/写寄存器，除保留位为只读属性，用于中断源的屏蔽或使能。该寄存器位描述如表 15-106 所列。

表 15-106　中断屏蔽寄存器

位	符 号	描 述	默认值
15：8	—	保留	—
7：1	Mask Bits	1：中断源使能；0：中断源屏蔽	0000000
0	—	保留	—

（14）PHY 专用控制/状态寄存器

该寄存器是一个可读/写寄存器，除保留位为只读属性，用于中断源的屏蔽或使能。该寄存器位描述如表 15-107 所列。

表 15 - 107　PHY 专用控制/状态寄存器

位	符　号	描　　　述	默认值
15:13	—	保留	—
12	Autodone	自动协商已处理标志。 1:自动协商已处理;0:自动协商未处理或禁止(或未动作)	0
11:5	—	保留。写入 0000010,忽略读	0000010
4:2	Speed Indication	速率指示。 001:10 Base - T 半双工; 101:10 Base - T 全双工; 010:100 Base - TX 半双工; 110:100 Base - TX 全双工	xxx
1:0	—	保留	—

3. 配置隙带

配置隙带容许自动设置用户定义值以配置器件的各种特性。配置隙带在上电复位(POR)及引脚复位时锁存。

(1) PHYAD[0]——PHY 地址配置

PHYAD[0]硬件配置隙带和 RXER 引脚是复合功能引脚,PHYAD[0]位通过拉高或拉低电平来设置一个唯一地址,该地址值在硬件复位后锁存到内部寄存器,在多个 PHY 应用时(如 repeater),控制器可通过唯一地址管理每个 PHY。

器件的 SIM 地址可采用硬件或软件来设置值"0"或"1"。如果一个地址大于"1",用户则可以采用软件来配置,这个 PHY 地址的写入可采用专用模式寄存器的 PHYAD 位来解决。

(2) MODE[2:0]——模式配置

MODE[2:0]配置隙带用于控制 10/100 数字块的配置,当 nRST 信号拉高,该寄存器根据 MODE[2:0]配置隙带获得的位值被加载,紧接着 10/100 数字块由寄存器值实现配置。当基本控制寄存器的"Soft Rest"位产生一次软件复位中断时,10/100 数字块受寄存器值控制,MODE[2:0]配置隙带不起作用。MODE[2:0]硬件配置引脚与其他功能引脚复用,如表 15 - 108 所列。

表 15 - 108　MODE[2:0]的相关配置引脚

MODE 位	引脚名称	MODE 位	引脚名称
MODE[2]	RXD0/$\overline{MODE0}$	MODE[0]	CRS_DV/$\overline{MODE2}$
MODE[1]	RXD1/$\overline{MODE1}$		

器件的模式采用硬件配置隙带的设置方法如表 15 - 109 所列,通过写操作 SMI 寄存器用户可以配置收发器模式。

轻松玩转 ARM Cortex-M3 微控制器——基于 LPC1788 系列

表 15 - 109　MODE[2:0]配置隙带

MODE[2:0]	模式定义	寄存器位默认值	
		寄存器索引号 0 [13,12,10,8]	寄存器索引号 4 [8,7,6,5]
000	10 Base - T 半双工,自动协商禁止	0000	N/A
001	10 Base - T 全双工,自动协商禁止	0001	N/A
010	100 Base - TX 半双工,自动协商禁止, CRS 在收发周期有效	1000	N/A
011	100 Base - TX 全双工,自动协商禁止, CRS 在接收周期有效	1001	N/A
100	100 Base - TX 半双工广告,自动协商使能, CRS 在收发周期有效	1100	0100
101	中断器模式,自动协商使能,100 Base - TX 半双工广告,CRS 在接收周期有效	1100	0100
110	掉电模式,在该模式下收发器在掉电模式将唤醒。当 MODE[2:0]位被设置为该模式时,收发器不能使用。要退出该模式,必须配置专用模式寄存器的某些位,并确保一次软件复位	N/A	N/A
111	所有性能,自动协商使能	x10x	1111

(3) REGOFF——内部＋1.2 V 稳压器配置

器件具备禁止内部＋1.2 V 稳压器的功能。当禁止＋1.2 V 内部稳压器时,此时采用外部供电连接到 VDDCR 引脚,并用一个电阻将 REGOFF 配置隙带上拉至 VDD2A。当需使能＋1.2 V 内部稳压器时,$\overline{REGOFF}$浮空或接地即可。

(4) $\overline{nINTSEL}$——nINT / REFCLKO 信号配置

$\overline{nINTSEL}$配置隙带用于在 REF_CLK 输入模式 (nINT)或 REF_CLK 输出模式两者之间选择,选中的配置功能取决于引脚 nINT/REFCLKO,其默认状态通过内部上拉电阻配置为 nINT 模式,表 15 - 110 列出了配置状态。

表 15 - 110　$\overline{nINTSEL}$配置隙带

隙带值	模式	REF_CLK 说明
$\overline{nINTSEL}$= 0	REF_CLK 输出模式	nINT/REFCLKO 是 REF_CLK 的时钟源
$\overline{nINTSEL}$= 1	REF_CLK 输入模式	nINT/REFCLKO 是一个低电平有效的中断输出,REF_CLK 是外部的源,必须驱动 XTAL1/CLKIN 引脚

4. 硬件电路原理图

本实例的硬件电路由 LPC1788 微控制器通过 EMAC 外设接口与 LAN8720A 连接,其硬件电路原理示意图如图 15 - 7 所示,微控制器引脚 P1.0、P1.1、P1.4、P1.8～P1.10、P1.14～P1.17 作为接口分别连接以太网物理收发器 LAN8720 以及 RJ - 45 通信接口端。

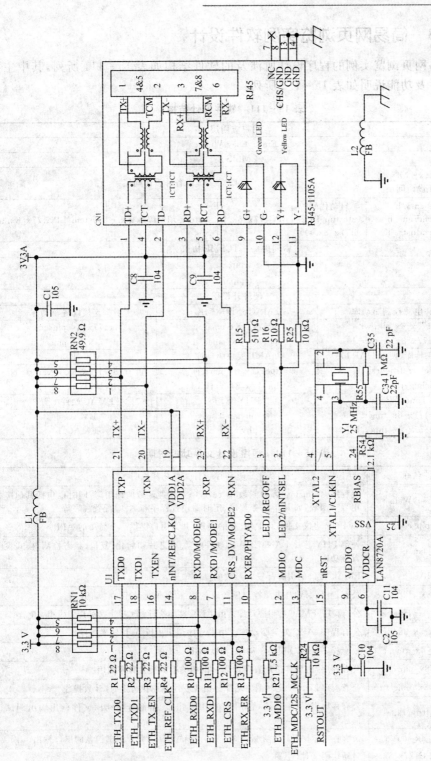

图 15-7 以太网收发器的硬件电路原理图

491

15.4.3　简易网页浏览实例软件设计

简易网页浏览实例的程序设计所涉及的软件结构如表 15－111 所列，其中主要程序文件及功能说明如表 15－112 所列。

表 15－111　软件设计结构

用户应用层			
Emac_Esay Web. c			
CMSIS 层			
Cortex－M3 内核外设访问层	LPC17xx 设备外设访问层		
core_cm3. h core_cmFunc. h core_cmInstr. h	启动代码 （startup_LPC- 177x_8x. s）	LPC177x_8x. h	system_LPC177x_8x. c system_LPC177x_8x. h
中间件——TCP/IP 协议			
tcpip. c			
tcpip. h			
硬件外设层			
时钟电源控制驱动库	EMAC 外设驱动库		引脚连接配置驱动库
lpc177x_8x_clkpwr. c lpc177x_8x_clkpwr. h	lpc177x_8x_emac. c lpc177x_8x_emac. h		lpc177x_8x_pinsel. c lpc177x_8x_pinsel. h
调试工具库（使用 UART）	UART 模块驱动库		ADC 驱动库
debug_frmwrk. c debug_frmwrk. h	lpc177x_8x_uart. c lpc177x_8x_uart. h		lpc177x_8x_adc. c lpc177x_8x_adc. h
Timer 驱动库	PHY 驱动		EMAC 硬件配置
lpc177x_8x_timer. c lpc177x_8x_timer. h	phylan. c phylan. h		EMAC. c EMAC. h

表 15－112　程序设计文件功能说明

文件名称	程序设计文件功能说明
Emac_EsayWeb. c	主程序，含 main() 入口函数、c_entry() 主功能函数的调用等，同时也包括其他应用程序函数，如 http 服务程序、定时器设置程序和 ADC 配置程序等
tcpip. c	TCP/IP 协议文件，TCP/IP 栈的实现，并为用户提供一个简单的 API
phylan. c	外部 PHY 芯片 LAN8720A 的硬件驱动，含芯片初始化、复位、状态检测、模式设置等功能
EMAC. c	EMAC 接口的引脚配置及参数配置
lpc177x_8x_clkpwr. c	公有程序，时钟与电源控制驱动库。注：由其他驱动库文件调用
lpc177x_8x_emac. c	公有程序，EMAC 外设驱动库。由主程序调用执行 LPC1788 微处理器内相关配置
lpc177x_8x_adc. c	公有程序，ADC 外设驱动库。由主程序调用执行 A/D 转换等操作
lpc177x_8x_gpio. c	公有程序，GPIO 模块驱动库，辅助调用
lpc177x_8x_pinsel. c	公有程序，引脚连接配置驱动库。由相关引脚设置程序调用
lpc177x_8x_timer. c	公有程序，Timer 定时器驱动库。由主程序调用执行定时/计数操作
debug_frmwrk. c	公有程序，调试工具库（使用 UART 输出）。由部分驱动库文件调用输出调试信息
lpc177x_8x_uart. c	公有程序，UART 模块驱动库。配合调试工具库完成调试信息的串口输出
startup_LPC177x_8x. s	启动代码文件

本例程的主要功能是由微控制器通过 EMAC 外设配置以太网收发器 LAN8720A,调用 TCP/IP 协议栈,实现简易 Web 浏览功能,并能实时显示 A/D 转换数据的动态更新。

该设计的软件部分从框架上可以分为 5 大部分:以太网模块驱动、TCP/IP 模块、API(应用程序接口)和 HTTP(超文本传输协议)服务模块以及 LPC178x 微控制器驱动库,例程代码的讲述则细分为下述几个功能块。

① 系统主程序,执行 LAN8720A 初始化、复位标志、启动定时器、设置侦听端口以及 HTTP 服务调用等,同时也包括了诸如网页浏览 A/D 转换结果值的附加应用功能,这部分程序集中在 Emac_EsayWeb.c 文件。

② EMAC 接口配置,为该接口分配功能引脚,并设置相关参数以及 MAC 地址等。

③ TCP/IP 协议栈,这部分为用户提供一些简易可执行的 API,如 PHY 硬件及 TCP 底层初始化、启动侦听、建立连接、关闭连接等。

④ 以太网收发器 LAN8720A 设置,通过对内部寄存器及参数配置操作,实现以太网收发器硬件初始化、复位、状态检测、模式设置及状态更新等功能,这部分程序集中在 phylan.c 文件。

下面将针对软件框架内的主要功能块函数进行介绍。

1. 主程序

主程序包括两个主要函数:主功能函数 c_entry( )和入口函数 main( ),前者由后者调用,因而 main( )函数就很简单。其他的均打包成操作函数,放入 c_entry( )函数体内执行,这些操作函数具体说明如下。

(1) c_entry( )函数

该函数是主功能函数,执行对种操作函数的调用,其程序代码的框架较为简单。

```
void c_entry(void)
{
TC_Init();                                        //定时器初始化,定时计数功能
/* 选择 P0.25 作为 A/D 通道,这部分为附加应用的功能 */
PINSEL_ConfigPin (0, 25, 1);
PINSEL_SetAnalogPinMode(0, 25, ENABLE);           //使能 P0.25 引脚模式
ADC_Init(LPC_ADC, 3000000);                       //初始化 ADC
ADC_IntConfig(LPC_ADC, ADC_ADINTEN2, DISABLE);    //禁止中断
ADC_ChannelCmd(LPC_ADC, ADC_CHANNEL_7, ENABLE);   //使能 A/D 通道
TCPLowLevelInit();                                //物理硬件及 TCP 标志位等初始化
HTTPStatus = 0;                                   //HTTP 服务器标志寄存器清零
TCPLocalPort = TCP_PORT_HTTP;                     //设置侦听端口号 80
    while (1)
    {
```

轻松玩转 ARM Cortex-M3 微控制器——基于 LPC1788 系列

```
    if (! (SocketStatus & SOCK_ACTIVE))        //等等
        TCPPassiveOpen();                       //侦听 TCP 连接
        DoNetworkStuff();                       //简易 Web 操作
        HTTPServer();                           // HTTP 服务器
}

}
```

(2) TC_Init ( )函数

该函数用于初始化定时器 0，同时对定时器相关参数、对应寄存器值均进行了设置，函数的执行代码如下。这些均调用的是定时器驱动库函数，相关的函数、寄存器及赋值请参考"定时器应用"相关章节。

```
void TC_Init(void)
{
TIM_TIMERCFG_Type TIM_ConfigStruct;              //默认参数配置定时器参数项
TIM_MATCHCFG_Type TIM_MatchConfigStruct ;        //默认参数配置匹配项
/ * 初始化定时器 0, prescale 值 1ms * /
TIM_ConfigStruct.PrescaleOption = TIM_PRESCALE_USVAL;
TIM_ConfigStruct.PrescaleValue = 1000;
/ * 采用通道 0, MR0 * /
TIM_MatchConfigStruct.MatchChannel = 0;
/ * 使能 IntOnMatch 中断 * /
TIM_MatchConfigStruct.IntOnMatch   = TRUE;
/ * 使能 ResetOnMatch 中断 * /
TIM_MatchConfigStruct.ResetOnMatch = TRUE;
/ * 禁用 StopOnMatch * /
TIM_MatchConfigStruct.StopOnMatch   = FALSE;
/ * MR0.0 引脚触发 * /
TIM_MatchConfigStruct.ExtMatchOutputType = TIM_EXTMATCH_TOGGLE;
/ * 设置值 262 ms * /
TIM_MatchConfigStruct.MatchValue     = 262;
/ * 用 Tim_config and Tim_MatchConfig 默认参数项配置定时器 0 * /
TIM_Init(LPC_TIM0, TIM_TIMER_MODE,&TIM_ConfigStruct);
TIM_ConfigMatch(LPC_TIM0,&TIM_MatchConfigStruct);
/ * 优先权配置 = 1, sub - priority = 1 * /
NVIC_SetPriority(TIMER0_IRQn, ((0x01<<3)|0x01));
/ * 使能定时器 0 中断 * /
NVIC_EnableIRQ(TIMER0_IRQn);
/启动定时器 0 * /
TIM_Cmd(LPC_TIM0,ENABLE);
}
```

轻松玩转 ARM Cortex-M3 微控制器——基于 LPC1788 系列

(3) HTTPServer ( )函数

该函数用于设置 HTTP 服务器，实现一个很简单的动态 HTTP 服务器，相关的 HTML - code 定义在 WebSide[ ]数组内（webpage_pa. h 文件内）。

```c
void HTTPServer(void)
{
  if (SocketStatus & SOCK_CONNECTED)                         // 检测连接
  {
    if (SocketStatus & SOCK_DATA_AVAILABLE)                  //检测数据
      TCPReleaseRxBuffer();                  //释放接收缓冲区数据,容许接收新数据
    if (SocketStatus & SOCK_TX_BUF_RELEASED)                //检测发送缓冲区是否为空
    {
      if (! (HTTPStatus & HTTP_SEND_PAGE))
      {
        HTTPBytesToSend = sizeof(WebSide) - 1;    // 获得 HTML 网页长度
        PWebSide = (uint8_t *)WebSide;            // HTML - code 指针
      }
      if (HTTPBytesToSend > MAX_TCP_TX_DATA_SIZE)   //发送数据
      {
        if (! (HTTPStatus & HTTP_SEND_PAGE))
        {
          memcpy(TCP_TX_BUF, GetResponse, sizeof(GetResponse) - 1);
          memcpy(TCP_TX_BUF + sizeof(GetResponse) - 1,
                PWebSide, MAX_TCP_TX_DATA_SIZE - sizeof(GetResponse) + 1);
          HTTPBytesToSend -= MAX_TCP_TX_DATA_SIZE - sizeof(GetResponse) + 1;
          PWebSide += MAX_TCP_TX_DATA_SIZE - sizeof(GetResponse) + 1;
        }
        else
        {
          memcpy(TCP_TX_BUF, PWebSide, MAX_TCP_TX_DATA_SIZE);
          HTTPBytesToSend -= MAX_TCP_TX_DATA_SIZE;
          PWebSide += MAX_TCP_TX_DATA_SIZE;
        }
        TCPTxDataCount = MAX_TCP_TX_DATA_SIZE;           //发送数据计数
        InsertDynamicValues();                           // 插入 A/D 转换值
        TCPTransmitTxBuffer();                           //发送数据
      }
      else if (HTTPBytesToSend)
      {
        memcpy(TCP_TX_BUF, PWebSide, HTTPBytesToSend);
        TCPTxDataCount = HTTPBytesToSend;                // 发送数据计数
        InsertDynamicValues();                           // 插入 A/D 转换值
```

495

```
        TCPTransmitTxBuffer();                          //发送完数据
        TCPClose();                                     //关闭连接
        HTTPBytesToSend = 0;                            //所有数据均发送,复位
      }
    HTTPStatus |= HTTP_SEND_PAGE;                        //判断标志
  }
}
else
  HTTPStatus &= ~HTTP_SEND_PAGE;                         //判断标志
}
```

　　本函数中,执行的是 HTTP 连接检测、网页页面数据发送以及动态数据交换等,所附加的数据交换功能就是对 A/D 转换结果值进行显示。

(4) InsertDynamicValues ( )函数

　　该函数执行动态数据显示,通过 GetAD7Val ( )函数或 GetTempVal ( )函数取得对应的 A/D 转换值,最终把结果动态实时地在网页页面进行数据更新。

```
void InsertDynamicValues(void)
{
uint8_t * Key;
char NewKey[5];
unsigned int i;
if (TCPTxDataCount < 4) return;
Key = TCP_TX_BUF;
for (i = 0; i < (TCPTxDataCount - 3); i++)
{
  if ( * Key == 'A')
   if ( * (Key + 1) == 'D')
    if ( * (Key + 3) == '%')
     switch ( * (Key + 2))
     {
     case '7' : // "AD7 % "?
     {
      sprintf(NewKey, " % 3u", GetAD7Val());          //输出 A/D 转换值
      memcpy(Key, NewKey, 3);
      break;
     }
     case 'A' : // "ADA % "?
     {
      sprintf(NewKey, " % 3u", GetTempVal());         //输出 A/D 转换值
      memcpy(Key, NewKey, 3);
      break;
```

```
        }
      }
    Key ++ ;
  }
}
```

(5) GetAD7Val（ ）函数或 GetTempVal（ ）函数

如前所述，这两个函数可用于获得 A/D 转换值，以 GetAD7Val（ ）函数代码为例，该函数首先启动 ADC 模块，等待 A/D 通道数据转换完成后，获取数据转换值并返回。

```
unsigned int GetAD7Val(void)
{
    unsigned int val;                              //存储转换值变量
    ADC_StartCmd(LPC_ADC, ADC_START_NOW);          //启动 A/D
    /*等待转换完成，读取 DONE 标志*/
    while(! (ADC_ChannelGetStatus(LPC_ADC,
                             ADC_CHANNEL_2,
                             ADC_DATA_DONE)));
    val = ADC_ChannelGetData(LPC_ADC, ADC_CHANNEL_2);
    val = val >> 2;                                //网页显示
    return(val * 100 / 0x3FF);                     //返回结果值
}
```

2. EMAC 接口配置

EMAC.c 文件包含了以太网收发器 LAN8720A 的硬件引脚分配和以太网帧包驱动程序等。下面仅针对 Init_EMAC（ ）调用函数进行详细介绍，以太网包操作函数省略说明。

Init_EMAC（ ）函数用于以太网物理收发器 LAN8720A 相关的硬件配置，首先为外设接口分配引脚，依次设置以太网收发器的工作模式、MAC 地址和帧长度等参数。

497

```
void Init_EMAC(void)
{
volatile unsigned int delay;
EMAC_CFG_Type Emac_Config;
/* LPC_EMAC 地址 */
uint8_t EMACAddr[] = {MYMAC_1, MYMAC_2, MYMAC_3,
                  MYMAC_4, MYMAC_5, MYMAC_6};
/* 使能 P1 端口以太网功能引脚 */
PINSEL_ConfigPin(1,0,1);
PINSEL_ConfigPin(1,1,1);
```

轻松玩转 ARM Cortex-M3 微控制器——基于 LPC1788 系列

```
PINSEL_ConfigPin(1,4,1);
PINSEL_ConfigPin(1,8,1);
PINSEL_ConfigPin(1,9,1);
PINSEL_ConfigPin(1,10,1);
PINSEL_ConfigPin(1,14,1);
PINSEL_ConfigPin(1,15,1);
PINSEL_ConfigPin(1,16,1);
PINSEL_ConfigPin(1,17,1);
/* 参数设置 */
Emac_Config.PhyCfg.Mode = EMAC_MODE_AUTO;
Emac_Config.pbEMAC_Addr = EMACAddr;
Emac_Config.bPhyAddr = EMAC_PHY_DEFAULT_ADDR;
Emac_Config.nMaxFrameSize = 1536;
Emac_Config.pfnPHYInit = PHY_Init;
Emac_Config.pfnPHYReset = PHY_Reset;
Emac_Config.pfnFrameReceive = FrameReceiveCallback;
Emac_Config.pfnErrorReceive = ErrorReceiveCallback;
Emac_Config.pfnTransmitFinish = NULL;
Emac_Config.pfnSoftInt = NULL;
Emac_Config.pfnWakeup = NULL;
/* 以上述指定参数初始化 */
while (EMAC_Init(&Emac_Config) == ERROR)
{
    for (delay = 0x100000; delay; delay — );
}
```

3. TCP /IP 协议及用户 API

TCP/IP 协议栈封装了一些简单的 API，包括对 PHY 硬件初始化、启动侦听、建立连接、关闭连接、释放接收缓冲区和发送缓冲区传输等。

(1) TCPLowLevelInit ( )函数

该函数首先调用 Init_EMAC ( )函数对 PHY 进行硬件初始化，然后对 TCP/IP 相关的标志位复位清零，完成 TCP/IP 栈的初始化。

```
void TCPLowLevelInit(void)
{
    Init_EMAC();                        //PHY 硬件初始化
    TransmitControl = 0;                //传送控制标志位清零
    TCPFlags = 0;                       //TCP 标志清零
    TCPStateMachine = CLOSED;           //TCP 状态机关闭
    SocketStatus = 0;                   //套接字状态标志清零
}
```

轻松玩转ARM Cortex-M3 微控制器——基于LPC1788 系列

(2) TCPPassiveOpen（ ）函数或 TCPActiveOpen（）函数

通信时,可以主动或被动的方式调用函数 TCPPassiveOpen（）或 TCPActive-Open（）建立网络通信连接。函数 TCPPassiveOpen（）的主要作用是用于检测到有数据包送入时,把数据包送入缓冲区;函数 TCPActiveOpen（）的主要作用是,把要发送的数据包送入缓冲区。在主动发送数据包之前,先设置要接收该数据包的 MAC 地址,并把本机地址包含进数据包。一旦连接建立完成,就可以开始发送数据,可以通过相应的接口函数读出连接的状态。下面列出的是 TCPPassiveOpen（ ）函数代码。

```
void TCPPassiveOpen(void)
{
    if (TCPStateMachine == CLOSED)
    {
        TCPFlags & = ~TCP_ACTIVE_OPEN;        //被动打开
        TCPStateMachine = LISTENING;          //侦听
        SocketStatus = SOCK_ACTIVE;           //套接字启动
    }
}
```

(3) TCPClose（ ）函数

当数据发送完毕时,可以通过 TCPClose（ ）函数关闭已经打开的连接。当然,在关闭连接之前,发送的数据包还保留在发送缓冲区以保证正确发送;连接关闭之后,若用户要重新建立连接,则必须重新设置 IP 地址、重新建立连接。

```
void TCPClose(void)
{
    switch (TCPStateMachine)
    {
        /* 侦听或发送状态 */
        case LISTENING :
        case SYN_SENT :
        {
            TCPStateMachine = CLOSED;          //状态机关闭
            TCPFlags = 0;                      //标志清零
            SocketStatus = 0;                  //标志清零
            break;
        }
        /* 接收或连接建立状态 */
        case SYN_RECD :
        case ESTABLISHED :
        {
            TCPFlags |= TCP_CLOSE_REQUESTED;   //关闭打开的连接
            break;
```

```
    }
        default:
            break;
    }
}
```

(4) TCPReleaseRxBuffer ( )函数

该函数的主要作用是读出缓冲区的数据之后调用,无需再保存已正确读出的数据包,这样就可以释放缓冲区 RxBuffer 以便用于存放新的数据包。

```
void TCPReleaseRxBuffer(void)
{
    SocketStatus &= ~SOCK_DATA_AVAILABLE;
}
```

(5) TCPTransmitTxBuffer ( )函数

用户可以使用函数 TCPTransmitTxBuffer()通过已建立的连接发送数据,但是,在使用该函数前,用户要先检查 SOCK_TX_BUF_RELEASED 标志,确定是否有可用的发送缓冲区。

```
    void TCPTransmitTxBuffer(void)
{
    if ((TCPStateMachine == ESTABLISHED) || (TCPStateMachine == CLOSE_WAIT))
    if (SocketStatus & SOCK_TX_BUF_RELEASED)
    {
        SocketStatus &= ~SOCK_TX_BUF_RELEASED;
        TCPUNASeqNr += TCPTxDataCount;
        TxFrame1Size = ETH_HEADER_SIZE + IP_HEADER_SIZE
                        + TCP_HEADER_SIZE + TCPTxDataCount;
        TransmitControl |= SEND_FRAME1;
        LastFrameSent = TCP_DATA_FRAME;
        TCPStartRetryTimer();//重发定时器启动
    }
}
```

4. 以太网收发器 LAN8720A 设置

由微控制器 EMAC 接口对 LAN8720A 内部寄存器及参数进行配置操作,实现以太网收器硬件初始化、复位、状态检测、模式设置、状态更新等功能。

(1) PHY_Init ( )函数

该函数用于设置 LAN8720A 相关参数,以 EMAC_PHY_CFG_Type 结构默认参数设置模式、速率、全/半双工模式等选项,成功则返回 SUCCESS,否则返回 ERROR。

```
int32_t PHY_Init(EMAC_PHY_CFG_Type * pConfig)
{
if(PHY_Reset() < 0)
{
  return (ERROR);
}
/* 设置 PHY 模式 */
if (PHY_SetMode(pConfig->Mode) < 0)
{
  return (ERROR);
}
return SUCCESS;
}
```

(2) PHY_Reset( )函数

该函数用于将 LAN8720A 复位,成功则返回 SUCCESS,否则返回 ERROR。

```
int32_t PHY_Reset(void)
{
    int32_t regv,tout;
    /* 写寄存器将 LAN8720A 复位 */
    EMAC_Write_PHY(EMAC_PHY_REG_BMCR, EMAC_PHY_BMCR_RESET);
    /* 等待 PHY 硬件复位 */
    for (tout = EMAC_PHY_RESP_TOUT; tout >= 0; tout--)
    {
        regv = EMAC_Read_PHY (EMAC_PHY_REG_BMCR);
    if (! (regv & (EMAC_PHY_BMCR_RESET | EMAC_PHY_BMCR_POWERDOWN)))
        {
            /* 复位完成 */
            break;
        }
        if (tout == 0)
        {
            /* 超时返回 ERROR */
            return (ERROR);
        }
    }
    return SUCCESS;
}
```

(3) PHY_CheckStatus ( )函数

该函数用于检测 LAN8720A 的链接建立、10/100 Mbps 速率模式、全/半双工等
状态,并返回状态 0 或 1,默认则返回−1。

```
int32_t PHY_CheckStatus(uint32_t ulPHYState)
{
int32_t regv, tmp;
regv = EMAC_Read_PHY (EMAC_PHY_REG_BMSR);
switch(ulPHYState)
    {
        case EMAC_PHY_STAT_LINK:
        /* 检测链接建立状态,链路上行:1,链路下行:0 */
            tmp = (regv & EMAC_PHY_BMSR_LINK_ESTABLISHED) ? 1 : 0;
            break;
        case EMAC_PHY_STAT_DUP:
        /* 检测全/半双工状态,半双工:0,全双工:1 */
            tmp = ((regv & EMAC_PHY_BMSR_100BT4)
                        || (regv & EMAC_PHY_BMSR_100TX_FULL)
                        || (regv & EMAC_PHY_BMSR_100TX_HALF)) ? 1 : 0;
            break;
        case EMAC_PHY_STAT_SPEED:
        /* 检测速率,100Mbps:1,10Mbps:0 */
            tmp = ((regv & EMAC_PHY_BMSR_100TX_FULL)
                        || (regv & EMAC_PHY_BMSR_10BT_FULL)) ? 1 : 0;
            break;
        default:
            tmp = -1;//默认返回 -1
            break;
    }
    return (tmp);//返回状态 0 或 1
}
```

(4) PHY_SetMode ( )函数

该函数用于设置 LAN8720A 的工作模式,含 10 Mbps/100 Mbps 速率模式、10 Mbps/100 Mbps 全双工/半双工模式、自动协商处理模式等配置项,另外配置参数的寄存器值写入调用 EMAC_Write_PHY()函数。

```
int32_t PHY_SetMode(uint32_t ulPHYMode)
{
    int32_t id1, id2, tout;
    /* 检测 PHY 的识别码 */
    id1 = EMAC_Read_PHY (EMAC_PHY_REG_IDR1);
    id2 = EMAC_Read_PHY (EMAC_PHY_REG_IDR2);
    /* 判定:正确则开始执行硬件配置 */
    if ((id1 == EMAC_PHY_ID1_CRIT) && ((id2 >> 4) == EMAC_PHY_ID2_CRIT))
    {
```

```
    /* 执行配置 */
    switch(ulPHYMode)
    {
        case EMAC_MODE_AUTO:
            /* 链接速率设置自动协商模式 */
            EMAC_Write_PHY (EMAC_PHY_REG_BMCR,
                            EMAC_PHY_AUTO_NEG);
            /* 等待自动协商模式配置成功 */
            for (tout = EMAC_PHY_RESP_TOUT; tout >= 0; tout —)
            {
            }
            break;
        case EMAC_MODE_10M_FULL:
            /* 10 Mbps 全双工模式设置 */
            EMAC_Write_PHY (EMAC_PHY_REG_BMCR,
                            EMAC_PHY_FULLD_10M);
            break;
        case EMAC_MODE_10M_HALF:
            /* 10 Mbps 半双工模式设置 */
            EMAC_Write_PHY (EMAC_PHY_REG_BMCR,
                            EMAC_PHY_HALFD_10M);
            break;
        case EMAC_MODE_100M_FULL:
            /* 100 Mbps 全双工模式设置 */
            EMAC_Write_PHY (EMAC_PHY_REG_BMCR,
                            EMAC_PHY_FULLD_100M);
            break;
        case EMAC_MODE_100M_HALF:
            /* 100 Mbps 半双工模式设置 */
            EMAC_Write_PHY (EMAC_PHY_REG_BMCR,
                            EMAC_PHY_HALFD_100M);
            break;
        default:
            /* 不支持则返回值 -1 */
            return ( -1);
    }
}
/* ID 错误则返回值 -1 */
else
{
    return ( -1);
}
```

```
    /* 状态未更新则返回值 -1 */
    if (PHY_UpdateStatus() < 0)
    {
        return (-1);
    }
    /* 设置成功返回值 0 */
    return (0);
}
```

(5) PHY_UpdateStatus ( )函数

　　该函数用于自动配置 LAN8720A 的速率模式以及全双工/半双工工作模式,成功则返回 0,否则返回值-1。

```
int32_t PHY_UpdateStatus(void)
{
int32_t regv, tout;
/* 检测链路工作状态 */
for (tout = EMAC_PHY_RESP_TOUT; tout >= 0; tout -- )
{
    regv = EMAC_Read_PHY (EMAC_PHY_REG_BMSR);
    /* 链路建立 */
    if (regv & EMAC_PHY_BMSR_LINK_ESTABLISHED)
    {
        break;
    }
    if (tout == 0)
    {
        /* 超时返回值 -1 */
        return (-1);
    }
}
/* 检测是否为 10 Mbps/100 Mbps 全双工模式 */
if((regv & EMAC_PHY_BMSR_100TX_FULL)||
                    (regv & EMAC_PHY_BMSR_10BT_FULL))
{
    /* 如果是,则使能对应速率的全双工 */
    EMAC_SetFullDuplexMode(ENABLE);
}
/* 检测是否为 10 Mbps/100 Mbps 半双工模式 */
else if ((regv & EMAC_PHY_BMSR_100TX_HALF) ||
                    (regv & EMAC_PHY_BMSR_10BT_HALF))
{
```

```
    /* 如果是,则禁用对应速率的全双工,设为半双工模式 */
    EMAC_SetFullDuplexMode(DISABLE);
}
/* 检测是否为 100 Mbps 全双工/半双工模式 */
if ((regv & EMAC_PHY_BMSR_100BT4)
           || (regv & EMAC_PHY_BMSR_100TX_FULL)
           || (regv & EMAC_PHY_BMSR_100TX_HALF))
{
    /* 如果是对应模式则使能 100 Mbps 对应模式 */
    EMAC_SetPHYSpeed(ENABLE);
}
/* 检测是否为 10 Mbps 全双工/半双工模式 */
else if((regv & EMAC_PHY_BMSR_10BT_FULL) ||
                      (regv & EMAC_PHY_BMSR_10BT_HALF))
{
    /* 如果是模式则禁用 */
    EMAC_SetPHYSpeed(DISABLE);
}
/* 设置成功则返回值 0 */
return (0);
}
```

15.4.4 μIP 实例软件设计

一般来说以微控制器为核心的嵌入式系统,其硬件资源非常有限,因此有必要使用小型协议栈,在这里本实例将引入一个小型化的 TCP/IP 协议栈 μIP。

1. μIP 协议栈特点

μIP 协议栈由瑞典计算机科学学院(网络嵌入式系统小组)的 Adam Dunkels 开发。其源代码由 C 语言编写,μIP 协议栈是一种免费的、极小的 TCP/IP 协议栈,可以使用于由 8 位或 16 位微处理器构建的嵌入式系统。

μIP 协议栈去掉了完整的 TCP/IP 中不常用的功能,简化了通信流程,但保留了网络通信必须使用的 TCP/IP 协议集的 4 个基本协议:ARP 地址解析协议、IP 网际互联协议、ICMP 网络控制报文协议和 TCP 传输控制协议。

为了在 8 位和 16 位处理器上应用,μIP 协议栈在各层协议实现时采用下述针对性的方法,保持代码大小和存储器使用量最小。

① 实现 ARP 地址解析协议时为了节省存储器,ARP 应答包直接覆盖 ARP 请求包。

② 实现 IP 网络协议时对原协议进行了极大的简化,它没有实现分片和重组。

③ 实现 ICMP 网络控制报文协议时,只实现 echo(回响)服务。

④ μIP 协议栈的 TCP 取消了发送和接收数据的滑动窗口。

μIP 协议栈去掉了 TCP/IP 中不常用的功能,简化了流程,但保留了网络通信必备的协议,并保证了其代码的通用性和结构的稳定性。由于 μIP 协议栈专门为嵌入式系统而设计,因此还具有如下特点:

● 其硬件处理层、协议栈层和应用层共用一个全局缓存区,不存在数据的复制,且发送和接收都是依靠这个缓存区,极大地节省了空间和时间;

● 支持多个主动连接和被动连接并发;

● 其源代码中提供一套实例程序:Web 服务器,Web 客户端,电子邮件发送程序(SMTP 客户端),Telnet 服务器,DNS 主机名解析程序等,通用性强,移植起来基本不用修改就可以通过;

● 对数据的处理采用轮询机制,不需要操作系统的支持。

2. μIP 协议栈的架构

μIP 协议栈为了具有最大的通用性,将底层硬件驱动和上层应用之外的所有协议集“打包”在一个“库”里,即 μIP 相当于一个函数代码库,它通过一系列接口函数的调用实现与上层应用程序和底层硬件之间的通信。正是由 μIP 协议栈通过接口实现底层硬件和上层应用“通信”的方式,使得移植到不同系统和实现不同的应用都很方便,很好地体现了 TCP/IP 协议平台无关性的特点。

μIP 的各处理程序会调用 UIP_APPCALL() 进行应用程序处理,用户需要将 UIP_APPCALL 宏定义为实际的应用函数名,应用程序就可以挂接到 μIP,μIP 协议栈与系统底层和应用程序之间的接口关系如图 15-8 所示。

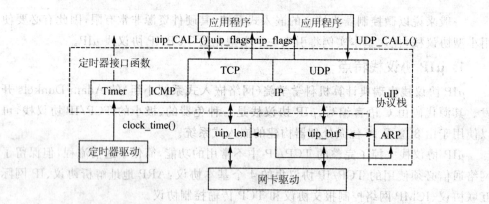

图 15-8　μIP 协议栈接口架构

3. μIP 协议栈与底层的接口

μIP 与系统底层的接口包含网络设备驱动接口和系统定时器接口两类,如图15-9所示。

506

(1) μIP 与网络设备驱动接口

μIP 通过函数 uip_input()和全局变量 uip_buf、uip_len 来实现与设备驱动的接口。

1) uip_buf 变量

uip_buf 变量用于存放接收到的和要发送的数据包,为了减少存储器的使用,接收数据包和发送数据包使用相同的缓冲区。

注意:μIP 不支持动态内存分配机制,使用单一的全局缓冲区 uip_buf 收发网络数据。

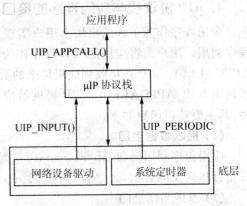

图 15-9 μIP 协议栈与底层接口示意图

2) uip_len 变量

uip_len 变量表示接收发送缓冲区里的数据长度,通过判断 uip_len 的值是否为 0 来判断是否接收到新的数据,是否有数据要发送。当设备驱动接收到一个 IP 包并放到输入包缓存里 uip_buf()后,应该调用 uip_input()函数。

uip_input()函数是 μIP 协议栈的底层入口,由它处理收到的 IP 包。当 uip_input()返回,若有数据要发送,则发送数据包放在包缓冲区里,包的大小由全局变量 uip_len 指明。如果 uip_len 是 0,没有包要发送;如果 uip_len 大于 0,则调用网络设备驱动发送数据包。

(2) μIP 与系统定时器接口

TCP/IP 协议要处理许多定时事件,比如数据包重发、ARP 表更新,所以需要系统定时器接口为所有 μIP 内部时钟事件提供计时。当周期计时激发,每一个 TCP 连接应该调用函数 uip_periodic()。TCP 的连接编号作为参数传递给函数 uip_periodic(),并检查参数指定的连接状态,如果需要重发则将重发数据放到包缓冲区 uip_buf()中并修改 uip_len 的值。当函数 uip_periodic()返回后,应该检查 uip_len 的值,若不为 0 则将 uip_buf 缓冲区中的数据包发送到网络上。

ARP 协议对于构建在以太网上的 TCP/IP 协议是必须的,但对于构建在其他网络接口上的 TCP/IP 则不是必须的。为了结构化的目的,μIP 将 ARP 协议作为一个可添加的模块单独实现。因此,ARP 表的定时更新要单独处理。当系统定时器对 ARP 表的更新进行定时时,定时时间到则调用函数 uip_arp_timer()对过期表项进行清除。

(3) 系统初始化函数

除网络设备驱动和系统定时器接口之外,系统初始化时还需调用函数 uip_init(),该函数主要用于初始化 μIP 协议栈的侦听端口和默认所有连接是关闭的。

轻松玩转 ARM Cortex-M3 微控制器——基于 LPC1788 系列

4. μIP 协议栈与应用程序的接口

应用程序作为单独的模块由用户实现，μIP 协议栈提供一系列接口函数供用户程序调用。用户需将应用层入口程序作为接口提供给 μIP 协议栈，定义为宏 UIP_APPCALL()。μIP 在接收到底层传来的数据包后，若需要送上层应用程序处理，它就调用 UIP_APPCALL()。μIP 提供给应用程序的接口函数按功能可划分为很多种，其主要接口函数如下。

(1) 接收数据接口

应用程序利用函数 uip_newdata()检测是否有新数据到达，全局变量 uip_appdata 指针指向实际数据，数据的大小通过 uip_datalen()函数获得。

(2) 发送数据接口

应用程序通过函数 uip_send()发送数据，该函数采用两个参数：一个指针指向发送数据起始地址，另一个指明数据的长度。

(3) 重发数据接口

应用程序通过测试函数 uip_rexmit()来判断是否需要重发数据，如果需要重发则调用函数 uip_send()重发数据包。

(4) 关闭连接接口

应用程序通过调用函数 uip_close()关闭当前连接。

(5) 报告错误接口

μIP 提供错误报告函数检测连接中出现的错误。应用程序可以使用两个测试函数 uip_aborted()和 uip_timedout()去测试那些错误情况。

(6) 轮询接口

当连接空闲时，μIP 会周期性地轮询应用程序，判断是否有数据要发送，应用程序使用测试函数 uip_poll()去检查它是否被轮询过。

(7) 监听端口接口

μIP 保持了一个监听已知 TCP 端口的列表。通过函数 uip_listen()，一个新的监听端口打开并添加到监听列表中。当在一个监听端口上接收到一个新的连接请求时，μIP 产生一个新的连接和调用该端口对应的应用程序。

(8) 打开连接接口

在 μIP 里面通过使用 uip_connect()函数打开一个新连接。该函数打开一个新连接到指定的 IP 地址和端口，返回一个新连接的指针到 uip_conn 结构。如果没有空余的连接槽，则函数返回空值。

(9) 数据流控制接口

μIP 提供函数 uip_stop()和 uip_restart()用于 TCP 连接的数据流控制。应用程序可以通过函数 uip_stop()停止远程主机发送数据。当应用程序准备好接收更多数据，调用函数 uip_restart()通知远程终端再次发送数据。函数 uip_stopped()可以用于检查当前连接是否停止。

5. 主要程序

　　μIP 程序设计所涉及的软件结构如表 15 - 113 所列,其中主要程序文件及功能说明如表 15 - 114 所列。

表 15 - 113　软件设计结构

用户应用层					
主程序 Emac_uIP. c			时钟处理 clock - arch. c		
CMSIS 层					
Cortex - M3 内核外设访问层	LPC17xx 设备外设访问层				
core_cm3. h core_cmFunc. h core_cmInstr. h	启动代码 (startup_LPC-177x_8x. s)	LPC177x_8x. h	system_LPC177x_8x. c	system_LPC177x_8x. h	
中间件——μIP APP 与协议栈					
μIP——APPs					
DHCP	DNS	SMTP	Telnet	Webclient	Webserver
dhcpc. c dhcpc. h	resolv. c resolv. h	smtp. c smtp. h smtp - strings. c smtp - strings. h	shell. c shell. h telnetd. c telnetd. h	webclient. c webclient. h webclient - strings. c webclient - strings. h	httpd. c　httpd. h httpd - cgi. c httpd - cgi. h httpd - fs. c httpd - fs. h … …
μIP　TCP/IP Stack					
BSD 套接字	定时器	TCP/IP 核心栈	ARP 地址解析协议	数据包转发	链路本地网邻数据库
psock. c psock. c	timer. c timer. h	uip. c uip. h	uip_arp. c uip_arp. h	uip - fw. c uip - fw. h	uip - neighbor. c uip - neighbor. h
TCP/IP 数据包分割	内存块分配	其他头文件及说明			
uip - split. c	memb. c	时钟接口 clock. h	局部连续块切换 lc - switch. h	检验运算结构 声明 uip_arch. h	μIP 配置选项 uipopt. h
TCP/IP 数据包分割	内存块分配	其他头文件及说明			
uip - split. h	memb. h	局部连续块 lc. h	原始线程处理 pt. h	uiplib. h	IP 地址文本/数值方式转换 lc - addrlabels. h
硬件外设层					
时钟电源控制驱动库		EMAC 外设驱动库		引脚连接配置驱动库	
lpc177x_8x_clkpwr. c lpc177x_8x_clkpwr. h		lpc177x_8x_emac. c lpc177x_8x_emac. h		lpc177x_8x_pinsel. c lpc177x_8x_pinsel. h	
调试工具库(使用 UART)		UART 模块驱动库		EMAC 硬件及网络数据收发配置	
debug_frmwrk. c debug_frmwrk. h		lpc177x_8x_uart. c lpc177x_8x_uart. h		EMAC. c EMAC. h	
PHY 驱动					
phylan. c phylan. h					

轻松玩转 ARM Cortex-M3 微控制器——基于 LPC1788 系列

表 15 - 114　程序设计文件功能说明

文件名称		程序文件功能说明
	Emac_uIP. c	主程序,含 main()入口函数、c_entry()主功能函数的调用等;同时也包括其他应用程序函数,如 HTTP 服务程序、定时器设置程序、ADC 配置程序等
	clock - arch. c	系统滴答时钟中断处理及初始化,为 TCP 和 ARP 提供定时器服务,通过 clock - arch. c 里面的 clock_time 函数返回给 μIP 使用
μIP 应用演示程序	dhcpc. c	DHCP(动态主机配置协议)程序,主要包括 dhcpc_init()、dhcpc_appcall()、dhcpc_request()等动态配置功能函数
	resolv. c	DNS(域名解析系统)程序,用于主机名和 IP 地址解析,主要包括 resolv_appcall()、resolv_query()、resolv_init()、resolv_conf()等应用函数
	smtp. c	SMTP(简单邮件传输协议)程序,主要包括 smtp_appcall()、smtp_configure()、smtp_send()、smtp_init()等应用函数
	telnetd. c	Telnet 程序用于 Internet 会话,主要包括 telnetd_appcall()、senddata()、telnetd_init 等应用函数
	webclient. c	一个 HTTP 客户端应用程序
	httpd. c	一个 HTTP 服务器程序
μIP TCP/IP 核心	psock. c	BSD 套接字程序,主要包括 psock_init()等函数
	timer. c	定时器服务,主要包括 clock_init()和 clock_time()等函数
	uip. c	μIP 核心程序
	uip_arp. c	ARP 地址解析协议,主要包括 uip_arp_init()、uip_arp_arpin()、uip_arp_out()、uip_arp_timer()等函数
	uip - fw. c	数据包转发,用于 μIP 向多网络接口的数据包转发
	uip - neighbor. c	链路本地网邻数据库
	memb. c	内存块分配
	uip - split. c	TCP/IP 数据包分割,以保证数据包传输效率
	uip - conf. h	宏定义选项。主要用于设置 TCP 最大连接数、TCP 监听端口数、CPU 大小端模式等,这个可以根据自己需要配置
	phylan. c	外部 PHY 芯片 LAN8720A 的硬件驱动,含芯片初始化、复位、状态检测、模式设置等功能
	EMAC. c	EMAC 接口的引脚配置及参数配置,以及网卡发送、接收等操作功能
	lpc177x_8x_clkpwr. c	公有程序,时钟与电源控制驱动库。注:由其他驱动库文件调用
	lpc177x_8x_emac. c	公有程序,EMAC 外设驱动库。由主程序调用执行 LPC1788 微处理器内相关配置
	lpc177x_8x_gpio. c	公有程序,GPIO 模块驱动库,辅助调用
	lpc177x_8x_pinsel. c	公有程序,引脚连接配置驱动库。由相关引脚设置程序调用
	debug_frmwrk. c	公有程序,调试工具库(使用 UART 输出)。由部分驱动库文件调用输出调试信息
	lpc177x_8x_uart. c	公有程序,UART 模块驱动库。配合调试工具库完成调试信息的串口输出
	startup_LPC177x_8x. s	启动代码文件

μIP 协议栈的应用,首先涉及协议栈的移植。移植主要涉及以下几个方面:

（1）实现在 unix /tapdev. c 文件内的三个功能函数

首先是 tapdev_init 函数，该函数用于初始化网卡，通过这个函数实现网卡初始化。其次是 tapdev_read 函数，该函数用于从网卡读取一包数据，将读到的数据存放在 uip_buf 里面，数据长度返回给 uip_len。最后是 tapdev_send 函数，该函数用于向网卡发送一包数据，将全局缓存区 uip_buf 里面的数据发送出去（长度为 uip_len）。这三个函数就是实现最底层的网卡操作，通过将相对应的网卡操作函数植入即可。

（2）定时器服务设置

由于 μIP 协议栈需要使用时钟，提供给 TCP 和 ARP 定时器服务，因此需要微处理器提供一个定时器做时钟，提供 10 ms 计时（设 clock－arch. h 里面的 CLOCK_CONF_SEC-OND 为 100），通过 clock－arch. c 里面的 clock_time 函数返回给 μIP 使用。

（3）uip－conf. h 宏定义选项

配置 uip－conf. h 里面的宏定义选项。主要用于设置 TCP 最大连接数、TCP 监听端口数、CPU 大小端模式等，这个根据自己需要配置即可。本实例的配置值如下：

```
/* 最大 TCP 连接数 */
#define UIP_CONF_MAX_CONNECTIONS   40
/* 最大端口侦听数 */
#define UIP_CONF_MAX_LISTENPORTS   40
/* μIP 缓存大小 */
#define UIP_CONF_BUFFER_SIZE       1520
/* CPU 字节顺序，小端模式 */
#define UIP_CONF_BYTE_ORDER        LITTLE_ENDIAN
/* 日志开关 */
#define UIP_CONF_LOGGING           1
/* UDP 支持开关 */
#define UIP_CONF_UDP               0
/* UDP 校验和开关 */
#define UIP_CONF_UDP_CHECKSUMS     1
/* μIP 统计开关 */
#define UIP_CONF_STATISTICS        1
/* 由于我们要演示 Websever 程序，所以添加该文件，并在该头文件中宏定义好 UIP_
APPCALL */
#include "webserver.h"
```

注意本实例中演示的是 HTTP 服务器实例，因而 Webserver. h 头文件中的宏定义是：

```
#define UIP_APPCALL        httpd_appcall
```

即 UIP_APPCALL 的回调函数实际为 httpd_appcall。

在 μIP 中已经提供了 Webserver 的应用实例，本例仍然沿用 μIP 提供的参考演示例程 httpd.c,用户可以参考它并根据自己的需求进行设计。

(4) μIP 主程序

μIP 主程序包括两个主要函数:主功能函数 c_entry( )和入口函数 main( ),前者由后者调用,因而 main( )函数就很简单。其他的均打包成操作函数,放入 c_entry( )函数体内执行,具体说明如下。图 15 - 10 演示了 μIP 主程序的基本流程。

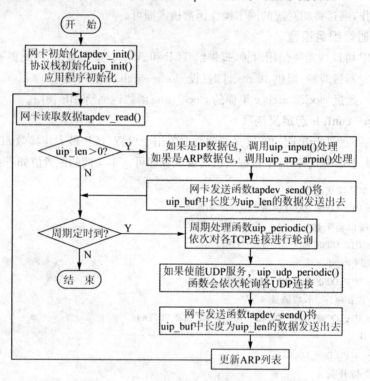

图 15 - 10　μIP 主程序基本流程

1) c_entry( )函数

该函数是 μIP 应用程序的主功能函数,执行对各种操作函数的调用,其程序代码的框架很清晰,各操作函数的分工明确:

- uip_init()完成协议栈的初始化;
- uip_input()用于处理从以太网接收到的 IP 数据包;
- uip_periodic()用于协议内核周期性地对各 TCP 连接的轮询;
- uip_udp_periodic()用于 UDP 服务下对各 UDP 连接的轮询;
- uip_arp_out()函数用于 ARP 请求发送;
- uip_arp_arpin()函数用于处理 ARP 应答;
- uip_arp_timer()是周期定时处理函数。

其中,uip_input( )和 uip_periodic( )在协议的内部采用同一个函数 void uip_process( )实现,区别在于调用的参数不同。下面列出了 c_entry( )函数完整的代码。

```
void c_entry(void)
{
    UNS_32 i;
    volatile UNS_32 delay;
    uip_ipaddr_t ipaddr;
    struct timer periodic_timer, arp_timer;
    /* 初始化调试信息输出串口 */
    debug_frmwrk_init();
    _DBG_("Hello NXP Semiconductors");
    _DBG_("uIP porting on LPC17xx");
    _DBG_("Init Clock");
    /* 系统定时器初始化 0.01 s */
    clock_init();
    /* 0.5 s 周期定时 */
    timer_set(&periodic_timer, CLOCK_SECOND / 2);
    /* 10 s 周期定时 */
    timer_set(&arp_timer, CLOCK_SECOND * 10);
    _DBG_("Init EMAC");
    /* 初始化以太网驱动 */
    while(! tapdev_init()){
        _DBG_("Error during initializing EMAC, restart after a while");
        for (delay = 0x100000; delay; delay--);
    }
#if 1
    _DBG_("Init uIP");
    /* 初始化 μIP TCP/IP 协议栈 */
    uip_init();
    /* 初始化 MAC 地址：0C 1D 12 E0 1F 10 */
    uip_ethaddr.addr[0] = EMAC_ADDR0;
    uip_ethaddr.addr[1] = EMAC_ADDR1;
    uip_ethaddr.addr[2] = EMAC_ADDR2;
    uip_ethaddr.addr[3] = EMAC_ADDR3;
    uip_ethaddr.addr[4] = EMAC_ADDR4;
    uip_ethaddr.addr[5] = EMAC_ADDR5;
    uip_setethaddr(uip_ethaddr);
    uip_ipaddr(ipaddr, 192,168,0,100);//IP 地址 192,168,0,100
    /* IP 地址信息显示 */
    sprintf(_db, "Set own IP address：%d.%d.%d.%d \n\r", \
            ((uint8_t *)ipaddr)[0], ((uint8_t *)ipaddr)[1], \
            ((uint8_t *)ipaddr)[2], ((uint8_t *)ipaddr)[3]);
```

轻松玩转 ARM Cortex-M3 微控制器——基于 LPC1788 系列

```
        DB;
        uip_sethostaddr(ipaddr);//Host IP 地址
        uip_ipaddr(ipaddr, 192,168,0,1); //IP 地址 192,168,0,1
        /* 路由器 IP 地址信息显示 */
        sprintf(_db, "Set Router IP address：%d.%d.%d.%d \n\r", \
                ((uint8_t *)ipaddr)[0], ((uint8_t *)ipaddr)[1], \
                ((uint8_t *)ipaddr)[2], ((uint8_t *)ipaddr)[3]);
        DB;
        uip_setdraddr(ipaddr);
        uip_ipaddr(ipaddr, 255,255,255,0);//子网掩码 255,255,255,0
        /* 子网掩码信息显示 */
        sprintf(_db, "Set Subnet mask：%d.%d.%d.%d \n\r", \
                ((uint8_t *)ipaddr)[0], ((uint8_t *)ipaddr)[1], \
                ((uint8_t *)ipaddr)[2], ((uint8_t *)ipaddr)[3]);
        DB;
        uip_setnetmask(ipaddr);
        /* 初始化 HTTP server */
        _DBG_("Init HTTP");
        httpd_init();
        _DBG_("Init complete!");
    while(1)
    {
    /* 通过 tapdev_read()函数计算出缓冲区内的数据长度 */
        uip_len = tapdev_read(uip_buf);//网络设备读取一个 IP 包,返回数据长度
        /* 判断接收到新的数据 */
        if(uip_len > 0)
        {
          /* 如果是 IP 数据包 */
          if(BUF->type == htons(UIP_ETHTYPE_IP))
          {
                /* 调用 uip_arp.c 内函数 uip_arp_ipin()处理输入 IP 数据包 */
                uip_arp_ipin();//IP 数据包处理,去除以太网帧头,更新 ARP 表
                /* 通过 uip_input()和全局变量 uip_buf,uip_len 驱动网络设备 */
                uip_input();
                if(uip_len > 0)//有响应数据
            {
                    uip_arp_out();      //加以太网头结构,在主动连接时可能要构造 ARP 请求
                    tapdev_send(uip_buf,uip_len);//网络设备发送数据到以太网
                }
            }
            /* 如果是 ARP 数据包 */
            else if(BUF->type == htons(UIP_ETHTYPE_ARP))
```

```
    {
        /* 如是 ARP 则响应,更新 ARP 表;如果是请求,构造响应数据包 */
        uip_arp_arpin();//ARP 数据包处理
        if(uip_len > 0) //ARP 请求,要发送回应
        {
            tapdev_send(uip_buf,uip_len); //网络设备发送响应数据到以太网
        }
    }
}
else if(timer_expired(&periodic_timer))//超时
{
    timer_reset(&periodic_timer);//重设定时器
    /* 轮流处理每个连接, UIP_CONNS 为默认参数 */
    for(i = 0; i < UIP_CONNS; i++)
    {
        uip_periodic(i);
        if(uip_len > 0)
        {
            uip_arp_out();//加以太网头结构,在主动连接时可能要构造 ARP 请求
            tapdev_send(uip_buf,uip_len); //网络设备发送数据到以太网
        }
    }
#if UIP_UDP
    /* 轮流处理每个 UDP 连接, UIP_UDP_CONNS 为默认参数 */
    for(i = 0; i < UIP_UDP_CONNS; i++) {
        uip_udp_periodic(i);
        if(uip_len > 0) {
            uip_arp_out();//加以太网头结构,在主动连接时可能要构造 ARP 请求
            tapdev_send();//网络设备发送数据到以太网
        }
    }
#endif /* UIP_UDP */
/* 周期调用 1 次 ARP 定时器函数,用于定期 ARP 处理 */
/* ARP 表也会周期性更新一次,旧的条目会被抛弃 */
    if(timer_expired(&arp_timer))
    {
        timer_reset(&arp_timer);
        uip_arp_timer();
    }
    }
}
#endif
```

515

}

前面已经介绍过全局变量 uip_len 、uip_buf 的作用,通过以上代码,大家可以进一步体会:如果需要发送数据,则全局变量 uip_len > 0;需要发送的数据在 uip_buf,长度就是 uip_len。

2) uip_arp_out()函数

该调用函数位于 uip_arp.c 文件,主要是为传送的 IP 包添加以太网头,并看是否需要发送 ARP 请求。在发送 IP 包时调用,它会检查 IP 包的目的 IP 地址,看以太网应该使用什么目的 MAC 地址。如果目的 IP 地址是在局域网中,函数就会从 ARP 缓存表中查找有无对应项,若有,则取对应的 MAC 地址,加上以太网头,并返回;否则 uip_buf[]中的数据包会被替换成一个目的 IP 地址的 ARP 请求,原来的 IP 包会被简单的丢弃,此函数假设高层协议(如 TCP)会最终重传丢掉的包。如果目标 IP 地址并非一个局域网 IP,则会使用默认路由的 IP 地址。

```
void uip_arp_out(void)
{
struct arp_entry * tabptr = 0;
/* 在 ARP 表中找到目的 IP 地址,构成以太网头。如果目的 IP 地址不在局域网中,
则使用默认路由的 IP;如果 ARP 表中找不到,将原来的 IP 包替换成一个 ARP 请求。
首先检查目标是不是广播 */
if(uip_ipaddr_cmp(IPBUF - >destipaddr, broadcast_ipaddr))
{
memcpy(IPBUF - >ethhdr.dest.addr, broadcast_ethaddr.addr, 6);
}
else
{
/* 检查目标地址是否在局域网内 */
if(! uip_ipaddr_maskcmp(IPBUF - >destipaddr, uip_hostaddr, uip_netmask))
{
/* 目的地址不在局域网内,所以采用默认路由器的地址来确定 MAC 地址 */
uip_ipaddr_copy(ipaddr, uip_draddr);
}
else
{
/* 否则,使用目标 IP 地址 */
uip_ipaddr_copy(ipaddr, IPBUF - >destipaddr);
}
/* 遍历表,对比目的 IP 与 ARP 缓存表中的 IP */
for(i = 0; i < UIP_ARPTAB_SIZE; ++ i)
{
tabptr = &arp_table[i];
```

516

```
if(uip_ipaddr_cmp(ipaddr, tabptr ->ipaddr))
{
break;}
}
if(i == UIP_ARPTAB_SIZE)
{
/* 如果遍历到头没找到,将原 IP 包替换为 ARP 请求并返回 */
memset(BUF ->ethhdr.dest.addr, 0xff, 6); // 以太网目的地址
memset(BUF ->dhwaddr.addr, 0x00, 6); // 目的以太网地址
memcpy(BUF ->ethhdr.src.addr, uip_ethaddr.addr, 6); //
memcpy(BUF ->shwaddr.addr, uip_ethaddr.addr, 6); // 源以太网地址
uip_ipaddr_copy(BUF ->dipaddr, ipaddr); // 目的 IP 地址
uip_ipaddr_copy(BUF ->sipaddr, uip_hostaddr); // 源 IP 地址
BUF ->opcode = HTONS(ARP_REQUEST); // ARP 请求
BUF ->hwtype = HTONS(ARP_HWTYPE_ETH); // 硬件类型,值为 1
BUF ->protocol = HTONS(UIP_ETHTYPE_IP); // 协议类型,值为 0x8000 表示 IP 地址
BUF ->hwlen = 6;
BUF ->protolen = 4;
BUF ->ethhdr.type = HTONS(UIP_ETHTYPE_ARP);
uip_appdata = &uip_buf[UIP_TCPIP_HLEN + UIP_LLH_LEN];
uip_len = sizeof(struct arp_hdr);
return;}
/* 如果是在局域网中,且在 ARP 缓存中找到了(如果没找到进行不到这一步,
在上面就返回了),则构建以太网头 */
memcpy(IPBUF ->ethhdr.dest.addr, tabptr ->ethaddr.addr, 6);
}
memcpy(IPBUF ->ethhdr.src.addr, uip_ethaddr.addr, 6);
IPBUF ->ethhdr.type = HTONS(UIP_ETHTYPE_IP);
uip_len += sizeof(struct uip_eth_hdr);
}
```

517

3) uip_arp_arpin()函数

这个函数也位于 uip_arp.c 文件中,在设备接收到 ARP 包时,由驱动程序调用。如果收到的 ARP 包是一个对本地主机上次发送的 ARP 请求的应答,那么就从包中取得自己想要的主机的 MAC 地址,加入自己的 ARP 缓存表中;如果收到是一个 ARP 请求,那么就把自己的 MAC 地址打包成一个 ARP 应答,发送给请求的主机。

```
void uip_arp_arpin(void)
{
if(uip_len < sizeof(struct arp_hdr))
{
uip_len = 0;
```

```
        return;}
        uip_len = 0;
        switch(BUF - >opcode) // 操作码
        {
        case HTONS(ARP_REQUEST):
        //如果是一个 ARP 请求,则发送应答
        if(uip_ipaddr_cmp(BUF - >dipaddr, uip_hostaddr))
        {
        /*将发送请求的主机注册到 ARP 缓存表中*/
        uip_arp_update(BUF - >sipaddr, &BUF - >shwaddr);
        /*回应的操作码是 2*/
        BUF - >opcode = HTONS(2);
        /*将收到的 ARP 包的发送端以太网地址,变为目的以太网地址*/
        memcpy(BUF - >dhwaddr.addr, BUF - >shwaddr.addr, 6);
        /*将自己的以太网地址,赋值给 ARP 包的发送端以太网地址*/
        memcpy(BUF - >shwaddr.addr, uip_ethaddr.addr, 6);
        /*对应以太网源地址*/
        memcpy(BUF - >ethhdr.src.addr, uip_ethaddr.addr, 6);
        /*对应以太网目的地址*/
        memcpy(BUF - >ethhdr.dest.addr, BUF - >dhwaddr.addr, 6);
        BUF - >dipaddr[0] = BUF - >sipaddr[0];
        BUF - >dipaddr[1] = BUF - >sipaddr[1];
        BUF - >sipaddr[0] = uip_hostaddr[0];
        BUF - >sipaddr[1] = uip_hostaddr[1];
        BUF - >ethhdr.type = HTONS(UIP_ETHTYPE_ARP);
        uip_len = sizeof(struct arp_hdr);
        }
        break;
        /*如果收到的是一个 ARP 应答,而且也是我们所要的应答,则插入,
        并更新 ARP 缓存表 */
        case HTONS(ARP_REPLY):
        if(uip_ipaddr_cmp(BUF - >dipaddr, uip_hostaddr))
        {
        uip_arp_update(BUF - >sipaddr, &BUF - >shwaddr);
        }
        break;
        }
        return;
        }
```

518

4) uip_appcall()函数

本实例的接口函数实际调用的是 httpd_appcall()函数,用于 HTTP 服务器处理,是使用 μIP 最关键的部分。另外,它也是 μIP 和应用程序的接口,根据需求在该函数做各种处理,而做这些处理的触发条件,就是上述 μIP 提供的那些接口函数,如 uip_newdata、uip_acked、uip_closed 等。

```c
void httpd_appcall(void)
{
/* 读取连接状态 */
struct httpd_state * s = (struct httpd_state * )&(uip_conn->appstate);
if(uip_closed() || uip_aborted() || uip_timedout()){
}//异常处理
/* 已连接 */
else if(uip_connected()) {
PSOCK_INIT(&s->sin, s->inputbuf, sizeof(s->inputbuf) - 1);
    PSOCK_INIT(&s->sout, s->inputbuf, sizeof(s->inputbuf) - 1);
    PT_INIT(&s->outputpt);
s->state = STATE_WAITING;
/* 定时器设置 */
    s->timer = 0;
    handle_connection(s); //处理
    }
    else if(s != NULL) {
    if(uip_poll()) {
    + + s->timer;
    if(s->timer > = 20) {
uip_abort();
    }
    } else {
    s->timer = 0;
    }
    handle_connection(s);
    }
    else {
    uip_abort();
    }
}
```

5) handle_connection()函数

本函数用于建立连接,对输入、输出 HTTP 数据进行分析,函数代码如下:

```c
static void    handle_connection(struct httpd_state * s)
```

```
{
    handle_input(s);                          //对获得的 HTTP 数据进行分析
    if(s->state == STATE_OUTPUT) {
    handle_output(s);                          //输出
    }
}
```

(5) EMAC 接口配置及驱动

EMAC.c 文件包含了以太网收发器 LAN8720A 的硬件引脚分配、以太网网卡与 μIP 发送/接收驱动程序等,下面仅针对主要函数进行详细介绍。

1) tapdev_init ( )函数

该函数用于以太网物理收发器 LAN8720A 相关的硬件配置,首先为外设接口分配引脚,依次设置以太网收发器的工作模式、MAC 地址、帧长度等参数,实际上程序代码与上例的 Init_EMAC()函数有很多共同点,当然也有不同之处,如添加了 μIP 相关的处理函数。

```
BOOL_8 tapdev_init(void)
{
EMAC_CFG_Type Emac_Config;
/* LPC_EMAC 地址 */
uint8_t EMACAddr[] = {EMAC_ADDR0, EMAC_ADDR1, EMAC_ADDR2, \
                      EMAC_ADDR3, EMAC_ADDR4, EMAC_ADDR5};
/*网卡选项设置*/
#if AUTO_NEGOTIATION_ENA != 0
Emac_Config.PhyCfg.Mode = EMAC_MODE_AUTO;
#else
    #if (FIX_SPEED == SPEED_100)
        #if (FIX_DUPLEX == FULL_DUPLEX)
            Emac_Config.Mode = EMAC_MODE_100M_FULL;
        #elif (FIX_DUPLEX == HALF_DUPLEX)
            Emac_Config.Mode = EMAC_MODE_100M_HALF;
        #else
            #error Does not support this duplex option
        #endif
    #elif (FIX_SPEED == SPEED_10)
        #if (FIX_DUPLEX == FULL_DUPLEX)
            Emac_Config.Mode = EMAC_MODE_10M_FULL;
        #elif (FIX_DUPLEX == HALF_DUPLEX)
            Emac_Config.Mode = EMAC_MODE_10M_HALF;
        #else
            #error Does not support this duplex option
        #endif
```

```
    #else
        # error Does not support this speed option
    # endif
# endif
    /* 使能 P1 端口以太网功能引脚 */
    PINSEL_ConfigPin(1,0,1);
    PINSEL_ConfigPin(1,1,1);
    PINSEL_ConfigPin(1,4,1);
    PINSEL_ConfigPin(1,8,1);
    PINSEL_ConfigPin(1,9,1);
    PINSEL_ConfigPin(1,10,1);
    PINSEL_ConfigPin(1,14,1);
    PINSEL_ConfigPin(1,15,1);
    PINSEL_ConfigPin(1,16,1);
    PINSEL_ConfigPin(1,17,1);
    /* MAC 地址信息输出 */
    _DBG_("Init EMAC module");
    sprintf(db,"MAC addr: %X-%X-%X-%X-%X-%X \n\r", \
            EMACAddr[0], EMACAddr[1], EMACAddr[2], \
                EMACAddr[3], EMACAddr[4], EMACAddr[5]);
    DB;
    /* 参数设置 */
    Emac_Config.PhyCfg.Mode = EMAC_MODE_AUTO;
    Emac_Config.pbEMAC_Addr = EMACAddr;
    Emac_Config.bPhyAddr = EMAC_PHY_DEFAULT_ADDR;
    Emac_Config.nMaxFrameSize = 1536;
    Emac_Config.pfnPHYInit = PHY_Init;
    Emac_Config.pfnPHYReset = PHY_Reset;
    Emac_Config.pfnFrameReceive = tapdev_frame_receive_cb;//帧接收
    Emac_Config.pfnErrorReceive = tapdev_error_receive_cb;
    Emac_Config.pfnTransmitFinish = NULL;
    Emac_Config.pfnSoftInt = NULL;
    Emac_Config.pfnWakeup = NULL;
    /* 以上指定参数初始化 */
    while (EMAC_Init(&Emac_Config) == ERROR)
    {
        return (FALSE);
    }
    _DBG_("Init EMAC complete");
    return (TRUE);
}
```

轻松玩转ARM Cortex-M3微控制器——基于LPC1788系列

2) tapdev_read( )函数

该函数为 μIP 协议栈与网卡的接口,用于读取一个数据包。如果收到一个数据包,则返回数据包长度,以字节为单位,否则为 0。该函数调用了网卡驱动函数 tapdev_start_read_frame( )、tapdev_read_half_word( )、tapdev_end_read_frame( )等,完整的代码如下:

```
UNS_32 tapdev_read(void * pPacket)
{
UNS_32 Size = EMAC_MAX_PACKET_SIZE;
UNS_32 Ret;
uint16_t * piDest;
Size =        rx_size[read_done];
if(Size == 0)
   return 0;
Size =   MIN(Size, EMAC_MAX_PACKET_SIZE);
Ret = Size;
tapdev_start_read_frame();
piDest = pPacket;
while (Size > 1)
{
    * piDest + + = tapdev_read_half_word();
    Size - = 2;
}
if (Size)
{
    * (uint8_t * )piDest = (char)tapdev_read_half_word();
}
tapdev_end_read_frame();
return     Ret;
}
```

3) tapdev_send( )函数

该函数实际上就是发送函数,用于发送一个数据包。函数实际上调用了 EMAC_WritePacketBuffer( )函数,实现从网卡发送一包数据到网络,数据内容存放在 uip_buf,数据长度为 uip_len。

```
BOOL_8 tapdev_send(void * pPacket, UNS_32 size)
{
    EMAC_PACKETBUF_Type TxPack;
    if(size == 0){
        return(TRUE);
    }
```

```
    if (EMAC_GetBufferSts(EMAC_TX_BUFF) != EMAC_BUFF_EMPTY){
        return (FALSE);
    }
    size = MIN(size,EMAC_MAX_PACKET_SIZE);
    TxPack.pbDataBuf = pPacket;
    TxPack.ulDataLen = size;
    EMAC_WritePacketBuffer(&TxPack);
    return(TRUE);
}
```

15.5　实例总结

　　本章着重介绍了 LPC178x 系列微处理器的 EMAC 外设的基本特性、相关寄存器、库函数功能等,同时也介绍了以太网物理收发器 LAN8720A 的相关寄存器及配置方式。安排了两个应用实例,其中第一个实例较为简单、功能单一,即简单的网页动态数据实时更新,该例程可以建立 HTTP 服务器,用户建立的网页能够完成接收数据,并且能够动态实时地进行数据更新。第二个实例为 μIP 协议栈演示实例,实例软件的设计基于应用层、中间件层、硬件底层的三层架构,并对主要程序进行了详细的说明,此外,用户还可以基于 μIP 协议栈的参考例程进行多样化设计。

进阶篇

第 16 章　嵌入式实时操作系统 μC/OS – II 的移植与应用

第 17 章　LwIP 移植与应用实例

第 18 章　嵌入式实时操作系统 FreeRTOS 应用

第 19 章　嵌入式图形系统 μC/GUI 的移植与应用

第 20 章　嵌入式实时操作系统 μC/OS – III 的移植与应用

第 **16** 章

嵌入式实时操作系统 μC/OS - II 的
移植与应用

　　嵌入式操作系统 μC/OS - II 移植与应用随着嵌入式系统的开发成为行业热点，在嵌入式应用中移植 μC/OS - II 系统，大大减轻了应用程序设计员的负担，不必每次从头开始设计软件，代码可重用率高，本章将详细介绍 μC/OS - II 系统的特点、内核架构、移植步骤与要点，并通过一个简单的应用实例演示 μC/OS - II 系统在 LPC1788 微处理器上运行。

16.1　嵌入式系统 μC/OS - II 概述

　　μC/OS - II 是一种基于优先级的可抢占式的硬件实时内核，它属于一个完整、可移植、可固化、可裁剪的抢占式多任务内核，包含了任务调度、任务管理、时间管理、内存管理和任务间的通信和同步等基本功能。μC/OS - II 嵌入式系统可用于各类 8 位单片机、16 位和 32 位微控制器和数字信号处理器。

16.1.1　μC/OS - II 系统特点

　　嵌入式系统 μC/OS - II 是由 Jean J. Labrosse 于 1992 年编写的一个嵌入式多任务实时操作系统(RTOS)，1999 年改写后命名为 μC/OS - II，并在 2000 年被美国航空管理局认证，具有足够的安全性和稳定性，可以运行在诸如航天器等对安全要求极为苛刻的系统之上。

　　μC/OS - II 系统是专门为计算机的嵌入式应用设计的，μC/OS - II 系统中 90% 的代码是用 C 语言编写，CPU 硬件相关部分是用汇编语言编写的、总量约 200 行的汇编语言部分被压缩到最低限度，为的是便于移植到任何一种其他的 CPU 上。用户只要有标准的 ANSI 的 C 交叉编译器，有汇编器、链接器等软件工具，就可以将 μC/OS - II 系统嵌入到所要开发的产品中。μC/OS - II 系统具有执行效率高、占用空间小、实时性能优良和可扩展性强等特点，μC/OS - II 系统目前几乎已经移植到了所有知名的 CPU 上。μC/OS - II 系统的代码与体系结构如图 16 - 1 所示。

　　μC/OS - II 系统的主要特点如下：

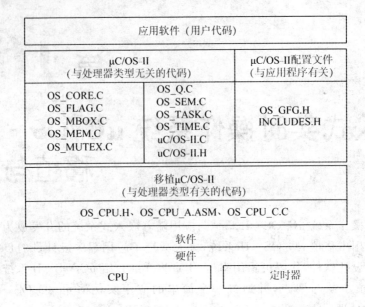

图 16 - 1　μC/OS - II 系统代码与体系结构

(1) 开源性

μC/OS - II 系统的源代码全部公开,用户可直接登录 μC/OS - II 的官方网站下载,网站上公布了针对不同微处理器的移植代码,用户也可以从有关出版物上找到详尽的源代码讲解和注释。这样使系统变得透明,极大地方便了 μC/OS - II 系统的开发,提高了开发效率。

(2) 可移植性

绝大部分 μC/OS - II 系统的源码是用移植性很强的 ANSI C 语句写的,与微处理器硬件相关的部分是用汇编语言写的。汇编语言编写的部分已经压到最小限度,使得 μC/OS - II 系统便于移植到其他微处理器上。

μC/OS - II 系统能够移植到多种微处理器上的条件是,只要该微处理器有堆栈指针,由 CPU 内部寄存器执行入栈、出栈指令。另外,使用的 C 编译器必须支持内嵌汇编(Inline Assembly)或者该 C 语言可扩展、可连接汇编模块,使得关中断、开中断能在 C 语言程序中实现。

(3) 可固化

μC/OS - II 系统是为嵌入式应用而设计的,只要具备合适的软、硬件工具,μC/OS - II 系统就可以嵌入到用户的产品中,成为产品的一部分。

(4) 可裁剪

用户可以根据自身需求只使用 μC/OS - II 系统中应用程序中需要的系统服务。这种可裁剪性是靠条件编译实现的。只要在用户的应用程序中(用 ♯ define constants 语句)定义那些 μC/OS - II 系统中的功能是应用程序需要的就可以了。

(5) 抢占式

μC/OS-II 系统是完全抢占式的实时内核。μC/OS-II 系统总是运行就绪条件下优先级最高的任务。

(6) 多任务

μC/OS-II 系统 2.90 版本(注:官方版本)可以管理 256 个任务,目前预留 8 个给系统。因此应用程序最多可以有 248 个任务,系统赋予每个任务的优先级是不相同的,μC/OS-II 系统不支持时间片轮转调度法。

(7) 可确定性

μC/OS-II 系统全部的函数调用与服务的执行时间都具有可确定性。也就是说,μC/OS-II 系统的所有函数调用与服务的执行时间是可知的。进而言之,μC/OS 系统服务的执行时间不依赖于应用程序任务的多少。

(8) 任务栈

μC/OS-II 系统的每一个任务有自己单独的栈,μC/OS-II 系统允许每个任务有不同的栈空间,以便压低应用程序对 RAM 的需求。使用 μC/OS-II 系统的栈空间校验函数,可以确定每个任务到底需要多少栈空间。

(9) 系统服务

μC/OS-II 系统提供很多系统服务,例如邮箱、消息队列、信号量、块大小固定的内存的申请与释放、时间相关函数等。

(10) 中断管理,支持嵌套

中断可以使正在执行的任务暂时挂起。如果优先级更高的任务被该中断唤醒,则高优先级的任务在中断嵌套全部退出后立即执行,中断嵌套层数可达 255 层。

16.1.2　μC/OS-II 系统内核

μC/OS-II 是典型的微内核实时操作系统,更严格地说 μC/OS-II 就是一个实时内核,它仅仅包含了任务调度,任务间的通信与同步,任务管理,时间管理,内存管理等基本功能。

1. 代码的临界段

代码的临界段也称为临界区,指处理时不可分割的代码。一旦这部分代码开始执行,则不允许任何中断打入。为确保临界段代码的执行,在进入临界段之前要关中断,而临界段代码执行完以后要立即开中断。

μC/OS-II 定义两个宏来关中断和开中断,以便避开不同 C 编译器厂商选择不同的方法来处理关中断和开中断。μC/OS-II 中的这两个宏调用分别是:OS_ENTER_CRITICAL()和 OS_EXIT_CRITICAL()。因为这两个宏的定义取决于所用的微处理器类型,故在文件 OS_CPU.H 中可以找到相应宏定义。每种微处理器都有自己的 OS_CPU.H 文件。

2. 任务

一个任务，也称作一个线程，是一个简单的程序，该程序可以认为 CPU 完全只属于该程序自己。每个任务都是整个应用的某一部分，每个任务被赋予一定的优先级，有它自己的一套 CPU 寄存器和自己的栈空间。

3. 多任务

多任务运行的实现实际上是靠 CPU 在许多任务之间转换、调度。CPU 轮流服务于一系列任务中的某一个。多任务运行很像前后台系统，但后台任务有多个。多任务运行使 CPU 的利用率得到最大程度的发挥，并使应用程序模块化。

在实时应用中，多任务化的最大特点是，开发人员可以将很复杂的应用程序层次化。使用多任务，应用程序将更容易设计与维护。

4. 任务状态

每个任务都是一个无限的循环。每个任务都处在以下 5 种状态之一，这 5 种状态是：

(1) 休眠态

休眠态相当于任务驻留在内存中，但还没有交给内核管理；通过调用任务创建函数 OSTaskCreate() 或 OSTaskCreateExt()，把任务交给内核。

(2) 就绪态

就绪意味着任务已经准备好，且准备运行，但由于优先级比正在运行的任务的优先级低，所以还暂时不能运行。

当任务一旦建立，这个任务就进入就绪态准备运行。任务的建立可以是在多任务运行开始之前，也可以是动态地被一个运行着的任务建立。如果一个任务是被另一个任务建立的，而这个任务的优先级高于建立它的那个任务，则这个刚刚建立的任务将立即得到 CPU 的控制权。一个任务可以通过调用 OSTaskDel() 返回到休眠态，或通过调用该函数让另一个任务进入休眠态。

调用 OSStart() 可以启动多任务。OSStart() 函数运行进入就绪态的优先级最高的任务。已经就绪的任务只有当存在有优先级高于该就绪任务的任务时才转为等待状态，或者是有任务被删除了，才能进入运行态。

(3) 运行态

运行态的任务指该任务得到了 CPU 的控制权，正在运行中的任务状态。

正在运行的任务可以通过调用两个函数之中的任一一个函数将自身任务延迟一段时间，这两个函数是 OSTimeDly() 或 OSTimeDlyHMSM()。这个任务于是进入等待状态，等待这段时间过去，下一个优先级最高的、并进入了就绪态的任务立刻被赋予了 CPU 的控制权。

(4) 挂起态

挂起状态也可以叫做等待事件态，正在运行的任务由于调用延时函数

OSTimeDly(),或等待事件信号量而将自身挂起。

（5）被中断态

发生中断时 CPU 提供相应的中断服务，原来正在运行的任务暂时停止运行，进入了被中断状态。

当所有的任务都在等待事件发生或等待延迟时间结束时，μC/OS - II 执行空闲任务(Idle Task)，执行 OSTaskIdle() 函数。图 16 - 2 表示 μC/OS - II 中一些函数提供的服务，这些函数使任务从一种状态变为另一种状态。

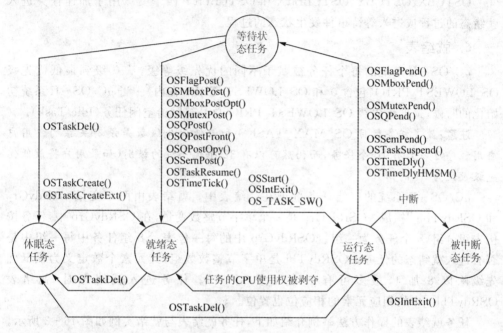

图 16 - 2 任务状态

5. 任务控制块(Task Control Blocks, OS_TCB)

在任务创建时内核会申请一个空白 OS_TCB。当任务的 CPU 使用权被剥夺时，μC/OS - II 用它来保存该任务的状态。当任务重新得到 CPU 使用权时，任务控制块能确保任务从当时被中断的那一点丝毫不差地继续执行。OS_TCB 全部驻留在 RAM 中。任务控制块是一个数据结构，这个数据结构(任务控制块数据结构如下面程序代码所示)，考虑到了各成员的逻辑分组。任务建立的时候，OS_TCB 就被初始化了，初始化时将创建的任务信息填入该 TCB 的各个字段。

```
typedef struct os_tcb {
    OS_STK          * OSTCBStkPtr;        /* 栈顶指针 */
    struct os_tcb * OSTCBNext;            /* TCB 后项链表指针 */
    struct os_tcb * OSTCBPrev;            /* TCB 前项链表指针 */
    INT16U          OSTCBDly;             /* 事件最长等待节拍数 */
```

```
    INT8U          OSTCBStat;        /* 任务状态 */
    INT8U          OSTCBPrio;        /* 任务优先级 */
    INT8U          OSTCBX;
    INT8U          OSTCBY;
    INT8U          OSTCBBitX;
    INT8U          OSTCBBitY;        /* 用于加速任务位置计算变量 */
} OS_TCB;
```

OSTCBX、OSTCBY、OSTCBBitX 和 OSTCBBitY 四个变量用于加速任务进入就绪态的过程或进入等待事件发生状态的过程。

6. 就绪表

μC/OS－II 系统的每个任务被赋予不同的优先级等级，从 0 级到最低优先级 OS_LOWEST_PR1O（包含 0 和 OS_LOWEST_PRIO 在内）。当 μC/OS－II 系统初始化的时候，最低优先级 OS_LOWEST_PRIO 总是被赋给空闲任务（Idle Task）。

注意：最多任务数目 OS_MAX_TASKS 和最低优先级数是没有关系的。用户应用程序可以只有 10 个任务，而仍然可以有 32 个优先级的级别（如果用户将最低优先级数设为 31 的话）。

μC/OS－II 系统的就绪任务登记在就绪表中。就绪表由两个变量 OSRdyGrp 和 OSRdyTbl[]构成。OSRdyGrp 是一个单字节整数变量，在 OSRdyGrp 中，任务按优先级分组，8 个任务为一组。OSRdyGrp 中的每一位表示 8 组任务中每一组中是否有进入就绪态的任务。OSRdyTbl 是单字节整数数组，其元素个数定义为最低优先级除以 8 加 1，最多可有 8 个元素（字节）。任务进入就绪态时，就绪表 OSRdyTbl[]中的相应元素的相应位也置位。

任务就绪表的操作方法举例介绍如下，任务就绪表与就绪实例如图 16－3 所示。
① 登记一个新就绪表操作的典型指令段。

```
OSRdyGrp | = OSMapTbl[prio >> 3];
OSRdyTbl[prio >> 3] | = OSMapTbl[prio & 0x07];
```

② 删除不再处于就绪态任务的指令段。

```
if ((OSRdyTbl[prio >> 3] & = ~OSMapTbl[prio & 0x07]) = = 0)
OSRdyGrp & = ~OSMapTbl[prio >> 3];
```

③ 从就绪表中找到具有最高优先级的任务。

```
y  = OSUnMapTbl[OSRdyGrp];
x = OSUnMapTbl[OSRdyTbl[y]];
prio = (y << 3) + x;
```

7. 任务调度

任务调度是内核的主要职责之一，就是要决定该轮到哪个任务运行了。

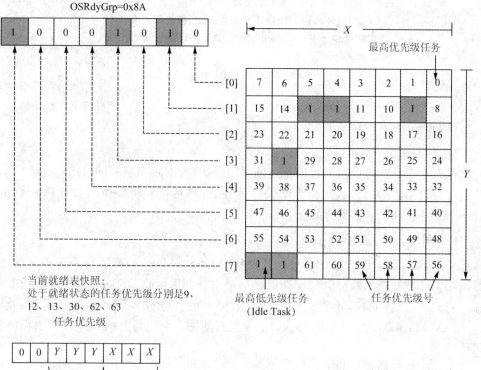

当前就绪表快照:
处于就绪状态的任务优先级分别是9、
12、13、30、62、63
任务优先级

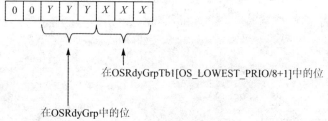

在OSRdyGrpTbl[OS_LOWEST_PRIO/8+1]中的位

在OSRdyGrp中的位

图 16 - 3　任务就绪表

533

μC/OS - II系统总是运行进入就绪态任务中优先级最高的那一个。确定哪个任务优先级最高,下面该哪个任务运行了的工作是由调度器(Scheduler)完成的。

任务优先级的调度是由函数 OSSched()完成的。程序实现代码如下:

```
void   OS_Sched (void)
{
INT8U       y;
OS_ENTER_CRITICAL();
if ((OSIntNesting == 0) && (OSLockNesting == 0)) {
    /* 所有中断处理程序都已经执行而且没有上锁,则进行调度 */
    y = OSUnMapTbl[OSRdyGrp];
    OSPrioHighRdy = (INT8U)((y << 3) + OSUnMapTbl[OSRdyTbl[y]]);
    /* 计算最高优先级 */
```

```
      if (OSPrioHighRdy != OSPrioCur) {
            /* 如果最高优先级高于当前优先级,则进行调度 */
            OSTCBHighRdy = OSTCBPrioTbl[OSPrioHighRdy];
            OSCtxSwCtr ++ ;
            OS_TASK_SW();/* 执行上下文切换 */
      }
   }
OS_EXIT_CRITICAL();
}
```

函数 OSSched() 的所有代码都属临界段代码,为缩短切换时间,OSSched() 全部代码都可以用汇编语言编写。为增强可读性、可移植性和将汇编语言代码最少化,OSSched() 是用 C 语言编写的。

8. 调度器上锁和解锁

调度器上锁用于禁止任务调度,需要使用 OSSchedlock() 函数直到任务完成,然后调用调度器开锁函数 OSSchedUnlock() 结束。调用函数 OSSchedlock() 的任务将保持对 CPU 的控制权,不管是否有优先级更高的任务进入了就绪态。函数 OSSchedlock() 和函数 OSSchedUnlock() 必须成对使用。调度器上锁和解锁函数程序实现代码如下。

上锁函数程序清单如下:

```
void OSSchedLock (void)
{
if (OSRunning == TRUE)
{
OS_ENTER_CRITICAL();
OSLockNesting ++ ;
OS_EXIT_CRITICAL();
}
}
```

解锁函数程序清单如下:

```
void OSSchedUnlock (void)
{
if (OSRunning == TRUE)
{
OS_ENTER_CRITICAL();
if (OSLockNesting > 0)
{
OSLockNesting — ;
if ((OSLockNesting | OSIntNesting) == 0)
```

```
{
OS_EXIT_CRITICAL();
OSSched();
}
else
{
OS_EXIT_CRITICAL();
}
}
else
{
OS_EXIT_CRITICAL();
}
}
}
```

9. 空闲任务

μC/OS‑II 系统中总是会建立一个空闲任务,这个任务在没有其他任务进入就绪态时投入运行。这个空闲任务 OSTaskIdle()永远设为最低优先级,即 OS_LOW‑EST_PRIO。空闲任务 OSTaskIdle()什么也不做,只是在不停地给一个 32 位的名叫 OSIdleCtr 的计数器加 1,统计任务使用这个计数器以确定现行应用软件实际消耗的 CPU 时间。

10. 中断处理

在 μC/OS‑II 系统中,中断服务子程序要用汇编语言来写。如果用户使用的 C 语言编译器支持在线汇编语言的话,用户可以直接将中断服务子程序代码放在 C 语言的程序文件中。

中断服务子程序在执行前将被中断任务的执行现场保存在自用堆栈,中断服务子程序执行事件处理有两种方法:

① 通过 OSMBoxPost()、OSQPost()、OSSemPost()等函数去通知该处理中断的任务,让任务完成中断事件的处理。

② 由中断服务子程序本身完成事件处理。

在 μC/OS‑II 系统中,中断处理服务程序的流程主要如下:

① 保存全部 CPU 寄存器。

② 调用 OSIntEnter 或 OSIntNesting 直接加 1。

③ 执行用户代码做中断服务。

④ 调用 OSIntExit()。

⑤ 恢复所有 CPU 寄存器。

⑥ 执行中断返回指令。

进入中断函数 OSIntEnter() 的实现代码如下：

```
void OSIntEnter (void)
{
    OS_ENTER_CRITICAL();
    OSIntNesting ++ ;
    OS_EXIT_CRITICAL();
}
```

从中断服务中退出函数 OSIntExit() 的实现代码如下：

```
void OSIntExit (void)
{OS_ENTER_CRITICAL();
if (( — OSIntNesting | OSLockNesting) == 0) {
OSIntExitY      = OSUnMapTbl[OSRdyGrp];
OSPrioHighRdy = (INT8U)((OSIntExitY << 3) +
                    OSUnMapTbl[OSRdyTbl[OSIntExitY]]);
    if (OSPrioHighRdy != OSPrioCur) {
        OSTCBHighRdy = OSTCBPrioTbl[OSPrioHighRdy];
            OSCtxSwCtr ++ ;
            OSIntCtxSw();
    }
}
OS_EXIT_CRITICAL();
}
```

11. 时钟节拍

时钟节拍是一种特殊的中断，是操作系统的核心。对任务列表进行扫描，判断是否有延时任务处于准备就绪状态，最后进行上下文切换。用户必须在多任务系统启动以后再开启时钟节拍器，也就是在调用 OSStart() 之后。

μC/OS-II 系统中的时钟节拍服务是通过在中断服务子程序中调用 OSTime-Tick() 实现的。时钟节拍中断服务子程序 OSTickISR() 的实现代码如下。这段代码必须用汇编语言编写，因为在 C 语言里不能直接处理 CPU 的寄存器。

```
void OSTickISR(void)
{
    保存处理器寄存器的值；
    调用 OSIntEnter()或是将 OSIntNesting 加 1；
    调用 OSTimeTick()；
    调用 OSIntExit()；
    恢复处理器寄存器的值；
    执行中断返回指令；
}
```

时钟节拍函数 OSTimtick() 的一个节拍服务实现代码如下：

```
void OSTimeTick (void)
{
    OS_TCB * ptcb;
    OSTimeTickHook();
    ptcb = OSTCBList;
    while (ptcb->OSTCBPrio != OS_IDLE_PRIO) {
        OS_ENTER_CRITICAL();
        if (ptcb->OSTCBDly != 0) {
            if (-- ptcb->OSTCBDly == 0) {
                if (! (ptcb->OSTCBStat & OS_STAT_SUSPEND))
                {
                OSRdyGrp    |= ptcb->OSTCBBitY;
                OSRdyTbl[ptcb->OSTCBY] |= ptcb->OSTCBBitX;
                }
                else
                {
                    ptcb->OSTCBDly = 1;
                }
            }
        }
        ptcb = ptcb->OSTCBNext;
        OS_EXIT_CRITICAL();
    }
    OS_ENTER_CRITICAL();
    OSTime ++ ;
    OS_EXIT_CRITICAL();
}
```

12. μC/OS-II 系统的初始化

在调用 μC/OS-II 系统的任何其他服务之前，μC/OS-II 系统都会要求用户首先调用系统初始化函数 OSIint()。函数 OSInit() 建立空闲任务，这个任务总是处于就绪态的。空闲任务 OSTaskIdle() 的优先级总是设成最低，即 OS_LOWEST_PRIO，此外 μC/OS-II 还初始化了 4 个空数据结构缓冲区。

13. μC/OS-II 系统启动

多任务的启动是用户通过调用函数 OSStart() 实现的。在启动 μC/OS-II 系统之前，用户至少要建立一个应用任务，其实现程序的代码如下：

```
void main(void)
{
```

轻松玩转 ARM Cortex-M3 微控制器——基于 LPC1788 系列

```
OSInit();        /* 初始化 μC/OS-II 系统 */
...
调用 OSTaskCreate()或 OSTaskCreateExt();
...
OSStart();       /* 开始多任务调度！永不返回 */
}
```

函数 OSStart()的实现代码如下：

```
if (OSRunning = = FALSE){
y                = OSUnMapTbl[OSRdyGrp];
x                = OSUnMapTbl[OSRdyTbl[y]];
OSPrioHighRdy    = (INT8U)((y << 3) + x);
OSPrioCur        = OSPrioHighRdy;
OSTCBHighRdy     = OSTCBPrioTbl[OSPrioHighRdy];
OSTCBCur         = OSTCBHighRdy;
OSStartHighRdy();
}
```

16.1.3 任务管理

在 μC/OS-II 系统中最多可以支持 256 个任务，分别对应优先级 0~255，其中 0 为最高优先级，255 为最低优先级，系统保留了 4 个最高优先级的任务和 4 个最低优先级的任务，所有用户可以使用的任务数有 248 个。

μC/OS-II 系统提供了任务管理的各种函数调用，包括创建任务、删除任务、改变任务的优先级、任务挂起和恢复等。系统初始化时会自动产生两个任务：一个是空闲任务，它的优先级最低，该任务仅给一个整型变量做累加运算；另一个是系统任务，它的优先级为次低，该任务负责统计当前 CPU 的利用率。

1. 建立任务

如让 μC/OS-II 系统管理用户的任务，用户必须先建立任务。用户可以通过以下两个函数之一来建立任务：OSTaskCreate()或 OSTaskCreateExt()。函数 OOST-askCreateExt()是 OSTaskCreate()的扩展版本，提供了一些附加的功能。

函数 OSTaskCreate() 程序实现代码如下：

```
INT8U  OSTaskCreate (void (* task)(void  * pd),  void * pdata, OS_STK  * ptos, INT8U
prio)
{
    void    * psp;
    INT8U   err;
    if (prio > OS_LOWEST_PRIO) {  /* 检测分配给任务的优先级是否有效 */
        return (OS_PRIO_INVALID);
```

```
}
OS_ENTER_CRITICAL();
if (OSTCBPrioTbl[prio] == (OS_TCB *)0) {
/*要确保在规定的优先级上还没有建立任务*/
    OSTCBPrioTbl[prio] = (OS_TCB *)1;  /*放置非空指针,保留该优先级*/
    OS_EXIT_CRITICAL();    /*能重新允许中断*/
    psp = (void *)OSTaskStkInit(task, pdata, ptos, 0);
    /*调用 OSTaskStkInit*/
    err = OSTCBInit(prio, psp, (void *)0, 0, 0, (void *)0, 0);
    /*调用 OSTCBInit() */
    if (err == OS_NO_ERR) {
        OS_ENTER_CRITICAL();
        OSTaskCtr ++ ;
        OSTaskCreateHook(OSTCBPrioTbl[prio]);
        OS_EXIT_CRITICAL();
        if (OSRunning) {
        OSSched();
        }
```

　　如果用 OSTaskCreateExt() 函数来建立任务会更加灵活,但会增加一些额外的开销。

2. 删除任务

　　删除任务,其实是将任务返回并处于休眠状态,并不是说任务的代码被删除了,只是任务的代码不再被 μC/OS - II 系统调用。通过调用函数 OSTaskDel() 就可以完成删除任务的功能。

3. 请求删除任务

　　如果任务 A 拥有内存缓冲区或信号量之类的资源,而任务 B 想删除该任务,如果强制删除,这些资源就可能由于没被释放而丢失。在这种情况下,用户可以让拥有这些资源的任务在使用完资源后,先释放资源,再删除自己。用户可以通过 OSTaskDelReq() 函数来完成该功能,不过发出删除请求的任务(任务B)和要删除的任务(任务A)都需要调用 OSTaskDelReq() 函数。

4. 改变任务的优先级

　　在用户建立任务的时候系统会分配给每个任务一个优先级。在程序运行期间,用户可以通过调用 OSTaskChangePrio() 函数来改变该任务的优先级。

5. 挂起任务与恢复任务

　　挂起任务可通过调用 OSTaskSuspend() 函数来完成,被挂起的任务只能通过调用 OSTaskResume() 函数来恢复。任务可以挂起自己或者其他任务。但函数 OS-TaskSuspend()不能挂起空闲任务,所以恢复任务时必须要确认用户的应用程序不是在恢复空闲任务。

16. 1. 4　时间管理

μC/OS－Ⅱ 系统的时间管理是通过定时中断来实现的,该定时中断一般为10 ms 或 100 ms 发生一次,时间频率取决于用户对硬件系统的定时器编程来实现。中断发生的时间间隔是固定不变的,该中断也成为一个时钟节拍。μC/OS－Ⅱ 系统要求用户在定时中断的服务程序中,调用系统提供的与时钟节拍相关的系统函数,例如中断级的任务切换函数和系统时间函数。

1. 任务延时函数

μC/OS－Ⅱ 系统提供了一个任务延时的系统服务,申请该服务的任务可以延时一段时间,延时的长短是用时钟节拍的数目来确定的。通过调用 OSTimeDly() 函数来实现。调用该函数会使 μC/OS－Ⅱ 进行一次任务调度,并且执行下一个优先级最高的就绪态任务。任务调用 OSTimeDly()后,一旦规定的时间期满或者有其他的任务通过调用 OSTimeDlyResume()取消了延时,它就会马上进入就绪状态。

注意:只有当该任务在所有就绪任务中具有最高的优先级时,它才会立即运行。

2. 按时、分、秒延时函数

如果用户的应用程序需要知道延时时间对应的时钟节拍数目。一种最有效的方法是通过调用 OSTimeDlyHMSM() 函数,用户就可以按小时(h)、分(m)、秒(s)和毫秒(ms)定义时间。

与 OSTimeDly() 函数一样,调用 OSTimeDlyHMSM() 函数也会使 μC/OS－Ⅱ 进行一次任务调度,并且执行下一个优先级最高的就绪态任务。任务调用 OSTimeDlyHMSM() 后,一旦规定的时间期满或者有其他的任务通过调用 OSTimeDlyResume()取消了延时,它就会马上处于就绪态。同样,只有当该任务在所有就绪态任务中具有最高的优先级时,它才会立即运行。

3. 让延时任务结束延时

μC/OS－Ⅱ 系统允许用户结束正处于延时期的任务。延时的任务可以不等待延时期满,而是通过其他任务取消延时来使自己处于就绪态。可以通过调用 OSTimeDlyResume()和指定要恢复的任务的优先级来完成。实际上,OSTimeDlyResume()也可以唤醒正在等待事件的任务。

4. 系统时间

用户可以通过调用 OSTimeGet()来获得该计数器的当前值,也可以通过调用 OSTimeSet()来改变该计数器的值。

16. 1. 5　任务之间的通信与同步

对一个多任务的操作系统来说,任务间的通信和同步是必不可少的。在

μC/OS‑II 系统中提供了 4 种同步对象，分别是信号量、邮箱、消息队列和事件。所有这些同步对象都有创建、等待、发送、查询的接口用于实现进程间的通信和同步。

1. 事件控制块 ECB

所有的通信信号都被看成是事件(event)，一个称为事件控制块(ECB, Event Control Block)的数据结构来表征每一个具体事件，ECB 的数据结构如下：

```
typedef struct {
    void       * OSEventPtr；/*指向消息或消息队列的指针*/
    INT8U      OSEventTbl[OS_EVENT_TBL_SIZE]；/*等待任务列表*/
    INT16U     OSEventCnt；/*计数器(事件是信号量时)*/
    INT8U      OSEventType；/*事件类型:信号量、邮箱等*/
    INT8U      OSEventGrp；/*等待任务组*/
    } OS_EVENT;
```

该数据结构中除了包含事件本身的定义，如用于信号量的计数器、用于指向邮箱的指针、以及指向消息队列的指针数组等外，还定义了等待该事件的所有任务的列表。与 TCB 结构类似，使用两个链表，空闲链表与使用链表。

对于事件控制块进行的一些通用操作如下：

① 初始化一个事件控制块。

② 将一个任务置就绪态。

③ 将一个任务置等待该事件发生的状态。

④ 由于等待超时而将一个任务置就绪态。

μC/OS‑II 系统将上面的操作通过 4 个系统函数 OSEventWaitListInit()、OSEventTaskRdy()、OSEventWait()和 OSEventTO()来实现。

2. 信号量

μC/OS‑II 系统中信号量由两部分组成：信号量的计数值和等待该信号任务的等待任务表。信号量的计数值可以为二进制，也可以是其他整数。

信号量在多任务系统中用于：控制共享资源的使用权、标志事件的发生、使两个任务的行为同步。

在使用一个信号量之前，首先要建立该信号量，也即调用 OSSemCreate()函数，对信号量的初始计数值赋值。该初始值为 0~65 535 之间的一个数。如果信号量是用来表示一个或者多个事件的发生，那么该信号量的初始值应设为 0；如果信号量是用于对共享资源的访问，那么该信号量的初始值应设为 1；如果该信号量是用来表示允许任务访问 n 个相同的资源，那么该初始值显然应该是 n，并把该信号量作为一个可计数的信号量使用。

μC/OS‑II 系统提供了 5 个对信号量进行操作的函数：OSSemCreate()、OSSemPend()、OSSemPost()、OSSemAccept()和 OSSemQuery()函数，分别用来建立

一个信号量,等待一个信号量,发送一个信号量,无等待地请求一个信号量和查询一个信号量的当前状态。

系统通过 OSSemPend( )和 OSSemPost( )来支持信号量的两种原子操作 P( )和 V( )。P( )操作减少信号量的值,如果新的信号量的值不大于 0,则操作阻塞;V( )操作增加信号量的值。

3. 邮　箱

邮箱是 μC/OS－Ⅱ 系统中另一种通信机制,它可以使一个任务或者中断服务子程序向另一个任务发送一个指针型的变量。该指针指向一个包含了特定"消息"的数据结构。为了在 μC/OS－Ⅱ 中使用邮箱,必须将 OS_MBOX_EN 常数置为 1。

使用邮箱之前,必须先建立该邮箱。该操作可以通过调用 OSMboxCreate( )函数来完成,并且要指定指针的初始值。一般情况下,这个初始值是 NULL,但也可以初始化一个邮箱,使其在最开始就包含一条消息。如果使用邮箱的目的是用来通知一个事件的发生,那么就要初始化该邮箱为 NULL;如果用户用邮箱来共享某些资源,那么就要初始化该邮箱为一个非 NULL 的指针,此时邮箱被当成一个二值信号量使用。

μC/OS－Ⅱ 系统提供了 5 种对邮箱的操作:OSMboxCreate( )、OSMboxPend( )、OSMboxPost( )、OSMboxAccept( )和 OSMboxQuery( )函数,分别用来建立一个邮箱,等待一个邮箱中的消息,发送一个消息到邮箱中,无等待地从邮箱中得到一个消息和查询一个邮箱的状态。

4. 消息队列

消息队列也是 μC/OS－Ⅱ 中的一种通信机制,它可以使一个任务或者中断服务子程序向另一个任务发送以指针方式定义的变量。因具体的应用有所不同,每个指针指向的数据结构变量也有所不同。为了使用 μC/OS－Ⅱ 的消息队列功能,需要将 OS_Q_EN 常数设置为 1,并且通过常数 OS_MAX_QS 来决定 μC/OS－Ⅱ 支持的最多消息队列数。

在使用一个消息队列之前,必须先建立该消息队列。这可以通过调用 OSQCreate( )函数,并定义消息队列中的消息数来完成。μC/OS－Ⅱ 提供了 7 个对消息队列进行操作的函数:OSQCreate( )、OSQPend( )、OSQPost( )、OSQPostFront( )、OSQAccept( )、OSQFlush( )和 OSQQuery( )函数。

16.1.6　内存管理

在 ANSI C 中是使用 malloc 和 free 两个函数来动态分配和释放内存。但在嵌入式实时系统中,多次这样的操作会导致内存碎片,且由于内存管理算法的原因,malloc 和 free 的执行时间也不确定。

μC/OS－Ⅱ 系统中把连续的大块内存按分区管理。每个分区中包含整数个大小相同的内存块,但不同分区之间的内存块大小可以不同。用户需要动态分配内存时,系统选择一个适当的分区,按块来分配内存。释放内存时将该块放回它以前所属的分区,这样能有效解决碎片问题,同时执行时间也是固定的。

μC/OS-II 系统对内存的管理通过 OSMemCreate()、OSMemGet()、OSMem-Put()和 OSMemQuery()共 4 个函数完成,通过调用这些函数来创建一个内存分区,分配一个内存块,释放一个内存块和查询一个内存分区的状态。

16.2　如何在 LPC1788 微处理器上移植 μC/OS-II 系统

μC/OS-II 嵌入式系统移植,本书指的是 μC/OS-II 操作系统可以在 Cortex-M3内核 LPC1788 微处理器上运行,虽然 μC/OS-II 的大部分程序代码都是用 C 语言编写的,但仍然需要用 C 语言和汇编语言完成一些与处理器相关的代码。由于 μC/OS-II 在设计之初就考虑了可移植性,因此 μC/OS-II 的移植工作量还是比较少的。

16.2.1　移植 μC/OS-II 系统必须满足的条件

要使 μC/OS-II 嵌入式系统能够正常运行,LPC1788 微处理器必须满足以下要求:

(1) 处理器的 C 编译器能产生可重入代码

可重入型代码可以被一个以上的任务调用,而不必担心数据的破坏。或者说可重入任何时都可以被中断,一段时间以后又可以运行,而相应数据不会丢失。

(2) 在程序中可以打开或者关闭中断

在 μC/OS-II 中,打开或关闭中断主要是通过 OS_ENTER_CRITICAL()或 OS_EXIT_CRITICAL 两个宏来进行的。这需要处理器的支持,在 Cortex-M3 处理器上,需要设计相应的中断寄存器来关闭或者打开系统的所有中断。

(3) 处理器支持中断,并且能产生定时中断(通常在 10~1 000 Hz 之间)

μC/OS-II 中通过处理器的定时器中断来实现多任务之间的调度,Cortex-M3 处理器上有一个 systick 定时器,可用来产生定时器中断。

(4) 处理器支持能够容纳一定量数据的硬件堆栈

对于一些只有 10 根地址线的 8 位控制器,芯片最多可访问 1 KB 存储单元,在这样的条件下移植是有困难的。

(5) 处理器有将堆栈指针和其他 CPU 寄存器存储和读出到堆栈(或者内存)的指令

μC/OS-II 中进行任务调度时,会把当前任务的 CPU 寄存器存放到此任务的堆栈中,然后,再从另一个任务的堆栈中恢复原来的工作寄存器,继续运行另外的任务。所以寄存器的入栈和出栈是 μC/OS-II 中多任务调度的基础。

16.2.2　初识 μC/OS-II 嵌入式系统

　　μC/OS-II 作为代码完全开放的实时操作系统,代码风格严谨、结构简单明了,非常适合初涉嵌入式操作系统的人员学习。

　　图 16-2 仅笼统地概括了 μC/OS-II 的系统代码与文件结构,实际上这些文件的代码可将一个操作系统细分成最基本的一些特性,如任务调度、任务通信、内存管理、中断管理、定时管理等。

　　表 16-1 列出了 μC/OS-II 系统官方下载代码及 LPC1788 微处理器对应的移植代码。

表 16-1　μC/OS-II 系统源代码介绍

系统目录	子目录	模块及文件功能说明	
uCOS-II	Ports	官方移植到 Cortex-M3 处理器的移植文件	
		os_cpu.h	定义数据类型、处理器相关代码、声明函数原型
		os_cpu_c.c	定义用户钩子函数,提供扩充软件功能的入口点
		os_dbg.c	内核调试数据和函数
		os_cpu_a.asm	与处理器相关的汇编函数,主要是任务切换函数
	Source	μC/OS-II 系统的源代码文件	
		ucos_ii.c/.h	内部函数参数设置
		os_core.c	内核结构管理,μC/OS 的核心,包含了内核初始化、任务切换、事件块管理、事件标志组管理等功能
		os_dbg_r.c/.h	用于调试的各种定义
		os_flag.c	事件标志组
		os_mbox.c	消息邮箱
		os_mem.c	内存管理
		os_mutex.c	互斥信号量
		os_q.c	队列
		os_sem.c	信号量
		os_task.c	任务管理
		os_time.c	时间管理,主要是延时
		os_tmr.c	定时器管理,设置定时时间,时间到了就进行一次回调函数处理
uC-CPU		基于 micrium 官方评估 CPU 移植代码	
	cpu_a.asm	官方提供的 CPU 移植代码	
	cpu.h	处理器配置头文件,配置标准数据类型、处理器字长、临界段配置等	
	cpu_c.c	CPU 模板文件,包括 CPU_BitBandClr()、CPU_BitBandSet()、CPU_IntSrcDis()、CPU_IntSrcEn()、CPU_IntSrcPrioSet()、CPU_IntSrcPrioGet()函数定义	
	cpu_def.h	CPU 配置定义,含字长定义和临界段模式宏定义	
User		评估板的应用程序及配置	
	app.c	用户程序,就是 main.c 文件	
	OS_AppHooks.c	这个是应用钩子函数文件	
	app_cfg.h	LPC1788 微处理器评估板选择的应用配置文件	

系统目录	子目录	模块及文件功能说明
User	os_cfg.h	μC/OS－Ⅱ系统的 2.9x 版本内核配置文件，μC/OS－Ⅱ 是依靠编译时的条件编译来实现软件系统的裁剪性，即把用户可裁剪的代码段写在 ♯if 和 ♯endif 预编译指令之间，在编译时根据 ♯if 预编译指令后面常数的值来确定是否对该代码段进行编译
	includes.h	includes.h 是 LPC1788 微处理器评估板应用配置文件，也是 μC/OS－Ⅱ 的主头文件，在每个 ＊.C 文件中都要包含这个文件，该头文件除要包含 μC/OS－Ⅱ 系统相关头文件之外，还要包含 LPC1788 微处理器的相关头文件

　　在讲述如何进行 μC/OS－Ⅱ 嵌入式系统多任务实例设计前，需要先了解一下 μC/OS－Ⅱ 系统涉及的几个重要文件代码，这样对于从没接触过 μC/OS－Ⅱ 或者其他嵌入式系统的读者们，稍微了解一下 μC/OS－Ⅱ 系统的工作原理和各模块功能，就可以直接在 μC/OS－Ⅱ 系统架构上进行系统应用程序设计。

　　本小节将讲述 μC/OS－Ⅱ 系统涉及的几个重要文件代码，介绍工作机制、结构及工作原理，同时也会插入 μC/OS－Ⅱ 系统移植要点介绍。

1. os_cpu.h 文件

　　该头文件主要定义了数据类型、处理器堆栈数据类型字长、堆栈增长方向、任务切换宏和临界区访问处理。

(1) 全局变量

　　下列代码设置是否使用全局变量 OS_CPU_GLOBALS 和 OS_CPU_EXT。

```
♯ifdef    OS_CPU_GLOBALS
♯define   OS_CPU_EXT
♯else                              //如果未定义 OS_CPU_GLOBALS
♯define   OS_CPU_EXT    extern     //则用 OS_CPU_EXT 声明变量已经由外部定义
♯endif
```

(2) 数据类型

　　μC/OS－Ⅱ 系统为了保证可移植性，程序中没有直接使用 int、unsigned int 等定义，而是自己定义了一套数据类型，例如 INT16U 表示 16 位无符号整型，INT32U 表示 32 位无符号整型，INT32S 表示 32 位有符号整型等，修改后数据类型定义代码如下：

```
typedef unsigned char   BOOLEAN;    /＊布尔型＊/
typedef unsigned char   INT8U;      /＊8 位无符号整型＊/
typedef signed   char   INT8S;      /＊8 位有符号整型＊/
typedef unsigned short  INT16U;     /＊16 位无符号整型＊/
typedef signed   short  INT16S;     /＊16 位有符号整型＊/
typedef unsigned int    INT32U;     /＊32 位无符号整型＊/
```

```
typedef signed    int    INT32S;      /* 32 位有符号整型 */
typedef float            FP32;        /* 单精度浮点型,一般未用到 */
typedef double           FP64;        /* 双精度浮点型,一般未用到 */
typedef unsigned int     OS_STK;      /* 堆栈数据类型 OS_STK 设置成 32 位 */
typedef unsigned int     OS_CPU_SR;   /* 状态寄存器(xPSR)为 32 位 */
```

此处需要指明的是当 OS_CRITICAL_METHOD 方法定义为 3u 时将采用 OS_CPU_SR 数据类型。

(3) 临界段

临界段这个概念在前面的小节介绍过,也称作关键代码段,它指的是一个小代码段,同一时刻只允许一个线程存取资源或代码区,在它能够执行前,它必须独占对某些共享资源的访问权。一旦线程执行进入了临界段,就意味着它获得了这些共享资源的访问权,那么在该线程处于临界段内的期间,其他同样需要独占这些共享资源的线程就必须等待,直到获得资源的线程离开临界段而释放资源。这是让若干行代码能够以原子操作方式来使用资源的一种方法。

μC/OS－II 是一个实时内核,需要关闭中断进入和开中断退出临界段。为此,μC/OS－II 系统定义了两个宏定义来开关中断,关中断采用 OS_ENTER_CRITICAL() 宏定义,开中断采用 OS_EXIT_CRITICAL() 宏定义。

```
#define   OS_CRITICAL_METHOD      3u //进入临界段的三种模式,一般选择第 3 种
# if OS_CRITICAL_METHOD ==        3u //选择进入第 3 种临界段模式,即设置为 3u
#define   OS_ENTER_CRITICAL()     {cpu_sr = OS_CPU_SR_Save();}//进入临界段
#define   OS_EXIT_CRITICAL()      {OS_CPU_SR_Restore(cpu_sr);}//退出临界段
# endif
```

实际上,开关中断的方法有 3 种(在 cpu_define.h 头文件中定义),它们分别是:

```
#define   CPU_CRITICAL_METHOD_INT_DIS_EN  1        /* 禁止/使能中断 */
#define CPU_CRITICAL_METHOD_STATUS_STK    2        /* 中断状态弹/压栈 */
#define   CPU_CRITICAL_METHOD_STATUS_LOCAL 3       /* 保存/恢复中断状态 */
```

一般来说,需根据不同的处理器选用不同的方法。大部分情况下,选用第 3 种方法。

另外,两个汇编函数 OS_CPU_SR_Save() 和 OS_CPU_SR_Restore(),将在后面的 os_cpu_a.asm 汇编代码文件中再作介绍。

(4) 栈生长方向

Cortex－M3 相关处理器使用的是"向下生长的满栈"模式,即栈生长方向是由高地址向低地址增长的。堆栈指针 SP 总是指向最后一个被压入堆栈的 32 位整数,在下一次压栈时,SP 先自减 4,再存入新的数值。所以将 OS_STK 数据类型定义为 32 位无符号整型,并将堆栈增长方向 OS_STK_GROWTH 设置为 1。

```
#define   OS_STK_GROWTH           1u              //代表堆栈方向是从高地址向低地址
```

(5) 任务切换宏

宏定义 OS_TASK_SW 用于执行任务切换。关于汇编函数 OSCtxSw(),将在后面的 os_cpu_a. asm 汇编代码文件中再作介绍。

```
#define  OS_TASK_SW()    OSCtxSw()        //OSCtxSw 执行任务切换
```

(6) 函数原型

如果定义了进入临界段的模式为 3,就声明开中断和关中断函数。

```
#if OS_CRITICAL_METHOD == 3u
OS_CPU_SR  OS_CPU_SR_Save(void);
void OS_CPU_SR_Restore(OS_CPU_SR cpu_sr);
#endif
```

从 2.77 版本开始,下面几个任务管理函数都移植在 os_cpu. h 头文件中。

```
void    OSCtxSw(void);              //用户任务切换
void    OSIntCtxSw(void);           //中断任务切换函数
void    OSStartHighRdy(void);       //在操作系统第一次启动的时候调用的任务切换
void    OS_CPU_PendSVHandler (void); //用户中断处理函数
```

函数 OS_CPU_PendSVHandler 的典型使用场合是在上下文切换时(在不同任务之间切换)。

2. os_cpu_c. c 文件

移植 μC/OS-II 系统时,需要改写 10 个相当简单的 C 函数:9 个钩子函数和 1 个任务堆栈结构初始化函数。

```
void   OSInitHookBegin (void)          // 系统初始化函数开头的钩子函数
void   OSInitHookEnd (void)            // 系统初始化函数结尾的钩子函数
void   OSTaskCreateHook (OS_TCB * ptcb) // 创建任务钩子函数
void   OSTaskDelHook (OS_TCB * ptcb)   // 删除任务钩子函数
void   OSTaskIdleHook (void)           // 空闲任务钩子函数
void   OSTaskStatHook (void)           // 统计任务钩子函数
OS_STK * OSTaskStkInit (void ( * task)(void * p_arg), void * p_arg, OS_STK * ptos,
                        INT16U opt)// 任务堆栈结构初始化函数
void   OSTaskSwHook (void)             // 任务切换钩子函数
void   OSTCBInitHook (OS_TCB * ptcb)   // 任务控制块初始化钩子函数
void   OSTimeTickHook (void)           // 时钟节拍钩子函数
```

这 10 个简单的 C 函数中必须修改的函数是 OSTaskStkInit(),其余 9 个都是钩子函数,是必须声明的,但不是必须定义的,只是为了拓展系统功能而已。如果要用到这些钩子函数,需要在 os_cfg. h 中定义 OS_CPU_HOOKS_EN 为 1。

```
#define OS_APP_HOOKS_EN          1u
```

(1) 钩子函数 OSInitHookBegin( )

该函数由系统初始化函数 OSInit( )开始的时候调用,它可扩展额外的初始化功能代码。下面的示例中,当采用 os_tmr.c 模块(OS_TMR_EN 置 1)可在 os_cpu_c.c 中初始化全局变量 OSTmrCtr。

```
void   OSInitHookBegin (void)
{
# if OS_TMR_EN > 0u                     //当使用 OS_TMR.C 定时器管理模块
OSTmrCtr = 0u;                          //初始化系统节拍计数变量 OSTmrCtr 为 0
                                        //每个时钟节拍 OSTmrCtr(全局变量,初始值为 0)增 1
# endif
}
```

(2) 钩子函数 OSTaskCreateHook( )

该函数由 OSTaskCreate( ) 或 OSTaskCreateExt( )函数在任务建立的时候调用,该钩子函数可在任务创建的时候扩展代码。下面的示例中,将调用应用任务建立钩子函数 App_TaskCreateHook( )。如果 OS_APP_HOOKS_EN 设置为 0,即可通知编译器 ptcb,实际上未用到,避免出现编译警告。

```
void   OSTaskCreateHook (OS_TCB * ptcb)
{
# if OS_APP_HOOKS_EN > 0u               //如果有定义应用任务
    App_TaskCreateHook(ptcb);           //调用应用任务创建钩子函数
    # else                              //否则,告诉编译器 ptcb 没用到
    (void)ptcb; / * 避免编译警告 * /
# endif
}
```

(3) 钩子函数 OSTaskSwHook( )

该函数在发生上下文切换时被调用,该功能允许代码扩展,如测量一个任务执行时间,当检测到上下文切换时,在端口引脚上输出一个脉冲。下面的示例中,将调用应用任务切换钩子函数 App_TaskSwHook( )。

```
void   OSTaskSwHook (void)
{
# if OS_APP_HOOKS_EN > 0u
    App_TaskSwHook();                   //调用应用任务切换钩子函数
# endif
}
```

(4) 钩子函数 OSTimeTickHook( )

该函数在 OSTimeTick( )函数开始的时候被调用,用于扩展代码。下面的示例中,将调用应用任务钩子函数 App_TimeTickHook( )。

注:钩子函数 App_TimeTickHook()也用于决定计时是否更新 μC/OS‑II 的定时器,该动作由定时器信号量来完成。

```
void   OSTimeTickHook (void)
{
# if OS_APP_HOOKS_EN > 0u
App_TimeTickHook();              //应用软件时钟节拍钩子
# endif
# if OS_TMR_EN > 0u              //如果有启动定时器管理
OSTmrCtr + + ;                   //计时变量 OSTmrCtr 加 1
/ * 如果计时到了 * /
    if (OSTmrCtr > = (OS_TICKS_PER_SEC / OS_TMR_CFG_TICKS_PER_SEC)) {
        OSTmrCtr = 0;            //计时清 0
        OSTmrSignal();           //发送信号量 OSTmrSemSignal(初始值为 0),以便软件定时器
                                 // 扫描任务 OSTmr_Task 能请求到信号量而继续运行下去
    }
# endif
}
```

(5) 任务堆栈结构初始化函数 OSTaskStkInit( )

通常,任务都会按照下述的代码格式定义。

```
void MyTask (void * p_arg)
{
/ * 可选,例如处理 p_arg 变量 * /
while (1) {
/ * 任务主体 * /
    }
}
```

典型的 ARM 编译器(Cortex‑M3 也是这样)都会把这个函数的第一个参量传递到 R0 寄存器中。MyTask()代码在任务创建时,初始化堆栈结构,任务接收一个可选参数 p_arg,这就是为什么任务创建时 p_arg 参数会传递到 R0 寄存器的缘由。

OSTaskStkInit 是由其他 OSTaskCreate() 或 OSTaskCreateExt()函数创建用户任务时调用,要在开始时,在栈中模拟该任务好像刚被中断一样的假象。在 ARM 内核中,函数中断后,xPSR、PC、LR、R12、R3~R0 被自动保存到栈中的,R11~R4 如果需要保存,只能手工保存。为了模拟被中断后的场景,OSTaskStkInit()的工作就是在任务自己的栈中保存 CPU 的所有寄存器。这些值里 R1~R12 都没什么意义,这里用相应的数字代号(如 R1=0x01010101)主要是方便调试。初始化任务堆栈函数 OSTaskStkInit()代码如下:

```
OS_STK * OSTaskStkInit(void ( * task)(void * p_arg), void * p_arg, OS_STK * ptos,
                       INT16U opt)
{
OS_STK * stk;
(void)opt; //opt 没有用到,防止编译器警告
stk = ptos; //加载栈指针
/ * 中断后 xPSR、PC、LR、R12、R3～R0 被自动保存到栈中 * /
* (stk)　 = (INT32U)0x01000000uL;　　 / * xPSR 寄存器 * /
* ( — stk) = (INT32U)task;　　　　　 / * 任务入口(PC) * /
* ( — stk) = (INT32U) OS_TaskReturn; / * R14(LR)寄存器 * /
* ( — stk) = (INT32U) 0x12121212uL;　 / * R12 寄存器 * /
* ( — stk) = (INT32U) 0x03030303uL;　 / * R3 寄存器 * /
* ( — stk) = (INT32U) 0x02020202uL;　 / * R2 寄存器 * /
* ( — stk) = (INT32U) 0x01010101uL;　 / * R1 寄存器 * /
* ( — stk) = (INT32U)p_arg;　　　　　 / * R0 寄存器:参数 * /
/ * 余下的寄存器要手动保存在堆栈 * /
* ( — stk) = (INT32U)0x11111111uL;　 / * R11 寄存器 * /
* ( — stk) = (INT32U)0x10101010uL;　 / * R10 寄存器 * /
* ( — stk) = (INT32U)0x09090909uL;　 / * R9 寄存器 * /
* ( — stk) = (INT32U)0x08080808uL;　 / * R8 寄存器 * /
* ( — stk) = (INT32U)0x07070707uL;　 / * R7 寄存器 * /
* ( — stk) = (INT32U) 0x06060606uL;　 / * R6 寄存器 * /
* ( — stk) = (INT32U) 0x05050505uL;　 / * R5 寄存器 * /
* ( — stk) = (INT32U) 0x04040404uL;　 / * R4 寄存器 * /
return(stk);
}
```

也许大家会有下述疑问:

① 为什么程序是 * (— — stk) ＝ (INT32U)0x11111111uL 的类似形式,而不是直接保存寄存器的值呢?

② 为什么程序是 * (— — stk) ＝ (INT32U)0x11111111uL 的类似形式,而不是 * (＋＋stk) ＝ (INT32U)的形式呢?

原因其实很简单,第①种情况前面已经说过,任务没开始运行时,栈里保存的 R1～R12 值都没什么意义的,这里仅仅是模拟中断的假象,R1～R12 也可以是其他任意值。第②种情况是由于 Cortex - M3 的栈生长方向是由高地址向低地址增长的。

每个任务建立后初始化的堆栈结构示意如图 16 - 4 所示。

3. os_cpu_a. asm 文件

汇编文件 os_cpu_a. asm 主要包括 5 个汇编函数和 1 个异常处理函数,这些函数由于需要保存/恢复寄存器,所以只能由汇编语言编写,不能由 C 语言实现。

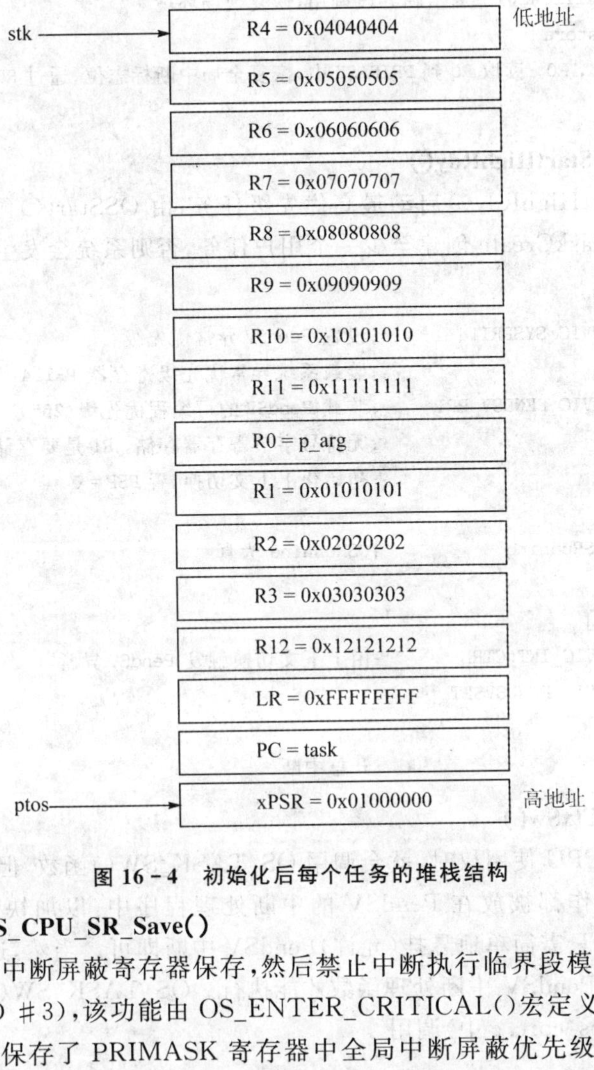

stk → R4 = 0x04040404　　低地址
R5 = 0x05050505
R6 = 0x06060606
R7 = 0x07070707
R8 = 0x08080808
R9 = 0x09090909
R10 = 0x10101010
R11 = 0x11111111
R0 = p_arg
R1 = 0x01010101
R2 = 0x02020202
R3 = 0x03030303
R12 = 0x12121212
LR = 0xFFFFFFFF
PC = task
ptos → xPSR = 0x01000000　　高地址

图 16 - 4　初始化后每个任务的堆栈结构

(1) 函数 OS_CPU_SR_Save( )

该函数执行中断屏蔽寄存器保存,然后禁止中断执行临界段模式 3(OS_CRITI-CAL_METHOD ♯3),该功能由 OS_ENTER_CRITICAL()宏定义调用。当函数返回时,R0 寄存器保存了 PRIMASK 寄存器中全局中断屏蔽优先级的状态用于禁止中断。

```
/ * OS_ENTER_CRITICAL( ) 里进入临界段调用,保存现场环境 * /
OS_CPU_SR_Save
MRS      R0 , PRIMASK      ;读取 PRIMASK 到 R0(保存全局中断标志位,故障中断除外)
CPSID    I                ;PRIMASK = 1,关中断
BX       LR               ;返回,返回值保存在 R0
```

注意:PRIMASK 是 Cortex - M3 处理器特殊功能寄存器中的全局中断屏蔽寄存器,通过 MSR 和 MRS 指令访问。

(2) 函数 OS_CPU_SR_Restore( )

该函数由 OS_EXIT_CRITICAL()宏定义调用,用于恢复现场。

```
/* OS_EXIT_CRITICAL()里退出临界段调用,恢复现场环境 */
OS_CPU_SR_Restore
MSR    PRIMASK, R0 ;读取 R0 到 PRIMASK 中,恢复全局中断标志位,通过 R0 传递参数
BX    LR
```

(3) 函数 OSStartHighRdy()

函数 OSStartHighRdy() 启动最高优先级任务,由 OSStart() 函数调用,调用前必须先调用 OSTaskCreate 创建至少一个用户任务,否则系统会发生崩溃。

```
OSStartHighRdy
LDR    R0, = NVIC_SYSPRI14         ;设置 PendSV 异常优先级
                                   ;装载系统异常优先级寄存器 PRI14
LDR    R1, = NVIC_PENDSV_PRI       ;装载 PendSV 的可编程优先级(255)
STR    R1, [R0]                    ;无符号字节寄存器存储, R1 是要存储的寄存器
MOVS   R0, #0                      ;初始化上下文切换,置 PSP = 0
MSR    PSP, R0
LDR    R0, = OSRunning             ;OSRunning 为真
MOVS   R1, #1
STRB   R1, [R0]
LDR    R0, = NVIC_INT_CTRL         ;由上下文切换触发 PendSV 异常
LDR    R1, = NVIC_PENDSVSET
STR    R1, [R0]
CPSIE I                           ;开总中断
```

(4) 函数 OSCtxSw()

当任务放弃 CPU 使用权时,就会调用 OS_TASK_SW() 函数,但在 Cortex – M3 中,任务切换的工作都被放在 PendSV 的中断处理程序中,以加快处理速度,因此 OS_TASK_SW() 只需简单地悬挂(允许)PendSV 中断即可。当然,这样就只有当再次开中断的时候,PendSV 中断处理函数才能执行。OS_TASK_SW() 函数是由 OS_Sched() 函数(在 os_core. c 中)调用。

```
/* 任务级调度器 */
void  OS_Sched(void)
{
# if OS_CRITICAL_METHOD == 3
     OS_CPU_SR  cpu_sr = 0;
# endif
OS_ENTER_CRITICAL();            //保存全局中断标志,关中断
if(OSIntNesting == 0)           /* 如果没中断服务运行 */
   {
       if(OSLockNesting == 0)   /* 调度器未上锁 */
       {
```

```
/*计算就绪任务里优先级最高的优先级,结果保存在 OSPrioHighRdy*/
    OS_SchedNew();
/*如果得到的最高优先级就绪任务不等于当前,注:当前运行的任务也在就绪表里*/
    if(OSPrioHighRdy! = OSPrioCur)
        {
            OSTCBHighRdy = OSTCBPrioTbl[OSPrioHighRdy];//得到任务控制块指针
            #if OS_TASK_PROFILE_EN > 0
            /*统计任务切换到次数任务的计数器加 1*/
            OSTCBHighRdy->OSTCBCtxSwCtr ++ ;
            #endif
            OSCtxSwCtr ++ ;        //统计任务切换次数的计数器加 1
            OS_TASK_SW();          //悬起 PSV(即 PendSV)异常,进行任务切换
        }
    }
}
    OS_EXIT_CRITICAL(); //恢复全局中断标志,退出临界段,开中断执行 PSV 服务
}
```

函数 OSCtxSw() 是实现用户级的上下文任务切换,OS_TASK_SW() 其实就是用宏定义包装的 OSCtxSw()(见 os_cpu.h),宏定义如下:

```
#define  OS_TASK_SW()        OSCtxSw()
```

在上述的 OS_Sched() 函数中,首先查询当前任务就绪队列中是否有比当前运行任务优先级更高的任务,有则启动 OSCtxSw() 进行任务切换。该函数会将当前任务状态保存到任务堆栈中,然后将那个优先级更高的任务状态从其堆栈中恢复,并调度其运行,这是通过触发一个 PendSV 异常实现的,当前任务状态的保存和那个最高优先级任务的状态恢复也是在 PendSV 中断例程中实现的,函数 OSCtxSw() 只要触发该异常,将工作模式从线程模式切换到异常模式即可。函数 OSCtxSw() 实现的源代码如下:

```
OSCtxSw                    ;挂起 PendSV 异常
LDR  R0, = NVIC_INT_CTRL   ;由上下文切换触发 PendSV 异常
LDR  R1, = NVIC_PENDSVSET
STR  R1, [R0]
BX   LR
```

(5) 函数 OSIntCtxSw()

中断级任务切换函数 OSIntCtxSw() 与 OSCtxSw() 类似。若任务运行过程中产生了中断,且中断服务例程使得一个比当前被中断任务的优先级更高的任务就绪,则 μC/OS-II 内核就会在中断返回之前调用函数 OSIntCtxSw() 将自己从中断态调

度到就绪态,另外一个优先级更高的就绪任务切换到运行态。由于自身处于中断态,它在进入中断服务例程时任务状态已经被保存,所以不需要像任务级任务调度函数 OSCtxSw()那样保存当前任务状态。在这里,OSCtxSw 的代码是与 OSCtxSw 完全相同的。

```
OSIntCtxSw                              ;触发 PendSV 异常
    LDR  R0, = NVIC_INT_CTRL            ;由上下文切换触发 PendSV 异常
    LDR  R1, = NVIC_PENDSVSET
    STR  R1, [R0]
    BX   LR
```

尽管这里的 SCtxSw() 和 OSIntCtxSw() 代码是完全一样的,但事实上,这两个函数的意义是不一样的。OSCtxSw() 函数做的是任务之间的切换,例如任务因为等待某个资源或做延时,就会调用这个函数来进行任务调度,任务调度进行任务切换;OSIntCtxSw() 函数则是中断退出时,如果最高优先级就绪任务并不是被中断的任务,就会被调用,由中断状态切换到最高优先级就绪任务中,所以 OSIntCtxSw() 又称中断级的中断任务。

由于调用 OSIntCtxSw() 函数之前肯定发生了中断,所以无需保存 CPU 寄存器的值了。这里只不过由于 CM3 的特殊机制导致了在这两个函数中只要做触发 PendSV 中断即可,具体切换由 PendSV 中断服务来处理。

(6) 函数 PendSV_Handler()

函数 PendSV_Handler() 是 Cortex‑M3 处理器进入异常服务例程时,通过一次 PendSV 异常中断完成在任务上下文切换时的用户线程模式到特权模式的转换,自动压栈了 R0~R3、R12、LR(连接寄存器 R14)、PSR(程序状态寄存器)和 PC(R15),并且在返回时自动弹出。此函数的代码如下:

```
PendSV_Handler
    CPSID   I                              ;关中断
    MRS     R0,  PSP                       ;获得用户进程堆栈指针 PSP
    CBZ     R0,  PendSV_Handler_nosave     ;若是第一次则跳过寄存器保存
    SUB     R0,  R0,  #0x20                ;跳过系统自动入栈的寄存器值
    STM     R0,  {R4 – R11}                ;将 R4~R11 保存到用户进程堆栈
    LDR     R1, = OSTCBCur
    LDR     R1,  [R1]
    STR     R0,  [R1]                      ;栈底指针保存为当前任务控制块的堆栈指针

PendSV_Handler_nosave
    LDR     R0, = OSPrioCur                ;获取就绪队列中的最高优先级
    LDR     R1, = OSPrioHighRdy
    LDRB    R2, [R1]
    STRB    R2, [R0]
```

```
LDR     R0, = OSTCBCur
LDR     R1, = OSTCBHighRdy        ; 获取最高优先级任务控制块堆栈指针
LDR     R2, [R1]
STR     R2, [R0]                  ; 当前任务控制块堆栈指针切换为最高优先级
                                  ;   任务

LDR     R0, [R2]                  ; R0 为新任务的进程堆栈栈底指针
LDM     R0, {R4 - R11}            ; 从新任务堆栈中恢复 R4～R11
ADDS    R0, R0, #0x20             ; R0 指针移回到栈底
MSR     PSP, R0                   ; 用户进程堆栈指针指向新任务堆栈指针
ORR     LR, LR, #0x04             ; 确保连接寄存器内容为合法返回地址
CPSIE   I
BX      LR                        ; 例程返回,R0～R3 寄存器自动弹出
```

4. includes. h 文件

该头文件是应用程序相关的文件。μC/OS - II 的主头文件在每个 *.c 文件中都要包含这个文件。也就是说,在 *.c 文件的头文件应有 #include "includes.h" 语句。

```
/ * 标准功能头文件 * /
#include  <stdio.h>
#include  <string.h>
#include  <ctype.h>
#include  <stdlib.h>
#include  <stdarg.h>
#include  <math.h>
/ * LPC1788 微处理器相关 * /
#include  "LPC177x_8x.h"
#include  "lpc177x_8x_emac.h"
#include  "lpc177x_8x_pinsel.h"
#include  "lpc177x_8x_clkpwr.h"
#include  "lpc177x_8x_gpio.h"
/ * μC/OS - II 系统相关 * /
#include  <uCOS - II\Source\ucos_ii.h>
#include  <uCOS - II\Ports\ARM - Cortex - M3\RealView\os_cpu.h>
#include  <uC - CPU\ARM - Cortex - M3\RealView\cpu.h>
```

从文件的内容可以看到,这个文件把工程项目中应包含的头文件都集中到了一起,使得开发者无须再去考虑项目中的每一个文件究竟应该需要或者不需要哪些头文件了。

555

轻松玩转 ARM Cortex-M3 微控制器——基于LPC1788系列

5. os_cfg. h 文件

头文件 os_cfg. h 是 μC/OS - II 系统功能配置文件。μC/OS - II 是依靠编译时的条件编译来实现软件系统的裁剪性,即把用户可裁剪的代码段写在 ♯ if 和 ♯ endif 预编译指令之间,在编译时根据 ♯ if 预编译指令后面常数的值来确定是否对该代码段进行编译。

此外,配置文件 os_cfg. h 还包括与项目相关的其他常数的设置。配置文件 os_cfg. h 就是为用户设置常数值的文件。当然在这个文件中对所有配置常数事先都预制一些默认值,用户可根据需要对这些预设值进行修改。表 16 - 2 列出了 os_cfg. h 文件参数配置项及可选择值。该文件下的参数配置值,本章中并没有将它们全部设置为系统默认值。不过,在裁剪系统功能的时候,用户可以视需求来修改这些配置项。

表 16 - 2　os_cfg. h 文件参数配置

分　类		配置宏	配置值	说　明
功能裁剪	任务管理	OS_TASK_CHANGE_PRIO_EN	1 u	改变任务优先级,是否包括代码 OSTaskChangePrio()
		OS_TASK_CREATE_EN	1 u	是否包括代码 OSTaskCreate()
		OS_TASK_CREATE_EXT_EN	1 u	是否包括代码 OSTaskCreateExt()
		OS_TASK_DEL_EN	1 u	是否包括代码 OSTaskDel()
		OS_TASK_NAME_EN	1 u	使能(1)或禁止(0)对应任务名称
		OS_TASK_PROFILE_EN	1 u	OS_TCB 变量
		OS_TASK_QUERY_EN	1 u	获得有关任务的信息,是否包括代码 OSTaskQuery()
		OS_TASK_REG_TBL_SIZE	1 u	任务变量尺寸
		OS_TASK_STAT_EN	1 u	使能(1)或禁止(0)统计任务
		OS_TASK_STAT_STK_CHK_EN	1 u	检测统计任务堆栈
		OS_TASK_SUSPEND_EN	1 u	是否包括任务挂起代码 OSTask_Suspend() 和 OSTaskResume()
		OS_TASK_SW_HOOK_EN	1 u	是否包括代码 OSTaskSwHook()
	信号量集	OS_FLAG_EN	1 u	使能(1)或禁止(0)事件标志
		OS_FLAG_ACCEPT_EN	1 u	是否包含代码 OSFlagAccept()
		OS_FLAG_DEL_EN	1 u	是否包含代码 OSFlagDel()
		OS_FLAG_NAME_EN	1 u	使能(1)或禁止(0)对应信号标志组
		OS_FLAG_QUERY_EN	1 u	是否包含代码 OSFlagQuery()
		OS_FLAG_WAIT_CLR_EN	1 u	是否包含用于等待清除事件标志的代码
	消息邮箱	OS_MBOX_EN	1 u	使能(1)或禁止(0)消息邮箱
		OS_MBOX_ACCEPT_EN	1 u	是否包括代码 OSMboxAccept()
		OS_MBOX_DEL_EN	1 u	是否包括代码 OSMboxDel()
		OS_MBOX_PEND_ABORT_EN	1 u	是否包括代码 OSMboxPendAbort()
		OS_MBOX_POST_EN	1 u	是否包括代码 OSMboxPost()
		OS_MBOX_POST_OPT_EN	1 u	是否包括代码 OSMboxPostOpt()
		OS_MBOX_QUERY_EN	1 u	是否包括代码 OSMboxQuery()

分　类		配置宏	配置值	说　明
功能裁剪	内存管理	OS_MEM_EN	1 u	使能(1)或禁止(0)内存管理
		OS_MEM_NAME_EN	1 u	使能(1)或禁止(0)对应内存分区
		OS_MEM_QUERY_EN	1 u	是否包括代码 OSMemQuery()
	互斥信号量	OS_MUTEX_EN	1 u	使能(1)或禁止(0) 互斥信号量
		OS_MUTEX_ACCEPT_EN	1 u	是否包括代码 OSMutexAccept()
		OS_MUTEX_DEL_EN	1 u	是否包括代码 OSMutexDel()
		OS_MUTEX_QUERY_EN	1 u	是否包括代码 OSMutexQuery()
	队列	OS_Q_EN	0 u	使能(1)或禁止(0)队列
		OS_Q_ACCEPT_EN	1 u	是否包括代码 OSQAccept ()
		OS_Q_DEL_EN	1 u	是否包括代码 OSQDel ()
		OS_Q_FLUSH_EN	1 u	是否包括代码 OSQFlush ()
		OS_Q_PEND_ABORT_EN	1 u	是否包括代码 OSQPendAbort ()
		OS_Q_POST_EN	1 u	是否包括代码 OSQPost ()
		OS_Q_POST_FRONT_EN	1 u	是否包括代码 OSQPostFront ()
		OS_Q_POST_OPT_EN	1 u	是否包括代码 OSQPostOpt ()
		OS_Q_QUERY_EN	1 u	是否包括代码 OSQQuery ()
	信号量	OS_SEM_EN	1 u	使能(1)或禁止(0)信号量
		OS_SEM_ACCEPT_EN	1 u	是否包括代码 OSSemAccept ()
		OS_SEM_DEL_EN	1 u	是否包括代码 OSSemDel ()
		OS_SEM_PEND_ABORT_EN	1 u	是否包括代码 OSSemPendAbort ()
		OS_SEM_QUERY_EN	1 u	是否包括代码 OSSemQuery ()
		OS_SEM_SET_EN	1 u	是否包括代码 OSSemSet ()
	时间管理	OS_TIME_DLY_HMSM_EN	1 u	是否包括代码 OSTimeDlyHMSM ()
		OS_TIME_DLY_RESUME_EN	1 u	是否包括代码 OSTimeDlyResume ()
		OS_TIME_GET_SET_EN	1 u	是否包括代码 OSTimeGet () 和 OSTimeSet ()
		OS_TIME_TICK_HOOK_EN	1 u	是否包括代码 OSTimeTickHook ()
	定时器管理	OS_TMR_EN	1 u	使能(1)或禁止(0)对应名称定时器
		OS_TMR_CFG_NAME_EN	1 u	使能(1)或禁止(0)对应名称定时器
	其他	OS_APP_HOOKS_EN	1 u	使能(1)或禁止(0)应用钩子函数
		OS_CPU_HOOKS_EN	1 u	使能(1)或禁止(0)CPU 钩子函数
		OS_ARG_CHK_EN	1 u	使能(1)或禁止(0)参数检查
		OS_DEBUG_EN	1 u	使能(1)或禁止(0)调试变量
		OS_EVENT_MULTI_EN	1 u	是否含 OSEventPendMulti()
		OS_EVENT_NAME_EN	1 u	使能(1)或禁止(0)对应信号量、互斥量、邮箱或队列
		OS_TICK_STEP_EN	1 u	使能(1)或禁止(0)节拍定时功能
		OS_SCHED_LOCK_EN	1 u	使能(1)或禁止(0)调度锁,是否包括代码 OSSchedLock()、OSSchedUnlock()
常量设置	任务管理	OS_MAX_TASKS	20 u	应用任务的最大数量,必须≥2
		OS_TASK_TMR_STK_SIZE	64 u	定时器任务堆栈容量
		OS_TASK_STAT_STK_SIZE	64 u	统计任务堆栈容量
		OS_TASK_IDLE_STK_SIZE	32 u	空闲任务堆栈容量

分　类		配置宏	配置值	说　明
常量设置	信号量	OS_MAX_FLAGS	5 u	事件标志组的最大数量
		OS_FLAGS_NBITS	16 u	OS_FLAGS 数据类型的位数
	内存管理	OS_MAX_MEM_PART	5 u	内存块的最大数量
	队列	OS_MAX_QS	4 u	队列控制块的最大数目
	定时器管理	OS_TMR_CFG_MAX	16 u	定时器的最大数量
		OS_TMR_CFG_WHEEL_SIZE	8 u	定时器的大小
		OS_TMR_CFG_TICKS_PER_SEC	10 u	定时器管理任务运行频率
		OS_LOWEST_PRIO	63 u	最低优先级
		OS_MAX_EVENTS	20 u	事件控制块的最大数量
		OS_TICKS_PER_SEC	1 000 u	节拍定时器每 1 s 定时次数

从表 16-2 可以看出,本章实例为了演示系统功能,未对系统功能进行大规模裁剪,一般的系统瘦身肯定是需要禁用信号量、互斥信号量、邮箱、队列、信号量集、定时器、内存管理,关闭调试模式,如果要对这些定义禁用的话,代码修改如下:

```
#define OS_FLAG_EN 0u          //禁用信号量集
#define OS_MBOX_EN 0u          //禁用邮箱
#define OS_MEM_EN 0u           //禁用内存管理
#define OS_MUTEX_EN 0u         //禁用互斥信号量
#define OS_Q_EN 0u             //禁用队列
#define OS_SEM_EN 0u           //禁用信号量
#define OS_TMR_EN 0u           //禁用定时器
#define OS_DEBUG_EN 0u         //禁用调试
```

除此之外,也可以把用不着的应用软件的钩子函数、多重事件控制也禁掉。

```
#define OS_APP_HOOKS_EN   0u
#define OS_EVENT_MULTI_EN   0u
```

6. 文件 os_dbg.c

该文件下包含一些 μC/OS-II 系统调试信息,移植时应根据编译器的不同修改配置。

7. 系统内核的各种服务文件

μC/OS-II 系统内核是以 C 语言函数的形式提供各种服务的,这些功能模块在不同的处理器之间移植时是无须修改的。

8. 文件 app_cfg.h

头文件 app_cfg.h 是与 LPC1788 微处理器相对应的应用程序的相关设置,如设置任务优先级、设置任务栈大小等,下述修改以 16.3 节的实例作为示例进行介绍的。

```
/* 两个任务的优先级 */
```

```
#define   APP_TASK_START_PRIO      (1) //启动任务优先级
#define   APP_TASK_BLINK_PRIO      (8) //LED 闪烁任务优先级
/ * 上述两个任务的堆栈长度 * /
#define   APP_TASK_START_STK_SIZE                      64u
#define   APP_TASK_BLINK_STK_SIZE                      128u
```

9. 文件 app. c

这个文件用于创建用户任务,该文件具有规律性,主要架构包括如下几个函数:

- 创建任务函数 App_TaskCreate;
- 任务启动函数 App_TaskStart;
- 创建用户任务函数 App_(用户任务名称)TaskCreate;
- 应用任务堆栈 OS_STK App_TaskStartStk[APP_TASK_START_STK_ SIZE]及其他应用任务堆栈;
- 多任务启动函数 OSStart();
- 入口函数 main()。

当我们开始接触 μC/OS - II 应用实例的 main()函数时,会很有趣地发现 μC/ OS - II 的 main()函数结构是一样的,这也是 μC/OS - II 系统初始化的一种标准流程,后面还会细化一下 μC/OS - II 的主要流程。

```
void main()
{
    ...
OSInit();                          //初始化 μC/OS - II
BSP_Init();                        //硬件平台初始化(如果有则执行)
    ...
OSTaskCreate(FirstTask1,……);        //创建第 1 个用户任务
OSTaskCreate(SecondTask2,……);       //创建第 2 个用户任务
    ...
OSStart();                         //启动多任务管理
    ...
}
```

16. 2. 3　重提 μC/OS - II 嵌入式系统移植要点

μC/OS - II 系统在 Cortex - M3 内核 LPC1788 微处理器移植过程中,用户需要修改的就是与处理器相关的代码,包括设置 os_cpu. h 文件中与处理器和编译器相关的代码,用 C 语言编写 os_cpu_c. c 文件中与操作系统相关的函数,用汇编语言编写 os_cpu. asm 文件中与处理器相关的函数,这 3 个文件中需要修改的内容在上一节用了大量篇幅进行介绍。

很多读者在未动手进行 μC/OS-II 移植之前，总会看到移植好的例程在 uC-OS-II 文件夹下，里面会包含有 Ports、Sources、uC-CPU 等子文件夹下的代码，虽然这些文件夹下的都是源代码，但究竟有什么用呢？通常的移植概念，一般都说只需改 os_cpu.h，os_cpu_a.asm 和 os_cpu_c.c 这 3 个文件就可以了，就没听说过有 Ports、Sources、uC-CPU 这些的。其实这些文件夹下多半是官方公布的移植文件，而我们使用标准外设库提供的启动文件和固件库后，很多文件可以不用的，图 16-5 展示了这几个子文件夹下的代码对应关系。

```
□-🗀 uC-OS-II/Port
  ⊞-📄 os_cpu_c.c
  ⊞-📄 os_dbg.c
  └-📄 os_cpu_a.asm
□-🗀 uC-OS-II/CPU
  └-📄 cpu_a.asm
□-🗀 uC-OS-II/Source
  ⊞-📄 os_core.c
  ⊞-📄 os_flag.c
  ⊞-📄 os_mbox.c
  ⊞-📄 os_mem.c
  ⊞-📄 os_mutex.c
  ⊞-📄 os_q.c
  ⊞-📄 os_sem.c
  ⊞-📄 os_task.c
  ⊞-📄 os_time.c
  ⊞-📄 os_tmr.c
```

图 16-5　uC-OS-II 子文件夹内容

16.3　应用实例

本章在前面讲述的 μC/OS-II 系统移植基础上，采用 LPC1788 开发板硬件创建和启动 LED 闪烁任务，驱动几个 LED 闪烁。

16.3.1　设计目标

本实例在 μC/OS-II 系统中分别建立了主任务、LED 闪烁任务，驱动 GPIO 端的 LED 灯间隔明暗闪烁。通过这个实验，可以学习 μC/OS-II 系统的任务建立及基本应用。

16.3.2　硬件电路设计

本实例的硬件比较简单，采用 GPIO 引脚驱动 LED，图 16-6 是本例的硬件电路示意图。

16.3.3　μC/OS-II 系统软件设计

本实例设计是最基本的 μC/OS-II 系统应用实例，它在 μC/OS-II 系统中建立 2 个任务，驱动 4 个 LED，并使 LED 延时闪烁间隔，其主要软件设计包括 2 个部分：

① μC/OS-II 系统任务建立及启动。

② LED 驱动及延时设置程序。

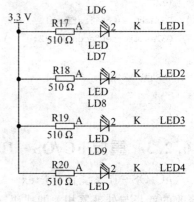

图 16-6　LED 驱动电路

μC/OS-II 系统相关的软件设计其结构一般都采用较固定的模式，需要设计的软件代码一般都层次清晰，很容易上手，本例的演示程序设计所涉及的软件结构如表 16-3 所列,主要程序文件及功能说明如表 16－4 所列(注:μC/OS－Ⅱ 系统文件省略介绍)。

表 16－3　μC/OS－Ⅱ 系统移植应用实例软件结构

用户应用层		
主程序 main. c		用户任务 uctsk_Blink. c
系统软件层——μC/OS－Ⅱ 系统		
μC/OS－Ⅱ/Port	μC/OS－Ⅱ/CPU	μC/OS－Ⅱ/Source
os_cpu_c. c、os_dbg. c、os_cpu_a. asm	cpu_a. asm	os_core. c、os_flag. c、os_task. c 等
CMSIS 层		
Cortex－M3 内核外设访问层	LPC17xx 设备外设访问层	
core_cm3. h core_cmFunc. h core_cmInstr. h	启动代码 (startup_LPC 177x_8x. s)	LPC177x_8x. h	system_LPC177x_8x. c	system_LPC177x_8x. h
硬件外设层		
时钟电源控制驱动库	GPIO 外设驱动库	引脚连接配置驱动库
lpc177x_8x_clkpwr. c lpc177x_8x_clkpwr. h	lpc177x_8x_gpio. c lpc177x_8x_gpio. h	lpc177x_8x_pinsel. c lpc177x_8x_pinsel. h

表 16－4　程序设计文件功能说明

文件名称	程序设计文件功能说明
main. c	包括系统主任务、用户任务的建立、及系统任务启动
uctsk_Blink. c	用户任务对应的 GPIO 驱动 LED 设置、延时参数设置
lpc177x_8x_clkpwr. c	公有程序,时钟与电源控制驱动库。注:由其他驱动库文件调用
lpc177x_8x_gpio. c	公有程序,GPIO 模块驱动库,辅助调用
lpc177x_8x_pinsel. c	公有程序,引脚连接配置驱动库。由相关引脚设置程序调用
startup_LPC177x_8x. s	启动代码文件

1. μC/OS－Ⅱ 系统主任务及启动

μC/OS－Ⅱ 系统共创建了 2 个不同优先级的任务,分别是主任务 App_TaskStart( )、LED 闪烁任务 App_BlinkTaskCreate ( )。

(1) main( )函数

主程序集中在 main( )入口函数,完成 μC/OS－Ⅱ 系统初始化、建立任务、启动μC/OS－Ⅱ 系统,主要程序代码如下:

```
int main(void)
{
CPU_INT08U os_err;
os_err = os_err;                //预防编译警告
/ * 禁止所有中断 * /
IntDisAll();
```

```
/* μC/OS–II 系统初始化 */
OSInit();
/* 建立主任务,优先级最高 */
os_err = OSTaskCreateExt((void (*)(void *)) App_TaskStart, void * ) 0,
//开始建立任务任务开始执行时,传递给任务的参数的指针
    /* 分配给任务的堆栈的栈顶指针,自顶向下递减 */
    (OS_STK         * )&App_TaskStartStk[APP_TASK_START_STK_SIZE - 1],
    /* 分配给任务的优先级 */
    (INT8U          ) APP_TASK_START_PRIO,
    (INT16U         ) APP_TASK_START_PRIO,
    /* 堆栈大小 */
    (OS_STK         * )&App_TaskStartStk[0],
    (INT32U         ) APP_TASK_START_STK_SIZE,
    (void           * )0,
    (INT16U         )(OS_TASK_OPT_STK_CLR | OS_TASK_OPT_STK_CHK));
#if OS_TASK_NAME_EN > 0
    OSTaskNameSet(APP_TASK_START_PRIO, (CPU_INT08U * )"Start Task", &os_err);
#endif
OSStart();//启动 μC/OS–II 系统内核
return (0);
}
```

(2) App_TaskStart()函数

开始任务创建调用 App_TaskStart() 函数来完成,再由该函数调用 App_TaskCreate()建立其他任务。启动任务函数 App_TaskStart()的代码如下:

```
static  void App_TaskStart(void * p_arg)
{
(void) p_arg;
/* 初始化 μC/OS–II 系统时钟节拍 */
OS_CPU_SysTickInit(SystemCoreClock/1000);
/* 使能 μC/OS–II 的统计任务 */
#if (OS_TASK_STAT_EN > 0)
/* 统计任务初始化函数 */
OSStatInit();
#endif
/* 建立其他的任务 */
App_TaskCreate();
while (1)
{
    /* 1 s 一次循环 */
    OSTimeDlyHMSM(0, 0, 1, 0);
```

562

```
    }
}
```

(3) App_TaskCreate()函数

其他任务需要调用 App_TaskCreate()函数来建立,本例的这个"其他"任务是 LED 闪烁任务 App_BlinkTaskCreate(),该函数的功能代码如下:

```
static  void  App_TaskCreate (void)
{
#if (OS_VIEW_MODULE == DEF_ENABLED)
    App_OSViewTaskCreate();
#endif

    App_BlinkTaskCreate();      //LED 闪烁任务
}
```

2. LED 驱动及延时设置程序

LED 闪烁任务 App_BlinkTaskCreate()函数,实际是单独设置在 uctsk_Blink.c 文件内,该函数由其他任务建立函数调用。

(1) App_BlinkTaskCreate()函数

该函数由其他任务建立函数 App_TaskCreate()调用,函数的风格仍然沿袭主任务建立函数的形式,代码如下:

```
void  App_BlinkTaskCreate (void)
{
    CPU_INT08U  os_err;
    os_err = os_err;                                    //预防编译警告
    os_err = OSTaskCreate((void ( * )(void * )) uctsk_Blink,//LED 闪烁任务
        (void          * ) 0,
        (OS_STK        * )&App_TaskBlinkStk[APP_TASK_BLINK_STK_SIZE - 1],
        (INT8U          ) APP_TASK_BLINK_PRIO  );
#if OS_TASK_NAME_EN > 0
        OSTaskNameSet(APP_TASK_BLINK_PRIO, "Task LED Blink", &os_err);
#endif
}
```

(2) uctsk_Blink()函数

该函数用于设置 GPIO 引脚驱动的 4 个 LED 开/关,以及闪烁间隔的 200 ms 延时参数设置,函数代码如下:

```
static void uctsk_Blink (void)
{
    PINSEL_ConfigPin(2,21,0);           /* P2.21:GPIO */
```

轻松玩转 ARM Cortex-M3 微控制器——基于 LPC1788 系列

563

```
GPIO_SetDir(2, (1<<21), 1);
PINSEL_ConfigPin(1,13,0);          /* P1.13:GPIO */
GPIO_SetDir(1, (1<<13), 1);
PINSEL_ConfigPin(5,0,0);           /* P5.0:GPIO */
GPIO_SetDir(5, (1<<0), 1);
PINSEL_ConfigPin(5,1,0);           /* P5.1:GPIO */
GPIO_SetDir(5, (1<<1), 1);
for(;;)
{
    /* = = = = = LED 开 = = = = = = = = = */
    GPIO_ClearValue( 2, (1<<21) );
    GPIO_ClearValue( 1, (1<<13) );
    GPIO_ClearValue( 5, (1<<0) );
    GPIO_ClearValue( 5, (1<<1) );
    OSTimeDlyHMSM(0, 0, 0, 200);     /* 200 ms 延时    */
    /* = = = = = LED 关 = = = = = = = = = */
    GPIO_SetValue( 2, (1<<21) );
    GPIO_SetValue( 1, (1<<13) );
    GPIO_SetValue( 5, (1<<0) );
    GPIO_SetValue( 5, (1<<1) );
    OSTimeDlyHMSM(0, 0, 0, 200);     /* 200 ms 延时 */
}
}
```

16.4　实例总结

564

　　本章详细介绍了嵌入式实时操作系统 μC/OS－II 的特点、内核以及内核结构，并详细阐述了 μC/OS－II 的系统基于 Cortex－M3 内核 LPC1788 微处理器的移植要点。

　　本章最后讲述了一个简单的 LED 闪烁实例设计，展示了如何在 μC/OS－II 的系统进行软件设计，其软件设计的层次结构又是怎样的，演示了 μC/OS－II 系统任务的建立和启动。

第 **17** 章

LwIP 移植与应用实例

嵌入式系统的硬件资源非常有限,因此,要实现网络通信,应尽可能地采用小型协议栈。本例在 μC/OS-II 系统上植入一个小型化的 TCP/IP 协议栈 LwIP。这种 LwIP 协议栈主要关注的是怎样减少内存的使用和代码的大小,这样就可以让 LwIP 适用于资源有限的小型嵌入式系统平台。本实例将基于第 15 章"以太网接口应用"的硬件及软件基础,讲述 LwIP 协议栈的移植与应用实例。

17.1 以太网概述

以太网是局域网(Local Area Network,LAN)的主要联网技术,可实现局域网内的嵌入式器件与互联网的连接。嵌入式系统有了以太网连接功能,主控单元便可通过网络连接传输数据,并可通过遥控方式进行控制。以太网因其架构、性能、互操作性、可扩展性及开发简便,已成为嵌入式应用的标准通信技术。

17.1.1 以太网的网络传输介质

网络传输介质是指在通信网络中发送方和接收方传输信息的载体,常用的传输介质分为有线传输介质和无线传输介质两大类。

有线传输介质是指在两个通信网络设备之间实现的物理连接部分,它能将信号从一方传输到另一方。以太网比较常用的传输介质主要包括同轴电缆、双绞线、光纤三种。双绞线和同轴电缆传输电信号,光纤传输光信号。有线传输介质性能比较如表 17-1 所列。

表 17-1 网络传输介质性能比较

网络传输介质	速率或频宽	传输距离/km	抗干扰性能	价 格	应 用
双绞线	10~1 000 Mbps	几至十几	一般	低	模拟/数字传输
50 Ω 同轴电缆	10 Mbps	0~3	较好	略高于双绞线	基带数字信号
75 Ω 同轴电缆	500~750 MHz	100	较好	较高	模拟传输电视、数据及音频
光纤	几至几十 Gbps	≥30	很好	较高	远距离传输

1. 双绞线(Twisted - Pair)

双绞线是最常用的传输介质,双绞线芯一般是铜质的,具有良好的传导率,既可以用于传输模拟信号,也可以用于传输数字信号。

双绞线分为屏蔽双绞线(Shielded Twisted Pair, STP)和非屏蔽双绞线(Unshielded Twisted Pair, UTP)。非屏蔽双绞线用线缆外皮层作为屏蔽层,适用于网络流量不大的场合。屏蔽双绞线是用铝箔将双绞线屏蔽起来,对电磁干扰(Electromagnetic Interference, EMI)具有较强的抵抗能力,适用于网络流量较大的高速网络协议应用,屏蔽双绞线结构示意图如图 17 - 1 所示。

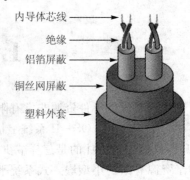

内导体芯线
绝缘
铝箔屏蔽
铜丝网屏蔽
塑料外套

图 17 - 1　屏蔽双绞线结构示意图

电子工业协会(EIA)为无屏蔽双绞线订立了标准,双绞线根据性能可分为 3 类、5 类、6 类和 7 类,3 类无屏蔽双绞线能够承载的频率带宽是 16 MHz,现在常用的为 5 类无屏蔽双绞线,其频率带宽为 100 MHz,能够可靠地运行 4 MB、ICME 和 16 MB 的网络系统。6 类、7 类双绞线可分别工作于 200 MHz 和 600 MHz 的频率带宽之上,且采用特殊设计的 RJ - 45 插头。当运行 100 MB 以上的以太网时,也可以使用屏蔽双绞线以提高网络在高速传输时的抗干扰特性。

现行双绞线电缆中一般包含 4 个双绞线对,表 17 - 2 所列为 EIA/TIA T568A/B 标准线序。计算机网络使用 1 - 2、3 - 6 两组线对分别来发送和接收数据。

表 17 - 2　EIA/TIA T568A/ B 标准线序

脚 位	1	2	3	4	5	6	7	8
T568A	白绿	绿	白橙	蓝	白蓝	橙	白棕	棕
T568B	白橙	橙	白绿	蓝	白蓝	绿	白棕	棕
绕对形式	同一绕对	与 6 同一绕对	同一绕对	与 3 同一绕对	同一绕对

2. 同轴电缆(Coaxial)

同轴电缆是由一对导体组成的,但它们是按"同轴"形式构成线对。同轴电缆以单根铜导线为内芯,外裹一层绝缘材料,外覆密集网状导体,最外面是一层保护性塑料。金属屏蔽层能将磁场反射回中心导体,同时也使中心导体免受外界干扰,故同轴电缆比双绞线具有更高的带宽和更好的噪声抑制特性。

同轴电缆结构如图 17 - 2 所示。最里层是内芯,向外依次是绝缘材料层、屏蔽层、塑料外皮,内芯和屏蔽层构成一对导体。

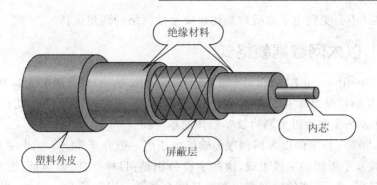

图 17 - 2　同轴电缆结构示意图

　　目前使用较多的同轴电缆有两种:一种为 50 Ω(指沿电缆导体各点的电磁电压对电流之比)同轴电缆,用于数字信号的传输,即基带同轴电缆;另一种为 75 Ω 同轴电缆,用于宽带模拟信号的传输,即宽带同轴电缆。

3. 光　纤

　　光纤是光导纤维(Fiber Optic)的简称,光导纤维是软而细的、利用内部全反射原理来传导光束的传输介质,它由能传导光波的超细石英玻璃纤维外加保护层构成,多条光纤组成一束,就可构成一条光缆,光纤结构示意图如图 17 - 3 所示。光纤有单模和多模之分。单模光纤多用于通信业,多模光纤多用于网络布线系统。

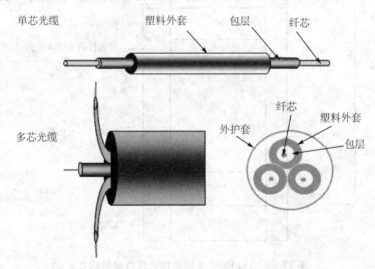

图 17 - 3　光纤结构示意图

　　光纤为圆柱状,由 3 个同心部分组成:纤芯、包层和塑料外套,每一路光纤包括两根,一根接收,一根发送。用光纤作为网络介质的 LAN 技术主要是光纤分布式数据接口(Fiber - optic Data Distributed Interface,FDDI)。与同轴电缆比较,光纤可提供极宽的频带且功率损耗小、传输距离长(2 km 以上)、传输率高(可达数千 Mbps)、抗干扰性强（不会受到电子监听），是构建安全性网络的理想选择。

17.1.2　以太网数据帧格式

IEEE(Institute of Electrical and Electronics Engineers,美国电气和电子工程师协会)802.3 协议是最常用的以太网协议,嵌入式系统经常使用该标准。本例参考 IEEE 标准 802.3 作为以太网协议基础作简单介绍。

IEEE 802.3 标准的以太网物理传输帧的长度一般介于 64~1 518 字节之间,它们由 5 个或 6 个不同的字段组成,这些字段分别是:目标地址、源地址、类型/长度字段、数据有效负载、可选的填充字段和循环冗余校验(CRC)字段。另外,当通过以太网介质发送数据包时,一个 7 字节的前导字段和 1 字节的帧起始定界符将被附加到以太网数据包的开头。这些字段中除了地址字段和数据字段长度可变之外,其余字段的长度都是固定的。在双绞线上的以太网数据包传输格式如图 17-4 所示。

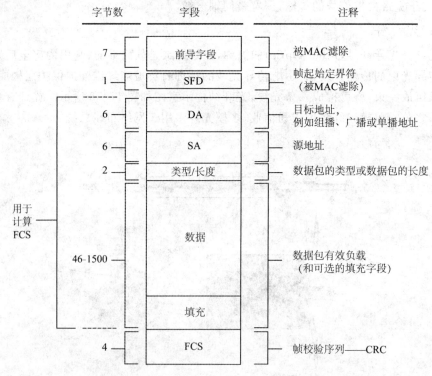

图 17-4　IEEE802.3 协议以太网数据包格式

(1) 前导字段 / 帧起始定界符

前导字段(Preamble,PR):相当于同步位,用于收发双方的时钟同步,同时也指明传输的速率(注:10 MB 和 100 MB 的时钟频率不一样,所以 100 MB 网卡可以兼容 10 MB 网卡),是由 56 位(8 个字节)长度的二进制数 101010101010……组成。

帧起始定界符(Start Frame Delimiter,SFD):部分文献也称之为分隔符,为 8 位长度的 10101011，和同步位不同的是最后 2 位是 11 而不是 10，表示下面跟着的是真正的数据而不是同步时钟。

（2）目标地址

目标地址（Destination Address，DA）：以太网的地址为 48 位（6 字节）二进制地址，装有数据包发往的设备的 MAC 地址，表明该帧传输给哪个网卡。

如果 MAC 地址中第一个字节的最低有效位为 1，则该地址是组播目标地址。例如，01 00 00 00 F0 00 和 33 45 67 89 AB CD 是组播地址，带有组播目标地址的数据包将被送达一组选定的以太网节点。

如果是保留的组播地址 FFFFFFFFFFFF，则是广播地址，广播地址的数据可以被任意网卡接收到。

如果 MAC 地址中第一个字节的最低有效位为 0，则该地址是单播地址，数据包将仅供具有该地址的节点使用。

（3）源地址

源地址（Source Address，SA）：源地址字段是一个 6 字节（48 位）的字段，装有创建该以太网数据包的节点的 MAC 地址，表明该帧的数据是哪个网卡发的。

用户必须为每个控制器生成一个唯一的 MAC 地址，MAC 地址由两个部分组成。前 3 个字节称为组织唯一标识符（Organizationally Unique Identifier，OUI），由 IEEE 分配；后 3 个字节是由购买该标识符的公司所定义的地址字节。发送数据包时，主控制器必须将分配的源 MAC 地址写入发送缓冲器。

（4）类型/长度

类型字段（Type）：它是一个 2 字节的字段，它定义该帧的数据包是属于什么类型的协议，不同协议的类型字段是不同的，如：0800H 表示数据为 IP 包；0806H 表示数据为 ARP 包；814CH 表示数据为 SNMP 包；8137H 表示数据为 IPX/SPX 包。此外，如果该字段被填充的数值小于或等于 05DCh（1 500），则该字段将被视为一个长度字段，它指定数据字段中非填充数据的长度。

（5）数　据

数据（Data）：该段数据长度可在 0 ～ 1 500 字节之间变化，但不能超过 1 500 字节。因为以太网协议规定整个传输包的最大长度不能够超过 1 514 字节（其中 14 字节为 DA、SA、Type 的字段），超过上述范围的数据包是违反以太网标准的，它将被大多数以太网节点丢弃。

（6）填　充

填充（PAD）：填充字段是一个长度可变的字段，当使用较小的数据有效负载时，添加该字段以满足 IEEE 802.3 规范的要求。

以太网数据包的目标、源、类型和填充字段加在一起不能小于 60 字节，再加上必须的 4 字节的 CRC 字段，数据包不能小于 64 字节，当数据段不足 46 字节时后面补 0（通常是补 0，也可以是其他值）。

轻松玩转 ARM Cortex-M3 微控制器——基于 LPC1788 系列

(7) CRC 校验字段

帧校验序列字段（Frame Check Sequence，FCS）：32 位的 CRC 校验，它包含一个行业标准的 32 位 CRC 值。该 CRC 值是通过对目标地址、源地址、类型、数据和填充字段中的数据进行计算得出，自动生成，自动校验，自动在数据段后面填入，而不需要软件管理。

17.1.3　嵌入式系统的以太网协议

传输控制协议/互连网协议 TCP/IP（Transmission Control Protocol/Internet Protocol）包含应用层、传输层、网络层、网络接口层等。每层均对应一个或几个传输协议，且相对于它的下层都作为一个独立的数据包实现。TCP/IP 参考模型分层和每层上的协议如表 17-3 所列。

表 17-3　TCP/IP 协议分层与协议

分层		每层上的协议
应用层		TELNET、FTP、SMTP、DNS
传输层		TCP、UDP
网络层		TP、ICMP、IGMP、ARP、RARP
网络接口层	数据链路层	Ethernet、ARPANET 等
	物理层	

(1) ARP（地址解析协议）

网络层用 32 位的地址来标识不同的主机（即 IP 地址），而链路层使用 48 位的物理（MAC）地址来标识不同的以太网或令牌环网接口。只知道目的主机的 IP 地址并不能发送数据帧给它，必须知道目的主机网络接口的物理地址才能发送数据帧。

ARP 的功能就是实现从 IP 地址到对应物理地址的转换。源主机发送一份包含目的主机 IP 地址的 ARP 请求数据帧给网上的每个主机，称作 ARP 广播，目的主机的 ARP 收到这份广播报文后，识别出这是发送端在询问它的 IP 地址，于是发送一个包含目的主机 IP 地址及对应的物理地址的 ARP 回答给源主机。

为加快 ARP 协议解析数据，每台主机上都有一个 ARP cache 存放最近的 IP 地址到硬件地址之间的映射记录。其中每一项的生存时间一般为 20 min，这样当在 ARP 的生存时间之内连续进行 ARP 解析的时候，不需反复发送 ARP 请求。

(2) ICMP（网络控制报文协议）

ICMP 是 IP 层的附属协议，IP 层用它来与其他主机或路由器交换错误报文和其他重要控制信息，ICMP 报文是在 IP 数据包内部被传输的。在 Linux 或者 Windows 中，两个常用的网络诊断工具 ping 和 traceroute（Linux 系统称为 tracepath，Windows 系统则称为 Tracert），其实就是 ICMP 协议。

(3) IP（网际协议）

IP 工作在网络层，是 TCP/IP 协议族中最为核心的协议，IP 提供不可靠、无连接的数据包传送服务,其通信协议相对简单,效率较高。所有的 TCP、UDP、ICMP 及 IGMP 数据都以 IP 数据包格式传输(IP 封装在 IP 数据包中)。IP 数据包最长可达 65 535 字节,其中报头占 32 位,还包含各 32 位的源 IP 地址和 32 位的目的 IP 地址。

TTL(time-to-live,生存时间字段)指定了 IP 数据包的生存时间(数据包可以经过的最多路由器数)。TTL 的初始值由源主机设置,一旦经过一个处理它的路由器,它的值就减 1;当该字段的值为 0 时,数据包就被丢弃,并发送 ICMP 报文通知源主机重发。

不可靠(Unreliable)的意思是:它不能保证 IP 数据包能成功地到达目的地。如果发生某种错误,IP 有一个简单的错误处理算法丢弃该数据包,然后发送 ICMP 消息报给信源端。任何要求的可靠性必须由上层来提供(如 TCP)。

无连接(Connectionless)的意思是:IP 并不维护任何关于后续数据包的状态信息。每个数据包的处理是相互独立的。IP 数据包可以不按发送顺序接收。如果一信源向相同的信宿发送两个连续的数据包(先是 A,然后是 B),每个数据包都是独立地进行路由选择,可能选择不同的路线,因此 B 可能在 A 到达之前先到达。

IP 的路由选择:源主机 IP 接收本地 TCP、UDP、ICMP、GMP 的数据,生成 IP 数据包,如果目的主机与源主机在同一个共享网络上,那么 IP 数据包就直接送到目的主机上。否则就把数据包发往一默认的路由器上,由路由器来转发该数据包。最终经过数次转发到达目的主机。IP 路由选择是逐跳(Hop-By-Hop)进行的。所有的 IP 路由选择只为数据包传输提供下一站路由器的 IP 地址。

(4) TCP(传输控制协议)

TCP 协议是一个面向连接的可靠的传输层协议,它可提供可靠的字节流信道。TCP 为两台主机提供高可靠性的端到端数据通信。它所做的工作包括:

① 发送方把应用程序交给它的数据分成合适的小块,并添加附加信息(TCP 头),包括顺序号,源、目的端口,控制、纠错信息等字段,称为 TCP 数据包。并将 TCP 数据包交给下面的网络层处理。

② 接收方确认接收到的 TCP 数据包,重组并将数据送往上层。

(5) UDP(用户数据包协议)

UDP 协议是一种无连接不可靠的传输层协议,它提供不可靠的数据报文传送信道。该协议只是把应用程序传来的数据加上 UDP 头(包括端口号、段长等字段),作为 UDP 数据包发送出去,但是并不保证它们能到达目的地,可靠性由应用层来提供。

因为该协议开销少,它与 TCP 协议相比,UDP 更适合于应用在低端的嵌入式领域中。很多场合如网络管理 SNMP、域名解析 DNS、简单邮件传输协议 SMTP、文件传输协议 FTP,大都使用 UDP 协议。

17.2　LwIP 协议栈概述

LwIP 协议栈(LwIP 的含义是 Light Weight IP)是瑞典计算机科学院(Swedish Institute of Computer Science)开发的一套用于嵌入式系统的开放源代码的轻型 TCP/IP 协议栈。LwIP 实现了较为完备的 IP、ICMP、UDP、TCP 协议,具有超时时间估算、快速恢复和重发、窗口调整等功能。

LwIP 协议栈 TCP/IP 实现的重点是在保持 TCP 协议主要功能的基础上减少处理和内存需求,因为 LwIP 使用无数据复制并经裁剪的 API,一般它只需要几十 KB 的 RAM 和 40 KB 左右的 ROM 就可以运行;同时 LwIP 可以移植到操作系统上,也可以在无操作系统的情况下独立运行。LwIP 在设计时就考虑到了将来的移植问题,它把所有与硬件、操作系统、编译器相关的部分独立出来,这使 LwIP 协议栈适合在低端嵌入式系统中使用。

LwIP 协议栈的特性如下:

- 支持多网络接口下的 IP 转发;
- 支持 ICMP 协议;
- 支持主机和路由器进行多播的 Internet 组管理协议(IGMP);
- 包括实验性扩展的 UDP(用户数据报文协议);
- 包括阻塞控制,RTT 估算、快速恢复和快速转发的 TCP;
- 提供专门的内部回调接口(Raw API);
- 支持 DNS;
- 支持 SNMP;
- 支持 PPP;
- 支持 ARP;
- 支持 IP fragment;
- 支持 DHCP 协议,可动态分配 IP 地址;
- 可选择的 Berkeley 接口 API(多线程情况下);
- 支持 IPv4 和 IPv6。

17.2.1　LwIP 协议栈的整体架构和进程模型

TCP/IP 协议被设计为分层结构,各协议层分别解决通信问题的一部分。LwIP 将所有 TCP/IP 协议都放在一个进程当中,这样 TCP/IP 协议栈就和操作系统内核分开了,而应用层程序既可以是单独的进程又可驻留在 TCP/IP 进程中。如果应用程序是单独的进程,那么能通过操作系统的邮箱、消息队列等通信机制和 TCP/IP 进程进行通信;如果应用层程序驻留在 TCP/IP 进程中,那么应用层程序就可以利用内部回调函数接口(Raw API)和 TCP/IP 协议栈通信。LwIP 进程模式的主要优点是可以很方便的移植到各种操作系统上去,进行应用程序的开发。

　　LwIP 协议栈的进程模型示意图如图 17 - 5 所列,从图中可以看到整个 TCP/IP 协议栈都在一个名为"tcpip_thread"任务中,而位于图中最上方的"应用层"和下方的"网络接口驱动层"则由用户自定义实现。应用层程序既可以是独立的任务(如图上方的"tftp_thread"和"tcpecho_thread"),通过 mbox(消息队列)和 LwIP 进程通信;也可以在"tcpip_thread"中利用原始接口(RAW API)和 TCP/IP 协议栈建立通信。

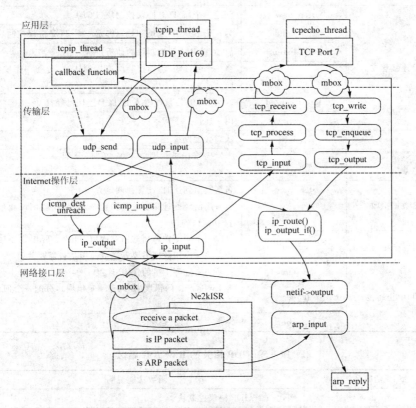

图 17 - 5　LwIP 的进程模型示意图

17.2.2　LwIP 协议栈的 API 接口

　　LwIP 协议栈提供了三种应用程序接口(API 函数)来实现 TCP/IP 协议栈,它们分别是:Raw API、Netconn API 和 Socket API。

1. Raw API

　　这是一种低水平的、基于回调函数的 API(后面直接称 Raw API),使用 Raw API 进行 TCP/IP 编程,可以使应用程序的代码和 TCP/IP 协议栈的代码很好地结合起来。程序的执行机制是以回调函数为基础的事件驱动,同时回调函数也是被 TCP/IP 代码直接调用的,TCP/IP 代码和应用程序的代码运行在同一个线程里面。

Raw API 接口函数不仅在程序代码的执行时间上更快,而且在运行中它也占用更少的内存资源。唯一的缺点是应用程序的编写比较困难,并且代码较难理解。尽管如此,在 CODE 和 RAM 都较小的嵌入式系统中,这也是我们优先考虑采用的方法。表 17-4 和表 17-5 分别列出了 TCP、UDP 相关的 Raw API 函数集。

表 17-4　TCP 相关的 Raw API 函数

用　途	API 函数名	函数功能说明
TCP 连接建立	tcp_new	创建一个新 TCP 协议控制块(PCB)
	tcp_bind	为一个本地 IP 地址和端口绑定一个 TCP 协议控制块
	tcp_listen	启动 TCP 协议控制块的侦听进程
	tcp_accept	当一个新 TCP 协议控制块连接到达时,分配一个要调用的回调函数
	tcp_accepted	通报 LwIP 协议栈输入的 TCP 连接已经接受
	tcp_connect	用于连接一个远程的 TCP 主机
TCP 数据发送	tcp_write	队列数据发送
	tcp_sent	当发出数据被远程主机应答时,分配一个要调用的回调函数
TCP 数据接收	tcp_recv	当新数据到达时,设置回调函数
	tcp_recved	当应用已经处理完输入数据包时,必须要调用该函数,用于 TCP 窗口管理
应用程序轮询	tcp_poll	分配一个周期性调用的回调函数,可用于应用程序检查,是否有残留应用数据需要发送或连接是否需要关闭
关闭和中止连接	tcp_close	关闭一个远程主机的 TCP 连接
	tcp_err	为 LwIP 产生的错误(如内存不足错误),分配一个回调函数用于处理连接中断
	tcp_abort	终止一个 TCP 连接

表 17-5　UDP 相关的 Raw API 函数

API 函数名	函数功能说明
udp_new	创建一个 UDP 协议控制块
udp_remove	移除或释放一个 UDP 协议控制块
udp_bind	绑定一个 UDP 协议控制块的本地 IP 地址和端口
udp_connect	设置一个 UDP 协议控制块的远程 IP 和端口
udp_disconnect	移除一个 UDP 协议控制块的远程 IP 和端口
udp_send	UDP 数据发送
udp_recv	UDP 数据接收

下面,将逐个介绍 LwIP 提供的一些 Raw API 函数集,主要包括建立 TCP 连接函数、TCP 数据发送函数、TCP 数据接收函数、应用程序轮询函数、关闭与中止连接的函数以及 UDP 接口函数等。

(1) 建立 TCP 连接函数

建立连接的函数同 Sequential API 以及 BSD 标准的 Socket API 都非常相似。

一个新的 TCP 连接的标志(**注意**:实质上是一个协议控制块 PCB)由 tcp_new()函数来创建。连接创建后,该 PCB 可以进入监听状态,等待数据接收的连接信号,也可以直接连接另外一个主机。这部分函数主要在"core\tcp.c"文件中。

1) tcp_new()函数

该函数在定义一个 tcp_pcb 控制块后应该首先被调用,以建立该控制块的连接标志。该函数的详细描述见表 17－6。

表 17－6　函数 tcp_new

功　能	建立一个新的连接标志
函数原型	struct tcp_pcb * tcp_new(void)
参　数	无
返　回	pcb:正常建立了连接标志,返回建立的 pcb; NULL:新的 pcb 内存不可用时

2) tcp_bind()函数

该函数用户绑定本地的 IP 地址和端口号,用户可以将其绑定在一个任意的本地 IP 地址上,它也只能在函数 tcp_new 调用之后才能调用,详细描述见表 17－7。

表 17－7　函数 tcp_bind

功　能	绑定本地 IP 地址和端口号
函数原型	err_t tcp_bind (struct tcp_pcb * pcb, struct ip_addr * ipaddr, u16_t port)
参　数	pcb:准备绑定的连接,类似于 BSD 标准中的 Socket; ipaddr:绑定的 IP 地址。如果为 IP_ADDR_ANY,则将连接绑定到所有的本地 IP 地址上; port:绑定的本地端口号。注意:千万不要和其他的应用程序设置产生冲突
返　回	ERR_OK:正确地绑定了指定的连接; ERR_USE:指定的端口号已经绑定了一个连接,产生了冲突

3) tcp_listen()函数

当一个正在请求的连接被接收时,由 tcp_accept()函数指定的回调函数将会被调用。当然,在调用本函数前,必须首先调用函数 tcp_bind()来绑定一个本地的 IP 地址和端口号。该函数的详细描述见表 17－8。

表 17－8　函数 tcp_listen

功　能	使指定的连接开始进入监听状态
函数原型	struct tcp_pcb * tcp_listen (struct tcp_pcb * pcb)
参　数	pcb:指定将要进入监听状态的连接
返　回	pcb:返回一个新的连接标志 pcb,它作为一个参数传递给将要被分配的函数。这样做的原因是处于监听状态的连接一般只需要较小的内存,于是函数 tcp_listen()就会收回原始连接的内存,而重新分配一个较小内存块供处于监听状态的连接使用。 NULL:监听状态的连接内存块不可用时,返回 NULL。如果这样的话,作为参数传递给函数 tcp_listen()的 pcb 所占用的内存将不能够被分配

4）tcp_accept()函数

当处于监听的连接与一个新来的连接连接上后，该函数指定的回调函数将被调用。通常在 tcp_listen()函数调用之后调用。该函数的详细描述见表 17-9。

表 17-9 函数 tcp_accept

功 能	指定处于监听状态的连接接通后将要调用的回调函数
函数原型	void tcp_accept(struct tcp_pcb * pcb, 　　　　　err_t (* accept)(void * arg, 　　　　　　　　struct tcp_pcb * newpcb, err_t err))
参 数	pcb：指定一个处于监听状态的连接； accept：指定连接接通后将要调用的回调函数
返 回	无

5）tcp_accepted()函数

这个函数通常在 accept 的回调函数中被调用。它允许 LwIP 去执行一些内务工作，例如，将新来的连接放入到监听队列中，以等待处理。该函数的详细描述见表17-10。

表 17-10 函数 tcp_accepted

功 能	通知 LwIP 一个新来的连接已经被接收
函数原型	void tcp_accepted(struct tcp_pcb * pcb)
参 数	pcb：已经被接收的连接
返 回	无

6）tcp_connect()函数

请求参数 pcb 指定的连接连接到远程主机，并发送打开连接的最初的 SYN 段。函数 tcp_connect()调用后立即返回，它并不会等待连接一定要正确建立。如果连接正确建立，那么它会直接调用第 4 个参数指定的函数（connected 参数）。相反地，如果连接不能正确建立，原因可能是远程主机拒绝连接，也可能是远程主机不应答，无论是什么原因，都会调用 connected 函数来设置相应的参数 err。该函数的详细描述见表 17-11。

表 17-11 函数 tcp_connect

功 能	请求指定的连接连接到远程主机，并发送打开连接的最初的 SYN 段
函数原型	err_t tcp_connect(struct tcp_pcb * pcb, 　　　　　struct ip_addr * ipaddr, u16_t port, 　　　　　err_t (* connected) 　　　　　　(void * arg, struct tcp_pcb * tpcb, err_t err))

参　数	pcb：指定一个连接（pcb）； ipaddr：指定连接远程主机的 IP 地址； port：指定连接远程主机的端口号； connected：指定连接正确建立后调用的回调函数
返　回	ERR_MEM：当访问 SYN 段的内存不可用时，即连接没有成功建立； ERR_OK：当 SYN 被正确地访问时，即连接成功建立

（2）TCP 数据发送函数

LwIP 通过调用函数 tcp_write（）来发送 TCP 数据。当数据被成功地发送到远程主机后，应用程序将会收到应答从而去调用一个指定的回调函数。

1）tcp_write（）函数

该函数功能是发送 TCP 数据，但是并不是一经调用，就立即发送数据，而是将指定的数据放入到发送队列，由协议内核来决定发送。发送队列中可用字节的大小可以通过函数 tcp_sndbuf（）来重新获得。使用这个函数的一个比较恰当的方法是以函数 tcp_sndbuf（）返回的字节大小来发送数据。如果函数返回 ERR_MEM，则应用程序就等待一会，直到当前发送队列中的数据被远程主机成功地接收，然后再尝试发送下一个数据。该函数的详细描述见表 17 - 12。

表 17 - 12　函数 tcp_write

功　能	发送 TCP 数据
函数原型	err_t tcp_write(struct tcp_pcb * pcb, void * dataptr, u16_t len, u8_t copy)
参　数	pcb：指定所要发送的连接（pcb）； dataptr：是一个指针，它指向准备发送的数据； len：指定要发送数据的长度； copy：这是一个逻辑变量，它为 0 或者 1，它指定是否分配新的内存空间，把要发送的数据复制进去。如果该参数为 0，则不会为发送的数据分配新的内存空间，因而对发送数据的访问只能通过指定的指针
返　回	ERR_MEM：如果数据的长度超过了当前发送数据缓冲区的大小或者将要发送的段队列的长度超过了文件 lwipopts.h 中定义的上限（即最大值），则函数 tcp_write（）调用失败，返回 ERR_MEM； ERR_OK：数据被正确地放入到发送队列中，返回 ERR_OK

2）tcp_sent（）函数

该函数用于设定远程主机成功接收到数据后调用的回调函数，通常也在函数 tcp_listen（）之后调用。该函数的详细描述见表 17 - 13。

表 17-13　函数 tcp_sent

功　能	指定当远程主机成功地接收到数据后,应用程序调用的回调函数
函数原型	void tcp_sent(struct tcp_pcb * pcb, err_t (* sent) (void * arg, struct tcp_pcb * tpcb,u16_t len))
参　数	pcb:指定一个与远程主机相连接的连接(pcb) sent:指定远程主机成功地接收到数据后调用的回调函数。len 作为参数传递给回调函数, 给出上一次已经被确认的发送的最大字节数
返　回	无

(3) TCP 数据接收函数

TCP 数据的接收是基于回调函数的,当新的数据到达时,应用程序指定的回调函数将会被调用。当应用程序接收到数据后,它必须立即调用函数 tcp_recved()来指示接收数据的大小。

1) tcp_recv()函数

该函数用于指定当有新的数据接收到时调用的回调函数,通常在函数 tcp_accept()指定的回调函数中调用。该函数的详细描述见表 17-14。

表 17-14　函数 tcp_recv

功　能	指定当新的数据接收到时调用的回调函数
函数原型	void tcp_recv (struct tcp_pcb * pcb, err_t (* recv)(void * arg, struct tcp_pcb * tpcb, struct pbuf * p, err_t err))
参　数	pcb:指定一个与远程主机相连接的连接(pcb); recv:指定当新的数据接收到时调用的回调函数。 该回调函数可以通过传递一个 NULL 的 pbuf 结构,用来指示远程主机已经关闭连接。如果没有错误发生,则回调函数返回 ERR_OK,并且必须释放掉 pbuf 结构。否则,如果函数在调用中发生错误,那么千万不要释放该结构,以便 LwIP 内核可以保存该结构,从而等待以后处理
返　回	无

2) tcp_recved()函数

当应用程序接收到数据的时候该函数必须被调用,用于获取接收到的数据的长度,即该函数应该在函数 tcp_recv()指定的回调函数中调用。该函数的详细描述见表 17-15。

表 17-15　函数 tcp_recved

功　能	获取接收到的数据的长度
函数原型	void tcp_recved(struct tcp_pcb * pcb, u16_t len)
参　数	pcb:指定一个与远程主机相连接的连接(pcb); len:获取接收到的数据的长度
返　回	无

(4) 应用程序轮询函数

当连接是空闲的时候(也就是说没有数据发送与接收),LwIP 将会通过一个回调函数来重复地轮询应用程序。这可以用作一个看门狗定时器来删除连接当连接保持空闲的时间太长的时候,也可以用作一种等待内存变为可用状态的方法。例如,如果因为内存不可用而导致调用函数 tcp_write() 失败了,当连接空闲一段时间以后,应用程序就会利用轮询功能来重新调用函数 tcp_write()。

当使用 LwIP 的轮询功能时必须调用 tcp_poll() 函数,用于指定轮询的时间间隔及轮询时应该调用的回调函数。函数的详细描述见表 17 - 16。

表 17 - 16　函数 tcp_poll

功　能	指定轮询的时间间隔以及轮询应用程序时应该调用的回调函数
函数原型	void tcp_poll(struct tcp_pcb * pcb, err_t (* poll)(void * arg, 　　　　　　 struct tcp_pcb * tpcb), u8_t interval)
参　数	pcb:指定一个连接(pcb); poll:指定轮询应用程序时应该调用的回调函数; interval:指定轮询的时间间隔。时间间隔应该以 TCP 的细粒度定时器为单位,典型的设置是每秒两次。把参数 interval 设置为 10 意味着应用程序将每 5 秒轮询一次
返　回	无

(5) 关闭与中止连接的函数

这些操作函数主要包括 3 个功能函数,详细描述如下。

1) tcp_close() 函数

该函数用于关闭一个已建立的连接,函数的详细描述见表 17 - 17。

表 17 - 17　函数 tcp_close

功　能	关闭一个指定的 TCP 连接,调用该函数后,TCP 代码将会释放(删除)pcb 结构
函数原型	err_t tcp_close(struct tcp_pcb * pcb)
参　数	pcb:指定一个需要关闭的连接
返　回	ERR_MEM:当需要关闭的连接没有可用的内存时,该函数返回 ERR_MEM。如果这样的话,应用程序将通过事先确立的回调函数或者是轮询功能来等待及重新关闭连接; ERR_OK:连接正常关闭

2) tcp_err() 函数

该函数用于指定处理错误的回调函数。作为一个可靠的应用程序一般都要处理可能出现的错误,这就需要调用该函数来指定一个回调函数来获取错误信息。该函数的详细描述见表 17 - 18。

579

表 17 – 18　函数 tcp_err

功　能	指定处理错误的回调函数
函数原型	void tcp_err(struct tcp_pcb * pcb, void (* err)(void * arg, err_t err))
参　数	pcb：指定需要处理的发送错误的连接(pcb)； err：指定发送错误时调用的回调函数。因为 pcb 结构可能已经被删除了，所以在处理错误的回调函数中 pcb 参数不可能传递进来
返　回	无

3) tcp_abort()函数

该函数通过向远程主机发送一个 RST(复位)段来中止连接。pcb 结构将会被释放。该函数是不会失败的，它一定能完成中止的目的。该函数的详细描述见表 17 – 19。

表 17 – 19　函数 tcp_abort

功　能	中止一个指定的连接
函数原型	void tcp_abort(struct tcp_pcb * pcb)
参　数	pcb：指定一个需要关闭的连接(pcb)
返　回	无

如果连接是因为一个错误而产生了中止，则应用程序会通过回调函数灵敏地处理这个事件。通常发送错误而引起的连接中止都是因为内存资源短缺引起的，设置处理错误的回调函数是通过函数 tcp_err()来完成。

(6) UDP 接口相关函数

UDP 接口与 TCP 接口比较相似，但其复杂性相对较低，这就意味着 UDP 接口相关的函数操作过程将会非常简单，这部分函数主要在"core\udp.c"文件中。

1) udp_new()函数

该函数用于建立一个用于 UDP 通信的 UDP 控制块(pcb)，但是这个 pcb 并没有被激活，除非该 pcb 已经被绑定到一个本地地址上或者连接到一个固定地址的远程主机。在定义一个 udp_pcb 控制块后该函数应该首先被调用，以建立该控制块的连接标志。该函数的详细描述见表 17 – 20。

表 17 – 20　udp_new 函数

功　能	建立一个用于 UDP 通信的 UDP 控制块(pcb)
函数原型	struct udp_pcb * udp_new(void)
参　数	无
返　回	udp_pcb：建立的 UDP 连接的控制块(pcb)

2) udp_remove()函数

该函数用于删除一个指定的连接，通常是控制块在建立成功后，即在函数 udp_new()调用之后，当不需要该网络连接通信了，就需要将其删除，以释放该连接(pcb)所占用的资源。该函数的详细描述见表 17 – 21。

表 17 - 21　函数 udp_remove

功　能	删除并释放掉一个 udp_pcb
函数原型	void udp_remove(struct udp_pcb * pcb)
参　数	pcb:指定要删除的连接(pcb)
返　回	无

3) udp_bind()函数

该函数用户绑定本地的 IP 地址和端口号,用户可以将其绑定在一个任意的本地 IP 地址上,它只能在函数 udp_new()调用之后才能调用。该函数的详细描述见表 17 - 22。

表 17 - 22　函数 udp_bind

功　能	为指定的连接绑定本地 IP 地址和端口号
函数原型	err_t udp_bind(struct udp_pcb * pcb, struct ip_addr * ipaddr, u16_t port)
参　数	pcb: 指定一个连接(pcb); ipaddr:绑定的本地 IP 地址,如果为 IP_ADDR_ANY,则将连接绑定到所有的本地 IP 地址上; port:绑定的本地端口号。注意:千万不要和其他的应用程序产生冲突
返　回	ERR_OK:正确地绑定了指定的连接; ERR_USE:指定的端口号已经绑定了一个连接,产生了冲突

4) udp_connect()函数

该函数将一个指定的连接(pcb)连接到远程主机。由于 UDP 通信是面向无连接的,所以这不会产生任何的网络流量,它仅仅是设置了一个远程连接的 IP 地址和端口号。该函数的详细描述见表 17 - 23。

表 17 - 23　函数 udp_connect

功　能	将参数 pcb 指定的连接控制块连接到远程主机
函数原型	err_t udp_connect(struct udp_pcb * pcb, struct ip_addr * ipaddr, u16_t port)
参　数	pcb: 指定一个连接(pcb); ipaddr:设置连接的远程主机 IP 地址; port:设置连接的远程主机端口号
返　回	ERR_OK:正确连接到远程主机; 其他值:LwIP 的一些错误代码标志,表示连接没有正确建立

5) udp_disconnect()函数

该函数关闭参数 pcb 指定的连接,与函数 udp_connect()的作用相反。它仅仅是删除了远程连接的地址,该函数的详细描述见表 17 - 24。

轻松玩转 ARM Cortex-M3 微控制器——基于 LPC1788 系列

表 17-24　函数 udp_disconnect

功　能	关闭参数 pcb 指定的连接
函数原型	void udp_disconnect(struct udp_pcb * pcb)
参　数	pcb:指定要删除的连接(pcb)
返　回	无

6) udp_send()函数

该函数使用 UDP 协议发送 pbuf * p 指向的数据。在需要发送数据时调用,发送后,该 pbuf 结构并没有被释放。调用该函数后,数据包将被发送到存放在 pcb 中的当前指定的 IP 地址和端口号上。如果该 pcb 没有连接到一个固定的端口号,那么该函数将会自动随机地分配一个端口号,并将数据包发送出去。通常,在调用前都会先调用函数 udp_connect()。该函数的详细描述见表 17-25。

表 17-25　函数 udp_send

功　能	使用 UDP 协议发送 pbuf * p 指向的数据
函数原型	err_t udp_send(struct udp_pcb * pcb, struct pbuf * p)
参　数	pcb:指定发送数据的连接(pcb); p:包含需要发送数据的 pbuf 链
返　回	ERR_OK:数据包成功发送,没有任何错误发生; ERR_MEM:内存不可用; ERR_RTE:不能找到到达远程主机的路由; 其他值:其他的一些错误码,都表示发送了错误

7) udp_recv()函数

该函数用于指定当有新的 UDP 数据接收到时被调用的回调函数,回调函数将传递远程主机的 IP 地址、端口号及接收到的数据等信息。该函数的详细描述见表 17-26。

表 17-26　函数 udp_recv

功　能	指定一个接收到 UDP 数据包时被调用的回调函数
函数原型	void udp_recv(struct udp_pcb * pcb, void (* recv)(void * arg, struct udp_pcb * upcb, struct pbuf * p, struct ip_addr * addr, u16_t port), void * recv_arg)
参　数	pcb:指定一个连接(pcb); recv:指定数据包接收时的回调函数; recv_arg:传递给回调函数的参数
返　回	无

2. Netconn API(High – Level Sequential API)

它是一种高水平的、连续的 API,为我们提供了一种通用的方法,它与 BSD 标准的 Socket API 非常相似,程序的执行过程同样是基于"open – read – write – close"模型。为保证该 API 功能的正确执行,必须确保运行在多线程操作模式,即至少一个独立的 LwIP TCP/IP 线程及一个或多个应用程序线程,表 17 – 27 列出了 Netconn API 相关的函数集。

表 17 – 27 Netconn API 相关函数

API 函数名	函数功能说明
netconn_new _ with_proto_and_callback	创建一个新连接
netconn_delete	删除一个已存在的连接
netconn_bind	绑定一个连接到本地 IP 地址和端口
netconn_connect	连接到一个远程 IP 地址和端口
netconn_disconnect	断开一个连接
netconn_send	向当前连接的远程 IP 端口发送数据,但不适用于 TCP 连接
netconn_recv	从一个 Netconn 接收数据
netconn_listen_ with_backlog	将一个 TCP 连接设置为侦听模式
netconn_accept	在侦听 TCP 连接模式时接受一个输入连接
netconn_write	发送数据到一个已连接的 TCP Netconn
netconn_close	关闭一个 TCP 连接但不删除

实际上,Sequential API 就是一种利用 Raw API 来实现的一种属于协议本体的应用程序。这部分函数保存在"api\api_lib. c"文件中。

1) netconn_new_with_proto_and_callback()函数

该函数用于建立一个新的连接数据结构,并为其分配一个回调函数。变量可以根据是 TCP 连接还是 UDP 连接分别为 NETCONN_TCP 或 NETCONN_UDP 等。在连接没被确定前调用此函数将不能从网络发送数据。该函数的详细描述见表 17 – 28。

表 17 – 28 函数 netconn_new_with_proto_and_callback

功　能	建立一个新的连接数据结构
函数原型	struct netconn * netconn_new_with_proto_and_callback 　　　　(enum netconn_type t, u8_t proto, netconn_callback callback)
参　数	t:创建的连接的类型,可以取 NETCONN_INVALID、NETCONN_TCP、NETCONN_UDP、NETCONN_UDPLITE、NETCONN_UDPNOCHKSUM、NETCONN_RAW; proto:Raw IP 控制块的 IP 协议; callback:当物理链路有数据接收或发送时调用的回调函数
返　回	conn:新的 Netconn 结构;NULL:内存出错

第17章 LwIP 移植与应用实例

2）netconn_delete()函数

该函数用于删除一个 Netconn 连接，并释放它占用的所有资源。如果调用此函数的时候这个连接已经打开，那么结果就会关闭这个连接。该函数的详细描述见表 17-29。

表 17-29 函数 netconn_delete

功 能	删除 Netconn 连接
函数原型	void netconn delete(struct netconn * conn)
参 数	conn：准备删除的连接
返 回	ERR_OK：删除成功

3）netconn_bind()函数

该函数用于为指定的 Netconn 连接绑定确定的本地 IP 地址和端口号。如果 addr 是无效的，本地 IP 地址由网络系统确定。该函数的详细描述见表 17-30。

表 17-30 函数 netconn_bind

功 能	把 Netconn 连接和本地 IP 地址和 TCP 或者 UDP 端口号绑定起来
函数原型	int netconn bind(struct netconn * conn,struct ip addr * addr, unsigned short port)
参 数	conn：指定要绑定的连接； addr：为连接指定绑定的 IP 地址（当等于参数 IP_ADDR_ANY 时，则绑定到所有的本地 IP 地址）； port：为连接指定绑定的端口号，不能用于 RAW 类型连接
返 回	ERR_OK：绑定成功；err：绑定失败

4）netconn_connect()函数

该函数用于连接一个指定的 Netconn 连接。该函数的详细描述见表 17-31。

表 17-31 函数 netconn_connect

功 能	将一个指定的 Netconn 连接到一个具有指定 IP 地址和端口号的主机
函数原型	int netconn connect(struct netconn * conn, struct ip_addr * addr, u16_t port)
参 数	conn：指定一个连接； addr：连接远程主机的 IP 地址； port：连接远程主机的端口号（不能用于 RAW 类型的连接）
返 回	ERR_OK：连续成功；err：连接失败

5）netconn_disconnect()函数

该函数用于断开一个指定的 Netconn 连接。该函数的详细描述见表 17-32。

表 17 – 32　函数 netconn_disconnect

功　能	断开一个指定的连接(仅能用于 UDP 连接)
函数原型	err_t netconn_disconnect (struct netconn * conn)
参　数	conn:指定要断开的一个连接
返　回	ERR_OK:断开成功;err:断开失败

6) netconn_send()函数

该函数用于使用 UDP 连接发送数据到 Netbuf 。在 Netbuf 里的数据不能太大,因为没有使用 IP 分段。数据不能超过流出网络接口的最大传输单元(MTU)。因为当前的数据无法通过一个恰当的途径保存,Netbuf 不能存储大于 1 000 字节的数据。该函数的详细描述见表 17 – 33。

表 17 – 33　函数 netconn_send

功　能	发送数据(仅能用于 UDP 或 RAW 类型的连接)
函数原型	int netconn send(struct netconn * conn, struct netbuf * buf)
参　数	conn:指定发送数据的连接;buf:包含发送数据的一个缓冲区数据结构
返　回	ERR_OK:数据发送成功;error:出错

7) netconn_recv()函数

该函数在等数据到达连接时会终止进程。如果远程主机已经关闭连接,返回 NULL,否则返回的是在 Netbuf 中接收到的数据。该函数的详细描述见表 17 – 34。

表 17 – 34　函数 netconn_recv

功　能	阻塞进程,等待数据到达指定的连接
函数原型	struct netbuf * netconn recv(struct netconn * conn)
参　数	conn:指定一个接收数据的连接
返　回	buf:接收到包含数据包的 Netbuf;NULL:内存出错或超时

8) netconn_listen_with_backlog()函数

该函数用于指定的连接进入侦听状态。该函数的详细描述见表 17 – 35。

表 17 – 35　函数 netconn_listen_with_backlog

功　能	让指定的连接进入 TCP_ listen 监听状态
函数原型	err_t netconn_listen_with_backlog (struct netconn * conn, u8_t backlog)
参　数	conn:指定准备设置进入监听状态的 TCP 类型的连接 ; backlog:设定监听的积压工作,即可以有多少工作等待处理,使用它必须在文件 lwipopts. h 中设置 TCP_LISTEN_BACKLOG = 1
返　回	ERR_OK:侦听成功;err:侦听失败

9) netconn_accept()函数

该函数用于接收远程主机发送 TCP 连接的连接请求,连接必须处在监听状态。当一个连接被远程主机建立时,一个新连接结构被返回。该函数的详细描述见表 17 - 36。

表 17 - 36　函数 netconn_accept

功　能	阻塞进程直至从远程主机发出的连接请求到达指定的连接
函数原型	struct netconn * netconn accept(struct netconn * conn)
参　数	conn:指定一个已经建立了的 TCP 类型的连接
返　回	newconn:接收到新的连接请求;NULL:超时

10) netconn_write()函数

这个函数仅用于 TCP 连接的数据发送,不需要应用程序明确分配缓冲区,这由堆栈来解决。该函数的详细描述见表 17 - 37。

表 17 - 37　函数 netconn_write

功　能	发送 TCP 数据
函数原型	err_t netconn_write (struct netconn * conn, const void * dataptr, int size, u8_t apiflags)
参　数	conn:准备发送数据的 TCP 连接。 dataptr:指向发送数据缓冲区的指针。 size:发送数据的长度,这里对数据长度没有任何限制。这个函数不需要应用程序明确地分配缓冲区(buffers),因为这可由协议栈来负责。 apiflags:可以取 NETCONN_NOCOPY 、NETCONN_COPY 和 NETCONN_MORE 中的一个。当 flags 值为 NETCONN_COPY 时,dataptr 指针指向的数据将被复制到为这些数据分配的内存缓冲区。这就允许这些数据在函数调用后可以直接修改,但是这会在执行时间和内存使用率方面有所降低。如果 flags 值为 NETCONN_NOCOPY,则数据不会复制而是直接使用 dataptr 指针来引用。这些数据在函数调用后不能被修改,因为这些数据可能会被放在当前指定连接的重发队列,并且会在里面逗留一段不确定的时间。当要发送的数据在 ROM 中,而数据不可变时该参数很有用。而参数 NETCONN_MORE 则指向上次发送的那个数据段,适用于连续发送数据的情况
返　回	ERR_OK:发送成功;err:出错

11) netconn_close()函数

该函数用于关闭指定的 TCP 连接。该函数的详细描述见表 17 - 38。

表 17 - 38　函数 netconn_close

功　能	关闭指定的 TCP 连接
函数原型	int netconn close(struct netconn * conn)
参　数	conn:指定关闭的连接
返　回	ERR_OK:关闭成功;err:出错

3. Socket API

LwIP 协议栈提供了标准的 BSD Socket API,这种 Socket API 在连续的内存区域处理数据,非常便于编写应用程序,它是一种内置于 Netconn 顶层的连续 API。表 17-39 列出了这些实现 Socket API 主要的执行函数。

表 17-39　Socket API 相关函数

API 函数名	函数功能说明	API 函数名	函数功能说明
lwip_socket	创建一个新 Socket	lwip_accept	接受 Socket 上的一个新连接
lwip_bind	绑定 Socket 的 IP 地址和端口	lwip_read	从一个 Socket 读取数据
lwip_listen	侦听 Socket 连接	lwip_write	写数据到一个 Socket
lwip_connect	连接 Socket 到远程主机 IP 地址和端口	lwip_close	关闭一个 Socket,且 Socket 删除

　　虽然 LwIP 提供了一些接口函数,但操作相对低级,使用起来不方便,不利于后续开发。由于 Socket API 很容易理解、使用很方便,且应用程序采用 Socket API 不需要知道普通文件和网络连接之间的差别。值得注意的是 LwIP 协议栈在 Socket 模式下也就是操作系统中运行,创建进程的方式与操作系统中创建进程的方式有所不同,必须要有专用函数创建进程。

　　这部分函数的宏定义在"api\sockets.h"文件下,所有的实现函数则在"api\sockets.c"文件,下面对一些重要的 Socket API 函数进行介绍。

　　1) lwip_socket()函数

　　该函数用于创建网络通信的套接字,并返回该套接字的整数描述符。这个函数根据不同的协议类型,也就是函数中的 type 参数,创建了一个 Netconn 结构体的指针,接着就是用这个指针作为参数调用了 alloc_socket()函数。该函数的详细描述见表 17-40。

表 17-40　函数 lwip_socket

功　能	创建网络通信的套接字
函数原型	int lwip_socket(int domain, int type, int protocol)
参　数	domain:协议族或地址族(AF_UNIX 是 UNIX,AF_INET 是 IPv4 协议,AF_ROUTE 是路由器协议),对于 TCP/IP 为 PF_INET 或 AF_INET; type:服务类型,对于 TCP 为 SOCK_STREAM(流式),对于 UDP 为 SOCK_DGRAM(数据报),SOCK_RAW 是 IPv4; protocol:使用的协议号,对于 TCP 为 IPPROTO_TCP,对于 UDP 为 IPPROTO_UDP,传递 0 表示根据协议族和给定的服务类型选择默认的协议号
返　回	若 Socket 成功返回,返回大于或等于 0 的有效套接字描述符,返回-1 表示发生了错误

　　2) lwip_bind()函数

　　该函数将 BSD Socket(套接字)绑定到本地的地址上,在调用时将指定本地 IP 地址和端口号,一般在用作服务器时使用该函数。该函数的详细描述见表 17-41。

表 17 - 41　函数 lwip_bind

功　能	绑定 Socket 的 IP 地址和端口号
函数原型	int lwip_bind(int s, const struct sockaddr * name, socklen_t namelen)
参　数	s:套接字 ID,从 get_socket()函数获得; name:套接字地址信息; namelen:套接字地址信息结构长度
返　回	成功返回 0,未成功则返回－1

3) lwip_listen()函数

该函数将套接字置于被动状态(即准备接受传入的连接请求)。在服务器处理某个请求时,协议软件应将后续收到的请求排队,listen 也设置排队的连接请求的数目,只用于 TCP 套接字。该函数的详细描述见表 17 - 42。

表 17 - 42　函数 lwip_listen

功　能	Socket 监听
函数原型	int lwip_listen(int s, int backlog)
参　数	s:套接字 ID,从 get_socket()函数获得; backlog:允许接收的客服端数量,要求 TCP_LISTEN_BACKLOG＝1
返　回	成功则返回 0,否则返回非 0

4) lwip_connect()函数

该函数允许调用者为先前创建的套接字指明远程端点的地址。如果套接字使用 TCP,该函数就使用三次握手建立连接;如果套接字使用 UDP,则仅指明远程端点,但不向它传送任何数据报。该函数的详细描述见表 17 - 43。

表 17 - 43　函数 lwip_connect

功　能	TCP/UDP 客服端申请 TCP/UDP 服务器的连接
函数原型	int lwip_connect(int s, const struct sockaddr * name, socklen_t namelen)
参　数	s:套接字 ID,从 get_socket()函数获得; name:套接字地址信息; namelen:套接字地址信息结构长度
返　回	—

5) lwip_accept()函数

该函数被用来等待 TCP Socket 口上的输入连接。在此之前,这个 TCP Socket 接口通过调用 listen()已经被设置成监听状态,对 accept()调用一直被阻塞,直到与远程主机建立连接。该函数的详细描述见表 17 - 44。

表 17－44　函数 Lwip_accept

功　能	TCP 服务器监听到连接时的响应函数
函数原型	int lwip_accept(int s, struct sockaddr * addr, socklen_t *addrlen)
参　数	s:套接字 ID,从 get_socket()函数获得; addr:地址信息; addrlen:结构体长度
返　回	—

6) lwip_read()函数

该函数的主要功能是从指定 Socket 中等待数据接收并存放到 buffer 中。该函数会挂起线程,直到有数据接收到。其详细描述见表 17－45。

表 17－45　函数 lwip_read

功　能	从 Socket 缓存读数据
函数原型	int lwip_read(int s, void * mem, size_t len) { 　　return lwip_recvfrom(s, mem, len, 0, NULL, NULL);}
参　数	s:套接字 ID,从 get_socket()函数获得; mem:缓存地址; len:缓冲大小
返　回	返回接收到的数据大小,－1 表示出错,0 表示已经关闭连接

7) lwip_write()函数

该函数实际上调用了 lwip_send()函数通过连接来发送数据,并且能在 UDP 和 TCP 连接中使用。该函数的详细描述见表 17－46。

表 17－46　函数 lwip_write

功　能	向 Socket 插口缓存写数据
函数原型	int lwip_write(int s, const void * data, size_t size)
参　数	s:套接字 ID,从 get_socket()函数获得; data:数据指针; size:数据大小
返　回	返回实际发送的数据量,－1 表示出错

8) lwip_recv()函数

该函数实际调用 lwip_recvfrom()函数执行数据包的接收,针对已建立连接的 Socket,详细描述见表 17－47。

表 17 – 47 函数 lwip_recv

功 能	按指定 Socket 接收数据包
函数原型	int lwip_recv(int s, void * mem, size_t len, int flags)
参 数	s:套接字 ID,从 get_socket()函数获得; mem:接收缓存地址; len:接收缓存最大空间; flags:接收选项
返 回	返回接收到的数据大小

注意:本函数和 lwip_recvfrom()函数均按 Socket 接口来接收数据包,区别在于 lwip_recv 函数用在已连接的接口,lwip_recvfrom 函数用于未连接的接口。

9) lwip_send()函数

该函数在 UDP 和 TCP 两种连接中被用来发送数据,在调用 send()前,数据接收器必须被设置成正在使用 connect(),应用程序在调用 send()后可以直接修改发送的数据。该函数的详细描述见表 17 – 48。

表 17 – 48 函数 lwip_send

功 能	发送数据包到已连接的 Socket 接口
函数原型	int lwip_send(int s, const void * data, size_t size, int flags)
参 数	s:套接字 ID,从 get_socket()函数获得; data:数据指针; size:数据大小; flags:发送选项
返 回	发送成功则返回数据大小,失败则返回—1

注意:本函数和 lwip_sendto()函数均按 Socket 接口来发送数据包,区别在于本函数用在已连接的接口,后者则用于未连接的接口,其参数也多出两个。

10) lwip_close()函数

该函数用于关闭 Socket 接口,将丢弃未发送的数据包并拒绝接收数据,详细描述见表 17 – 49。

表 17 – 49 函数 lwip_close

功 能	关闭 Socket 接口通信
函数原型	int lwip_close(int s)
参 数	s:套接字 ID,从 get_socket()函数获得
返 回	成功返回 0,失败返回—1

11) lwip_shutdown()函数

该函数提供了更大的权限来控制 Socket 接口的关闭过程,详细描述见表 17 – 50。

表 17-50 函数 lwip_ shutdown

功　能	关闭 Socket 接口通信
函数原型	int lwip_shutdown(int s, int how)
参　数	s:套接字 ID,从 get_socket()函数获得; how:仅能选择 0、1 和 2 这 3 个值。0 表示停止接收当前数据并拒绝以后的数据接收;1 表示停止发送数据并丢弃未发送的数据;2 是 0 和 1 的合集
返　回	成功返回 0,失败返回−1

17.2.3　LwIP 内存管理

　　一般来说 LwIP 内存管理包括协议栈的存储器管理和应用程序的存储器管理,LwIP 协议栈的内存区域主要用于装载待接收和发送的网络数据分组,比如:当接收到分组或者有分组要发送时,LwIP 协议栈为这些分组分配缓存;在接收到的分组交付给应用程序或者分组已经发送完毕后,LwIP 协议栈对分配的缓存进行回收利用。此外,协议栈分配的缓存必须能够容纳从几个字节的 ICMP 应答报文,到几百个字节的 TCP 分段报文等各种大小的报文。

　　应用程序的存储器管理是指应用程序管理、操作的存储区域,一般从该区域为应用程序发送数据分配缓存。虽然该存储区域不由 TCP/IP 协议栈管理,但在不严格分层的协议栈中,该存储区域必须与 TCP/IP 管理的存储器协同工作。

　　LwIP 协议的 pbuf 有 4 种类型:PBUF_POOL、PBUF_RAM、PBUF_ROM 和 PBUF_REF。这 4 种类型的 pbuf 都是从 TCP/IP 协议栈管理的存储器中分配的,其中 PBUF_ROM 和 PBUF_REF 与应用程序管理的存储区域密切相关。PBUF_POOL 是具有固定容量的 pbuf,主要供网络设备驱动使用,为收到的数据分组分配缓存;PBUF_RAM 在事先划分好的内存堆栈中分配,用于存放应用程序动态产生的数据,还给为这些数据预置的包头分配内存;PBUF_ROM 类型 pbuf 对应的 payload 指针指向不由协议栈管理的外部存储区,由于由应用程序交付的数据不能被改动,因此就需要动态地分配一个 PBUF_RAM 来装载协议的首部,然后将 PBUF_RAM(首部)添加到 PBUF_ROM(数据)的前面,这样就构成了一个完整的数据分组(pbuf链);PBUF_REF、PBUF_ROM 二者的特性非常相似,都可以实现数据的零复制,但是当发送数据需要排队时就表现出 PBUF_REF 的特性了。这里举例说明 PBUF_REF 特性,例如:待发送的分组需要在 ARP 队列中排队,假如这些分组中有 PBUF_ROM 类型的 pbuf,则直到分组被处理之前,被引用的应用程序的这块存储区域都不能另作他用;但如果是 PBUF_REF 类型的 pbuf,LwIP 则会在数据分组排队时为 PBUF_REF 类型的 pbuf 分配缓存(PBUF_POOL 或 PBUF_RAM),并将引用的应用程序的数据复制到分配的缓存中,这样应用程序中被引用数据的存储区域就能被释放。

591

不同类型的 pbuf 拥有各自的特点和不同的使用目的,因此只有正确选用,才能最好地发挥 LwIP 的特性。这里仅对 LwIP 协议栈 pbuf 进行介绍,LwIP 利用 pbuf 结构实现数据传递,它的主要用途是保存在应用程序和网络接口间互相传递的用户数据。pbuf 的内部结构如下:

```
struct  pbuf{
    /* 指向下一个 pbuf */
    struct  pbuf  * next;
    /* 指向 pbuf 数据中的起始位置 */
    void    * payload;
    /* 该 pbuf 和后续 pbuf 中数据.长度的总和 */
    ul6_t tot_len;
    /* 该 pbuf 中数据的长度 */
    u16_t    len;
    /* pbuf 的类型 */
    u16_t   flags;
    /* 该 pbuf 被引用的次数 */
    ul6_t ref;
}
```

pbuf 结构包括两个指针、两个长度字段、一个标志字段和一个引用计数字段,表 17-51 详细介绍了该结构相关的参数意义。

表 17-51　pbuf 结构参数

参数名	参数功能描述
next	该指针指向 pbuf 链中下一个 pbuf 的位置
payload	该指针指向 pbuf 中数据负载的开始位置
tot_len	tot_len 字段包含当前 pbuf 的长度与在这个 pbuf 链中随后的所有 pbuf 的 len 字段之和
len	len 字段包含 pbuf 中数据内容的长度
flags	flags 字段标识 pbuf 的类型。pbuf 有 4 种类型:PBUF_RAM、PBUF_ROM、PBUF_REF 和 PBUF_POOL
ref	ref 字段指出 pbuf 被引用的次数

17.3　LwIP 协议栈基于 μC/OS-II 系统的移植

LwIP 既可以在无 RTOS 的环境下运行,也可以很方便地移植到 RTOS(Real Time Operating System,实时操作系统)之上。在无 RTOS 环境下的移植过程中对于 LwIP 核心模块没必要也不建议进行修改,而真正的工作是结合实际的软硬件环境,针对与移植密切相关的相关文件与相关函数进行定制。本例仅介绍 LwIP 协议栈基于 μC/OS-II 系统的移植过程与细节。

17.3.1　LwIP 协议栈的源文件结构

LwIP 协议栈的源文件目录的组织结构如图 17-6 所示,移植过程中需要创建或修改的源文件和头文件位于目录"src/arch"及"include/arch"之下。

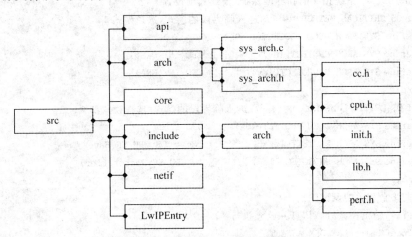

图 17-6　LwIP 协议栈的源文件目录

17.3.2　LwIP 协议栈的移植

LwIP 协议栈在设计时就考虑到了将来的移植问题,因此,把所有与硬件、OS、编译器相关的部分独立出来,放在"/src/ arch "目录下。LwIP 在 μC/OS-II 上的实现,就是修改这个目录下的文件,其他文件一般不应修改。

实现 LwIP 在 μC/OS-II 下的移植,其主要工作就是结合 LwIP 和 μC/OS-II 的特点,对操作系统模拟层进行修改和定制,使 LwIP 和 μC/OS-II 无缝连接。

1. 与 CPU 或编译器相关的 include 文件

在 cc.h、cpu.h、perf.h 等头文件中,有一些与 CPU 或编译器环境变量相关的定义,如数据长度、字的高低位顺序等,这些应该与用户实现 μC/OS-II 系统时定义的数据长度等参数是一致。

(1) cc.h 文件

该文件主要是定义常用的数据类型,这些常用数据类型不仅模拟层接口函数使用,底层协议栈实现也要使用。此外还包括平台输出调试、μC/OS-II 系统临界保护模式选项等,完整的代码如下:

```
/* 数据类型长度的定义 */
typedef unsigned   char    u8_t;
typedef signed     char    s8_t;
typedef unsigned   short   u16_t;
```

```
typedef signed      short    s16_t;
typedef unsigned    long     u32_t;
typedef signed      long     s32_t;
typedef u32_t mem_ptr_t;
/* μC/OS-II 系统相关的临界段保护,模式选项设置 */
# if OS_CRITICAL_METHOD == 1//进入临界段的模式,选择模式 1
# define SYS_ARCH_DECL_PROTECT(lev)
# define SYS_ARCH_PROTECT(lev)             CPU_INT_DIS()
# define SYS_ARCH_UNPROTECT(lev)           CPU_INT_EN()
# endif
# if OS_CRITICAL_METHOD == 3    //进入临界段的模式,选择模式 3
# define SYS_ARCH_DECL_PROTECT(lev)        u32_t lev
# define SYS_ARCH_PROTECT(lev)             lev = OS_CPU_SR_Save()
# define SYS_ARCH_UNPROTECT(lev)           OS_CPU_SR_Restore(lev)
# endif
/* 与平台相关的调试输出 */
/* 故障,输出一条故障信息并放弃执行 */
# ifndef LWIP_PLATFORM_ASSERT
# define LWIP_PLATFORM_ASSERT(x) \
    do \
    {printf("Assertion \" % s\" failed at line % d in % s\n", x, __LINE__, __FILE__); \
    } while(0)
# endif
/* 非故障,输出一条提示信息 */
# ifndef LWIP_PLATFORM_DIAG
# define LWIP_PLATFORM_DIAG(x) do {printf x;} while(0)
# endif
```

　　此外,还有一点特别需要注意:一般情况下,C 语言的结构体 struct 是 4 字节对齐的,但是在处理数据包的时候,LwIP 是根据结构体中不同数据的长度来读取相应数据的,所以,一定要在定义 struct 的时候使用_packed 关键字,让编译器放弃 struct 的字节对齐。LwIP 协议考虑到了这个问题,所以,在它的结构体定义中有几个 PACKED_FIELD_xxx 宏。默认情况下,这几个宏都是空的,可以在移植的时候添加不同的编译器所对应的_ packed 关键字。下面列出了对应于 RealView MDK 编译器的结构体封装宏定义。

```
/* RealView MDK 编译器相关的设置 */
# if defined ( __CC_ARM) // * ARM RealView MDK 开发工具的关键字 */
# define PACK_STRUCT_BEGIN __packed
# define PACK_STRUCT_STRUCT
# define PACK_STRUCT_END
# define PACK_STRUCT_FIELD(x) x
```

```
#endif
```

(2) cpu.h 文件

该文件仅包括一条字的高低位顺序定义,Cortex‑M3 处理器默认为小端存储系统。即该宏定义为:

```
#define BYTE_ORDER LITTLE_ENDIAN
```

2. 操作系统模拟层的编写

操作系统模拟层(sys_arch)存在的主要目的是方便 LwIP 的移植,它在底层操作系统和 LwIP 之间提供了一个接口。这样,在移植 LwIP 到一个新的目标系统时,只需修改这个接口即可(**注意**:LwIP 的作者为操作系统模拟层提供了较为详细的说明,文件名为 sys_arch.txt)。操作系统模拟层使用统一的接口提供定时器、进程同步及消息传递机制等诸如此类的系统服务,即模拟层主要实现定时与超时处理、进程同步、消息传递及线程管理这 4 种功能。

(1) 操作系统模拟层初始化函数

这个 sys_init()函数被调用来初始化操作系统模拟层,函数的执行代码如下:

```
void sys_init(void)
{
    u8_t i, ucErr;
    /* 指定内存起始地址以 4 字节对齐 */
    pQueueMem = OSMemCreate( (void *)
                ((u32_t)((u32_t)pcQueueMemoryPool + MEM_ALIGNMENT - 1)
                & ~(MEM_ALIGNMENT - 1)),
                MAX_QUEUES, sizeof(TQ_DESCR), &ucErr );
    /* 输出调试信息 */
    LWIP_ASSERT( "OSMemCreate ", ucErr == OS_ERR_NONE );
    for(i = 0; i < LWIP_TASK_MAX; i++)
    {
        lwip_timeouts[i].next = NULL;
    }
}
```

(2) 信号量操作函数

进程同步机制为多个进程之间的同步操作提供支持,一般可以用信号量来实现。如果选用的 RTOS 不支持信号量,则可以使用诸如条件变量等其他基本的同步方式来模拟。μC/OS‑II 对信号量和互斥型信号量有较全面的支持,因此移植过程中可以满足 LwIP 对信号量的要求,仅需对相关结构和函数进行重新封装即可。

1) sys_sem_new()函数

该函数用于创建并返回一个新的信号量,参数 count 指定信号量的初始状态。

这个函数的实现其实很简单,因为 μC/OS - II 提供了信号量,所以只需直接调用建立信号量的相关函数就可以。

```
sys_sem_t sys_sem_new(u8_t count)
{
    sys_sem_t pSem;
    pSem = OSSemCreate((u16_t)count);           //调用 μC/OS - II 系统信号量建立函数
    LWIP_ASSERT("OSSemCreate ",pSem != NULL );
    return pSem;
}
```

2) sys_sem_free()函数

该函数用于删除一个信号量,仍然调用 μC/OS - II 系统的信号量释放函数 OS-SemDel(),函数的代码很简单,如下:

```
void sys_sem_free(sys_sem_t sem)
{
    u8_t     ucErr;
    (void)OSSemDel( (OS_EVENT * )sem, OS_DEL_ALWAYS, &ucErr );
    LWIP_ASSERT( "OSSemDel ", ucErr == OS_ERR_NONE );
}
```

3) sys_sem_signal()函数

该函数用于发出一个信号量,调用的是 μC/OS - II 系统的信号量释放函数 OS-SemPost(),函数的代码如下:

```
void sys_sem_signal(sys_sem_t sem)
{
    OSSemPost((OS_EVENT * )sem);                //调用 μC/OS - II 系统信号量发送函数
}
```

4) sys_arch_sem_wait()函数

该函数的主要功能是等待一个信号量,该操作会阻塞调用该函数的线程。此外,实现信号量等待的是 μC/OS - II 系统信号量操作函数 OSSemPend()。timeout 参数为 0,线程会一直被阻塞至收到指定的信号;非 0,则线程仅被阻塞至指定的 timeout 时间(单位:ms)。在 timeout 参数值非 0 的情况下,返回值为等待指定的信号所消耗的毫秒数。如果在指定的时间内并没有收到信号,则返回值为 SYS_ARCH_TIMEOUT。

```
u32_t sys_arch_sem_wait(sys_sem_t sem, u32_t timeout)
{
    u8_t ucErr;
    u32_t ucos_timeout, timeout_new;
    /* timeout 单位以 ms 计,转换为 ucos_timeout 单位以 TICK 计 */
    if(     timeout != 0)
```

```
{
        ucos_timeout = (timeout * OS_TICKS_PER_SEC) / 1000;
        if(ucos_timeout < 1)
        {
            ucos_timeout = 1;
        }
        else if(ucos_timeout > 65536)
        {
            /* 最多等待 TICK 数,这是 μC/OS - II 所能处理的最大延时 */
            ucos_timeout = 65535;
        }
    }
    else
    {
        ucos_timeout = 0;
    }
    timeout = OSTimeGet();/* μC/OS - II 系统时间函数,记录起始时间 */
    OSSemPend ((OS_EVENT * )sem,(u16_t)ucos_timeout, (u8_t * )&ucErr);
    if(ucErr == OS_ERR_TIMEOUT)
    {
        timeout = SYS_ARCH_TIMEOUT;
    }
    else
    {
        timeout_new = OSTimeGet();    /* μC/OS - II 系统时间函数,记录终止时间 */
        if (timeout_new >= timeout)
        {
            timeout_new = timeout_new - timeout;
        }
        else
        {
            timeout_new = 0xffffffff - timeout + timeout_new;
        }
        /* 转换为毫秒数 */
        timeout = (timeout_new * 1000 / OS_TICKS_PER_SEC + 1);
    }
    return timeout;
}
```

(3) 邮箱操作函数

消息传递机制可通过一种称为邮箱的抽象方法来实现。邮箱有两种基本操作:
向邮箱投递(post)消息和从邮箱中提取(fetch)消息。μC/OS - II 系统提供了消息邮

轻松玩转ARM Cortex-M3微控制器——基于LPC1788系列

箱和消息队列两种机制,区别是消息邮箱一次只能处理一条消息,而消息队列可以存储多条消息。

为了使 LwIP 更好地运作,采用 μC/OS-II 的消息队列实现 LwIP 协议所需的消息传递机制。当然这些消息队列底层操作函数还是由 μC/OS-II 系统提供的,如 OSQCreate()、OSQPend()、OSQPost()、OSQFlush()等函数。

1) sys_mbox_new()函数

该函数用于创建一个空的邮箱,调用了 μC/OS-II 系统的内存管理函数 OS-MemGet()和 OSQCreate()。这个函数的实现代码如下:

```
sys_mbox_t sys_mbox_new(int size)
{
    u8_t        ucErr;
    PQ_DESCR    pQDesc;
    pQDesc = OSMemGet( pQueueMem, &ucErr );
    LWIP_ASSERT("OSMemGet ", ucErr == OS_ERR_NONE );
    if( ucErr == OS_ERR_NONE )
    {
        /* 邮箱最多容纳 MAX_QUEUE_ENTRIES 消息数目 */
        if( size > MAX_QUEUE_ENTRIES )
        {
            size = MAX_QUEUE_ENTRIES;
        }
        pQDesc->pQ = OSQCreate( &(pQDesc->pvQEntries[0]), size );
        LWIP_ASSERT( "OSQCreate ", pQDesc->pQ != NULL );
        if( pQDesc->pQ != NULL )
        {
            return pQDesc;
        }
        else
        {
            ucErr = OSMemPut( pQueueMem, pQDesc );
            return SYS_MBOX_NULL;
        }
    }
    else
    {
        return SYS_MBOX_NULL;
    }
}
```

2) sys_mbox_free()函数

该函数用于释放一个邮箱,也调用 μC/OS-II 系统提供的消息队列操作函数

OSQFlush( )、OSQDel( )以及内存管理函数 OSMemPut( )，该函数代码也很简单，如下：

```
void sys_mbox_free(sys_mbox_t mbox)
{
    u8_t      ucErr;
    LWIP_ASSERT( "sys_mbox_free", mbox != SYS_MBOX_NULL );
    /* 清除 OSQ EVENT */
    OSQFlush( mbox->pQ );
    /* 删除 OSQ EVENT */
    (void)OSQDel( mbox->pQ, OS_DEL_NO_PEND, &ucErr );
    LWIP_ASSERT( "OSQDel", ucErr == OS_ERR_NONE );
    /* 分配一个内存块 */
    ucErr = OSMemPut( pQueueMem, mbox );
    LWIP_ASSERT( "OSMemPut ", ucErr == OS_ERR_NONE );
}
```

3) sys_mbox_post( )函数

该函数用于向指定的邮箱发送消息。mbox 参数为指定要投递的邮箱；msg 参数指定要投递的消息。

```
void sys_mbox_post(sys_mbox_t mbox, void * msg)
{
    u8_t i = 0;
    if( msg == NULL )
{
        msg = (void * )&pvNullPointer;
}
    while((i<10) && (( OSQPost( mbox->pQ, msg)) != OS_ERR_NONE))
{
        i++ ; //尝试 10 次
        OSTimeDly(5);
}
}
```

4) sys_arch_mbox_fetch( )函数

该函数主要用于在指定的邮箱接收消息，且会阻塞线程。mbox 参数指定接收消息的邮箱；msg 为结果参数，保存接收到的消息指针；timeout 指定等待接收的最长时间，单位为 ms。

```
u32_t sys_arch_mbox_fetch(sys_mbox_t mbox, void * * msg, u32_t timeout)
{
u8_t      ucErr;
```

轻松玩转 ARM Cortex-M3 微控制器——基于 LPC1788 系列

```
u32_t    ucos_timeout, timeout_new;
void     * temp;
if(timeout != 0)
{
    ucos_timeout = (timeout * OS_TICKS_PER_SEC)/1000; // 转换为 timetick
    if(ucos_timeout < 1)
    {
        ucos_timeout = 1;
    }
    else if(ucos_timeout > 65535)
    {
        ucos_timeout = 65535;
    }
}
else
{
    ucos_timeout = 0;
}
timeout = OSTimeGet();
temp = OSQPend( mbox ->pQ, (u16_t)ucos_timeout, &ucErr );
if(msg != NULL)
{
    if( temp == (void *)&pvNullPointer )
    {
        * msg = NULL;
    }
    else
    {
        * msg = temp;
    }
}
if ( ucErr == OS_ERR_TIMEOUT )
{
    timeout = SYS_ARCH_TIMEOUT;
}
else
{
    LWIP_ASSERT( "OSQPend ", ucErr == OS_ERR_NONE );
    timeout_new = OSTimeGet();
    if (timeout_new>timeout)
    {
        timeout_new = timeout_new - timeout;
```

```
    }
    else
    {
        timeout_new = 0xffffffff - timeout + timeout_new;
    }
    timeout = timeout_new * 1000 / OS_TICKS_PER_SEC + 1; //转换为毫秒
  }
return timeout;
}
```

当 timeout = 0 时表示在指定时间内收到消息；返回 SYS_ARCH_TIMEOUT 则说明在指定时间内没有收到消息，该函数的实现机制与 sys_arch_sem_wait() 函数相同。

(4) 超时处理函数

LwIP 可以为某一线程注册若干个超时处理函数，当超时的时限溢出时便会调用一个已注册的函数。LwIP 的每个与外界网络连接的线程都有自己的超时等待 (timeout) 属性，即每个线程都分配了一个超时等待的数据结构 sys_timeout，它应包括这个线程的 timeout 时间长度，以及超时后应调用的 timeout 函数，该函数会做一些释放连接和回收资源的工作，还会把这个数据结构存放于链表 sys_timeouts 中。

sys_arch_timeouts() 函数

该函数的作用是通过查询机制，获取指向当前线程的 sys_timeouts 结构的指针，相当于定位超时等待链表的表头，函数的操作与 OS 相关，只能由用户实现。

```
struct sys_timeouts * sys_arch_timeouts(void)
{
  u8_t curr_prio;
  s8_t ubldx;
  OS_TCB curr_task_pcb;
  null_timeouts.next = NULL;
  OSTaskQuery(OS_PRIO_SELF,&curr_task_pcb);
  curr_prio = curr_task_pcb.OSTCBPrio;
  ubldx = (u8_t)(curr_prio - LWIP_START_PRIO);
  if((ubldx >= 0) && (ubldx < LWIP_TASK_MAX))
  {
    return &lwip_timeouts[ubldx];
  }
  else
  {
    return &null_timeouts;
  }
}
```

(5) 线程管理函数

LwIP 协议栈在线程管理和维护方面,只提供创建线程的操作。由于 $\mu C/OS-II$ 没有采用"线程"这一概念,而是采用"任务"的概念,LwIP 的线程管理实际上是通过 $\mu C/OS-II$ 的任务管理机制实现的。由于 $\mu C/OS-II$ 中每个任务都具有唯一的优先级,因此 prio 可以作为 LwIP 线程的一个标识,以区分不同的线程。

sys_thread_new() 函数

该函数用于创建一个新的 LwIP 线程。在 $\mu C/OS-II$ 系统中,没有线程(thread),只有任务(task),且系统已经提供了新任务的创建函数 OSTaskCreate 或 OSTaskCreate-Ext,因此,只要把任务创建函数封装一下,就可以实现 sys_thre ad_new。

需要注意的是,LwIP 中的 thread 并没有 $\mu C/OS-II$ 中优先级的概念,要由用户事先为 LwIP 中创建的线程分配好优先级。

```
sys_thread_t sys_thread_new(char * name, void ( * thread)(void * arg),
                                    void * arg, int stacksize, int prio)
{
    u8_t ubPrio = 0;
    u8_t ucErr;
    arg = arg;
    if((prio > 0) && (prio <= LWIP_TASK_MAX))
    {
        ubPrio = (u8_t)(LWIP_START_PRIO + prio - 1);
        /* 任务堆栈大小不超过 LWIP_STK_SIZE */
        if(stacksize > LWIP_STK_SIZE)
                stacksize = LWIP_STK_SIZE;
#if (OS_TASK_STAT_EN == 0)
/* 任务创建,具有唯一优先级 */
        OSTaskCreate(thread, (void * )arg, &LWIP_TASK_STK[prio - 1][stacksize - 1],ub-
        Prio);
#else
        OSTaskCreateExt(thread, (void * )arg, &LWIP_TASK_STK[prio - 1][stacksize - 1],
                        ubPrio,ubPrio,&LWIP_TASK_STK[prio - 1][0],stacksize,
                        (void * )0,OS_TASK_OPT_STK_CHK
                        | OS_TASK_OPT_STK_CLR);
#endif
        OSTaskNameSet(ubPrio, (u8_t * )name, &ucErr);
    }

    return ubPrio;
}
```

3. 网络设备驱动程序

为了将 LwIP 移植到特定的 LPC1788 开发平台上,需要完成与网络接口有关的底层函数。LwIP 提供的 ethernetif.c 文件给出了网络接口驱动的整体框架,用户需要自己完成的函数只有几个。在 LwIP 中可以有多个网络接口,每个网络接口都对应了一个 struct netif。这个 netif 包含了相应网络接口的属性、收发函数。LwIP 通过调用 netif 的方法"netif->input()"及"netif->output()"进行以太网 packet 的收、发等操作。在驱动中主要做的就是,实现网络接口的收、发、初始化等处理函数。

(1) 网卡初始化函数 low_level_init( )

该函数用来对网络接口进行初始化,任何与初始化网络接口有关的操作都可以在该函数内实现。如对网络接口有关参数进行配置(含设置网卡 MAC 地址的长度、网卡的 MAC 地址、网卡处理广播通信、建立接收线程等),完成网络芯片 LAN8720A 硬件上所需的初始化操作等。

```
static void low_level_init(struct netif * netif)
{
CPU_INT08U   os_err;
SYS_ARCH_DECL_PROTECT(sr);
/* 设置 MAC 地址长度 */
netif->hwaddr_len = ETHARP_HWADDR_LEN;
/* 设置 MAC 地址 */
netif->hwaddr[0]  =   emacETHADDR0;
netif->hwaddr[1]  =   emacETHADDR1;
netif->hwaddr[2]  =   emacETHADDR2;
netif->hwaddr[3]  =   emacETHADDR3;
netif->hwaddr[4]  =   emacETHADDR4;
netif->hwaddr[5]  =   emacETHADDR5;
/* 最大传输字节 */
netif->mtu = 1500;
/* 网卡处理广播通信方式 */
netif->flags = NETIF_FLAG_BROADCAST
                | NETIF_FLAG_ETHARP
                | NETIF_FLAG_LINK_UP;
SYS_ARCH_PROTECT(sr);
/* LAN8720A 网卡硬件初始化,实际调用的是 lwip.c 文件内的 Init_EMAC 函数 */
  Ethernet_Initialize();
SYS_ARCH_UNPROTECT(sr);
/* 以任务的方式创建 ethernetif_input 线程设计优先级 */
os_err = OSTaskCreate( (void ( * )(void * )) ethernetif_input,
                      (void            * ) 0,
                      (OS_STK          * )
&App_Task_Ethernetif_Input_Stk[APP_TASK_ETHERNETIF_INPUT_STK_SIZE - 1],
                      (INT8U ) APP_TASK_ETHERNETIF_INPUT_PRIO  );
#if OS_TASK_NAME_EN > 0
```

```
OSTaskNameSet(APP_TASK_BLINK_PRIO, "Task ethernetif_input", &os_err);
# endif
}
```

(2) 底层输入函数 low_level_input( )

该函数为到达的数据包分配 pbuf(通常是一个 pbuf 链),并将数据包从网络接口传入至 pbuf 链中,数据具体接收过程的实现与网络接口硬件有关。将数据装载至 pbuf 时,需对 pbuf 结构的各字段进行正确填充,使其形成逻辑上的 pbuf 链,通常为收到的数据分配的 pbuf 是 PBUF_POOL 类型,因为分配一个 PBUF_POOL 可以很快完成。

这个函数对于接收来说非常关键,它是底层硬件与上层协议栈的连接枢纽,完成 EAMC 到协议栈的一整帧数据转移工作。

```
static struct pbuf * low_level_input(struct netif * netif)
{
  struct pbuf * p, * q;
  uint16_t len;
  /* Packet 接收 */
  if( rx_size[read_done] == 0 )
{
  return NULL;
}
  rptr = rx_ptr[read_done];
  p = pbuf_alloc(PBUF_RAW, rx_size[read_done], PBUF_POOL);
if (p != NULL)
{
    len = 0;
    for(q = p; q != NULL; q = q->next)
    {
        memcpy((u8_t *)q->payload, (u8_t *)&rptr[len], q->len);
        len = len + q->len;
    }

    rx_size[read_done] = 0;
    read_done ++ ;

    if(read_done >= EMAC_MAX_FRAME_NUM)
    {
        read_done = 0;
    }
}
    else
```

```
{
    return NULL;
}
return p;
}
```

(3) 底层输出函数 low_level_output( )

该函数是链路层发送函数,实现真正的数据包发送过程,当需要发送数据包(SendFrame)时,数据包装载在事先已分配好的 pbuf(链)中。LwIP 将 pbuf 作为参数传入给该函数,由该函数负责将数据包发送至指定的网络接口中,数据具体发送过程的实现同样与网络接口硬件有关。

```
static err_t low_level_output(struct netif * netif, struct pbuf * p)
{
    struct pbuf  * q;
    int len = 0;
    SYS_ARCH_DECL_PROTECT(sr);
    SYS_ARCH_PROTECT(sr);
    for(q = p; q != NULL; q = q->next)
{
    memcpy((u8_t *)&gTxBuf[len], q->payload, q->len);
    len = len + q->len;
}
SendFrame(gTxBuf, len);
SYS_ARCH_UNPROTECT(sr);
return ERR_OK;
}
```

(4) 接收线程函数 ethernetif_input()

该函数以标准的 μC/OS - II 任务的形式实现,完成网络数据的读取与传递工作。实际就是网卡接收函数,从网络接口接收(不断地读取 EMAC 的缓冲区)以太网数据包,并把其中的 IP 报文向 IP 层发送。

```
err_t ethernetif_input(struct netif * netif)
{
    struct pbuf  * p;
    extern struct netif _netif;
    netif = &_netif;
    ethernetinput = OSSemCreate(0);
    for(;;)
    {
        INT8U _err;
        OSSemPend(ethernetinput,0,&_err);
```

```
            if( _err == OS_ERR_NONE )
            {
                for(;;)
                {
                    p = low_level_input(netif);
                    if (p != NULL)
                    {
                        err_t err;
                        /* 将接收到的数据包移入新 pbuf */
                        err = netif->input(p, netif);
                        if( err != ERR_OK )
                        {
LWIP_DEBUGF(NETIF_DEBUG, ("ethernetif_input: IP input error\n\r"));
                            pbuf_free(p);//释放占用的 pbuf
                            p = NULL;
                        }
                    }
                    else
                    {
                        break;
                    }
                }
            }
}
```

(5) 底层接口设计路线函数 ethernetif_init( )

这个函数是 LwIP 提供给我们进行底层接口设计的路线图,任何对该函数流程、结构的修改都有可能影响整个路线图,所以读者最好不要随便修改。

```
err_t ethernetif_init(struct netif * netif)
{
    struct ethernetif * ethernetif;
    LWIP_ASSERT("netif != NULL", (netif != NULL));
    ethernetif = mem_malloc(sizeof(struct ethernetif));
    if (ethernetif == NULL)
    {
LWIP_DEBUGF(NETIF_DEBUG, ("ethernetif_init: out of memory\n"));
    return ERR_MEM;
}
#if LWIP_NETIF_HOSTNAME
/* 初始化接口主机名 */
```

```
    netif - >hostname = "lwip";
# endif /* LWIP_NETIF_HOSTNAME */
    NETIF_INIT_SNMP(netif, snmp_ifType_ethernet_csmacd, 100000000);
    netif - >state = ethernetif;
    netif - >name[0] = IFNAME0;
    netif - >name[1] = IFNAME1;
    netif - >output = etharp_output;
    netif - >linkoutput = low_level_output;
    ethernetif - >ethaddr = (struct eth_addr *)&(netif - >hwaddr[0]);
/* 初始化底层硬件 */
    low_level_init(netif);
    return ERR_OK;
}
```

这里的 ethernetif 是一个结构体,用于描述底层网络硬件设备(即网卡)。这个结构体唯一不可或缺的成员就是网卡的 MAC 地址,它是 LwIP 用于响应 ARP 查询的核心数据。ethernetif—>ethaddr 指针指向 netif 中保存的网卡 MAC 地址。

17.4　应用实例

本章将在第 15 章"以太网接口应用"所述的硬件及软件基础上,对在 μC/OS-II 系统环境下移植 LwIP 协议栈(版本 1.3.2)进行实例设计。

17.4.1　设计目标

本例程基于 LPC1788 硬件开发平台的以太网控制器 LAN8720A 硬件资源,移植了 LwIP-1.3.2 协议栈,演示了在 μC/OS-II 系统(版本 2.91)下建立 LwIP 任务,实现 HTTP 网页下动态浏览 A/D 转换值。

17.4.2　系统软件设计

本 LwIP 应用实例的系统软件设计主要包括如下几个功能部分:
① μC/OS-II 系统建立任务,包括系统主任务、LwIP 网络处理任务、LED 闪烁任务(即之前章节讲述过的 Blink)等。
② LwIP 网络处理任务,主要是 HTTP 网络通信以及 A/D 转换数据动态显示等,其 API 采用的是 Netconn API 函数。
③ LwIP 协议栈初始化、配置 IP 地址、TCP/IP 初始化等。
④ LwIP 协议栈移植及底层操作函数,含操作系统模拟层操作函数编写、网卡驱动等。
⑤LPC1788 微控制器 EMAC 接口及 LAN8720A 网络收发器相关的硬件配置程

序,这部分内容已经在第 15 章中作过介绍。

本实例软件设计所涉及的系统软件结构如表 17 - 52 所列,主要程序文件及功能说明如表 17 - 53 所列。

表 17 - 52　LwIP 协议栈实例的软件结构

用户应用软件层		
主程序 main. c	用户任务 uctsk_Blink. c 和 uctsk_Blink. c	
系统软件层——μC/OS - II 系统		
μC/OS - II/Port	μC/OS - II/CPU	μC/OS - II/Source
os_cpu_c. c、os_dbg. c、os_cpu_a. asm	cpu_a. asm	os_core. c、os_flag. c、os_task. c 等
中间件——LwIP 协议栈		
api 目录 应用程序接口文件	arch 目录 操作系统模拟层及网卡 驱动相关移植修改	core 目录 LwIP 协议代码,含 ICMP、IP、 UDP、TCP 等协议的实现
api_lib. c、api_msg. c、netbuf. c、 netifapi. c、sockets. c、tcpip. c、 netdb. c、err. c 等	lwip. c、sys_arch. c、ethernetif. c 等	dhcp. c、tcp. c、tcp_in. c、tcp_out. c、udp. c、netif. c、pbuf. c、raw. c、 mem. c、stats. c、init. c
include 目录—— LwIP 的 包含文件	netif 目录——LwIP 网络设备 驱动程序	LwIPEntry 目录—— LwIP 入口函数
tcp. h、tcpip. h、udp. h、opt. h、 raw. h、sockets. h	ethernetif. c、etharp. c 等	LwIPEntry. c、LwIPEntry. h
CMSIS 层		
Cortex - M3 内核外设访问层	LPC17xx 设备外设访问层	
core_cm3. h core_cmFunc. h core_cmInstr. h	启动代码 (startup_LPC 177x_8x. s) LPC177x_8x. h	system_LPC177x_8x. c	system_LPC177x_8x. h
硬件外设层		
时钟电源控制驱动库	GPIO 外设驱动库	引脚连接配置驱动库
lpc177x_8x_clkpwr. c lpc177x_8x_clkpwr. h	lpc177x_8x_gpio. c lpc177x_8x_gpio. h	lpc177x_8x_pinsel. c lpc177x_8x_pinsel. h
EMAC 外设驱动库	EMAC 硬件及网络数据收发配置	PHY 驱动
lpc177x_8x_ema. c lpc177x_8x_emac. h	EMAC. c EMAC. h	phylan. c phylan. h

表 17 - 53　程序设计文件功能说明

文件名称	程序设计文件功能说明
main. c	包括系统主任务、用户任务的建立,及系统任务启动
uctsk_Blink. c	用户任务对应的 GPIO 驱动 LED 设置、延时参数设置
uctsk_LWIP. c	LwIP 网络处理任务,HTTP 网络通信以及 A/D 转换数据动态显示
lpc177x_8x_clkpwr. c	公有程序,时钟与电源控制驱动库。注:由其他驱动库文件调用

文件名称	程序设计文件功能说明
lpc177x_8x_emac.c	公有程序,EMAC 外设驱动库。由主程序调用执行 LPC1788 微处理器内相关配置
lpc177x_8x_gpio.c	公有程序,GPIO 模块驱动库,辅助调用
lpc177x_8x_pinsel.c	公有程序,引脚连接配置驱动库。由相关引脚设置程序调用
phylan.c	外部 PHY 芯片 LAN8720A 的硬件驱动,含芯片初始化、复位、状态检测、模式设置等功能
EMAC.c	EMAC 接口的引脚配置及参数配置,以及网卡发送、接收等操作功能
lpc177x_8x_emac.c	公有程序,EMAC 外设驱动库。由主程序调用执行 LPC1788 微处理器内相关配置
startup_LPC177x_8x.s	启动代码文件
webpage.h 和 webpage.html	动态网页文件,内容定义在 WebSide[ ]内

对于整个 μC/OS-II 系统来说 LwIP 内部的协议栈算是透明的,仅需用户作极小部分的代码修改,上一节已经讲述过 LwIP 协议栈的移植过程,这一节针对需要用户自行添加的应用程序进行介绍。

1. μC/OS-II 系统任务及主程序

μC/OS-II 系统建立任务,包含系统主任务、LwIP 网络通信处理任务、LED 闪烁任务以及统计时间运行任务。

主程序集中在 main()入口函数,完成 μC/OS-II 系统初始化、建立主任务、以及启动 μC/OS-II 系统等。启动任务建立通过调用 App_TaskStart()函数来完成,再由该函数调用 App_TaskCreate()建立其他两个任务:App_BlinkTaskCreate 和 App_LWIPTaskCreate。该函数的实现代码如下:

```
static  void  App_TaskCreate (void)
{
#if (OS_VIEW_MODULE == DEF_ENABLED)
App_OSViewTaskCreate();
#endif
App_BlinkTaskCreate();          //LED 闪烁任务
App_LWIPTaskCreate();           //LwIP 网络通信处理任务
}
```

2. LwIP 网络通信处理任务

其他两个任务的执行代码实际封装在各自的文件内,其中 LED 闪烁任务 App_BlinkTaskCreate()函数在 uctsk_Blink.c 文件内调用;LwIP 网络通信处理任务 App_LWIPTaskCreate()函数则封装在 uctsk_LWIP.c 文件。这两个函数由上述的其他任务建立函数 App_TaskCreate()调用,当然这两个任务仍然需要遵循 μC/OS-II 系统任务创建规则。

(1) uctsk_LWIP()函数

该函数是 LwIP 网络通信处理任务的实现函数,首先初始化 LwIP 协议栈,然后采用 Netconn API 函数,依序调用了 netconn_new()函数创建一个新连接,netconn_bind()函数绑定连接到本地 IP 地址和端口,netconn_listen()函数将 TCP 连接设置为侦听模式,netconn_accept()函数阻塞进程直至从远程主机发出的连接请求到达指定的连接 netconn_delete()函数,通过 vHandler_HTTP()函数实现 HTTP 动态数据显示,最后由 netconn_delete()函数删除一个已存在的连接。

```
static void uctsk_LWIP(void * pdata)
{
struct netconn   * __pstConn, * __pstNewConn;
Init_lwIP();
__pstConn = netconn_new(NETCONN_TCP);//创建一个新的 TCP 连接
netconn_bind(__pstConn, NULL,80);//绑定
netconn_listen(__pstConn);//设置侦听
for(;;)
{
    __pstNewConn = netconn_accept(__pstConn);
    if(__pstNewConn != NULL)    {
        vHandler_HTTP(__pstNewConn);//HTTP 处理
        while(netconn_delete(__pstNewConn) != ERR_OK)//释放连接
        {
            OSTimeDlyHMSM(0, 0, 0, 10);
        }
    }
}
}
```

(2) vHandler_HTTP()函数

该函数是 HTTP 功能的实现函数,也是采用 Netconn API 接口函数,调用 netconn_recv() 函数接收数据, netconn_close() 函数关闭连接。__Handler_HTTPGet()函数则实现 WEB 页面下的 A/D 转换数据的动态获得。此外还采用了 Netbuf API 接口函数,分别调用了 netbuf_data()返回 netbuf 中数据地址和长度信息,netbuf_delete()删除一个 netbuf 结构体,释放其占用的缓存空间。

```
static void vHandler_HTTP(struct netconn   * pstConn)
{
struct netbuf           * __pstNetbuf;
INT8S                   * __pbData;
u16_t                   __s32Len;
__pstNetbuf = netconn_recv(pstConn);//接收数据
```

```
if( __pstNetbuf ! = NULL)
{
    /* 返回 netbuf 中数据地址和长度信息 */
    netbuf_data ( __pstNetbuf, (void *)&__pbData, &__s32Len );
    if( strstr( (void *)__pbData, "GET" ) ! = NULL )
    {
            __Handler_HTTPGet(pstConn);
    }
}
/* 删除一个 netbuf 结构体,释放其占用的缓存空间 */
netbuf_delete( __pstNetbuf);
netconn_close(pstConn);
}
```

(3) __Handler_HTTPGet()函数

该函数用于 Web 页面内容显示、A/D 转换数据值刷新,完整的函数实现代码如下:

```
static void __Handler_HTTPGet(struct netconn    * pstConn)
{
static uint16_t pagecount = 0;
uint16_t AD_value;
int8_t * ptr;
memcpy ( webpage , WebSide ,sizeof(WebSide) );//复制 WEB 页面内容
if( ( ptr = memstrExt( (void *)webpage,"AD8 %",
            strlen("AD8 %"),sizeof(webpage) ) ) ! = NULL )
{
    sprintf( (void *)ptr, "% 3d", AD_value); /* 插入 A/D 转换值 */
}
if( ( ptr = memstrExt( (void *)webpage,"AD7 %",
                    strlen("AD7 %"),sizeof(webpage) ) ) ! = NULL )
/* A/D 值转换 */
{
    AD_value = ( AD_value * 100 ) / 4000;
    * ( ptr + 0 ) = '0'+ AD_value / 100;
    * ( ptr + 1 ) = '0'+ ( AD_value / 10 ) % 10;
    * ( ptr + 2 ) = '0'+ AD_value % 10;
}
if( ( ptr = memstrExt( (void *)webpage,"AD1 %",
                    strlen("AD1 %"),sizeof(webpage) ) ) ! = NULL )
{
    sprintf( (void *)ptr, "% 3u", ++ pagecount );
```

611

```
    }
    netconn_write(pstConn, "HTTP/1.1 200 OK\r\nContent - type: text/html\r\n\r\n",
        \ strlen("HTTP/1.1 200 OK\r\nContent - type: text/html\r\n\r\n"), NETCONN_COPY);
    /* HTTP 网页 */
    netconn_write(pstConn, webpage, sizeof(webpage), NETCONN_COPY);
    }
```

3. 初始化 LwIP 协议栈

初始化 LwIP 协议栈由 Init_lwIP() 函数实现,这个函数负责完成 LwIP 最基本的初始化工作。这些工作涉及 LwIP 使用的内存区、pbuf、PCB 以及 OS 模拟层等各个方面,此外还涉及网络接口默认初始化、IP 地址、子网掩码等设置。这里由 netif_add() 函数负责把网络接口添加到链表中,而这个链表的初始化工作就是由 netif_init() 函数完成的。该函数完整的初始化代码如下:

```
void Init_lwIP(void)
{
struct ip_addr ipaddr;
struct ip_addr netmask;
struct ip_addr gw;
sys_sem_t sem;
sys_init();
/* 初始化动态内存堆 */
mem_init();
/* 初始化存储池 */
memp_init();
/* 初始化 pbuf */
pbuf_init();
/* 网络驱动初始化 */
netif_init();
/* 串口调试输出信息 */
debug_frmwrk_init();
_DBG_("TCP/IP initializing... \r\n");
sem = sys_sem_new(0);//使用信号量机制
tcpip_init(TcpipInitDone, &sem);
sys_sem_wait(sem);
sys_sem_free(sem);
_DBG_("TCP/IP initialized. \r\n");
# if LWIP_DHCP
/* 使能 DHCP client */
ipaddr.addr = 0;
netmask.addr = 0;
gw.addr = 0;
```

```
#else
/* 使能静态 IP */
/* 建立并配置 EMAC 接口 */
IP4_ADDR(&ipaddr, emacIPADDR0, emacIPADDR1, emacIPADDR2, emacIPADDR3 );
IP4_ADDR(&netmask,emacNET_MASK0, emacNET_MASK1,
        emacNET_MASK2,emacNET_MASK3 );
IP4_ADDR(&gw, emacGATEWAY_ADDR0,emacGATEWAY_ADDR1,
        emacGATEWAY_ADDR2, emacGATEWAY_ADDR3 );
#endif
/* 添加配置网络接口,建立接收任务 */
netif_add(&_netif, &ipaddr, &netmask, &gw, NULL, &ethernetif_init, &tcpip_input);
netif_set_default(&_netif);
#if LWIP_DHCP
dhcp_start(&_netif);
#endif
netif_set_up(&_netif);
}
```

17.5　实例总结

本实例首先介绍了网络传输介质、以太网协议的数据帧格式、嵌入式系统的以太网协议等,接着详细介绍了 LwIP 协议栈常用的 API 函数以及内存管理机制,然后进一步介绍了基于 μC/OS-II 系统环境的 LwIP 移植过程。本实例重点突出了 LwIP 协议栈移植与应用程序设计,建议学习过程中也可将 μC/OS-II 系统和 LwIP 协议栈分层剥离,逐步熟悉,以降低难度。

此外,由于实例只是对 LwIP 进行简单的验证,因此设计的嵌入式 Web 服务器,只是简单地显示一个 A/D 转换值动态显示页面,与第 15 章中的应用有类似之处。实际上读者可以结合应用需求,对嵌入式 Web 服务器作出各种各样的功能扩展。

第 **18** 章

嵌入式实时操作系统 FreeRTOS 应用

在嵌入式领域中,嵌入式实时操作系统正得到越来越广泛的应用。采用嵌入式实时操作系统(RTOS)可以更合理、更有效地利用 CPU 的资源,简化应用软件的设计,缩短系统开发时间,更好地保证系统的实时性和可靠性。本章将详细介绍 FreeRTOS 系统的特点、文件架构、移植步骤与要点,并通过一个简单的应用实例演示 FreeRTOS 系统运行。

18.1 嵌入式系统 FreeRTOS 概述

FreeRTOS 是一个迷你操作系统内核的小型嵌入式系统。作为一个轻量级的操作系统,其功能包括:任务管理、时间管理、信号量、消息队列、内存管理、记录功能等,可基本满足较小系统的需要。

由于实时操作系统一般需要占用一定的系统资源(尤其是 RAM 资源),只有 μC/OS-II、embOS、FreeRTOS 等少数实时操作系统能在很小 RAM 资源的单片机上运行。FreeRTOS 系统相对 μC/OS-II、embOS 等商业操作系统来说,它是完全免费的操作系统,具有源码公开、可移植、可裁剪、调度策略灵活的特点,可以方便地移植到各种 8 位单片机、16 位和 32 位微控制器上运行,其最新版本为 8.0.0。

18.1.1 FreeRTOS 系统的特点

FreeRTOS 作为一个轻量级的操作系统,它提供的功能主要包括:任务管理、时间管理、信号量、消息队列、内存管理、记录功能等,可基本满足较小系统的需要。FreeRTOS 内核支持优先级调度算法,每个任务可根据重要程度的不同被赋予一定的优先级,CPU 总是让处于就绪态的、优先级最高的任务先运行。FreeRTOS 内核同时支持轮换调度算法,系统允许不同的任务使用相同的优先级,在没有更高优先级任务就绪的情况下,同一优先级的任务共享 CPU 的使用时间。

FreeRTOS 的内核可根据用户需要设置为可剥夺型内核或不可剥夺型内核。当 FreeRTOS 被设置为可剥夺型内核时,处于就绪态的高优先级任务能剥夺低优先级任务的 CPU 使用权,这样可保证系统满足实时性的要求;当 FreeRTOS 被设置为不可剥夺型内核时,处于就绪态的高优先级任务只有等当前运行任务主动释放 CPU 的使用权后才能获得运行,这样可提高 CPU 的运行效率。下面列出了 FreeRTOS 系统的主要特点:

- 混合配置选项;
- 目标代码小,简单易用;
- 以 C 语言开发,代码结构清晰;
- 支持两项任务和共同例程;
- 强大的执行跟踪功能;
- 堆栈溢出检测;
- 没有软件任务的限制数量;
- 没有软件优先事项的限制数量;
- 没有施加的限制,优先轮转,多个任务可以分配相同的优先权;
- 具有队列、二进制信号量、计数信号灯、递归通信和同步任务等功能;
- Mutexes 优先继承权;
- 源代码公开、免费使用、可移植、可裁剪、调度策略灵活,可以很方便地移植。

18.1.2　FreeRTOS 系统的任务管理

任务调度机制是嵌入式实时操作系统的一个重要概念,也是其核心技术。对于可剥夺型内核,优先级高的任务一旦就绪就能剥夺优先级较低任务的 CPU 使用权,提高了系统的实时响应能力。不同于 μC/OS‐II 系统,FreeRTOS 对系统任务的数量没有限制,既支持优先级调度算法也支持轮换调度算法,因此 FreeRTOS 采用双向链表而不是采用查任务就绪表的方法来进行任务调度。

1. 任　务

在 FreeRTOS 系统中,每个执行线程都被称为"任务",是一个简单的程序,该程序可以认为 CPU 完全只属于该程序自己。每个任务都是整个应用的某一部分,每个任务被赋予一定的优先级,有它自己的一套 CPU 寄存器和自己的栈空间。

2. 多任务

应用程序可以包含多个任务。如果运行应用程序的微控制器只有一个核(core),那么在任意给定时间,实际上只会有一个任务被执行。这就意味着一个任务可以有一个或两个状态,即运行态和非运行态。稍后将会介绍非运行状态,它实际上又可划分为若干个子状态。当某个任务处于运行态时,处理器就正在执行它的代码。当一个任务处于非运行态时,该任务进行休眠,它的所有状态都被妥善保存,以便在下一次调试器决定让它进入运行态时可以恢复执行。当任务恢复执行时,它将精确地从离开运行态时正准备执行的那一条指令开始执行。

多任务运行的实现实际上是靠 CPU 在许多任务之间切换、调度,FreeRTOS 的调度器是能让任务切入、切出的唯一实体。

3. 任务状态

每个任务都是一个无限的循环。每个任务都处在以下几种状态之一:

(1) 就绪态

如果任务处于非运行态,既没有阻塞也没有挂起,则这个任务处于就绪(ready)状态。处于就绪态的任务可能被运行,但只是"准备"运行,而当前尚未运行。

就绪意味着任务已经准备好,且准备运行,但由于优先级比正在运行的任务的优先级低,所以还暂时不能运行。

(2) 运行态

运行态的任务指该任务得到了 CPU 的控制权,正在运行中的任务状态。

(3) 挂起态

挂起状态也可以叫做等待事件态,是一种非运行状态的子状态。让一个任务进入挂起状态的唯一办法就是调用 vTaskSuspend() 函数;而把一个挂起状态的任务唤醒的唯一途径就是调用 vTaskResume() 或 vTaskResumeFromISR() 函数。

(4) 阻塞态

如果一个任务正在等待某个事件,则称这个任务处于"阻塞态"(blocked)。阻塞态是非运行态的一个子状态。任务可以进入阻塞态以等待下面两种不同类型的事件:

① 定时(时间相关)事件——这类事件可以是延迟到期或是绝对时间到点。比如说某个任务可以进入阻塞态以延迟 10 ms。

② 同步事件——源于其他任务或中断的事件。比如说,某个任务可以进入阻塞态以等待队列中有数据到来。

图 18-1 为 FreeRTOS 系统中一些函数提供的服务,这些函数使任务从一种状态变到另一种状态。不过,大多数应用程序中都不会用到挂起状态,类似的任务状态转移图如图 18-2 所示。

4. 空闲任务

处理器总是需要代码来执行,因而至少要有一个任务处于运行态。为了保证这一点,当调用 vTaskStartScheduler() 函数时,调度器会自动创建一个空闲任务。空闲任务是一个非常短小的循环,拥有最低优先级(优先级 0)以保证其不会妨碍具有更高优先级的应用任务进入运行态,运行在最低优先级可以保证一旦有更高优先级的任务进入就绪态,空闲任务就会立即切出运行态。

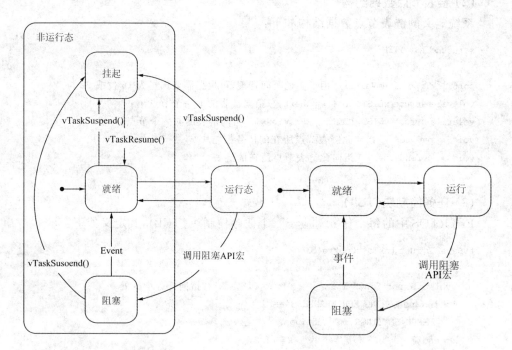

图 18-1　完整的任务状态机　　　　图 18-2　任务状态的三态转换图

5. 任务调度机制

任务调度机制是嵌入式实时操作系统的一个重要概念,也是其核心技术。对于可剥夺型内核,优先级高的任务一旦就绪就能剥夺优先级较低任务的 CPU 使用权,提高了系统的实时响应能力。

FreeRTOS 对系统任务的数量没有限制,既支持优先级调度算法也支持轮换调度算法,因此 FreeRTOS 采用双向链表而不是采用查任务就绪表的方法来进行任务调度。

(1) 链表结构

系统定义的链表数据结构的程序代码如下:

```
typedef struct xLIST
{
/ * 链表的长度,0 表示链表为空 * /
volatile unsigned portBASE_TYPE uxNumberOfItems;
/ * 指向链表当前节点的指针 * /
volatile xListItem * pxIndex;
/ * 链表尾节点 * /
volatile xMiniListItem xListEnd;
} xList;
```

(2) 链表节点数据结构

系统定义的链表节点数据结构如下：

```
struct xLIST_ITEM
{
portTickType xItemValue;//用于实现时间管理，可根据需要选择为 16 位或 32 位
volatile struct xLIST_ITEM * pxNext;//指向链表的下一个节点
volatile struct xLIST_ITEM * pxPrevious;//指向链表的前一个节点
void * pvOwner;//指向此链表节点所在的任务控制块
void * pvContainer;//指向此链表节点所在的链表
};
```

(3) 任务控制块(TCB)

FreeRTOS 中的每个任务对应于一个任务控制块(TCB)，其定义如下：

```
typedef struct tskTaskControlBlock
{
    volatile portSTACK_TYPE        * pxTopOfStack;//指向任务堆栈处
    # if ( portUSING_MPU_WRAPPERS == 1 )
        xMPU_SETTINGS xMPUSettings;
    # endif
    xListItem              xGenericListItem;//用于把 TCB 插入就绪链表或等待链表
    xListItem              xEventListItem;// 用于把 TCB 插入事件链表(如消息队列)
    unsigned portBASE_TYPE    uxPriority;// 任务优先级
    portSTACK_TYPE            * pxStack;//指向任务堆栈起始处
    / * 任务名称 * /
    signed char                pcTaskName[ configMAX_TASK_NAME_LEN ];
    # if ( portSTACK_GROWTH > 0 )
        portSTACK_TYPE * pxEndOfStack;
    # endif
    # if ( portCRITICAL_NESTING_IN_TCB == 1 )
        unsigned portBASE_TYPE uxCriticalNesting;//用于临界
    # endif
    # if ( configUSE_TRACE_FACILITY == 1 )
        unsigned portBASE_TYPE      uxTCBNumber;//用于记录功能
    # endif
    # if ( configUSE_MUTEXES == 1 )
        unsigned portBASE_TYPE uxBasePriority;
    # endif
    # if ( configUSE_APPLICATION_TASK_TAG == 1 )
        pdTASK_HOOK_CODE pxTaskTag;//为任务分配标签值
    # endif
    # if ( configGENERATE_RUN_TIME_STATS == 1 )
```

```
        unsigned long ulRunTimeCounter;
    # endif
} tskTCB;
```

FreeRTOS 定义就绪任务链表数组为 xList pxReadyTasksLists[configMAX_PRIORITIES]，其中 configMAX_PRIORITIES 为系统定义的最大优先级。若想使优先级为 n 的任务进入就绪态，需要把此任务对应的 TCB 节点 xGenericListItem 插入到链表 pxReadyTasksLists[n] 中，还要把 xGenericListItem 中的 pvContainer 指向 pxReadyTasksLists[n] 方可实现。

当进行任务调度时，调度算法首先实现优先级调度。系统按照优先级从高到低的顺序从就绪任务链表数组中寻找 uxNumberOfItems 第一个不为 0 的优先级，此优先级即为当前最高就绪优先级，依此实现优先级调度。若此优先级下只有一个就绪任务，则此就绪任务进入运行态；若此优先级下有多个就绪任务，则需采用轮换调度算法实现多任务轮流执行。

若在优先级 n 下执行轮换调度算法，系统先通过执行下面这条语句得到当前节点所指向的下一个节点，再通过此节点的 pvOwner 指针得到对应的任务控制块，最后使此任务控制块对应的任务进入运行态：

$$(pxReadyTasksLists[n]) \rightarrow pxIndex = (pxReadyTasks - Lists[n]) \rightarrow pxIndex \rightarrow pxNext$$

由此可见，在 FreeRTOS 中，相同优先级任务之间的切换时间为一个时钟节拍周期。

6. 任务函数

任务的创建和任务删除分别由 xTaskCreate() 函数、vTaskDelete() 函数实现，这两个函数的介绍如下文。

(1) 任务建立

xTaskCreate() 函数可以创建任务，目前版本的任务创建是个宏定义，表 18-1 列出了该函数宏定义及参数，表 18-2 列出实际执行函数 xTaskGenericCreate() 的函数原型、相关参数及功能描述。

表 18-1　xTaskCreate() 函数宏定义

函数原型	# define xTaskCreate(　　pvTaskCode, 　　pcName, 　　usStackDepth, 　　pvParameters, 　　uxPriority, 　　pxCreatedTask)

函数原型	xTaskGenericCreate(　　　　　(pvTaskCode), 　　　　　(pcName), 　　　　　(usStackDepth), 　　　　　(pvParameters), 　　　　　(uxPriority), 　　　　　(pxCreatedTask), 　　　　　(NULL), 　　　　　(NULL))
功能描述	创建任务函数的宏定义
参数 1	pvTaskCode：指向任务的实现函数的指针
参数 2	pcName：具有描述性的任务名
参数 3	usStackDepth：指定任务堆栈的大小
参数 4	pvParameters：指针，作为一个参数指创建的任务
参数 5	pvCreatedTask：用于传递任务的句柄，可以引用，从而对任务进行其他关联操作
说　明	usStackDepth 这个值指定的是栈空间可以保存多少个字（word），而不是多少个字节（byte）；uxPriority 优先级的取值范围可以从最低优先级 0 到最高优先级（configMAX_PRIORITIES−1）

表 18 - 2　xTaskGenericCreate( )函数

函数原型	signed　BaseType_t xTaskGenericCreate(　　　　TaskFunction_t pxTaskCode, 　　　　const char * const pcName, 　　　　const uint16_t usStackDepth, 　　　　void * const pvParameters, 　　　　UBaseType_t uxPriority, 　　　　TaskHandle_t * const pxCreatedTask, 　　　　StackType_t * const puxStackBuffer, 　　　　const MemoryRegion_t * const xRegions)
功能描述	创建一个任务的实际函数。参数 1~5 与 xTaskCreate()函数是一样的
参数 6	pxCreatedTask：任务句柄
参数 7	puxStackBuffer：堆栈空间
参数 8	xRegions：定义任务分配的内存区域
返　回	pdPASS：表明任务创建成功，准备运行；errCOULD_NOT_ALLOCATE_REQUIRED_MEMORY 由于内存堆空间不足，FreeRTOS 无法分配足够的空间来保存任务结构数据和任务栈，因此无法创建任务
说　明	xTaskGenericCreate 用来建立一个任务，实际上 xTaskCreate 也是对 xTaskGenericCreate 的包装

当调用 xTaskCreate() 函数创建一个新的任务时，FreeRTOS 首先为新任务分配所需的内存。若内存分配成功，则初始化任务控制块的任务名称、堆栈深度和任务优先级，然后根据堆栈的增长方向初始化任务控制块的堆栈。接着，FreeRTOS 把当前创建的任务加入到就绪任务链表。

(2) 任务删除

任务可以使用 API 函数 vTaskDelete() 删除自己或其他任务，任务被删除后就不复存在，也不会再进入运行态。需要说明一点，只有内核为任务分配的内存空间才会在任务被删除后自动回收，任务自己占用的内存或资源需要由应用程序自己显式地释放。表 18-3 列出了该函数的原型、相关参数及功能描述。

表 18-3　vTaskDelete() 函数

函数原型	void vTaskDelete(xTaskHandle pxTask)
功能描述	删除一个任务
参　数	pxTask：处理要删除的任务，传递 NULL 将删除自己
说　明	使用该函数要在 FreeRTOSConfig.h 文件中先定义 INCLUDE_vTaskDelete == 1。从 RTOS 实时内核管理中移除任务，要删除的任务将从就绪、封锁、挂起、事件列表中移除。任务被删除后就不复存在，也不会再进入运行态。空闲任务负责释放内核分配给已删除任务的内存

7. 任务控制函数

任务控制函数包括任务延时、任务优先级获得、任务优先级设置与改变、任务挂起以及任务唤醒等功能。

(1) 任务延时

任务延时由 vTaskDelay() 函数实现，表 18-4 列出了该函数的原型、相关参数及功能描述。

表 18-4　vTaskDelay() 函数

函数原型	void vTaskDelay(portTickType xTicksToDelay)
功能描述	用于延时任务
参　数	xTicksToDelay：时间数量，调用任务应该锁住的时间片周期
说　明	FreeRTOSConfig.h 中 INCLUDE_vTaskDelay == 1，该函数才能够使用。延时任务为已知时间片，任务被锁住剩余的实际时间由时间片速率决定；它实际上是指定一个任务希望的时间段，这个时间之后任务解锁；同时该函数在调用后将影响频率

(2) 任务延时指定时间

任务延时指定时间由 vTaskDelayUntil() 函数实现，表 18-5 列出了该函数的原型、相关参数及功能描述。

表 18-5　vTaskDelayUntil( ) 函数

函数原型	void vTaskDelayUntil(portTickType * const pxPreviousWakeTime, portTickType xTimeIncrement)
功能描述	以指定的时间延时任务
参数 1	pxPreviousWakeTime:指定一个变量来掌握任务最后开启的时间,第一次使用时必须使用当前时间来初始化,在 vTaskDelayUntil 中,这个变量是自动修改的
参数 2	xTimeIncrement:循环周期时间
说　明	FreeRTOSConfig.h 中 INCLUDE_vTaskDelayUntil == 1,该函数才能够使用。延时一个任务到指定时间,这个和 vTaskDelay() 不同,vTaskDelay 是延时一个相对时间,而本函数是延时一个绝对时间。 注意:如果指定的苏醒时间使用完,将立即返回。因此,一个使用 vTaskDelayUntil() 来周期性执行的任务,如果执行周期因为任何原因(例如任务是临时为挂起状态)暂停而导致任务错过一个或多个执行周期,那么需要重新计算苏醒时间

(3) 任务优先级的获得

任务优先级获得由 uxTaskPriorityGet() 函数实现,表 18-6 列出了该函数的原型、相关参数及功能描述。

表 18-6　uxTaskPriorityGet( ) 函数

函数原型	unsigned portBASE_TYPE uxTaskPriorityGet(xTaskHandle pxTask)
功能描述	获得任务的优先级
参　数	pxTask:需要处理的任务,当传递 NULL 时,将返回调用该任务的优先级
说　明	FreeRTOSConfig.h 中 INCLUDE_uxTaskPriorityGet == 1,该函数才能够使用

(4) 任务优先级的设置

任务优先级设置由 vTaskPrioritySet() 函数实现,表 18-7 列出了该函数的原型、相关参数及功能描述。

表 18-7　vTaskPrioritySet( ) 函数

函数原型	void vTaskPrioritySet(xTaskHandle pxTask , unsigned portBASE_TYPE uxNewPriority)
功能描述	设置和改变任务优先级
参数 1	pxTask:需要设置优先级的任务。当传递 NULL 时,将设置调用任务的优先级
参数 2	uxNewPriority:任务需要设置的优先级
说　明	FreeRTOSConfig.h 中 INCLUDE_vTaskPrioritySet == 1,该函数才能够使用。如果设置的优先级高于当前执行任务的优先级,则上下文切换将在此函数返回前发生

(5) 任务的挂起

任务的挂起由 vTaskSuspend() 函数实现,表 18-8 列出了该函数的原型、相关参数及功能描述。

表 18-8 vTaskSuspend( )函数

函数原型	void vTaskSuspend(xTaskHandle pxTaskToSuspend)
功能描述	挂起任务
参 数	pxTaskToSuspend:处理需要挂起的任务。传递 NULL 将挂起调用此函数的任务
说 明	FreeRTOSConfig. h 中 INCLUDE_vTaskSuspend == 1,该函数才能够使用。当挂起一个任务时,不管优先级是多少,都不需要占用任何微控制器处理器时间。调用 vTaskSuspend 不会累积,即同一任务中调用 vTaskSuspend 两次,但只需要调用一次 vTaskResume( )就能使挂起的任务就绪

(6) 任务的唤醒

任务的唤醒由 vTaskResume( )函数实现,表 18-9 列出了该函数的原型、相关参数及功能描述。

表 18-9 vTaskResume( )函数

函数原型	void vTaskResume(xTaskHandle pxTaskToResume)
功能描述	唤醒任务
参 数	pxTaskToResume:处理唤醒任务的句柄
说 明	FreeRTOSConfig. h 中 INCLUDE_vTaskSuspend == 1,该函数才能够使用。必须是调用 vTaskSuspend( )后挂起的任务,才有可能通过调用 vTaskResume( )重新运行

8. 内核控制函数

内核控制包括启动实时内核处理、停止实时内核运行、挂起实时内核的所有活动,以及唤醒实时内核的所有活动等功能。

(1) 启动实时内核

启动实时内核由 vTaskStartScheduler( )函数实现,表 18-10 列出了该函数的原型、相关参数及功能描述。

表 18-10 vTaskStartScheduler( )函数

函数原型	void vTaskStartScheduler(void)
功能描述	启动实时内核,运行
参 数	无
说 明	当 vTaskStartScheduler( )被调用时,空闲任务自动创建。如果 vTaskStartScheduler( )成功调用,这个函数不返回,直到执行任务调用 vTaskEndScheduler( )。如果可供给空闲任务的 RAM 不足,那么函数调用失败,并立即返回

(2) 停止实时内核运行

停止实时内核运行由 vTaskEndScheduler( )函数实现,表 18-11 列出了该函数的原型、相关参数及功能描述。

表 18 - 11　vTaskEndScheduler( )函数

函数原型	void vTaskEndScheduler(void)
功能描述	停止实时内核的运行
参　数	无
说　明	所有创建的任务将自动删除,并且多任务将停止。当 vTaskStartScheduler( )调用时,执行将再次开始,像 vTaskStartScheduler( )仅仅返回。注意:vPortEndScheduler( )导致所有由内核分配的资源释放,但是不会释放由应用程序任务分配的资源

(3) 挂起实时内核

通过调用 vTaskSuspendAll( )函数来挂起调度器。挂起调度器可以停止上下文切换而不用关中断。如果某个中断在调度器挂起过程中要求进行上下文切换,则这个请求也会被挂起,直到调度器被唤醒后才会得到执行。表 18 - 12 列出了该函数的原型、相关参数及功能描述。

表 18 - 12　vTaskSuspendAll( )函数

函数原型	void vTaskSuspendAll (void)
功能描述	挂起实时内核的所有活动,同时允许中断(包括内核滴答)
参　数	无
说　明	任务在调用 vTaskSuspendAll ( )后,这个任务将继续执行,不会有任何被切换的危险,直到调用 xTaskResumeAll ( )函数重启内核。注意:API 中有可能影响上下文切换的函数(例如 vTaskDelayUntil( ),xQueueSend( )等),一定不能在调度器挂起时被调用

(4) 唤醒实时内核

唤醒实时内核由 xTaskResumeAll( )函数实现,表 18 - 13 列出了该函数的原型、相关参数及功能描述。

表 18 - 13　xTaskResumeAll( )函数

函数原型	signed portBASE_TYPE xTaskResumeAll(void)
功能描述	唤醒实时内核的所有活动
参　数	无
说　明	如果唤醒调度器导致上下文切换则返回 pdTRUE,否则会返回 pdFALSE

9. 任务应用函数

FreeRTOS 的任务应用函数主要包括获得滴答计数、获得任务数量、任务状态列表、启动/停止跟踪及获得运行时间状态等函数,下文将简单介绍几个主要函数。

(1) 获得滴答计数

获得滴答计数由 xTaskGetTickCount( )函数实现,表 18 - 14 列出了该函数的原型及功能描述。

表 18 – 14　xTaskGetTickCount( )函数

函数原型	portTickType xTaskGetTickCount(void)
功能描述	获得滴答 Tick 计数
参　数	无
说　明	FreeRTOSConfig. h 中 INCLUDE_vTaskSuspend == 1,该函数才能够使用。该函数返回 Tick 计数

（2）获得任务数量

获得任务数量由 uxTaskGetNumberOfTasks()函数实现,表 18 – 15 列出了该函数的原型及功能描述。

表 18 – 15　uxTaskGetNumberOfTasks( )函数

函数原型	unsigned portBASE_TYPE uxTaskGetNumberOfTasks(void)
功能描述	获得任务的数量
参　数	无
说　明	该函数返回当前任务的数量(uxCurrentNumberOfTasks)

（3）任务列表

vTaskList()函数用于列出任务的状态,表 18 – 16 列出了该函数的原型、参数及功能描述。

表 18 – 16　vTaskList( )函数

函数原型	void vTaskList(signed char * pcWriteBuffer)
功能描述	列出所有任务的状态到缓冲区
参　数	pcWriteBuffer:缓冲区
说　明	FreeRTOSConfig. h 中 configUSE_TRACE_FACILITY == 1,该函数才能够使用

625

（4）启动跟踪

启动跟踪由 vTaskStartTrace()函数实现,表 18 – 17 列出了该函数的原型、相关参数及功能描述。

表 18 – 17　vTaskStartTrace( )函数

函数原型	void vTaskStartTrace(signed char * pcBuffer, unsigned long ulBufferSize)
功能描述	启动任务跟踪
参数 1	pcBuffer:缓冲区
参数 2	ulBufferSize:缓冲区长度
说　明	FreeRTOSConfig. h 中 configUSE_TRACE_FACILITY == 1 ,该函数才能够使用

(5) 停止跟踪

停止跟踪由 ulTaskEndTrace()函数实现,表 18-18 列出了该函数的原型及功能描述。

表 18-18 ulTaskEndTrace()函数

函数原型	unsigned long ulTaskEndTrace(void)
功能描述	停止任务跟踪
参 数	无
说 明	FreeRTOSConfig. h 中 configUSE_TRACE_FACILITY == 1,该函数才能够使用

18.1.3 FreeRTOS 系统的队列管理

队列是内部通信的主要形式,可在任务和任务之间以及任务和中断之间发送消息。在大多数情况下使用 FIFO(先进先出)线性表,具体应用中通常采用链表或者数组来实现,队列只允许在后端(称为 rear)进行插入操作,在前端(称为 front)进行删除操作。

队列能够包含固定大小的"项目",但每个项目的大小和队列可以保存项目的最大数量在创建队列时就已经定义。项目以复制而不是引用的方式放入队列,因此最好使放入队列的"项目"长度尽可能地小,这种以复制的方式放入队列可以使系统设计极大地简化。

队列有专门的管理机制及函数,在 queue. h 文件定义,队列管理 API 函数包括创建队列、删除队列、队列发送以及队列接收等这几种主要功能。

(1) 创建队列

创建一个新的队列由 xQueueCreate()函数实现,表 18-19 列出了该函数的原型、相关参数及功能描述。

表 18-19 xQueueCreate()函数

函数原型	xQueueHandle xQueueCreate(
	                 unsigned portBASE_TYPE uxQueueLength,
	                 unsigned portBASE_TYPE uxItemSize)

功能描述	创建一个新的队列。为新的队列分配所需的存储内存,并返回一个队列处理
参数 1	uxQueueLength:队列中包含最大项目数量
参数 2	uxItemSize:队列中每个项目所需的字节数
返 回	如果队列成功创建,则返回一个新建队列的处理。如果不能创建队列,将返回 0
说 明	项目通过复制而不是引用,因为所需的字节数,将复制给每个项目。队列中每个项目必须分配同样大小

(2) 删除队列

删除一个队列由 vQueueDelete()函数实现,表 18-20 列出了该函数的原型及功能描述。

表 18 - 20　vQueueDelete( )函数

函数原型	void vQueueDelete(xQueueHandle pxQueue)
功能描述	删除一个队列,释放给队列分配的项目存储内存
参　数	pxQueue:需删除队列的句柄
说　明	无

(3) 传递项目到队列

传递一个项目到队列由 xQueueGenericSend( )函数实现,表 18 - 21 列出了该函数的原型及功能描述。

表 18 - 21　xQueueGenericSend( )函数

函数原型	signed portBASE_TYPE xQueueGenericSend(　　　　　　　xQueueHandle pxQueue, 　　　　　　　const void * const pvItemToQueue, 　　　　　　　portTickType xTicksToWait, 　　　　　　　portBASE_TYPE xCopyPosition)
功能描述	传递一个项目到队列
参数 1	pxQueue:将项目传递给队列的句柄
参数 2	pvItemToQueue:指向队列中放置的项目的指针。项目的大小,由队列创建时定义,因为许多字节可以从 pvItemToQueue 复制到队列的储存区域
参数 3	xTicksToWait:最大时间量(任务应该锁住,等待队列中的可用空间)应该已经满了。如果设置为 0,调用将立即返回
参数 4	xCopyPosition:复制项目位置
返　回	pdTRUE:项目成功传递;否则为 errQUEUE_FULL
说　明	这个项目通过复制而不是通过引用排队。这个函数不能从中断服务程序调用。低版本的函数是 xQueueSend

(4) 中断时传递一个项目到队列后

传递一个项目到队列的后面由 xQueueGenericSendFromISR( )函数实现,表 18 - 22 列出了该函数的原型及功能描述。

表 18 - 22　xQueueGenericSendFromISR( )函数

函数原型	signed portBASE_TYPE xQueueGenericSendFromISR(　　　　　　　xQueueHandle pxQueue, 　　　　　　　const void * const pvItemToQueue, 　　　　　　　signed portBASE_TYPE * pxHigherPriorityTaskWoken, 　　　　　　　portBASE_TYPE xCopyPosition)
功能描述	传递一个项目到队列的后面

续表 18 - 22

参数 1	pxQueue：将项目传进的队列
参数 2	pvItemToQueue：一个指向将在队列中放置的项目的指针。项目的大小，队列在创建时已经定义了，将从 pvItemToQueue 复制许多字节到队列的存储区域
参数 3	pxHigherPriorityTaskWoken：如果传进队列而导致任务解锁，并且解锁的任务的优先级高于当前运行任务的优先级，xQueueGenericSendFromISR 将设置该项参数值为 pdTRUE，则在中断推出之前将请求任务切换
参数 4	xCopyPosition：项目复制位置
返　回	pdTRUE：数据成功传递进队列；否则为 errQUEUE_FULL
说　明	项目在队列中是复制而不是引用，排列小项目更加灵活，特别是当从 ISR 调用时。在大多数情况下，使用一个指向项目的指针传进队列更加灵活

(5) 从队列接收一个项目

从队列接收一个项目由 xQueueGenericReceive() 函数实现，表 18 - 23 列出了该函数的原型、相关参数及功能描述。

表 18 - 23　xQueueGenericReceive() 函数

函数原型	signed portBASE_TYPE xQueueGenericReceive(　　　　　　　　xQueueHandle pxQueue, 　　　　　　　　void * const pvBuffer, 　　　　　　　　portTickType xTicksToWait, 　　　　　　　　portBASE_TYPE xJustPeeking)
功能描述	从队列接收一个项目
参数 1	pxQueue：将要接收项目的队列句柄
参数 2	pvBuffer：指向将要复制接收项目的缓冲器的指针
参数 3	xTicksToWait：任务中断并等待队列中可用空间的最大时间，如果设置为 0，调用将立刻返回
参数 4	xJustPeeking：设置查看，但不删除
返　回	如果项目成功被队列接收为 pdTRUE；否则为 pdFALSE
说　明	这个项目通过复制接收，因此缓冲器必须提供足够大的空间。复制进缓冲器的字节数，在队列创建时已经定义。这个函数一定不能在中断服务程序中使用

(6) 中断时从队列接收一个项目

中断时从队列接收一个项目由 xQueueReceiveFromISR() 函数实现，表 18 - 24 列出了该函数的原型、相关参数及功能描述。

表 18 - 24　xQueueReceiveFromISR() 函数

函数原型	signed portBASE_TYPE xQueueReceiveFromISR(　　　　　　　　xQueueHandle pxQueue, 　　　　　　　　void * const pvBuffer, 　　　　　　　　signed portBASE_TYPE * pxTaskWoken)
功能描述	在中断中从队列接收一个项目

参数 1	pxQueue:发送项目的队列句柄
参数 2	pvBuffer:指向缓冲区的指针,将接收的项目被复制进去
参数 3	pxTaskWoken:任务将锁住,等待队列中的可用空间。如果 xQueueReceiveFromISR 引起一个任务解锁, * pxTaskWoken 将设置为 pdTRUE,否则 * pxTaskWoken 保留不变
返　回	pdTRUE:如果项目成功从队列接收;否则为 pdFALSE
说　明	在中断程序中使用此函数是安全的

(7) 获得队列消息数目

uxQueueMessagesWaiting()函数可以获得存储在一个队列中的等待消息的数目,表 18 - 25 列出了该函数的原型、参数及功能描述。

表 18 - 25　uxQueueMessagesWaiting()函数

函数原型	unsigned portBASE_TYPE uxQueueMessagesWaiting(const xQueueHandle pxQueue)
功能描述	返回一个队列中存储的消息数目
参　数	pxQueue:查询的队列句柄
说　明	该函数返回队列中有效的消息数量

18.1.4　FreeRTOS 系统的信号量

信号量在多任务系统中用于:控制共享资源的使用权、标志事件的发生以及使两个任务的行为同步。FreeRTOS 系统支持 3 种信号量:二值信号量、互斥型信号量 mutex 和二进制信号量 binary。互斥型信号量必须是同一个任务申请,同一个任务释放,其他任务释放无效;二进制信号量,在一个任务申请成功后,可以由另一个任务释放。

注意:信号量 API 实际上是由一组宏实现的,而不是函数。本章所提及的这些宏都简单地以函数相称。

(1) 创建二值信号量

二值信号量可以在某个特殊的中断发生时,让任务解除阻塞,相当于让任务与中断同步,创建二值信号量使用 API 函数 vSemaphoreCreateBinary(),需要说明的是该函数在实现上是一个宏,所以信号量变量应当直接传入,而不是传址。表 18 - 26 列出了该函数的宏定义原型及功能描述。

表 18 - 26　vSemaphoreCreateBinary()函数

| 函数原型 | ```
#define vSemaphoreCreateBinary( xSemaphore ){          \
        xSemaphore = xQueueCreate(
        ( unsigned portBASE_TYPE ) 1,
        semSEMAPHORE_QUEUE_ITEM_LENGTH );
        \
``` |
```

函数原型	if(xSemaphore != NULL)
	\
	{
	\
	xSemaphoreGive(xSemaphore);
	\
	}
	\
	}

功能描述	创建二值信号量
参　数	xSemaphore：信号量由定义为 xSemaphoreHandle 类型的变量引用。信号量在使用前必须先创建
说　明	无

（2）创建计数型信号量

计数型信号量可以看作是深度大于 1 的队列，计数信号量每次被给出（Given），其队列中的另一个空间将会被使用，队列中的有效数据单元个数就是信号量的"计数"（Count）值。

使用已存在的队列结构来创建计数型信号量由 xSemaphoreCreateCounting() 函数实现，它也是个宏定义：＃define xSemaphoreCreateCounting(uxMaxCount，uxInitial-Count) xQueueCreateCountingSemaphore(uxMaxCount，uxInitialCount)，即实际的执行函数是 xQueueCreateCountingSemaphore()，表 18－27 列出了该函数的原型及功能描述。

表 18－27　xQueueCreateCountingSemaphore()函数

函数原型	xQueueHandle xQueueCreateCountingSemaphore(　　　　unsigned portBASE_TYPE uxCountValue, 　　　　unsigned portBASE_TYPE uxInitialCount)；
功能描述	使用已存在的队列结构来创建计数型信号量
参数 1	uxCountValue：计数型信号量的最大值
参数 2	uxInitialCount：信号量创建时分配的初始值
返　回	返回的是信号量的句柄，为 xQueueHandle 类型，如果信号量无法创建则为 NULL
说　明	FreeRTOSConfig.h 中 configUSE_COUNTING_SEMAPHORES == 1，该函数才能够使用。该函数有两种典型的应用。 ① 事件计数：在这种应用的情形下，事件处理程序会在每次事件发生时发送信号量（增加信号量计数值），而任务处理程序会在每次处理事件时请求信号量（减少信号量计数值）。因此计数值为事件发生与事件处理两者间的差值，在这种情况下计数值初始化为 0 是合适的。 ② 资源管理：在这种应用情形下，计数值指示出可用的资源数量。任务必须首先"请求"信号量来获得资源的控制权－减少信号量计数值。当计数值降为 0 时表示没有空闲资源。任务使用完资源后"返还"信号量－增加信号量计数值。在这种情况下计数值初始化为与最大的计数值相一致是合适的，这指示出所有的空闲资源

轻松玩转 ARM Cortex-M3 微控制器——基于 LPC1788 系列

(3) 创建互斥锁信号量

互斥锁信号量通过 pxMutexHolder 来指向其所有者的 TCB,它的长度为 1,同时使用 uxRecursiveCallCount 来记录其所有者获取此互斥锁的次数;互斥锁还有一个特性就是具有优先级继承机制,当前任务请求获取互斥锁时,如果互斥锁已经被另一个任务获取,当前任务会把已获取互斥锁的任务优先级提升到与自己一致,用来减少优先级翻转情况的出现。使用已存在的队列结构来创建互斥锁信号量的宏定义为:♯define xSemaphoreCreateMutex( ) xQueueCreateMutex( )。具体功能则由 xQueueCreateMutex( )函数实现,表 18 - 28 列出了该函数的原型及功能描述。

表 18 - 28　xQueueCreateMutex( )函数

函数原型	xQueueHandle xQueueCreateMutex(void)
功能描述	使用已存在的队列结构来创建互斥锁信号量
参　数	无
返　回	已创建的信号量句柄,需要为 xQueueHandle 类型
说　明	FreeRTOSConfig. h 中 configUSE_MUTEXES == 1,该函数才能够使用。 通过此宏创建的互斥锁可以使用 xSemaphoreTake( ) 与 xSemaphoreGive( ) 宏来访问。 不能使用 xSemaphoreTakeRecursive( ) 与 xSemaphoreGiveRecursive( )宏

(4) 创建递归互斥锁

一个递归的互斥锁可以重复地被其所有者"获取",在其所有者为每次的成功"获取"请求调用 xSemaphoreGiveRecursive( )前,此互斥锁不会再次调用。这种类型的信号量使用一个优先级继承机制,因此已取得信号量的任务"必须总是"在不再需要信号量时立刻"释放",互斥类型的信号量不能在中断服务程序中使用。使用已存在的队列结构来创建递归互斥锁的宏定义为:♯define xSemaphoreCreateRecursive-Mutex( ) xQueueCreateMutex( ),具体功能则由 xQueueCreateMutex( )函数实现,表 18 - 29 列出了该函数的原型及功能描述。

表 18 - 29　xQueueCreateMutex( )函数

函数原型	xQueueHandle xQueueCreateMutex(void)
功能描述	使用已存在的队列结构来创建递归互斥锁
参　数	无
返　回	已创建的信号量句柄,需要为 xQueueHandle 类型
说　明	FreeRTOSConfig. h 中 configUSE_MUTEXES == 1,该函数才能够使用

(5) 获取信号量

表 18 - 30 列出了获取信号量的宏定义 xSemaphoreTake( )函数的原型及功能描述。

表 18 – 30　xSemaphoreTake( )函数

函数原型	# define xSemaphoreTake(xSemaphore，xBlockTime) 　　　　xQueueGenericReceive(　　　　（xQueueHandle）xSemaphore, 　　　　NULL, 　　　　xBlockTime, 　　　　pdFALSE)
功能描述	获取信号量的宏
参数 1	xSemaphore：将被获得的信号量句柄，此信号量必须已经被创建
参数 2	xBlockTime：等待信号量可用的时钟滴答次数
返　回	如果成功获取信号量则返回 pdTRUE，如果 xBlockTime 超时而信号量还未可用则返回 pdFALSE
说　明	当信号量不可用时，则等待 xBlockTime 个时钟滴答，再检测信号量是否可用；当为 0 时，如果不可用，则立即退出，因此设为 0 时可以达到对信号量轮询的作用

(6) 递归获得互斥锁信号量

一个递归型的互斥锁可以被其所有者重复地"获取"，在其所有者为每次成功的"获取"请求调用 xSemaphoreGiveRecursive( )前，此互斥锁不会再次调用。递归获得互斥锁信号量的宏定义为：# define xSemaphoreTakeRecursive(xMutex，xBlock-Time)xQueueTakeMutexRecursive(xMutex，xBlockTime)，表 18 – 31 列出了递归的获取函数 xQueueTakeMutexRecursive( )的函数原型及功能描述。

表 18 – 31　xQueueTakeMutexRecursive( )函数

函数原型	portBASE_TYPE xQueueTakeMutexRecursive(　　　　xQueueHandle pxMutex, 　　　　portTickType xBlockTime)
功能描述	递归获得互斥锁信号量的宏
参数 1	pxMutex：将被获得的互斥锁句柄
参数 2	xBlockTime：等待信号量可用的时钟滴答次数
返　回	如果成功获取信号量则返回 pdTRUE，如果 xBlockTime 超时而信号量还未可用则返回 pdFALSE
说　明	FreeRTOSConfig. h 中 configUSE_RECURSIVE_MUTEXES == 1，该函数才能够使用

(7) 释放信号量

表 18 – 32 列出了这个释放信号量的宏定义及功能描述。

表 18 – 32　xSemaphoreGive( )函数

函数原型	# define xSemaphoreGive(xSemaphore) 　　　　xQueueGenericSend(　　　　（xQueueHandle）xSemaphore, 　　　　NULL,

函数原型	semGIVE_BLOCK_TIME, 　　　queueSEND_TO_BACK)
功能描述	释放信号量的宏
参　数	xSemaphore:即将释放的信号量的句柄,在信号量创建时返回
返　回	如果信号量成功释放返回 pdTRUE,如果发生错误则返回 pdFALSE
说　明	信号量使用的是队列,因此如果队列没有位置用于发送消息就会发生一个错误,说明开始时没有正确获取信号量

(8) 递归释放互斥锁信号量

xSemaphoreGiveRecursive()函数用于递归释放或"返还"互斥锁信号量的宏,该宏定义为:# define xSemaphoreGiveRecursive(xMutex) xQueueGiveMutexRecursive(xMutex),表 18 - 33 列出了递归的发送函数 xQueueGiveMutexRecursive()的函数原型及功能描述。

表 18 - 33　xQueueGiveMutexRecursive( )函数

函数原型	portBASE_TYPE xQueueGiveMutexRecursive(xQueueHandle xMutex)
功能描述	递归释放互斥锁信号量
参　数	xMutex:将被释放或返还的互斥锁的句柄
返　回	如果信号量成功释放则为 pdPASS,失败则返回 pdFAIL
说　明	FreeRTOSConfig. h 中 configUSE_RECURSIVE_MUTEXES == 1,该函数才能够使用

(9) 从中断释放一个信号量

xSemaphoreGiveFromISR()函数用于从中断释放一个信号量的宏,表 18 - 34 列出了宏定义的原型及功能描述。

表 18 - 34　xSemaphoreGiveFromISR( )函数

函数原型	# define xSemaphoreGiveFromISR(xSemaphore, pxHigherPriorityTaskWoken) 　　　xQueueGenericSendFromISR(　　　（xQueueHandle) xSemaphore, 　　　NULL, 　　　pxHigherPriorityTaskWoken, 　　　queueSEND_TO_BACK)
功能描述	从中断释放一个信号量的宏
参数 1	xSemaphore:将被释放的信号量的句柄
参数 2	pxHigherPriorityTaskWoken:因空间数据问题被挂起的任务是否解锁
返　回	如果信号量成功释放则返回 pdPASS,否则返回 errQUEUE_FULL
说　明	无

18.1.5　FreeRTOS 系统的资源管理

多任务系统中存在一种潜在的风险。当一个任务在使用某个资源的过程中,即还没有完全结束对资源的访问时,便被切出运行态,使得资源处于非一致、不完整的状态。如果这个时候有另一个任务或者中断来访问这个资源,则会导致数据损坏或是其他相似的错误。

访问一个被多任务共享,或是被任务与中断共享的资源时,需要采用"互斥"技术以保证数据在任何时候都保持一致性。这样做的目的是要确保任务从开始访问资源就具有排它性,直至这个资源又恢复到完整状态。

FreeRTOS 系统提供了多种特性用于实现互斥,但对于互斥,最好还是通过精心设计应用程序,尽量不要共享资源,或者是每个资源都通过单任务访问。

1. 临界区

代码的临界段也称为临界区,指处理时不可分割的代码。一旦这部分代码开始执行,则不允许任何中断打入。为确保临界段代码的执行,在进入临界段之前要关中断,而临界段代码执行完以后要立即开中断。

FreeRTOS 系统的基本临界区是指宏 taskENTER_CRITICAL() 与 taskEXIT_CRITICAL()之间的代码区间。

临界区是提供互斥功能的一种非常原始的实现方法,临界区的工作仅仅是简单地把中断全部关掉,或是关掉优先级在 configMAX_SYSCAL_INTERRUPT_PRIORITY 及以下的中断。

抢占式上下文切换只可能在某个中断中完成,所以调用 taskENTER_CRITICAL()的任务可以在中断关闭的时段一直保持运行态,直到退出临界区。临界区必须只具有很短的时间,否则会反过来影响中断响应时间。在每次调用 taskENTER_CRITICAL()之后,必须尽快地配套调用一个 taskEXIT_CRITICAL()。

临界区嵌套是安全的,因为内核有一个维护嵌套深度的计数。临界区只会在嵌套深度为 0 时才会真正退出,即实际上是在为每个之前调用的 taskENTER_CRITICAL()都配套调用了 taskEXIT_CRITICAL()之后。

2. 挂起(锁定)调度器

临界区的创建也可以通过挂起调度器来实现,挂起调度器有些时候也被称为锁定调度器。基本临界区保护一段代码区间不因其他任务或中断而打断,由挂起调度器实现的临界区只可以保护一段代码区间不被其他任务打断,因为这种方式下,中断是使能的。如果一个临界区太长而不适合简单地关中断来实现,可以考虑采用挂起调度器的方式。但是唤醒调度器却是一个相对较长的操作,所以评估哪种是最佳方式需要结合实际情况。

挂起调度器可以停止上下文切换而不用关中断,如果某个中断在调度器挂起过程中要求进行上下文切换,则这个请求也会被挂起,直到调度器被唤醒后才会得到执行。挂起调度器通过调用 vTaskSuspendAll()来实现。嵌套调用vTaskSuspendAll()函数和 xTaskResumeAll()函数是安全的,因为内核有一个维护嵌套深度的计数,调度器只会在

嵌套深度计数为 0 时才会被唤醒,即实际上是在为每个之前调用的 vTaskSuspendAll()
都配套调用了 xTaskResumAll()之后。

18.1.6 FreeRTOS 系统的内存管理

在 ANSI C 中是使用 malloc 和 free 两个函数来动态分配和释放内存。但在嵌
入式实时系统中,多次这样的操作会导致内存碎片,且由于内存管理算法的原因,
malloc 和 free 的执行时间也是不确定。

在 FreeRTOS 嵌入式实时系统中,每当任务、队列或者信号量被创建时,内核需
要进行动态内存分配。虽然可以调用标准的 malloc()与 free()库函数,但必须承担
以下若干问题:

① 这两个函数在小型嵌入式系统中可能不可用。

② 这两个函数的具体实现可能会相对较大,会占用较多宝贵的代码空间。

③ 这两个函数通常不具备线程安全特性。

④ 这两个函数具有不确定性。每次调用时的时间开销都可能不同。

⑤ 这两个函数会产生内存碎片。

⑥ 这两个函数会使得链接器配置得复杂。

FreeRTOS 嵌入式实时系统将内存分配作为可移植层面(相对于基本的内核代
码部分而言),这使得不同的应用程序可以提供适合自身的具体实现。当内核请求内
存时,其调用 pvPortMalloc()而不是直接调用 malloc();当释放内存时,调用 vPort-
Free()而不是直接调用 free()。pvPortMalloc()具有与 malloc()相同的函数原型;
vPortFree()也具有与 free()相同的函数原型。

FreeRTOS 自带 3 种 pvPortMalloc()与 vPortFree()实现范例,这 3 种方式都会
在本节讲述。FreeRTOS 的用户可以选用其中一种,也可以采用自己的内存管理方
式。这 3 个范例对应 3 个源文件:heap_1.c、heap_2.c 和 heap_3.c,这 3 个文件都放
在目录 FreeRTOS\Source\Portable\MemMang 下。

1. heap_1.c 范例

heap_1.c 文件实现了一个非常基本的 pvPortMalloc()函数版本,而且没有实现
PortFree()函数。如果应用程序不需要删除任务、队列或者信号量,则具有使用 heap_1
的潜质。Heap_1 总是具有确定性,也就是说如果应用程序中从不删除任务(vTaskDe-
lete)或者队列(vQueueDelete),它总是以相同的时间返回代码块。这种分配方案是将
FreeRTOS 系统的内存堆空间看作一个简单的数组,当调用 pvPortMalloc()函数时,则
将数组又简单地细分为更小的内存块。数组的总大小(字节为单位)在 FreeRTOSCon-
fig.h 中由 configTOTAL_HEAP_SIZE 定义。即使是在数组没有进行任何实际分配之
前,以这种方式定义一个巨型数组仍然会让整个应用程序看起来耗费了许多内存。

任务创建时,需要为每个创建的任务在堆空间上分配一个任务控制块(TCB)和
一个栈空间(Stack),图 18-3 所示为 heap_1.c 下是如何在任务创建时细分这个简

635

单数组的,其中:

① A 表示数组在没有任何任务创建时的情形,整个数据都是空的。

② B 表示数组在创建了 1 个任务后的情形。

③ C 表示数组在创建了 3 个任务后的情形。

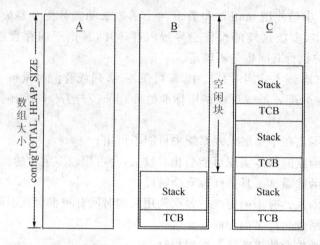

图 18－3　heap_1.c 每次创建任务后的内存分配情况

2. heap_2.c 范例

heap_2.c 也是使用了一个由 configTOTAL_HEAP_SIZE 定义大小的简单数组。不同于 heap_1.c 的是,heap_2 采用了一个最佳匹配算法来分配内存,允许预先分配要释放的块并且支持内存释放,但它不兼备将邻近的空闲块合并成单一大块。由于声明了一个静态数组,所以会让整个应用程序看起来耗费了许多内存,即使是在数组没有进行任何实际分配之前。

最佳匹配算法保证 pvPortMalloc() 函数会使用最接近请求大小的空闲内存块。比如,需要考虑以下情形:

① 堆空间中包含了 3 个空闲内存块,分别为 5 字节、25 字节和 100 字节大小。

② pvPortMalloc() 函数被调用以请求分配 20 字节大小的内存空间。

匹配请求字节数的最小空闲内存块是具有 25 字节大小的内存块,所以 pvPort-Malloc() 函数会将这个 25 字节块再分出一个 20 字节块和一个 5 字节块,然后返回一个指向 20 字节块的指针,余下的 5 字节块则保留下来,留待以后调用 pvPortMal-loc() 函数时使用。

正如前述所说,heap_2.c 不兼备将邻近的空闲块合并成单一大块的功能。它并不会把相邻的空闲块合并成一个更大的内存块,所以会产生内存碎片。如果分配和释放的总是相同大小的内存块,则内存碎片就不会成为一个问题。heap_2.c 适合用于那些重复创建(vTaskCreate 或 vQueueCreate)与删除(vTaskDelete 或 vQueueDe-lete)具有相同栈空间任务的应用程序;不适用于内存分配和释放随机大小的情况,如删除任务产生了不同大小的堆栈,或删除不同长度的队列。

图 18－4 所示为当任务创建、删除以及再创建过程中,最佳匹配算法是如何工作的:

①　A 表示数组在创建了 3 个任务后的情形,数组的顶部还剩余一个大空闲块。

②　B 表示数组在删除了一个任务后的情形,顶部的大空闲块保持不变,并多出了两个小的空闲块,分别是被删除任务的 TCB 和任务栈。

③　C 表示数组在又创建了一个任务后的情形。创建一个任务会产生两次调用 pvPortMalloc()函数,一次是分配 TCB,一次是分配任务栈(调用 pvPortMalloc 函数发生在 xTaskCreate API 函数内部)。

每个 TCB 都具有相同大小,所以最佳匹配算法可以确保之前被删除的任务占用的 TCB 空间被重新分配用作新任务的 TCB 空间。新建任务的栈空间与之前被删除任务的栈空间大小相同,所以最佳匹配算法会保证之前被删除任务占用的栈空间会被重新分配用作新任务的栈空间,数组顶部的大空闲块依然保持不变。heap_2.c 虽然不具备确定性,但是比大多数标准库实现的 malloc()与 free()更有效率。

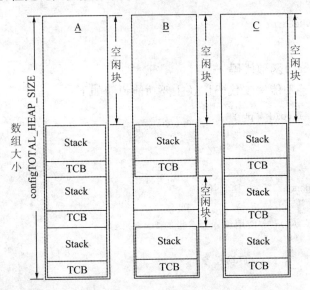

图 18－4　heap_2.c 创建和删除任务后的内存分配情况

3．heap_3.c 范例

heap_3.c 简单地调用了标准库函数 malloc()和 free(),但是通过暂时挂起调度器使得函数调用具有线程安全特性,这个方案大幅度增加内核代码占用的空间。此时的内存堆空间大小不受 configTOTAL_HEAP_SIZE 的影响,而是由链接器配置决定。

(1) pvPortMalloc()函数代码

该函数的完整功能实现代码以及主要功能说明如下:

```
void * pvPortMalloc( size_t xWantedSize )
{
    void * pvReturn;
    vTaskSuspendAll();//挂起实时内核
    {
        pvReturn = malloc( xWantedSize );//使用编译器自带的 malloc()函数
    }
    xTaskResumeAll();//唤醒实时内核
    #if( configUSE_MALLOC_FAILED_HOOK == 1 )
    {
        if( pvReturn == NULL )
        {
            extern void vApplicationMallocFailedHook( void );
            vApplicationMallocFailedHook();
        }
    }
    #endif
    return pvReturn;
}
```

(2) vPortFree()函数代码

该函数的完整功能实现代码以及主要功能说明如下：

```
void vPortFree( void * pv )
{
    if( pv )
    {
        vTaskSuspendAll();//挂起任务
        {
            free( pv );//使用编译器自带的 free()函数
        }
        xTaskResumeAll();//启动任务
    }
}
```

18.1.7　联合程序

FreeRTOS 中联合程序(co - routine)与任务类似,但在实现上有区别,简单而言联合程序相当于不能抢占的任务,其优先级均低于任务。因为其非抢占性,所以需要的系统资源更少,不需要独立的堆栈空间。

1. 联合程序的属性

每个联合程序被分配一个从 0 到 configMAX_CO_ROUTINE_PRIORITIES - 1

的优先级,configMAX_CO_ROUTINE_PRIORITIES 在 FreeRTOSConfig. h 中定义并在基本系统中设置,configMAX_CO_ROUTINE_PRIORITIES 的数值越大 FreeRTOS 消耗的 RAM 越多,低优先级联合程序使用小数值。联合程序优先级只针对其他联合程序,任务的优先级总是高于联合程序。

2. 联合程序控制块

与任务控制块(TCB)相比,联合程序的控制块没有保存堆栈相关的信息,其联合程序函数是以函数调用的方式运行,而不像任务那样把函数地址压入栈中。联合程序控制块的结构代码如下:

```
typedef struct corCoRoutineControlBlock
{
    /* 联合程序函数 */
    crCOROUTINE_CODE       pxCoRoutineFunction;
    /* 用于把联合程序放到就绪列表或挂起列表中 */
    xListItem         xGenericListItem;
    /* 用于把联合程序放到事件列表中 */
    xListItem         xEventListItem;
    /* 联合程序的优先级,只是相对于其他联合程序而言 */
    unsigned portBASE_TYPE uxPriority;
    /* 当多个联合程序使用同一个联合函数时作为区分的参数 */
    unsigned portBASE_TYPE uxIndex;
    /* 在联合程序实现的内部需要的一个参数 */
    unsigned portSHORT     uxState;
} corCRCB;
```

3. 联合函数

联合程序的执行函数主要包括联合程序创建、联合程序延时、联合程序发送和接收数据以及联合程序的运行等。

(1) 创建一个新的联合程序

创建一个新的联合程序由 xCoRoutineCreate()函数实现,表 18 - 35 列出了该函数的原型及功能描述。

表 18 - 35　xCoRoutineCreate( )函数

函数原型	signed portBASE_TYPE xCoRoutineCreate(　　　　　crCOROUTINE_CODE pxCoRoutineCode, 　　　　　unsigned portBASE_TYPE uxPriority, 　　　　　unsigned portBASE_TYPE uxIndex)
功能描述	创建一个新的联合程序并且将其增加到联合程序的就绪列表中
参数 1	pxCoRoutineCode:联合程序函数的指针

参数 2	uxPriority：优先级，用于与其他联合程序确定哪个将运行
参数 3	uxIndex：索引号，当不同的联合程序使用同一个函数来运行时用于相互识别
返　回	如果联合程序成功创建并增加到就绪列表中则返回 pdPASS，否则返回 Projdefs. h 中定义的错误代码，如 errCOULD_NOT_ALLOCATE_REQUIRED_MEMORY、errNO_TASK_TO_RUN 等
说　明	无

（2）联合程序延时

联合程序延时函数 crDELAY（）是一个宏定义，表 18 - 36 列出了该函数的宏定义原型及功能描述。

表 18 - 36　crDELAY( )函数

函数原型	```
	# define crDELAY(xHandle, xTicksToDelay)
	                          \
	            if(xTicksToDelay ＞ 0)
	            \
	            {
	            \
	            vCoRoutineAddToDelayedList(xTicksToDelay, NULL);
	            \
	            }
	            \
	            crSET_STATE0(xHandle);
	``

功能描述	把一个联合程序延时一个特定的时间
参数 1	xHandle：要延时的联合程序的句柄
参数 2	xTicksToDelay：联合程序要延时的时间片数。实际的时间相当于 configTICK_RATE_HZ（位于 FreeRTOSConfig. h）。可以使用 portTICK_RATE_MS 来转换为 ms
返　回	无
说　明	crDELAY 只能在联合程序函数自身内部使用，不能在联合程序函数调用的一个函数内部使用。这是因为联合函数没有维护自身的堆栈

（3）联合程序发送数据

联合程序发送数据函数 crQUEUE_SEND（）是一个宏，表 18 - 37 列出了该宏定义的原型及功能描述。

表 18 - 37　crQUEUE_SEND( )函数

函数原型	```
	# define crQUEUE_SEND(xHandle, pxQueue, pvItemToQueue, xTicksToWait, pxResult)
	            \
	            {
	``

轻松玩转 ARM Cortex-M3 微控制器——基于 LPC1788 系列

函数原型	\
	　* pxResult = xQueueCRSend(pxQueue, pvItemToQueue, xTicksToWait);
	\
	　if(* pxResult == errQUEUE_BLOCKED)
	\
	　{
	\
	　　crSET_STATE0(xHandle);
	
	　　* pxResult = xQueueCRSend(pxQueue, pvItemToQueue, 0);
	\
	　}
	\if(* pxResult == errQUEUE_YIELD)
	\
	　{
	\
	　crSET_STATE1(xHandle);
	\
	　* pxResult = pdPASS;
	\
	　}
	\
	　}

功能描述	联合程序向其他联合程序发送数据
参数 1	xHandle:调用的联合程序的句柄
参数 2	pxQueue:数据将被发送到的队列的句柄,这是队列使用 xQueueCreate() API 函数创建时的返回值
参数 3	pvItemToQueue:将被发送到队列的数据的指针。队列中每个条目的数据量在队列创建时已指定,这个数量的字节数据将从 pvItemToQueue 中复制到队列
参数 4	xTicksToWait:如果此刻队列没有可用空间,此值为联合程序用于阻塞等待队列空间可用的时间片数。实际的时间相当于 configTICK_RATE_HZ (位于 FreeRTOSConfig.h)。可以使用 portTICK_RATE_MS 来转换为 ms
参数 5	pxResult:一个指向 pxResult 变量的指针
返　回	如果数据成功发送到队列就会被设置为 pdPASS,否则设置为 projdefs.h 中定义的错误码
说　明	只能在联合程序函数内部访问,不能在联合程序函数调用的函数中使用,这是因为联合函数没有维护自身的堆栈

(4) 联合程序接收数据

联合程序接收数据函数 crQUEUE_RECEIVE() 也是一个宏定义,表 18 - 38 列出了该函数的原型及功能描述。

表 18 - 38　crQUEUE_RECEIVE( )函数

| 函数原型 | ```
#define crQUEUE_RECEIVE( xHandle, pxQueue, pvBuffer, xTicksToWait , pxResult )
    \
    {
    \
    * pxResult = xQueueCRReceive( pxQueue, pvBuffer, xTicksToWait );
    \
    if( * pxResult == errQUEUE_BLOCKED )
    \
    {
    \
    crSET_STATE0( xHandle );
    \
    * pxResult = xQueueCRReceive( pxQueue, pvBuffer, 0 );
    \
    }
    \
    if( * pxResult == errQUEUE_YIELD )
    \
    {
    \
    crSET_STATE1( xHandle );
    \
    * pxResult = pdPASS;
    \
    }
    \
    }
``` |
|---|---|
功能描述	联合程序接收其他联合程序发送的数据
参数 1	xHandle:调用的联合程序的句柄
参数 2	pxQueue:数据将被发送到的队列的句柄,这是队列使用 xQueueCreate( ) API 函数创建时的返回值
参数 3	pvBuffer:用于复制接收到的条目的缓冲区,队列中每个条目的数据量在队列创建时已指定,这个数量的字节数据将复制到缓冲区
参数 4	xTicksToWait:如果此刻队列没有可用空间,此值为联合程序用于阻塞等待队列空间可用的时间片数。实际的时间相当于 configTICK_RATE_HZ(位于 FreeRTOSConfig. h)。可以使用 portTICK_RATE_MS 来转换为 ms
参数 5	pxResult:一个指向 pxResult 变量的指针,如果数据成功发送到队列就会被设置为 pd-PASS,否则设置为 projdefs. h 中定义的错误码
返　回	如果数据成功发送到队列就会被设置为 pdPASS,否则设置为 projdefs. h 中定义的错误码
说　明	crQUEUE_RECEIVE 只能在联合程序函数内部访问,不能在联合程序函数调用的函数中使用,这是因为联合函数没有维护自身的堆栈

(5) 中断处理程序向联合程序发送数据

中断处理程序向联合程序发送数据函数 crQUEUE_SEND_FROM_ISR( )是一个宏定义,表 18 - 39 列出了该宏的原型及功能描述。
```

表 18 - 39　**crQUEUE_SEND_FROM_ISR( )函数**

函数原型	#define crQUEUE_SEND_FROM_ISR(　　　pxQueue, 　　　pvItemToQueue, 　　　xCoRoutinePreviouslyWoken) xQueueCRSendFromISR(　　　pxQueue, 　　　pvItemToQueue, 　　　xCoRoutinePreviouslyWoken)
功能描述	中断处理程序向联合程序发送数据
参数 1	pxQueue:将发送到的队列的句柄
参数 2	pvItemToQueue:将被发送到队列的条目的指针。队列中每个条目的数据量在队列创建时已指定,这个数量的字节数据将从 pvItemToQueue 中复制到队列的储存空间
参数 3	xCoRoutinePreviouslyWoken:包含此项使得一个中断服务程序可以在一次中断中多次向同一个队列发送数据。第一次调用时必须总是传入 pdFALSE,后面调用时应传入上一次调用返回的值
返　回	如果发送到队列使得一个联合程序唤醒则为 pdTRUE,这用来使中断服务程序决定是否需要在中断后进行上下文切换
说　明	联合程序中使用的 crQUEUE_SEND_FROM_ISR( )宏等价于任务中的 xQueueSendFromISR( )函数

(6) 联合程序从中断处理程序接收数据

联合程序从中断处理程序接收数据函数 crQUEUE_RECEIVE_FROM_ISR( ),表 18 - 40 列出了该函数的原型及功能描述。

表 18 - 40　**crQUEUE_RECEIVE_FROM_ISR( )函数**

函数原型	#define crQUEUE_RECEIVE_FROM_ISR(　　　pxQueue, 　　　pvBuffer, 　　　pxCoRoutineWoken) xQueueCRReceiveFromISR(　　　pxQueue, 　　　pvBuffer, 　　　pxCoRoutineWoken)
功能描述	联合程序从中断处理程序接收数据
参数 1	pxQueue:将接收的队列的句柄
参数 2	pvItemToQueue:将接收队列的条目的指针。队列中每个条目的数据量在队列创建时已指定,这个数量的字节数据将从 pvItemToQueue 中复制到队列的储存空间
参数 3	xCoRoutinePreviouslyWoken:包含此项使得一个中断服务程序可以在一次中断中多次向同一个队列发送数据
返　回	如果接收队列使得一个联合程序唤醒则为 pdTRUE

続表 18 - 40

说　明	本函数只能在一个从队列接收数据的中断服务程序中调用,并且此队列在一个联合程序中使用(一个联合程序发送数据到此队列)。联合程序中使用的 crQUEUE_ RECEIVE_ FROM_ISR()宏等价于任务中的 xQueueReceive FromISR()函数。crQUEUE_SEND_ FROM_ISR() 与 crQUEUE_RECEIVE_FROM_ISR() 只能用于联合程序与中断服务程序之间传递数据

(7) 运行一个联合程序

运行一个联合程序由 vCoRoutineSchedule()函数执行,表 18 - 41 列出了该函数的原型及功能描述。

表 18 - 41　vCoRoutineSchedule()函数

函数原型	void vCoRoutineSchedule(void)
功能描述	运行一个联合程序
参　数	无
返　回	无
说　明	vCoRoutineSchedule() 具有最高优先级的就绪联合程序。此联合程序将运行,直到其阻塞,让出系统或被任务抢占。联合程序是合作式运行的,所以一个联合程序不会被另一个联合程序抢占,但是可以被任务抢占。 如果一个应用程序同时包含任务与联合程序,则 vCoRoutineSchedule 应该在空闲任务中调用(在一个空闲任务钩子中)

4. 调度联合程序

联合程序由反复调用 vCoRoutineSchedule() 函数进行调度,调用 vCoRoutine-Schedule()函数的最佳位置是在空闲任务钩子中。这是因为即使系统只使用联合程序,当调度开始后仍将自动创建空闲任务。

5. 混合任务和联合程序

从空闲任务调度联合程序就很容易在同一个系统中混合使用任务和联合程序。这样只有在没有比空闲任务优先级更高的任务运行时联合程序才会执行。

6. 联合程序的执行

创建联合程序通过调用 xCoRoutineCreate()函数来实现,不过需要说明的是所有联合程序函数必须以调用 crSTART() 开始,且必须以调用 crEND()结束。联合程序函数从不返回,通常是执行一个不断的循环。许多联合程序可以从一个单一联合程序函数创建。

18.2　如何在 LPC1788 微控制器上移植 FreeRTOS 系统

FreeRTOS 嵌入式系统移植,本章指的是 FreeRTOS 操作系统可以在 Cortex - M3 内核 LPC1788 控制器上运行,虽然 FreeRTOS 的大部分程序代码都是用 C 语言写的,但仍然需要用 C 语言和汇编语言完成一些与处理器相关的代码。由于 FreeRTOS 在设计之初就考虑了可移植性，因此 FreeRTOS 的移植工作量还是比较少的。

18.2.1　初识 FreeRTOS 嵌入式系统

FreeRTOS 作为代码完全开放的实时操作系统，代码风格严谨、结构简单明了，非常适合初涉嵌入式操作系统的人员学习。表 18－42 列出了 FreeRTOS 系统官方下载源代码的主要结构，Source 目录下的 FreeRTOS 内核相关代码。

表 18－42　FreeRTOS 系统源代码介绍

Source	核心代码		实时内核源文件（硬件无关）
		list.c	双向链表
		queue.c	消息队列，负责处理 FreeRTOS 的通信。包括任务和中断使用队列互相发送数据，并且使用信号灯和互斥来发送临界资源等。
		tasks.c	任务调度，包括所有相关的创建、调度和维护任务的工作
		croutine.c	联合程序
	include		内核相关头文件
		FreeRTOS.h	FreeRTOS 系统头文件
		list.h	双向链表头文件
		portable.h	这个头文件的前半部分其实是包含移植 FreeRTOS 的时候写的 portmacro.h 文件，还声明了几个与任务、内存管理相关的函数原型
		projdefs.h	这个头文件包括 FreeRTOS 的一些基本设定、宏定义及错误代码等
		queue.h	消息队列头文件
		semphr.h	信号量宏定义及函数原型
		task.h	任务调度头文件
		mpu_wrappers.h	这个头文件将一些函数重定义为使用 MPU（内存保护单元）的函数，如果定义了使用 MPU，还会定义一些宏
		croutine.h	联合程序头文件
		StackMacros.h	堆栈管理的宏函数
	portable		CPU 相关代码
		port.c	这个文件是一个硬件相关的文件，包含了所有实际硬件相关的代码
		portmacro.h	这个头文件声明了所有硬件特定功能。文件也定义了一个数据类型的基本架构。这个数据类型中包括了基本整型变量、指针，以及系统时钟节拍器的数据类型
		\MemMang\heap_1.c	内存分配范例 1
		\MemMang\heap_2.c	内存分配范例 2
		\MemMang\heap_3.c	内存分配范例 3
Demo	移植	FreeRTOSConfig.h	FreeRTOS 移植的应用选项配置，这个头文件是移植的时候要修改的 FreeRTOS 的全局配置文件

18.2.2 FreeRTOS 系统的移植

在讲述 FreeRTOS 嵌入式系统实例设计前,我们一边针对 FreeRTOS 系统以主要文件模块分别进行工作机制、结构及工作原理的介绍,一边插入 FreeRTOS 系统移植要点介绍。FreeRTOS 的移植主要需要改写下面 3 个文件:portmacro. h、port. c、port. asm。如果采用的 C 编译器允许在 C 代码中插入汇编,并且支持用 C 语言写中断处理函数,则 port. asm 文件的内容可以合并到 port. c 中。

1. portmacro. h 文件

portmacro. h 主要包括两部分内容,第一部分定义了一系列内核代码中用到的数据类型。FreeRTOS 系统并不直接使用 char、int 等数据类型,而是将其重新定义为一系列以 port 开头的新类型,FreeRTOS 的作者个人倾向于用宏定义;第二部分则是硬件相关的定义,此外还有几个函数说明。

(1) 数据类型

FreeRTOS 系统为了保证可移植性,程序中没有直接使用 int,unsigned int 等定义,而是由作者自己定义了一套数据类型,将一些数据类型定义为以 port 开头的类型,修改后的数据类型定义代码如下:

```
# define portCHAR char //字符类型
# define portFLOAT float //浮点类型
# define portDOUBLE double //双精度类型
# define portLONG long //长整形
# define portSHORT short //短整形
# define portSTACK_TYPE unsigned portLONG //栈中数据类型
# define portBASE_TYPE long //内核字长
# if( configUSE_16_BIT_TICKS == 1 )
    typedef unsigned portSHORT portTickType;
    # define portMAX_DELAY ( portTickType ) 0xffff
# else
    typedef unsigned portLONG portTickType;
    # define portMAX_DELAY ( portTickType ) 0xffffffff
# endif
```

portTickType 既可以定义为 16 位的无符号整数,也可以定义为 32 位的无符号整数。具体用哪种定义,要看 FreeRTOSConfig. h 文件中如何设置 configUSE_16_BIT_TICKS。

(2) 硬件相关的宏定义

这些硬件相关的定义主要包括数据大小端对齐方式、堆栈增长方向、TickRate 以及任务切换的宏。

```
# define portSTACK_GROWTH                ( - 1 )
# define portTICK_RATE_MS                ( ( portTickType ) 1000 / configTICK_RATE_HZ )
# define portBYTE_ALIGNMENT              8
```

portSTACK_GROWTH 定义为 1 表示堆栈是正向生长的，-1 为逆向生长的。一般来说堆栈都是倒生的，ARM-CM3 处理器也不例外，因此这里定义为（-1）。

portTICK_RATE_MS 在应用代码中会用到，表示的是 Tick 间隔多少 ms。

portBYTE_ALIGNMENT 在 μC/OS-II 系统中则是不需要的，但在 FreeR-TOS 系统的代码中，当分配任务堆栈空间时则要用到这个宏定义，用于 SRAM 访问的字节对齐。

(3) 内核调度函数

内核相关的调度函数还包括两个外部函数，这些函数及宏定义如下：

```
extern void vPortYield( void ); //SWI 中断服务程序，用于任务切换
/*声明该函数定义在其他文件中，实现强制上下文切换，在任务环境中调用*/
extern void vPortYieldFromISR( void );
# define portYIELD()                     vPortYieldFromISR()
/*强制上下文切换，在中断处理环境中调用*/
# define portEND_SWITCHING _ISR( xSwitchRequired )
                          if( xSwitchRequired ) vPortYieldFromISR()
```

函数 portYIELD() 实现的是任务切换，相当于 μC/OS-II 系统中的 OS_TASK_SW()，它等同于 vPortYieldFromISR()，后者在 Port.c 文件中实现。

(4) 临界区管理函数

临界区也定义了一些专用的临界区管理以及中断开关函数，其中 vPortSetInter-ruptMask() 函数和 vPortClearInterruptMask() 函数在 port.asm 文件（**注意：在本章已将该文件合并到 port.c 文件内**）中定义，实现中断屏蔽位的设置和清除。vPortEnterCritical() 函数和 vPortExitCritical() 函数在 port.c 文件中定义，实现临界区的进入和退出。

```
/*声明 4 个函数在其他文件中定义，实现临界区的进入与退出、开/关中断*/
extern void vPortSetInterruptMask( void );// 中断屏蔽位的设置
extern void vPortClearInterruptMask( void );// 中断屏蔽位的清除
extern void vPortEnterCritical( void );// 临界区的进入
extern void vPortExitCritical( void );// 临界区的退出
/*中断的允许和关闭的宏定义*/
# define portDISABLE_INTERRUPTS()        vPortSetInterruptMask()
# define portENABLE_INTERRUPTS()         vPortClearInterruptMask()
/*临界区的进入和退出的宏定义*/
# define portENTER_CRITICAL()            vPortEnterCritical()
# define portEXIT_CRITICAL()             vPortExitCritical()
```

```
/*用于中断环境中断屏蔽和开启的宏定义*/
#define portSET_INTERRUPT_MASK_FROM_ISR()              0;vPortSetInterruptMask()
#define portCLEAR_INTERRUPT_MASK_FROM_ISR(x)
                                        vPortClearInterruptMask();(void)x
```

(5) 任务优化函数

任务优化函数主要包括 2 个宏定义,主要是利用某些 C 编译器的扩展功能针对任务函数进行更好的优化,此外 portNOP() 顾名思义就是对空操作定义了个宏。

```
#define portTASK_FUNCTION_PROTO( vFunction, pvParameters )
                        void vFunction( void * pvParameters )
#define portTASK_FUNCTION(vFunction, pvParameters )
                        void vFunction( void * pvParameters )
#define portNOP() //空操作
```

2. port.c 文件

port.c 中包含与移植有关的 C 函数,包括堆栈的初始化函数、任务调度器启动函数、临界区的进入与退出函数和时钟中断服务程序等。

它是移植过程中修改量最大的文件,它实现了任务栈初始化函数 pxPortInitialiseStack,调度开始函数 xPortStartScheduler,系统滴答中断函数 SysTickHandler 和申请软件中断函数 vPortYieldFromISR,还定义了个全局变量 uxCriticalNesting。

(1) 任务栈初始化函数

任务栈初始化函数用于初始化上下文切换之前的栈结构。调用任务栈初始化函数后再调用软件中断函数 vPortYieldFromISR 即可以实现上下文切换。代码如下:

```
portSTACK_TYPE * pxPortInitialiseStack( portSTACK_TYPE * pxTopOfStack,
                                pdTASK_CODE pxCode, void * pvParameters )
{
/*仿真栈结构,栈结构和中断发生时一样,这样申请软件中断就能实现上下文切换*/
    pxTopOfStack — ;
/* xPSR 压栈 */
    * pxTopOfStack = portINITIAL_XPSR;
    pxTopOfStack — ;
/* PC 压栈,类似中断返回函数地址 */
    * pxTopOfStack = ( portSTACK_TYPE ) pxCode;
    pxTopOfStack — ;
/* LR 压栈 */
    * pxTopOfStack = 0;
/* R12, R3~R1 压栈 */
    pxTopOfStack -= 5;
/* 参数通过 R0 传递 */
    * pxTopOfStack = ( portSTACK_TYPE ) pvParameters;
```

```
/* R11~R4 压栈 */
    pxTopOfStack -= 8;
    return pxTopOfStack;
}
```

(2) 启动调度函数

调度启动函数 xPortStartScheduler 用于使能调度器,它主要用于负责初始化滴答中断,负责初始化 FreeRTOS 的心跳函数。代码如下:

```
portBASE_TYPE xPortStartScheduler( void )
{
    /* 优先级设置. */
    *(portNVIC_SYSPRI2) |= portNVIC_PENDSV_PRI;
    *(portNVIC_SYSPRI2) |= portNVIC_SYSTICK_PRI;
    /* 设置滴答中断服务函数,启动定时器开始产生系统心跳时钟 */
    prvSetupTimerInterrupt();
    /* 初始化临界区嵌套的个数. */
    uxCriticalNesting = 0;
    /* 执行第一个任务 */
    vPortStartFirstTask();
    /* 内核已经开始正常调度 */
    return 0;
}
```

(3) 系统滴答中断函数

系统滴答中断函数 SysTickHandler 用于将滴答计数加 1,并根据配置判断是否进行上下文切换。代码如下:

```
void SysTick_Handler( void )
{
unsigned long ulDummy;
/* 如果使用抢占式调度,则通过设置中断控制及状态寄存器强制进行上下文切换 */
#if configUSE_PREEMPTION == 1
    *(portNVIC_INT_CTRL) = portNVIC_PENDSVSET;
#endif
/* 若配置为非抢占式调度,则屏蔽中断响应 */
ulDummy = portSET_INTERRUPT_MASK_FROM_ISR();
{
/* 通过 task.c 中的心跳处理函数 vTaskIncrementTick 进行时钟计数和延时任务处理 */
    vTaskIncrementTick();//滴答计数加 1
}
portCLEAR_INTERRUPT_MASK_FROM_ISR( ulDummy );
}
```

(4) SysTick 中断频率配置函数

函数 prvSetupTimerInterrupt()用于配置 SysTick 中断频率,以产生系统所需的心跳时钟。代码如下:

```
void prvSetupTimerInterrupt( void )
{
    /* 配置 SysTick 中断频率 */
    * (portNVIC_SYSTICK_LOAD) =
                ( configCPU_CLOCK_HZ / configTICK_RATE_HZ ) - 1UL;
    * (portNVIC_SYSTICK_CTRL) = portNVIC_SYSTICK_CLK
                            | portNVIC_SYSTICK_INT
                            | portNVIC_SYSTICK_ENABLE;
}
```

(5) 软件中断函数

软件中断函数 vPortYieldFromISR 可实现软件中断,软件中断通过设置中断控制及状态寄存器向系统中断控制器触发 PendSV 系统服务中断,请求一次上下文切换,中断到来时由汇编函数 PendSV_Handler()处理。代码如下:

```
void vPortYieldFromISR( void )
{
    /* 设置 PendSV 请求上下文切换 */
    * (portNVIC_INT_CTRL) = portNVIC_PENDSVSET;
}
```

(6) 临界区进出函数

进入临界区时,首先关中断,当退出所有嵌套的临界区后再使能中断。全局变量 uxCriticalNesting 用于记录临界区的嵌套层数,实现临界区的嵌套操作。uxCritical-Nesting 虽然是全局变量,但是后面可以看到在任务切换时会将 uxCriticalNesting 的值存到当期任务的堆栈中,完成任务切换后从新的任务的堆栈中取出 uxCritical-Nesting 的值。通过这种操作,每个任务就可维护各自临界区的嵌套层数 uxCritical-Nesting 值。

```
/* 临界区的进入 */
void vPortEnterCritical( void )
{
portDISABLE_INTERRUPTS();//关中断
uxCriticalNesting ++ ;
}
/* 临界区的退出 */
void vPortExitCritical( void )
{
```

```
uxCriticalNesting — ;
if( uxCriticalNesting == 0 )
{
    portENABLE_INTERRUPTS();//开中断
  }
}
```

3. portasm.s 文件

portasm.s 中则包含与移植有关的汇编语言函数,包括上下文切换、开/关中断和任务切换等。在本章中,实际上已将该文件与 port.c 文件合并在一起,但为了便于说明,这里独立出来作介绍。

(1) 中断允许和关闭函数

portasm.s 中实现了开关中断的汇编函数,这两个函数比较简单,汇编代码如下:

```
/* 中断屏蔽位设置 */
__asm void vPortSetInterruptMask( void )
{
    PRESERVE8
    push { r0 }
    mov r0, #configMAX_SYSCALL_INTERRUPT_PRIORITY
    msr basepri, r0
    pop { r0 }
    bx r14
}
/* 中断屏蔽位清除 */
__asm void vPortClearInterruptMask( void )
{
    PRESERVE8
    push { r0 }
    mov r0, #0
    msr basepri, r0
    pop { r0 }
    bx r14
}
```

(2) 请求切换任务函数

PendSV_Handler()函数首先将 R4～R11 压入堆栈,并将新的栈顶地址保存到 pxCurrentTCB→pxTopOfStack,用以保存当前任务的上下文。随后,通过 vTaskSwitchContext()函数更新 pxCurrentTCB 指针,指向当前优先级最高的任务。最后,恢复之前任务的上下文环境。代码如下:

```
__asm void PendSV_Handler( void )
{
extern uxCriticalNesting;
extern pxCurrentTCB;
extern vTaskSwitchContext;
PRESERVE8
/* 保存当前任务的上下文到其他任务控制块 */
mrs r0, psp
/* 获得当前任务的任务控制块指针 */
ldr     r3, = pxCurrentTCB
ldr     r2, [r3]
/* 保存 R4～R11 到该任务的堆栈 */
stmdb r0!, {r4 - r11}
/* 将最后的堆栈指针保存到任务控制块的 pxTopOfStack */
str r0, [r2]
stmdb sp!, {r3, r14
/* 关闭中断 */
mov r0, #configMAX_SYSCALL_INTERRUPT_PRIORITY
msr basepri, r0
/* 切换任务的上下文,pxCurrentTCB 已指向新任务 */
bl vTaskSwitchContext
mov r0, #0
msr basepri, r0
ldmia sp!, {r3, r14}
/* 恢复新任务的上下文到各寄存器 */
ldr r1, [r3]
/* pxCurrentTCB 中的第一个条目就是栈顶对应的任务 */
ldr r0, [r1]
/* 弹出寄存器,恢复现场 */
ldmia r0!, {r4 - r11}
msr psp, r0
bx r14
nop
}
```

(3) 直接切换任务函数

直接切换任务函数 SVC_Handler() 与上述的请求任务切换函数 PendSV_Handler() 的执行流程是一样的,它用于第一次启动任务时初始化堆栈及各寄存器,其代码如下:

```
__asm void SVC_Handler( void )
{
```

```
PRESERVE8
ldr      r3, = pxCurrentTCB
ldr r1, [r3]
ldr r0, [r1]
ldmia r0!, {r4 - r11}
msr psp, r0
mov r0, #0
msr      basepri, r0
orr r14, #0xd
bx r14
}
```

(4) 启动第一个任务函数

将堆栈地址保存到主堆栈指针 msp 中,触发 SVC 软中断,由前述的 SVC_Handler()函数完成第一个任务的具体切换工作。

```
__asm void vPortStartFirstTask( void )
{
PRESERVE8
/* 由中断向量表定位堆栈地址 */
/* 中断向量表偏移量寄存器 */
ldr r0, = 0xE000ED08
ldr r0, [r0]
ldr r0, [r0]
/* 将主堆栈指针 msp 置入堆栈起始地址 */
msr msp, r0
/* 调用 SVC 软中断开始启动第一个任务 */
svc 0
}
```

4. 启动代码接口函数修改事宜

在 Cortex - M3 使用 FreeRTOS 系统,建立工程项目中,经常会遇到 start_xxx. s(如本例的 startup_LPC177x_8x. s 文件)与 port. c、port. asm 中的中断接口函数名不同的困惑,也面临两种修改选择:

① 将 start_xxx. s 文件内对应的接口函数 SVC_Handler、PendSV_Handler 和 SysTick_ Handler 修改为 vPortSVCHandler、xPortPendSVHandler 和 xPortSysTickHandler。

② 在 port. c、port. asm 文件内将接口函数 vPortSVCHandler、xPortPendS-VHandler 和 xPortSysTickHandle 修改为 SVC_Handler、PendSV_Handler 和 SysTick_Handler。

上述两种选项不管怎么样,都要修改文件,造成移植不便。为了解决这种不便,可以在 FreeRTOSConfig.h 文件中增加下列几行：

```
#define vPortSVCHandler SVC_Handler
#define xPortPendSVHandler PendSV_Handler
#define xPortSysTickHandler SysTick_Handler
```

既可以修改配置文件，又能尽量避免修改芯片厂商提供的库文件和 FreeRTOS 移植接口文件。

18.2.3 FreeRTOS 系统的可配置参数项

FreeRTOS 提供了诸多配置项，由这些配置项可以打开或禁用某些特性。通常在项目中使用 FreeRTOS 时，会添加 FreeRTOSConfig.h 文件对 FreeRTOS 进行配置。

接下来，将讲述 FreeRTOS 的全局配置文件 FreeRTOSConfig.h，这个文件可以用于 FreeRTOS 系统的功能裁剪。表 18-43 列出了该文件参数配置的意义及对本例所选的对应配置。

表 18-43 FreeRTOSConfig.h 文件参数配置

编 号	配置宏	值	说 明
1	configUSE_PREEMPTION	1	设为 1 则采用抢占式调度器，设为 0 则采用非抢占式调度器
2	configUSE_IDLE_HOOK	0	设为 1 则使能 idle hook(空闲任务钩子函数)，设为 0 则禁止 idle hook
3	configUSE_TICK_HOOK	0	设为 1 则使能 tick hook(心跳钩子函数)，设为 0 则禁止 tick hook
4	configCPU_CLOCK_HZ	—	设置为 MCU 内核的工作频率，以 Hz 为单位。配置 FreeRTOS 的时钟 Tick 时会用到。对不同的移植代码有的可能不使用这个参数。如果确定移植代码中不用它就可以将这行注释掉。 本例采用的值是((unsigned long) 72 000 000)
5	configTICK_RATE_HZ	—	FreeRTOS 的时钟 Tick 的频率，也就是 FreeRTOS 用到的定时中断产生的频率。这个频率越高则定时的精度越高，但是由此带来的开销也越大。FreeRTOS 自带的 Demo 程序中将 TickRate 设为了 1 000 Hz 只是用来测试内核的性能的。实际的应用程序应该根据需要改为较小的数值。当多个任务共用一个优先级时，更高的 Tick Rate 会导致任务的时间片"time slice"变短。 本例采用的值仍是((portTickType) 1 000)

编　号	配置宏	值	说　明
6	configMAX_PRIORITIES	—	程序中可以使用的最大优先级。FreeRTOS 会为每个优先级建立一个链表,因此每多一个优先级都会增加一些 RAM 的开销。所以,要根据程序中需要多少种不同的优先级来设置这个参数。 本例采用的值是((unsigned portBASE_TYPE) 5)
7	configMINIMAL_STACK_SIZE	—	最小任务栈的大小,FreeRTOS 根据这个参数来给 idle task 分配堆栈空间。这个值如果设置的比实际需要的空间小,会导致程序挂掉。因此,最好不要变更 Demo 程序中给出的大小。 本例采用的值是((unsigned short) 128)
8	configTOTAL_HEAP_SIZE	—	设置堆空间(Heap)的大小。只有当程序中采用 FreeRTOS 提供的内存分配算法时才会用到。 本例采用的值是((size_t) (15 * 1024))
9	configMAX_TASK_NAME_LEN	16	任务名称最大的长度,这个长度是以字节为单位的,并且包括最后的 NULL 结束字节
10	configUSE_TRACE_FACILITY	0	如果程序中需要用到 TRACE 功能,则需将这个宏设为 1;否则设为 0。开启 TRACE 功能后,RAM 占用量会增大许多,因此在设为 1 之前请三思
11	configUSE_16_BIT_TICKS	0	设为 1 后 portTickType 将被定义为无符号的 16 位整数类型;设为 0 后 portTickType 则被定义为无符号的 32 位整型
12	configIDLE_SHOULD_YIELD	1	这个参数控制那些优先级与 idle 任务相同的任务行为,并且只有当内核被配置为抢占式任务调度时才有实际作用。内核对具有同样优先级的任务会采用时间片轮转调度算法。当任务的优先级高于 idle 任务时,各个任务分到的时间片是同样大小的;但当任务的优先级与 idle 任务相同时情况就有些不同了。它被配置为 1 时,当任何优先级与 idle 任务相同的任务处于就绪态时,idle 任务会立刻要求调度器进行任务切换。这会使 idle 任务占用最少的 CPU 时间,但同时会使得优先级与 idle 任务相同的任务获得的时间片不是同样大小。因为 idle 任务会占用某个任务的部分时间片
13	configUSE_MUTEXES	—	设为 1 则程序中会包含 mutex 相关的代码,设为 0 则忽略相关的代码。本例未用
14	configUSE _ RECURSIVE _ MUTEXES	—	设为 1 则程序中会包含 recursive·mutex 相关的代码,设为 0 则忽略相关的代码。本例未用
15	configUSE_ COUNTING _ SEMAPHORES	—	设为 1 则程序中会包含 semaphore 相关的代码,设为 0 则忽略相关的代码。本例未用

轻松玩转 ARM Cortex-M3 微控制器——基于 LPC1788 系列

655

编　号	配置宏	值	说　明
16	configUSE_ALTERNATIVE_API	—	设为 1 则程序中会包含一些关于队列操作的额外 API 函数,设为 0 则忽略相关的代码。这些额外提供的 API 运行速度更快,但是临界区(关中断)的长度也更长。有利也有弊,是否采用需要用户自己考虑了。本例未用
17	configCHECK_FOR_STACK_OVERFLOW	—	控制是否检测堆栈溢出。本例未用
18	configQUEUE_REGISTRY_SIZE	—	队列注册表有两个作用,但是这两个作用都依赖于调试器的支持:①给队列一个名字,方便调试时辨认是哪个队列。②包含调试器需要的特定信息用来定位队列和信号量。 如果调试器没有上述功能,这个注册表就毫无用处,还占用的宝贵的 RAM 空间。本例未用
19	configGENERATE_RUN_TIME_STATS	—	设置是否产生运行时的统计信息,这些信息只对调试有用,会保存在 RAM 中,占用 RAM 空间。因此,最终程序建议配置成不产生运行时统计信息。本例未用
20	configUSE_CO_ROUTINES	0	是否使用 co - routines(联合程序,或称协程),设为 1 则包含 co - routines 功能,如果包含了 co - routines 功能,则编译时需包含 croutine. c 文件
21	configMAX_CO_ROUTINE_PRI-ORITIES	2	co - routines 可以使用的优先级的数量
22	configUSE_TIMERS	—	设置为 1 则包含软件定时器功能。本例未用
23	configTIMER_TASK_PRIORITY	—	设置软件定时器任务的优先级。本例未用
24	configTIMER_QUEUE_LENGTH	—	设置软件定时器任务中用到的命令队列的长度。本例未用
25	configTIMER_TASK_STACK_DEPTH	—	设置软件定时器任务需要的任务堆栈大小。本例未用
26	configKERNEL_INTERRUPT_PRIORITY	255	决定内核使用的优先级,应该设置为最低优先级的数值
27	configMAX_SYSCALL_INTER-RUPT_PRIORITY	191	决定了可以调用 API 函数的中断的最高优先级。高于这个值的中断处理函数不能调用任何 API 函数
28	configLIBRARY_KERNEL_INTERRUPT_PRIORITY	15	对应于 configKERNEL_INTERRUPT_PRIORITY 的分项值
29	INCLUDE_vTaskPrioritySet	1	决定是否使用 vTaskPrioritySet 函数,设为 1 则使用,为 0 不使用
30	INCLUDE_uxTaskPriorityGet	1	决定是否使用 uxTaskPriorityGet 函数,设为 1 则使用,为 0 不使用
31	INCLUDE_vTaskDelete	1	决定是否使用 vTaskDelete 函数,设为 1 则使用,为 0 不使用

编　号	配置宏	值	说　明
32	INCLUDE_vTaskCleanUpResources	1	决定是否使用 vTaskCleanUpResources 函数,设为 1 则使用,为 0 不使用
33	INCLUDE_vTaskSuspend	1	决定是否使用 vTaskSuspend 函数,设为 1 则使用,为 0 不使用
34	INCLUDE_vTaskDelayUntil	1	决定是否使用 vTaskDelayUntil 函数,设为 1 则使用,为 0 不使用
35	INCLUDE_vTaskDelay	1	决定是否使用 vTaskDelay 函数,设为 1 则使用,为 0 不使用

18.3　FreeRTOS 应用实例

　　本节将基于前面讲述的 FreeRTOS 移植步骤,演示 FreeRTOS 简易例程。本章硬件仍然沿用第 16 章 μC/OS - II 系统移植同样的硬件,即仍然驱动 4 个 LED,在 FreeRTOS 系统中分别建立了任务 1(vLEDTask1)、任务 2(vLEDTask2)以分开驱动 4 个 LED 延时闪烁。

　　FreeRTOS 系统相关的软件设计结构一般都采用较固定的模式,需要设计的软件代码一般都层次清晰,很容易上手。本例的演示程序设计所涉及的软件结构如表 18 - 44 所列,主要程序文件及功能说明如表 18 - 45 所列(FreeRTOS 系统文件省略介绍)。

表 18 - 44　FreeRTOS 系统移植应用实例软件结构

用户应用软件层			
主程序 main. c			
系统软件层——FreeRTOS 系统			
双向链表	消息队列	任务	硬件相关接口
list. c list. h 等	queue. c queue. h、semphr. h 等	task. c task. h 等	port. c portable. h、portmacro. h 等
CMSIS 层			
Cortex - M3 内核外设访问层	LPC17xx 设备外设访问层		
core_cm3. h core_cmFunc. h core_cmInstr. h	启动代码 (startup_LPC- 177x_8x. s)	LPC177x_8x. h	system_LPC177x_8x. c　　system_LPC177x_8x. h
硬件外设层			
时钟电源控制驱动库	GPIO 端口驱动库	引脚连接配置驱动库	
lpc177x_8x_clkpwr. c lpc177x_8x_clkpwr. h	lpc177x_8x_gpio. c lpc177x_8x_gpio. h	lpc177x_8x_pinsel. c lpc177x_8x_pinsel. h	

表 18-45　程序设计文件功能说明

文件名称	程序设计文件功能说明
main.c	包括任务 1、任务 2 的建立,及启动任务调度,也包括任务对应的 GPIO 驱动 LED 设置、延时参数设置
lpc177x_8x_clkpwr.c	公有程序,时钟与电源控制驱动库。注:由其他驱动库文件调用
lpc177x_8x_gpio.c	公有程序,GPIO 模块驱动库,辅助调用
lpc177x_8x_pinsel.c	公有程序,引脚连接配置驱动库。由相关引脚设置程序调用
startup_LPC177x_8x.s	启动代码文件

主程序集中在 main() 入口函数,实现完成 FreeRTOS 系统的两个任务的建立以及启动任务调度器,两个任务的函数代码基本相似,主要程序代码如下。

(1) main() 函数

该函数的代码比较简单,短短的几行即可完成任务 1 和任务 2 的创建以及启动任务调度器。当然,可以针对每个任务设置堆栈大小和任务优先级,代码如下:

```
int main(void)
{
    /*创建任务 1:vLEDTask1*/
    xTaskCreate( vLEDTask1 ,
                ( signed char * ) NULL ,
                LED_TASK_STACK_SIZE ,
                NULL ,
                LED_TASK1_PRIORITY ,
                NULL );
    /*创建任务 2:vLEDTask2*/
    xTaskCreate(vLEDTask2 ,
                ( signed char * ) NULL ,
                LED_TASK_STACK_SIZE ,
                NULL ,
                LED_TASK2_PRIORITY ,
                NULL );
    /* 启动任务调度器 */
    vTaskStartScheduler();
        return 0;
}
```

(2) vLEDTask1() 函数

该函数用于设置 GPIO 引脚 P2.21 和 P1.13 驱动 2 个 LED 开/关,以及通过任务延时函数 vTaskDelay() 设置闪烁间隔的延时参数,函数代码如下:

```
void vLEDTask1(void * pvArg)
```

```
{
    PINSEL_ConfigPin(2,21,0);          /* P2.21:GPIO */
    GPIO_SetDir(2, (1<<21), 1);
    PINSEL_ConfigPin(1,13,0);          /* P1.13:GPIO */
    GPIO_SetDir(1, (1<<13), 1);
    while(1)
    {
        /* = = = = LED - ON = = = = = = = = */
        GPIO_ClearValue( 2, (1<<21) );
        GPIO_ClearValue( 1, (1<<13) );
        vTaskDelay(200);
        /* = = = = LED - OFF = = = = = = = = */
        GPIO_SetValue( 2, (1<<21) );
        GPIO_SetValue( 1, (1<<13) );
        vTaskDelay(500);
    }
}
```

(3) vLEDTask2()函数

该函数用于设置 GPIO 引脚 P5.0 和 P5.1 驱动 2 个 LED 开/关,以及通过任务
延时函数 vTaskDelay()设置闪烁间隔的延时参数,函数代码如下:

```
void vLEDTask2(void * pvArg)
{
    PINSEL_ConfigPin(5,0,0);        /* P5.0:GPIO */
    GPIO_SetDir(5, (1<<0), 1);
    PINSEL_ConfigPin(5,1,0);        /* P5.1:GPIO */
    GPIO_SetDir(5, (1<<1), 1);
    while(1)
    {
        /* = = = = LED - ON = = = = = = = = */
        GPIO_ClearValue( 5, (1<<0) );
        GPIO_ClearValue( 5, (1<<1) );
        vTaskDelay(400);
        /* = = = = LED - OFF = = = = = = = = */
        GPIO_SetValue( 5, (1<<0) );
        GPIO_SetValue( 5, (1<<1) );
        vTaskDelay(700);
    }
}
```

18.4　实例总结

　　本章详细介绍了嵌入式实时操作系统 FreeRTOS 的特点、内核以及内核结构，详细列出了任务管理、信号量、消息队列、内存管理、协程等相关 API 函数，并一步一步地阐述了 FreeRTOS 系统基于 Cortex－M3 内核 LPC1788 处理器的移植要点。

　　本章最后讲述了一个简单的多任务调度 LED 闪烁实例设计，列出了如何在 Free RTOS系统进行软件设计，其软件设计涉及层次结构是怎么样的。大家可以了解到 FreeRTOS 的任务创建实际上与 μC/OS－II 系统下的任务建立差异不大，主要涉及任务函数、堆栈大小以及任务优先级的设置等。

第 **19** 章

嵌入式图形系统 μC/GUI 的移植与应用

μC/OS-II 操作系统移植与应用随着嵌入式系统的开发成为行业热点,而嵌入式图形系统的开发也紧随着嵌入式系统 μC/OS-II 的深入而不断推陈出新,越来越多的产品(包括 PDA、娱乐消费电子、机顶盒等高端电子产品)开始需求图形操作界面显示,使得原先仅在军工、工业控制等领域中使用的图形系统 μC/GUI,受到越来越多的关注。本章将介绍 μC/GUI 的系统架构、各模块的功能实现函数、系统移植步骤等,并通过一个图形界面显示实例,即基于 LPC1788 微处理器演示如何在 μC/OS-II 系统中构建 μC/GUI 图形用户接口及执行触点校准动作。

19.1 嵌入式图形系统 μC/GUI

嵌入式系统下的图形用户界面要求具有轻型、占用资源少、高性能、高可靠性、可移植、可配置等特点。μC/GUI 是美国 Micrium 公司出品的一款针对嵌入式系统的优秀图形用户界面软件,与 μC/OS-II 一样,μC/GUI 具有源码公开(**注意:**它同 μC/OS-II 一样不是免费软件)、可移植、可裁剪、稳定性和可靠性高的特点。它是为任何使用 LCD 图形显示的应用提供高效的,独立于处理器及 LCD 控制器而设计的图形用户接口,适用单任务或是多任务系统环境。它有一个很好的颜色管理器,允许它处理灰阶。μC/GUI 也可以提供一个可扩展的 2D 图形库和一个视窗管理器,在使用一个最小的 RAM 时能支持显示窗口。

19.1.1 μC/GUI 系统的软件结构

μC/GUI 软件系统架构基于模块化设计,由不同的模块层组成,包括液晶驱动模块、内存设备模块、窗口系统模块、窗口控件模块、反锯齿模块和触摸屏及外围模块。各个模块均由大量的功能实现函数,包括图形库,多窗口,多任务机制,窗口管理及窗口控件类(如按钮、复选框、单/多行编辑框、列表框、进度条、菜单等),多字符集和多字体支持,多种常见图像文件支持,鼠标、触摸屏支持等。μC/GUI 软件系统层次结构如图 19-1 所示。

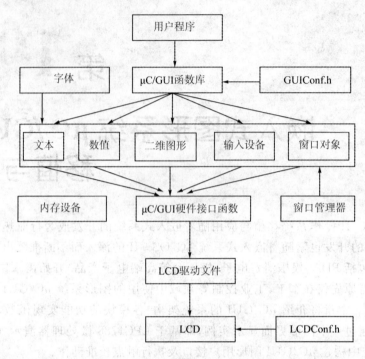

图 19 - 1　μC/GUI 软件系统层次结构

19.1.2　文本显示

在 μC/GUI 系统中显示字体是很容易的。仅需很少的函数知识就能让有效的字体进行文本显示,本小节将对文本显示相关的主要函数进行简单介绍。

1. 文本显示函数

为了在 LCD 上显示文本,可以简单地调用一些函数,把需要显示的文本作为参数,实现文本的显示。

(1) GUI_DispChar()

函数用在当前视窗,使用当前字体在当前文本坐标处显示单个字符,这是显示字符的基本函数,所有其他显示的函数在输出单个字符时都会调用这个函数,输出字符是否有效取决于所选择的字体,如果在当前字体中该字符无效,则无法显示。

(2) GUI_DispCharAt()

函数用在当前视窗,使用当前字体在指定坐标处显示单个字符,如果在当前字体中该字符无效,则无法显示。

【范例】:在屏幕左上角显示一个大写"B"。

```
GUI_DispCharAt('B',0,0);/* 后面两个参数为指定坐标 */
```

(3) GUI_DispChars()

函数用在当前视窗,使用当前字体在当前文本坐标显示一个字符,并指定重复显示的次数,如果当前字体中该字符无效,则无法显示。

【范例】:在屏幕上显示一行"@@@@@@@@@@@@@@@@"。

```
GUI_DispChars('@', 16);/* 前面是显示字符,后面是显示次数 */
```

(4) GUI_DispString()

函数用在当前视窗的当前坐标,使用当前字体显示字符串。

【范例】:在屏幕上显示"Hello"及在下一行显示"welcome"。

```
GUI_DispString("Hello");
GUI_DispString("\nWelcome");/* 字符串可以包括控制字符"\n" */
```

(5) GUI_DispStringAt()

函数用在当前视窗,使用当前字体在指定坐标显示字符串。

【范例】:在屏幕上坐标(30,40)处显示"Position 30,40"。

```
GUI_DispStringAt("Position 30,40", 30, 40);/* 显示文本 */
```

(6) GUI_DispStringAtCEOL()

该函数使用的参数与 GUI_DispStringAt() 相一致,执行的操作也相同,即在指定坐标显示所给出的字符串。但是完成这步操作后,它会调用 GUI_DispCEOL 函数清除本行剩下部分的内容直至行末。如果字符串覆盖了其他的字符串,同时该字符串长度比原先的字符串短的时候,使用该函数就会很方便。

(7) GUI_DispStringInRect()

函数用在当前视窗,使用当前字体在指定坐标显示字符串,如果指定的矩形小于字符串面积,文本会被裁剪。

【范例】:在当前视窗的水平及垂直正中的坐标显示字"Text"。

```
GUI_RECT rClient;
GUI_GetClientRect(&rClient);
GUI_DispStringInRect("Text", &rClient, GUI_TA_HCENTER | GUI_TA_VCENTER);
```

(8) GUI_DispStringLen()

函数用于在当前视窗,使用当前字体在指定坐标显示作为参数的字符串,并指定显示字符的数量。如果字符串的字符少于指定的数量,则用空格填满。如果多于指定的数量,则显示指定数量的字符。

2. 文本的绘制模式

通常情况下,在当前坐标使用所选择的字体,在选择视窗都是以正常文本模式显示,但在一些场合,需要改变文本绘制模式。μC/GUI 系统中提供 4 种标识,它们由 1 种默认值外加 3 种修改值组合应用。

文本的绘制模式是由 GUI_SetTextMode() 函数实现,按照下述几种指定的参数组合设置文本模式。

(1) 正常文本

文本正常显示,此时模式标识应指定为 GUI_TEXTMODE_NORMAL(相当于 0)。

(2) 反转文本

文本反转显示,模式标识应指定为 GUI_TEXTMODE_REVERSE。通常是由黑色上显示白色转变成为在白色上显示黑色。

(3) 透明文本

透明文本意思是在屏幕可见的任意显示区之上再显示文本,但屏幕上原有的内容仍然能够看得见,与正常文本相比,背景色被擦除了。模式标识指定为 GUI_TEXTMODE_TRANS 表示显示透明文本。

(4) 异或文本

通常情况下,用白色绘制的文本显示是反转的。如果背景颜色是黑色,效果与正常模式显示文本是一样的;如果背景是白色,输出与反转文本一样;如果使用彩色,一个反转的像素由下式计算:新像素颜色 = 颜色的值-实际像素颜色-1。

(5) 透明反转文本

作为透明文本,它不覆盖背景,作为反转文本,文本显示是反转的。文本通过指定标识 GUI_TEXTMODE_TRANS | GUI_TEXTMODE_REVERSE 来实现这种效果。

19.1.3　数值显示

μC/GUI 系统提供了二进制、十进制和十六进制输出函数,通过简单的函数调用就可以显示所需要结构的数值。

1. 显示二进制数值函数

(1) GUI_DispBin()

该函数用在当前视窗的当前文本坐标,使用当前字体显示一个二进制数。

【范例】:显示二进制数"7",其结果为 000111。

```
U32 Input = 0x7;/* 用于显示的数值,32 位 */
GUI_DispBin(Input, 6);/* 显示的数字的数量,包括首位 0 */
```

(2) GUI_DispBinAt()

该函数用在当前视窗的指定的文本坐标处,使用当前字体显示一个二进制数。

【范例】:显示二进制输入状态。

```
/* 第一个参数用于显示的数值,32 位;后面两个分别是 X,Y 坐标(以像素为单位) */
GUI_DispBinAt(Input, 0,0, 8);
```

2. 显示十进制数值函数

(1) GUI_DispDec()

该函数用在当前视窗的当前文本坐标,使用当前字体显示一个十进制数值,指定显示字符的数量,不支持首位为 0 的格式(如 0),如果数值为负,则会显示一个减号。

(2) GUI_DispDecAt()

该函数用在当前视窗的指定文本坐标(坐标以像素为单位),使用当前字体显示十进制数值,指定显示字符的数量。

(3) GUI_DispDecMin()

该函数用在当前视窗的当前文本坐标,使用当前字体显示十进制数值,无需指定长度,自动使用最小长度值。

(4) GUI_DispDecShift()

该函数用在当前视窗的当前文本坐标,使用当前字体显示一个长型十进制数值(用小数点作分隔符),指定显示字符的数量及使用小数点,包括符号和小数点最多显示字符数量为 9。

3. 显示十六进制数值函数

(1) GUI_DispHex()

该函数用在当前视窗的当前文本坐标,使用当前字体显示一个十六进制数值。

【范例】:显示一个 A/D 转换器输入的数值。

```
/* 第一个参数用于显示的数值,32 位;后一个参数显示数值的数量 */
GUI_DispHex(Input, 4);
```

(2) GUI_DispHexAt()

该函数用在当前视窗的指定的文本坐标处,使用当前字体显示一个十六进制数。

【范例】:在指定坐标显示一个 A/D 转换器数值。

```
/* 第一个参数用于显示的数值,32 位;中间的参数是 X,Y 坐标;后一个参数显示数值的数量
(包括首位 0) */
GUI_DispHexAt(Input, 0, 0, 4);
```

4. 显示浮点数值函数

(1) GUI_DispFloat()

该函数用在当前视窗的当前文本坐标,使用当前字体显示一个浮点数,指定显示字符数量。它不支持首位为 0 的格式,小数点被当作一个字符处理,如果数值为负数,则会显示一个减号。

(2) GUI_DispFloatFix()

该函数用在当前视窗的当前文本坐标,使用当前字体显示一个浮点数,指定总的显示字符的数量及小数点右边字符的数量,且不禁止首位为 0 的格式,如果数值为

负,则显示减号。

(3) GUI_DispFloatMin()

该函数用在当前视窗的当前文本坐标,使用当前字体显示一个浮点数,小数点右边十进制数的数量为一个最小值。该函数不支持首位为 0 的格式,如果数值为负,则显示减号。

(4) GUI_DispSFloatFix()

该函数用在当前视窗的当前文本坐标,使用当前字体显示一个浮点数(包括符号),指定总的显示字符的数量及小数点右边字符的数量。该函数不禁止首位为 0 的格式,在数值的前面总会显示符号。

(5) GUI_DispSFloatMin()

该函数用在当前视窗的当前文本坐标,使用当前字体显示一个浮点数(包括符号),小数点右边数字使用最小数量。该函数不支持首位为 0 的格式,且数值前面显示符号。

19.1.4　2D 图形库

μC/GUI 系统包括有一个完整的 2D 图形库,适合大多数场合下应用。μC/GUI 提供的函数既可以与裁剪区一同使用也可以脱离裁剪区使用,这些函数基于快速及有效率的算法建立。

1. 绘图模式

μC/GUI 系统支持两种绘图模式:NORMAL 模式和 XOR 模式。默认为 NOR-MAL 模式,即显示屏的内容被绘图所完全覆盖,用于绘点、线、区域、位图等;在 XOR 模式时当绘图覆盖在上面时,显示屏的内容反转显示。

选择指定的绘图模式由函数 GUI_SetDrawMode()实现。

【范例】:显示两个圆,其中第二个以 XOR 模式与第一个结合。

```
GUI_Clear();/*清除视窗*/
GUI_SetDrawMode(GUI_DRAWMODE_NORMAL);/*NORMAL模式*/
GUI_FillCircle(120, 64, 40);/*填圆*/
GUI_SetDrawMode(GUI_DRAWMODE_XOR);/*XOR模式*/
GUI_FillCircle(140, 84, 40);/*填圆*/
```

2. 基本绘图函数

基本绘图函数允许在显示屏上的任意位置进行点、水平与垂直线段以及形状的绘制,且可使用任意绘图模式。

(1) GUI_ClearRect()

该函数用在当前视窗的指定位置通过向一个矩形区域填充背景色来清除它,函数原型如下:

/ * x0 为左上角 X 坐标,y0 为左上角 Y 坐标,x1 为右下角 X 坐标,y1 为右下角 Y 坐标 * /
void GUI_ClearRect(int x0, int y0, int x1, int y1);

(2) GUI_DrawPixel()

该函数用在当前视窗的指定坐标绘一个像素点,函数原型如下:

void GUI_DrawPixel(int x, int y);/ * x,y 为坐标,以像素点为单位 * /

(3) GUI_DrawPoint()

该函数用在当前视窗使用当前尺寸笔尖绘一个点,函数原型如下:

void GUI_DrawPoint(int x, int y);/ * x,y 为坐标 * /

(4) GUI_FillRect()

该函数用在当前视窗指定的位置绘一个矩形填充区域,使用当前的绘图模式,通常表示在矩形内的所有像素都被设置,函数原型如下:

/ * x0 为左上角 X 坐标,y0 为左上角 Y 坐标,x1 为右下角 X 坐标,y1 为右下角 Y 坐标 * /
void GUI_FillRect(int x0, int y0, int x1, int y1);

(5) GUI_InvertRect()

该函数用在当前视窗的指定位置绘一反相的矩形区域,函数原型如下:

/ * x0 为左上角 X 坐标,y0 为左上角 Y 坐标, x1 为右下角 X 坐标,y1 为右下角 Y 坐标 * /
void GUI_InvertRect(int x0, int y0, int x1, int y1);

3. 绘制位图函数

(1) GUI_DrawBitmap()

该函数用在当前视窗的指定位置绘一幅位图,且位图数据必须定义为像素×像素,函数原型如下:

/ * 第一个参数是指向需显示位图的指针; x 是位图在屏幕上位置的左上角 X 坐标; * /
/ * y 是位图在屏幕上位置的左上角 Y 坐标 * /
void GUI_DrawBitmap(const GUI_BITMAP * pBM, int x, int y);

(2) GUI_DrawBitmapExp()

该函数与 GUI_DrawBitmap 函数具有相同功能,但是带有扩展参数设置,函数原型如下:

void GUI_DrawBitmapExp(int x0, int y0,/ * x,y 表示位图在屏幕位置左上角 X,Y 坐标 * /
int XSize, int YSize,/ * 表示水平/垂直方向像素的数量,有效范围:1~255 * /
int XMul, int YMul,/ * X,Y 轴方向比例因数 * /
int BitsPerPixel,/ * 每像素的位数 * /
int BytesPerLine,/ * 图形每行的字节数 * /
const U8 * pData,/ * 位图数据指针 * /
const GUI_LOGPALETTE * pPal);/ * GUI_LOGPALETTE 结构的指针 * /

轻松玩转 ARM Cortex-M3 微控制器——基于 LPC1788 系列

(3) GUI_DrawBitmapMag

该函数实现在屏幕上缩放一幅位图,函数原型如下:

```
void GUI_DrawBitmapMag( const GUI_BITMAP * pBM, /* 显示位图的指针 */
int x0, int y0, /* 位图在屏幕上位置的左上角 X、Y 坐标 */
int XMul, int YMul); /* X、Y 轴方向比例因数 */
```

(4) GUI_DrawStreamedBitmap

该函数从一个位图数据流的数据绘制一幅位图,函数原型如下:

```
void GUI_DrawStreamedBitmap (
/* 指向数据流的指针 */
const GUI_BITMAP_STREAM * pBMH,
/* 位图在屏幕上位置的左上角 X、Y 坐标 */
int x, int y);
```

4. 绘线函数

绘图函数使用频率最高的主要是从一个点到另一个点的功能函数。

(1) GUI_DrawHLine( )

该函数用于在当前视窗从一个指定的起点到一个指定的终点,以一个像素厚度画一条水平线,函数原型如下:

```
void GUI_DrawHLine(int y, int x0, int x1); /* y 表 Y 轴坐标,x0,x1 表示起点、终点坐标 */
```

(2) GUI_DrawLine( )

该函数用于在当前视窗的指定起点到指定终点绘一条直线,函数原型如下:

```
/* x0,y0 为 X、Y 轴开始坐标; x1,y1 为 X、Y 轴结束坐标; */
void GUI_DrawLine(int x0, int y0, int x1, int y1);
```

(3) GUI_DrawLineRel( )

该函数在当前视窗从当前坐标到一个端点绘一条直线,需指定 X 轴距离和 Y 轴距离,函数原型如下:

```
void GUI_DrawLineRel(int dx, int dy); /* dx,dy 为到所绘直线 X、Y 轴方向的距离 */
```

(4) GUI_DrawLineTo( )

该函数用在当前视窗从当前坐标 (X, Y) 到一个端点绘一条直线,需指定端点的 X 轴、Y 轴坐标,函数原型如下:

```
void GUI_DrawLineTo(int x, int y); /* x,y 为终点的 X、Y 轴坐标 */
```

(5) GUI_DrawPolyLine( )

该函数在当前视窗中用直线连接一系列预先确定的点,函数原型如下:

```
/* pPoint 指向显示折线的指针; NumPoints 指定点的数量; x,y 为原点的 X、Y 轴坐标 */
```

```
void GUI_DrawPolyLine(const GUI_POINT * pPoint, int NumPoints, int x, int y);
```

(6) GUI_DrawVLine( )

该函数在当前视窗从指定的起点到指定的终点,以一个像素厚度画一条垂直线,函数原型如下:

```
/ * x 为 X 轴坐标;y0 起点的 Y 轴坐标;y1 终点的 Y 轴坐标 * /
void GUI_DrawVLine(int x, int y0, int y1);
```

5. 绘多边形函数

绘矢量符号时一般采用绘多边形函数。

(1) GUI_DrawPolygon( )

该函数用于在当前视窗中绘一个由一系列点定义的多边形的轮廓,函数原型如下:

```
/ * pPoint 指向显示的多边形的指针;NumPoints 指定点的数量;x,y 原点的 X,Y 轴坐标 * /
void GUI_DrawPolygon(const GUI_POINT * pPoint, int NumPoints, int x, int y);
```

(2) GUI_EnlargePolygon( )

该函数通过指定一个以像素为单位的长度,对多边形的所有边进行放大,函数原型如下:

```
void GUI_EnlargePolygon ( GUI_POINT * pDest,/ * 指向目标多边形的指针 * /
const GUI_POINT * pSrc,/ * 指向源多边形的指针 * /
int NumPoints,/ * 指定点的数量 * /
int Len);/ * 对多边形进行放大的长度(以像素为单位) * /
```

(3) GUI_FillPolygon ( )

该函数在当前视窗中绘一个由一系列点定义的填充多边形,函数原型如下:

```
void GUI_FillPolygon(const GUI_POINT * pPoint,/ * 指向显示的填充多边形的指针 * /
int NumPoints, / * 指定点的数量 * /
int x, int y);/ * 原点的 X,Y 轴坐标 * /
```

(4) GUI_MagnifyPolygon ( )

该函数通过指定一个比例因数对多边形进行放大,函数原型如下:

```
void GUI_MagnifyPolygon ( GUI_POINT * pDest,/ * 指向目标多边形的指针 * /
const GUI_POINT * pSrc,/ * 指向源多边形的指针 * /
int NumPoints,/ * 指定点的数量 * /
int Mag);/ * 放大比例因数 * /
```

(5) GUI_RotatePolygon ( )

该函数按指定角度旋转多边形,函数原型如下:

```
void GUI_RotatePolygon( GUI_POINT * pDest, / * 指向目标多边形的指针 * /
```

669

```
const GUI_POINT * pSrc, /* 指向源多边形的指针 */
int NumPoints, /* 指定点的数量 */
float Angle); /* 多边形旋转的角度(以弧度为单位) */
```

6. 绘圆函数

(1) GUI_DrawCircle()

该函数在当前视窗指定坐标以指定的尺寸绘制一个圆,函数原型如下:

```
/* x0,y0 在视窗中圆心的 X,Y 轴坐标(以像素为单位);r 为圆的半径,取 0~180 */
void GUI_DrawCircle(int x0, int y0, int r);
```

(2) GUI_FillCircle()

该函数在当前视窗指定坐标,以指定的尺寸绘制一个填充圆,函数原型如下:

```
void GUI_FillCircle(int x0, int y0, int r);
```

注意:该函数的参数与 GUI_DrawCircle()是一样的,但它绘出的是实心圆。

7. 绘椭圆函数

(1) GUI_DrawEllipse()

该函数在当前视窗的指定坐标以指定的尺寸绘一个椭圆,函数原型如下:

```
void GUI_DrawEllipse (int x0, /* 在视窗中圆心的 X 轴坐标(以像素为单位) */
int y0, /* 在视窗中圆心的 Y 轴坐标(以像素为单位) */
int rx, /* 椭圆的 X 轴半径,取 0~180 */
int ry); /* 椭圆的 Y 轴半径,取 0~180 */
```

(2) GUI_FillEllipse()

该函数按指定的尺寸绘一个填充椭圆,函数原型如下:

```
void GUI_FillEllipse(int x0, int y0, int rx, int ry);
```

注意:该函数的参数与 GUI_DrawEllipse()是一样的,但它绘出的是实心椭圆。

8. 绘制圆弧函数

绘制圆弧由 GUI_DrawArc()函数实现,该函数在当前视窗的指定坐标按指定尺寸绘一段圆弧,一段圆弧就是一个圆的一部分轮廓。函数原型如下:

```
void GL_DrawArc (int xCenter, /* 视窗中圆弧中心的水平方向坐标(以像素为单位) */
int yCenter, /* 视窗中圆弧中心的垂直方向坐标(以像素为单位) */
int rx, /* X 轴半径(像素) */
int ry, /* Y 轴半径(像素) */
int a0, /* 起始角度(度) */
int a1); /* 终止角度(度) */
```

注意:GUI_DrawArc()函数使用浮点库,处理的参数 rx,ry 不能超过 180,超过后会导致溢出错误。

19.1.5　字　体

μC/GUI 目前版本提供 4 种字体：等宽位图字体，比例位图字体，带有 2 bpp（bit/pixel，位/像素）用于建立反混淆信息的比例位图字体，带有 4 bpp 用于建立反混淆信息的反混淆字体。

1. 字体选择函数

(1) GUI_GetFont()

该函数用于返回当前选择字体的指针。

(2) GUI_SetFont()

该函数用于设置当前文字输出的字体。

2. 字体相关函数

(1) GUI_GetCharDistX()

该函数用于返回当前字体中指定字符的宽度（X 轴，以像素为单位），函数原型如下：

```
int GUI_GetCharDistX(U16 c);/*c需计算宽度的字符*/
```

(2) GUI_GetFontDistY()

该函数用于返回当前字体 Y 轴方向间距。函数返回值是当前选择字体入口 Y 轴方向距离数值，该返回值对于比例字体及等宽字体都有效。

注意：Y 轴方向间距是以像素为单位在两个文字相邻线之间的垂直距离。

(3) GUI_GetFontInfo()

该函数用于返回一个包含字体信息的结构，函数原型如下：

```
typedef struct
    {
    U16 Flags;
    }GUI_FONTINFO;/* GUI_FONTINFO 结构定义*/
```

成员变量使用以下数值：

```
GUI_FONTINFO_FLAG_PROP
GUI_FONTINFO_FLAG_MONO
GUI_FONTINFO_FLAG_AA
GUI_FONTINFO_FLAG_AA2
GUI_FONTINFO_FLAG_AA4
```

(4) GUI_GetFontSizeY()

该函数用于返回当前字体的高度（Y 轴，以像素为单位），函数原型如下：

671

```
int GUI_GetFontSizeY(void);
```

注意：返回值是当前选择字体入口 Y 轴方向大小的数值；该值小于或等于通过执行 GUI_GetFontDistY() 获得的返回值，即 Y 轴方向间距。

(5) GUI_GetStringDistX()

该函数用于返回一个使用当前字体文本的 X 轴尺寸，函数原型如下：

```
int GUI_GetStringDistX(const char GUI_FAR * s); /* s 字符串的指针 */
```

(6) GUI_GetYDistOfFont()

该函数用于返回一个特殊字体的 Y 轴间距，函数原型如下：

```
int GUI_GetYDistOfFont(const GUI_FONT * pFont); /* pFont 字体的指针 */
```

(7) GUI_GetYSizeOfFont()

该函数用于返回一个特殊字体的 Y 轴尺寸，函数原型如下：

```
int GUI_GetYSizeOfFont(const GUI_FONT * pFont); /* pFont 字体的指针 */
```

(8) GUI_IsInFont()

该函数用于估计一个指定的字符是否在一种特殊字体里面，函数原型如下：

```
char GUI_IsInFont(const GUI_FONT * pFont, /* pFont 字体的指针，如置 0，则使用当前选择
                                              字体 */
U16 c); /* c 搜索的字符 */
```

19.1.6　颜　色

µC/GUI 支持黑、白、灰度以及彩色的显示屏。通过改变 LCD 配置，同一个用户程序可以用于不同类型的显示屏。

1. 预定义颜色

在 µC/GUI 中预定义了一些标准的颜色，如表 19 − 1 所列。

表 19 − 1　预定义颜色

定　义	颜　色	值	定　义	颜　色	值
GUI_BLACK	黑	0x000000	GUI_LIGHTGRAY	浅灰	0xD3D3D3
GUI_BLUE	蓝	0xFF0000	GUI_LIGHTBLUE	淡蓝	0xFF8080
GUI_GREEN	绿	0x00FF00	GUI_LIGHTGREEN	淡绿	0x80FF80
GUI_CYAN	青	0xFFFF00	GUI_LIGHTCYAN	淡青	0x80FFFF
GUI_RED	红	0x0000FF	GUI_LIGHTRED	淡红	0x8080FF
GUI_MAGENTA	洋红	0x8B008B	GUI_LIGHTMAGENTA	淡洋红	0xFF80FF
GUI_BROW	褐	0x2A2AA5	GUI_YELLOW	黄	0x00FFFF

定　义	颜　色	值	定　义	颜　色	值
GUI_DARKGRAY	深灰	0x404040	GUI_WHITE	白	0xFFFFFF
GUI_GRAY	灰	0x808080			

【范例】：将背景色设为洋红。

```
GUI_SetBkColor(GUI_MAGENTA);/ * 设置预定义颜色 * /
GUI_Clear();/ * 清除 * /
```

2. 基本颜色函数

(1) GUI_GetBkColor()

该函数用于返回当前背景颜色。

(2) GUI_GetBkColorIndex()

该函数用于返回当前背景颜色的索引,函数原型如下：

```
int GUI_GetBkColorIndex(void);/ * 返回值当前背景颜色的索引 * /
```

(3) GUI_GetColor()

该函数用于返回当前前景颜色。

(4) GUI_GetColorIndex()

该函数用于返回当前前景颜色的索引,函数原型如下：

```
int GUI_GetColorIndex(void); / * 返回值当前的前景色索引 * /
```

(5) GUI_SetBkColor()

该函数用于设置当前背景颜色,函数原型如下：

```
GUI_COLOR GUI_SetBkColor(GUI COLOR Color);/ * Color 背景颜色,24 位 RGB 数值 * /
```

(6) GUI_SetBkColorIndex()

该函数用于设置当前背景颜色索引值,函数原型如下：

```
int GUI_SetBkColorIndex(int Index);/ * Index 颜色索引值 * /
```

(7) GUI_SetColor()

该函数用于设置当前的前景颜色,函数原型如下：

```
void GUI_SetColor(GUI_COLOR Color); / * Color 前景颜色,24 位 RGB 数值 * /
```

(8) GUI_SetColorIndex()

该函数用于设置当前前景颜色索引,函数原型如下：

```
void GUI_SetColorIndex(int Index);/ * Index 前景颜色的索引值 * /
```

3. 索引色及全彩色转换函数

(1) GUI_Color2Index()

该函数用于返回指定 RGB 颜色数值的索引值,函数原型如下:

```
int GUI_Color2Index(GUI_COLOR Color);/* Color 转换颜色的 RGB 值 */
```

(2) GUI_Index2Color()

该函数用于返回一种指定的索引颜色的 RGB 颜色值,函数原型如下:

```
int GUI_Index2Color(int Index);/* Index 转换颜色的索引值 */
```

19.1.7　存储设备

存储设备主要是为了防止显示屏在有对象重叠的绘图操作时闪烁。不使用存储设备时,绘图操作直接写屏,屏幕在绘图操作执行时更新,当更新重叠时会产生闪烁;使用一个存储设备的话,所有的操作在存储设备内执行,只有在所有的操作执行完毕后最终结果才显示在屏幕上,具有无闪烁的优点。

使用存储设备时通常需要按步骤调用如下的主要函数:

① 建立存储设备,使用 GUI_MEMDEV_Create()函数。

② 激活,使用 GUI_MEMDEV_Select()函数。

③ 执行绘图操作。

④ 将结果复制到显示屏,使用 GUI_MEMDEV_CopyToLCD()函数。

⑤ 操作结束后,如不再需要存储设备可删除,使用 GUI_MEMDEV_Delete()函数。

19.1.8　视窗管理器

μC/GUI 系统中使用视窗管理器时,显示屏上显示的内容都可包括在一个窗口区域内,该区域作为一个绘制或显示对象的用户接口,其窗口可以任意调整大小,也可同时显示多个窗口。μC/GUI 的视窗管理器提供了一整套函数,能很容易地对许多窗口进行创建、移动、调整大小以及进行其他操作。

(1) WM_CreateWindow()

函数用于在一个指定位置创建一个指定尺寸的窗口,函数原型如下:

```
WM_HWIN WM_CreateWindow ( int x0, int y0,/* 左上角 X,Y 轴坐标 */
int width, int height,/* 窗口的 X,Y 轴尺寸 */
U8 Style,/* 窗口创建标识 */
WM_CALLBACK * cb,/* 回调函数的指针 */
int NumExtraBytes);/* 分配的额外字节数 */
```

(2) WM_CreateWindowAsChild()

函数用于以子窗口的形式创建一个窗口,函数原型如下:

```
WM_HWIN WM_CreateWindowAsChild( int x0, int y0, /* 对父窗口左上角 X,Y 轴坐标 */
int width, int height, /* 窗口的 X,Y 轴尺寸 */
WM_HWIN hWinParent,/* 父窗口的句柄 */
U8 Style, /* 窗口创建标识 */
WM_CALLBACK * cb, /* 回调函数的指针 */
int NumExtraBytes); /* 分配的额外字节数 */
```

(3) WM_DeleteWindow( )

函数用于删除一个指定的窗口,如果指定的窗口有子窗口,在窗口本身被删除之前,这些子窗口自动被删除。

(4) WM_Exec( )

函数通过执行回调函数重绘无效窗口。

(5) WM_GetClientRect( )

函数用于返回活动窗口的客户区的坐标。

(6) WM_GetDialogItem( )

函数用于返回一个对话框项(控件)的窗口句柄。

(7) WM_GetOrgX( )和 WM_GetOrgY( )

这两个函数分别返回以像素为单位的指定窗口的客户区的原点的 X 轴或 Y 轴坐标。

(8) WM_GetWindowOrgX( )和 WM_GetWindowOrgY( )

这两个函数分别返回以像素为单位的指定窗口客户区的原点的 X 轴或 Y 轴坐标。

(9) WM_GetWindowRect( )

该函数返回活动窗口的屏幕坐标。

(10) WM_GetWindowSizeX( )和 WM_GetWindowSizeY( )

这两个函数分别返回指定窗口的 X 轴或 Y 轴的尺寸。

(11) WM_HideWindow( )

该函数隐藏一个指定的窗口。调用该函数后,窗口并不会立即显现"隐藏"效果,如果需要立即隐藏一个窗口的话,应当调用 WM_Paint ()函数重绘其他窗口。

(12) WM_InvalidateArea( )

该函数使显示屏的指定矩形区域无效,调用该函数将告诉视窗管理器指定的区域不要更新。

(13) WM_InvalidateRect( )

该函数使一个窗口的指定矩形区域无效。

(14) WM_InvalidateWindow( )

函数使一个指定的窗口无效,调用该函数告诉视窗管理器指定的窗口不更新。

(15) WM_MoveTo( )

该函数将一个指定的窗口移到某个位置,函数原型如下:

```
void WM_MoveTo(WM_HWIN hWin,/* 窗口的句柄 */
int dx, int dy);/* 新的 X,Y 轴坐标 */
```

(16) WM_MoveWindow()

该函数把一个指定的窗口移动一段距离,函数原型如下:

```
void WM_MoveWindow(WM_HWIN hWin,/* 窗口的句柄 */
int dx, int dy);/* 移动的水平/垂直距离 */
```

(17) WM_Paint()

该函数用于立即绘制或重绘一个指定窗口。

(18) WM_ResizeWindow()

该函数用于改变一个指定窗口的尺寸,函数原型如下:

```
void WM_ResizeWindow(WM_HWIN hWin,/* 窗口的句柄 */
int XSize, int YSize);/* 窗口水平/垂直尺寸要修改的值 */
```

(19) WM_SelectWindow()

该函数用于选择一个活动窗口用于绘制操作。

(20) WM_ShowWindow()

该函数使一个指定窗口可见。

19.1.9 窗口对象

控件是具有对象性质的窗口,在视窗管理器中它们被称为控件,是构造用户接口的元素,在视窗管理器中按照功能的不同可以划分出多种控件。

1. 通用控件函数

(1) WM_EnableWindow()

该函数能将控件状态激活(默认设置),函数原型如下:

```
void WM_EnableWindow(WM_Handle hObj);/* 控件的句柄 */
```

(2) WM_DisableWindow()

该函数能将控件状态设置为禁止,函数原型如下:

```
void WM_DisableWindow(WM_Handle hObj);/* 控件的句柄 */
```

2. 按钮控件函数

(1) BUTTON_Create()

该函数用于在一个指定位置,以指定的大小建立一个按钮控件,函数原型如下:

```
BUTTON_Handle BUTTON_Create( int x0,/* 按钮最左边的像素 */
int y0,/* 按钮最顶部的像素 */
int xsize, int ysize,/* 按钮的水平/垂直尺寸 */
```

```
int ID,/ * 返回的 ID * /
int Flags);/ * 窗口建立标识 * /
```

（2）BUTTON_CreateAsChild()
该函数用于以子窗口的形式建立一个按钮。

（3）BUTTON_SetBitmap()
该函数用于显示一个指定按钮时使用的位图,函数原型如下：

```
void BUTTON_SetBitmap( BUTTON_Handle hObj,/ * 按钮的句柄 * /
int Index,/ * 位图的索引 * /
const GUI_BITMAP * pBitmap);/ * 位图指针 * /
```

（4）BUTTON_SetBkColor()
该函数用于设置按钮的背景颜色,函数原型如下：

```
void BUTTON_SetBkColor(BUTTON_Handle hObj, / * 按钮的句柄 * /
int Index, / * 颜色索引 * /
GUI_COLOR Color);/ * 背景颜色 * /
```

（5）BUTTON_SetFont()
该函数用于设置按钮字体,函数原型如下：

```
void BUTTON_SetFont(BUTTON_Handle hObj, / * 按钮的句柄 * /
const GUI_FONT * pFont);/ * 字体指针 * /
```

（6）BUTTON_SetState()
该函数用于设置一个指定按钮的状态,函数原型如下：

```
void BUTTON_SetState(BUTTON_Handle hObj, / * 按钮的句柄 * /
int State)/ * 状态 * /
```

（7）BUTTON_SetStreamedBitmap()
该函数用于显示一个指定按钮对象时设置使用的位图数据流,函数原型如下：

```
void BUTTON_SetStreamedBitmap( BUTTON_Handle hObj,/ * 按钮的句柄 * /
int Index,/ * 位图的索引 * /
const GUI_BITMAP_STREAM * pBitmap);/ * 位图数据流的指针 * /
```

（8）BUTTON_SetText()
该函数用于设置在按钮上显示的文本,函数原型如下：

```
void BUTTON_SetText(BUTTON_Handle hObj, / * 按钮的句柄 * /
const char * s);/ * 显示的文 * /
```

（9）BUTTON_SetText()
该函数用于设置按钮文本的颜色,函数原型如下：

轻松玩转 ARM Cortex-M3 微控制器——基于 LPC1788 系列

```
void BUTTON_SetTextColor(BUTTON_Handle hObj, /* 按钮的句柄 */
int Index, /* 颜色的索引 */
GUI_COLOR Color);/* 文本颜色 */
```

3. 复选框控件相关函数

多选项选择应用时采用的是复选框,复选框相关的主要函数介绍如下:

(1) CHECKBOX_Check()

该函数用于将一个复选框设置为选中状态,函数原型如下:

```
void CHECKBOX_Check(CHECKBOX_Handle hObj);/* 复选框的句柄 */
```

(2) CHECKBOX_Create()

该函数用于在一个指定位置,以指定的大小建立一个复选框的控件,函数原型如下:

```
CHECKBOX_Handle CHECKBOX_Create( int x0,/* 复选框最左边的像素 */
int y0, /* 复选框最顶端的像素 */
int xsize, int ysize, /* 复选框水平/垂直方向大小 */
WM_HWIN hParent, /* 父窗口的句柄 */
int ID, /* 返回的 ID 值 */
int Flags); /* 窗口创建标识 */
```

(3) CHECKBOX_IsChecked()

该函数用于返回一个指定的复选框控件当前是否选中的状态,函数原型如下:

```
int CHECKBOX_IsChecked(CHECKBOX_Handle hObj); /* 复选框的句柄 */
```

(4) CHECKBOX_Uncheck()

该函数用于设置一个指定的复选框状态为未选中,即复选框一般默认此状态。

4. 文本编辑框控件函数

(1) EDIT_AddKey()

该函数是键盘输入函数用于向一个指定编辑区输入内容,函数原型如下:

```
void EDIT_AddKey(EDIT_Handle hObj, /* 编辑区的句柄 */
int Key);/* 输入的字符 */
```

(2) EDIT_Create()

该函数用于指定位置,以指定的大小创建一个文本编辑框控件,函数原型如下:

```
EDIT_Handle EDIT_Create(int x0,/* 编辑区最左边像素 */
int y0,/* 编辑区最顶部像素 */
int xsize, int ysize, /* 编辑框水平/垂直方向尺寸 */
int ID, /* 返回的 ID 值 */
int MaxLen,/* 最大字符数量 */
```

int Flags);/ * 窗口创建标识 * /

(3) EDIT_GetDefaultFont( )

该函数用于设置文本编辑框控件的默认字体。

(4) EDIT_GetText( )

该函数用于获取指定编辑区的用户输入内容,函数原型如下:

```
void EDIT_GetText(EDIT_Handle hObj, / * 编辑区的句柄 * /
char * sDest, / * 目标区的指针 * /
int MaxLen);/ * 目标区的大小 * /
```

(5) EDIT_GetValue( )

该函数用于返回编辑区当前的数值,当前数值只有在编辑区是二进制、十进制或十六制模式时才有效。

(6) EDIT_SetBinMode( )

该函数用于启用编辑区的二进制编辑模式,函数原型如下:

```
void EDIT_SetBinMode(EDIT_Handle hObj, / * 编辑区的句柄 * /
U32 Value, / * 修改的数值 * /
U32 Min, / * 最小数值 * /
U32 Max);/ * 最大数值 * /
```

(7) EDIT_SetBkColor( )

该函数用于设置编辑区背景颜色,函数原型如下:

```
void EDIT_SetBkColor(EDIT_Handle hObj, / * 编辑区的句柄 * /
int Index, / * 须设置为 0 * /
GUI_COLOR Color);/ * 背景颜色 * /
```

(8) EDIT_SetDecMode( )

该函数用于启用编辑区的十进制编辑模式,函数原型如下:

```
void EDIT_SetDecMode(EDIT_Handle hEdit,/ * 编辑区的句柄 * /
I32 Value,/ * 修改的数值 * /
I32 Min,/ * 最小值 * /
I32 Max,/ * 最大值 * /
int Shift,/ * 如果大于 0 则指定小数点的位置 * /
U8 Flags);/ * 标识 * /
```

(9) EDIT_SetDefaultFont( )

该函数用于设置编辑区的默认字体,函数原型如下:

```
void EDIT_SetDefaultFont(const GUI_FONT * pFont);/ * 字体的指针 * /
```

(10) EDIT_SetDefaultTextAlign( )

该函数用于设置编辑区默认文本的对齐方式,函数原型如下:

```
void EDIT_SetDefaultTextAlign(int Align);/* 默认文本的对齐方式 */
```

(11) EDIT_SetFont()

该函数用于设置编辑区字体,函数原型如下:

```
void EDIT_SetFont(EDIT_Handle hObj, /* 编辑区的句柄 */
const GUI_FONT * pfont);/* 字体的指针 */
```

(12) EDIT_SetHexMode()

该函数用于启用编辑区的十六进制编辑模式,函数原型如下:

```
void EDIT_SetHexMode(EDIT_Handle hObj, /* 编辑区的句柄 */
U32 Value, /* 修改的数值 */
U32 Min, /* 最小值 */
U32 Max);/* 最大值 */
```

(13) EDIT_SetMaxLen()

该函数用于设置绘出的编辑区能编辑的字符长度,函数原型如下:

```
void EDIT_SetMaxLen(EDIT_Handle hObj, /* 编辑区的句柄 */
int MaxLen);/* 字符长度 */
```

(14) EDIT_SetText()

该函数用于设置在编辑区中显示的文本,函数原型如下:

```
void EDIT_SetText(EDIT_Handle hObj, /* 编辑区的句柄 */
const char * s);/* 文本 */
```

(15) EDIT_SetTextAlign()

该函数用于设置编辑区的文本对齐方式,函数原型如下:

```
void EDIT_SetTextAlign(EDIT_Handle hObj, /* 编辑区的句柄 */
int Align);/* 默认文本对齐方式 */
```

(16) EDIT_SetTextColor()

该函数用于设置编辑区文本颜色,函数原型如下:

```
void EDIT_SetBkColor(EDIT_Handle hObj, /* 编辑区的句 */
int Index,/* 设为 0 */
GUI_COLOR Color);/* 颜色 */
```

(17) EDIT_SetValue()

该函数用于设置编辑区当前的数值,只有在设置了二进制、十进制或十六进制编辑模式情况下才有效,函数原型如下:

```
void EDIT_SetValue(EDIT_Handle hObj, /* 编辑区的句柄 */
I32 Value);/* 新的数值 */
```

(18) GUI_EditBin()

该函数用于在当前光标位置编辑一个二进制数,函数原型如下:

```
U32 GUI_EditBin(U32 Value, /* 修改的数值 */
U32 Min, /* 最小值 */
U32 Max, /* 最大值 */
int Len, /* 长度 */
int xsize);/* 编辑区 X 轴的尺寸 */
```

(19) GUI_EditDec()

该函数用于在当前光标位置编辑一个十进制数,函数原型如下:

```
U32 GUI_EditDec ( I32 Value,/* 修改的数值 */
I32 Min, /* 最小值 */
I32 Max,/* 最大值 */
int Len, /* 长度 */
int xsize, /* 编辑区 X 轴的尺寸 */
int Shift,/* 如果＞0 则指定十进制数小数点的位置 */
U8 Flags);/* 标识 */
```

(20) GUI_EditHex()

该函数用于在当前光标位置编辑一个十六进制数,函数原型如下:

```
U32 GUI_EditHex(U32 Value, /* 修改的数值 */
U32 Min, /* 最小值 */
U32 Max, /* 最大值 */
int Len, /* 长度 */
int xsize);/* 编辑区 X 轴的尺寸 */
```

(21) GUI_EditString()

该函数用于在当前光标位置编辑一个字符串,函数原型如下:

```
void GUI_EditString(char * pString,/* 字符串的指针 */
int Len, /* 长度 */
int xsize);/* 编辑区 X 轴的尺寸 */
```

5. 框架窗口控件函数

　　框架窗口控件给予应用程序一个类似 PC 应用程序一样的窗口外形,主要由一个环绕的框架、一个标题栏和一个用户区组成。

(1) FRAMEWIN_Create()

　　该函数用于在一个指定位置以指定的尺寸创建一个框架窗口控件,函数原型如下:

```
FRAMEWIN_Handle FRAMEWIN_Create( const char * pTitle,/* 标题 */
```

```
WM_CALLBACK * cb, /* 保留 */
int Flags, /* 窗口创建标识 */
int x0, int y0, /* 框架窗口的 X,Y 轴坐标 */
int xsize, int ysize); /* 框架窗口的 X,Y 轴尺寸 */
```

(2) FRAMEWIN_CreateAsChild()
该函数用于创建一个作为一个子窗口的框架窗口控件,函数原型如下:

```
FRAMEWIN_Handle FRAMEWIN_CreateAsChild ( int x0, int y0, /* 框架窗口 X,Y 轴坐标 */
int xsize, int ysize, /* 框架窗口的 X,Y 轴尺寸 */
WM_HWIN hParent,/* 父窗口的句柄 */
const char * pText,/* 显示文本 */
WM_CALLBACK * cb,/* 保留 */
int Flags); /* 窗口创建标识 */
```

(3) FRAMEWIN_GetDefaultBorderSize()
该函数用于返回框架窗口边框的默认尺寸,函数原型如下:

```
int FRAMEWIN_GetDefaultBorderSize(void);
```

(4) FRAMEWIN_GetDefaultCaptionSize()
该函数用于返回框架窗口标题栏的默认高度,函数原型如下:

```
int FRAMEWIN_GetDefaultCaptionSize(void);
```

(5) FRAMEWIN_GetDefaultFont()
该函数用于返回用于框架窗口标题的默认字体,函数原型如下:

```
const GUI_FONT * FRAMEWIN_GetDefaultFont(void);
```

(6) FRAMEWIN_SetActive()
该函数用于设置框架窗口的状态,且标题栏的颜色根据状态改变,函数原型如下:

```
void FRAMEWIN_SetActive(FRAMEWIN_Handle hObj, /* 框架窗口的句柄 */
int State);/* 框架窗口的状态,0 表示不活动,1 表示活动 */
```

(7) FRAMEWIN_SetClientColor()
该函数用于设置客户区的颜色,函数原型如下:

```
void FRAMEWIN_SetClientColor(FRAMEWIN_Handle hObj, /* 框架窗口的句柄 */
GUI_COLOR Color);/* 颜色 */
```

(8) FRAMEWIN_SetFont()
该函数用于设置标题字体,函数原型如下:

```
void FRAMEWIN_SetFont(FRAMEWIN_Handle hObj,/* 框架窗口的句柄 */
```

const GUI_FONT * pfont);/ * 字体指针 * /

(9) FRAMEWIN_SetText()

该函数用于设置标题文本,函数原型如下:

void FRAMEWIN_SetText(FRAMEWIN_Handle hObj, / * 框架窗口的句柄 * /
const char * s);/ * 标题文字 * /

(10) FRAMEWIN_SetTextColor()

该函数用于设置标题文本的颜色,函数原型如下:

void FRAMEWIN_SetTextColor(FRAMEWIN_Handle hObj, / * 框架窗口的句柄 * /
GUI_COLOR Color);/ * 标题文字颜色 * /

6. 列表框控件函数

列表框控件主要用于在一个列表中选择一个选项。

(1) LISTBOX_Create()

此函数用于在指定位置,以指定的尺寸创建一个列表框控件,函数原型如下:

LISTBOX_Handle LISTBOX_Create(const GUI_ConstString * ppText,/ * 字符串指针 * /
int x0, int y0,/ * 列表框 X,Y 轴坐标 * /
int xSize, int ySize,/ * 列表框 X,Y 轴尺寸 * /
int Flags);/ * 窗口创建标识 * /

(2) LISTBOX_CreateAsChild()

此函数用于以一个子窗口的形式创建列表框控件,函数原型如下:

LISTBOX_Handle LISTBOX_CreateAsChild (const GUI_ConstString * ppText,
/ * 字符串指针 * /
HBWIN hWinParent,/ * 父窗口句柄 * /
int x0, int y0, / * 列表框相对于父窗口的 X,Y 轴坐标 * /
int xSize, int ySize,/ * 列表框 X,Y 轴尺寸 * /
int Flags); / * 窗口创建标识 * /

(3) LISTBOX_SetBackColor()

此函数用于设置列表框背景颜色,函数原型如下:

void LISTBOX_SetBackColor(LISTBOX_Handle hObj, / * 列表框的句柄 * /
int Index, / * 背景色索引 * /
GUI_COLOR Color);/ * 背景颜色 * /

(4) LISTBOX_SetFont()

此函数用于设置列表框字体,函数原型如下:

void LISTBOX_SetFont(LISTBOX_Handle hObj, / * 列表框的句柄 * /
const GUI_FONT * pfont);/ * 字体指针 * /

683

（5） LISTBOX_SetSel()

此函数用于设置指定列表框选择的单元，函数原型如下：

```
void LISTBOX_SetSel(LISTBOX_Handle hObj, / * 列表框的句柄 * /
int Sel);/ * 选择的单元 * /
```

（6） LISTBOX_SetTextColor()

此函数用于设置列表框文本颜色，函数原型如下：

```
void LISTBOX_SetTextColor(LISTBOX_Handle hObj, / * 列表框的句柄 * /
int Index, / * 颜色索引 * /
GUI_COLOR Color);/ * 颜色 * /
```

7. 进度条控件函数

进度条控制通常在可视化应用，一般用于指示事件的进度情况。

（1） PROGBAR_Create()

此函数用于在一个指定位置，以指定的尺寸创建一个进度条，函数原型如下：

```
PROGBAR_Handle PROGBAR_Create(int x0, / * 进度条最左边像素 * /
int y0, / * 进度条最顶部的像素 * /
int xsize, int ysize, / * 进度条水平/垂直方向的尺寸 * /
int Flags);/ * 窗口创建标识 * /
```

（2） PROGBAR_SetBarColor()

此函数用于设置进度条的颜色，函数原型如下：

```
void PROGBAR_SetBarColor(PROGBAR_Handle hObj,/ * 进度条的句柄 * /
int Index, / * 索引值,0 表示左侧部分;1 表示右侧部分 * /
GUI_COLOR Color);/ * 颜色(24 位 RGB 数值) * /
```

（3） PROGBAR_SetFont()

此函数用于设置进度条中显示文本的字体，函数原型如下：

```
void PROGBAR_SetFont(PROGBAR_Handle hObj, / * 进度条的句柄 * /
const GUI_FONT * pFont);/ * 字体指针 * /
```

（4） PROGBAR_SetMinMax()

此函数用于设置进度条的最小值和最大值，函数原型如下：

```
void PROGBAR_SetMinMax(PROGBAR_Handle hObj,/ * 进度条的句柄 * /
int Min,/ * 最小值,范围: - 16 383 < Min ≤ 16 383 * /
int Max);/ * 最大值,范围: - 16 383 < Min ≤ 16 383 * /
```

（5） PROGBAR_SetText()

此函数用于设置进度条当中显示的文本，函数原型如下：

```
void PROGBAR_SetText(PROGBAR_Handle hObj, /* 进度条的句柄 */
const char * s);/* 显示文本,允许空指针 */
```

(6) PROGBAR_SetValue()

此函数用于设置进度条的数值,函数原型如下:

```
void PROGBAR_SetValue(PROGBAR_Handle hObj, /* 进度条的句柄 */
int v);/* 数值 */
```

8. 单选按钮控件函数

单选按钮类似于复选框都是用于选项的选择,所不同的是用户每次只能够选择一个选项。

(1) RADIO_Create()

该函数用于在指定位置,以指定的大小创建一个单选按钮控件,函数原型如下:

```
RADIO_Handle RADIO_Create ( int x0, /* 单选按钮最左侧像素 */
int y0,/* 单选按钮最顶部像素 */
int xsize, int ysize,/* 单选按钮水平/垂直尺寸 */
WM_HWIN hParent,/* 父窗口句柄 */
int Id,/* 返回 ID 值 */
int Flags,/* 窗口创建标识 */
unsigned Para);/* 参数 */
```

(2) RADIO_SetValue()

该函数用于设置当前选择的按钮,函数原型如下:

```
void RADIO_SetValue(RADIO_Handle hObj,/* 单选按钮控件的句柄 */
int v);/* 设置的数值 */
```

9. 滚动条控件函数

滚动条用于滚动一个列表框,滚动条控件的主要函数如下。

(1) SCROLLBAR_Create()

该函数用于在指定位置,以指定大小创建一个滚动条控件,函数原型如下:

```
SCROLLBAR_Handle SCROLLBAR_Create ( int x0, /* 滚动条最左侧像素 */
int y0,/* 滚动条最顶部像素 */
int xsize, int ysize,/* 滚动条水平/垂直尺寸 */
WM_HWIN hParent, /* 父窗口句柄 */
int Id,/* 返回的 ID 值 */
int WinFlags, /* 窗口创建标识 */
int SpecialFlags);/* 指定的创建标识 */
```

(2) SCROLLBAR_CreateAttached()

该函数用于依附一个已存在的窗口创建一个滚动条,函数原型如下:

```
SCROLLBAR_Handle SCROLLBAR_CreateAttached(WM_HWIN hParent, /*父窗口句柄*/
int SpecialFlags); /*指定的创建标识*/
```

(3) SCROLLBAR_SetNumItems()

该函数用于设置滚动条的数量,函数原型如下:

```
void SCROLLBAR_SetNumItems(SCROLLBAR_Handle hObj, /*滚动条控件的句柄*/
int NumItems);/*滚动条数量*/
```

(4) SCROLLBAR_SetValue()

该函数用于设置滚动条当前的值,函数原型如下:

```
void SCROLLBAR_SetValue(SCROLLBAR_Handle hObj, /*滚动条控件的句柄*/
int v); /*设置的数值*/
```

(5) SCROLLBAR_SetWidth()

该函数用于设置滚动条的宽度,函数原型如下:

```
void SCROLLBAR_SetWidth(SCROLLBAR_Handle hObj, /*滚动条控件的句柄*/
int Width); /*设置宽度*/
```

10. 滑动条控件函数

滑动条控件通常通过使用一个滑动条来改变数值,主要功能函数如下。

(1) SLIDER_Create()

此函数用于在指定位置,以指定尺寸创建一个滑动条控件,函数原型如下:

```
SLIDER_Handle SLIDER_Create ( int x0, /*滑动条最左侧像素*/
int y0, /*滑动条最顶部像素*/
int xsize, int ysize, /*滑动条水平/垂直尺寸*/
WM_HWIN hParent, /*父窗口的句柄*/
int Id, /*返回的 ID 值*/
int WinFlags, /*窗口创建标识*/
int SpecialFlags); /*特定的创建标识*/
```

(2) SLIDER_SetRange()

此函数用于设置滑动条的范围,函数原型如下:

```
void SLIDER_SetRange(SLIDER_Handle hObj, /*滑动条控件的句柄*/
int Min, /*最小值*/
int Max); /*最大值*/
```

(3) SLIDER_SetValue()

此函数用于设置滑动条当前的数值,函数原型如下:

```
void SLIDER_SetValue(SLIDER_Handle hObj, /*滑动条控件的句柄*/
int v);/*设置的数值*/
```

(4) SLIDER_SetWidth()

此函数用于设置滑动条的宽度,函数原型如下:

```
void SLIDER_SetWidth(SLIDER_Handle hObj, /* 滑动条控件的句柄 */
int Width); /* 设置的宽度 */
```

11. 文本控件函数

文本控件用于显示一个对话框的文本区域以及消息提示等,主要函数如下。

(1) TEXT_Create()

此函数用于指定位置,指定大小创建一个文本控件,函数原型如下:

```
TEXT_Handle TEXT_Create ( int x0, /* 最左侧像素 */
int y0, /* 最顶部像素 */
int xsize, int ysize, /* 水平/垂直尺寸 */
int Id, /* 返回 ID 值 */
int Flags, /* 窗口创建标识 */
const char * s, /* 文本的指针 */
int Align); /* 文本对齐方式 */
```

(2) TEXT_SetDefaultFont()

此函数用于设置文本控件的默认字体,函数原型如下:

```
void TEXT_SetDefaultFont(const GUI_FONT * pFont) ; /* 默认字体的指针 */
```

(3) TEXT_SetFont()

此函数用于设置指定文本控件的字体,函数原型如下:

```
void TEXT_SetFont(TEXT_Handle hObj, /* 文本控件的句柄 */
const GUI_FONT * pFont); /* 使用字体的指针 */
```

(4) TEXT_SetText()

此函数用于设置指定文本控件的文本,函数原型如下:

```
void TEXT_SetText(TEXT_Handle hObj, /* 文本控件的句柄 */
const char * s); /* 显示的文本 */
```

19.1.10　对话框

对话框是在 µC/GUI 中最常用的控件,它其实是一种包含一个或多个控件的窗口,也包括消息框,对话框控件的主要功能函数如下。

(1) GUI_CreateDialogBox

该函数用于建立一个非阻塞式的对话框,函数原型如下:

```
WM_HWIN GUI_CreateDialogBox (
/* 定义包含在对话框中所有控件的资源表的指针 */
```

```
const GUI_WIDGET_CREATE_INFO * paWidget,
int NumWidgets,/* 控件的数量 */
WM_CALLBACK * cb,/* 回调函数指针 */
WM_HWIN hParent,/* 父窗口的句柄 */
int x0, int y0);/* 对话框相对于父窗口的 X,Y 轴坐标 */
```

(2) GUI_ExecDialogBox

该函数用于建立一个阻塞式的对话框,函数原型如下:

```
WM_HWIN GUI_ExecDialogBox (
/* 定义包含在对话框中所有控件的资源表的指针 */
const GUI_WIDGET_CREATE_INFO * paWidget,
int NumWidgets,/* 控件的数量 */
WM_CALLBACK * cb,/* 回调函数指针 */
WM_HWIN hParent,/* 父窗口的句柄 */
int x0, int y0);/* 对话框相对于父窗口的 X,Y 轴坐标 */
```

(3) GUI_EndDialog

该函数用于结束(关闭)一个对话框,函数原型如下:

```
void GUI_EndDialog(WM_HWIN hDialog,/* 对话框的句柄 */
int r);/* 返回值 */
```

(4) GUI_MessageBox

该函数是一个消息框函数,用于建立及显示一个消息框,函数原型如下:

```
void GUI_MessageBox(const char * sMessage, /* 显示消息 */
const char * sCaption, /* 标题内容 */
int Flags);/* 保留 */
```

19.1.11　抗锯齿

锯齿现象是一种图形失真,μC/GUI 系统的抗锯齿是平滑的直线或曲线,它减少了锯齿现象,支持不同的抗锯齿质量、抗锯齿字体和高分辨率坐标。下面列出了 μC/GUI 的抗锯齿软件包的主要功能函数。

1. 抗锯齿控制函数

(1) GUI_AA_DisableHiRes()
该函数用于禁止高分辨率,函数原型 void GUI_AA_DisableHiRes(void)。

(2) GUI_AA_EnableHiRes()
该函数用于启用高分辨率,函数原型 void GUI_AA_EnableHiRes(void)。

(3) GUI_AA_GetFactor()
该函数用于返回当前的抗锯齿品质系数,函数原型如下:

```
int GUI_AA_GetFactor(void)
```

(4) GUI_AA_SetFactor()

该函数用于设置当前的抗锯齿品质系数,函数原型如下:

```
void GUI_AA_SetFactor(int Factor);/* 新的抗锯齿系数 */
```

2. 抗锯齿绘制函数

(1) GUI_AA_DrawArc()

该函数用于在当前窗口的指定位置,使用当前画笔大小和画笔形状显示一段抗锯齿的圆弧,函数原型如下:

```
void GUI_AA_DrawArc(int x0,/* 中心的水平坐标 */
int y0,/* 中心的垂直坐标 */
int rx,/* 水平半径 */
int ry,
int a0,
int a1);
```

(2) GUI_AA_DrawLine()

该函数用于在当前窗口的指定位置,使用当前画笔大小及画笔形状显示一条抗锯齿的直线,函数原型如下:

```
void GUI_AA_DrawLine(int x0, int y0,/* 起始 X,Y 轴坐标 */
int x1, int y1); /* 终点 X,Y 轴坐标 */
```

(3) GUI_AA_DrawPolyOutline()

该函数用于在当前窗口指定位置指定线宽,显示多边形的轮廓线,函数原型如下:

```
void GUI_AA_DrawPolyOutline ( const GUI_POINT * pPoint,/* 多边形指针 */
int NumPoints,/* 点的数量 */
int Thickness,/* 轮廓的线宽 */
int x, int y);
```

(4) GUI_AA_FillCircle()

该函数用于在当前窗口的指定位置显示一个填充和抗锯齿的圆,函数原型如下:

```
void GUI_AA_FillCircle(int x0,/* 圆的中心水平坐标 */
int y0, /* 圆的中心垂直坐标 */
int r);/* 圆的半径 */
```

(5) GUI_AA_FillPolygon()

该函数用于在当前窗口指定位置,填充一个抗锯齿多边形,函数原型如下:

```
void GUI_AA_FillPolygon(const GUI_POINT * pPoint, /* 多边形的指针 */
```

```
int NumPoints,/* 点的数量 */
int x,int y);/* 原点 X,Y 轴坐标 */
```

19.1.12　输入设备

μC/GUI 提供了鼠标、触摸屏、键盘等输入设备支持,主要功能函数如下。

1. 鼠标相关函数

这部分函数支持通用鼠标,适合任何类型的鼠标驱动程序。

(1) GUI_MOUSE_GetState()

该函数用于返回鼠标的当前状态,如果鼠标当前被按下,则函数返回值为 1;如果未按下则函数返回值为 0。函数原型如下:

```
int GUI_MOUSE_GetState(GUI_PID_STATE * pState);/* 结构指针 */
```

(2) GUI_MOUSE_StoreState()

该函数用于存储鼠标的当前状态,函数原型如下:

```
void GUI_MOUSE_StoreState(const GUI_PID_STATE * pState) ;
```

2. 触摸屏相关函数

(1) GUI_TOUCH_GetState()

该函数用于返回触摸屏的当前状态,如果触摸屏当前被按下,则函数返回值为 1;如果未按下,则函数返回值为 0。函数原型如下:

```
int GUI_TOUCH_GetState(GUI_PID_STATE * pState);/* 结构指针 */
```

(2) GUI_TOUCH_StoreState()

该函数用于存储触摸屏的当前状态,函数原型如下:

```
void GUI_TOUCH_StoreState(int x int y);/* x,y 分别表示 X,Y 轴坐标 */
```

3. 模拟触摸屏驱动函数

这部分函数主要处理模拟输入(如来自 A/D 转换器),对触摸屏进行去抖动和校准处理。

(1) GUI_TOUCH_Calibrate()

该函数用于运行时更改刻度,函数原型如下:

```
int GUI_TOUCH_Calibrate(int Coord, /* 用于 X 轴为 0,用于 Y 轴为 1 */
int Log0, /* 逻辑值 0 */
int Log1, /* 逻辑值 1 */
int Phys0,/* 逻辑值 0 时 A/D 转换器的值 */
int Phys1); /* 逻辑值 1 时 A/D 转换器的值 */
```

(2) GUI_TOUCH _Exec()

该函数用于调用 TOUCH_X 函数对触摸屏进行轮询,以激活 X、Y 轴的测量,函数原型如下:

```
void GUI_TOUCH_Exec(void);
```

(3) GUI_TOUCH_SetDefaultCalibration()

该函数用于将刻度复位为配置文件中默认设置值,函数原型如下:

```
void GUI_TOUCH_SetDefaultCalibration(void);
```

(4) TOUCH_X_ActivateX()和 TOUCH_X_ActivateY()

这两个函数通过 GUI_TOUCH_Exec()调用,TOUCH_X_ActivateX ()函数用于 X 轴的电压测量;TOUCH_X_ActivateY()函数用于 Y 轴的电压测量。

(5) TOUCH_X_MeasureX()和 TOUCH_X_MeasureY()

这两个函数通过 GUI_TOUCH_Exec()调用,分别用于返回,以返回 A/D 转换器的 X 和 Y 轴的测定值。

4. 键盘相关函数

这部分函数主要包括键盘驱动层处理函数和键盘应用层处理函数。

(1) GUI_StoreKeyMsg()

该函数用于指定键中存储一个状态消息,函数原型如下:

```
void GUI_StoreKeyMsg(int Key, /* 键码 */
int Pressed);/* 按键状态,1 为按下,0 为未按下 */
```

(2) GUI_SendKeyMsg()

该函数用于向一个指定的按键发送状态消息。

(3) GUI_ClearKeyBuffer()

该函数用于清除键缓冲区,函数原型如下:

```
void GUI_ClearKeyBuffer(void);
```

(4) GUI_GetKey()

该函数用于返回键缓冲区的当前内容,函数原型如下:

```
int GUI_GetKey(void);
```

(5) GUI_StoreKey()

该函数用于在缓冲区中存储一个键,函数原型如下:

```
void GUI_StoreKey(int Key);
```

(6) GUI_WaitKey()

该函数用于等待一个键被按下,函数原型如下:

```
int GUI_WaitKey(void);
```

19.1.13　时间函数

(1) GUI_Delay()

该函数用于延时一个指定时间,函数原型如下:

```
void GUI_Delay(int Period);/* 以节拍为单位的时间,直到函数将返回为止 */
```

(2) GUI_Exec()

该函数用于执行回调函数(如重绘窗口),函数原型如下:

```
int GUI_Exec(void);
```

(3) GUI_GetTime()

该函数用于返回当前的系统时间,函数原型如下:

```
int GUI_GetTime(void) ;/* 当前的系统时间(以节拍为单位) */
```

19.2　μC/GUI 系统的移植

μC/GUI 是一种嵌入式应用中的图形支持系统,可为任何使用 LCD 图形显示的应用提供高效的独立于处理器及 LCD 控制器的图形用户接口,适用单任务或是多任务系统环境,并适用于任意 LCD 控制器真实显示或虚拟显示,适应大多数的使用黑白或彩色 LCD 的应用。它提供非常好的允许处理灰度的色彩管理,还提供一个可扩展的 2D 图形库及占用极少 RAM 的窗口管理体系。

19.2.1　初识 μC/GUI 系统

μC/GUI 是由 100% 的标准 C 代码编写的,其系统设计架构由模块化构成,由不同模块中的不同层组成,由一个 LCD 驱动层来包含所有对 LCD 的具体图形操作。上一节介绍了 μC/GUI 的各种系统模块、控件模块及外围功能函数,其实这些函数都封装在不同模块下的文件中,我们把这部分模块所包括的主要文件列出(见表 19-2),并进行了功能说明。

注意:有些单个文件封装多个功能函数,还有一些文件比如 Core 文件夹下的部分文件是一个程序文件封装一个函数。

表 19 - 2　μC/GUI 系统文件

文件目录	主要文件	说　明
	LCD 和触摸屏配置文件目录	
Config	LCDConf. h	LCD 配置文件
	GUIConf. h	GUI 配置文件
	GUITouch. Conf. h	触摸屏模块配置文件
	抗锯齿支持文件	
AntiAlias	GUIAAArc. C	支持抗锯齿的画弧例程
	GUIAACirle. C	支持抗锯齿的画圆例程
	GUIAALine. C	支持抗锯齿的画线例程
	GUIAAPoly. C	支持抗锯齿的绘制多边形例程
	GUIAAPolyOut. C	支持抗锯齿的绘制多边形外框例程
	用于彩色显示的色彩转换程序	
ConvertColor	LCD222. C	222 模式色彩转换例程
	LCDP555. C	555 模式(R:G:B)色彩转换例程
	LCDP565. C	565 模式(R:G:B)色彩转换例程
	用于黑白两色及灰度显示的色彩转换程序	
ConvertMono	LCDP0. C	用于 1/2/4/8 bpp 的色彩转换程序
	LCDP2. C	用于 2 bpp 灰色 LCD 的色彩转换程序
	LCDP4. C	用于 4 bpp 灰色 LCD 的色彩转换程序
	核心程序文件	
Core	GUI2DLib. C	2D 图形库文件(含画点、画线、画方、绘制多边形、填充等)
	GUI_Exec. C	μC/GUI 功能性运行函数,如更新窗口
	GUICore. C	核心程序,含 GUI_Init()、GUI_Clear()等函数
	GUITASK. C	支持操作系统的保存/恢复任务的上下文切换功能,含加锁函数 GUI_Unlock()、解锁函数 GUI_Lock()、任务初始化函数 GUITASK_Init()。注:这几个函数调用的是高级函数
	LCD. C	GUI 与 LCD_L0 的接口
	LCD_API. C	LCD 的 API 函数
	GUI_ReadData. C	16 位/32 位数据读实现函数
	GUI_ReduceRect. C	GUI_ReduceRect()函数功能实现
	GUI_SetText. C	GUI_SetText()函数功能实现
	GUI_ALLOC_AllocInit. C	动态内存管理
	GUI_BMP. C	BMP 位图绘制功能
	GUI_CursorArrowL. C	箭头光标(大号)功能
	GUI_DispString. C	字符串显示功能
	GUI_DispStringInRect. C	框内显示字符串功能
	GUI_DrawBitmap. C	GUI_DrawBitmap()函数功能实现
	GUI_DrawHLine. C	画水平线 GUI_DrawHLine()函数功能实现
	GUI_DrawVLine. C	画垂直线 GUI_DrawVLine()函数功能实现
	GUI_DrawPolyLine. C	绘多边形线 GUI_DrawPolyline()函数功能实现
	GUI_FillPolygon. C	多边形填充例程

文件目录	主要文件	说　明
Core	GUI_FillRect. C	方形填充例程
	GUI_InitLUT. C	GUI 查询表初始化函数
	GUI_MOUSE. C	通用鼠标例程
	GUI_OnKey. c	存储按键消息
	GUI_SelectLCD. c	选择 LCD
	GUI_SetColor. c	设置背景色
	GUI_SetDefault. c	GUI 默认参数设置
	GUI_SetDrawMode. C	设置绘制模式
	GUI_SetFont. C	设置字体
	GUI_SetTextMode. C	设置文字模式
	GUITOUCH. C	触摸屏例程
	GUI_TOUCH_DriverAnalog. C	触摸屏模块配置文件
	GUI_WaitEvent. C	GUI_WaitEvent( ) 函数功能实现
	GUI_WaitKey. C	GUI_WaitKey( ) 函数功能实现
	GUIAlloc. C	动态内存管理相关函数实现
GUIDemo	GUI 演示例程（这部分是已经编完代码的各功能和控件演示例程）	
	GUIDEMO. c	封装了多个 GUI 演示例程
	MainTask. c	初始化 GUI 和调用 GUIDEMO_main( )代码
	GUIDEMO_Automotive. c	GUI 自动演示例程
	GUIDEMO_Bitmap4bpp. c	包含一个 4 bpp 位图演示
	GUIDEMO_Bitmap. c	有无压缩位图绘制
	GUIDEMO_Circle. c	绘圆演示例程
	GUIDEMO_ColorBar. c	彩条绘制演示例程
	GUIDEMO_ColorList. c	彩色列表演示例程
	GUIDEMO_Cursor. c	光标演示例程
	GUIDEMO_Dialog. c	对话框演示例程
	GUIDEMO_Font. c	字体演示例程
	GUIDEMO_FrameWin. c	框架窗口控件演示例程
	GUIDEMO_Graph. c	多个图形绘制演示例程
	GUIDEMO_Intro. c	GUIDEMO_Intro( )函数功能实现
	GUIDEMO_LUT. c	查询表演示例程
	GUIDEMO_MemDevB. c	存储设备演示例程
	GUIDEMO_Messagebox. c	GUIDEMO_Messagebox( )函数演示例程
	GUIDEMO_Navi. c	导航例程演示
	GUIDEMO_Polygon. c	多边形演示例程
	GUIDEMO_ProgBar. c	进度条演示例程
	GUIDEMO_Speed. c	速度演示例程
	GUIDEMO_Touch. c	GUIDEMO_Touch( )触控功能演示例程
	GUIDEMO_WM. c	视窗管理演示例程
Font	有关字体的程序文件	
	F4x6. C	4×6 像素字体
	F6x8. C	6×8 像素字体
	F8x13. C	类似 courier 的等宽字体
	F8x15B. C	类似 system 的等宽粗字体

文件目录	主要文件	说　明
Font	AsciiLib_65k. c	ASCII 字库,横向取模 8×16,彩屏显示应用
	HzLib_65k. c	GB2312 汉字库,横向取模 16×16,彩屏显示汉字应用
		图片支持文件
JPEG	GUI_JPEG. c	GUI_JPEG_Draw()功能实现
	Jcomapi. c	JPEG 压缩与解压缩功能实现
	Jdcolor. c	色彩空间转换程序
	…	…
		存储器的支持文件(这部分一般都是授权代码,仅作框架介绍)
MemDev	GUIDEV. c	存储设备功能实现
	GUIDEV_1. c	1 位/像素存储设备功能实现
	GUIDEV_8. c	8 位/像素存储设备功能实现
	GUIDEV_16. c	16 位/像素存储设备功能实现
	GUIDEV_AA. c	支持抗锯齿的存储设备绘制功能实现
	GUIDEV_Auto. c	自动绑定存储设备功能实现
	GUIDEV_Banding. c	绑定存储设备功能实现
	GUIDEV_Clear. c	GUI_MEMDEV_Clear()函数功能实现
	GUIDEV_GetXSize. c	GUI_MEMDEV_GetXSize()函数功能实现
	GUIDEV_GetYSize. c	GUI_MEMDEV_GetYSize()函数功能实现
	GUIDEV_Write. c	GUI_MEMDEV_Write()函数功能实现等
		LCD 上层应用文件
MultiLayer	LCD_1. c	多层应用之一
	LCD_2. c	多层应用之二
	LCD_3. c	多层应用之三
	LCD_4. c	多层应用之四
		视窗控制支持文件库
Widget	BUTTON. c	按钮控件
	BUTTON_Bitmap. c	按钮支持位图
	BUTTON_BMP. c	按钮支持流图
	BUTTON_Create. c	建立一个按钮函数功能实现(含两种方式)
	BUTTON_CreateIndirect. c	从资源项目表中建立按钮的函数功能实现
	BUTTON_Default. c	按钮默认参数设置函数功能实现
	BUTTON_Get. c	获取按钮参数函数功能实现
	BUTTON_IsPressed. c	按下按钮函数功能实现
	BUTTON_SelfDraw. c	按钮自绘函数功能实现
	BUTTON_SetTextAlign. c	按钮文件显示对齐函数功能实现
	CHECKBOX. c	复选框控件
	CHECKBOX_Create. c	建立一个复选框函数功能实现
	CHECKBOX_CreateIndirect. c	从资源表项目中建立一个复选框函数功能实现
	CHECKBOX_Default. c	复选框默认参数设置函数功能实现
	CHECKBOX_GetState. c	获取复选框状态函数功能实现
	CHECKBOX_Image. c	复选框选中时位图显示函数功能实现
	CHECKBOX_IsChecked. c	返回复选框是否选中的状态函数功能实现
	CHECKBOX_SetBkColor. c	设置复选框背景色函数功能实现
	CHECKBOX_SetDefaultImage. c	设置复选框默认位图函数功能实现

文件目录	主要文件	说　明
Widget	CHECKBOX_SetFont. c	设置复选框字体函数功能实现
	CHECKBOX_SetImage. c	设置复选框图片函数功能实现
	CHECKBOX_SetSpacing. c	复选框 CHECKBOX_SetSpacing()函数功能实现
	CHECKBOX_SetState. c	复选框 CHECKBOX_SetState()函数功能实现
	CHECKBOX_SetText. c	复选框文本设置函数功能实现
	CHECKBOX_SetTextAlign. c	复选框文本对齐函数功能实现
	CHECKBOX_SetTextColor. c	复选框文本颜色函数功能实现
	DIALOG. c	对话框控件
	DROPDOWN. c	下拉控件
	DROPDOWN_Create. c	建立一个下拉控件
	DROPDOWN_CreateIndirect. c	从资源表项目中建立一个下拉控件
	DROPDOWN_DeleteItem. c	下拉控件项目删除函数功能实现
	DROPDOWN_InsertString. c	下拉控件插入字符串函数功能实现
	DROPDOWN_ItemSpacing. c	下拉控件 DROPDOWN_Set/GetItem_Spacing()函数功能实现
	DROPDOWN_SetAutoScroll. c	下拉控件设置自动滚动函数功能实现
	DROPDOWN_SetTextAlign. c	下拉控件文本对齐函数功能实现
	DROPDOWN_SetTextHeight. c	下拉控件设置文本高度函数功能实现
	EDIT. c	文本编辑框控件
	EDIT_Create. c	建立一个文本编辑框(含两个函数)
	EDIT_CreateIndirect. c	从资源项目表中建立一个文本编辑框
	EDIT_Default. c	文本编辑框设置默认参数功能实现
	EDIT_GetNumChars. c	获取文本编辑框的字符数目
	EDIT_SetCursorAtChar. c	在文本编辑框字符处设置光标
	EDIT_SetInsertMode. c	设置文本编辑框插入模式
	EDIT_SetpfAddKeyEx. c	在文本编辑框编辑区输入内容
	EDIT_SetpfUpdateBuffer. c	EDIT_SetpfUpdateBuffer()函数功能实现
	EDIT_SetSel. c	EDIT_SetSel()函数功能实现
	EDITBin. c	在文本编辑框当前光标位置编辑一个二进制数
	EDITDec. c	在文本编辑框当前光标位置编辑一个十进制数
	EDITFloat. c	在文本编辑框当前光标位置编辑一个浮点数
	EDITHex. c	在文本编辑框当前光标位置编辑一个十六进制数
	FRAMEWIN. c	框架窗口控件
	FRAMEWIN__UpdateButtons. c	调整框架窗口位置和大小(须先重定义标题栏尺寸)
	FRAMEWIN_AddMenu. c	向框架窗口增加菜单
	FRAMEWIN_Button. c	向框架窗口增加按钮
	FRAMEWIN_ButtonClose. c	向框架窗口增加关闭按钮
	FRAMEWIN_ButtonMax. c	FRAMEWIN_AddMaxButton()函数实现
	FRAMEWIN_ButtonMin. c	FRAMEWIN_AddMinButton()函数实现
	FRAMEWIN_Create. c	建立一个框架窗口(含两种建立方式)
	FRAMEWIN_CreateIndirect. c	从资源表条目中创建一个框架窗口
	FRAMEWIN_Default. c	设置框架窗口默认参数
	FRAMEWIN_Get. c	获取框架窗口默认参数
	FRAMEWIN_IsMinMax. c	判断框架窗口是否为最大化或最小化

文件目录	主要文件	说　明
Widget	FRAMEWIN_MinMaxRest. c	框架窗口最大化或最小化恢复
	FRAMEWIN_SetBorderSize. c	设置框架窗口边框尺寸
	FRAMEWIN_SetColors. c	设置框架窗口颜色(含标题栏背景色、文本颜色、客户区背景色等)
	FRAMEWIN_SetFont. c	设置框架窗口的标题文本字体
	FRAMEWIN_SetResizeable. c	定义框架窗口的尺寸可重定义
	FRAMEWIN_SetTitleHeight. c	设置框架窗口标题栏高度
	FRAMEWIN_SetTitleVis. c	设置框架窗口标题栏是否可见
	GUI_ARRAY. c	GUI 动态数组(含添加、释放、置换等功能)
	GUI_ARRAY_DeleteItem. c	删除动态数组 GUI_ARRAY_DeleteItem()函数功能实现
	GUI_ARRAY_InsertItem. c	插入动态数组 GUI_ARRAY_InsertItem()函数功能实现
	GUI_ARRAY_ResizeItem. c	重定义动态数组大小 GUI_ARRAY_Resize_Item()函数功能实现
	GUI_DRAW. c	GUI_DRAW__Draw()函数功能实现
	GUI_DRAW_BITMAP. c	GUI_DRAW_BITMAP_Create()函数功能实现
	GUI_DRAW_BMP. c	GUI_DRAW_BMP_Create()函数功能实现
	GUI_DRAW_Self. c	GUI_DRAW_SELF_Create()函数功能实现
	GUI_DRAW_STREAMED. c	GUI_DRAW_STREAMED_Create()函数功能实现
	GUI_EditBin. c	编辑一个二进制数 GUI_EditBin()函数功能实现
	GUI_EditDec. c	编辑一个十进制数 GUI_EditDec()函数功能实现
	GUI_EditFloat. c	编辑一个浮点数 GUI_EditFloat()函数功能实现
	GUI_EditHex. c	编辑一个十六进制数 GUI_EditHex()函数功能实现
	GUI_EditString. c	编辑一串字符 GUI_EditString()函数功能实现
	GUI_HOOK. c	GUI 钩子程序(含添加、移除功能)
	HEADER. c	表头控件
	HEADER__SetDrawObj. c	HEADER_SetDrawObj()函数功能实现
	HEADER_Bitmap. c	HEADER_SetBitmap()函数功能实现
	HEADER_BMP. c	HEADER_SetBMP()函数功能实现
	HEADER_Create. c	建立一个表头控件
	HEADER_CreateIndirect. c	从资源表条目中建立一个表头
	HEADER_StreamedBitmap. c	HEADER_SetStreamedBitmap()函数功能实现
	LISTBOX. c	列表框控件
	LISTBOX_Create. c	创建一个列表框(含两种方式)
	LISTBOX_CreateIndirect. c	从资源表条目中建立一个列表框
	LISTBOX_Default. c	默认参数设置列表框
	LISTBOX_DeleteItem. c	删除列表框的一个项目(单元)
	LISTBOX_Font. c	设置列表框字体
	LISTBOX_GetItemText. c	获取列表框下项目的字体
	LISTBOX_GetNumItems. c	获取列表框下项目的数目
	LISTBOX_InsertString. c	在列表框插入字符串
	LISTBOX_ItemDisabled. c	禁止列表框下某个项目
	LISTBOX_ItemSpacing. c	LISTBOX_SetItemSpacing()函数功能实现
	LISTBOX_MultiSel. c	设置列表框下项目选项的多选
	LISTBOX_ScrollStep. c	设置浏览列表框每次的滚动条的拉动值

文件目录	主要文件	说　明
Widget	LISTBOX_SetAutoScroll. c	设置列表框自动滚动
	LISTBOX_SetBkColor. c	设置列表框背景色
	LISTBOX_SetOwner. c	设置列表框的母体
	LISTBOX_SetOwnerDraw. c	LISTBOX_SetOwnerDraw()函数功能实现
	LISTBOX_SetScrollbarWidth. c	设置列表框滚动条宽度
	LISTBOX_SetString. c	设置列表框标题文本
	LISTBOX_SetTextColor. c	设置列表框文本颜色(前景色)
	LISTVIEW. c	列表视图控件
	LISTVIEW_Create. c	建立一个列表视图控件(含两种方法)
	LISTVIEW_CreateIndirect. c	从资源表项目中建立列表视图
	LISTVIEW_Default. c	默认参数设置列表视图
	LISTVIEW_DeleteColumn. c	删除列表视图的列
	LISTVIEW_DeleteRow. c	删除列表视图的行
	LISTVIEW_GetBkColor. c	获取列表视图的背景色
	LISTVIEW_GetFont. c	获取列表视图的字体
	LISTVIEW_GetHeader. c	获取列表视图的表头
	LISTVIEW_GetNumColumns. c	获取列表视图的列数
	LISTVIEW_GetNumRows. c	获取列表视图的行数
	LISTVIEW_GetSel. c	LISTVIEW_GetSel()函数功能实现
	LISTVIEW_GetTextColor. c	获取列表视图的字体颜色(前景色)
	LISTVIEW_SetBkColor. c	设置列表视图的背景色
	LISTVIEW_SetColumnWidth. c	设置列表视图的列宽
	LISTVIEW_SetFont. c	设置列表视图的字体
	LISTVIEW_SetGridVis. c	设置列表视图的网格是否可见
	LISTVIEW_SetItemColor. c	设置列表视图内条目的前景色和背景色
	LISTVIEW_SetItemText. c	设置列表视图内条目的文本
	LISTVIEW_SetLBorder. c	设置列表视图的左边框
	LISTVIEW_SetRBorder. c	设置列表视图的右边框
	LISTVIEW_SetRowHeight. c	设置列表视图的行高
	LISTVIEW_SetSel. c	设置列表视图的选中状态
	LISTVIEW_SetTextAlign. c	设置列表视图的文本对齐方式
	LISTVIEW_SetTextColor. c	设置列表视图的文本颜色(前景色)
	MENU. c	菜单控件
	MENU__FindItem. c	查找菜单条目 MENU_FindItem()函数功能实现
	MENU_Attach. c	MENU_Attach()函数功能实现
	MENU_CreateIndirect. c	从资源表项目中创建一个菜单
	MENU_Default. c	默认参数设置菜单
	MENU_DeleteItem. c	删除菜单条目
	MENU_DisableItem. c	禁止菜单条目
	MENU_EnableItem. c	使能菜单条目
	MENU_GetItem. c	获取菜单条目
	MENU_GetItemText. c	获取菜单的条目文本
	MENU_GetNumItems. c	获取菜单的条目个数
	MENU_InsertItem. c	菜单内插入新条目

文件目录	主要文件	说　明
Widget	MENU_Popup. c	设置弹出式菜单
	MENU_SetBkColor. c	设置菜单的背景色
	MENU_SetBorderSize. c	设置菜单边框尺寸
	MENU_SetFont. c	设置菜单标题字体
	MENU_SetItem. c	设置菜单的条目数
	MENU_SetTextColor. c	设置菜单的文本颜色(前景色)
	MESSAGEBOX. c	消息框控件
	MULTIEDIT. c	多文本编辑框控件
	MULTIEDIT_Create. c	建立一个多文本编辑框函数功能实现
	MULTIEDIT_CreateIndirect. c	从资源表条目中创建一个多文本编辑框
	MULTIPAGE. c	多页面控件
	MULTIPAGE_Create. c	创建一个多页面
	MULTIPAGE_CreateIndirect. c	从资源表条目中创建一个多页面
	MULTIPAGE_Default. c	默认参数设置一个多页面
	PROGBAR. c	进度条控件
	PROGBAR_Create. c	创建一个进度条
	PROGBAR_CreateIndirect. c	从资源表条目中创建一个进度条
	RADIO. c	单选按钮控件
	RADIO_Create. c	创建一个单选按钮
	RADIO_CreateIndirect. c	从资源表条目创建一个单选按钮
	RADIO_Default. c	默认参数设置单选按钮
	RADIO_Image. c	单选按钮图片修饰功能函数
	RADIO_SetBkColor. c	设置单选按钮背景色
	RADIO_SetDefaultImage. c	设置单选按钮默认图片
	RADIO_SetFont. c	设置单选按钮字体
	RADIO_SetGroupId. c	设置单选按钮组号
	RADIO_SetImage. c	RADIO_SetImage()函数功能实现
	RADIO_SetText. c	设置单选按钮的显示文本
	RADIO_SetTextColor. c	设置单选按钮的文本颜色(背景色)
	SCROLLBAR. c	滚动条控件
	SCROLLBAR_Create. c	创建一个滚动条
	SCROLLBAR_CreateIndirect. c	从资源表条目中创建一个滚动条
	SCROLLBAR_Defaults. c	默认参数设置滚动条
	SCROLLBAR_GetValue. c	返回滚动条当前值 SCROLLBARGetValue()函数实现
	SCROLLBAR_SetWidth. c	设置滚动条宽度
	SLIDER. c	滑动条控件
	SLIDER_Create. c	创建一个滑动条
	SLIDER_CreateIndirect. c	从资源表条目创建一个滑动条
	TEXT. c	文本控件
	TEXT_Create. c	建立一个文本
	TEXT_CreateIndirect. c	从资源表条目创建一个文本
	TEXT_SetBkColor. c	设置文本的背景色
	TEXT_SetFont. c	设置文本的字体
	TEXT_SetText. c	设置文本控件的文本

文件目录	主要文件	说　明
Widget	TEXT_SetTextAlign. c	设置文本对齐方式
	TEXT_SetTextColor. c	设置文本颜色(前景色)
	WIDGET. c	窗口小部件(微件)核心程序
	WIDGET_Effect_3D. c	3D 效果相关程序
	WIDGET_Effect_3D1L. c	1 层 3D 效果相关程序
	WIDGET_Effect_3D2L. c	2 层 3D 效果相关程序
	WIDGET_Effect_None. c	无特效程序
	WIDGET_Effect_Simple. c	简易效果程序
	WIDGET_FillStringInRect. c	WIDGET_FillStringInRect()函数实现
	WIDGET_SetEffect. c	WIDGET_SetEffect()效果设置函数实现
	WIDGET_SetWidth. c	WIDGET_SetWidth()宽度设置函数实现
	WINDOW. c	窗口控件
	WINDOW_Default. c	默认参数设置窗口控件
WM	视窗管理器	
	WM. c	视窗管理器的核心程序
	WM__GetFirstSibling. c	返回指定窗口的第一个子窗口的句柄
	WM__GetLastSibling. c	返回指定窗口的最后一个子窗口的句柄
	WM__GetPrevSibling. c	返回指定窗口的前一个子窗口的句柄
	WM__IsChild. c	以子窗口形式创建一个窗口
	WM__IsEnabled. c	视窗激活 WM__IsEnabled()函数功能实现
	WM__SendMessage. c	向一个指定窗口发送一个消息
	WM__UpdateChildPositions. c	更新指定子窗口的位置
	WM_BringToBottom. c	把指定窗口放到同体窗口下面(置底)
	WM_BringToTop. c	把指定窗口放到同体窗口上面(置顶)
	WM_EnableWindow. c	指定窗口使能或禁止(含 3 个函数)
	WM_GetBkColor. c	获取窗口背景色
	WM_GetClientRect. c	返回活动窗口的客户区的坐标
	WM_GetClientWindow. c	返回活动窗口区的坐标
	WM_GetDesktopWindow. c	返回桌面窗口的句柄区
	WM_GetFirstChild. c	返回指定窗口的第一个子窗口的句柄
	WM_GetParent. c	返回指定窗口的父窗口的句柄
	WM_Hide. c	隐藏指定的窗口
	WM_IsEnabled. c	窗口句柄有效
	WM_IsVisible. c	使一个指定窗口可见
	WM_IsWindow. c	确定一个指定句柄是否一个有效的窗口句柄
	WM_Move. c	把一个指定窗口移动一段距离
	WM_MoveChildTo. c	把一个指定的子窗口移动一段距离
	WM_OnKey. c	返回窗口按键信息
	WM_Paint. c	立即绘制或重绘一个指定窗口
	WM_ResizeWindow. c	改变一个指定窗口的尺寸
	WM_SetCallback. c	设置为视窗管理器执行的回调函数
	WM_SetCreateFlags. c	创建一个新的窗口时设置用作默认值的标志
	WM_SetDesktopColor. c	设置桌面窗口的颜色
	WM_SetFocus. c	对指定子窗口设置取焦点(光标定位)

文件目录	主要文件	说　明
WM	WM_SetFocusOnNextChild. c	对指定窗口的下一个子窗口设置取焦点
	WM_SetFocusOnPrevChild. c	对指定窗口的前一个子窗口设置取焦点
	WM_SetScrollbar. c	指定窗口设置滚动条
	WM_SetScrollState. c	指定窗口滚动条的设置状态
	WM_SetSize. c	设置指定窗口尺寸(须调用 WM_Resize_Window 函数)
	WM_SetTrans. c	设置或清除 HAS 透明标志(含两操作函数)
	WM_SetTransState. c	HAS 透明标志状态(须调用 WM_SetTrans. c 文件两个函数)
	WM_SetUserClipRect. c	临时缩小当前窗口的剪切区为一个指定的矩形
	WM_SetXSize. c	设置指定窗口 X 尺寸
	WM_SetYSize. c	设置指定窗口 Y 尺寸
	WM_Show. c	指定窗口可见
	WM_Timer. c	WM_CreateTimer()和 WM_DeleteTimer()函数功能实现
	WM_TimerExternal. c	
	WM_UserData. c	设置或获取指定窗口的用户返回数据(含两个函数)
	WM_Validate. c	使一个指定窗口的矩形区域有效
	WM_ValidateWindow. c	使一个指定的窗口有效
	WMMemDev. c	使能或禁止用于重绘一个窗口的存储设备的使用(含两个函数)
	WMTouch. c	指定窗口支持触摸设备

19. 2. 2　细说 μC/GUI 系统的移植

从表 19 - 2 可以看出 μC/GUI 系统的大致架构,但实际上在进行 μC/GUI 系统移植时主要针对 Config 文件进行配置。μC/GUI 系统移植要点主要涉及 μC/GUI 系统接口及驱动配置文件,为了适应个性化的 LCD、LCD 控制器以及触摸屏硬件,主要需要修改表 19 - 3 所列的 3 个文件,此外还对几个主要官方代码作了简单说明。

表 19 - 3　μC/GUI 系统移植文件

文件名	说　明
LCDConf. h	LCD 分辨率、控制器、每像素位、LCD 初始化函数定义
GUIConf. h	μC/GUI 功能模块和动态存储空间,默认字体设置等定义
GUITouchConf. h	触摸屏参数定义

1. 移植前 LCD 具备的条件

μC/GUI 系统移植前必须先准备好可以正常运行的 LCD 应用驱动程序,即首先保证 LCD 驱动程序在无系统的环境下是可以正常工作的,这部分 LCD 的驱动,第 14 章曾重点介绍过。

正常运行的 LCD 应用驱动程序，主要涉及 LCD 硬件配置，包括 LCD 驱动引脚分配、LCD 面板使能、光标设置、光标移动、像素设置、字符显示、字符串显示，以及画线等操作函数，表 19-4 列出了这些函数清单（**注意**：这些函数与表 14-50 基本相同），这些函数可以保证一些基本操作如点操作、线操作等，方便移植的时候应用。当然也可以凭兴趣和应用需求增加一些其他种类的操作。

表 19-4　LCD 相关操作函数

函数名	函数功能
GLCD_Config	LCD 引脚分配、参数设置
GLCD_Ctrl	LCD 电源驱动引脚使能/禁用
GLCD_Init	LCD 硬件初始化函数
GLCD_Cursor_Config	光标配置
GLCD_Cursor_Enable	光标使能
GLCD_Cursor_Disable	光标禁用
GLCD_Move_Cursor	光标移动
GLCD_Copy_Cursor	设置光标图像
GLCD_SetPixel_16bpp	设置像素
GLCD_Clear	清屏函数
PutChar	LCD 屏指定位置显示一个字符
GUI_Text	LCD 屏指定位置显示一串字符
GLCD_DrawLine	画线函数

2. 修改 LCDConf. h 头文件

头文件 LCDConf. h 定义了 LCD 的大小、颜色，对应的 LCD 控制器以及与硬件相关的 LCD 初始化函数。

配置 LCDConf. h 文件如下：

```
# include "GLCD. h"                              //LCD 驱动头文件
# define LCD_XSIZE          (GLCD_X_SIZE) //配置 LCD 的水平分辨率 800
# define LCD_YSIZE          (GLCD_Y_SIZE) //配置 LCD 的垂直分辨率 480
# define LCD_CONTROLLER - 2                      //控制器代号
# define LCD_SIMCONTROLLER

# define LCD_BITSPERPIXEL    (16)               //每个像素的位数
# define LCD_SWAP_RB         (1)                 //是否交换蓝色分量和红色分量,1 为不交换
/ * LCD 配置函数 * /
# define LCD_READ_MEM(Off)    * ((U16 * )    (0xc00000 + (((U32)(Off))<<1)))
# define LCD_WRITE_MEM(Off,data) * ((U16 * ) (0xc00000 + (((U32)(Off))<<1))) = data
# define LCD_READ_REG(Off)    * ((volatile U16 * )(0xc1ffe0 + (((U16)(Off))<<1)))
```

```
#define LCD_WRITE_REG(Off,data) *((volatile U16 *)(0xc1ffe0 + (((U16)(Off))<<
1))) = data
```

/* LCD 寄存器值定义 */
```
#define LCD_REG0   (0)
#define LCD_REG1   (0x23) |(1<<2)
#define LCD_REG2 ((3<<6) |(1<<5) |(1<<4) |(0<<3) |(0<<2) |(0<<1) |(0<
<0))
#define LCD_REG3   (0<<7) |(0<<3) |(0<<2) |(3<<0)
#define LCD_REG4 (LCD_XSIZE/8 - 1)
#define LCD_REG5 ((LCD_YSIZE - 1)&255)
#define LCD_REG6 ((LCD_YSIZE - 1)>>8)
#define LCD_REG7 (0)
#define LCD_REG8 (31)
#define LCD_REG9 (0)
#define LCD_REGA (0)
#define LCD_REGB (0)
#define LCD_REGC (0)
#define LCD_REGD (0)
#define LCD_REG12 (LCD_BITSPERPIXEL * (LCD_VXSIZE - LCD_XSIZE)/16)
#define LCD_REG13 LCD_REG5
#define LCD_REG14 LCD_REG6
#define LCD_REG1B (0)
#define LCD_REG1C (0x78)
```

/* LCD 控制器初始化函数 */
```
#define   LCD_INIT_CONTROLLER()                                  \
        LCD_WRITE_REGLH(0x00>>1,LCD_REG0,LCD_REG1);            \
        LCD_WRITE_REGLH(0x02>>1,LCD_REG2,LCD_REG3);            \
        LCD_WRITE_REGLH(0x04>>1,LCD_REG4,LCD_REG5);            \
        LCD_WRITE_REGLH(0x06>>1,LCD_REG6,LCD_REG7);            \
        LCD_WRITE_REGLH(0x08>>1,LCD_REG8,LCD_REG9);            \
        LCD_WRITE_REGLH(0x0a>>1,LCD_REGA,LCD_REGB);            \
        LCD_WRITE_REGLH(0x0c>>1,LCD_REGC,LCD_REGD);            \
        LCD_WRITE_REG   (0x0e>>1,0x00);                        \
        LCD_WRITE_REG   (0x10>>1,0x00);                        \
        LCD_WRITE_REGLH(0x12>>1,LCD_REG12, LCD_REG13);         \
        LCD_WRITE_REGLH(0x14>>1,LCD_REG14, 0);                 \
        LCD_WRITE_REGLH(0x1a>>1,0, LCD_REG1B);                 \
        LCD_WRITE_REGLH(0x1c>>1,LCD_REG1C, 0)                  \
```

3. 修改 GUIConf.h 头文件

GUIConf.h 文件是 μC/GUI 功能模块和动态存储空间（用于内存设备和窗口对象）大小，默认字体设置等基本 GUI 预定义控制的定义，配置文件如下：

```
# ifndef GUICONF_H
# define GUICONF_H
# define GUI_OS                        (1)          /* 多任务支持 */
# define GUI_SUPPORT_TOUCH             (1)          /* 支持触摸屏 */
# define GUI_SUPPORT_UNICODE          (1)          /* Unicode 支持 */
# define GUI_DEFAULT_FONT   &GUI_Font6x8           /* GUI 默认字体 6×8 */
# define GUI_ALLOC_SIZE               1024 * 20    /* 动态内存的大小,值不可配置过大 */
# define GUI_WINSUPPORT               1            /* 窗口控件支持 */
# define GUI_SUPPORT_MEMDEV           1            /* 支持内存设备 */
# define GUI_SUPPORT_AA               1            /* 支持抗锯齿 */
# endif
```

4. 修改 GUITouchConf.h 文件

根据触摸屏及其控制芯片编制以下几个定义，配置文件如下，当然大家也可以根据自己的实际情况进行配置。

```
# ifndef __GUITOUCH_CONF_H
# define __GUITOUCH_CONF_H
# define GUI_TOUCH_SWAP_XY        1//是否交换 X、Y,0 禁止,1 使能
# define GUI_TOUCH_MIRROR_X       0//是否镜像 X,0 禁止,1 使能
# define GUI_TOUCH_MIRROR_Y       0//是否镜像 Y,0 禁止,1 使能
# define GUI_TOUCH_AD_LEFT        NULL//左
# define GUI_TOUCH_AD_RIGHT       NULL//右
# define GUI_TOUCH_AD_TOP         NULL//上
# define GUI_TOUCH_AD_BOTTOM      NULL//下
# endif
```

19.2.3　μC/GUI 系统的触摸屏驱动

当需要在 μC/GUI 系统中采用触摸屏功能时，就需要考虑到在 μC/GUI 系统下构建触摸屏驱动，将触摸屏硬件控制器传送的 X、Y 轴数据捕获，并对读数进行处理。

本例将在正常运行的触摸屏控制器硬件底层上构建驱动，仅用一个函数即可一对一地分别捕获 X、Y 轴数据。GUI_TOUCH_Measure () 函数说明如下：

```
void GUI_TOUCH_Measure(void) {
    Coordinate * Ptr;
    xPhys = - 1; yPhys = - 1;
    Ptr = Read_Ads7846();//从 ADS7846 兼容触摸屏 IC 读取触摸屏 XY 数据
```

```
if( Ptr != (void*)0 )
{
    xPhys = Ptr->x;
    yPhys = Ptr->y;
}
}
```

19.2.4　μC/OS-II 系统环境下支持 μC/GUI 系统

μC/GUI 系统可以在无操作系统状态下使用,也可以在 embOS 系统[1]、μC/OS-II 系统下使用,本小节将介绍在 μC/OS-II 系统下使用 μC/GUI 系统。μC/GUI 系统提供了 3 种默认的支持文件,这 3 个文件作用如下:

① 文件 GUI_X.C,用于无操作系统环境。

② 文件 GUI_X_embOS.C,用于 embOS 系统环境。

③ 文件 GUI_X_uCOS.C,用于 μC/OS-II 系统环境。

如果应用于多任务系统环境需要先将 GUIconf.h 文件中的宏定义进行设置,将"GUI_OS"项置 1,以支持多任务,宏定义如下:

```
#define GUI_OS          (1)  /*多任务支持*/
```

一般情况下,μC/GUI 系统在无操作系统环境下使用,可以自己定义延时函数,当运行于 μC/OS-II 系统环境时,就直接调用 μC/OS-II 系统的延时函数(或系统时钟节拍函数)。

(1) GUI_X_GetTime()函数

该函数调用 μC/OS-II 系统时钟节拍获取函数 OSTimeGet()获取当前的系统时钟节拍,函数代码如下:

```
int GUI_X_GetTime(void)
{
    return ((int)OSTimeGet());
}
```

(2) GUI_X_Delay()函数

该函数调用 μC/OS-II 系统的延时函数 OSTimeDly()实现延时功能,函数代码如下:

```
void GUI_X_Delay(int period)
{
    INT32U  ticks;
```

---

[1]　embOS 是一个优先级控制的多任务系统,是专门为各种微控制器用于实时系统应用的嵌入式操作系统。

```
ticks = (period * 1000)/OS_TICKS_PER_SEC;
OSTimeDly((INT16U)ticks);
}
```

(3) GUI_X_ExecIdle()函数

该函数用于视窗管理器空闲时调用,函数代码如下:

```
void GUI_X_ExecIdle(void)
{
OSTimeDly(1);// 调用 μC/OS - II 系统的延时函数 OSTimeDly()延时 1 ms
}
```

由于 μC/GUI 系统采用 GUI_X 前缀的高级函数(硬件相关的),它们必须与所使用的实时内核相匹配,以构造 μC/GUI 任务或者线程保护。μC/GUI 系统共提供了 4 个与 μC/OS - II 实时内核相匹配的接口函数。

(4) GUI_X_InitOS()函数

该函数用于建立资源信号量/互斥体,函数代码如下:

```
void GUI_X_InitOS (void)
{
  DispSem = OSSemCreate(1);//调用 μC/OS - II 系统信号量函数建立一个互斥型信号量
  EventMbox = OSMboxCreate((void *)0);//调用 μC/OS - II 系统邮箱函数建立一个邮箱
}
```

(5) GUI_X_Lock()函数

该函数是加锁函数,是典型的阻塞资源信号量/互斥体,用于锁定 μC/GUI 任务或者线程,函数代码如下:

```
void GUI_X_Lock(void)
{
  INT8U err;
  OSSemPend(DispSem,0,&err); //调用 μC/OS - II 系统信号量函数等待 DispSem 信号量
}
```

该函数在访问显示屏或使用临界区的内部数据结构之前,由 μC/GUI 调用。它使用资源信号量/互斥体阻止其他线程进入同一临界区,直到调用 GUI_X_Unlock()函数,当使用一个实时操作系统时,通常需递增计数资源信号量。

(6) GUI_X_Unlock()函数

该函数是个解锁函数,是典型的取消资源信号量/互斥体,用于解锁 μC/GUI 任务务或者线程,函数代码如下:

```
void GUI_X_Unlock(void)
{
  OSSemPost(DispSem);//调用 μC/OS - II 系统信号量函数发送 DispSem 信号量
```

}

该函数在访问显示屏或使用一个临界区内部数据以后,由 µC/GUI 调用。当使用一个实时操作系统时,通常需递减计数资源信号量。

(7) GUI_X_GetTaskId()函数

该函数用于返回当前任务的唯一标识符,函数代码如下:

```
U32 GUI_X_GetTaskId(void)
{
    //返回 µC/OS-II 系统当前运行任务控制块的任务优先级
    return ((U32)(OSTCBCur->OSTCBPrio));
}
```

该函数与实时操作系统一起使用,只要对于每个使用 µC/GUI 的任务/线程来说,它是唯一的即可。

µC/GUI 系统提供了 2 个事件驱动接口函数,在默认情况下,µC/GUI 需要定期检查事件,除非定义了一个等待函数且是一个会触发事件的函数,由此定义了 GUI_X_WaitEvent()函数,且该函数必须与 GUI_X_SignalEvent()函数结合一起使用才有意义。使用 GUI_X_WaitEvent()函数和 GUI_X_SignalEvent()函数的优点是在其等待输入时可将等待任务的 CPU 负载减到最小。

(8) GUI_X_WaitEvent()函数

该函数是定义等待事件的函数,本函数为可选功能,仅通过宏 GUI_X_WAIT_EVENT 或函数 GUI_SetWaitEventFunc() 使用,函数代码如下:

```
void GUI_X_WaitEvent(void)
{
    INT8U err;
    (void)OSMboxPend(EventMbox,0,&err);
}
```

(9) GUI_X_SignalEvent()函数

该函数是定义发送事件信号的函数,本函数为可选功能,仅通过宏 GUI_X_SIG-NAL_EVENT 或函数 GUI_SetSignalEventFunc()使用,函数代码如下:

```
void GUI_X_SignalEvent(void)
{
    (void)OSMboxPost(EventMbox,(void *)1);
}
```

此外还定义了一些键盘之类的接口功能函数,这些功能仅适用于部分控件,不是所有控件都适用的,因此这里仅简单列出相关的函数原型。

● 函数原型 static void CheckInit(void);

- 函数原型 void GUI_X_Init(void)；
- 函数原型 int GUI_X_GetKey(void)；
- 函数原型 int GUI_X_WaitKey(void)；
- 函数原型 void GUI_X_StoreKey(int k)。

19.3　设计目标

本实例基于"第 16 章嵌入式实时操作系统 μC/OS‑II 移植与应用"和第 14 章 "LCD 控制器与触摸应用"的硬件配置及软件基础上，首先讲述 μC/GUI 系统的基础 移植，然后演示在 μC/OS‑II 系统环境下，如何创建 μC/GUI 图形用户界面任务、触 摸屏任务及其他的任务，最终实现触摸屏校准功能。

19.4　系统软件设计

本实例在 μC/OS‑II 系统环境下移植的 μC/GUI 图形系统的版本为 3.90，完整 的系统软件设计主要涉及以下 3 个部分：

① μC/OS‑II 系统建立任务，包括系统主任务、μC/GUI 界面显示及触点校准 任务、触摸屏驱动任务等，前一个任务为 μC/OS‑II 系统启动任务，俗称主任务，后 面的几个任务则在 μC/OS‑II 系统环境下实现 μC/GUI 的图形用户界面显示及触 摸屏控制、触点校准。

② μC/GUI 系统移植及基于 μC/GUI 图形系统 3.90，演示图形界面下触摸屏校准功能。

③ LCD 液晶屏及触摸屏驱动程序，详细的配置曾在第 14 章作过详细介绍。

μC/OS‑II 系统环境下 μC/GUI 图形系统相关的软件设计也是很简单的，将 μC/GUI 图形任务当成一个普通任务创建和执行即可，因而其结构也和之前第 16 章 讲述的几乎相同。本例的演示程序设计所涉及的软件结构如表 19‑5 所列，主要程 序文件及功能说明如表 19‑6 所列。

表 19‑5　μC/OS‑II 系统移植应用实例软件结构

用户应用软件层						
主程序 main.c				用户任务 uctsk_Tas.c		
系统软件层						
μC/GUI 图形系统				μC/OS‑II 系统		
config	core	os	demo	μC/OS‑II/Port	μC/OS‑II/CPU	μC/OS‑II/Source
GUIConf.h GUITouch. Conf.h LCDConf.h	GUI2DLib.c GUI_Exec.c …	GUI_X_ Touch.c GUI_X_ uCOS.c	GUIDEMO.c MainTask.c …	os_cpu_c.c、 os_dbg.c、 os_cpu_a.asm	cpu_a.asm	os_core.c、 os_flag.c、 os_task.c 等

CMSIS 层			
Cortex - M3 内核外设访问层	LPC17xx 设备外设访问层		
core_cm3. h core_cmFunc. h core_cmInstr. h	启动代码 （startup_LPC- 177x_8x. s）	LPC177x_8x. h	system_LPC177x_8x. c ∥ system_LPC177x_8x. h
硬件外设层			
时钟电源控制驱动库	EMC 外部存储控制器驱动库		SSP 外设驱动库
lpc177x_8x_clkpwr. c lpc177x_8x_clkpwr. h	lpc177x_8x_emc. c lpc177x_8x_emc. h		lpc177x_8x_ssp. c lpc177x_8x_ssp. h
GPIO 外设驱动库	引脚连接配置驱动库		
lpc177x_8x_gpio. c lpc177x_8x_gpio. h	lpc177x_8x_pinsel. c lpc177x_8x_pinsel. h		
LCD 硬件配置及绘图/ 字符串显示操作	触摸屏硬件配置		SDRAM 存储器硬件配置
GLCD. c glcd. h	TouchPanel. c TouchPanel. h		SDRAM_K4S561632C_32M_16BIT. c sdram_k4s561632c_32m_16bit. h

表 19 - 6　程序设计文件功能说明

文件名称	程序设计文件功能说明
main. c	包括系统主任务、用户任务的建立及系统任务启动等
uctsk_Task. c	其他用户任务,含 LED 闪烁任务 uctsk_Blink、触摸屏驱动任务 uctsk_TouchPanel、图形显示任务 uctsk_UCGUI
lpc177x_8x_clkpwr. c	公有程序,时钟与电源控制驱动库。注:由其他驱动库文件调用
lpc177x_8x_emc. c	公有程序,EMC 外设驱动库。由主程序调用执行 LPC1788 微处理器外部存储控制器相关配置
lpc177x_8x_gpio. c	公有程序,GPIO 模块驱动库,辅助调用
lpc177x_8x_ssp. c	公有程序,SSP 外设驱动库,用于触摸屏控制器接口
lpc177x_8x_pinsel. c	公有程序,引脚连接配置驱动库。由相关引脚设置程序调用
startup_LPC177x_8x. s	启动代码文件

第 16 章已经详细讲述过 μC/OS - II 系统的移植,本章的前述部分也已经对 μC/GUI 图形系统的移植过程作了大篇幅介绍,本节不再对 μC/GUI 图形系统及 μC/OS - II 系统的移植过程作重复介绍,仅对主要函数作详细介绍。

1. μC /OS - II 系统建立任务

μC/OS - II 系统创建了不同优先级的主要任务,分别是主任务 App_TaskStart()、图形界面综合引导任务 App_UCGUI_TaskCreate 和第 16 章讲述过的 LED 闪烁任务 uctsk_Blink()。图形界面综合任务用于创建和启动显示及触摸校准 uctsk_UCGUI()、触摸屏驱动任务 uctsk_TouchPanel()。

(1) main()函数

主程序从 main()函数入口,完成 μC/OS-II 系统初始化、建立主任务,以及启动 μC/OS-II 系统等工作。虽然本例 μC/OS-II 系统集成了 μC/GUI 图形系统,但从主函数的调用方式上来看,对 μC/GUI 图形系统及接口函数的调用与其他 μC/OS-II 任务函数的调用形式并无差异,稍后再解释图形系统用户接口的调用方式。

```
int main(void){
CPU_INT08U os_err;
/* μC/OS-II 初始化 */
OSInit();//初始化 μC/OS-II 系统内核
/* 建立主任务 */
os_err = OSTaskCreateExt ((void (*)(void *)) App_TaskStart, //指向任务代码的指针
(void *) 0, //任务开始执行时,传递给任务的参数的指针
/* 分配给任务的堆栈的栈顶指针,从顶向下递减 */
(OS_STK *) &App_TaskStartStk[APP_TASK_START_STK_SIZE - 1],
/* 分配给任务的优先级 */
(INT8U) APP_TASK_START_PRIO);
/* 预备给后续版本的特殊标识符,在现行版本同任务优先级 */
(INT16U) APP_TASK_START_PRIO,
/* 分配给任务的堆栈的栈顶指针,从顶向下递减 */
(OS_STK * ) &App_TaskStartStk[0],
/* 指向任务堆栈栈底的指针,用于堆栈的检验 */
(INT32U) APP_TASK_START_STK_SIZE,
/* 指向用户附加的数据域的指针,用来扩展任务的任务控制块 */
(void * )0,
/* 选项,指定是否允许堆栈检验,是否将堆栈清 0,任务是否要进行浮点运算等 */
(INT16U)(OS_TASK_OPT_STK_CLR | OS_TASK_OPT_STK_CHK));
#if (OS_TASK_NAME_SIZE >= 11)
    OSTaskNameSet(APP_TASK_START_PRIO, (INT8U *)"Start Task", &os_err);
#endif
OSStart();//启动 μC/OS-II 系统多任务
Rerurn(0);
}
```

启动任务 App_TaskStart()函数首先初始化 μC/OS-II 系统节拍,然后使能 μC/OS-II 系统统计任务,再由该函数调用 App_TaskCreate()建立其他任务。

(2) App_TaskStart()函数

启动任务函数 App_TaskStart()可以说是 μC/OS-II 系统的引导函数,其任务为 μC/OS-II 系统启动任务,俗称主任务,该函数的实现代码如下:

```
static void App_TaskStart(void* p_arg)
{
```

```
INT8U   os_err;
INT32U cclk = CLKPWR_GetCLK(CLKPWR_CLKTYPE_CPU);//获取 CCLK 时钟
(void) p_arg;
/* 初始化 SDRAM 作为 LCD 显示缓存 */
SDRAM_32M_16BIT_Init();
/* 初始化 μC/OS-II 系统时钟节拍 */
SysTick_Config(cclk/1000 - 1);
/* 使能 μC/OS-II 系统的统计任务 */
#if (OS_TASK_STAT_EN > 0)
OSStatInit();//统计任务初始化函数
#endif
App_TaskCreate();//建立其他的任务——用户任务
while (1)
    {
    OSTaskSuspend(OS_PRIO_SELF);//可设置挂起
     }
}
```

其他任务的创建指的是自定义的用户任务,由 App_TaskCreate() 函数创建,本例通过该函数创建图形用户界面相关任务,再由该函数建立其他的 3 个任务,这个函数实现代码如下。

(3) App_TaskCreate() 函数

该函数引导图形用户界面下相关任务的启动和建立,作为两个用户程序文件(main.c 和 uctsk_Task.c 文件)的衔接。当然,也可以选择将所有的任务放在 main.c 文件中。App_UCGUI_TaskCreate() 函数执行代码仅一行,如下。

```
static void App_TaskCreate (void)
{
App_UCGUI_TaskCreate();
}
```

图形用户显示任务、触摸屏校准任务、LED 闪烁任务从结构上是集成在图形用户系统下的任务,软件设计的时候,特意将这 3 项任务交给 App_UCGUI_TaskCreate() 函数建立与启动。

(4) App_UCGUI_TaskCreate() 函数

该函数的实现代码封装在 uctsk_Task.c 文件内,函数的建立与其他 3 个任务的代码风格与形式均类似。

```
void  App_UCGUI_TaskCreate (void)
{
INT8U   os_err;
os_err = os_err;
```

711

轻松玩转ARM Cortex-M3 微控制器——基于LPC1788系列

```
                /* 创建图形界面显示任务 */
                os_err = OSTaskCreate((void ( * )(void * )) uctsk_UCGUI, //建立图形界面显示任务
                 (void       * ) 0, //任务开始执行时,传递给任务的参数的指针
                /* 分配给任务的堆栈的栈顶指针,从顶向下递减 */
                 (OS_STK * ) &App_Task_UCGUI_Stk[APP_TASK_UCGUI_STK_SIZE - 1],
                 (INT8U     ) APP_TASK_UCGUI_PRIO   ); //分配给任务的优先级
                # if OS_TASK_NAME_EN > 0
                    OSTaskNameSet(APP_TASK_UCGUI_PRIO, "Task UCGUI", &os_err);
                # endif
                /* 创建触摸屏校准任务 */
                os_err = OSTaskCreate((void ( * )(void * )) uctsk_TouchPanel, //建立触摸屏校准任务
                 (void       * ) 0, //任务开始执行时,传递给任务的参数指针
                /* 分配给任务的堆栈的栈顶指针,从顶向下递减 */
                 (OS_STK * ) &App_Task_TouchPanel_Stk[APP_TASK_TouchPanel_STK_SIZE - 1],
                 (INT8U     ) APP_TASK_TouchPanel_PRIO   ); //分配给任务的优先级
                # if OS_TASK_NAME_EN > 0
                OSTaskNameSet(APP_TASK_TouchPanel_PRIO, "TASK TouchPanel Messages", &os_err);
                # endif
                /* 创建 LED 闪烁任务 */
                os_err = OSTaskCreate((void ( * )(void * )) uctsk_Blink, //建立 LED 闪烁任务
                (void       * ) 0, // 任务开始执行时,传递给任务的参数指针
                /* 分配给任务的堆栈的栈顶指针,从顶向下递减 */
                 (OS_STK  ) &App_TaskBlinkStk[APP_TASK_BLINK_STK_SIZE - 1],
                 (INT8U     ) APP_TASK_BLINK_PRIO   ); //分配给任务的优先级
                # if OS_TASK_NAME_EN > 0
                    OSTaskNameSet(APP_TASK_BLINK_PRIO, "Task LED Blink", &os_err);
                # endif
                }
```

712

图形用户界面任务和触摸屏任务的功能直接实现的函数分别是 uctsk_UCGUI() 函数和 uctsk_TouchPanel() 函数,在之前的程序代码中始终无法判断 μC/OS-II 系统下是否集成 μC/GUI 图形系统。这两个任务与传统的 μC/OS-II 系统最大的区别点在于这两个任务既可作为 μC/OS-II 系统任务建立,同时又可调用 μC/GUI 系统下的功能实现函数,即:以 μC/OS-II 系统任务的方式支持 μC/GUI 系统的应用。

(5) uctsk_UCGUI()函数

本函数既可作为 μC/OS-II 系统的界面用户任务,又构建了 μC/GUI 系统。首先调用 GUI 初始化函数 GUI_Init(),执行 μC/GUI 图形系统初始化,并执行 X、Y 坐标校准,再由 GUIDEMO_main() 函数(**注意**:该函数在本实例的 GUIDEMO.c 文件中定义)完成特定图形显示。

```
static void uctsk_UCGUI (void)
```

```
{
    GUI_Init();//μC/GUI 图形系统初始化
/* 触摸屏校准 */
    _ExecCalibration( GLCD_X_SIZE, GLCD_Y_SIZE );
    for(;;)
    {
        GUIDEMO_main();
    }
}
```

(6) GUI_Init()函数

GUI_Init()函数的定义在 GUICore.c 文件中,用于初始化 GUI 内部数据结构与变量,该函数的代码如下:

```
int GUI_Init(void) {
    int r;
    GUI_DEBUG_LOG("\nGUI_Init()");
    /* 初始化系统全局变量 */
    GUI_DecChar = '.';
    GUI_X_Init();
    /* 初始化上下文 */
    _InitContext(&GUI_Context);
GUITASK_INIT();//调用函数 GUI_X_InitOS()建立资源信号量/互斥体
    r = LCD_Init();
    #if GUI_WINSUPPORT
        WM_Init();
    #endif
    GUITASK_COPY_CONTEXT();
#if defined(GUI_TRIAL_VERSION)//μC/GUI 试用版本提示
    {
        int i;
        for ( i = 0; i < 10; i++ ) {
            GUI_DispString("This uC-GUI library\n"
                           "is for evaluation\n"
                           "purpose only.\n"
                           "A license is\n"
                           "required to use\n"
                           "it in a product\n\n"
                           "www.micrium.com\n");
            GUI_GotoXY(0, 0);
        }
    }
```

```
    GUI_Clear();
    #endif
    return r;
}
```

(7) uctsk_TouchPanel()函数

本函数为触摸屏驱动任务,为 μC/OS-Ⅱ 系统的触摸屏坐标获取任务,首先初始化触摸屏控制器接口,然后调用了 μC/GUI 系统下的触摸屏坐标值读取函数 GUI_TOU-CH_Exec()来获取坐标。

```
static void uctsk_TouchPanel (void)
{
    TP_Init();//初始化触摸屏控制器硬件,详见第14章说明
    for(;;)
    {
    GUI_TOUCH_Exec();//读取触摸屏坐标值
    OSTimeDlyHMSM(0, 0, 0, 25);//延时 25 ms
    }
}
```

(8) GUI_TOUCH_Exec()函数

本实例调用的 GUI_TOUCH_Exec()函数是在 GUI_TOUCH_DriverAnalog.c 文件中定义的,该函数的源代码列出如下:

```
void GUI_TOUCH_Exec(void) {
#ifndef WIN32
static U8 ReadState;
int x,y;
/* 计算最大/最小值 */
if (xyMinMax[GUI_COORD_X].Min < xyMinMax[GUI_COORD_X].Max) {
xMin = xyMinMax[GUI_COORD_X].Min;
xMax = xyMinMax[GUI_COORD_X].Max;
}
else {
xMax = xyMinMax[GUI_COORD_X].Min;
xMin = xyMinMax[GUI_COORD_X].Max;
}
if (xyMinMax[GUI_COORD_Y].Min < xyMinMax[GUI_COORD_Y].Max) {
yMin = xyMinMax[GUI_COORD_Y].Min;
yMax = xyMinMax[GUI_COORD_Y].Max;
}
else {
yMax = xyMinMax[GUI_COORD_Y].Min;
```

```
yMin = xyMinMax[GUI_COORD_Y].Max;
}
/* 读触摸屏状态机实现 */
switch (ReadState) {
case 0：
yPhys = TOUCH_X_MeasureY();
TOUCH_X_ActivateY();
ReadState ++ ;
break;
default：
xPhys = TOUCH_X_MeasureX();
TOUCH_X_ActivateX();
/* 转换值放入逻辑值 */
#if ! GUI_TOUCH_SWAP_XY /* 是否互换 X、Y? */
  x = xPhys;
  y = yPhys;
#else
  x = yPhys;
  y = xPhys;
#endif
if ((x < xMin) || (x > xMax)  || (y < yMin) || (y > yMax)) {
  _StoreUnstable(-1, -1);
} else {
  x = _AD2X(x);
  y = _AD2Y(y);
  _StoreUnstable(x, y);
}
/* 复位状态机 */
ReadState = 0;
break;
}
  #endif /* WIN32 */
}
```

　　此外还有一个 LED 闪烁任务，它由 uctsk_Blink()函数实现，我们在之前的 μC/
OS - II 系统应用章节(16 章)单独作为一个例程进行过介绍。

2. 触点校准

　　触点校准的执行函数_ExecCalibration()其实封装在 μC/OS - II 系统的界面用
户任务 uctsk_UCGUI()函数内，不过为了方便用户，将之压缩在 UCGUI_Calibrate.
lib 库内。

(1) _ExecCalibration()函数

该函数在 μC/GUI 图形系统下,实现多触点的校准动作,每次在触点按下后,读取触点值,并保存,这是个重复的取值过程,待获取所有有效值后,执行 perform_calibration()函数进行校准,然后校准标志位置 1,程序执行完。

```
void _ExecCalibration( int x_size, int y_size ) {
/* 计算逻辑位置 */
int ax[5], ay[5];
ax[0] = 20;              ay[0] = 20;
ax[1] = x_size - 20;     ay[1] = 20;
ax[2] = x_size - 20;     ay[2] = y_size - 20;
ax[3] = 20;              ay[3] = y_size - 20;
ax[4] = x_size/2;        ay[4] = y_size/2;
CalibrationComplete = 0;//校准标志位置 0
GUI_TOUCH_SetDefaultCalibration();//默认校准
/* GUI 字体设置 */
GUI_SetFont(&GUI_Font13_ASCII);
/* GUI 背景色设置 */
GUI_SetBkColor(GUI_RED);
GUI_Clear();//清屏
/* 颜色设置 */
GUI_SetColor(GUI_WHITE);  GUI_FillCircle(ax[0], ay[0], 10);
GUI_SetColor(GUI_RED);    GUI_FillCircle(ax[0], ay[0], 5);
GUI_SetColor(GUI_WHITE);
/* 触点设置提示 */
GUI_DispStringAt("Press here", ax[0] + 20, ay[0]);
/* 第一次点击触摸屏动作,读取 X、Y 坐标 */
do {
GUI_PID_STATE State;
GUI_TOUCH_GetState(&State);
if (State.Pressed) {
    cal.xfb[0] = 20;
    cal.yfb[0] = 20;
    cal.x[0] = GUI_TOUCH_GetxPhys();
    cal.y[0] = GUI_TOUCH_GetyPhys();
  break;
  }
  GUI_Delay (100);
} while (1);
//清屏
GUI_Clear();
/* 第一次点击完成,获取值 */
```

716

```
GUI_DispStringAt("OK", ax[0] + 20, ay[0]);
do {
  GUI_PID_STATE State;
  GUI_TOUCH_Exec();
  GUI_TOUCH_GetState(&State);
  if (State.Pressed = = 0) {
    break;
  }
  GUI_Delay (1000);
} while (1);
    …类似代码执行完多点取值
/* 计算和显示触点值 */
{
  /* x0,y0 值 */
  GUI_Clear();
  GUI_DispString   ("x0: ");    GUI_DispDec(cal.x[0], 4);
  GUI_DispString   (" y0: ");   GUI_DispDec(cal.y[0], 4);    GUI_DispNextLine();
  /* x1,y1 值 */
  GUI_DispString   ("x1: ");    GUI_DispDec(cal.x[1], 4);
  GUI_DispString   (" y1: ");   GUI_DispDec(cal.y[1], 4);    GUI_DispNextLine();
  /* x2,y2 值 */
  GUI_DispString   ("x2: ");    GUI_DispDec(cal.x[2], 4);
  GUI_DispString   (" y2: ");   GUI_DispDec(cal.y[2], 4);    GUI_DispNextLine();
  /* x3,y3 值 */
  GUI_DispString   ("x3: ");    GUI_DispDec(cal.x[3], 4);
  GUI_DispString   (" y3: ");   GUI_DispDec(cal.y[3], 4);    GUI_DispNextLine();
  /* x4,y4 值 */
  GUI_DispString   ("x4: ");    GUI_DispDec(cal.x[4], 4);
  GUI_DispString   (" y4: ");   GUI_DispDec(cal.y[4], 4);    GUI_DispNextLine();
  /* x5,y5 值 */
  GUI_DispString   ("x5: ");    GUI_DispDec(cal.x[5], 4);
  GUI_DispString   (" y5: ");   GUI_DispDec(cal.y[5], 4);    GUI_DispNextLine();
  /* 屏幕其他文字提示信息输出 */
  GUI_DispString   ("Please touch display to continue...");
  GUI_SetFont(&GUI_Font24_ASCII);
  GUI_GotoXY( (x_size - 362)/2 , y_size/2 - 12 );
  GUI_DispString( "Thank you for using HY - LPC1788 - Core");
  GUI_GotoXY( (x_size - 380)/2 , y_size/2 + 12 );
  GUI_DispString("www.PowerMCU.com www.HotMCU.com");
  GUI_Delay(1000);
  do {
    GUI_PID_STATE State;
```

轻松玩转 ARM Cortex-M3 微控制器——基于 LPC1788 系列

718

```
        GUI_TOUCH_GetState(&State);
        if (State.Pressed)
            break;
        GUI_Delay (10);
    } while (1);
}
perform_calibration(&cal);          //执行校准
CalibrationComplete = 1;            //校准标志位置 1,校准完成
}
```

(2) perform_calibration()函数

该函数是执行校准算法转换及矩阵运算的实际函数,函数的实现代码如下:

```
int perform_calibration(calibration * cal) {
        int j;
        float n, x, y, x2, y2, xy, z, zx, zy;
        float det, a, b, c, e, f, i;
        float scaling = 65536.0;
// 矩阵
        n = x = y = x2 = y2 = xy = 0;
        for(j = 0;j<5;j++ ) {
                n += 1.0;
                x += (float)cal->x[j];
                y += (float)cal->y[j];
                x2 += (float)(cal->x[j] * cal->x[j]);
                y2 += (float)(cal->y[j] * cal->y[j]);
                xy += (float)(cal->x[j] * cal->y[j]);
        }
// 计算和计算行列式
        det = n * (x2 * y2 - xy * xy) + x * (xy * y - x * y2) + y * (x * xy - y * x2);
        if(det < 0.1 && det > - 0.1) {
                return 0;
        }
// 逆矩阵
        a = (x2 * y2 - xy * xy)/det;
        b = (xy * y - x * y2)/det;
        c = (x * xy - y * x2)/det;
        e = (n * y2 - y * y)/det;
        f = (x * y - n * xy)/det;
        i = (n * x2 - x * x)/det;
// x 校准
        z = zx = zy = 0;
        for(j = 0;j<5;j++ ) {
```

```
            z  += (float)cal - >xfb[j];
            zx += (float)(cal - >xfb[j] * cal - >x[j]);
            zy += (float)(cal - >xfb[j] * cal - >y[j]);
    }
// x 运算
    cal - >a[2] = (int)((a * z + b * zx + c * zy) * (scaling));
    cal - >a[0] = (int)((b * z + e * zx + f * zy) * (scaling));
    cal - >a[1] = (int)((c * z + f * zx + i * zy) * (scaling));
// y 校准
    z = zx = zy = 0;
    for(j = 0;j < 5;j ++ ) {
            z  += (float)cal - >yfb[j];
            zx += (float)(cal - >yfb[j] * cal - >x[j]);
            zy += (float)(cal - >yfb[j] * cal - >y[j]);
    }
// y 运算
    cal - >a[5] = (int)((a * z + b * zx + c * zy) * (scaling));
    cal - >a[3] = (int)((b * z + e * zx + f * zy) * (scaling));
    cal - >a[4] = (int)((c * z + f * zx + i * zy) * (scaling));
// 返回
    cal - >a[6] = (int)scaling;
    return 1;
}
```

19.5　实例总结

本章以第 14 章和第 16 章的实例软件设计及硬件配置为基础，综合介绍了嵌入式图形系统 μC/GUI 的软件结构、主要控件的功能函数及相关文件，集中讲述了 μC/GUI 系统在 LPC1788 微处理器上的移植过程，最后基于嵌入式操作系统 μC/OS - II 与图形系统 μC/GUI 设计了一个综合性的 μC/GUI 图形界面下的触点多点校准实例。

本章可作为嵌入式系统 μC/OS - II 环境下构建图形系统 μC/GUI 应用软件设计的基础，建议大家切记 μC/OS - II 系统下构建用户界面任务以及触摸驱动任务的方法。

第**20**章

嵌入式实时操作系统 μC/OS – III 的移植与应用

μC/OS 系列实时内核最早是在 1992 年由 Jean J. Labrosse 推出,经过 20 多年的发展,已经做了大量的改进,目前嵌入式实时操作系统 μC/OS 的最新版本是 μC/OS – III。本章将详细介绍 μC/OS – III 系统的特点、内核架构,以及在 LPC1788 微控制器上的移植步骤,并通过一个简单的应用实例演示 μC/OS – III 系统的运行。

20.1 嵌入式系统 μC/OS – III 概述

μC/OS – III 是一种可移植、可固化、可裁剪、可剥夺型多任务硬实时内核,包含了任务调度、任务管理、时间管理、内存管理和任务间的通信和同步等基本功能,没有任务数量的限制,允许同优先级任务的时间片轮转调度。μC/OS – III 嵌入式系统可用于各类 8 位单片机、16 位和 32 位微控制器和数字信号处理器。

μC/OS – III 的主要目标是提供一个一流的实时内核,为嵌入式产品的开发节省大量研发时间和精力,尽管源自于 μC/OS – II,但 μC/OS – III 是一个全新的实时内核。大部分的应用程序编程接口(API)函数名与 μC/OS – II 是保持一致的,但在一些地方,传递给函数的参数发生了较大的变化。

20.1.1 μC/OS – III 系统的特点

嵌入式系统 μC/OS – III 源自 Jean J. Labrosse 于 1992 年编写的一个嵌入式多任务实时操作系统(RTOS),1999 年改写后命名为 μC/OS – II。早在 2009 年,Jean J. Labrosse 就推出了 μC/OS – III,虽然它的根基是 μC/OS – II,但却是一个全新的内核。最初的 μC/OS – III 仅向授权用户开放源代码,这在当时一定程度上限制了它的推广和应用,很多国内用户一直在期待着 μC/OS – III 能够如前述的两个版本一样实现开源。直到 2012 年,新的 μC/OS – III 开始面向教学用户开放源代码,在此后的两年间 μC/OS – III 的开源代码以及译著迅速在国内窜红。

μC/OS – III 作为一个全新的实时内核,除了提供熟悉的一系列系统服务,还全面修订了 API 接口,使 μC/OS – III 更直观、更容易使用。该产品可以广泛应用于通信、工业控制、仪器仪表、汽车电子、消费电子、办公自动化设备等的设计开发,还适用于各种类型的微处理器。

μC/OS - III 是一个抢占的多任务内核,支持优先级相同的任务轮询调度。它可以移植到许多不同的 CPU 架构。μC/OS - III 是专为嵌入式系统设计,可以与应用程序代码一起固化到 ROM 中。μC/OS - III 添加了许多非常有用的功能,如:可嵌套互斥信号量,可嵌套任务暂停,不需要信号量可发信号给任务,不需要消息队列可发送消息给任务,等待多个内核对象,内置的性能测量,预防死锁,用户定义的钩子函数等。

μC/OS - III 还内置了支持内核感知调试,允许内核感知调试器以用户友好的方式检测和显示 μC/OS - III 的变量和数据结构,也允许 μC/Probe 在运行时显示和改变变量。μC/OS - III 系统的代码与体系结构如图 20 - 1 所示。

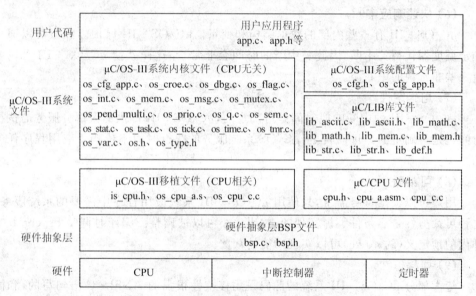

图 20 - 1　μC/OS - III 系统代码与体系结构

μC/OS - III 系统的主要特点如下。

(1) 开源性

μC/OS - III 系统的源代码全部公开,用户可直接登录官方网站(www. micrium. com)下载 μC/OS - III,网站上公布了针对不同微处理器的移植代码,用户也可以从有关出版物上找到详尽的源代码讲解和注释。这样使系统变得透明,极大地方便了 μC/OS - III 系统的开发,提高了开发效率。

(2) 源代码

μC/OS - III 完全根据 ANSI - C 标准写的。代码的规范是 Micrium 团队的一种文化,代码严格地遵循标准,并且产品有完整的配套例程和手册。

(3) 应用程序接口

μC/OS - III 是很直观的。如果熟悉类似的编码规范,就能轻松地知道函数名所对应的服务,以及需要怎样的参数。例如:指向对象的指针通常是第一个参数,指向错误代码的指针通常是最后一个参数。

(4) 抢占式多任务处理

μC/OS-III 是一个抢占式多任务处理内核,因此,μC/OS-III 正在运行的通常都是优先级最高的就绪任务。

(5) 时间片轮转调度

μC/OS-III 允许多个任务拥有相同的优先级。当多个相同优先级的任务就绪,并且这个优先级是目前最高的时候,μC/OS-III 会分配用户定义的时间片给每个任务去运行,每个任务可以定义不同的时间片,当任务用不完时间片时可以让出 CPU 给另一个任务。

(6) 快速响应中断

μC/OS-III 有一些内部的数据结构和变量。μC/OS-III 保护临界段可以通过锁定调度器代替关中断,因此关中断的时间会非常少,这样就使 μC/OS-III 可以响应一些非常快的中断源。

(7) 可确定性

μC/OS-III 的中断响应时间是可确定的,μC/OS-III 提供的大部分服务的执行时间也是可确定的。进而言之,μC/OS 系统服务的执行时间不依赖于应用程序任务的多少。

(8) 可裁剪

用户可以根据自身需求,只使用 μC/OS-III 系统应用程序中需要的系统服务。这种可裁剪性是靠条件编译实现的,代码大小可以被调整。编译时调整 os_cfg.h 文件内的预定义(约 40 处)可以实现功能的裁剪。

(9) 可移植性

绝大部分 μC/OS-III 系统的源码是用移植性很强的 ANSI-C 语句写的,和微处理器硬件相关的部分是用汇编语言写的。汇编语言编写的部分已经压到最小限度,使得 μC/OS-III 系统可以被移植到大部分的 CPU 架构的微处理器上。

μC/OS-III 系统能够移植到多种微处理器上的条件是,只要该微处理器有堆栈指针,由 CPU 内部寄存器入栈、出栈指令。另外,使用的 C 编译器必须支持内嵌汇编(Inline Assembly)或者该 C 语言可扩展、可连接汇编模块,使得关中断、开中断能在 C 语言程序中实现。

(10) 可固化

μC/OS-III 系统是为嵌入式应用而设计的,只要具备合适的软、硬件工具,μC/OS-III 系统就可以嵌入到用户的产品中,它可以跟应用程序代码一起被固化。

(11) 可实时配置

μC/OS-III 允许用户在运行时配置内核。特别是所有的内核对象如任务、堆栈、信号量、事件标志组、消息队列、消息、互斥信号量、内存分区、软件定时器等都是在运行时分配的,避免编译时的过度分配。

(12) 任务数量无限制

μC/OS - III 对任务数量无限制。实际上,任务的数量限制于处理器能提供的内存大小。每一个任务需要有自己的堆栈空间,允许每个任务有不同的栈空间,以便压低应用程序对 RAM 的需求,同时 μC/OS - III 在运行时监控任务堆栈的生长,使用栈空间校验函数,可以确定每个任务到底需要多少栈空间。

(13) 优先级数无限制

μC/OS - III 对优先级数无限制。不过,大多数的应用只需配置 μC/OS - III 的优先级在 32～256 之间就已经满足需求。

(14) 内核对象数量无限制

μC/OS - III 支持任何数量的任务、信号量、互斥信号量、事件标志组、消息队列、软件定时器、内存分区(仅受限于处理器可用的 RAM 大小),用户在运行时分配所有的内核对象。

(15) 系统服务

μC/OS - III 提供了商用实时内核所需要的所有系统服务,例如任务管理、时间管理、信号量、事件标志组、互斥信号量、消息队列、软件定时器、内存分区等。

(16) 互斥信号量

互斥信号量是一个内置优先级的特殊类型信号量,用于资源管理消除优先级反转。互斥信号量可以被嵌套,因此,任务可申请同一个互斥信号量多达 250 次。当然,互斥信号量的占有者需要释放同等次数。

(17) 嵌套任务停止

μC/OS - III 允许任务停止自身或者停止另外的任务。停止一个任务意味着这个任务将不再执行直到被其他的任务恢复。停止可以被嵌套到 250 级。换句话说,一个任务可以停止另外的任务多达 250 次。当然,这个任务必须被恢复同等次数才有资格再次获得 CPU。

(18) 软件定时器

可以定义任意数量的一次性的、周期性的、或者两者兼有的定时器。定时器是倒计时的,执行用户定义的行为一直到计数减为 0。每一个定时器可以有自己的行为,如果一个定时器是周期性的,计数减为 0 时会自动重装计数值并执行用户定义的行为。

(19) 挂起多个对象

μC/OS - III 允许任务等待多个事件的发生。特别是任务可以同时等待多个信号量和消息队列被提交,等待中的任务在事件发生的时候被唤醒。

例如,OSPendMulti() 函数可以等待多个对象,并设置等待时限。当任务等待信号量、Mutex、事件标志组、消息队列时,可以放入 OS_PEND_LIST 挂起队列。

(20) 任务信号量

μC/OS－Ⅲ 允许 ISR 或者任务直接发送信号量给其他任务。这样就避免了必须产生一个中间级内核对象。

(21) 任务消息

μC/OS－Ⅲ 允许 ISR 或者任务直接发送消息到另一个任务,这样就避免产生一个消息队列,提高了内核性能。

(22) 错误检测

μC/OS－Ⅲ 能检测指针是否为 NULL,在 ISR 中调用的任务级服务是否允许,参数在允许范围内,配置选项的有效性,函数的执行结果等。每一个 μC/OS－Ⅲ 的 API 函数返回一个对应于函数调用结果的错误代号。

(23) 内置性能测量

μC/OS－Ⅲ 有内置性能测量功能。能测量每个任务的执行时间、每个任务的堆栈使用情况、任务的执行次数、CPU 的使用情况、ISR 到任务的切换时间、任务到任务的切换时间、列表中的峰值数、关中断、锁调度器平均时间等。

(24) 可优化

μC/OS－Ⅲ 被设计于能够根据 CPU 的架构被优化。μC/OS－Ⅲ 所用的大部分数据类型能够被改变,以更好地适应 CPU 固有的字大小。优先级调度法则可以通过编写一些汇编语言而获益于一些特殊的指令如位设置、位清除、计数清零指令(CLZ),Find－first－One(FF1)指令。

(25) 死锁预防

μC/OS－Ⅲ 中所有的挂起服务都可以有时间限制,预防死锁。

(26) 任务级的时基处理

μC/OS－Ⅲ 有时基任务,时基 ISR 触发时基任务。μC/OS－Ⅲ 使用了哈希列表结构,可以大大减少处理延时和任务超时所产生的开销。

(27) 可定义的用户钩子函数

μC/OS－Ⅲ 允许程序员定义 hook 函数,hook 函数被 μC/OS－Ⅲ 调用。hook 函数允许用户扩展 μC/OS－Ⅲ 的功能。有的 hook 函数在任务切换的时候被调用,有的在任务创建的时候被调用,有的在任务删除的时候被调用。

(28) 时间戳

为了测量时间,μC/OS－Ⅲ 需要一个 16 位、32 位或者 64 位的时间戳计数器。这个计数器值可以在运行时被读取以测量时间。例如:当 ISR 提交消息到任务时,时间戳计数器自动读取并保存作为消息。当接收者接收到这条消息时,时间戳被提供在消息内。通过读取现在的时间戳,消息的响应时间可以被确定。

(29) 嵌入式内核调试器

这种内核调试器功能允许用户通过一个自定义通道断点时查看 μC/OS－Ⅲ 的变量和数据结构。μC/OS－Ⅲ 内核也支持 μC/Probe(探针)在运行时显示信息。

(30) 对象名称

每个 μC/OS - III 的内核对象有一个相关联的名字。这样就能很容易地识别出对象所指定的作用。分配一个 ASCII 码的名字给任务、信号量、互斥信号量、事件标志组、消息队列、内存块、软件定时器。对象的名字长度没有限制,但是必须以空字符结束。

20.1.2　代码的临界段

代码的临界段也称为临界区,指处理时不可分割的代码。一旦这部分代码开始执行,则不允许任何中断打入。为确保临界段代码的执行,在进入临界段之前要关中断,而临界段代码执行完以后要立即开中断。μC/OS - III 中的临界段的保护方法取决于 ISR 中对消息的处理方式,如果 OS_CFG_ISR_POST_DEFERRED_EN 被设为 0(见 os_cfg.h),在进入临界段之前 μC/OS - III 会关中断。如果 OS_CFG_ISR_POST_DEFERRED_EN 被设为 1,在进入临界段之前会关调度器。

μC/OS - III 定义了 1 个进入临界段的宏和 2 个出临界段的宏来开关中断,以便避开不同 C 编译器厂商选择不同的方法来处理关中断和开中断。μC/OS - III 中的这 3 个宏调用分别是:OS_ENTER_CRITICAL()、OS_EXIT_CRITICAL() 和 OS_CRITICAL_EXIT_NO_SCHED()。

(1) 关中断

设置 OS_CFG_ISR_POST_DEFERRED_EN 为 0 后,在进入临界段之前 μC/OS - III 会关中断,在离开临界段之后开中断。

宏 OS_CRITICAL_ENTER() 调用宏 CPU_CRITICAL_ENTER(),然后再调用宏 CPU_SR_Save()。CPU_SR_Save() 是用汇编语言编写的,用于保存当前 CPU 寄存器并关中断。寄存器值以类型为"cpu_sr"的局部变量存于调用函数的堆栈。

OS_CRITICAL_EXIT() 和 OS_CRITICAL_EXIT_NO_SCHED() 两个函数都会调用宏 CPU_CRITICAL_EXIT(),CPU_CRITICAL_EXIT() 最终调用了宏 CPU_SR_Restore()。由它来恢复所保存寄存器值到 CPU 寄存器,也就是 OS_CRITICAL_ENTER() 调用前的状态。

(2) 测量中断关闭时间

μC/OS - III 提供了测量关中断时间的功能。通过设置 cpu_cfg.h 中的 CPU_CFG_TIME_MEAS_INT_DIS_EN 为 1 启用该功能。每次关中断前开始测量,开中断后结束测量。测量功能保存了 2 个方面的测量值,即任务总的关中断时间,以及每个任务最近一次关中断的时间。因此,用户可以根据任务的关中断时间对其加以优化。每个任务的关中断时间在上下文保存的时候被保存于 OS_TCB。显然,测出的关中断时间还包括了测量时消耗的额外时间,不过,减掉测量时所耗时间就是实际上的关中断时间。

(3) 调度器上锁

当设置 OS_CFG_ISR_POST_DEFERRED_EN 为 1 时,在进入临界段前 μC/OS - III 会锁住调度器,退出临界段后开启调度器。

OS_CRITICAL_ENTER()会递增 OSSchedLockNestingCtr 变量,给调度器加锁。这是一个决定调度器是否被开启的变量,如果它不为 0 则调度器被锁。OS_CRITICAL_EXIT()将 OSSchedLockNestingCtr 变量递减,对调度器解锁。当然,OS_CRITICAL_EXIT_NO_SCHED() 也递减 OSSchedLockNestingCtr 的值,不同的是当其值减为 0 时,不调用调度器。

(4) 测量调度器锁住时间

μC/OS - III 提供了测量锁调度器时间的功能,通过设置 cpu_cfg.h 中的 OS_CFG_SCHED_LOCK_TIME_MEAS_EN 为 1 开启该功能。

加锁调度器前测量开始,解锁调度器后测量结束。测得的两种值为总的锁调度器时间和每个任务的锁调度器时间。因此,用户可以知道每个任务的锁调度器时间,并根据此优化代码。测得的锁调度器时间包括测量时额外增加的时间,不过,减掉额外的时间就是锁调度器时间的准确值。

20.1.3　任务管理

一个任务,也称作一个线程,是一个简单的程序,该程序可以认为 CPU 完全只属于该程序自己。每个任务都是整个应用的某一部分,每个任务被赋予一定的优先级,有它自己的一套 CPU 寄存器和自己的栈空间。

多任务运行的实现是靠 CPU 在许多任务之间转换、调度。CPU 轮流服务于一系列任务中的某一个。多任务运行很像前后台系统,但后台任务有多个。多任务运行使 CPU 的利用率得到最大的发挥,并使应用程序模块化。在实时应用中,一般将工作拆分为多个任务,多任务化的最大特点是,开发人员可以将很复杂的应用程序层次化。使用多任务,应用程序将更容易设计与维护。

μC/OS - III 有 2 种类型的任务:运行一次和无限循环。在大多数嵌入式系统中,任务通常是无限循环的,不能返回。只运行一次的任务结束时必须通过调用 OSTaskDel()删除自己。

1. 任务状态

每个任务都是一个无限的循环。从用户的观点看,每个任务都处在以下 5 种状态之一,这 5 种状态分别是:

(1) 休眠态

休眠态相当于任务驻留在内存中,但还没有交给内核管理;通过调用任务创建函数:OSTaskCreate()把任务交给内核。

如果任务完成了,就要调用 OSTaskDel()删除该任务。OSTaskDel()实际上不是删除任务的代码,只是让任务不再具有使用 CPU 的资格。

(2) 就绪态

就绪状态的任务根据优先级有序地排列于就绪列表中。就绪列表中对就绪任务的个数没有限制。

就绪意味着任务已经准备好,且准备运行,但由于优先级比正在运行的任务的优先级低,所以还暂时不能运行。

当任务一旦建立,这个任务就进入就绪态准备运行。任务的建立可以是在多任务运行开始之前,也可以是动态地被一个运行着的任务建立。如果一个任务是被另一个任务建立的,而这个任务的优先级高于建立它的那个任务,则这个刚刚建立的任务将立即得到 CPU 的控制权。一个任务可以通过调用 OSTaskDel() 返回到休眠态,或通过调用该函数让另一个任务进入休眠态。

(3) 运行态

运行态的任务指该任务得到了 CPU 的控制权,正在运行中的任务状态。在单 CPU 中,任何时刻只能有一个任务被运行。当应用程序调用 OSStart()、OSIntExit() 或者调用 OS_TASK_SW() 时,μC/OS－III 从就绪队列中选择优先级最高的任务去运行。

正在运行的任务可以通过调用两个函数之一将自身延迟一段时间,这两个函数是 OSTimeDly() 或 OSTimeDlyHMSM()。这个任务于是进入等待状态,等待这段时间过去,下一个优先级最高的并进入了就绪态的任务立刻被赋予了 CPU 的控制权。

(4) 挂起态

挂起状态也可以叫做等待事件态,正在运行的任务由于调用延时函数 OSTimeDly(),或等待事件信号量而将自身挂起。

等待的时候,任务是不会占用 CPU 的。事件发生时,该任务会被放到就绪队列中。在这种情况下,正在运行的任务可能会被抢占(被放回就绪列表),并由 μC/OS－III 选择优先级最高的任务去运行。换句话说,如果新的任务优先级最高,那么它就会被立即运行。请注意,调用 OSTaskSuspend() 任务会无条件地停止运行。有些时候调用 OSTaskSuspend() 不是为了等待某个事件的发生,而是等待另一个任务调用 OSTaskResume() 函数恢复这个任务。

(5) 被中断态

发生中断时 CPU 提供相应的中断服务,原来正在运行的任务暂时停止运行,进入了被中断状态。

若中断发生,中断会挂起正在执行的任务并去处理中断服务程序(ISR)。ISR 中可能有某些任务等待的事件。一般来说,中断用来通知任务某些事件的发生,并让在任务级处理实际的响应操作。ISR 程序越短越好,实际响应中断的操作应该被设置在任务级,以便能让 μC/OS－III 管理这些操作。ISR 中只允许调用一些提交函数(如 OSFlagPost()、OSQPost()、OSSemPost()、OSTaskQPost()、OSTaskSemPost() 等),但不包括 OSMutexPost() 函数,因为 mutex 信号量只允许在任务级被修改。

当所有的任务都在等待事件发生或等待延迟时间结束时,μC/OS－III 便执行空闲任务(idle task)、OSTaskIdle()函数。图 20 – 2 所示为 μC/OS – III 中一些函数提供的服务,这些函数使任务从一种状态变到另一种状态。

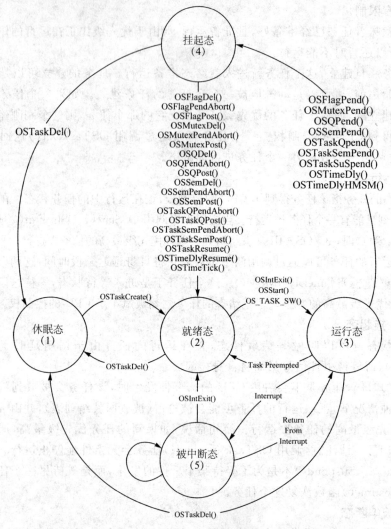

图 20 – 2　任务状态

2.任务控制块(OS_TCB)

在任务创建时内核会申请一个 OS_TCB,OS_TCB 全部驻留在 RAM 中。当任务的 CPU 使用权被剥夺时,μC/OS – III 用它来保存该任务的状态。当任务重新得到 CPU 使用权时,任务控制块能确保任务从当时被中断的那一点丝毫不差地继续执行。任务控制块是一个数据结构,任务建立的时候,OS_TCB 就被初始化了,在初始化时将创建的任务信息填入该 TCB 的各个字段,表 20 – 1 列出了 os.h 文件中声明的 OS_TCB 数据结构。

表 20－1　OS_TCB 的数据结构及参数功能说明

函数原型	struct os_tcb {	
	CPU_STK	* StkPtr;
	void	* ExtPtr;
	CPU_STK	* StkLimitPtr;
	OS_TCB	* NextPtr;
	OS_TCB	* PrevPtr;
	OS_TCB	* TickNextPtr;
	OS_TCB	* TickPrevPtr;
	OS_TICK_SPOKE	* TickSpokePtr;
	CPU_CHAR	* NamePtr;
	CPU_STK	* StkBasePtr;
	# if defined(OS_CFG_TLS_TBL_SIZE) && (OS_CFG_TLS_TBL_SIZE > 0u)	
	OS_TLS	TLS_Tbl[OS_CFG_TLS_TBL_SIZE];
	# endif	
	OS_TASK_PTR	TaskEntryAddr;
	void	* TaskEntryArg;
	OS_PEND_DATA	* PendDataTblPtr;
	OS_STATE	PendOn;
	OS_STATUS	PendStatus;
	OS_STATE	TaskState;
	OS_PRIO	Prio;
	CPU_STK_SIZE	StkSize;
	OS_OPT	Opt;
	OS_OBJ_QTY	PendDataTblEntries;
	CPU_TS	TS;
	OS_SEM_CTR	SemCtr;
	OS_TICK	TickCtrPrev;
	OS_TICK	TickCtrMatch;
	OS_TICK	TickRemain;
	OS_TICK	TimeQuanta;
	OS_TICK	TimeQuantaCtr;
	# if OS_MSG_EN > 0u	
	void	* MsgPtr;
	OS_MSG_SIZE	MsgSize;
	# endif	
	# if OS_CFG_TASK_Q_EN > 0u	
	OS_MSG_Q	MsgQ;
	# if OS_CFG_TASK_PROFILE_EN > 0u	
	CPU_TS	MsgQPendTime;
	CPU_TS	MsgQPendTimeMax;
	# endif	
	# endif	

轻松玩转ARM Cortex-M3微控制器——基于LPC1788系列

730

函数原型	```
	# if OS_CFG_TASK_REG_TBL_SIZE > 0u
	    OS_REGRegTbl[OS_CFG_TASK_REG_TBL_SIZE];
	# endif
	# if OS_CFG_FLAG_EN > 0u
	    OS_FLAGSFlagsPend;
	    OS_FLAGSFlagsRdy;
	    OS_OPTFlagsOpt;
	# endif
	# if OS_CFG_TASK_SUSPEND_EN > 0u
	    OS_NESTING_CTRSuspendCtr;
	# endif
	# if OS_CFG_TASK_PROFILE_EN > 0u
	    OS_CPU_USAGECPUUsage;
	    OS_CPU_USAGECPUUsageMax;
	    OS_CTX_SW_CTRCtxSwCtr;
	    CPU_TSCyclesDelta;
	    CPU_TSCyclesStart;
	    OS_CYCLESCyclesTotal;
	    OS_CYCLESCyclesTotalPrev;
	    CPU_TSSemPendTime;
	    CPU_TSSemPendTimeMax;
	# endif
	# if OS_CFG_STAT_TASK_STK_CHK_EN > 0u
	  CPU_STK_SIZEStkUsed;
	    CPU_STK_SIZEStkFree;
	# endif
	# ifdef CPU_CFG_INT_DIS_MEAS_EN
	    CPU_TSIntDisTimeMax;
	# endif
	# if OS_CFG_SCHED_LOCK_TIME_MEAS_EN > 0u
	    CPU_TSSchedLockTimeMax;
	# endif
	# if OS_CFG_DBG_EN > 0u
	    OS_TCB * DbgPrevPtr;
	    OS_TCB * DbgNextPtr;
	    CPU_CHAR * DbgNamePtr;
	# endif}
	``

参数 1	StkPtr：该参数是一个指针变量，指向任务当前栈顶，μC/OS－III 允许每个任务都有独立的堆栈，并且堆栈的大小可以是任意的，本参数是 OS_TCB 数据结构中唯一一个能够被汇编码访问的成员。因而，该成员参数放在数据结构的开头位置，以便汇编代码访问

参数 2	ExtPtr：该参数是一个指针变量，指向用户可定义数据区，可用来根据需要扩展 TCB。在调用 OSTaskCreate() 时，通过把定义数据区的指针作为参数传递给 OSTaskCreate()，用户可以设置该成员的值
参数 3	StkLimitPtr：该参数是一个指针变量，可指向任务堆栈内的某个位置，用于设置堆栈延伸的限制位置，其值由传递给 OSTaskCreate() 的参数 stk_limit 的值设定
参数 4	NextPtr 和 PrevPtr：这一对指针可在任务就绪表中双向链接 OS_TCB，建立 OS_TCB 双向链表。使用 OS_TCB 双向链表可快速插入和删除 OS_TCB
参数 5	TickNextPtr 和 TickPrevPtr：这一对指针可把正在延时或在指定时间内等待某个事件的任务的 OS_TCB 构建成双向链表
参数 6	TickSpokePtr：通过该指针，可知道该任务挂在时钟节拍轮的哪一根辐条上
参数 7	NamePtr：通过该指针，可以给每个任务起一个名字，即一个 ASCII 字符串
参数 8	StkBasePtr：该成员指向任务堆栈的基地址
参数 9	TaskEntryAddr：该成员是任务代码的入口地址
参数 10	TaskEntryArg：该成员包含了创建任务时传递给任务的参数值
参数 11	PendDataTblPtr：μC/OS‑III 允许任务在任意数量的信号量或消息队列上挂起，该指针指向一个表，包含任务等待的所有事件对象信息
参数 12	PendOn：该成员表示任务正在等待的事件类型，取值必须是在 os.h 文件内定义的下述数值之一。 OS_TASK_PEND_ON_NOTHING OS_TASK_PEND_ON_FLAG OS_TASK_PEND_ON_TASK_Q OS_TASK_PEND_ON_MULTI OS_TASK_PEND_ON_MUTEX OS_TASK_PEND_ON_Q OS_TASK_PEND_ON_SEM OS_TASK_PEND_ON_TASK_SEM
参数 13	PendStatus：该成员表示等待的状态结果，取值必须是在 os.h 文件内定义的下述数值之一。 OS_STATUS_PEND_OK OS_STATUS_PEND_ABORT OS_STATUS_PEND_DEL OS_STATUS_PEND_TIMEOUT
参数 14	TaskState：该成员表示任务的当前状态，取值必须是在 os.h 文件内定义的下述数值之一。 OS_TASK_STATE_RDY OS_TASK_STATE_DLY OS_TASK_STATE_PEND OS_TASK_STATE_PEND_TIMEOUT OS_TASK_STATE_SUSPENDED OS_TASK_STATE_DLY_SUSPENDED OS_TASK_STATE_PEND_SUSPENDED OS_TASK_STATE_PEND_TIMEOUT_SUSPENDED OS_TASK_STATE_DEL

轻松玩转 ARM Cortex-M3 微控制器——基于 LPC1788 系列

参数 15	Prio:该成员表示任务的当前优先级,取值必须位于 0 和 OS_CFG_PRIO_MAX – 1 之间,空闲任务是唯一一个优先级为 OS_CFG_PRIO_MAX – 1 的任务
参数 16	StkSize:该成员表示任务堆栈的大小
参数 17	Opt:该成员保存任务创建时传递给 OSTaskCreate() 的可选参数 options 的数值,取值范围如下(可多选): OS_OPT_TASK_NONE; OS_OPT_TASK_STK_CHK; OS_OPT_TASK_STK_CLR; OS_OPT_TASK_SAVE_FP; OS_OPT_TASK_NO_TLS
参数 18	PendDataTblEntries:该参数与 PendDataTblPtr 一起使用,表示任务同时等待的事件对象的数量
参数 19	TS:该参数用于保存或返回任务的时间戳
参数 20	SemCtr:该参数表示任务内建的计数型信号量的计数值
参数 21	TickCtrPrev:当用选项 OS_OPT_TIME_PERIODIC 调用 OSTimeDly() 函数时,该成员保存的是 OSTickCtr 之前的数值
参数 22	TickCtrMatch:当一个任务等待延时结束,或在指定时间内等待一个事件时,该任务会被放入一个特殊的任务列表,等待延迟时间到达,这个列表中的任务都在等待自己的 TickCtrMatch 与时间节拍计数器(OSTickCtr)的数值匹配,当二者数值相等时,任务就会从这个列表中移除
参数 23	TickRemain:该参数保存了任务到时的剩余时间值,它在 OS_TickTask() 中被计算
参数 24	TimeQuanta 和 TimeQuantaCtr:这两个成员用于时间切片,当多个就绪任务有相同的优先级时,TimeQuanta 决定了时间片长度(多少个时基),TimeQuantaCtr 中保存了当前时间片的剩余长度。在任务切换开始时将 TimeQuanta 的值载入 TimeQuantaCtr
参数 25	MsgPtr:当任务接收到一条消息时,该成员就指向该条消息。在编译时使能了消息队列服务(os_cfg. h 中设置 OS_CFG_Q_EN 为 1)或使能了任务内建消息队列(os_cfg. h 中设置 OS_CFG_TASK_Q_EN 为 1)。这个参数成员才出现在 TCB 中,不然就会被裁剪
参数 26	MsgSize:当有消息发送给任务时,这个参数表示消息的大小(以字节为单位)。这个参数仅出现在 TCB 中,如果消息队列服务(在 os_cfg. h 中设置 OS_CFG_Q_EN 为 1)或者任务队列服务(在 os_cfg. H 中设置 OS_CFG_TASK_Q_EN 为 1)编译时被使能的话
参数 27	MsgQ:μC/OS – III 允许任务或 ISR 直接发送消息给任务。实际上每个任务的 TCB 都建立了一个消息队列(假设编译时在 os_cfg. h 中设置 OS_CFG_TASK_Q_EN 为 1)
参数 28	MsgQPendTime:该参数保存了消息从创建到被接收所需的时间。当 OSTaskQPost() 被调用时,读取当前的时间戳并保存在消息中。当 OSTaskQPend() 接收到这个消息时,读取当前的时间戳,并与消息被提交时的时间戳相减,差值保存于这个参数成员中。调试器或者 μC/Probe 可以观察这个参数的值。当编译时设置 os_cfg. h 中的 OS_CFG_TASK_PROFILE_EN 为 1 时,这个参数才有效
参数 29	MsgQPendTimeMax:这个参数中保存了消息到达所用时间的最大值,它是 MsgQPendTime 的峰值,这个值可以被 OSStatReset() 复位。在编译时设置 os_cfg. h 中的 OS_CFG_TASK_PROFILE_EN 为 1 时,这个参数才有效

参数 30	RegTbl：这个数组中包含了任务的"寄存器"，不同于 CPU 寄存器。任务寄存器用于存储任务 ID、软件错误等。需要注意的是这个数组的数据类型是 OS_REG，它是在编译时定义的。所有的任务寄存器都必须用这种数据类型。在编译时设置 os_cfg.h 中的任务寄存器数组大小宏 OS_CFG_TASK_REG_TBL_SIZE 大于 0 时这个数组才会有效
参数 31	FlagsPend：当任务等待事件标志组，这个参数保存了任务所等待的标志位。当编译时设置 os_cfg.h 中的 OS_CFG_FLAG_EN 为 1 时，这个参数才有效
参数 32	FlagsRdy：这个参数保存了已经被提交的事件标志组（任务所等待的），换句话说，它让任务知道是哪个事件标志组让任务就绪的。在编译时设置了 os_cfg.h 中的 OS_CFG_FLAG_EN 为 1 时这个参数才有效
参数 33	FlagsOpt：当任务等待事件标志组，这个参数保存了任务所等待事件标志组的类型。在编译时设置了 os_cfg.h 中的 OC_CFG_FLAG_EN 为 1 时这个参数才有效。该参数的主选项有： OS_OPT_PEND_FLAG_CLR_ALL； OS_OPT_PEND_FLAG_CLR_AND； OS_OPT_PEND_FLAG_CLR_ANY； OS_OPT_PEND_FLAG_CLR_OR； OS_OPT_PEND_FLAG_SET_ALL； OS_OPT_PEND_FLAG_SET_AND； OS_OPT_PEND_FLAG_SET_ANY； OS_OPT_PEND_FLAG_SET_OR。 辅助选项有： OS_OPT_PEND_FLAG_CONSUME； OS_OPT_PEND_BLOCKING； OS_OPT_PEND_NON_BLOCKING
参数 34	SuspendCtr：该参数由 OSTaskSuspend() 和 OSTaskResume() 使用，用于记录任务被停止的次数。任务停止可以被嵌套，当 SuspendCtr 为 0 时，任务可以被执行。当编译时设置 os_cfg.h 中的 OS_CFG_TASK_SUSPEND_EN 为 1 时这个参数才会有效
参数 35	CPUUsage：编译时设置 os_cfg.h 中的 OS_CFG_TASK_PROFILE_EN 为 1 时，该参数有效。用于保存 CPU 的使用率（0%～100%），它是被 OS_StatTask() 计算出来的
参数 36	CPUUsageMax：当 OS_CFG_TASK_PROFILE_EN ＞ 0 时，该参数用于查看 CPU 的峰值使用率
参数 37	CtxSwCtr：该参数保存了该任务被执行的频数。调试时可以查看这个参数的值，编译时设置 OS_CFG_TASK_PROFILE_EN 为 1 时这个参数有效
参数 38	CyclesDelta：这个参数会在上下文切换时被计算，它保存了当前时间戳与 CyclesStart 的差值。调试时可以通过它知道该任务的执行时间。当设置 OS_CFG_TASK_PROFILE_EN 为 1 时，该参数有效
参数 39	CyclesStart：这个参数用于测量任务的执行时间，即 CPU 占用时间，它在上下文切换时被更新。它保存了任务切换时的时间戳的数值（通过调用 OS_TS_GET() 获得）。当编译时设置 OS_CFG_TASK_PROFILE_EN 为 1 时，参数有效

733

参数 40	CyclesTotal:这个参数是 CyclesDelta 的累加值,它表示该任务被执行的总时间
参数 41	CyclesTotalPrev:这个参数是任务前一次执行时间的快照
参数 42	SemPendTime:这个参数保存着信号量从产生到被接收所用的时间。当 OSTaskSemPost() 被调用,当前的时间戳被读取并保存于信号量中。当 OSTaskSemPend() 函数收到信号量时,当前的时间戳被读取并与之前的时间戳的差值存于这个参数。调试器或者 μC/Probe 可以观察这个参数值。当设置 os_cfg.h 中的 OS_CFG_TASK_PROFILE_EN 为 1 时该参数才会有效
参数 43	SemPendTimeMax:这个参数保存了信号量从产生到被接收所用时间的最大值。它是 SemPendTime 的峰值。可以调用 OSStatReset() 复位这个参数。当设置 os_cfg.h 中的 OS_CFG_TASK_PROFILE_EN 为 1 时该参数才会有效
参数 44	StkUsed 和 StkFree:在运行时,μC/OS-III 可以计算出堆栈的实际使用量和空余量,这是通过调用 OSTaskStkChk() 实现的。堆栈使用量计算是假定堆栈在创建时被初始化的情况下的。换句话说,当 OS_TASK_OPT_STK_CLR 和 OS_TASK_OPT_STK_CHK 被使能时,OSTaskCreate() 在任务创建时会先初始化任务堆栈的 RAM。 μC/OS-III 提供了一个叫做 OS_StatTask() 的任务,它可以检测每一个任务的堆栈使用情况。OS_StatTask() 通常被设置于低优先级,所以它可以在 CPU 空闲时运行。OS_StatTask() 将检测结果保存在每个任务的 TCB 中。保存了任务堆栈的最大使用量(以字节形式的计算值)和空余量。当设置 os_cfg.h 中的 OS_CFG_STAT_TASK_STK_CHK_EN 为 1 时这两个参数才有效
参数 45	IntDisTimeMax:这个参数中保存了该任务关中断的最大时间。当设置了 os_cfg.h 中的 OS_CFG_TASK_PROFILE_EN 为 1 且定义了 CPU_CFG.H 的 CPU_CFG_INT_DIS_MEAS_EN 时,这个参数才有效
参数 46	SchedLockTimeMax:这个参数用于跟踪任务锁调度器的最大时间。当设置了 os_cfg.h 中的 OS_CFG_TASK_PROFILE_EN 为 1 且设置 OS_CFG_SCHED_LOCK_TIME_MEAS_EN 为 1 时,该参数才有效
参数 47	DbgPrevPtr:该参数是一个指针,在双向 TCB 链表中,它指向下一个 TCB。通过 OSTaskCreate() 函数 μC/OS-III 将 TCB 放入该列表中。当设置了 os_cfg.h 中的 OS_CFG_DBG_EN 为 1 时,该参数才有效
参数 48	DbgNextPtr:该参数是一个指针,在双向 TCB 链表中,它指向上一个 TCB。当设置了 os_cfg.h 中的 OS_CFG_DBG_EN 为 1 时,该参数才有效
参数 49	DbgNamePtr:该参数是一个指针,当任务在等待信号量、事件标志组、mutex、消息队列时,它指向目标对象的名字。当设置了 os_cfg.h 中的 OS_CFG_DBG_EN 为 1 时,该参数才有效

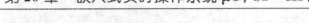

3. μC/OS-III 系统的内部任务函数

在 μC/OS-III 系统初始化的时候,它会创建至少 2 个内部任务(OS_IdleTask() 和 OS_TickTask()),以及 3 个可选择的任务(OS_StatTask()、OS_TmrTaks() 及 OS_IntQTask())。这些可选择的任务取决于编译时 os_cfg.h 文件中的配置。

(1) 空闲任务 OS_IdleTask()

OS_IdleTask() 是 μC/OS-III 创建的第一个任务,它的优先级总是设置为 OS_CFG_PRIO_MAX-1。实际上,它是唯一一个使用该优先级的任务。在其他任务创建的时候,OSTaskCreate() 会确保其他任务不会跟空闲任务有相同的优先级。当 CPU 中没有其他就绪任务运行时,空闲会被运行。表 20-2 列出了空闲任务的主要代码,完整的代码详见 os_core.c 文件。

表 20-2　空闲任务的代码清单及说明

函数名称	OS_IdleTask()

函数代码	```void OS_IdleTask (void * p_arg)
	{
	        CPU_SR_ALLOC();
	        p_arg = p_arg;
	        while (DEF_ON) { (1)
	            CPU_CRITICAL_ENTER();
	            OSIdleTaskCtr++; (2)
	# if OS_CFG_STAT_TASK_EN > 0u
	            OSStatTaskCtr++;
	# endif
	            CPU_CRITICAL_EXIT();
	/* 调用用户定义的 HOOK 函数 */
	            OSIdleTaskHook(); (3)
	        }
	} ```

功能说明 1	空闲任务是一个无限循环的不会等待任何事件的任务。当 μC/OS-III 中没有其他更高的就绪任务等待运行时,μC/OS-III 就会把 CPU 分配给空闲任务
功能说明 2	空闲任务运行时,两个计数变量会递增。 OSIdleTaskCtr 是用 32 位无符号整数定义的,在 μC/OS-III 初始化的时候它的值被复位。它用于表示空闲任务的活动情况。换句话说,如果用调试器查看该变量,就会看到介于 0x00000000~0xffffffff 之间的数。OSIdleTaskCtr 的增长速度取决于 CPU 的空闲情况。CPU 越空闲,该值增长越快。 OSStatTaskCtr 也是用 32 位无符号整数定义的,提供给测量任务测量 CPU 的利用率
功能说明 3	空闲任务的每次循环,都会调用 OSIdleTaskHook() 函数,这个函数提供给用户扩展应用

(2) 时钟节拍任务 OS_TickTask()

OS_TickTask()任务被 μC/OS‐Ⅲ 创建,是时基周期处理程序封装在 os_tick.c 文件中,它的优先级是可配置的,需要配置 os_cfg_app.h 中的 OS_CFG_TICK_TASK_PRIO 选项。通常设置的优先级较高,实际应用中,它的优先级应该设置比重要任务的优先级稍低。

OS_TickTask()用于追踪等待期满的任务、挂起超时的任务。OS_TickTask()是一个周期性任务,它等待来自于 ISR 的信号量。表 20‐3 列出了时钟节拍任务的主要代码,完整的代码详见 os_tick.c 文件。

表 20‐3 时钟节拍任务的代码清单及说明

函数名称	OS_ TickTask()

函数代码	```
	void OS_TickTask (void * p_arg)
	{
	        OS_ERR err;
	        CPU_TS ts;
	        p_arg = p_arg;
	        while (DEF_ON) {
	            (void)OSTaskSemPend((OS_TICK)0,
	                        (OS_OPT)OS_OPT_PEND_BLOCKING,
	                        (CPU_TS *)&ts,
	                        (OS_ERR *)&err);
	            if (err == OS_ERR_NONE) {
	                if (OSRunning == OS_STATE_OS_RUNNING) {
	                    OS_TickListUpdate();
	                }
	            }
	        }
	}
	``

(3) 统计任务 OS_StatTask()

统计任务在 μC/OS‐Ⅲ 中是可选的,当设置 os_cfg.h 中的 OS_CFG_STAT_TASK_EN 为 1 时,统计任务的代码会包含在程序中。这个任务能够统计 CPU 总的使用率(0%~100%),每个任务的 CPU 使用率(0%~100%),以及每个任务的堆栈使用量。它的优先级和它的任务堆栈大小在 os_cfg_app.h 中配置。统计任务完整的代码详见 os_stat.c 文件。

(4) 定时任务 OS_TmrTask()

μC/OS‐Ⅲ 为用户提供了定时任务,相应代码在 OS_TMR.C 中。定时器任务是可选的,通过将 os_cfg.h 中的 OS_CFG_TMR_EN 设置为 1 时使能。OS_Tmr-Task()是一个被 μC/OS‐Ⅲ 创建的任务,它通过 os_cfg_app.h 中的 OS_CFG_TMR_TASK_PRIO 设置优先级。一般情况下,它的优先级可设为中等。当定时器

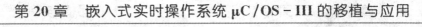

任务递减计数变量到 0 时,任务中就会调用回调函数。回调函数是一种函数,它由用户定义。因此,回调函数可以用来开启或关闭 LED、电机、或者其他的一些操作,用户可以创建任意个定时器。

(5) 中断处理任务 OS_IntQTask( )

当设置 os_cfg. h 中的 OS_CFG_ISR_POST_DEFERRED_EN 为 1 时,μC/OS - III 就会创建一个 OS_IntQTask( ) 中断处理任务,它的作用是尽快完成 ISR 中对 post 函数的调用,将信号量、消息等对象先保存,退出中断后,再由中断处理任务完成将这些对象提交给任务。OS_IntQTak( ) 被 μC/OS - III 创建,它的优先级通常被设为 0(最高优先级)。如果 OS_CFG_ISR_POST_DEFERRED_EN 被设置为 1,使能了这个任务,其他的任务的优先级就不能设置为 0。

4. 任务管理函数

μC/OS - III 系统提供了任务管理的各种函数调用,包括创建任务、删除任务、改变任务的优先级、任务挂起和恢复等。

(1) 创建任务

要让 μC/OS - III 系统管理用户的任务,用户必须先建立任务。用户通过 OS-TaskCreate( )函数来建立任务。表 20 - 4 列出了创建任务的函数原型,完整的代码详见 os_task. c 文件。

表 20 - 4　创建任务的函数原型

函数名称	OSTaskCreate( )		
函数原型	void　OSTaskCreate (OS_TCB	* p_tcb,	
	CPU_CHAR	* p_name,	
	OS_TASK_PTR	p_task,	
	void	* p_arg,	
	OS_PRIO	prio,	
	CPU_STK	* p_stk_base,	
	CPU_STK_SIZE	stk_limit,	
	CPU_STK_SIZE	stk_size,	
	OS_MSG_QTY	q_size,	
	OS_TICK	time_quanta,	
	void	* p_ext,	
	OS_OPT	opt,	
	OS_ERR	* p_err)	

(2) 删除任务

删除任务,其实是将任务返回并处于休眠状态,并不是说任务的代码被删除了,只是任务的代码不再被 μC/OS - III 系统调用。通过调用函数 OSTaskDel( )就可以完成删除任务的功能。表 20 - 5 列出了删除任务的函数原型,完整的代码详见 os_task. c 文件。

表 20 – 5　删除任务的函数原型

函数名称	OSTaskDel( )
函数原型	void　OSTaskDel (OS_TCB　　* p_tcb, 　　　　　　　　　　　OS_ERR　　* p_err)
说　明	OS_CFG_TASK_DEL_EN > 0u 时,该函数有效

(3) 改变任务的优先级

在用户建立任务的时候系统会分配给每个任务一个优先级。在程序运行期间,用户可以通过调用 OSTaskChangePrio( )函数来改变该任务的优先级。表 20 – 6 列出了改变任务优先级的函数原型,完整的代码详见 os_task.c 文件。

表 20 – 6　改变任务优先级的函数原型

函数名称	OSTaskChangePrio( )
函数原型	void　OSTaskChangePrio (OS_TCB　　　　* p_tcb, 　　　　　　　　　　　　　　OS_PRIO　　　prio_new, 　　　　　　　　　　　　　　OS_ERR　　　* p_err)
说　明	OS_CFG_TASK_CHANGE_PRIO_EN > 0u 时,该函数有效

(4) 挂起任务

挂起任务可通过调用 OSTaskSuspend( )函数来完成,任务可以挂起当前任务或者其他任务,但函数 OSTaskSuspend( )不能挂起空闲任务、ISR 处理任务。表 20 – 7 列出了挂起任务的函数原型,完整的代码详见 os_task.c 文件。

表 20 – 7　挂起任务的函数原型

函数名称	OSTaskSuspend( )
函数原型	void　OSTaskSuspend (OS_TCB　　* p_tcb, 　　　　　　　　　　　　OS_ERR　　* p_err)
说　明	OS_CFG_TASK_SUSPEND_EN > 0u 时,该函数有效

(5) 恢复任务

已挂起的任务只能通过调用 OSTaskResume( )函数来恢复,恢复任务时必须要确认用户的应用程序不是在恢复空闲任务、ISR 或者自身。表 20 – 8 列出了恢复任务的函数原型,完整的代码详见 os_task.c 文件。

表 20 – 8　恢复任务的函数原型

函数名称	OSTaskResume( )
函数原型	void　OSTaskResume (OS_TCB　　* p_tcb, 　　　　　　　　　　　OS_ERR　　* p_err)
说　明	OS_CFG_TASK_SUSPEND_EN > 0u 时,该函数有效

(6) 获取任务寄存器内任务专用数值

μC/OS-III 允许用户在任务寄存器中存储任务专用的数值,通过 OSTaskReg-Get()函数可以读取任务寄存器的数据,在调用这个函数时,通过设置名字为 id 的参数,指定要访问的任务寄存器。表 20-9 列出了 OSTaskRegGet()的函数原型,完整的代码详见 os_task.c 文件。

表 20-9　OSTaskRegGet 的函数原型

函数名称	OSTaskRegGet()
函数原型	OS_REG　OSTaskRegGet (OS_TCB　　　　* p_tcb, 　　　　　　　　　　　　OS_REG_ID　　id, 　　　　　　　　　　　　OS_ERR　　　　* p_err)
说　明	OS_CFG_TASK_REG_TBL_SIZE > 0u 时,该函数有效

(7) 设置任务寄存器内任务专用数值

μC/OS-III 允许用户在任务寄存器中存储任务专用的数值,通过 OSTaskRegSet()函数可以设置任务寄存器的数据值,在调用这个函数时,通过设置名字为 id 的参数,指定要访问的任务寄存器。表 20-10 列出了 OSTaskRegSet()的函数原型,完整的代码详见 os_task.c 文件。

表 20-10　OSTaskRegSet 的函数原型

函数名称	OSTaskRegSet()
函数原型	void　OSTaskRegSet (OS_TCB　　　　* p_tcb, 　　　　　　　　　　　OS_REG_ID　　id, 　　　　　　　　　　　OS_REG　　　　value, 　　　　　　　　　　　OS_ERR　　　　* p_err)
说　明	OS_CFG_TASK_REG_TBL_SIZE > 0u 时,该函数有效

(8) 任务堆栈统计

OSTaskStkChk()用来计算任务堆栈的统计信息,该函数会计算指定任务的空闲堆栈空间,以及对应的已用堆栈空间,表 20-11 列出了 OSTaskStkChk()的函数原型,完整的代码详见 os_task.c 文件。

表 20-11　任务堆栈统计的函数原型

函数名称	OSTaskStkChk()
函数原型	void　OSTaskStkChk (OS_TCB　　　　* p_tcb, 　　　　　　　　　　　CPU_STK_SIZE　* p_free, 　　　　　　　　　　　CPU_STK_SIZE　* p_used, 　　　　　　　　　　　OS_ERR　　　　* p_err)
说　明	OS_CFG_STAT_TASK_STK_CHK_EN > 0u 时,该函数有效

739

（9）任务时间片长度分配

在按时间片轮转调度多个优先级相同的任务时,各个任务每次运行的时间是由分配给各个任务的时间片决定,而分配给一个任务的时间片长度由 OSTaskTimeQuantaSet()函数来设置,表 20－12 列出了 OSTaskTimeQuantaSet()的函数原型,完整的代码详见 os_task.c 文件。

表 20－12　任务时间片长度的函数原型

函数名称	OSTaskTimeQuantaSet()
函数原型	void　OSTaskTimeQuantaSet (OS_TCB　　*p_tcb, 　　　　　　　　　　　　　　OS_TICK　　time_quanta, 　　　　　　　　　　　　　　OS_ERR　　*p_err)
说明	OS_CFG_SCHED_ROUND_ROBIN_EN > 0u 时,该函数有效

20.1.4　任务就绪表

准备运行的任务被放置于就绪列表中。就绪列表包括 2 个部分:一个就绪优先级位映射表 OSPrioTbl[ ],它包含了优先级信息;一个就绪任务列表 OSRdyList[ ],它包含了所有指向就绪任务的指针。

（1）优先级

图 20－3.～图 20－5 所示为 CPU 字分别为 8 位、16 位、32 位宽度的优先级位映射表,CPU_DATA 的数据类型(见 cpu.h)取决于相应的处理器类型。μC/OS－III 支持多达 OS_CFG_PRIO_MAX 种不同的优先级(见 os_cfg.h)。在 μC/OS－III 中,数值越小优先级越高。因此优先级 0 为最高优先级,OS_CFG_PRIO_MAX－1 的优先级则最低。实际上,μC/OS－III 将最低优先级唯一地分配给空闲任务,其他任务不允许被设置为这个优先级。当任务准备好运行了,根据任务的优先级,位映射表中相应位就会被设置为 1。如果处理器支持位清零指令 CLZ,这个指令可以加快位映射表的设置过程。

在 os_prio.c 文件中包含了位映射表的设置、清除、查找等功能函数,表 20－13 列出的这些函数都是 μC/OS－III 的内部函数,可以用汇编语言优化。

表 20－13　优先级相关的功能函数集

函数名	功能说明
OS_PrioGetHighest()	查找最高优先级
OS_PrioInsert()	设置位映射表中相应的位
OS_PrioInsert()	清除位映射表中相应的位

（2）就绪任务列表

准备好运行的任务被放到就绪(任务)列表中,就绪列表是一个数组(OSRdyList[]),

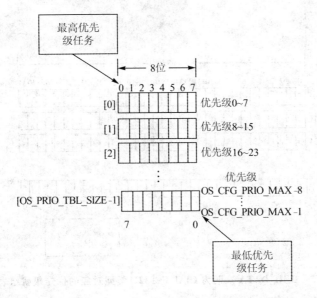

图 20 - 3　CPU_DATA 声明为 CPU_INT08U 类型对应的优先级就绪表映射

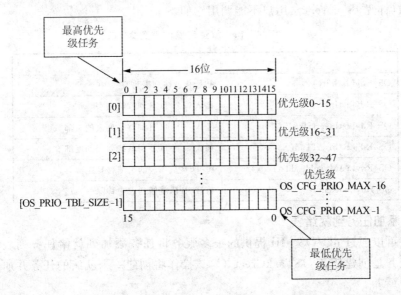

741

图 20 - 4　CPU_DATA 声明为 CPU_INT16U 类型对应的优先级就绪表映射

它一共有 OS_CFG_PRIO_MAX 条记录,记录的数据类型为 OS_RDY_LIST(见 os. h)。就绪列表中的每条记录都包含了 3 个变量(Entries 、TailPtr 、HeadPtr),其中:

● Entries 该优先级的就绪任务数。当该优先级中没有任务就绪时,Entries 就会被设置为 0。

● TailPtr 和 HeadPtr 用于该优先级就绪任务建立双向链表。HeadPtr 指向链表的头部,TailPtr 指向链表的尾部。

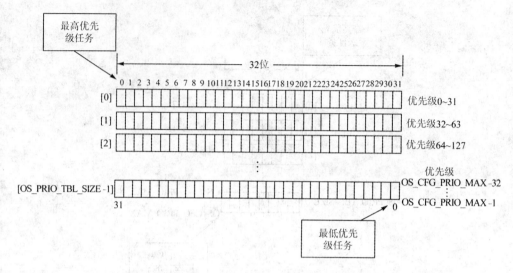

图 20 ‑ 5　CPU_DATA 声明为 CPU_INT32U 类型对应的优先级就绪表映射

表 20 ‑ 14 中列出了与就绪列表相关的操作函数。这些都是 µC/OS‑Ⅲ 系统的内部函数(详见 os_core.c),用户不能调用它们。

表 20 ‑ 14　就绪表操作函数集

函数名	功能说明
OS_RdyListInit()	初始化就绪列表为空
OS_RdyListInsert()	插入一个 TCB 到就绪列表
OS_RdyListInsertHead()	插入一个 TCB 到就绪列表的头部
OS_RdyListInsertTail()	插入一个 TCB 到就绪列表的尾部
OS_RdyListMoveHeadToTail()	将 TCB 从列表的头部移到尾部
OS_RdyListRemove()	将 TCB 从就绪列表中移除

(3) 添加任务到就绪表

程序可以通过 µC/OS‑Ⅲ 提供的很多服务将任务添加到就绪任务列表中。最常见的服务是创建任务 OSTaskCreate(),该操作将创建一个就绪的任务并加入到就绪列表中。

20. 1. 5　任务调度

任务调度是 µC/OS‑Ⅲ 内核的主要职责之一,就是要决定该轮到哪个任务运行了。µC/OS‑Ⅲ 系统总是运行进入就绪态任务中优先级最高的那一个。确定哪个任务优先级最高,下面该哪个任务运行了的工作是由调度器(Scheduler)完成的。

µC/OS‑Ⅲ 运行多个任务具有相同的优先级时,它可以被设置为时间片轮转调度,这个调度由 OS_SchedRoundRobin() 函数实现。

1. 调度实现

调度的实现通过两个函数完成调度功能：OSSched()和 OSIntExit()。OSSched()
在任务级被调用，OSIntExit()在中断级被调用。这两个函数都在 os_core.c 中定义。

(1) OSSched()函数

任务级的调度是由函数 OSSched()完成的。第一步是 OSSched()函数首先确定
自己不是被中断服务程序调用，因为它是任务级调度程序；第二步是确保调度器没有
被锁，如果调度器被锁，就不能运行调度器，函数马上返回；第三步是通过扫描位映射
表 OSPrioTbl[]找到就绪列表中优先级最高的位；第四步是确定好优先级后，索引到
OSRdyList[]并提取该记录中的首个 TCB(OSRdyList[highest priority].HeadPtr)。
到现在为止，已经知道了哪个任务将要切换为运行状态。特别的，OSTCBCurPtr 指
向的是当前任务的 TCB，OSTCBHighRdyPtr 指向的是将要被切换的 TCB。最后，
当就绪表中的最高优先级任务不为当前正在运行的任务时(OSTCBCurPtr! ＝OS-
TCBHighRdyPtr)，进行任务级的上下文切换，然后再开中断。程序实现代码如下：

```
void   OSSched (void)
{
CPU_SR_ALLOC();
if (OSIntNestingCtr > (OS_NESTING_CTR)0) {
/ * ISR 仍然嵌套? * /
    return; / * 返回 * /
}
if (OSSchedLockNestingCtr > (OS_NESTING_CTR)0) {
/ * 调度器上锁? * /
    return; / * 返回 * /
}
CPU_INT_DIS();/ * 禁中断 * /
OSPrioHighRdy    = OS_PrioGetHighest(); / * 查找最高优先级就绪任务 * /
OSTCBHighRdyPtr = OSRdyList[OSPrioHighRdy].HeadPtr;
if (OSTCBHighRdyPtr == OSTCBCurPtr) { / * 当前任务仍为最高优先级任务? * /
CPU_INT_EN();/ * 中断使能 * /
    return;
}
# if OS_CFG_TASK_PROFILE_EN > 0u
OSTCBHighRdyPtr ->CtxSwCtr ++ ; / * 递增 * /
# endif
OSTaskCtxSwCtr ++ ; / * 上下文切换计数递增 * /
# if defined(OS_CFG_TLS_TBL_SIZE) && (OS_CFG_TLS_TBL_SIZE > 0u)
OS_TLS_TaskSw();
# endif
OS_TASK_SW();/ * 执行一次任务级上下文切换 * /
```

```
CPU_INT_EN();/* 开中断 */
}
```

(2) OSIntExit()函数

中断级调度需调用 OSIntExit()函数，OSIntExit()开始时确保中断嵌套级不为 0，如果为 0 的话，那么接下来的 OSIntNestingCtr --就会发生溢出；接着将 OSIntNestingCtr 递减，若 OSIntNestingCtr 不为 0 时则返回。确保该函数是在第一级 ISR 中执行。当还有中断程序未被处理时就不能运行调度器；然后开始检查调度器是否被锁，如果被锁，则不会运行调度器并返回到中断前的任务；当确认是是第一级中断且调度器没有被锁时，查找优先级最高的任务；从 OSRdyList[] 中获得最高优先级的 TCB；如果最高优先级就绪任务不是当前正在运行的任务；μC/OS‑III 就执行中断级的上下文切换。中断级切换的上文已经在中断开始时被保存了，它可以直接切换到任务。程序实现代码如下：

```
void  OSIntExit (void)
{
CPU_SR_ALLOC();
if (OSRunning != OS_STATE_OS_RUNNING) {  /* 确认 OS 已启动? */
    return;  /* 未启动则返回 */
}
CPU_INT_DIS();/* 关中断 */
if (OSIntNestingCtr == (OS_NESTING_CTR)0) {
CPU_INT_EN();/* 开中断 */
    return;
}
OSIntNestingCtr -- ;/* 递减 */
if (OSIntNestingCtr > (OS_NESTING_CTR)0) { /* ISR 仍有? */
    CPU_INT_EN();/* 开中断 */
    return;/* 返回 */
}
if (OSSchedLockNestingCtr > (OS_NESTING_CTR)0) {/* 调度器仍然被锁? */
    CPU_INT_EN();/* 开中断 */
    return;
}
OSPrioHighRdy    = OS_PrioGetHighest();/* 查找最高优先级 */
OSTCBHighRdyPtr = OSRdyList[OSPrioHighRdy].HeadPtr;/* 最高优先级任务就绪 */
if (OSTCBHighRdyPtr == OSTCBCurPtr) {/* 当前任务仍为最高优先级 */
    CPU_INT_EN();/* 开中断 */
    return;
}
#if OS_CFG_TASK_PROFILE_EN > 0u
```

```
OSTCBHighRdyPtr->CtxSwCtr++; /* 新任务上下文切换递增 */
#endif
OSTaskCtxSwCtr++;
#if defined(OS_CFG_TLS_TBL_SIZE) && (OS_CFG_TLS_TBL_SIZE > 0u)
OS_TLS_TaskSw();
#endif
OSIntCtxSw();/* 执行中断级上下文切换 */
CPU_INT_EN();/* 开中断 */
}
```

(3) OS_SchedRoundRobin()函数

当同一优先级中有多个任务,一个任务的时间片期满时,μC/OS-III 就会运行同优先级就绪的任务。OS_SchedRoundRobin()函数就是执行这种操作的,它由 OSTimeTick()或者 OS_IntQTask()调用,该函数也是在 os_core.c 中定义。当选择直接提交方式时,本函数由 OSTimeTick()调用;当选择延迟提交方式时,则会被 OS_IntQTask()调用。

```
#if OS_CFG_SCHED_ROUND_ROBIN_EN > 0u
void   OS_SchedRoundRobin (OS_RDY_LIST   * p_rdy_list)
{
    OS_TCB    * p_tcb;
    CPU_SR_ALLOC();
    if (OSSchedRoundRobinEn != DEF_TRUE) { /* 确认时间片轮转调度是否使能 */
        return;
    }
    CPU_CRITICAL_ENTER();
    p_tcb = p_rdy_list->HeadPtr; /* 时间片计数值递减 */
    if (p_tcb == (OS_TCB *)0) {
        CPU_CRITICAL_EXIT();
        return;
    }
    if (p_tcb == &OSIdleTaskTCB) {
        CPU_CRITICAL_EXIT();
        return;
    }
    if (p_tcb->TimeQuantaCtr > (OS_TICK)0) {
        p_tcb->TimeQuantaCtr--;
    }
    if (p_tcb->TimeQuantaCtr > (OS_TICK)0) {
        CPU_CRITICAL_EXIT();
        return;
    }
```

```
    if (p_rdy_list->NbrEntries < (OS_OBJ_QTY)2) {
        CPU_CRITICAL_EXIT();
        return;
    }
    if (OSSchedLockNestingCtr > (OS_NESTING_CTR)0) {
        CPU_CRITICAL_EXIT();
        return;
    }
    OS_RdyListMoveHeadToTail(p_rdy_list);
    p_tcb = p_rdy_list->HeadPtr;
    if (p_tcb->TimeQuanta == (OS_TICK)0) {
        p_tcb->TimeQuantaCtr = OSSchedRoundRobinDfltTimeQuanta;
    } else {
        p_tcb->TimeQuantaCtr = p_tcb->TimeQuanta;
    }
    CPU_CRITICAL_EXIT();
}
#endif
```

　　OS_SchedRoundRobin()函数开始时先确定时间片轮转调度已经被使能,通过调用 OSSchedRoundRobinCfg()函数开启时间片轮转调度。然后,计算时间片计数值,每次时钟节拍中断时它被递减。当它的值不为 0 时 OS_SchedRoundRobin()函数返回;当时间片计数值为 0 时,检查是否有其他同优先级任务等待被运行。如果没有,就返回;当调度器被锁时,OS_SchedRoundRobin()函数返回;若当前任务的时间片到期,OS_SchedRoundRobin()函数将当前任务的 TCB 移动到该优先级队列的末尾;在该优先级记录队列首部的任务的时间片值被载入到任务。每个任务都可以有自己的时间片值(注:任务创建时被设置或通过 OSTaskTimeQuantaSet()设置)。如果该值为 0,μC/OS - III 就默认时间片值为缺省值 OSSchedRoundRobinDflt-TimeQuanta。

2. 调度器上锁和解锁

　　调度器上锁用于禁止任务调度,需要使用 OSSchedlock()函数直到任务完成,后调用调度器开锁函数 OSSchedUnlock()为止。调用函数 OSSchedlock()的任务将保持对 CPU 的控制权,不管是否有优先级更高的任务进入了就绪态。函数 OSSched-lock()和函数 OSSchedUnlock()必须成对使用。调度器上锁和解锁函数程序实现代码如下。

　　(1) 上锁函数程序清单

```
void  OSSchedLock (OS_ERR  * p_err)
{
    CPU_SR_ALLOC();
```

```
# ifdef OS_SAFETY_CRITICAL
    if (p_err == (OS_ERR *)0) {
        OS_SAFETY_CRITICAL_EXCEPTION();
        return;
    }
# endif
# if OS_CFG_CALLED_FROM_ISR_CHK_EN > 0u
    if (OSIntNestingCtr > (OS_NESTING_CTR)0) {
        * p_err = OS_ERR_SCHED_LOCK_ISR;
        return;
    }
# endif
    if (OSRunning != OS_STATE_OS_RUNNING) {
        * p_err = OS_ERR_OS_NOT_RUNNING;
        return;
    }
    if (OSSchedLockNestingCtr >= (OS_NESTING_CTR)250u) {
        * p_err = OS_ERR_LOCK_NESTING_OVF;
        return;
    }
    CPU_CRITICAL_ENTER();
    OSSchedLockNestingCtr ++ ;
# if OS_CFG_SCHED_LOCK_TIME_MEAS_EN > 0u
    OS_SchedLockTimeMeasStart();
# endif
    CPU_CRITICAL_EXIT();
    * p_err = OS_ERR_NONE;
}
```

（2）解锁函数程序清单

```
void   OSSchedUnlock (OS_ERR   * p_err)
{
    CPU_SR_ALLOC();
# ifdef OS_SAFETY_CRITICAL
    if (p_err == (OS_ERR *)0) {
        OS_SAFETY_CRITICAL_EXCEPTION();
        return;
    }
# endif
# if OS_CFG_CALLED_FROM_ISR_CHK_EN > 0u
    if (OSIntNestingCtr > (OS_NESTING_CTR)0) {
        * p_err = OS_ERR_SCHED_UNLOCK_ISR;
```

```
            return;
        }
# endif
    if (OSRunning != OS_STATE_OS_RUNNING) {
        * p_err = OS_ERR_OS_NOT_RUNNING;
        return;
    }
    if (OSSchedLockNestingCtr == (OS_NESTING_CTR)0) {
        * p_err = OS_ERR_SCHED_NOT_LOCKED;
        return;
    }
    CPU_CRITICAL_ENTER();
    OSSchedLockNestingCtr -- ;
    if (OSSchedLockNestingCtr > (OS_NESTING_CTR)0) {
        CPU_CRITICAL_EXIT();
        * p_err = OS_ERR_SCHED_LOCKED;
        return;
    }
# if OS_CFG_SCHED_LOCK_TIME_MEAS_EN > 0u
    OS_SchedLockTimeMeasStop();
# endif
    CPU_CRITICAL_EXIT();
    OSSched();
    * p_err = OS_ERR_NONE;
}
```

20.1.6　上下文切换

当 μC/OS – III 转向执行另一个任务的时候,它保存了当前任务的 CPU 寄存器到堆栈。并从新任务堆栈中将相关内容载入 CPU 寄存器。这个过程叫做上下文切换。上下文切换需要一些开支。CPU 的寄存器越多,开支越大。上下文切换的时间基本取决于有多少个 CPU 寄存器需要被存储和载入。

上文讲述了调度器的两个实现函数,其中 OSSched() 在任务级被调用,OSInt-Exit() 在中断级被调用。它们所对应的上下文切换方式也有两种:一种是任务级,一种是中断级。任务级切换通过调用 OSCtxSw() 实现,实际上它是被宏 OS_TASK_SW() 调用的。当有一个高优先级就绪任务需要被执行,任务级调度器会调用 OS-CtxSw()。中断级切换通过调用 OSIntCtxSw() 实现。它是用汇编语言写的,保存于 os_cpu_a.asm。

20.1.7　时间管理

µC/OS - III 系统的时间管理是通过定时中断来实现的,该定时中断一般10 ms 或 100 ms 发生一次,时间频率取决于用户对硬件系统的定时器编程来实现。中断发生的时间间隔是固定不变的,该中断也成为一个时钟节拍。µC/OS - III 系统要求用户在定时中断的服务程序中,调用系统提供的与时钟节拍相关的系统函数,例如中断级的任务切换函数,系统时间函数。

(1) 任务延时函数

µC/OS - III 系统提供了一个任务延时的系统服务,申请该服务的任务可以延时一段时间,延时的长短是用时钟节拍的数目来确定的。通过调用 OSTimeDly() 函数来实现。调用该函数会使 µC/OS - III 进行一次任务调度,并且执行下一个优先级最高的就绪态任务。任务调用 OSTimeDly()后,一旦规定的时间期满或者有其他的任务通过调用 OSTimeDlyResume()取消了延时,它就会马上进入就绪状态。

(2) 按时、分、秒延时函数

如果用户的应用程序需要知道延时时间对应的时钟节拍数目。一种最有效的方法是通过调用 OSTimeDlyHMSM()函数,用户就可以按小时(h)、分(m)、秒(s)和毫秒(ms)定义时间。

与 OSTimeDly()函数一样,调用 OSTimeDlyHMSM()函数也会使 µC/OS - III 进行一次任务调度,并且执行下一个优先级最高的就绪态任务。任务调用 OS-TimeDlyHMSM()后,一旦规定的时间期满或者有其他的任务通过调用 OSTime DlyResume()取消了延时,它就会马上处于就绪态。同样,只有当该任务在所有就绪态任务中具有最高的优先级时,它才会立即运行。

(3) 让延时任务结束延时函数

µC/OS - III 系统允许用户结束正处于延时期的任务。延时的任务可以不等待延时期满,而是通过其他任务取消延时来使自己处于就绪态。可以通过调用 OSTimeDlyResume()和指定要恢复的任务的优先级来完成。实际上,OSTimeDlyResume()也可以唤醒正在等待事件的任务,比如可以用该函数恢复其他被 OSTimeDly()或 OSTimeDlyHMSM() 延时的任务。

(4) 系统时间设置和获取函数

用户可以通过调用 OSTimeGet()来获得时钟节拍计数器的当前值,也可以通过调用 OSTimeSet()来改变该时钟节拍计数器的值。

(5) OSTimeTick()函数

OSTimeTick() 函数由定时器的中断服务程序调用,当时钟节拍中断发生时,

ISR 必须调用这个函数。它是 μC/OS－Ⅲ 的内部函数。

20.1.8　资源管理

　　μC/OS－Ⅲ 的共享资源可以是变量(静态的或全局的)、结构体、内存空间、I/O 等,通过共享资源,任务间通信将会比较简单。当然,避免任务间的竞争和防止资源被破坏也是非常重要的。多个任务可能会同时要求占用资源:内存空间、全局变量、指针、缓冲区、列表、环形缓冲区等。最常用的独占共享资源和创建临界区的方法主要包括:关中断、禁止任务调度、使用信号量、使用互斥型信号量(Mutex)。表 20－15 列出了这 4 种共享资源方式的使用建议,最后,推荐采用互斥信号量来保护共享资源。

表 20－15　共享资源使用建议

资源共享方式	何时选用
开/关中断	当访问共享资源的速度很快时,以至于访问共享资源花费的时间小于 μC/OS－Ⅲ 的中断关闭时间。 虽然能很快地结束访问共享资源,但不推荐使用这种方法,因为会导致中断延迟
给调度器上锁、解锁	当访问共享资源的时间比 μC/OS－Ⅲ 的中断关闭时间长,但要比 μC/OS－Ⅲ 的调度器上锁时间短时 这种方式同样有缺点,会导致给调度器上锁的任务成为最高优先级任务
信号量	当该共享资源经常被多个任务使用时。但信号量可能会导致优先级反转
互斥型信号量	推荐使用这种方法访问共享资源,尤其是当任务要访问的共享资源有时间要求时。 μC/OS－Ⅲ 的互斥型信号量有内置的优先级,这样可防止优先级反转。不过,互斥型信号量方式要慢于信号量方式,此外还需执行额外的改变信号量的优先级的操作

　　μC/OS－Ⅲ 支持一种特殊类型的二值信号量叫做互斥型信号量(Mutex),用于解决优先级反转问题。Mutex 被使用前要通过 OSMutexCreate() 函数创建一个互斥型信号量;任务占用共享资源前要通过调用 OSMutexPend() 函数获得 Mutex;当任务完成对共享资源的访问后,就必须调用 OSMutexPost() 函数释放。互斥型信号量相关的操作函数如下,这些函数都保存在 os_mutex.c 文件中。

(1) 创建一个 Mutex

　　OSMutexCreate() 函数用来创建并初始化互斥型信号量,互斥型信号量用于对资源进行独占式访问。表 20－16 列出了该函数的原型及参数说明。

表 20 - 16　**OSMutexCreate( )函数原型**

函数名称	OSMutexCreate( )
函数原型	void　OSMutexCreate (OS_MUTEX　　* p_mutex, 　　　　　　　　　　　CPU_CHAR　　* p_name, 　　　　　　　　　　　OS_ERR　　　* p_err)
参数 1	p_mutex:指向互斥型信号量控制块的指针
参数 2	p_name:该参数是一个指向 ASCII 字符串的指针,该字符串用于给互斥型信号量指定一个名字
参数 3	p_err:指向一个变量,用来存放函数返回的错误代码。错误代码主要有下述参数。 OS_ERR_NONE:成功创建互斥型信号量; OS_ERR_CREATE_ISR:在 os_cfg.h 文件中 OS_CFG_CALLED_FROM_ISR_CHK_EN 设置为 1 时,但用户尝试从中断服务程序创建互斥型信号量; OS_ERR_ILLEGAL_CREATE_RUN_TIME:在 os_cfg.h 文件中定义了 OS_SAFETY_CRIT-ICAL_IEC615081 时,系统不再允许创建新的内核对象; OS_ERR_OBJ_PTR_NULL:在 os_cfg.h 文件中 OS_CFG_ARG_CHK_EN 设置为 1 时,但 p_mutex 为空指针
说　明	OS_CFG_MUTEX_EN > 0u 时,该函数有效。使用前必须先声明互斥型信号量

(2) 删除一个 Mutex

OSMutexDel( )函数用来删除互斥型信号量,表 20 - 17 列出了该函数的原型及参数说明。

表 20 - 17　**OSMutexDel( )函数原型**

函数名称	OSMutexDel( )
函数原型	OS_OBJ_QTY　OSMutexDel (OS_MUTEX　　* p_mutex, 　　　　　　　　　　　OS_OPT　　　　opt, 　　　　　　　　　　　OS_ERR　　　* p_err)
参数 1	p_mutex:指向要删除的互斥型信号量指针
参数 2	opt:指定删除互斥型信号量的条件选项。可选项有下述参数。 OS_OPT_DEL_NO_PEND:表示没有任何任务等待该互斥型信号量时才删除; OS_OPT_DEL_ALWAYS:表示不管有没有任务在等待该互斥型信号量均删除
参数 3	p_err:指向一个变量,用来存放函数返回的错误代码。错误代码主要有下述参数。 OS_ERR_NONE:成功删除互斥型信号量; OS_ERR_DEL_ISR:在 os_cfg.h 文件中 OS_CFG_CALLED_FROM_ISR_CHK_EN 设置为 1 时,但用户尝试从中断服务程序删除互斥型信号量; OS_ERR_OBJ_PTR_NULL:在 os_cfg.h 文件中 OS_CFG_ARG_CHK_EN 设置为 1 时,但 p_mutex 为空指针; OS_ERR_OBJ_TYPE:在 os_cfg.h 文件中 OS_CFG_OBJ_TYPE_CHK_EN 设置为 1 时,但 p_mutex 没有指向互斥型信号量指针; OS_ERR_OPT_INVALID:opt 参数无效,不是两个允许的参数选项值;

参数 3	OS_ERR_STATE_INVALID:在 os_cfg.h 文件中 OS_CFG_DBG_EN 设置为 1 时及 OS_OPT_DEL_ALWAYS 选项下,任务处于无效状态; OS_ERR_TASK_WAITING:一个或多个任务在等待这个互斥型信号量
返回值	返回等待这个互斥型信号量的任务数量,当有错误发生时返回 0
说　明	OS_CFG_MUTEX_DEL_EN > 0u 时,该函数有效。当其他任务需要使用该互斥型信号量时,用这个函数删除时要谨慎处理

(3) 等待一个 Mutex

OSMutexPend()函数用来实现任务对资源的独占式访问,如果一个任务调用了该函数且这个互斥型信号量可用,那么 OSMutexPend()函数就把这个互斥型信号量分配给调用者;如果这个互斥型信号量已被其他任务占用,那么函数会将申请该互斥型信号量的任务放置在对应这个互斥型信号量的等待表中。表 20 - 18 列出了该函数的原型及参数说明。

表 20 - 18　OSMutexPend()函数原型

函数名称	OSMutexPend()
函数原型	void　OSMutexPend (OS_MUTEX　* p_mutex, 　　　　　　　　　　OS_TICK　　timeout, 　　　　　　　　　　OS_OPT　　　opt, 　　　　　　　　　　CPU_TS　　 * p_ts, 　　　　　　　　　　OS_ERR　　 * p_err)
参数 1	p_mutex:指向互斥型信号量指针
参数 2	timeout:指定等待信号量的超时时间,即时钟节拍数。如果在指定的超时时间内互斥型信号量仍未释放,则允许任务恢复运行。如果指定超时时间值为 0,则表示这个任务会一直等下去,直到信号量被释放
参数 3	opt:该参数用于选择是否使用阻塞模式。参数选项及意义如下所列。 OS_OPT_PEND_BLOCKING:表示指定互斥型信号量被占用时,任务挂起等待该对象; OS_OPT_PEND_NON_BLOCKING:表示指定互斥型信号量被占用时,任务直接返回
参数 4	p_ts:指向一个时间戳,记录发送、终止或删除互斥型信号量的时刻。如果这个指针赋值为 NULL,则函数的调用者不会收到时间戳
参数 5	p_err:指向一个变量,用来存放函数返回的错误代码。错误代码主要有下述参数。 OS_ERR_NONE:程序调用成功,互斥型信号量可用; OS_ERR_MUTEX_OWNER:调用该函数的任务已经占用该互斥型信号量; OS_ERR_OBJ_DEL:表示等待对象已被删除; OS_ERR_OBJ_PTR_NULL:在 os_cfg.h 文件中 OS_CFG_ARG_CHK_EN 设置为 1,但 p_mutex 为空指针; OS_ERR_OBJ_TYPE:在 os_cfg.h 文件中 OS_CFG_OBJ_TYPE_CHK_EN 设置为 1 时,但 p_mutex 没有指向互斥型信号量指针; OS_ERR_OPT_INVALID:在 os_cfg.h 文件中 OS_CFG_ARG_CHK_EN 设置为 1 时,但传送的 opt 参数不是合法的参数;

参数 5	OS_ERR_PEND_ABORT:表示被中止; OS_ERR_PEND_ISR:在 os_cfg.h 文件中 OS_CFG_CALLED_FROM_ISR_CHK_EN 设置为 1 时,但用户尝试从中断服务程序获取互斥型信号量; OS_ERR_PEND_WOULD_BLOCK:无可用互斥型信号量,阻塞模式; OS_ERR_SCHED_LOCKED:调度器上锁时调用了这个函数; OS_ERR_STATE_INVALID:任务态无效; OS_ERR_TIMEOUT:在指定的超时时间内没有收到互斥型信号量
说　明	OS_CFG_MUTEX_EN > 0u 时,该函数有效

(4) 取消等待 Mutex

OSMutexPendAbort()函数将正在等待互斥型信号量的任务结束挂起状态,并进入就绪,该函数可以终止任务对互斥型信号量的等待,而不必通过 OSMutexPost()函数向互斥型信号量发送信号。表 20 - 19 列出了该函数的原型及参数说明。

表 20 - 19　OSMutexPendAbort( ) 函数原型

函数名称	OSMutexPendAbort()
函数原型	OS_OBJ_QTY　OSMutexPendAbort (OS_MUTEX　　* p_mutex, 　　　　　　　　　　　　　　　　OS_OPT　　　opt, 　　　　　　　　　　　　　　　　OS_ERR　　　* p_err)
参数 1	p_mutex:指向互斥型信号量指针
参数 2	opt:该参数用于设定是否终止等待该互斥型信号量任务中的最高优先级任务及等待该互斥型信号量的全部任务。参数选项及意义如下所列。 OS_OPT_PEND_ABORT_1:终止等待该互斥型信号量任务中的最高优先级任务; OS_OPT_PEND_ABORT_ALL:终止等待该互斥型信号量的全部任务; OS_OPT_POST_NO_SCHED:该选项禁止本函数内执行任务调度
参数 3	p_err:指向一个变量,用来存放函数返回的错误代码。错误代码主要有下述参数。 OS_ERR_NONE:至少终止了一个任务的等待状态; OS_ERR_OBJ_PTR_NULL:在 os_cfg.h 文件中 OS_CFG_ARG_CHK_EN 设置为 1,但 p_mutex 为空指针; OS_ERR_OBJ_TYPE:在 os_cfg.h 文件中 OS_CFG_OBJ_TYPE_CHK_EN 设置为 1 时,但 p_mutex 没有指向互斥型信号量指针; OS_ERR_OPT_INVALID:在 os_cfg.h 文件中 OS_CFG_ARG_CHK_EN 设置为 1 时,但传送的 opt 参数不是合法的参数; OS_ERR_PEND_ABORT_ISR:在 os_cfg.h 文件中 OS_CFG_CALLED_FROM_ISR_CHK_EN 设置为 1 时,但用户尝试从中断服务程序调用该函数; OS_ERR_PEND_ABORT _NONE:没有任何一个任务终止等待
返回值	返回终止等待状态并恢复就绪状态的任务数量,如果返回值为 0,则表示没有任务在等待这个互斥型信号量
说　明	OS_CFG_MUTEX_PEND_ABORT_EN > 0u 时,该函数有效

(5) 释放一个 Mutex

OSMutexPost()函数用来释放互斥型信号量,只有在调用 OSMutexPend()函数获取了互斥型信号量,才需要调用本函数来释放。表 20‐20 列出了该函数的原型及参数说明。

表 20‐20　OSMutexPost()函数原型

函数名称	OSMutexPost()
函数原型	void　OSMutexPost (OS_MUTEX　* p_mutex, 　　　　　　　　　　OS_OPT　　opt, 　　　　　　　　　　OS_ERR　　* p_err)
参数 1	p_mutex:指向互斥型信号量指针
参数 2	opt:该参数用于设定操作选项。参数选项及意义如下所列。 OS_OPT_POST_NONE:不指定特定功能的选项; OS_OPT_POST_NO_SCHED:禁止在本函数内执行任务调度
参数 3	p_err:指向一个变量,用来存放函数返回的错误代码。错误代码主要有下述参数。 OS_ERR_NONE:函数调用成功,互斥型信号量释放; OS_ERR_MUTEX_NESTING:调用者占用该互斥型信号量,但嵌套仍未全部释放; OS_ERR_MUTEX_NOT_OWNER:调用者当前未占用该互斥型信号量,不允许释放; OS_ERR_OBJ_PTR_NULL:在 os_cfg.h 文件中 OS_CFG_ARG_CHK_EN 设置为 1,但 p_mutex 为空指针; OS_ERR_OBJ_TYPE:在 os_cfg.h 文件中 OS_CFG_OBJ_TYPE_CHK_EN 设置为 1 时,但 p_mutex 没有指向互斥型信号量指针; OS_ERR_POST_ISR:在 os_cfg.h 文件中 OS_CFG_CALLED_FROM_ISR_CHK_EN 设置为 1 时,但用户当前从中断服务程序调用了该函数
说　　明	OS_CFG_MUTEX_EN > 0u 时,该函数有效

20.1.9　信号量

对一个多任务的操作系统来说,任务间的通信和同步是必不可少的。μC/OS‐Ⅲ 系统中提供了 2 种同步机制,分别是信号量和事件标志组。信号量在多任务系统中用于控制共享资源的使用权、标志事件的发生及使两个任务的行为同步等。

μC/OS‐Ⅲ 系统通常有两种类型的信号量:二值信号量和多值信号量。二值信号量的值只能是 0 或 1;多值信号量计数值可以是 0~4 294 967 295(即 2^{32})之间的一个数(具体取决于计数值是 8 位、16 位还是 32 位,即计数值分别对应 2^8、2^{16}、2^{32})。特别是,μC/OS‐Ⅲ 中的信号量计数值最大为 OS_SEM_CTR(见 os_type.h)。根据信号量计数值,μC/OS‐Ⅲ 可以知道该信号量可以被多少个任务获得。信号量是内核对象,通过数据类型 OS_SEM 定义(见 os.h)。应用中可以有任意多个信号量(只限于处理器的 RAM)。信号量可用于 ISR 与任务间、任务与任务间的同步,但不能够单独用于 ISR,如图 20 - 6 所示。

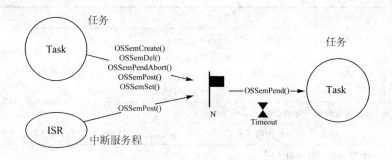

图 20 - 6　μC/OS - III 信号量同步机制

图 20 - 6 上的信号量被画成一个旗帜,用于表明该事件发生的标志。信号量的初始值通常为 0,表明没有事件发生。"N"表示信号量可以被累计,初始化时也可以设置为非 0 值,表明已经有事件发生。ISR 或任务可以提交信号量多次,信号量计数值会记录该信号量一共可被提交多少次。任务旁边的沙漏表示任务可以设置等待该信号量的期限。

一般来说,在 μC/OS - III 系统使用一个信号量之前,首先要建立该信号量,也即调用 OSSemCreate()函数,对信号量的初始计数值赋值。该初始值为 0~OS_SEM_CTR 之间的一个数。如果信号量是用来表示一个或者多个事件的发生,那么该信号量的初始值应设为 0;如果信号量是用于对共享资源的访问,那么该信号量的初始值应设为 1;如果该信号量是用来表示允许任务访问 n 个相同的资源,那么该初始值显然应该是 n,并把该信号量作为一个可计数的信号量使用。

1. 信号量操作函数

μC/OS - III 系统提供了 6 个对信号量进行操作的函数:OSSemCreate()、OSSemPend()、OSSemPost()、OSSemSet()、OSSemPendAbort()和 OSSemDel()函数,分别用来建立一个信号量,等待一个信号量,发送一个信号量,设置一个信号量计数值,取消等待一个信号量,删除一个信号量。此外,从图 20 - 6 中还可以看出,所有的信号量函数都可以被任务调用,但是 ISR 中只能调用 OSSemPost()函数。

系统还可以通过 OSSemPend()和 OSSemPost()函数来支持信号量的两种原子操作 P()和 V()操作。P()操作减少信号量的值,如果新的信号量的值不大于 0,则操作阻塞;V()操作增加信号量的值。

(1) 创建一个信号量

OSSemCreate()函数用来创建并初始化信号量,表 20 - 21 列出了该函数的原型及参数说明。

表 20-21　OSSemCreate( )函数原型

函数名称	OSSemCreate( )
函数原型	void　OSSemCreate (OS_SEM　　　 * p_sem, 　　　　　　　　　 CPU_CHAR　　 * p_name, 　　　　　　　　　 OS_SEM_CTR　 cnt, 　　　　　　　　　 OS_ERR　　　 * p_err)
参数 1	p_sem:指向信号量控制块的指针
参数 2	p_name:该参数是一个指向 ASCII 字符串的指针,这个字符串用于给信号量指定一个名字
参数 3	cnt:设置信号量的初始值
参数 4	p_err:指向一个变量,用来存放函数返回的错误代码。错误代码主要有下述参数。 OS_ERR_NONE:成功创建信号量; OS_ERR_CREATE_ISR:在 os_cfg.h 文件中 OS_CFG_CALLED_FROM_ISR_CHK_EN 设置为 1 时,但用户尝试从中断服务程序创建信号量; OS_ERR_ILLEGAL_CREATE_RUN_TIME:在 os_cfg.h 文件中定义了 OS_SAFETY_CRIT-ICAL_IEC615081 时,系统不再允许创建新的内核对象; OS_ERR_OBJ_PTR_NULL:在 os_cfg.h 文件中 OS_CFG_ARG_CHK_EN 设置为 1,但 p_sem 为空指针; OS_ERR_OBJ_TYPE:在 os_cfg.h 文件中 OS_CFG_OBJ_TYPE_CHK_EN 设置为 1 时,但 p_sem 没有指向信号量
说　明	OS_CFG_SEM_EN > 0u 时,该函数有效

(2) 删除一个信号量

OSSemDel( )函数用于删除信号量,通常在删除信号量之前,要先删除所有使用这个信号量的任务。表 20-22 列出了该函数的原型及参数说明。

表 20-22　OSSemDel( )函数原型

函数名称	OSSemDel( )
函数原型	OS_OBJ_QTY　OSSemDel (OS_SEM　 * p_sem, 　　　　　　　　　　 OS_OPT　　 opt, 　　　　　　　　　　 OS_ERR　 * p_err)
参数 1	p_sem:指向要删除的信号量的指针
参数 2	opt:指定删除信号量的参数选项。该参数项具有下述选项。 OS_OPT_DEL_NO_PEND:表示没有任何任务等待该互斥型信号量时才删除; OS_OPT_DEL_ALWAYS:表示不管有没有任务在等待该互斥型信号量均删除
参数 3	p_err:指向一个变量,用来存放函数返回的错误代码。错误代码主要有下述参数。 OS_ERR_NONE:成功删除信号量; OS_ERR_DEL_ISR:在 os_cfg.h 文件中 OS_CFG_CALLED_FROM_ISR_CHK_EN 设置为 1 时,但用户尝试从中断服务程序删除信号量; OS_ERR_OBJ_PTR_NULL:在 os_cfg.h 文件中 OS_CFG_ARG_CHK_EN 设置为 1,但 p_sem 为空指针;

参数 3	OS_ERR_OBJ_TYPE：在 os_cfg. h 文件中 OS_CFG_OBJ_TYPE_CHK_EN 设置为 1 时，但 p_sem 没有指向信号量； OS_ERR_OPT_INVALID：在 os_cfg. h 文件中 OS_CFG_ARG_CHK_EN 设置为 1 时，但传送的 opt 参数不是合法的参数； OS_ERR_TASK_WAITING：有一个或多个任务在等待这个信号量
说　明	OS_CFG_SEM_DEL_EN > 0u 时，该函数有效

(3) 等待一个信号量

当一个任务需要独占式访问某个资源时，或者与其他任务及 ISR 同步时，或者需要等待某个事件的发生时，就要使用 OSSemPend() 函数，表 20 - 23 列出了该函数的原型及参数说明。

表 20 - 23　OSSemPend( ) 函数原型

函数名称	OSSemPend()
函数原型	OS_SEM_CTR　OSSemPend (OS_SEM 　* p_sem, OS_TICK 　timeout, OS_OPT 　opt, CPU_TS 　* p_ts, OS_ERR 　* p_err)
参数 1	p_sem：指向信号量的指针
参数 2	timeout：指定等待信号量的超时时间，即时钟节拍数。如果在指定的超时时间内仍没有接收到信号量，则允许任务恢复运行。如果指定超时时间值为 0，则表示这个任务会一直等下去，直到接收到信号量
参数 3	opt：用于选择是否使用阻塞模式的参数选项。参数选项及意义如下所列。 OS_OPT_PEND_BLOCKING：表示指定信号量被占用时，任务挂起等待该信号量； OS_OPT_PEND_NON_BLOCKING：表示指定信号量被占用时，任务直接返回
参数 4	p_ts：指向一个时间戳，记录接收到信号量的时刻。如果这个指针赋值为 NULL，则函数的调用者不会收到时间戳
参数 5	p_err：指向一个变量，用来存放函数返回的错误代码。错误代码主要有下述参数。 OS_ERR_NONE：任务正确接收到信号量； OS_ERR_OBJ_DEL：该信号量已被删除； OS_ERR_OBJ_PTR_NULL：在 os_cfg. h 文件中 OS_CFG_ARG_CHK_EN 设置为 1 时，但 p_sem 为空指针； OS_ERR_OBJ_TYPE：在 os_cfg. h 文件中 OS_CFG_OBJ_TYPE_CHK_EN 设置为 1 时，但 p_sem 没有指向信号量； OS_ERR_OPT_INVALID：在 os_cfg. h 文件中 OS_CFG_ARG_CHK_EN 设置为 1 时，但传送的 opt 参数不是合法的参数； OS_ERR_PEND_ABORT：因其他任务调用 OSSemPendAbort 函数而终止； OS_ERR_PEND_ISR：在 os_cfg. h 文件中 OS_CFG_CALLED_FROM_ISR_CHK_EN 设置为 1 时，但用户从当前中断服务程序调用该函数；

参数 5	OS_ERR_PEND_WOULD_BLOCK:当前信号量不可用; OS_ERR_SCHED_LOCKED:当任务调度器锁定时调用该函数; OS_ERR_STATUS_INVALID:等待状态无效; OS_ERR_TIMEOUT:指定的超时时间内,没有接收到信号量
返　回	返回信号量的最新计数值
说　明	OS_CFG_SEM_EN > 0u 时,该函数有效

(4) 取消等待一个信号量

OSSemPendAbort()函数可以使所有等待信号量的任务结束挂起状态,并转入就绪状态,本函数可以直接终止任务对信号量的等待,而无须通过 OSSemPost()函数向信号量发送信号。表 20 - 24 列出了该函数的原型及参数说明。

表 20 - 24　OSSemPendAbort( )函数原型

函数名称	OSSemPendAbort()
函数原型	OS_OBJ_QTY　OSSemPendAbort (OS_SEM　* p_sem, 　　　　　　　　　　　　　　OS_OPT　　opt, 　　　　　　　　　　　　　　OS_ERR　* p_err)
参数 1	p_sem:指向信号量的指针
参数 2	opt:该参数用于设定是否终止等待该信号量任务中的最高优先级任务及是否终止等待该信号量的全部任务。参数选项及意义如下。 OS_OPT_PEND_ABORT_1:终止等待该信号量任务中的最高优先级任务; OS_OPT_PEND_ABORT_ALL:终止等待该信号量的全部任务; OS_OPT_POST_NO_SCHED:该选项禁止本函数内执行任务调度
参数 3	p_err:指向一个变量,用来存放函数返回的错误代码。错误代码主要有下述参数。 OS_ERR_NONE:至少终止了一个任务的等待状态; OS_ERR_OBJ_PTR_NULL:在 os_cfg. h 文件中 OS_CFG_ARG_CHK_EN 设置为 1,但 p_sem 为空指针; OS_ERR_OBJ_TYPE:在 os_cfg. h 文件中 OS_CFG_OBJ_TYPE_CHK_EN 设置为 1 时,但 p_sem 没有指向信号量指针; OS_ERR_OPT_INVALID:在 os_cfg. h 文件中 OS_CFG_ARG_CHK_EN 设置为 1 时,但传送的 opt 参数不是合法的参数; OS_ERR_PEND_ABORT_ISR:在 os_cfg. h 文件中 OS_CFG_CALLED_FROM_ISR_CHK_EN 设置为 1 时,但当前用户尝试从中断服务程序调用该函数; OS_ERR_PEND_ABORT _NONE:没有任何一个任务终止等待
返　回	返回终止等待状态并恢复就绪状态的任务数量,如果返回 0 值,则表示没有任务等待这个信号量
说　明	OS_CFG_SEM_PEND_ABORT_EN > 0u 时,该函数有效

758

（5）发送一个信号量

调用 OSSemPost()函数可以发送信号量。如果没有任务在等待该信号量，则调用本函数会导致信号量计数值加 1，然后返回到调用本函数的任务中继续运行。如果一个或多个任务在等待这个信号量，则最高优先级任务获得信号量，然后由调度器判定获得信号量的任务是否为优先级最高的就绪任务，如果经判定为最高优先级，则系统会执行上下文任务切换，运行该就绪任务。表 20‐25 列出了该函数的原型及参数说明。

表 20‐25　OSSemPost()函数原型

函数名称	OSSemPost()
函数原型	OS_SEM_CTR　OSSemPost (OS_SEM　　* p_sem, 　　　　　　　　　　OS_OPT　　opt, 　　　　　　　　　　OS_ERR　* p_err)
参数 1	p_sem:指向信号量的指针
参数 2	opt:该参数用于设定信号量发送的操作选项。参数选项及意义如下。 OS_OPT_POST_1:仅向等待该信号量的最高优先级任务发送信号量； OS_OPT_POST_ALL:向所有等待该信号量的任务发送信号量； OS_OPT_POST_NO_SCHED:禁止在本函数内执行任务调度
参数 3	p_err:指向一个变量，用来存放函数返回的错误代码。错误代码主要有下述参数。 OS_ERR_NONE:没有任务等待该信号量； OS_ERR_OBJ_PTR_NULL:在 os_cfg.h 文件中 OS_CFG_ARG_CHK_EN 设置为 1,但 p_sem 为空指针； OS_ERR_OBJ_TYPE:在 os_cfg.h 文件中 OS_CFG_OBJ_TYPE_CHK_EN 设置为 1 时,但 p_sem 没有指向信号量； OS_ERR_SEM_OVF:当前信号量计数值即将溢出
返　回	返回信号量当前计数值
说　明	OS_CFG_SEM_EN > 0u 时,该函数有效。当用做信号机制时,本函数可以在中断服务程序中调用

（6）设置信号量计数值

OSSemSet()函数用于修改信号量当前计数值,一般在信号量用作信号机制时采用,且能够设置成任意值,如果信号量的计数值已经为 0,那么必须在任何任务等待该信号量时才能够修改其计数值。表 20‐26 列出了该函数的原型及参数说明。

表 20‐26　OSSemSet()函数原型

函数名称	OSSemSet()
函数原型	void　OSSemSet (OS_SEM　　　* p_sem, 　　　　　　　OS_SEM_CTR　cnt, 　　　　　　　OS_ERR　　　* p_err)

续表 20 – 26

参数 1	p_sem:指向信号量的指针
参数 2	cnt:信号量计数值的设定值
参数 3	p_err:指向一个变量,用来存放函数返回的错误代码。错误代码主要有下述参数。 OS_ERR_NONE:信号量计数值正确设置,或者因一个或多个任务正在等待该信号量,不能够修改计数值; OS_ERR_OBJ_PTR_NULL:在 os_cfg.h 文件中 OS_CFG_ARG_CHK_EN 设置为1,但 p_sem 为空指针; OS_ERR_OBJ_TYPE:在 os_cfg.h 文件中 OS_CFG_OBJ_TYPE_CHK_EN 设置为 1 时,但 p_sem 没有指向信号量; OS_ERR_TASK_WAITING:有任务在等待该信号量
返　回	返回信号量当前计数值
说　明	OS_CFG_SEM_EN > 0u 和 OS_CFG_SEM_SET_EN > 0u 时,该函数有效

2. 信号量应用范例

信号量是一种"锁定机制",应用程序需要获得钥匙才可以访问共享资源。占用该资源的任务不再使用该资源并释放资源时,其他任务才能够访问这个资源。信号量可以用于共享资源,也可以用于 ISR 与任务间以及任务之间的同步。

(1) 单向同步

图 20 – 7 所示为通过信号量,任务可以与 ISR 或任务进行同步的机制。这种情况下,通过信号量的传递,可表明 ISR 或任务是否运行过。使用信号量实现这种类型的同步操作被称为单向同步。

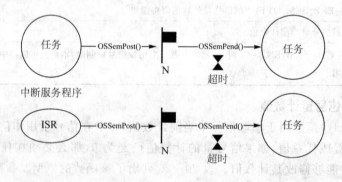

图 20 – 7　单向同步

例如,当任务要启动 I/O 端口操作,它就需要获得信号量而调用 OSSemPend() 函数;当任务完成对 I/O 端口的访问后,就必须调用 OSSemPost() 释放这个信号量。这个过程就是单向同步。

(2) 多个任务等待一个信号量

　　有时候,多个任务可以同时等待同一个信号量,每个任务都有设置对应的超时时间,如图 20 - 8 所示。当该信号量被发送时,μC/OS - III 会让挂起队列中优先级最高的任务就绪。不过,也可以让挂起队列中所有的任务被就绪,这种称为广播信号量,调用 OSSemPost()函数时,选择参数 OS_OPT_POST_ALL 就能实现广播的功能。广播功能主要用于多个任务间的同步。

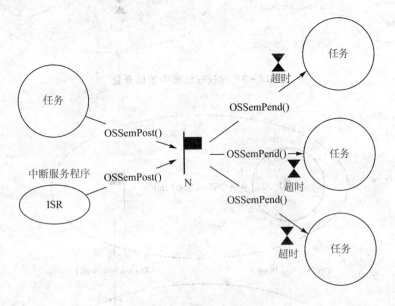

图 20 - 8　多任务等待同一个信号量

3. 任务内嵌信号量

　　通常给任务发送信号量是一种最常用的同步实现方式。μC/OS - III 系统的每个任务都有自己内嵌的信号量,通过任务内嵌的信号量不仅可以简化信号量通信的代码,而且更加有效。内嵌任务的信号量示意图如图 20 - 9 所示。

　　如果事件发生时,用户很明确地知道该给哪个任务发送信号量,那就可以使用任务信号量。两个任务间可以用两个信号量实现双向同步,这种同步方式称之为双向同步,它与单向同步类似,区别在于双向同步模式下,两个任务间需要互相同步后才能够继续运行,如图 20 - 10 所示。但任务与 ISR 间不能双向同步,因为 ISR 中不能等待信号量。

　　任务信号量共有 4 个功能操作函数:OSTaskSemPend()、OSTaskSemPend-Abort()、OSTaskSemPost()、OSTaskSemSet(),分别用于等待任务信号量、取消等待任务信号量、发送任务信号量、强行设置任务信号量计数。这些函数代码详见 os_task.c 文件。

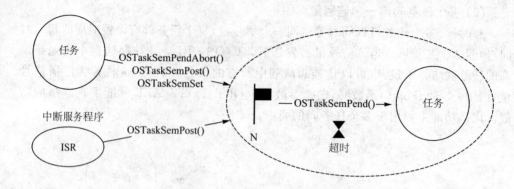

图 20 - 9　内嵌在任务中的信号量

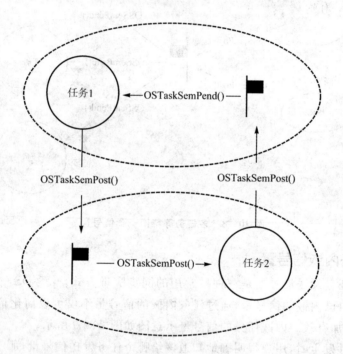

图 20 - 10　两任务间双向同步范例

（1）等待任务信号量

OSTaskSemPend()函数允许一个任务等待另一个任务或 ISR 直接发送的信号（比如一个信号量），而不需经由一个中间的内核对象。如果在调用本函数之前，任务已经接收到了信号，那么本函数会立即返回，恢复运行调用本函数的任务。如果该任务没有收到任何信号，并且参数 opt 选项为 OS_OPT_PEND_BLOCKING，则本函数会挂起当前任务，直到任务收到一个信号或者用户指定的等待时间超时。表 20 - 27 列出了该函数的原型及参数说明。

表 20－27　**OSTaskSemPend( )函数原型**

函数名称	OSTaskSemPend( )
函数原型	OS_SEM_CTR　OSTaskSemPend (OS_TICK　　timeout, 　　　　　　　　　　　　　　 OS_OPT　　　opt, 　　　　　　　　　　　　　　 CPU_TS　　* p_ts, 　　　　　　　　　　　　　　 OS_ERR　　* p_err)
参数 1	timeout:指定等待信号量的超时时间,即时钟节拍数。如果在指定数量的时钟节拍时间内仍没有接收到来自其他任务或 ISR 的信号,则允许任务恢复运行。如果指定超时时间值为 0,则表示这个任务会一直等下去,直到接收到一个信号
参数 2	opt:用于选择是否使用阻塞模式的参数选项。参数选项及意义如下。 OS_OPT_PEND_BLOCKING:表示指定信号被占用时,任务挂起等待该信号; OS_OPT_PEND_NON_BLOCKING:表示指定信号被占用时,任务直接返回。注意,在该选项设置时,需把超时时间设置为 0
参数 3	p_ts:指向一个时间戳,表示信号发出的时刻或放弃等待的时刻。如果这个指针赋值为 NULL,则不需要时间戳
参数 4	p_err:指向一个变量,用来存放函数返回的错误代码。错误代码主要有下述参数。 OS_ERR_NONE:任务正确接收到信号; OS_ERR_PEND_ABORT:因其他任务调用 OSSemPendAbort 函数而被终止; OS_ERR_PEND_ISR:在 os_cfg.h 文件中 OS_CFG_CALLED_FROM_ISR_CHK_EN 设置为 1 时,但用户从中断服务程序调用该函数; OS_ERR_PEND_WOULD_BLOCK:如果调用该函数时把 pot 参数设置为 OS_OPT_PEND_NON_BLOCKING,且任务没有收到信号; OS_ERR_SCHED_LOCKED:如果在调度器上锁定时,用户调用该函数阻塞任务; OS_ERR_TIMEOUT:指定的超时时间内,没有接收到信号
返回	在信号计数器值减 1 后,返回信号计数器的当前数值,即返回的是信号计数器中余下的信号的个数
说明	不能够在 ISR 中调用本函数

(2) 取消等待任务信号量

OSTaskSemPendAbort( )函数可以让一个正在等待内嵌信号量的任务放弃等待操作,并进入就绪状态。本函数以报错的方式令一个任务放弃等待它的内嵌信号量,是以非正常方式结束任务的等待操作。表 20-28 列出了该函数的原型及参数说明。

表 20－28　**OSTaskSemPendAbort( )函数原型**

函数名称	OSTaskSemPendAbort( )
函数原型	CPU_BOOLEAN　OSTaskSemPendAbort (OS_TCB　* p_tcb, 　　　　　　　　　　　　　　　　　 OS_OPT　　opt, 　　　　　　　　　　　　　　　　　 OS_ERR　* p_err)

参数 1	p_tcb:指向需要放弃等待操作任务的 TCB
参数 2	opt:该参数用于指定该函数的调用选项。参数选项及意义如下。 OS_OPT_ POST _NONE:未指定参数,该选项默认进行任务调度; OS_OPT_POST_NO_SCHED:该选项指定后,即使一个优先级更高的任务等待操作被放弃时,也不做任务调度,必须通过调用其他函数来进行任务调度。如果调用该函数的任务还需要做其他的等待放弃操作,那么就可以使用本选项,这样可以在完成所有的等待放弃之后,进行任务调度,从而使多个等待放弃操作同时生效
参数 3	p_err:指向一个变量,用来存放函数返回的错误代码。错误代码主要有下述参数。 OS_ERR_NONE:指定任务的等待操作被成功放弃; OS_ERR_PEND_ABORT_ISR:在 os_cfg. h 文件中 OS_CFG_CALLED_FROM_ISR_CHK_EN 设置为 1 时,但用户当前从中断服务程序调用该函数; OS_ERR_PEND_ABORT _NONE:如果任务没有在等待一个信号; OS_ERR_PEND_ABORT _SELF:如果传递给参数 p_tcb 的值是 NULL 指针或者调用该函数任务的 TCB 指针,就会出现该错误
返　回	如果成功让一个任务放弃等待操作并进入就绪态,则返回 DEF_TRUE;如果出现错误或指定任务没有在等待信号则返回 DEF_FALSE
说　明	OS_CFG_TASK_SEM_PEND_ABORT_EN > 0u 时,该函数有效

(3) 发送任务信号量

OSTaskSemPost()函数可以通过一个任务的内嵌信号量向这个任务发送一个信号。如果收到信号的任务正在等待一个信号的到来,则该任务就会进入就绪状态;如果收到信号的任务的优先级比发送信号任务的优先级高,则高优先级任务会恢复运行,较低优先级任务被挂起。表 20－29 列出了该函数的原型及参数说明。

表 20－29　OSTaskSemPost()函数原型

函数名称	OSTaskSemPost()
函数原型	OS_SEM_CTR　OSTaskSemPost (OS_TCB　* p_tcb, 　　　　　　　　　　　　OS_OPT　　opt, 　　　　　　　　　　　　OS_ERR　* p_err)
参数 1	p_tcb:指向要用信号通知的任务的 TCB
参数 2	opt:该参数用于指定该函数的调用选项。参数选项及意义如下。 OS_OPT_ POST _NONE:未指定参数,该选项默认进行任务调度; OS_OPT_POST_NO_SCHED:该选项指定后,在发送信号后不会进行任务调度,因此,该函数的调用者还可以继续运行。如果调用该函数的任务或者 ISR 还需要做其他的发送操作,那么就可以使用本选项,这样可以在完成所有的发送操作之后,进行任务调度,从而使多个发送操作同时生效

参数 3	p_err:指向一个变量,用来存放函数返回的错误代码。错误代码主要有下述参数。 OS_ERR_NONE:信号成功发送; OS_ERR_SEM_OVF:发送操作导致信号计数值溢出
返　回	任务的信号计数器当前值。如果从 ISR 调用该函数且 OS_CFG_ISR_POST_DEFERRED_EN 设置为 1,则返回值 0
说　明	本函数可以在中断服务程序及任务中调用

(4) 设置任务信号量计数

OSTaskSemSet()函数允许用户设置任务信号计数器的计数值,通过向 p_tcb 参数传送一个 NULL 指针,用户可以设置调用任务自己的信号计数器。表 20－30 列出了该函数的原型及参数说明。

表 20－30　OSTaskSemSet( )函数原型

函数名称	OSTaskSemSet( )
函数原型	OS_SEM_CTR　OSTaskSemSet (OS_TCB　　　* p_tcb, 　　　　　　　　　　　　OS_SEM_CTR　　cnt, 　　　　　　　　　　　　OS_ERR　　　　* p_err)
参数 1	p_tcb:指向要设置信号计数器所属任务的 TCB,传递 NULL 指针,用户可以设置调用任务自己的信号计数器
参数 2	cnt:信号量计数值的设定值
参数 3	p_err:指向一个变量,用来存放函数返回的错误代码。错误代码主要有下述参数。 OS_ERR_NONE:信号计数器值正确设置; OS_ERR_SET_ISR:在 os_cfg.h 文件中 OS_CFG_CALLED_FROM_ISR_CHK_EN 设置为 1, 并且从 ISR 中调用了该函数
返　回	返回设置前信号计数器的计数值
说　明	本函数可以在中断服务程序及任务中调用

20.1.10　事件标志组

μC/OS－III 系统除了提供信号量同步机制之外,还可以通过事件标志组实现同步。当任务要与多个事件同步时可以使用事件标志组。若在等待多个事件时,其中的任意一个事件发生,任务都被同步并进入就绪态,这种同步机制称为逻辑或(OR)同步。当所有的事件都发生时,任务才被同步并进入就绪态,这种同步机制叫做逻辑与(AND)同步。图 20－11 所示为事件标志组的同步机制。

在事件标志组的同步机制示意图中:

① 事件标志组是 μC/OS－III 的内核对象,以 OS_FLAG_GRP 为数据类型(数据类型定义见 os.h 文件)。它可以是 8 位、16 位或者 32 位,取决于 os_type.h 文件

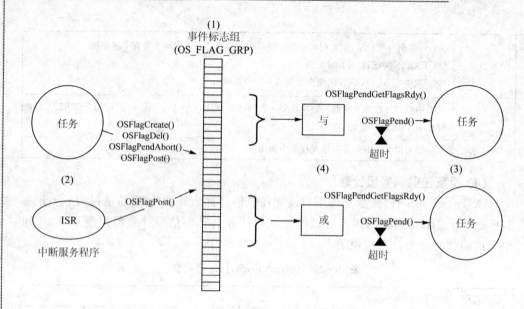

图 20‑11　事件标志组的同步机制

内所定义的 OS_FLAGS。事件标志组中的位是任务所等待事件是否发生的标志,事件标志组必须先创建后才能使用。

　　② 任务或 ISR 都可以发布事件标志。不过,只有任务才可以创建、删除事件标志组以及取消其他任务对事件标志组的等待。

　　③ 任务可以等待事件标志组中的任意个事件标志位被设置。和其他等待函数(如 OSSemPend、OSTaskSemPend、OSMutexPend 等)一样,也可以设定一个以系统节拍数为基数的超时时间,如果等待的事件标志组在设定的超时时间内没有被发布,那么系统会使挂起的任务进入就绪状态,并通知等待超时。

　　④ 任务等待事件标志组中的标志位,可以被设置为逻辑"或"同步机制,或者逻辑"与"同步机制。

1. 事件标志组操作函数

　　μC/OS‑Ⅲ 系统的事件标志组服务函数主要包括 6 个功能函数:OSFlagCreate()、OSFlagDel()、OSFlagPend()、OSFlagPendAbort()、OSFlagPendGetFlagsRdy()、OSFlag-Post()。这些函数的实现代码详见 os_flag.c 文件。

(1) 创建一个事件标志

　　OSFlagCreate()函数用于创建和初始化事件标志组,μC/OS‑Ⅲ 系统对用户创建的事件标志组数量没有限制。表 20‑31 列出了该函数的原型及参数说明。

表 20 - 31　OSFlagCreate( ) 函数原型

函数名称	OSFlagCreate( )
函数原型	void　OSFlagCreate (OS_FLAG_GRP　　* p_grp, 　　　　　　　　　　　 CPU_CHAR　　　 * p_name, 　　　　　　　　　　　 OS_FLAGS　　　　 flags, 　　　　　　　　　　　 OS_ERR　　　　　 * p_err)
参数 1	p_grp:指向事件标志组的指针
参数 2	p_name:该参数是一个指向 ASCII 字符串的指针,用于给事件标志组命名
参数 3	flags:设置事件标志组的初始值。如果用户将 1 定义为事件发生,那么应该把所有标志位设置 为 0;反之则应把所有标志位置 1
参数 3	p_err:指向一个变量,用来存放函数返回的错误代码。错误代码主要有下述参数。 OS_ERR_NONE:创建事件标志组成功; OS_ERR_CREATE_ISR:在 os_cfg.h 文件中 OS_CFG_CALLED_FROM_ISR_CHK_EN 设置 为 1,但用户从 ISR 中调用了该函数; OS_ERR_OBJ_CREATED:要创建的对象已经存在; OS_ERR_OBJ_PTR_NULL:在 os_cfg.h 文件中 OS_CFG_ARG_CHK_EN 设置为 1,但 p_grp 为空指针; OS_ERR_ILLEGAL_CREATE_RUN_TIME:在 os_cfg.h 文件中定义了 OS_SAFTETY_ CRITICAL_IEC61508,系统不再允许创建新的内核对象
说　明	OS_CFG_FLAG_EN > 0u 时,该函数有效

(2) 删除一个事件标志

OSFlagDel( )函数用于删除事件标志组。建议谨慎使用,因为可能存在着多个任务都依赖于将删除的事件标志组的现象,通常在删除事件标志组前,要先删除等待这个事件标志组的所有任务。表 20 - 32 列出了该函数的原型及参数说明。

表 20 - 32　OSFlagDel( ) 函数原型

函数名称	OSFlagDel( )
函数原型	OS_OBJ_QTY　 OSFlagDel (OS_FLAG_GRP　　 * p_grp, 　　　　　　　　　　　 OS_OPT　　　　　 opt, 　　　　　　　　　　　 OS_ERR　　　　　 * p_err)
参数 1	p_grp:指向要删除的事件标志组的指针
参数 2	opt:指定删除事件标志组的选项,有两个参数选项可选。 OS_OPT_DEL_NO_PEND:表示没有任何任务等待该事件标志组时才删除; OS_OPT_DEL_ALWAYS:表示不管有没有任务在等待该事件标志组均删除。在该选项下,会 把所有等待该事件标志组的任务设置成就绪

参数 3	p_err:指向一个变量,用来存放函数返回的错误代码。错误代码主要有下述参数。 OS_ERR_NONE:成功调用函数并删除事件标志组; OS_ERR_DEL_ISR:在 os_cfg.h 文件中 OS_CFG_CALLED_FROM_ISR_CHK_EN 设置为 1,但用户尝试从 ISR 删除一个事件标志组; OS_ERR_OBJ_PTR_NULL:在 os_cfg.h 文件中 OS_CFG_ARG_CHK_EN 设置为 1,但 p_grp 为空指针; OS_ERR_OBJ_TYPE:在 os_cfg.h 文件中 OS_CFG_OBJ_TYPE_CHK_EN 设置为 1,但 p_grp 并没有指向事件标志组的指针; OS_ERR_OPT_INVALID:opt 参数不合法,非两个允许的指定参数; OS_ERR_TASK_WAITING:opt 参数指定为 OS_OPT_DEL_NO_PEND,并且有一个或多个任务在等待该事件标志组
返　回	如果没有任务在等待该事件标志组或者函数执行错误,则返回 0;如果存在着一个或多个等待该事件标志组的任务被设置成就绪,则返回一个大于 0 的数
说　明	OS_CFG_FLAG_DEL_EN > 0u 时,该函数有效

(3) 等待一个事件标志

OSFlagPend()函数允许将事件标志组内的事件标志位的“与”、“或”组合状态设置成任务的等待条件,表 20‐33 列出了该函数的原型及参数说明。

表 20‐33　OSFlagPend()函数原型

函数名称	OSFlagPend()
函数原型	OS_FLAGS　OSFlagPend (OS_FLAG_GRP　* p_grp, 　　　　　　　　　　OS_FLAGS　　flags, 　　　　　　　　　　OS_TICK　　timeout, 　　　　　　　　　　OS_OPT　　opt, 　　　　　　　　　　CPU_TS　　* p_ts, 　　　　　　　　　　OS_ERR　　* p_err)
参数 1	p_grp:指向事件标志组的指针
参数 2	flags:一个位序列,任务需要等待事件标志组的哪个位,就把这个序列对应的位置 1。即该参数用于事件标志组的位序列使能
参数 3	timeout:指定等待事件标志组的超时时间,即时钟节拍数。如果在指定的超时时间内一个或多个事件标志仍未发生,则允许任务恢复运行。如果指定超时时间值为 0,则表示这个任务会一直等下去,直到一个或多个事件标志发生
参数 4	opt:该参数用于选择等待条件是否所有标志置位、所有标志清零、任意一个标志置位或清零。参数选项及意义如下。 OS_OPT_PEND_FLAG_CLR_ALL:等待事件标志组所有的标志清零; OS_OPT_PEND_FLAG_CLR_ANY:等待事件标志组任意一个标志清零; OS_OPT_PEND_FLAG_SET_ALL:等待事件标志组所有的标志置位; OS_OPT_PEND_FLAG_SET_ANY:等待事件标志组任意一个标志置位。 除此之外,还有一些组合选项 OS_OPT_PEND_FLAG_CONSUME、OS_OPT_PEND_NON_BLOCKING、OS_OPT_PEND_BLOCKING 等

参数 5	p_ts:指向一个时间戳,记录发送、终止或删除事件标志组的时刻。如果这个指针赋值为 NULL,则函数的调用者不会收到时间戳
参数 6	p_err:指向一个变量,用来存放函数返回的错误代码。错误代码主要有下述参数。 OS_ERR_NONE:无错误; OS_ERR_OBJ_PTR_NULL:在 os_cfg.h 文件中 OS_CFG_ARG_CHK_EN 设置为 1,但 p_grp 为空指针; OS_ERR_OBJ_TYPE:在 os_cfg.h 文件中 OS_CFG_OBJ_TYPE_CHK_EN 设置为 1 时,但 p_grp 没有指向事件标志组; OS_ERR_OPT_INVALID:在 os_cfg.h 文件中 OS_CFG_ARG_CHK_EN 设置为 1 时,但传送的 opt 参数不是合法的参数; OS_ERR_PEND_ABORT:表示因其他任务调用 OSFlagPendAbort 而终止了等待; OS_ERR_PEND_ISR:在 os_cfg.h 文件中 OS_CFG_CALLED_FROM_ISR_CHK_EN 设置为 1 时,但用户尝试从中断服务程序调用 OSFlagPend 函数,就会出现该错误; OS_ERR_SCHED_LOCKED:调度器上锁时调用了这个函数; OS_ERR_PEND_WOULD_BLOCK:当前事件标志组并不满足等待条件,但函数调用者因为不希望任务被挂起而设定了 OS_OPT_PEND_NON_BLOCKING 选项; OS_ERR_TIMEOUT:在指定的超时时间内没有发生等待的事件标志
返　回	如果等待的事件标志没有就绪或发生错误,则返回 0;否则,返回事件标志
说　明	OS_CFG_FLAG_EN > 0u 时,该函数有效

(4) 取消等待事件标志

OSFlagPendAbort() 函数使正在等待事件标志组的任务终止挂起状态,并进入就绪态。该函数可以终止任务对事件标志组的等待,而无须通过 OSFlagPost() 函数向事件标志组发送信号。表 20 - 34 列出了该函数的原型及参数说明。

表 20 - 34　OSFlagPendAbort( ) 函数原型

函数名称	OSFlagPendAbort()
函数原型	OS_OBJ_QTY　OSFlagPendAbort (OS_FLAG_GRP　* p_grp, 　　　　　　　　　　　　　　　OS_OPT　　　　　opt, 　　　　　　　　　　　　　　　OS_ERR　　　　　* p_err)
参数 1	p_grp:指向事件标志组的指针
参数 2	opt:该参数用于设定是否终止等待该事件标志组的任务中最高优先级任务及等待该事件标志组的全部任务。参数选项及意义如下。 OS_OPT_PEND_ABORT_1:仅终止等待该事件标志组的任务的最高优先级任务; OS_OPT_PEND_ABORT_ALL:终止等待该事件标志组的全部任务; OS_OPT_POST_NO_SCHED:该选项禁止本函数内执行任务调度
参数 3	p_err:指向一个变量,用来存放函数返回的错误代码。错误代码主要有下述参数。 OS_ERR_NONE:至少终止了一个任务的等待状态; OS_ERR_OBJ_PTR_NULL:在 os_cfg.h 文件中 OS_CFG_ARG_CHK_EN 设置为 1,但 p_grp 为空指针;

参数 3	OS_ERR_OBJ_TYPE:在 os_cfg.h 文件中 OS_CFG_OBJ_TYPE_CHK_EN 设置为 1 时,但 p_grp 没有指向事件标志组; OS_ERR_OPT_INVALID:在 os_cfg.h 文件中 OS_CFG_ARG_CHK_EN 设置为 1 时,但传送的 opt 参数不是合法的参数; OS_ERR_PEND_ABORT_ISR:在 os_cfg.h 文件中 OS_CFG_CALLED_FROM_ISR_CHK_EN 设置为 1 时,但用户尝试从中断服务程序调用该函数; OS_ERR_PEND_ABORT _NONE:没有任务在等待该事件标志组,因而没有终止任何任务的等待
返 回	返回终止挂起状态并恢复就绪态的任务的数量。如果返回值为 0,则表示没有任何任务在等待该事件标志组
说 明	OS_CFG_FLAG_PEND_ABORT_EN > 0u 时,该函数有效

(5) 获取令任务就绪的事件标志

OSFlagPendGetFlagsRdy()函数能够获取使当前任务进入就绪态的那些标志位,表 20 - 35 列出了该函数的原型及参数说明。

表 20 - 35　OSFlagPendGetFlagsRdy()函数原型

函数名称	OSFlagPendGetFlagsRdy()
函数原型	OS_FLAGS　OSFlagPendGetFlagsRdy (OS_ERR　* p_err)
参数	p_err:指向一个变量,用来存放函数返回的错误代码。错误代码主要有下述参数。 OS_ERR_NONE:无错误; OS_ERR_SET_ISR:在 os_cfg.h 文件中 OS_CFG_CALLED_FROM_ISR_CHK_EN 设置为 1,尝试从 ISR 中调用了该函数
返 回	返回使当前任务进入就绪态的事件标志
说 明	OS_CFG_FLAG_EN > 0u 时,该函数有效

(6) 向事件标志组发送标志

OSFlagPost()函数可对事件标志进行置位或清零,该函数修改完事件标志后,将检查并把那些等待条件满足的任务进入就绪态。此外还可以对已经置位或清零的标志进行重复配置。表 20 - 36 列出了该函数的原型及参数说明。

表 20 - 36　OSFlagPost()函数原型

函数名称	OSFlagPost()
函数原型	OS_FLAGS　OSFlagPost (OS_FLAG_GRP　* p_grp, 　　　　　　　　　　　OS_FLAGS　　flags, 　　　　　　　　　　　OS_OPT　　　opt, 　　　　　　　　　　　OS_ERR　　　* p_err)
参数 1	p_grp:指向事件标志组的指针
参数 2	flags:决定对哪些标志位进行置位或清零。参数选项及意义如下。 当 opt 参数设定为 OS_OPT_POST_FLAG_SET 时,参数 flags 中置位的标志在事件标志组中对应的位被置位;

770

参数 2	当 opt 参数设定为 OS_OPT_POST_FLAG_CLR 时,参数 flags 中置位的标志在事件标志组中对应的位被清零
参数 3	opt:决定对标志位进行置位或清零操作,参数选项及意义如下。 OS_OPT_POST_FLAG_SET:置位操作; OS_OPT_POST_FLAG_CLR:清零操作
参数 4	p_err:指向一个变量,用来存放函数返回的错误代码。错误代码主要有下述参数。 OS_ERR_NONE:该函数操作成功,无错误; OS_ERR_OPT_INVALID:指定了一个无效的参数; OS_ERR_OBJ_PTR_NULL:在 os_cfg.h 文件中 OS_CFG_ARG_CHK_EN 设置为 1,但 p_grp 为空指针; OS_ERR_OBJ_TYPE:在 os_cfg.h 文件中 OS_CFG_OBJ_TYPE_CHK_EN 设置为 1 时,但 p_grp 没有指向事件标志组
返　回	返回事件标志组的值
说　明	OS_CFG_FLAG_EN > 0u 时,该函数有效

2. 多任务同步范例

通过广播信号量来实现多任务同步是一种常用的方法。很显然在单 CPU 系统中,同一时间只能执行一个任务。但是,多个任务可以同时被就绪,这种情况称之为多任务同步。不过,当进行广播操作时,一些需要同步的任务不一定在等待信号量,解决这个问题的办法是将信号量和事件标志组给合起来,将它们一起用于同步。图 20 – 12 所示为在这种应用下的多任务同步。图中假设左边任务的优先级比右边任务的优先级低,其中:

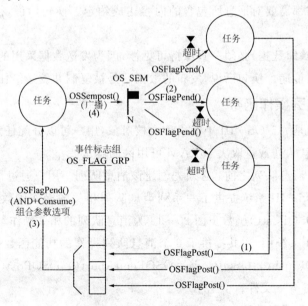

图 20 – 12　多任务同步范例

① 右边的每个待同步的任务都需要将一个事件标志位置位,并指定 OS_OPT_POST_NO_SCHED 选项。

② 右边的任务需等待信号量的发布才能被就绪。

③ 当事件标志组内与需要同步的任务相对应位都被置位后,左边任务才能广播信号量。

④ 左边任务广播信号量给右边任务。

20.1.11　消息传递

有些时候,一个任务或中断服务程序需要和另一个任务间进行通信、交流信息,这种信息交换的过程称之为任务间的通信。可以有两种方法实现这种通信:一种是通过全局变量,另一种是通过发送消息。

消息可以通过消息队列作为媒介发送给任务,也可以直接发送给任务,因为 μC/OS - III 系统中每个任务都有其内建的消息队列。如果多个任务在等待这个消息时,就可以将该消息发送到外部的消息队列;而当只有一个任务等待该消息时,则应该直接将消息发送给任务。

1. 消　息

一则消息中包含一个指向数据的指针、表明该数据的大小的变量、记录消息发布时刻的时间戳变量。指针可以指向数据区域甚至是一个函数。当然,消息的发送方和消息的接收方都需要对消息所包含的内容达成约定。换句话说,接收方知道接收到消息的含义。

消息的内容(即数据)必须一直保持可见性,因为发送数据采用的是引用传递,是指针传递而非值传递。换句话说,发布的数据不是被复制并发送给任务。

2. 消息队列操作函数

消息队列也是 μC/OS - III 中的一种内核对象,用户可以分配任意数量的消息队列,当然最终消息队列数量取决于 RAM 可用区的容量。

在使用一个消息队列之前,必须先创建该消息队列。用户通过消息队列可以做很多事情,μC/OS - III 系统提供了一系列消息队列相关的操作函数,但是中断服务程序只能调用 OSQPost() 函数。图 20 - 13 为消息队列的相关操作示意图。

μC/OS - III 系统中,一共提供了 6 个消息队列操作的功能函数:OSQCreate()、OSQDel()、OSQFlush()、OSQPend()、OSQPendAbort()、OSQPost()。这些函数的实现代码详见 os_q.c 文件。

(1) 创建一个消息队列

OSQCreate() 函数用于创建一个消息队列,消息队列可以让任务或者中断服务程序向一个或者多个任务发送消息。表 20 - 37 列出了该函数的原型及参数说明。

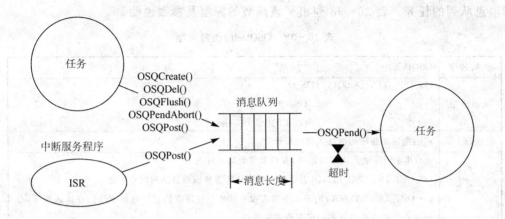

图 20 - 13　消息队列操作范例

表 20 - 37　OSQCreate( )函数原型

函数名称	OSQCreate( )
函数原型	void　OSQCreate (OS_Q　　　　　　* p_q, 　　　　　　　　　　　CPU_CHAR　　　* p_name, 　　　　　　　　　　　OS_MSG_QTY　　max_qty, 　　　　　　　　　　　OS_ERR　　　　* p_err)
参数 1	p_q:一个指向消息队列的指针
参数 2	p_name:该参数是一个指向 ASCII 字符串的指针,用于给消息队列命名
参数 3	max_qty:指定消息队列的最大长度
参数 4	p_err:指向一个变量,用来存放函数返回的错误代码。错误代码主要有下述参数。 OS_ERR_NONE:创建消息队列成功; OS_ERR_CREATE_ISR:在 os_cfg.h 文件中 OS_CFG_CALLED_FROM_ISR_CHK_EN 设置为 1,但用户从 ISR 中调用了该函数; OS_ERR_OBJ_PTR_NULL:在 os_cfg.h 文件中 OS_CFG_ARG_CHK_EN 设置为 1,但 p_q 为空指针; OS_ERR_ILLEGAL_CREATE_RUN_TIME:在 os_cfg.h 文件中定义了 OS_SAFTETY_CRITICAL_IEC61508,系统不再允许创建新的内核对象; OS_ERR_Q_SIZE:消息队列的长度被设置为 0
说　明	OS_CFG_Q_EN > 0u 时,该函数有效

(2) 删除一个消息队列

OSQDel( )函数用于删除一个消息队列,但由于可能存在着多个任务依赖于该消息队列,删除时要谨慎操作,通常在删除消息队列之前,要先删除所有使用这个消息队列的任务。表 20‑38 列出了该函数的原型及参数说明。

表 20‑38　OSQDel( )函数原型

函数名称	OSQDel( )
函数原型	OS_OBJ_QTY　OSQDel (OS_Q　　　* p_q, 　　　　　　　　　　　　OS_OPT　　opt, 　　　　　　　　　　　　OS_ERR　　* p_err)
参数 1	p_q:指向要删除的消息队列的指针
参数 2	opt:指定删除消息队列的选项,有两个参数选项可选 OS_OPT_DEL_NO_PEND:表示没有任何任务等待该消息队列时才删除; OS_OPT_DEL_ALWAYS:表示不管有没有任务在等待该消息队列均删除。在该选项下,会把所有等待该消息队列的任务设置成就绪
参数 3	p_err:指向一个变量,用来存放函数返回的错误代码。错误代码主要有下述参数。 OS_ERR_NONE:成功调用函数并删除消息队列; OS_ERR_DEL_ISR:在 os_cfg.h 文件中 OS_CFG_CALLED_FROM_ISR_CHK_EN 设置为 1,但用户尝试从 ISR 删除一个消息队列; OS_ERR_OBJ_PTR_NULL:在 os_cfg.h 文件中 OS_CFG_ARG_CHK_EN 设置为 1,但 p_q 为空指针; OS_ERR_OBJ_TYPE:在 os_cfg.h 文件中 OS_CFG_OBJ_TYPE_CHK_EN 设置为 1,但 p_q 并没有指向消息队列; OS_ERR_OPT_INVALID:opt 参数不合法,非两个允许的指定参数; OS_ERR_TASK_WAITING:opt 参数指定为 OS_OPT_DEL_NO_PEND,并且有一个或多个任务在等待该消息队列
返　回	返回等待这个消息队列的任务数量,当有错误产生时返回 0
说　明	OS_CFG_Q_DEL_EN > 0u 时,该函数有效

(3) 清空一个消息队列

OSQFlush( )函数用于清空消息队列的内容,并删除所有发给该消息队列的消息。表 20‑39 列出了该函数的原型及参数说明。

表 20‑39　OSQFlush( )函数原型

函数名称	OSQFlush( )
函数原型	OS_MSG_QTY　OSQFlush (OS_Q　　　* p_q, 　　　　　　　　　　　　OS_ERR　　* p_err)
参数 1	p_q:一条指向消息队列的指针

参数 2	p_err:指向一个变量,用来存放函数返回的错误代码。错误代码主要有下述参数。 OS_ERR_NONE:成功调用函数并清空消息队列; OS_ERR_ FLUSH_ISR:在 os_cfg.h 文件中 OS_CFG_CALLED_FROM_ISR_CHK_EN 设置为 1,但用户尝试从 ISR 调用该函数来清空一个消息队列; OS_ERR_OBJ_PTR_NULL:在 os_cfg.h 文件中 OS_CFG_ARG_CHK_EN 设置为 1,但 p_q 为空指针; OS_ERR_OBJ_TYPE:在 os_cfg.h 文件中 OS_CFG_OBJ_TYPE_CHK_EN 设置为 1,但 p_q 并没有指向消息列
返　回	返回从消息队列释放的 OS_MSG 数量。这些释放的 OS_MSG 将被放回到 OS_MSG 空闲缓冲池
说　明	OS_CFG_Q_FLUSH_EN > 0u 时,该函数有效

(4) 等待一个消息队列

当一个任务想要从消息队列中接收消息时,应使用 OSQPend( )函数;中断服务程序或其他任务可以调用 OSQPost( )函数把消息通过消息队列发给这个任务。表 20 - 40 列出了该函数的原型及参数说明。

表 20 - 40　OSQPend( )函数原型

函数名称	OSQPend( )
函数原型	void　　 * OSQPend (OS_Q　　　　 * p_q, 　　　　　　　　　　 OS_TICK　　　 timeout, 　　　　　　　　　　 OS_OPT　　　　 opt, 　　　　　　　　　　 OS_MSG_SIZE * p_msg_size, 　　　　　　　　　　 CPU_TS　　　　 * p_ts, 　　　　　　　　　　 OS_ERR　　　　 * p_err)
参数 1	p_q:指向消息队列的指针
参数 2	timeout:指定等待消息队列的超时时间,即时钟节拍数。如果在指定的超时时间内消息队列仍未接收到消息,则允许任务恢复运行。如果指定超时时间值为 0,则表示这个任务会一直等下去,直到消息队列仍未接收到新消息
参数 3	opt:该参数用于选择是否使用阻塞模式。参数选项及意义如下。 OS_OPT_PEND_NON_BLOCKING:指定消息队列不存在任何消息时,任务挂起等待该对象; OS_OPT_PEND_BLOCKING:指定消息队列不存在任何消息时,任务直接返回
参数 4	p_msg_size:指向一个变量,表示接收到的消息的长度(字节数)
参数 5	p_ts:指向一个时间戳,记录接收到消息的时刻。如果这个指针赋值为 NULL,则函数的调用者不会收到时间戳
参数 6	p_err:指向一个变量,用来存放函数返回的错误代码。错误代码主要有下述参数。 OS_ERR_NONE:任务正确接收到一条消息; OS_ERR_OBJ_PTR_NULL:在 os_cfg.h 文件中 OS_CFG_ARG_CHK_EN 设置为 1,但 p_q 为空指针; OS_ERR_OBJ_TYPE:在 os_cfg.h 文件中 OS_CFG_OBJ_TYPE_CHK_EN 设置为 1 时,但 p_grp 没有指向消息队列;

参数 6	OS_ERR_OPT_INVALID：在 os_cfg.h 文件中 OS_CFG_ARG_CHK_EN 设置为 1 时，传送的 opt 参数不是合法的参数； OS_ERR_PEND_ABORT：表示因其他任务调用 OSFlagPendAbort 而导致等待被终止了； OS_ERR_PEND_ISR：在 os_cfg.h 文件中 OS_CFG_CALLED_FROM_ISR_CHK_EN 设置为 1 时，但当前用户尝试从中断服务程序调用该函数，就会出现该错误； OS_ERR_SCHED_LOCKED：调度器上锁时调用了该函数； OS_ERR_PEND_WOULD_BLOCK：当前消息队列没有任何消息，但函数调用者因为不希望任务阻塞而设定了 OS_OPT_PEND_NON_BLOCKING 选项； OS_ERR_TIMEOUT：在指定的超时时间内没有接收到消息
返　回	返回接收到的消息，如果没有接收到任何消息，则返回 NULL 指针
说　明	OS_CFG_FLAG_EN > 0u 时，该函数有效。用户不能从 ISR 中调用本函数

(5) 取消等待消息队列

OSQPendAbort() 函数使正在等待消息队列的任务终止挂起状态，并进入就绪态。本函数可以终止任务对消息队列的等待，而无需经 OSQPost() 函数向消息队列发送消息。表 20 - 41 列出了该函数的原型及参数说明。

表 20 - 41　OSQPendAbort( )函数原型

函数名称	OSQPendAbort()
函数原型	OS_OBJ_QTY　OSQPendAbort (OS_Q　　　* p_q, 　　　　　　　　　　　　　OS_OPT　　opt, 　　　　　　　　　　　　　OS_ERR　　* p_err)
参数 1	p_q：指向消息队列的指针
参数 2	opt：该参数用于设定是否终止等待该消息队列的任务中最高优先级任务及等待该消息队列的全部任务。参数选项及意义如下。 OS_OPT_PEND_ABORT_1：仅终止等待该消息队列的最高优先级任务； OS_OPT_PEND_ABORT_ALL：终止等待该消息队列的全部任务； OS_OPT_POST_NO_SCHED：该选项禁止本函数内执行任务调度
参数 3	p_err：指向一个变量，用来存放函数返回的错误代码。错误代码主要有下述参数。 OS_ERR_NONE：至少终止了一个任务的等待状态； OS_ERR_OBJ_PTR_NULL：在 os_cfg.h 文件中 OS_CFG_ARG_CHK_EN 设置为 1，但 p_q 为空指针； OS_ERR_OBJ_TYPE：在 os_cfg.h 文件中 OS_CFG_OBJ_TYPE_CHK_EN 设置为 1 时，但 p_grp 没有指向消息队列； OS_ERR_OPT_INVALID：在 os_cfg.h 文件中 OS_CFG_ARG_CHK_EN 设置为 1 时，传送的 opt 参数不是合法的参数； OS_ERR_PEND_ABORT_ISR：在 os_cfg.h 文件中 OS_CFG_CALLED_FROM_ISR_CHK_EN 设置为 1 时，但用户当前从中断服务程序调用该函数； OS_ERR_PEND_ABORT _NONE：没有任务在等待该消息队列，因而没有终止任何任务的等待

返　回	返回终止等待状态并恢复就绪态的任务的数量。如果返回值为 0,则表示没有任何任务在等待该消息队列
说　明	OS_CFG_Q_PEND_ABORT_EN > 0u 时,该函数有效

(6) 向消息队列发送一则消息

OSQPost()函数用来向消息队列发送消息,如果消息队列是满的,则本函数会返回,并报错。如果一个或多个任务在等待消息队列,则优先级最高的任务会获得这个消息,如果等待消息的任务优先级比发送消息的任务优先级更高,则执行任务调度,等待消息的任务恢复运行,而发送消息的任务被挂起。表 20 - 42 列出了该函数的原型及参数说明。

表 20 - 42　OSQPost()函数原型

函数名称	OSQPost()
函数原型	void　　OSQPost (OS_Q　　　　　* p_q, 　　　　　　　　　　void　　　　　　* p_void, 　　　　　　　　　　OS_MSG_SIZE　　msg_size, 　　　　　　　　　　OS_OPT　　　　　opt, 　　　　　　　　　　OS_ERR　　　　　* p_err)
参数 1	p_q:指向消息队列的指针
参数 2	p_void:发送的消息内容
参数 3	msg_size:设定消息的长度(字节数)
参数 4	opt:用来选择消息发送操作类型,参数选项及意义如下。 OS_OPT_POST_ALL:该参数叠加在 OS_OPT_POST_FIFO、OS_OPT_POST_LIFO 上,将消息发送给所有等待该消息的任务; OS_OPT_POST_FIFO:待发送消息保存在消息队列的末尾; OS_OPT_POST_LIFO:待发送消息保存在消息队列的开头; OS_OPT_POST_NO_SCHED:禁止调度
参数 5	p_err:指向一个变量,用来存放函数返回的错误代码。错误代码主要有下述参数。 OS_ERR_NONE:消息发送成功,无错误; OS_ERR_OBJ_PTR_NULL:在 os_cfg.h 文件中 OS_CFG_ARG_CHK_EN 设置为 1,但 p_q 为空指针; OS_ERR_OBJ_TYPE:在 os_cfg.h 文件中 OS_CFG_OBJ_TYPE_CHK_EN 设置为 1 时,但 p_q 没有指向消息队列; OS_ERR_MSG_POOL_EMPTY:当前系统的 OS_MSG 缓冲池无空余 MSG; OS_ERR_Q_MAX:消息队列已满,不能接收新消息
说　明	OS_CFG_Q_EN > 0u 时,该函数有效。本函数的发送操作还允许使用 opt 参数类型的组合

3. 任务内嵌消息队列操作函数

实际上,多个任务同时在等待一个消息队列的情况很少见。因为 μC/OS‑Ⅲ 在每一个任务中都有内嵌的消息队列。用户可以向任务直接发送消息而不用通过外部的消息队列。这个特性不仅简化了代码,还提高了执行效率。图 20‑14 为任务内嵌的消息队列。

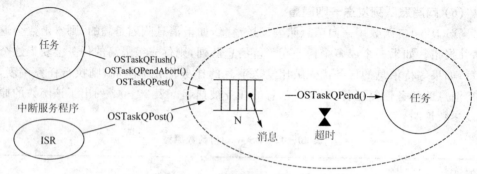

图 20‑14　任务内嵌的消息队列

μC/OS‑Ⅲ 系统中,一共提供了 4 个任务内嵌消息队列相关操作的功能函数: OSTaskQPend()、OSTaskQPendAbort()、OSTaskQPost()、OSTaskQFlush()。这些函数的实现代码详见 os_task.c 文件。

(1) 等待消息

OSTaskQPend()函数允许任务直接接收来自 ISR 或者其他任务的消息,无需途经中间媒介的消息队列。表 20‑43 列出了该函数的原型及参数说明。

表 20‑43　OSTaskQPend()函数原型

函数名称	OSTaskQPend()		
函数原型	void ＊OSTaskQPend (OS_TICK OS_OPT OS_MSG_SIZE CPU_TS OS_ERR	timeout, opt, ＊p_msg_size, ＊p_ts, ＊p_err)	
参数 1	timeout:指定等待消息的超时时间,即时钟节拍数。如果在指定数量的时钟节拍时间内仍没有接收到来自其他任务或 ISR 的消息,则允许任务恢复运行。如果指定超时时间值为 0,则表示这个任务会一直等下去,直到接收到一个消息		
参数 2	opt:在任务的消息队列中没有消息时,用于选择是否使用阻塞模式的参数选项。参数选项及意义如下。 OS_OPT_PEND_BLOCKING:表示没有消息时,任务挂起等待该消息; OS_OPT_PEND_NON_BLOCKING:表示没有消息时,任务直接返回。注意,在该选项设置时,需把超时时间设置为 0		
参数 3	p_ts:指向一个时间戳,表示消息发出的时刻或放弃等待的时刻。如果这个指针赋值为 NULL,则不需要时间戳		

参数 4	p_err:指向一个变量,用来存放函数返回的错误代码。错误代码主要有下述参数。 OS_ERR_NONE:任务正确接收到消息; OS_ERR_PEND_ABORT:因其他任务调用 OSQPendAbort 函数而被终止; OS_ERR_PEND_ISR:在 os_cfg.h 文件中 OS_CFG_CALLED_FROM_ISR_CHK_EN 设置为 1 时,从中断服务程序调用了该函数; OS_ERR_OPT_INVALID:opt 参数指定了一个无效的参数项; OS_ERR_PTR_INVALID:在 os_cfg.h 文件中 OS_CFG_ARG_CHK_EN 设置为 1 时,且 p_ msg_size 是一个空指针; OS_ERR_PEND_WOULD_BLOCK:如果调用该函数时把 opt 参数设置为 OS_OPT_PEND_ NON_BLOCKING,且任务的消息队列没有收到消息; OS_ERR_SCHED_LOCKED:如果在调度器上锁定时,用户调用该函数阻塞任务; OS_ERR_TIMEOUT:指定的超时时间内,没有接收到消息
返　回	调用正确时,会返回一条消息;否则会返回一个 NULL 指针
说　明	OS_CFG_TASK_Q_EN > 0u 时,该函数有效。不能从 ISR 中调用本函数

(2) 取消等待消息

OSTaskQPendAbort()函数可以让一个正在等待内嵌消息队列的任务放弃等待操作并进入就绪态,该函数是以报错的方式让一个任务放弃等待它的内嵌消息队列,与 OSTaskQPost()函数的实现方式是有区别的。表 20 - 44 列出了该函数的原型及参数说明。

表 20 - 44　OSTaskQPendAbort( )函数原型

函数名称	OSTaskQPendAbort()
函数原型	CPU_BOOLEAN　OSTaskQPendAbort (OS_TCB　* p_tcb, 　　　　　　　　　　　　　OS_OPT　　opt, 　　　　　　　　　　　　　OS_ERR　* p_err)
参数 1	p_tcb:指向需要放弃等待操作的任务
参数 2	opt:该参数用于设定函数的调用选项。参数选项及意义如下。 OS_OPT_POST_NONE:没有指定任何选项; OS_OPT_POST_NO_SCHED:指定该选项后,即使一个优先级更高的任务的等待操作被放弃时,也不做任务调度,须调用其他函数来进行任务调度
参数 3	p_err:指向一个变量,用来存放函数返回的错误代码。错误代码主要有下述参数。 OS_ERR_NONE:如果正在等待内嵌消息队列的任务放弃了等待操作,并进入就绪态; OS_ERR_PEND_ABORT_ISR:在 os_cfg.h 文件中 OS_CFG_CALLED_FROM_ISR_CHK_ EN 设置为 1 时,并且从一个中断服务程序中调用了该函数; OS_ERR_PEND_ABORT_NONE:没有任务在等待该任务的内嵌消息队列,因而没有终止任何任务的等待; OS_ERR_PEND_ABORT_SELF:在 os_cfg.h 文件中 OS_CFG_ARG_CHK_EN 设置为 1 时,并且 p_tcb 是一个空指针时,就会出现这种错误
返　回	如果操作成功,即 OS_ERR_NONE,则返回 DEF_TRUE;否则返回 DEF_FALSE
说　明	(OS_CFG_TASK_Q_EN > 0u) && (OS_CFG_TASK_Q_PEND_ABORT_EN > 0u)时,该函数有效

(3) 向任务发送一则消息

OSTaskQPost()函数可以通过一个任务的内嵌消息队列向这个任务发送一个消息。如果收到消息的任务正在等待一个消息的到来,则该任务就会进入就绪状态;如果收到消息的任务的优先级比发送消息任务的优先级高,则高优先级任务会恢复运行,较低优先级任务被挂起。表 20－45 列出了该函数的原型及参数说明。

表 20－45　OSTaskQPost()函数原型

函数名称	OSTaskQPost()
函数原型	void　OSTaskQPost (OS_TCB　　　　　* p_tcb, 　　　　　　　　　　void　　　　　　* p_void, 　　　　　　　　　　OS_MSG_SIZE　 msg_size, 　　　　　　　　　　OS_OPT　　　　opt, 　　　　　　　　　　OS_ERR　　　　* p_err)
参数 1	p_tcb:指向接收消息的任务的 TCB
参数 2	p_void:发送给一个任务的消息
参数 3	msg_size:指定发送的消息的大小(字节数)
参数 4	opt:用来选择消息发送操作类型,参数选项及意义如下。 OS_OPT_POST_FIFO:如果任务没有在等待一条消息,则发送给该任务的消息保存在消息队列的末尾; OS_OPT_POST_LIFO:如果任务没有在等待一条消息,则发送给该任务的消息保存在消息队列的开头; OS_OPT_POST_NO_SCHED:禁止调度
参数 5	p_err:指向一个变量,用来存放函数返回的错误代码。错误代码主要有下述参数。 OS_ERR_NONE:消息发送成功,无错误; OS_ERR_MSG_POOL_EMPTY:当前系统的 OS_MSG 消息缓冲池无空余 MSG,无法存放待发送的消息; OS_ERR_Q_MAX:消息队列已满,不能接收新消息
说　明	OS_CFG_TASK_Q_EN > 0u 时,本函数有效。本函数可以在中断服务程序及任务中调用

(4) 清空任务的消息队列

OSTaskQFlush()函数用于清空消息队列的内容,并删除所有发给该消息队列的消息。表 20－46 列出了该函数的原型及参数说明。

表 20－46　OSTaskQFlush()函数原型

函数名称	OSTaskQFlush()
函数原型	OS_MSG_QTY　OSTaskQFlush (OS_TCB　* p_tcb, 　　　　　　　　　　　　OS_ERR　* p_err)

续表 20 － 46

参数 1	p_tcb:一条指向要清空消息队列所属任务的 TCB 的指针
参数 2	p_err:指向一个变量,用来存放函数返回的错误代码。错误代码主要有下述参数。 OS_ERR_NONE:成功调用函数并清空消息队列; OS_ERR_ FLUSH_ISR:在 os_cfg.h 文件中 OS_CFG_CALLED_FROM_ISR_CHK_EN 设置 为 1,从 ISR 调用该函数来清空一个消息队列,就会出现该错误
返　回	从该消息队列释放的 OS_MSG 数量。这些释放的 OS_MSG 将被放回到 OS_MSG 空闲缓冲池
说　明	OS_CFG_TASK_Q_EN ＞ 0u 时,该函数有效

4. 双向同步范例

两个任务可以通过两个消息队列同步,如图 20 － 15 所示。这种情况也称做双向通信,这两个任务间可以互相发送消息给对方。任务与 ISR 之间不能双向通信,因为 ISR 不能等待消息队列的消息。

双向同步中,这两个消息队列中的每一个消息队列最多只能容纳一则消息,在初始化时均为空。当左边的任务到达同步点时,它就会发送消息给上方消息队列,并等待下方消息队列的消息。类似的,当右边的任务执行到同步点时,它就会发送消息给下方的消息队列,并等待上方消息队列的消息。

任务间除了可以通过外部的消息队列实现同步之外,还可以利用任务内嵌的消息队列进行双向同步,这样不需途经外部媒介的消息队列,直接提交给任务,其效率更高,图 20 － 16 为应用任务内嵌的消息队列实现双向同步。

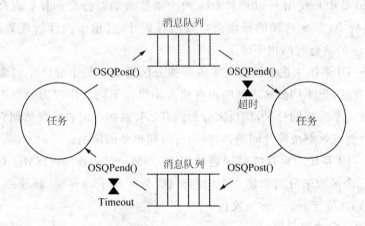

图 20 － 15　任务之间采用消息队列实现双向同步

781

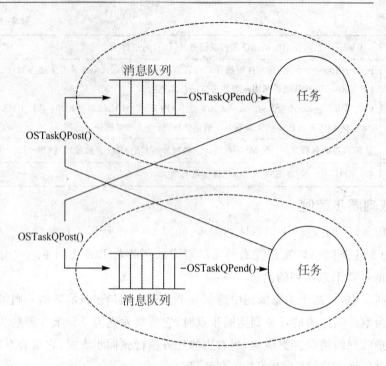

图 20 - 16　任务内嵌的消息队列实现双向同步

20.1.12　内存管理

在 ANSI C 中是使用 malloc 和 free 两个函数来动态分配和释放内存。但在嵌入式实时系统中,多次这样的操作会导致内存碎片,且由于内存管理算法的原因,malloc 和 free 的执行时间也不确定。

μC/OS‑Ⅲ 系统中把连续的大块内存按分区管理。每个分区中包含整数个大小相同的内存块,但不同分区之间的内存块大小可以不同。用户需要动态分配内存时,系统选择一个适当的分区,按块来分配内存。释放内存时将该块放回它以前所属的分区,这样能有效解决碎片问题,同时执行时间也是固定的。

μC/OS‑Ⅲ 系统对内存的管理通过调用 OSMemCreate(),OSMemGet(),OSMemPut()三个函数来分别创建一个内存分区,分配一个内存块,释放一个内存块。这些函数代码都位于 os_mem.c 文件。

(1) 创建一个内存分区

μC/OS‑Ⅲ 在使用内存分区之前必须创建一个新内存分区,调用 OSMemCreate()函数可以创建一个内存分区。表 20 - 47 列出了该函数的原型及参数说明。

表 20 - 47　**OSMemCreate( )** 函数原型

函数名称	OSMemCreate( )
函数原型	void　OSMemCreate (OS_MEM　　　　　 * p_mem, 　　　　　　　　　　　　CPU_CHAR　　　 * p_name, 　　　　　　　　　　　　void　　　　　　 * p_addr, 　　　　　　　　　　　　OS_MEM_QTY　 n_blks, 　　　　　　　　　　　　OS_MEM_SIZE　 blk_size, 　　　　　　　　　　　　OS_ERR　　　　 * p_err)
参数 1	p_mem:指向内存分区控制块的指针
参数 2	p_name:该参数为一个指针,该指针指向一个 ASCII 码字符串,可以作为内存分区的名字
参数 3	p_addr:用来产生固定大小内存块的内存区域的起始地址
参数 4	n_blks:该参数表示指定分区中的内存块数量。每个分区必须至少指定两个内存块
参数 5	blk_size:该参数指定内存分区中每个内存块的字节数
参数 6	p_err:指向一个变量,用来存放该函数返回的错误代码
说　明	OS_CFG_MEM_EN > 0u 时,该函数有效

(2) 申请一个内存分区

在内存分区已经创建的情况下,应用程序通过调用 OSMemGet( )函数可以从内存分区中申请一个内存块。表 20 - 48 列出了该函数的原型及参数说明。

表 20 - 48　**OSMemGet( )** 函数原型

函数名称	OSMemGet( )
函数原型	void　* OSMemGet (OS_MEM　　 * p_mem, 　　　　　　　　　　　OS_ERR　　　 * p_err)
参数 1	p_mem:指向内存分区控制块的指针
参数 2	p_err:指向一个变量,用来存放该函数返回的错误代码
说　明	OS_CFG_MEM_EN > 0u 时,该函数有效。该函数为非阻塞式函数,可以在中断服务程序中调用

(3) 释放一个内存块

当应用程序不再需要内存块时,应调用 OSMemPut( )函数将获取到的内存块释放到原先的内存分区中。表 20 - 49 列出了该函数的原型及参数说明。

表 20 - 49　**OSMemPut( )** 函数原型

函数名称	OSMemPut( )
函数原型	void　OSMemPut (OS_MEM　　 * p_mem, 　　　　　　　　　　void　　　　　 * p_blk, 　　　　　　　　　　OS_ERR　　　 * p_err)

参数 1	p_mem：指向内存分区控制块的指针
参数 2	p_blk：该参数是一个指针,这个指针指向将要释放的内存块
参数 3	p_err：指向一个变量,用来存放该函数返回的错误代码
说　明	OS_CFG_MEM_EN > 0u 时,该函数有效。必须先创建内存分区才能使用,内存块必须释放到原先分配的内存分区,该函数也可以在中断服务程序和任务中调用

20.2　如何在 LPC1788 处理器上移植 μC/OS-III 系统

　　μC/OS-III 嵌入式系统移植,本书指的是 μC/OS-III 操作系统可以在 Cortex-M3 处理器 LPC1788 上运行,虽然 μC/OS-III 的大部分程序代码都是用 C 语言写的,但仍然需要用 C 语言和汇编语言完成一些与处理器相关的代码。由于 μC/OS-III 在设计之初就考虑了可移植性,因此 μC/OS-III 的移植工作量还是比较小的。

20.2.1　移植 μC/OS-III 系统必须满足的条件

　　要使 μC/OS-III 嵌入式系统能够正常运行,STM32 处理器必须满足以下要求：
　　① 处理器的 C 编译器能产生可重入码。
　　可重入型代码可以被一个以上的任务调用,而不必担心数据的破坏。或者说可重入任何时都可以被中断,一段时间以后又可以运行,而相应数据不会丢失。
　　② 在程序中可以打开或者关闭中断。
　　在 μC/OS-III 中,打开或关闭中断主要通过 OS_ENTER_CRITICAL() 或 OS_EXIT_CRITICAL 两个宏来进行的。这需要处理器的支持,在 Cortex-M3 处理器上,需要设计相应的中断寄存器来关闭或者打开系统的所有中断。
　　③ 处理器支持中断,并且能产生定时中断(通常在 10~1 000 Hz 之间)。
　　μC/OS-III 中通过处理器的定时器中断来实现多任务之间的调度,Cortex-M3 处理器上有一个 systick 定时器,可用来产生定时器中断。
　　④ 处理器支承能够容纳一定量数据的硬件堆栈。
　　对于一些只有 10 根地址线的 8 位控制器,芯片最多可访问 1 KB 存储单元,在这样的条件下移植是有困难的。
　　⑤ 处理器有将堆栈指针和其他 CPU 寄存器存储和读出到堆栈(或者内存)的指令。
　　μC/OS-III 中进行任务调度时,会把当前任务的 CPU 寄存器存放到此任务的堆栈中,然后,再从另外一个任务的堆栈中恢复原来的工作寄存器,继续运行另外的任务。所以寄存器的入栈和出栈是 μC/OS-III 中多任务调度的基础。

20.2.2　初识 μC/OS－Ⅲ 嵌入式系统

　　μC/OS－Ⅲ 作为源代码开放的嵌入式实时操作系统，代码风格严谨、结构简单明了，非常适合初涉嵌入式操作系统的人员学习。表 20－50 列出了 μC/OS－Ⅲ 系统官方的下载代码。

表 20－50　μC/OS－Ⅲ 系统源代码介绍

结构层次		文件及功能说明
APP	用户程序，可以同时存放配置文件 os_cfg.h 和 os_cfg_app.h，以及其他的源文件	
	app.c	用户的主文件程序，就是 main.c 文件
	app.h	用户头文件
	includes.h	该头文件是应用程序相关的文件，μC/OS－Ⅲ 的主头文件
BSP	板级支持包(BSP)，应包含一些硬件相关的控制，如 LED 控制、定时器初始化、以及其他硬件接口等函数	
	bsp.c	BSP 板级应用接口函数
	bsp.h	bsp 相关接口函数定义
Ports	μC/OS－Ⅲ 移植到 Cortex－M3 处理器的移植文件	
	os_cpu.h	包括 OS_TASK_SW()、OSIntCtxSw() 的宏定义、以及函数原型 OSStartHighRdy() 的声明等
	os_cpu_a.s	处理器相关汇编函数，包括 OSStartHighRdy() 函数等
	os_cpu_c.c	包含移植专用介入函数的 C 代码，以及在创建任务时用来初始化任务堆栈的代码、钩子函数等
uCOS－Ⅲ	μC/OS－Ⅲ 系统与 CPU 无关的源代码文件(通过配置 os_cfg.h 和 os_cfg_app.h 中的常量值，可以裁剪掉不需要的功能，编译器在编译时不会编译那些没有选中的功能)	
Source	os.h	包含 μC/OS－Ⅲ 系统主要的头文件，其中声明了常量、宏、μC/OS－Ⅲ 全局变量、函数原型等
	os_cfg_app.c	根据 os_cfg_app.h 文件内的宏定义声明变量和数组
	os_core.c	包括 μC/OS－Ⅲ 的内核功能模块。如用来初始化 μC/OS－Ⅲ 的 OSInt()、用来完成任务级调度的 OSSched()、用来完成中断级调度的 OSIntExit()、任务挂起表(即 OS_PEND_LIST)、任务就绪表的管理等
	os_dbg.c	包括内核调试器或 μC/Probe 使用的常量使用
	os_flag.c	包括事件标志组的实现代码
	os_int.c	包括中断处理任务的代码，只有当 os_cfg.h 文件内的 OS_CFG_ISR_POST_DEFERRED_EN 设置为 1 时，才能够使能该任务
	os_mem.c	包括 μC/OS－Ⅲ 固定大小的存储分区管理代码

轻松玩转ARM Cortex-M3 微控制器——基于LPC1788 系列

786

结构层次			文件及功能说明
uCOS-III	Source	os_msg.c	包括消息处理的代码,提供了消息队列和任务专用的消息队列函数代码。如 OS_MsgQPut()、OS_MsgQGet()、OS_MsgQFreeAll()等
		os_mutex.c	包括互斥信号量的管理代码
		os_pend_multi.c	包括允许任务同时等待多个信号量或者消息队列的管理代码
		os_prio.c	包括位映射表的管理代码,用于跟踪已经就绪的任务
		os_q.c	包括消息队列的管理代码
		os_sem.c	包括信号量的管理代码
		os_stat.c	包含统计任务的代码,用于计算 CPU 总的占用率以及各任务的 CPU 使用率
		os_task.c	包括任务的的管理代码
		os_tick.c	包括可管理正在延时和超时等待的任务的实现代码
		os_time.c	包括可使任务延时一段时间的管理代码
		os_tmr.c	包括软件定时器的管理代码
		os_var.c	包含 μC/OS-III 的全局变量,这些变量仅由 μC/OS-III 管理,不能被用户访问
		os_type.h	包含 μC/OS-III 数据类型的说明,移植者可以改变这些数据类型以更好地使用 CPU 架构
	cfg		存放配件文件的模板,用户可以把这些文件复制到应用目录,并根据具体的应用需求修改配置项
		os_app_hooks.c	说明如何编写供 μC/OS-III 调用的用户钩子函数,该文件包含一些空钩子函数
		os_cfg.h	定义应用需要用到的一些 μC/OS-III 功能,用户可以把该文件复制到应用目录,并根据具体的应用需求修改
		os_cfg_app.h	它是一个配置文件,用户也可以把该文件复制到应用目录,并根据具体的应用需求修改。用户可以编辑该文件配置空闲任务的堆栈大小、时钟节拍频率、消息缓冲池可以存放消息的数量等
uC-CPU		μC/CPU 与 CPU 相关的源代码	
		cpu_core.c	包括适用于所有 CPU 架构的 C 代码。该文件包含了用来测量中断关闭时间的函数,还包括一个可模仿前导零计算指令的函数,以及其他一些函数
		cpu_core.h	包含了 cpu_core.c 文件中函数的原型声明,以及测量中断关闭时间的变量的定义等
		cpu_def.h	包含 μC/CPU 模块使用的 #define 常量,含字长定义和临界段模式宏定义等
		cpu_cfg.h	配置模块文件,根据应用需求修改内容来配置 μC/CPU 模块。包含定义是否开启中断关闭时间的测量功能,是用汇编语言实现前导零计算指令,还是用 C 语言模仿实现该指令

结构层次		文件及功能说明
uC－CPU	cpu. h	包含一些类型的定义,使 μC/OS－III 和其他模块可以与 CPU 架构和编译器字宽度无关。在该文件中,用户可以看到 CPU_INT08U、CPU_INT16U、CPU_INT32U 等数据类型定义,同时还指定了大端模式和小端模式选项,定义了 μC/OS－III 使用的 CPU_STK 数据类型,定义了宏 CPU_CRITICAL_ENTER()、CPU_CRITICAL_EXIT(),还包括一些与 CPU 架构相关的函数声明
	cpu_a. asm	包含了一些用汇编语言编写的函数,用来开关中断、计算前导零,以及其他一些只能用汇编语言编写的与 CPU 相关的函数
	cpu_c. c	包含了一些基于特定 CPU 架构,但为了移植而用 C 语言编写的 C 语言函数代码
uC－LIB		μC/LIB 由一些高度可移植并与编译器无关的函数组成,μC/OS－III 不使用任何 μC/LIB 中的函数,但是 μC/OS－III 和 μC/CPU 假定 lib_def. h 是存在的,并定义了 DEF_YES、DEF_NO、DEF_TRUE、DEF_FALSE、DEF_ON、DEF_OFF 等宏
	lib_ascii. c/. h	提供 ASCII_ToLower()、ASCII_ToUpper()、ASCII_IsDig() 等函数,可以分别替代相关的标准库函数
	lib_def. h	定义了许多常量。如 DEF_FALSE、DEF_TRUE、DEF_NO、DEF_YES 等
	lib_math. c/. h	包含了 Math_Rand()、Math_RandSeed() 等函数的源代码,也可以用来代替相关的标准库函数
	lib_mem. c/. h	包含了 Mem_Clr()、Mem_Set()、Mem_Copy()、Mem_Move() 等函数的源代码,也可以用来代替相关的标准库函数
	lib_str. c/. h	包含了 Str_Len()、Str_Copy()、Str_Cmp() 等函数的源代码,也可以用来代替相关的标准库函数
	lib_mem_a. asm	包含了 lib_mem. c 函数的汇编优化版,主要是 Mem_Copy 函数
	lib_cfg. h	定义是否开启汇编语言优化功能(假定存在 lib_mem_a. asm 汇编语言文件)以及其他一些宏

　　在讲述如何进行 μC/OS－III 嵌入式系统多任务实例设计前,需要先了解一下 μC/OS－III 系统涉及的几个重要文件代码,这样对于从没接触过 μC/OS－III 或者其他嵌入式系统的读者们,稍微了解一下 μC/OS－III 系统的工作原理和各模块功能,就可以直接在 μC/OS－III 系统架构上进行系统应用程序设计。本节参照表 20－49 的层次模块,一边针对 μC/OS－III 系统涉及的几个重要文件代码介绍工作机制、结构及工作原理,一边插入 μC/OS－III 系统移植要点介绍。

1. μC/OS－III 的 Ports 移植文件

　　μC/OS－III 移植文件 Ports 下一共有 3 个文件:os_cpu. h、os_cpu. c、os_cpu_a. s。这 3 个文件是 Micrium 官方提供的移植代码,用户不能够修改,μC/OS－III 移植文件的主要工作是实现任务切换、时钟节拍、异常服务程序等。

(1) os_cpu. h 文件

　　该头文件主要包括 OS_TASK_SW()、OSIntCtxSw() 的宏定义,以及 OS-

StartHighRdy()、OS_CPU_PendSVHandler ()、OS_CPU_SysTickInit()等函数原型
的声明等。

1) 全局变量

下述代码设置是否使用全局变量 OS_CPU_GLOBALS 和 OS_CPU_EXT。

```
# ifdef    OS_CPU_GLOBALS
# define   OS_CPU_EXT
# else                                    //如果未定义 OS_CPU_GLOBALS
# define   OS_CPU_EXT   extern            //则用 OS_CPU_EXT 声明变量已经由外部定义
# endif
```

2) 宏定义

定义了一些宏,其中宏定义 OS_TASK_SW()用于执行任务切换。

```
/ * NVIC_INT_CTRL 寄存器为 LPC1788 微控制器的中断控制与状态寄存器 ICSR * /
# ifndef   NVIC_INT_CTRL
# define   NVIC_INT_CTRL                        * ((CPU_REG32 * )0xE000ED04)
# endif
/ * NVIC_PENDSVSET 的定义,实际上是定义 ICSR 的第 28 位为 1 * /
# ifndef   NVIC_PENDSVSET
# define   NVIC_PENDSVSET                              0x10000000
# endif
/ * OS_TASK_SW 和 OSIntCtxSw 两个宏都是 PENDSVSET 置 1 时,发出 PendSV 异常 * /
# define   OS_TASK_SW()          NVIC_INT_CTRL = NVIC_PENDSVSET
# define   OSIntCtxSw()          NVIC_INT_CTRL = NVIC_PENDSVSET
```

3) 时间戳配置项

当系统使能了时间戳时,OS_TS_GET()实际调用 CPU_TS_TmrRd()函数来获
取时间戳,如果时间戳未使能,则该函数返回 0 值。

```
# if       OS_CFG_TS_EN == 1u
# define   OS_TS_GET()           (CPU_TS)CPU_TS_TmrRd()
# else
# define   OS_TS_GET()           (CPU_TS)0u
# endif
```

此外,系统使能了时间戳,要求满足条件:CPU_CFG_TS_TMR_SIZE 不小于
CPU_WORD_SIZE_32,否则编译时会报错。

```
# if (CPU_CFG_TS_32_EN      == DEF_ENABLED) && \
     (CPU_CFG_TS_TMR_SIZE   < CPU_WORD_SIZE_32)
/ * CPU_CFG_TS_TMR_SIZE 必须大于或等于 32 位,否则报错 * /
# error  "cpu_cfg.h, CPU_CFG_TS_TMR_SIZE MUST be > = CPU_WORD_SIZE_32"
# endif
```

轻松玩转 ARM Cortex‑M3 微控制器——基于 LPC1788 系列

4) 系统时钟节拍优先级

下面这行代码定义了系统时钟节拍任务的优先级为 0,即最高优先级。

```
#define  OS_CPU_CFG_SYSTICK_PRIO        0u
```

5) 异常堆栈基址

下面这行代码定义了异常堆栈的基地址 OS_CPU_ExceptStkBase。

```
OS_CPU_EXT  CPU_STK  * OS_CPU_ExceptStkBase;
```

6) 函数原型声明

此外,还声明了 4 个函数原型,它们当中有些是汇编语言编写,有些是用于系统时钟节拍初始化和中断服务程序。

```
/ * 开始执行就绪任务中最高优先级任务,函数体在 os_cpu_a.s/.asm 内,用汇编语言编写 * /
void  OSStartHighRdy        (void);
/ * PendSV 异常服务程序,函数体在 os_cpu_a.s/.asm 内,用汇编语言编写 * /
void  OS_CPU_PendSVHandler  (void);
/ * 系统时钟节拍的中断服务程序,函数体在 os_cpu_c.c,用 C 语言编写 * /
void  OS_CPU_SysTickHandler(void);
/ * 系统时钟节拍初始化程序,函数体在 os_cpu_c.c,用 C 语言编写 * /
void  OS_CPU_SysTickInit    (CPU_INT32U  cnts);//数据类型为无符号 32 位整型
```

(2) os_cpu.c 文件

移植 μC/OS - III 系统时,os_cpu.c 文件内实现了 11 个函数,主要包括前面 os_cpu.h 文件提到的 2 个函数(即 OS_CPU_SysTickHandler 和 OS_CPU_SysTick-Init)、1 个任务堆栈结构初始化函数 OSTaskStkInit(),以及 8 个钩子函数。其中,这些钩子函数都是些模板函数,需要自行添加特定的功能代码。

1) OS_CPU_SysTickInit()函数

OS_CPU_SysTickInit()函数由应用程序的第一个用户任务调用,以初始化系统时钟节拍,参数 cnts 为系统时钟节拍的计数周期。

```
void  OS_CPU_SysTickInit (CPU_INT32U  cnts)
{
CPU_INT32U  prio;
/ * 将 cnts - 1 的值赋给 CPU_REG_NVIC_ST_RELOAD,即 STRELOAD 寄存器 * /
CPU_REG_NVIC_ST_RELOAD = cnts - 1u;
/ * 设置 SysTick 的优先级为 0 * /
/ * 读出 SHPRI3 寄存器值,位[31:24]对应 SysTick 异常优先级号 * /
prio  = CPU_REG_NVIC_SHPRI3;
prio &= DEF_BIT_FIELD(24, 0);// 位[31:24]清零
prio |= DEF_BIT_MASK(OS_CPU_CFG_SYSTICK_PRIO, 24);//将 prio 位[31:24]置 0
CPU_REG_NVIC_SHPRI3 = prio;// prio 赋值给 SHPRI3 寄存器
```

```
/* 设置 SysTick 控制与状态寄存器的位[2:0]为 1 */
/* 采用 CPU 时钟源 */
CPU_REG_NVIC_ST_CTRL |= CPU_REG_NVIC_ST_CTRL_CLKSOURCE
/* 使能 SysTick 时钟节拍 */
                        | CPU_REG_NVIC_ST_CTRL_ENABLE;
/* 使能 SysTick 中断 */
CPU_REG_NVIC_ST_CTRL |= CPU_REG_NVIC_ST_CTRL_TICKINT;
}
```

2) OS_CPU_SysTickHandler() 函数

OS_CPU_SysTickHandler() 函数是系统时钟节拍 SysTick 的异常处理函数,其入口地址必须要正确匹配到异常向量表中对应的异常号。

```
void  OS_CPU_SysTickHandler (void)
{
    CPU_SR_ALLOC();
    CPU_CRITICAL_ENTER();//关闭中断
    OSIntNestingCtr ++;   //中断嵌套计数变量加 1
    CPU_CRITICAL_EXIT();//恢复原来的中断状态
    /* 调用 OSTimeTick() 函数更新任务的延时或超时值 */
    OSTimeTick();
    /* 退出系统时钟节拍 SysTick 的异常处理函数 */
    OSIntExit();
}
```

3) OSTaskStkInit() 函数

OSTaskStkInit() 函数是一个任务堆栈结构初始化函数,当任务被创建时,用该函数初始化任务堆栈,由 OSTaskCtreate() 函数调用。

```
CPU_STK   * OSTaskStkInit (OS_TASK_PTR    p_task,//任务函数名,即任务入口地址
                          void           * p_arg,//任务参数
                          CPU_STK        * p_stk_base,//任务堆栈基址
                          CPU_STK        * p_stk_limit,//任务堆栈限制地址
                          CPU_STK_SIZE   stk_size,//任务堆栈大小
                          OS_OPT         opt//堆栈选项)
{
CPU_STK   * p_stk;
(void)opt; //:"opt"没有用到,防止编译器警告
p_stk = &p_stk_base[stk_size]; //加载栈指针
/* 中断后 xPSR,PC,LR,R12,R3~R0 被自动保存到栈中 */
* --p_stk = (CPU_STK)0x01000000u;  /* xPSR 寄存器 */
* --p_stk = (CPU_STK)p_task;         /* 任务入口(PC) */
* --p_stk = (CPU_STK)OS_TaskReturn; /* R14(LR)寄存器 */
```

790

```
*--p_stk = (CPU_STK)0x12121212u;    /*R12 寄存器*/
*--p_stk = (CPU_STK)0x03030303u;    /*R3 寄存器*/
*--p_stk = (CPU_STK)0x02020202u;    /*R2 寄存器*/
*--p_stk = (CPU_STK)p_stk_limit;    /*R1 寄存器*/
*--p_stk = (CPU_STK)p_arg;          /*R0 寄存器:变量*/
/*余下的寄存器要手动保存在堆栈*/
*--p_stk = (CPU_STK)0x11111111u;    /*R11 寄存器*/
*--p_stk = (CPU_STK)0x10101010u;    /*R10 寄存器*/
*--p_stk = (CPU_STK)0x09090909u;    /*R9 寄存器*/
*--p_stk = (CPU_STK)0x08080808u;    /*R8 寄存器*/
*--p_stk = (CPU_STK)0x07070707u;    /*R7 寄存器*/
*--p_stk = (CPU_STK)0x06060606u;    /*R6 寄存器*/
*--p_stk = (CPU_STK)0x05050505u;    /*R5 寄存器*/
*--p_stk = (CPU_STK)0x04040404u;    /*R4 寄存器*/
return (p_stk);
}
```

4) 钩子函数 OSIdleTaskHook()

OSIdleTaskHook()是空闲任务钩子函数,在没有就绪任务可以运行时,μC/OS - III 系统会反复调用本函数。

```
void  OSIdleTaskHook (void)
{
#if OS_CFG_APP_HOOKS_EN > 0u
if (OS_AppIdleTaskHookPtr != (OS_APP_HOOK_VOID)0) {
    (*OS_AppIdleTaskHookPtr)();
}
#endif
}
```

5) 钩子函数 OSInitHook()

OSInitHook()函数会在系统初始化函数 OSInit()的开头时调用,这样不仅允许移植开发人员添加特定的功能代码,还可以对用户隐藏细节。

```
void  OSInitHook (void)
{
    CPU_STK_SIZE    i;
    CPU_STK         *p_stk;
    p_stk = OSCfg_ISRStkBasePtr;
    for (i = 0u; i < OSCfg_ISRStkSize; i++) {
        *p_stk++ = (CPU_STK)0u;
    }
    OS_CPU_ExceptStkBase =
```

```
                                    (CPU_STK *)(OSCfg_ISRStkBasePtr + OSCfg_ISRStkSize - 1u);
    }
```

6）钩子函数 OSStatTaskHook()

当统计任务运行时，会调用 OSStatTaskHook()函数，本函数可以让移植人员添加特定的统计功能代码。

```
void  OSStatTaskHook (void)
{
#if OS_CFG_APP_HOOKS_EN > 0u
    if (OS_AppStatTaskHookPtr != (OS_APP_HOOK_VOID)0) {
        (*OS_AppStatTaskHookPtr)();
    }
#endif
}
```

7）钩子函数 OSTaskCreateHook()

该函数由 OSTaskCreate()函数在任务建立的时候调用，该钩子函数可在任务创建的时候扩展代码。

```
void  OSTaskCreateHook (OS_TCB  *p_tcb)
{
#if OS_CFG_APP_HOOKS_EN > 0u
if (OS_AppTaskCreateHookPtr != (OS_APP_HOOK_TCB)0) {
        (*OS_AppTaskCreateHookPtr)(p_tcb);
}
#else
(void)p_tcb;
#endif
}
```

8）钩子函数 OSTaskDelHook()

当将需要删除的任务从任务就绪表或等待表中删除后，OSTaskDel()函数就会调用 OSTaskDelHook()函数。

```
void  OSTaskDelHook (OS_TCB  *p_tcb)
{
#if OS_CFG_APP_HOOKS_EN > 0u
if (OS_AppTaskDelHookPtr != (OS_APP_HOOK_TCB)0) {
        (*OS_AppTaskDelHookPtr)(p_tcb);
}
#else
    (void)p_tcb;
#endif
}
```

9）钩子函数 OSTaskReturnHook()

如果任务代码意外返回,则 OS_TaskReturn()函数会调用 OSTaskReturnHook()函数,该函数的模板代码如下:

```
void   OSTaskReturnHook (OS_TCB   * p_tcb)
{
#if OS_CFG_APP_HOOKS_EN > 0u
    if (OS_AppTaskReturnHookPtr != (OS_APP_HOOK_TCB)0) {
        ( * OS_AppTaskReturnHookPtr)(p_tcb);
    }
#else
    (void)p_tcb;
#endif
}
```

10）钩子函数 OSTaskSwHook()

该任务切换钩子函数 OSTaskSwHook()在发生上下文切换时被调用,该功能允许代码扩展。如果应用程序定义了任务切换的钩子函数,那么 OSTaskSw()函数会首先调用这个函数,本函数会计算当前任务执行时间,还会将被挂起的任务运行期间的最长关中断时间存储到该任务的 TCB 中。此外,该函数会将最长调度器上锁时间存储到被挂起任务的 TCB 内。

```
void   OSTaskSwHook (void)
{
#if OS_CFG_TASK_PROFILE_EN > 0u
CPU_TS   ts;
#endif
#ifdef   CPU_CFG_INT_DIS_MEAS_EN
CPU_TS   int_dis_time;
#endif
#if OS_CFG_APP_HOOKS_EN > 0u
if (OS_AppTaskSwHookPtr != (OS_APP_HOOK_VOID)0) {
    ( * OS_AppTaskSwHookPtr)();
}
#endif
#if OS_CFG_TASK_PROFILE_EN > 0u
ts = OS_TS_GET();
if (OSTCBCurPtr != OSTCBHighRdyPtr) {
    OSTCBCurPtr - >CyclesDelta   = ts - OSTCBCurPtr - >CyclesStart;
    OSTCBCurPtr - >CyclesTotal += (OS_CYCLES)OSTCBCurPtr - >CyclesDelta;
}
OSTCBHighRdyPtr - >CyclesStart = ts;
```

```
# endif
# ifdef  CPU_CFG_INT_DIS_MEAS_EN
int_dis_time = CPU_IntDisMeasMaxCurReset();
if (OSTCBCurPtr - >IntDisTimeMax < int_dis_time) {
    OSTCBCurPtr - >IntDisTimeMax = int_dis_time;
}
# endif
# if OS_CFG_SCHED_LOCK_TIME_MEAS_EN > 0u
if (OSTCBCurPtr - >SchedLockTimeMax < OSSchedLockTimeMaxCur) {
    OSTCBCurPtr - >SchedLockTimeMax = OSSchedLockTimeMaxCur;
}
OSSchedLockTimeMaxCur = (CPU_TS)0;
# endif
}
```

11) 钩子函数 OSTimeTickHook()

该时钟节拍钩子函数 OSTimeTickHook 在 OSTimeTick() 开始执行其他代码前被调用,用于扩展代码。

```
void  OSTimeTickHook (void)
{
# if OS_CFG_APP_HOOKS_EN > 0u
    if (OS_AppTimeTickHookPtr != (OS_APP_HOOK_VOID)0) {
        (*OS_AppTimeTickHookPtr)();
    }
# endif
}
```

(3) os_cpu_a.s 文件

汇编文件 os_cpu_a.s 主要包括 2 个汇编函数:OSStartHighRdy()函数和 OS_CPU_PendSVHandler()函数,其中 OSStartHighRdy()函数将就绪的最高优先级任务作为当前任务;OS_CPU_PendSVHandler()函数则被 OSStartHighRdy()、OS_TASK_SW()、OSIntCtxSw()等函数调用,实现任务间状态切换。由于需要保存/恢复寄存器,所以只能由汇编语言编写,不可由 C 语言实现。

1) OSStartHighRdy()函数

OSStartHighRdy()函数启动最高优先级任务,在操作系统第一次启动的时候由OSStart()函数调用,调用前必须先调用 OSTaskCreate()创建至少一个用户任务,否则系统会发生崩溃。

```
OSStartHighRdy
LDR    R0, = NVIC_SYSPRI14        ;设置 PendSV 异常优先级
                                  ;装载系统异常优先级寄存器 PRI14
```

```
LDR    R1, = NVIC_PENDSV_PRI        ;装载 PendSV 的可编程优先级
STR    R1, [R0]                     ;无符号字节寄存器存储,R1 是要存储的寄存器

MOVS R0, #0                         ;初始化上下文切换,置 PSP = 0
MSR PSP, R0

LDR R0, = OS_CPU_ExceptStkBase      ;MSP 指针指向 OS_CPU_ExceptStkBase
LDR    R1, [R0]
MSR    MSP, R1

LDR    R0, = NVIC_INT_CTRL          ;由上下切换触发 PendSV 异常
LDR    R1, = NVIC_PENDSVSET
STR    R1, [R0]
CPSIE I                             ;开总中断
OSStartHang
B      OSStartHang                  ;无限循环等待
OS_CPU_
```

2) OS_CPU_PendSVHandler() 函数

OS_CPU_PendSVHandler() 函数在开始多任务时被 OSStartHighRdy() 函数调用第一次。之后,每当 μC/OS‑III 系统调用 OS_TASK_SW()、OSIntCtxSw() 函数时,都会被调用函数以执行任务切换。

```
OS_CPU_PendSVHandler
CPSID    I                          ;上下文切换期间预防中断
MRS      R0, PSP                    ;PSP is process stack pointer
CBZ      R0, OS_CPU_PendSVHandler_nosave ;第一次不保存寄存器
SUBS     R0, R0, #0x20              ;将 R4~R11 压栈
STM      R0, {R4 - R11}

LDR      R1, = OSTCBCurPtr          ;将新的 PSP 保存到 OSTCBCurPtr->OSTCBStkPtr 处
                                    ;即当前任务堆栈指针 OSTCBCurPtr->OSTCBStkPtr = SP
LDR      R1, [R1]
STR      R0, [R1]
;第一次执行函数时,不需要保存当前任务环境,跳至该函数
OS_CPU_PendSVHandler_nosave
PUSH     {R14}                      ;压栈 LR 寄存器:R14
LDR      R0, = OSTaskSwHook         ;跳到任务切换钩子函数 OSTaskSwHook()
BLX      R0
POP      {R14}                      ;将 LR 寄存器出栈
;将就绪的最高优先级任务的优先级号作为当前任务的优先级号
LDR      R0, = OSPrioCur            ;即 OSPrioCur = OSPrioHighRdy
```

795

```
LDR      R1，= OSPrioHighRdy
LDRB     R2，[R1]
STRB     R2，[R0]
```

; 将就绪的最高优先级任务的任务控制块作为当前任务的任务控制块，

```
LDR      R0，= OSTCBCurPtr            ;即 OSTCBCurPtr = OSTCBHighRdyPtr;
LDR      R1，= OSTCBHighRdyPtr
LDR      R2，[R1]
STR      R2，[R0]
```

;将 R0 装入当前任务控制块的堆栈指针

```
LDR      R0，[R2]                     ;即 R0 为新的 SP 且 SP = OSTCBHighRdyPtr→StkPtr;
LDM      R0，{R4 - R11}               ;出栈操作
ADDS     R0，R0，#0x20                ;R4～R11 出栈
MSR      PSP，R0                      ;将现在的 R0 写入 PSP
ORR      LR，LR，#0x04                ;设置使用 PSP 堆栈
CPSIE    I                           ;将 PRIMASK 寄存器清零
BX       LR                          ;从子程序中返回
END
```

2. μC/CPU 移植文件

μC/CPU 提供了 CPU 硬件相关的功能函数，定义了与编译器和 CPU 相关的数据类型、堆栈字长、堆栈的生长方向、开关中断的函数等。

(1) cpu_def.h 文件

cpu_def.h 文件主要是一些宏定义子项，包括字节字长、存储端模式、堆栈生长方向、中断状态保存方法等定义。

1) CPU 字长定义

```
#define   CPU_WORD_SIZE_08              1   /* 8 位字长 */
#define   CPU_WORD_SIZE_16              2   /* 16 位字长 */
#define   CPU_WORD_SIZE_32              4   /* 32 位字长 */
#define   CPU_WORD_SIZE_64              8   /* 64 位字长 */
```

2) 存储端模式

```
#define   CPU_ENDIAN_TYPE_NONE          0u
#define   CPU_ENDIAN_TYPE_BIG           1u   /* 大端存储模式 */
#define   CPU_ENDIAN_TYPE_LITTLE        2u   /* 小端存储模式 */
```

3) 堆栈生长方向

```
#define   CPU_STK_GROWTH_NONE           0u
```
/* 从低地址向高地址生长 */
```
#define   CPU_STK_GROWTH_LO_TO_HI       1u
```
/* 从高地址向低地址生长 */

```
#define   CPU_STK_GROWTH_HI_TO_LO                   2u
```

4) 临界段中断状态保存方法

```
#define   CPU_CRITICAL_METHOD_NONE                  0u
/* 禁止/使能中断 */
#define   CPU_CRITICAL_METHOD_INT_DIS_EN            1u
/* 中断状态弹/压栈 */
#define   CPU_CRITICAL_METHOD_STATUS_STK            2u
/* 保存/恢复中断状态 */
#define   CPU_CRITICAL_METHOD_STATUS_LOCAL          3u
```

(2)　cpu_cfg. h 文件

cpu_cfg. h 是个配置文件,用户需要将该文件复制到开发应用的程序目录中,并根据具体需求做适当的配置。通常情况下,cpu_cfg. h 文件不应被视为"移植文件",而应称之为应用相关的配置文件。该文件包含的一些宏定义常量可根据需求进行修改。

```
/* 设定用户是否为该移植命名 */
#define   CPU_CFG_NAME_EN                 DEF_ENABLED
/* 设定命名的 ASCII 字符串长度 */
#define   CPU_CFG_NAME_SIZE               16u
/* 设定是否使用 32 位时间戳 */
#define   CPU_CFG_TS_32_EN                DEF_ENABLED
/* 设定是否使用 64 位时间戳 */
#define   CPU_CFG_TS_64_EN                DEF_DISABLED
/* 设定时间戳的字节长度 */
#define   CPU_CFG_TS_TMR_SIZE             CPU_WORD_SIZE_32
#if 1
/* 设定当代码调用 CPU_CRITICAL_ENTER()和 CPU_CRITICAL_EXIT()两函数时,是否插入测量
关中断时间的代码 */
#define   CPU_CFG_INT_DIS_MEAS_EN
#endif
/* 设定测量关中断时间,典型值为 1 */
#define   CPU_CFG_INT_DIS_MEAS_OVRHD_NBR              1u
#if 1
/* 设定是否提供计算前导零指令的汇编语言 */
#define   CPU_CFG_LEAD_ZEROS_ASM_PRESENT
#endif
```

(3) cpu_core. c 和 cpu_core. h 文件

cpu_core. c 文件定义了 CPU_Init()、CPU_CntLeadZeros()及测量最大 CPU 关中断时间的函数等,cpu_core. h 头文件则用于对 cpu_corc. c 文件内函数原型的声

明。这个 cpu_core.c 文件是通用文件,不需要修改,所有的应用工程都必须包含本文件。表 20‑51 列出了该文件内的主要功能函数。

表 20‑51　cpu_core.c 文件内的函数

函数名	函数功能说明
CPU_Init()	在调用 OSInt() 函数之前必须调用该函数,以初始化 CPU 时间戳、中断关闭时间统计和 CPU 主机名
CPU_SW_Exception()	报告不可恢复的软件异常
CPU_NameClr()	清空 CPU 主机名
CPU_NameGet()	获取 CPU 主机名
CPU_NameSet()	设置 CPU 主机名
CPU_TS_Get32()	获得 32 位时间戳
CPU_TS_Update()	更新当前的时间戳
CPU_IntDisMeasMaxCurReset()	复位当前最大中断关闭时间
CPU_IntDisMeasMaxCurGet()	获得当前最大中断关闭时间
CPU_IntDisMeasMaxGet()	获得总的最大中断关闭时间
CPU_IntDisMeasStart()	开启中断关闭时间统计
CPU_IntDisMeasStop()	停止中断关闭时间统计
CPU_CntLeadZeros()	μC/OS‑Ⅲ 调度器使用本函数找出优先级最高的就绪任务

(4) cpu.h 文件

cpu.h 文件声明了一系列的数据类型,定义了临界段的处理函数、异常号、寄存器地址以及寄存器位等,还声明了一些函数原型。

1) 数据类型

μC/OS‑Ⅲ 系统为了保证可移植性,程序中没有直接使用 int、unsigned int 等定义,而是自己定义了一套数据类型,修改后数据类型定义代码如下:

```
typedef      void               CPU_VOID;
typedef      char               CPU_CHAR;
typedef      unsigned char      CPU_BOOLEAN;        /* 布尔型 */
typedef      unsigned char      CPU_INT08U;         /* 8 位无符号整型 */
typedef      signed   char      CPU_INT08S;         /* 8 位有符号整型 */
typedef      unsigned short     CPU_INT16U;         /* 16 位无符号整型 */
typedef      signed   short     CPU_INT16S;         /* 16 位有符号整型 */
typedef      unsigned int       CPU_INT32U;         /* 32 位无符号整型 */
typedef      signed   int       CPU_INT32S;         /* 32 位有符号整型 */
typedef      unsigned long long CPU_INT64U;         /* 64 位无符号整型 */
typedef      signed long long   CPU_INT64S;         /* 64 位有符号整型 */
typedef      float              CPU_FP32;           /* 单精度浮点型,一般未用到 */
```

```
typedef     double                   CPU_FP64;                    /*双精度浮点型,一般未用到*/
typedef     volatile                 CPU_INT08U  CPU_REG08;   /*8位寄存器*/
typedef     volatile                 CPU_INT16U  CPU_REG16;   /*16位寄存器*/
typedef     volatile                 CPU_INT32U  CPU_REG32;   /*32位寄存器*/
typedef     volatile                 CPU_INT64U  CPU_REG64;   /*64位寄存器*/
```

2) CPU 字配置(视具体应用可选 8 位、16 位、32 位或 64 位)

```
#define   CPU_CFG_ADDR_SIZE           CPU_WORD_SIZE_32
#define   CPU_CFG_DATA_SIZE           CPU_WORD_SIZE_32
#define   CPU_CFG_DATA_SIZE_MAX       CPU_WORD_SIZE_64
```

3) 小端存储模式配置(视具体应用可选大端存储模式)

```
#define   CPU_CFG_ENDIAN_TYPE         CPU_ENDIAN_TYPE_LITTLE
```

4) CPU 堆栈配置(视具体应用可选低地址向高地址增长)

```
/*堆栈生长方向*/
#define   CPU_CFG_STK_GROWTH          CPU_STK_GROWTH_HI_TO_LO
/* CPU_STK 设定了堆栈条目的字长,即数据出入栈是 8 位、16 位还是 32 位*/
typedef   CPU_INT32U                  CPU_STK;
/*堆栈大小*/
typedef   CPU_ADDR                    CPU_STK_SIZE;
```

5) 临界段

μC/OS-III 系统定义了两个宏定义来开关中断,关中断采用 OS_ENTER_CRITICAL()宏定义,开中断采用 OS_EXIT_CRITICAL()宏定义。

CPU_CFG_CRITICAL_METHOD()宏定义有 3 种关中断的方法,在 cpu_def.h 文件内定义,当运行到临界段代码时,采用的是第 3 种保护方法。

```
/*临界保护采用第 3 种方法开关中断*/
#define      CPU_CFG_CRITICAL_METHOD
                     CPU_CRITICAL_METHOD_STATUS_LOCAL
typedef      CPU_INT32U                  CPU_SR;
             #if (CPU_CFG_CRITICAL_METHOD ==
                     CFG_CRITICAL_METHOD_STATUS_LOCAL)
#define      CPU_SR_ALLOC()              CPU_SR  cpu_sr = (CPU_SR)0
#else
#define      CPU_SR_ALLOC()
#endif
/*保存 CPU 状态字,关中断*/
#define   CPU_INT_DIS()              do { cpu_sr = CPU_SR_Save(); } while (0)
/*恢复 CPU 状态字*/
#define   CPU_INT_EN()               do { CPU_SR_Restore(cpu_sr); } while (0)
```

```
/*禁中断,启动中断关闭时间测量*/
# ifdef    CPU_CFG_INT_DIS_MEAS_EN
# define   CPU_CRITICAL_ENTER()  do { CPU_INT_DIS();            \
                                       CPU_IntDisMeasStart(); }  while (0)
/*停止中断关闭时间测量,开中断*/
# define   CPU_CRITICAL_EXIT()   do { CPU_IntDisMeasStop();  \
                                       CPU_INT_EN();         }  while (0)
# else
/*关中断*/
# define   CPU_CRITICAL_ENTER()  do { CPU_INT_DIS(); } while (0)
/*开中断*/
# define   CPU_CRITICAL_EXIT()   do { CPU_INT_EN(); } while (0)
# endif
```

此外,还声明了一些函数的函数原型,如 CPU_IntDis()、CPU_IntEn()、CPU_SR_Save()、CPU_SR_Restore()等。

(5) cpu_c.c 文件

cpu_c.c 文件为可选文件,包含设定中断控制器、定时器预分频器等 CPU 相关函数,多数 CPU 不一定会用到这个文件。表 20-52 列出了该文件内的主要功能函数。

表 20-52　cpu_c.c 文件内的函数

函数名	函数功能说明
CPU_BitBandClr()	将位段区内的对应位清零
CPU_BitBandSet()	将位段区内的对应位置 1
CPU_IntSrcDis()	禁用一个中断源,参数为中断向量表的异常号
CPU_IntSrcEn()	使能一个中断源,参数为中断向量表的异常号
CPU_IntSrcPendClr()	清除一个指定的中断请求标志,参数为中断向量表的异常号
CPU_IntSrcPrioSet()	为一个中断源设置优先级
CPU_IntSrcPrioGet()	获取一个中断源的优先级号

(6) cpu_a.asm 文件

cpu_a.asm 文件包含了一些函数的汇编语言代码,一共实现了 9 个函数,这些功能函数可用于实现开中断、关中断,以及数据前导零数目计算等操作。

1) CPU_IntDis()函数

本函数用于关中断,函数原型为 void　CPU_IntDis(void)。

```
CPU_IntDis
        CPSID   I
        BX      LR
```

2) CPU_IntEn()函数

本函数用于实现开中断,函数原型为 void　CPU_IntEn (void)。

```
CPU_IntEn
        CPSIE    I
        BX       LR
```

3) CPU_SR_Save()和 CPU_SR_Restore()函数

这两个函数实现进入和离开临界段的开、关中断功能。

```
CPU_SR_Save
        MRS      R0, PRIMASK      ;保存全局中断标志,函数返回值存储在 R0 中
        CPSID    I                ;关中断
        BX       LR
CPU_SR_Restore
        MSR      PRIMASK, R0      ;恢复全局中断标志,通过 R0 传递参数.
        BX       LR
```

4) CPU_WaitForInt()函数

本函数用于等待一次中断,进入中断能唤醒的睡眠状态。

```
CPU_WaitForInt
        WFI                           ;等待中断
        BX       LR
```

5) CPU_WaitForExcept()函数

本函数用于进入异常能唤醒的睡眠状态。

```
CPU_WaitForExcept
        WFE                           ;等待异常
        BX       LR
```

6) CPU_CntLeadZeros()函数

本函数用于计算前导零个数。

```
CPU_CntLeadZeros
        CLZ      R0, R0               ;计算前导零个数
        BX       LR
```

7) CPU_CntTrailZeros()函数

该函数可被应用程序调用,用于计算一个数据值内第一个二进制 1 前尾随零个数。

```
CPU_CntTrailZeros
        RBIT     R0, R0               ;位取反
        CLZ      R0, R0               ;计算尾随零个数
```

```
        BX      LR
```

8) CPU_RevBits() 函数

本函数用于将数据中的每一位取反。

```
CPU_RevBits
        RBIT    R0,R0                  ;位取反
        BX      LR
```

3. μC/OS－III 配置文件

μC/OS－III 系统的移植配置文件主要包括 os_cfg.h、os_app_hooks.h、os_app_hooks.c、os_cfg_app.h 等文件。这些文件根据应用需求情况配置。值得一提的是对应的 os_cfg_app.c 文件被归类为 μC/OS－III 系统内核文件。

(1) os_cfg.h 文件

头文件 os_cfg.h 是系统功能配置文件，主要包括与项目相关的常数项设置。配置文件 os_cfg.h 就是为用户设置常数值的文件。当然在这个文件中对所有配置常数事先都预制了一些默认值，用户可根据需要对这些预设值进行修改。表 20－53 列出了 os_cfg.h 文件参数配置项，其中配置值并非全部设置为系统默认值。

表 20－53　os_cfg.h 文件参数配置

分　类	配置宏	配置值	说　明
任务管理	OS_CFG_TASK_CHANGE_PRIO_EN	1u	改变任务优先级，是否包括代码 OSTaskChangePrio()，使能(1)或禁止(0)
	OS_CFG_TASK_DEL_EN	1u	是否包括代码 OSTaskDel()，使能(1)或禁止(0)
	OS_CFG_TASK_Q_EN	1u	使能(1)或禁止(0)任务内嵌消息队列函数
	OS_CFG_STAT_TASK_EN	1u	使能(1)或禁止(0)统计任务
	OS_CFG_STAT_TASK_STK_CHK_EN	1u	使能(1)或禁止(0)检测统计任务堆栈
	OS_CFG_TASK_Q_PEND_ABORT_EN	1u	使能(1)或禁止(0)，是否包括代码 OSTaskQPendAbort()
	OS_CFG_TASK_PROFILE_EN	1u	使能(1)或禁止(0)，是否包括 OS_TCB 中性能分析的变量
	OS_CFG_TASK_REG_TBL_SIZE	1u	使能(1)或禁止(0)任务专用寄存器
	OS_CFG_TASK_SUSPEND_EN	1u	是否包括任务挂起代码 OSTask_Suspend() 和 OSTaskResume()，使能(1)或禁止(0)
	OS_CFG_TASK_SEM_PEND_ABORT_EN	1u	使能(1)或禁止(0)，是否包括代码 OSTaskSemPendAbort()

分　类	配置宏	配置值	说　明
事件标志组	OS_CFG_FLAG_EN	1u	使能(1)或禁止(0)事件标志组
	OS_CFG_FLAG_DEL_EN	1u	使能(1)或禁止(0) OSFlagDel()
	OS_CFG_FLAG_PEND_ABORT_EN	1u	使能(1)或禁止(0) OSFlagPendAbort()
	OS_CFG_FLAG_MODE_CLR_EN	1u	是否包含用于等待清除事件标志的代码
内存管理	OS_CFG_MEM_EN	1u	使能(1)或禁止(0)内存管理
互斥信号量	OS_CFG_MUTEX_EN	1u	使能(1)或禁止(0) 互斥信号量
	OS_CFG_MUTEX_DEL_EN	1u	是否包括代码 OSMutexDel()
	OS_CFG_MUTEX_PEND_ABORT_EN	1u	使能(1)或禁止(0),是否包括代码 OSMutexPendAbort()
消息队列	OS_CFG_Q_EN	1u	使能(1)或禁止(0)消息队列
	OS_CFG_Q_DEL_EN	1u	使能(1)或禁止(0),是否包括代码 OSQDel()
	OS_CFG_Q_FLUSH_EN	1u	使能(1)或禁止(0),是否包括代码 OSQFlush()
	OS_CFG_Q_PEND_ABORT_EN	1u	使能(1)或禁止(0),是否包括代码 OSQPendAbort()
信号量	OS_CFG_SEM_EN	1u	使能(1)或禁止(0)信号量
	OS_CFG_SEM_DEL_EN	1u	使能(1)或禁止(0),是否包括代码 OSSemDel()
	OS_CFG_SEM_PEND_ABORT_EN	1u	使能(1)或禁止(0),是否包括代码 OSSemPendAbort()
	OS_CFG_SEM_SET_EN	1u	使能(1)或禁止(0),是否包括代码 OSSemSet()
时间管理	OS_CFG_TIME_DLY_HMSM_EN	1u	使能(1)或禁止(0),是否包括代码 OSTimeDlyHMSM()
	OS_CFG_TIME_DLY_RESUME_EN	1u	使能(1)或禁止(0),是否包括代码 OSTimeDlyResume()
定时器管理	OS_CFG_TMR_EN	1u	使能(1)或禁止(0)定时器
	OS_CFG_TMR_DEL_EN	1u	使能(1)或禁止(0) OSTmrDel()
其　他	OS_CFG_APP_HOOKS_EN	1u	应用钩子函数,使能(1)或禁止(0)
	OS_CFG_ARG_CHK_EN	0	使能(1)或禁止(0)参数检查
	OS_CFG_CALLED_FROM_ISR_CHK_EN	1u	使能(1)或禁止(0)检查从 ISR 调用
	OS_CFG_DBG_EN	1u	使能(1)或禁止(0)代码调试

分　类	配置宏	配置值	说　明
其　他	OS_CFG_ISR_POST_DEFERRED_EN	1u	使能(1)或禁止(0)递延 ISR 提交
	OS_CFG_OBJ_TYPE_CHK_EN	1u	使能(1)或禁止(0)对象类型检测
	OS_CFG_TS_EN	1u	使能(1)或禁止(0)时间戳
	OS_CFG_PEND_MULTI_EN	1u	使能(1)或禁止(0)等待多个内核对象功能
	OS_CFG_SCHED_LOCK_TIME_MEAS_EN	1u	使能(1)或禁止(0)测量调度上锁时间
	OS_CFG_SCHED_ROUND_ROBIN_EN	1u	使能(1)或禁止(0)时间片轮调度
常数项	OS_CFG_PRIO_MAX	64u	定义任务的最大优先级数
	OS_CFG_STK_SIZE_MIN	64u	定义任务堆栈的最小长度

(2) os_app_hooks. h 和 os_app_hooks. c 文件

os_app_hooks. h 文件一共定义了 10 个函数原型，表 20 - 54 列出了这些函数的函数原型。前两个函数在 os_app_hooks. c 文件内，分别用于实现使用全部用户钩子函数和关闭全部用户钩子函数的功能，其他函数则是空白函数，需要用户自行添加代码。

表 20 - 54　os_app_hooks. h 文件内声明的函数

函数原型	函数功能说明
void　App_OS_SetAllHooks(void)	使能全部用户钩子函数
void　App_OS_ClrAllHooks(void)	关闭全部用户钩子函数
void　App_OS_TaskCreateHook(OS_TCB　* p_tcb)	任务建立钩子函数
void　App_OS_TaskDelHook(OS_TCB　* p_tcb)	任务删除钩子函数
void　App_OS_TaskReturnHook(OS_TCB　* p_tcb)	任务返回钩子函数
void　App_OS_IdleTaskHook(void)	空闲任务钩子函数
void　App_OS_InitHook(void)	系统初始化钩子函数(该函数为预留)
void　App_OS_StatTaskHook(void)	统计任务钩子函数
void　App_OS_TaskSwHook(void)	任务切换钩子函数
void　App_OS_TimeTickHook(void)	时钟节拍钩子函数

使能用户钩子函数，只需在相对应的系统钩子函数中令对应的函数指针指向该用户钩子函数即可。

例如，要使用 App_OS_TaskCreateHook()函数，则将其赋值给 App_OS_SetAll-Hooks()函数内的 OS_AppTaskCreateHookPtr，即令

```
OS_AppTaskCreateHookPtr = App_OS_TaskCreateHook
```

（3）os_cfg_app. h 文件

os_cfg_app. h 文件内主要包括 μC/OS‐Ⅲ 系统任务相关的宏定义的常量信息，含空闲任务堆栈的大小、统计任务堆栈、消息池、时钟节拍轮盘、定时器轮盘、调试表等。表 20‐55 列出了这些宏定义常量。

表 20‐55　os_cfg_app. h 文件内宏定义常量项

配置宏	配置值	说　明
OS_CFG_MSG_POOL_SIZE	450u	这个宏定义指定了消息池中可用的 OS_MSG 数量
OS_CFG_ISR_STK_SIZE	256u	这个宏定义设置了中断堆栈的大小
OS_CFG_TASK_STK_LIMIT_PCT_EMPTY	10u	这个宏定义为空闲任务、统计任务、节拍任务、中断队列处理任务及定时器任务的任务堆栈设置堆栈溢出检测限位（以空余百分比形式），如果堆栈大小为 1 000 个 CPU_STK 单元，声明该宏为 10，那么堆栈溢出限位将在堆栈 90% 满、10% 空的时候被置位
OS_CFG_IDLE_TASK_STK_SIZE	128u	这个宏定义设备空闲任务的堆栈大小，且要求设置的堆栈大小大于 OS_CFG_STK_SIZE_MIN
OS_CFG_INT_Q_SIZE	10u	如果 OS_CFG_ISR_POST_DEFERRED_EN 设置为 1 时，则这个宏定义指定了中断队列可容纳的项目数
OS_CFG_INT_Q_TASK_STK_SIZE	128u	如果 OS_CFG_ISR_POST_DEFERRED_EN 设置为 1 时，则这个宏定义指定了中断队列处理任务的堆栈大小，且要求堆栈大小至少大于 OS_CFG_STK_SIZE_MIN
OS_CFG_STAT_TASK_PRIO	3u	这个宏定义允许用户指定分配给统计任务的优先级
OS_CFG_STAT_TASK_RATE_HZ	10u	这个宏定义设置了统计任务的执行频率
OS_CFG_STAT_TASK_STK_SIZE	128u	这个宏定义设置了统计任务的堆栈大小
OS_CFG_TICK_RATE_HZ	1 000u	这个宏定义设置了节拍中断的频率
OS_CFG_TICK_TASK_PRIO	2u	这个宏定义设置了节拍任务的优先级
OS_CFG_TICK_TASK_STK_SIZE	128u	这个宏定义设置了节拍任务的堆栈大小，且要求堆栈大小至少大于 OS_CFG_STK_SIZE_MIN
OS_CFG_TICK_WHEEL_SIZE	16u	这个宏定义设置了节拍轮盘 OSTickWheel[] 表中的项目数
OS_CFG_TMR_TASK_PRIO	4u	这个宏定义允许用户指定分配给定时器任务的优先级
OS_CFG_TMR_TASK_RATE_HZ	10u	这个宏定义设置定时器任务的频率
OS_CFG_TMR_TASK_STK_SIZE	128u	这个宏定义设置定时器任务的堆栈大小
OS_CFG_TMR_WHEEL_SIZE	16u	这个宏定义设置定时器轮盘的计数值

4. μC/BSP 文件

μC/BSP 文件包括实际采用的评估板或目标板相关的代码,这些文件针对特定的硬件提供板级支持包,典型的 μC/BSP 文件至少包括 2 个文件,即 bsp.c 和 bsp.h 文件。一般来说,bsp.c 必须定义和实现一个非常重要的函数,类似的函数名为 BSP_Init(),用于初始化 CPU、外设时钟以及相应的外设端口等,这些是必不可少的功能,当然,用户也可以自定义函数名。

5. μC/CSP 文件

μC/CSP 文件专门指的是芯片级支持包,针对特定的芯片,与 BSP 支持包稍有不同。μC/OS - III 为了减轻用户开发 BSP 或 CSP 文件的负担,将特定芯片的外设函数,集成在 μC/CSP 包中供用户选择。实际上该支持包也可以利用原微控制器供应商提供的库函数,如果用户习惯本书采用的 LPC1788 微控制器的外设库函数,则可以自己编写全部的 BSP 文件,工程文件则不用包含 CSP 文件。

试想,如果每位 μC/OS - III 用户都需要大量编写 BSP、CSP 文件,或者去学习并不熟练的 CSP 编程风格,而抛开原本熟悉而掌握的成熟库函数,那会加大程序员的工作量。

6. μC/OS - III 用户程序文件

相对于上面所述的五类文件而言,一般 APP 目录下的文件指的是用户编写的应用文件 app.c 或 main.c 等,还包括一些头文件,如 includes.h、app_cfg.h 文件等。

(1) includes.h 文件

该头文件是应用程序相关的文件,也是 μC/OS - III 的主头文件,在每个 * . c 文件中都要包含这个文件。也就是说在 * . c 文件的头文件应有 #include "includes.h"语句。

```
/ * 标准功能头文件 * /
# include  <stdarg.h>
# include  <stdio.h>
# include  <stdlib.h>
# include  <math.h>
/ * 库文件 * /
# include  <cpu.h>
# include  <lib_def.h>
# include  <lib_ascii.h>
# include  <lib_math.h>
# include  <lib_mem.h>
# include  <lib_str.h>
/ * APP 和 BSP * /
# include  <app_cfg.h>
# include  <bsp.h>
# include  <csp.h>
```

```
/* 系统相关 */
# include   <os.h>
/* 与微控制器外设相关 */
# include   <lpc177x_8x_gpio.h>
    ...
```

从文件的内容可看到,这个文件把工程项目中应包含的头文件都集中到了一起,使得开发者无需再去考虑项目中的每一个文件究竟应该需要或者不需要哪些头文件了。

(2) app_cfg. h 文件

app_cfg. h 头文件是与应用程序相关的设置,如设置任务优先级、设置任务栈大小等。例如:

```
/* 任务优先级 */
# define   APP_CFG_TASK_START_PRIO          2u//启动任务优先级
# define   APP_CFG_TASK_Led1_PRIO           6u//LED1 闪烁任务优先级
# define   APP_CFG_TASK_Led2_PRIO           7u//LED2 闪烁任务优先级
# define   APP_CFG_TASK_Led3_PRIO           8u//LED3 闪烁任务优先级
# define   APP_CFG_TASK_Uart_PRIO           9u//LED3 闪烁任务优先级
# define   OS_TASK_TMR_PRIO                 (OS_LOWEST_PRIO － 2)
/* 任务堆栈大小 */
# define   APP_CFG_TASK_START_STK_SIZE      128u
# define   APP_CFG_TASK_Led1_STK_SIZE       32u
# define   APP_CFG_TASK_Led2_STK_SIZE       32u
# define   APP_CFG_TASK_Led3_STK_SIZE       32u
# define   APP_CFG_TASK_Uart_STK_SIZE       32u
```

(3) app. c 文件

这个文件用于创建用户任务,该文件具有规律性,主要架构包括如下几个函数:

● 创建任务函数 App_TaskCreate();

● 任务启动函数 App_TaskStart();

● 多任务启动函数 OSStart();

● 入口函数 main()。

当开始接触 μC/OS – III 应用实例的 main() 函数时,会很有趣地发现 μC/OS – III 的 main() 函数都是这样的一种结构,这也是 μC/OS – III 系统初始化的一种标准流程,后面还会细化一下 μC/OS – III 的主要流程。

```
void main()
{
    ⋮

CPU_Init();
OSInit(); //初始化 μC/OS – III
```

807

```
BSP_Init();//硬件平台初始化
        ⋮
OSTaskCreate(App_TaskStart,……);//创建启动任务,由启动任务调用其他用户任务
        ⋮
OSStart();//启动多任务管理
        ⋮
while(DEF_ON){
    };
}
```

20.3　设计目标

本章在前面讲述的 μC/OS‑III 系统移植基础上以第 10 章的"UART 接口"以及第 16 章的"LED 硬件配置"为基础实现 μC/OS‑III 多任务调度,演示 3 个 LED 灯间隔闪烁任务以及一个串行输出任务,在 μC/OS‑III 系统中分别建立了主任务、串口通信任务、LED1 闪烁任务、LED2 闪烁任务、LED3 闪烁任务。

20.4　μC/OS‑III 系统软件设计

本实例是一个简单的 μC/OS‑III 系统演示实验,它在 μC/OS‑III 系统中创建了任务,驱动 3 个 LED,并通过计算机端串口发送系统运行提示信息,其主要软件设计包括 3 个部分。

① μC/OS‑III 系统任务的建立。

② 硬件平台初始化程序,包括系统时钟节拍初始化、驱动 LED 的 GPIO 引脚配置,以及串行接口引脚及参数配置等。

③ μC/OS‑III 系统基于 LPC1788 微控制器的应用移植,这部分移植细节我们在 20.2 节已经详尽说明。

μC/OS‑III 系统相关的软件设计及结构一般都采用较固定的模式,需要设计的软件代码一般都层次清晰,很容易上手,本例的演示程序设计所涉及的软件结构如表 20‑56 所列,主要程序文件及功能说明如表 20‑57 所列。

表 20‑56　μC/OS‑III 系统移植应用实例软件结构

用户应用软件层		
主程序 app.c		
系统软件层——μC/OS‑III 系统		
μC/OS‑III/Port	μC/OS‑III/CPU	μC/OS‑III/Source

续表 20‑56

os_cpu_c.c、os_cpu.h、 os_cpu_a.s	cpu_core.c、cpu_c.c、cpu_a.asm、 cpu_def.h	os_core.c、os_flag.c、os_task.c、 os_prio.c 等
CMSIS 层		

Cortex‑M3 内核外设访问层	LPC17xx 设备外设访问层		
core_cm3.h、 core_cmFunc.h core_cmInstr.h	启动代码 (startup_LPC‑ 177x_8x.s)	LPC177x_8x.h	system_LPC‑177x_8x.c	system_LPC‑177x_8x.h
硬件抽象层(BSP)			
BSP 时钟初始化	LED 驱动 GPIO 配置	UART 参数与引脚配置	
bsp.c、bsp.h	bsp_led.c	bsp_uart.c	
硬件外设层			
UART 驱动库	GPIO 外设驱动库	引脚连接配置驱动库	
lpc177x_8x_uart.c lpc177x_8x_uart.h	lpc177x_8x_gpio.c lpc177x_8x_gpio.h	lpc177x_8x_pinsel.c lpc177x_8x_pinsel.h	

表 20‑57　程序设计文件功能说明

文件名称	程序设计文件功能说明
app.c	包括系统主任务、用户任务的建立及系统任务启动
bsp.c	硬件抽象层,用于系统时钟节拍初始化等
bsp_led.c	LED 驱动 GPIO 配置,其主要函数为 LED_IO_Configuration()
bsp_uart.c	UART 参数与引脚配置,其主要函数为 USART_Configuration()
lpc177x_8x_uart.c	公有程序,UART 驱动库
lpc177x_8x_gpio.c	公有程序,GPIO 模块驱动库,辅助调用
lpc177x_8x_pinsel.c	公有程序,引脚连接配置驱动库。由相关引脚设置程序调用
cstartup.s	ARMv7M Cortex‑M3 内核启动代码文件

　　本实例设计是最基本的 μC/OS‑Ⅲ 系统应用实例,主要针对软件设计前 2 个部分进行介绍,移植 μC/OS‑Ⅲ 在这里不再重复。

1. μC/OS‑Ⅲ 系统的任务创建

　　μC/OS‑Ⅲ 系统共创建了 5 个不同优先级的任务,分别是主任务 App_Task‑Start()、串口通信任务 App_TaskUart、LED1 闪烁任务 App_TaskLed1、LED2 闪烁任务 App_TaskLed2、LED3 闪烁任务 App_TaskLed3,此外可以打开系统统计任务。

　　主程序集中在 main() 入口函数,完成 μC/OS‑Ⅲ 系统初始化、硬件平台初始化、建立主任务,以及启动 μC/OS‑Ⅲ 系统,主要程序代码如下:

轻松玩转 ARM Cortex - M3 微控制器——基于 LPC1788 系列

```
int main (void)
{
    OS_ERR   err;
    BSP_Init();  /* BSP 初始化 */
    OSInit(&err);  /* 初始化 μC/OS - III 系统 */
    /* 创建任务 */
    OSTaskCreate((OS_TCB      * )&App_TaskStartTCB, /* 创建启动任务 */
                 (CPU_CHAR     * )"App Task Start",
                 (OS_TASK_PTR ) App_TaskStart,
                 (void         * ) 0,
                 (OS_PRIO      ) APP_CFG_TASK_START_PRIO,
                 (CPU_STK      * )&App_TaskStartStk[0],
                 (CPU_STK      )(APP_CFG_TASK_START_STK_SIZE / 10u),
                 (CPU_STK_SIZE) APP_CFG_TASK_START_STK_SIZE,
                 (OS_MSG_QTY   ) 0,
                 (OS_TICK      ) 0,
                 (void         * ) 0,
                 (OS_OPT       )
                 (OS_OPT_TASK_STK_CHK | OS_OPT_TASK_STK_CLR),
                 (OS_ERR       * )&err);
# if (OS_TASK_NAME_EN > 0u)
    OSTaskNameSet(APP_CFG_TASK_START_PRIO, "Start", &err);
# endif
    OSStart(&err); /* 启动多任务 */
    while(DEF_ON){
            OSTimeDlyHMSM(0, 0, 0, 100,
                    OS_OPT_TIME_HMSM_STRICT, &os_err);
    }
}
```

开始任务创建调用 App_TaskStart() 函数来完成，再由该函数调用 App_TaskCreate() 函数建立其他任务，启动任务函数 App_TaskStart() 的实现代码如下：

```
static void App_TaskStart (void * p_arg)
{
    OS_ERR  os_err;
    (void)p_arg;
    BSP_Start();/* 系统时钟节拍初始化 */
/* 使能 μC/OS - III 的统计任务 */
# if (OS_TASK_STAT_EN > 0)
    OSStatInit();
    App_TaskCreate();/* 创建应用任务 */
    USART_Configuration();/* UART 接口配置 */
```

```
LED_IO_Configuration();/ * LED 引脚配置 * /
while (DEF_TRUE) {
    OSTimeDlyHMSM(0, 0, 0, 100,
                 OS_OPT_TIME_HMSM_STRICT, &os_err);
}
}
```

接下来,可以通过调用 App_TaskCreate()函数来建立其他几个应用任务,这些任务包括串口通信任务、LED1~3 闪烁任务,该函数的功能代码如下:

```
static  void  App_TaskCreate (void)
{
    OS_ERR  err;
    / * LED 1 任务 * /
    OSTaskCreate((OS_TCB * )&App_TaskLed1TCB,              //任务的 TCB
                (CPU_CHAR * )"Led1 Task",                  //任务名
                (OS_TASK_PTR)App_TaskLed1,                 //任务代码
                (void * )0,                                //传递参数
                (OS_PRIO)APP_CFG_TASK_LED1_PRIO,           //任务优先级
                (CPU_STK * )&App_TaskLed1Stk[0],           //任务堆栈的基址
                / * 堆栈限位 * / (CPU_STK_SIZE)(APP_CFG_TASK_LED1_STK_SIZE / 10u),
                / * 堆栈大小 * /
                (CPU_STK_SIZE) APP_CFG_TASK_LED1_STK_SIZE,
                / * 消息队列,0 为禁止 * /
                (OS_MSG_QTY)0u,
                / * 时间片长度,0 时为默认值 * /
                (OS_TICK)0u,
                (void * )0,
                (OS_OPT)(OS_OPT_TASK_STK_CHK | OS_OPT_TASK_STK_CLR),
                (OS_ERR * )&err);                          //错误代码
    / * LED 2 任务 * /
    OSTaskCreate((OS_TCB * )&App_TaskLed2TCB,              //任务的 TCB
                (CPU_CHAR * )"Led2 Task",                  //任务名
                (OS_TASK_PTR)App_TaskLed2,                 //任务代码
                (void * )0, //传递参数
                (OS_PRIO)APP_CFG_TASK_LED2_PRIO,           //任务优先级
                (CPU_STK * )&App_TaskLed2Stk[0],           //任务堆栈的基址
                / * 堆栈限位 * /
                (CPU_STK_SIZE)(APP_CFG_TASK_LED2_STK_SIZE / 10u),
                / * 堆栈大小 * /
                (CPU_STK_SIZE) APP_CFG_TASK_LED2_STK_SIZE,
                / * 消息队列,0 为禁止 * /
```

```
                        (OS_MSG_QTY)0u,
                        /*时间片长度,0时为默认值*/
                        (OS_TICK)0u,
                        (void *)0,
                        (OS_OPT)(OS_OPT_TASK_STK_CHK | OS_OPT_TASK_STK_CLR),
                        (OS_ERR *)&err);                    //错误代码
        /*LED 3任务*/
        OSTaskCreate((OS_TCB *)&App_TaskLed3TCB,            //任务的TCB
                        (CPU_CHAR *)"Led3 Task",            //任务名
                        (OS_TASK_PTR)App_TaskLed3,          //任务代码
                        (void *)0,                          //传递参数
                        (OS_PRIO)APP_CFG_TASK_LED3_PRIO,    //任务优先级
                        (CPU_STK *)&App_TaskLed3Stk[0],     //任务堆栈的基址
                        /*堆栈限位*/
                        (CPU_STK_SIZE)(APP_CFG_TASK_LED3_STK_SIZE / 10u),
                        /*堆栈大小*/
                        (CPU_STK_SIZE) APP_CFG_TASK_LED3_STK_SIZE,
                        /*消息队列,0为禁止*/
                        (OS_MSG_QTY)0u,
                        /*时间片长度,0时为默认值*/
                        (OS_TICK)0u,
                        (void *)0,
                        (OS_OPT)(OS_OPT_TASK_STK_CHK | OS_OPT_TASK_STK_CLR),
                        (OS_ERR *)&err; //错误代码
        /*UART任务*/
        OSTaskCreate((OS_TCB *)&App_TaskUartTCB,            //任务的TCB
                        (CPU_CHAR *)"Uart Task",            //任务名
                        (OS_TASK_PTR)App_TaskUart,          //任务代码
                        (void *)0, //传递参数
                        (OS_PRIO)APP_CFG_TASK_UART_PRIO,    //任务优先级
                        (CPU_STK *)&App_TaskUartStk[0],     //任务堆栈的基址
                        /*堆栈限位*/
                        (CPU_STK_SIZE)(APP_CFG_TASK_UART_STK_SIZE / 10u),
                        /*堆栈大小*/
                        (CPU_STK_SIZE) APP_CFG_TASK_UART_STK_SIZE,
                        /*消息队列,0为禁止*/
                        (OS_MSG_QTY)0u,
                        /*时间片长度,0时为默认值*/
                        (OS_TICK)0u,
                        (void *)0,
                        (OS_OPT)(OS_OPT_TASK_STK_CHK | OS_OPT_TASK_STK_CLR),
                        (OS_ERR *)&err; //错误代码

    }
```

2. 应用任务的 4 个函数

在 App_TaskCreate() 函数创建了 4 个应用任务,这里对应 4 个任务函数,其中 App_TaskUart() 任务函数,用于串口数据发送,提示系统运行。

(1) App_TaskUart() 函数

该任务函数直接调用的是 UART_Send() 实现数据发送,任务的实现代码如下:

```
static void  App_TaskUart (void * p_arg)
{
  OS_ERR   os_err;
   (void)p_arg;
       while (DEF_TRUE) {
      UART_Send(UART_4, menu1, sizeof(menu1), BLOCKING);
          OSTimeDlyHMSM(0, 0, 0, 100,
                   OS_OPT_TIME_HMSM_STRICT, &os_err);
   }
}
```

其中,menu1 是一个数组,用于定义要发送的字符串。

(2) App_TaskLed1() 函数

其余 3 个任务函数代码都用于 LED 闪烁任务,它们的功能及代码段都很类似,本例仅列出 LED1 闪烁任务的实现代码。

```
/ * LED1 闪烁任务 * /
static void App_TaskLed1(void * p_arg)
{
  OS_ERR   os_err;
  (void)p_arg;
    while (DEF_TRUE) {
  GPIO_ClearValue( 2, (1<<21) );          //关 LED,中间需要延时
  GPIO_SetValue( 2, (1<<21) );            //开 LED
      OSTimeDlyHMSM(0, 0, 0, 100,
                   OS_OPT_TIME_HMSM_STRICT, &os_err);
   }
}
```

3. 硬件平台初始化程序

硬件平台的初始化程序,主要实现系统时钟、GPIO 端口、UART 端口等常用的初始化与配置。

(1) BSP_Start() 函数

硬件的系统节拍时钟初始化通过 BSP_Start() 函数来实现,里面有一个很重要的 OS_CPU_SysTickInit() 函数,该函数用于 μC/OS‑III 系统时钟节拍的配置,产生

系统时钟节拍中断,其函数代码如下:

```
void  BSP_Start (void)
{
    CPU_INT32U  cnts;
    CPU_INT32U  cpu_freq;
    cpu_freq = CSP_PM_CPU_ClkFreqGet();/* 获得 CPU 时钟 */
#if (OS_VERSION >= 30000u)
    cnts        = (cpu_freq / OSCfg_TickRate_Hz);
    #else
    cnts        = (cpu_freq / OS_TICKS_PER_SEC);
#endif
    OS_CPU_SysTickInit(cnts);                    //系统节拍时钟初始化
}
```

(2) USART_Configuration()和 LED_IO_Configuration()函数

第一个函数用于 UART 串口初始化与参数设置,第二个函数对驱动 LED 指示灯的 I/O 口进行了初始化和引脚配置,这些函数代码在前面的章节做过介绍。

20.5　实例总结

本章详细介绍了嵌入式实时操作系统 μC/OS-Ⅲ 的特点、内核、内核结构以及主要功能函数,并阐述了 μC/OS-Ⅲ 系统基于 Cortex-M3 内核 LPC1788 微控制器的移植要点。

本章最后讲述了一个简单的 LED 闪烁实例设计,展示了如何在 μC/OS-Ⅲ 系统中进行软件设计,其软件设计涉及的层次结构是怎么样的。本章作为嵌入式操作系统 μC/OS-Ⅲ 软件设计实例的基础,请读者仔细体会原有官方代码,同时建议尽量减少代码编写量(尽量减少编写 CSP 文件),可充分基于 NXP 提供的库函数,实现大量的外设功能调用。

参考文献

[1] Jean J Labrosse. 嵌入式实时操作系统 μC/OS – II[M]. 邵贝贝，译. 北京：北京航空航天大学出版社,2003.

[2] Jean J Labrosse. 嵌入式实时操作系统 μC/OS – II[M]. 宫辉,曾鸣,龚光华，等译. 北京：北京航空航天大学出版社,2012.

[3] 刘波文,孙岩. 嵌入式实时操作系统 μC/OS – II 经典实例：基于 STM32 处理器[M]. 2 版. 北京：北京航空航天大学出版社,2014.

[4] 李志明,檀永. STM32 嵌入式系统开发实战指南[M]. 北京：机械工业出版社,2013.

[5] 杨晔. 实时操作系统 μC/OS – II 下 TCP/IP 协议栈的实现[J]. 单片机与嵌入式系统应用,2003.

[6] 杜宝祯,吴志荣,曾佳. 基于 uIP 与 AJAX 的动态 Web 服务器设计[J]. 单片机与嵌入式系统应用,2012(10).

[7] NXP. LPC178x/7x 用户手册 UM10470 修订版 1.5.2011.

[8] 朱升林. 嵌入式网络那些事：LwIP 协议深度剖析与实战演练[M]. 北京：中国水利水电出版社,2012.

[9] 张勇,夏家莉,陈滨,等. 嵌入式实时操作系统 μC/OS – III 应用技术：基于 ARM Cortex – M3 LPC1788[M]. 北京：北京航空航天大学出版社,2013.

[10] Adam Dunkels. The uIP Embedded TCP/IP Stack. The uIP 1.0 Reference Manual，2006.

[11] Jean J Labrosse. μC/OS – III，The Real – Time Kernel plus NXP LPC1700 Cortex – M3 MCUs[M]. Florido：Micrium,2010.